安装工程施工组织设计精选系列

钢结构安装工程

本书编写委员会　编写

中国建筑工业出版社

图书在版编目（CIP）数据

钢结构安装工程/本书编写委员会编写．—北京：中国建筑工业出版社，2010.10
（安装工程施工组织设计精选系列）
ISBN 978-7-112-12347-6

Ⅰ.①钢…　Ⅱ.①本…　Ⅲ.①钢结构-建筑安装工程-工程施工-施工组织-设计　Ⅳ.①TU758.11

中国版本图书馆 CIP 数据核字（2010）第 154563 号

本书以简练、实用、有针对性为原则，选取了近年来有代表性的钢结构工程共12篇施工组织设计，选取的施工组织设计涵盖了钢结构安装工程的各种类型。这些钢结构安装施工组织设计内容全面、针对性强，对同类工程有很强的借鉴意义。本书语言简练，实用性强，是建筑施工企业管理人员、施工技术人员以及相关行业的同仁学习、参考的必备资料。

本书可供安装施工企业管理人员、施工技术人员、质量检查人员、投标报价人员使用，也可供相关专业人员及大专院校师生参考使用。

* * *

责任编辑：胡明安
责任设计：陈　旭
责任校对：张艳侠　关　健

安装工程施工组织设计精选系列
钢结构安装工程
本书编写委员会　编写
*
中国建筑工业出版社出版、发行（北京西郊百万庄）
各地新华书店、建筑书店经销
霸州市顺浩图文科技发展有限公司制版
北京蓝海印刷有限公司印刷
*
开本：787×1092毫米　1/16　印张：41¼　字数：998千字
2010年11月第一版　2010年11月第一次印刷
定价：**98.00**元
ISBN 978-7-112-12347-6
(19600)

本书编写委员会

主　　任： 庞京辉
副 主 任： 赵　娜
委　　员： 田　卉　孙　田

主　　编： 赵宇新　宋　敏
副 主 编： 贾　强　侯　頔
参加编写人员： 周贤明　王力南　刘建博　贾晋文
申凤国　邓文瑶　佟　强　孙　亮
迟德双　薛润成

前言

施工组织设计、施工方案是完成工程建设任务的指导性文件，每座建筑都有它独特的一面，找到经济、适用的施工方法是工程建设中的一个核心内容。科学的组织与保障是与之相配套的关键环节。

本书收录了12篇施工组织设计，每篇所阐述的建筑结构类型与施工方法均有所不同，具有一定的代表性。从工程介绍、编制依据、施工布置、施工方法、质量保证、安全保证等环节进行了细致地描述，并对必要的关键环节进行了科学的施工模拟计算。施工组织设计（方案）的编制是一项严谨的工作，力求实践经验与科学理论的完美结合，每篇都是经过技术人员反复研究、论证得出的具有很强的借鉴性。

为了加强学习交流，互相取长补短，共同促进提高，我们将经精选的施工组织设计方案编辑成册，与同行们共勉。希望这本书能够对大家有所帮助。由于编者水平有限，编排中存在的疏漏或不当之处，敬请批评指正。

目　录

1 沈阳恒隆中街广场工程

简介：本工程屋面是由三叉柱支撑的钢结构椭圆曲面，安装定位精度要求高，且安装的高度高，四周距参考点远，支座安装固定条件不好，三叉柱脚支座安装精度直接影响整个屋面安装的全局，因此，工程测量系统的建立是本工程控制的重点和难点之一。针对本工程重点与难点，施工组织设计在“钢结构现场安装”章节中详细地介绍了现场各环节安装的工艺。同时针对本工程特点、保证工程的质量要求，本施工组织设计在“质量保证体系及措施”章节中重点阐述了工程质量的注意事项。

1.1 工程概况及施工重点与难点

1.1.1 钢结构工程概况

本工程位于沈阳市最繁华的区域内，落成后的恒隆广场，将成为沈阳市最高档的商业项目，同时在全国范围内也可列入顶级行列。它将集各类零售商店、电影院、餐饮等功能于一身，还将弥补中街目前高档消费场所欠缺的空白。

沈阳恒隆中街广场工程建筑面积 18.2 万 m^2，整个建筑为局部大型钢构架玻璃屋顶设计的建筑物，共分为地下三层和地上四层，为框架体系结构。钢结构部分分为楼层间钢结构和屋面钢结构部分，楼层间钢结构包括电梯井、劲性柱和结构钢梁等，主要由劲性十字钢骨柱、方钢柱、箱型钢梁和 H 型钢梁组成，钢材材质为 Q345C，连接方式为螺栓、焊接连接；屋面采用由三叉柱支撑的箱型钢梁组成的框架型屋面。钢结构总重量约 3100t。

主要节点分布在钢结构屋面部分的三叉柱根部节点和端部节点，见图 1.1-1、图 1.1-2。

1.1.2 方案编制依据

沈阳恒隆广场钢结构工程使用的标准规范，见表 1.1-1。

1.1.3 施工重点与难点

（1）内部施工专业众多，各专业分包之间的协调难度大。工程在施工过程中同时要有很多家单位同时施工，交叉作业多，与各分包单位之间协调难度大，为本工程的一个难点。

（2）由于工程位于沈阳市商业区中心，造成工程材料堆放场地十分有限，必须有计划的、合理的利用每一块材料堆放场地，协调好加工厂的加工制作顺序和材料进场顺序才能使整个吊装过程有序地进行。并且本工程只能使用塔吊进行吊装，由于场地的限制无法使用大型汽车吊和履带吊。

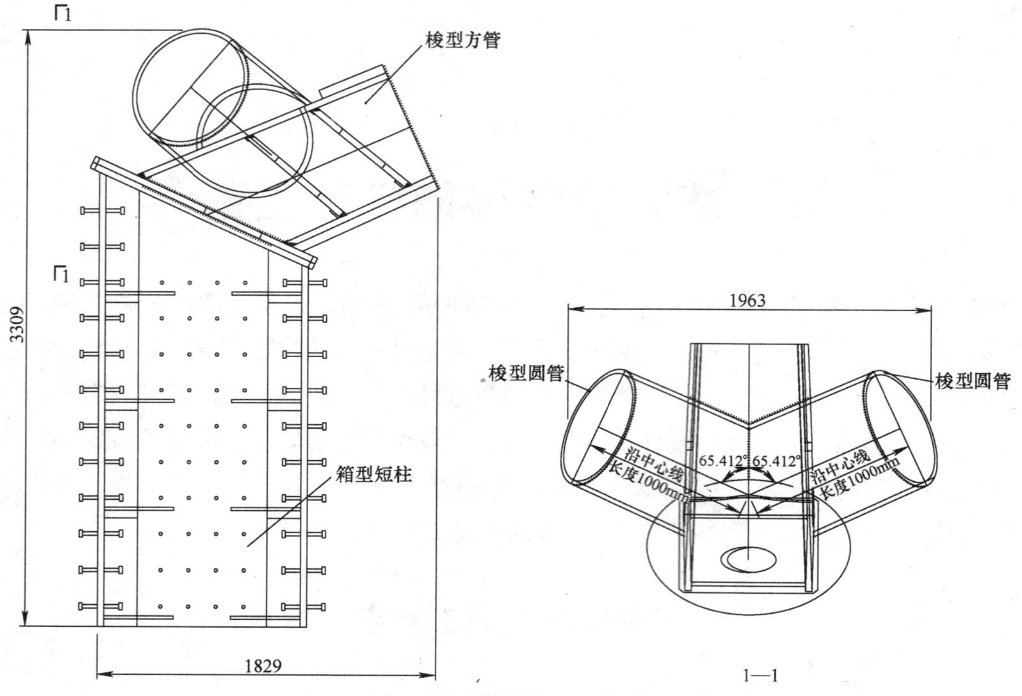

图 1.1-1 根部节点示意图

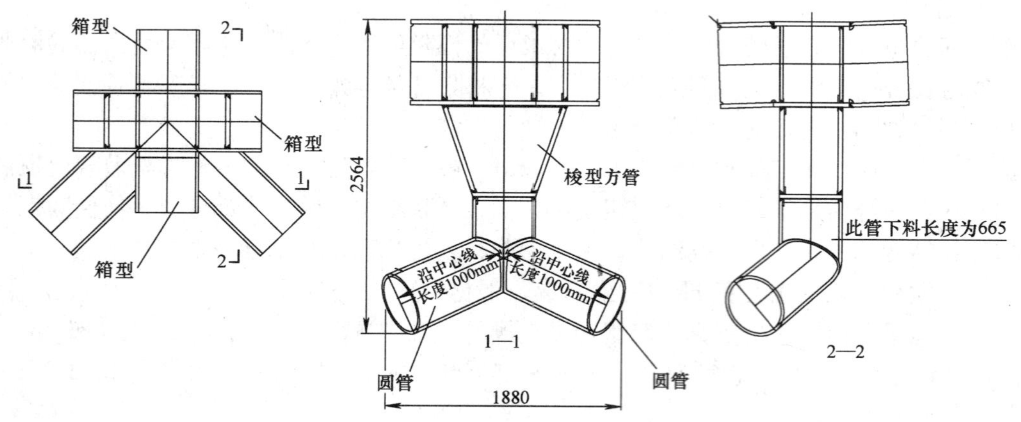

图 1.1-2 端部节点示意图

沈阳恒隆广场钢结构工程使用的标准、规范 **表 1.1-1**

序号	名　　称	编　　号
1	《钢结构工程施工质量验收规范》	GB 50205—2001
2	《建筑钢结构焊接技术规程》	JGJ 81—2002
3	《低合金高强度结构钢》	GB/T 1591—2008
4	《碳素结构钢》	GB/T 700—2006
5	《直缝电焊钢管》	GB/T 13793—2008
6	《优质碳素结构钢技术条件》	GB 699—1988
7	《工程测量规范》	GB 50026—2007

续表

序号	名　称	编　号
8	《钢结构设计规范》	GB 50017—2003
9	《冷弯薄壁型钢结构技术规范》	GB 50018—2002
10	《厚度方向性能钢板》	GB 5313—1985
11	《钢结构高强度螺栓连接的设计施工及验收规程》	JGJ 82—1991
12	《中厚钢板超声波检验方法》	GB/T 2970—1991
13	《气焊、手工电弧焊及气保护焊缝坡口的基本形式与尺寸》	GB 985—1988
14	《埋弧焊缝坡口的基本形式与尺寸》	GB 986—1988
15	《钢结构焊缝外形尺寸》	GB 10854—1989
16	《钢焊缝手工超声波探伤方法及探伤结果分级》	GB/T 11345—1989
17	《涂装前钢材表面锈蚀等级和除锈等级》	GB 8923—1988
18	《钢熔化焊对接接头射线照相和质量分级》	GB 3323—2005
19	《焊接结构用碳素钢铸件》	GB 7659—1987
20	《碳钢焊条》	GB/T 5117—1995
21	《低合金钢钢条》	GB/T 5118—1995
22	《气体保护焊用钢丝》	GB/T 14958—1994
23	《熔化焊用钢丝》	GB/T 14957—1994
24	《碳素钢埋弧焊用焊剂》	GB5293—1985
25	《低合金钢埋弧焊用焊剂》	GB 12470—1990
26	《钢结构防火涂料应用技术规程》	CECS 24—1990
27	《钢结构用扭剪型高强度螺栓连接副》	GB/T 3632—2008
28	《紧固件机械性能》	GB/T 3098—2000
29	《结构用无缝钢管》	GB/T 8162—1999
30	《焊工技术考试规程》	JG/T 50822—1996
31	《建筑防腐工程施工及验收规范》	GB 50212—2002
32	《建筑防腐蚀工程质量检验评定标准》	GB 50224—1995
33	《建筑施工高处作业安全技术规范》	JGJ 80—1991
34	《建筑机械使用安全技术规程》	JGJ 33—2001
35	《建筑施工安全检查标准》	JGJ 59—1999

(3) 钢结构构件重量大。本工程屋面全部由箱型梁和 H 型钢梁组成，跨度比较大，造成了每一个构件单重也非常大，利用现场塔吊无法完成整根构件的吊装，需要将大构件合理的进行分段才能将构件吊装就位。分段安装需要搭设支撑架，由于楼板承载能力有限，需要搭设反顶架用于支撑楼板，防止楼板变形，由于支撑架搭设高度较高，因此，支撑架的搭设是本工程的重点和难点之一。

(4) 工程屋面是由三叉柱支撑的钢结构椭圆曲面，安装定位精度要求高。尤其是三叉柱脚支座底板与地面呈 25°左右的角度，且安装的高度高，四周距参考点远，支座安装固定条件不好，三叉柱脚支座安装精度直接影响整个屋面安装的全局，因此，工程测量系统的建立是本工程控制的重点和难点之一。

(5) 本工程钢材材料等级比较高，对焊接要求也很高，尤其施工工期经历一个雨期和一个冬期，如何减小冬、雨期对钢结构施工的吊装和焊接影响为本工程的一个难点。

1.2 钢结构施工部署

1.2.1 钢结构施工内容

钢结构工程人员进入施工现场后，首先依据结构施工图进行节点深化设计。在工作过程中不断与原设计院的设计人员进行沟通，并达到一致，充分理解和实现原设计人的设计意图，以最快的速度完成节点深化设计工作，以便订货周期长的钢材能够提前订货。

钢结构深化节点设计的重点工作是，解决幕墙钢结构与主体钢结构的相互关系；做好土建钢筋留洞、机电设备留洞、幕墙连接件等前期设计工作。

工程钢材主要是《高层钢结构用钢板》YB 4104—2000 中 Q345-C 材质的钢板，该钢材需要提前订货。

钢结构加工详图设计应在深化设计完成后迅速展开，必要时与深化设计穿插进行，从而缩短设计周期，便于工厂开展工作。

1.2.2 钢结构施工组织机构

组织机构见图 1.2-1。

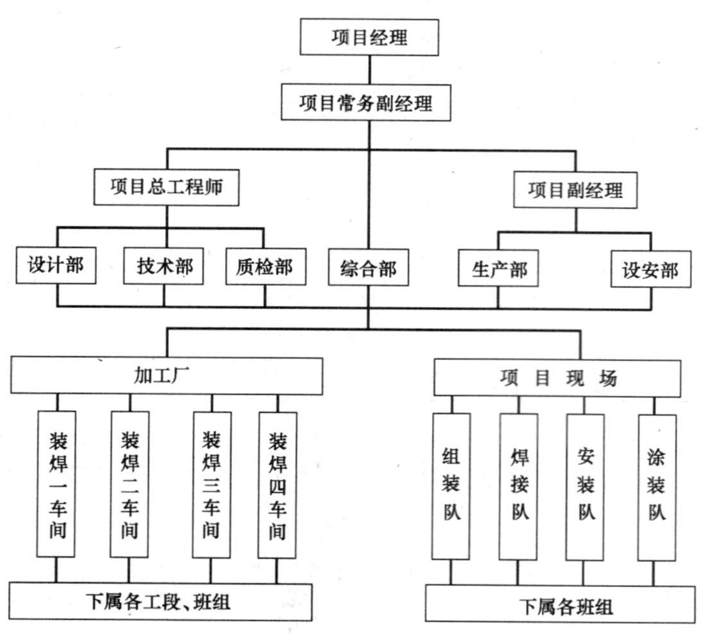

图 1.2-1 组织机构图

1.2.3 劳动力及机械设备计划

(1) 劳动力计划

钢结构施工拟投入现场管理人员 8 人，工厂监督检查 2 人，全面协调管理钢结构施工全过程。设计、加工及现场施工人员总数预计近200人。

1）管理人员投入计划，见表1.2-1。

管理人员投入计划（人） 表1.2-1

钢结构部	钢结构加工	钢结构安装	合计
6	2	2	10

2）钢结构加工人员投入计划，见表1.2-2。

钢结构加工人员投入计划 表1.2-2

序号	工作任务		人数(人)	说明
1	材料进厂验收人员		2	主要从事钢材验收
2	施工准备人员		2	审图、工艺准备
3	钢结构制作	铆工	10	组装、矫正
		电焊工	15	埋弧焊、电渣焊
		气焊工	5	CO_2 气体保护焊
		钳工	2	工具、模具准备
		起重机驾驶工	2	起重机
		起重工	4	配合吊装
		电工	2	设备电路维护
		油漆工	4	喷砂、喷漆
		辅助工	10	配合人员
4	构件运输		5	调度、装卸
5	合计		63	

3）钢结构安装焊接人员投入计划，见表1.2-3。

钢结构安装焊接人员投入计划 表1.2-3

序号	工种	人数(人)	说明
1	测量工	4	
2	探伤工	1	超声波自检
3	起重工	4	每台塔吊3人
4	挂钩工	4	卸车、倒运、吊装
5	铆工	2	安装、校正
6	结构安装工	20	安装、校正
7	高强度螺栓工	6	高强度螺栓初、终拧
8	架子工	6	焊接操作平台、水平挑网搭设等
9	电焊工	18	结构焊接
10	气焊工	4	辅助焊接
11	看火工	4	看火、辅助焊工工作
12	电工	2	临电架设
13	辅助工人	10	辅助工作及清理现场
	合计	85	

（2）机械设备投入计划

钢结构施工主要机械设备投入包括工厂和现场两部分。工厂设备包括材料切割设备、箱型和H型组装设备、焊接设备、超声波检测仪器、相贯线切割设备、矫直设备、喷砂设备、喷漆设备等；现场主要包括垂直运输设备——塔吊、焊机、吊索具、测量仪器、超声波检测仪器等。

1）钢结构加工制作机械设备，见表1.2-4。

钢结构加工制作机械设备　　表1.2-4

序号	机械设备名称	型号规格	数量	产地	额定功率	生产能力
1	钢板预处理流水线	XQ6940	1	青岛	720kW	300t/日
2	H型钢自动抛丸除锈机	HP6012B	1	无锡	100kW	0.4～1m/min
3	型钢抛丸除锈机	ZJ072	2	青岛	186kW	—
4	H型钢自动抛丸除锈机	HP6020B	1	无锡	100kW	—
5	喷砂机	AC-4	6	万县	5kW	—
6	数控切割机	SKG-3D	1	哈尔滨	5kW	100mm
7	数控直条气割机	GS/2-4000BA	8	无锡	3kW	180t/日
8	数控直条火焰切割机	CNC-CG4000C	1	无锡	7.5kW	70mm
9	数控H型钢切割机	SKHG	1	哈尔滨	—	2000mm
10	数控相贯线切割机	SKGG-B2	2	哈尔滨	—	ϕ60～ϕ600
11	半自动精密切割机	CCD-100	8	上海	1kW	100mm
12	半自动精密切割机	CG150	16	北京	1kW	150mm
13	半自动坡口切割机	GS-150	45	上海	0.1kW	150t/日
14	数控管子相贯线切割机	HID-600EH	1	日本	12kW	120t/日
15	铣边机	XBJ-12	1	无锡	—	6～50mm
16	铣边机	XBJ-14	2	国产	25kW	120t/日
17	数控火焰锁口机	ABCM-1250/3	2	美国	16kW	60t/日
18	箱型坡口加工机	B1200	2	日本	25kW	20～100mm
19	H型钢自动组立机	Z20	1	无锡	22.5kW	600～2000mm
20	卧式双柱、双缸龙门带锯床	GA4060	1	中国	—	—
21	H型钢自动组立机	Z12	1	无锡	13.5kW	200～1200mm
22	H型钢自动组立机	HDC-2500	3	无锡	5kW	60t/日
23	H型钢重型自动拼装机	ZLJ20	3	无锡	10kW	80t/日
24	H型钢悬臂焊接机	LHCA	4	无锡	2.2kW	—
25	重型H型钢翼缘矫正机	YTJ-60B	3	无锡	37kW	100t/日
26	U型组立机	1600mm×1600mm×16000mm	3	无锡	6kW	160t/日
27	箱型柱拼装流水线	FABARCE9W-2	3	进口	4kW	240t/日
28	龙门式自动埋弧焊机	LHA	2	中国	3kW	—
29	门式双边多弧气保护打底焊接机	FABARC-GCW3000	1	进口	35kW	—
30	门型双边三弧箱型柱埋弧焊接机	FABARC-BA1500	2	进口	155kW	—
31	箱型隔板组立机	—	1	日本	1.5kW	5t

续表

序号	机械设备名称	型号规格	数量	产地	额定功率	生产能力
32	U型组立机	U-12	1	日本	2.2kW	20t
33	箱型组立机	□-12	1	日本	2.2kW	20t
34	箱型埋弧焊机	CPMR-1500	2	日本	500kW	20～90mm
35	电渣焊机	Sesnel-w	8	日本	136kW	—
36	电渣焊机	CPMW-600	10	日本	40kW	16～65mm
37	交直流两用多头焊机	ZXE1-3×500/400	40	浙江	45kW	—
38	埋弧焊机	AC1200/DC1000	40	美国	100kW	—
39	埋弧自动焊机	MZ-1000	16	上海	100kW	—
40	CO_2 气体保护焊机	YM-500	30	天津	40kW	500A
41	栓钉焊机	25mm	4	中国	—	—
42	螺柱焊机 Nelson	600/101	2	美国	225kW	—
43	两轴钻床	LZ-12	1	日本	20kW	30mm
44	四轴钻床	SZ-12	1	日本	30kW	30mm
45	端面铣床	FMFS1520	1	日本	11kW	1500×2000
46	三维数控钻床	SWZ1000	1	济南	4kW	ϕ12～ϕ33.5mm
47	平面数控钻床	2K3450	1	中国	8kW	ϕ50
48	H型钢端面铣床	1200×800	1	中国	1.5kW	1200×800mm
49	无气喷漆机	GB6C	2	中国	1kW	—
50	超声波探伤仪	CTS-22-26	3	上海	—	—
51	超声波探伤仪	EPOCH-Ⅲ	2	美国	—	—
52	磁粉探伤仪	CXX-E	1	中国	—	—
53	X射线探伤仪	XXG-3005X	1	日本	—	—
54	履带式陶瓷加热器	LCD	4	中国	—	—
55	焊条烘干箱	500℃	1	中国	—	500℃
56	电焊条烘箱	HY704-3	2	吴江	12kW	—
57	电焊条烘箱	SC101-5325	2	嘉兴	12kW	—
58	焊剂烘箱	NZHG-500	3	吴江	9kW	—
59	焊条保温箱	PR-4/450	20	温州	0.2kW	—
60	超声波测厚仪	LA-10	4	北京	—	—
61	数字式测温仪	HY-302	12	日本	—	—
62	漆膜测厚仪	9C	6	日本	—	—
63	涂镀层测厚仪	GTG-10F	1	北京	—	—

2）钢结构现场安装机械设备及机具、辅材表，见表1.2-5。

钢结构现场安装机械设备及机具、辅材表 **表1.2-5**

序号	品　名	规　格	单位	数量	用　途
1	塔吊	ST60/15	台	2	卸车、安装
2	塔吊	ST70/30	台	3	卸车、安装
3	钢丝绳	ϕ21.5,3m	根	8	中庭上部连桥抬吊

续表

序号	品 名	规 格	单位	数量	用 途
4	钢丝绳	ϕ21.5,2m	根	24	钢柱吊装
5	钢丝绳	ϕ36,ϕ21.5	根	各 12	卸车用
6	钢丝绳	ϕ21.5,ϕ19	根	若干	吊装用
7	钢丝绳	ϕ19	m	若干	缆风绳
8	白棕绳	ϕ20	m	若干	防护用,溜绳
9	钢丝绳	ϕ12	m	若干	防护用
10	卡环	与钢丝绳匹配	个	若干	吊装用
11	卡扣	与钢丝绳匹配	个	若干	缆风绳,防护绳
12	专用卡具	5t	个	12	钢梁吊装
13	千斤顶	5t、10t	个	96	支顶钢梁
14	电动扳手		把	16	紧固螺栓
15	手动葫芦	1～2t	个	40	临时固定
	水平网		m^2	若干	水平网,挑网

3）钢结构现场焊接设备，见表 1.2-6。

钢结构现场焊接设备 **表 1.2-6**

序号	名称	型号	容量	单位	数量	用 途
1	CO_2 气体保护焊机	KR-600	600A	台	10	钢柱钢梁焊接
2	硅整流焊机	ZX-500A	500A	台	10	钢柱钢梁焊接
3	交流弧焊机	BX1-500	500A	台	1	压型钢板焊接
4	碳弧气刨		630A	台	1	返修清根
5	空压机	0.6～1.0	7.5kW	台	1	碳弧气刨风源
6	电热干燥箱	YZH2-100	7.6kW	台	2	烘干焊接材料
7	角向磨光机	YZH2-40	100～125	台	3	修磨清渣
8	风速仪			台	1	测风力
9	测温计	600℃		个	6	测温用
10	放大镜		5 倍	个	3	焊缝检查用
11	石棉布	0.5～3mm		m	25	防火用
12	石棉布	0.5～10mm		m	20	保温用
13	防火棚	1.8m×2m		个	16	防火、挡风用
14	焊机房			个	10	两台焊机用 1 个
15	超声波探伤仪	USN50R 型	德国	台	1	全数字式智能
16	超声波探伤仪	SMART220		台	1	电脑型智能

1.2.4 施工现场总平面布置

（1）根据本工程实际情况，现场环境，施工工序流程等要素，施工总平面布置主要反映以下几点：

现场构件堆放场地布置；现场办公布置；现场生活区；现场用水、电的配置等，本工

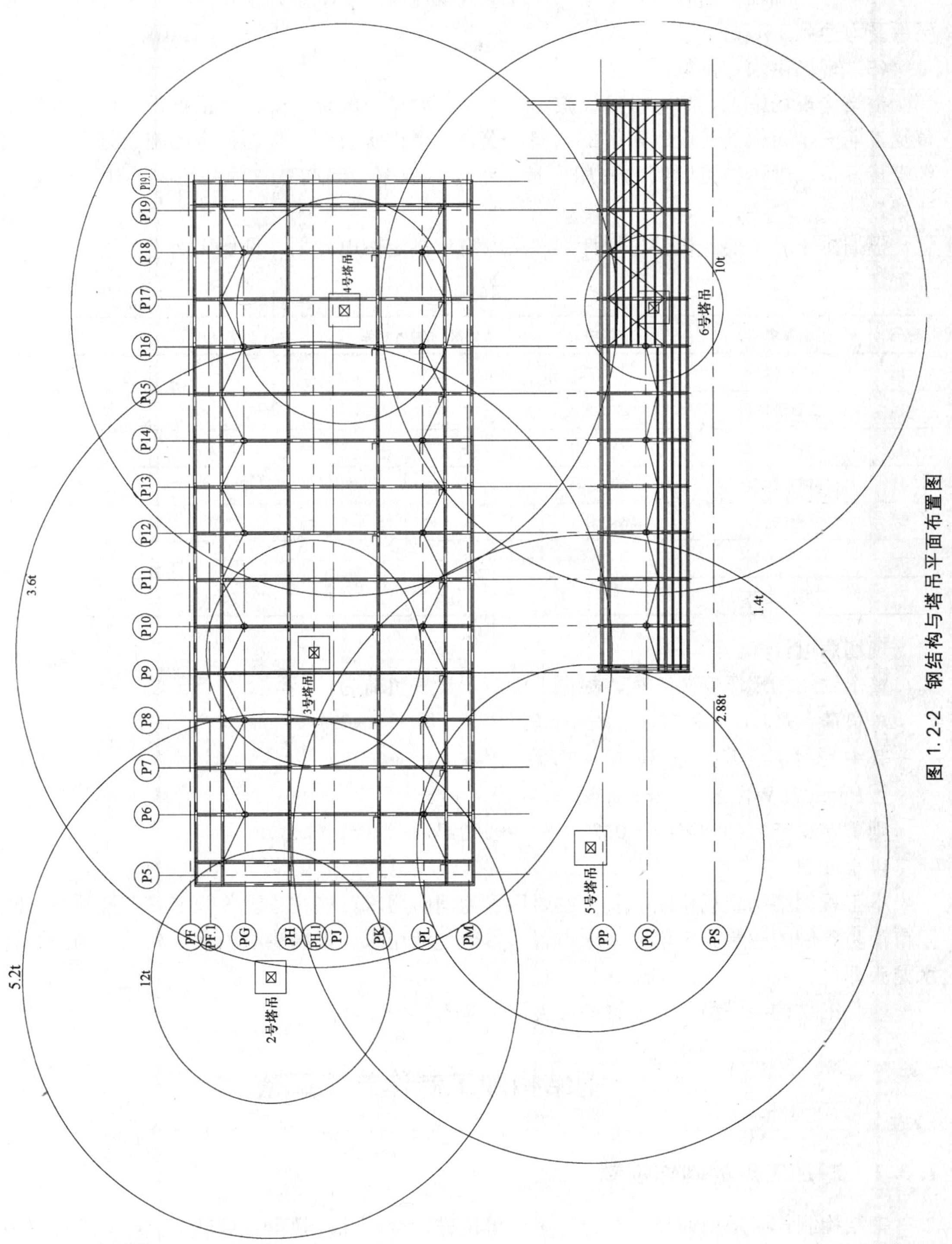

图 1.2-2 钢结构与塔吊平面布置图

程由于位于市中心区域，周围可利用地域狭小，办公区域和生活区以总包提供为准。

（2）施工现场平面总布置图中，构件堆放场地便道要求达到通行重型货车标准，使面层承受力达到 $15t/m^2$。

（3）现场供水、供电计划

钢结构现场施工，水电供给设施，将服从建设单位的统一安排。根据现场作业点的分布及工期安排，拟单独设置四组配电箱，设置一个供水总阀。根据拟定的施工方案计算现场安装设备、现场施工照明的总用电量，考虑暂载率、同期系数等制定实际用水、用电计划。

根据排定的工期、机械进场计划，用电需求排定用电计划，见表 1.2-7。

用电计划　　　　**表 1.2-7**

序号	设备名称	规格	功率(kW)×台数	合计功率(kW)	系数
1	CO_2 焊机	KR-600	25×10	250	K_2
2	交直流焊机	ZX-500A	40×10	400	K_2
3	碳弧气刨	ZX5-630	30×1	30	K_1
4	焊条烘箱	YGCH-X-400	12×2	24	K_1
5	空压机	W-0.9/7	8×1	8	K_1
6	手动工具			5	K_1
7	照明用电		30	30	K_2

现场用电计算：

整个钢结构现场安装工程，根据上表所示计算负荷为：

总负荷：$P=1.05\times(K_1\sum P_1+K_2\sum P_2)$

其中利用系数 $K_1=0.8$，$K_2=0.7$。

$\sum P_1=67\text{kW}$，$\sum P_2=680\text{kW}$。

则 $P=1.05\times(0.8\times67+0.7\times680)\approx560\text{kW}$（为计划峰值）

供水计划

本工程钢结构现场拼装和安装主要用水为消防用水，将按建设单位统一安排并符合沈阳市消防条例的建筑施工消防要求布置，其他生活用水和现场清洁用水，利用现场的原有水龙头即可。

（4）钢结构与塔吊平面布置图。见图 1.2-2。

1.3　钢结构加工制作施工工艺

1.3.1　对加工厂的制作控制

钢结构制作必须由监理、总包、生产单位进行全部过程管理。对每一个环节进行严格的质量控制。其中管理内容包括工期管理控制、工艺方案审核管理、构件质量管理控制、图纸细化管理控制、文件资料管理以及人员管理控制，直到发运包装检查出厂。

(1) 钢结构制作控制流程，见图 1.3-1。

(2) 控制方法

钢结构制作质量控制作为钢结构质量保证的首要环节，加强制作质量控制不但是工程质量的保证，也是整个钢结构工期保证的一个重要环节。结合以前对该类工程制作的管理经验，并在以前管理基础上有所创新，主要坚持以下管理方法。

1) 强化工厂管理控制，健全各项控制制度。

从制作一开始，项目管理就追求“一流的设计、一流的施工、一流的管理”。项目经理作为总承包商的执行者，将以项目管理作为总承包的核心，制定高标准的管理目标，以规范化、标准化、科学化、程序化的管理方法，优质、高效地实施承包合同。

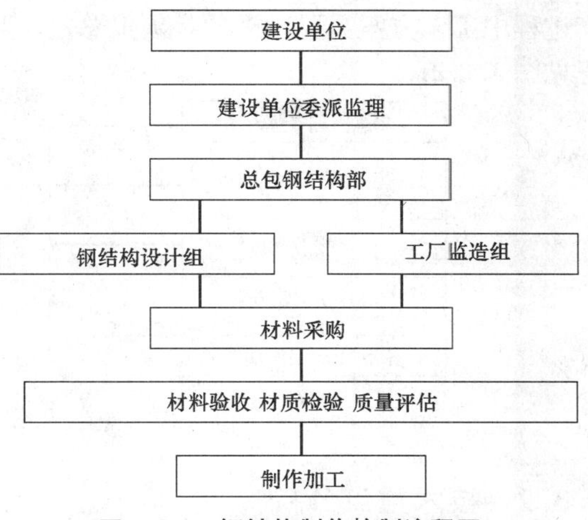

图 1.3-1 钢结构制作控制流程图

坚持“质量第一”的管理方针，强化质量意识，加强过程质量控制在质量管理方面，建立健全了各级质量保证体系，严把质量关，不合格的材料严禁进入加工厂，不合格的构件严禁出加工厂。

2) 以计划管理为主线，落实施工条件为重点。

在生产制作过程中为了保证工期的顺利执行，必须严格计划管理，包括施工生产月计划和周计划，还包括设计条件、材料、设备、机具、劳动力等配套计划。在计划编制的过程中，应充分考虑计划实施的条件，找到制作程序的关键环节和主导程序，为计划实施提供科学依据。

(3) 工期控制

钢构件生产过程的安排是工期控制的关键，构件的制作根据工艺流程分阶段制定详细的生产计划，严格按照生产计划安排生产。这才能保证如期按照计划顺利执行。在工期控制过程中应保证以下各项目要求的顺利执行：

1) 每一个关键阶段工期都应有人员监督计划实施。

2) 监督工作计划的实施从每一个工作日开始，并分阶段的检查分析计划实施经验，以上一阶段的计划实施经验为基础实施下一阶段的工作计划。

3) 如果一段时间发生了工期延误，主要的工期监督和安排生产人员应根据现场生产的实际情况，在下一段的生产中适当的增加施工任务，追回损失工期。

4) 为了保证工期计划的实施，所有的生产文件资料应及时报监理审查，不得拖延下到工序生产时间和构件出厂时间。

5) 在安排生产计划时，为了防止非人为因素的影响，在制定计划时应留有一定的工作余量以及构件检验时间余量，这才能保证如期按照计划顺利执行。

(4) 工艺方案审核

工艺方案的审核主要包括焊工附加考试、重要部位、难点部位工艺方案的审核。经总包审核同意的工艺方案才能实施或投入生产，总包在生产过程中监督工艺方案的实施。生产过程中工艺方案需要改进的，须报总包、监理或设计同意后才能实施，工艺方案审核流程见图 1. 3-2。

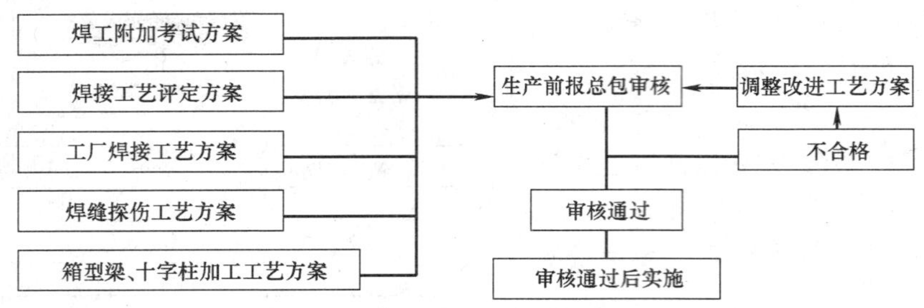

图 1. 3-2　工艺方案审核流程图

1. 3. 2　技术重点分析

（1）本工程的重点

1）箱型钢梁焊接时为全位置焊，焊接难度较大，因此钢结构的焊接是本工程的重点。

2）H 型钢由于翼缘宽，若采用埋弧自动焊焊接，则焊接位置不易操作，而且易产生焊接变形，因此该项结构的焊接是本工程的重点。

3）柱顶支撑节点均为管-管相贯结构，管的切割下料精度及切口尺寸形状的精度是保证相贯焊接质量关键，因此钢管的相贯线切割是本工程的重点。

（2）针对本工程钢结构制作重点的技术措施

1）对于箱型钢梁，为防止变形采用卧式焊接并选择合理的焊接工艺，采用同时、对称的施焊顺序进行焊接。

2）对于宽翼缘 H 型钢，采用 CO_2 气体保护焊进行焊接，可减少焊接变形，保证其焊接质量。CO_2 焊的特点在于熔深大，焊接热影响区小，熔敷效率高，适于全位置焊接，生产可实现自动化/半自动化，焊接质量高，生产率高，相对成本低。

3）在相贯线数控切割机上进行切割，可保证其切割精度。其工艺过程是在计算机建模后，在该设备上直接切割下料，不仅切割精度高，而且速度快。

1. 3. 3　工艺（试验）评定计划及工艺参数

（1）焊接工艺评定计划

1）焊接工艺评定项目

沈阳恒隆中街广场钢结构工程，钢材材质：7mm＜板厚＜50mm 的钢板及热轧型钢为 Q345-C 级钢。根据《建筑钢结构焊接技术规程》JGJ 81—2002 的规定，制定焊接工艺评定项目计划，见表 1. 3-1。

焊接工艺评定项目计划　　表 1. 3-1

序号	试验项目	接头形式	焊接方法	焊接材料牌号	母材	使用部位
1	板对接	45° 6 2 60	埋弧自动焊	F5021-H10Mn2	Q345-C	板接料 δ＜16mm

续表

序号	试验项目	接头形式	焊接方法	焊接材料牌号	母材	使用部位
2	板对接		埋弧自动焊	F5021-H10Mn2	Q345-C	板接料 $\delta \geqslant 16$mm
3	十字接头		CO_2 气体保护焊	ER50-6	Q345-C	柱、梁T形接头及加劲肋
4	板对接		熔嘴电渣焊	H08MnMoA-YZ-4	Q345-C	箱型隔板
5	栓焊		栓钉焊接	—	Q345-C	钢柱

2）试验试样尺寸及试件取样位置

A. 板材对接接头试件及试样，见图 1.3-3。

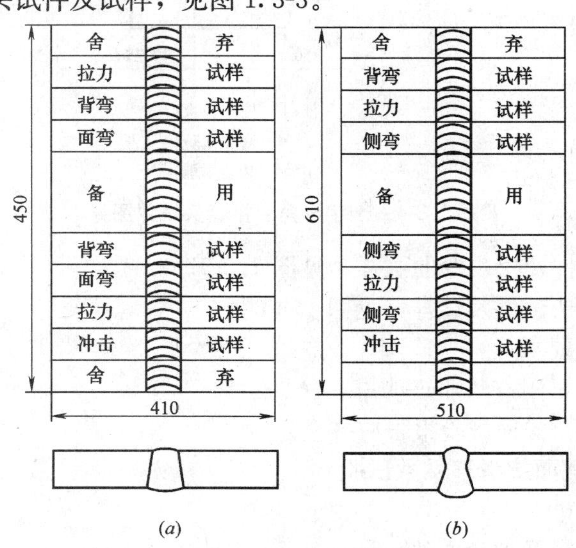

图 1.3-3 板材对接接头试件图

(*a*) 不取侧弯试样时；(*b*) 取侧弯试样时

B. 钢材十字形角对接接头试件及试样，见图 1.3-4。

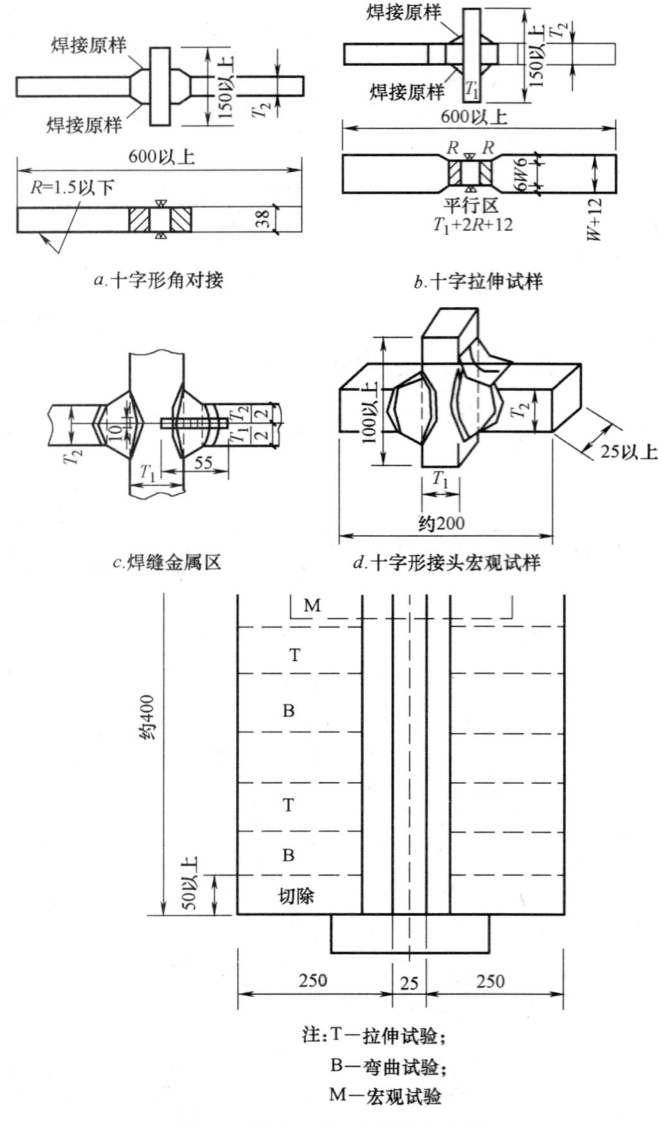

图 1.3-4 十字形角对接接头试件图

C. 钢板角对接试件及宏观弯曲试样，见图 1.3-5。

D. 钢板电渣焊接头试件及试样，见图 1.3-6。

3）工艺评定报告要求

A. 原材料及辅材要附有材质证明书。

B. 焊缝探伤报告及各种试验报告应齐全。

（2）高强螺栓摩擦面抗滑移系数试验

1）处理方式：喷砂

2）摩擦面加工要求及处理方法

A. 摩擦面加工要求：

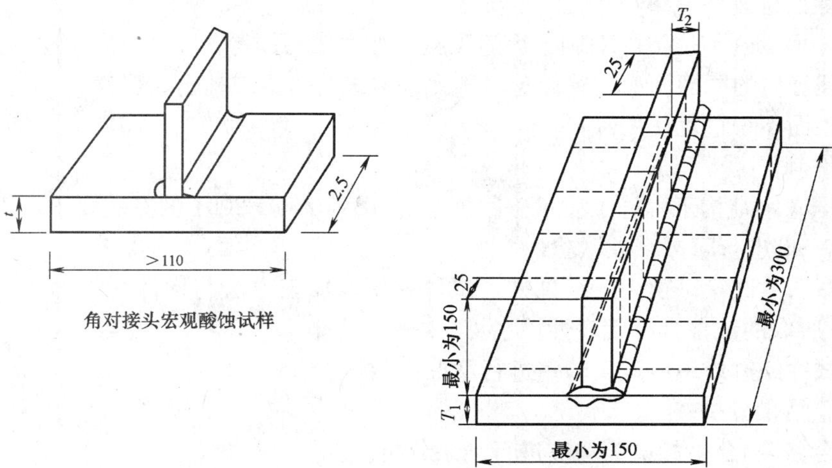

图 1.3-5 角对接试件及宏观试件图

构件接触面经喷砂处理后其摩擦面的抗滑移系数：Q345 钢为 0.45。

B. 摩擦面处理方法：

(A) 原理：

喷砂法是利用压缩空气为动力，将砂直接喷射到钢板表面，使钢板表面达到一般的粗糙度，铁锈除掉，经喷砂后的钢板表面呈铁黑色。这种方法一般可达到较好的质量及效果，目前大型金属结构厂基本上都采用。

(B) 影响因素：

压缩空气的压力、砂的粒径、硬度、喷嘴直径、喷嘴距钢材表面的距离、喷嘴角度、喷射时间以及磨料颗粒的大小和形状、粉尘含量等每一个参数的改变，都将直接影响到钢板表面的粗糙度，也即影响摩擦面的抗滑移系数值。

喷出的颗粒速度对颗粒的动能是决定性的，射流喷射角决定喷击时相碰的程度。在喷射角 45°时为最大，因为这时喷出来的颗粒能以最短的路程在回弹射流中离去。

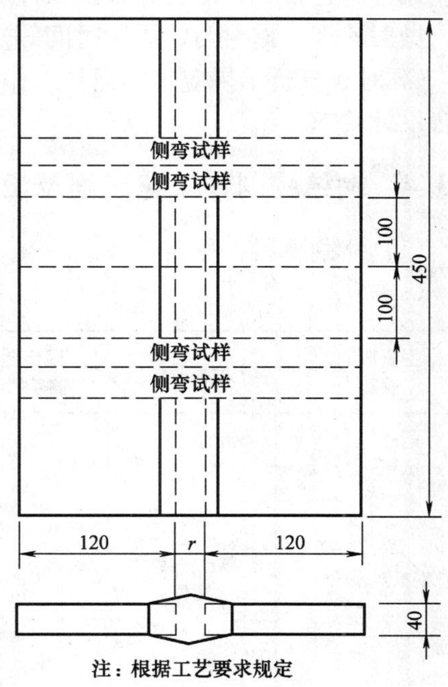

图 1.3-6 电渣焊接头试件图

磨料颗粒的形状和大小，对除锈后的表面状态和粗糙度有一定的影响。圆形和小颗粒磨料造成粗糙度要小一些，菱形和大颗粒则要大一些。

(C) 技术参数：

喷砂的主要设备是空压机，工作压力为 p=8kg/cm² (0.78MPa)，喷射风压为 6kg/cm² (0.59MPa)，砂粒径为 2.5～4mm，喷射时间为 1～2min，喷嘴直径 8～10mm，喷嘴距离钢板表面 100～150mm，加工后表面喷成银灰色，表面粗糙度达到 45～50μm。

3）摩擦面处理注意事项

A. 摩擦面处理前应清除毛刺、焊疤飞溅、油漆或污损等。

B. 处理好后的摩擦面应妥善保护，不允许再进行打磨或捶击、碰撞。

C. 摩擦面不得重复使用。

4）试件制作

A. 根据《钢结构工程施工质量验收规范》GB 50205—2001 的有关要求，钢结构制作以 2000t 为一批进行摩擦系数试验。

B. 摩擦系数试验每批为三组试件，试件材质、加工方法与构件加工同时、同条件进行，以保证所取的试件具有代表性。

C. 对试件经过处理后送实验室进行摩擦系数试验。

5）试验结果分析

A. 对合格/不合格的试验均应进行结果分析。

B. 分析的内容包括摩擦面处理全过程可接触的所有因素，主要包括：钢材材质分析；气候条件（包括温、湿度，以及试件所处的环境）；喷砂处理过程（包括砂/丸的材质、粒度、抛射速度、抛射力、抛射时间等）。

C. 对于分析结果应予以记录，作为下一步摩擦面处理时的标准，以确保摩擦面处理符合设计要求。

1.3.4 钢结构制作工艺过程及设备

（1）切割下料，见表 1.3-2。

切割下料　　表 1.3-2

主要加工设备	检验项目	国标允许偏差(mm)	企标允许偏差(mm)	图　片
钢板矫平机	零件长度、宽度	±3.0	±2.5	
数控直条切割机	切割面平面度	0.05t 且≤2.0	0.05t 且≤2.0	

续表

主要加工设备	检验项目	国标允许偏差(mm)	企标允许偏差(mm)	图　片
数控切割机	割纹深度	0.3	0.3	
机械剪切(6～13mm)	边缘缺棱	1.0	1.0	
	型钢端部垂直度	2.0	1.5	

(2) 钢板接料，见表 1.3-3。

钢板接料 **表 1.3-3**

主要加工设备	检验项目	国标允许偏差(mm)	企标允许偏差(mm)	图　片
埋弧自动焊(MZ-1000)	对口错边	$t/10$，且≤3.0	$t/10$，且≤3.0	
	间隙	1.0	1.0	

(3) 坡口加工，见表 1.3-4。

坡口加工 **表 1.3-4**

主要加工设备	检验项目	国标允许偏差(mm)	企标允许偏差(mm)	图　片
铣边机 滚剪倒角机	加工边直线度	$L/3000$ ≤2.0	≤1.5	
	加工面垂直度	$0.025t$ ≤0.5	$0.025t$ ≤0.5	

（4）H型钢组装焊接，见表1.3-5。

H型钢组装焊接　　表1.3-5

主要加工设备	检验项目	国标允许偏差(mm)	企标允许偏差(mm)	图　片
H型钢组立机	截面高度	±2.0～±4.0	±3.0	
	截面宽度	±3.0	±2.5	
H型钢重型自动拼装机	腹板中心偏移	2.0	1.5	
	翼缘板垂直度	≤3.0	≤2.5	
	扭曲	≤5.0	≤4.0	
重型H型钢埋弧焊机				
重型H型钢翼缘矫正机				

续表

主要加工设备	检验项目	国标允许偏差(mm)	企标允许偏差(mm)	图　　片
埋弧焊机				

（5）U型组装箱型组装焊接，见表1.3-6。

U型组装箱型组装焊接　　　　**表1.3-6**

主要加工设备	检验项目	国标允许偏差(mm)	企标允许偏差(mm)	图　　片
U型组立机 箱型组立机	隔板长度及宽度	—	0～－1	
	隔板对角线差	—	≤1.5	
	U型盖、腹板偏移	—	1.0	
	全熔透焊缝，100%超声波检验合格			
液压式箱型柱组立设备	盖腹板紧密贴合度	—	≤0.5	
	对口错边	—	t/10，且≤3.0	

续表

主要加工设备	检验项目	国标允许偏差(mm)	企标允许偏差(mm)	图　片
手工组对 CO_2 气体保护焊	间隙	—	1.0	
门式双边三弧箱型柱生产线 FABARC				
门式双边多弧气保焊打底设备 FABARC				

（6）超声波探伤检查，见表1.3-7。

超探检查 **表1.3-7**

主要加工设备	检验项目	国标允许偏差(mm)	企标允许偏差(mm)	图片
超声波探伤仪	按《钢结构工程施工质量验收规范》GB 50205—2001要求的全熔透一级焊缝；按《钢焊缝手工超声波探伤方法和探伤结果分级》GB 11345中UT-Ⅱ级标准，100%超声波检验			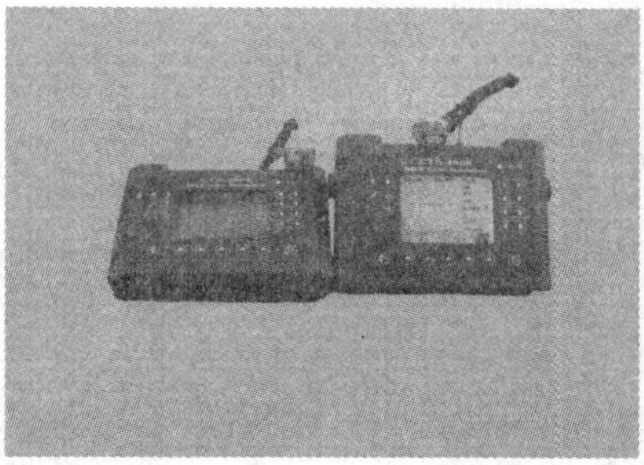
超声波探伤				
实际构件超探				

（7）隔板电渣焊接，见表1.3-8。

隔板电渣焊接 **表1.3-8**

主要加工设备	检验项目	国标允许偏差(mm)	企标允许偏差(mm)	图片
电渣焊接中	全熔透焊缝 符合UT-Ⅱ级 100%超声波探伤			

续表

主要加工设备	检验项目	国标允许偏差(mm)	企标允许偏差(mm)	图　片
电渣焊钻孔机 XDZ3050 电渣焊				

（8）端部加工，见表 1.3-9。

端部加工　　表 1.3-9

<table>
<tr><th>主要加工设备</th><th>检验项目</th><th>国标允许偏差(mm)</th><th>企标允许偏差(mm)</th><th>图　片</th></tr>
<tr><td rowspan="2">端面铣床</td><td>工件长度</td><td>±2.0</td><td>±1.5</td><td rowspan="2"></td></tr>
<tr><td>铣平面的平面度</td><td>0.3</td><td>0.3</td></tr>
<tr><td rowspan="3">数控火焰锁口机</td><td></td><td></td><td></td><td rowspan="3"></td></tr>
<tr><td></td><td></td><td></td></tr>
<tr><td></td><td></td><td></td></tr>
</table>

(9) 钻孔，见表1-3-10。

钻孔 表1.3-10

<table>
<tr><th>主要加工
设备</th><th>检验项目</th><th>国标允许
偏差(mm)</th><th>企标允许
偏差(mm)</th><th>图　片</th></tr>
<tr><td>数控钻床</td><td>两相邻中
心线距离</td><td>—</td><td>±0.5</td><td></td></tr>
<tr><td rowspan="3">数控三维钻</td><td>矩形对角线两
孔中心线边孔
中心距离</td><td>—</td><td>±0.1</td><td rowspan="3">
</td></tr>
<tr><td>孔中心与孔群
中心距离</td><td>—</td><td>0.5</td></tr>
<tr><td>两孔群中心
距离</td><td>—</td><td>±0.5</td></tr>
</table>

(10) 栓钉焊接，见表1.3-11。

栓钉焊接 表1.3-11

<table>
<tr><th>主要加工
设备</th><th>检验项目</th><th>国标允许
偏差(mm)</th><th>企标允许
偏差(mm)</th><th>图　片</th></tr>
<tr><td rowspan="2">栓钉焊接中</td><td>焊缝形状
(360°
范围)</td><td>高>1.0
宽>0.5</td><td>高>1.0
宽>0.5</td><td rowspan="2"></td></tr>
<tr><td>焊缝缺陷</td><td>无气孔,无夹渣</td><td></td></tr>
<tr><td rowspan="2">螺柱焊机</td><td>焊钉高度</td><td><±2.0</td><td><±2.0</td><td rowspan="2"></td></tr>
<tr><td>栓钉柱头
弯曲30°后
焊接部位
无裂纹</td><td>合格</td><td>合格</td></tr>
</table>

（11）二次装配，见表 1.3-12。

二次装配　　表 1.3-12

主要加工设备	检验项目	国标允许偏差(mm)	企标允许偏差(mm)	图　片
CO_2 气体保护焊	铣平面到第一个安装孔距离	±1.0	2.5	
	牛腿端孔到柱轴线距离	±3.0	±3.0	

（12）喷砂除锈，见表 1.3-13。

喷砂除锈　　表 1.3-13

主要加工设备	检验项目	国标允许偏差(mm)	企标允许偏差(mm)	图　片
H 型钢抛丸除锈机	达到《涂装前钢表面锈蚀等级和除锈等级》GB 8923 中的 Sa2.5 级			

（13）摩擦面加工，见表 1.3-14。

摩擦面加工　　表 1.3-14

主要加工设备	检验项目	国标允许偏差(mm)	企标允许偏差(mm)	图　片
冲砂间 喷砂除锈机	摩擦面抗滑移系数为 0.45			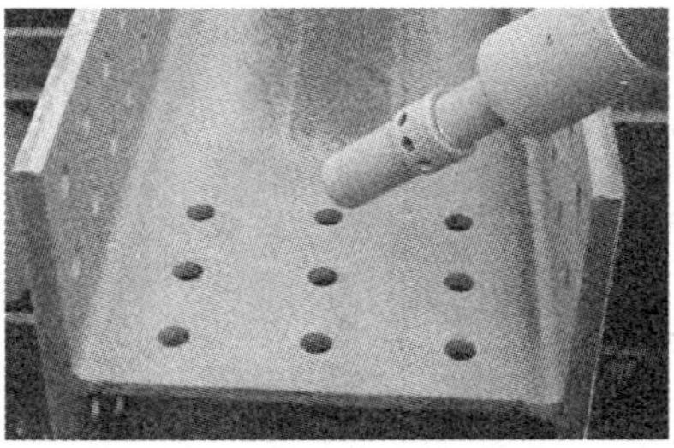

(14) 涂装，见表 1.3-15。

涂装　　表 1.3-15

主要加工设备	检验项目	国标允许偏差(mm)	企标允许偏差(mm)	图　片
无气喷漆机	底漆一遍，铁红 C53-31 红丹醇酸防锈漆，涂层厚度 25～30μm；中间漆两遍，云铁醇酸防锈漆，涂层厚度 50～60μm；面漆两遍，灰色 C04-42 醇酸调和漆，涂层厚度 40～50μm			
涂镀层测厚仪				

1.3.5 箱型构件加工工艺

(1) 箱型构件截面形式

本工程的箱型构件主要为屋面的箱型梁，截面形式有 1100mm×500mm×35mm×35mm、700mm×500mm×35mm×20mm、700mm×450mm×25mm×15mm、450mm×400mm×15mm×15mm、450mm×450mm×20mm×20mm 等，制作时在箱型结构生产线上进行。

(2) 箱型梁组装过程，见图 1.3-7。

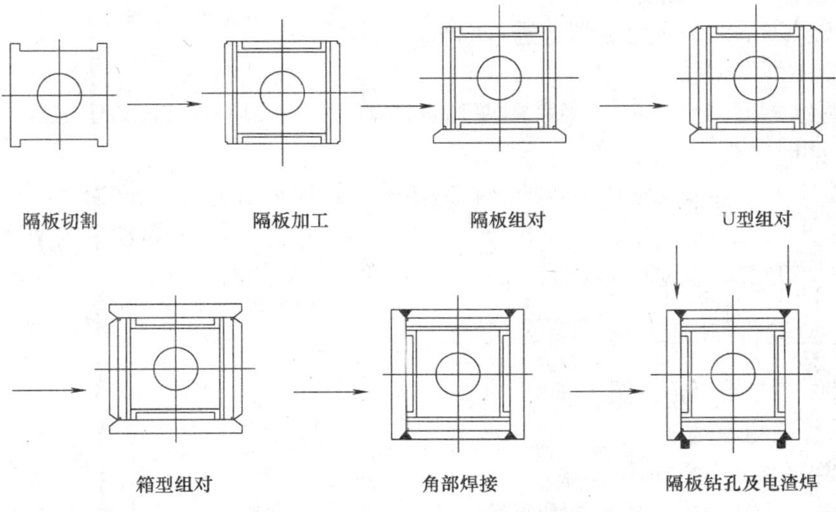

图 1.3-7　箱型构件组装示意图

1) 隔板组对

A. 隔板与垫条之间的毛刺应清除干净；

B. 隔板组对时，必须保证 90°夹角；

C. 不同隔板做好标记以免混乱。

2）装配隔板

A. 盖板修理，由于切割产生的弯曲应修直后划线，包括隔板位置、封板位置，以及隔板外引线，以便电渣焊钻孔。弯曲度 $e \leqslant 1mm/3m$。

B. 打磨盖板、腹板氧化皮及杂物。

C. 加设封板是为了保证箱形结构端部的稳定性。

3）U 型组对

A. 两侧腹板组在专门的 U 型组对机上进行，盖板、腹板以 200mm 基准线对齐。

B. U 型组立机压紧后，测量上、下高度、左右宽度一致后方可焊接。隔板引出线误差应在±0.5mm 内。

C. 盖、腹板偏移 1mm，柱扭曲量≤$6H/1000$mm，腹板与隔板间隙≤0.5mm，腹板与垫板间隙≤0.5mm。

4）箱型组对

A. 箱型组对同 U 型组对，上下、左右夹紧，外侧坡口内均匀点焊。

B. 端头约 100mm 校正平行度后方可点焊。加上盖板时，盖、腹板紧密贴合≤0.5mm。

C. 组立完成后将隔板位置与基准线及隔板厚度标示在左右腹板及上下盖板上，用透明漆保护。

D. 箱型结构组装完成经检验合格后方可转入下道工序施工。

（3）箱型构件的焊接

1）焊接顺序

A. 在组对时首先对隔板的两条手工焊缝进行一次焊接。

B. 箱型封盖后对主缝进行焊接。

C. 对隔板剩下的两条电渣焊缝进行电渣焊接。

2）箱型主焊缝焊接

A. 箱型结构四条主焊缝焊接采用埋弧自动焊。焊丝型号为 $H08Mn_2SiA$。焊接时采取左右对称同时施焊，焊接变形小。

B. 箱型主焊缝焊接完成以后，应进行初步修理，修理后进行平面钻孔及电渣焊接。

C. 隔板采用电渣焊。电渣焊采用直径 $\phi=1.6$，H08MnMoA 焊丝，效率高。焊丝导管上升驱动是由设定的电流值自动控制，操作简单。单电极时可焊接 16～65mm 隔板。

1.3.6 H 型构件加工工艺

（1）制作工艺流程，见图 1.3-8。

（2）H 型钢的焊接要求

1）焊接 H 型钢构件制作程序

A. 放样、下料：钢板放样采用计算机进行放样，放样时根据零件加工、焊接等要求，加放一定的机加工余量及焊接收缩补偿量；钢板下料切割前用矫平机进行矫平及表面清理，切割设备主要采用数控等离子多头直条火焰切割机等。

B. 零件加工：腹板两侧焊接边缘采用刨边机进行加工，杆件组装焊接完后采用矫正机或火工进行矫正，以确保杆件外形尺寸及孔螺栓群的钻孔精度要求。

C. H 型杆件的组装：H 型杆件的翼板和腹板下料后应标出翼缘板宽度中心线和与腹

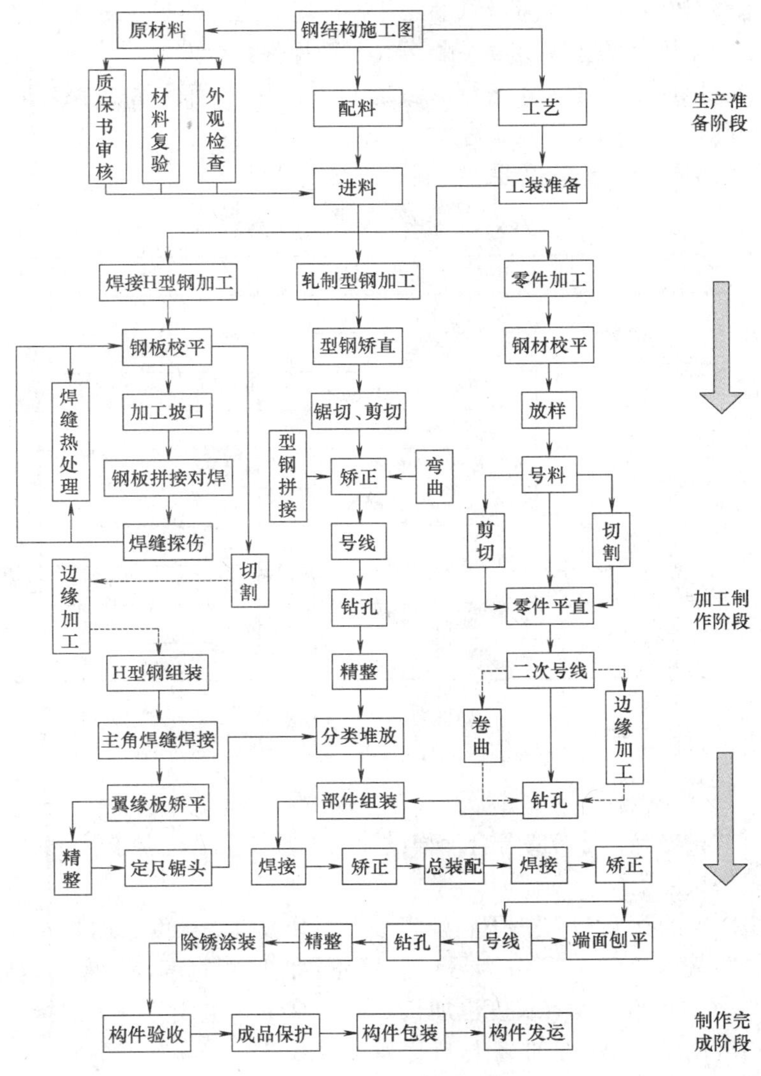

图 1.3-8 制作工艺流程

板组装的定位线，并以此为基准进行 H 型杆件的拼装。

D. H 型杆件拼装在 H 型钢拼装机上进行自动拼装。为防止在焊接时产生过大的角变形，拼装可适当用斜撑进行加强处理。斜撑间隔视 H 型杆件的腹板厚度进行设置。

E. H 型杆件的焊接：H 型钢拼装定位焊所采用的焊接材料须与正式焊缝的要求相同。H 型杆件拼装好后吊入埋弧自动焊机上进行焊接，焊接时按规定的焊接顺序及焊接规范参数进行施焊。对于钢板较厚的杆件焊前要求预热，采用陶瓷电加热器进行，预热温度按相应的要求确定。

F. H 型杆件的校正：H 型杆件组装焊接完后进行校正，校正分机械矫正和火焰矫正两种形式。H 型杆件的焊接角变形采用 H 型钢矫正机进行机械矫正；弯曲、扭曲变形采用火焰矫正。

G. H 型杆件的钻孔：为了保证钻孔的精度，所有需要钻孔 H 型杆件必须全部采用三维数控锯钻流水线进行钻孔、锁口，以保证杆件长度和孔距的制作精度。

H. 为保证 H 型杆件的涂装质量，由于本工程杆件数量多，又为保证涂装施工进度，采用专用涂装设备以流水作业方式进行涂装施工，采用 H 型钢抛丸除锈机进行杆件的冲砂涂装，以保证除锈质量和涂装施工进度。

2）焊接 H 型钢杆件制作精度要求，见表 1.3-16。

焊接 H 型钢杆件制作精度要求 **表 1.3-16**

序号	项　目		允许偏差(mm)
1	断面尺寸	高(*H*)	±1.0
		宽(*B*)	±2.0
		断面对角线(*D*)	±2.0
		扭转(*δ*)	±3.0
2	构件长度	上翼缘	±3.0
		下翼缘	
3	翼缘板对腹板的垂直度		0.5(有孔部位)
			1.5(无孔部位)
4	翼、腹板平面度		有栓孔处 ±0.5
			无栓孔处 ±1.5

1.3.7 十字柱制作工艺

（1）材料

下料前进行材料检验，材料要符合工程设计要求及加工工艺要求。

（2）下料规格尺寸

首先按十字柱中的标准 H 型钢下料，腹板上下开坡口，长度（加 30mm 加工量）；再以两个 T 型钢腹板宽度之和＋3mm 为另一个 H 型钢的腹板宽度，长度仍然加长 30mm 余量，翼板按 T 型钢的翼板宽度，长度也加长 30mm 余量，组成另一个焊接 H 型钢。下料后，去除毛刺和氧化皮，校对后准备上 H 型钢流水线。

（3）切割 H 型钢

将两个 T 型钢组立的 H 型钢平放在工作台上，沿腹板长度方向取中心划线，用半自动切割机按线切割。切割时线两端各 30mm 暂不切断，减少因气割变形，待气割温度降低后再将两端切割开，形成两个 T 形；见图 1.3-9

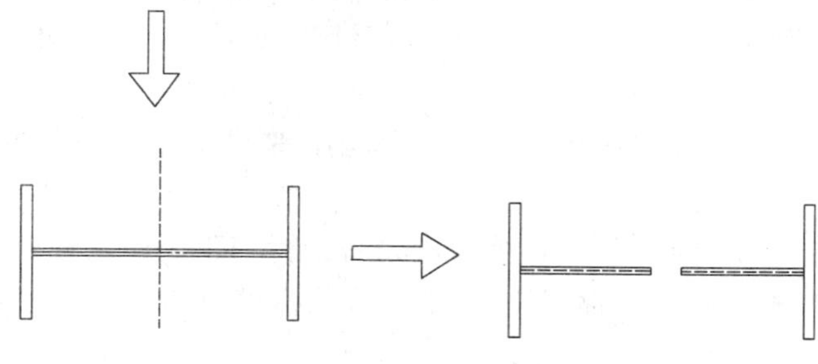

图 1.3-9　切割 H 型钢

将T型钢翼板向下，腹板向上平放在工作台上。用卡兰或其他卡具将T型钢固定，用半自动切割机将腹板边缘割成45°，双坡口。待气割温度降低后拆下固定卡具，用机械或火焰校正平直。

（4）组装十字柱：见图1.3-10

1）将校正后的H型钢平放在测平后的工作平台上，划好中心位置；

2）将一支T型钢对准中心线，用90°角尺靠住腹板再用CO_2气保焊点焊T型钢，焊点50mm；

3）用角钢将T型钢两端临时固定；将构件翻转180°，将另一个T型钢用同样的方法装配。

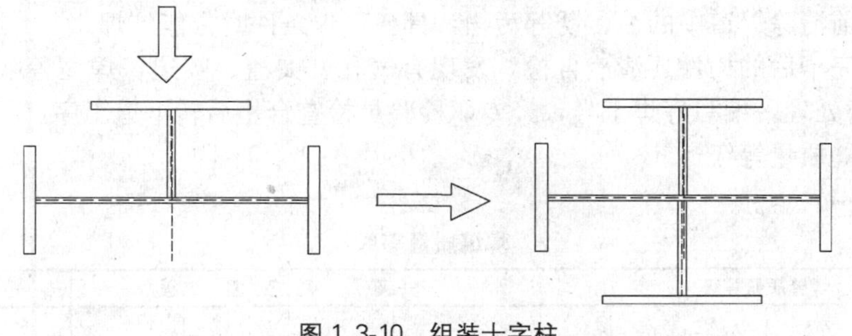

图1.3-10　组装十字柱

（5）焊接

1）根据十字柱的尺寸，搭制焊接固定架，固定架要求平直、牢固、支点间距小于2m并使焊接部位形成船形焊；

2）将构件放置固定架上，用与母材相匹配的焊材和焊剂进行焊接；

3）焊接顺序按对称焊接的原则，分多层施焊，焊接参数严格按焊接工艺评定或相关焊接技术规程；

4）当板厚超过40mm或环境温度低于−5°时，焊接前对焊道两端100mm范围内预热到100～120℃。

（6）校正

1）构件焊接完毕后，必须进行校正，方法可以采用火焰校正或机械校正。校正标准弯曲$<L/2000$，最大不大于3mm；扭曲$h/500$，最大不大于5mm；

2）端铣两头：将构件平放在铣床前，确定构件长度，用划针将两端各面划好线。要求构件放置必须水平，左右相对铣头必须垂直，调整好后将构件用卡具固定住，不能移动。加工后，检查端部与柱身的垂直度，要求公差在1mm。

（7）加工坡口

根据工艺要求，在需要开坡口的部位，划出坡口切割线，标明坡口角度和方向。用半自动切割机割坡口，并将坡口处氧化物清除干净。

（8）装底座板

首先将钻好孔的底座板划好十字线，再将十字柱下端也划好十字线，再将底座板上的十字线与柱底上的十字线对正，用90°角尺测量柱身是否与底板垂直，正确后用电焊点焊，每个焊点长度不超过50mm。

（9）装加劲板及其他零件

装加劲板或连接板时必须将所留焊接收缩量均匀分布，收缩后的尺寸应与详图尺寸一致或在公差范围内，划线时应以柱底板面为基准向上量长度。

（10）二次校正

柱上全部零件装配焊接结束后，构件将产生一定的变形，因此，必须根据变形特点对构件进行二次校正，校正后的构件弯曲标准 $L/1000$，最大不超过 10mm。

（11）零部件装配后焊接

1）所有进行焊接的焊工必须持证上岗。

2）焊工首先熟悉图纸焊缝尺寸要求，确定焊缝验收等级。

3）施焊前清除焊道中的油、锈等污物，具备可焊条件时方能施焊。

4）焊接完毕后的构件要清渣自检，发现有气孔、夹渣、咬边、焊瘤等缺陷，要及时进行补焊打磨处理。编写好焊工号，经专职检验员检查合格后转下道工序。

（12）焊缝质量等级

见表 1.3-17

焊缝质量等级 **表 1.3-17**

焊缝质量等级		一级	二级	三级
内部缺陷超声波探伤	评定等级	Ⅱ	Ⅲ	—
	检验标准	B级	B级	—
	探伤比例	100%	20%	—

注：工厂制作焊缝，按每条焊缝计算百分比，且探伤长度不小于 200mm，当焊缝长度不足 200mm 时，应对每条焊缝进行探伤。

注：检验标准采用《钢焊缝手工超声波探伤方法及探伤结果分级》GB 11345—1989。

（13）对接焊缝和组合焊缝的外形尺寸及允许偏差

见表 1.3-18

对接焊缝和组合焊缝的外形尺寸及允许偏差 **表 1.3-18**

焊缝质量等级 / 检查项目	允许偏差(mm)			图例
	一级	二级	三级	
裂纹	不允许	不允许	不允许	纵向裂纹 横向裂纹 弧坑裂纹 内部裂纹
表面气孔	不允许	不允许	每米焊缝长度内允许直径≤$0.4t$，且≤3.0 的气孔 2 个，孔距≥6 倍孔径	表面气孔
表面夹渣	不允许	不允许	深≤$0.2t$ 长≤$0.5t$，且≤20.0	表面夹渣

续表

焊缝质量等级 / 检查项目	允许偏差(mm) 一级	二级	三级	图例
咬边	不允许	≤0.05t,且≤0.5;连续长度≤100.0,且焊缝两侧咬边总长≤10%焊缝全长	≤0.1t 且≤1.0,长度不限	咬边缺陷 咬边缺陷
接头不良	不允许	缺口深度 0.05t,且≤0.5	缺口深度 0.1t,且≤1.0	
		每 1000.0 焊缝不超过 1 处		
未焊满	不允许	≤0.2+0.02t 且≤1.0	≤0.2+0.04t 且≤2.0	
		每 1000.0 焊缝内缺陷总长≤25.0		
焊缝边缘不直度 f	在任意 300mm 焊缝长度内≤2.0		在任意 300mm 焊缝长度内≤3.0	300 f
电弧擦伤	不允许		允许存在个别电弧擦伤	
弧坑裂纹			允许存在个别长度≤5.0 的弧坑裂纹	

(14) 全熔透焊缝焊脚尺寸允许偏差,见表 1.3-19

全熔透焊缝焊脚尺寸允许偏差 **表 1.3-19**

项目	允许偏差(mm) 一级	二级	图例
腹板翼板对接焊缝余高 C	B<20.0;0~3.0 B≥20.0;0~4.0	B<20.0;0~4.0 B≥20.0;0~5.0	B C
腹板翼板对接焊缝错边 d	d<0.15t 且≤2.0	d<0.15t 且≤3.0	d
全熔透的对接和角接组合焊缝	$h_f \geq (t/4)+4$		t h_f h_f

续表

项目	允许偏差(mm)		图例
	一级	二级	
T型接头焊缝余高	$t \leqslant 40mm$ $a = t/4mm$	Δa：$^{+5}_{0}$	
	$t > 40mm$ $a = 10mm$	Δa：$^{+5}_{0}$	

注：焊脚尺寸 h_f 由设计图纸或工艺文件所规定。

1.3.8 钢结构涂装

（1）钢结构除锈

1）除锈等级需符合图纸设计的要求。

2）钢构件出厂前进行喷砂除锈，除锈等级达到 Sa2.5 级标准，并符合《涂装前钢材表面锈蚀等级和除锈等级》GB 8923—88 的规定。

（2）涂漆

1）涂漆前严格检查钢材表面处理质量，是否达到了设计规定的除锈质量等级，如没有达到，应重新除锈，直至达到标准为止。

2）各类底漆、中涂漆及面漆应具有良好的配套性，包括性能配套、硬件配套、烘干湿度配套等。

3）除锈合格后涂防锈漆两道，焊接区除锈后涂专用坡口焊保护漆两道。

4）涂漆颜色和种类须符合下列要求：底漆一遍，铁红 C53-31 红丹醇酸防锈漆，涂层厚度 25～30μm；中间漆两遍，云铁醇酸防锈漆，涂层厚度 50～60μm；面漆两遍，灰色 C04-42 醇酸调和漆，涂层厚度 40～50μm；修补漆共五遍，各层如上，涂层总厚度 115～140μm。

5）涂装施工环境的湿度，一般应在相对湿度不大于 85％的条件下施工为宜。

6）涂装时，环境温度宜在 5～38℃之间。

7）选择最佳时间进行涂装，即日出后 3h 至日落前 3h 之内（室内作业不限）。

8）在下列情况下，一般不得施工，如要施工需有防护措施：

A. 在有雨、雾、雪和较大灰尘的环境下，禁止在户外施工。涂装时构件表面不应有结露，涂装后 4h 内应保护免雨淋。

B. 涂层可能受到尘埃、油污、盐分和腐蚀性介质污染的环境。

C. 施工作业环境光线严重不足时。

D. 没有安全措施和防火、防爆工器具的情况下。

9）涂漆间隔时间对涂层质量有很大的影响，间隔时间控制适当，可增强涂层间的附着力和涂层的综合防护性能。

10）禁止涂漆部位为：

地脚锚栓和底板；高强度螺栓节点摩擦面；

型钢混凝土中的钢构件；箱形柱内封闭区；

工地焊接部位及两侧 100mm 且满足超声波探伤要求的范围；

设计上注明不涂漆的部位。

11）涂装前的遮蔽：

对施工时可能会影响到禁止涂漆的部位，在施工前应进行遮蔽保护。面积较大的部位，可贴纸并用胶带贴牢，面积较小的部位，可全部用胶带贴上。

12）从事本工程的涂装人员，必须具有从事同类涂装工程半年以上工作经验并取得涂装上岗证。

13）本工程的油漆必须具有国家权威检验部门的认证书。

14）涂漆后的漆膜外应均匀、平整、丰满而有光泽，不允许有咬底、裂纹、剥落、针孔等缺陷。涂层厚度用漆膜测厚仪测定，总厚度应达到有关设计要求。

1.4 钢结构现场安装

主体钢结构安装主要指本工程劲型钢柱、楼层间钢梁和屋顶钢梁的安装。

1.4.1 钢构件分布及分段情况

（1）钢柱的分布情况

1）钢柱的分布及重量情况

钢柱主要分布在 P9、P18 轴线上。劲型十字柱 Z6 直径为：ϕ1000 共有 5 根，十字钢柱规格为：600mm×300mm×25mm×50mm，其中 2 根设在 P9/PJ 和 P9/PK 轴处，标高在＋9.150～＋16.05m 处，柱长度：6.9m，重量：3.47t；另外 3 根设在 P18/PJ.1、P18/PH.1 和 P18/PH 轴处，标高在－1.65～＋16.95m 处，柱长度：18.6m，重量：11.954t。

2）钢柱分段

根据图纸和现场塔吊其中情况来计算，本广场钢结构工程劲性钢柱在 P18 轴线上的分为两段，其他的十字型钢柱可以整体吊装，见图 1.4-1。

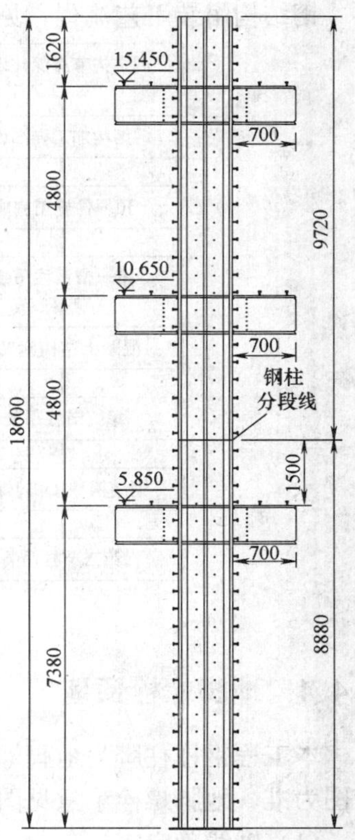

图 1.4-1 钢柱效果示意图

（2）钢梁的分布情况

本工程钢梁分布在一层、二层、三层和四层的局部区域内和屋面 1、屋面 6A 区部位，钢梁品种有：

1）H 型钢：H134mm×320mm×13.5mm×15mm～H600mm×1000mm×35mm×50mm，I250mm×250mm×9mm×14mm、I300mm×400mm×10mm×16mm、I175mm×350mm×7mm×11mm；

2）Ⅱ型钢：800mm×1000mm×35mm×50mm；

3）□型钢：□500mm×1100mm×35mm×50mm～

□400mm×450mm×15mm×15mm，共15种；

4）圆钢管：ϕ700mm，500mm×25mm。

1.4.2 钢构件现场平面堆放管理

（1）依据塔吊的起重能力确定构件堆放位置。

（2）堆放地基要坚实。

（3）堆放在基坑设计荷载允许的位置。

（4）现场构件尽量分类单层摆放，以便于起吊。

（5）进场钢柱、钢梁下需加垫木，并且须注意预留穿吊索的空间。

（6）堆场须留出吊装机械通道。

（7）不同类型的钢结构一般不堆放在一起。

（8）小件及零配件应集中保管于仓库，做到随用随领，如有剩余，应在下班前作退库处理。

（9）仓库保管员对小件及零配件应严格做好发放领用记录及退库记录。

（10）由于现场堆放造成的钢构件变形及涂层脱落，应进行矫正和修补。

（11）钢构件表面应保持干净，表面不应有疤痕、泥沙等污垢。

1.4.3 钢结构吊装工艺流程及整体施工顺序

钢结构吊装工艺流程，见图1.4-2。

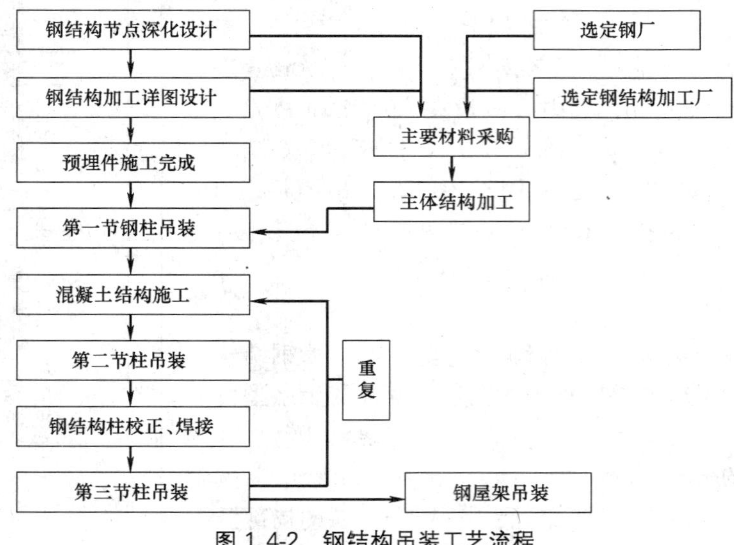

图1.4-2 钢结构吊装工艺流程

1.4.4 地脚螺栓预埋

本工程钢柱柱脚为地脚螺栓连接，每根钢柱均需埋设地脚螺栓。地脚螺栓的规格以施工图为准，地脚螺栓示意见图1.4-3。

（1）轴线确定

根据设计要求，将轴线按规定弹在横梁钢筋上，在此基础上初步确定地脚螺栓的位

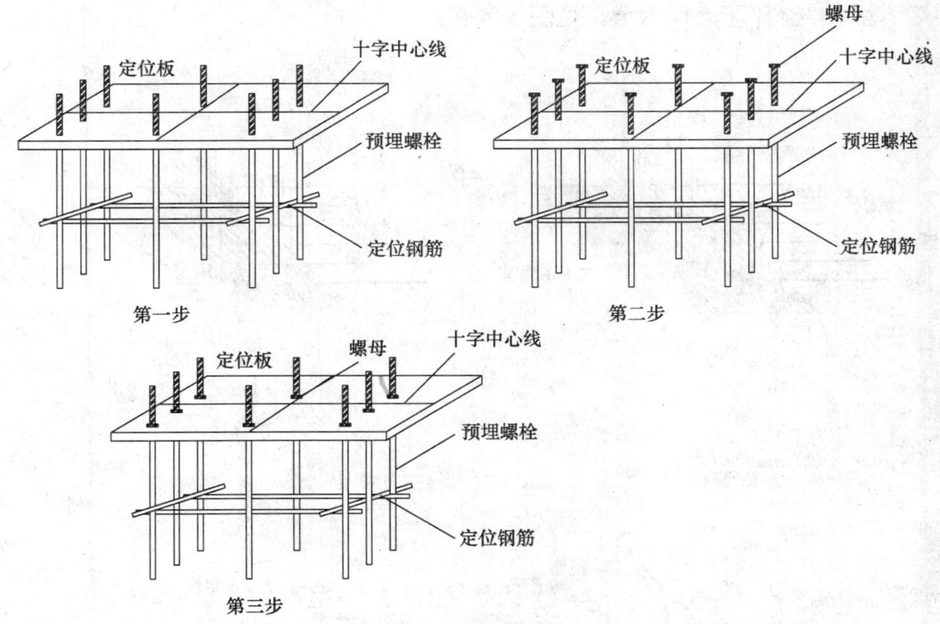

图 1.4-3 地脚螺栓示意图

置，对梁筋间距作局部调整，达到螺栓能顺利通过梁筋。

（2）定位箍筋位置确定

定位箍筋是用来辅助固定地脚螺栓的，根据混凝土浇筑顶面标高和柱脚底板标高来确定其位置，箍筋高出混凝土浇筑顶面 50mm 为宜。

（3）箍筋定位

箍筋标高确定后，将箍筋点焊在柱箍筋上，并根据螺栓的位置再加焊 2 根辅助定位箍筋，箍筋应保持水平，不得倾斜。

（4）定位法兰盘就位

箍筋定位后，将定位板法兰盘放置在箍筋上，检查其位置是否合适，否则再作局部调整。

（5）地脚螺栓就位

将地脚螺栓插入柱中，并套入上方的定位法兰盘，根据给出的轴线位置来确定螺栓位置。此时应确定螺栓露出混凝土面的长度。

（6）地脚螺栓的最终定位

螺栓位置初步确定后，经纬仪找准轴线，无误后将法兰盘与箍筋点焊，并将螺栓底部用 4 根钢筋连成整体。混凝土浇筑前将上部螺栓丝扣抹上黄油后包裹保护起来。

（7）混凝土浇筑

安装完毕后，等待浇筑混凝土。

（8）钢柱基础地脚螺栓验收

（9）跟踪测量

混凝土浇筑时测量工跟踪测量地脚螺栓移动偏差。一旦发现偏差超标的立刻进行校正，直至符合规范要求。

（10）地脚螺栓预埋流程示意，见图 1.4-4。

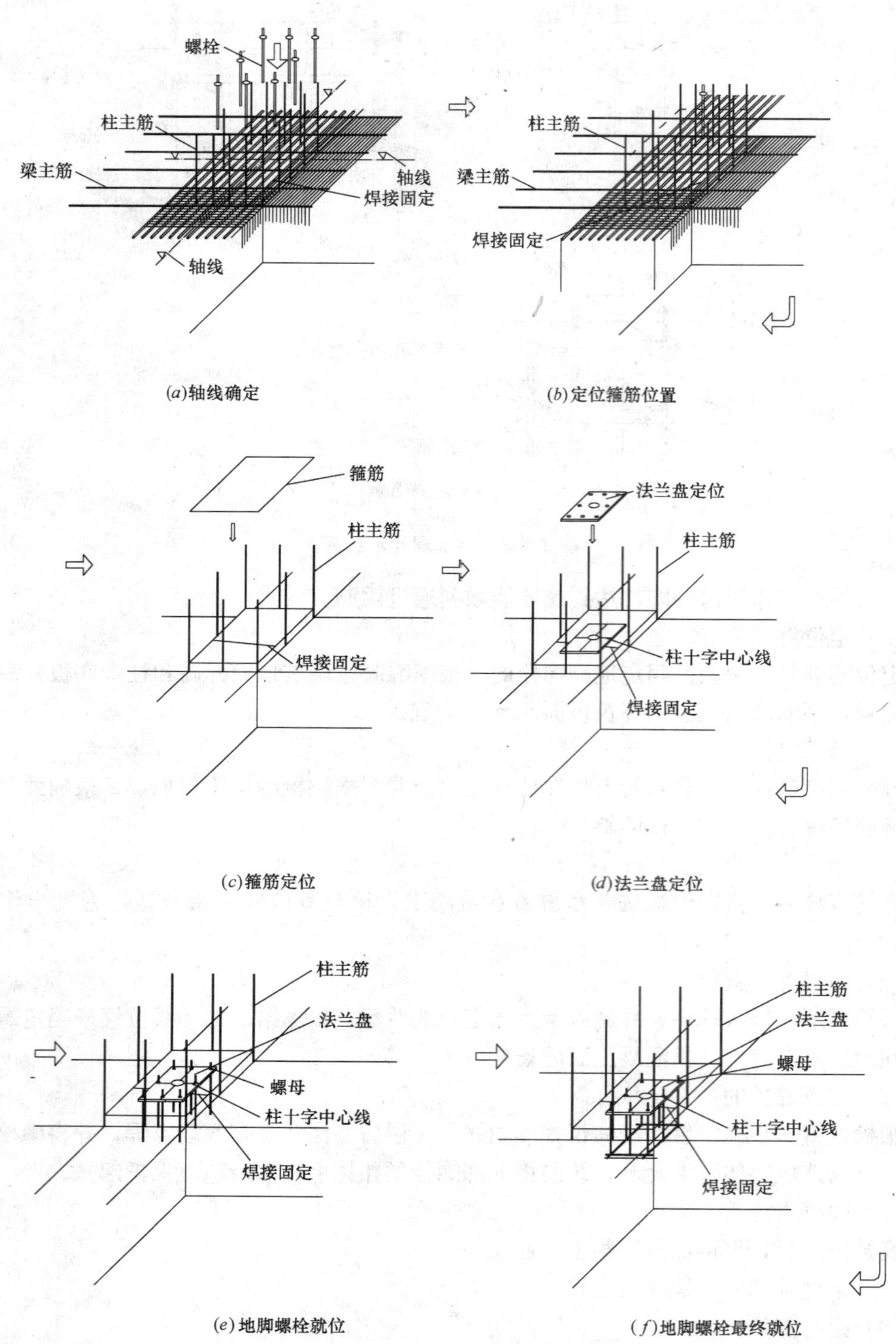

图 1.4-4 地脚螺栓预埋流程示意图（一）

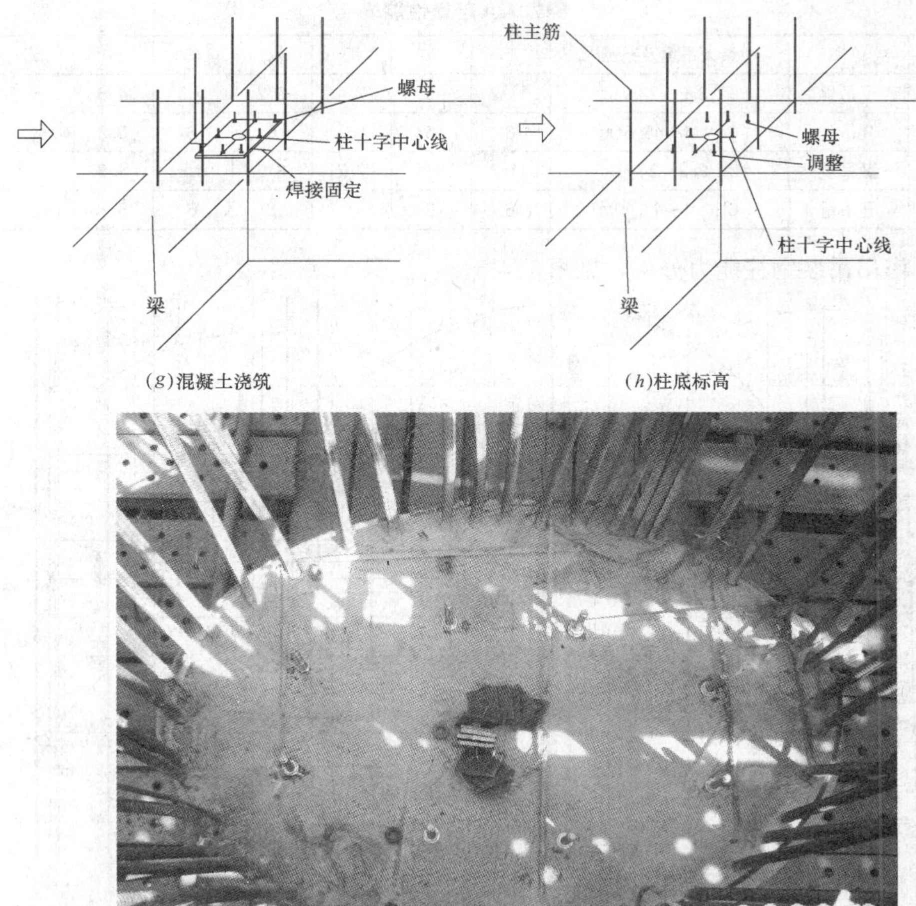

图 1.4-4 地脚螺栓预埋流程示意图（二）

(11) 在钢柱吊装前，必须对已完成施工的预埋螺栓的轴线间距进行认真核查、验收。对超过规范允许偏差的不合格者，要请有关方会同解决；对弯曲变形的地脚螺栓，要进行校正；已损伤的丝扣用板牙进行修理，并对所有的螺栓予以保护。

(12) 柱基础轴线确定

清除混凝土灰渣，去掉原定位法兰盘，设立桩基础定位轴线，要用红色油漆明显标示准确的十字轴线，以确保与钢柱轴线吻合。

1.4.5 钢柱吊装

(1) 塔吊起吊能力分析

1) 选择的塔吊及其重能力，见表 1.4-1、表 1.4-2。

塔吊起重能力分析表　　表 1.4-1

塔吊编号	塔吊型号	最大起重量及臂长	吊重 7.8t 时臂长	吊重 1.8t 时臂长	安装位置
1、2、3 号塔	ST70/30	4.36t/60m	34m	—	Ⅰ区
4、5、6 号塔	ST60/15	1.5t/60m	—	50m	Ⅱ区、Ⅲ区

ST70/30 起重性能表 表 1.4-2

臂长	倍率	最大吊重及范围	25	30	35	40	45	50	55	60
60	Ⅳ吊重	12t,3.2～23.76m	11.2	9	7.4	6.2	5.3	4.6	4	3.5
	Ⅱ吊重	6t,4.1～45.64m	6	6	6	6	6	5.3	4.7	4.3
50	Ⅳ吊重	12t,3.2～24.53m	11.7	9.4	7.7	6.5	5.5	4.8		
	Ⅱ吊重	6t,4.1～47.19m	6	6	6	6	6	5.6		

2）塔吊吊装钢柱能力分析，见图 1.4-5。

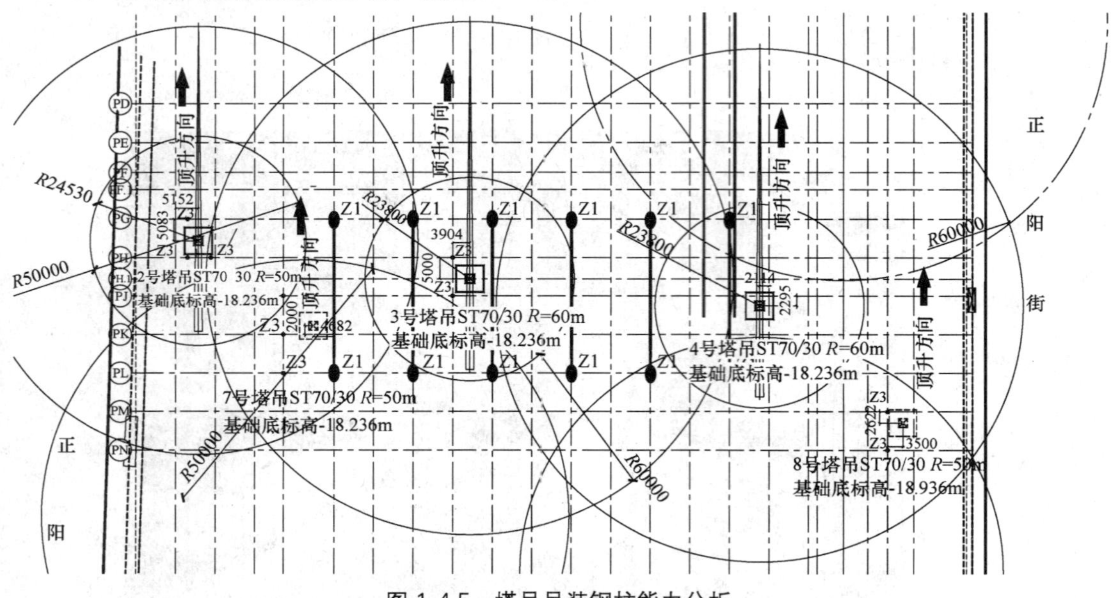

图 1.4-5 塔吊吊装钢柱能力分析

（2）第一节钢柱安装

1）施工准备

A. 构件的验收

B. 设专业质量监督组，进行构件验收和跟踪检查。

C. 构件质量证明书和运货清单等资料要随同构件一起到施工现场，验收人员核对无误，并对构件质量抽检合格后，方可确认签字。

D. 凡验收不合格的构件，生产厂家应及时返修处理，在现场不能处理的构件，运回制造厂处理，但不得延误钢结构的正常吊装。

2）构件倒运

A. 钢构件供应要配套运送，严格执行钢结构构件配套供应指示单，确保吊装顺序和进度。

B. 钢构件配套供应指示单，由施工方根据现场实际情况，指定专人负责，提前 1～2d 提出。

C. 构件进入施工现场，原则上提前一天运送，当天完成安装。

D. 构件运至现场时，要注意控制当天构件的运送节奏。

E. 质量检验人员要进料单数量、规格对构件进行验收和签字。

3）柱基础吊装准备

A. 钢柱基础地脚螺栓埋件的精度，直接影响钢柱安装速度和质量。在钢柱吊装前，必须对已完成施工的预埋螺栓的轴线间距进行认真核查、验收。对弯曲变形的地脚螺栓，要进行校正；已损伤的螺纹要重新套丝，在安装之前对所有的螺栓涂防腐剂，用防雨布绑扎紧，防止因为下雨雪造成地脚螺栓生锈。

B. 清除混凝土灰渣，去掉原定位铁板，设立桩基础定位轴线，要用红色油漆明显地标出“十”字轴线，以确保安装时与钢柱轴线吻合。

C. 标高调整采用调节螺母调节。

D. 钢柱吊装前应在钢柱顶安装好防坠器，挂好校正用缆风绳。

（3）吊点设置及吊装方法

1）吊点设置及吊具选择

A）钢柱吊点设置在预先焊好的吊耳处，即柱接柱临时连接板上。

B）每根钢柱用四个足够强度的卡环及钢丝绳进行吊装。

最重钢柱为 8.7t，准备用 2 个 5 号卡环，两根 $\phi 24$ 钢丝绳。

2）吊装方法

拟采用单机回转法起吊。起吊前，钢柱应横放在垫木上；起吊时，不得使柱端在地面上有拖拉现象，钢柱起吊时必须距地面高度 2m 以上才开始回转，钢柱吊装示意图，见图 1.4-6。

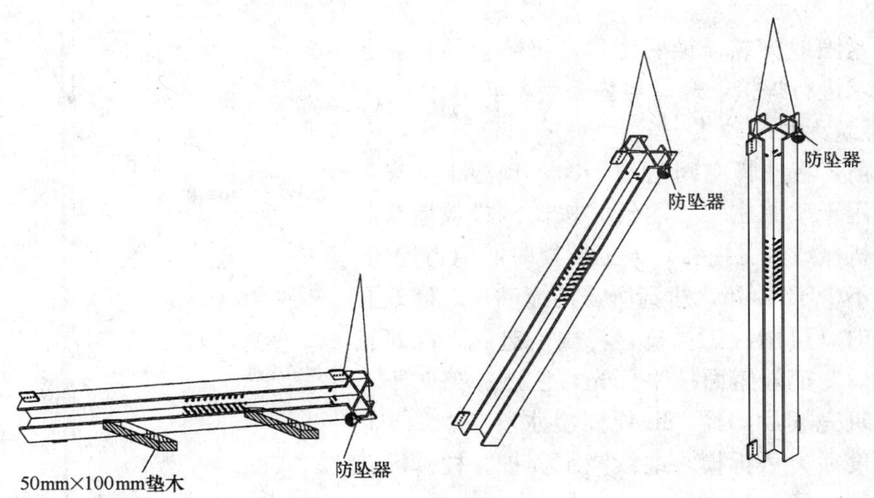

图 1.4-6 钢柱吊装示意图

同时钢柱上绑好防坠器，以便人员上下及防止高空坠落。

3）钢柱就位

当钢柱吊至距其就位位置上方 200mm 时，使其稳定，对准螺栓孔，缓慢下落，下落过程中避免磕碰地脚螺栓丝扣。落实后用专用角尺检查，调整钢柱使钢柱的定位线与基础定位轴线重合。就位误差确保在 3mm 以内，钢柱就位，见图 1.4-7。

4）临时固定

钢柱吊升到位后，首先检查钢柱四边中心线与基础十字轴线是否对齐吻合，即用直尺将钢柱四方中心线延长到对齐，四边兼顾。当对准或已使偏差控制在规范许可的范围内

图 1.4-7 钢柱就位示意图

时，即为完成对位工作。然后，对钢柱进行临时固定，即采用四方向拉设缆风绳的方法，如受环境限制不能拉设缆风时，则采取在相应方向上做硬支撑的方式，进行临时固定。

5）钢柱校正

A. 标高调整

钢柱就位标高采用预先在柱底中心位置预制钢板砂浆垫块（垫块顶标高为柱底标高），钢柱就位后垂直度调整完毕，紧固调整螺母使其与柱底接触紧密。首节钢柱标高调整，见图 1.4-8。

B. 跨间垂直度调整

利用临时固定用缆风绳、捯链、管式支撑、千斤顶等对柱垂直度进行校正，对柱的水平位置、间距进行处理。确认坚固无误后，进入下一步工作。

6）钢柱固定

对称紧固地脚螺栓锁紧螺母，将垫板与柱脚板按图纸要求进行焊接，螺母与垫板点焊牢。

7）灌筑无收缩砂浆

灌筑前，将柱脚空间清理干净，预湿、支撑模板，缝隙用干砂浆密实。灌筑时按比例投放灌浆料和水，用机械或人工搅拌，人工搅拌时需用力均匀，搅拌时间不少于 5min，达到所需的流动度。灌筑孔或小空间时，可用人工插捣，将气泡赶跑，灌筑密实，稍干后，把外露面抹平压光，注意振捣时不可过振。灌筑完毕后，经 12h 便要浇水养护，24h 达到一定强度后方可拆模，继续浇水养护。柱脚灌筑无收缩砂浆，见图 1.4-9。

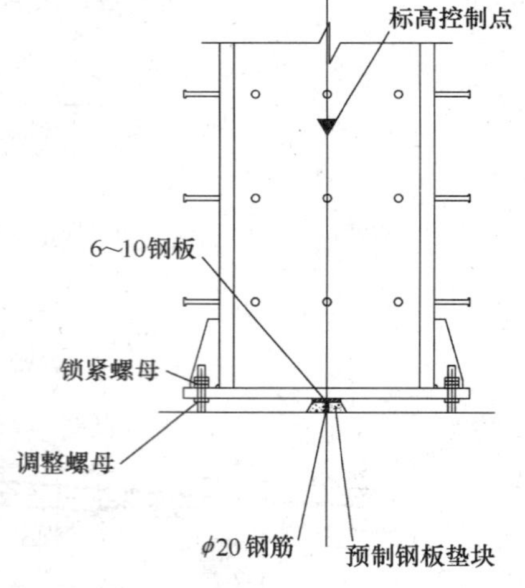

图 1.4-8 首节钢柱标高调整示意图

8）钢柱的安装顺序

钢柱的安装保证两排钢柱由基准间向四周顺序安装，安装好钢柱后及时安装好钢梁，形成一个稳定的框架结构。首层以上的钢柱安装顺序相同。

(4) 第二节以上的钢柱安装

1）吊装方法

吊装方法同第一节柱，拟采用单机回转法。

2）钢柱就位

以安装在吊装柱下的双夹板平行插入基础柱对应的安装耳板上，穿好连接螺栓。

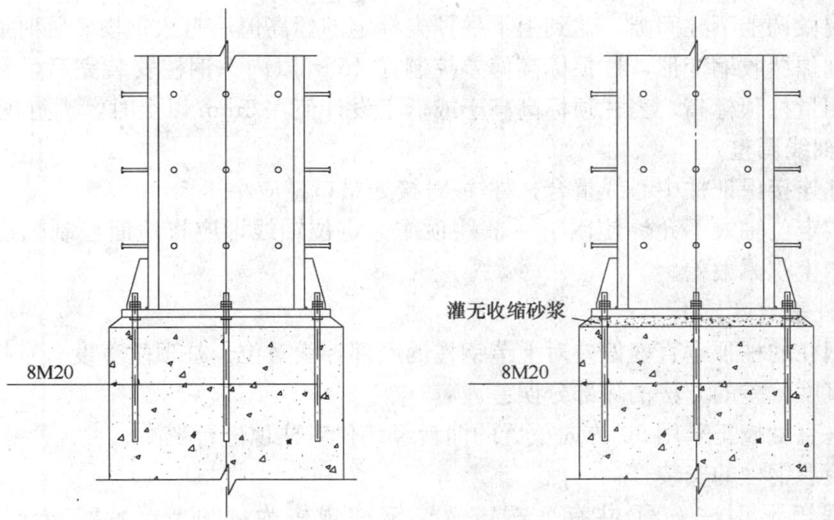

图 1.4-9　柱脚灌筑无收缩砂浆示意图

3）临时固定

钢柱垂直度初校正，柱接柱临时螺栓连接紧固，即安装钢梁。

4）校正方法

单根钢柱安装后校正或钢梁安装后校正均可采用缆风绳、楔铁或千斤顶对柱顶标高、柱底错口、垂直度进行校正。对柱顶位移微调时校正，应在测量工的测量监视下进行，柱顶向建筑内侧调整用缆风绳-捯链、柱顶向建筑外侧调整管式支撑-千斤顶。单根钢柱校正，见图 1.4-10。

A. 标高调整

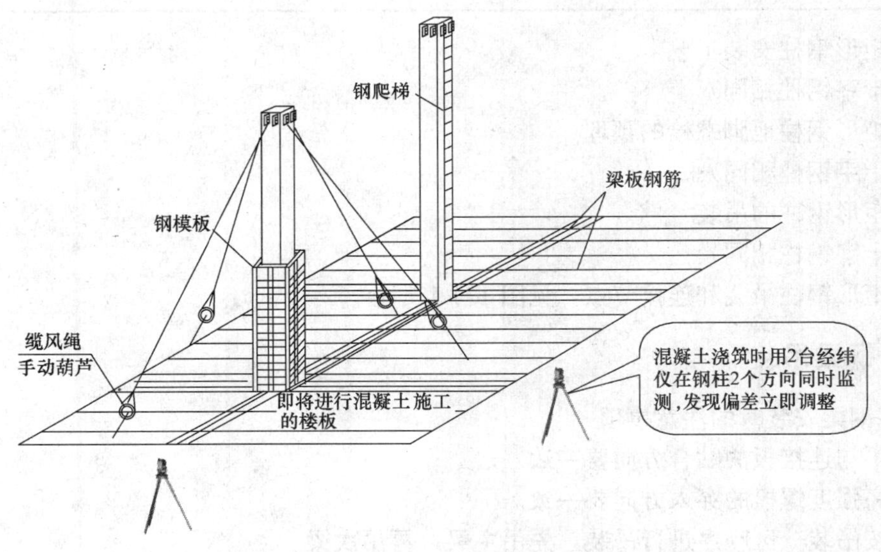

图 1.4-10　单根钢柱校正示意图

柱顶标高调整按相对标高进行。钢柱吊装就位后，用大六角螺栓临时固定连接，通过塔吊和撬棍微调上下柱间隙、达到上下柱预先标定的标高值后打入钢楔、临时固定牢固。

考虑到焊缝收缩变形，柱顶标高偏差控制在 4mm 以内。钢柱安装完后，在柱顶安置水准仪，测量柱顶标高。当柱顶标高高于或低于设计值在 5mm 以上时，进行现场调整。

B. 柱轴线调整

上下柱连接保证柱中心线重合，柱-柱对接处错口量应小于 3mm。

柱安装定位轴线不允许使用下一节柱顶作为定位轴线，应将地面控制轴线引到施工层，避免产生积累偏差。

C. 钢柱垂直度校正

下层钢柱的柱顶垂直度偏差对上节钢柱的底部轴线对位、柱顶垂直度有直接影响，采取预留垂直度偏差的方法消除部分误差。

钢柱垂直度校正采用 90°方向放置的两台经纬仪对柱顶进行观测。

(5) 矩形钢柱的安装

本工程矩形钢柱 GZ1 共有 8 根，矩形钢柱规格为：200mm×200mm×10mm×10mm，其设在 PH-PG～P14-P16 区域内，标高在－5.625～＋18.95m 范围内，柱长度：24.575m，重量：1.5t。

1) 矩形钢柱的分段，见表 1.4-3。

矩形钢柱的分段表 **表 1.4-3**

序号	规格(mm)	长度(m)	数量(根)	单重(t)	合重(t)
1 节柱	200×200×10×10	2.975	8	0.25	2.00
2 节柱	200×200×10×10	5.719	8	0.42	3.36
3 节柱	200×200×10×10	5.114	8	0.38	3.04
4 节柱	200×200×10×10	4.794	8	0.36	2.88
5 节柱	200×200×10×10	4.250	8	0.45	3.60

2) 矩形钢柱安装工艺

(与十字钢柱相同)

3) 矩形钢柱地脚螺栓的预埋

(与十字钢柱相同)

4) 矩形钢柱的吊装

(与十字钢柱相同)

5) 矩形钢柱吊装和连接节点，见图 1.4-11。

1.4.6 钢梁吊装

(1) 钢梁安装时的注意事项

1) 梁与连接板的贴合方向要一致。

2) 高强度螺栓的穿入方向要一致。

3) 按吊装分区顺序进行吊装，先吊主梁，再吊次梁。

4) 钢梁安装时孔位偏差的处理，只能采用机具绞孔扩大，而不得采用气割扩孔的方式。

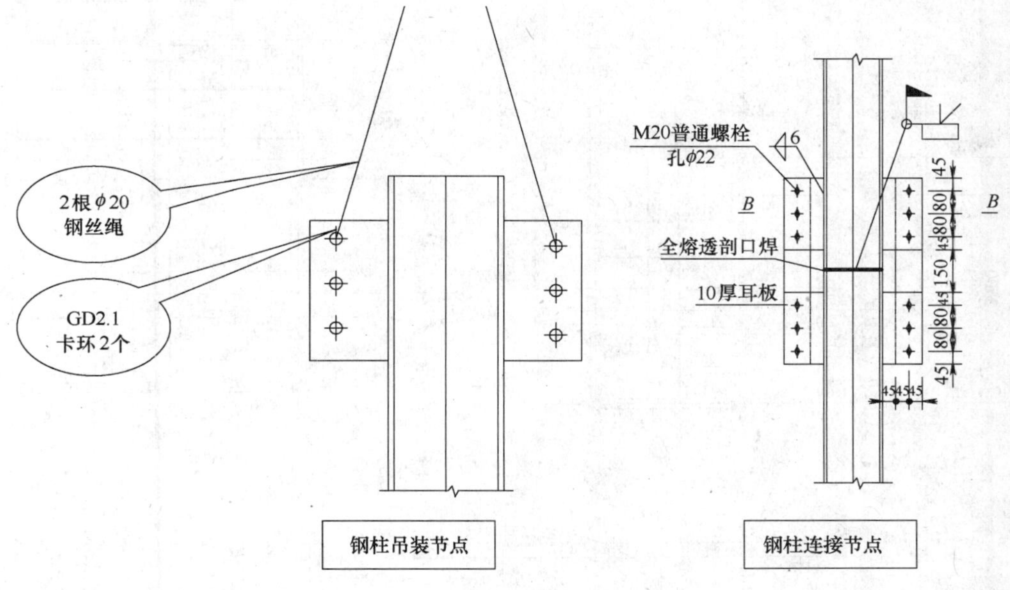

图 1.4-11 矩形钢柱吊装和连接节点示意图

5）钢梁安装后应及时拉设安全绳，以便于施工人员行走时挂设安全带，确保施工安全。

6）钢梁的临时固定：梁两端安上临时螺栓后塔吊即可脱钩。

7）钢梁水平度超标：主要原因连接板位置或螺栓孔位置有误差，可采取换连接板重焊或重新制孔的方法处理。

（2）一层钢梁的安装

1）一层钢梁的分布及吊重分析

一层钢梁顶标高为：+0.350m，钢梁分布在以下 2 个区域内（见图 1.4-12）：每个区域内设主钢梁 2 榀，其余为次梁；在 P12-P14～PS-PP 区域内，设有Ⅱ型钢梁：800mm×1000mm×35mm×50mm，重量为：27t；H 型钢梁：500mm×1000mm×35mm×50mm，重量为：14.5t。现场布置的塔吊不能满足钢梁吊装的要求，现场周边条件无法使用大型汽车吊进行吊装。因此，需要将钢梁进行分段后方可进行吊装，Ⅱ型钢梁：800mm×1000mm×35mm×50mm 分为 8 段，每段钢梁重量：3.3t；H 型钢梁：500mm×1000mm×35mm×50mm，分为 5 段，每段钢梁重量：2.8t，由于钢梁不能够整体安装就位，因此需要搭设钢梁安装用承重脚手架。4 号塔吊与钢梁安装部位吊装能力图，见图 1.4-13。

2）一层钢梁的安装用承重脚手架

脚手架使用 φ48×3 钢管，搭设高度 4.45m，长度 21.5m，宽度 6m。立柱纵向间距 0.5m，立柱横向间距 0.4m，步距 1.2m。承重脚手架，见图 1.4-14。

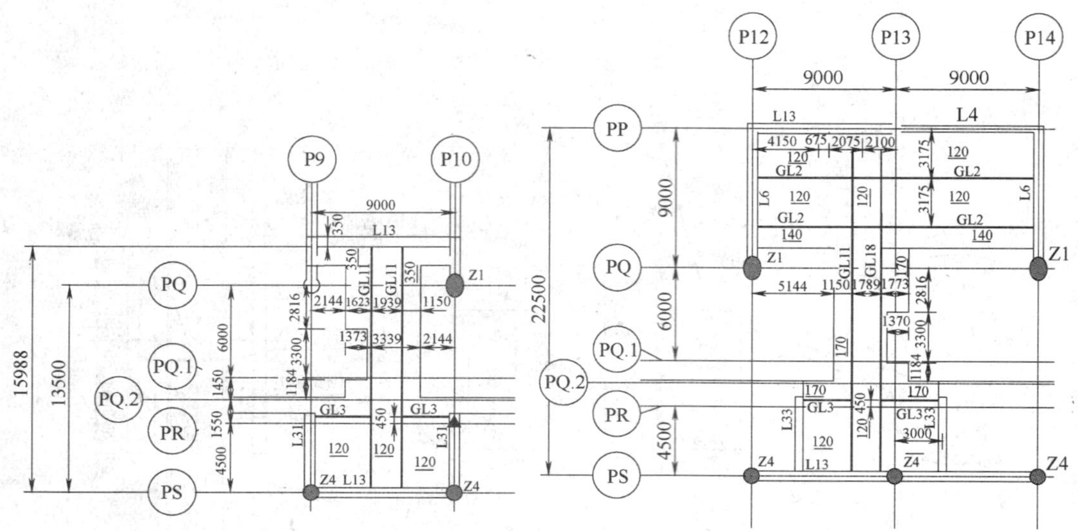

图 1.4-12 钢梁分布区域示意图

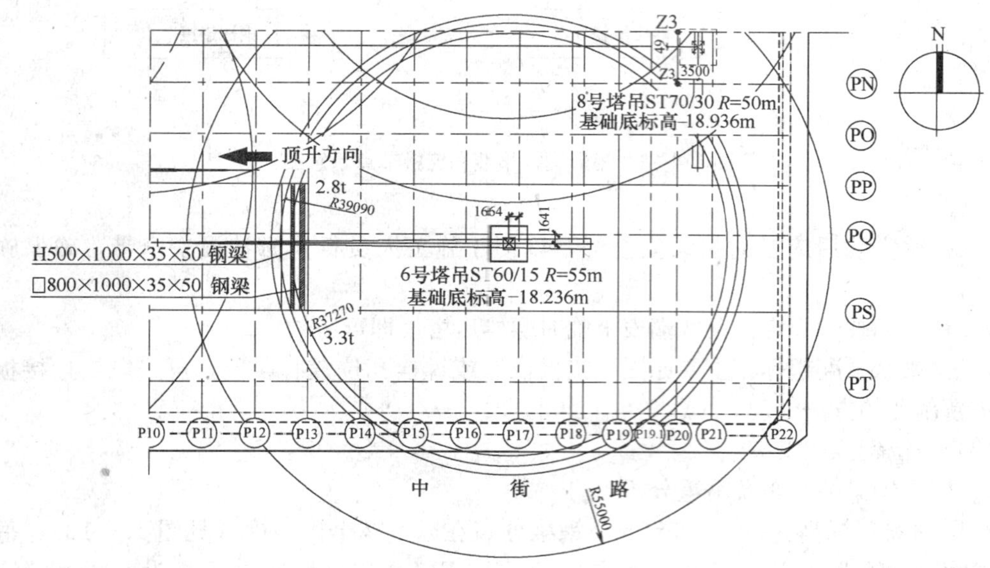

图 1.4-13 4号塔吊与钢梁安装部位吊装能力图

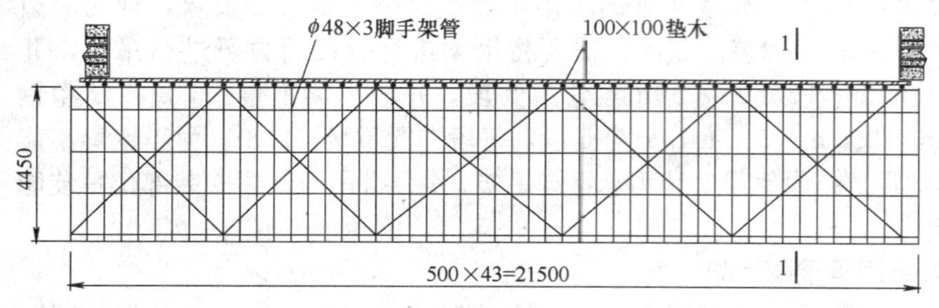

图 1.4-14 承重脚手架示意图

3）一层钢梁的安装示意

本工程分段钢梁安装，采取搭设承重脚手架，利用现场塔吊进行安装，钢梁安装采取先装距塔吊最远端钢梁段，由远至近逐一进行安装，钢梁就位后，利用水平仪、千斤顶、倒链、铅坠、钢尺等工具，对钢梁高程进行调整、起坡、就位，固定，然后进行钢梁焊接。分段钢梁吊装，见图 1.4-15。钢梁安装立面，见图 1.4-16。分段吊装钢梁承重脚手架，见图 1.4-17。

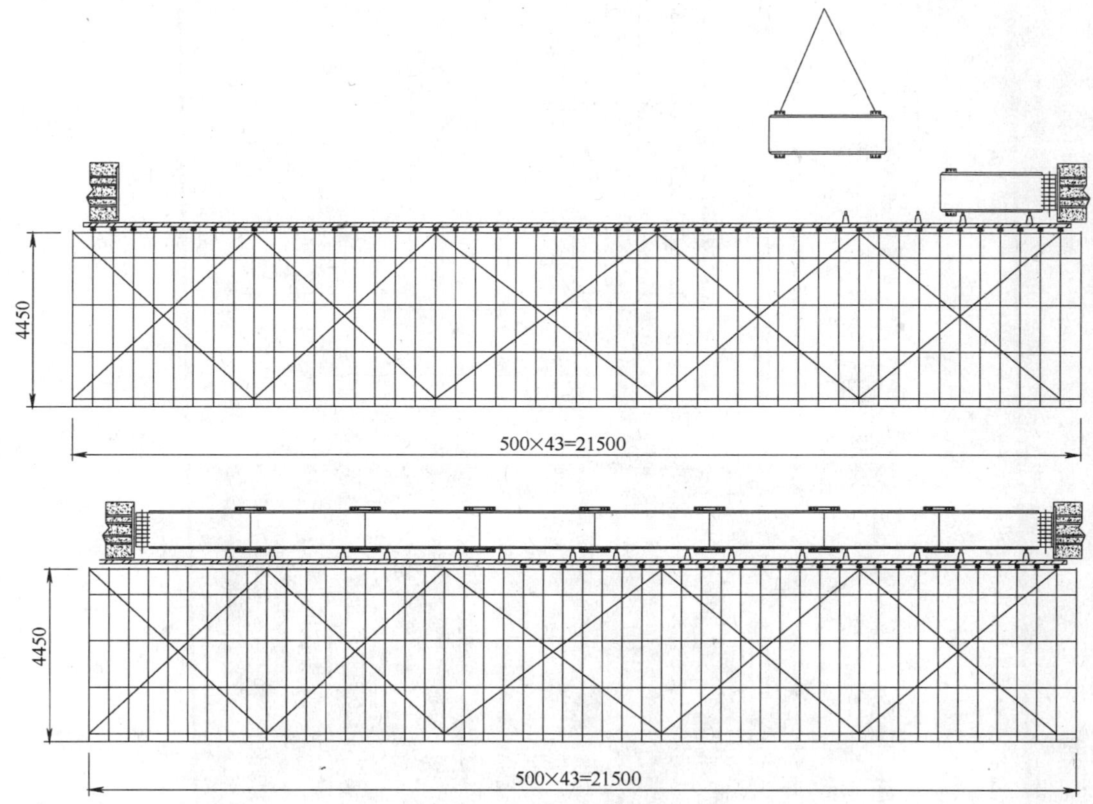

图 1.4-15 分段钢梁吊装示意图

4）钢梁焊接顺序

钢梁就位调整完成后，焊接由中间焊口开始焊接，向两侧焊口方向进行焊接（钢梁焊接顺序，见图 1.4-18），在焊接过程中随时注意观察钢梁变形情况，及时调整焊接方位，确保钢梁变形在标准要求范围内。钢梁立面焊接示意图，见图 1.4-19。分段钢梁的焊接，见图 1.4-20。

（3）二层钢梁的安装

二层钢梁顶标高为：＋5.850m，钢梁分布在以下 6 个区域内：见图 1.4-21。

1）其中 P6-P10～PR-PP 区域和 P12-P13～PS-PP 区域钢梁安装方法与一层相同，这里不再描述。

2）P5-P7～PJ-PH 区域内设有 2 根主梁，主钢梁型号为：H500mm×1000mm×35mm×50mm，钢梁长度为：17.525m，钢梁重量：11.5t。根据现场塔吊布置情况，将货

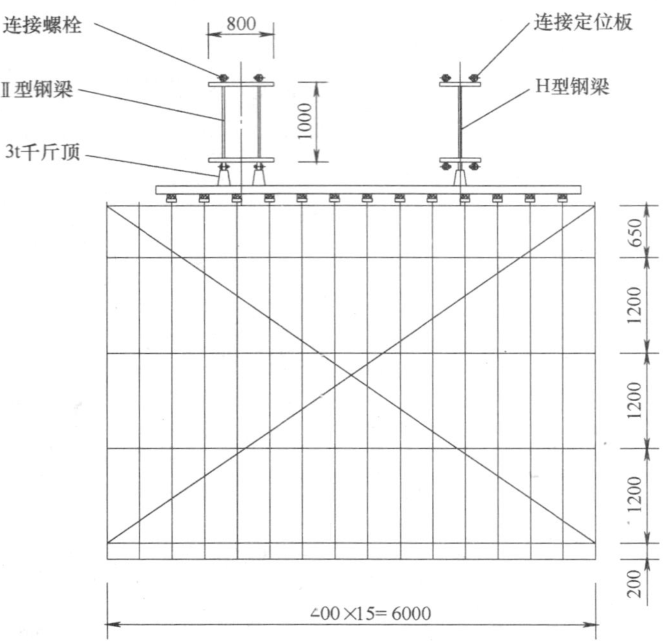

图 1.4-16 钢梁安装立面图

图 1.4-17 分段吊装钢梁承重脚手架示意图

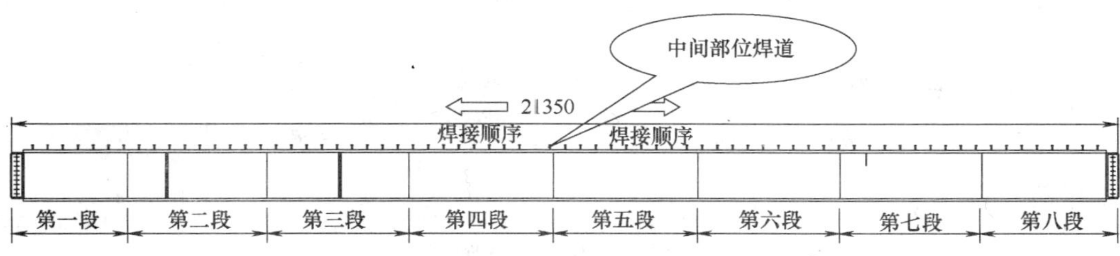

图 1.4-18 钢梁焊接顺序图

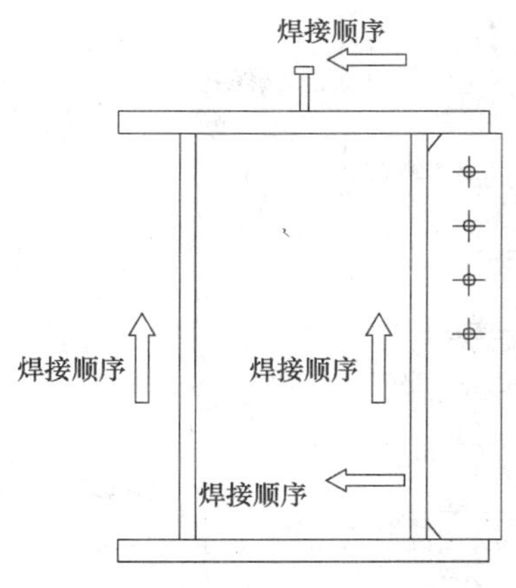

图 1.4-19 钢梁立面焊接顺序图

图 1.4-20 分段钢梁的焊接示意图（类似工程）

车开到指定的卸货区，使用 2 号塔吊进行卸车，并将其吊到 2 号、3 号塔吊共同区域内，根据“2 号、3 号塔吊性能表”情况，钢梁就位采取 2 号、3 号塔吊双机抬的方法进行。塔吊布置，见图 1.4-22。

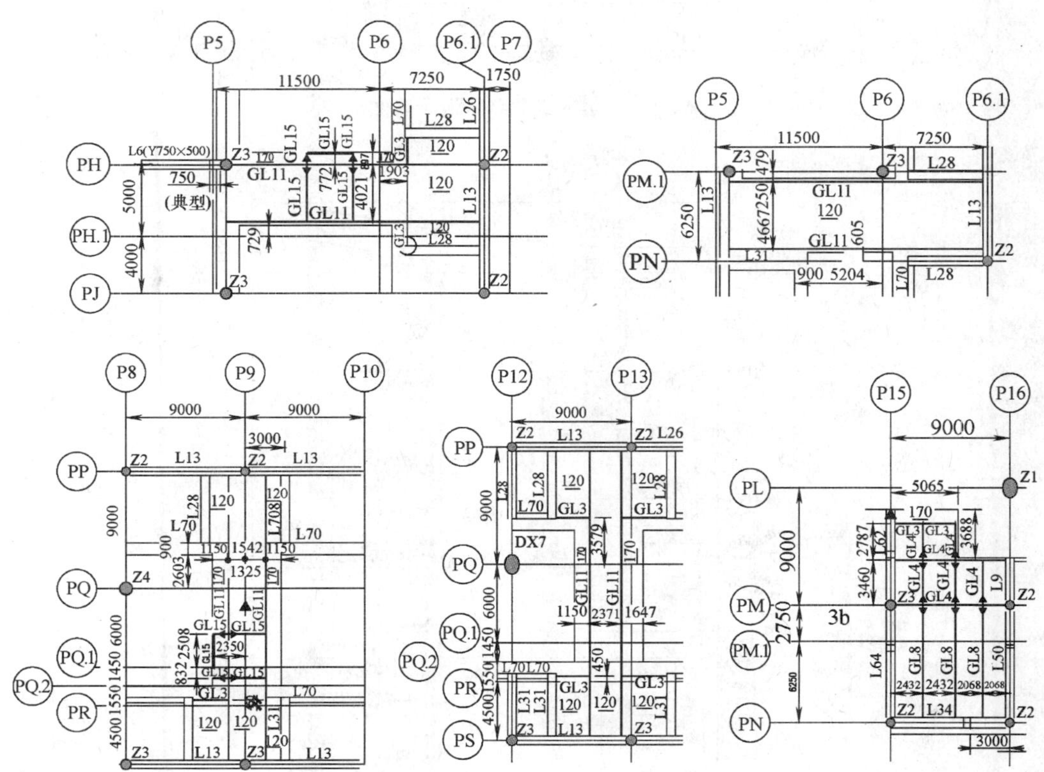

图 1.4-21 二层钢梁安装区域示意图（一）

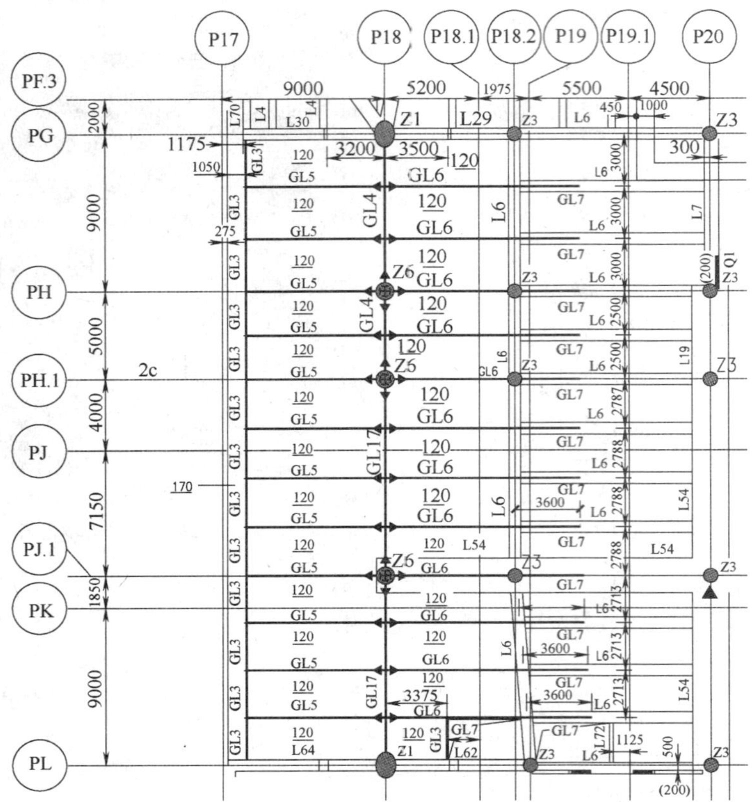

图 1.4-21 二层钢梁安装区域示意图（二）

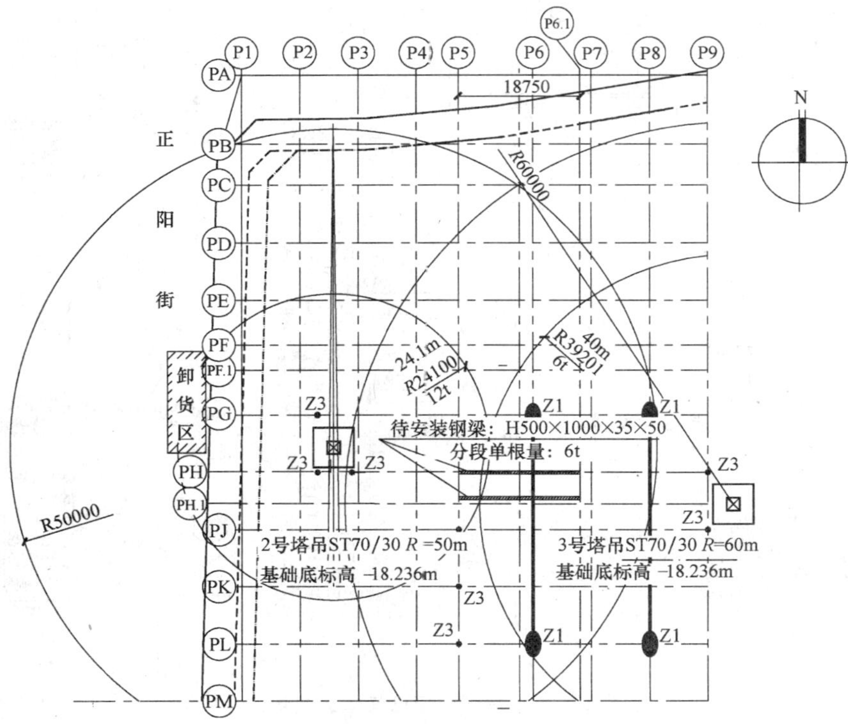

图 1.4-22 塔吊布置图

3）P5-P6.1～PN-PN.1 区域内设有 2 根主梁，主钢梁型号为：H500mm×1000mm×35mm×50mm，钢梁长度为：17.525m，钢梁重量：11.5t。根据现场塔吊布置情况，只能将钢梁分成 2 段，每段重量：5.75t，使用 5 号、2 号、3 号塔吊配合进行吊装，使用 2 号塔吊将钢梁段吊到施工现场附近，再利用 5 号与 2 号、5 号与 3 号塔吊双机配合吊装，安装 PM.1 轴钢梁段的吊装。钢梁安装前，需搭设 1.5m×1.5m×1.5m 满堂红脚手架，并在钢梁断开处，对局部 1.5m×1.5m 范围内脚手架进行加密为：0.5mm×0.5mm×0.75mm。塔吊布置图，见图 1.4-23。

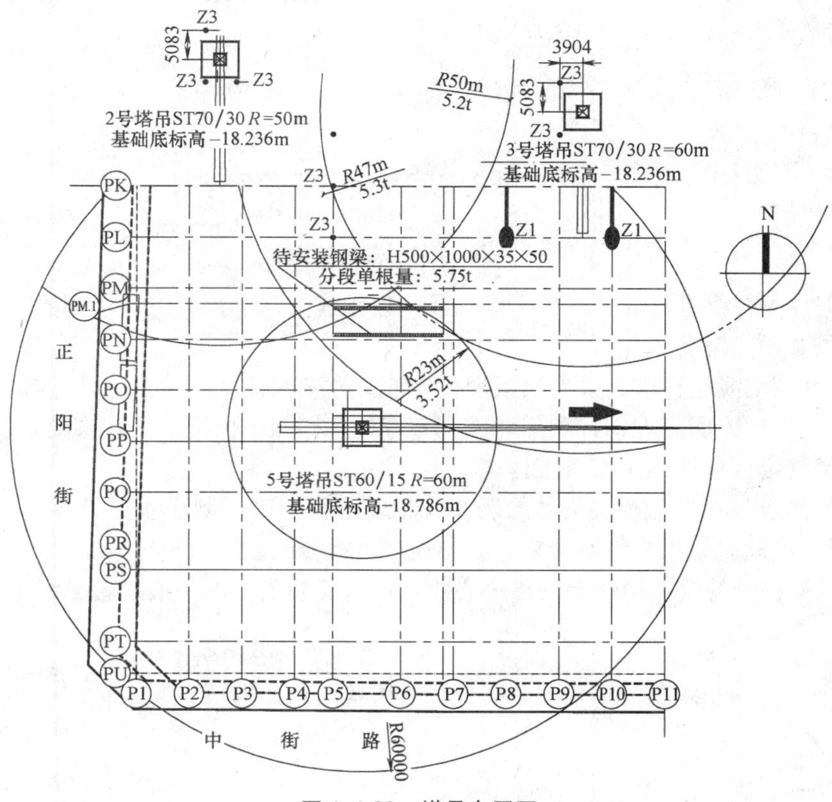

图 1.4-23　塔吊布置图

4）P17-P20～PL-PF.3 区域内设有主梁 4 根，主钢梁型号为：H400mm×880mm×35mm×70mm，钢梁长度为：9.825m，主钢梁重量：6.5t；设有变截面梁 24 根，梁型号为：H400mm×450mm×35mm×50mm～400mm×880mm×35mm×50mm，截面梁重量：4.5t；其余均为次梁，使用 4 号塔吊进行安装，安装时需要搭设施工脚手架，安装悬挑梁时，需在梁端部位进行局部加强，承担悬挑梁的集中荷载。

（4）三、四层钢梁安装与一、二层安装方法相同，这里不再叙述。

1.4.7　屋面三叉柱钢支座安装

（1）屋面安装的准备工作

1）首先围绕混凝土柱子搭设施工用脚手架。

2）测量的准备工作。

A. 根据建筑轴线，利用经纬仪画出混凝土柱上相差 90°的 2 条母线。允许偏差 1mm。

B. 根据建筑标高线，使用经纬仪将标高线画在柱子上，利用水平仪确定钢柱安装用标高线，标高的误差必须采取措施消除，保持高差在 0～－2mm。钢柱测量，见图 1.4-24。

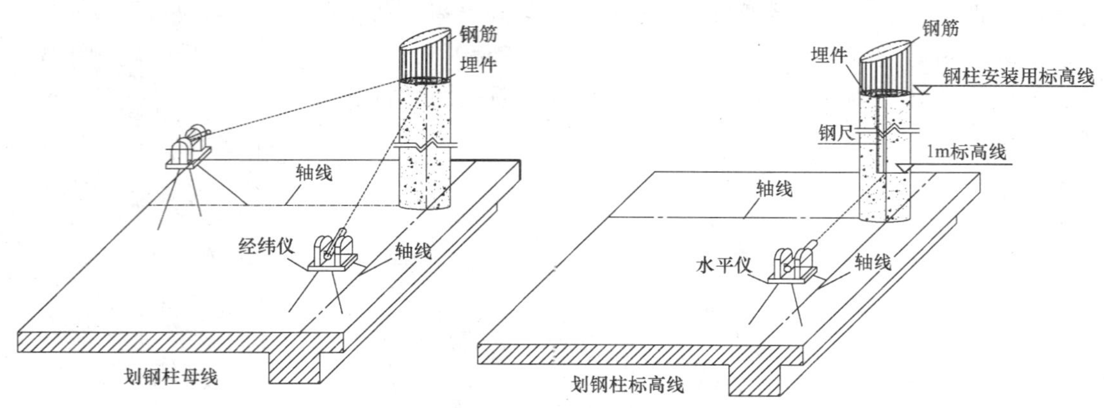

图 1.4-24　钢柱测量示意图

C. 根据柱子轴线画出柱子中心十字轴线，以轴线为基准进行三叉柱脚的安装。

3）柱脚基础的准备工作

由于设计在混凝土柱脚处没有设置埋件，三叉柱安装无法与混凝土柱连接，因此需要在基础面上现场植栓固定埋铁，利用埋铁调整好柱底标高，保证三叉柱脚的安装精度。

4）三叉柱脚构件的施工准备工作

A. 构件到场后，首先检查构件的尺寸、角度是否正确，制作误差是多少，以便在安装过程中予以消除。如果构件不合格，必须返厂进行修改。

B. 在三叉柱脚的箱型构件上画出中心线，作为安装的一个基准线，见图 1.4-25。

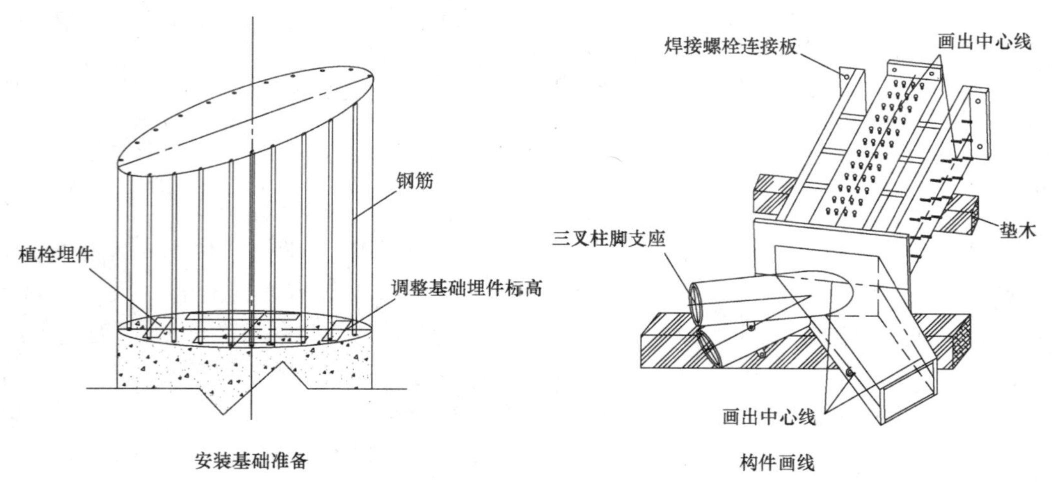

图 1.4-25　三叉柱脚箱型构件上画线示意图

（2）三叉柱脚支座安装方法

1）三叉柱脚支座由一台塔吊进行吊装，采用单机回转法起吊。起吊前三叉柱脚支座应安放在垫木上；起吊时不得出现在地面上有拖拉现象。三叉柱脚支座埋件起吊到距地面

0.5m时，塔吊暂时停留，注意观察吊钩、钢丝绳等吊装器具有无异常出现，三叉柱脚支座埋板是否垂直地面，如果不垂直地面，利用倒链调整姿态，使之垂直地面后，方可起吊，构件必须距地面高度2m以上塔吊大臂才开始回转。见示意图1.4-26。

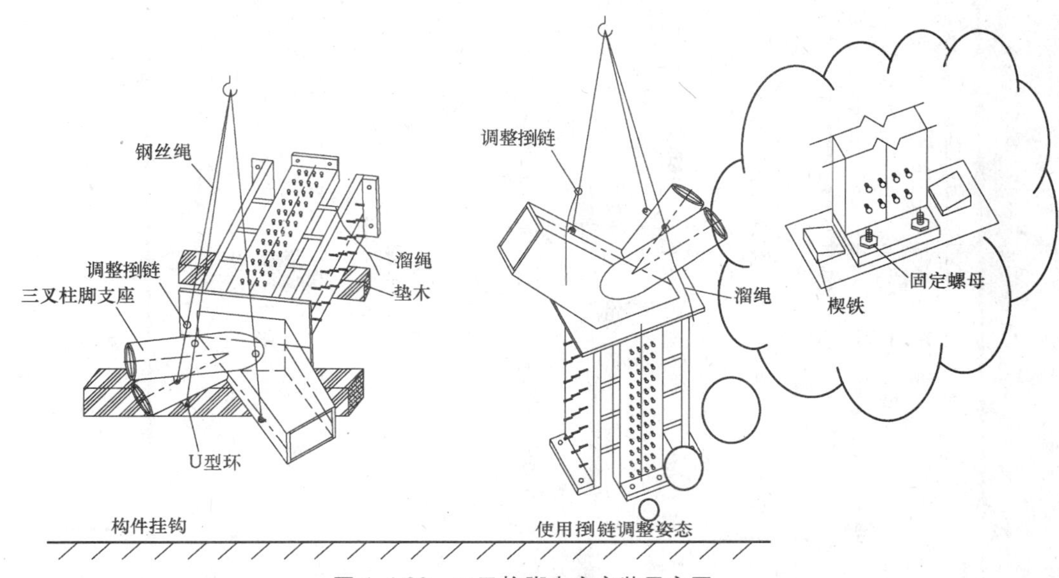

图1.4-26　三叉柱脚支座安装示意图

2）钢支撑支座就位

支撑支座吊至距其就位位置上方2m时，使其稳定缓慢下落，下落过程中工人要拉紧溜绳，防止构件与钢筋碰撞。支座下落到距埋件200mm时，使三叉柱脚支座下的连接板孔对准埋栓缓慢下落，螺栓穿入螺孔后，立即拧紧螺母。三叉柱稳定后，使用脚手架管加固三叉柱，防止由于三叉柱偏心倾倒，方可摘下吊钩，

3）支撑支座固定

三叉柱脚支座到位后，使用铅坠、直角尺等工具，首先检查三叉柱脚支座的标高情况，以三叉柱脚支座板的标高为基准，出现误差将埋件固定螺栓松开，使用楔铁进行调整；然后检查三叉柱脚支座两个方向的中心线是否与轴线相对应，出现误差必须进行调整，保证轴线误差为2mm。使用直尺将钢柱画为90°中心线延长，再利用铅坠进行找正。当对准或已使偏差控制在2mm范围内时，即为完成对位工作。然后拧紧地脚螺栓，对埋件板与埋件进行周圈角焊，焊角高度10mm，定位焊完成后，立即开始用脚手架管对支座进行进一步固定，见图1.4-27。

4）质量要求，见表1.4-4。

（3）支撑钢梁的安装

1）吊装方法

吊装方法拟采用单机回转法。

2）箱型支撑杆安装

A. 首先搭设支撑脚手架，根据支撑的角度在支撑脚手架上铺设木方、钢板，在钢板上安放千斤顶用于调整构件的高度。

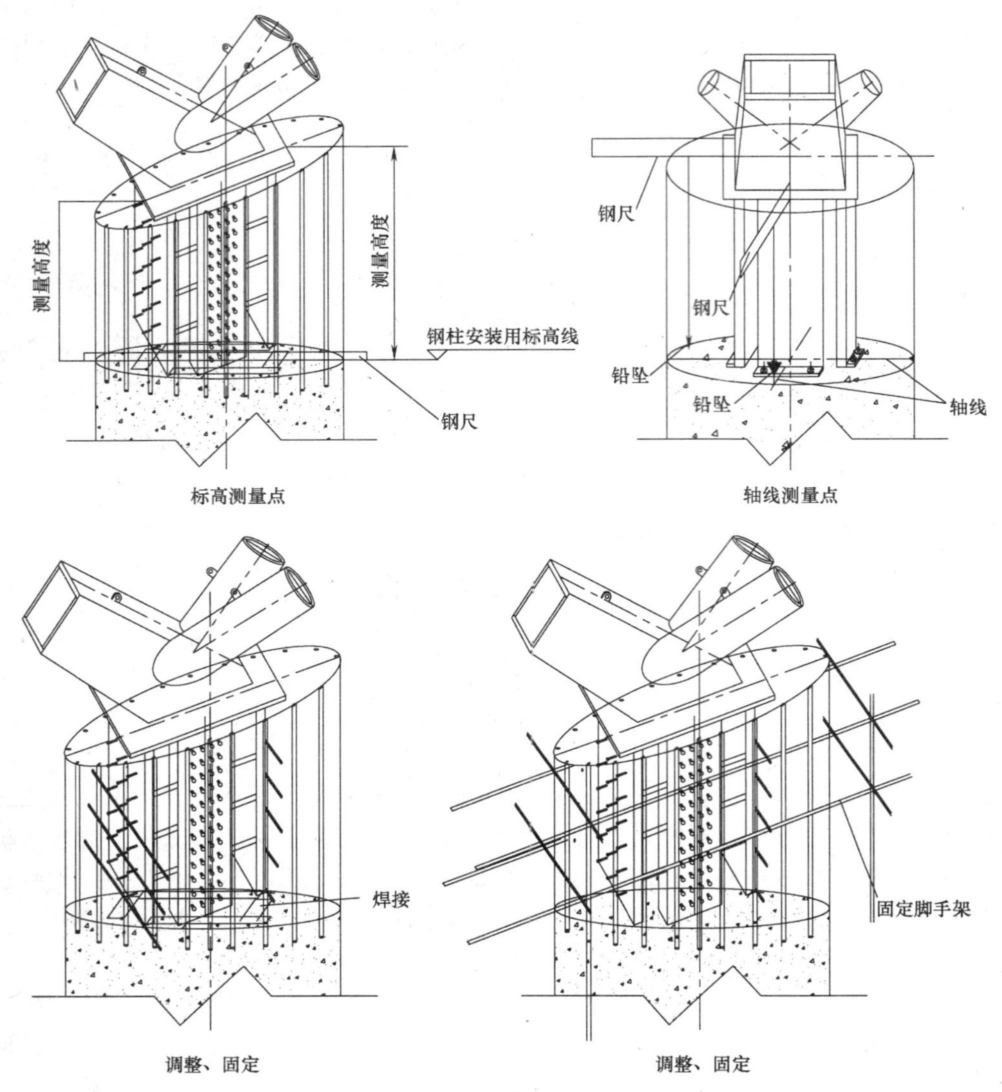

图 1.4-27 钢支撑支座固定示意图

建筑物轴线、基础上定位轴线和标高允许偏差 **表 1.4-4**

项 目	允许偏差	图 例
建筑物轴线	L /20000 且不应大于 3mm	L L

续表

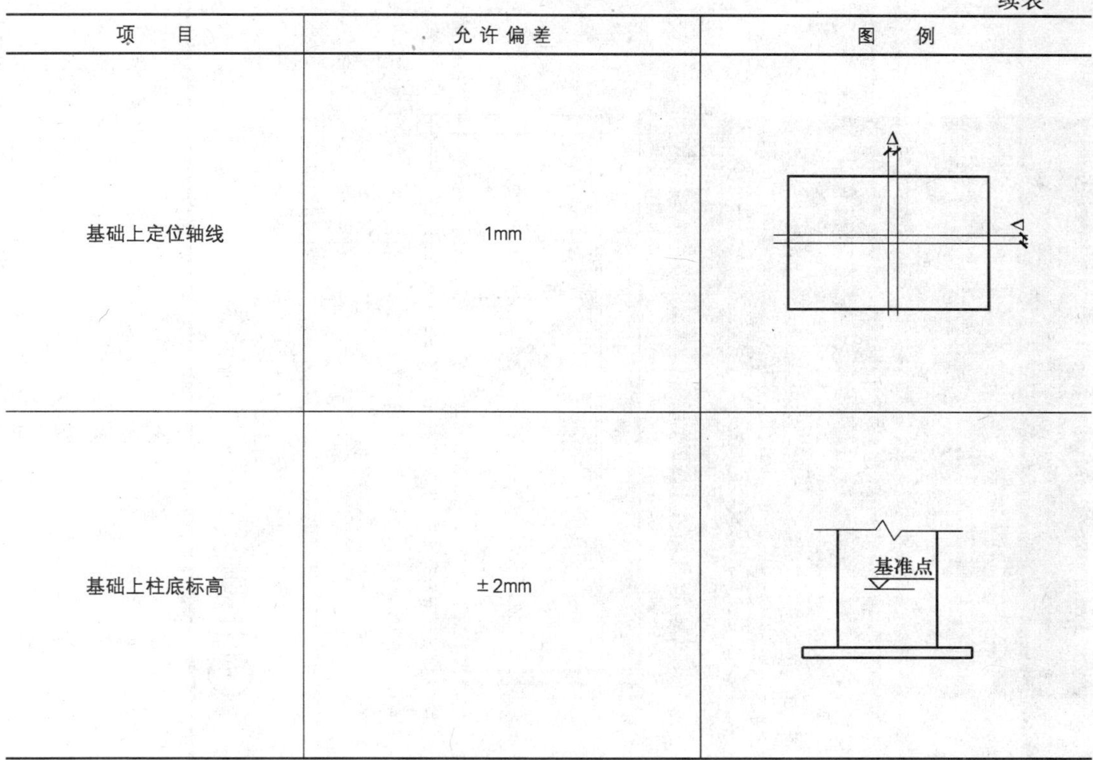

项　目	允许偏差	图　例
基础上定位轴线	1mm	
基础上柱底标高	±2mm	基准点

B. 使用经纬仪、水平仪和钢尺，在支撑架木方上放线。

C. 根据以放好的线安装箱形支撑杆，将箱型支撑杆与支撑支座，使用普通螺栓进行连接临时固定。

D. 安装钢梁节点：该节点比较复杂，有五个方向分别与箱型支撑杆和钢梁连接，要求安装精度高，使用连接板和普通螺栓进行临时固定。

E. 安装钢梁：钢梁与钢梁节点通过连接板和普通螺栓进行连接，当四个方向的钢梁安装完毕后，使用经纬仪、水平仪和钢尺，复测钢梁轴线及标高尺寸，符合标准要求后，进行箱形钢梁的安装。

3）箱型支撑、钢梁安装过程

支撑钢管架的设置

按照设计图纸的要求画出支撑钢架控制线，铺设 H 型钢 H350mm×350mm×10mm×15mm 作为支撑钢架的底梁，在其上面布设支撑钢管架，搭设施工脚手架，利用施工脚手架固定支撑钢管架，保证支撑钢管架的稳固。支撑系统示意，见图 1.4-28。

4）三叉钢柱安装过程

A. 使用全站仪将轴线引到支撑钢管架上，并根据轴线画出支撑控制线。将支撑柱吊装到位后，将连接螺栓拧紧，并进行初步调整。见图 1.4-29。

B. 吊装支撑十字节点，按照支撑钢管架上的控制线，将其就位，调整整体支撑节点的轴线偏差，利用全站仪测量十字节点标高，并根据其进行标高调整。见图 1.4-30、图 4.7-31、图 4.7-32、图 4.7-33。

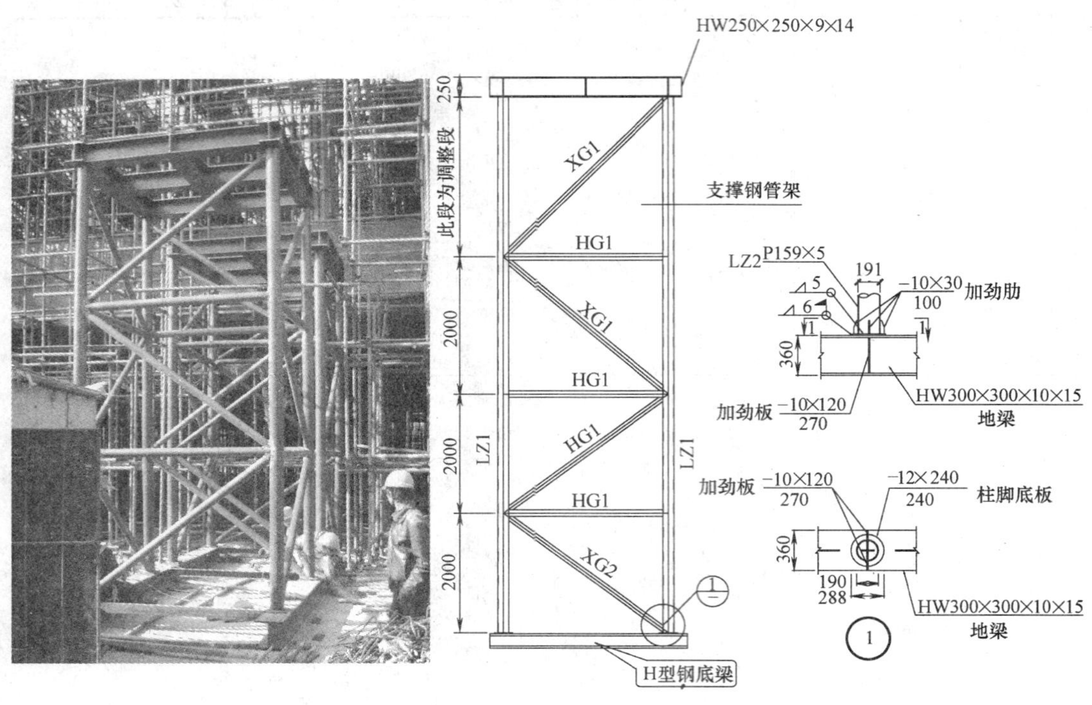

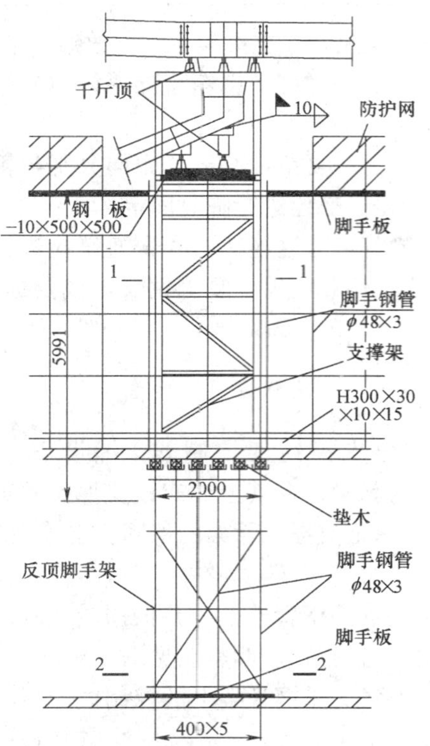

图 1.4-28 支撑系统示意图

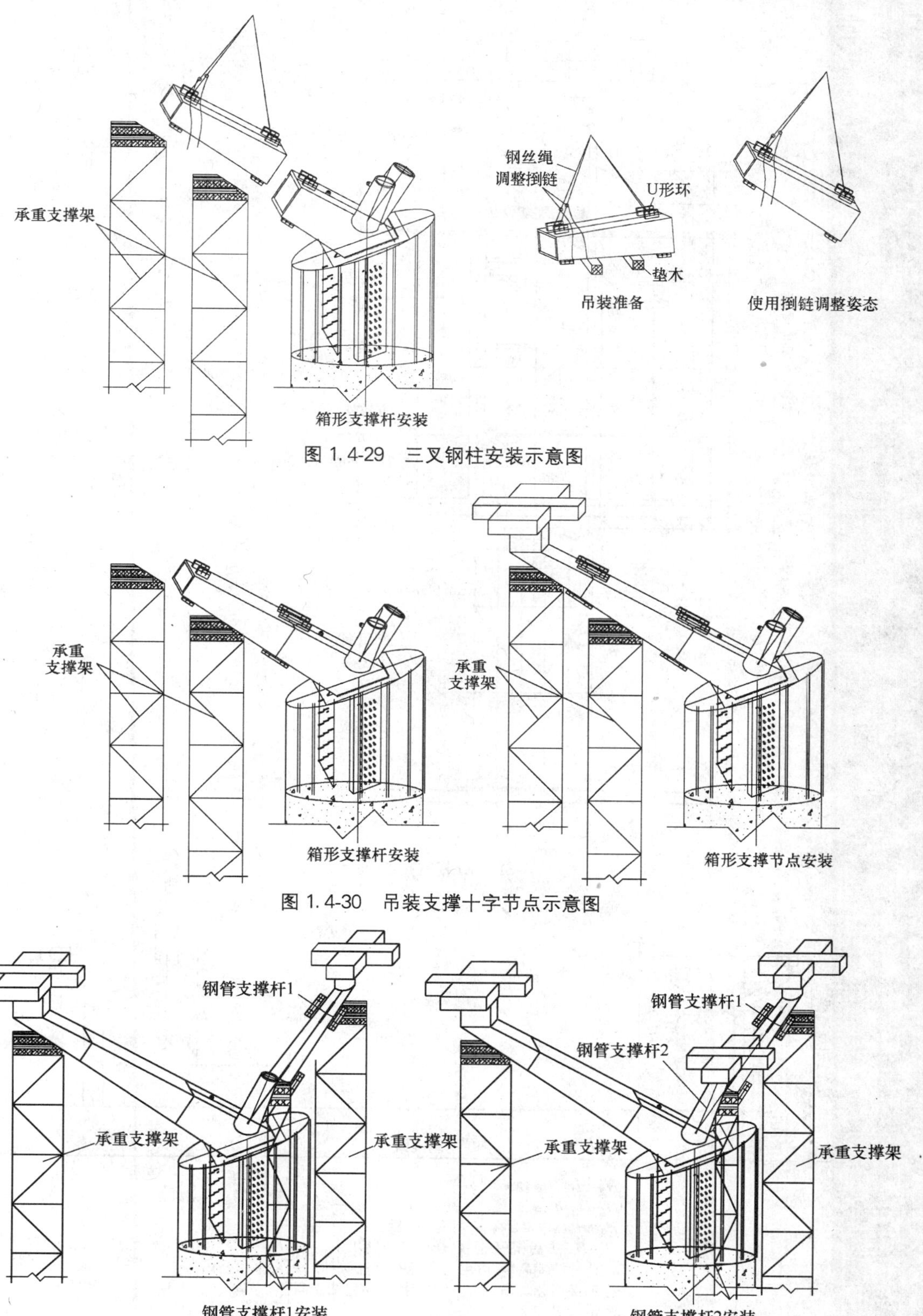

图 1.4-29 三叉钢柱安装示意图

图 1.4-30 吊装支撑十字节点示意图

图 1.4-31 支撑十字节点就位示意图

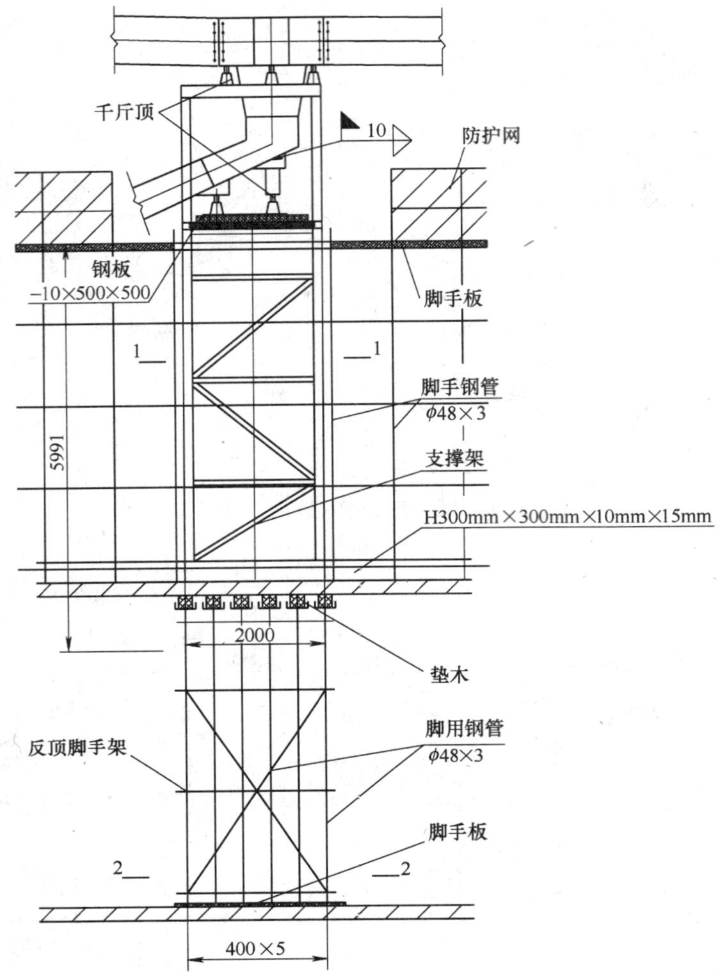

图 1.4-32 吊装支撑细部示意图

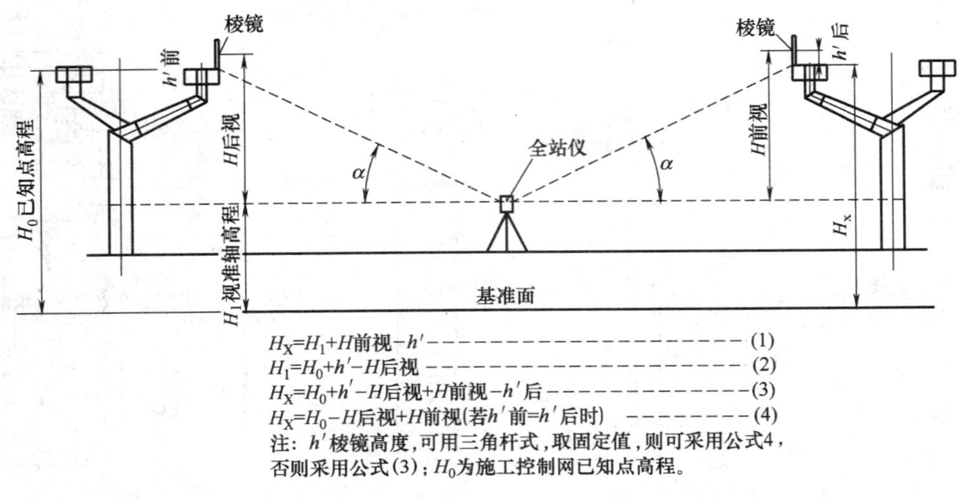

图 1.4-33 使用全站仪高程检查的推算方法示意图

1.4.8 屋面钢梁吊装

由于受到塔吊起重能力的限制，以及考虑钢梁与钢柱的连接形式，我们对Ⅰ区钢屋架构件安装采用搭设支撑塔架。塔架选用 1.6m×1.6m×2.5m 的塔身标准节，塔架底部设置底座，顶部设置操作平台。塔身四面拉设缆风绳，每侧拉设两条，下锚点设在结构 2 层顶板。塔架搭设位置遇有楼板处，采用局部脚手架回顶楼板，作为荷载传递支撑，做到楼板不留洞口。

为满足运输和塔吊起重能力，经计算，将钢梁 GL1 分为三段进行吊装，长度为 20.375m（悬挑 GL3 部分与 GL1 现场组拼为整体）和 15m，重量为 8.5t 和 6.5t，见图 1.4-34。

GL2 分为三段进行吊装，长度均为 15m，重量为 11t，见图 1.4-35。

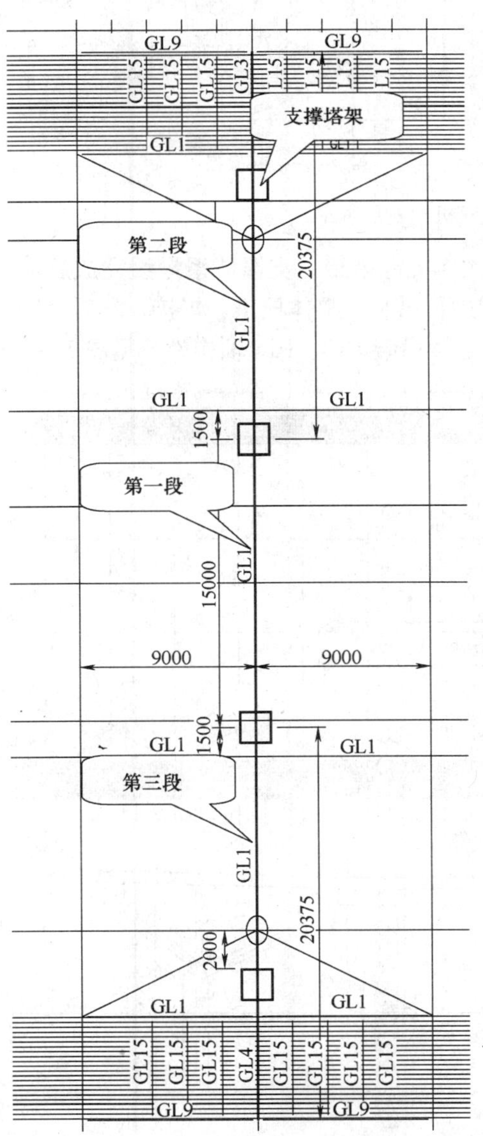

图 1.4-34 钢梁 GL1 分段吊装示意图

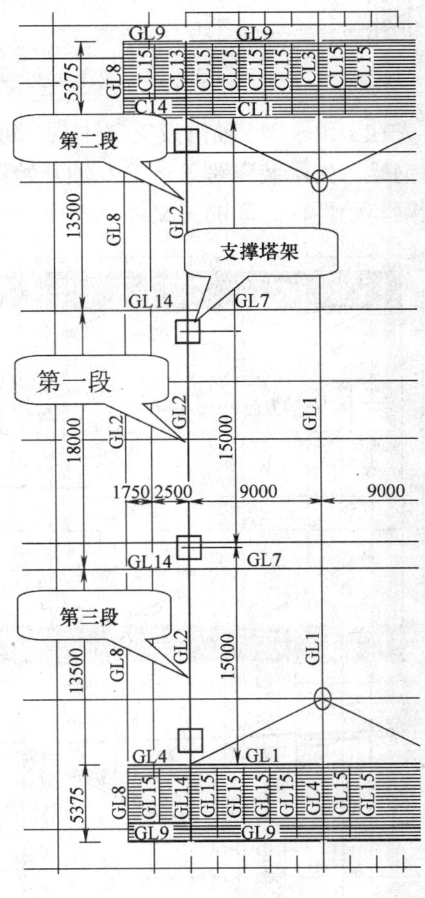

图 1.4-35 钢梁 GL2 分段吊装示意图

钢梁重量超出塔吊单独吊装能力的，采用双机抬吊吊装，双机抬吊分区，见图 1.4-36。

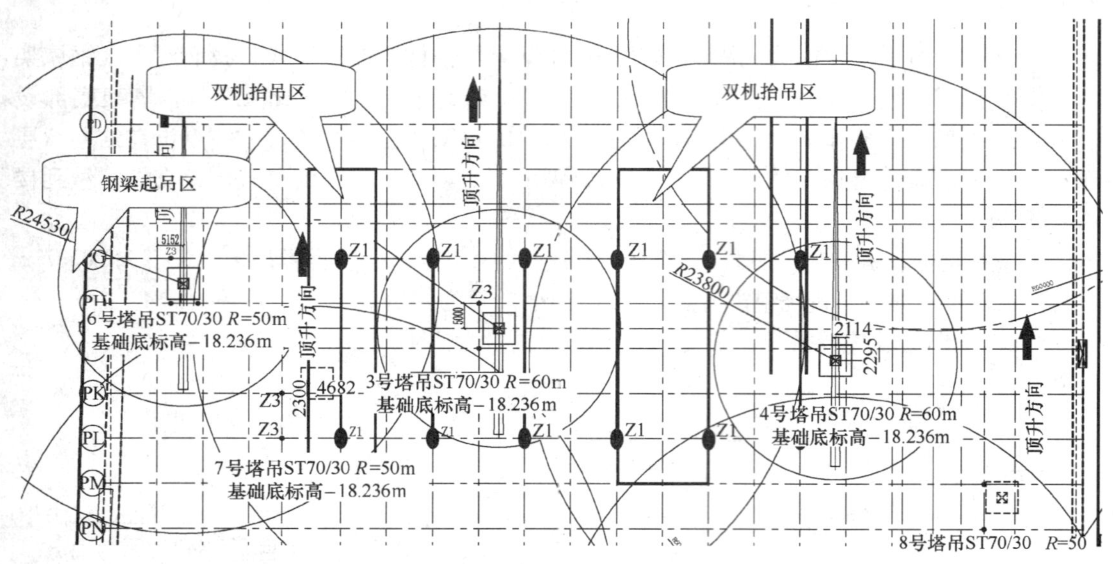

图 1.4-36 钢梁采用双机抬吊示意图

先在 P10～P14 轴搭设支撑体系，每跨搭设四座支撑塔架。支撑体系搭设完成后，吊装屋面钢梁，先吊装三跨，从 P10 轴开始到 P14 轴进行吊装，整体校正、焊接。然后吊装、焊接钢梁与劲性柱之间的三叉柱，形成稳定体系，继续吊装 P13、P14 轴构件，见图 1.4-37。

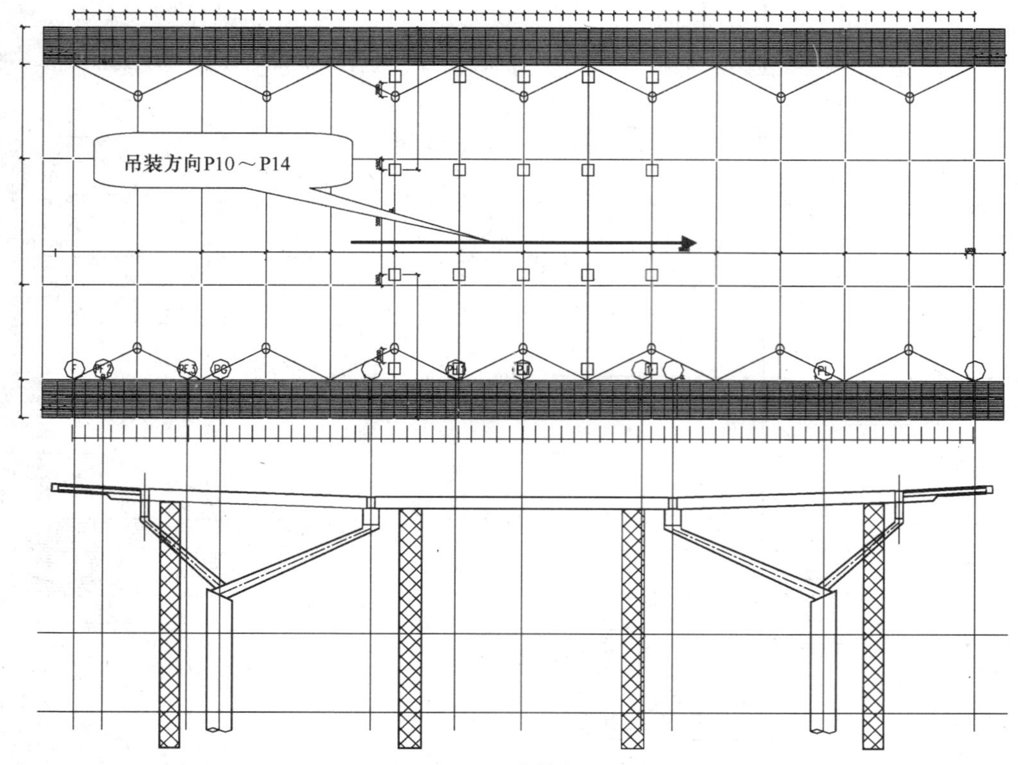

图 1.4-37 支撑架立面

完成 P10～P14 轴屋面钢结构安装后，将 P11～P13 轴支撑塔架移至 P5～P10 轴搭设支撑体系，吊装、焊接 P5～P10 轴屋面钢结构，见图 1.4-38。

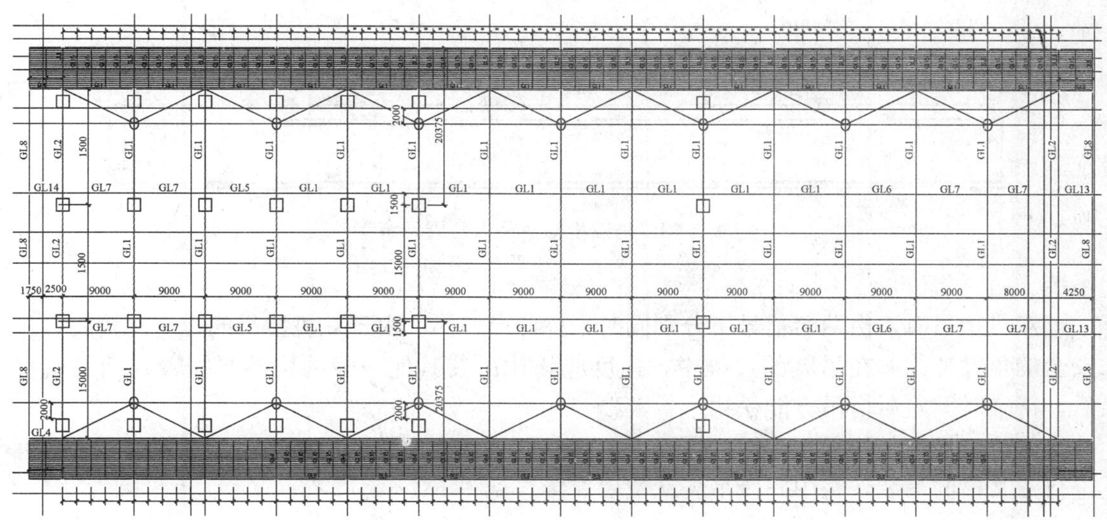

图 1.4-38 支撑塔架移动及 P5～P10 轴屋面钢结构示意图

待 P11～P13 轴屋面钢结构安装完成后，P5～P10 轴支撑塔架移至 P15～P19 轴搭设支撑体系，完成 P15～P19 轴屋面钢结构安装，整个屋面钢结构安装完毕，见图 1.4-39。

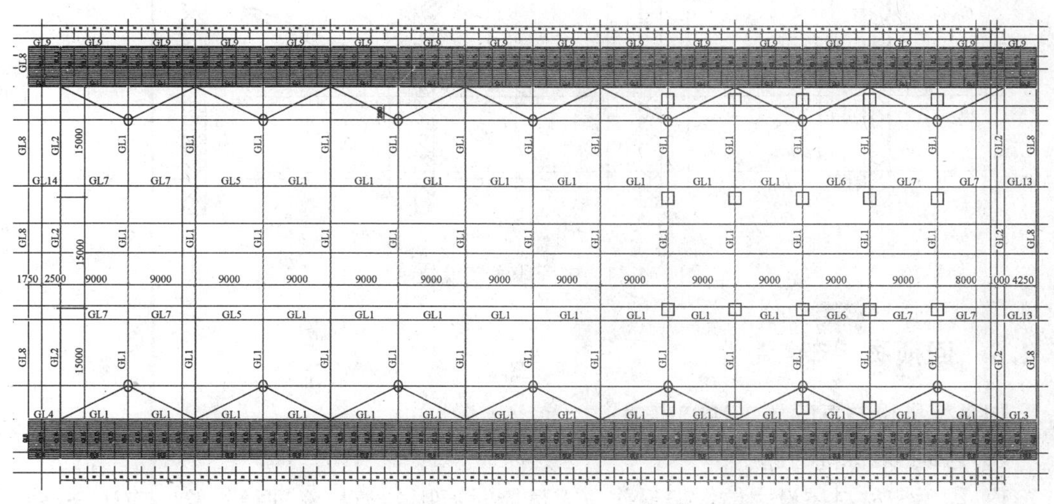

图 1.4-39 支撑塔架移动及整个屋面钢结构示意图

塔双机抬吊吊点位置，见图 1.4-40。

运输构件的车辆停在西侧的基坑外面，用 2 号塔吊卸车及吊装。无法吊装的构件吊到楼板上，用 2 号、3 号塔双机抬吊，3 号吊倒运，3 号、4 号双机抬吊，及 4 号塔单机

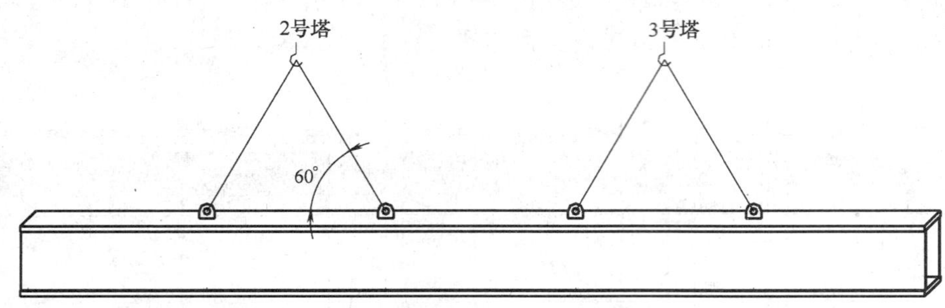

图 1.4-40 塔双机抬吊吊点位置示意图

吊装。

双机抬吊时，由两名信号工分别同时指挥两台塔吊。由于双机抬吊的难度比较大，从安全的角度考虑，在吊装的过程中，速度应该比吊装其他一般的构件要缓慢。钢梁就位后，待临时固定后塔吊方能松钩。

先将三叉柱的柱根与劲性柱焊接，上部节点与钢梁预先焊接在一起，在钢梁吊装后再进行三叉柱的吊装，将中间段吊装就位后焊接。见图 1.4-41。

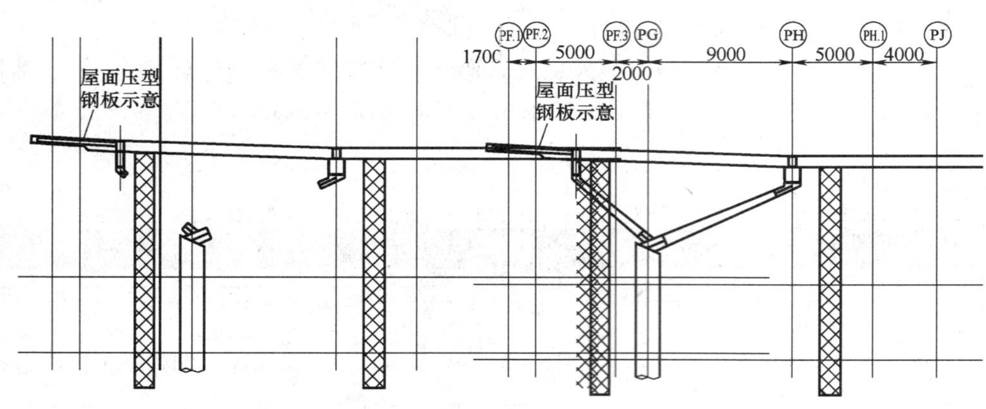

图 1.4-41 中间段吊装就位示意图

1.4.9 回顶脚手架

脚手架搭设与拆除施工注意事项：

(1) 脚手架材料的选用

1) 脚手架材料搭设之前，架设作业人员应对所用各类材料进行检验，确认合格后方可使用。下列情况时禁止使用：

A. 钢管严重腐蚀、弯曲、压扁和裂缝；

B. 扣件和连接件有脆裂、变形和滑丝等缺陷。

2) 脚手架应选用外径 48～51mm，壁厚为 3～3.5mm 的钢管。

3) 木脚手板应使用厚度不小于 50mm、宽度为 200～300mm、长度不大于 6m 的坚韧木板；不得使用腐朽、破裂等不符合规格的木板作脚手板。

4）钢脚手板不得有严重锈蚀、油污和裂纹；捆绑脚手板用的镀锌铁丝宜为8号。

（2）脚手架的搭设

1）应对所需搭设的脚手架规格提出明确要求，再交付搭设作业班组实施。

2）从事脚手架搭设的作业人员必须取得“特种作业人员操作证”，且身体状况符合高处作业的要求。

3）搭设脚手架前，应做好准备工作，明确作业点要求，确认工作环境、防护用品和工具安全可靠。

4）搭设脚手架，离电线应有一定的安全距离，当安全距离不足时，必须采取可靠的防护措施。

5）脚手架搭设过程中，作业人员要严格执行操作规程，附近和下方不得有人作业和通行，作业区域应设置警示带，非作业人员不得入内。

6）搭设脚手架过程中，如脚手板、杆未绑扎或已拆开绑扣，不得中途停止作业。

7）脚手架搭设应符合以下要求：

A. 在±0.000楼板混凝土强度达到100%后，方可搭设脚手架；

B. 脚手架搭设前，应在楼板上放线，搭设间距应符合方案要求，严格按照要求尺寸搭设，脚手架的不得随意加大间距；

C. 支撑脚手架搭设时，下放1500mm×1500mm×16mm钢板，且脚手架杆应焊接在钢板上；

D. 作业人员必须走钢管柱爬梯上到脚手架作业面，不得攀爬脚手架；

E. 脚手架的作业面应满铺脚手板，绑扎应牢固，探头板的长度不得大于300mm。

（3）脚手架的交接验收

1）脚手架搭设完毕，架设作业班组必须按施工要求自检，再通知项目部质安部检查验收，确认合格，挂牌后方可使用；

2）验收后的脚手架任何人不得擅自拆改，特殊情况下需作局部修改时，须经施工负责人同意，由原架设班组处置。

（4）脚手架的使用

1）作业人员应从斜道或专用梯子到作业层，不得沿脚手架攀登。

2）在脚手架上从事高处作业时，必需办理“高处作业票”。

3）脚手架必须定期检查，大风后应进行全面检查，如有松动、折裂或倾斜等情况，应及时紧固或更换。

4）风力超过6级应停止在脚手架上作业。

5）脚手架在使用过程中，不得随意拆除架杆和脚手板，更不得局部切割和损坏。

（5）脚手架的拆除

1）脚手架使用完毕应及时拆除。

2）拆除脚手架，周围应设警戒标志，设专人监护，禁止他人入内。

3）拆除时，应按顺序由上而下，不准上下同时作业；严禁整排拉倒脚手架。

4）拆下的架杆、连接件、跳板等材料，应采用溜放，严禁向下投掷。

5）已卸（解）开的脚手杆、板，应一次全部拆完。

1.5 主体钢结构现场焊接

1.5.1 焊接介绍

沈阳恒隆中街广场工程主体为框架结构，内有劲性柱，一层一节柱，钢柱钢板最厚35mm，钢梁翼缘板最厚50mm。

钢材：

本工程主体钢结构柱和梁均为国产钢材Q345-C。依据《建筑抗震设计规范》GB 50011—2001要求。

作为《高层建筑结构用钢板》YB 4104—2000，该种钢材对于碳当量和裂纹敏感性均有严格要求，其焊接性能优于同等强度级别的《低合金高强度结构钢》GB/T 1591—94中Q345-C级钢材。因为《高层建筑结构用钢板》对碳当量和裂纹敏感性指数给出了明确要求，如表1.5-1所示，热轧状态供货时，厚度≤50mm的钢板其碳当量≤0.42，厚度>50～100mm其碳当量≤0.44，裂纹敏感性指数均≤0.29。

依据《建筑抗震设计规范》GB 50011—2001对高层钢结构用钢材的使用性能要求，对这两种钢材的满足情况进行了比较。

Q345-C钢性能，见表1.5-1。

Q345-C钢性能表 **表1.5-1**

序号	抗震设计规范要求	Q345-C
1	钢材的强屈比(抗拉强度实测值与屈服强度实测值的比值)不应小于1.2，应有明显的屈服台阶	需订货合同注明
2	钢材应有明显的屈服台阶，且伸长率应大于20%	≥22%
3	钢材应有良好的可焊性(对碳当量的要求)	对碳当量无明确要求
4	钢材应有合格的冲击韧性(V形缺口的夏比试验，0℃时的冲击功不低于34J)	≥34J
5	当钢材厚度等于或大于40mm时，板厚方向的截面收缩率，不应小于15%	执行GB 5313

1.5.2 焊接准备工作

(1) 参加本工程主体结构焊接作业的焊工应按照《钢结构焊接技术规程》JGJ 81—2002的要求进行附加考试。

(2) 针对本工程钢材材质、焊接位置、焊接设备、坡口形式、焊接方法，选定焊接材料、焊接参数，制定焊接工艺评定方案。

1.5.3 焊接工艺

(1) 安装焊接准备工作

1) 工艺评定试验

针对Q345-C箱型钢柱-柱、柱-梁接头进行相应焊接方法的工艺评定试验。焊接位置为柱-柱横焊、柱-梁平焊、仰脸焊、立焊。

焊接方法柱-柱、梁-梁横焊、平焊、立焊均为CO_2气保焊。

钢材规格、坡口形式及尺寸按设计要求。焊后外观用超声波检测合格后取样进行力学试验，要求试验接头抗拉强度和冲击韧性达到母材标准值。

说明所采用的钢材在规定的焊接方法、焊接参数、焊接条件下，其焊接接头综合性能达到并超过了设计和规定要求，并以此为依据制订本工程的焊接工艺参数。

以上试验均应按本工程规定采用的技术标准进行。

2）手工电弧焊及 CO_2 气保焊焊材和设备

采用的焊接材料和焊接设备技术条件应符合国家标准，性能优良。清渣、气刨、焊条保温等装置应齐全有效。

焊丝包装应完好，如有破损面导致焊丝污染或弯折、紊乱时应部分弃之。

CO_2 气体纯度不低于 99.99%（体积比），含水量低于 0.005%（重量比），瓶内高压低于 1MPa 时应停止使用。焊接前要先检查气体压力表的指示，然后检视气体流量计并调节气体流量（20～80L/min）。

焊条应放在高温烘干箱烘干，低氢型焊条烘干温度为：焊条在高温箱中加热到 380℃后保温 1.5h，再在高温箱中降温到 110℃后保存。使用时从烘箱中取出应立即放入 100～110℃的焊条保温筒中，并须在 4h 内用完，焊条烘干次数不得超过两次。

焊机之电压应正常，地线压紧牢固接触可靠，电缆及焊钳无破损，送丝机应能均匀送丝，气管应无漏气或堵塞。

（2）安装焊接程序一般规定

1）焊接作业顺序

焊前检查→加热除锈→安装焊垫板及引弧板→焊接→检查→填写作业记录。具体焊接作业顺序见图 1.5-1。

2）一般规定

A. 焊前检查坡口角度、钝边、间隙及错口量，均应符合要求。坡口内和两侧之锈斑、油污、氧化皮等应清除干净。

B. 预热：焊前用气焊特制烤枪对坡口及两侧各 100mm 范围内的母材均匀加热，并用表面测温计测量温度，防止温度不符合要求或表面局部氧化。

C. 装焊垫板及引弧板，材质应与母材相同或采用同级别钢板，其表面清洁要求与表面坡口相同，垫板与母材应贴紧，引弧板与母材焊接应牢固。

D. 重新检查预热温度，如温度不够应重新加热，使之符合要求。

E. 焊接：第一层的焊道应封焊坡口内母材与垫板之连接处，然后逐道逐层垒焊至填满坡口，每道焊缝焊完后都应消除焊渣及飞溅物，出现焊接缺陷应及时磨去并修补。

每道焊接层间温度应控制在 100～150℃，温度太低时应重新预热，太高时应暂停焊接。焊接时不得在坡口外的母材上打火引弧。

F. 遇雨天、雪天时应停焊，环境温度低于 0℃时应按规定预热、后热，构件焊口周围及上方应加遮挡，风速大于 6m/s 时则应停焊。

G. 一个接口必须连续焊完，如不得已而中途停焊时，应进行保温缓冷处理，再焊以前应重新按规定加热。

H. 焊后冷却到环境温度时进行外观检查，Q345 钢构件焊缝超声波检查应在焊后 24h 进行。

I. 焊工及检验人员应认真填写作业记录表。

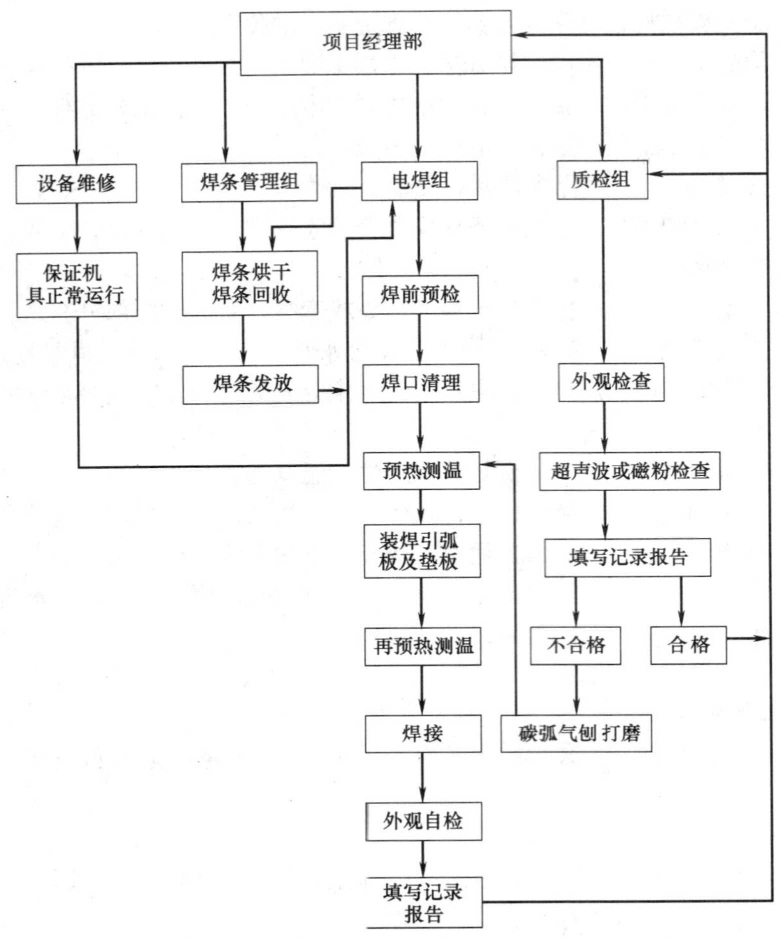

图 1.5-1　焊接作业施工顺序图

3）焊前预热

根据本工程安装构件板厚，按规定选择预热及后热温度。

A. 焊接层间温度不低于预热温度，不高于 200℃。

B. 预热时加热、测温方法：

在焊接坡口两侧各 100mm 处用气体火焰往返加热，用接触式电子测温仪在焊接电弧经过前，距焊缝纵轴线两侧各 75mm 处测量温度，必要时在焊接坡口反面测温。

4）后热温度及保温时间

加热温度为 200～250℃，在该温度下保温时间以母材板厚每 25mm 保温半小时计，随后缓慢冷却，加温、侧温方法与预热相同。

1.5.4　典型节点焊接

(1) 十字型柱-柱焊接

1）先由两名焊工同时对称焊接两翼缘板，由于耳板限制必须停弧时，接头处在上下层间要相互错开，每道焊完要清理飞溅物，如有焊瘤要铲除磨掉，焊完三层后用氧-乙炔焰割去耳板，接着焊至坡口填满，焊缝的加强高度达到要求，焊接过程中要注意检测层间温度。

2）然后由一名焊工焊接腹板焊缝直至完成，从腹板坡口内起，引弧板比要求的超出10～20mm，不要在坡口外的母材上打火引弧。

3）焊接工艺参数同箱型柱-柱焊接。

（2）梁-梁全焊接

如果钢柱与梁连接采用连接节点形式施工，则钢梁的上下翼缘板均为平焊位置，腹板为立焊。

1）先由两名焊工同时焊接钢柱对称侧的两个焊口，先焊接梁的下翼缘，然后焊接梁之上翼缘，仍由2名焊工同时在柱的两侧对称焊。

2）然后由两名焊工焊接两侧腹板焊缝，立缝与水平缝交替焊接直至完成，接头处在上下层间要相互错开，从腹板坡口内起，引弧板比要求的超出10～20mm，不要在坡口外的母材上打火引弧。

3）焊接工艺参数

A. 翼缘板平焊：CO_2 气保焊，焊丝直径 ϕ1.2mm，电流260～340A，电压30～38V，焊速150～500mm/min，焊丝伸出长度约为20mm，气体流量20～80L/min。

B. 腹板立焊：CO_2 气保焊，焊丝直径 ϕ1.2mm，电流160～220A，电压30～38V，焊速250～450mm/min，焊丝伸出长度约为20mm，气体流量20～80L/min。

4）焊接检验

A. 焊缝的外观检测

Q345等低合金钢在焊完24h后均需进行的100％外观检验。要求焊缝的焊波均匀平整，表面无裂纹、气孔、夹渣、未熔合和深度咬边，并不应有明显焊瘤和未填满的弧坑。

B. 焊缝的无损检测

焊缝在完成外观检查，确认外观质量符合标准后，按图纸要求进行超声波探伤无损检测，其标准执行《钢焊缝手工超声波探伤方法和结果分级》GB 11345—89现定的检验等级。对不合格的焊缝，根据超标缺陷的位置，采用刨、切除、砂磨等方法去除后，以与正式焊缝相同的工艺方法补焊，同样的标准核验。

1.5.5 焊接工艺评定

（1）工艺评定试验

本试验由我公司将试件焊接完毕后，委托有相当试验经验的检测机构完成力学试件取样和试验工作。

（2）焊接工艺评定试件的制备，见表1.5-2。

（3）焊接工艺评定参数

1）横焊工艺评定试验（05-1）

针对箱型柱对接焊接。

A. 钢材

Q345-C与Q345-C箱型柱（板厚40mm Z15）

供货状态：热轧

试件制备及坡口形式 表 1.5-2

编 号	试件制备	坡口形式图
05-1 钢柱对接焊	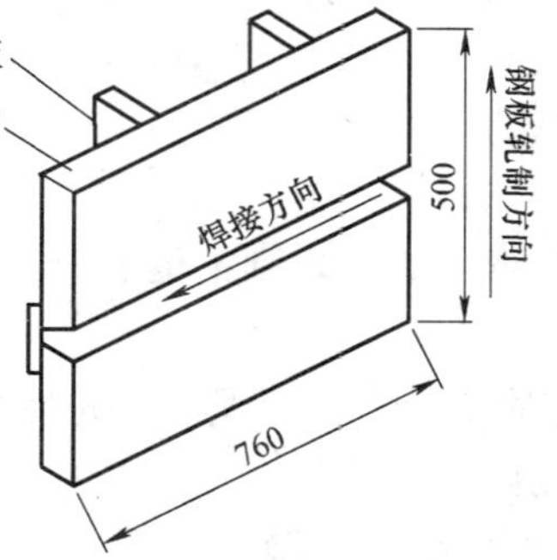 拘束板 Q345GJC 焊接方向 500 钢板轧制方向 760	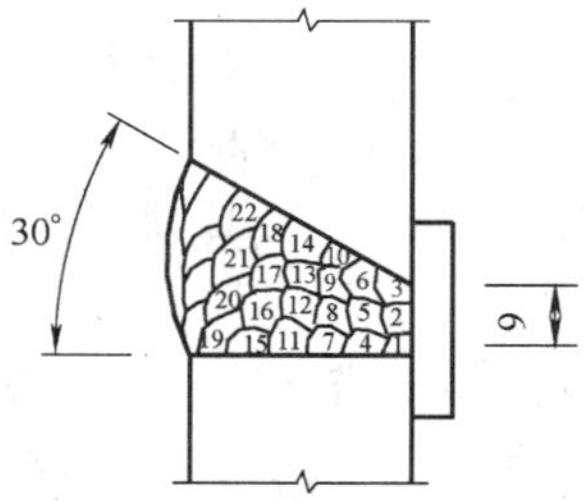 30° 9
05-2 钢柱与钢梁翼板对接的平焊	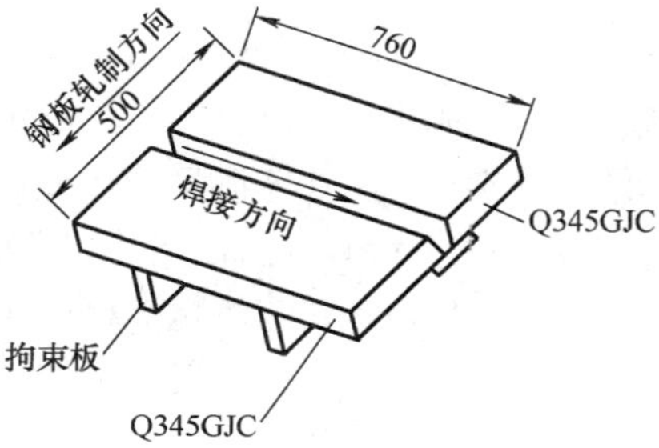 钢板轧制方向 500 760 焊接方向 Q345GJC 拘束板 Q345GJC	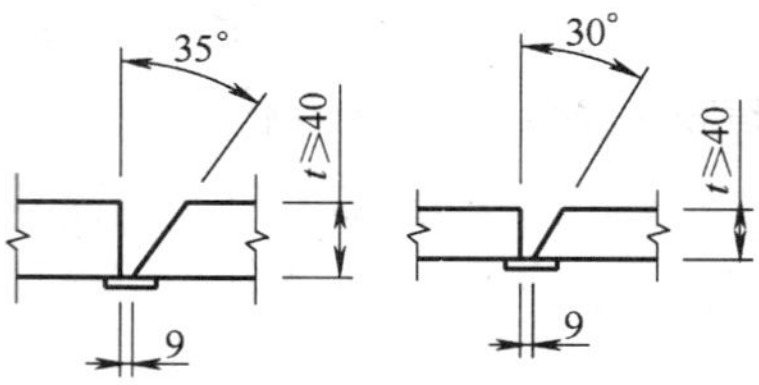 35° $t \geqslant 40$ 9 30° $t \geqslant 40$ 9
05-3 钢柱与钢梁翼板对接的仰焊	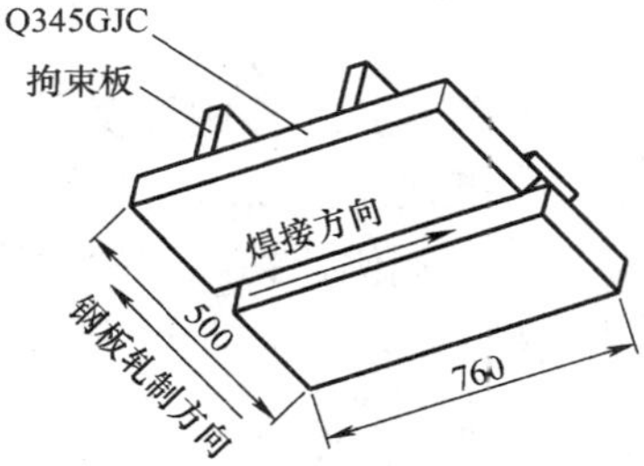 Q345GJC 拘束板 焊接方向 500 钢板轧制方向 760	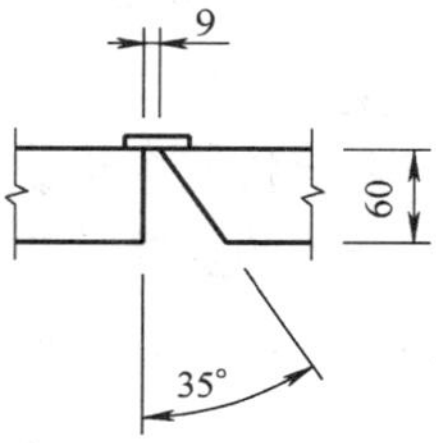 9 60 35°
05-4 钢柱与钢梁腹板对接的立焊	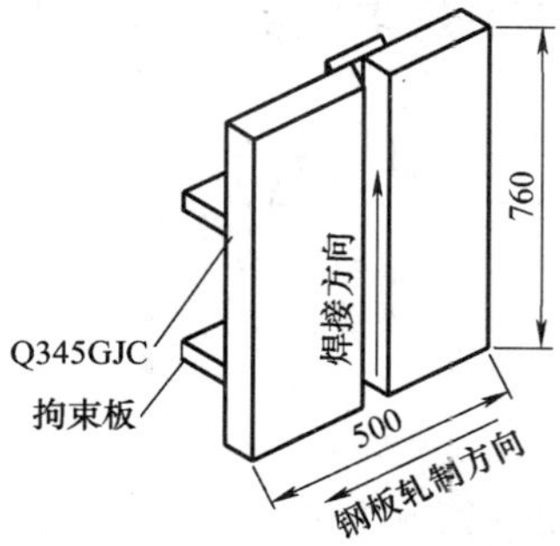 760 焊接方向 Q345GJC 拘束板 500 钢板轧制方向	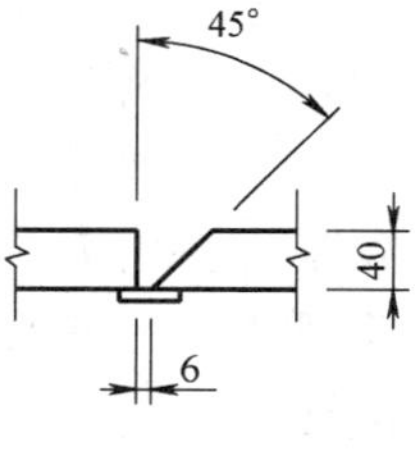 45° 40 6

B. 焊接方法与焊接位置

焊接方法：选用 CO_2 气体保护焊。

焊接位置：横焊。

C. 焊接参数，见表 1.5-3。

焊缝形式：单 V 形坡口 30°带垫板，间隙 9 mm。

层间温度 120～150℃，

焊丝：JM-56

焊接设备型号：NBC-500A

电源及极性：直流反接

试验板尺寸为 500mm×760mm，由合格焊工施焊。

焊接参数表　　**表 1.5-3**

板厚(mm)	焊丝牌号	焊丝直径(mm)	焊接电流(A)	焊接电压(V)	预热温度(℃)	焊接速度(mm/min)
40	JM-56	φ1.2	280～320	30～38	80	350～450

D. 试验项目及取样数量，见表 1.5-4。

试验项目及取样数量　　**表 1.5-4**

试验项目	冲击 0℃			拉伸	侧弯
取样部位	焊缝	熔合线	热影响区	2	4
取样数量	3	3	3		

2）平焊工艺评定试验（05-2）

针对钢梁-钢梁上翼缘板对接焊接。

A. 钢材

Q345-C 钢梁与 Q345-C 钢梁。

B. 焊接方法与焊接位置

焊接方法：选用 CO_2 气体保护焊。

焊接位置：平焊。

C. 焊接参数，见表 1.5-5。

焊缝形式：单 V 形坡口 35°带垫板，间隙 9 mm。

层间温度：120～150℃

试验板尺寸为 500mm×760mm，由合格焊工施焊。

焊接参数表　　**表 1.5-5**

板厚(mm)	焊丝牌号	焊丝直径(mm)	焊接电流(A)	焊接电压(V)	预热温度(℃)	焊接速度(mm/min)
60	JM-56	φ1.2	280～340	30～38	80	350～450

D. 试验项目及取样数量同表 1.5-4。

3）仰脸焊工艺评定试验（05-3）

针对钢梁-钢梁下翼缘对接焊接。

A. 钢材

Q345-C 钢梁与 Q345-C 钢梁。

B. 焊接方法与焊接位置

焊接方法：选用手工电弧焊。

焊接位置：仰脸焊。

C. 焊接参数，见表 1.5-6。

焊缝形式：单 V 形坡口 45°带垫板，间隙 6 mm。

碱性 380℃/1.5h

电源及极性：直流反接

焊接设备型号：ZX-500A

其他：试板反面反变形 3.2mm，防止角变形

试验板尺寸为 500 mm×760 mm，由合格焊工施焊。

焊接参数表 表 1.5-6

板厚 (mm)	焊丝牌号	焊丝直径 (mm)	焊接电流 (A)	焊接电压 (V)	预热温度 (℃)	焊接速度 (mm/min)
60	E5016	ϕ3.2	100～130	24	80	100～260
60	E5016	ϕ4.0	120～160	24	80	100～260

D. 试验项目及取样数量同表 1.5-4。

4）立焊工艺评定试验（05-4）

针对钢柱-钢梁腹板对接焊接。

A. 钢材

Q345-C 与 Q345-C 箱型柱 Z15（板厚 40mm）。

供货状态：热轧

B. 焊接方法与焊接位置

焊接方法：选用 CO_2 气体保护焊。

焊接位置：立焊。

C. 焊接参数，见表 1.5-7。

焊缝形式：单 V 形坡口 45°带垫板，间隙 6 mm。

层间温度 120～150℃，

焊丝：锦泰 JM-56

焊接设备型号：NBC-500A

电源及极性：直流反接

试验板尺寸为 500mm×760mm，由合格焊工施焊。

焊接参数表 表 1.5-7

板厚 (mm)	焊丝牌号	焊丝直径 (mm)	焊接电流 (A)	焊接电压 (V)	预热温度 (℃)	焊接速度 (mm/min)
40	JM-56	ϕ1.2	160～220	30～38	80	250～450

1.5.6　超声波探伤

（1）超声波探伤范围

根据设计说明的规定，本工程钢结构安装所有全熔透焊缝要求达到《钢结构工程施工质量验收规范》GB 50205—2001 标准的一级焊缝标准，即 UTⅡ级标准要求。

超声波探伤的焊缝有以下几种：柱-柱拼接焊缝；外围抗弯框架的全熔透焊缝。

（2）执行标准

探伤标准要求执行《钢焊缝手工超声波探伤方法和探伤结构分级》GB 11345—89。

（3）现场使用的仪器

本公司现备有 USN50R 型（德国产）全数字式智能超声波探伤仪以及 SMART220 电脑型智能超声波探伤仪。

（4）探伤人员

本公司配备Ⅲ级超声波探伤技术资格人员 1 名；Ⅱ级超声波探伤技术资格人员 2 名；Ⅰ超声波探伤技术资格人员 1 名。

（5）超声波探伤工艺

1）检验准备

A. 探伤面：现场安装焊缝均为单面带钢垫板的对接焊缝和 T 形焊缝，因此，采用单面双侧或单面单侧探伤。见图 1.5-2。

B. 探查区清洁处理：

探头接触表面应清除焊接飞溅、污物、油脂、油漆、松散氧化皮等，必要时应进行打磨。

2）检验区域的宽度

检验区域的宽度应是焊缝本身再加上焊缝两侧各相当于母材厚度 30%的一段区域，这个区域最小 10mm，最大 20mm，见图 1.5-3。

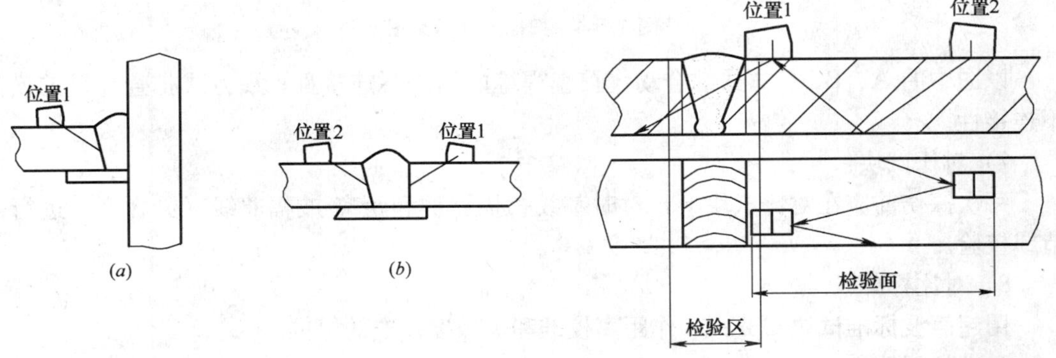

图 1.5-2　探伤面示意图

（a）单面单侧；（b）单面双侧

图 1.5-3　检验区示意图

A. 采用一次反射法扫查探伤，探头移动应大于 1.25P：

$$P=2\delta\tan\beta \text{ 或 } P=2\delta K$$

式中　P——跨距，mm；

δ——母材厚度，mm。

B. 采用直射法探伤时，探头移动区应大于 0.75P。

3）探头频率：使用 2.5MHz 或 2 MHz 的探头。

4）探头角度：见表 1.5-8。

探头角度的确定　　表 1.5-8

接头形式	板厚(mm)		
	≤25	＞25～50	＞50～100
对接接头	70°	70°或 60°	45°或 60°，45°和 60°，45°和 70°
T 形接头	70°	60°	45°

5）耦合剂：采用糨糊或甘油。

6）扫查方法：按图所示进行。见图 1.5-4。

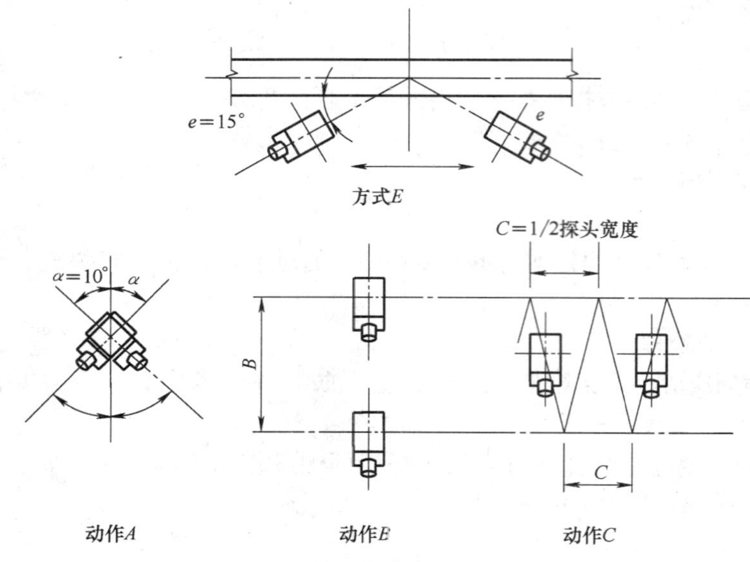

图 1.5-4　扫描方式示意图

以图中的 A、B、C 方式综合动作扫查焊缝的纵向不连接性；E 方式扫查焊缝的横向不连接性。

7）对比试块：

每次探伤前应在对比试块上，对时基线扫描比例和距离-波幅曲线（灵敏度）进行调节或校验。

8）对比标准：

用超声波标准试块 CSK-ZB 作距离校准和灵敏度校准的标准。

（6）仪器鉴定

1）水平线性：

仪器每使用 4h 后，对需用的每一距离范围的水平线重新作鉴定；

2）增益控制：

仪器的增益（衰减器）控制应每隔两个月校准一次；

3）探头内部反射：

仪器最多使用 4h，就要对每个探头的最大内部反射进行检验。每一个斜探头应在每使用 8h 后用校准块进行检查，以确定接触面是否平整，入射点是否正确，波束角度是否在 2°公差范围内，不符合要求探头应予修正或更换。

4）检测时的校准：

在每一焊缝检测之前，由检测人员在检测部位对仪器的灵敏度和水平扫查（距离）进行校准。并在每隔 30min 或检测人员变换时重新校准。

（7）检测的合格标准

根据缺陷指示长度按表 1.5-9 的规定予以评级。

缺陷的等级分类 表 1.5-9

检验等级	A	B		C	
板厚(mm)	8～50	8～300		8～300	
Ⅰ	2/3δ;最小 12	δ/3;	最小 10 最大 30	δ/3;	最小 10 最大 20
Ⅱ	3/4δ;最小 12	2/3δ;	最小 12 最大 50	δ/2;	最小 10 最大 30

注：1. δ 为坡口加工侧母材板厚，母材板厚不同时，以较薄侧板厚为准。

2. 管座角焊缝 δ 为焊缝截面中心线高度。

不合格的缺陷，应予返修。返修区域修补后，返修部位及补焊受影响的区域，应按原探伤条件进行复验，复探部位的缺陷亦应按上述合格标准评定。

（8）记录与报告

1）检验记录主要内容

工程名称、焊缝编号、坡口形式、焊缝种类、母材材质、规格、表面情况、探伤方法、验收标准、使用仪器、探头、耦合剂、试块、探伤灵敏度。所发现超标缺陷及评定记录、检验人员及检验日期。

2）检验报告主要内容

工程名称、编号、探伤方法、探伤部位示意图、探伤比例、验收标准、缺陷情况、返修情况、探伤结论、检验人员及审核人员签字等。

1.6 高强度螺栓施工

1.6.1 高强度螺栓施工

本工程采用的高强度螺栓都为 10.9 级螺栓，型号为 M16×60、M20×65、M20×70、M22×80 等。

（1）高强度螺栓施工工艺流程，见图 1.6-1。

（2）高强度螺栓连接副的进场检验

运到工地的扭剪型高强度螺栓连接副应及时检验其螺栓楔负载、螺母保证荷载、螺母及垫圈硬度、连接副的紧固轴力平均值和变异系数。检验结果应符合《钢结构用扭剪高强度螺栓连接副技术条件》GB 3633 规定，合格后方准使用。

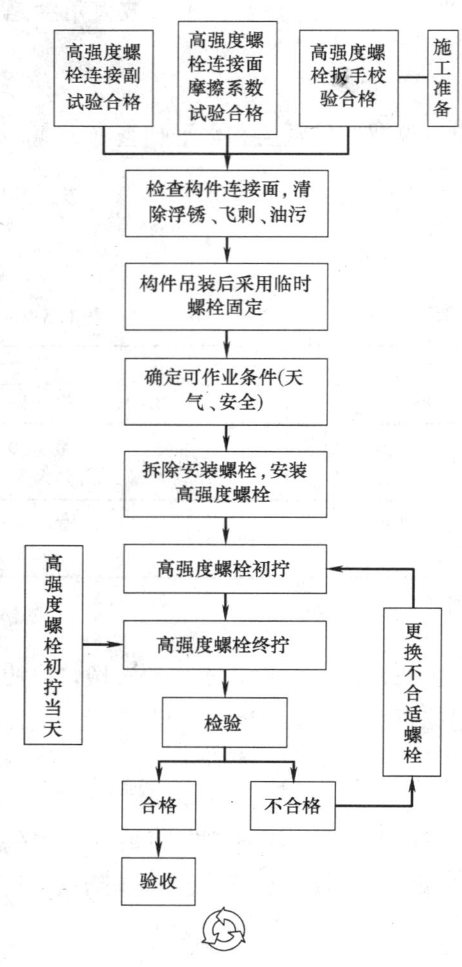

图 1.6-1　高强度螺栓施工工艺流程

(3) 施工控制工艺

1) 高强度螺栓均按规格型号分类储放，妥善保管，避免因受潮、生锈、污染而影响其质量，开箱后的螺栓不得混放、串用，做到按计划领用，未施工完的螺栓要及时回收。

2) 安装前应对钢构件的摩擦面进行除锈。

3) 高强度螺栓不能自由穿入螺栓孔位时，不得硬性敲入，用冲杆或绞刀修正扩孔后再插入。

4) 高强度螺栓分两次拧紧。第一次初拧到标准预拉力的 60%～80%，第二次终拧到标准预拉力的 100%。初拧扳手见图 1.6-2，终拧扳手见图 1.6-3。

5) 装配和紧固接头时，从安装好的一段或刚性端向自由端进行。

6) 螺栓的穿入方向尽量一致，品种、规格要按照设计要求进行安装。

本工程主楼部分钢结构高强度螺栓连接时，在保证施工质量和进度的基础上，螺栓的穿入方向均采取自外侧向内侧的方向，使得钢结构节点美观大方。

7) 制作厂制作时在节点部位不应涂装油漆。

8) 终拧检查完毕的高强度螺栓节点及时进行油漆封闭。

9) 同一高强度螺栓初拧和终拧的时间间隔，要求不得超过一天。

10) 扭剪型高强度螺栓的终拧过程，见图 1.6-4。

图 1.6-2　初拧扳手

图 1.6-3　终拧扳手

(4) 高强度螺栓连接的检验

高强度螺栓连接副的安装顺序及初拧、复拧扭矩检验。检验人员应检查扳手并做好记录，螺栓初拧标记及螺栓施工记录，有异议时抽查螺栓的初拧扭矩。

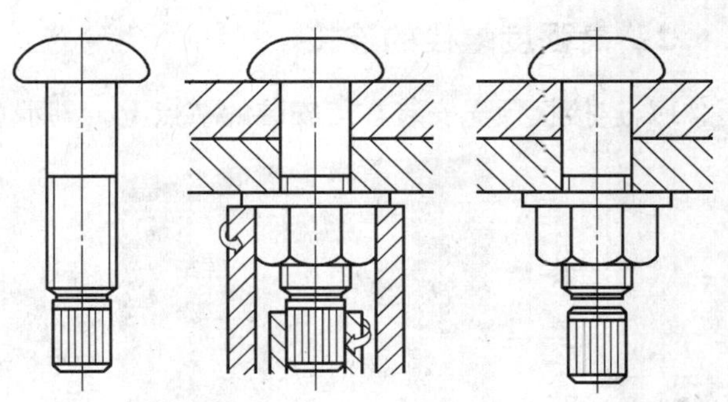

图 1.6-4 扭剪型高强度螺栓的终拧过程

高强度螺栓的终拧检验。大六角头高强度螺栓连接副在终拧完毕 48h 内应进行终拧扭矩的检验，首先对所有螺栓进行终拧标记的检查，终拧标记包括扭矩法和转角法施工两种标记，除了标记检查外，检查人员最好用小锤对节点的每个螺栓逐一进行敲击，从声音的不同找出漏拧或欠拧的螺栓，以便重新拧紧。

对扭剪型高强度螺栓连接副，终拧是以拧掉梅花头为标志，可用外观全数检查，非常方便，但扭剪型高强度螺栓连接的工地施工质量重点应放在施工过程的监督检查上，如检查初拧扭矩值及观察螺栓终拧时螺母是否处于转动状态，转动角度是否适宜（以 60°为理想状态）等。

高强度螺栓附加长度，见表 1.6-1。

高强度螺栓附加长度表 **表 1.6-1**

螺栓直径(mm)	12	16	20	22	24	27	30
大六角高强度螺栓(mm)	25	30	35	40	45	50	55
扭剪型高强度螺栓(mm)		25	30	35	40		

接触面间隙处理，见表 1.6-2。

接触面间隙处理表 **表 1.6-2**

项目	示 意 图	处 理 方 法
1		$t<1.0$mm 时不予处理
2	磨斜面	$t=1.0\sim3.0$mm 时将厚板一侧磨成 1∶10 的缓坡，使间隙小于 1.0mm
3		$t>3.0$mm 时加垫板，垫板厚度不小于 3mm，最多不超过三层，垫板材质和摩擦面处理方法应与构件相同

1.6.2 高强度螺栓的连接

1）连接板预先安装在待安装的节点上。见示意图 1.6-5。

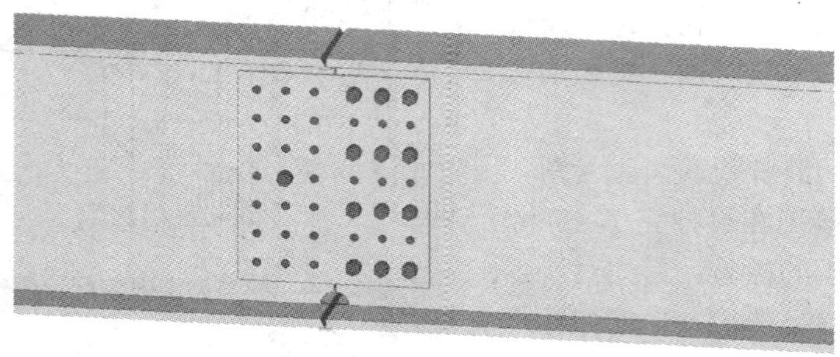

图 1.6-5 连接板预先安装示意图

2）高强度螺栓的穿入顺序是自中间向四周分散安装。见示意图 1.6-6。

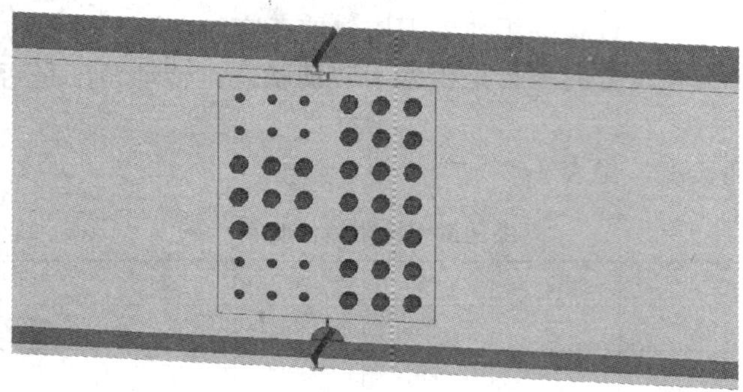

图 1.6-6 安装顺序示意图

3）全部穿入完成后，安装穿入顺序进行均匀力的初拧和终拧。见示意图 1.6-7。

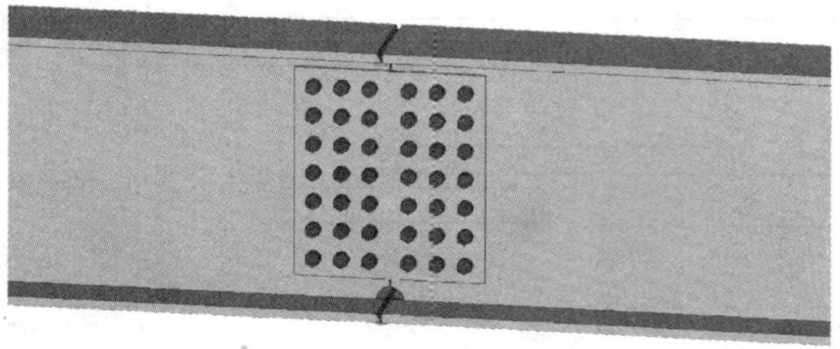

图 1.6-7 安装完成示意图

1.7 质量保证体系及措施

1.7.1 工程质量保证体系

（1）质量控制体系

质量控制体系见图 1.7-1。

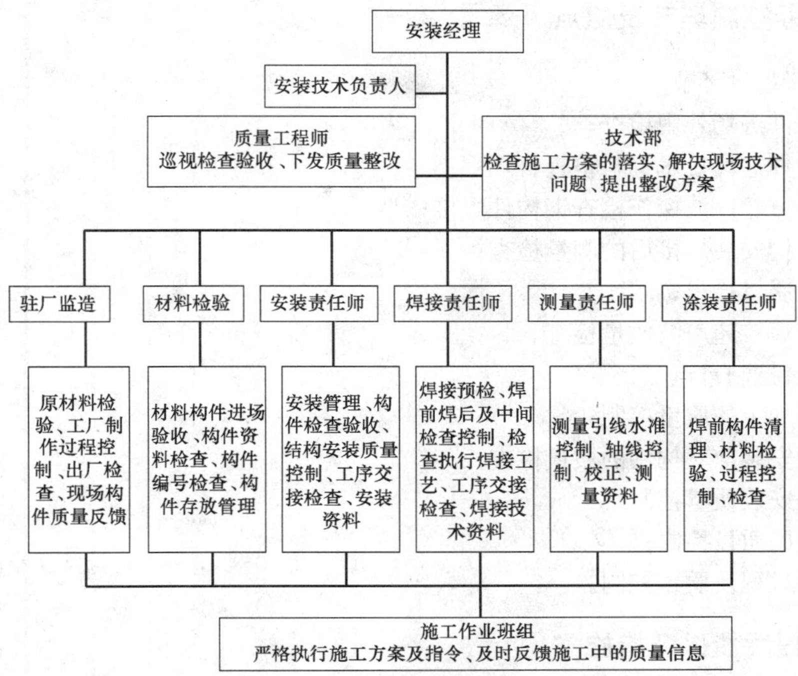

图 1.7-1 质量控制体系

(2) 质量检查控制程序

班组自检→责任师自检→项目质检员检查→现场监理验收。

(3) 质量保证流程

质量保证流程见图 1.7-2。

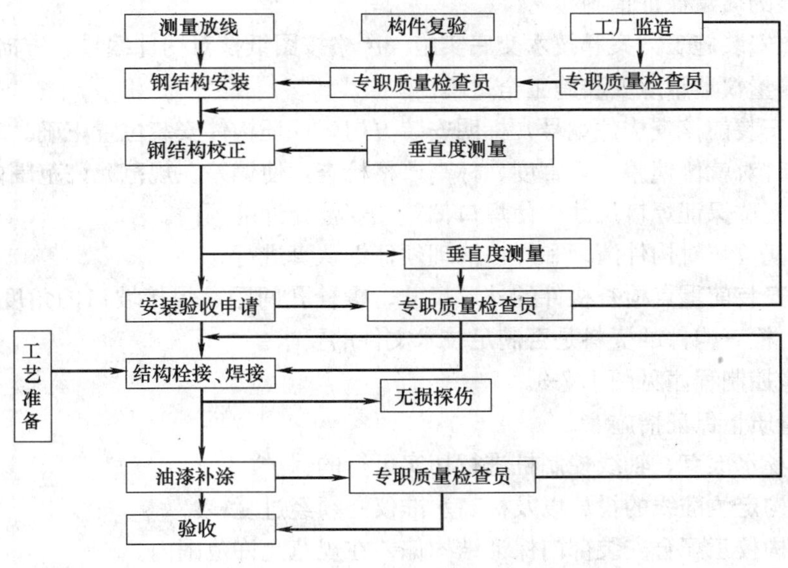

图 1.7-2 质量保证流程图

1.7.2 质量控制环节及重点

(1) 质量控制环节

1) 钢构件进场外观检查；

2) 钢构件进场技术资料检查；

3) 第三方超声波探伤检查钢构件焊接；

4) 钢结构安装焊接后的测量检查；

5) 焊接质量检查；

6) 现场焊接超声波质量检查。

(2) 质量控制重点

1) 构件加工的质量控制；

2) 构件安装前对构件的质量检查；

3) 现场安装质量控制；

4) 测量的质量控制；

5) 焊接过程及质量控制。

1.7.3 工程质量保证措施

(1) 构件加工的质量保证措施

专职驻厂质量工程师负责监理制造厂的加工管理；从原材料的进厂质量检查，钢构件的加工过程控制，以及构件出厂质量检查。

驻厂监理需要控制的工序：

原材料→号料→切割→下料→组装→焊接→加工矫正→总装焊接→加工矫正→外形尺寸检验（预装）→除锈→涂装→编号→包装。

(2) 安装的质量保证措施

严格按照安装施工方案和技术交底实施。严格按图纸核对构件编号、方向，确保准确无误。要用测量仪器跟踪安装施工全过程。

1) 构件安装前核查构件编号，标明安装方向，保证构件安装位置正确。

2) 安装时对就位偏差、垂直度、标高严格检查，使偏差在规范允许范围内。

3) 安装就位保证焊口尺寸，使焊口偏差在规范允许范围内。

4) 构件就位前对构件清理和焊口清理须仔细认真进行。

5) 构件安装前重点检查构件的外形尺寸、螺栓孔间距、焊接坡口的角度以及有特殊要求的构件。检查构件的资料是否满足技术文件的要求。

安装质量控制程序见图 1.7-3。

(3) 测量质量保证措施

1) 对现场水准点、轴线控制桩进行切实可行的保护。

2) 钢结构定位准线的投放以及标高水准仪必须经过复核。

3) 钢结构校正配合安装部门保证结构偏差在规范允许范围内。

4) 结构焊接需要跟踪测量。

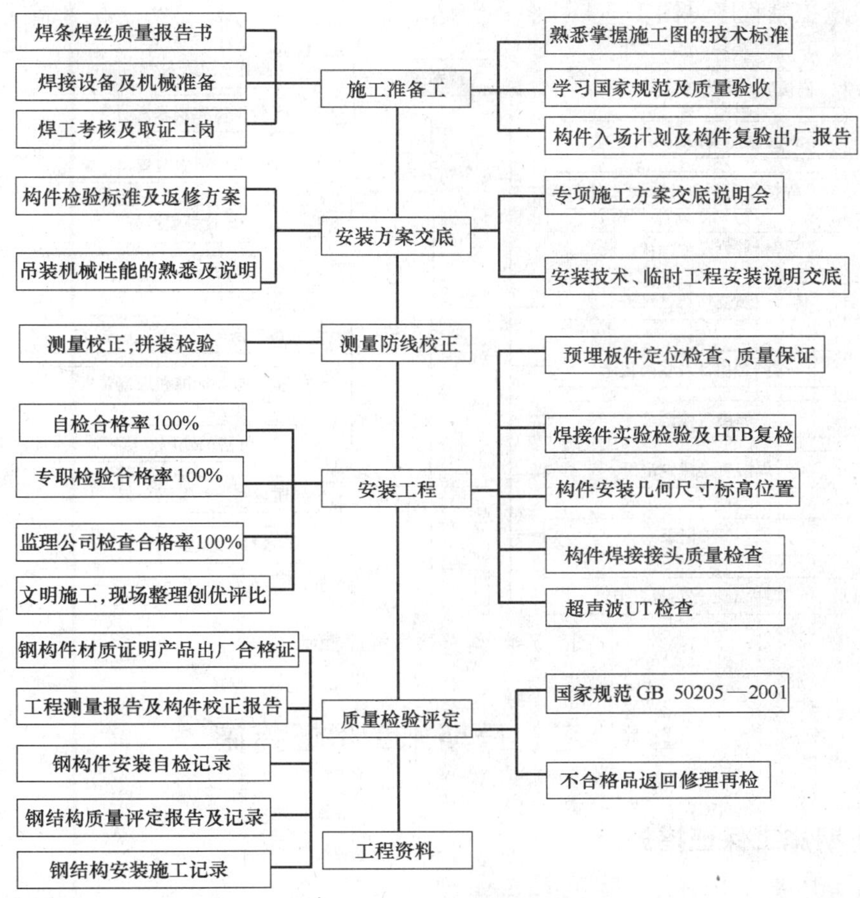

图 1.7-3 质量控制程序

(4) 焊接质量保证措施

1) 焊前检查接头坡口角度、钝边、间隙及错口量，均应符合要求。坡口内和两侧之间的锈斑、油漆、油污、氧化皮等均应清除干净。

2) 预热：焊前对坡口及其两侧各 100mm 范围内的母材进行加热去污处理。

3) 装焊垫板或引弧板，其表面应清洁，要求与坡口相同，垫板与母材应贴紧，引弧板与母材焊接应牢固。

4) 焊接时不得在坡口外的母材上打火引弧。

5) 第一层的焊道应封住坡口内母材与垫板的连接处，然后逐道逐层累焊至填满坡口，每道焊缝焊完后都必须清除焊渣及飞溅物，出现焊接缺陷应及时磨去并修补。

6) 遇雨天时应停焊，板厚大于 36mm 时应按焊接规范规定预热和后热，构件焊口周围及上方应加遮挡，风速大于 6m/s 时则应停焊。

7) 一个接口必须连续焊完，如不得已而中途停焊时，再焊以前应重新按规定加热。

8) 焊后冷却到环境温度时进行外观检查，超声波检测在焊后 24h 进行。

9) 焊工和检验人员要认真填写作业记录表。

10) 低氢型焊条应按规范规定在高温烘干箱中烘干，并恒温存放 1h 后待用。

焊接质量控制程序见图 1.7-4。

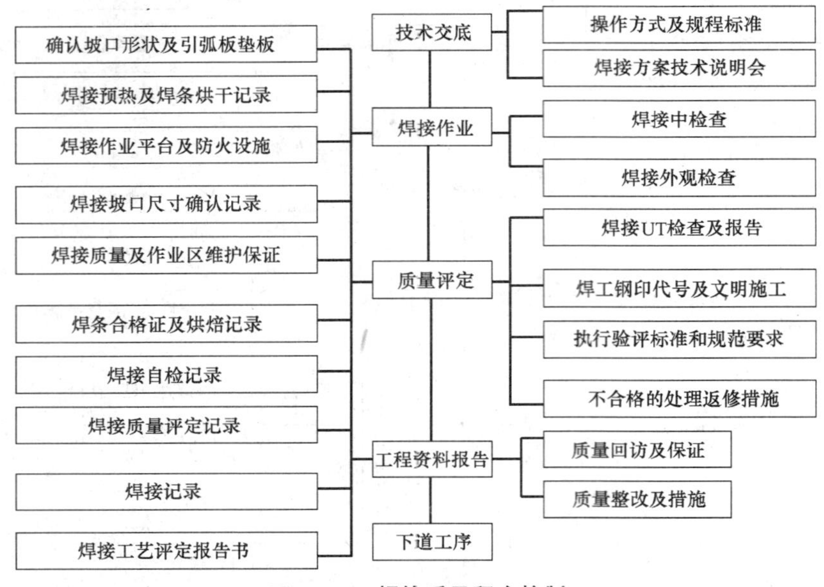

图 1.7-4　焊接质量程序控制

1.8　冬、雨期施工保证措施

1.8.1　冬期施工保证措施

（1）准备工作

1）冬期施工时间为 11 月中旬～次年 3 月中旬，施工部位：屋盖钢框架。

2）冬期施工前，认真组织有关人员分析冬期施工生产计划，落实冬期施工前的各项准备工作，解决冬期施工中的生产问题，以保证施工的正常进行。

3）夜间设专职的值班人员，保证昼夜有人值班并做好值班记录，同时要设置天气预报收听员，负责每天收听和发布天气情况。

4）应做好施工人员的冬期施工培训工作。组织相关人员进行一次全面检查，包括临时设施、临电、机械设备防雨、防护等各项工作。

5）冬期施工前要对电器设备进行检查，对已老化的线路和易发生冻裂破皮的及时更换并定期检查，电焊机的一、二次线必须绝缘良好，确保冬施安全。

（2）冬期施工措施

1）安装作业

A. 大雪天严禁施工。

B. 凡施工操作人员必须正确使用安全保护用品，遵守本工种安全规范，特殊工种必须持证上岗，严禁穿易滑鞋登高操作。

C. 雪后在钢结构吊装施工前，将梁、柱、平台上的积雪、霜、冰用铁铲除去并扫净方可操作。

D. 对要起吊的物件应先查看是否和地面或其他物件冻结，如冻结，先用手撬棍使其松动方可起吊。

E. 钢结构安装前除按常规检查外，必须根据负温度条件对构件质量进行详细复验。凡是在制作中漏检和运输堆放中造成的构件变形等，偏差大于规定影响安装质量时，必须在地面进行修理、矫正。符合设计要求和规范规定后方能起吊安装。

F. 绑扎、起吊钢构件的钢索与构件直接接触时，要加防滑隔垫。凡是与构件同时起吊的节点板、安装人员使用的挂梯、校正用的卡具、绳索必须绑扎牢固。直接使用吊环、吊耳起吊构件时要检查吊环、吊耳连接焊缝有无损伤。

G. 风力大于5级、下雪、浓雾天气，停止高空吊装及安装的配套工序，如焊接、高强度螺栓、屋面板安装、校正结构。

2）高强度螺栓作业

A. 当气温低于－10℃或风力达5级以上，雨、雪、浓雾天气应停止高强度螺栓作业。

B. 高强度螺栓接头安装时，构件的摩擦面必须干净，不得有积雪、结冰，不得雨淋，接触泥土、油污等脏物。

C. 使用高强度螺栓前，应对高强度螺栓进行外观检查，不得有生锈、丝扣损坏的现象。

D. 高强度螺栓先进行初拧，消除连接节点板的间隙。初拧合格后应作出标记。操作前应清除连接件连接部位的水分、杂质，保持连接面的清洁干燥。

E. 高强度螺栓紧固按照如下顺序：钢梁腹板螺栓紧固顺序为从上向下依次紧固；同一平面内紧固顺序为从中间向两端依次紧固。

3）测量作业

A. 大雪天不进行测量作业，小雪天在保证观测条件下可以进行测量作业，校正钢结构对测量设备需要进行防雪保护，测量的数据要在晴天复测。

B. 雪后轴线投放之前需要进行清扫，将积雪扫除干净，使轴线清楚准确。

C. 结合当日测量的温度值与预调整值成果相比，始终保持预调整值成果表的温度条件与当日实测的大气温差值之差应≤±3℃，当气温值超过该范围时即要求重新计算预调值。

4）焊接作业

A. 焊前预热

在寒冷天气时焊接施工，仅有严密的焊接防护措施还不够，还必须采用焊前大范围加热的方法来消除，不经焊前预热即进行焊接时母材与焊缝区的强烈温差，骤热和骤冷是造成钢结构接头区不均匀胀缩的主要因素，不均匀胀缩又是造成母材与焊接接头产生裂纹的主要因素。因此消除明显温差，最大限度地减缓钢材在板厚方向由胀时压应力到缩时拉应力的转变过程，最大可能地促使接头在同轴线上均匀胀缩是高强度厚钢板焊接尤其是在寒冷地区焊接的重要质量保证环节。这一环节包括了焊前严格加热，施焊过程中，保证持续、稳定并控制好层间温度，坚决过程执行窄道焊、有规律地采用左、右向交替焊道。值得注意的是：施焊过程中，不可避免由于剔除焊瘤、清除焊渣及飞溅、更换焊材与焊接辅材、施工器具调整、焊接防护物品更迭、作业者生理需求、使用碳弧气刨等因素使得层间温度不能保持稳定，由此产生的裂纹质量事故有例可循，质量事故的原因主要是多次反复产生的不均匀加热、冷却以及由此引发的焊接应力等。在寒冷地区进行焊接施工时必须高度重视：从施工机具、材料、作业环境到人员的身体状况，必须细致地进行预备。还必须保证随时采用再加热手段，减少一切不必要的焊接或非焊接作业，保证合理的层间温度。对于重要的补充热源过程，须紧密配合消除明显温差，最大限度地减缓压、拉应力转变过程。二次加热在首次加热区域至少扩大不少于一倍板厚的范围。

冬期焊接需重点加强焊前预热和焊后后热保温措施。首先是搭设双层保温棚并带棚顶，以保证其棚内的焊接环境温度高于5℃。冬期焊接提高预热温度50℃，同时将焊后后热的温度提高50℃，并严格控制焊后保温时间。焊前预热和焊后后热保温采用远程红外计算机控制，保证温度控制准确，后热后的焊缝缓冷至环境温度。远程计算机加热控制系统，见图1.8-1。焊前预热及焊后后热温度，见表1.8-1。

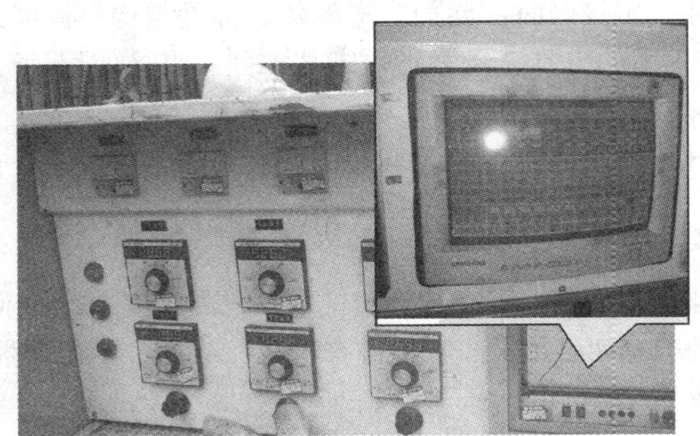

图1.8-1 远程计算机加热控制系统

焊前预热工艺 **表1.8-1**

钢材牌号	接头最厚部件的厚度(mm)				
	25以下	25～40	40～60	60～80	80～100
Q345	50℃	100℃	130℃	150℃	200℃

本表适用条件：
接头为坡口对接；
结构为一般拘束度，不包含结构封闭焊接和焊缝返修焊接条件；
不同材质对接焊接按照高强度材质考虑；
施工作业环境为负温度；

B. 焊后保温

在寒冷劲风多发时，一切焊前预热、中间再加热、后热等都围绕着消除骤冷骤热、消除胀缩不均、延缓冷凝收缩这个质保目的，但是仅上述措施还达不到目的。还需要采取防止温度快速散失、特别是防止边沿区域冷凝较焊缝中部完成过快的过程。最有效最直接的方法是加盖保温性能好、耐高温的石棉布，在寒冷地区，须加盖至少4～20mm厚石棉布，并密封空气流通部位，每道工序均应进行自检、互检、专检三检制。焊后后热工艺，见表1.8-2。

焊后后热工艺 **表1.8-2**

钢材牌号	接头最厚部件的厚度(mm)		
	40～60	40～60	40～60
Q345	250℃	250℃	250℃
保温时间	1.5～2h	1.5～2h	2h

5）钢结构涂装

A. 下雪期间禁止进行涂装作业。

B. 要时刻注意观察涂装前后的天气变化，尽量避免刚涂装完毕，就下雪造成油漆固化缓慢，影响涂装质量。

C. 潮湿天气进行涂装，要用气泵吹干构件表面，保持构件表面达到涂装要求。

1.8.2 雨期施工保证措施

（1）准备工作

雨期时间：6月中旬～9月中旬。施工部位：屋盖钢框架。

雨期施工前，认真组织有关人员分析雨期施工生产计划，落实雨期施工前的各项准备工作，解决雨期施工中的生产问题，以保证雨期施工的正常进行。要做好以下几点：

1）成立以生产经理为首的防汛领导小组，制定防汛计划和紧急预防措施。

2）雨期施工需准备材料：方木、塑料布、彩条布。

3）夜间设专职的值班人员，保证昼夜有人值班并做好值班记录，同时要设置天气预报收听员，负责每天收听和发布天气情况。

4）应做好施工人员的雨期施工培训工作。组织相关人员进行一次全面检查，包括临时设施、临电、机械设备防雨、防护等项工作。

5）检查施工现场构件堆放场地的排水设施，清理雨水排水口，保证雨天排水通畅。雨期前对现场配电箱、闸箱、电缆临时支架等仔细检查，需加固的及时加固。缺盖、罩、门的及时补齐，确保用电安全。

（2）雨期施工措施

1）安装作业

A. 现场施工人员一律穿防滑的橡胶底鞋，严禁穿凉鞋、拖鞋。要及时清扫构件表面的积水。

B. 已安装构件上的积水也要及时清扫，尤其是焊缝附近。

C. 检查临电设施、电箱、用电工具，确保其绝缘性能完好。

D. 雨后检查安全绳（麻绳）、防护设施的安全性。

E. 大雨天气严禁进行构件的吊运以及人工搬运材料和设备等工作。

F. 所有的电焊机底部必须高于地面，严禁焊机放置位置有积水。

2）高强度螺栓

A 高强度螺栓的存放必须按照要求执行，高强度螺栓应在库房垫起存放，且其高强度螺栓底部不能积水，严禁随意打开包装，以防止螺栓受潮。

B. 高强度螺栓的紧固按设计要求严格操作，雨天不进行高强度螺栓安装紧固作业。

C. 当天安装的高强度螺栓必须当天紧固完毕，不得搁置过夜，以防止雨水淋湿导致螺栓扭矩发生变化。

D. 高强度螺栓安装工作应在5级风以下进行操作。

E. 使用高强度螺栓前，应对高强度螺栓进行外观检查，不得有锈蚀、损伤丝扣的现象，如有应修复后使用。

F. 操作前，应清除连接件连接部位的水分、杂质，保持连接面的清洁干燥。

3）测量作业

A. 雨天如需校正钢结构，应对测量设备进行防雨保护，测量的数据要在晴天复测。

B. 钢尺、仪器用后进行保养，保持设备的良好状态，以保证安装校正的精度要求。

C. 雨后轴线投放之前需要进行清扫，将积水扫除干净，使轴线清楚准确。

D. 阴雨天气尽量避免进行测量作业。

4）焊接作业

A. 电焊机设置地点应防潮、防雨、防砸，并放入专用带防雨罩的钢筋笼中。雨期室外焊接，在施焊部位都要设防雨棚，主要在焊口搭设，四周要封闭。

B. 因降雨等原因使母材表面潮湿（相对湿度）80%或大风天气，不得进行露天焊接，但焊工及被焊接部分如果被充分保护且对母材采取适当处置（如预热、去潮等）时，方可进行焊接。

C. 氧气瓶、乙炔瓶使用木板对其进行遮盖，并加大安全距离。

D. 雨天严禁焊接作业。

5）钢结构涂装

A. 环境相对湿度大于80%及下雨期间禁止进行涂装作业。

B. 露天涂装构件，要时刻注意观察涂装前后的天气变化，尽量避免涂装后下雨造成油漆固化缓慢，影响涂装质量。

C. 潮湿天气进行涂装，要用气泵吹干构件表面，保持构件表面达到涂装要求。

2 内蒙古达电四期 2×600MW 机组工程空冷岛钢桁架安装施工方案

简介：本工程为空间钢桁架结构，工程施工组织设计针对现场实际情况，采用现场拼装，分段吊装，钢桁架连接部分采用大六角高强度螺栓连接。在本施工组织设计中详细介绍了本工程的施工过程与施工方法。

2.1 工程概况

内蒙古达拉特电厂四期空气冷凝汽器（空冷岛）共分两个，下部平台结构形式完全相同，均为空间钢桁架结构，单元群排成矩形方阵，基础由 32 根空心混凝土柱组成。1 号、2 号空冷岛 Y 向包括 A1～A9 共 9 个轴线，轴线间距是 11.155m，1 号空冷岛 X 向包括 AA～AJ 共 9 个轴线，2 号空冷岛 X 向包括 AK～AV 共 9 个轴线，轴线间距均为 11.1m。1 号、2 号空冷岛钢平台分别坐落在 16 根空心混凝土柱上，两个平台均由钢主柱及其他小柱、梁、斜撑组成的钢桁架纵横交错连接而成。主柱通过地脚螺栓与混凝土柱基础连接。主柱和基础设有垫片用来调平和找正。平台顶部标高 50.000m；柱底标高分为两种，A2 轴 38.000m，其他轴线均为 43.000m。杆件连接部分采用大六脚高强度螺栓连接。钢结构防腐均采用热浸锌处理。

2.1.1 施工现场平面布置图

见图 2.1-1。

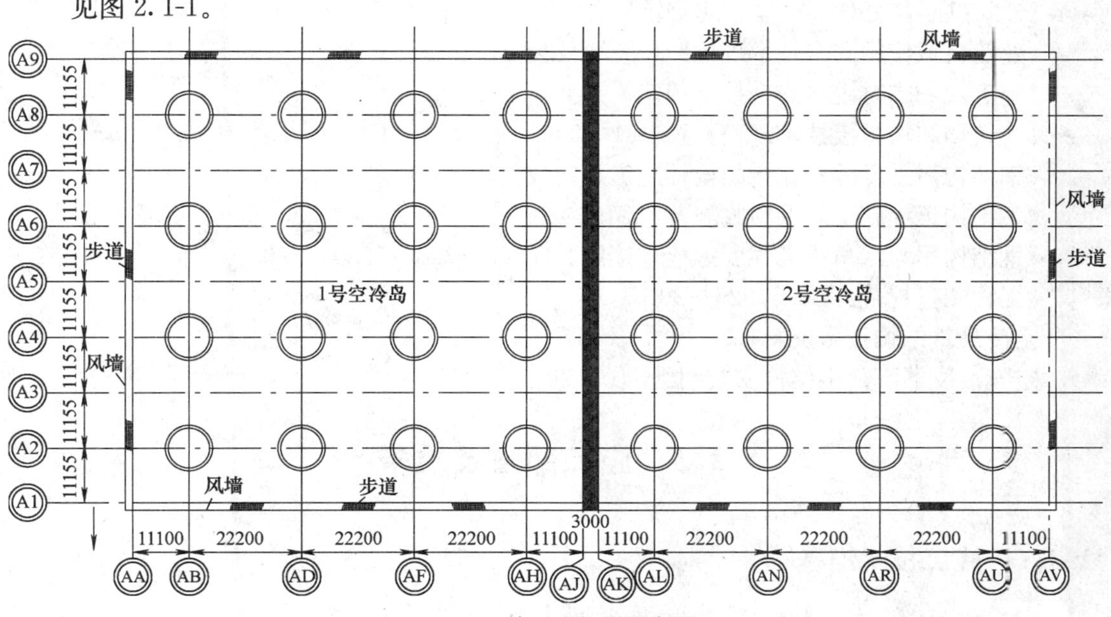

图 2.1-1 施工现场平面布置图

2.1.2 施工部位

空冷岛钢结构共分为两部分，即上部和下部。施工部位为下部钢结构平台，见图2.1-2。

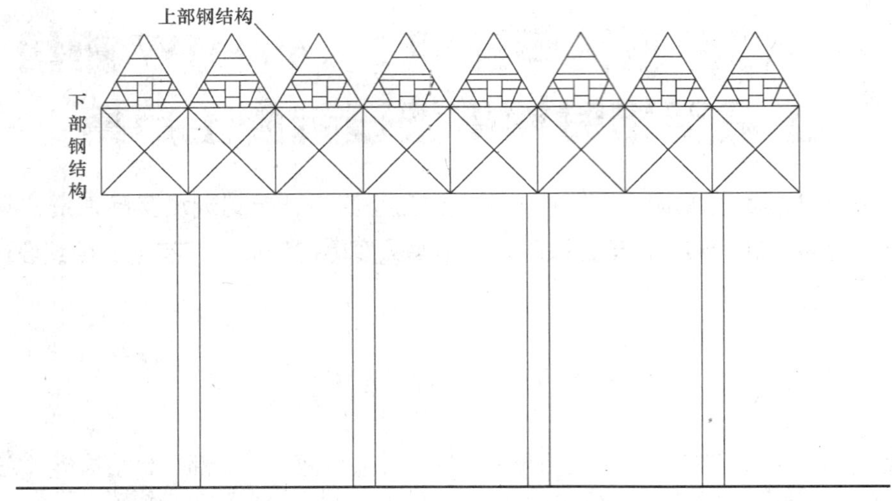

图2.1-2 施工部位图

2.2 编制依据

《电力建设安全施工管理规定》；
《电力建设安全健康与环境管理工作规定》；
《电力建设施工质量验收及评定规程》DL/T 5210.1—2005；
《建筑施工高处作业安全技术规范》JGJ 80—91；
《建筑机械使用安全技术规程》JGJ 33—2001；
《施工现场临时用电安全技术规范》JGJ 46—2005；
《建筑钢结构焊接技术规程》JGJ 81—2002；
《钢结构高强度螺栓连接的设计施工及验收规程》JGJ 82—91；
《钢结构工程施工质量验收规范》GB 50201—2001；
《钢结构用大六角头高强度螺栓连接副》GB/T 1228—1230—1991；
《工程测量规范》GB 50026—2007；
空冷岛钢结构技术资料；
空气冷凝器下部钢结构安装图纸。

2.3 施工部署及准备

2.3.1 施工技术准备

（1）作业指导书编制完成，经专业监理、建设单位、设计单位、总工程师审批合格；

（2）空气冷凝器下部钢结构安装图纸一套；

（3）作业前已对参加该项作业的相关人员进行施工技术交底，交底与被交底人员进行了双方签字；

（4）基础已做好交安。

2.3.2 人员培训

（1）所有施工人员均应在施工前经过安全知识培训，并经考试合格，方可上岗；

（2）焊工必须持证上岗，并在其证件认可范围内施工；

（3）吊车司机必须持证上岗。

2.3.3 施工作业人员及机械配置

（1）主要人员配置，见表2.3-1。

主要人员配置 **表2.3-1**

序号	作业人员工种	数量(人)	资格	职责
1	铆工	20	有相应的工作经验	负责钢结构拼装工作
2	安装工	20	有相应的工作经验	负责钢结构安装工作
3	起重工	8	持证上岗	负责钢结构安装中的起重工作
4	测量工	2	持证上岗	负责钢结构安装的测量放线
5	电气焊工	4	持证上岗	负责钢结构安装的焊接
6	电工	2	持证上岗	负责现场电动工器具及照明等电气设施的接线等
7	班组长	2	有丰富的相关工作经验	负责组织具体施工工作
8	技术员	2	大专以上学历及工作经验	全面施工技术工作，组织图纸及相关资料的熟悉过程，参加图纸会审，编制施工作业指导书并完成技术交底工作

注：人员情况随工程进度和构件到货情况进行调整，合理调配。

（2）主要施工机械选择

根据钢桁架的重量及施工现场实际情况，布置以下施工机械：

100t履带吊一台　　　　　作业范围：倒运已拼装好的钢桁架

300t履带吊一台　　　　　作业范围：吊装1号、2号空冷岛钢桁架

1）起重性能表，见表2.3-2。

300t履带吊起重性能表 **表2.3-2**

工况：主臂54m，副臂30m								
回转半径(m)	18	20	22	24	26	28	30	34
起重量(t)	57	57	53	48	43	39	36	30

2）工况图，见下图2.3-1。

50t汽车吊2台，布置在组合场地，负责桁架组合及翻身

15t平板车2台　　　　　负责构件的运输

3）其他工机具，见表2.3-3。

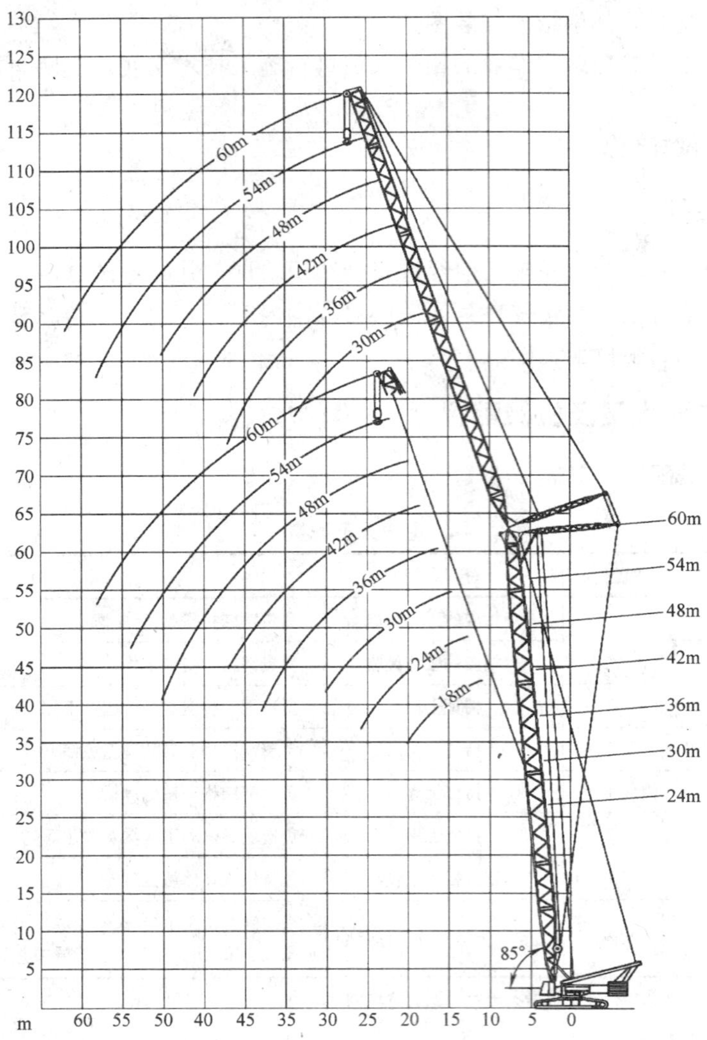

图 2.3-1 工况示意图

其他工机具表 **表 2.3-3**

名称	型号	数量	名称	型号	数量
水准仪		2台	千斤顶		2个
经纬仪		2台	安装螺栓	M16、M20、M24、M27、M30	若干
线坠		4个	槽钢	[16a、工16a	50t
活动扳手		若干	麻绳		200m
手动葫芦	10t、5t、1t、2t	各5台	角度尺		4把
专用扭矩扳手		2把	靠尺		4把
钢丝绳	ϕ39.6×37+1	200m	卷尺	30m	3个
钢丝绳	ϕ28.6×37+1	500m	盒尺	3m	10个
钢丝绳	ϕ19.6×37+1	800m	盒尺	5m	5个
钢爬梯		8部			

2.3.4 工序交接

（1）钢结构安装前混凝土柱预埋件必须交接完成，并合格后，方可进行；

（2）应对混凝土柱顶（钢结构基础）标高、轴线、钢结构基础埋件中心线、地脚螺栓间距进行复测。

2.3.5 其他

（1）施工场地平整、无杂物，保持整洁；

（2）施工道路畅通，不得乱堆乱放，随意堵塞交通要道；

（3）施工图纸及安装资料齐全；

（4）高强度螺栓已做试验并合格；

（5）各种吊装机械已到位并经过负荷试验合格；

（6）现场各种临时设施、安全措施布置完毕；

2.4 施工作业程序及方法

2.4.1 桁架拼装

（1）拼装平台位置选择。根据空冷岛下部钢结构安装图纸，考虑施工的便利条件，在空冷区域内布置钢桁架拼装平台，进行桁架拼装工作。平台位置，见图 2.4-1。

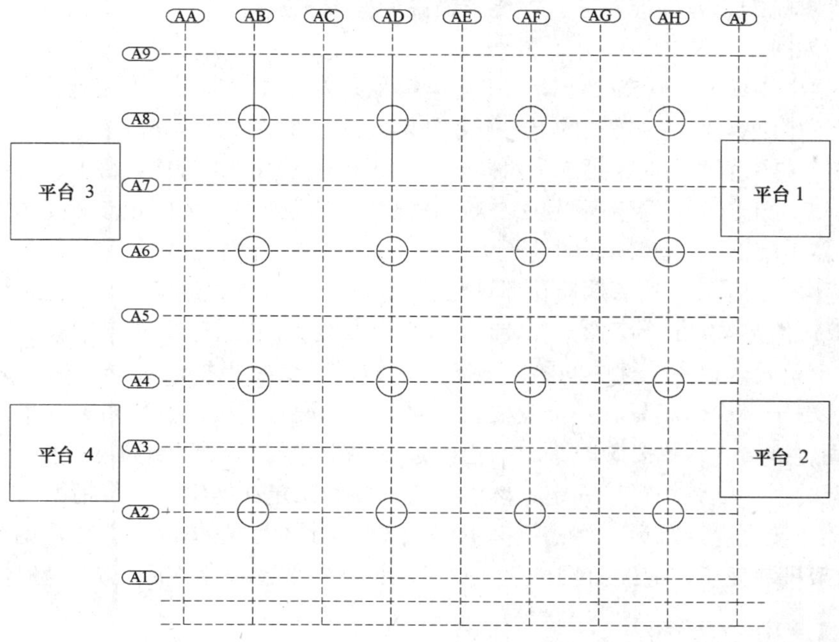

图 2.4-1　空冷岛平台位置平面布置图

（2）拼装平台搭设

桁架拼装平台搭设在空冷区域内，选择空冷装置下部±0.000地面就近组合。平台纵横向龙骨采用槽钢⊏16a和工字钢I16a作为材料。每块平台尺寸为7m×23m，可满足1榀桁架的组合，桁架纵向龙骨间距3.8m或1.9m，平台高度为1m，具体示意，见图2.4-2。

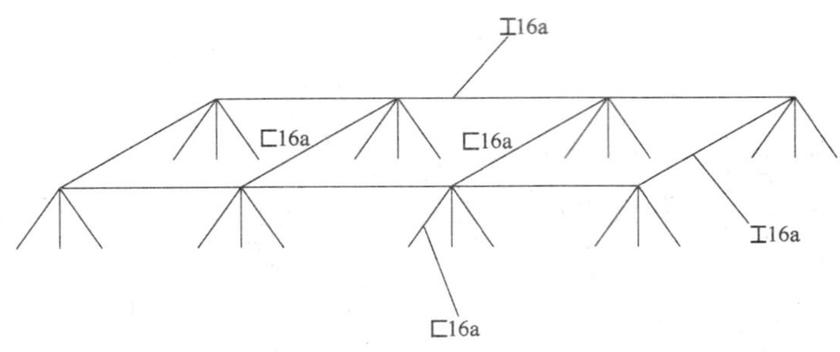

图2.4-2 钢桁架拼装平台示意图

（3）进场构件清点及检查

构件进入施工现场后，应由物资部组织经设计单位、监理公司、建设单位、安装单位及厂家有关人员对所有的构件（上下弦杆、立杆、立柱、支撑杆等）进行全部检验，检验项目主要包括构件的几何尺寸、焊缝成型情况、孔距、编号、挠度、扭曲等项目，并认真做好检验记录。对验收中发现的质量问题及时给予解决。

进场构件及钢桁架整体安装完毕后验收：验收时所执行的标准应以《钢结构工程施工质量验收规范》GB 50205—2001、《电力建设施工质量验收及评定规程》DL/T 5210.1—2005、设计单位的企业标准，三者中要求最高的标准来执行。

（4）桁架拼装方法

1）桁架拼装时，节点连接应清洁平整，螺栓孔四周无毛刺。具体拼装顺序：第一步，按照图纸上的构件编号，将桁架的上、下弦杆摆放在拼装平台上，先调整好上、下弦杆之间的水平距离，再调节对角线；第二步，摆放上、下弦杆之间的圆管柱，待上、下弦杆与圆管柱的连接节点对正以后，穿装高强度螺栓，高强度螺栓穿装时，为防止破坏高强度螺栓摩擦面，应先用与节点螺栓直径相同的销子代替高强度螺栓穿入螺栓孔进行定位，每个节点不少于4个，待构件调整好，所有螺栓孔都对准以后，方可穿装高强度螺栓；第三步，安装斜管支撑，由于斜管支撑组成十字形，安装时，先安装长度大的支撑，再安装剩余两个短支撑。

2）每个单元四榀主桁架中间的次桁架拼装时，其中一榀拼成一个整榀，另一榀拼成两个半榀，由于半榀桁架只有一个立柱，斜撑两端又没有连接点，故桁架在吊装时，必须采取斜撑固定措施。现场安装时采取的措施是在每个半榀桁架两端高度方向上固定槽钢，槽钢与桁架的上、下弦用螺栓固定，然后，将斜撑管固定在槽钢上，待桁架吊至安装位置与其他桁架连接固定好以后，将槽钢拆下用吊车吊至地面。具体固定方法，见图2.4-3。

3）桁架拼装完毕，应经监理、建设单位及设计单位验收合格后，方可翻身起吊。

2.4.2 钢结构安装

（1）吊车行走路线

空冷岛区域设备基础较多，这给桁架吊装时吊车行走带来很大困难，结合施工区域场

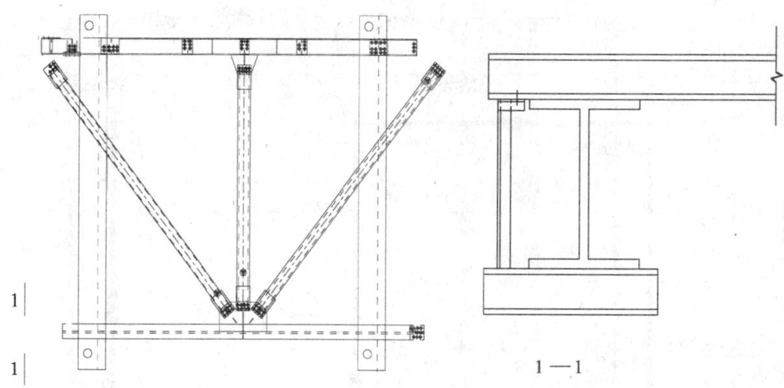

图 2.4-3 固定方法示意图

地情况，确定吊车行走路线，见图 2.4-4、图 2.4-5：

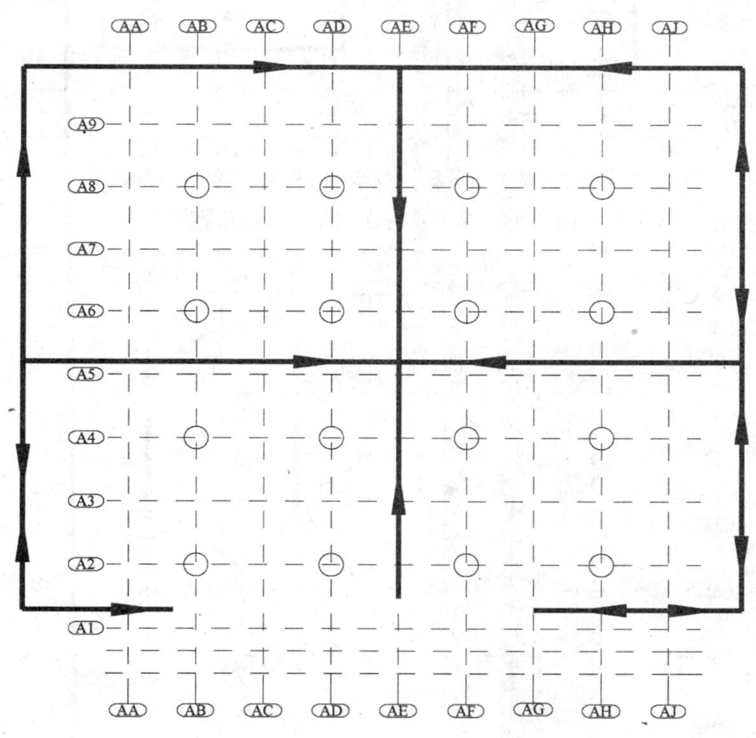

图 2.4-4 1号空冷岛履带吊行走路线

(2) 钢桁架吊装顺序（以1个空冷岛为例）

1) 第一施工区域

A. AF～AH/A6～A8 单元钢桁架的安装。桁架在安装时，吊车站在 AF～AH/A4～A6 位置，当柱与柱之间的主桁架安装完后，安装"田"字中间的两榀桁架。"田"字中间桁架安装时，A6～A8 /AG 轴桁架拼成整榀安装，AF～AH/A7 轴桁架拼成两个半榀安装。安装顺序示意图，见图 2.4-6。

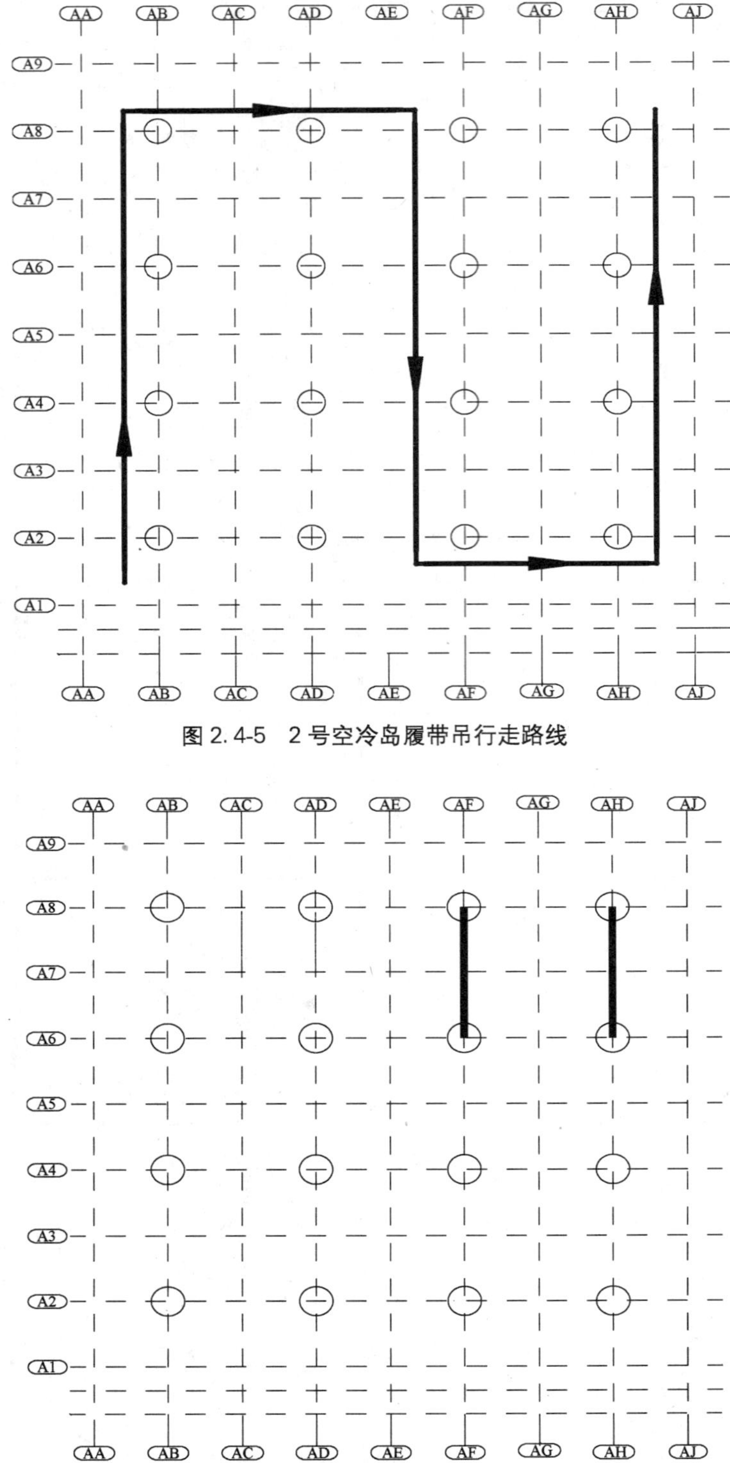

图 2. 4-5　2 号空冷岛履带吊行走路线

(*a*)

图 2. 4-6　AF～AH/A6～A8 单元钢桁架安装示意图（一）

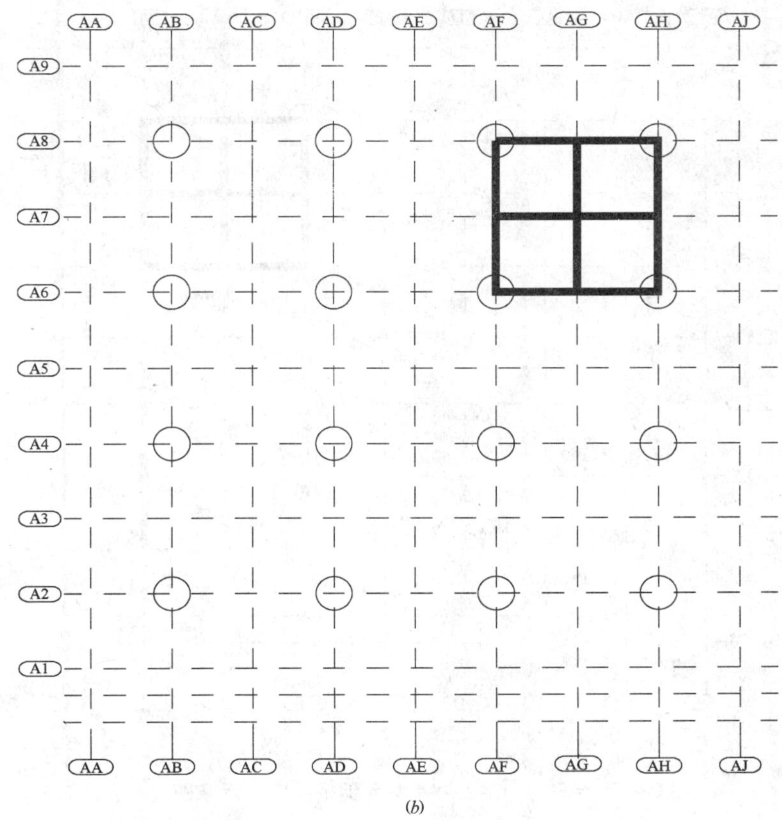

图 2.4-6 AF～AH/A6～A8 单元钢桁架安装示意图（二）

B. AF～AH/A2～A4 单元钢桁架的安装，见图 2.4-7、图 2.4-8、图 2.4-9。

C. AF～AH/A4～A6 单元钢桁架的安装，见图 2.4-10、图 2.4-11、图 2.4-12。

D. 1 号外悬挑桁架的安装。安装时，吊车站在 1 区外侧，由 A1～A9 行走来进行外悬挑桁架的安装，见图 2.4-13。

2）第二施工区域

当安装 2 号 A1 外悬挑桁架时，为了吊车行走路线的需要，需将 A2～A4/AB～AD 和 AB～AD/A 列外区域基础回填、夯实，见图 2.4-14、图 2.4-15、图 2.4-16。

3）第三施工区域，见图 2.4-17、图 2.4-18、图 2.4-19。

（3）安装方法

1）安装时，将整个场地由 AJ 轴开始至 AA 轴方向划分为 3 个区域，采取“3－2－3”的方法进行施工，即 AJ～AF 为第一施工区域，AF～AD 为第二施工区域，AD～AA 为第三施工区域。每个施工区域的安装顺序均应从 A9 轴至 A1 轴方向施工。

2）桁架安装时，以相邻四个混凝土柱为一个安装单元，进行地面组合，单榀吊装。安装时，先安装柱与柱之间的主桁架，然后安装悬挑部分，悬挑部分安装时，一定考虑结构稳定，应对称安装。每个单元的安装顺序：以 AF～AH/A6～A8 单元桁架为例，先安装 A6～A8 方向柱与柱之间的两榀主桁架，然后安装 AF～AH 方向柱与柱之间的两榀主桁架，待四榀主桁架全部安装完毕后，再安装其间的次桁架。其余各个单元的桁架，均应按此吊装顺序进行安装。具体见桁架吊装顺序示意图。

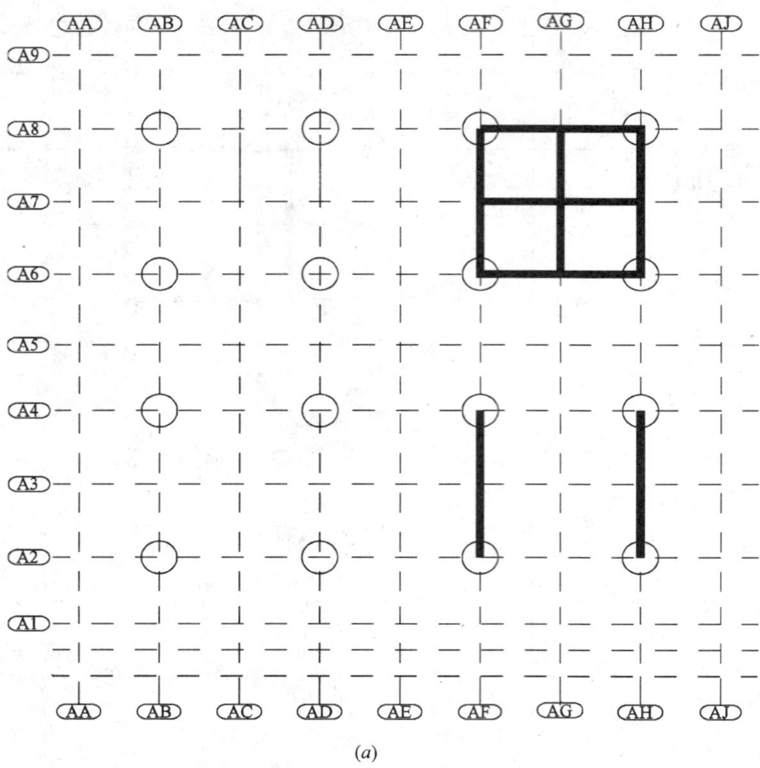

(*a*)

图 2.4-7　AF～AH/A2～A4 单元钢桁架安装示意图（一）

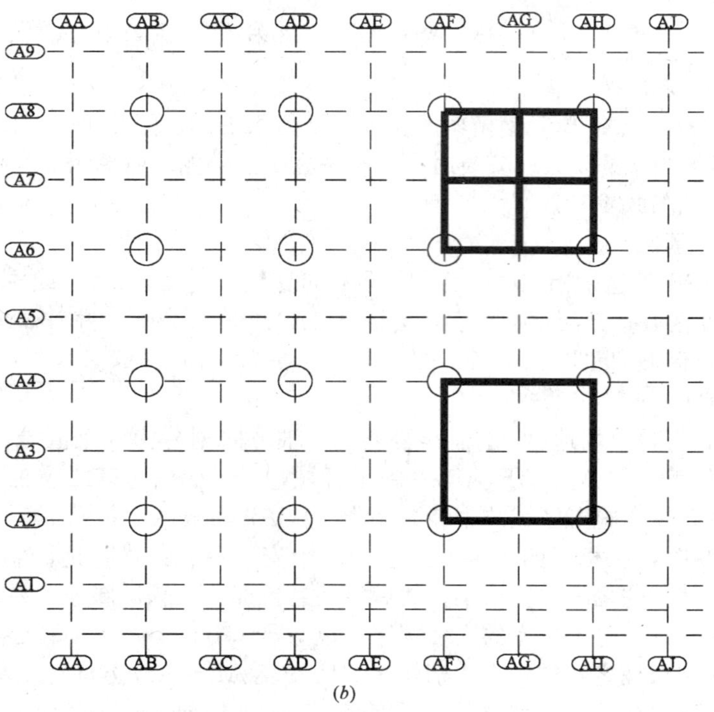

(*b*)

图 2.4-8　AF～AH/A2～A4 单元钢桁架安装示意图（二）

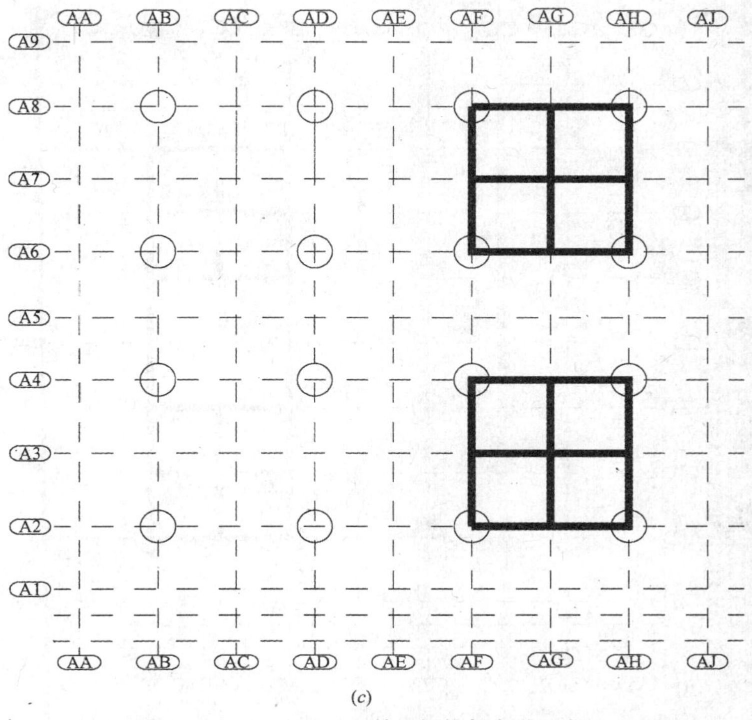

图 2.4-9　AF～AH/A2～A4 单元钢桁架安装示意图（三）

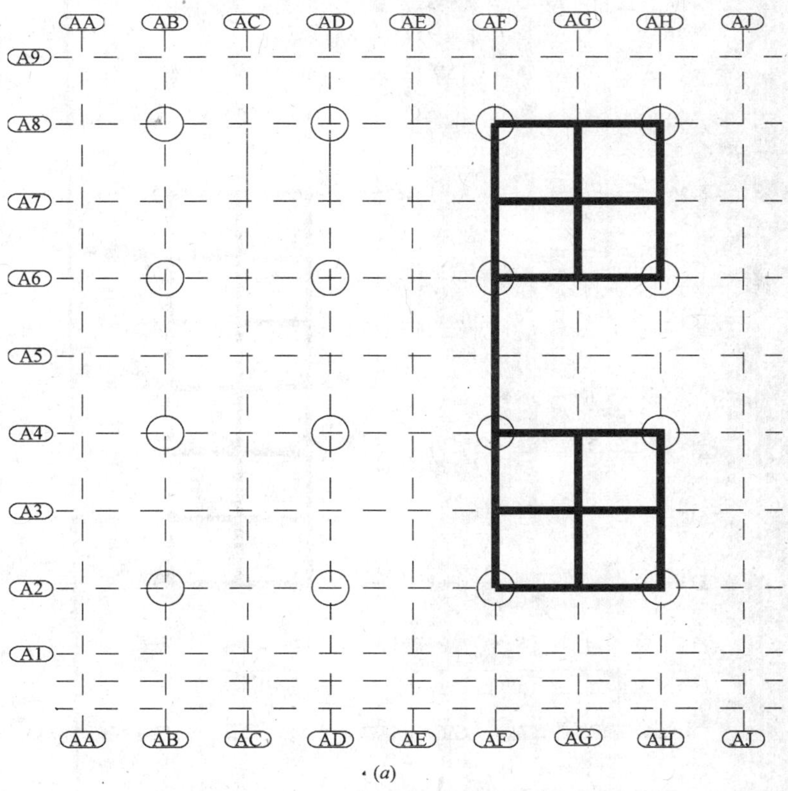

图 2.4-10　AF～AH/A4～A6 单元钢桁架安装示意图（一）

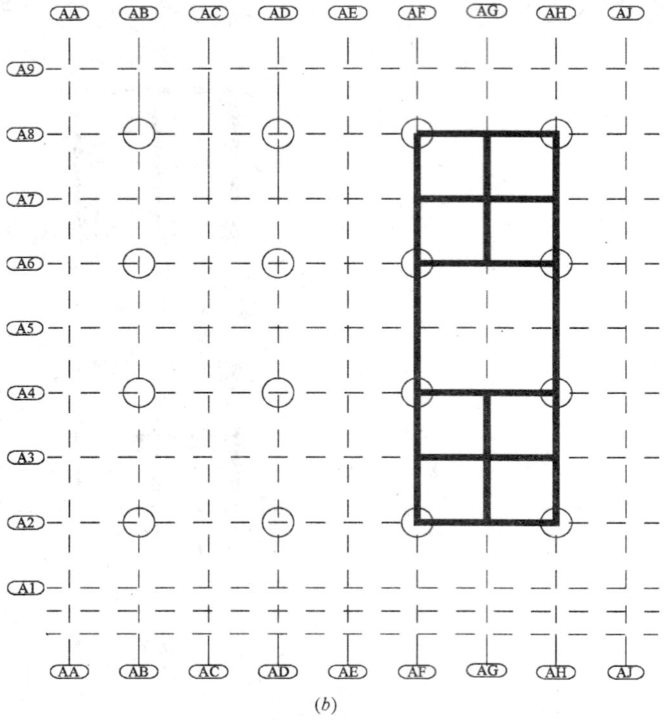

图 2.4-11　AF～AH/A4～A6 单元钢桁架安装示意图（二）

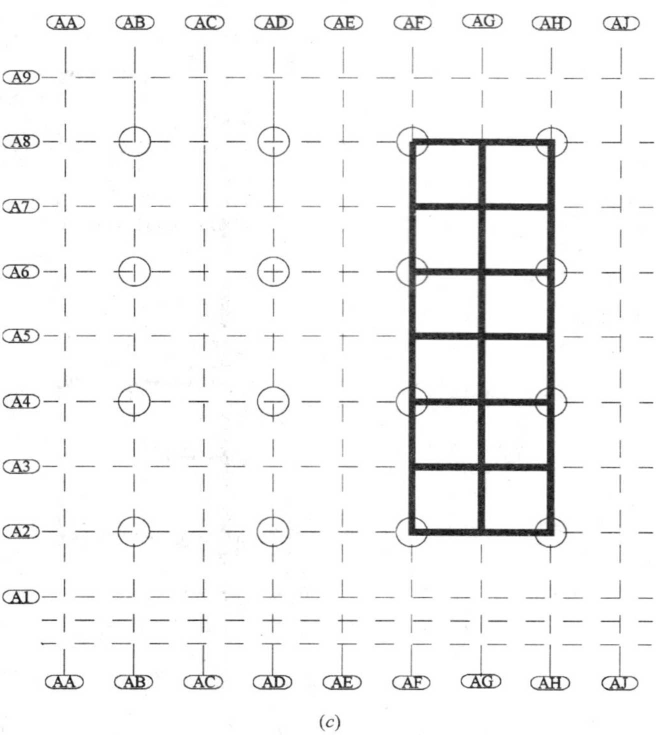

图 2.4-12　AF～AH/A4～A6 单元钢桁架安装示意图（三）

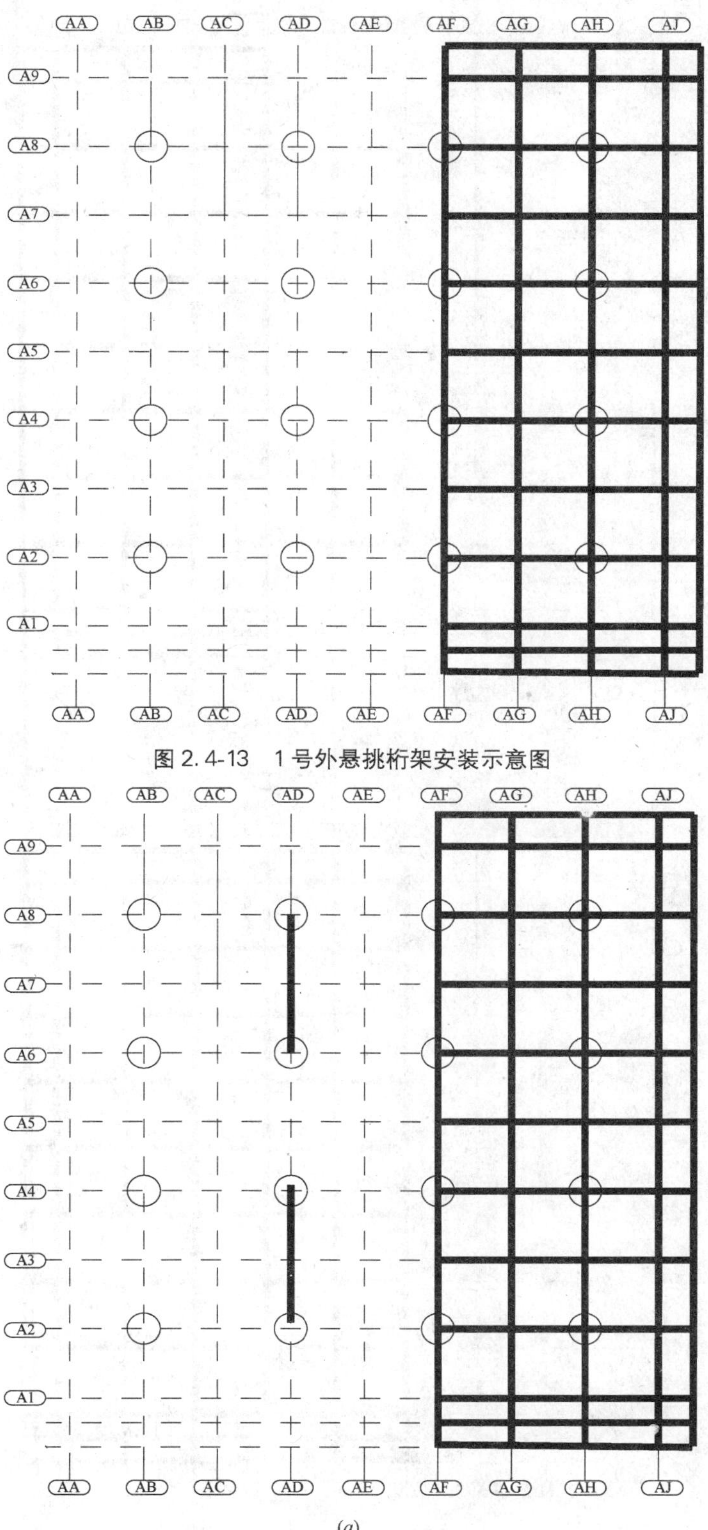

图 2.4-13 1 号外悬挑桁架安装示意图

图 2.4-14 第二施工区域施工示意图（一）

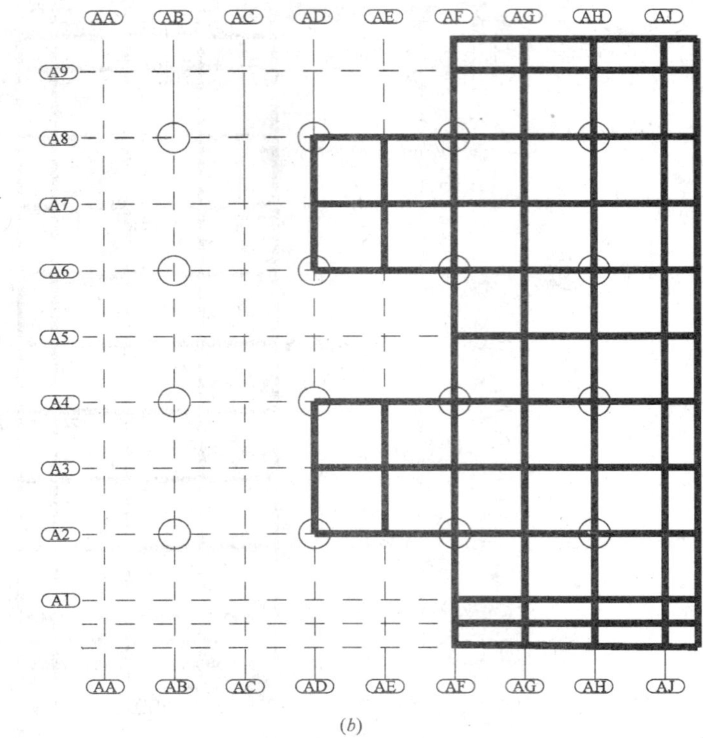

(*b*)

图 2.4-15　第二施工区域施工示意图（二）

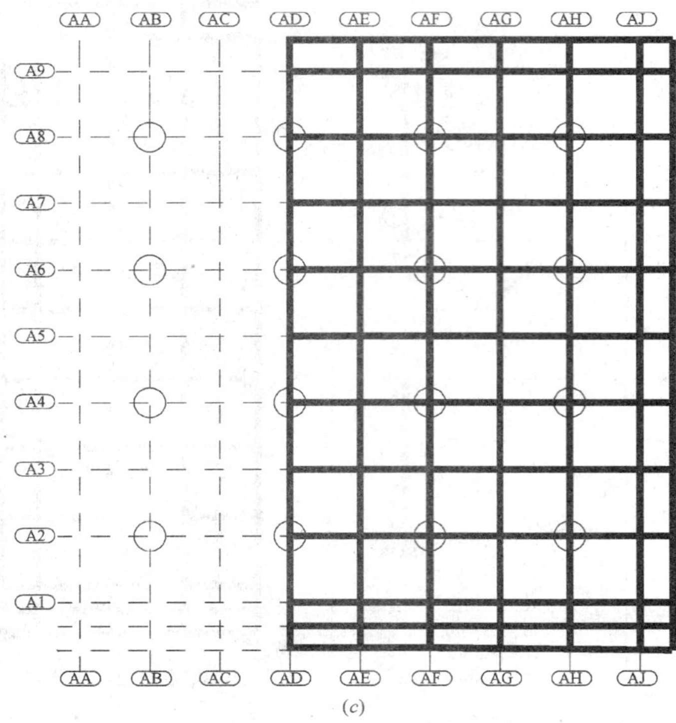

(*c*)

图 2.4-16　第二施工区域施工示意图（三）

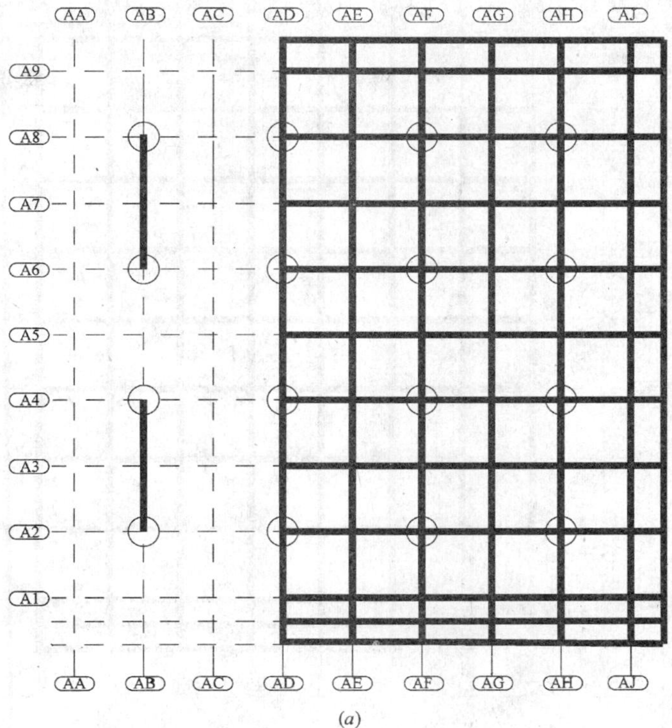

(a)

图 2.4-17 第三施工区域施工示意图（一）

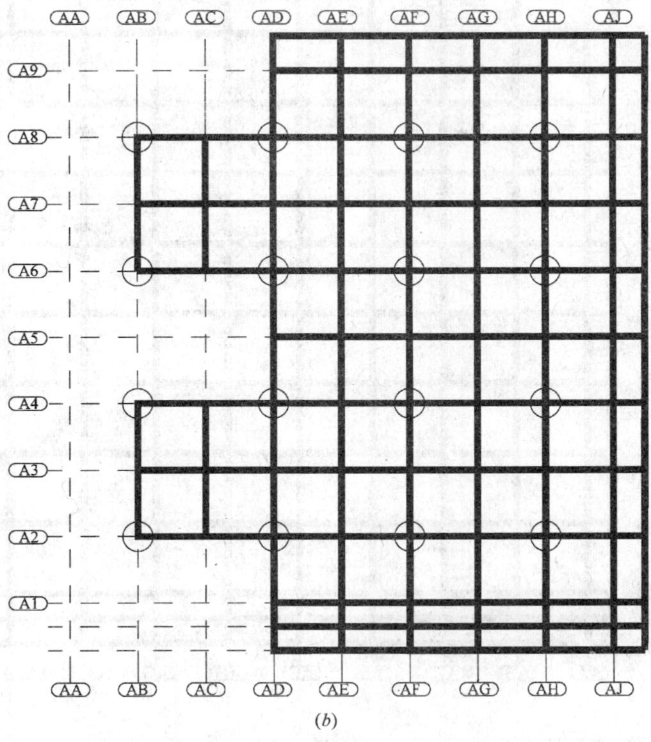

(b)

图 2.4-18 第三施工区域施工示意图（二）

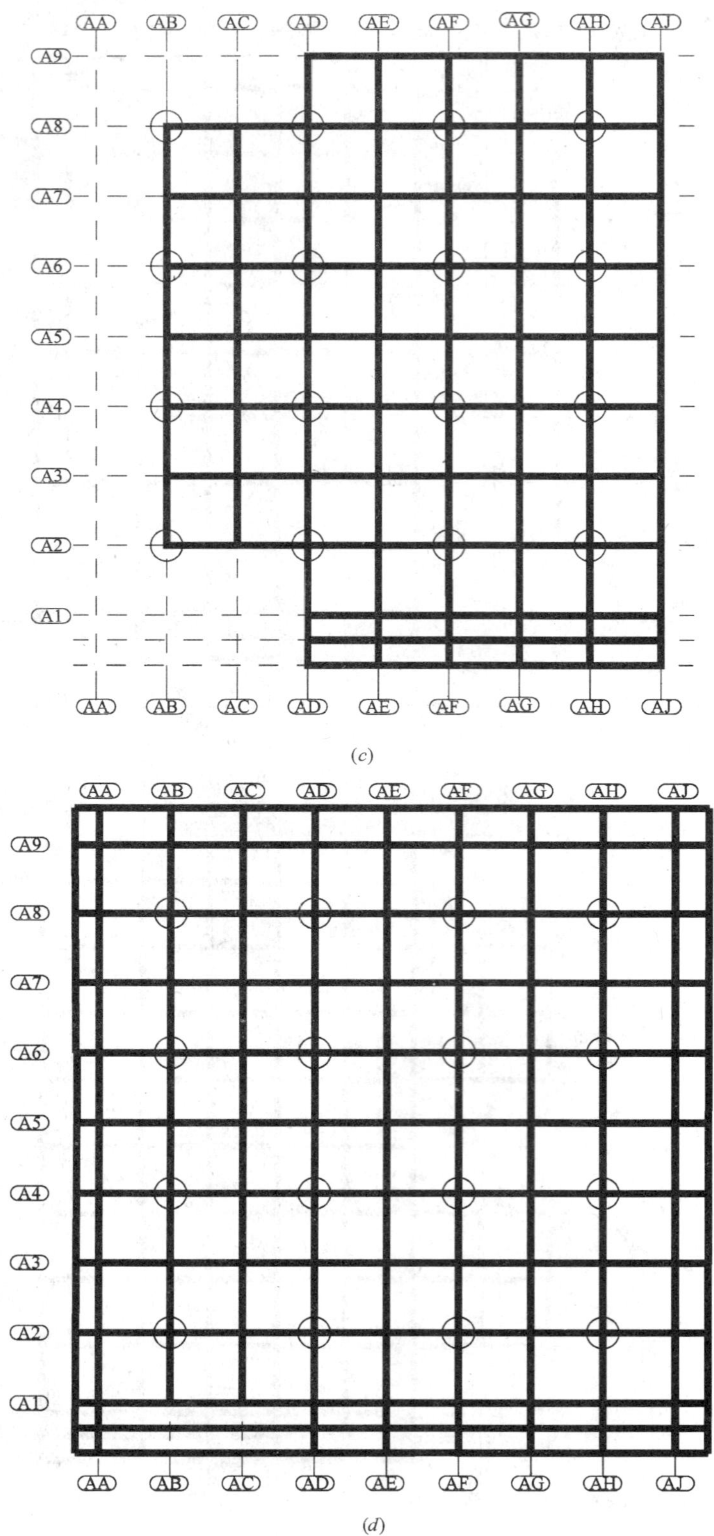

图 2.4-19 第三施工区域施工示意图（三）

3）准备起吊前，要在桁架上绑好缆风绳、钢爬梯、安全绳、手拉葫芦和其他所用工具，准备完毕开始起吊安装。

4）拼装好的桁架经验收合格后翻身起吊，翻身后吊离地面200～300mm处，检查钢丝绳受力是否均匀，维持5min后，情况良好正式起钩。起吊后速度应缓慢，桁架到位后缓慢落钩，同时保证支座中心线与柱顶台板中心线相吻合，然后调整缆风绳，使桁架保持垂直。桁架吊装前，应在桁架的两端用缆风绳将上下弦拉紧、固定，以防吊装过程中桁架发生变形。中间桁架就位时需将各个接头的螺栓全部穿入并终拧后方可摘钩。桁架的具体吊装、翻身方法如下：

A. 桁架翻身方法。由于桁架拼装时采用卧式拼装法，桁架拼装完成后，应将其翻身直立后再进行吊装。翻身时，采用两台50t汽车吊配合主吊（300t履带吊）来完成。方法为：将两台汽车吊的卡环固定在桁架下弦，主吊车卡环固定（四点固定）在桁架上弦，主吊车缓慢提升，在主吊车提升的同时，汽车吊也随之起吊，待桁架提升离地面一定高度时，50t汽车吊保持高度不变，主吊继续提升，主吊车提升的同时，汽车吊缓慢松钩，直至桁架整体完全直立过来后，汽车吊方可摘钩。此时，主吊车继续提升桁架，直至吊至柱顶桁架的安装位置。桁架翻身，见图2.4-20、图2.4-21、图2.4-22。

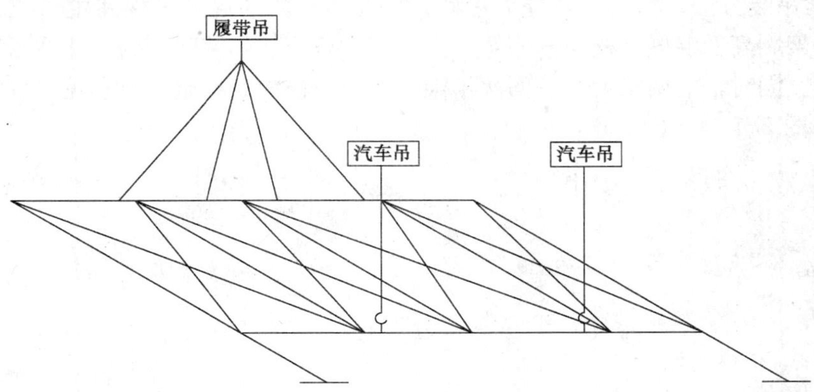

图2.4-20 桁架吊装翻身示意图（一）

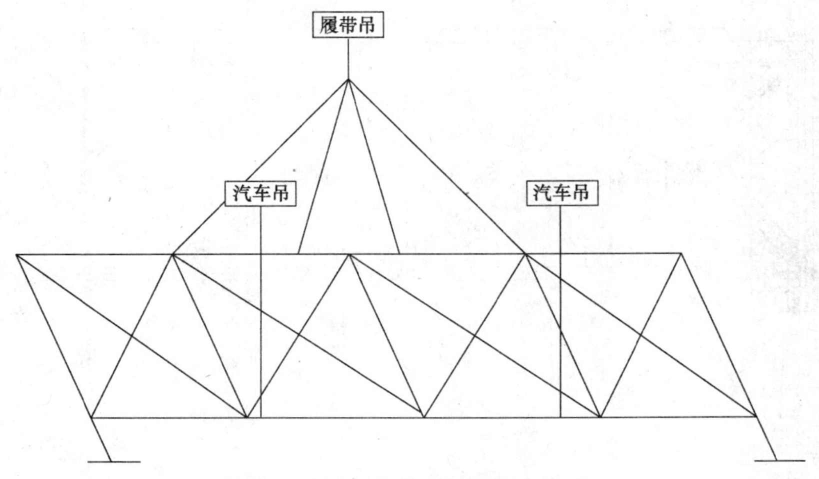

图2.4-21 桁架吊装翻身示意图（二）

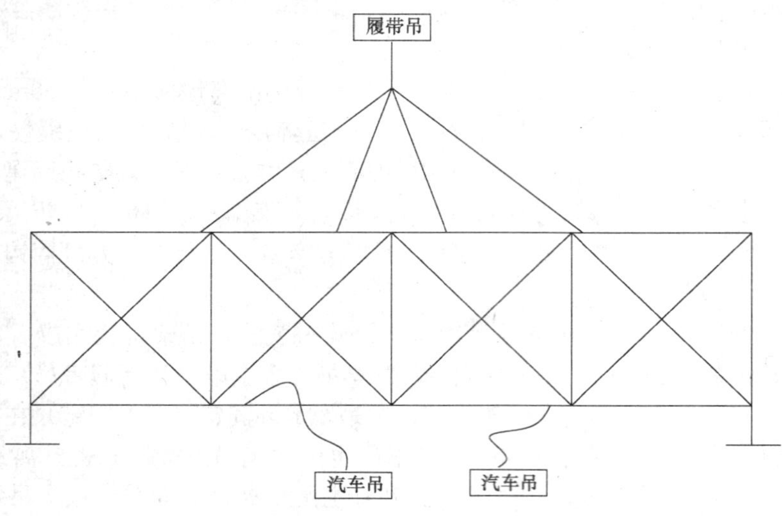

图 2.4-22 桁架吊装翻身示意图（三）

B. 桁架吊装方法。桁架主要分为三种：顶标高相同的混凝土柱间主桁架、桁架与桁架之间次桁架、高低混凝土柱间主桁架。主吊车进行桁架吊装时，为防止变形，均采用双头套四点吊。同时，对两段无立柱的次桁架要采取斜撑固定措施。分别见吊装示意图，见图 2.4-23、图 2.4-24、图 2.4-25。

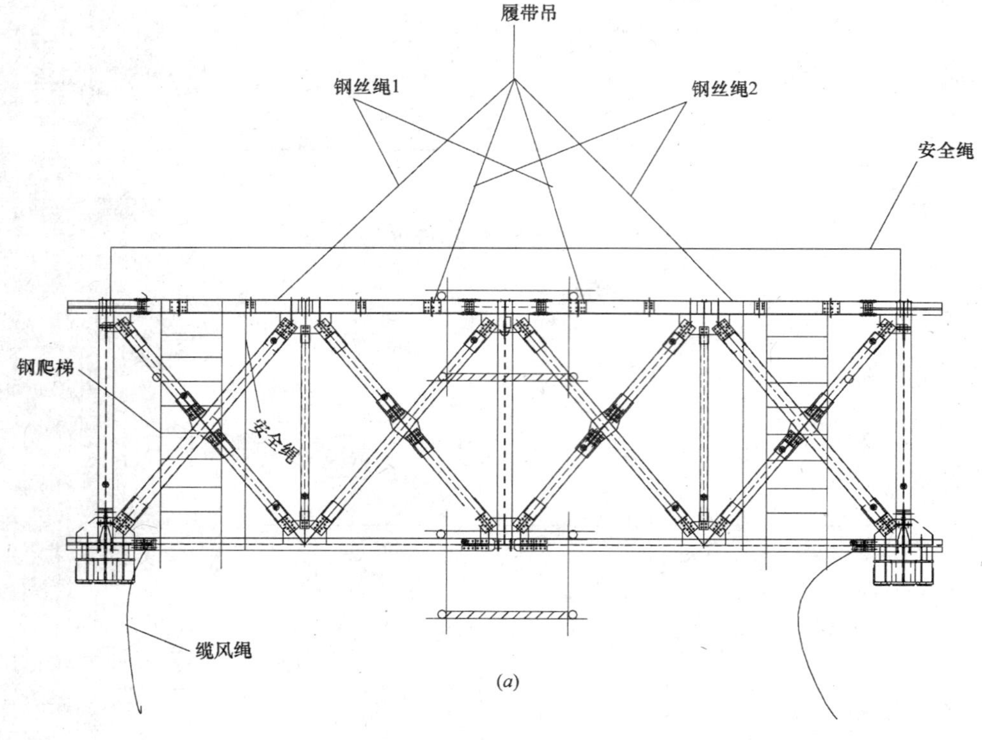

图 2.4-23 桁架吊装示意图（一）

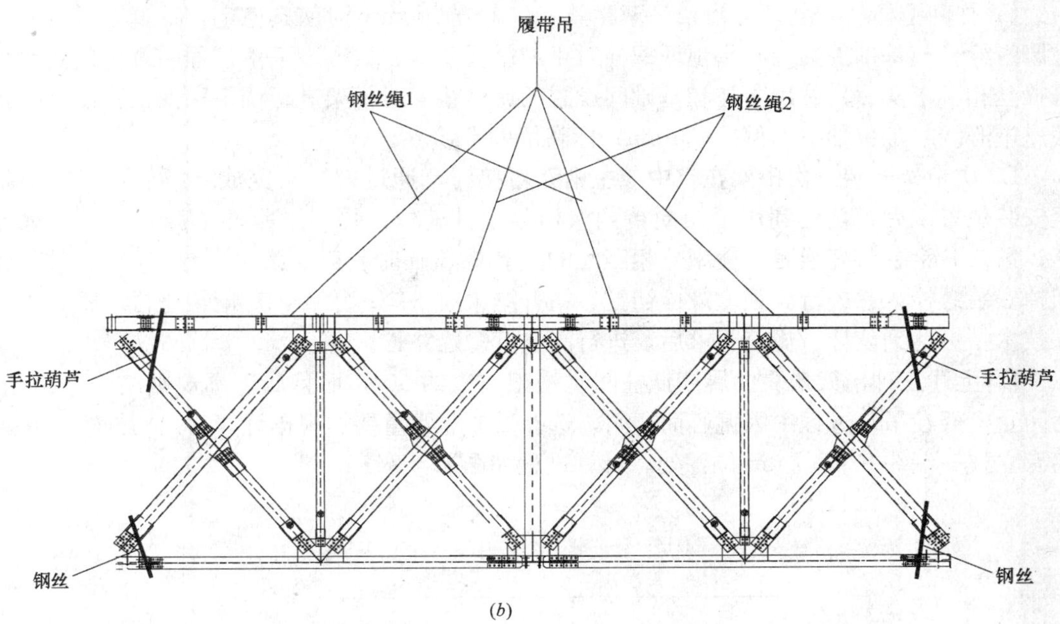

图 2.4-24 桁架吊装示意图（二）

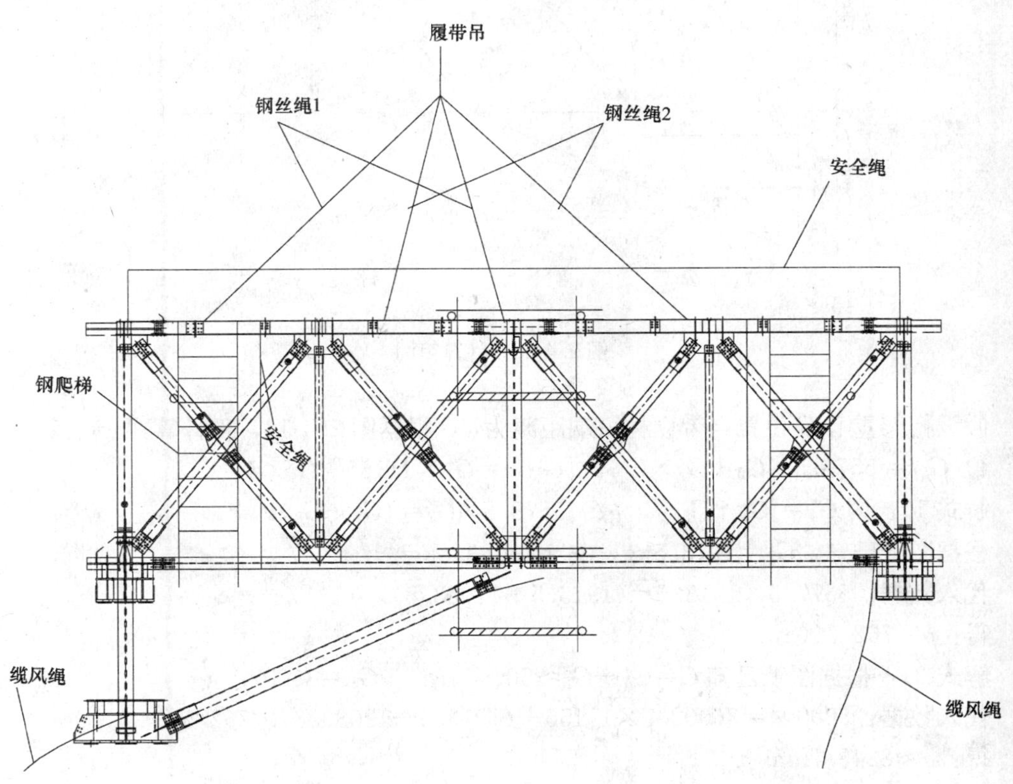

图 2.4-25 桁架吊装示意图（三）

C. 柱间主桁架安装。当桁架吊至距其就位上方 200mm 时使其稳定，垂直下落，桁架柱脚螺栓孔与基础混凝土柱头预埋螺栓对正，缓慢下落、插入，下落过程中避免磕碰地脚螺栓丝扣。落实后，利用主柱和基础间设置的调整垫片对桁架进行调平和找正。使其柱脚底座中心线对定位轴线的偏差≤5mm；标高偏差±4mm。

D. 次桁架安装。次桁架在空中与主桁架对接时，通过四步来完成。第一，当桁架吊至安装位置以后，首先利用手拉葫芦调整桁架使其就位，再用过眼冲子调整、对准螺栓孔；第二，穿装与高强度螺栓型号相匹配的安装螺栓临时固定；第三，穿装高强度螺栓，换掉安装螺栓，并进行高强度螺栓初拧，初拧结束后松钩；第四，对桁架进行调整，待各项技术指标达到设计、规范要求后，进行高强度螺栓终拧。

E. 上述三种桁架最重的属高低柱间主桁架，重约 50t，而且属于不规则结构。因此，为防止桁架在吊装过程中因偏心而倾斜，选择重心非常重要。根据计算得出桁架重心在距离有立柱一端约 8245.7mm 位置处。计算过程如图 2.4-26。

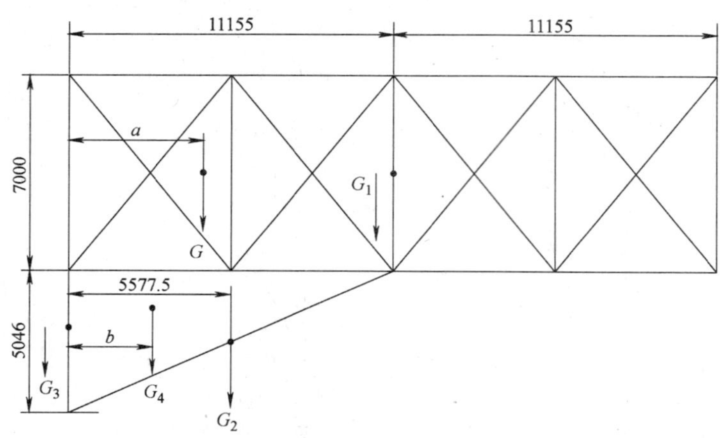

图 2.4-26　计算简图

假设桁架重心 G 位置与带立柱一端距离为 a，根据图 2.4-14，得计算式 1)、2)：

1) $G_4 b = 5577.5\times G_2 + G_3\times 0$　2) $G\cdot a = G_1\times 11155 + G_4\times b$

解式 1)：因 $G_4 = G_2 + G_3$　　故：$5575.5\times G_2 = (G_2 + G_3)b$

根据图纸已知：$G_2 = 1913.5$kg，$G_3 = 12083.8$kg

代入数据：$5577.5\times 1913.5 = (1913.5 + 12083.8)\times b$

得：$b = 762.5$ (mm)

解式 2)：根据图纸已知 $G = G_4 + G_1 \approx 50000$kg　　$G_1 = 36002.7$kg

代入数据：$50000a = 36002.7\times 11155 + (1913.5 + 12083.8)\times 762.5$

得：$a \approx 8245.7$mm

(4) 2 号空冷岛钢结构安装

2 号空冷岛安装顺序由 AK 轴向 AV 轴推进，同样先安装柱与柱之间的主桁架，待此单元形成稳定的框架后，安装周围的悬挑部分。具体安装方法同 1 号空冷岛。

2.4.3 钢结构调整找正

(1) 钢结构的调整找正是钢结构安装中最关键的工序，是最主要的质量控制点，是安装质量的保证；

(2) 钢柱的找正应使用校验合格的经纬仪和水准仪进行。其中水准仪主要控制钢柱标高，经纬仪用来控制柱子的垂直度；

(3) 桁架在吊装前，内侧两个成90°面上划好中心线，以便找正时观测；

(4) 在调整过程中，可通过拖拉绳或千斤顶等对不直的柱子进行调整，最终用垂直支撑或水平支撑固定；

(5) 由于温度变化对钢结构变形的影响，在结构调整时，应选择每天早晚进行观测，以保证测量数据的准确性。

2.5 高强度螺栓的施工

2.5.1 高强度螺栓保管

(1) 高强度螺栓在运输、保管及使用过程中应轻装轻卸，防止损伤螺纹，发现螺纹损伤严重或生锈的螺栓不得使用。

(2) 螺栓连接副应成箱在室内仓库保管，地面应有防潮措施，并按批号、规格分类堆放，不得混批使用。高强度螺栓连接副包装箱底层距地面高度30mm，架两道方木，一层50mm木板，堆放高度不大于6层。

(3) 高强度螺栓在使用前不得开箱，以免破坏包装的密封性，开箱后取出部分螺栓后也应原封包装好，以免沾染灰尘。

(4) 高强度螺栓连接副在安装使用时，工地应按当天计划使用的规格和数量领取，当天安装剩余的螺栓应妥善保管。

(5) 在使用过程中应注意保护螺栓，不得沾染泥砂等脏物和碰伤螺纹，在使用过程中发现异常情况，应立即停止施工，经检查确认无误后再进行施工。

(6) 螺栓仓库应有专人负责发放，并做好螺栓发放记录。

(7) 高强度螺栓的领用应分节点按规格、型号分批进行，一次不可领用过多堆放到室外，防止螺栓乱用、丢失；

(8) 施工中的高强度螺栓应和临时螺栓分别堆放管理，切忌混淆使用。

2.5.2 高强度螺栓的施工

(1) 本工程采用大六角型高强度螺栓，采用专用扭矩扳手施工。

(2) 构件吊装时，应采用临时螺栓连接就位，临时螺栓穿装数量不得少于每个连接点螺栓数量的1/3，最少不得少于3条；

(3) 高强度螺栓替换时，应先补穿未装螺栓并进行初拧，然后逐条替换临时螺栓并及时进行螺栓初拧，并对已初拧螺栓做好标记；

(4) 高强度螺栓安装应能自由穿入螺栓孔，严禁强行穿入，如不能自由穿入时，该孔

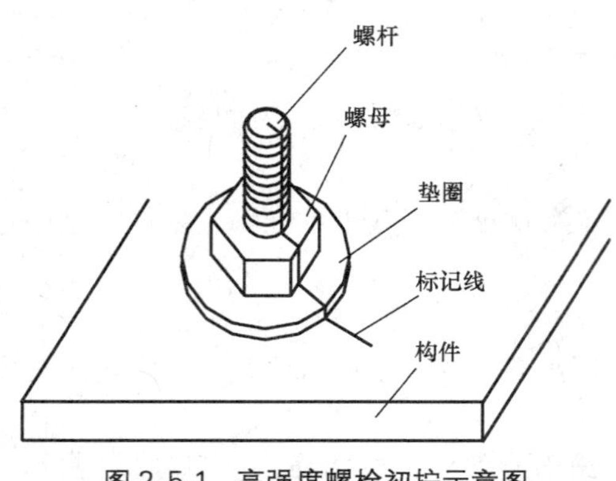

图 2.5-1 高强度螺栓初拧示意图

应用铰刀进行修整，修整后的最大直径应小于 1.2 倍螺栓直径，严禁气割成孔。

(5) 高强度螺栓施工时应严格按施工图纸中给出的螺栓种类、长度进行施工，严禁混用。

(6) 高强度螺栓施工时分为初拧和终拧两个步骤，初拧时主要为消除板间间隙，初拧的力矩一般为终拧力矩的 50%～70%。初拧合格后应做出标记，高强度螺栓初拧示意图，见图 2.5-1。

(7) 高强度螺栓应按一定顺序施拧，一般应按螺栓群中央顺序向外拧紧。安装大六角高强度螺栓施工顺序，见图 2.5-2。

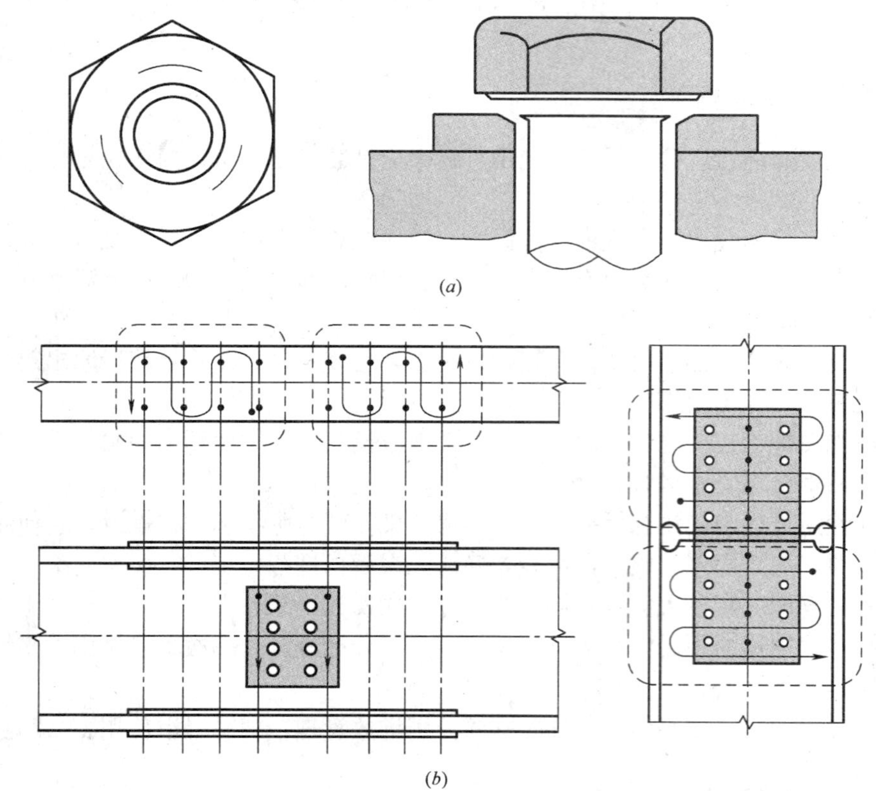

图 2.5-2 安装大六角高强度螺栓施工顺序

(a) 六角高强度螺栓详图；(b) 高强度螺栓施工顺序

(8) 高强度螺栓初拧完毕，用专用工具进行终拧，不得用终拧扳手代替初拧扳手使用。终拧的次序从中间向两边或四周对称进行，不得出现漏拧现象；

(9) 高强度螺栓的安装应在结构构件中心位置调整后进行，其出入方向应以施工方便为准，并力求一致。高强度螺栓连接副组装时螺母带圆台的一侧应朝向垫圈有倒角的一侧。对于大六角头高强度螺栓连接副组装时，螺栓头下垫圈有倒角的一侧朝向螺栓头。

（10）高强度螺栓终拧完毕，应及时进行螺栓的检查验收工作。

2.5.3 高强度螺栓的施工检验及验收

（1）高强度螺栓初拧前应核对螺栓的数量、种类与图纸是否相符。

（2）螺栓初拧后应对螺栓进行检验，可检查螺杆是否有初拧后的标记，以及为小锤敲击螺栓是否有漏拧、欠拧等现象。

（3）螺栓终拧后检查终拧标记，对部分无法用专用扳手施工的螺栓用转角法检查终拧扭矩。

（4）按要求，对每层结构的高强度螺栓进行抽检，并做记录。

（5）高强度螺栓施工验收要符合高强度螺栓施工及验收规范的有关规定。

2.5.4 高强度螺栓施工扭矩值

根据厂家提供高强度螺栓连接副检测报告及《钢结构高强度螺栓连接的设计施工及验收规程》，计算得到高强度螺栓施工初、终拧及检查扭矩值，见表 2.5-1。

高强度螺栓施工初、终拧及检查扭矩值 **表 2.5-1**

序号	螺栓型号	施工预拉力 P_c(kN)	扭矩系数平均值 K	初拧扭矩 T_0(N·m)	终拧扭矩 T_c(N·m)	检查扭矩 T_{ch}(N·m)
1	M16	110	0.113	99.44	198.88	178.99
2	M20	170	0.115	195.50	391.00	351.90
3	M24	250	0.118	354.00	708.00	637.20
4	M27	320	0.122	527.04	1054.08	948.67
5	M30	390	0.124	725.40	1450.80	1305.72

计算公式：终拧扭矩：$T_c = K \cdot P_c \cdot d$（$d$ 为螺栓直径）
初拧扭矩：$T_0 = 0.5T_c$
检查扭矩：$T_{ch} = 0.9T_c$

2.6 质量保证体系及保证措施

2.6.1 工程质量保证体系

（1）质量控制体系，见图 2.6-1。

（2）质量检查控制程序

施工班组自检→专职质检员检查→项目质检总监检查→现场监理验收。

2.6.2 工程质量保证措施

施工前，各级技术管理人员应认真熟悉施工图纸，并做好技术交底工作。严格按照安装施工方案和技术交底实施。桁架拼装时，严格按照图纸核对构件编号、方向，确保准确无误。安装过程中严格工序管理，做到检查上工序，保证本工序，服务下工序。钢结构安

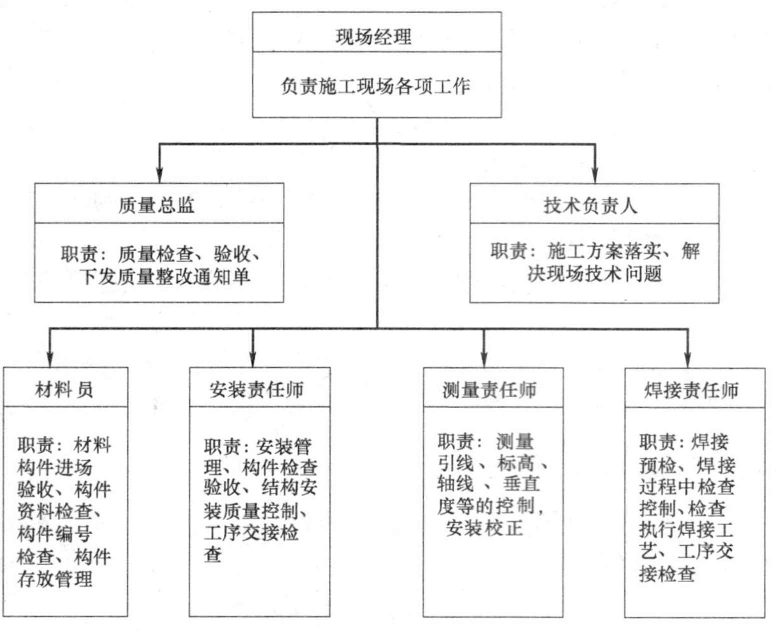

图 2.6-1　质量控制体系

装质量控制重点：构件的垂直度偏差、标高偏差、位置偏差、焊接质量。要用测量仪器跟踪安装施工全过程。

（1）现场安装质量控制

1）构件在拼装前，重点检查构件的外形尺寸、螺栓孔间距。检查构件的资料是否满足技术文件的要求。

2）安装时对就位偏差、垂直度、标高严格检查，使偏差在规范允许范围内。

3）吊装就位过程中，应将桁架就位校正后再固定，以保证桁架纵、横向间距。

4）桁架组合平台应搭设平整，以保证桁架组合尺寸。

5）每榀桁架组合完经检验尺寸无误后方可进行螺栓的终拧工作。

6）严禁上道工序未完之前进行下道工序的安装，以防误差积累造成无法纠正的偏差。

7）冬期施工时，焊接如遇大风天气施工时，为了保证焊接质量，需搭设一定的防风措施（用编织布绕操作平台四周封闭高 1.8m，按安全施工的要求搭设）。并将平台平面上的洞、缝用石棉布盖严，以便防风及焊渣下落伤人并防止保护气体被吹散和防止降温过快。

8）焊接作业时，必须有操作证的焊工方可作业。

9）桁架拼装、安装时技术标准如下：

A. 桁架拼装

桁架受力支托（支承面）表面至第一安装孔距离偏差	±1mm
桁架最外端两个孔或两端支承面最外侧距离偏差	+3～−7mm
桁架跨中高度偏差	±10mm
桁架跨中拱度偏差	1/2000～0

任意两对角线之差 不大于 $\Sigma H/2000$，且不大于 8.0mm

B. 桁架安装

间距偏差 ≤10mm

柱脚底座中心线定位轴线的偏移 ≤5mm

相邻柱脚中心对角线偏差 ≤5mm

柱轴线垂直度 ≤1/1000

相邻柱间距偏差 ±4mm

(2) 高强度螺栓质量控制

1) 高强度螺栓的保存专用库房由专人管理，保持库房的通风干燥，并按批号、规格分类堆放。

2) 高强度螺栓领用、回收进行登记制度（依据安装责任师的高强度螺栓领用计划），确保本工程高强度螺栓的正确使用。

3) 高强度螺栓的初拧必须进行扭矩检查，保证终拧质量，初拧记号须清楚、整齐。

4) 高强度螺栓终拧必须保证施工扭矩，当天安装的高强度螺栓必须终拧完毕，同时24h内须复检施工扭矩。

5) 高强度螺栓扭矩扳手班前必须标定，设置专用扳手标定平台。

6) 出现高强度螺栓不能穿过问题不得私自处理，须报安装责任师后在其指导下处理。

7) 高强度螺栓在施工时应能够自由穿入螺栓孔，严禁强行穿入。

(3) 测量的质量控制

1) 对现场水准点、轴线控制点进行切实可行的保护。

2) 桁架定位准线的投放以及标高水准引导线必须经过复核。

3) 桁架校正要配合安装部门，保证结构偏差在规范允许范围内。

2.7 作业的安全要求

2.7.1 作业安全措施

(1) 参加高处作业的人员经体检合格后方可进行高处作业。

(2) 高处作业人员必须系好安全带并拴于上方牢固可靠处。

(3) 上下爬梯时严禁追逐、打闹，严禁酒后进入现场。

(4) 在高处严禁无安全扶绳时在桁架上行走。

(5) 高空作业所需工具必须用工具袋装好，严禁乱扔乱放。

(6) 吊装作业的小物件应放在安全的地方，并及时使用，不得在地上存放时间过长。

(7) 冬期高空作业应先清除积雪或霜冻、冰碴后方可进行作业。

(8) 防护网、安全扶绳等安全措施随工程进展及时搭设。

(9) 安全防护措施严禁任意拆除，必须拆除时须经项目管理人员及安监人员同意，工作完毕及时恢复。

(10) 吊装范围内拉安全警戒绳，并设专人监护，严禁任何人员入内。

(11) 吊装前检查吊装用的钢丝绳、卡环等工具是否符合要求，发现磨损严重等情况时应及时更换。

（12）吊车应有专人指挥且信号明确。

（13）吊装时，连接板、螺栓及工具应连接牢固，以防落物伤人。

（14）起吊前检查起重机安全装置、吊件吊离地面10cm时应暂停起吊进行全面检查，确认正常后方可起吊。

（15）吊物必须在高空做短时间的停留时，指挥人员不得离开工作岗位。

（16）构件起吊后其正下方严禁有人行走或逗留。

（17）吊物降落前，指挥人员必须确认降落区域安全可靠后方可发出降落信号。

（18）钢丝绳与桁架、钢梁的棱角接触处垫以半圆管护角，并用钢丝吊索或构件拴牢，以防摘钩时落下伤人。

（19）钢丝绳严禁与任何带电物体接触。

（20）吊件就位后所有螺栓均需终拧后方可摘钩。

2.7.2 作业安全技术措施

（1）钢桁架在安装之前，应在钢桁架顶部安装安全防护绳，操作人员行走时可将安全带挂在防护绳上以保证安全性。

（2）钢桁架防护：桁架采用卧式组装，组装完成后，应用主吊车将桁架直立，并移至吊装位置附近就位。桁架在码放时，除用钢丝绳拉缆风绳外，并在其钢桁架两端头外用人字形撑地杆进行加固，以保证直立状态安全、不翻倒。

（3）对于先安装的、没有形成稳定体系的单榀桁架，为防止翻倒，必须在桁架上设置缆风绳。缆风绳一端与桁架上弦连接，另一端与相邻混凝土柱拉结。缆风绳共设置4根。

（4）操作人员在桁架上方行走时，为了保证安全，可在桁架弦杆两端抱上角钢，在角钢上打孔穿钢丝绳，人员行走时将安全带挂在钢丝绳上，见图2.7-1。

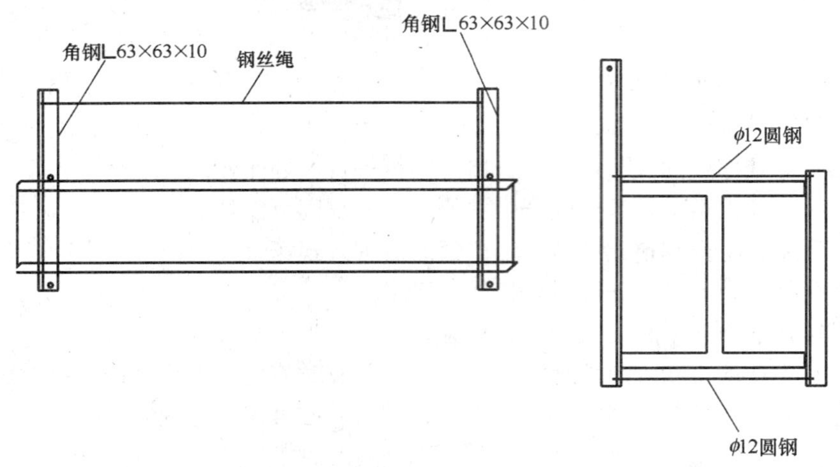

图2.7-1 在桁架上方行走时挂安全带的方法

（5）操作人员在进行钢桁架对接时，在桁架端部节点位置，用脚手管固定操作平台，平台上满铺脚手板，操作人员在进行桁架空中对接时，利用此操作平台进行操作。

（6）当操作人员必须到桁架上弦作业时，利用爬梯上下。具体方法是：桁架在地面准备起吊前，将爬梯固定在桁架两端，注意爬梯一定要绑牢。同时，在爬梯一侧桁架上固定安全绳，操作人员在上、下爬梯时，利用自锁器将安全带挂在安全绳上。同时在桁架上弦也设置一根安全绳，当在桁架上弦行走时，将安全带挂在安全绳上，以防发生安全事故。见图 2.7-2。

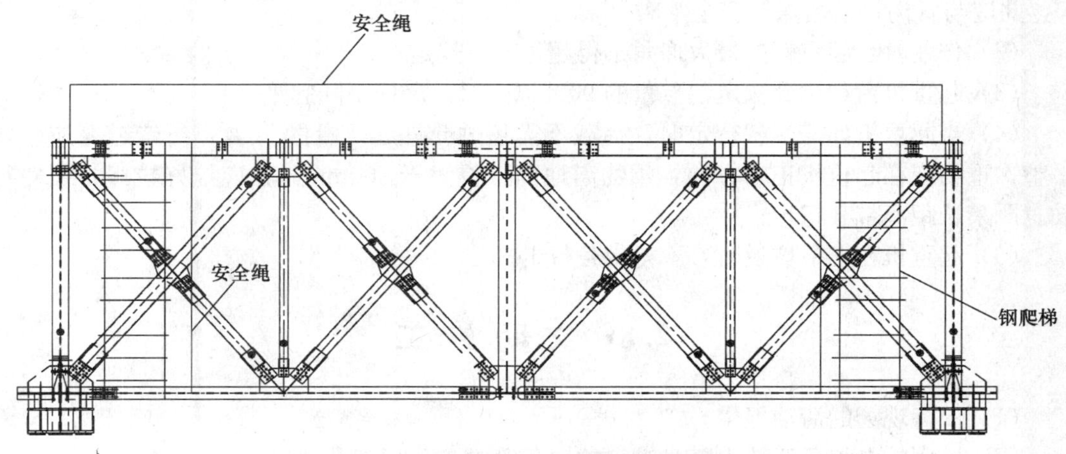

图 2.7-2 在桁架上弦作业时挂安全带的方法

2.7.3 作业的安全保证措施

(1) 手持电动工具必须绝缘良好，工作时必须戴好防护眼镜同时须避让周围的施工人员。

(2) 起吊物体时不得从施工人员上方通过。

(3) 组合平台周围必须道路畅通，夜间施工必须有良好的照明。

(4) 起重机械、手拉葫芦必须性能良好，在使用期限之内。

(5) 如遇大风、大雾等恶劣气象条件时应停止作业。

(6) 酒后严禁进入施工现场，高空作业人员身体检查符合要求后方可上岗。

(7) 易坠落工具用绳索系牢。

(8) 起重作业要有专人指挥并有良好的通信联络工具。

(9) 露天布设的电焊机应放置在干燥场所。

(10) 由于本部分结构安装要进入冬期施工，已安装构件上积雪应及时清扫。

(11) 由于1号空冷钢桁架要求的工期比较紧，在施工条件允许的情况下，可能 24h 连续作业。在夜间施工时，一定要保证施工现场有足够的照明。

(12) 操作人员在混凝土柱顶作业时，采取在每一混凝土柱顶用脚手管做防护栏的方式来保证人员安全，防护栏高度 1m。人员施工时将安全带挂在防护栏上。

(13) 桁架安装过程中，当桁架提升到混凝土柱顶以上准备安装就位时，必须保证桁架垂直下落到混凝土柱顶，以免桁架在摆动时，碰到柱顶操作人员，造成人员安全事故。

(14) 操作人员在上下混凝土柱时，为做到人机分离，采取在混凝土柱顶固定滑轮，将绳的一端与吊篮中的人固定，另一端在地面用两个拉紧，随着吊篮的提升，松动绳子，直至操作人员安全上至柱顶。

2.7.4 履带吊作业时的安全规定

（1）起重机应在平整坚实的地面上作业、行走和停放。正常作业时的坡度不得大于3°，并应与管沟、基槽保持安全距离；

（2）作业时，起重臂的最大仰角不得超过出厂规定；

（3）起重机荷载达到额定起重量的90%以上时，严谨下降起重臂；

（4）当起重机如需带载行走时，荷载不需超过允许起重量的70%，行走道路应坚实平整，重物应在起重机正前方向，重物离地面不得大于500mm，并应拴好拉绳，缓慢行驶。严禁长距离带载行走；

（5）起重机在上下坡道时，不得带载行走。

2.8 文明施工

（1）保持现场的清洁卫生。

（2）所用的电焊条头放入随身携带的焊条筒内，不得随意乱扔。

（3）组合场地各种构件应堆放整齐、有序，不得随意乱摆。

（4）螺栓箱、包装箱等及时清理，不得随处乱扔。

（5）材料、物件摆放整齐，挂牌标识。

（6）平台上料具摆放整齐，暂时不用的不要往操作台上运。

（7）地面物料码垛成形，不得乱放。

（8）焊条头、焊丝头应及时回收。

（9）焊接场所附近不应有易燃易爆物品。

3 北京大学体育馆施工方案

简介：工程体育馆整体屋盖结构主要由钢网架、钢管桁架、钢拉索构成。由于本工程桁架跨度大，工厂无法整体制作与运输，所以需要分段制作，在现场施工时需采取空中对接拼装方法。针对工程几大特点，工程施工组织设计从屋盖的加工制作与安装方法等几方面解决了施工中的难点。

3.1 工程概况

3.1.1 编制依据

根据本工程钢结构设计图纸和建设单位与监理审定的总体施工组织设计，对北京大学体育馆之乒乓球馆钢结构工程的施工组织设计进行编制，并依据以下国家、行业的有关规范与标准：

北京大学体育馆工程设计文件；

《钢结构工程施工质量验收规范》 GB 50205—2001；

《碳素结构钢》 GB/T 700—2006；

《低合金高强度结构钢》 GB/T 1591—2008；

《结构用无缝钢管》 GB/T 8162—2008；

《直缝电焊钢管》 GB/T 13793—2008；

《低合金钢焊条》 GB/T 5118—1995；

《碳钢焊条》 GB/T 5117—1995；

《熔化焊用钢丝》 GB/T 14957—1994；

《气体保护电弧焊用碳钢、低合金钢焊丝》 GB/T 8110—2008；

《网架结构工程质量检验评定标准》 JGJ 78—1991；

《建筑钢结构焊接技术规程》 JGJ 81—2002；

《网架结构设计与施工规程》 JGJ 7—91；

《网壳结构技术规程》 JGJ 61—2003；

《厚度方向性能钢板》 GB 5313—1985；

《建筑防腐蚀工程施工及验收规范》 GB 50212—2002；

《建筑工程施工测量规程》 DBJ 01-21-95；

《精密工程测量规范》 GB/T 15314—94；

《无缝钢管尺寸、外形、重量及允许偏差》 GB/T 17395—2008；

《北京市建筑工程施工安全操作规程》 DBJ 01-62—2002；
《建筑安装分项工程施工工艺规程》 DBJ/T 01-26—2003；
《建筑机械使用安全技术规程》 JGJ 33—2001；
《建筑结构长城杯工程质量评审标准》 DBJ/T 01-69—2003。

3.1.2 工程概况

北京大学体育馆的屋盖为钢桁架结构，投影面积为 5120m²，跨度为 64m，檐口高度为 21.9m，屋盖结构的最高点为 33.3m。分布在整体工程的 6-16 轴/E-N 轴。整体屋盖结构主要由钢网架、钢管桁架、钢拉索构成。所用钢材的材质主要为 Q345B 钢，钢拉索采用 1670 级钢丝。屋盖结构由下刚性环、中央刚性环、中央球壳、辐射桁架、水平与竖向支撑体系、檐口支撑体系、拉索支撑体系七部分组成。屋盖结构中部为中央刚性环，是由钢管组成的环状钢桁架。在中央刚性环的内侧为中央球壳结构，是由钢管组成的网壳结构。在中央刚性环的外侧为辐射桁架和拉索支撑体系，其中辐射桁架是由钢管构成，一侧与中央刚性环的中弦连接，另一侧与混凝土柱子上的支座相连；钢拉索支撑体系一侧与中央刚性环的下刚性环相连，另一侧与辐射桁架相连。在辐射桁架与辐射桁架之间有水平支撑和竖向支撑，其中水平支撑是由钢管构成的杆件分别连接在辐射桁架之间；竖向支撑是由钢管构成的环状桁架分别连接在辐射桁架之间。在整体屋盖的四周有四榀由钢管组合成的边桁架，边桁架与辐射桁架相连。

整体结构如图 3.1-1，剖面结构如图 3.1-2。

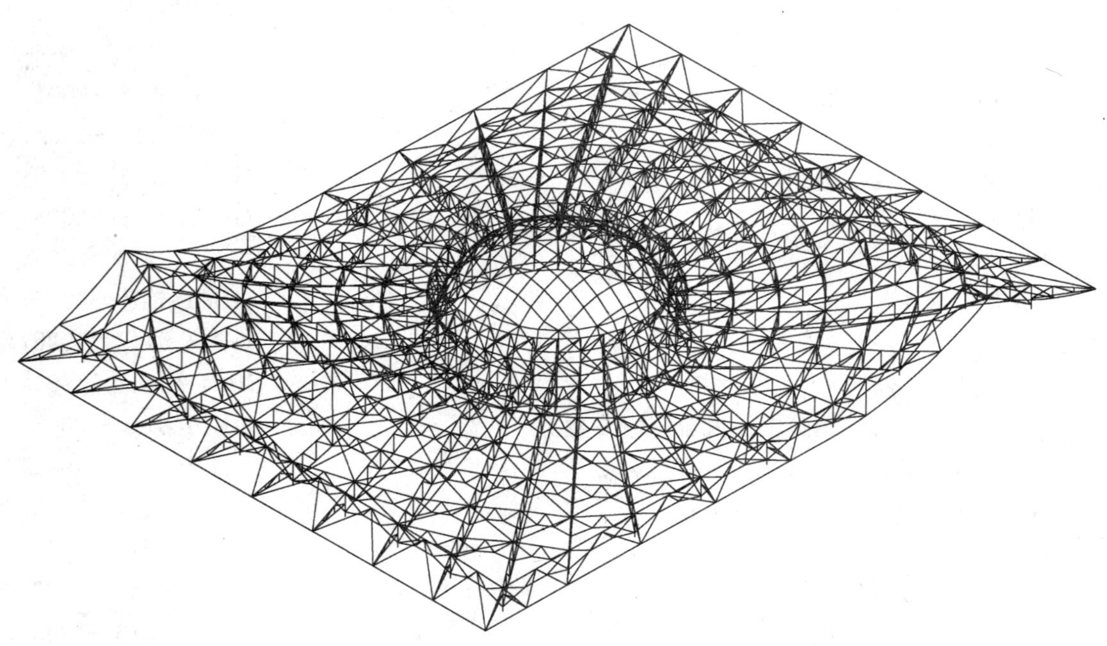

图 3.1-1 屋盖整体结构示意图

屋盖分解如图 3.1-3；刚性环如表 3.1-1、图 3.1-4；辐射桁架如表 3.1-2、图 3.1-5；中央球壳如表 3.1-3、图 3.1-6；环向支撑与水平支撑体系如表 3.1-4、图 3.1-7；檐口支撑体系如表 3.1-5、图 3.1-8；拉索如表 3.1-6、图 3.1-9。

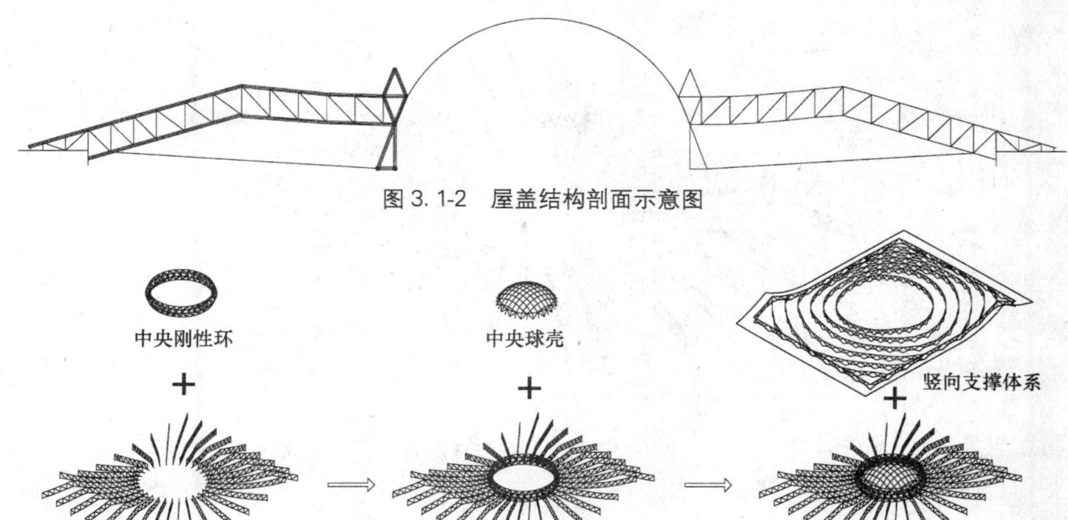

图 3.1-2　屋盖结构剖面示意图

图 3.1-3　屋盖结构分解图

刚性环　　**表 3.1-1**

构件名称	构件规格	构件名称	构件规格
下刚性环弦杆	ϕ426×20	中央刚性环上、下弦	ϕ325×14
下刚性环腹杆	ϕ203×8	中央刚性环中弦	ϕ203×8
下撑杆	ϕ203×8	中央刚性环腹杆	ϕ168×8 ϕ180×8

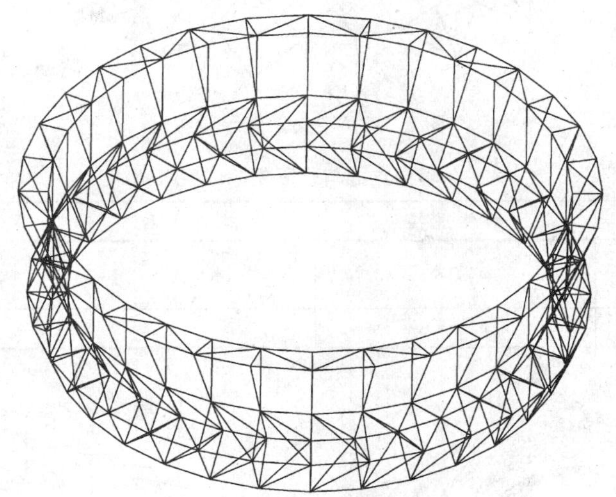

图 3.1-4　刚性环示意图

辐射桁架　　**表 3.1-2**

构件名称	构件规格	构件名称	构件规格
桁架上、下弦	ϕ245×10	立柱	ϕ325×16
腹杆	ϕ168×8 ϕ219×12 ϕ203×10		

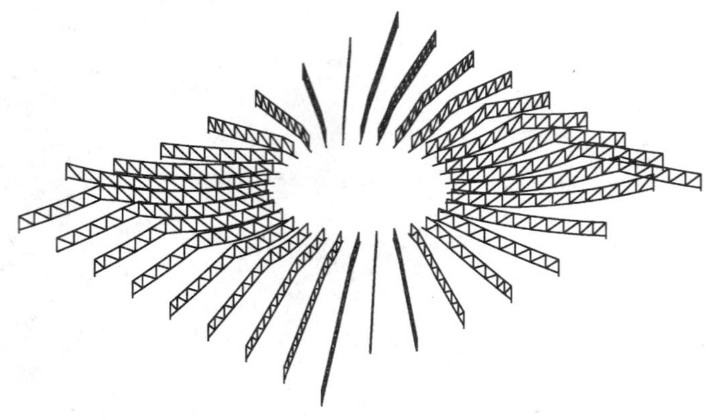

图 3. 1-5 辐射桁架示意图

中央球壳 表 3. 1-3

构件名称	构件规格
杆件	$\phi159\times6$

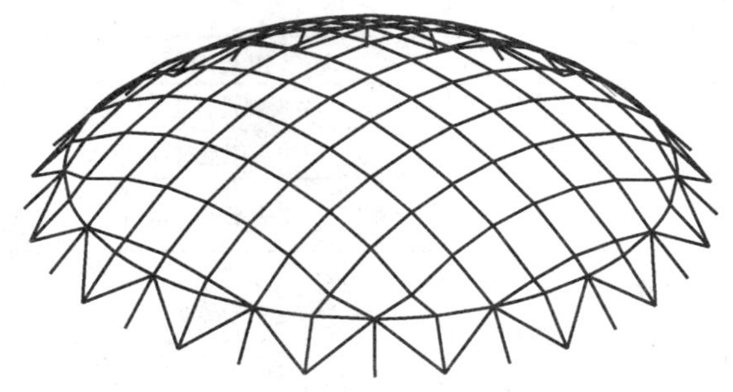

图 3. 1-6 中央球壳示意图

环向支撑与水平支撑体系 表 3. 1-4

构件名称	构件规格	构件名称	构件规格
环向支撑上、下弦	$\phi180\times8$	水平支撑	$\phi203\times8$ $\phi219\times10$
环向支撑腹杆	$\phi159\times6$		

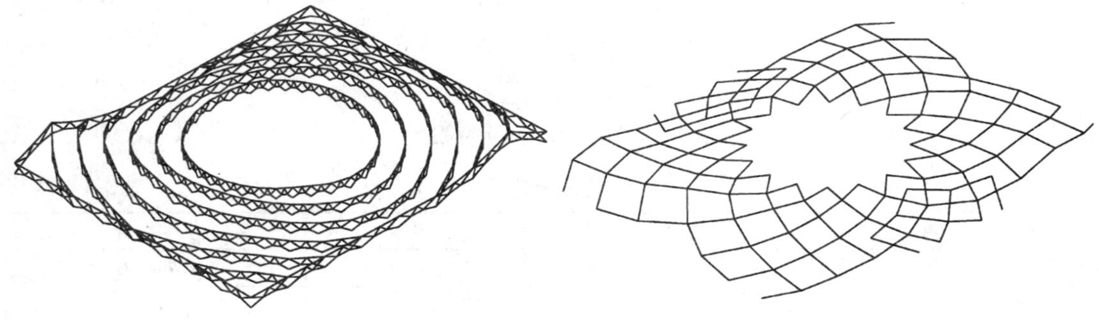

图 3. 1-7 环向支撑与水平支撑体系示意图

檐口支撑体系　　表3.1-5

构件名称	构件规格	构件名称	构件规格
檐口桁架上、下弦	ϕ203×8	边桁架腹杆	ϕ159×6
檐口桁架腹杆	ϕ168×8	封边梁	ϕ203×8
边桁架上、下弦	ϕ203×8		

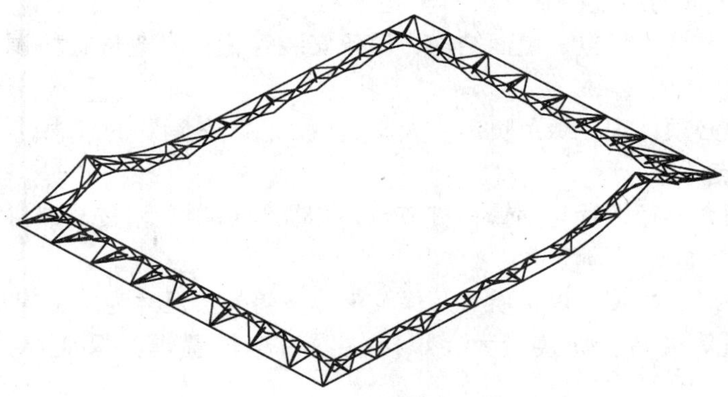

图3.1-8　檐口支撑体系示意图

拉索　　表3.1-6

构件名称	构件规格
拉索	ϕ151×5

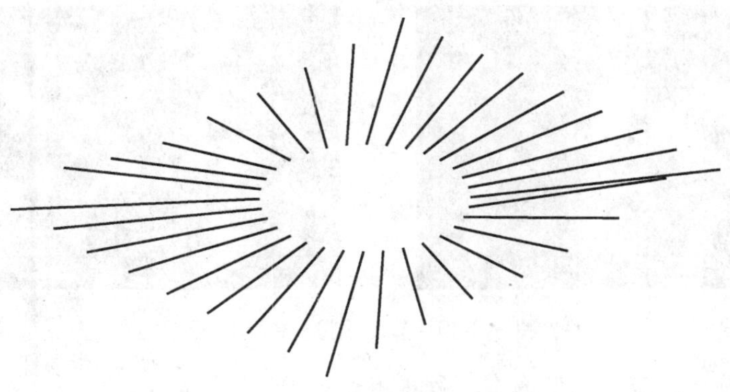

图3.1-9　拉索示意图

3.1.3　工程特点与难点

钢结构是本工程的重要组成部分，在对设计图纸进行分析后，认为本工程钢结构工程实施的特点和难点具体如下：

（1）工程特点

1）工程屋盖为大跨度空间钢桁架结构体系，中央由下刚性环、中央刚性环和中央球壳组成，外连大跨度钢桁架结构，中央结构及大跨度钢桁架制作以及现场高空拼装、焊接等为本工程的特点。

2）桁架及支撑体系具有不规则性，加工工艺精度要求高，保证其外形尺寸及屋盖安装完成整体外形尺寸是一个控制的重点。

3）由于桁架跨度大，工厂无法整体制作运输需要分段制作，在现场施工时需空中对接拼装，保证现场拼装质量，协调好拼装及安装的交叉作业是本工程组织协调重点考虑的内容。

4）桁架的跨度大，单榀平面外稳定性差，在吊装过程中防止桁架的扭曲变形，保证安装质量也是本工程的质量控制点。

5）与土建、幕墙、机电、屋面结构、设备安装等相关专业进行协调配合和有效的施工交叉。

6）施工过程必须体现“绿色奥运、人文奥运、科技奥运”的理念。

（2）工程难点

1）工程采用大口径钢管与钢管相贯节点，相贯线切割、相贯节点拼装、相贯焊缝焊接的质量为本工程难点。

2）桁架空中对接拼装、焊接质量及保证整体屋盖外形尺寸为本工程难点。

3）钢材质量等级高、焊接量大、焊接位置为全位置焊，保证焊接质量为本工程难点。

4）由于桁架和支撑体系的不规则，空中拼接时脚手架支撑体系的搭设与拆除为本工程难点。

5）节点形式复杂，同一节点相贯杆件数目较多，最多一节点为11根钢管相贯，见图3.1-10。

图3.1-10 节点相贯杆件示意图

6）桁架钢拉索预应力张拉为本工程难点。

3.1.4 工程管理目标

（1）质量目标

分部分项工程一次验收合格率100%，确保长城杯，争创鲁班奖。

（2）工期目标

主体钢结构深化设计从8月15日开始，9月20日完成，加工从8月24日开始，10月22日结束，共计60天；安装从9月20日开始，11月14日结束，共计56天；防火涂料施工从11月15日开始，11月30日结束，共计16天。

（3）安全目标

杜绝重大伤亡，死亡率为零；杜绝火灾及急性中毒事故。

(4) 文明施工目标

达到安全文明工地标准，争创文明安全样板工地，CI管理突出建设单位一流企业形象，达到让建设单位满意。选择功能型、环保型、节能型的工程材料设备，使工程成为使用功能完备的绿色建筑。

(5) 成本管理

规范管理，精心施工，使总包、分包的成本都有降低。

(6) 为用户服务

在开工前、施工中及竣工后将为建设单位提供至诚至善的服务，“我们的服务，建设单位的满意”的理念将贯穿在我们与合同方合作的每一个细节。

3.2 施工部署

3.2.1 施工平面布置

钢结构屋盖安装阶段现场平面布置，见图3.2-1。

3.2.2 机械设备

(1) 安装使用机械设备投入，见表3.2-1。

机械设备表　　表3.2-1

序号	设备名称	型号	单位	数量	用　途	备　注
1	塔式起重机	ST70/30	台	1	钢结构安装	臂长:70m
2	塔式起重机	36B	台	1	钢结构安装	臂长:60m
3	空压机		台	4	喷漆、气刨、喷涂	
4	螺旋式千斤顶	8t	个	84	桁架支撑	
		50t	个	64	中央刚性环	
5	手动葫芦		个	80	钢结构安装	2t、3t、5t
6	穿心液压千斤顶		套		钢索张拉	集中泵站
7	钢板、工字钢				安装平台	满足现场需要

(2) 测量设备，见表3.2-2。

测量设备　　表3.2-2

序号	名　称	型　号	精度	单位	数量	用　途	备注
1	全站仪	拓普康	±0.6mm	台	1	现场定位、测量控制	已检
2	经纬仪	JD-J2	2″	台	3	施工放样	已检
3	水准仪	蔡司 Dini12	0.4mm	台	1	高程引测、控制	已检
4	水准仪	DS-3	2mm	台	2	标高抄测	已检
5	水准标尺		一级	把	3	标高抄测	已检
6	钢盘尺		一级	把	3	量距	已检
7	对讲机			台	8	通话联络	

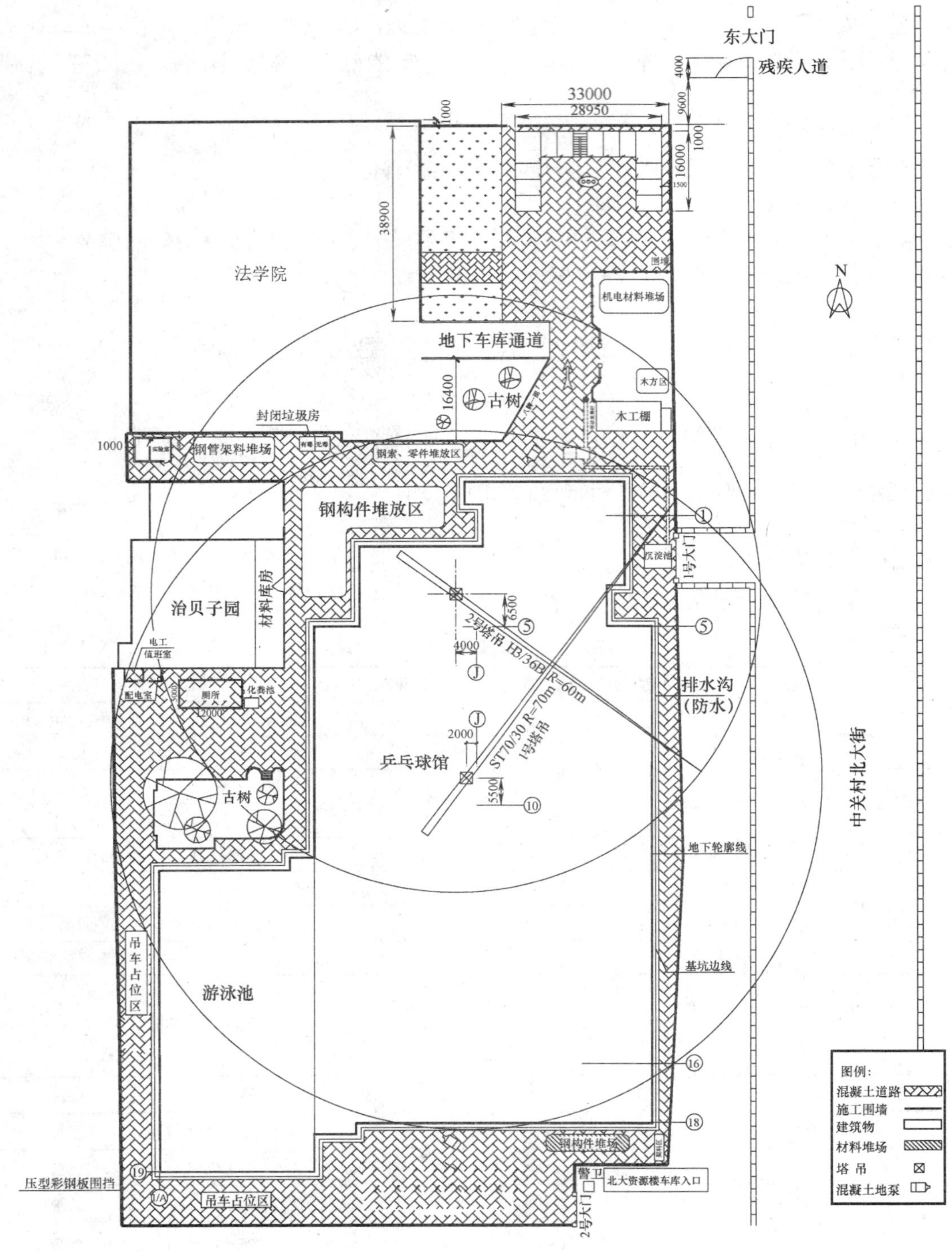

说明：1.用2号塔吊拆除1号塔吊；

2.用2号塔吊安装1号塔吊影响的桁架及杆件。

图 3.2-1 钢结构屋盖安装阶段现场平面图

(3) 焊接设备，见表 3.2-3。

焊接设备 **表 3.2-3**

序号	名　称	型　号	功率	单位	数量	用途
1	硅整流焊机	ZXG-500	kW	台	5	钢结构焊接
2	CO_2 气保焊机	YD-500KR	kW	台	20	钢结构焊接
3	高温烘箱		10kW	个	1	焊条烘干
4	碳弧气刨		40kW	台	1	焊缝返修
5	磨光机			台	20	焊缝打磨

(4) 无损检测设备，见表 3.2-4。

无损检测设备 **表 3.2-4**

序号	名　称	型号	单位	数量	产地
1	超声波探伤仪	CTS-22	台	2	国产

(5) 加工设备

详见第五章工厂加工制作方法与技术措施。

(6) 塔吊性能介绍

1 号塔 ST70/30，起重臂长 70m，臂端起重量为 3t，见表 3.2-5。

ST70/30 塔吊性能表 **表 3.2-5**

半径(m)		21.07m 内	25	30	35	40	45	50	55	60	65	70
吊重(t)	Ⅳ	12	9.7	7.7	6.6	5.25	4.4	3.8	3.3	2.8	2.5	2.25
	Ⅱ	6	6	6	6	6	5.2	4.6	4.1	3.6	3.3	3.0

2 号塔 36B，起重臂长 60m，臂端起重量为 3.6t，见表 3.2-6。

36B 塔吊性能表 **表 3.2-6**

半径(m)	21.7m 内	26	30	36	40	46	50	56	60
吊重(t)	12	9.7	8.2	6.8	6	5.05	4.55	3.95	3.6

3.2.3 组织机构

(1) 钢结构管理组织机构

为确保本工程全方位的组织管理能够顺利实施，将调派具有高层钢结构施工管理经验的专业工程技术人员和管理人员组成施工队伍，全面履行对建设单位的承诺，创优良工程。

1) 成立以项目经理为核心的钢结构项目经理部。钢结构项目经理部的管理职能主要由商务、技术、工长、质量、安全、监造、设计完成。

2) 鉴于钢结构施工的特点，成立一个由设计、施工、焊接等专业的有关专家组成的技术顾问小组。

(2) 钢结构各部门管理职能

钢结构项目部主要职能：

1) 编制本工程施工质量计划。

2）编制施工组织设计、单项工程施工专项方案。

3）解决钢结构图纸问题，负责落实图纸变更、技术洽商。

4）解决钢结构施工中的技术问题。

5）制定并控制钢结构施工中各项施工进度计划。

6）实施制作、安装过程的质量控制和检测。

7）负责钢结构技术资料收集管理工作。

8）在施工中与各方密切配合，提供良好服务。

9）参加与建设单位、监理单位组织的工程协调会，及时解决施工中出现的问题。

10）加强图纸细化管理工作。

（3）项目人员细化职能

1）项目经理：对钢结构工程全面负责。

2）技术负责人：协调各相关单位解决设计问题、技术问题以及设计、加工进度计划。负责组织钢结构深化设计工作。

3）技术顾问小组：负责研究解决工程施工过程中出现的技术难点。

4）商务：负责合约及核算。

5）质量负责人：主要负责现场质量控制及验收。

6）工长：协调解决现场施工过程中技术、质量、安全等问题，负责现场施工进度计划。

7）安全员：负责施工现场安全文明施工管理。

8）监造工程师：项目驻加工厂代表，负责钢结构加工厂质量监督、进度控制、技术协调。

9）深化设计：负责钢结构深化设计。

3.2.4 劳动力投入

见表 3.2-7。

劳动力投入　　表 3.2-7

序　号	工　种	人数(名)	技术职称或持证情况
1	施工班长	3	技术员
2	安全员	1	持安全员证
3	电工	2	持电工证
4	起重挂钩信号指挥	4	持起重工证
5	吊车司机、板车司机	2	持驾驶证
6	安装工	40	
7	测量工	4	持测量工证
8	电焊工	5	持焊工证
9	CO_2 焊工	20	持焊工证
10	探伤工	2	持Ⅱ级以上探伤资格证
11	油漆工	12	
	合计	95	

注：劳动力根据现场实际需要进、退场。

3.3 施工详图设计深化工作

3.3.1 设计思路

(1) 保证建筑使用功能及造型的需要；

(2) 尽可能地缩短施工工期；

(3) 在保证结构刚度的前提下，考虑经济性，优化节点尽量减轻结构自重。

3.3.2 钢结构深化设计模式及设计原则

(1) 钢结构深化设计模式

将针对该工程的特点，组建由钢结构专家和专业设计人员组成的深化设计小组，配备工作需要的全套设备以及资料。按照建设单位的要求，在设计院的统一计划、安排、组织和领导下，完成该工程的钢结构深化设计图、钢结构施工详图和加工详图设计任务，确保钢结构设计的设计进度和设计质量，以保证结构安全、体现建筑风格、控制工程造价、满足构件加工和工程施工的需要。并积极、主动、高效地与建设单位和设计院协调、沟通与配合。

(2) 钢结构设计原则

1) 首先必须保证结构工程安全可靠；

2) 钢结构深化设计要充分体现原设计的意图、设计理念和建筑风格；

3) 与其他专业设计（室内装饰工程、机电工程等）相协调；

4) 钢结构深化设计要进行科学合理的深化和优化，充分体现其经济合理性；

5) 施工详图设计应以设计图为依据，加工详图设计应以施工详图为依据；深化设计图纸必须保证工厂加工和现场安装的要求；

6) 严格遵循设计程序，与建设单位、设计院密切配合，保证设计工作的顺利进行。

3.3.3 钢结构设计工作程序

根据我公司多年从事钢结构工程的经验，结合本工程的特点，初步拟定以下设计工作程序，此工作程序经设计院同意、建设单位审批后实施。

(1) 提出初步方案

首先，根据原钢结构设计图对建筑物的总体思路和意图，在设计院原方案设计的基础上，由我公司提出建议方案（其间与建设单位、设计及时沟通、研究和探讨），针对钢结构平面布置、立面布置、构件选型、各种钢结构节点，以及与机电工程、室内装饰工程之间的关系等，提出钢结构工程初步建议方案，报送建设单位、设计院。

(2) 组织进行方案评审

由建设单位主持，组织设计院、施工单位，并邀请相关专家，共同对初步建议方案进行论证、比选和调整；由设计院进行荷载受力、抗震分析计算，对构件尺寸和钢结构节点等进行分析计算和验算；最终确定钢结构深化设计方案，形成会议纪要，各方签字认可。

（3）完成钢结构施工详图

在设计院确认方案的基础上，完成全部钢结构施工详图，由设计院审批、签字、盖章、出图。根据最终确定的钢结构优化设计方案，在设计院的指导、计划安排和统一管理下，按照设计进度计划的要求完成全部钢结构施工详图，报送设计院审批、签字、盖设计院施工图专用章，用于钢材提料订货、指导钢结构加工和安装详图设计。

3.3.4 钢结构设计流程

（1）细部设计

根据设计院提供的图纸文件及 CAD 图形文件，进行消化和讨论，分类进行细部设计。设绘结构的分段图、杆件图、机加工零件图，注明接头位置、焊接符号、坡口尺寸及制造技术要求、焊接顺序等。分段图及机加工零件图设计院审核认可。

（2）工艺设计

根据制造方案，编制制作工艺、焊接工艺、现场拼装工艺文件、设绘工装、夹具、套模、胎架、托架及有关布置图。

（3）细部设计及工艺设计流程，见图 3.3-1。

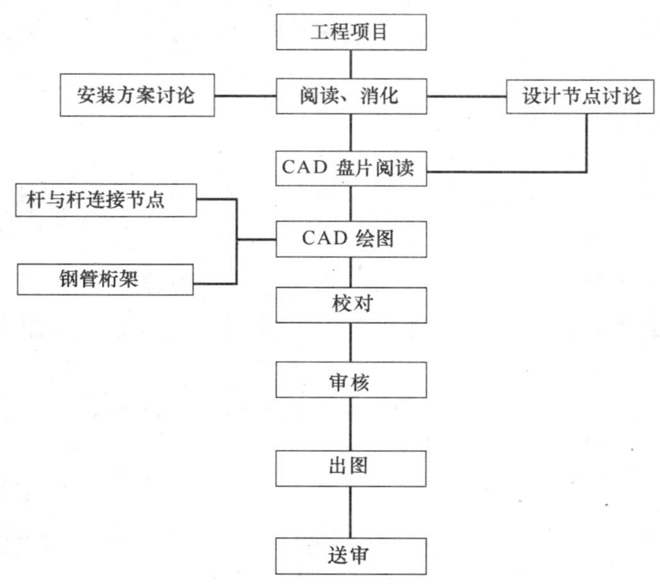

图 3.3-1　细部设计流程图

3.4 材料采购

3.4.1 原材技术指标

（1）本工程圆钢管采用无缝钢管或焊接钢管及钢板。钢管、钢板、锚栓原材采用 Q345-B 级；当钢板厚度≥40mm 时，有 Z15 性能要求中断面收缩指标和含硫量≤0.01% 的要求。钢材的各项技术指标应满足《低合金高强度结构钢》GB/T 1591—94 规范的规定。其主要化学元素性能指标应满足下表要求，见表 3.4-1。

主要化学元素性能指标 表 3.4-1

牌号	质量等级	抗拉强度 σ_b(MPa)	化学成分(%)				
			C≤	Mn	Si≤	P≤	S≤
Q345	B	470～630	0.20	1.0～1.6	0.55	0.040	0.040

力学性能指标应满足下表要求，见表 3.4-2。

力学性能指标 表 3.4-2

牌号	质量等级	屈服点 σ_s(MPa)				抗拉强度 σ_b(MPa)	伸长率 δ_s(%)	冲击功，A_{Kv}，J		80°弯曲试验 d=弯心直径 a=试样厚度	
		厚度(mm)						+20℃	0℃		
		≤16	>16～35	>35～50	>50～100		不小于				
		不小于								≤16	>16～100
Q345	B	345	325	295	275	470～630	21	34		d=2a	d=3a

（2）材料品种、规格、数量

本工程所用材料由圆钢管、钢板、钢拉索组成。

钢管直径从 102～426mm、厚度从 5～20mm，共 14 种规格，材质为 Q345B，采用无缝钢管；钢板厚度 8～40mm，共 5 种规格，材质为 Q345B；钢拉索为 $\phi5\times151$ 材质为 1670 级的钢丝束组成，外径 ϕ83mm。

钢材用量及使用部位，见表 3.4-3。

钢材用量及使用部位 表 3.4-3

序号	规　格	材　质	使用部位	实际用量(t)
1	$\phi426\times20$	Q345B	下刚性环内、外弦	34.60
2	$\phi325\times14$	Q345B	中央刚性环中弦	17.6
3	$\phi245\times16$	Q345B	边桁架、檐口桁架下弦	10.4
4	$\phi299\times14$	Q345B	中央刚性环上、下弦	16.1
5	$\phi245\times10$	Q345B	边桁架上弦	145.1
6	$\phi219\times12$	Q345B	边桁架、檐口桁架腹杆	32.3
7	$\phi219\times10$	Q345B	屋盖水平支撑	9
8	$\phi203\times8$	Q345B	屋盖水平支撑	60
9	$\phi203\times10$	Q345B	边桁架、檐口桁架腹杆	22
10	$\phi180\times8$	Q345B	檐口桁架下弦	52.5
11	$\phi168\times8$	Q345B	边桁架下弦	82.5
12	$\phi159\times6$	Q345B	竖向支撑腹杆	56
13	$\phi194\times8$	Q345B	檐口桁架上弦	5.2
14	$\phi102\times5$	Q345B	水平支撑	0.7
15	钢支座	Q345B		32 个
16	钢索	1670 级		32 根
17	钢板 8～40mm	Q345B	桁架节点板	

3.4.2 厂家选择

本工程采用的 Q345B 级钢材，各项技术指标较高，对生产厂家的选择时我公司将本着“技术业绩”优先的原则。通过考察与技术交流，选择奥运平台上的合格供货商作为本工程的供货单位，见表 3.4-4。

工程供货单位 表 3.4-4

序号	供货厂家	钢材材质	材料名称
1	包钢	Q345B	无缝钢管
2	济钢	Q345B	钢板 20mm、30mm、40mm
3	首钢	Q345B	钢板 40mm(Z15)

3.4.3 采购中的质量控制

(1) 原材采购标准执行《低合金高强度钢》GB/T 1591—94 及《碳素结构钢和低合金结构钢热轧厚钢板和钢带》GB/T 3274—88。对超出规范的应有补充技术协议，同时对于材料规范中没有涉及的技术指标，须与钢厂技术部门确定供货技术协议，以保证采购的原材同时满足规范与设计要求。

(2) 对进入加工厂的材料按规范进行验收

1) 核对原材料的出厂质保书，并与规范标准所要求的各项参数逐一核对。

2) 检查板材厚度、成品管的壁厚、几何尺寸，对于不符合规范要求的材料不得入库，通知钢厂解决，并落实替用钢材。

(3) 材料复验

1) 对入库材料进行抽样复验。主要验证钢材的力学性能是否符合规范与设计要求的指标。

2) 对于有 Z 向要求的钢材，有 Z15 性能要求中断面收缩指标和含硫量≤0.01%的要求。

3) 对复验合格的钢材方可进行投入加工，不合格的钢材应进行标识，分别存放，并通知钢厂进行处理。

4) 复验内容详见《北京大学体育馆钢屋盖工程试验、检验计划》。

3.5 钢结构屋盖的加工制作

3.5.1 加工制作的组织机构

见图 3.5-1。

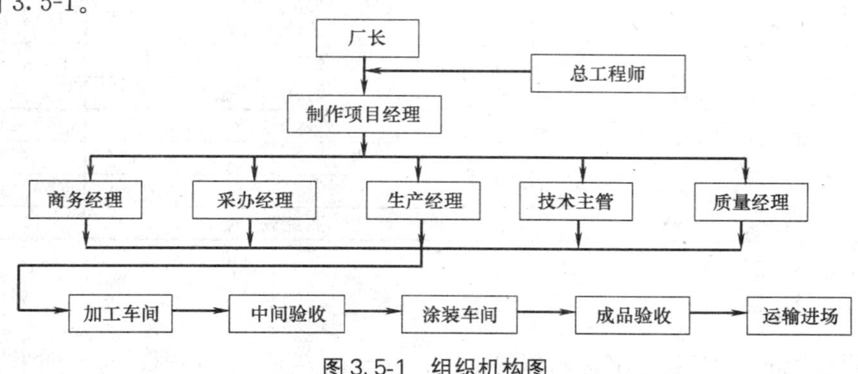

图 3.5-1 组织机构图

3.5.2　主要生产设备与人员配备

（1）制作加工主要机具设备，见表 3.5-1。

制作加工主要机具设备　　　　表 3.5-1

序号	名　称	数量(台)	用　途	备注
1	数控六维管相贯线切割机　型号:HID－300ES	1	钢管相管接头切割	
2	钢管端部自动切割机	1	钢管端部割头	
3	钢管预处理流水线	1条	钢管预处理	
4	数控钢板切割机	1	钢板数控切割下料	
5	车床 620 或 630	3	零部件机加工	
6	摇臂钻床	6	零部件机加工	
7	BX-500 型电焊机	20	焊接	
8	焊条烘箱	2	焊条烘焙用	
9	抛丸喷砂生产线	2	表面除锈	
10	门式自动切割机	2	钢板切割	
11	液压弯管平台	1	弯管	自制
12	800t 油压弯管器	1	弯管	
13	液压弯管器	1	弯管	
14	桁架组拼胎架	3	桁架组拼	自制

（2）运输设备，见表 3.5-2。

运输设备一览表　　　　表 3.5-2

序号	名　称	数　量	用　途
1	20t 运输车	2 辆	构件运输
2	5t 运输车	2 辆	散件运输
3	9 座面包车	1 辆	人员乘用

（3）劳动力计划表，见表 3.5-3。

加工厂制作劳动力计划表　　　　表 3.5-3

<table>
<tr><th>项　目</th><th>工　种</th><th>人　数</th><th>备　注</th></tr>
<tr><td rowspan="3">加工制作准备</td><td>深化设计</td><td>2</td><td>工程师</td></tr>
<tr><td>工艺评定试验</td><td>2</td><td>工程师</td></tr>
<tr><td>放样及样板制作</td><td>2</td><td>技工</td></tr>
<tr><td rowspan="6">构件加工</td><td>号样、下料</td><td>6</td><td>技工</td></tr>
<tr><td>组装</td><td>20</td><td>技工</td></tr>
<tr><td>焊接</td><td>30</td><td>技工</td></tr>
<tr><td>打磨</td><td>4</td><td>技工</td></tr>
<tr><td>油漆</td><td>6</td><td>技工</td></tr>
<tr><td>起重</td><td>2</td><td>技工</td></tr>
<tr><td rowspan="3">构件编号
堆放发运</td><td>起重</td><td>4</td><td>技工</td></tr>
<tr><td>编组编号</td><td>2</td><td>技工</td></tr>
<tr><td>转运</td><td>4</td><td>技工</td></tr>
<tr><td>合计人数</td><td></td><td>84</td><td></td></tr>
</table>

(4) 辅助材料，见表 3.5-4。

辅助材料一览表　　表 3.5-4

序号	名称	规格	数量
1	电焊条	E5015、ϕ4.0、ϕ3.2	满足加工需要
2	焊丝	ER50-6、ϕ1.2	满足加工需要
3	氧气乙炔气体		满足加工需要
4	石棉布		满足加工需要
5	碳精棒	ϕ8～ϕ10	满足加工需要
6	彩条布		满足加工需要
7	焊工劳保用品		满足加工需要
8	防粘胶带		满足加工需要

3.5.3 钢管制作工艺流程及原材料复验检验

(1) 主要生产工艺流程，见图 3.5-2。

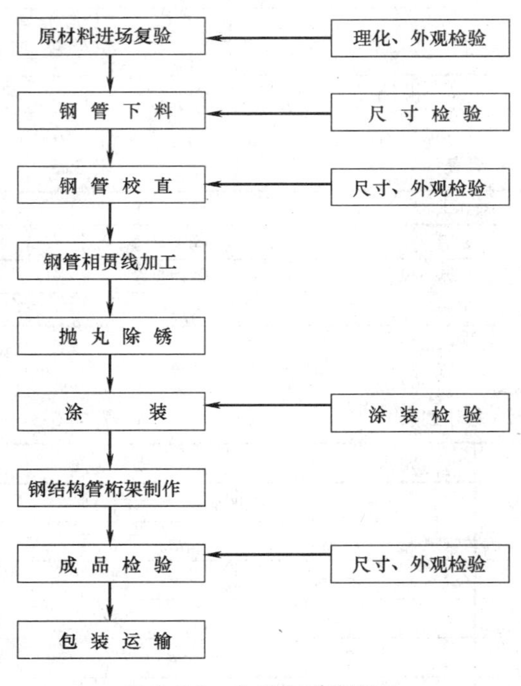

图 3.5-2 生产工艺流程图

(2) 原材料进场管理

1) 原材料进厂要求

按供货方提供的供货清单清点各种规格钢管和钢板数量，按国家《结构用无缝钢管》GB/T 8162—1999 和《直缝电焊钢管》GB/T 13793—92 的规定验收原材料。

2) 材料保管

材料运输时，应采取必要的措施避免损伤母材。材料应有序堆放并进行标识，避免与其他工程的材料相混。为防止变形，材料应平放垫平，吊运操作时应规范。若发现钢板平整度或翘曲超差，应进行矫正处理。经切割下料后所剩的余料应按材料的牌号、规格堆放好，并标识。

3) 材料检验

对于制作所采用的材料，需严格把好质量关，以保证整个工程质量。材料入库后由本公司物供部门组织质量管理部门对入库材料进行检验。按供货方提供的供货清单检查质量证明文件并清点各种规格材料数量，计算到货重量。按规范要求，对于各种规格钢板，抽查其长宽尺寸、厚度及平整度，检查型钢及钢板的外表面质量。并对钢材进行见证复验，做好各项检查记录，进行备案。

4) 材料储存按品种、按规格集中堆放，加以标识和防护，以防未经批准的使用或不适当的处置，并定期检查质量状况以防损坏。

(3) 钢管下料

1) 提料工根据工艺卡对原材料进行外观检验，原材料与工艺卡是否相符（应有相应的加工余量），钢管有无弯曲变形、麻点及严重锈蚀等缺陷，检验无误后依据工艺卡提取原材料。下料采用数控六维管相贯线切割机。

2) 钢管校直

自检钢管直线度不大于$L/1000$，且<5mm。如超差，可在校直平台上将管子校正。

(4) 相贯线制作方法

为了确保钢管相贯线生产的准确、高效，保证各个贯口符合中国《建筑钢结构焊接技术规程》JGJ 81—2002的相关行业标准，相贯线制作方法如下：

设备：HID-300ES型数控六维管相贯线切割机，最大切割钢管的直径为800mm，最大的行程12000mm。

1) 相贯线的数控编程

首先开启设备的数控编程系统，根据图纸所提供的详细的已知条件，依次输入所需的数据：例如：主管的直径，主支管的直径，副支管的直径，各钢管的壁厚以及空间中任意两相贯的钢管中心轴线的夹角等的参数，输入完毕后，计算机会自动生成相贯线的曲线展开图，可以获得任意一点相对应的数据。

2) 钢管基准线的标识

将检测合格的钢管上两端进行四等分圆，并利用粉线将其清晰地表示出来。

3) 切割

将做好标记的钢管吊到切割机上，利用卡盘将钢管固定在支架上，调节支架的高度，使其钢管的中心轴线与切割机的导轨相互平行。旋转卡盘并使钢管的其中一条四等分圆线垂直于机床后开启切割机的切割系统开始切割，切割完毕后利用磨光机将相贯线和垂直端面的氧化铁清理干净。

4) 检测

利用计算机对所切割的钢管进行三维立体放样计算，分别计算出钢管的四等分圆的数据并分别进行测量检测，通过四组数据的检测，可以直接判断出相贯线的编程、切割是否正确。

(5) 抛丸除锈

1) 一般规定

A. 钢材表面进行抛丸除锈时，必须使用除去油污和水分的压缩空气。

B. 抛丸的施工环境，其相对湿度不大于85%，或控制钢材表面温度高于空气露点3℃。

C. 钢材表面有水或天气潮湿，浓雾时，不得开始抛丸作业；如果已经喷砂，要在相对湿度低于85%后，重新喷砂至Sa2.5级。

D. 除锈后的钢材表面，必须用压缩空气吹净磨料颗粒，及表面粉尘，或用吸尘器清去死角内的磨料和粉尘，方可进行下道工序。压缩空气必须干燥，无油分。

E. 除锈验收合格的构件，要在3h内涂完底漆。

2) 抛丸处理

钢材表面要求抛丸清理满足Sa2.5级要求。抛丸后，可能会留有死角或不合格处，需采用手工喷砂二次处理，使其达到规定要求。如果表面有可见的返锈，变湿，或者被污染，要重新清理至规定要求的级别，经抛丸处理并验收合格。

（6）涂装

经抛丸处理并验收合格后，将所有钢管距两端管头部分按焊接要求，用胶带包裹，并在抛丸处理后不超过 3h 内，喷涂水性富锌底漆（100μm）。

（7）钢结构管桁架的加工制作

由于钢管桁架的长度比较长，重量比较大，因此可按照现场塔吊的起重量及安装要求和运输条件，下刚性环和中央刚性环钢管桁架均分成 8 段制作，辐射桁架分成 3 段制作。

1）数放

A. 数放、切割、制作、验收所用的钢卷尺，经纬仪等测量工具必须经计量单位检验合格。此外，桁架分段重要尺寸的测量应以一把经检验合格的钢卷尺（50m）为基准，并附有勘误尺寸，以便与监理及安装单位核对。

B. 所有构件应按照细部设计图纸及制造工艺的要求，进行计算机的放样，核定所有构件的几何尺寸。如发现差错需要更改，必须取得原设计单位签署的设计更改通知单，不得擅自修改。放样检验合格后，按工艺要求制作必要的角度、槽口、制作样板和胎架样板。

2）切割

A. 钢材切割前应事先排料，分段弦杆应以钢材最大利用长度对接，但应使接头至腹杆与弦杆节点的距离大于等于 500mm。腹杆对接时，接头位置原则上不大于杆件长度的三分之一（具体视钢材来料情况定）但不小于 500mm。

B. 对于钢板的切割应根据放样套料图及数控切割下料图，分别进行数控自动切割及部分手工切割下料。

C. 所有钢材切割的公差均应满足《钢结构工程施工质量验收规范》GB 50205—2001 规范要求。

3）放样及切割流程，见图 3.5-3。

4）钢管弯管加工

本工程钢管采用顶管机进行顶弯，钢管采用先接长、弯管后切割成构件的方法。

A. 弯管过程采用先初顶，后成形顶的方法进行逐步顶弯成形。顶弯过程中注意用力不能过大、过猛，并注意观察，防止管子产生起皱、顶扁变形现象。弯管加工，见图 3.5-4。

B. 弯管加工工艺流程，见图 3.5-5。

5）下刚性环、中央刚性环和辐射钢管桁架的组装

A. 下刚性环分 8 段加工，见图 3.5-6、图 3.5-7。

B. 中央刚性环分 8 段加工，见图 3.5-8、图 3.5-9。

C. 辐射桁架分 3 段加工，见图 3.5-10。

6）钢桁架组装的技术要求

A. 组装前必须熟悉图纸，仔细核对零件的几何尺寸和零件之间的连接尺寸，核对零件的编号、材质、数量等，熟悉相应的制造工艺和焊接工艺，以便明确各构件加工精度和焊接要求。

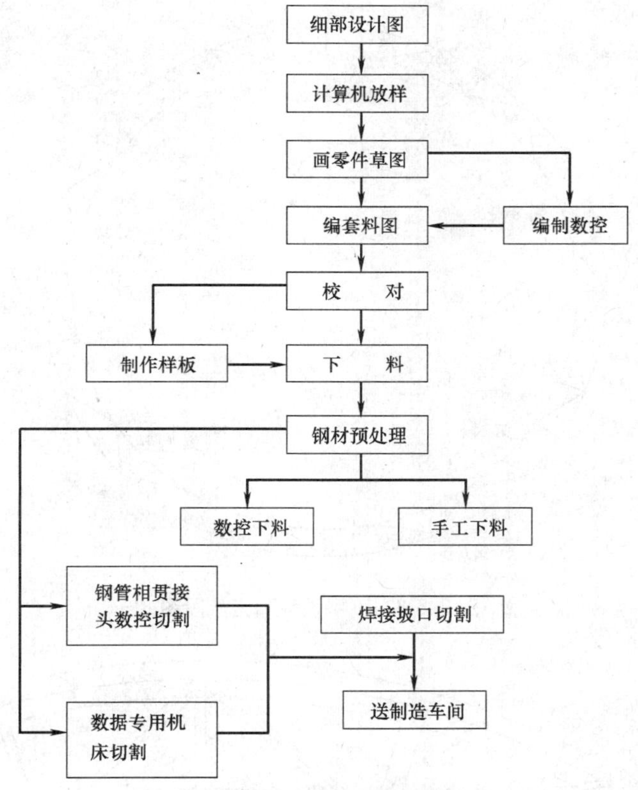

图3.5-3　放样及切割流程图

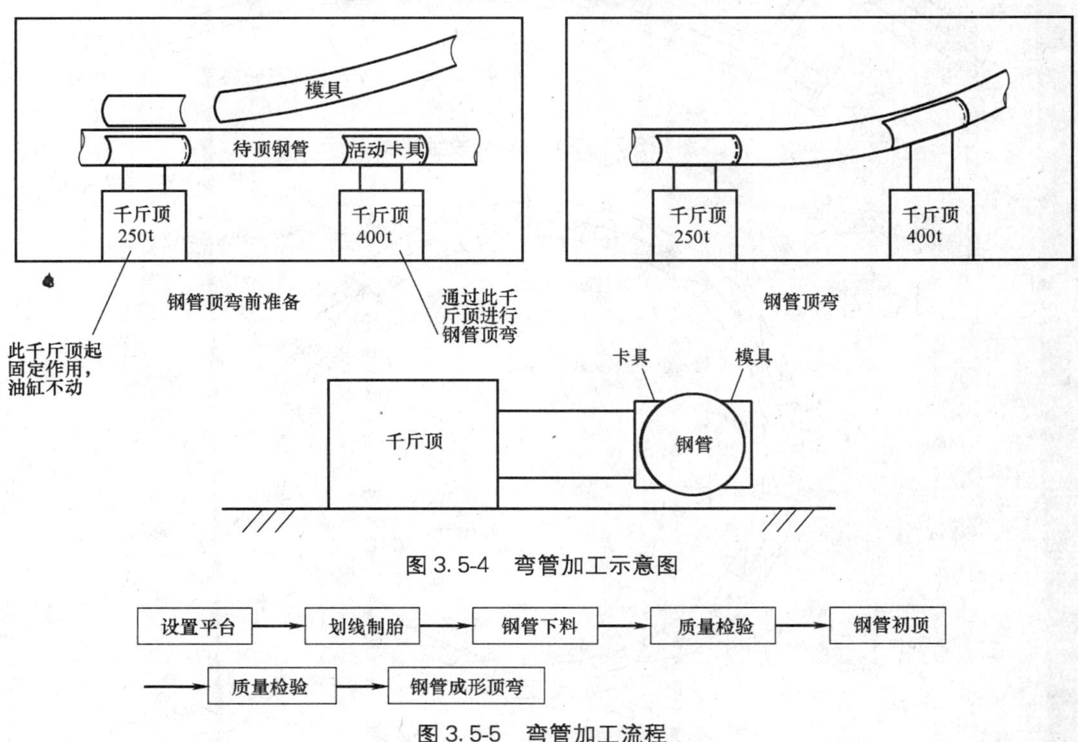

图3.5-4　弯管加工示意图

设置平台 → 划线制胎 → 钢管下料 → 质量检验 → 钢管初顶 → 质量检验 → 钢管成形顶弯

图3.5-5　弯管加工流程

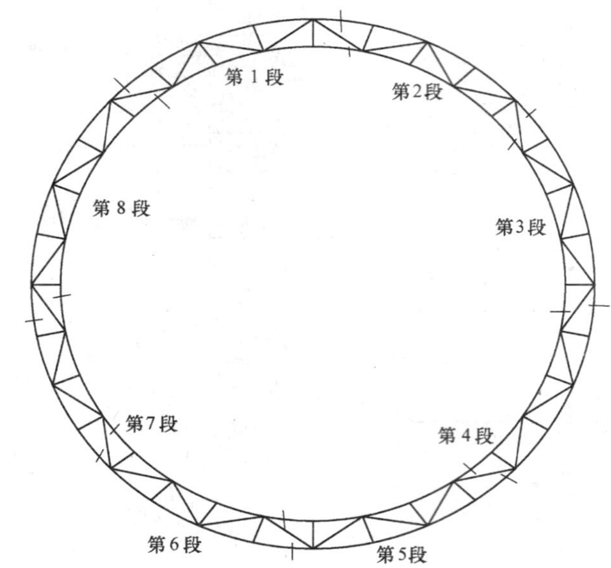

图 3.5-6 下刚性环加工分段图

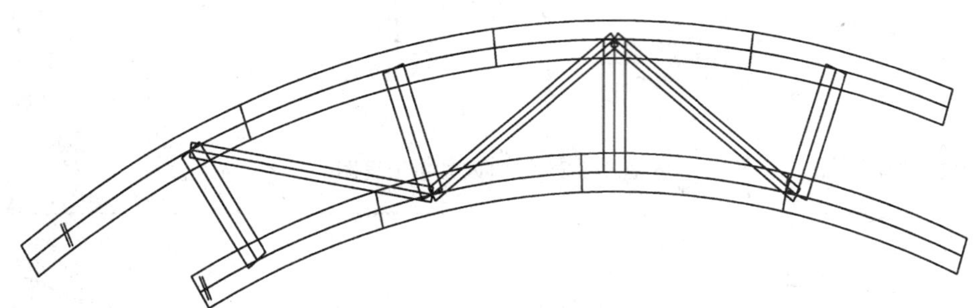

图 3.5-7 下刚性环分段组装图

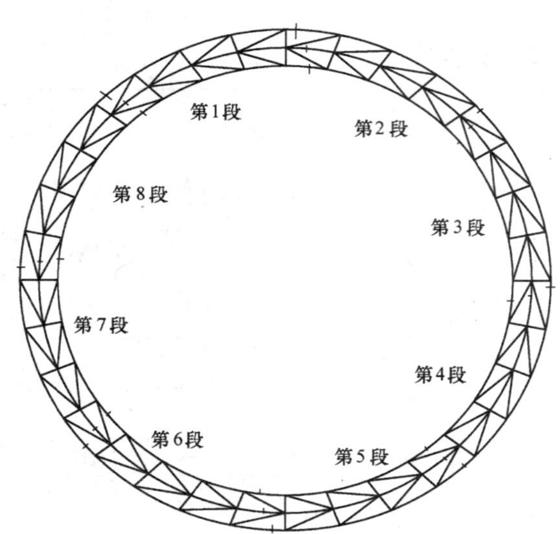

图 3.5-8 中央刚性环加工分段图

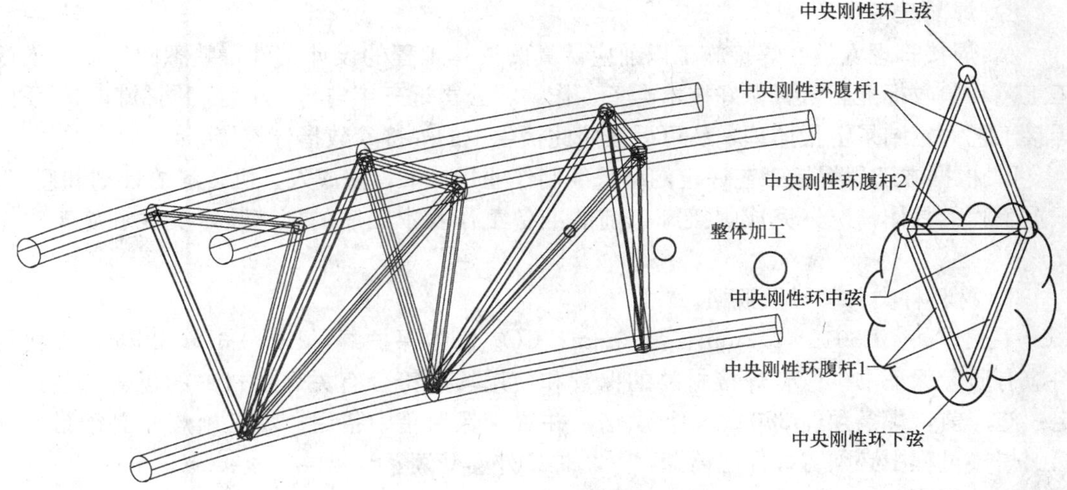

图3.5-9　中央刚性环分段组装图

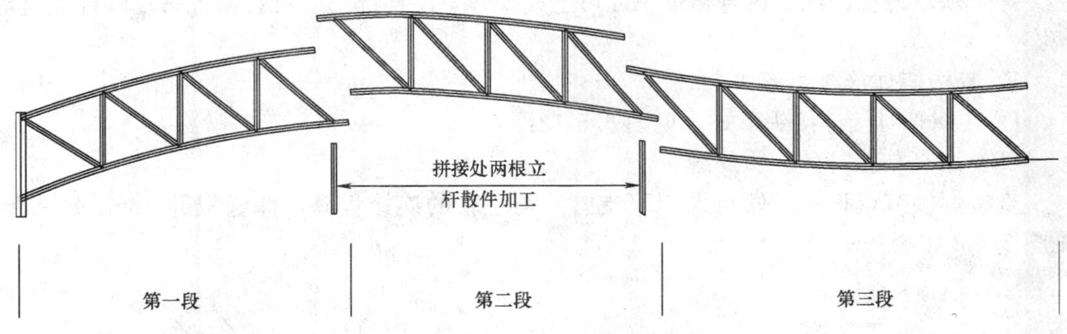

图3.5-10　辐射桁架加工图

B. 装配用的工具（卷尺、角尺等）必须事先检验合格，样板和样条在使用前也应仔细核对，组装用的平台和胎架应符合构件装配的精度要求（胎具的水平应在3mm之间）并具有足够的强度和刚度，使用前应经技监部门认可合格。

C. 构件组装要按照工艺流程进行，零件连接处的焊缝两侧各50mm范围以内的铁屑、水分、毛刺、氧化皮、油污等应清理干净。

D. 检验各组装杆的图号及处观尺寸、坡口形式的正确性。对零件的焊接坡口不符合要求处用磨光机打磨。

E. 在加工中发现变形时，如变形量超出规范要求，要在无损于母材的情况下进行火焰矫正。

7）组装顺序，见图3.5-11。

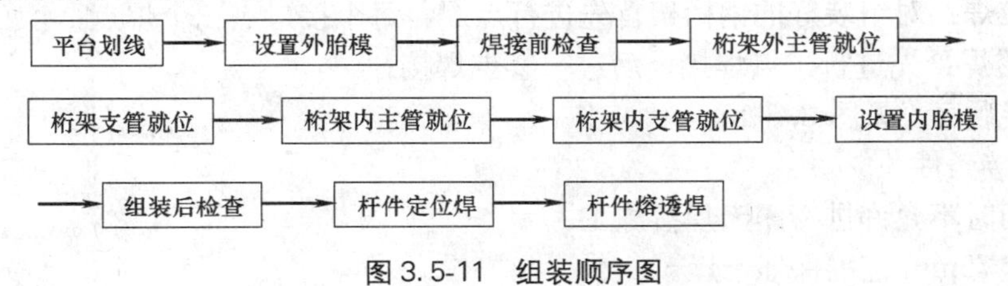

图3.5-11　组装顺序图

8）焊前准备

A. 焊接管理人员在焊接施工以前应认真阅读本工程的设计文件，熟悉图纸规定的施工工艺和验收标准。认真做好技术准备工作，将公司近三年内与本工程相同材料、材质的焊接工艺评定结果上报监理，认可后按照此报告中的焊接参数指导焊接。

B. 根据本工程焊接工艺评定的结果编制作业指导书，完成人、机、料的计划和组织。根据工程的具体情况，完成焊接施工前的准备工作及本工序的施工技术交底和施工安全交底。

C. 材料种类、牌号及规格。

手工焊条：E5015 ϕ3.2mm、ϕ4.0mm；CO_2 气体保护焊：ER50-6 ϕ1.2mm。焊接材料应有质量保证书。所有焊接材料的保管和使用均应符合有关焊接材料的保管和使用规定：施焊前，焊条须经 380℃×1h 烘焙，并置于保温箱中备用；焊工施焊时必须带保温筒。焊接过程中必须盖好保温筒盖，严禁焊条外露受潮。

D. 焊工资格

焊工须取得相应项目的合格证书才可上岗操作。质检部门应将合格证书复印件交监理备案。

E. 管桁架焊接接头形式

（A）钢管对接焊接头形式，见图 3.5-12：

（B）腹杆与弦杆的相贯焊缝

直接焊接节点腹杆（ϕ203 及以下支管）与主管的连接焊缝，焊缝根部 2mm 不焊透，见图 3.5-13：

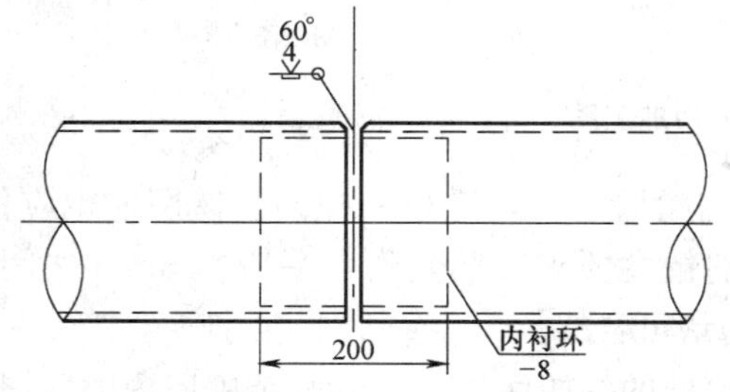

图 3.5-12 对接焊接头形式图

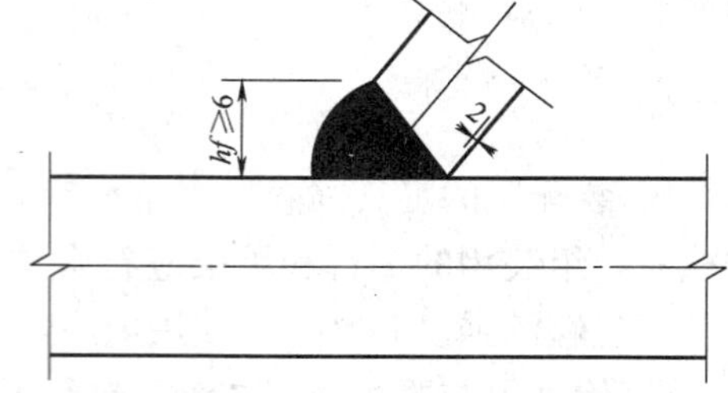

图 3.5-13 焊缝根部不焊透示意图

直径大于 ϕ203 的杆件相贯焊均加内衬环，熔透焊，内衬环壁厚与钢管等厚。在支管管壁夹角大于 120°的趾部以及侧部区域应采用带坡口的角焊缝，杆件根部区域采用角焊缝，角焊缝的焊脚尺寸应不小于 1.5 倍的支管壁厚，不大于 2 倍支管壁厚。焊缝区域划分，见图 3.5-14：

9）焊接顺序

A. 定位焊：对组装好的钢桁架首先进行点焊，每个接口点三个焊点；

B，熔透焊：先进行①点焊接，后进行②点焊接；

C. 焊接顺序，见图 3.5-15。

10）焊接条件

A. 下雨时不允许进行露天焊接施工。

B. 焊缝 75mm 范围保证干燥。

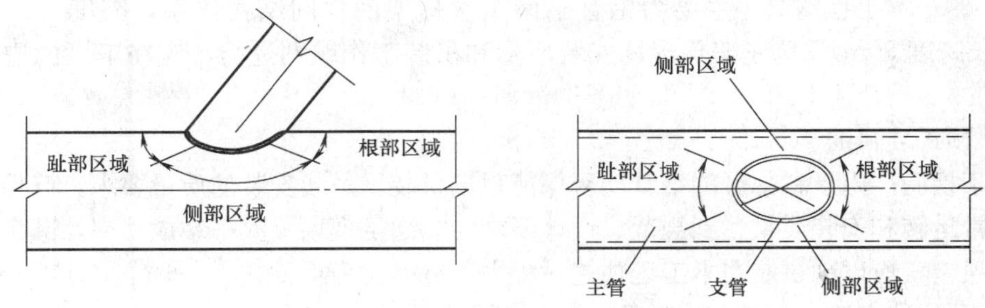

图 3.5-14　焊缝区域划分示意图

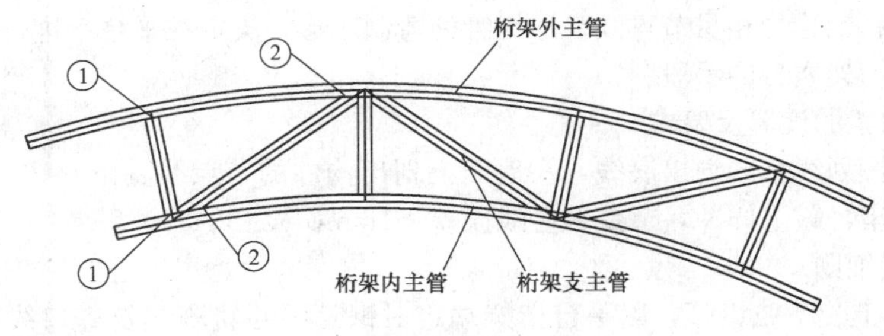

图 3.5-15　焊接顺序图

C. 焊缝表面应清洁干燥，无浮锈、无油漆（车间底漆除外）。

11）焊接材料选用及要求

钢管对接焊缝用 E5015 ϕ3.2 焊条打底，盖面采用 E5015 ϕ4.0 焊条或 CO_2 气体保护焊。

12）施工要点

A. 部件组装时，须加固好，以减少变形。

B. 所有节点坡口，焊前必须打磨，严格做好清洁工作。

C. 所有探伤焊缝坡口及装配间隙均应由质检员验收合格。

D. 装配定位焊，要有合格证书的焊工操作，钢管定位焊，采用 ϕ3.2 焊条。

E. 内衬板（管）安装中心应与母管一致，焊脚 5mm。

F. 焊接完毕，焊工应清理焊缝表面的熔渣及两侧飞溅物，检查焊缝外观质量。

G. 待探伤焊缝检查合格后，（包括必要的焊缝加强和修补）构件始得吊离平台。

13）焊接工艺环境要求

北京地区大风天气较多，尤其在雨期施工，焊接作业区域应设置防风、防雨的保护措施。当 CO_2 气体保护焊环境风力大于 2m/s 及手工焊环境风力大于 8m/s，在未设防风棚或没有防风措施的施焊部位，严禁进行 CO_2 气体保护焊和手工电弧焊施焊。焊接作业区的相对湿度大于 90%时不得进行施焊作业。

所有试焊定位焊的焊材应与正式施焊的焊材相同，定位焊焊缝应与最终的焊缝有相同的质量要求。钢衬垫的定位焊宜在接头坡口内焊接，定位焊焊缝厚度不宜超过设计焊缝厚度的 2/3，焊缝长度不宜大于 40mm，间距宜为 500～600mm，并应填满弧坑。当定位焊缝有气孔或裂纹时，必须清除后重焊。

（8）钢桁架厂内预拼装

1）鉴于本工程钢结构主要为钢管平面主次桁架的空间结构体系，跨度大（短跨度64m，长跨度80m），为了确保现场安装质量和吊装工作顺利进行，应在工厂内进行单元预拼装。

2）预拼装目的

在于检验厂内下料部分的钢管能否保证现场拼装、吊装安装的质量要求，确保下道工序的正常运转和安装质量达到规范、设计要求，能满足现场一次吊装成功率，减少现场出现安装误差，所以预拼装在本工程加工过程中，显得尤为重要。

3）预拼装方法

A. 由于下刚性环、中央刚性环、主桁架外形尺寸较大，且上、下弦杆为弧形钢管，为检验工厂下料钢管的相贯节点及弧形钢管的弯制成形，决定在平台上进行整体卧拼，作为检验整个主桁架质量的手段。

B. 拼装胎架的设置及要求

胎架必须按划线草图划出底线，在地面上划出构件的节点线、中心线、圆弧轨迹线，并用小铁板焊牢，敲上样冲，节点轴心线误差≯1mm。

C. 预拼装细则

（A）先吊上、下弦钢管，以平台桁架端定对钢管中心轨迹线及齐口线，并保证钢管的水平度及对接口尺寸，且加固牢固。对接时按顺序由一端向另一端对接，两对接钢管如相距较远，不得用手拉葫芦等工具强行牵拉，必要时用吊车轻移到位，以免影响胎架的整体稳定性及标高。节点处钢管投影线误差≯1mm，其他位置误差≯2mm。

（B）然后依次吊上垂直腹杆、斜腹杆钢管，吊装时不得碰撞上、下弦杆定位钢管。拼装时按中心处垂直腹杆作为定位杆件向两边安装一根直腹杆再装一根斜腹杆的顺序依次拼装，并检验所吊腹杆与上、下弦杆的相贯间隙及偏移节点尺寸。

（C）由于现场安装工期紧张，并且工厂拼装区有限，加工厂设置1/2下刚性环面积大小的预拼装场地，并按图纸尺寸在拼装平台上画各杆件的位置线，下刚性环和中央刚性环逐段预拼逐段进场，辐射桁架进行整体预拼，拼装完成后用另一种颜色画出杆件实际位置线，整体拼装完成后符合实际偏差。

（D）下刚性环、中央刚性环按加工分段（8段）逐段进行预拼装，见图3.5-16。

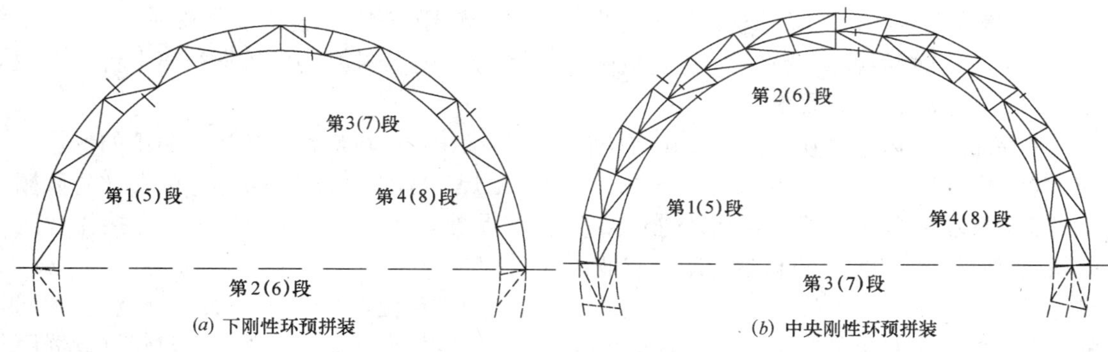

图3.5-16　逐段预拼装示意图

第一段、第二段预拼装→合格后第一段进场→第二段、第三段预拼装→合格后第二段进场→依次类推。

（E）辐射桁架整体拼装图

辐射桁架分按加工分段（3 段）整体预拼装，见图 3.5-17。

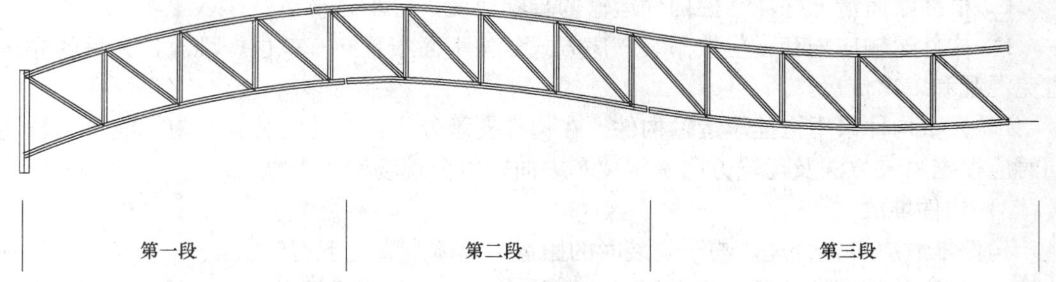

图 3.5-17 辐射桁架整体拼装图

D. 预拼装要求

（A）设置预拼装平台，平台应测量找平；

（B）平台划线：按照图纸要求划出基准点和准线；

（C）用于测量的全部仪器，必须经过国家二级以上计量检测机构检定后，方可使用；

（D）下刚性环、中央刚性环、桁架拼装尺寸应符合《钢结构工程施工质量验收规范》GB 50205—2001、技术文件和图纸的要求。

（9）构件运输

1）构件运输保证措施

A. 构件运输原则是减少变形、降低运输成本、保证现场成套组装、方便安装、保证施工进度。

B. 由工厂装配时，在分开的部件上注明构件号及拼装接口标志，以便于现场组装。

C. 将零散件进行包装，以免运输、搬卸、储存期间受损坏，在每一件包装外做好标签，标出名称、规格、型号、大致的重量及所属安装区域等，并且和相匹配的出厂段同时运至安装现场，以保证现场成套组装。

D. 构件装运时，应编制清单（包括构件名称、数量、重量等）。

E. 堆置构件时，应避免构件发生弯曲、扭曲以及其他损伤性的情况出现。

F. 为方便安装，应使构件按照安装顺序进行分类堆放及运输。

G. 构件装运时，应妥善包扎，考虑车辆的颠簸，应作临时性绑扎和加固，以防构件变形、散失和扭曲。

H. 装货、卸货时，应有专人负责指挥，并注意安全作业。

I. 运输前应先进行验路，确定可行后方可进行运输。构件需在夜间进行时，并在构件尾部安装警示灯。

J. 运输时应在车上铺好垫木，用捯链封好车，并将捯链与构件接触部位实施保护措施。根据工地安装顺序进行运输，同一施工段的构件应根据制作和安装进度集中统一运输。构件装车检查无误，封车牢固，钢构件与钢丝绳接触部位加以保护。

2）运输防护

A. 在各构件之间应用隔板或垫木隔开，构件上下支承垫木应在同一直线上，并加垫楞木或草袋等物使其紧密接触，用钢丝绳和花篮螺栓连成一体并拴牢于车厢上，以免构件在运输时滑动变形或互碰损伤。

B. 装卸车起吊构件应轻起轻放，严禁甩掷，运输中严防碰撞或冲击。

C. 根据路面情况好坏掌握构件运输的行驶速度，行车必须平稳。

D. 构件运输应配套，应按吊装顺序方式，按平面布置卸车就位、堆放，先吊的先运，避免混乱和二次倒运。

E. 大型构件采用拖挂车运输构件，在构件支承处应设有转向装置，使其能自由转动，同时应根据吊装方法及运输方向确定装车方向，以免现场调头困难。

3）构件堆放

构件堆放应布置合理，易于安装时的搬运，具体应满足下列要求：

A. 按安装使用的先后次序进行适当堆放。装配好的产品要放在垫块上，防止弄脏或生锈。

B. 按构件的形状和大小进行合理堆放，用垫木等垫实，确保堆放安全，构件不变形。

C. 露天堆放的构件应做好防雨措施，构件连接摩擦面应得到切实保护。

D. 现场堆放必须整齐、有序、标识明确、记录完整。

3.6 钢结构安装

3.6.1 安装顺序

本工程结构形式复杂，必须按合理的安装顺序才能够保证施工过程结构稳定，构件内力不超出设计内力，提高起重机的使用效率并加快工期，总体施工顺序是先安装中央刚性环，再安装辐射桁架（为了桁架稳定同时安装竖向支撑 HC）形成稳定体系后，依次安装边桁架、屋盖水平支撑及中央球壳的施工，最后安装檐口桁架和封边梁。

（1）中央刚性环部分安装顺序

标高方向安装顺序：下刚性环→竖向垂直支撑→中央刚性环下半部→竖向斜支撑→中央刚性环上半部。

（2）屋盖安装顺序

辐射桁架→竖向支撑体系 HC、水平支撑体系→边桁架→檐口桁架→檐口支撑→封边梁。

球壳安装在中央刚性环部分焊接完成后插入。

3.6.2 主体钢结构安装方法

（1）安装前准备

1）根据钢结构施工图纸及有关技术文件编制钢结构施工组织设计；

2）使用的各种测量仪器必须进行计量复验；

3）按施工平面布置图划分：构件堆放区、拼装区；

4）根据土建提供的纵、横轴线和水准点，进行验线；

5）支撑体系和操作平台搭设完成；本工程钢结构均采用高空安装，所需要的大量脚手架工程由更具有实力的总包方进行搭设，我公司提供脚手架搭设要求和荷载数据及承重架位置详细图纸；

6）检查成品件、零部件、几何尺寸、编号、数量（包括加工的附属零件）；

7）做好相关测试及安全、消防准备工作；

8）测量工、起重工、焊工必须持证上岗，焊工在进场前还须参加培训，经现场考试合格后才能进入施工现场。

（2）安装方法概述

根据本工程钢结构形式特殊、施工难度大、空间定位难的特点，经过各方案的优化对比，中央刚性环部分采取工厂分段制作，现场在安装平台上组拼；辐射桁架工厂分段制作，现场高空对接；竖向支撑 HC、檐口桁架、水平支撑体系按图制作安装施工；中央球壳散件制作现场散拼施工。

1）中央刚性环部分安装要点：安装采用塔吊将下刚性环分段单元体吊至满堂脚手架已布置的节点千斤顶上，各支承节点上设置螺旋式千斤顶，将下刚性环拼装形成整体，经定位及测量完成后进行焊接；下撑杆（垂直杆）散拼安装定位焊接；分段安装中央刚性环下部，下撑杆全部安装焊接，同时高空散装中央刚性环上半部。

2）辐射桁架在分段拼接位置搭设拼装平台设置调节千斤顶，将分段桁架单元高空组拼。

3）球壳安装采用高空散拼。

4）支撑体系：需要搭设大面积的满堂红脚手架工作平台，考虑到脚手架的用量，先搭设屋盖中央刚性环区域的脚手架，并根据计算结果将卸载点区域加密，形成牢固的支承。辐射桁架拼装点按照其拼接点处的荷载局部加强，其他部分按照满堂红脚手架搭设。（由总包方负责搭设）

5）局部单根杆件补缺安装方法：

在顺序安装过程中相邻竖向腹杆空间位置已经固定，两支竖向腹杆之间的斜腹杆会出现如下图的情况，造成杆件无法就位。见图 3.6-1。

可采用以下两种方法解决：见图 3.6-2、图 3.6-3。

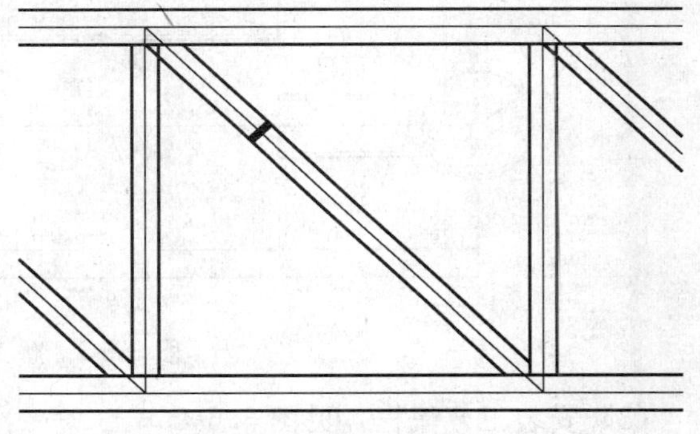

图 3.6-1　杆件无法就位图

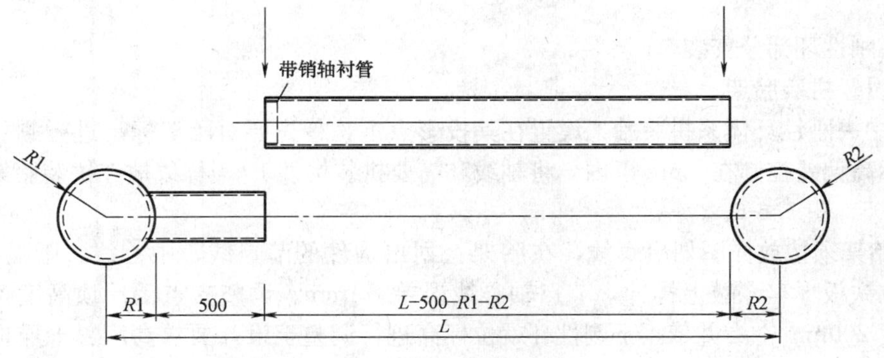

图 3.6-2　解决方法一

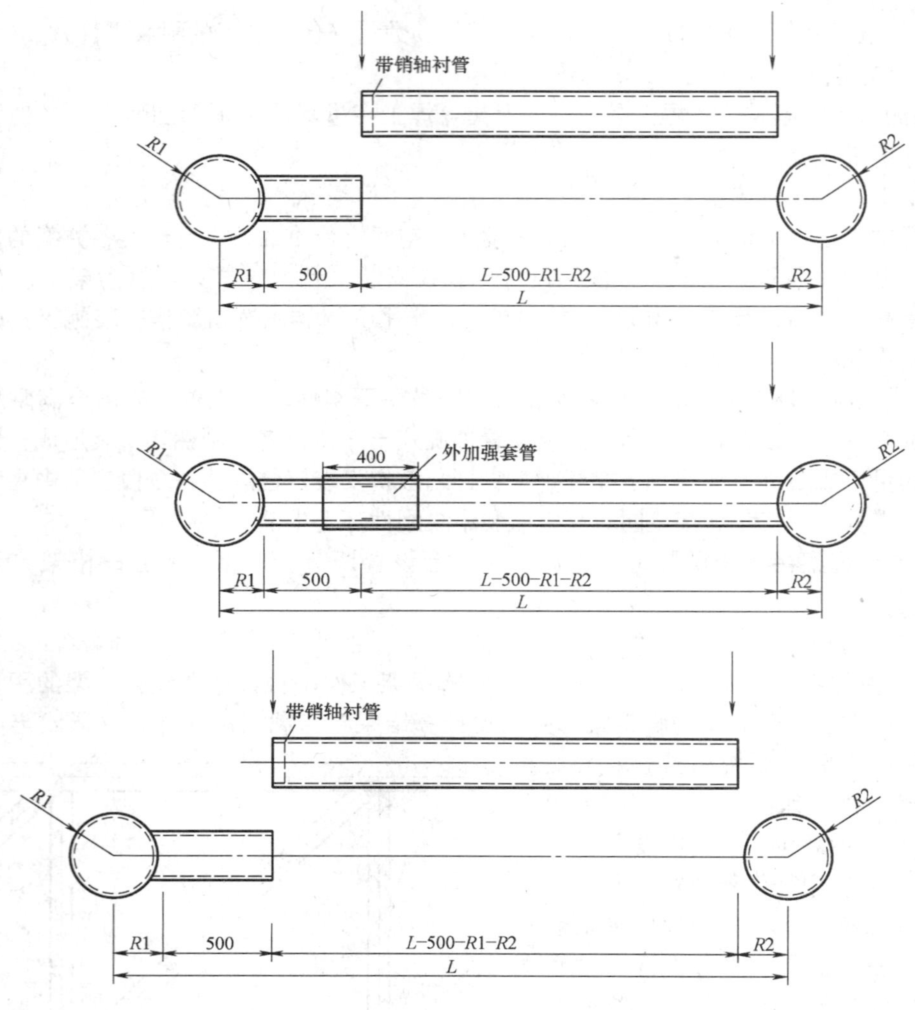

图 3.6-3 解决方法二

(3) 安装工艺流程，见图 3.6-4。

3.6.3 钢结构安装

中央刚性环部分安装

1) 设置拼装胎架

A. 中央刚性环体系拼装胎架设置在其投影点上，首先要对胎架标高进行测量，各个支撑点标高偏差控制在 2mm 以内，将轴线和需要拼装构件 1∶1 样线放在拼装胎架上，详见图 3.6-5、图 3.6-6。

B. 胎架须按放样图划出底线，在胎架上划出构件的节点线、中心线、圆弧轨迹线，并用限位铁板焊牢，敲上样冲，节点轴心线误差≯1mm。调整支点千斤顶高度，千斤顶伸出长度 200mm 左右并依据下刚性环就位标高进行调整至设计要求高度。千斤顶位置调整后将其与下部钢板焊接固定。

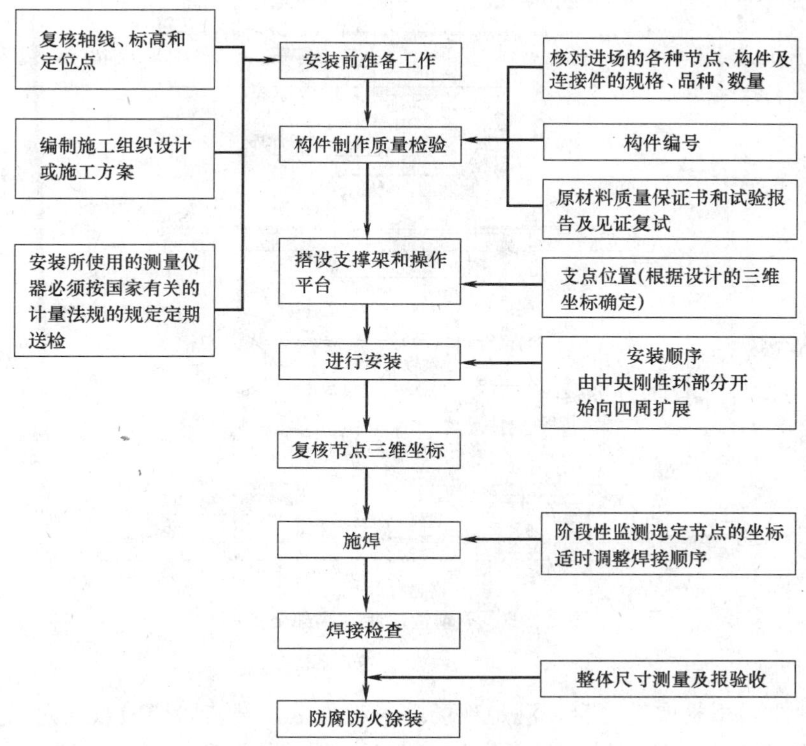

图 3.6-4 安装工艺流程图

C. 胎架不得有晃动，胎架必须用设置限位槽钢防止构件水平方向位移。

D. 胎架使用前须经专职检查员及管理人员的认可，方可使用。

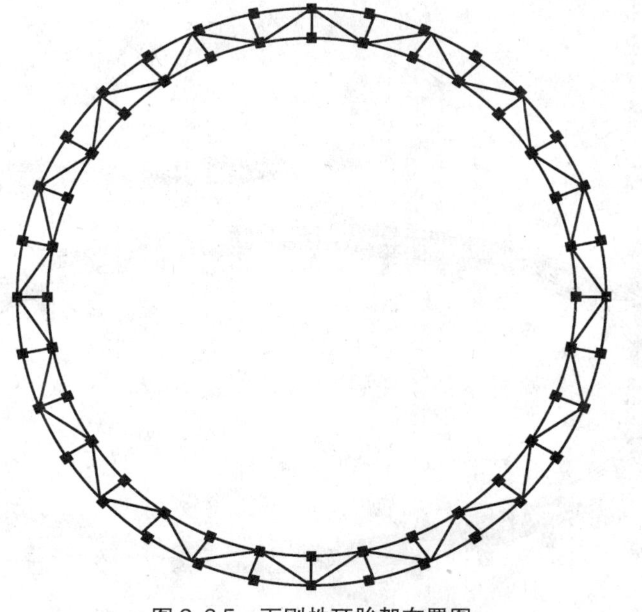

图 3.6-5 下刚性环胎架布置图

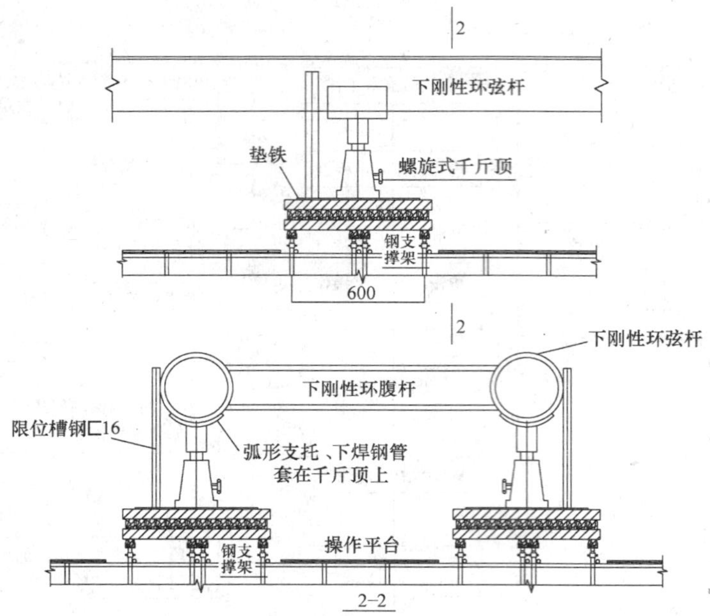

图 3.6-6 下刚性环胎架局部节点图

2）下刚性环安装

A. 下刚性环每段重量约 5t，满足现场塔吊起重量，安装胎架验收通过后，将下刚性环按顺时针顺序分段依次吊装，吊至安装工作面调整其位置和标高；将各个分段之间接口调整对齐，焊接衬管安装到位，见图 3.6-7。

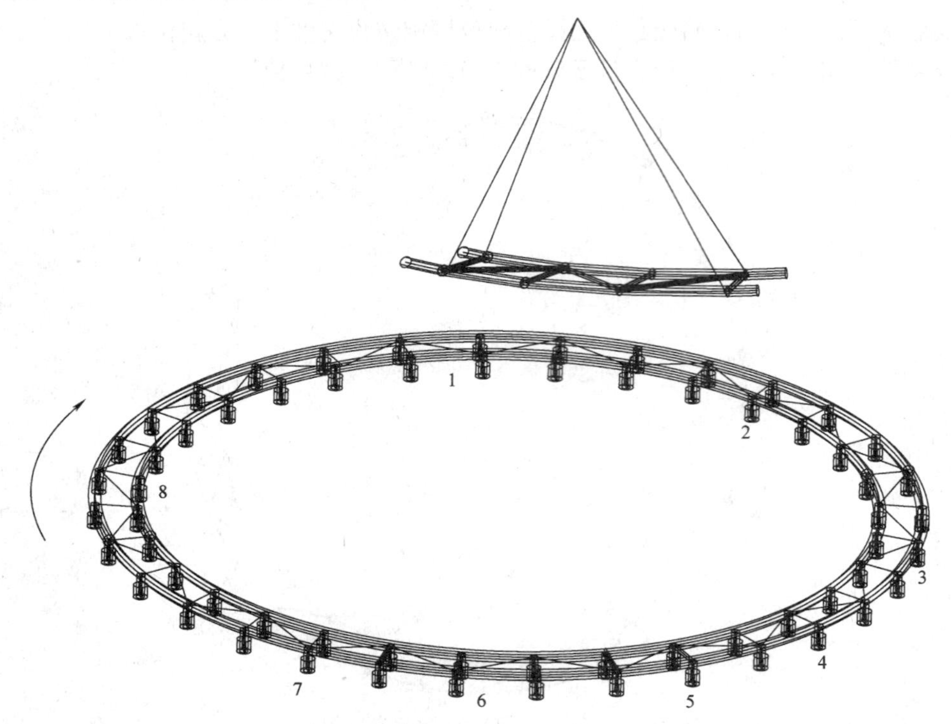

图 3.6-7 下刚性环拼装焊接图

B. 经计算机放，1号塔吊塔身与下刚性环第7段外侧弦杆部分干涉，加工厂加工时将干涉部分进行预留，干涉部分杆件只进行点焊，安装时将干涉部分杆件取下并对桁架进行加固，以防止焊接变形，塔吊与桁架干涉部分杆件及加固做法见图3.6-8、图3.6-9：

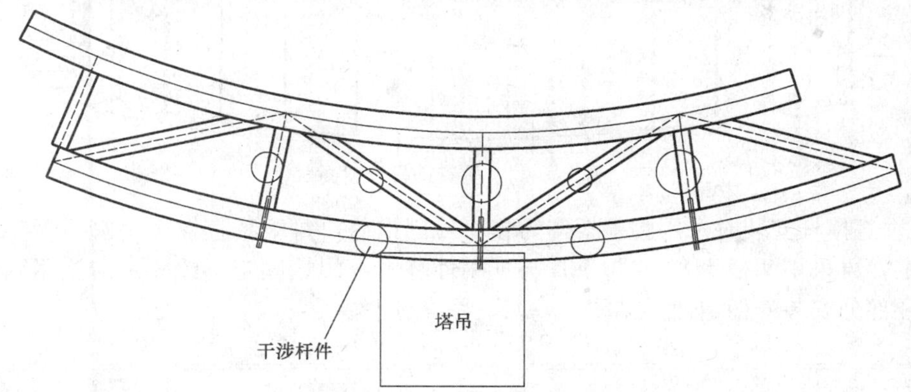

图3.6-8　塔吊与桁架干涉部分杆件图

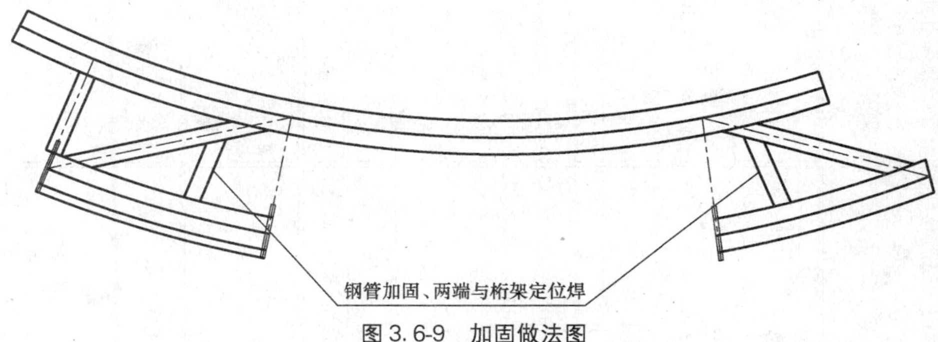

图3.6-9　加固做法图

塔吊不与中央刚性环干涉，中央刚性环正常安装，当2号塔吊安装后拆除1号塔吊并将干涉处下刚性环补缺安装。

C. 构件拼装过程由专职工长和质检员进行专项控制。控制内容：构件外形尺寸和拼装接口各项尺寸控制，焊接各工序之间控制。

3）中央刚性环与下刚性环之间垂直撑杆安装

A. 垂直撑杆安装前搭设中央刚性环部分拼装脚手架。

B. 垂直撑杆采用散件拼装，先行安装32件垂直撑杆，按照其就位位置用焊接将垂直撑杆与下环固定。定位焊焊缝长度40mm，焊缝高度6mm，定位焊布置于垂直撑杆四个象限点部位，见图3.6-10、图3.6-11。

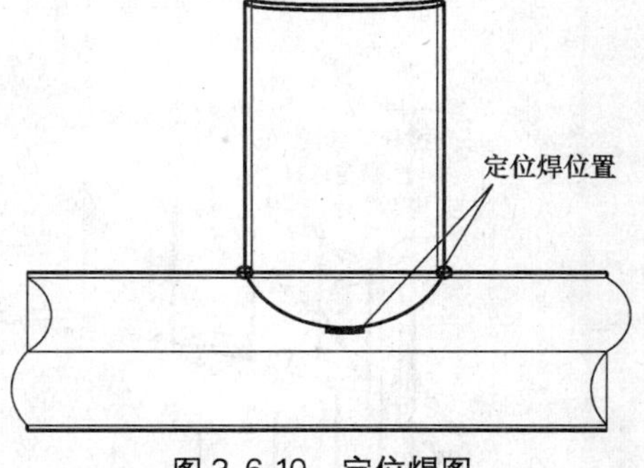

图3.6-10　定位焊图

C. 要求撑杆安装对定位线偏差≤2mm，垂直偏差≤3mm，撑杆顶端对于中央刚性环下弦定位线的偏差≤3mm，撑杆顶面标高偏差控制在2mm以内、相邻杆件顶面高差控制在3mm以内。

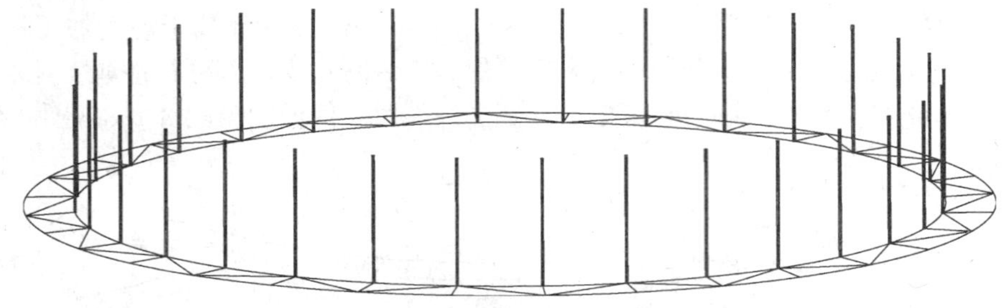

图 3.6-11 垂直撑杆位置图

D. 垂直撑杆安装时采用脚手架作为临时稳固措施，每根垂直撑杆用脚手管与脚手架抱接固定，再采用两根 ϕ48×3 脚手管与下刚性环本身焊接固定，此固定措施用以保证中央刚性环部分安装的稳定性。见图 3.6-12、图 3.6-13。

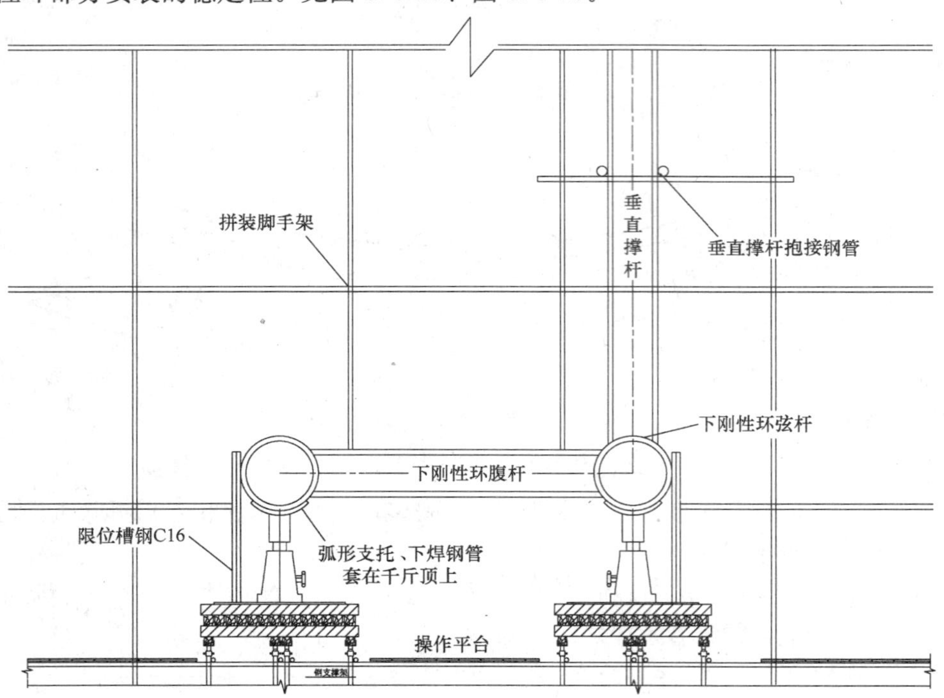

图 3.6-12 垂直支撑加固图

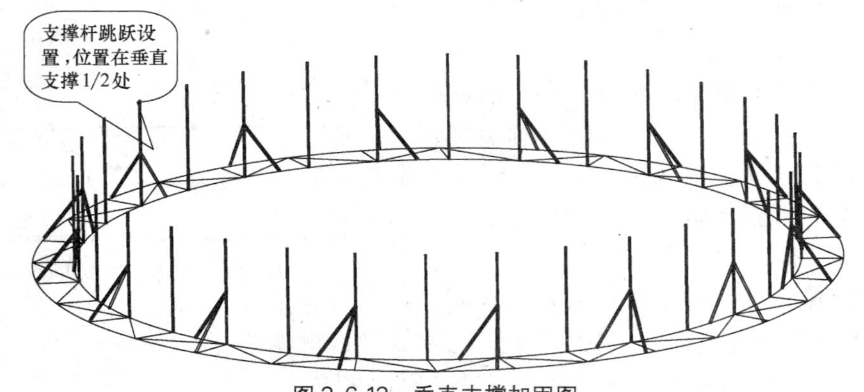

图 3.6-13 垂直支撑加固图

4）中央刚性环安装

A. 首先将中央刚性环下半部分段依次吊装到位；

B. 按照图纸将各个节点位置找正，与垂直撑杆固定焊接，各个分段之间接口定位焊接；

C. 在检查安装位置确认合格后进行焊接中央刚性环下半部的中弦、下弦和分段之间的腹杆；

D. 安装焊接下撑杆的另一部分斜撑杆；

E. 在拼装脚手架上搭设中央刚性环上弦支撑钢管，将上弦定位线标记在支撑钢管上并焊接限位钢板；

F. 吊装中央刚性环上弦，各个分段之间固定焊接；

G. 将各腹杆集中吊运至施工面，人工将各个腹杆就位；

H. 检查拼装后规格尺寸确认合格后焊接。

I. 安装过程分四步进行，见图 3.6-14、图 3.6-15、图 3.6-16。

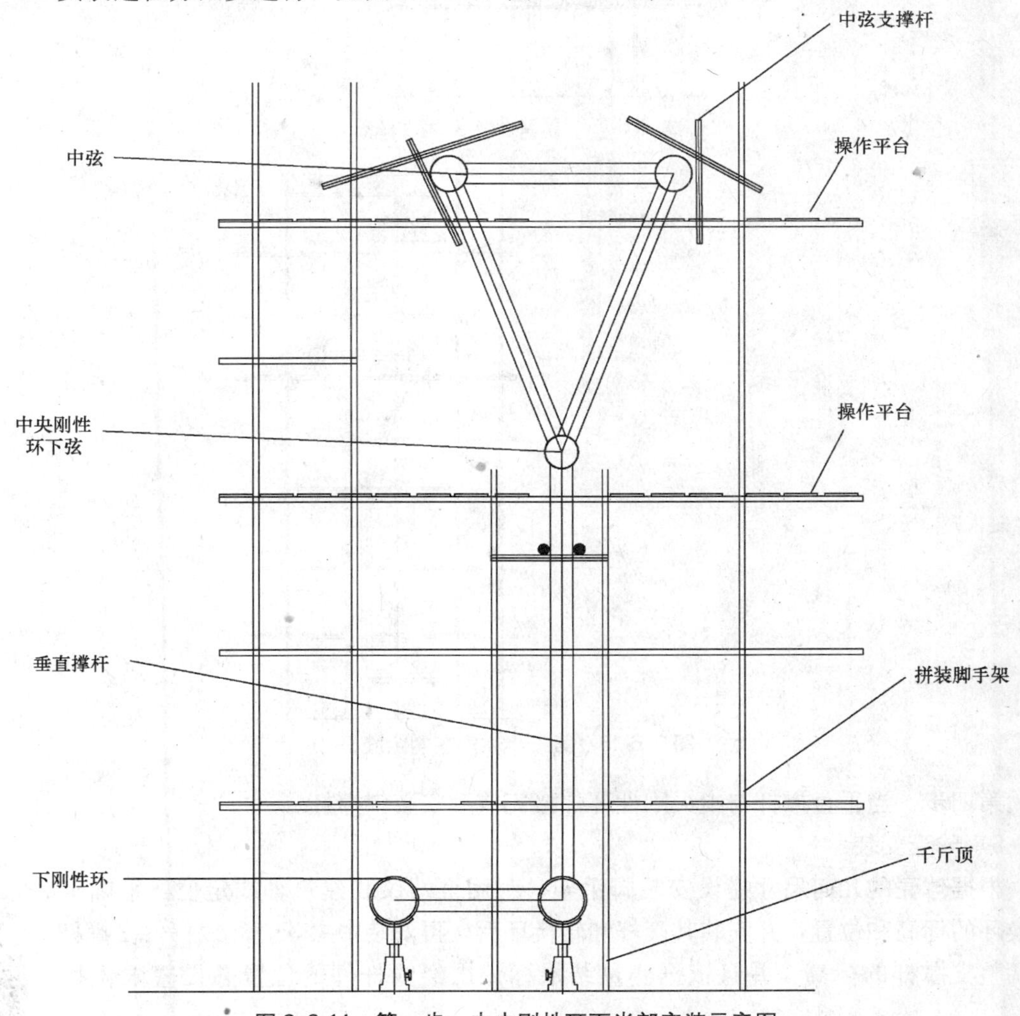

图 3.6-14　第一步：中央刚性环下半部安装示意图

中央刚性环每段重量约 4.5t，满足塔吊起重量。

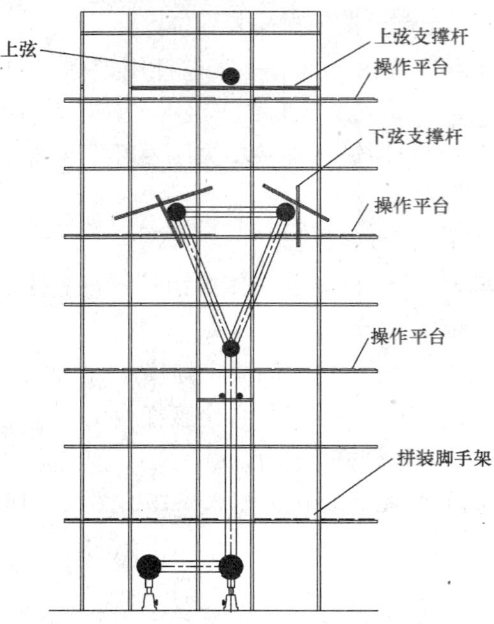

图 3.6-15　第二步：安装上弦杆

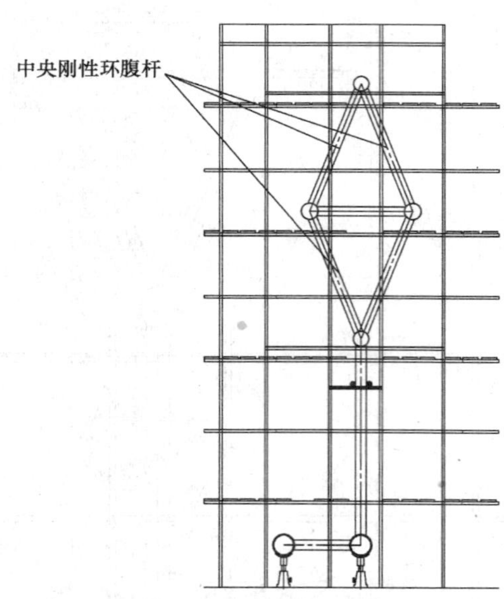

图 3.6-16　第三步：安装剩余腹杆

第四步：当垂直撑杆与中央刚性环焊接完成后安装斜撑杆。

5）球壳安装

根据球壳的几何尺寸搭设安装脚手架，利用全站仪和建筑轴线定位，来确定 28.3m 转换环的标高和位置，并安装其腹杆和转换环后，再安装中央球壳经线杆件支撑杆，经测量调整支撑杆的标高，并且依据测量结果标记出经线杆件的位置并设置限位板，见图 3.6-17。

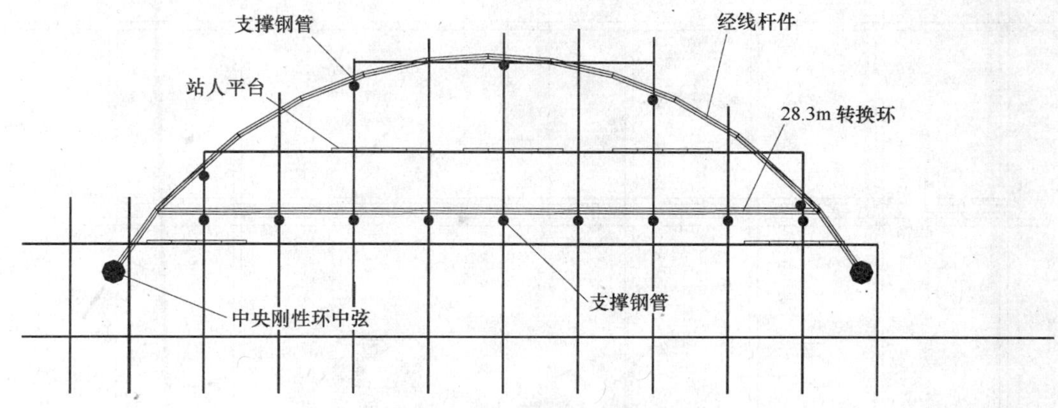

图 3.6-17　拼装脚手架搭设图

首先安装 28.3m 转换环，安装方法同中央刚性环上弦。转换环安装完毕后人工安装转换环与中央刚性环中弦之间的杆件。经线杆件和纬线杆件由低位置的经线杆件开始，同时由两侧向上安装，相邻的两根经线杆件安装完后；安装纬线杆件，位置固定后由中央向两侧安装纬线杆件。安装采用塔吊吊运人工就位，构件安装顺序见图 3.6-18。

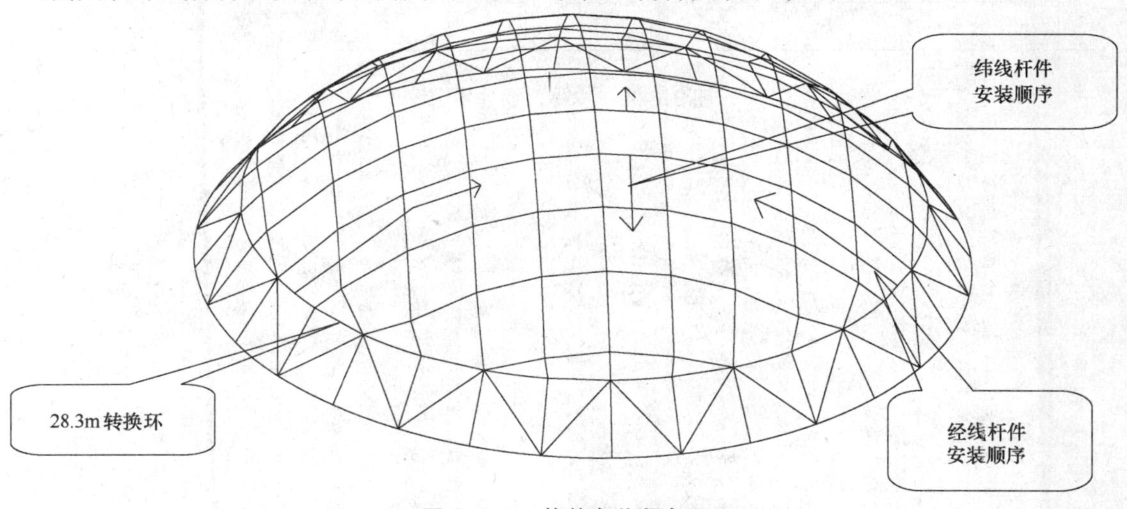

图 3.6-18　构件安装顺序图

6）辐射桁架安装（含支撑体系）

A. 搭设操作平台和节点支撑平台

在桁架节点下方搭设支撑平台，上方设置千斤顶，在桁架下方脚手架通长方向铺设木跳板作为工人操作平台，见图 3.6-19。

B. 在支撑平台上放出桁架定位线。

C. 吊装前检查构件

吊装前仔细检查拼装单元，对桁架的编号和吊装轴线进行复核，合格后方可进行吊装。

D. 桁架的吊装

（A）辐射桁架采用三榀对称安装方法，每相邻两榀桁架安装完成后立即安装其之间垂直支撑和水平支撑，保证桁架稳定。

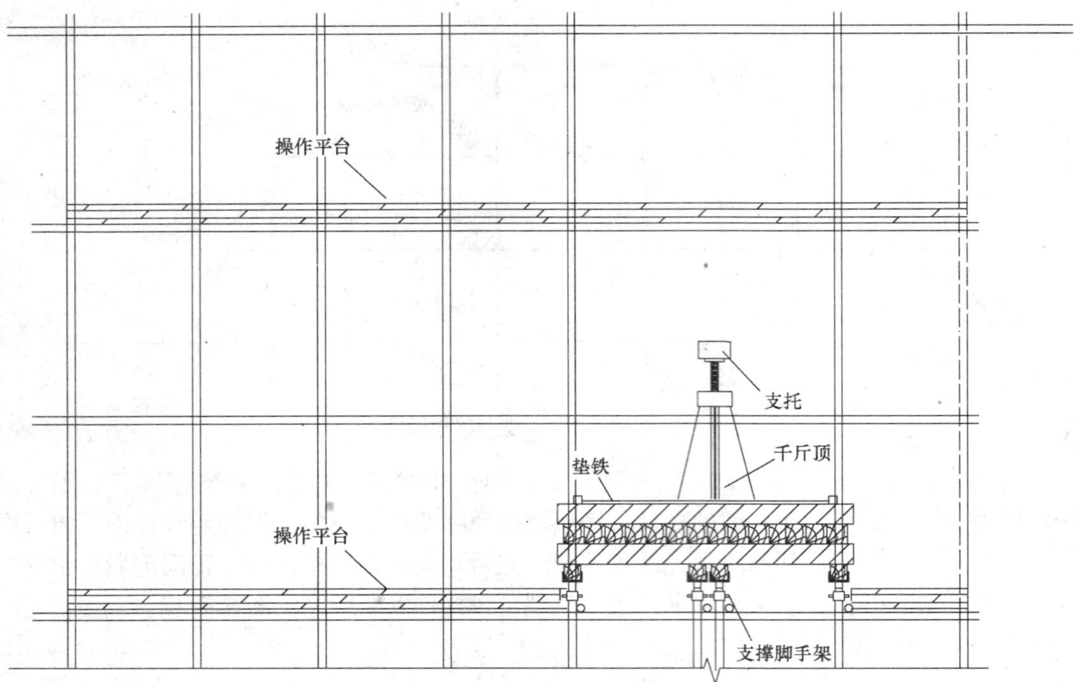

图 3.6-19 支撑、操作平台图

(B) 桁架整体安装顺序见图 3.6-20。

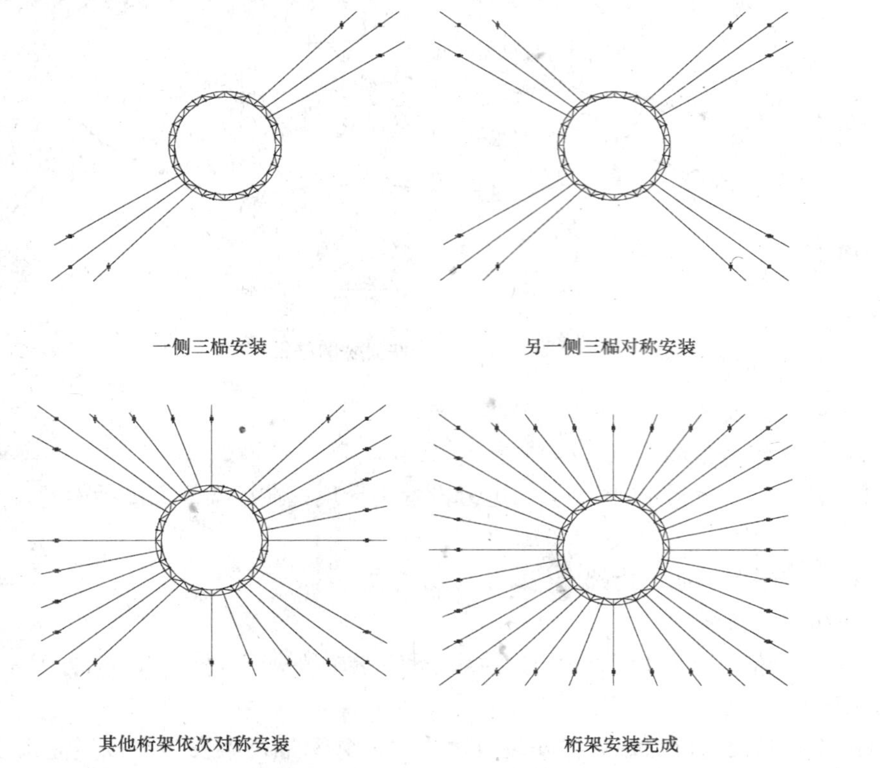

图 3.6-20 桁架整体安装顺序图

(C) 桁架分段安装顺序为从靠近中央刚性环一段向外侧安装，桁架 HJ1～HJ16 分段图及节点支撑位置见图 3.6-21。

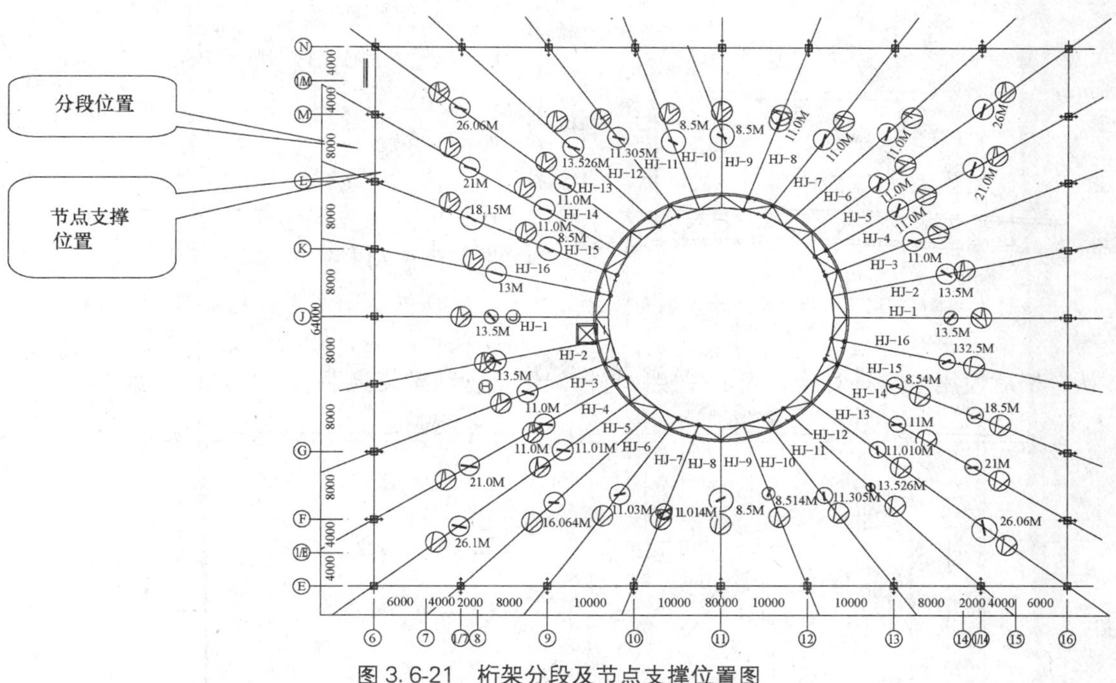

图 3.6-21　桁架分段及节点支撑位置图

(D) 桁架分段重量均在塔吊起重范围内，分段重量及对比表，见表 3.6-1

桁架分段重量表　　　　　　**表 3.6-1**

桁架名称	内段重量 t (此处塔吊吊重)	中段重量 t (此处塔吊吊重)	外段重量 t (此处塔吊吊重)	桁架名称	内段重量 t (此处塔吊吊重)	中段重量 t (此处塔吊吊重)	外段重量 t (此处塔吊吊重)
HJ1	4.1(6)		3.7(6)	HJ9	2.8(6)		3.6(6)
HJ2	3.7(6)		4.6(6)	HJ10	2.9(6)		3.5(6)
HJ3	4.2(6)		4(6)	HJ11	3.8(6)		3.5(5.2)
HJ4	3.5(6)	3.3(6)	3.5(6)	HJ12	4.2(6)		4.1(4.6)
HJ5	3.4(6)	3.9(6)	3.5(6)	HJ13	4.1(6)	3.7(5.2)	3.3(3.6)
HJ6	4.8(6)		3.9(6)	HJ14	3.5(6)	2.9(4.6)	3.6(3.6)
HJ7	3.5(6)		4(6)	HJ15	2.9(6)	2.9(5.2)	3.4(4.1)
HJ8	3(6)		3.5(6)	HJ16	4(6)		4(4.6)

(E) 现场采用塔吊通过一个铁扁担进行吊装，根据各个辐射桁架的不同重量，确定桁架的重心位置，合理确定桁架的吊点，并且吊点一定选在桁架节点处，见图 3.6-22。

(F) 起吊时，两名信号工进行指挥，第三名信号工进行整体观察，发现问题及时进行调整，保证桁架的顺利吊装。并且两个人分别拉住桁架两侧的两根溜绳，桁架开始起吊时必须使用 1 挡。

(G) 为了保证安全，人员不能站在梁的正下方。待桁架吊至就位位置以上时，开始就位，信号工指挥塔吊使用 1 挡下落。桁架接近就位位置时，两名安装工人要分别用手扶住桁架，将桁架拖至就位位置。

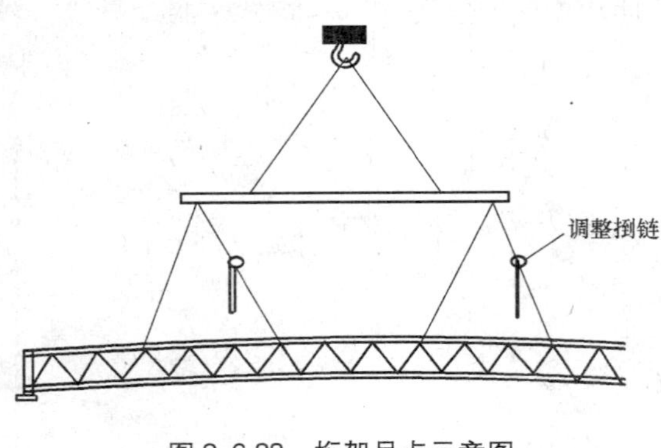

图 3.6-22 桁架吊点示意图

E. 桁架的固定：桁架就位后，立即拉好缆风绳调整桁架就位位置和桁架垂直度，使用钢管将桁架与脚手架抱接，然后进行下榀桁架的吊装。当两榀桁架安装完毕后，进行主桁架之间的竖向支撑的安装。

F. 桁架的空中对接：按照桁架拼接点的标高预先调整千斤顶，工人使用撬棍和捯链将接口对接。桁架对接后调整千斤顶复核桁架平面内、平面外的挠度、拼接点标高、轴线位置、跨中垂直度确认合格后使用电焊将对接口固定焊接，将桁架用钢管和拼装脚手架抱接，见图 3.6-23。

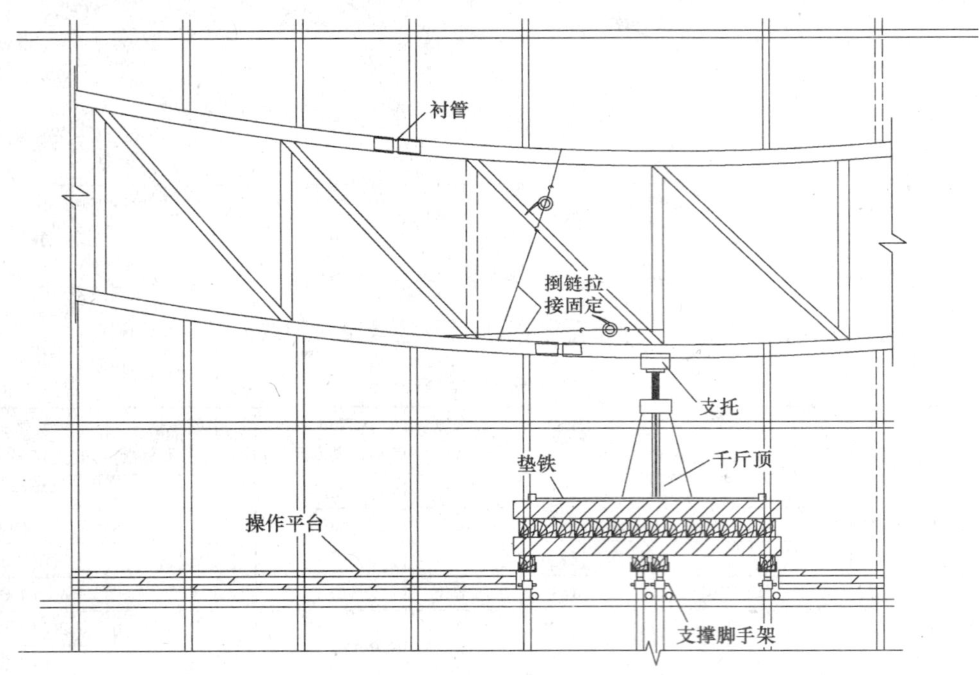

图 3.6-23 桁架空中对接示意图

G. 桁架间竖向支撑和水平安装

为了保证桁架的稳定，相邻两榀桁架安装完成后，立即进行桁架间支撑的安装。桁架间支撑安装采用塔吊安装。

7）边桁架安装

A. 边桁架安装方法概述

由于边桁架的长度较长，重量较重（BHJ1 重量约为 11.897t，BHJ2 重量约为 10.503t），根据本工程的结构形式边桁架 BHJ1 被辐射桁架和支座自然分成 8 段，每段 10m 长，每段重量约为 1.49t。边桁架 BHJ2 被辐射桁架自然分成 8 段，每段长度为 8m，每段重量约为 1.31t。根据结构平面布置和塔吊相对关系图，每一段边桁架的重量均在相应位置的塔吊起重量范围内。且每段边桁架的长度和宽度均能满足运输条件。因此边桁架在加工厂制作好每段完整的边桁架，运至施工现场后，进行整段边桁架整体吊装，边桁架分段图，见图 3.6-24。

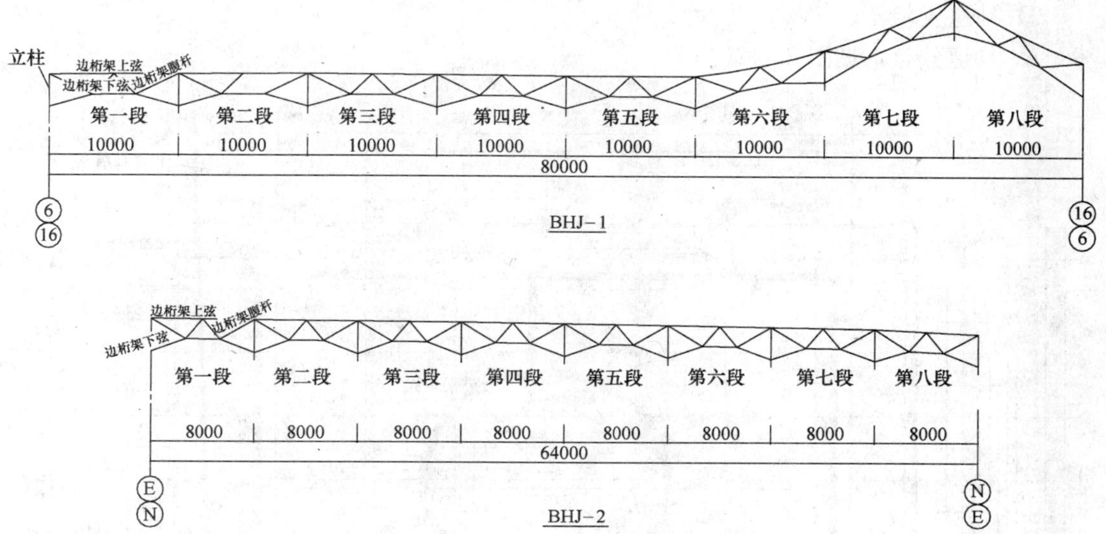

图 3.6-24 边桁架分段图

B. 边桁架吊装

边桁架将采用现场 ST70/30 塔吊进行整段吊装，每段桁架均采用两点起吊，两个吊点选择在钢梁的重心两侧，两个吊点位置应距离支座及跨中 800mm 以外，并根据桁架的长短适当地增加两个吊点之间的距离。每吊装一段边桁架分别与相应位置的辐射桁架和支座相连接。待整榀边桁架吊装完成后，进行测量校正无误后进行边桁架的焊接。

8）檐口桁架安装（含支撑体系）

檐口桁架使用塔吊吊运人工安装。首先安装操作平台脚手架上搭设檐口桁架支撑杆，调整好标高。见图 3.6-25。

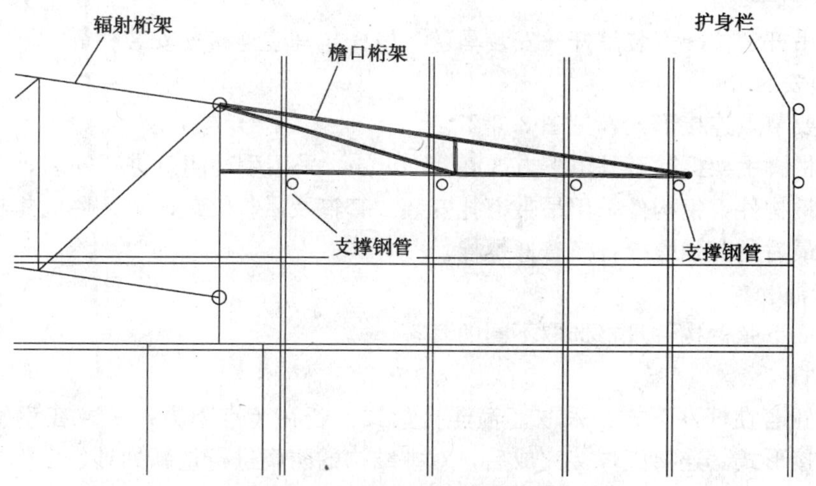

图 3.6-25 檐口桁架和支撑体系安装

调整好轴线位置、标高后，将构件后端与立柱固定焊接前端与支撑钢管固定焊接。

檐口桁架之间的支撑体系随桁架安装同步进行。

9）马道安装

A. 马道分布，见图 3.6-26。

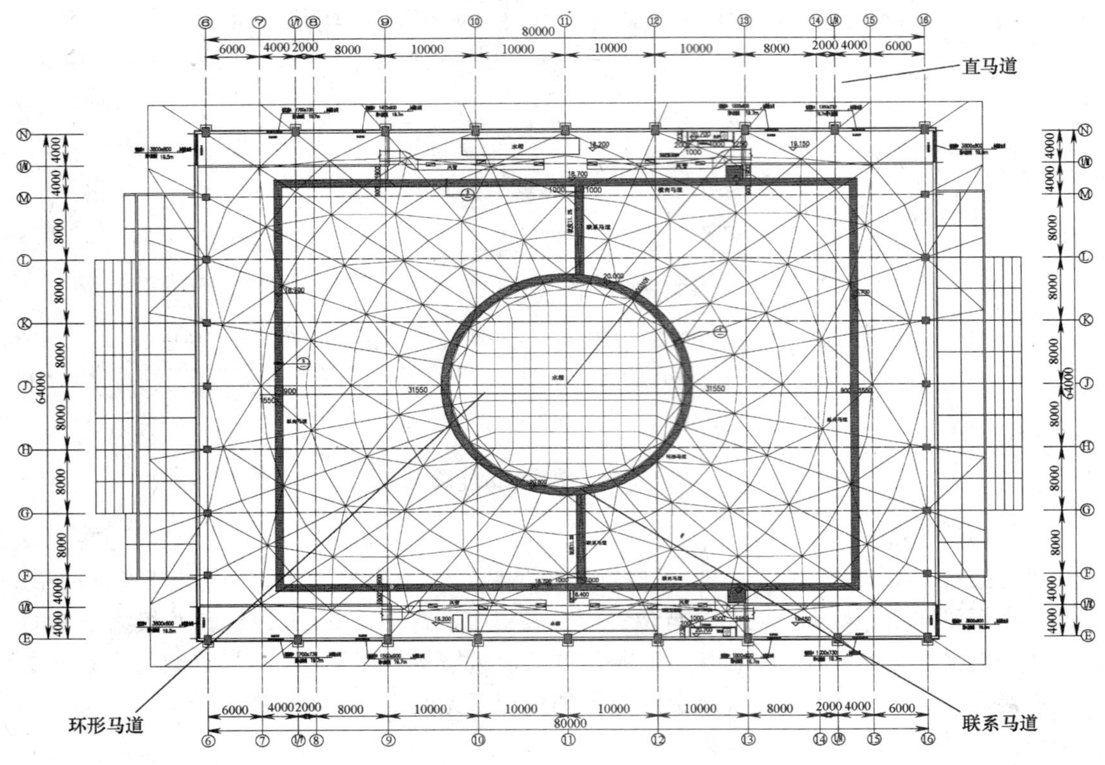

图 3.6-26　马道分布图

B. 吊装顺序

放线→吊杆定位→安装吊杆→安装马道→吊杆与马道连接→安装栏杆。

C. 马道安装

马道主要节点连接形式，见图 3.6-27。

安装前将脚手架拆除至马道下方 300～500mm，采用手动葫芦进行安装，为防止吊装过程中损伤钢构件，钢构件采用吊带绑扎安装。套箍及吊杆安装时采用临时螺栓，安装准确后焊接，最后用高强螺栓替换普通螺栓。

（A）套箍

根据屋面下弦钢构件规格选取不同的套箍。

（B）吊杆

GZ1 位置若在杆件下方，采取套箍连接形式；若在节点下方，采取在钢管下表面焊接耳板的连接形式。连接板焊接完成后，对主结构的防腐进行重新处理。

（C）马道面板

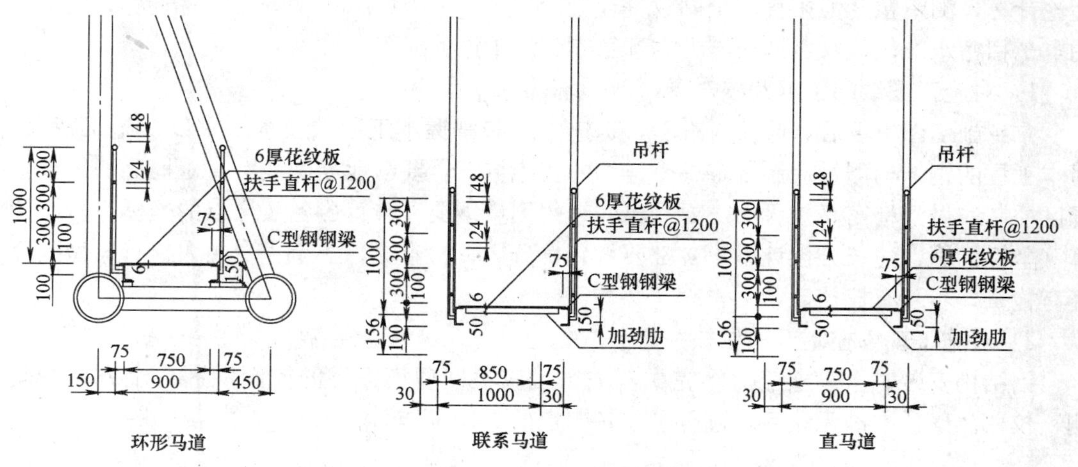

图 3.6-27 马道主要形式图

所有结构安装完成后，铺设马道面板。

D. 验收标准，见表 3.6-2。

验收标准 表 3.6-2

项　目	允许偏差(mm)	检验方法
平台长度和宽度	±5.0	用钢尺检查
平台高度	±15.0	用水准仪检查
平台表面平面度(1m范围内)	6.0	用1m直尺和塞尺检查
栏杆高度	±15.0	用钢尺检查
栏杆立柱间距	±15.0	用钢尺检查
平台支柱垂直度	H/1000，且不应大于15.0	用经纬仪或吊线和钢尺检查

3.7 测　　量

3.7.1 施工测量准备

(1) 人员配备

考虑本工程的重要性和测量的复杂性，对专业测量技术人员要精挑细选，反复审核，要求必须具备扎实的理论基础，专业的实操技术；计算思维缜密，能完成工程中的各种复杂的计算；要求具有比较丰富的工作经验，工作细心，责任心强，有吃苦精神的专业骨干。

所有的施工测量人员必须持证上岗，技术人员必须持有任职资格证书。

(2) 仪器准备

要做好施工测量控制的工作，仪器是保证。考虑到本工程施工测量工作量大，而且钢结构现场放样难度比较大，因此选用了先进的、高精度的仪器，以满足工程的需要。经过理论计算，测距精度为拓普康全站仪完全能够满足工程的需要；高程采用精度为 0.4mm 的电子精密水准仪。仪器列表详见本章第二节测量设备投入。

1）对施工图纸的了解和核对

拿到施工图纸以后，应及时查看，迅速了解和掌握本工程的技术要求以及施工特点。对本工程的钢结构测量控制制定一个详细的实施方案，要求能准确地、直观地反映出整个场区控制，做到精密高效无误。要写出详细的测量纲要，计算出各放样点的坐标，所有计算（坐标计算、边长方位计算等）都要做到百分之百检查。(1 人计算、1 人检查）做到环环有检查，步步有校核。

2）对施工现场控制网的校核

钢结构安装时土建施工即将完成，进场后应根据现场提供的控制网进行全方位的复测、校核。确认准确无误后，进行屋盖各节点的放样工作。

3.7.2 钢结构安装过程中的测量与控制

（1）屋盖安装的测量与控制

1）屋盖测量控制前提和要求

A. 中央刚性环安装、辐射桁架安装测量平台设置在 1/M～N/6～16 和 E～1/E/6～16 之间的 19.15m 标高混凝土平台上。在 N～M/7～8 和 E～F/14～15 之间各搭设 1 个测量操作平台，平台必须绝对保证安全性、稳固性，在平台下方布设一个半永久性控制点用以控制屋盖上部的节点，测量操作平台位置见图 3.7-1、图 3.7-2。

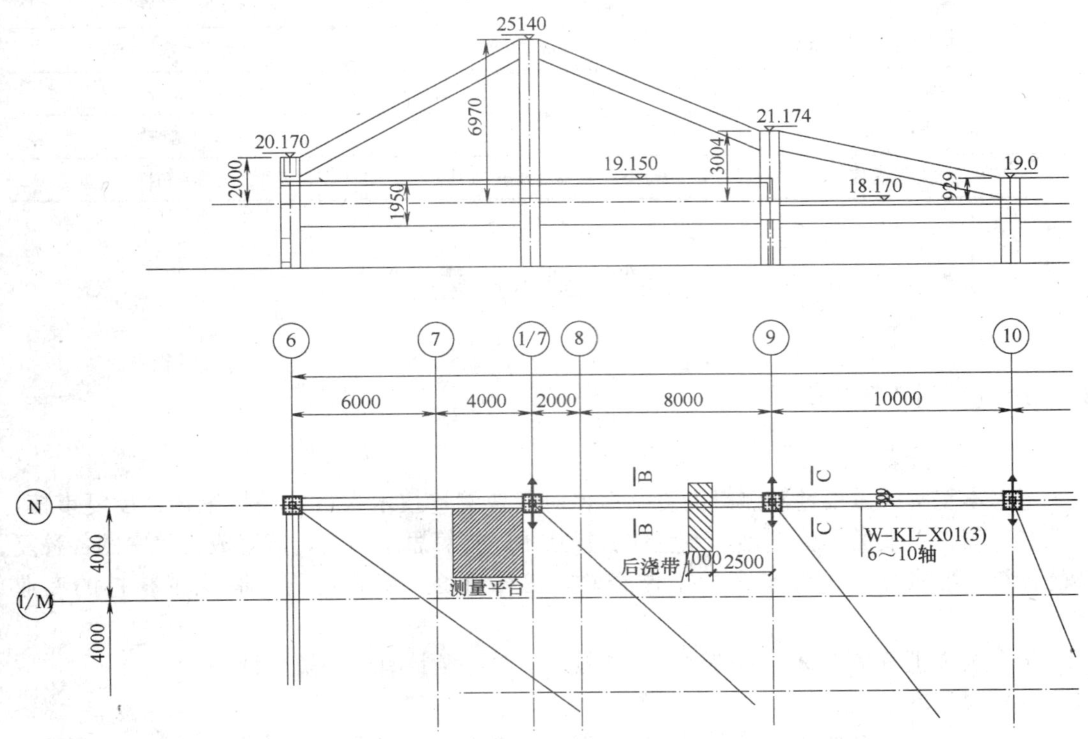

图 3.7-1 测量平台布置图

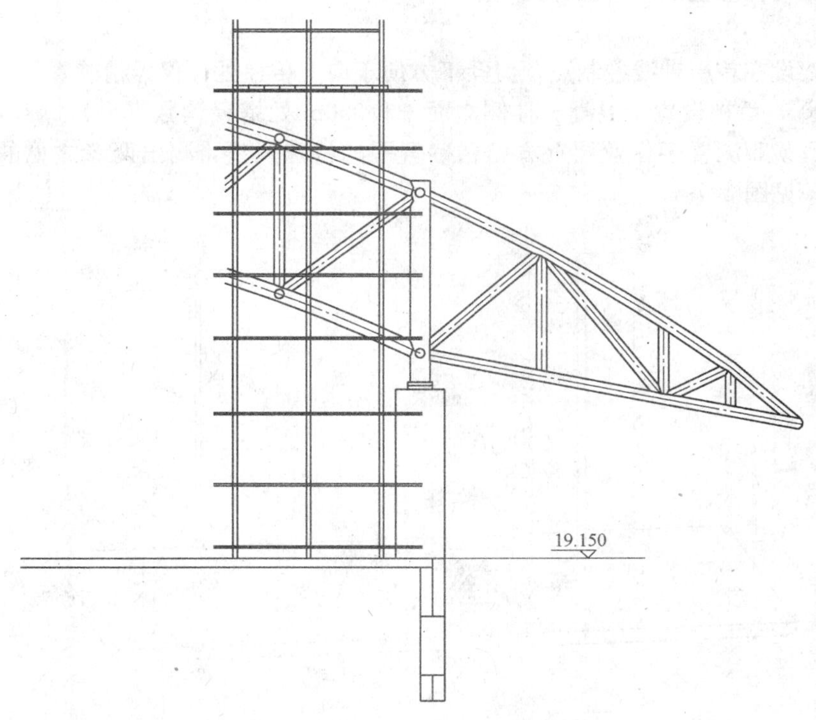

图 3.7-2　测量平台立面图

B. 测量平台使用钢管脚手架搭设，脚手架四面布置斜撑，每三步设置一道水平剪刀撑。测量平台不与安装脚手架连接，独立混凝土柱连接以保持平台稳定。

C. 屋盖安装前，检测支撑脚手架体系顶部标高，以确保屋盖安装时控制节点标高。

2）标高控制

A. 一般位置标高的竖向传递

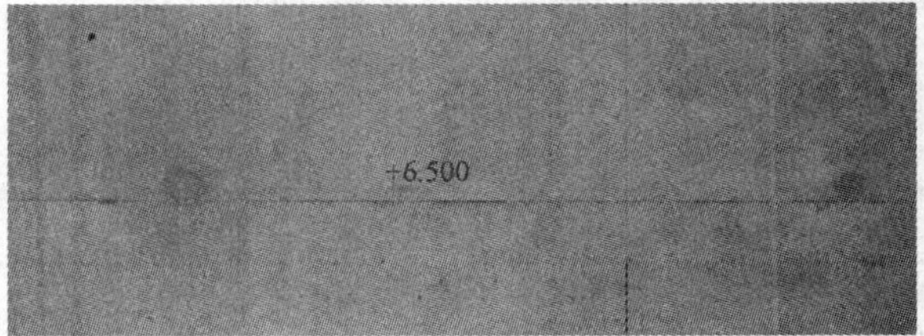

图 3.7-3　一般位置标高

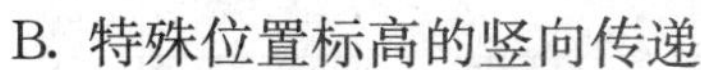

下刚性环就位标高测量在19.15m混凝土平台上，采用水准仪用混凝土结构上的基准标高线进行测量，见图 3.7-3。

B. 特殊位置标高的竖向传递

(A) 悬吊钢尺法

标高的竖向传递，每次（消除误差的积累及结构沉降等因素的影响）都用钢尺从高程基准点用悬吊钢尺与水准尺相配合的方法进行，直至达到需要投测标高的楼层，并作好明显标记，每施工段至少投测 3 个点。

(B) 全站仪法

特殊尺垫为作业层标高引测的转点，它由可调动的三脚架，调平装制和尺垫组成。尺垫的背面装有反射贴片（或棱镜）用来反射全站仪发射的激光。从反射贴片（或棱镜）到尺垫顶端的距离为定值 h_0，它可以在竖向传递高程中作为未知数（上下两点高程已知）

计算得到，也可在尺垫定做时设置。

步骤 1：

全站仪架设在首层轴线控制点预留孔下方便于向上传递处，仪器精确置平，使垂直角度为 90°00′00″，后视设置于混凝土柱侧立面 +1.000m 处塔尺读数（h_1），旋转仪器望远镜利用弯管目镜观测置于作业层上方已精确置平的特殊尺垫，测出两者之见的垂直距离（h_2）。操作，见图 3.7-4。

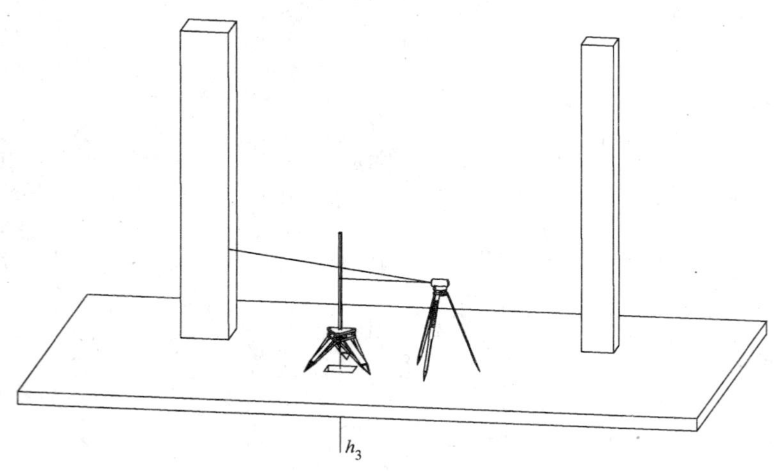

图 3.7-4　全站仪法操作图

步骤 2：

在作业层架设水准仪，后视特殊尺垫上放置的塔尺读数（h_3），并将该水平视线引测到核心筒钢柱侧立面。

该水平线高程为 $H=h+h_1+h_2+h_3+h'$

（h 为设置在首层基准点高程、h'为尺垫到反射贴片的距离）

C. 标高竖向传递的允许误差，见表 3.7-1

标高竖向传递的允许误差　　**表 3.7-1**

项　目		允许误差(mm)
每　层		±3
高度(H)	$H\leqslant30$m	±5
	30m$<H\leqslant$60m	±10
	60m$<H\leqslant$90m	±15
	$H>$90m	±20

3）下刚性环安装测量

下刚性环安装前，在每个节点支撑平台画出相贯节点位置及内、外环杆件控制线，并在脚手架立杆上画出下刚性环上表面标高线。下刚性环以其为基准线进行安装就位。

操作方法：将全站仪架在 19.15m 混凝土平台上，用极坐标法放出每一个节点的位置，见图 3.7-5、图 3.7-6。

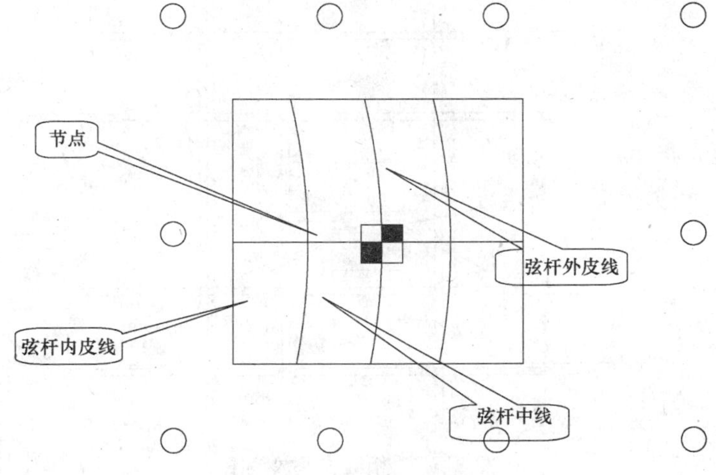

图 3.7-5 下刚性环放线图

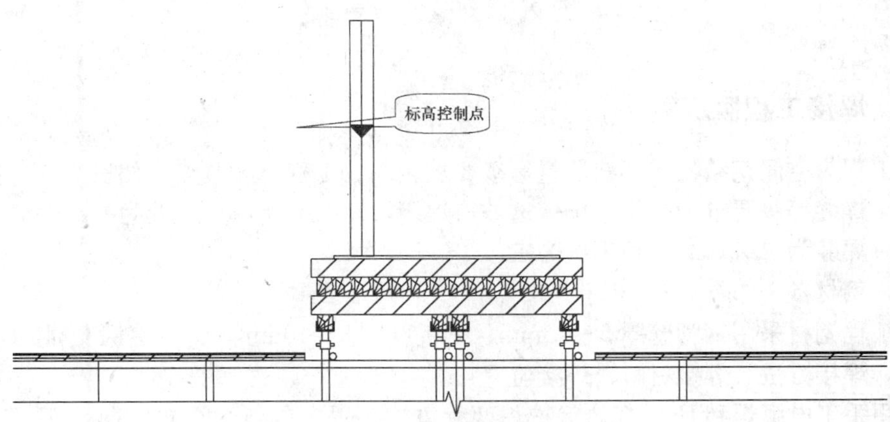

图 3.7-6 下刚性环放线立面图

4）中央刚性环安装测量

中央刚性环安装前，将中弦位置控制线投影到支撑平台上，并在脚手架立杆上画出中弦、上弦上表面标高线，以此控制中央刚性环的平面、标高位置，中央刚性环下弦位置通过已精确安装的垂直撑杆控制。

5）辐射桁架安装测量

辐射桁架安装前，在每段支撑平台上画出桁架位置控制线，并在脚手架立杆上画出桁架根部、端部、最高点标高，安装时通过这些基准线确保安装精度，见图 3.7-7。

（2）支撑脚手架沉降变形及屋盖安装形成体系后挠度监测

当支撑脚手架进行工作后，每周对其沉降变形进行监测；屋盖安装形成体系后，每周对其挠度进行监测；将测量数据上报监理。

屋面上部结构安装后和预应力张拉后，利用设置在 1/M-N/6-16 的安装测量平台进行上部结构测量控制。

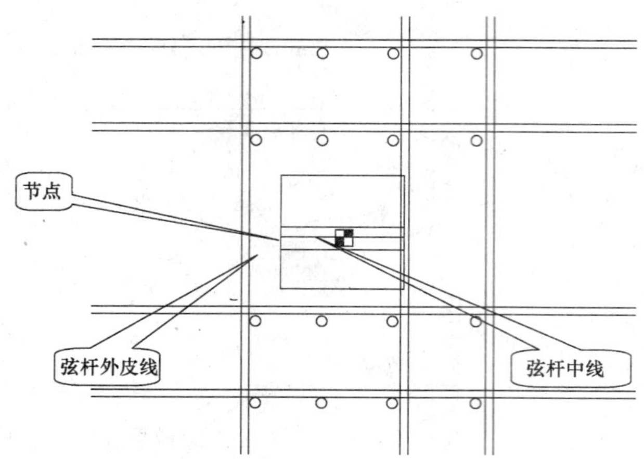

图 3.7-7 桁架支座放线图

3.8 现场焊接

3.8.1 焊接工程概况

本工程为空间钢结构，焊缝质量等级要求较高。工程空间节点为相贯节点焊接为全位置焊接，焊缝等级要求为受拉的全熔透坡口焊缝及复杂节点部分焊缝为一级焊缝，其余全熔透坡口焊缝为二级焊缝，角焊缝为三级。

（1）钢材

本工程钢材采用钢管壁厚 5～20mm、钢板厚度 8～40mm，钢材使用 Q345-B 级。

（2）焊接方法、焊接材料、焊接位置

采用手工电弧焊和 CO_2 气体保护焊两种方法，手工电弧焊焊接材料选用 E50××系列焊条、CO_2 气体保护焊焊接材料选用 ER50-6 焊丝，焊接位置为圆管全位置焊。

（3）焊接顺序

焊接总体顺序：

1）下刚性环：内外环由两名焊工同时焊接并采取焊口跳焊顺序，见图 3.8-1；

2）中央钢性环焊接顺序：

中央刚性环下半部全部安装就位后进行焊接，先焊接中弦内环再焊接中弦外环，最后焊接下弦，见图 3.8-2；

中央刚性环下半部平面及上弦采取跳焊的焊接顺序，同刚性环焊接顺序。

3）中央刚性环与下刚性环之间的撑杆焊接采取间隔跳焊方法焊接。

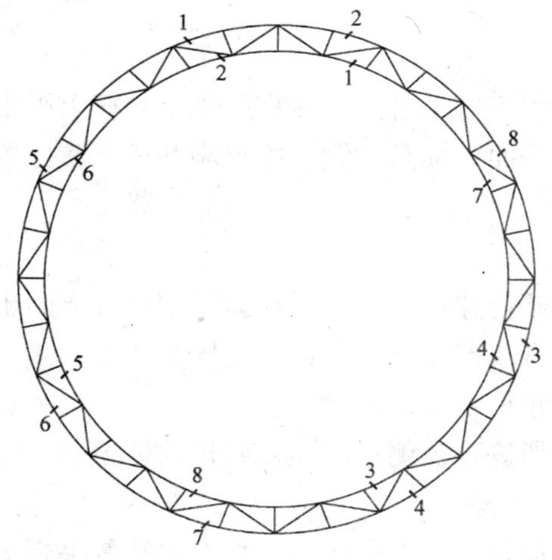

图 3.8-1 下刚性环焊接顺序图

4）局部节点焊接顺序：杆端焊缝对称施焊；一个节点上对称杆件由两名焊工同时施焊。见图 3.8-3。

（4）焊接应力变形控制措施

1）减小焊接收缩量

A. 根据钢管厚度及实际弧度设置最小坡口尺寸进行打底焊。

B. 杆件根据板厚留收缩余量。

C. 采用多层多道焊接法，除盖面层以外不摆弧。

2）适度的限位措施和收缩余量预留。

（5）焊接节点形式

现场焊接节点形式同加工焊接节点形式。

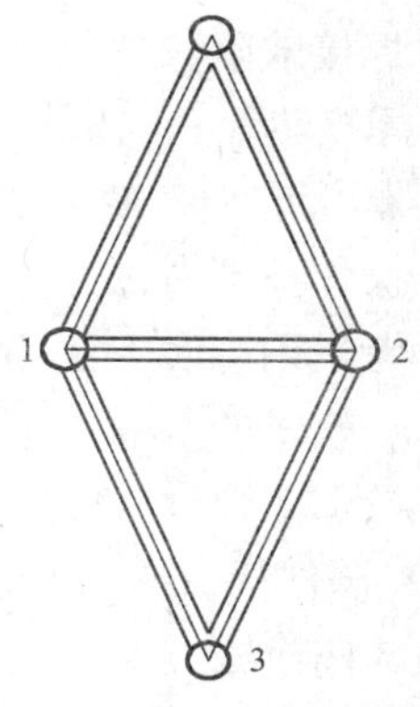

图 3.8-2 中央钢新环焊接顺序图

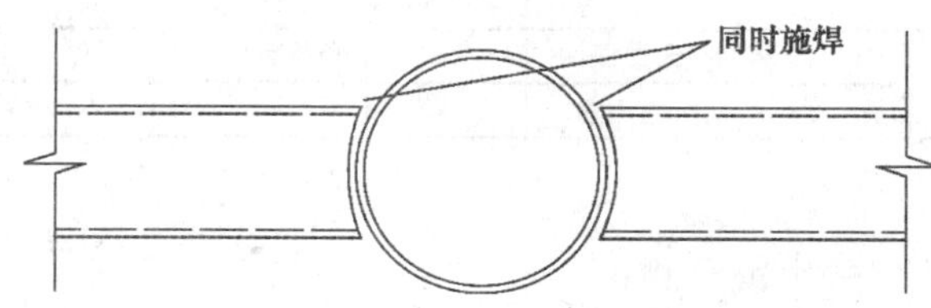

图 3.8-3 对称施焊位置图

3.8.2 焊接准备

（1）人员准备

本工程从事焊接作业的人员，从工序负责人到作业班长至具体操作的施焊技工、配合工以及负责对焊接接头进行无损检测的专业人员，均为持证的资格人员。

由于本工程为空间钢结构，为保证整个工程的焊接质量，根据《钢结构施工质量验收规范》GB 50205—2001 和《建筑钢结构焊接技术规范》JGJ 81—2002 对所有参与重要节点焊接的焊工进行考试或执有 6J 焊接证书。焊工资格考试包括理论知识考试和操作技能考试两部分。

1）理论考试

理论考试以焊工必须掌握的基础知识及安全知识为主要内容，内容范围为：

A. 焊接安全知识；

B. 焊缝符号识别能力；

C. 焊缝外形尺寸要求；

D. 焊接方法表示代号；

E. 选用焊接方法的特点，焊接工艺参数、操作方法、焊接顺序及其对焊接质量的影响；

F. 焊接缺陷分级；

G. 焊工所施焊焊接结构的质量要求；

H. 焊接材料型号、牌号及使用、保管要求；

I. 报考类别的钢材型号、牌号类别及其主要合金组分、力学性能及焊接性能；

J. 焊接设备、装备、类别、使用及维护要求；

K. 焊接缺陷分类及定义（形成原因及防止措施的一般知识）；

L. 焊接热输入与焊接规范参数的换算及热输入对性能影响的一般关系；

M. 焊接应力、变形产生原因、防止措施及热处理的一般知识。

2）操作技能考试

A. 考试内容和方法

（A）考试的焊接方法为手工电弧焊和 CO_2 气体保护焊，焊条为 E5015，焊丝为 ER50-6，ϕ1.2 焊丝。

（B）试件板材质为 Q345B，焊缝位置选择全位置焊。

B. 试件检验

（A）考试试件的检验项目应符合表 3.8-1 规定。

试件检验项目 **表 3.8-1**

试件形式	试件厚度(mm)	外观检验	无损探伤	侧弯	全断面拉伸	拉伸	冲击	宏观酸蚀及硬度
管－管	25	要	超声波	1	—	1	—	—

（B）检验方法

外观检验：宜用 5 倍放大镜目测；

无损探伤：超声波探伤应符合现行国家标准《钢焊缝手工超声波探伤方法和探伤结果分级》GB 11345 的规定；

弯曲试验：对接焊缝接头弯曲试验应符合现行国家标准《焊接接头弯曲及压扁试验法》GB 2653 的规定。

（C）焊缝合格标准

焊缝外观应符合下列要求：

试件焊缝表面无裂纹、未焊满、未熔合、气孔、夹渣、焊瘤等缺陷；焊缝咬边深度不大于 0.5mm，两侧咬边总长不超过焊缝长度的 10%，且不大于 25mm；焊缝错边量不大于 10%板厚，且不大于 2mm。

焊缝外形尺寸应符合下表，见表 3.8-2。

焊缝外形尺寸合格要求（mm） **表 3.8-2**

余高偏差		焊缝宽度比坡口单侧增宽值	角接焊脚高偏差		在 25mm 长度内焊缝表面凹凸高低差	在焊缝长度 150mm 内焊缝表面宽度差
对接焊缝	角接焊缝		差值	不对称		
0～3	0～3	1～3	0～3	(0～1)＋0.1×焊脚尺寸	≤2.5	≤3

内部缺陷合格标准：超声波探伤应符合 BⅡ级的规定；

冷弯试验合格标准：对接接头每个冷弯试样表面任意方向裂纹及其他缺陷单个长度不得大于 3mm；每个试样中长度不大于 3mm 的缺陷总长不得大于 7mm；以上各项检验应全部合格。

（2）主要设备机具的准备

本工程现场主要采用手工焊和 CO_2 气体保护焊，所以应配备完好的数量足够的焊接设备以及机具，见表 3.8-3。

焊接设备及辅助设备表 **表 3.8-3**

序号	名称	型号	容量	单位	数量	用途	备注
1	CO_2 气体保护半自动焊机	KR-600	500A	台	20	钢柱钢梁焊接	包括送丝
2	硅整流焊机	ZX-500A	500A	台	60	钢柱钢梁焊接	
3	碳弧气刨		630	台	4	返修清根	
4	特制氧-乙炔烤枪			把	20	预热、后热	
5	空压机		7.5kW	台	2	碳弧气刨风源	
6	电热干燥箱	YZH2-100	10kW	台	2	烘干焊接材料	
7	电热角向磨光机（日产）	YZH2-40 ϕ100-125		台	20	修磨清渣	
8	电热保温筒		5kg	个	20	焊条保温	
9	风速仪			台	1	测风力	
10	测温计	600℃		个	16	测温用	
11	放大镜		5 倍	个	5	焊缝检查用	
12	高压氧气管	ϕ8mm		m	600	2 个气刨、2 个切割、6 个预热	
13	乙炔气管	8mm		m	600	2 个气刨、2 个切割、6 个预热	
14	电焊铜缆线	50mm^2		m	1200	手工电弧焊专用	
15	电焊铝缆线	50mm^2		m	1200	手工电弧焊专用	
16	石棉布	0.5～3mm		m	200	防火用	
17	编织布			m	200	挡风用	
18	防火布	30～80mm		m	200	挡风用	
19	电闸分箱	380V 220V		个	7 3	手弧焊机、CO_2 焊机、角向磨光机	箱内配套使用
20	焊机房			个	12	两台焊机用 1 个	

（3）焊接材料的准备

1）本工程焊接方式采用手工电弧焊和采用 CO_2 气体半自动保护焊。

2）根据工程材料的类别，焊接主材主要为气体保护焊焊丝，并配辅材 CO_2 气体，手工电弧焊用焊条。

本工程主要构件的材质为 Q345-B，焊条分别选用 E5015，焊丝选用 ER50-6。

当两种材质强度不同时，则选用强度较低焊材。

3）经焊接工艺评定合格后，方可允许作为本工程施焊的焊材，并要求按牌号、批次、持证入场，分类存放在干燥通风的库房。材质证明和检验证书妥善保管，分批整理成册交项目存档。见表 3.8-4。

焊接材料表 **表 3.8-4**

序 号	名 称	牌号规格	数 量	用 途
1	CO_2 气体保护焊焊丝	ER50-6 ϕ1.2mm	根据工程情况	CO_2 气体保护焊焊接用
2	手工电弧焊焊条	E5015、ϕ4mm	根据工程情况	手工电弧焊焊接用
3	CO_2 气体	气体纯度不低于 99.9%	根据工程情况	CO_2 气体保护焊保护作用

(4) 焊前准备

1) 焊接管理人员在焊接施工前应认真阅读本工程的设计文件，熟悉图纸规定的施工工艺和验收标准。认真做好技术准备工作。

2) 根据本工程焊接工艺编制作业指导书，完成人、机、料的计划及组织。根据本工程的具体情况，完成焊接施工前的准备工作，及本工序的施工技术交底和施工安全交底工作。

3) 焊前检查

选用的焊材强度应与母材强度相匹配，焊机种类、极性与焊材的焊接要求相匹配。焊接部位的组装和表面清理的质量。如不符合要求，应修磨或补焊合格后方能施焊。此外还要检查杆件坡口、钝边、间隙是否符合施工工艺及设计要求。

4) 焊前清理

认真清除坡口内和垫于坡口背部的衬板表面油污、锈蚀、氧化皮，水泥灰渣以及水分等杂物。

3.8.3 焊接工艺

(1) 焊接工艺

1) 焊接环境

焊接作业区域应设置防雨、防风及防火花坠落的保护措施。连接部位及支撑节点连接处焊接应专门设置供操作的方形平台。平台上除密铺脚手板外，还应采用防火布铺垫于脚手板上，以防止焊接火花坠落烫伤他人，并在平台四周和顶部固定防风帆布，杜绝棚外风力对棚内焊接环境的侵扰。

北京地区大风较多，当 CO_2 气体保护焊环境风力大于 2m/s 及手工焊环境风力大于 8m/s，在未设防风棚或没有防风措施的施焊部位，严禁进行 CO_2 气体保护焊和手工电弧焊。焊接作业区的相对湿度大于 90%时不得进行施焊作业。施焊过程中，若遇到短时大风雨时，施焊人员应立即采用 3～4 层石棉布将焊缝紧裹，绑扎牢固后方能离开工作岗位，并在重新开焊之前将焊缝 100mm 周围处进行预热措施，然后进行焊接。

2) 定位焊

所有焊材应与正式施焊时相同。定位焊焊缝应与最终的焊缝有相同的质量要求。钢衬垫的定位焊宜在接头坡口内焊接，定位焊焊缝厚度不宜超过设计焊缝厚度的 2/3，焊缝长度宜大于 40mm，间距宜为 500～600mm，并应填满弧坑。定位焊预热温度应高于正式施焊预热温度。当定位焊缝有气孔或裂纹时，必须清除后重焊。

3) 焊接工艺流程

严格按"焊接工艺评定报告"的焊接工艺参数和作业顺序施焊。

4) 焊接工艺参数

Q345B 钢材根据公司近三年其他项目同等材质的焊接工艺评定确定焊接工艺参数。

(2) 焊接过程中应注意事项

1) 钢材焊接时不允许随便打弧、引弧。

2) 实施多层多道焊，每焊完一焊道后应及时清理焊渣及表面飞溅，发现影响焊接质量的缺陷时，应清除后方可再焊。

(3) 焊后清理及外观检查

认真清除焊缝表面飞溅、焊渣、焊瘤等。焊缝表面不得有咬边、气孔、裂纹、焊瘤等缺陷，焊缝表面不得存在几何尺寸不足现象。不得在母材上留有擦头处及弧坑。焊缝外观自检合格后，方能打上焊工钢印号，并做到工完场清。

(4) 焊缝检验

1) 焊缝的外观检查，见表3.8-5。

焊缝外观检查质量标准（允许偏差） **表3.8-5**

检验项目 \ 焊缝质量等级	一级	三级
未焊满	不允许	$\leqslant 0.2+0.04t$，且$\leqslant$2mm，每100mm焊缝内缺陷累积长$\leqslant$25mm
根部收缩	不允许	$\leqslant 0.2+0.04t$，且$\leqslant$2mm，长度不限
咬边	不允许	$\leqslant 0.1t$，且$\leqslant$1mm，长度不限
电弧擦伤	不允许	个别电弧擦伤允许存在
接头不良	—	缺口深度$\leqslant 0.1t$，且$\leqslant$1mm，每1m焊缝不得超过1处
表面气孔	不允许	每50mm长度焊缝内允许直径$<0.4t$，且$\leqslant$3mm气孔2个；孔距$\geqslant$6倍孔距

2) 焊缝无损检测

按设计要求全熔透焊缝进行超声波无损检测，其内部缺陷检验应符合下列要求：

一级焊缝应进行100%的检验，其合格等级应为现行国家标准《钢焊缝手工超声波探伤方法和探伤结果分级法》GB 11345 B级检验的Ⅱ级及Ⅱ级以上。对不合格的焊缝，应根据超标缺陷的位置，采用碳刨、切除，砂磨等方法去除后，以与正式焊缝相同的工艺方法进行补焊，其检验标准相同。

(5) 焊接质量控制措施

焊接是钢结构安装施工中的关键工序，因此必须自始至终全面进行监控，且应把好焊前、焊中、焊后质量关。

对于安装焊接这一关系到整体安装质量的特殊工序，必须在施工前严格制定计划，在施工中组织专门的人力、物力，比预定正式施焊时间至少提前4～8h进行专门防护。

1) 防护要求

A. 上部稍透风、但不渗漏，兼具防一般物体击打的功能。

B. 中部宽松，能抵抗强风的倾覆，不致使大股冷空气透入，且应严防穿堂风。

C. 下部承载力足够4名以上作业人员同时进行相关作业，因此需稳定、无晃动，不因甲的作业给乙的正在作业造成干扰；可以存放必需的作业器具和预备材料且不给作业造成障碍，不可造成器具材料脱控坠落的缝隙，中部及下部防护采用阻燃材料遮蔽。

D. 作业平台四周应设置牢固的护栏以及上下的扶梯等。

2) 焊条使用要求：

A. 对碱性焊条，严格按照有关规定进行使用前烘焙、发放、领用以及回收等。

B. 对碱性焊条，焊工使用保温筒领取焊条，使用中切实执行随用随取的规定；由保温筒取出到施焊，暴露在大气中的时间严禁超过1h；焊条的重复烘干次数不得超过两次。

C. 对碱性焊条，由保温箱领取的焊条，放置在保温筒中的时间应控制在 4h 以内，如遇雨雪天气还应相应缩短。

D. 对于 CO_2 气体保护焊焊丝，应切实采取禁止油污污染措施和防潮措施。当天未使用完的应拆卸下来放入包装盒保管。

E. 焊条、焊丝实行专人保管，专人烘烤，专人发放的管理制度，严禁私自开箱取用，保管员须建立烘烤保温记录台账。

3.9 预应力拉索施工

3.9.1 索力分布及张拉次序

各榀索张拉完成后的索力，见表 3.9-1。

索力分布表 **表 3.9-1**

索编号	HJ1	HJ2	HJ3	HJ4	HJ5	HJ6	HJ7	HJ8
索力(KN)	440	440	440	440	550	500	500	500
索编号	HJ9	HJ10	HJ11	HJ12	HJ13	HJ14	HJ15	HJ16
索力(KN)	500	500	500	500	550	440	440	440

分两级进行张拉，第一级张拉总张拉力的 0～70%；第二级张拉 70%～100%。采取对称张拉，每次张拉八根索，每级张拉分四步，共八步，张拉顺序见图 3.9-1。

第四步张拉过后第一级张拉结束，索力应达到设计值的 70%。第二级张拉与第一级类似，具体各个张拉步骤和张拉力，见表 3.9-2。

各级各步所张拉的桁架编号和张拉力 **表 3.9-2**

第一级	第一步	第二步	第三步	第四步	张拉力
	HJ1、5、9、13	HJ2,8,10,16	HJ3,7,11,15	HJ4,6,12,14	0～70%
第二级	第五步	第六步	第七步	第八步	张拉力
	HJ4,6,12,14	HJ3,7,11,15	HJ2,8,10,16	HJ1、5、9、13	70%～100%

在进行每一步的张拉时，八根索对称同时张拉。张拉人员配备对讲机，由负责人通过对讲机统一指挥，进行张拉，保证张拉同步。为了减少张拉不对称性对结构的不利影响，在每一步的张拉过程中都将张拉力分成多个小子步进行，尽量减小预应力施加的速度。为了避免在张拉过程中索体发生整体的偏移，在初期张拉时以索的伸长量为主要控制目标，保证不发生整体的偏移，在即将达到预定的张拉力时以张拉力为主要控制目标，使索力达到设计要求。

此外，另一个保证张拉质量的重要措施就是对结构实施监控，每一个工况下都将理论状态与实际检测状态作比较，发现出入及时解决。

第二级张拉完成后对索力进行逐根检测。之后，根据实测的索力值与设计要求的索力值的偏差对索力偏差较大的索进行索力调整。

（1）张拉端及锚固端节点，见图 3.9-2、图 3.9-3。

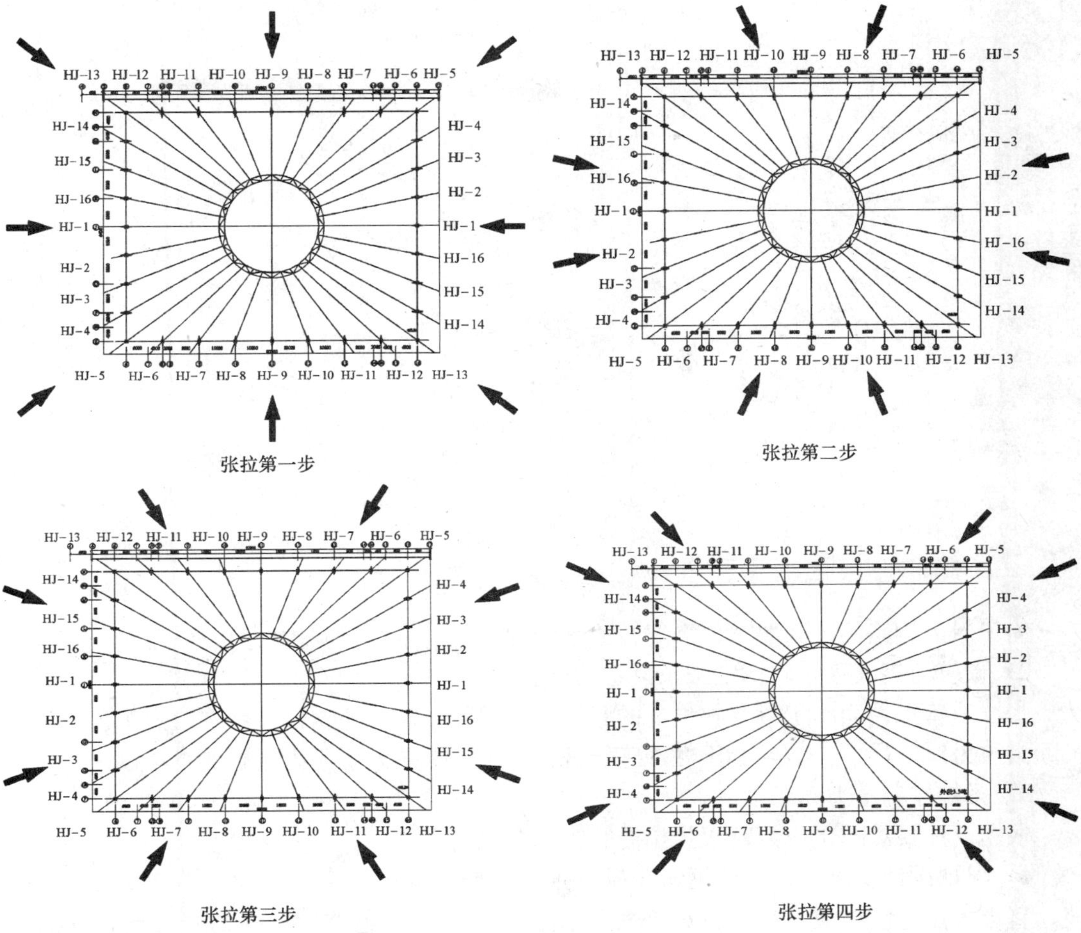

张拉第一步

张拉第二步

张拉第三步

张拉第四步

图 3.9-1 张拉顺序图

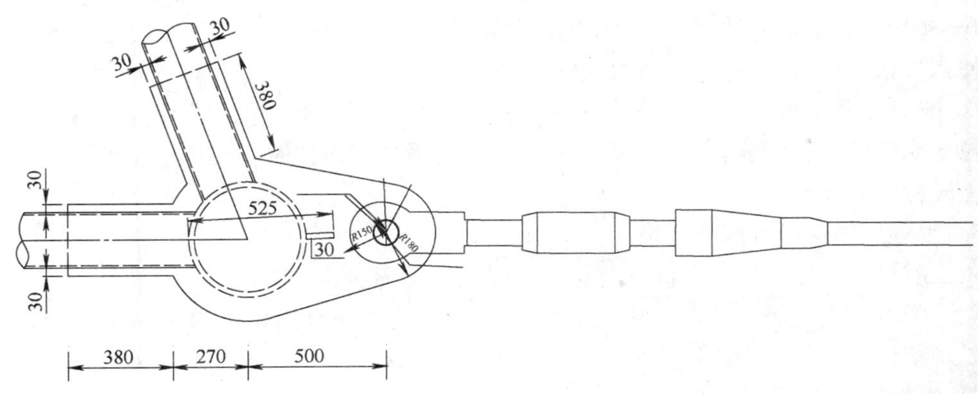

图 3.9-2 张拉端节点

(2) 预应力钢索施工-穿索及张拉工艺

1) 放索与穿索

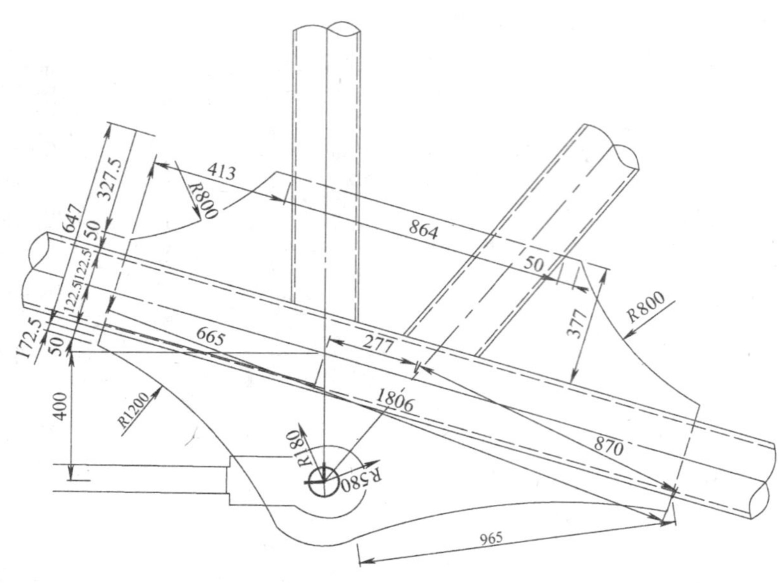

图 3.9-3　锚固端节点

为了保证钢索的外观要求，需要在放索的同时，沿索缠绕防护材料。

2）预应力钢索张拉前标定张拉设备

张拉设备采用为本工程单独设计的张拉工装进行张拉。根据设计和预应力工艺要求的实际张拉力对千斤顶、油泵、压力传感器进行标定。张拉力由压力传感器直接读出。

3）张拉控制应力

根据设计要求的预应力钢索张拉控制应力取值。

4）根据设计要求，预应力钢索张拉以张拉力控制为主，变形为辅，用伸长值进行校核。整个张拉过程中应对结构的变形加以监控。预应力钢索张拉完成后，应立即测量校对。如发现异常，应暂停张拉，待查明原因，并采取措施后，再继续张拉。

5）张拉操作要点

A. 张拉设备安装：由于本工程张拉设备组件较多，因此在进行安装时必须小心安放，使张拉设备形心与受力中心重合，以保证预应力钢索在进行张拉时不产生偏心；

B. 预应力钢索张拉：油泵启动供油正常后开始加压，当压力达到钢索设计拉力时，超张拉5%左右，然后停止加压，完成预应力钢索张拉。张拉时，要控制给油速度，给油时间不应低于0.5min。

6）预应力钢索张拉测量记录

张拉时可以直接量调节套筒部位长度的变化，即为实际伸长值。

除了张拉长度记录，还应该对压力传感器测得压力和全站仪测得钢结构变形记录下来，以对结构施工期行为进行监测。

7）张拉质量控制方法和要求

A. 张拉力按标定的数值进行，用伸长值和压力传感器数值进行校核；

B. 认真检查张拉设备及与张拉设备相接的钢索，以保证张拉安全、有效；

C. 张拉严格按照操作规程进行，控制给油速度，给油时间不应低于0.5min；

D. 张拉设备形心应与预应力钢索在同一轴线上；

E. 实测伸长值与计算伸长值相差超过允许误差时，应停止张拉，报告工程师进行处理。

(3) 主要施工机械准备及需用量计划，见表 3.9-3。

主要施工机械准备及需用量计划　　表 3.9-3

编号	名　称	规格	数量	备　注
1	千斤顶、油泵、压力表	230kN/380V/750W	8套	准备2套备用
2	电线盘	220V	4套	
3	电线盘	380V	8套	
4	钢板尺	50cm	4把	检测合格
5	油压传感器	40MPa	8个	用于监测钢索应力
6	振弦传感器	BGK4000	16套	用于监测钢结构应力
7	振弦传感器读数仪	BGK408	3套	用于读取 BGK4000 读数
8	全站仪		1台	用于监测钢结构变形

3.9.2　测量与监控

为保证钢结构的安装精度以及结构在施工期间的安全，并使钢索张拉的预应力状态与设计要求相符，必须对钢结构的安装精度、张拉过程中钢索的拉力及钢结构的应力与变形进行监测。

对钢索拉力的监测采用油压传感器进行测试，通过安装油压传感器可以实时监测到预应力钢索的拉力，从而保证预应力钢索施工完成后的应力与设计单位所要求的应力吻合，见图 3.9-4。

图 3.9-4　油压传感器

在预应力钢索进行张拉时，钢结构部分会随之变形。在预应力钢索张拉的过程中，结合施工仿真计算结果，对钢结构变形监测可以保证预应力施工安全、有效。对变形的监测采用全站仪和百分表，见图 3.9-5。

对钢结构应力的监测采用振弦应变计，BGK408 可实时监测到预应力钢索的拉力，见图 3.9-6。

全站仪

百分表

图 3.9-5 监测使用全站仪和百分表

图 3.9-6 工程实例监测图片

3.10 安装阶段钢结构检测

3.10.1 结构安装检测

（1）一般规定

1）构件的长度尺寸应包括焊接收缩余量和压缩变形等变形值。

2）结构的标高按设计标高进行控制。

3）安装偏差的检测，应在结构形成空间刚性环并连接固定后进行。

4）安装时，必须控制施工荷载，严禁其超过结构的承载能力。

（2）刚性环复测

1）刚性环的允许偏差应符合下表 3.10-1 的规定。

检查数量：全数检查。

检查方法：用经纬仪、水准仪、全站仪、水平尺和钢尺实测。

2）钢结构支座的定位轴线和标高，应符合下表的规定，见表 3.10-2

检查数量：按支承面数抽查 10%，且不应少于 3 个。

检查方法：用经纬仪、水准仪、全站仪和钢尺实测。

刚性环安装的允许偏差（mm） 表 3.10-1

项目	允许偏差	图例
下刚性环 对定位轴线偏移	3.0	Δ Δ
下刚性环顶面标高	0 −3.0	

定位轴线的允许偏差（mm） 表 3.10-2

项目	允许偏差	图例
钢结构定位轴线	3.0	L L
构件的定位轴线	1.0	Δ Δ

（3）安装检测

1）运输、堆放和吊装等造成的钢构件变形及涂层脱落，应进行矫正和修补。

检查数量：按构件数抽查10%，且不应少于3个。

检查方法：用拉线、钢尺现场实测或观察。

2）构件拼装尺寸的允许偏差：±5.0mm。

检查数量：按单元数抽查5%，且不应少于5个。

检查方法：用钢尺和拉线等辅助量具实测。

3）钢桁架外形尺寸的允许偏差应符合下表的规定，见表3.10-3。

钢桁架外形尺寸的允许偏差（mm） 表 3.10-3

项目	允许偏差
桁架跨中高度	±10.0
桁架跨中拱度	10.0、−5.0
相临节间弦杆弯曲	1/1000

检查数量：全数检查。

检查方法：用全站仪或激光经纬仪和钢尺实测。

4）钢结构表面应干净，结构主要表面不应有疤痕、泥沙等污垢。

检查数量：按同类杆件数抽查10%，且不应少于3个。

检查方法：观察检查。

5）构件的中心线及节点的基准点等标记应齐全。

检查数量：按同类杆件数抽查10%，且不应少于3个。

检查方法：观察检查。

6）现场焊缝组对间隙的允许偏差应符合下表的规定，见表3.10-4。

检查数量：按同类节点数抽查10%，且不应少于3个。

检查方法：尺量检查。

现场焊缝组对间隙的允许偏差（mm） **表3.10-4**

项　目	允 许 误 差
无垫板间隙	+3.0 0.0
有垫板间隙	+3.0 -2.0

3.10.2 钢结构焊接检测

（1）一般规定

1）低合金结构钢应在完成焊接24h以后进行探伤检验。

2）焊缝施焊后应在工艺规定的焊缝及部位打上焊工钢印。

检查数量：全数检查。

检验方法：检查焊接工艺评定报告。

（2）钢构件焊接材料复验

1）焊条、焊丝、焊剂等焊接材料与母材的匹配应符合下表3.10-5的要求。

焊条、焊剂、药芯焊丝、熔嘴等在使用前，应按其产品说明书及焊接工艺文件的规定进行烘焙和存放。

检查数量：全数检查。

检验方法：检查质量证明书和烘焙记录。

焊接材料与母材的匹配表 **表3.10-5**

钢材牌号	焊接方式	焊接材料
Q345B	手工电弧焊	E5015,E5016
	CO_2 气体保护焊	ER50-6

2）焊工必须取得合格证书。持证焊工必须在其考试合格项目及其认可范围内施焊。

检查数量：全数检查。

检验方法：检查焊工合格证及其认可范围、有限期。

3）设计要求全焊透的一级焊缝应采用超声波探伤进行内部缺陷的检验，其内部缺陷分级及探伤方法应符合现行国家标准《钢焊缝手工超声波探伤方法和探伤结果分级法》GB 11345 的规定。

一级焊缝的内部缺陷超声波探伤应符合下表 3.10-6 的规定。

检查数量：全数检查。

检验方法：检查超声波探伤记录。

一级焊缝缺陷分级　　表 3.10-6

评定等级	Ⅱ
检验等级	B级
探伤比例	100%

4）焊缝表面不得有裂纹、焊瘤等缺陷。一级焊缝不得有表面气孔、夹渣、弧坑裂纹、电弧擦伤、咬边、未满焊、根部收缩等缺陷。

检查数量：每批同类构件抽查 10%，且不应少于 3 件；被抽查构件中，每一类型焊缝按条数抽查 5%，且不应少于 3 条；每条检查 1 处，总抽查数不应少于 10 处。

检验方法：观察检查，或使用放大镜、焊缝量规和钢尺检查，当存在疑义时，采用渗透和磁粉探伤检查。

5）三级焊缝外观质量标准应符合下表 3.10-7 的规定。

三级焊缝外观质量标准（mm）　　表 3.10-7

项　　目	允　许　偏　差
未焊满(指不足设计要求)	≤0.2+0.04t 且小于等于 2.0
	每 100.0 焊缝内缺陷总长小于等于 25.0
根部收缩	≤0.2+0.04t 且小于等于 2.0,长度不限
咬边	≤0.1t 且小于等于 1.0,长度不限
裂纹	不允许
弧坑裂纹	允许存在个别长小于等于 5.0 的弧坑裂纹
电弧擦伤	允许存在个别电弧擦伤
飞溅	清除干净
接头不良	缺口深度小于等于 0.1t 且小于等于 1.0,每米焊缝不得超过 1 处
焊瘤	不允许
表面夹渣	深≤0.2t,长≤0.5t 且小于等于 20
表面气孔	每 50.0 长度焊缝内允许直径小于等于 0.4t 且小于等于 3.0 气孔 2 个;孔距大于等于 6 倍孔径

检查数量：每批同类构件抽查 10%，且不应少于 3 件；被抽查构件中，每一类型焊缝按条数抽查 5%，且不应少于 1 条；每条检查 1 处，总抽查数不应少于 10 处。

检验方法：观察检查，或使用放大镜、焊缝量规和钢尺检查。

6）对接焊缝及完全熔透组合焊缝尺寸允许偏差应符合规定，见表3.10-8。

检查数量：每批同类构件抽查10%，且不应少于3件；被抽查构件中，每种焊缝按条数各抽查5%，且不应少于1条；每条检查1处，总抽查数不应少于10处。

检验方法：用焊缝量规检查。

对接焊缝及完全熔透组合焊缝尺寸允许偏差（mm）　　表3.10-8

序号	项　目	图　例	允许偏差	
			一级	三级
1	对接焊缝余高 C		$B<20$：3～3.0 $B\geqslant20$：0～4.0	$B<20$：0～4.0 $B\geqslant20$：0～5.0
2	对接焊缝错边 d		$d<0.15t$， 且$\leqslant2.0$	$d<0.15t$， 且$\leqslant3.0$

7）部分熔透组合焊缝和角焊缝外形尺寸允许偏差应符合规定，见表3.10-9。

检查数量：每批同类构件抽查10%，且不应少于3件；被抽查构件中，每种焊缝按条数各抽查5%，且不应少于1条；每条检查1处，总抽查数不应少于10处。

检验方法：用焊缝量规检查。

部分熔透组合焊缝和角焊缝外形尺寸允许偏差（mm）　　表3.10-9

序号	项　目	图　例	允许偏差
1	焊脚尺寸 h_f		$h_f\leqslant6$：0～1.5 $h_f>6$：0～3.0
2	角焊缝余高 C		$h_f\leqslant6$：0～1.5 $h_f>6$：0～3.0

注：$h_f>8.0$mm的角焊缝其局部焊脚尺寸允许低于设计要求值1.0mm，但总长度不得超过焊缝长度10%。

8）焊缝感观应达到：外观均匀、成型较好，焊道与焊道、焊道与基本金属间过渡较平滑，焊渣和飞溅物基本清除干净。

检查数量：每批同类构件抽查10%，且不应少于3件；被抽查构件中，每种焊缝按数量各抽查5%，总抽查处不应少于5处。

检查方法：观察检查。

3.10.3 钢结构涂装检测

（1）一般规定

1）钢结构涂装工程应在钢结构构件组装或钢结构安装工程检验批的施工质量验收合格后进行。

2）涂装时的环境温度和相对湿度应符合涂料产品说明书要求，当产品说明书无要求时，环境温度宜在5～38℃之间，相对湿度不应大于85%。涂装构件表面不应有结露；涂装后4h应保护免受雨淋。

（2）钢结构防腐涂料涂装检测

1）涂装前钢材表面除锈应符合设计要求和国家现行有关标准的规定。处理后的钢材表面不应有焊渣、焊疤、灰尘、油污、水和毛刺等。钢材表面除锈等级为Sa2 $\frac{1}{2}$。

检查数量：按构件数抽查10%，且同类构件不应少于3件。

检验方法：用铲刀检查和用现行国家标准《涂装前钢材表面锈蚀等级和除锈等级》GB 8923规定的图片对照观察检查。

2）涂料、涂装遍数、涂层厚度均应符合设计要求。涂层干漆膜总厚度的允许偏差为-25μm。每遍涂层干漆膜厚度的允许偏差为-5μm。

检查数量：按构件数抽查10%，且同类构件不应少于3件。

检验方法：用干漆膜测厚仪检查。每个构件检测5处，每处的数值为3个相距5mm测点涂层干漆膜厚度的平均值。

3）构件表面不应误涂、漏涂，涂层不应脱皮和返锈等。涂层应均匀、无明显皱皮、流坠、针眼和气泡等。

检查数量：全数检查。

检验方法：观察检查。

4）钢结构涂层附着力的测试。在检测处范围内，当涂层完整程度达到70%以上时，涂层附着力达到合格质量标准的要求。

检查数量：按构件数抽查1%，且不应少于3件，每件测3处。

检验方法：按照现行国家标准《漆膜附着力测定法》GB 1720或《色漆和清漆、漆膜的划格试验》GB 9286执行。

5）涂装完成后，构件的标志、标记和编号应清晰完整。

检查数量：全数检查。

检验方法：观察检查。

3.11 质量保证措施

3.11.1 质量目标

质量目标：确保长城杯、争创鲁班奖。

合格率：结构验收一次合格率100%。

(1) 工程质量保证体系

针对本工程结构复杂、施工工期紧张、加工安装精度要求高的特点，依据公司根据GB/T 19001-2000、ISO 9001-2000标准体系已逐步完善的程序文件建立质量保证体系，主要内容如下。

(2) 文件体系

1) 质量管理手册：关于本工程的质量保证管理体系的详细说明。

2) 程序文件：详细说明了质量及各部门及各要素的具体实施过程，包括要求、作业程序、工作范围、职责以及有关的记录。

3) 管理性文件：公司各种规章制度等管理文件。

4) 施工技术文件、工艺文件：详细说明各分项工程的具体施工实际操作过程，包括施工要求、作业程序、施工方法。

5) 技术标准：适用于本工程的超过规范要求的加工、安装精度要求的标准。

(3) 质量策划

主要是针对本工程的特殊性、重要性而专门制订的，以使加工、制作的产品质量满足设计、建设单位的要求，主要有以下几点：

1) 对确定的质量目标进行分解，制定专门的质量标准和要求。

2) 对节点、拼装胎架、加工工艺、安装方案、施工程序和工艺等进行论证，提出保证加工和安装质量的具体措施、方法。

3) 确定过程控制的程序和方法，明确设计、采购、制作、加工、检验、预拼装、拼装的工作程序、技术标准和工作标准。

4) 确定并配备必要的控制手段和设备、工艺装备、人员、必要时应对资源进行更新、添置或开发。

5) 确定生产过程中适当阶段的验证，并编制检验的表格和对检验进行记录和保存。

(4) 过程控制

主要做好以下几个关键点控制：

1) 工程前期的控制：技术文件和工艺流程制定、焊接工艺评定、生产设备的检修和维护、作业人员技术水平的培训和考核、原材料的检验试验、计量器具的标定。

2) 生产过程中构件加工质量的监控：主要包括构件放样号料的准确性、切割下料的精度、构件生产过程中控制变形的措施及矫正、组装检查以及对焊接、除锈、涂装等工艺质量的控制和工艺方案的评定。

(5) 工序控制

1) 工序能力的分析，采取必要的措施，确保工序能力达到规定要求。

2) 对工序过程进行控制，以便及时发现问题，采取对策。

3) 加强工艺纪律的管理，做好各工序控制点的数据记录。

(6) 检验和试验状态（合格、不合格、待检、已检待判）

1) 加强对施工过程中的检验和试验状态的标识。

2) 加强对施工过程中各状态的检验和试验进行记录。

3) 按物资采购规定要求对过程中各状态产品进行堆放、保管、标识、转序。

(7) 检验和试验

1) 进货的检验和试验：即对规定的材料按规定的方法、程序和要求进行检验、试验、判定、记录。

2) 过程的检验和试验：包括对过程按规定要求（三检制）进行检验，对过程中的参数和产品进行监控，必须经过按规定要求进行检验和试验得到认可后，产品才准转序或出厂。

3) 必须按规定的要求进行检验和试验并进行记录，包括进货检验、过程检验、最终检验和试验的要求及记录，必须满足规范、建设单位、质监站、设计、监理等的要求。

(8) 检测、测量和试验设备的控制

1) 确保检验、测量、试验设备的完好，其准确度能满足本工程的要求。

2) 配置和完善检验、测量、试验设备，对不足部分采取租借、委托等办法，确保按规定要求完成检验、测量和试验的全部内容和要求。

(9) 不合格品控制

1) 进行隔离和标识。

2) 由专业工程技术人员进行分析，提出处理办法（报废、返工、返修）。

3) 具备返工返修条件的，则由指定的专门人员进行返工或返修，并对返工或返修进行记录。返工或返修只能进行一次，第二次不合格则报废处理，如合同规定不允许返工返修的，则应判定为报废或改作他用。

(10) 搬运、贮存、包装、防护和交付

1) 搬运：应采用合适的搬运设备、车辆，保持平稳，严禁野蛮装卸。

2) 贮存：严格执行入库检验、验收，库存保管，出库凭单和记录，所有构件的贮存场地应做好防损坏、防变形、防腐蚀、防混淆、防丢失的措施，做到科学、合理贮存。

3) 包装：确保贮存、搬运、不损坏、不丢失，采用合理的包装方法，做到标识完整、清晰。

4) 防护：采用适当的防护措施，以防搬运、贮存、施工过程中损坏。

5) 交付：由规定的检验负责人签发产品合格证后才准交付，交付产品应满足建设单位要求，必要时经建设单位、监理验收合格，同时要提供相应资料。

(11) 质量记录

1) 质量记录由质量员、检验员、试验员、探伤员、测量员等具体完成。

2) 从深化设计计划→材料采购→制作加工→预拼装→运输→安装等全过程都必须按规定要求进行质量记录。

3) 质量记录必须规范、完整、符合要求。

(12) 培训

针对本工程的特殊性和重要性，所有参与本工程的人员，包括设计、技术、工艺、质检、采购、计划、管理、业务、加工制作、预拼装、焊工、安装等人员均要进行针对性的培训。使每位员工了解本工程的重要性，了解自己的职责，掌握过程控制的程序、计划和作业指导书（工艺、规范、标准）。

(13) 服务

本着100%履行合同，全心全意为建设单位服务的宗旨；制订服务大纲和服务制度；

积极配合建设单位、设计、监理等相关方的工作。

3.11.2 质量组织保证措施

本工程钢结构施工，无论从工程的重要性及设计要求都不同于一般的钢桁架工程，其施工难度不仅仅体现在工期紧张还体现在其复杂的结构设计对施工的要求等，要使其质量得到保证，不能通过常规的思路来实现，因此需要建立一个经验丰富的，加强型的工程管理机构和质量管理组织体系，来确保工程的顺利完工。

公司以项目总工为首，依托公司质量管理部门，就本工程加工精度高和施工方案实施过程中的难点问题，在工厂加工和现场安装过程中加强施工人员的质量意识。针对本工程组成一个强有力的质量管理小组。

(1) 成立质量保证小组

质量保证小组由项目经理直接负责，人员由质量负责人调配，确保各种资源及时到位。

(2) 落实各负责人质量职责

1) 技术负责人：依据质量第一的原则，组织和协调内外各单位、各部门各级人员的工作，保证各项工作在确保质量的前提下高效、有序、安全地展开。

2) 生产负责人：负责资源配置和重大问题的协调，确保质量控制所需资源、政策、责任制的落实，明确各部门、人员的职责和权限。

3) 质量负责人：首先根据公司对本工程的质量方针和目标，制订本工程的质量计划，确保本工程的每一个过程和环节处于受控状态。其次根据各部门的工作范围，制订和落实各部门和有关人员的质量职责。根据工程的特点、质量要求、工艺技术、工期等，进行质量控制策划，组织和落实质量控制体系，制订更加严格的质量控制标准，确保各时段、各工段检测人员到位，职责到人，标准明确，资源充分。

4) 其他专业人员质量职责，见图 3.11-1。

3.11.3 深化设计质量保证措施

由于本工程的重要性，本次深化设计和翻样工作由院长直接指挥控制。设计院院长将从总体控制、资源保证、人员调配等方面专门成立本工程设计及技术工艺小组，具体进行深化设计、加工图设计、工艺文件设计和胎架设计等。

(1) 明确设计职责，深化设计、设计翻样、校对、审核各负其责。

(2) 所有零件、部件、节点、胎架的设计最终都必须经实际工艺评定才能最终确定。

(3) 严格按设计程序执行，认真做好设计策划，组织好技术衔接、设计评审、设计验证、设计确认等工作，具体将请技术、工艺、质量、生产、安装等部门的工程技术人员参加评审和验证。

(4) 所有深化设计图纸，特别是节点加工图，均必须及时报设计院、建设单位、监理等单位的审核和批准。

3.11.4 加工制作过程质量的保证措施

由于本工程的特殊性和重要性，加上设计本身对加工精度的严格要求。因此，采用先

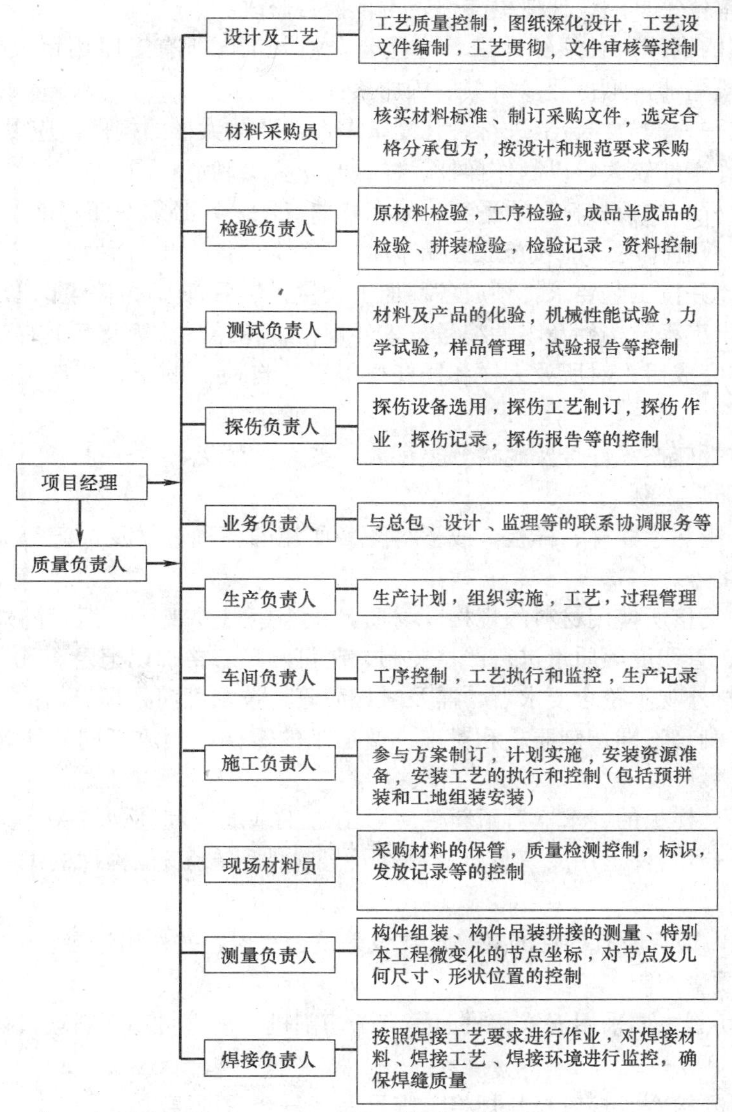

图 3.11-1　质量组织图

进的加工方法、加工机械和采取严格的检测手段是保证工程质量的重要前提。

（1）构件加工的质量控制

专职驻厂监造负责加工厂的构件制作管理；从原材料的进厂质量检查，钢构件的加工过程控制，以及构件出厂质量检查进行全方位控制。

驻厂监造需要控制的工序：

原材料→号料→下料→组装→焊接→加工矫正→外形尺寸检验（预装）→除锈→涂装→编号→包装。

（2）放样的质量控制

1）放样前，操作人员必须熟悉施工图和工艺要求，核对构件及构件相互连接的几何尺寸以及连接是否妥当。如发现施工图有遗漏或错误，以及其他原因需要更改施工图时，必须取得原设计单位签具的设计变更文件，不得擅自修改。

2）放样使用的钢尺，必须经计量单位检验合格。工厂所有工序用钢尺要统一配备。检查数据，应分段叠加，不得分段量测后相加累计全长。

3）放样应在平整的放样台上进行。凡复杂图形需要放大样的构件，应以 1∶1 的比例放出实样；当构件零件较大难以制作样杆、样板时，要绘制下料图。

4）放样的样杆、样板材料必须平直；如有弯曲或不平，必须在使用前予以矫正。

5）样杆、样板制作时，应按施工图和构件加工要求，作出各种加工符号、基准线、眼孔中心等标记。并按工艺要求，预放各种加工余量，然后打上冲印等印记，用磁漆笔在样杆、样板上写出工程、构件及零件编号、零件规格、孔径、数量及标上有关符号。

6）放样工作完成后，对所放大样和样杆样板进行自检，报专职检验人员检验，方可转到下道工序。

7）样杆、样板应按零件号及规格分类存放，妥为保存。

（3）号料的质量控制

1）号料前，应熟悉样杆、样板（或下料图）所注的各种符号及标记等要求，核对材料牌号及规格、批号。

2）号料时，复核所使用材料的规格、材质，检查钢材外观，对钢管的外观质量、外径、厚度、圆率、直线度等质量进行严格控制，制订测量表格加以记录。凡发现材料规格不符合要求或钢材外观不符合要求者，需及时报质管、技术部门处理。

3）根据锯、割等不同切割要求和对车、铣加工的零件，预放不同的切割及加工余量和焊接收缩量。

4）按照样杆、样板的要求，对下料件应号出加工基准线和其他有关标记，并号上冲印等印记。在每一号料件上用漆笔写出号料件及号料件所在工程/构件的编号，注明各种加工符号。

5）号料完成，检查所有零件的规格、数量等是否有误，并作出记录。

（4）切割的质量控制

本工程钢管切割主要采用五维相贯面等离子切割机，钢管自动下料坡口机加工等进行加工。

1）切割前必须检查、核对材料规格、牌号是否符合图纸要求。

2）切口截面不得有撕裂、裂纹、棱边、夹渣、分层等缺陷和大于 1mm 的缺棱，并应去除毛刺。

3）切割前，应将钢板表面的油污、铁锈等清除干净。

4）切割时，必须看清断线符号，确定切割程序。

（5）矫正和成型的质量控制

1）钢材的初步矫正，只对影响号料质量的钢材进行矫正，其余在各工序加工完毕后再矫正或成型。

2）钢材的机械矫正，应在常温下用机械设备进行，矫正后的钢材，在表面上不应有凹陷，凹痕及其他损伤。

3）本工程中使用的低合金高强度结构钢板，采用加热矫正，其加热温度严禁超过正火温度（850℃）。用火焰矫正时，不准浇水冷却，一定要在自然状态下冷却。钢管必须采用合格材料。

(6) 制作过程中的质量跟踪监控

在制作过程中，专职质检员、驻厂监造必须对各个制作环节进行监督，如材料使用、机械设备运行状况、上岗人员变化、执行工艺指导书情况以及操作方法等方面，进行跟踪监控。发现有违反操作规程、工艺方法和影响工程质量的情况，应立即要求改进和处理。

(7) 返修焊缝的跟踪监控

发现不合格的焊缝，必须进行返修。专职质检员必须对返修过程进行跟踪监控，并做好施焊记录。返修之前，应由工艺人员或技术员提出经焊接工艺审定的返修方案和保证质量的技术措施，并经焊接工程师审查批准后实施。同一位置的返修次数，不得超过两次。

(8) 预拼装的跟踪监控

本项目规定要进行试拼装的部位，均属安装中的难点，质检人员和技术人员必须重视试拼装过程的质量监控。首先要检查预拼装台面上放样尺寸是否与设计相符合。预拼装时，检查焊接节点的坡口质量是否满足现场焊接需要，同时检查构件各相关尺寸是否在允许偏差之内。预拼装检查合格后，应标注构件中心线、控制基准线等标记，绘制试拼装图和标明试拼装间隙，填写试拼装记录。在预拼装合格后进行批量生产。并将预拼装结果报监理单位等。

(9) 严格执行工序交接制度

每道工序，质检员应按规定进行检查，并做好检查记录，确认其质量达到国家标准要求后，方可进入下道工序。

加工工序的监控：

1) 切割质量检查

切割的质量，直接影响装配和焊接质量。质检员要对切割质量进行控制，重点检查焊接坡口的切割质量，其质量标准，见表 3.11-1。

钢板切割的允许偏差 **表 3.11-1**

项　目	允许偏差(mm)	项　目	允许偏差(mm)
零件宽度、长度	±3.0	割纹深度	0.2
切割面平直度	$0.05t$ 且不大于 2.0	局部缺口深度	1.0

注：t 为钢板厚度（mm）。

2) 钢板平直度的检查

钢板切割后，一般均产生翘曲，需经平板机平直后才能进入下道工序。如果钢板在堆放和运输过程中造成弯曲时，下料前也应进行平直处理。质检员应对钢板的平直度进行检查，并做好记录。

3) 焊接工序的检查

构件焊接完毕，首先应对焊缝外观质量进行检查，设计要求探伤的焊缝必须进行超声波探伤，合格后才能进入下道工序。

4) 涂装工序的检查

涂装是构件制作的最后一道工序。涂装前，质检员应重点检查构件表面的清污和除锈情况，这是保证涂装质量的关键。除锈质量分级按国家标准《涂装前钢材表面锈蚀等级和除锈等级》的规定执行。其次，还应对防锈漆的质量、涂层厚度、喷涂次数进行检查，最后对干漆膜厚度进行测试。涂装时，要随时测定环境温度和湿度，严禁雨雾天气进行涂装。此外，还要监督检查涂装是否均匀、有无起皮或流淌等现象。涂装完毕，在构件上规定的部位，应用钢印打上构件编号。设计图纸规定不涂装的部位不应涂装，杆件待焊区域至少有 100mm 不涂装。

3.11.5　安装质量保证措施

为确保本工程施工质量一次性验收合格，将建立健全的现场质量管理机构负责本工程施工的全面质量管理。

质量控制机构：施工项目的质量管理机构是工程质量目标实现的组织保证，其设置合理与否，将直接关系到整个质量保证体系能否顺利运转，在本工程中，将设置专项组织机构来进行质量管理。

以钢结构部经理为首的质量管理组织机构的建立将严格按照公司的规定执行岗位职责，认真进行事前质量控制、事中质量控制的全面质量管理方针，确保实现质量目标。

（1）钢桁架拼装的质量控制

1）本工程钢桁架的安装主要是钢管杆件的安装，安装前，应按构件明细表核对进场的构件，查验产品合格证和设计文件；工厂预拼装过的构件在现场组装时，应根据预拼装记录进行。

2）构件进入现场后应进行质量检验，以确认在运输过程中有无变形、损坏和缺失。

3）安装前施工人员应再次检查构件几何尺寸、焊缝坡口、油漆等是否符合设计图规定，发现问题应报请有关部门，原则上必须在安装前处理完毕。

4）钢桁架的安装应按施工组织设计进行，安装程序必须保证结构的稳定性和不导致永久性变形。

5）构件安装就位后，应立即进行校正、固定。当天安装的钢构件应形成稳定的空间体系。

6）安装、校正时，应根据风力、温差、日照等外界环境和焊接变形等因素的影响，采取相应的调整措施。

7）焊接施工应按相应的施工规程作业，施工前应由专业技术人员编制作业指导书，并进行交底。

（2）现场焊接质量保证

1）必要时现场将搭设临时防风、防雨棚，以改善因风、雨等自然环境对焊接所造成的影响。

2）选用适当的电焊机、碳弧气刨、稳压器及焊接辅助装置如干燥箱、保温筒等，确保焊接所需的装备完整，能满足质量保证的需要，焊前焊条必须烘干。

3）提供合格的焊工及探伤工程师，所有焊工均必须持证上岗，并通过焊接附加考试，焊缝等级应达到设计要求。

4）结构焊接施工顺序

焊接施工顺序对焊接变形及焊后残余应力有很大影响，在焊接时应尽量减少结构焊接后的变形和焊后残余应力，结构焊接应尽量实行对称焊接，让结构受热点在整个平面内对称、均匀分布，避免结构因受热不均匀而产生扭曲和较大焊后残余应力。根据本工程的特点，在区域内采用跳焊焊接（参见第九章详述）。

5）焊接质量保证程序，见图 3.11-2。

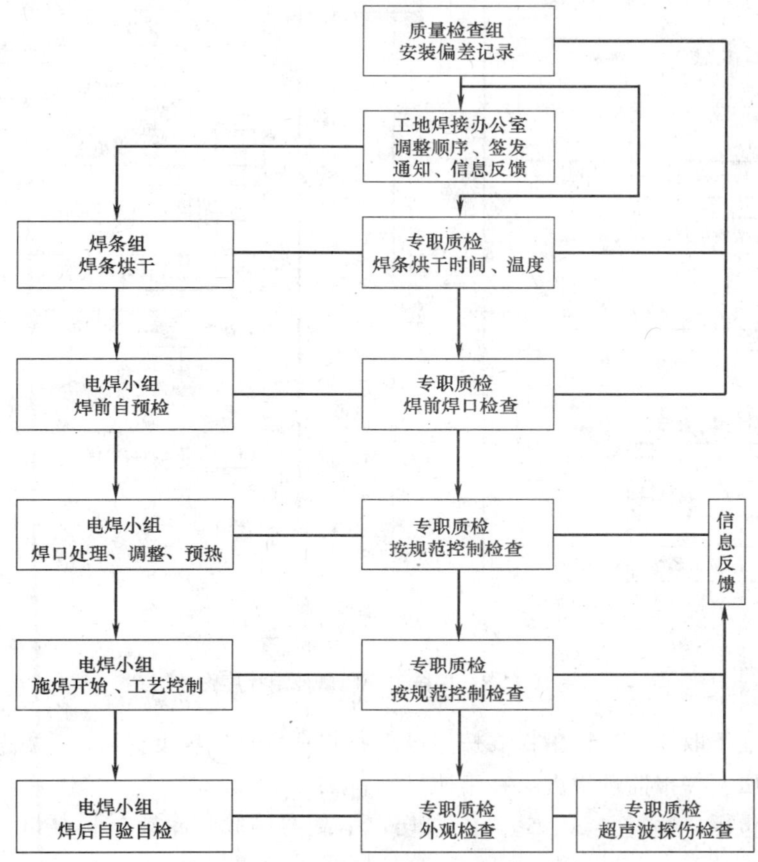

图 3.11-2 焊接质量保证程序图

6）焊接工程质量控制程序，见图 3.11-3。

（3）测量质量控制措施

1）仪器定期进行标定，确保仪器在有效期内使用，在施工中所使用的仪器必须保证精度。

2）测量人员必须持证上岗。

3）各控制点应分布合理，保证测量不留盲点，并定时进行复测，以确保控制点的精度。

4）施工中放样应有必要的核查，保证其准确性。

5）根据施工区的地质情况、通视情况对测量方法进行优化，并尽量在环境条件较好的情况下进行测量。

3.11.6 检测的质量控制

根据工程所需检测项目及相关文件、规范，编制施工试验实施计划，并报监理审核。所有需检测的项目，严格按经批准的检测计划执行。按规定需进行见证试验的项目必须在

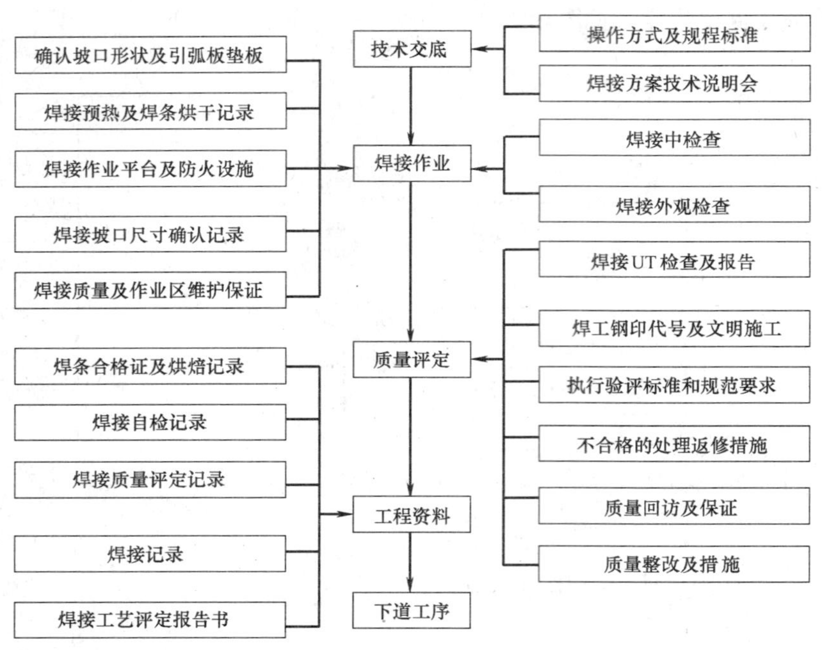

图3.11-3　焊接工程质量控制程序图

监理人员的见证下取样，送检工作要按建设部和北京市有关规定执行；检测单位必须具备相应的检测资质，并报监理批准，在市质检站备案。

检测项目包括：钢材复试、超声波探伤、承载力试验、涂装材料复试、焊接材料复试、计量器具检验。

3.11.7　成品验收的质量控制

（1）质量检查验收控制程序

班组自检→责任师（工长）自检→专职质检员检查→项目质量总监检查→现场监理验收。

（2）分部工程的验收

整个钢框架工程的制作视为一个分部，构件、圆钢管的制作、焊接、涂装等则为其分项工程，对构件的外观质量、几何尺寸、焊缝质量、涂装质量等方面进行核查。成品完成后，由资料员汇总各种检查记录和报验资料，其中包括钢构件焊接、零件及部件加工、构件组装、预拼装等分项工程检验批质量验收记录报监理单位验收。

（3）分项工程的验收

分项工程的验收，由监理驻厂代表、监造工程师等共同组成的检查验收组来完成。分项工程完成后，经自检确认合格，向监理方提交“工程报验申请表”申请验收。检查验收组根据设计文件和有关国家标准的规定进行核查制作项目的竣工验收，是整个制作项目完成后，制作方应首先进行竣工自检，按国家标准《钢结构工程施工质量验收规范》编制工程竣工资料，并按有关程序办理工程竣工手续，组织各有关单位进行工程竣工验收。质量控制机构表，见图 3.11-4。

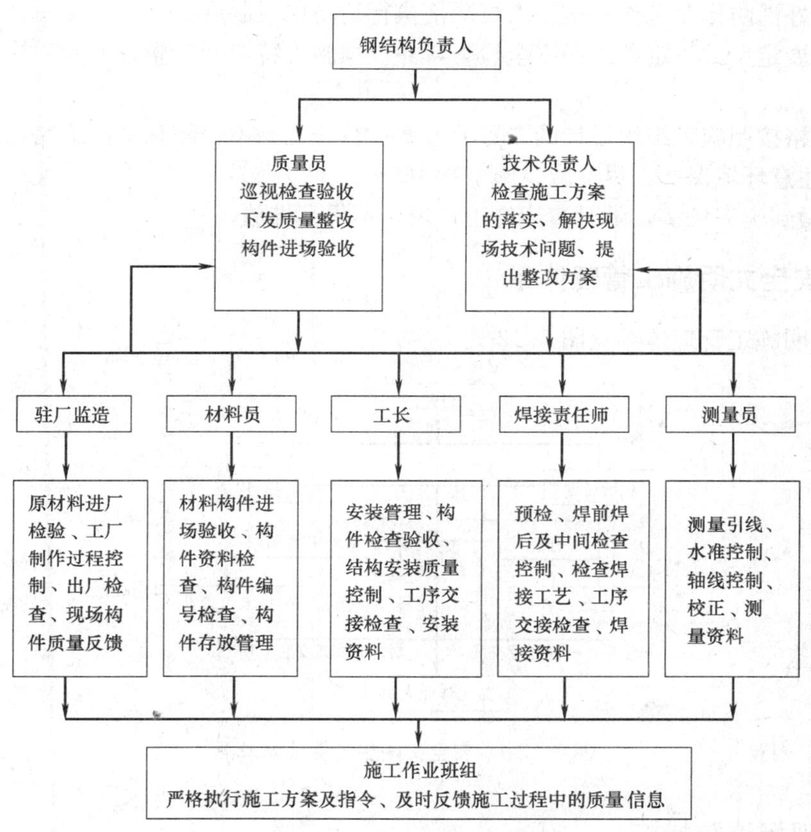

图 3.11-4 质量控制机构表

3.12 安全保证措施

3.12.1 安全文明施工

（1）施工人员应熟知本工种的安全技术操作规程，正确使用个人防护用品，采取安全防护措施。进入施工现场必须戴好安全帽，禁止穿拖鞋或塑料底鞋高空作业。在无防护措施的高空作业，必须系安全带，严禁酒后操作。

（2）加强对电气焊、氧气、乙炔及其他易燃易爆物品的管理，杜绝火灾事故的发生。

（3）使用电气焊要持有操作证、用火证，并清理周围易燃易爆物品，配备消防器材，并设专人看火。电焊机一次线不得大于 5m，二次线不得大于 30m，电焊机有接地保护。焊机拆装由专业电工完成。

（4）禁止带电操作，线路上禁止带负荷接电断电。

（5）登高作业人员必须佩带工具袋，工具应放在工具袋内，不得随意放在钢梁上或易失落的地方，如有手动工具（如手锤、扳手、撬棍等。）须穿上安全绳，防止失落伤及他人。

（6）严格执行上级主管部门和现场有关安全生产的规定，并针对工程特点，施工方法和施工环境，制定切实可行的安全技术交底措施，并做好安全交底工作。

（7）做好消防作业工作，施工人员严格执行消防保卫制度。

（8）开展定期或不定期现场安全检查，并根据施工特点和气候开展专项检查，确保安全施工。

（9）严格按照施工组织设计的布置的方案进行施工，不得随意乱占道路，乱占场地。

（10）注意环境保护，尽量减少施工噪声。

（11）做到工完场清，随时清运施工垃圾，不得乱堆放。

3.12.2 安全文明施工管理体系

安全文明施工管理体系见图 3.12-1。

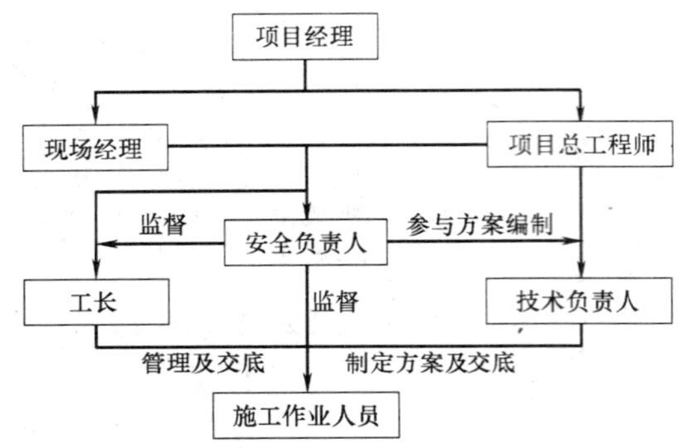

图 3.12-1 安全文明施工管理体系图

3.12.3 现场消防措施

（1）认真贯彻《中华人民共和国消防条例》，坚持预防为主、消防结合。对施工人员进行消防安全意识教育。

（2）施工现场设专人负责防火工作，现场准备消防器材和消防设备，做到经常检查，发现隐患及时上报处理，现场施工作业，设备、材料堆放不得占用或堵塞消防通道。

（3）严格执行现场用火制度，电气焊用火前必须办理用火证，并设专人看火，配备消防器材。电、气焊工作以前，消除作业范围内易燃物品或采取有效隔离措施。

（4）在施工现场严禁氧气、乙炔瓶放在动火地下方。夏季防暴晒并遮盖，严禁用明火检查漏气情况。遇五级以上大风时，应停止室外电气焊作业。电气焊作业完毕后，切断电源、气源，并明确操作区域内无隐患，方可离人。

（5）施工中消防器材，管道与其他工程发生冲突时，施工人员不得擅自处理，须及时请示上级，经批准后方可更改。

（6）仓库、现场配备足够的消防器材，不准吸烟，不准任意拉接电源线，不准无关人员入库。存放消防器材非火警不得动用。

（7）现场施工人员严格执行现场消防制度及上级有关规定制度。

3.12.4 钢结构吊装安全保证措施

（1）柱-梁安全保证安装

柱身设计无爬梯时，由于吊装后摘钩及安装钢梁时上下人员，因此柱起吊前必须安装临时爬梯。单节柱挂架与爬梯，防坠器，待柱子吊起就位后，为方便摘钩，可采用自动卡环由地面人员用一根拉绳在地面进行。摘钩前必须用缆风绳将柱子固定后方可摘钩。

（2）钢结构倒运安全措施

1）倒运人员必须持有与本人工种相符的操作证。

2）倒运先后，吊车支腿时，请注意地面情况，必要时加垫木。

3）参加倒运人员必须戴好安全帽，系好帽带，穿好工作服、工作鞋。

4）起重工在起吊构件前，必须要明确构件重量，是否在吊车允许负载之内；是否和吊索具匹配。严禁超负载作业。

5）起重工信号工在吊构件前要和吊车司机统一指挥信号，避免发生错误操作。

6）起重信号工在吊构件前要认清构件是否埋在土里，是否与其他构件、地面冻结。如有以上情况，应使构件脱离松动后，方可起吊。

7）起吊的构件上严禁站人及放置零散构件，见图 3.12-2

图 3.12-2 起吊构件上严禁站人或放置零散构件示意图

8）起吊构件时，无关人员应离开作业区，见图 3.12-3。

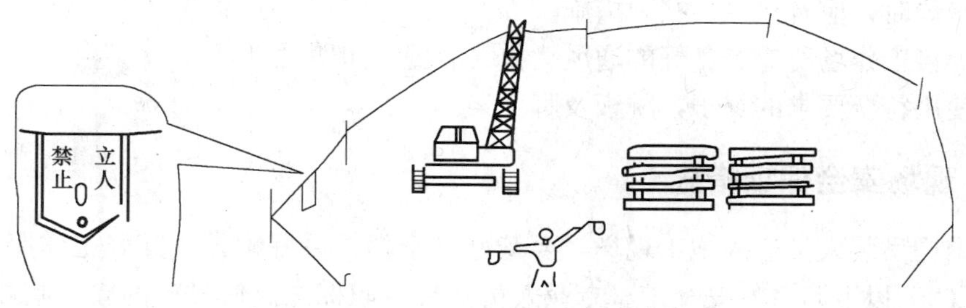

图 3.12-3 作业区禁止入内示意图

9）起吊时，吊车司机要鸣笛示警。

10）构件起吊时，信号工要站在能统筹兼顾的地方指挥，移动时注意脚下以防绊倒。

11）构件起吊时，起重工应将绳索绑扎牢固、平稳，起吊离地面 50cm 时再次确认构件是否绑扎牢固平衡后，方可起升，就位。

12）构件起吊后，任何人不得站在吊物下方及大臂旋转范围内，见图 3.12-4。

（3）焊接安全措施

1）焊接作业要严格执行电焊工安全技术规程，焊接前检查焊机和工具是否安全可靠，

图 3.12-4 构件起吊不得站在下方及旋转范围内示意图

电焊机必须有接地或接零保护且良好。焊接电缆、焊钳及连接部分，应有良好的接触和可靠的绝缘。

2）参加钢结构的全体施工人员应认真学习本公司有关施工的安全规定。

3）进入现场的施工人员必须按公司的有关规定着装，戴好安全帽，高空作业时系好安全带。电焊工必须戴好符合要求的面罩、手套、穿好工作服、工作鞋。

4）注意对电动工具的安全防护和使用中的安全措施，开关绝缘，漏电保护措施一定要得力。

5）注意防止触电、烫伤、电弧打眼；焊接时必须戴内镶有滤光玻璃的防护面罩。

6）焊接电源线路接入处设置适当的漏电保护器，防止漏电事故发生；电源、焊机伸出箱外的接线端要用保护罩盖好，电源线应设在人体不宜触及的地方，长度一般不要超过2～3m，而且不应拖在地上。

7）使用砂轮时确认用具完好无损，并戴好防护镜。

8）焊接工作场地必须备有防火设备，如灭火器、消火栓、水桶等。

9）易燃物品距焊接场所至少5m，易爆物品距焊接场所至少10m，若无法满足规定的距离时，可用石棉板，石棉布等遮盖妥善，防止火星落入。

10）施焊时，应有挡风、挡雨措施。

11）焊接工作场所应有良好的通风、排气装置，照明度良好。

12）使用符合要求的梯子，跳板及脚手架。

3.12.5 现场安全保证措施

（1）结构吊装人员进入施工现场，要戴好安全帽，系好帽带，穿好工作服、工作鞋。高空作业（2m以上）系好安全带。专业人员佩带专职标志。信号工的旗、哨或对话机要随身携带。各工种要有与本人相符的操作证。

（2）起重工在起吊构件前，要确认构件重量，选用与之相匹配的吊索具，并且要检查吊索的安全性（如钢丝绳是否断股等）。

（3）严禁起重机超负荷作业。

（4）在构件起吊时，要确认构件绑扎平衡牢固后，方可起吊起升，并在合理位置绑扎溜绳，见图3.12-5。

（5）在构件起吊离地面50cm处时，起重工应再次确认构件绑扎牢固后，方可起升。

（6）构件起吊的速度不可过快。

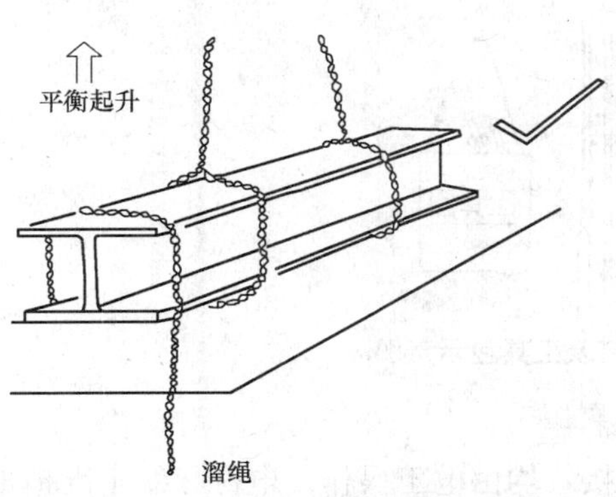

图 3.12-5　合理位置绑扎溜绳示意图

(7) 构件起吊时，构件上严禁站人或放零散未装容器的构件。

(8) 在构件下方和起重大臂旋转区域内，不得有人员停留走动，见图 3.12-6。

(9) 在钢构件就位时，应拉住溜绳，协助就位，此时人员应站构件两侧。

(10) 钢构件就位，应缓慢下落。下落放置时，人员应扶在构件外侧，不得将手扶在构件与地平处；构件与构件的连接面，放置斜铁时，手应握住垫铁两侧，并且手不得放在垫铁与构件平处，或深入构件下方，见图 3.12-7。

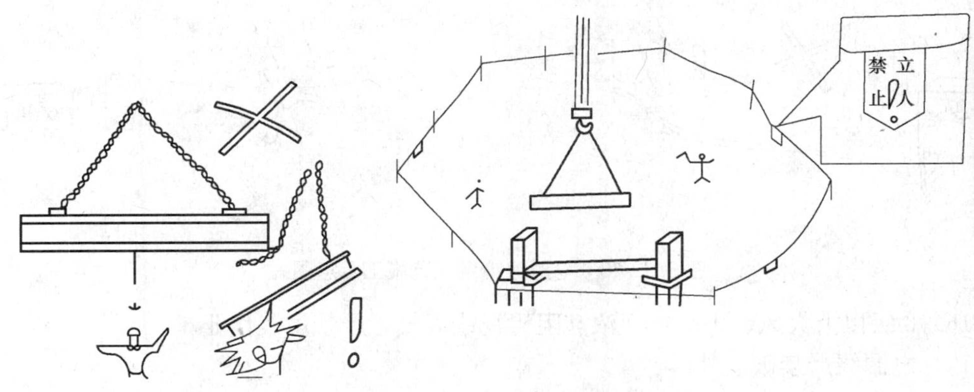

图 3.12-6　构件下方和旋转区域内禁止停留走动示意图

(11) 当确认构件找正，放稳，做好临时固定，稳定后，方可摘钩。

(12) 人员上梯摘钩时，要系好防坠器，手中不得持有任何物体上下爬梯，见图 3.12-8。

图 3.12-7　吊装安全示意图　　图 3.12-8　上下爬梯安全做法示意图

(13) 进入高空作业，要系好安全带，并将其挂在安全绳上，随身的工具要挂好或放入工具包中，见图 3.12-9。

图 3.12-9 高空作业系安全带及工具包示意图

(14) 所有安全人员严禁酒后作业。

(15) 施工所用电动工具，所引的电源线的拆接，均由电工操作。电源导线不准拖地，必须架空 2m 以上，见图 3.12-10。

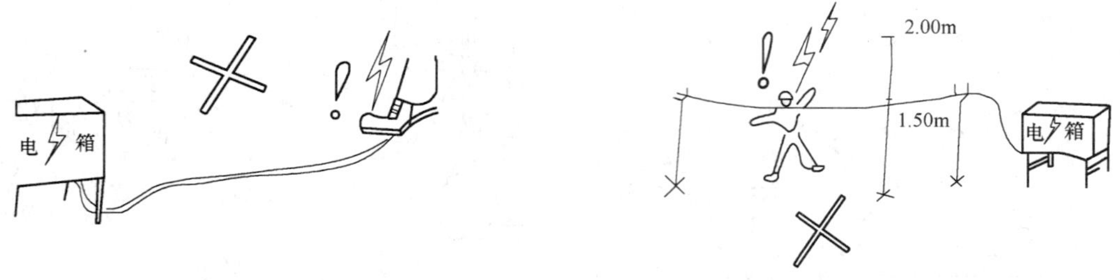

图 3.12-10 电源线错误规范施工示意图

(16) 6 级以上大风、雨、雪、浓雾阻碍视线天气，严禁吊装作业。

(17) 电源线严禁破皮外露。

(18) 电焊工工作时要带齐面罩、手套、鞋盖。

(19) 电焊机的一次电源线，拆、接须由电工完成。一次线不得大于 5m，两次线不得大于 30m。电焊机需有接地保护，见图 3.12-11。

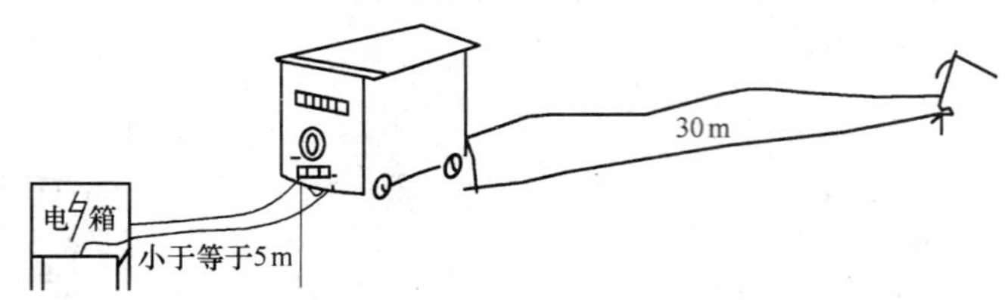

图 3.12-11 电源线正确施工示意图

(20) 电焊机的把线，零线必须连接牢固，并不得用钢丝绳或机电设备代替零线，把线严禁破皮外露。

(21) 遇有雷电天气，严禁电焊作业，雨、雪天气，禁止露天电焊作业，见图 3.12-12。

(22) 在电气焊施工前，应清除施工点的易燃物，高空焊接应用石抹布将可能通过下一层的孔洞封死。

(23) 施工人员在改变施工点，转入上层或下层施工时，应先将电焊机电源切断，或将气焊的气源切断，将电焊机就位或将气瓶就位后再行施工。

(24) 当修补焊缝，使用碳弧气刨时，人员必须戴好防护镜。

图 3.12-12 在雨雪天气电焊作业示意图

（25）二氧化碳气体保护焊，作业前先预热 15min。开气时，操作人员必须站在气瓶嘴西侧。

（26）二氧化碳气体预热时的电压不得高于 36V。

（27）二氧化碳气体应放在阴凉处，其最高强度不超过 30℃，并应放置牢靠，不得靠近热源。

（28）气焊点火时，不能对人，燃烧的割炬不能随手放置。

（29）氧气表、乙炔表及割炬上不得沾有油污、油脂。

（30）氧气瓶和乙炔瓶要保持 10m 以上的距离，搬运氧气，乙炔瓶时不应碰撞，遗缺、氧气瓶不能同车运送。氧气、乙炔瓶严禁物体打击，要有防雨、防晒措施，乙炔瓶须立放。

3.12.6 安全用电保证措施

（1）现场安全用电

1）现场用电由总包单位提供接驳点，独立安装电表，生活用电使用独立的三相五线制电缆引至生活区；现场施工用电由二级配电箱引至施工作业面内，电缆靠边悬空挂设，配电箱内需设置自动空气开关、漏电开关，各配电箱必须作重复接地，现场所有设备实施一机、一闸、一漏电开关制。

2）各种电源由专用电缆送至每节柱顶的专用闸箱，再分配到各个用电设备上。供电分三路，塔式起重机、电焊机、栓钉焊各用一路，每路电源都由变压器单独送出，做到工作时互不干扰。现场施工用电设备台数很多，设备之间容量相差悬殊，为简化计算，按需用系数，需用系数为估计值。

3）为防止电气设备或系统的金属外壳因绝缘损坏而带电，必须将正常情况下不带电的金属外壳或构架，例如焊机的底座、配电箱和开关箱的金属箱体等与 PE 线相连，并作重复接地，即保护接零。保护零线（即 PE 线）由工作接地线、配电房的零线或第一级漏电保护器的电源侧引出，保护零线除在配电房外接地外，还需在配电线路的中间处和末端处重复接地，接地电阻不大于 10Ω。

（2）安全用电技术措施

1）施工现场一切用电设备安装必须严格按施工组织设计进行。

2）供电干线、配电装置、发电房、配电房完工后，必须会同设计者、动力科、质安科共同检查验收合格后才允许通电运行。

3）电气设备的设置、安装、防护、使用、维护、操作人员都必须符合 JGJ 46—88 施工现场临时用电安全技术规范要求。

4）接地装置必须在线路及配电装置投入运行前完工，并会同动力科及设计者共同检测其接地电阻值。接地电阻不合格者，严禁现场使用带有金属外壳的电器设备，并应增加人工接地体的数量，直至接地体完全合格为止。

5）施工现场专用的中性点直接接地的低压电力线路中，必须采用 TN—S 接零保护系统。

6）保护零线应与工作零线分开，单独敷设，不作他用，保护零线 PE 必须采用绿/黄双色线。

7）保护零线的截面应不小于工作零线截面的 1/2，同时必须满足机械强度要求。

8）一切用电的施工机具运至现场后，必须由电工检测其绝缘电阻及检测各部分电气附件是否完整无损，绝缘电阻小于 0.5Ω 或电气附件损坏的机具不得安装使用。

9）保护移动式设备的漏电开关、负荷线每周检查一次；保护固定使用设备的漏电开关应每月检查一次。防雷接地电阻每月一日前进行全面检测。

10）电气设备的正常情况下不带电的金属外壳等均应作保护接零。

11）施工现场的配电箱和开关箱至少配置两级漏电保护器，漏电保护器应选用电流动作型。

12）漏电保护器只能通过工作线，开关箱应实行一机一闸制。

13）配电系统中开关电器必须完好，设置牢固、端正。

14）带电导线接头间必须绝缘包扎，严禁挂压其他物体。

15）配电箱、开关箱应配锁，专人负责，定期检修。

16）检修人员必须遵守电工操作规程，使用绝缘工具，统一组织，专人指挥

（3）电气防火装置

1）在电气装置和线路周围不堆放易燃、易爆和强腐蚀物质，不使用火源。

2）在电气装置相对集中场所，配置绝缘灭火器材，并禁止烟火。

3）合理设置防雷装置，加强电气设备相间和相地间绝缘，防止闪烁。

4）加强电气防火知识宣传，对防火重点场所加强管制，并设置禁止烟火标志。

4 钢连廊整体提升施工方案

简介：本工程钢连廊主要由大跨度钢桁架组成。安装时，从经济和安全等方面分析，钢桁架在楼面拼装成整体，采用整体提升的施工方法将钢连廊提升至安装位置处。较为合理地解决了桁架单体跨度大、重量大，安装就位高度高的施工难点。

4.1 编制依据

4.1.1 主要标准规范

工程主要依据的标准规范详见表 4.1-1。

标准规范表　　表 4.1-1

类别	名　　称	编　　号
国家规范	《建设工程项目管理规范》	GB/T 50326—2001
	《工程测量规范》	GB 50026—2007
	《建筑结构荷载规范》	GB 50009—2001
	《钢结构设计规范》	GB 50017—2003
	《钢结构工程施工质量验收规程》	GB 50205—2001
	《建筑工程施工质量验收统一标准》	GB 50300—2001
	《优质碳素结构钢》	GB 699—1999
	《结构用无缝钢管》	GB/T 8162—1999
	《焊接质量保证》	GB/T 12467—1990
	《气体保护焊用钢丝》	GB/T 14958—1994
	《建筑工程施工现场供用电安全规范》	GB 50194—1993
	《塔式起重机安全规程》	GB 5144—1994
	《低合金高强度结构钢》	GB/T 1591—1994
	《建设工程文件归档整理规范》	GB/T 50328—2001
	《建筑机械使用安全技术规程》	JGJ 33—2001
	《施工现场临时用电安全技术规范》	JGJ 46—2005
	《建筑施工安全检查标准》	JGJ 59—1999
	《建筑钢结构焊接技术规程》	JGJ 81—2002
	《高层民用建筑钢结构技术规程》	JGJ 99—1998
	《型钢混凝土组合结构技术规程》	JGJ 138—2001
	《钢-混凝土组合楼盖结构设计与施工规程》	YB 9238—1992
	《钢材力学及工艺性能试验取样规定》	GB 2975—1982
	《金属弯曲试验方法》	GB 232—1988
	《金属拉伸试验方法》	GB 228—1987
	《钢铁及合金化学分析方法》	GB 223—1984

4.1.2 主要法规

工程主要依据的法规详见表4.1-2。

法规详表 表4.1-2

序号	名　　称	编　号
1	《建设工程质量管理条例》	国务院第279号令
2	《突发公共卫生事件应急条例》	国务院第376号令
3	《工程建筑标准强制性条文》	建设部建标[2002]219号文
4	《房屋建筑工程和市政基础设施工程实行有见证取样和送检的规定》	2000年578号
5	《中华人民共和国安全生产法》	
6	建设工程安全生产管理条例	国务院第393号令
7	中华人民共和国建筑法	
8	中华人民共和国合同法	
9	中国环境保护法规全书[1982～2002]	

4.1.3 其他参考

（1）本工程施工合同、工程施工图纸、钢结构深化图纸。

（2）中华人民共和国颁布的现行有效的建筑工程施工各类规程、规范及验评标准。

（3）天津市人民政府有关建筑工程管理、市政管理、环境保护等法规及规定。

（4）ISO 9000质量管理体系、ISO 14000环境管理体系、OSHMS18000职业安全健康管理体系标准，我单位质量、环境及职业安全健康管理手册、程序文件及其支持性文件。

（5）住房和城乡建设部推荐重点推广的新技术。

（6）公司管理手册及其他有关总承包管理、质量管理、安全管理、文明施工管理规定。

（7）现场和周边环境的实地勘察情况。

4.2 工程概况及工程重点、难点

4.2.1 工程概况

北辰区行政许可服务中心及档案馆工程位于天津市北辰区文化中心以北，建设面积44848m^2，地下1层，地上17层，建筑高度96.40m，框架剪力墙结构。钢结构工程主要包括轻型钢骨柱、钢骨梁以及连廊钢桁架。钢桁架长度28.245m，宽度7.300m，高度8.160m，重量60t，提升高度41.620m，安装就位上牛腿标高72.780m，下牛腿标高66.920m。钢材材质为Q345-B，主要对接焊缝为一级全熔透焊。从经济和安全方面分析，钢桁架在六层楼顶上拼装，然后再整体提升到钢牛腿处连接的施工方法较为合理（见图4.2-1，图4.2-2）。

图 4.2-1 建筑效果图

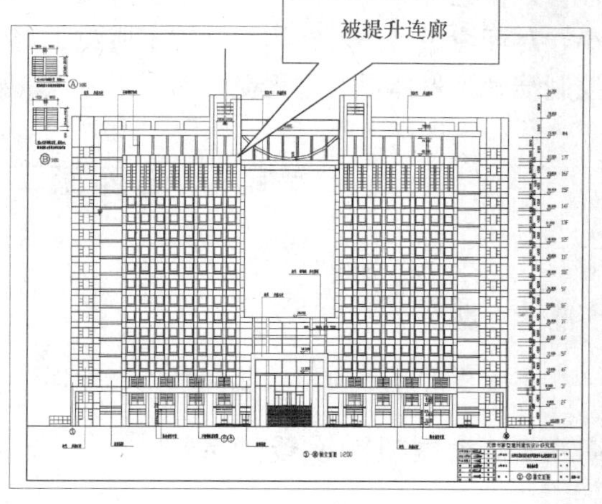

图 4.2-2 建筑立面图

4.2.2 工程重点、难点

（1）加工详图设计和管理、设计变更洽商管理。

（2）国产厚板钢材供货质量控制。

（3）钢材定尺采购、进度控制及运送、使用管理。

（4）施工测量控制：钢骨柱、钢骨梁吊装及钢连廊桁架拼装、吊装测量精度控制，测量高程传递、轴网传递，竖向变形观测控制。

（5）与土建施工进度协调。

（6）钢连廊桁架提升工况分析及提升系统的设计为本工程的难点。由于提升工程工况多，提升过程复杂，且桁架安装精度要求高，所以采用有限元分析，以保证桁架整体提升的安全及安装质量。

（7）由于受现场塔吊吊重影响，桁架分段数量较多，焊接量较大，如何保证桁架拼装精度及拼装质量为本工程的难点。

（8）钢骨柱现场拼接焊接顺序设计、变形控制及对垂直度的影响为本工程的难点。

（9）钢连廊桁架整体提升为本工程的难点。由于钢连廊桁架单体重量大，高度高。整体提升过程中如何保证桁架提升的同步性及提升过程液压装置同步工作为本工程的难点。

4.3 施工方案的选择

根据本工程的特点，钢连廊如果采用搭设满堂红脚手架进行高空散拼的方法虽然能够完成安装，但是措施费用巨大，工期长，高空作业安全风险大，安装质量差，对环境污染大，而且存在与土建重叠交叉作业。同时，搭设脚手架而使自重增加又需要进一步加固结构，大批钢管进场占用场地对正常施工的影响很大。因此，我们决定采用钢桁架在六层楼顶先拼装完成后再整体提升至设计位置。采用整体提升施工技术，既减少了施工临时措施，降低了施工成本，又解决了与土建重叠交叉作业问题，缩短了施工工期，经济价值和社会效益尤为显著。同时钢桁架在六层楼顶拼装便于测量和质量控制，施工作业安全风险小，对环境污染小。整体提升技术避免了钢桁架的局部杆件受力不均而损坏的现象；就位控制准确；整体提升过程受自然环境（风、雨、雪、雾）的影响较小。

4.4 总体施工部署与施工准备

4.4.1 质量目标

本工程的施工质量验收标准为：确保荣获天津市“海河杯”。

4.4.2 大型机械设备的选择

（1）现场塔吊性能

现场塔吊性能详见表 4.4-1。

现场塔吊性能表　　表 4.4-1

	R(m)	24	30	32	34	36	38	40	42	44	50
HL5013	4 倍率	3.19	2.45	2.27	2.11	1.97	1.84	1.73	1.63	1.53	1.3
	2 倍率	3	2.45	2.27	2.11	1.97	1.84	1.73	1.63	1.53	1.3

（2）现场塔吊平面布置

现场塔吊平面布置见图 4.4-1。

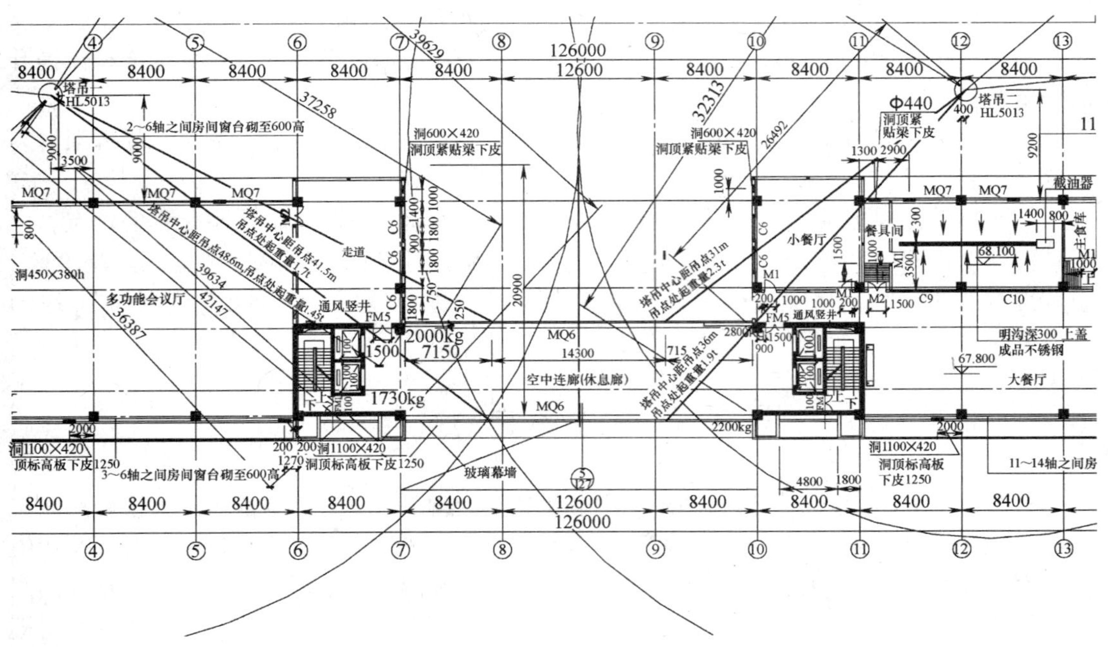

图 4.4-1　现场塔吊平面布置图

4.4.3 劳动力投入

钢结构吊装劳动力计划详见表 4.4-2。

钢结构吊装劳动力计划　　表 4.4-2

序号	工　种	数量(人)	序号	工　种	数量(人)
1	起重工	2	5	提升操作人员	10
2	安装工	10			
3	电、气焊工	6			
4	测量工	2			
	合计	30			

4.4.4 机具投入

(1) 整体提升设备清单详见表 4.4-3。

整体提升设备清单　　表 4.4-3

序号	机械或设备名称	型号规格	数量	备　注
1	提升油缸	TSD1050-200，100t	4 台	
2	液压泵站	ZB4-500	5 台	备用 1 台
3	防松地锚锚具	100t	4 台	
4	缆风绳		320m	4×80m=320m
5	液压油管		若干	
6	电控线		若干	
7	钢绞线	ϕ15.2mm	770m	55m×14=770m

(2) 吊装机械设备一览表详见表 4.4-4。

吊装机械设备一览表　　表 4.4-4

序号	名　称	规格/型号	数量	备　注
1	塔吊	HL5013	2 台	构件拼装、吊装
2	汽车吊	QY50	1 台	构件卸车、倒运
3	经纬仪	J2	2 台	
4	水准仪	PS3	1 台	
5	钢卷尺	50m	1 把	
6	钢卷尺	5m	4 把	
7	水平尺	1m	1 把	
8	电焊机	NB-500	6 台	
9	电闸箱	三级	6 台	
10	吊索	ϕ18，长 6m	4 根	
11	卡环	M20	4 个	
12	捯链		6	
13	螺旋千斤顶	5t	6	
14	帆布工具包		5	

（3）焊接设备与用具详见表 4.4-5。

焊接设备与用具　　表 4.4-5

序号	名　称	型号与规格	单位	数量	备　注
1	硅整流弧焊机	ZX-500A	台	1	附件配套
2	CO_2 半自动电弧焊机	SD-5001CY	台	6	附件配套
3	碳弧气刨枪	W-500 型	把	1	
4	空气压缩机	V-1.05/10 型	台	1	
5	电焊机	TSS2500 型	台	1	附件配套
6	电动角向磨光机	ϕ125	把	2	
7	压线钳		把	1	
8	钢丝钳		把	2	
9	活动扳手		把	10	
10	氧气瓶		个	4	
11	乙炔瓶		个	4	
12	CO_2 气 瓶		个	6	
13	碘钨灯	220V　1000W	个	2	
14	配电箱	YDL 系列外插式安全型	个	4	接焊接设备用
15	手提式配电箱	YD-TL-60 箱内配 300A/380V63A5 个开关 60A25A5 个开关	个	3	接手动工具用

（4）检测仪器与计量器具详见表 4.4-6。

检测仪器与计量器具　　表 4.4-6

序号	名　称	型号与规格	单位	数量	备注
1	超声波探伤仪	CTS-22	台	1	
2	焊口检测器		个	1	
3	放大镜	5～10 倍	个	1	
4	铁水平尺	600mm	个	1	
5	钢板尺	1.0m	个	1	
6	塞尺	100mm　17 片	个	2	
7	钢卷尺	7.5m	把	4	
8	钢卷尺	20m	把	2	

（5）安全防护用品详见表 4.4-7。

安全防护用品　　表 4.4-7

材料名称	防护部位	备　注
ϕ10 钢丝安全绳	桁架、主梁	
ϕ10 白棕安全绳	次梁	
防坠器	钢柱	
钢丝绳	水平防护网	

（6）测量仪器详见表 4.4-8。

测量仪器　　表 4.4-8

编号	设备名称	精度指标	数量	用　　途
1	S3 水准仪	2mm	1 台	标高控制
2	TDJ2E 电子经纬仪	2	2 台	轴线施工放样
3	50m 钢尺	1mm	2 把	施工放样
4	对讲机	—	2 部	通信联络

4.4.5 主要施工组织

（1）钢结构管理组织机构

为确保本工程全方位的组织管理能够顺利实施，公司调派具有钢结构施工管理经验的专业工程技术人员和管理人员组成项目经理部。

鉴于钢结构施工的特点，首先成立一个技术顾问组，由设计、施工、焊接等专业的有关专家组成。

（2）钢结构项目管理职能

1）成立钢结构部。

2）成立以项目总工程师为首的钢结构施工技术小组，负责解决施工过程中可能出现的各种重大问题。

3）钢结构部组织机构

见图 4.4-2。

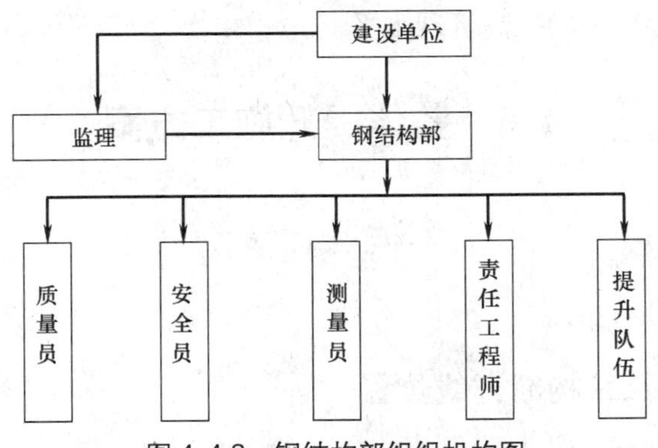

图 4.4-2　钢结构部组织机构图

4.5 施工进度计划及工期保证措施

4.5.1 钢结构施工进度安排

本工程钢结构约为 145t。钢结构施工进度计划安排如下：

现场钢结构的吊装分为两个阶段来实现：

第一阶段：

按照现场的2台的HL5013塔吊，来完成钢结构钢骨柱、钢骨梁、牛腿及桁架安装的任务。

第二阶段：

利用安装好的措施牛腿采用液压整体提升技术来完成钢桁架的安装。

4.5.2 钢结构施工进度总计划

钢结构工程的施工进度总计划见《施工进度计划表》。

4.5.3 工期保证措施

工期保证主要从人员、机械、材料、方法、环境五个方面考虑。

(1) 人员保证

选用具备高层钢结构设计、制作及安装施工经验的技术人员、管理人员进行本工程施工。

(2) 机械保证

提高塔吊、焊机等施工机械的完好率、利用率，并综合考虑现场各工序的塔吊使用时间，尽量将钢构件安装时间安排在6：00至20：00时，构件卸车及倒运在夜间完成。

(3) 材料保证

从材料（包括构件）供应方面，协调好钢结构制作、中转储运及构件安装计划的准确性，协调好压型钢板、栓钉等配套材料的供应。

(4) 环境保证

为提高现场管理效率，在现场工程计划、技术、质量、资料管理中全面使用计算机进行整理，利用现代化管理手段提高管理水平。

4.6 整体提升施工方案

4.6.1 施工工艺流程

施工工艺流程见图4.6-1。

4.6.2 提升点布置及结构断开线位置

提升点布置及结构断开线位置见图4.6-2。

提升点的布置原则：保证结构良好的受力性能和结构完整性；便于提升前后的结构施工。见图4.6-3、图4.6-4。

临时斜撑为H200mm×100mm×5.5mm×8mm的H型钢。

4.6.3 提升步骤

(1) 下牛腿（与上牛腿长度一样被切割部分）、上牛腿、措施牛腿的安装。

(2) 桁架提升部分拼装。

(3) 提升设备、下锚点及临时斜撑安装。

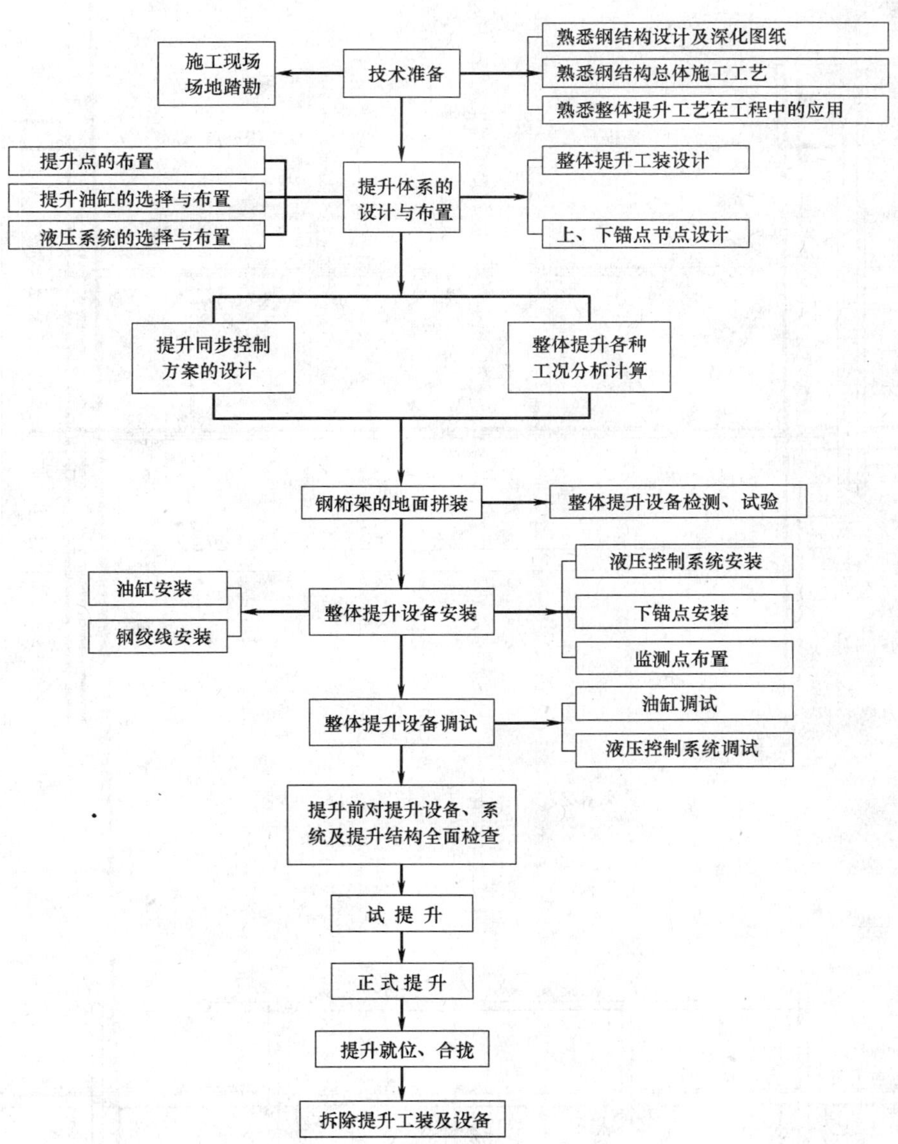

图 4.6-1　施工工艺流程图

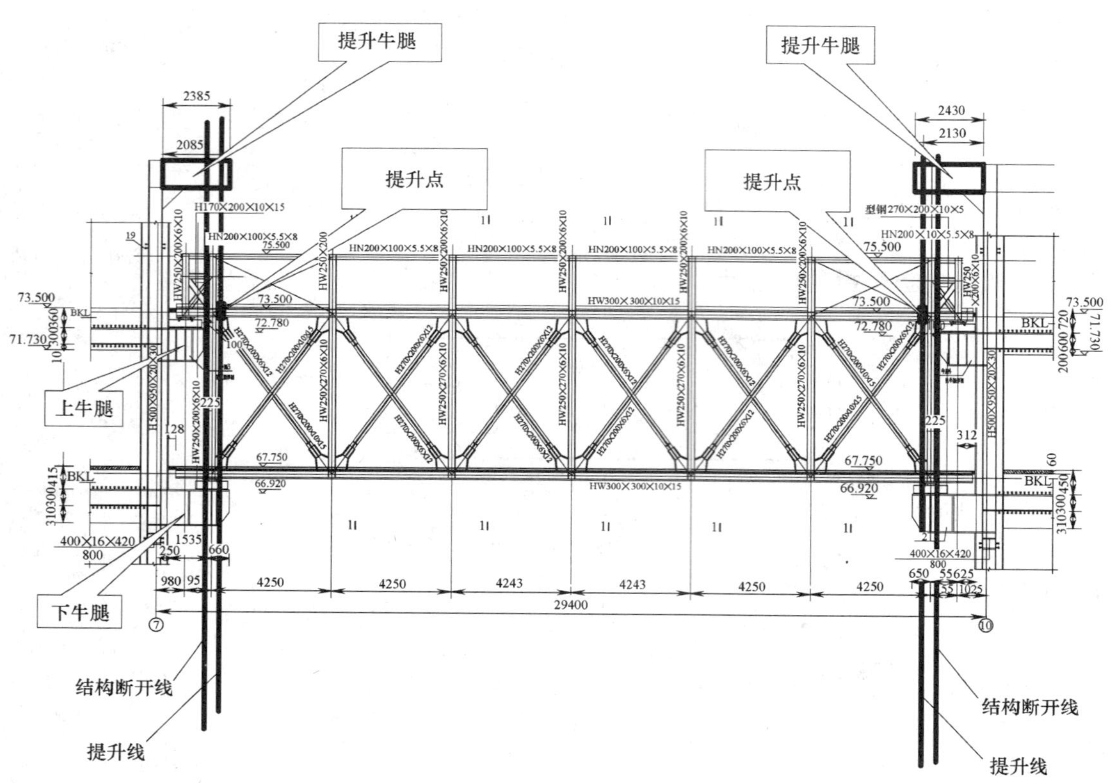

图 4.6-2 桁架竖向断开线及提升线图

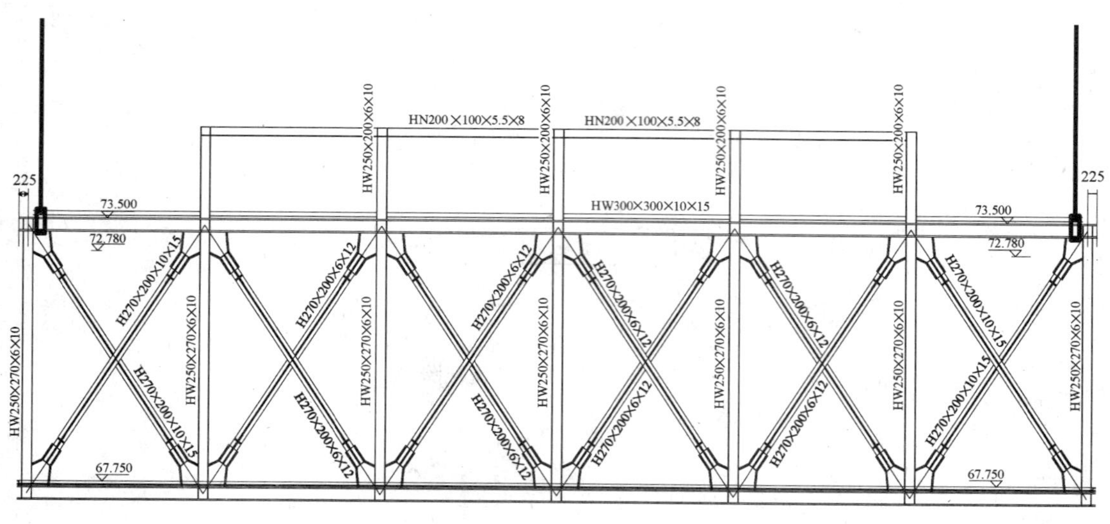

图 4.6-3 整体提升部分立面图

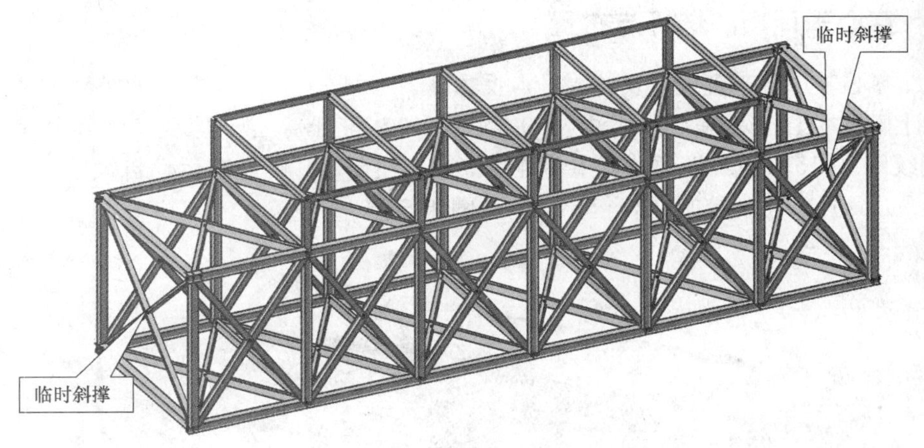

图 4.6-4 整体提升部分三维图

(4) 提升桁架。下牛腿（切割下剩余部分）用捯链吊在桁架下弦，桁架提升到比设计位置高 0.5m 处悬停一段时间，此时，穿心千斤顶导向锚、上锚、下锚（安全锚）必须同时锚紧（见图 4.6-5）。

(5) 安装下牛腿（切割下剩余部分）。

(6) 将支座水平推至设计位置。

(7) 安装钢连廊两端部分的杆件。

(8) 桁架提升就位（见图 4.6-6）。

本工程钢连廊共分为六榀及两端部分，钢连廊提升就位后，下弦与支座进行四周围焊，东侧安装 4 个规格为 1200mm×1070mm×420mm 的固定端支座，西侧安装 4 个规格为 1160mm×700mm×420mm 的自由端支座。支座安装在牛腿上，并进行四周围焊。钢连廊两端与建筑结构之间的连接缝用石棉网处理。

图 4.6-5 桁架提升过程

图 4.6-6 桁架提升就位

4.6.4 穿心千斤顶的选择与布置

(1) 穿心千斤顶布置位置及各提升点反力

经计算，本工程采用 4 台 TSD1050-200 型 100t 液压穿心千斤顶，中间分别穿 3 根 1860 钢绞线（ϕ15.2mm），两端有主动锚具，利用锲形锚片的逆向运动自锁性，卡紧钢绞线向上提升，提升速度控制在 3～5m/h（见图 4.6-7）。

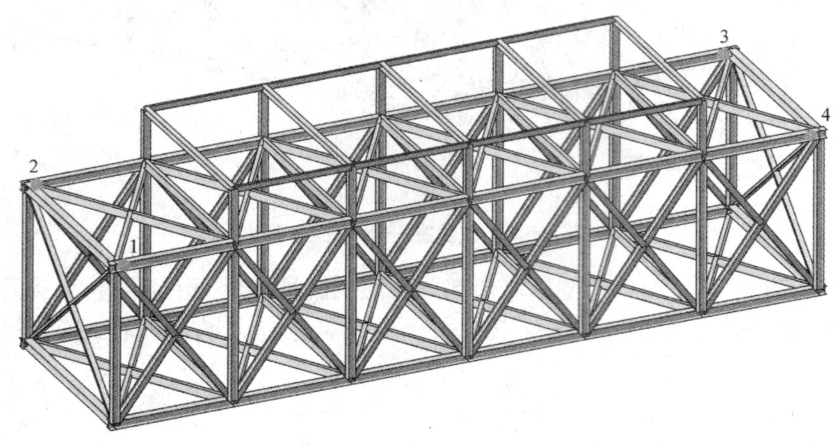

图 4.6-7 提升点布置图

在桁架标准自重作用下各点的提升反力见图 4.6-8 所示：

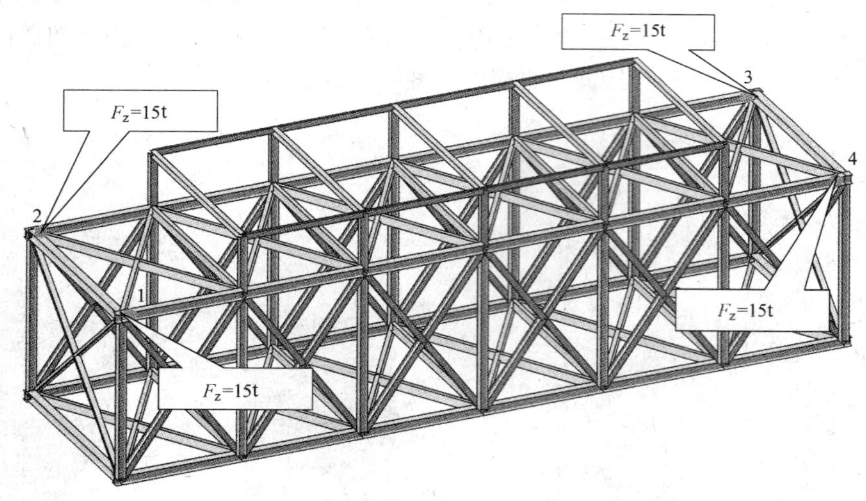

图 4.6-8 各提升点反力图

(2) 穿心千斤顶性能及安全系数

1) 穿心千斤顶技术性能

详见表 4.6-1。

穿心千斤顶技术性能 表 4.6-1

型号	额定载荷(kN)	直径(mm)	高度(mm)	重量(kg)	钢绞线数量(根)	钢绞线孔直径(mm)
TSD1050-200	1000	ϕ300	1300	183	7	ϕ105

2）各提升点的穿心千斤顶油缸安全系数

详见表 4.6-2

各提升点穿心千斤顶油缸安全系数 表 4.6-2

提升点位编号	油缸(t)	数量	支座反力(t)	提升力(t)	油缸储备安全系数	备注
1	100	1	15	100	6.67	
2	100	1	15	100	6.67	
3	100	1	15	100	6.67	
4	100	1	15	100	6.67	

由表可知，提升油缸的安全储备系数达到了 6.67，满足提升要求。

4.6.5 整体提升上、下锚点设计

（1）提升上锚点

在型钢柱上焊接临时提升牛腿，并开直径 120mm 的孔，以穿提升钢绞线。

为了保证桁架整体提升的安全性和可靠性，对提升的牛腿进行了受力分析。受力分析见图 4.6-9 和图 4.6-10，牛腿的设计力取了提升最不利情况，设计力为 15×2.3＝34.5t。其中 2.3 为安全储备系数。

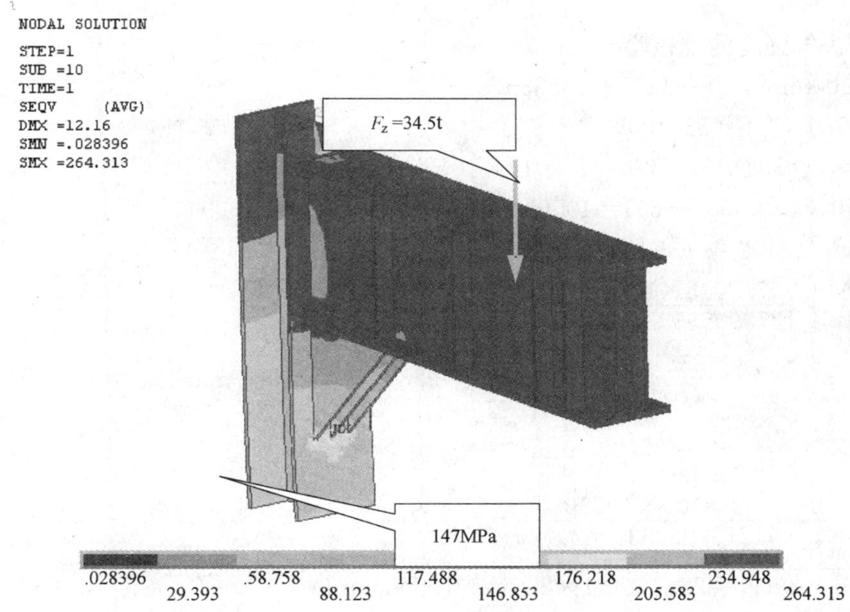

图 4.6-9 提升临时牛腿的有效应力图（一）

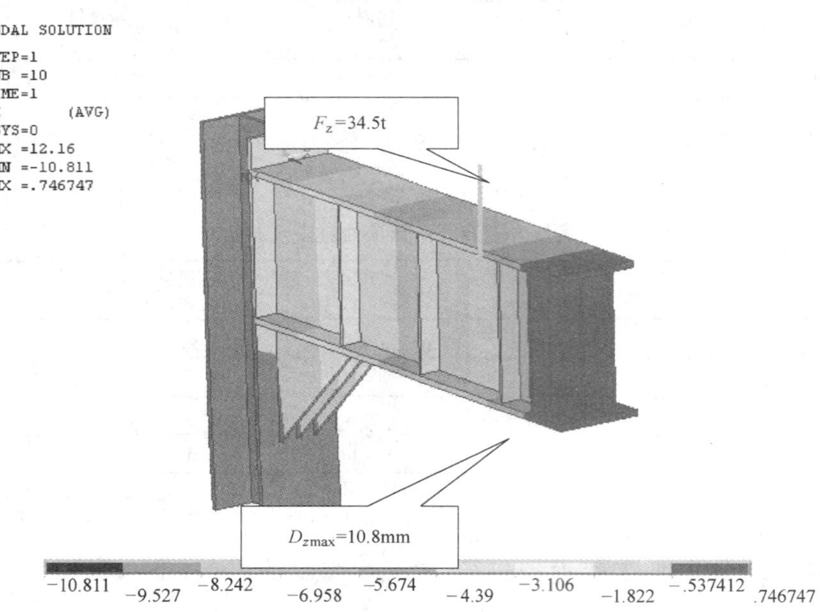

图 4.6-10 提升临时牛腿的 Z 向位移图（一）

由图可知，牛腿上的 Von-Mises 应力大概为在 117MPa 以内，而与牛腿相连的型钢柱 Von-Mises 应力达 147MPa 左右，图中出现的三角肋板底部的最大应力点由于局部应力集中造成。悬挑部分的最大 Z 向位移为 10.8mm，挠度为 10.8/(2×2430)=1/450。

牛腿各板件材质为 Q345-B，牛腿各板件之间及其与柱翼缘连接的焊缝采用熔透，坡口焊缝。

以下为焊缝强度的校核验算：

$A=80800\text{mm}^2$，$I_x=12739093333\text{mm}^2$

$N=34500\times9.8=338100\text{N}$

$M=N\times e=338100\times2130=7.2015\times10^8\text{N}\cdot\text{mm}$

$S_1=550\times40\times(500-20)=1056000\text{mm}^3$

$S_{max}=S_1+2\times20\times(500-40)^2\div2=14792000\text{mm}^3$

$$\sigma_{max}=\frac{M}{W}=\frac{7.2015\times10^8}{12739093333/500}=28.3\ll f_t^w=265\text{N/mm}^2$$

$$\tau_{max}=\frac{N\times S_{max}}{I_x\times t_w}=\frac{338100\times14792000}{12739093333\times2\times20}=9.8\ll f_v^w=110\text{N/mm}^2$$

$$\sigma_1=28.3\times\frac{500-40}{500}=26.0\text{N/mm}^2$$

$$\tau_1=\frac{N\times S_1}{I_x\times t_w}=\frac{338100\times1056000}{12739093333\times2\times20}=7.0\text{N/mm}^2$$

$$\sigma_z=\sqrt{\sigma_1^2+3\times\tau_1^2}=28.7\ll1.1\times265=291.5\text{N/mm}^2$$

由上述计算表明，牛腿各板件之间及其与柱翼缘连接的焊缝能满足要求，而且相应的安全储备较高，基本上达到 9.4 以上。

若再考虑动荷载系数，按 1.3 取值，则牛腿承受力为 44.9t，同时考虑提升过程的偏心问题，假设最不利情况 e=60mm，相应的计算结果如图 4.6-11、图 4.6-12 所示。

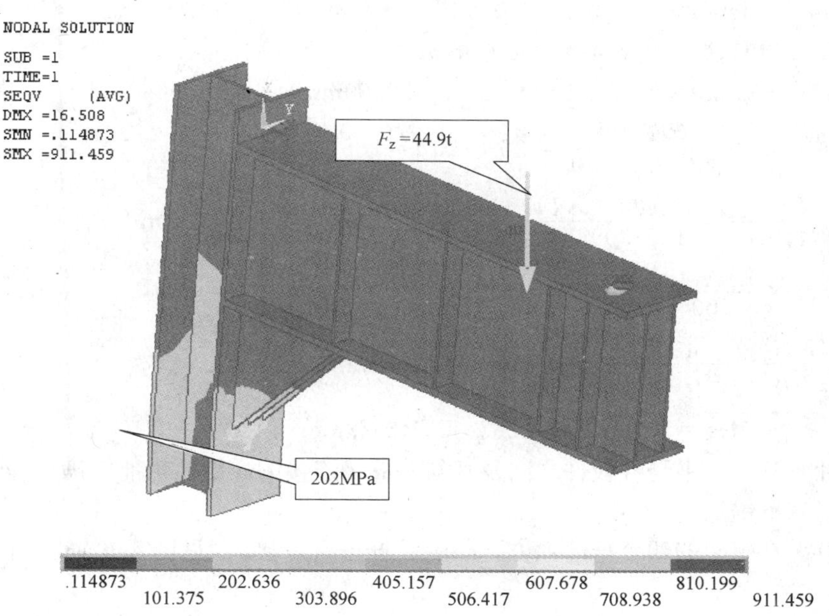

图 4.6-11 提升临时牛腿的有效应力图（二）

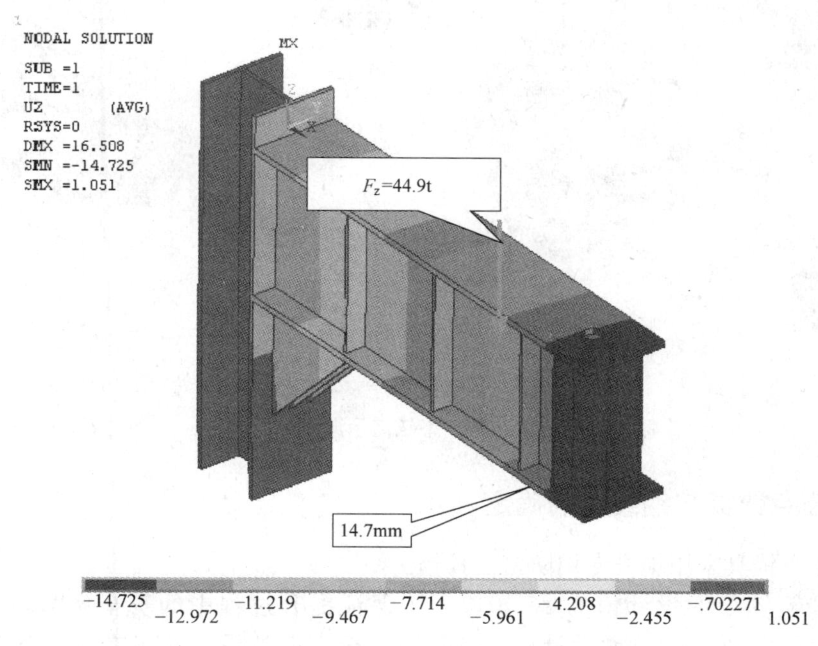

图 4.6-12 提升临时牛腿的 Z 向位移图（二）

以下为焊缝强度的校核验算：

$A=80800\text{mm}^2, I_x=12739093333\text{mm}^2$

$N=44900\times 9.8=440020\text{N}$

$M=N\times e=440020\times 2130=9.372\times 10^8\text{N}\cdot\text{mm}$

$S_1=550\times 40\times(500-20)=1056000\text{mm}^3$

$S_{max}=S_1+2\times 20\times(500-40)^2\div 2=14792000\text{mm}^3$

$$\sigma_{max}=\frac{M}{W}=\frac{9.372\times 10^8}{12739093333/500}=36.8\ll f_t^w=265\text{N/mm}^2$$

$$\tau_{max}=\frac{N\times S_{max}}{I_x\times t_w}=\frac{440020\times 14792000}{12739093333\times 2\times 20}=12.8\ll f_v^w=110\text{N/mm}^2$$

$$\sigma_1=36.8\times\frac{500-40}{500}=33.9\text{N/mm}^2$$

$$\tau_1=\frac{N\times S_1}{I_x\times t_w}=\frac{440020\times 1056000}{12739093333\times 2\times 20}=9.1\text{N/mm}^2$$

$$\sigma_z=\sqrt{\sigma_1^2+3\times\tau_1^2}=37.4\ll 1.1\times 265=291.5\text{N/mm}^2$$

经过计算分析，牛腿各板件之间及其与柱翼缘连接的焊缝质量能够满足提升要求。

（2）提升下锚点

下锚点设在桁架的四个角部上方，与上弦杆进行焊接。（见图 4.6-13、图 4.6-14、图 4.6-15）

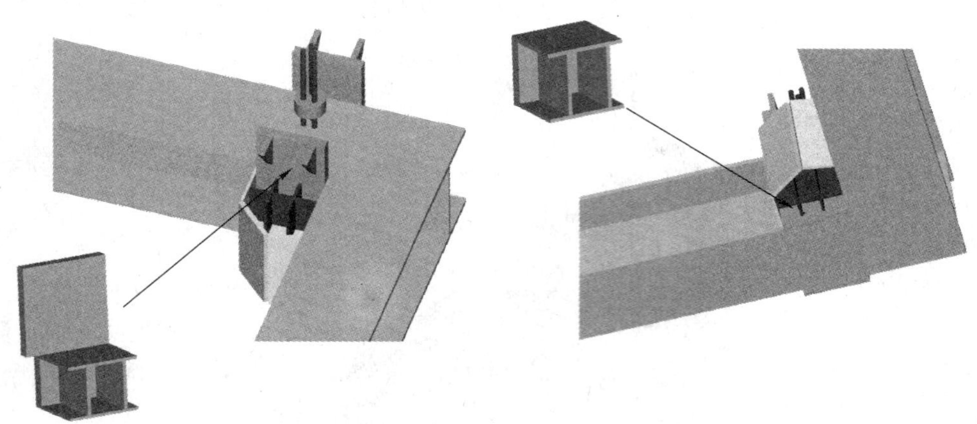

图 4.6-13 下锚点示意图

4.6.6 下锚点锚具与钢绞线的确定

（1）下锚点锚具采用提升专用防松工具锚。

（2）单根钢绞线的设计值为 25.8t，为了保证提升过程中的安全系数，采用 3 根 1860 钢绞线（ϕ15.2mm），其设计值为 77.4t，若按正常设计 15t 考虑，其安全系数为 5.16。

图 4.6-14 下锚点

图 4.6-15 穿心千斤顶

4.7 整体提升施工

4.7.1 整体提升设备检查与施工准备

（1）提升油缸的准备

1）锚具系统检查

将上下锚具拆卸开，对锚具系统主要检查。

2）清洁程度

清除锚具系统中的垃圾、铁锈等，尤其是锚片牙齿缝隙中的铁锈等垃圾，使用柴油清洗。

3）锚片牙齿检查

检查锚片牙齿的完好程度，如有磨损或拉伤，需要更换。

4）锚片弹簧检查

检查锚片圈紧弹簧，如有损坏，需要更换。

5）锚片压紧弹簧检查

检查锚片压紧弹簧，如有损坏，需要更换。

6）锚具系统在安装装配前，必须喷脱锚灵。

（2）主油缸动作试验与保压试验

1）主油油缸往复动作，检查油缸动作是否正常；

2）保压试验，在 28MPa 压力下进行油缸保压实验，保压效果良好，确认密封圈和液压锁性能良好，并做好保压记录；

3）如保压试验不合格，则进行分析，以更换密封圈或液压锁；

4）调节油缸溢流阀，将油缸最高压力调到 28MPa，确认油缸溢流阀良好；

5）调节油缸节流阀，观察油缸缩缸速度，检查节流阀情况；

6）检查管路是否有漏油情况，快速接头是否有漏油情况，阀块和接头部位是否有漏油情况，出现漏油情况时，应及时处理。

（3）液压泵站的准备

1）常规检查与试验

A. 做好泵站的清洁和防锈工作；

B. 电器插头必须有螺丝固定，损坏的必须更换；

C. 泵站无任何漏油情况。

2）泵站各项性能要求的检查与试验

A. 泵站上电，手动状态，检查泵站动作，动作都能到位；

B. 电机启动正常，液压泵无任何异常响声；

C. 调节伸缸或缩缸压力 0～20MPa，压力变化正常；

D. 调节过程中注意听液压泵声音，声音正常；

E. 各种溢流阀性能正常；

F. 将泵站各路分别用油管与油缸连接，检查锚具换向阀动作、伸缩缸换向阀动作、截止阀动作、比例阀动作；

G. 各种电磁阀性能正常；

H. 将泵站系统压力调到 20MPa，闭压 5min，检查各个管路是否有漏油情况，快速接头是否有漏油情况，阀块和接头部位是否有漏油情况，出现漏油情况及时可靠处理。

（4）提升地锚的准备

1）做好地锚的清洁和防锈工作；

2）对没有电镀的部分必须涂防锈漆；

3）检查地锚情况，锚片清洁牙齿无损伤，压紧弹簧无变形，弹簧圈无变形，压板无变形；

4）地锚安装前必须脱喷灵，做好油管接头的清洁工作，注意油管的安全防护。

（5）提升设备的运输与存储

1）提升油缸在运输过程中，应固定好，防止滚动以损坏液压阀块；

2）注意防雨、防火、防盗。

4.7.2 整体提升设备安装

（1）提升油缸的安装

1）根据提升油缸的布置，安装提升油缸；提升油缸在吊装过程中，注意安全；

2）安装好被提升结构上的地锚构造；

3）安装提升油缸；

4）在安装提升油缸和地锚支架时，准确定位，要求提升油缸安装点与下部地锚支架投影误差小于 10mm；

5）提升油缸在安装到位后，每台提升油缸使用 4 只“7”形卡固定。

（2）钢绞线与地锚的安装

1）根据设计长度，切割钢绞线；

2）将钢绞线自上而下穿过导向锚、上锚和下锚（安全锚）环；

3）钢绞线根据疏导板穿入提升地锚；

4）用专用张拉千斤顶预紧钢绞线，然后提升油缸用4MPa压力带紧钢绞线，同时将地锚固定在地锚构造支架上。

（3）液压系统安装

1）根据布置，在提升平台上安装液压泵站；

2）连接液压油管；

3）检查液压油，并准备备用油。

4.7.3 整体提升设备调试

（1）液压泵站调试

液压泵站通电，进行给油、收油操作，检查泵站各个部位是否正常工作。

（2）提升油缸调试

1）检查油缸上下锚具都处在紧锚状态。

2）上锚打开后，启动主泵，给伸缸动作，伸缸过程中给截止动作，观察油缸是否停止，油缸会停止表明动作正常。

3）给缩缸动作，缩缸过程中给截止动作，观察油缸是否停止，油缸会停止表明动作正常。

4）油缸来回动作几次后，将油缸缩到底，上锚紧。

5）油缸检查正确后停止泵站。

（3）调试过程中的注意事项

1）操作人员仔细阅读《提升千斤顶操作手册》，根据提升系统调试流程理解；

2）切记任何情况油缸锚具必须在紧锚状态，只有在需要下放时才打开下锚（安全锚）。

4.7.4 正式整体提升前的准备工作

（1）加载试验

1）加载试验的目的

对每个临时提升牛腿进行加载试验，检查提升平台、地锚构造和结构的受力与变形情况。

2）加载试验方法

A. 对每个提升牛腿分别逐级加载，按20％、40％、60％、80％、100％顺序；

B. 加载过程中，记录各点的变形等参数。

3）分析评估

A. 根据加载试验记录，分析各项数据，对试验结果进行评估；

B. 检查各项数据是否在设计范围内；

C. 如超出设计范围，则需要分析原因，并予以解决改进。

（2）检查总结与确定试提升日期

1）检查总结

对上述项目进行检查并记录，对上述检查情况进行总结。

2）确定试提升日期

A. 根据工程进度、天气条件、工地准备情况，与各方确定试提升日期。

B. 提升时的天气要求：3～5 天内不下雨，风力不大于 5 级。

(3) 试提升

1）试提升前的调整

在全部桁架离地后，需要进行如下调整：

A. 各点的位置与负载记录；

B. 比较各点的实际载荷和理论计算载荷，并根据实际载荷对各点载荷参数进行调整。

2）试提升

A. 在试提升过程中，对各点的位置与负载等参数进行监控；

B. 试提升高度约 20cm。

3）空中停滞

A. 桁架提升离地后，空中停滞一定时间（12h）；

B. 悬停期间，要定时组织人员对结构进行观察；

C. 有关各方也要密切合作，为下一步做出科学的决策提供依据。

4）试提升总结

A. 提升设备工作状况，总结提升设备工作是否正常；

B. 组织配合状况，总结提升指挥系统是否顺畅、操作与实施人员工作配合是否熟练；

C. 在试提升过程中，对于出现的问题，要及时整改。

4.7.5 正式整体提升过程控制

(1) 正式提升前设备的检查

1）提升油缸检查

A. 油缸上锚、下锚和锚片应完好无损，复位良好；

B. 油缸安装正确；

C. 钢绞线安装正确。

2）液压泵站检查

A. 泵站与油缸之间的油管连接必须正确、可靠；

B. 油箱液面，应达到规定高度；

C. 每个吊点至少要备用 1 桶液压油，加油必须经过滤油机；

D. 提升前检查溢流阀；

E. 根据各点的负载，调定主溢流阀；

F. 利用截止阀闭锁，检查泵站功能，出现任何异常现象立即纠正；

G. 泵站要有防雨措施；

H. 压力表安装正确。

(2) 正式提升前结构的检查

1）提升支撑结构的检查

A. 检查临时提升牛腿及平台；

B. 检查提升地锚；

C. 检查钢绞线疏导架。

2）提升结构的检查

A. 准确测量牛腿的相对位置与桁架几何尺寸；

B. 主体结构质量、外形均符合设计要求；

C. 主体结构上确已去除与提升工程无关的一切荷载；

D. 提升将要经过的空间无任何障碍物、悬挂物；

E. 主体结构与其他结构的连接是否已全部去除。

（3）正式提升前天气等环境的检查

1）注意天气预报，提升日前后无五级以上大风；

2）晴天。

（4）各种预案与应急措施的检查

1）检查提升设备的备件等是否到位；

2）检查防雨、防风等应急措施是否到位。

（5）提升过程监控措施的检查

水准仪等测量设备的准备。

（6）正式提升

1）提升前的准备

各种备件、通信工具是否完备；

2）提升设备的检查

检查提升油缸、液压泵站和控制系统是否正常；

3）正式提升

A. 经过试提升，观察后若无问题，便进行正式提升；

B. 正式提升过程中，记录各点压力和高度；

[注] 正式提升，须按下列程序进行，并做好记录：

操作：按要求进行加载和提升；

观察：各个观察点应及时反映测量情况。

测量：各个测量点应认真做好测量工作，及时反映测量数据；以提升点1作为主控点，其他点以此点为参考，根据两者之间的高差大小进行提升速度的调整。

校核：数据汇交现场施工设计组，比较实测数据与理论数据的差异；

分析：若有数据偏差，有关各方应认真分析；

决策：认可当前工作状态，并决策下一步操作。

C. 提升注意事项

A）应考虑突发灾害天气的应急措施；

B）提升关系到主体结构的安全，各方要密切配合；

C）每道程序应签字确认。

4）提升过程的监控

A. 监控各点的负载；

B. 监控结构的空中位置；

C. 监控提升通道是否顺畅。

4.7.6 整体提升合拢与就位

（1）合拢焊接次序

下弦杆→上弦杆→立面竖杆。

（2）就位

所有构件合拢焊接完毕后，经过超声波无损探伤质量检验验收合格后，钢连廊整体稳定后开始就位。

就位前要用经纬仪和水准仪对钢连廊的稳定性进行监测，确保钢连廊在水平和竖直方向没有相对位移反复出现情况下，可以就位。

就位顺序：同侧提升点同时就位，分 2 次逐级卸载。详见表 4.7-1。

就位顺序表　　表 4.7-1

就位顺序	部位(点位)	就位程度
1	提升点 1,2	分两次逐级就位,第一次就位 40%,第二次就位 60%
2	提升点 3,4	分两次逐级就位,第一次就位 40%,第二次就位 60%

4.7.7 整体提升设备拆除

（1）设备拆除

1）拆卸液压系统；

2）拆卸提升地锚；

3）拆卸提升油缸；

4）拆卸钢绞线。

（2）设备拆除过程中的注意事项

1）注意吊装安全；

2）注意钢结构的捆扎，防止滑出。

4.7.8 整体提升应急措施

（1）外界因素应急情况

外界因素应急情况详见表 4.7-2。

外界因素应急情况　　表 4.7-2

序号	事故状况	应急处理
1	现场停电	由于提升油缸配备单向液压锁,提升油缸不会受载下降; 提升油缸的下锚锚片与钢绞线接触紧密,并且有弹簧压紧,即使提升油缸因为内泄漏而下沉,负载也会逐渐转移到下锚(安全锚)上;如长时间停电,则用将导向锚、上锚、下锚(安全锚)锁紧
2	电磁干扰	系统采用人工控制;不受任何电磁干扰的影响
3	误操作	提升时,上锚、下锚(安全锚)都是处于锚紧状态,且锚具有逆向自锁功能
4	大雨	对提升设备,尤其是液压泵站、传感器等进行防雨保护
5	风	起风时,用捯链将桁架各角点与周围结构固定

(2) 提升设备故障

提升设备故障处理方式详见表 4.7-3。

提升设备故障处理方式 **表 4.7-3**

序号	部位	故障情况	采 取 措 施
1	提升千斤顶	不出缸	锁紧千斤顶的安全锚,将千斤顶主油缸卸下,进行现场修理
2	钢绞线	窝进油缸	在提升油缸中,设计导向锚,确保脱锚顺利
3	上锚锚具	故障	打开上锚具,更换锚片或弹簧等
4	接头	漏油	更换密封圈
5	节流阀	失效	更换节流阀
6	溢流阀	失效	更换溢流阀
7	泵站	漏油	更换密封圈
8	液压泵	故障	更换液压泵

(3) 钢绞线的更换方案

1) 如果提升过程中，如果钢绞线出现故障，进行单根或多根更换；

2) 将损坏的钢绞线从中间割断；

3) 将断开处打磨；

4) 将断开的钢绞线分别从提升油缸中和地锚中抽出；

5) 准备 1 根新的钢绞线，从提升油缸顶部穿入，经过导向锚、上锚和下锚；

6) 将钢绞线的另一端穿入地锚；

7) 张紧该钢绞线。

4.7.9 提升体系的安全保障措施

提升体系的安全保障措施详见表 4.7-4。

提升设备安全保障措施 **表 4.7-4**

序号	部位	安 全 措 施
1	提升油缸	1. 在钢绞线承重系统中增设了多道锚具,如上锚、下锚(安全锚)、导向锚; 2. 每台提升油缸上装有逆向运动自锁锚具,防止失速下降;即使油管破裂,重物也不会下坠
2	液压泵站	液压泵站上安装有安全阀,通过调节安全阀的设定压力,限制每点的最高提升能力,确保不会因为提升力过大而破坏结构
3	提升结构体系	提升平台和地锚连接过渡结构必须经过精确的设计、计算、施工,确保安全,万无一失

4.8 提升过程的质量控制措施

4.8.1 提升设备的同步控制

(1) 确定 1 号提升点为主控点，其余 3 个点均以此点为基准，提升过程中根据各点提升快慢进行及时调整，保证其同步性；为了控制各点的同步以及结构的平稳性，整个提升过程穿心千斤顶的速度尽量慢。

（2）在穿心千斤顶支撑架上放置油缸行程标尺，用以监测油缸每次伸缸速度及位置，从而保证在每个油缸行程内保证各提升点的同步。

（3）油泵控制人员同时接收主控人员指令，同时开始伸缸操作，每隔30mm向主控人员报告油缸位置。主控人员根据各点提升位置，给出等待、加速、减速等操作指令，油泵控制人员根据指令及时调整。

（4）当各提升点提升到油缸指定出缸高度时，立即停止伸缸。等4个点都伸缸到指定位置后，再根据主控人员指令进行缩缸操作，缩缸到初始位置，向主控人员报告油缸状态，并停止操作等待主控人员下一命令。

4.8.2 被提升结构位移控制

在钢绞线上每0.5m做上一个标记，用以检查2～3个油缸行程后，各个提升点的相对位置；若发现有提升点位置与1号提升主控点位置相差较多时，对各个点进行及时调平，使4个提升点位于同一平面。

4.8.3 被提升结构的光学仪器监测

每隔2～3m用水准仪对整个被提升桁架上的指定点进行测量，并将测量结果反馈给主控人员，主控人员根据反馈结果对整个结构进行找平，找平的基准点仍然为1号提升点（见图4.8-1）。

图4.8-1 位移监测

本工程液压穿心千斤顶的油缸最大出缸行程为20cm，本工程每个行程定为17cm，并在千斤顶上用红油漆标明，这样就能随时调整4个提升点的位移。例如：如果在第8个行程时经过水准仪监测发现2号提升点位移低了10mm，我们就使2号千斤顶在第9个行程时出缸行程定为18cm；在第20个行程时经过水准仪监测发现3号提升点位移高了15mm，我们就使3号千斤顶在第21个行程时出缸行程定为15.5cm。这样就可以使4个提升点位于同一水平面，保证桁架安全整体提升。

4.8.4 控制指标

提升过程中，以各提升点的位移差值作为关键的控制指标。提升点1、2之间的位移差控制在3cm以内，提升点2、3之间的位移差控制在8cm以内。

4.8.5 提升通道的垂直度保证

提升通道的垂直度的保证是本工程钢桁架能否顺利提升到位的重要因素，本工程被提升的桁架部分两端距东、西楼各50mm。影响提升通道垂直度的主要因素在于土建结构上部的幕墙预埋件及土建挑檐等突出物，提升前利用激光垂直仪在桁架端部向上投射激光束，安排施工人员进行观测，如果发现障碍物立即安排人员清理，确保桁架提升畅通无阻。

4.8.6 现场焊接质量控制

现场钢柱，钢梁，牛腿及桁架的焊缝质量等级均要求为一级焊缝，必须经过100%超声波无损探伤，只有探伤没有任何问题了才能进行下道工序。探伤标准要求执行现行国家标准。必须要有Ⅱ级超声波探伤技术资格人员2名。现场焊接必须严格执行焊接工艺流程，并认真执行“三检制度”。

焊接工艺流程：

(1) 安装焊接准备工作

1) 焊接位置为柱-柱横焊、柱梁平焊、T型角立焊。焊接方法柱-柱、柱-梁为CO_2气保焊，T型接头为手工电弧焊。钢材规格、坡口形式及尺寸按设计要求。焊后外观用超声波检测合格后取样进行力学试验，要求试验接头抗拉强度和冲击韧性达到母材标准值。接头冷弯180°。说明所采取的钢材在规定的焊接方法、焊接参数、焊接条件下，其焊接接头综合性能达到并超过了设计和规定要求，并以此为依据制订本工程的焊接工艺参数。以上试验均应按本工程规定采用的技术标准进行。

2) 采用的焊接材料和焊接设备技术条件应符合国家标准，性能优良。清渣、气刨、焊条保温等装置应齐全有效。

(2) 手工电弧焊及CO_2、气保焊焊材和设备

1) 焊条应放在高温烘干箱烘干，低氢型焊条烘干温度为：焊条在高温箱中加热到380℃后保温1.5h，再在高温箱中降温到110℃后保存，使用时从烘箱中取出应立即放入100～110℃的焊条保温筒中，并须在4h内用完，焊条烘干次数不得超过两次。

2) 焊丝包装应完好，如有破损面导致焊丝污染或弯折、紊乱时应部分弃之。

3) CO_2气体纯度不低于99.99%（体积比），含水量低于0.005%（重量比），瓶内高压低于1MPa时应停止使用，焊接前要先检查气体压力表的指示，然后检视气体流量计并调节气体流量（20～80L/min）。

4) 焊机之电压应正常，地线压紧牢固接触可靠，电缆及焊钳无破损，送丝机应能均匀送丝，气管应无漏气或堵塞。

4.9 提升过程的安全防护措施

(1) 加强施工人员安全教育培训及安全交底工作，做好一切常规安全措施。

(2) 在桁架整体提升范围内设置警戒区域，用隔离带作为警戒线，并张贴警示标识。只有施工有关人员方可入内，其他人员严禁入内。另外夜间派4个人员通宵值班，东、西楼顶各2人值班。

(3) 提升平台搭设栏杆，满铺跳板，栏杆四周挂安全网及密目网。沿提升平台拉杆两侧搭设扶手栏杆，底部搭设横杆，铺设跳板作为上下通道，跳板上钉木条作为防滑措施。(见图4.9-1)

图 4.9-1　安全防护

(4) 提前对现场提升设备的故障、天气变化、停电、人员伤亡等突发性事件制定详细的施工应急预案，做到未雨绸缪。

(5) 提升过程悬停安全措施。

1) 提升千斤顶的导向锚、上锚、下锚（安全锚）三个锚具全部夹紧，导向锚在提升时起到导向作用；在悬停时，导向锚锚紧，起到安全锁的作用。

2) 使穿心千斤顶处于无伸缸状态。

3) 提升中间阶段的悬停时，用捯链将桁架两端部上下节点与周围结构进行临时固定。

4) 进行电焊、气割操作时，一定要注意双线到位。

5) 用石棉布包裹钢绞线以防止电焊、气割对钢绞线的损伤。

6) 搭设穿心千斤顶防护架并盖上彩条布以防雨。

4.10　环境保护措施

4.10.1　环境管理

根据 ISO 14000 环境管理体系标准，把“预防、控制、监督和监测”这一环境管理基本思想贯穿于整个施工生产过程中，以“预防”为核心，以“控制”为手段，通过“监督”和“监测”不断发现问题，约束自身行为，调节自身活动，配合总包为实施环境改善取得依据。

环境保护管理的思路是：

识别环境因素→确定环境目标、指标→编制环境管理方案→建立环保组织机构→培训、提高意识和能力→环保运行控制→应急准备和响应→监督与监测→持续改进。

针对本工程特点，开工伊始，首先识别施工生产中将要出现的各种环境因素（主要是水、气、声、渣）及其会造成的影响，针对其对环境的影响程度，确定环境保护目标、指标，编制环境管理方案。

4.10.2　协调关系，防止粉尘和施工扰民

(1) 进场前主动联系相关单位，加强沟通，办齐各项手续。

(2) 提前做好现场周边居民的安抚工作，定期对周边居民进行拜访，及时了解居民情况，相互达成谅解。

(3) 成立扰民及民扰问题工作小组，建立从“组织→实施→检查记录→整改”的环保自我保证体系，积极和群众建立协调互助关系。

(4) 钢构件卸车、吊装时，尽量避免钢结构构件间的碰撞；并积极采取有效措施减少

噪声避免对周围居民的影响。施工现场场界噪声：钢结构施工，昼间＜70dB，夜间＜55dB。

(5) 成立文明施工保洁组，配备洒水设备，做好压尘、降尘工作。

(6) 钢结构施工产生的垃圾分类存放，及时清运，清运时适量洒水，降低扬尘。

(7) 加强对全体施工人员的环保教育，提高环保意识，把环境保护、文明施工、最大限度减少对周边环境的影响、保护市容、场容整洁变成每个施工人员的自觉行为。

4.11 技术资料管理

(1) 施工资料的管理实行项目技术负责人负责制，项目配备资料员，负责施工资料的收集和整理工作。工程资料应与施工进度保持同步，按专业归类，认真书写，做到字迹清楚，项目齐全、准确、真实，无未了事项。表格统一采用天津市地方性标准《建筑安装工程资料管理规程》所附表格。并对整个工程施工资料的真实性和完整性负责，完工时向建设单位提交完整、准确的工程资料。

(2) 工程资料的填写必须符合《中华人民共和国建筑法》、《建设工程质量管理条例》、《建设工程勘察设计管理条例》及国家有关规范、标准和天津市地方性标准《建筑安装工程资料管理规程》。

(3) 项目质量检查员严格执行国家质量验评标准和施工规范，代表企业对工程质量行使监督检查职能。负责检查施工记录和试验结果的真实性。

(4) 材料工作人员必须认真贯彻现行建筑工程法规、规程，应在材料进场一周内提供随行质量文件（材质证明、合格证、准用证等），所有材质证明文件均应为原件，如是复印件的应加盖原件存放单位红章，并在材质上注明抄件人、日期、进场批量。

(5) 项目试验人员必须严格按照材料检验标准有关取样的规定取样送检，对出具的试验报告的计算，审核及结论的正确性负责，一切原始数据不准涂改，资料不准抽撤，同时应有试验、计算、审核和负责人签字。

各责任工长（含测量）对所负责分项分部工程形成的技术资料负责，按照资料员的要求填写资料，保证其内容真实、完整。

4.12 附　　录

4.12.1 钢连廊提升计算部分

(1) 计算工况

1) 1.3 倍重力作用，各提升点位于同一平面。见图 4.12-1、图 4.12-2、图 4.12-3、图 4.12-4。

钢构件（1.3 倍自重）设计值杆件应力详见表 4.12-1。

（最大值 21N/mm^2，最小值－28N/mm^2，20N/mm^2 以下省略）

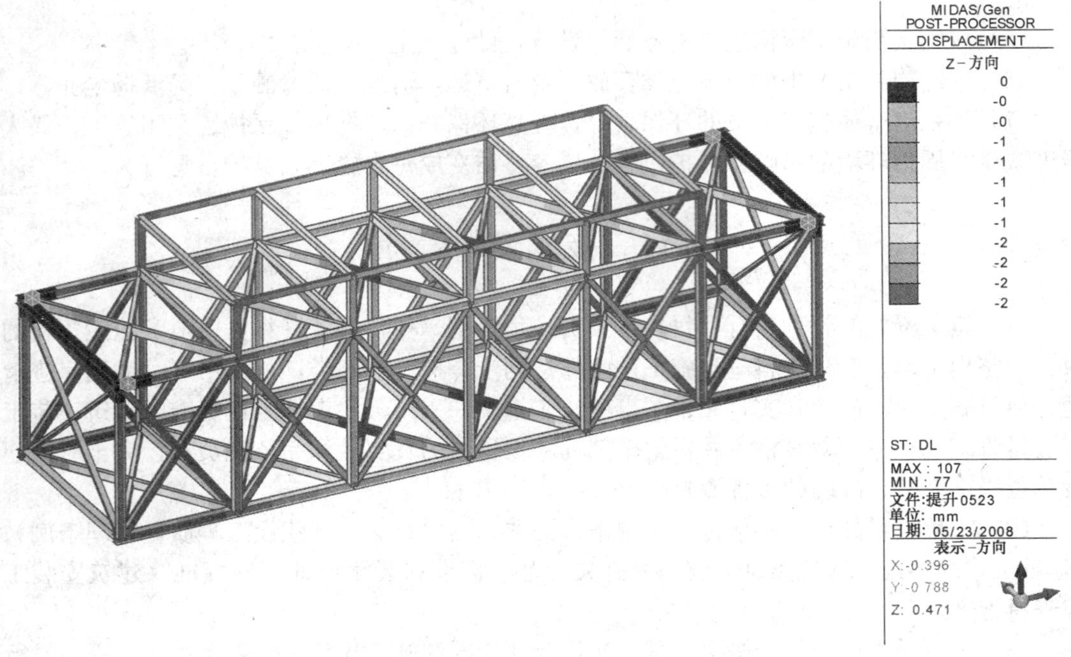

图 4. 12-1 Z 向位移

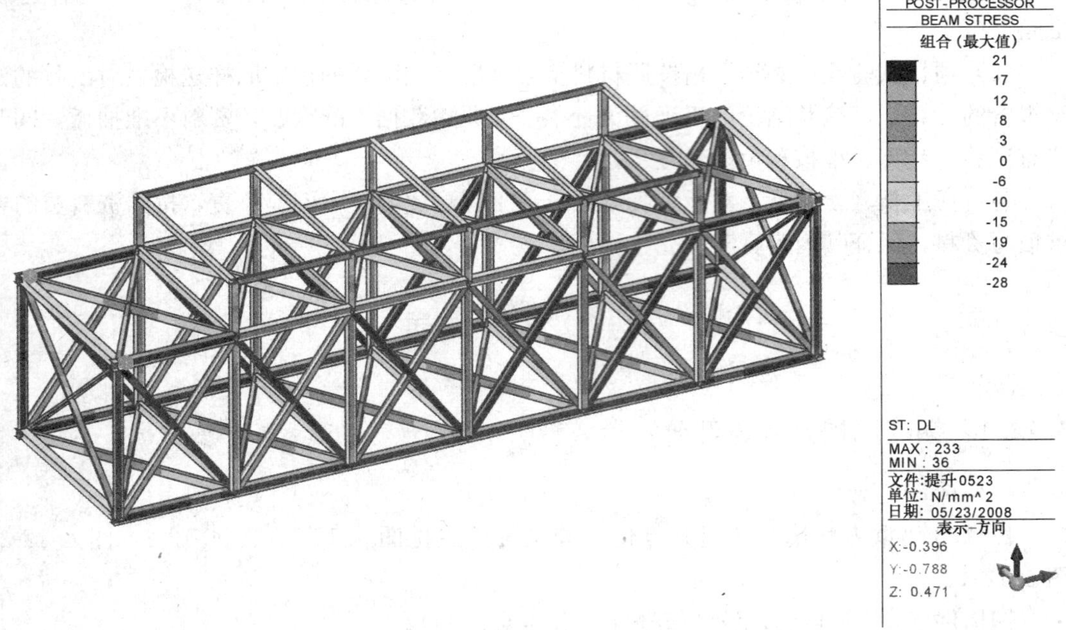

图 4. 12-2 应力图

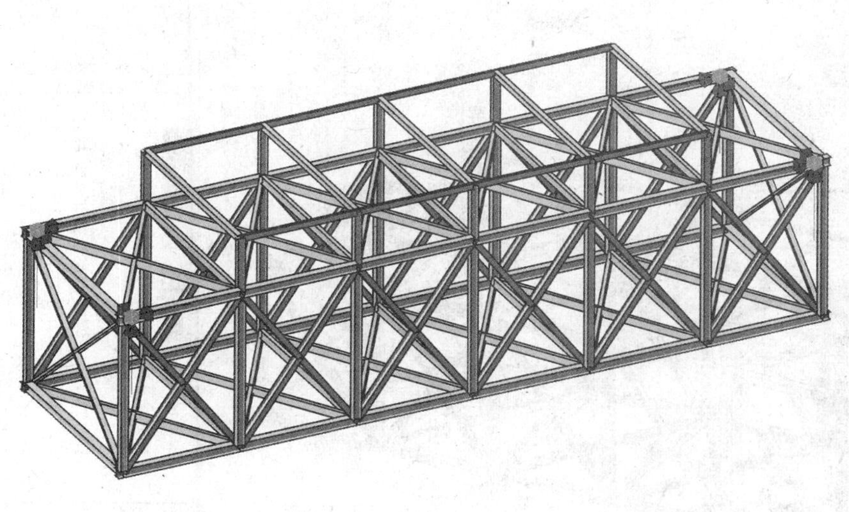

图 4.12-3　各提升点的反力

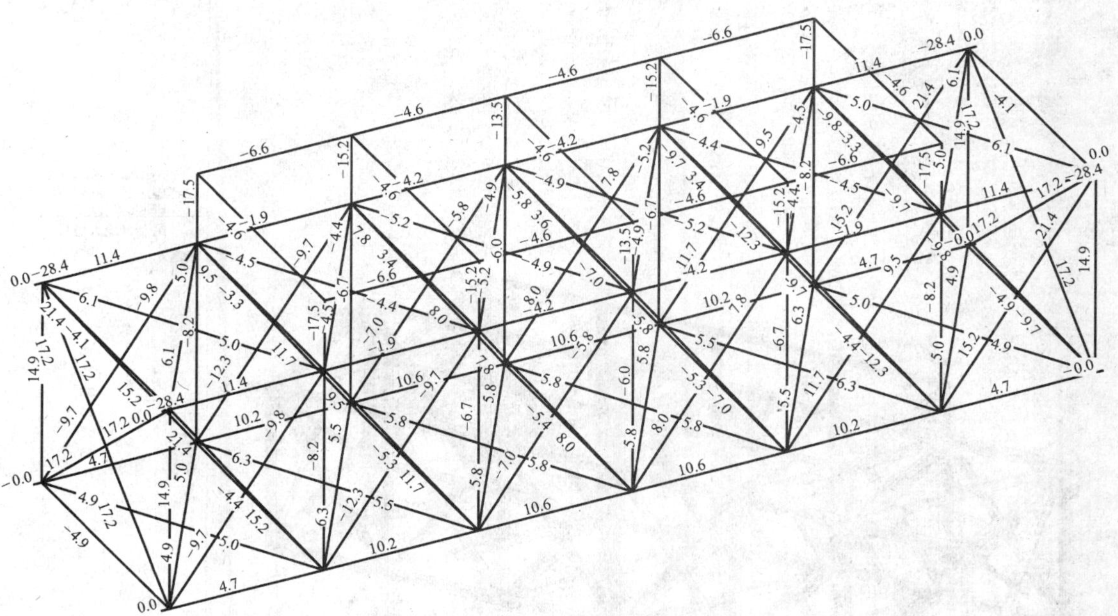

图 4.12-4　整体提升部分各杆件应力

钢构件（1.3 倍自重）设计值杆件应力　　表 4.12-1

梁单元编号	轴向应力	剪应力－Y	剪应力－Z	弯矩－Y	弯矩－Z	组合应力
	N/mm²	N/mm²	N/mm²	N/mm²	N/mm²	N/mm²
116	9.42	－0.34	0.41	－7.87	4.14	21.40
238	－3.89	－1.27	－43.50	－0.85	－23.60	－28.40
239	－3.89	1.27	－43.50	0.85	－23.60	－28.40

2）1.3 倍重力作用，2 个提升点失效。见图 4.12-5、图 4.12-6、图 4.12-7、图 4.12-8。

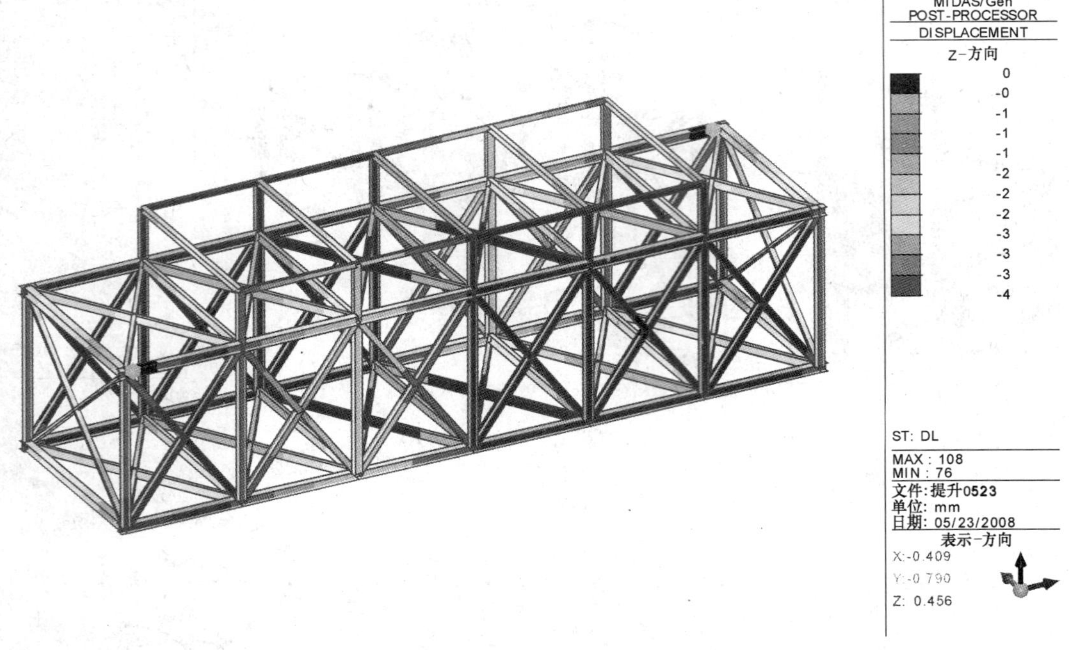

图 4.12-5　Z 方向位移

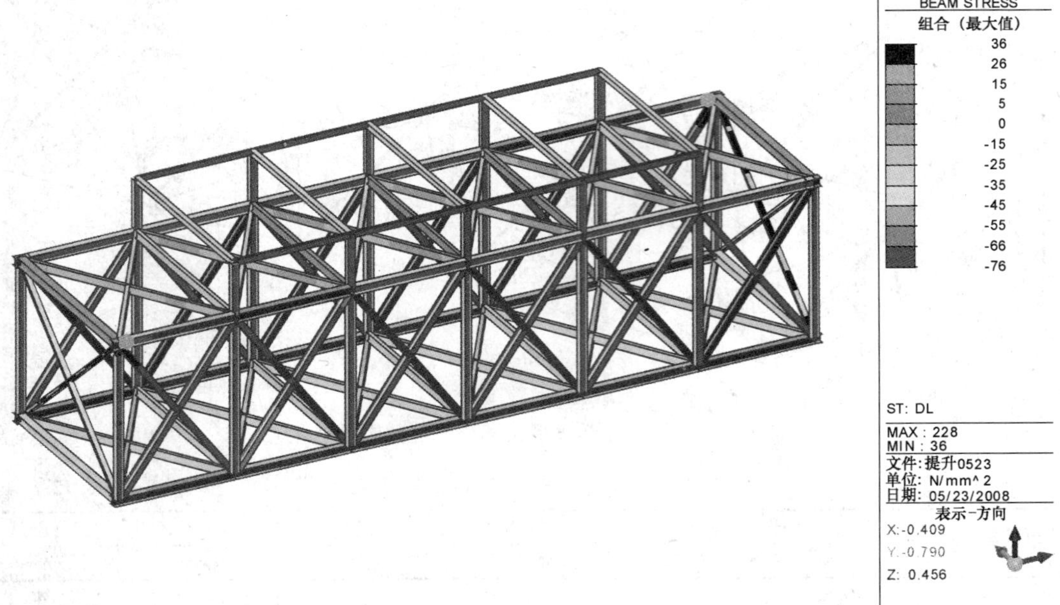

图 4.12-6　杆件应力图

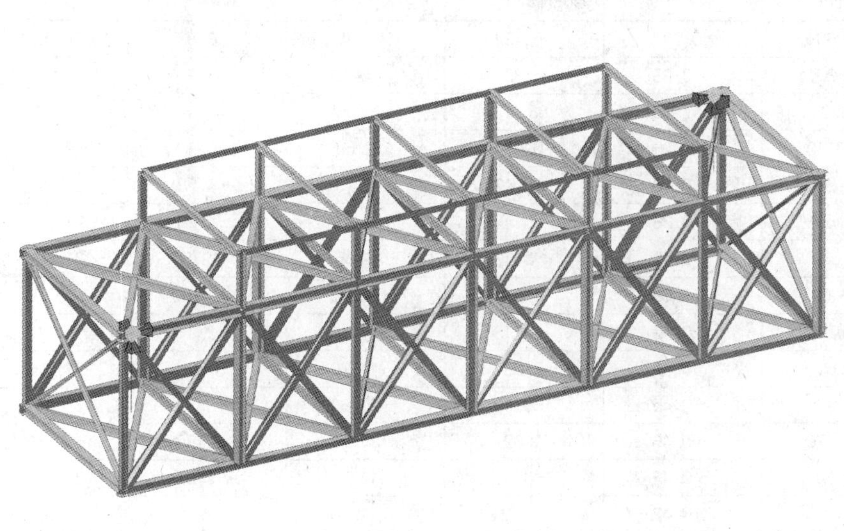

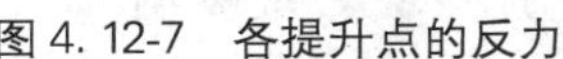
图 4.12-7 各提升点的反力

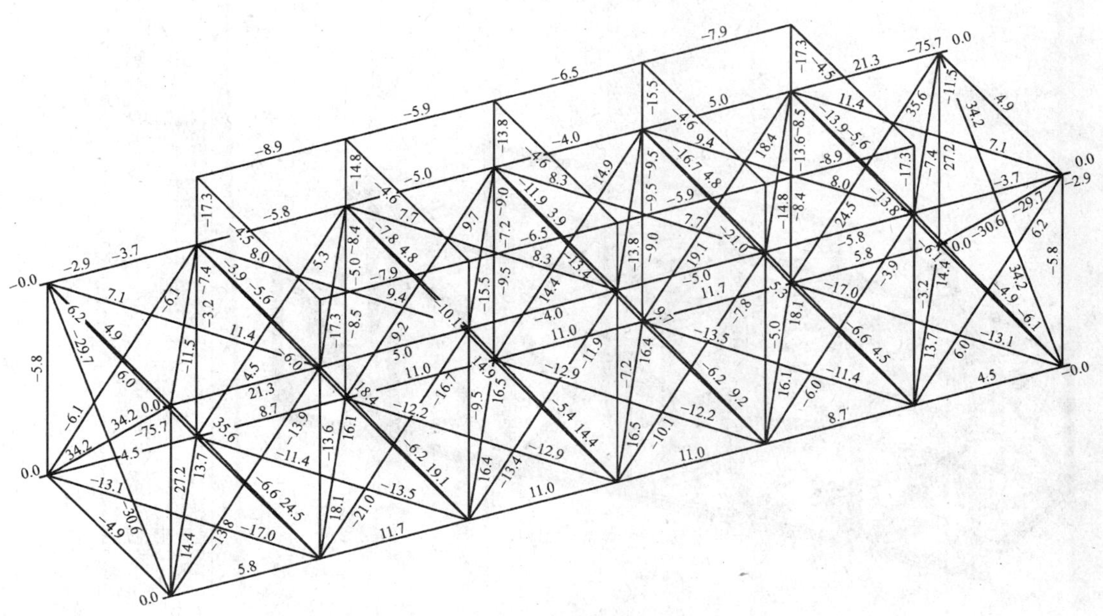

图 4.12-8 整体提升部分各杆件应力

钢构件（1.3 倍自重）设计值杆件应力详见表 4.12-2。

（最大值 36N/mm^2，最小值－76N/mm^2，20N/mm^2 以下省略）

钢构件（1.3倍自重）设计值杆件应力 表4.12-2

梁单元 编号	轴向应力	剪应力－Y	剪应力－Z	弯矩－Y	弯矩－Z	组合应力
	N/mm²	N/mm²	N/mm²	N/mm²	N/mm²	N/mm²
11	13.30	0.23	－0.32	10.10	－3.82	27.20
14	13.30	－0.23	0.32	－10.10	3.82	27.20
36	－6.02	－7.68	88.20	－9.86	5.40	－21.30
97	－12.10	－0.25	0.57	－3.68	5.21	－21.00
109	15.50	－0.28	－0.42	－4.79	－4.28	24.50
114	15.50	－0.28	－0.42	－4.79	－4.28	24.50
237	8.06	－0.02	－3.16	－0.46	－12.80	21.30
238	－6.02	－7.68	－88.40	－20.90	－48.90	－75.70
240	－14.00	－0.42	－0.13	－11.40	－2.11	－27.50
241	19.50	－0.42	0.05	－11.20	0.97	31.70
242	20.20	－0.45	－0.10	－13.80	－0.20	34.20
243	－14.70	－0.46	0.02	－14.70	1.18	－30.60
244	20.50	－0.42	－0.10	－11.30	－2.37	34.20
245	－14.00	－0.42	－0.13	－11.40	－2.11	－27.50
246	－14.70	－0.46	0.02	－14.70	1.18	－30.60
247	19.80	－0.45	0.05	－14.20	0.20	34.20

3）1.3倍重力作用，1个提升点失效。见图4.12-9、图4.12-10、图4.12-11、图4.12-12。

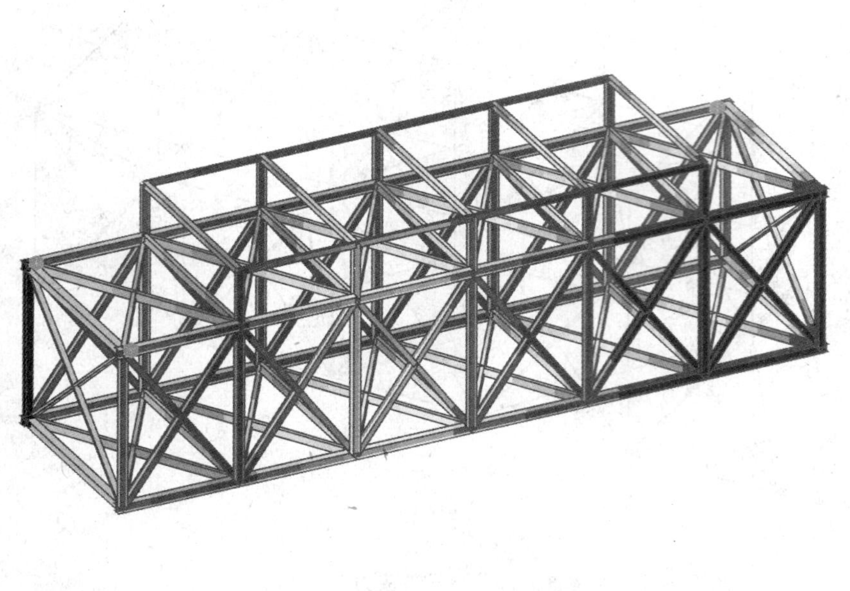

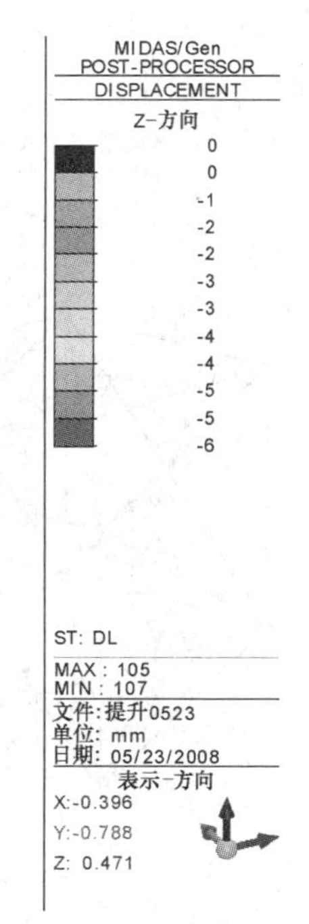

图4.12-9 Z方向位移

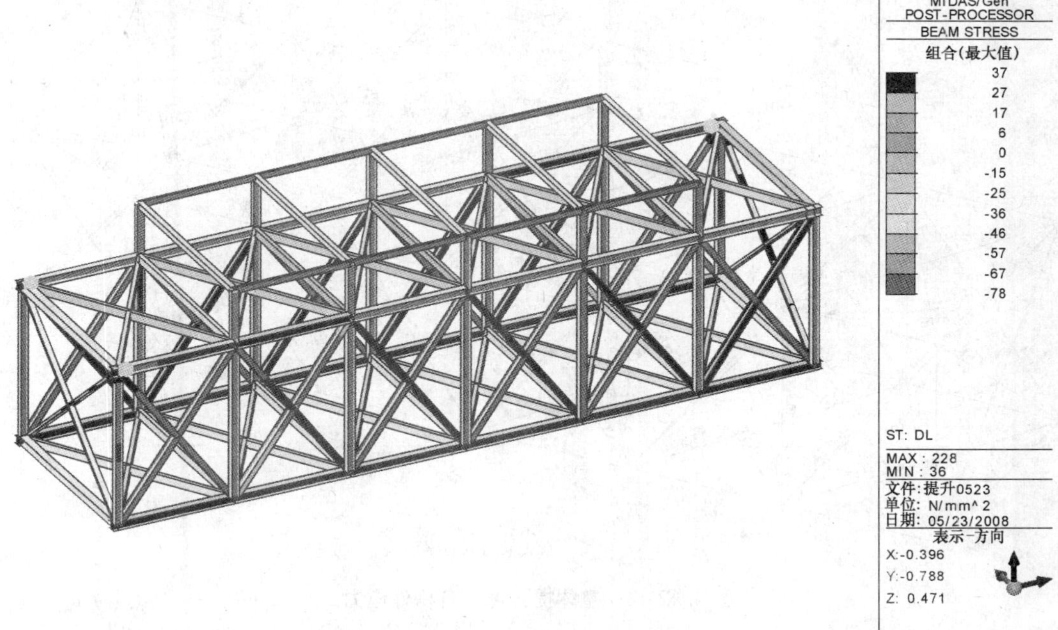

图 4.12-10　杆件应力图

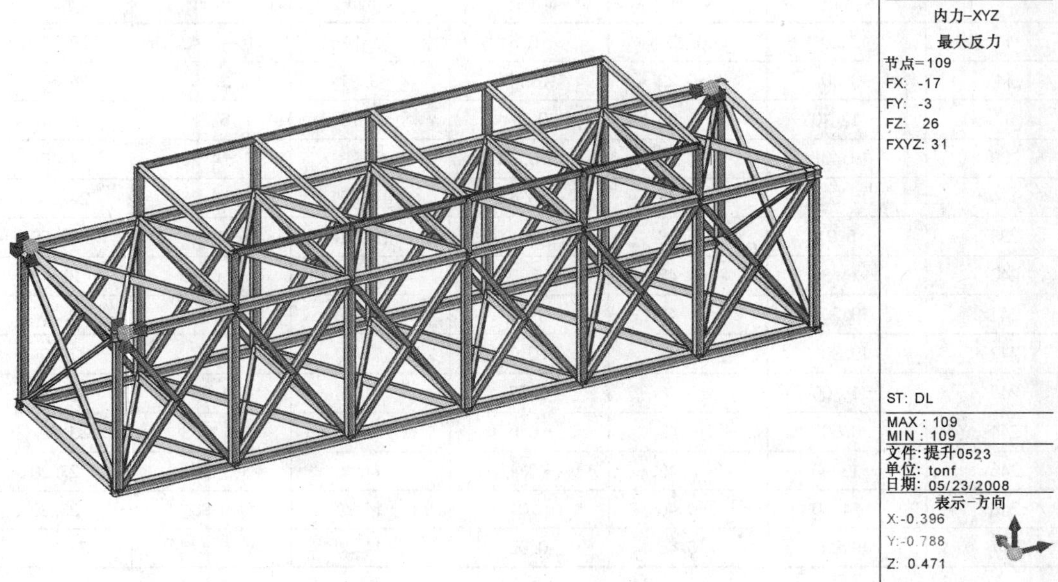

图 4.12-11　各提升点的反力

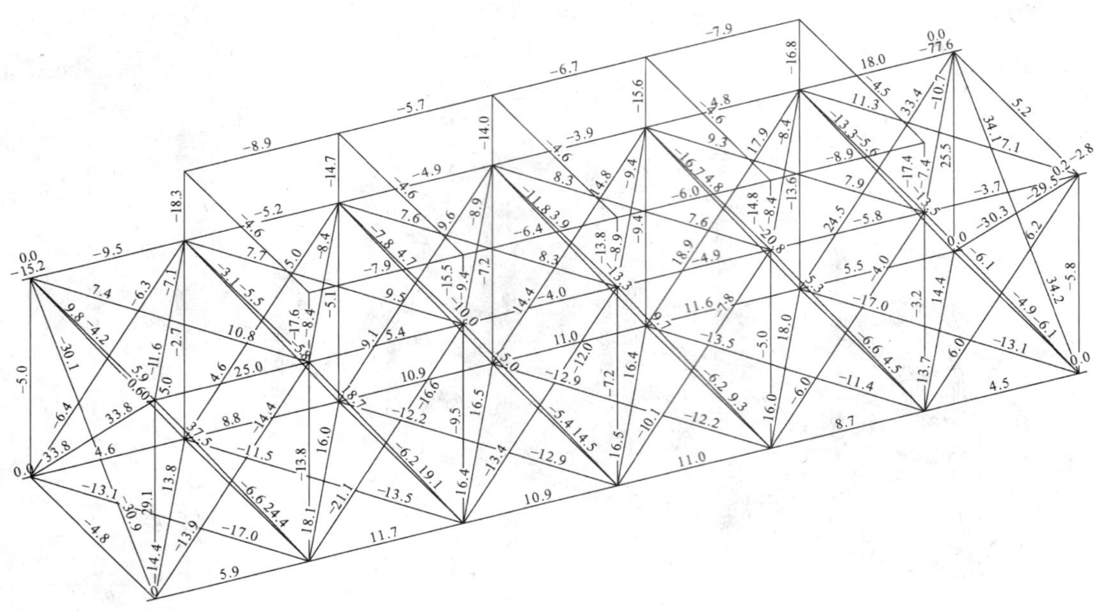

图 4.12-12 整体提升部分各杆件应力

钢构件（1.3 倍自重）设计值杆件应力详见表 4.12-3。

（最大值 37N/mm²，最小值－78N/mm²，20N/mm² 以下省略）

钢构件（1.3 倍自重）设计值杆件应力 表 4.12-3

梁单元 编号	轴向应力	剪应力－Y	剪应力－Z	弯矩－Y	弯矩－Z	组合应力
	N/mm²	N/mm²	N/mm²	N/mm²	N/mm²	N/mm²
11	13.20	0.23	－0.51	10.40	－5.42	29.10
14	13.40	－0.22	0.14	－9.91	2.19	25.50
97	－12.10	－0.25	0.57	－3.78	5.22	－21.10
109	15.40	－0.28	－0.43	－4.78	－4.26	24.40
114	15.50	－0.28	－0.42	－4.79	－4.26	24.50
238	－5.91	－5.18	－87.80	－11.70	－47.40	－65.00
240	－14.30	－0.42	－0.08	－11.30	－0.79	－26.40
241	19.20	－0.42	0.02	－11.30	0.70	31.10
242	19.90	－0.45	－0.09	－13.80	0.17	33.80
243	－15.00	－0.46	0.03	－14.70	1.21	－30.90
244	20.50	－0.43	－0.07	－11.40	－1.63	33.60
245	－13.90	－0.42	－0.12	－11.40	－1.91	－27.30
246	－14.70	－0.46	0.01	－14.70	0.98	－30.30
247	19.80	－0.45	0.05	－14.20	0.17	34.20

4）1.3 倍重力作用，提升点 1 与 2 相对位移为 5mm，2，3，4 点同步。见图 4.12-13、图 4.12-14、图 4.12-15、图 4.12-16。

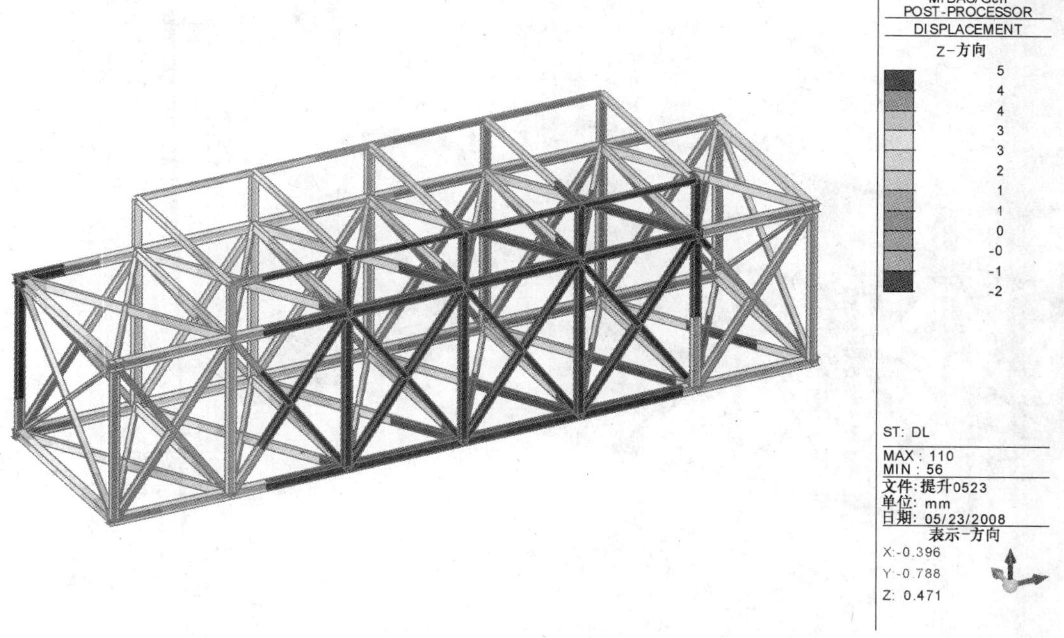

图 4.12-13 Z 方向位移

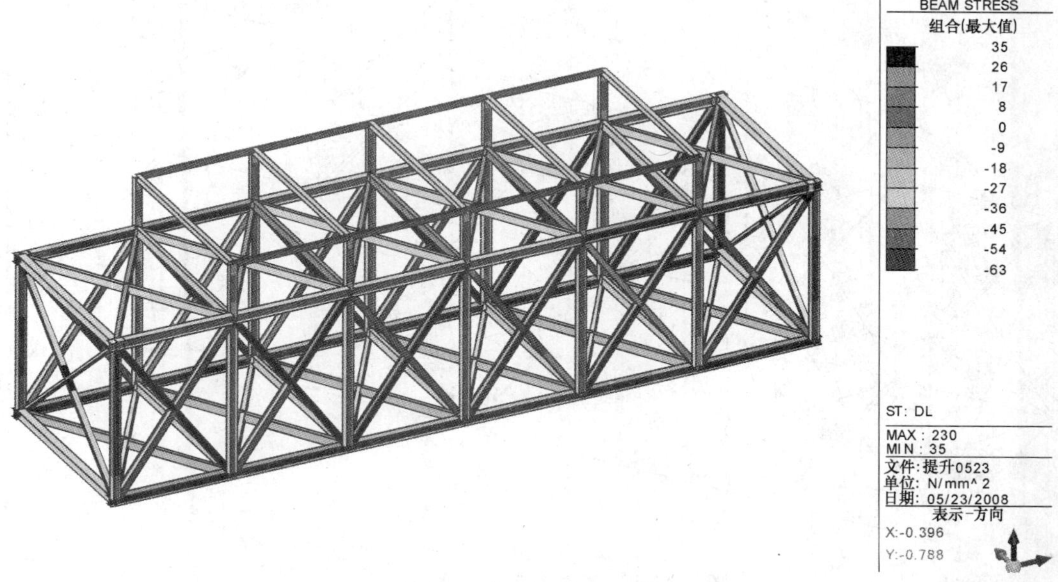

图 4.12-14 杆件应力图

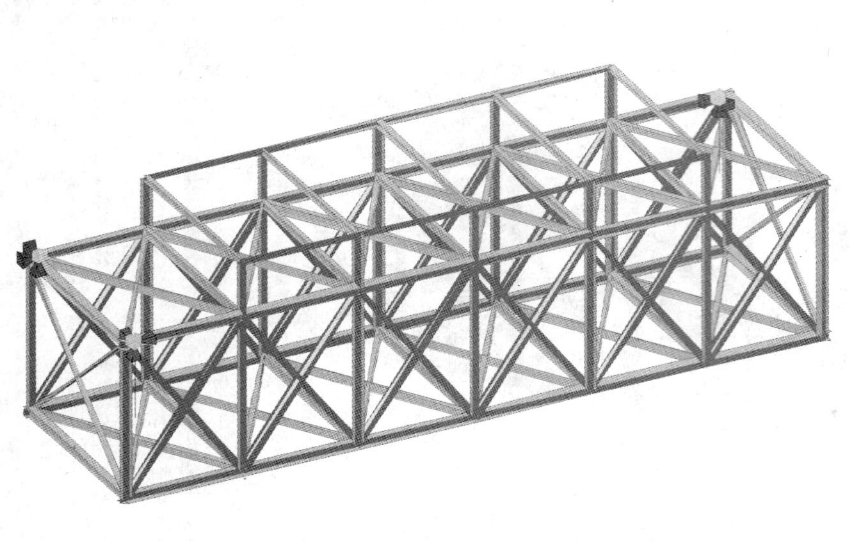

图 4. 12-15 各提升点的反力

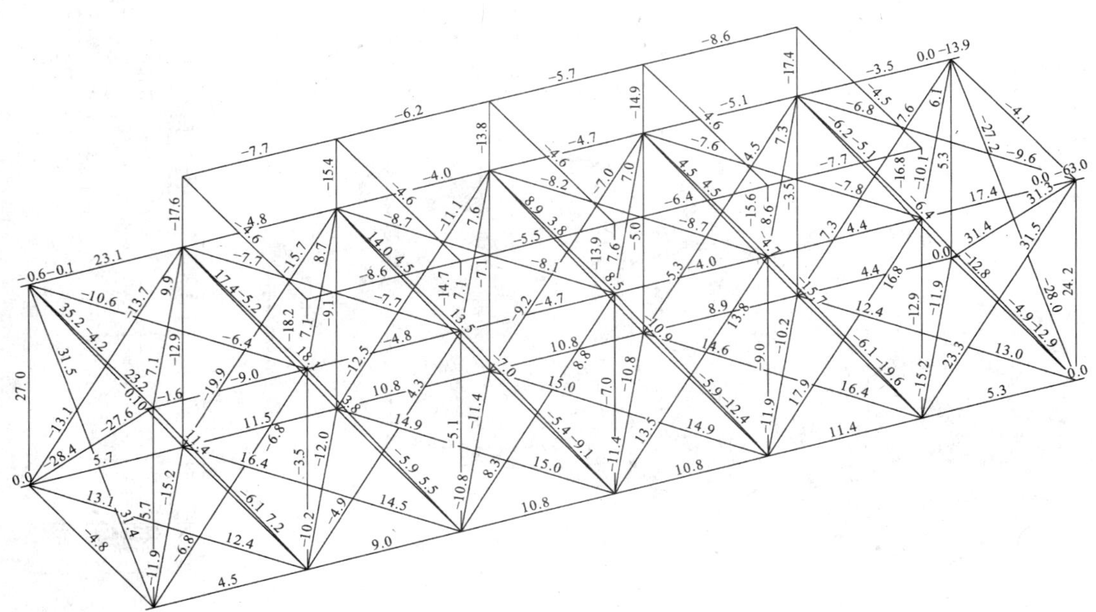

图 4. 12-16 整体提升部分各杆件应力

钢构件（1.3 倍自重）设计值杆件应力详见表 4. 12-4。
（最大值 35N/mm^2，最小值－63N/mm^2，20N/mm^2 以下省略）

钢构件（1.3×自重）设计值杆件应力　　表 4.12-4

梁单元　编号	轴向应力	剪应力－Y	剪应力－Z	弯矩－Y	弯矩－Z	组合应力
	N/mm^2	N/mm^2	N/mm^2	N/mm^2	N/mm^2	N/mm^2
12	12.30	－0.22	－0.45	－9.81	－4.92	27.00
13	12.40	0.22	0.13	9.59	2.16	24.20
111	14.50	－0.28	0.40	－4.63	4.08	23.20
116	15.40	－0.37	0.59	－9.50	6.59	31.50
239	－5.65	4.68	－81.60	10.40	－44.10	－60.10
240	17.80	－0.42	0.07	－11.20	2.07	31.10
241	－12.90	－0.42	－0.02	－10.70	0.53	－24.20
242	－12.20	－0.45	0.07	－14.30	1.11	－27.60
243	17.00	－0.45	－0.02	－14.20	0.22	31.40
244	－11.80	－0.42	0.10	－11.40	1.57	－24.80
245	17.80	－0.42	0.05	－11.40	1.15	30.30
246	17.10	－0.45	－0.05	－14.20	－0.06	31.40
247	－12.50	－0.46	0.00	－14.60	－0.83	－28.00

（2）计算结果分析

计算结果分析详见表 4.12-5。

计算结果分析　　表 4.12-5

计 算 工 况	最大 Z 向位移 (mm)	杆件最大应力 (MPa)	支座最大反力 (tonf)
1)只受重力作用,各提升点位于同一平面	－2	－28	16
2)重力作用,2 个提升点失效	－4	－76	32
3)重力作用,1 个提升点失效	－6	－78	31
4)重力作用,提升点 1 与 2 相对位移为 8mm,2,3,4 点同步	5	－63	29

通过以上 4 种工况的计算分析，杆件中最大应力达到了 78MPa，提升过程杆件的安全是满足要求的。

各提升点的设计提升力按计算工况中的最大反力取值，为 32t。

（3）六层楼顶板承载力校核

将钢连廊在六层楼顶板上产生的力转化为面荷载约为：$550/(7.3\times29.4)kN/m^2=2.56kN/m^2$，经建模计算分析，现有 150mm 厚的混凝土板是能够满足施工要求。见图 4.12-17、图 4.12-18。

4.12.2　钢连廊提升步骤

钢连廊提升布置详见图 4.12-19、图 4.12-20、图 4.12-21、图 4.12-22。

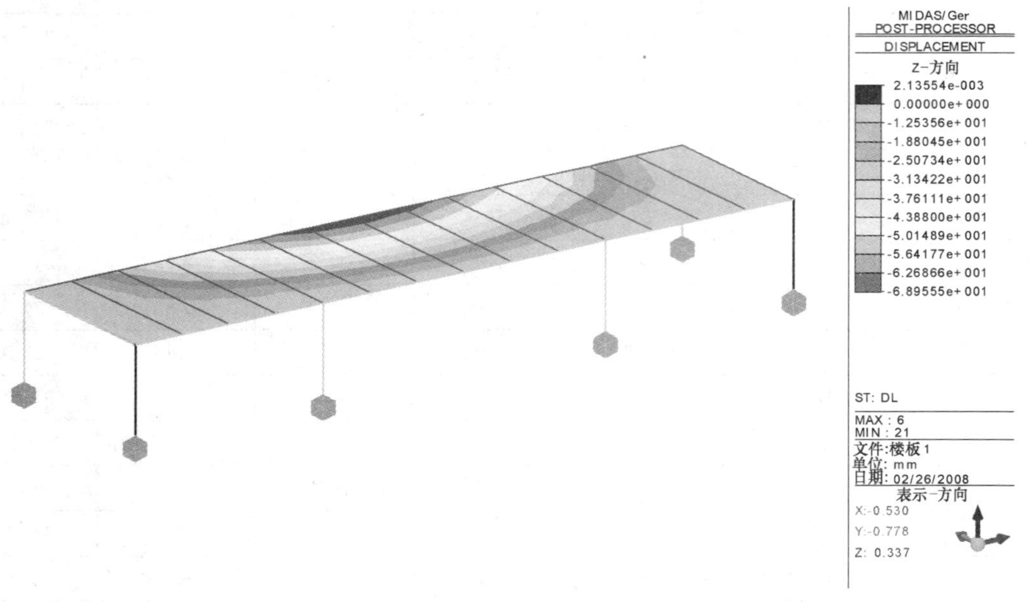

图 4. 12-17 楼板的 Z 向位移

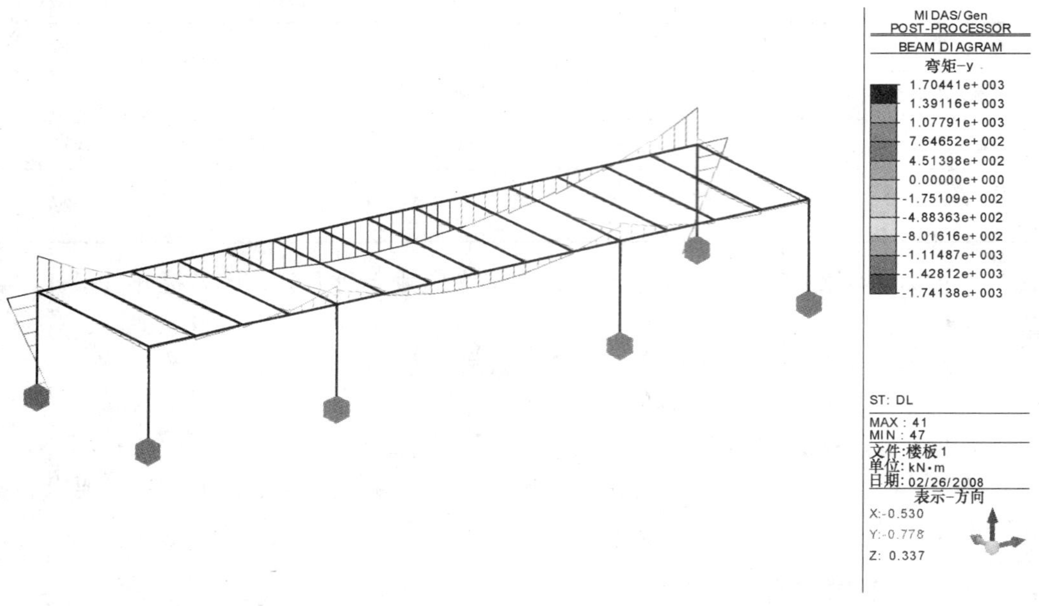

图 4. 12-18 楼板梁的弯矩图

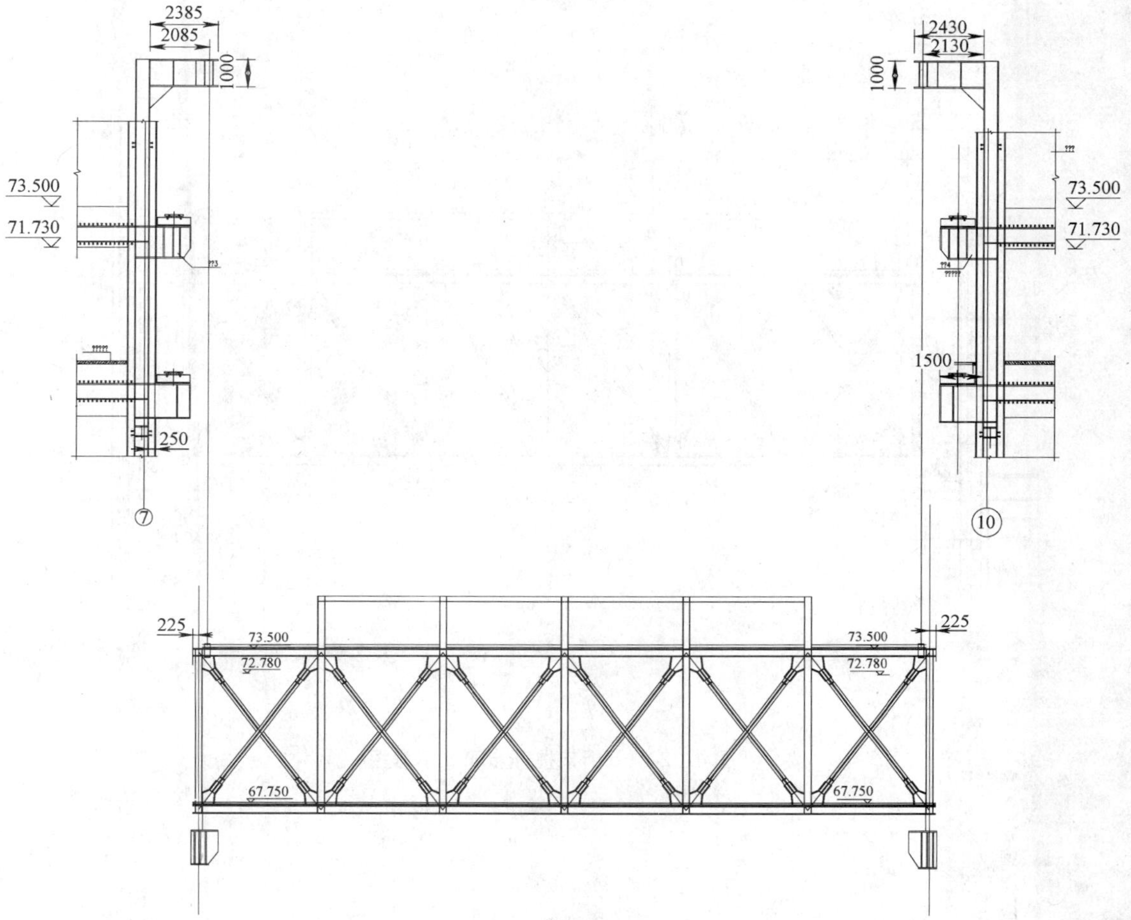

图 4.12-19 桁架提升步骤 1 示意图

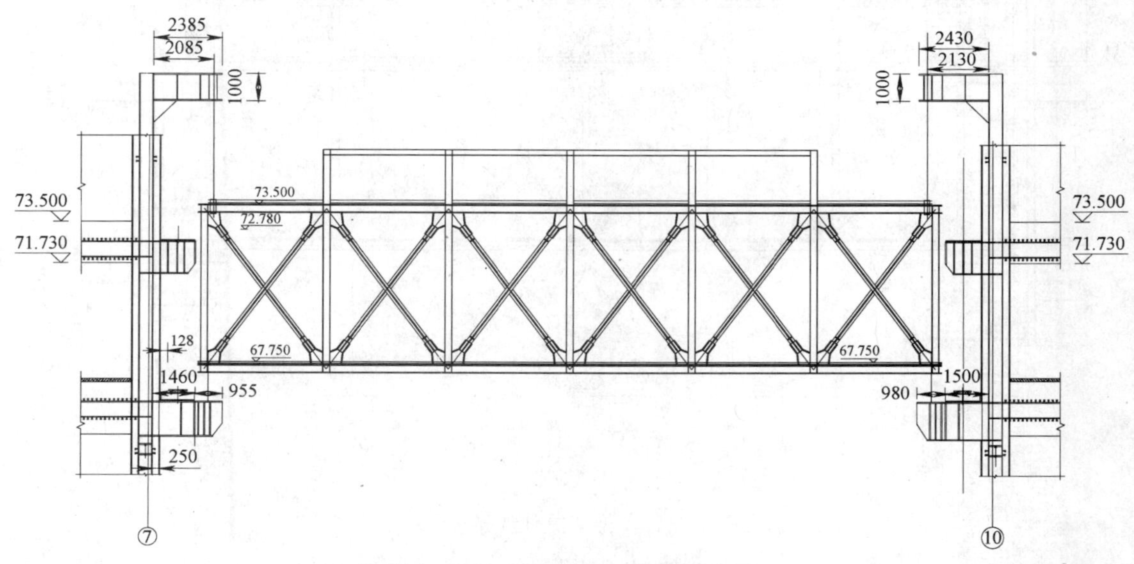

图 4.12-20 桁架提升步骤 2 示意图

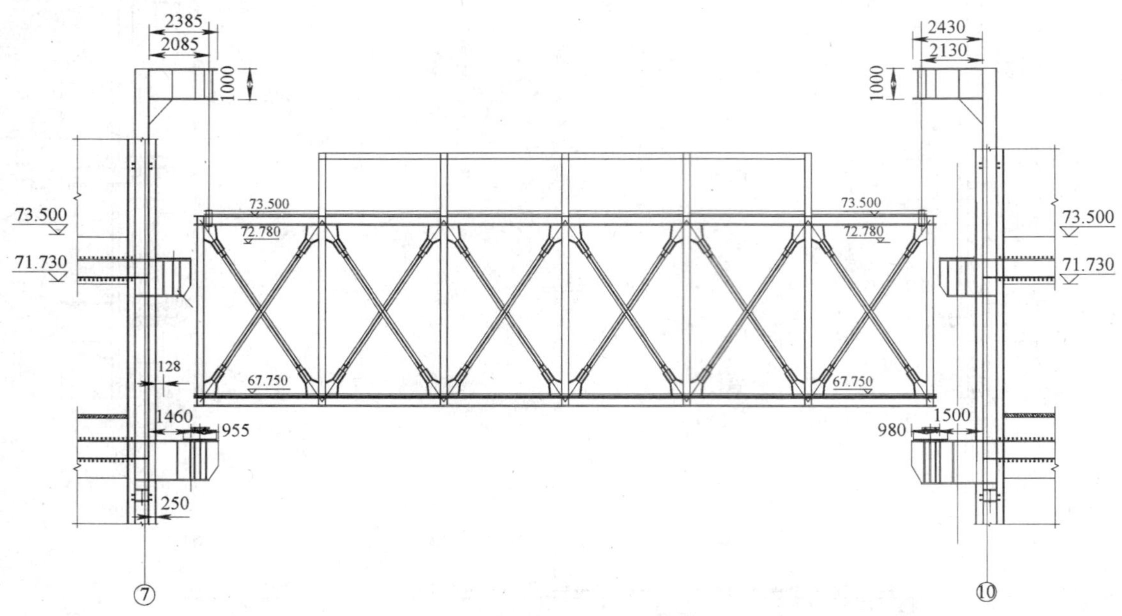

图 4.12-21 桁架提升步骤 3 示意图

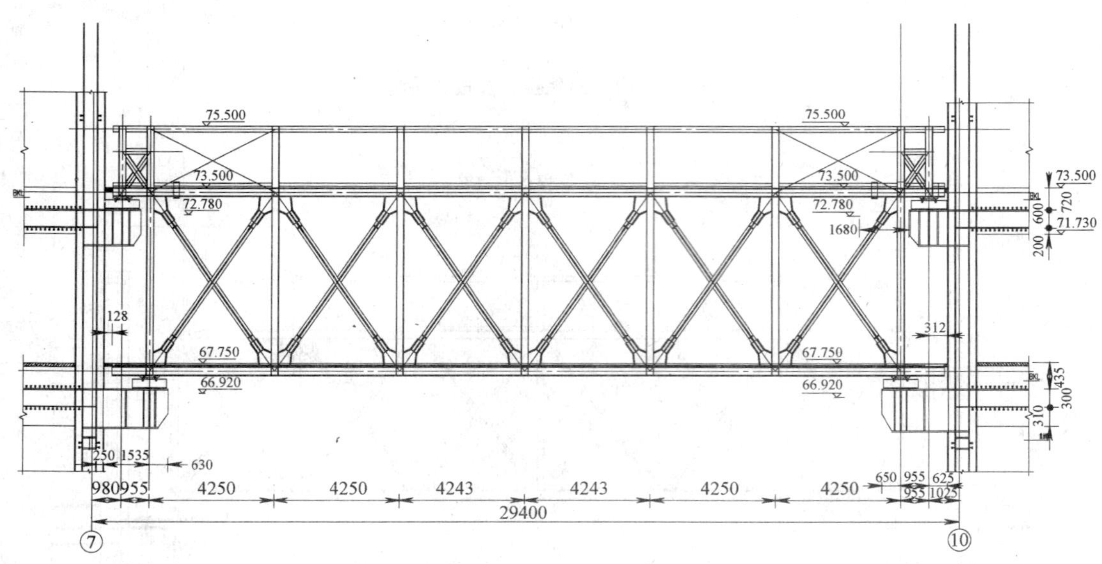

图 4.12-22 桁架提升步骤 4 示意图

5　T06项目主厂房钢结构工程

简介：T06工程为大跨度钢桁架（86.4m），整体吊装难度大，考虑到屋架的结构尺寸、重量以及工期要求等因素，采取“地面组装、多榀累积、整体滑移”的施工方法。此方法最合理、最有效地保证了工程的质量及工期进度。

5.1　工程概况

5.1.1　工程简介

T06项目工程地点位于广东省汕尾市信利工业园内，工程内容为：主厂房的钢结构部分二次设计、制作、运输、安装。主厂房建筑面积为12145.75m²，该工程主结构由14榀H型钢桁架构成，每榀桁架重量为51t，桁架跨度86.4m，主体结构轴线尺寸为140.4m×86.4m，屋面坡度5%。钢结构部分主要钢结构构件包括H型钢桁架、钢梁、水平和竖向支撑及撑杆等（见结构基本模型图5.1-1）。除桁架梁对接焊焊缝采用一级焊缝外，其余角焊缝采用三级焊缝；构件喷砂除锈等级为Sa2.5。

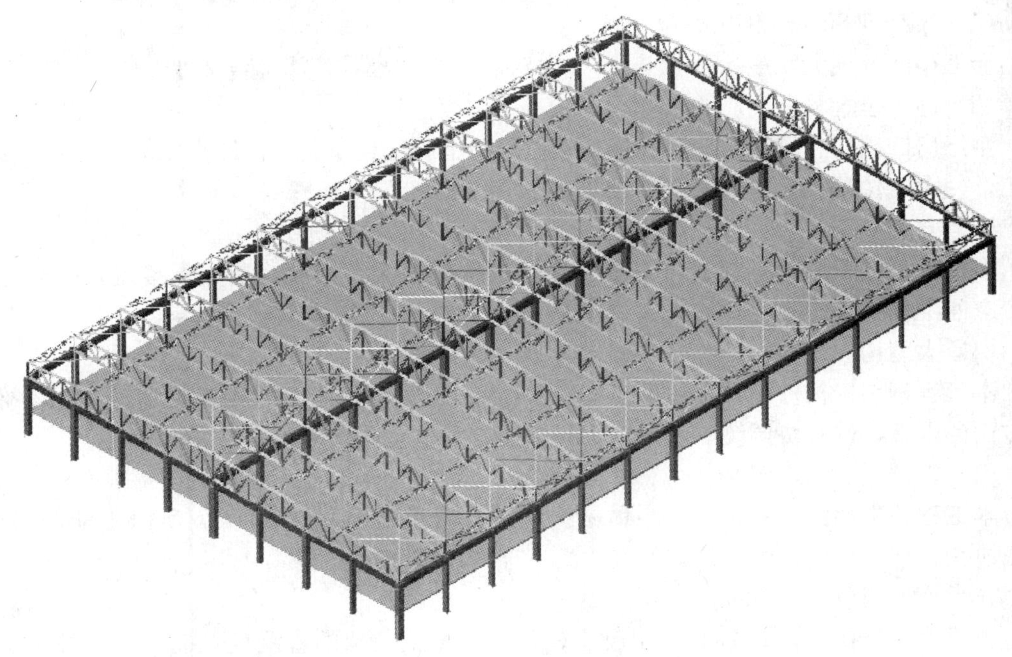

图5.1-1　结构基本模型

结构构造：该工程钢桁架采用 H 型钢，借助于屋架横竖向支撑、钢梁等形成稳定的结构体系；屋面结构为压型楼承板混合结构。钢架梁柱连接节点及梁连接节点采用 10.9 级承压型高强螺栓连接。钢结构屋架采用 Q345-B 钢，其余次构件、板材采用 Q235-B 钢制作。见图 5.1-2。

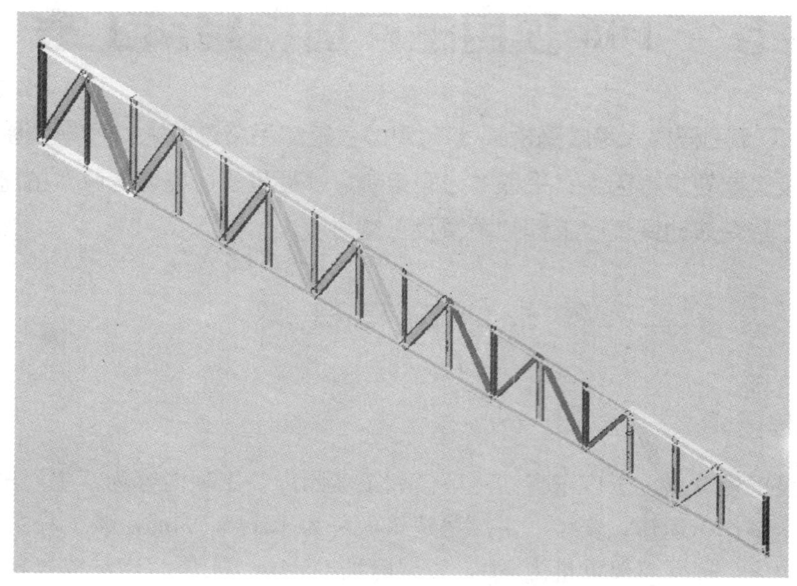

图 5.1-2　半榀屋架结构模型

5.1.2　施工重点、难点

(1) 大跨度 86.4m 钢桁架施工难

屋架中间处最大宽度达到 5.6m，横向跨度为 86.4m，整体吊装难度大。

(2) 施工位置复杂

主厂房四周均有辅助厂房，在进行钢屋架施工前已经完成了正标高 5m 处井隔梁楼板施工，使大吨位吊车无法进入施工作业面。

(3) 安装节点多

多构件节点采用节点板连接，焊缝多，焊接变形大，因此，节点焊接难，变形控制难，空间准确拼装难。

(4) 大型构件运输

本工程钢结构构件超长、超重，如何综合考虑现场吊装、工厂拼装、运输和现场拼装等方面的因素，使其协调统一，是本工程施工方案中应重点考虑的内容。

(5) 工期紧

本工程的工期要求特别紧，主体结构和组合楼板铺设共计 30 天，所以工期的保证，施工协调、配合、组织施工是本工程的又一难点。

(6) 施工测量、定位难

由于此屋架在 11.7m 标高的混凝土柱顶施工，主桁架的直线度控制、标高控制、变形观测较难。

5.1.3 解决方案

（1）根据屋架的结构尺寸、重量以及工期要求等因素，本厂房钢结构安装采用“地面组装、多榀累积、整体滑移”的施工方法。

屋盖整体桁架结构共计 14 榀，其中将 6 榀桁架、8 榀桁架分别组装成整体后，再滑移到安装位置。由设在 1 轴轴线外侧的汽车吊和履带吊将桁架分段吊装到高空拼装胎架上，一次拼装二榀桁架，通过次构件的连接使其成为二榀桁架一个单元，并固定在柱顶滑移轨道上，由三台 15t 捯链牵引进行等标高滑移，滑移 10.8m，即一个柱距，再组装第三榀，第四榀，第五榀，第六榀，第七榀，第八榀，共进行 6 次组和 8 次组单元滑移、2 次长距离滑移。完成整个屋盖的安装。

（2）滑移轨道采用在柱顶和混凝土梁上铺设钢板，桁架下面设立滑移小车，并与小车焊接固定一起滑移。见图 5.1-3。

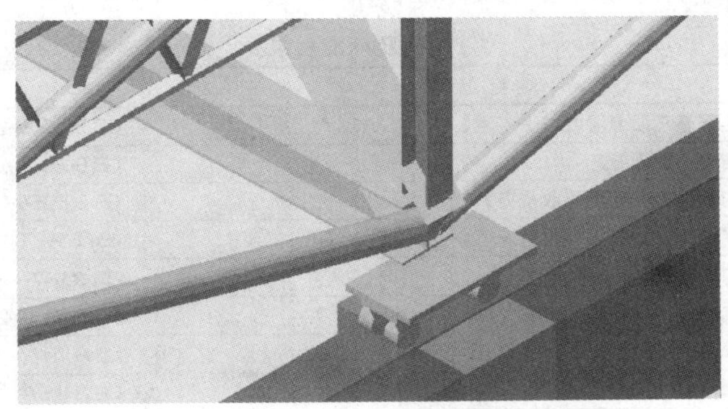

图 5.1-3　滑移示意图

（3）屋架采用在加工厂分段加工，向当地运输主管部门申请超宽车道运输。

5.1.4 施工条件分析

施工条件是确定施工方法的关键，施工条件有多个方面，但对工程起到控制作用的有四个：结构本身的特点、场地条件、工期和施工成本。

（1）结构本身特点

主体部分面积较大，构件数量多，节点形式多样，单元重量大小不一，钢结构需要分区域进行流水施工。

（2）场地、工作面条件

本工程场地较大，对于构件堆场、现场拼装场地的要求能充分的满足；本工程钢结构下部为混凝土基础，钢结构安装必须在混凝土基础施工完成提供工作面后方可进行。

（3）工期条件

从目前提供的总的工期来看，钢结构安装周期很短，根据土建提供工作面的时间，并且要在总工期的要求下完成钢结构的安装，真正安装时间只有一个月，工期非常紧张，所以必须采用先进工艺、先进方法，采取最合理、最有效的安装方法，这样才能保证工期。

(4) 工程成本分析

根据结构特点，选择适当数量和配套的机械设备进行安装，可以保证工期的顺利进行，应该是比较节约成本的。

5.2 编制依据及施工承诺

5.2.1 编制依据

本施工组织设计是以发包方提供的招标文件和图纸为依据，并按照国家及地方相关的现行施工规范和标准，参考以往的施工经验，结合针对本工程所作的计算、分析结果，在给定的施工场地、施工进度计划基础上进行编制的，本施工组织设计仅用于指导 T06 项目主厂房钢结构专业分包工程施工。

本施工组织设计所采用的规范及标准目录见表 5.2-1。

规范及标准目录 表 5.2-1

序号	规范名称	规范编号
1	《建筑工程施工质量验收统一标准》	GB 50300—2001
2	《建筑结构荷载规范》	GB 50009—2001
3	《钢结构工程施工质量验收规范》	GB 50205—2001
4	《建筑钢结构焊接技术规程》	JBJ 81—2002
5	《钢结构设计规范》	GB 50017—2003
6	《建筑抗震设计规范》	GB 50011—2001
7	《碳钢焊条》	GB/T 5177—1995
8	《熔化焊用钢丝》	GB/14957—1994
9	《钢结构高强度螺栓连接的设计施工及验收规范》	JGJ 82—1991
10	《工程测量规范》	GB 50026—2007
11	《建筑变形测量规程》	JGJ/T 8—1997
12	《工程测量基本术语标准》	GB/T 50228—1996
13	《工程网络计划技术规程》	JGJ/T 121—1999
14	《施工现场临时用电安全技术规范》	JGJ 46—2005
15	《建设工程施工现场供用电安全规范》	GB 50194—1993
16	《建筑机械使用安全技术规程》	JGJ 33—2001
17	《建筑施工高空作业安全技术规范》	JGJ 80—1991
18	《建筑施工安全检查标准》	JGJ 59—1999

5.2.2 文件的主要内容

施工组织设计主要包括以下内容：工程概况；编制说明及施工承诺；施工总体部署、管理与人力、机械设备等资源配置；施工进度计划及保证措施；钢结构制作、运输；钢结构安装技术；钢结构施工测量；高强螺栓安装；施工质量、技术保证体系及措施；安全、文明施工体系及措施等；本次招标钢结构工程所涉及的所有技术及管理内容。

5.2.3 施工目标及承诺

本工程施工的指导思想：以质量为中心，以工期为目标，精心组织，科学管理，高效优质地完成本工程的施工任务。

(1) 管理目标

本公司将集中优势，抽调曾安装过类似工程和具有同类工程施工管理经验、年富力强、责任心强的项目专业人员，组成本工程项目经理部直接对施工现场进行统一管理，统筹组织本钢结构工程的优化设计、制作与现场安装施工。与此同时，我公司将在人力、机械、材料、资金等方面对本工程给予重点支持，确保生产及施工的需要。

为加强施工控制，我公司针对工程质量、施工进度、安全、文明施工、环境保护、服务等控制要素严格按 ISO 9001 质量体系和 ISO 14000 环境管理体系要求制订了管理目标。

(2) 质量目标及承诺

目标：在确保钢结构分部工程达到合格标准的基础上，确保广东省优质工程。

1) 工程合格率 100%，确保一次通过竣工验收备案。

2) 严格执行 ISO 9001 质量保证体系的有关规定和要求。

3) 钢结构工程资料的收集整理将在总承包的统一下，按照 GB/T 11822—2000《科学技术档案案卷构成的一般要求》，遵循国家有关档案资料在纸张、书写、分类、装订等各项规定，从原始资料开始做起，最终以符合归档要求的竣工资料移交建设单位。

(3) 工期目标

目标：按照总包的总体工期计划，钢结构单位将做到：发挥管理优势，精心组织，及时插入，按期交付工作面，全力满足合同要求，确保建设单位按时投入生产使用。并确保以下几个节点工期：

1) 钢结构图纸深化于 2006 年 6 月 20 日前通过设计审批。

2) 主要构件的加工制作从图纸深化完成后开始，加工工期以配合现场安装工期为原则，一是保证拼装顺利进行，二是现场尽量不堆积过多的构件。

3) 钢结构现场安装保证于土建单位交付工作面后立即开始，30 日内完成主体结构的安装。

(4) 安全目标

坚决落实公司“安全第一，预防为主”的方针和安全为了生产的规定，全面实行“预控管理”，从思想上重视，行动上支持，加强安全文明施工管理，确保工程、设备安全，杜绝人员死亡事故，杜绝重大机械设备损坏事故，不发生火灾事故，施工现场不发生建设单位与各施工单位负主要责任的交通事故，不发生恶性误操作事故，杜绝重伤事故，月轻伤频率控制在 1.2‰以内，严格控制各种违章行为，营造一个安全文明的施工环境。

安全隐患整改率 100%。

(5) 文明施工目标

按照本企业 CI 和总包及规范进行现场管理，确保文明施工达标。

力创“广东省安全生产样板工地”。

(6) 服务承诺

在总承包管理的基础上，本着建设单位至上、工程全局为重的宗旨，切实认真地履行钢结构工程服务的职责，为总包和协作单位提供全面、细致、周到的服务。

1) 工程施工前：作好图纸的深化设计，做好与土建工程的交接手续，为工程尽早开工创造有利条件。

2) 工程施工中：协助建设单位做好与有关部门的协调工作，积极主动地为使工程优质高速的实施提出合理化建议。在工程实施过程中，若出现一般工程问题则由现场项目经理解决，对于重大问题则由公司在24h内解决。

3）工程竣工后：做好与总包、监理单位的工程移交工作。

4）用户回访：由回访小组与建设单位商定具体的回访日期及程序，征询建设单位对工程质量的评价，对存在的施工缺陷协商处理办法，同时做好回访记录并保存。

（7）环境保护方针

本工程从实际出发，坚持“预防为主，防治结合，综合治理，化害为利”的环境保护方针，为工程周边创造一个良好的环境。

5.3　施工总体部署、管理与资源配置

5.3.1　施工方案概述

（1）施工方案总体思路概述

屋盖整体桁架结构共计14榀。每6榀和8榀组装成整体进行滑移到安装位置，由设在1轴轴线外侧的履带吊将桁架分段吊装到高空拼装胎架上，一次拼装二榀桁架，通过次构件的连接使其成为二榀桁架一个单元，并固定在柱顶滑移轨道上，由三台10t倒链牵引进行等标高滑移，滑移10.8m，即一个柱距，再组装第三榀，第四榀，第五榀，第六榀，第七榀，第八榀，共进行6次组和8次组单元滑移、2次长距离滑移，完成整个屋盖的安装。钢结构安装3轴线开始向16轴线推进。在屋架吊装完成1/2，支撑等连接到位，结构调整验收合格后，开始进行屋面压型楼承板安装，形成流水作业。主厂房钢结构安装顺序示意图见图5.3-1。

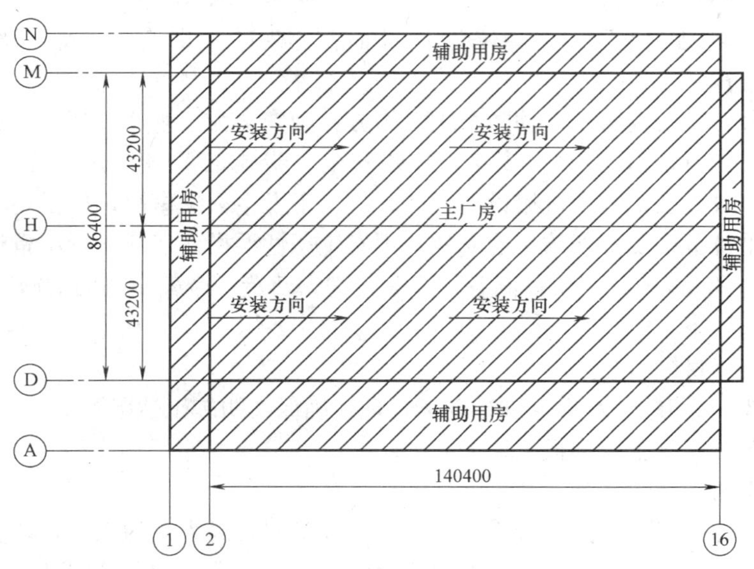

图5.3-1　主厂房钢结构安装顺序示意图

考虑结构特征，结构的重量及工期等综合因素，参照类似工程施工经验，经比较和论证，钢结构采用如下方案：将拼装合格的半榀桁架，用50t汽车吊和履带吊双机抬吊至专

用滑移轨道上，拼装成六榀和八榀桁架，整体沿着轨道滑至安装地点，使用千斤顶顶升后就位。

(2) 施工方案要点

1) 工程钢结构施工由现场安装单位为主体组成钢结构施工项目经理部，在总包的统一管理下进行本工程的施工活动。

2) 在接到开工令后，由安装单位进行钢结构施工技术和生产准备。

3) 所有钢结构构件均在加工厂制作完成，构件制作按照审定的深化图进行，深化的图纸充分考虑运输和现场吊装的分段，所有辅助构件和焊接坡口均在工厂制作成型。所有构件加工及运输到场均按流水段的划分进行工作。

4) 将拼装合格的半榀屋架，用50t履带吊和汽车吊双机抬吊至专用滑移轨道上，两榀屋架用次构件连接成整体沿着轨道滑至安装地点，使用千斤顶顶升后就位。

(3) 本方案的优点

1) 分区段组焊（三段），在地面上组装，直接采用1台50t汽车吊和1台履带吊吊装到滑移轨道上，屋架连接成整体，稳定性好，施工路线简捷，屋架受力点明确，作业条件好，效率高。屋架安装过程安全可靠。从而确保钢屋架的安装质量。

2) 本方案中屋架滑移到屋面的安装位置后，直接用千斤顶顶升，把滑轮取出，屋面即可固定在安装位置处，安装效率高。

5.3.2 施工流程

钢结构施工基本流程为：屋架地面拼装→屋架转运→屋架吊装就位→横向水平支撑安装→斜支撑安装→次梁安装→压型楼承板安装

5.3.3 组织机构设置

(1) 项目组织机构图

组织是保证目标能否实现的决定性因素，组织是由机构和对应机构设置的人员组成的。要保证项目能够顺利进行，首先要保证组织机构的合理，各部门指令关系明确；其次要保证相应部门配备合适的人员，能够保证该部门职能的正常运转。本着“服从设计、尊重监理、服务建设单位”的原则，选择精明强干的施工管理人员组成项目班子，并从工厂、现场两个方面进行宏观管理，负责整个工程的实施。

工程项目管理方法采取分层次管理：

第一级管理由建设单位与总包、监理单位组成的总项目经理部，对我们现场具体实施情况进行宏观监控，通过每周召开高层次协调例会和现场巡视，制定宏观计划目标。

第二级管理主要由我公司项目经理部进行，提出实现计划的措施，组织和协调项目的全方位实施的决定。贯彻决策层的决定和指令，修订项目计划，确定工艺流程，协调交叉施工的矛盾，解决施工过程中遇到的问题，每日控制施工进度计划和工程质量，保证各阶段目标实现。

项目经理部由领导层、管理层、作业层组成，组织结构图中的项目经理由本公司总经理任命并授权，对整个项目的实施负责。项目总工程师1名、项目副经理2名，负责施工的总体组织和协调。管理层包括技术员、施工员、质检员、安全员、材料员、预算员等，负责施工的日常管理事务。作业层包括构件制作（工厂）、吊装、测量、焊接、高强螺栓连接、压型钢板安装、防腐喷涂、安全防护等各专业工段和班组。

本组织机构图专为 T06 项目主厂房钢结构工程设置，其中每一个部门只有唯一的上级部门，因此指令源是唯一的，可避免矛盾的指令。见图 5.3-2。

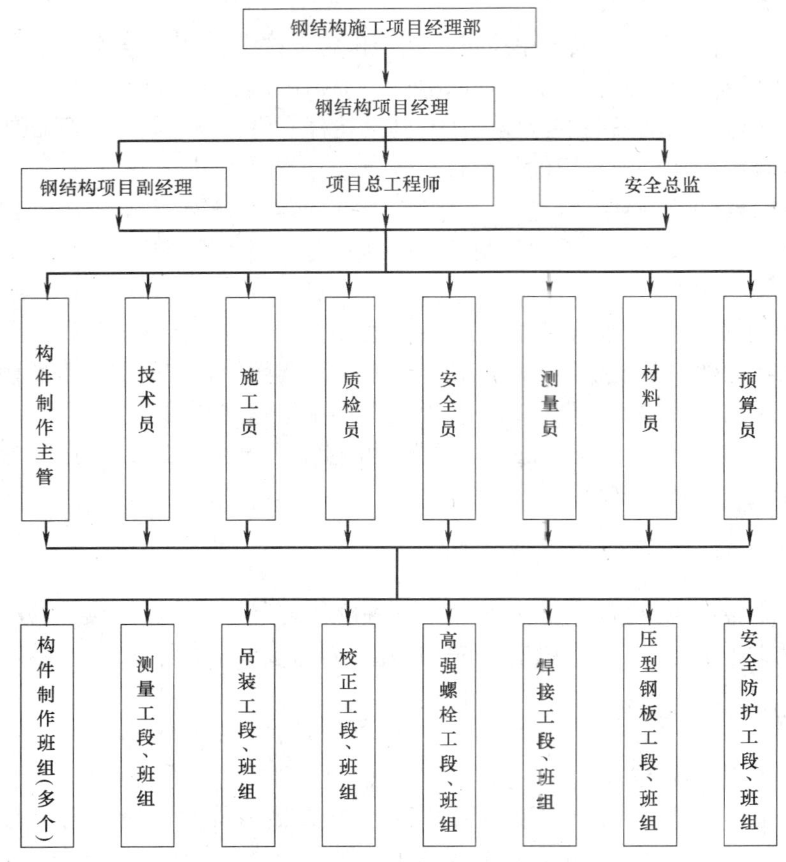

图 5.3-2 项目组织机构图

明确各个部门的职责与权限，确保整个工程的顺利进行。施工现场实行项目经理负责制及各级分管负责制，项目经理集责、权、利于一身，解决发生在工程施工过程中的所有问题。遇到问题，报总公司总师办，协同建设单位、总包及监理单位一同解决。

严格的项目控制：

统一建立工作标准，用建立的标准衡量当前的工作。

分析偏差产生的原因，及时采取补救措施。

控制的主要内容包括进度、费用和工程质量等，采取定期不定期的工作检查，力争使实际情况与控制标准之间的偏差减少到最低限度，确保项目目标的圆满实现。

(2) 主要岗位职责及分工

1) 项目经理

A. 组织编制项目质量计划，使整个项目按照 ISO 9001 标准体系运作。

B. 主持编制项目管理方案，确定项目管理的目标和方针。

C. 确定项目部组织机构配备人员，制定规章制度，明确有关人员的职责，组织项目经理部开展工作。

D. 及时、适当地作出项目管理决策，其主要内容包括投标报价决策、分包选择决策、重大技术方案决策、合同签订及变更决策等。

E. 与建设单位、监理保持经常接触，解决随机出现的各种问题，替建设单位、监理排忧解难，确保建设单位利益。

2）项目总工程师

A. 在项目经理领导下，具体主持项目质量管理保证体系的建立，并进行质量职能分配，落实质量责任制，确定项目质量记录及项目的关键过程和特殊过程，并确定相应的技术参数和实施措施及决策。

B. 组织项目的技术质量工作，审核项目施工方案，并解决各方面的技术质量问题。

C. 与设计、监理保持沟通，保证设计、监理的要求与指令得以贯彻实施。

D. 组织技术攻关小组对本项目的关键技术难题进行科研攻关，进行新工艺、新技术的研究，确保本项目顺利进行。

3）项目副经理（施工管理）

A. 在项目经理领导下组织施工现场的施工活动。

B. 动态管理计划进度，管好材料计划、劳动力计划、机械调配计划，确保工程如期完成。

C. 负责项目的安全施工，领导安全管理组织体系，确保施工无重大安全事故。

D. 施工协调，解决各部门在施工过程的矛盾。

E. 具体抓好项目的进度管理，从计划进度、实际进度和进度调整等多方面进行控制，确保项目如期完成。

（3）各工序的协调措施

作为本工程的钢结构承包商在实施承包管理过程中，将以对建设单位及总包所有在工程质量、工程进度、工程安全及文明施工的承诺作为投标人管理的目标。

1）与各单位的协调原则

工程内部的协调管理主要是围绕工程建设本身而确定的，主要有建设单位、总包设计方、监理方及各施工分包单位。

A. 首先，投标人的钢结构项目经理部应协调好与建设单位、总包之间的关系，通过良好的合作确保本工程承包合同全面履行，其主要表现在：定期参与建设单位、总包的碰头会，讨论解决施工过程中出现的各种矛盾及问题，理顺每一阶段的关系；从施工角度及以往的施工经验来为建设单位、总包当一个好的参谋，及时为建设单位就工程本身而言使工程以最少的投资产生最好的效果；并在施工中为建设单位、总包着想，达到建设单位、总包提出的各种合理要求，从而建立起融洽的关系。

B. 其次，钢结构项目经理部将与本工程的设计单位进行友好协作，以获得设计方的大力支持，保证工程能符合设计方的构思、要求及国家有关规范、规定的质量要求。其主要表现为：定期向设计方介绍施工情况及采用的施工工艺；在每个分项分部工程施工前提交设计方有关的施工方案或作业指导书，并听取设计方的意见；交换对设计内容的意见，用丰富的施工经验来完善设计，以达到最佳效果。

C. 再次，钢结构项目经理部将与监理单位进行紧密的合作。在整个工程的质量控制上共同努力，对施工全过程进行监督检查；同样将会在每个分项分部工程施工前提交设计方有关的施工方案或作业指导书，并听取监理方的意见；监理方在实施监理工作时，在坚持其独立性以外，将为其实施监理工作提供必要的方便，配合监理方把监理工作做好。

D. 最后，将通过合同及协议明确与其他各分包方之间的责任，而将以各种合同作为施工总承包管理的依据。在施工中，将提供充分的施工作业面给各其他施工分包单位；提供文明施工的条件；制定切合实际的施工进度计划，合理安排与其他各分包单位的施工流水节拍；并通过定期召开的协调会解决在施工过程中所出现及其他分包单位间的各种矛盾，以使整个工程能顺利地完成，达到相应的各种指标。

2）施工时的配合协调措施

A. 每周五召开一次工程施工协调会，查对计划完成情况，落实各项工作，查对工序交叉施工问题和协调对策，落实人员、材料、进度、限时协调计划。施工高峰时必须每周召开二次生产协调会，在会上针对有关情况作出相应的措施，确保工程的顺利进展。

B. 配备专人协调专业安装技术问题和作业时间，空间条件。

C. 施工用电及场地使用配合：因施工穿插作业多，对施工用电、现场交通及场地使用应在总包统一安排下协调解决。

3）施工协调措施

A. 与建设单位的协调

A）按照施工合同，精心施工，确保工程中各项技术指标达到建设单位的要求。

B）主动接受建设单位施工过程中的监督，定期向建设单位汇报工程进度情况；对于施工中需要建设单位协调的工作，应立即向有关负责人汇报并请求解决。

B. 与监理公司的配合

A）监理公司在施工现场中对工程实施全过程监理，在施工过程中如发现材料及施工质量问题及时通知现场监理工程师，处理办法经现场监理工程师签名同意后实施。

B）隐蔽工程的验收，提前 24h 通知现场监理工程师验收，办妥验收签字后方可进入下一道工序施工。

C）安装设备具备调试条件时，在调试前 48h 通知现场监理工程师，调试过程由专人做好调试记录，调试通过双方在调试记录上签字后方可使用。

D）在具备交工验收条件时，应提前 4 天提交“交工验收报告”通知建设单位、监理公司及有关单位对工程进行全面验收评定。

C. 与设计单位的工作协调

A）如果中标，投标人即与设计院联系，进一步了解设计意图、工程要求，提出可靠的施工方案。

B）积极参与施工图会审，提出施工过程中可能出现的各种结构情况，协助设计单位进一步完善图纸设计。

C）主持施工图审查，协助建设单位会同建筑师、供应商提出建议，完善设计内容和设备物资选型。

D）对施工中出现的情况，除按建筑师、监理的要求及时处理外，还应积极修正可能出现的设计失误。并会同发包方、建筑师、监理按照进度与整体效果要求进行隐蔽部位验收、中间质量验收、竣工验收等。

E）根据发包方的指令，组织设计单位、建设单位参加设备及材料的选型、选材和订货。

D. 与总包单位的协调

A）根据总包的总体安排，积极与土建单位配合并配合土建单位做好预埋件的埋设、校正、复核工作。

B）根据施工图纸及合同要求，并对土建基础锚栓进行复测，并做好记录。

C）施工过程中，积极配合水、电等安装单位做好在钢构件上吊点位置标注的指导工作，监督各吊点焊接情况。

D）在施工过程中，还应积极与土建、水、电安装单位配合做好各种安全防护工作，并且服从建设单位对各施工单位的统一协调指导及监督工作。

5.3.4 施工平面布置

（1）施工平面布置原则及管理

施工总平面布置合理与否，将直接关系到施工进度的快慢和安全文明施工管理水平的高低。为保证现场施工顺利进行，具体的施工平面布置原则如下：

1）在总承包的统一布置协调下进行钢结构施工的现场平面布置设计；

2）紧凑有序，节约用地，尽可能避开拟建工程用地，在满足施工的条件下，尽量节约施工用地；

3）适应各施工区生产需要，利于现场施工作业；

4）满足施工需要和文明施工的前提下，尽可能减少临时设施的投资；

5）在保证场内交通运输畅通和满足施工对材料要求的前提下，最大限度地减少场内运输，特别是减少场内二次倒运；

6）尽量避免对周围环境的干扰和影响；

7）符合施工现场卫生及安全技术要求和防火规范；

8）现场临建布置要服从总包安排，设置生活区、办公区、仓库。

钢结构施工平面布置见图 5.3-3。

（2）施工平面布置管理

根据总包提供的施工场地分布示意图，结合总体规划，钢结构施工将布置 1 台 50t 汽车吊和 1 台履带吊作为主要垂直运输设备，堆场设在主厂房 D 轴线外侧的施工场地，安装及转运用场地等的布设详见钢结构施工平面布置示意图所示。

（3）场地设置

1）构件堆放的场地需要量 40m×30m。

2）屋架拼装成型的场地需要量 50m×30m。

3）其他零星构件堆场可就近堆放在施工区域附近。

4）拼装场至成品屋架运输的水平移动路线，铺设 14 号槽钢轨道。

5）拼装场地设三级配电箱及夜间照明设施，电焊机房、工具房、工人休息室各一间（均为集装箱房）。

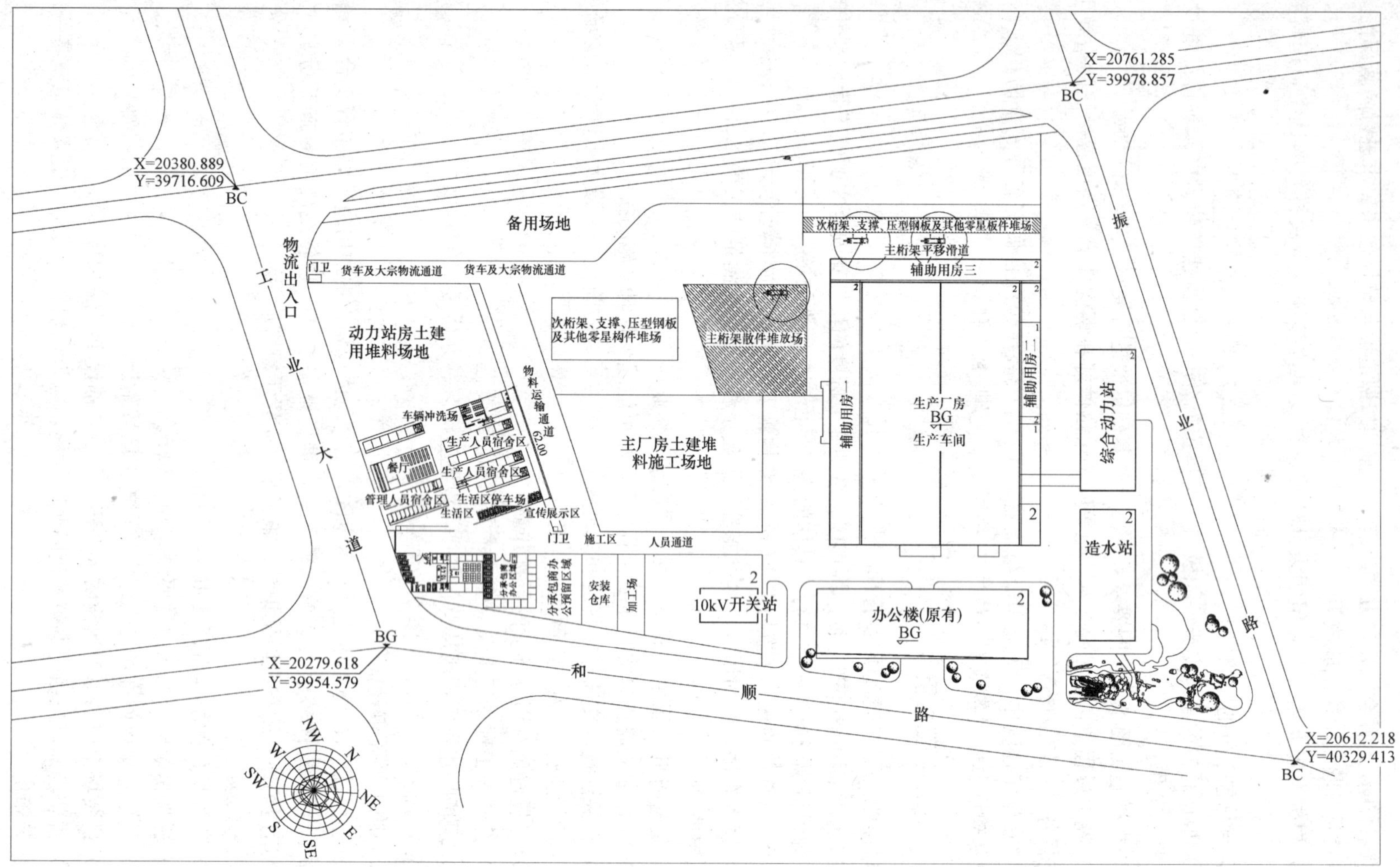

图 5.3-3 钢结构施工平面布置示意图

(4) 施工用水方案

钢构施工的现场用水量很少，但不可缺少。主要是施工过程中的消防用水及清洗构件用水。可结合总包的布置，接入到钢结构施工的场地内，原则上充分利用现场已经有的设施。

(5) 施工用电

根据本工程的施工总平面布置原则及场地特点，施工用电平面与立面分开布设，平面上生活区用电还要分开另行布设。

1) 施工用电的总电源应达到施工用电的总容量需求，届时，施工单位只需从建设单位提供的电源位置拉接就行。

2) 生产区内供电线路分为两路：一路连接各区焊接设备分配电箱；一路连接楼层栓钉焊接设备分配电箱。

3) 为了方便夜间施工管理，在生产区域四周布置若干只照明灯。本工程以施工高峰阶段的用电量为控制点，钢结构工程主要设备用电量见表5.3-1。

钢结构施工用电设备一览表 **表5.3-1**

机具名称		台数	单台用电量(kW)	合计用电量(kW)	暂载率(%)	P_i
1	电焊机	16	30	480	65	312
2	SS2500 栓焊机	1	50	50	70	35
3	空压机	2	2.5	5	30	1.5
4	烘箱	1	5	5	60	3
5	其他		30			30
6	合计					381.5

计算总负荷：

$$PC = 1.1K\sum_{i=1} RP_i$$

$$= 1.1 \times 0.65 \times 381.5 = 272\text{kW}$$

施工生产、生活用电分开。现场设生活用电、施工机具用电、楼层钢构焊接施工用电、拼装场区域用电、机动用电共七条线路，既能保证各种电气设备的用电容量，又可减少大型设备使用时对其他设备的影响。

生活用电能满足照明、空调、电脑等需求为标准，并确保进户前统一进行线路管理，采取有效的安全防护措施。施工楼层用电每隔层设一分配电箱。

施工用电采用三相五线制配线。用电主线路使用五芯电缆，入地敷设。现场设置安全总配电箱1只，按线路接出要求设置分配电箱。另备移动式安全配电箱10只。分配电箱、开关箱按三级配电两级保护的要求配置。进场后需编制专项用电方案，做好防护措施，确保用电安全可靠。

5.3.5 劳动力计划与管理

(1) 劳动力计划

施工劳动力是施工过程中的实际操作人员，是施工质量、进度、安全、文明施工的最直接的保证者。我们选择劳动力的原则为：具有良好的质量、安全意识；具有较高的技术等级；具有类似工程施工经验的人员。

劳动力划分为两大类：第一类为专业性强的技术工种，包括起重、焊工、测量、机操工、机修、维修电工等工种，这些人员均为我公司曾经参与过类似工程的施工，具有丰富的施工经验，并持有相应上岗操作证的自有职工；第二类为非技术工种，此类人员来源于长期与我公司合作的成建制施工劳务队伍，进场人员具有一定的素质。

劳务层组织由项目经理部根据项目部的每月劳动力计划，在单位内进行平衡调配。本钢结构工程在整个施工过程中，所有劳动力月平均人数在 60 人左右，高峰期总人员数将达到 83 人。

(2) 劳动力配备

本工程现场人员除项目管理层外，其余主要是各工序配备的技术工种。根据本工程实际情况，本工程构件除在工厂配备一定数量的制作人员外，还需在现场配备足量的拼装和吊装人员。具体人员的安排如下：

1) 工厂制作劳动力计划见附表。

2) 现场安装劳动力计划见附表。

(3) 劳动力动态柱形图

1) 工厂制作劳动力计划动态柱形图，见图 5.3-4。

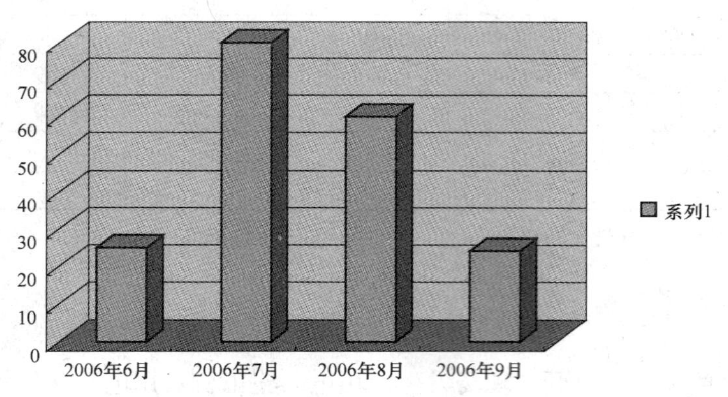

图 5.3-4 工厂制作劳动力计划动态柱形图

2) 现场安装劳动力计划动态柱形图，见图 5.3-5。

(4) 劳动力管理措施

采用内部劳务招标的形式选拔高素质的施工作业班组进行本工程的施工。竞标的主要指标以各自承诺的质量、安全、工程进度、文明施工等指标为准。

对工人进行必要的技术、安全、思想和法制教育，教育工人树立“质量第一，安全第一”的正确思想；遵守《中华人民共和国安全生产法》等有关施工和安全的法律、法规。

搞好生活后勤保障工作：在大批施工人员进场前，必须做好后勤工作的安排，为职工的衣、食、住、行、医等予以全面考虑，认真落实，以便充分调动职工的生产积极性。

根据本工程的特点，工程施工需要同时展开多个作业面，包括钢桁架、钢梁的吊装，支撑及楼承板安装。现场人员的分配需根据工作情况灵活调动。

1) 现场组装、安装将由工厂派出的制作人员完成，加工厂拟派出工艺指导管理人员数

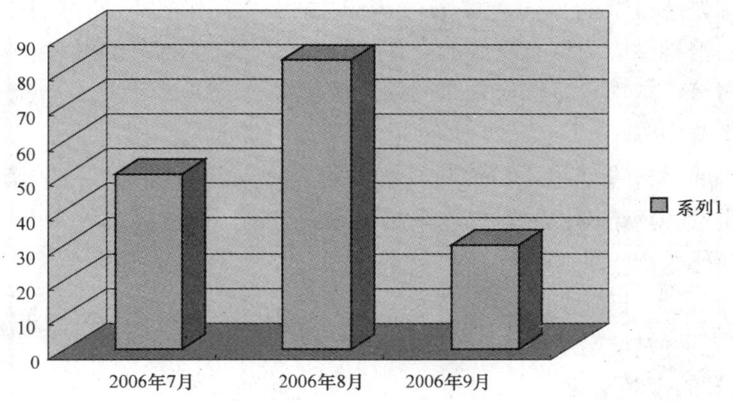

图 5.3-5 现场安装劳动力计划动态柱形图

名、指导熟悉大型桁架拼装，并派持证的自有技工，配备一些普工完成现场组装和拼装。

2）现场吊装由公司安装队完成，拟派自有的现场管理人员和持证自有技工进行本工作，并根据现场需求安排人数。

（5）工资管理措施

为确保职工的工资按时准确发放，项目为每个职工办理工资卡，在每月 5 日前将考勤统计交到财务，15 日前将工资打到银行卡中，并在生活区的公告栏中将考勤与工资额公布，若有差错也方便职工查询。

5.3.6 材料供应计划

工程材料投入计划最终目的是保证工程的按时完工。而本节解决的就是，工程的材料投入是如何满足工厂加工、现场拼装要求的。保证材料采购满足工厂加工要求，工厂加工满足现场拼装要求，现场拼装满足工程吊装要求。

（1）材料的采购流程见图 5.3-6。

（2）原材料采购来源说明

拟设立专门的材料管理组，对钢材采购的每一环节进行全面、细致有效的管理和监督，确保工程材料及时有序的进场。

配备了专门的材料管理小组，有了材料供应商的优先供货保证外，还需要在材料的供货的关键时间节点上进行计划和落实。材料种类较多，数量大，为保证本钢结构工程

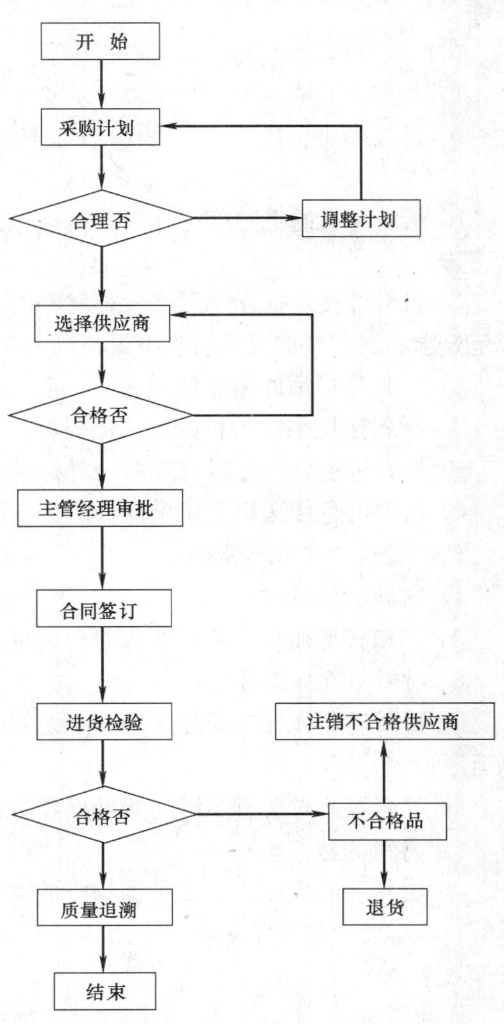

图 5.3-6 材料的采购流程图

的顺利实现，首先在材料的采购上按 ISO 9001 质保体系严格控制，以保证原材料质量。公司与国内大的钢材供应商均有良好的合作关系，如广东省韶钢集团有限公司、马鞍山钢铁股份有限公司等，本项目将选择知名的供应商优先给予供货保证。

（3）材料采购

拟设立专门的材料管理组，对钢材采购的每一环节进行全面、细致有效的管理和监督，确保工程质量。钢结构用的钢材均采用国家大型钢厂的材料。

供应商的选择原则：

1）完善的质量保证体系；

2）具有供应类似规模钢结构工程材料的业绩；

3）具有良好的市场信誉；

4）具有反应敏捷的售后服务系统；

以上所列的条款是选择材料的供应商时所要考虑的必要条件，也是保证质量的先决条件。

（4）原材料的检验及质量保证措施

1）材料的验收制度

A. 外观检查，选择适当的验收工具：长度与宽度——米尺，厚度、直径——游标卡尺。

B. 板、型材的平整度符合规范标准，没有翘曲、局部凹凸等质量缺陷；表面标识清晰可辨。

C. 材料的技术指标，严格检查材料的各项技术指标，验证其是否符合设计及相应的规范要求。对材料的质保资料有疑点时，拒绝签收，并及时与材料供应商联系。

2）材料进场后的信息传递

A. 材料定尺采购的目的：降低损耗，减少焊接拼接。

B. 材料进场后，材料管理部门对材料进行检查、登记。

C. 材料信息传递给公司设计部门、生产部门、工艺技术部门。

（5）材料的保管与储存

1）材料的保管

A. 严格按照质保体系的要求对材料进行标识、登记和编制材料信息；

B. 材料不许露天堆放；

C. 材料按照施工流程分区堆放，统一规划；材料堆放整齐，同时，预留运输走道及倒运通道；

D. 材料堆放时要有足够的搁置点，防止材料变形。

2）材料的储存

A. 材料验收入库后，要根据物资的物理性能、化学成分、体积大小和数量分别加以保管，基本要求物资不短缺、不损坏、不变形、不混号。同时，又要考虑发放、检查提高工作效率。

B. 要分区、分类管理，根据物资的类别，合理地规划物资存放的固定区域。

C. 库号、架号、层号、位号四者统一编号。

5.3.7 机械设备计划与管理

（1）机械设备维修保养及人员

由于本工程施工所要求的机械设备均要连续作业，所以机修人员不仅要跟班作业，而且当机械出现故障时，须能在施工工艺允许的时间范围内进行抢修。因此，拟在施工现场布置一个机械设备维修车间，机修人员均经培训考核合格持证上岗，具有丰富的维修经验。

同时施工现场要留置一小块空地放置少量的备用设备，同时作为保养的场地，并且所有机械均进行三级保养。如果现场作业的设备经检验确定维修时间较长，会对工程造成较大的损失，则直接利用现场设备进行更换，确保工程的顺利进行。如现场的机械设备满足不了工期要求，项目经理部将向监理打申请报告，经批准后向外界租用性能优越又能满足施工需要的机械设备。

（2）施工机械的配置

本工程质量要求高，施工需用机械化作业程度高，为确保我们在承诺的时间内交付使用，将投入以下机械设备，见附表。

（3）现场主要检验及测量设备

现场主要检验及测量设备，见表5.3-2。

现场主要检验及测量设备　　表5.3-2

序号	仪器设备名称	规格型号	单位	数量	备注
1	超声波探伤仪	CTS-22	台	1	质检仪器
2	干漆膜测厚仪	FDS-776	台	1	质检仪器
3	涂层厚度测量仪	FDF-973	台	1	质检仪器
4	测力扳手	D9-E4	把	2	质检仪器
5	全站仪	TOPCON-211D	台	1	测量仪器
6	经纬仪	J2	台	1	测量仪器
7	自动安平水准仪	ZDS3	台	2	测量仪器

（4）现场主要办公设备

现场主要办公设备，见表5.3-3。

现场主要办公设备　　表5.3-3

序号	办公设备名称	规格型号	单位	数量	备注
1	台式电脑	P4-2.4GHz	台	3	办公、绘图
2	复印机	理光IR-2200	台	1	办公
3	打印机	佳能LBP-2000	台	1	办公
4	传真机	佳能L388	台	1	办公

5.4 施工进度计划及保证措施

5.4.1 总进度计划编制说明

（1）总工期计划的编制依据

根据总包单位提供施工作业面的时间，结合施工方案的总体思路，充分发挥本公司的技术、人力、资金和管理优势，进行钢结构总进度计划的编制。工期规划的起始点为：建设单位在招标文件中暂定的各工序开工时间和土建提供工作面时间；截止点为：招标文件中要求投标单位施工的所有钢结构内容全部完成，设备退场时间。

1）钢结构施工的工序搭接关系：

深化设计周期。

钢结构材料的采购周期。

钢结构制作周期。

土建施工周期。

钢结构运输周期。

钢结构安装周期。

各区域施工的搭接关系。

2）工期的总体目标和关键节点

对应工期目标设以下的工期节点：见表 5.4-1。

对应工期目标设以下的工期节点 **表 5.4-1**

实 施 阶 段	节 点 时 间
工厂备料、深化设计开始时间	2006 年 6 月 20 日
工厂加工开始时间	2006 年 7 月 10 日
主体部分构件运输开始时间	2006 年 7 月 25 日
吊机进场时间	2006 年 7 月 16 日
结构安装开始时间	2006 年 8 月 3 日
楼承板安装开始时间	2006 年 8 月 5 日
安装结束时间	2006 年 9 月 4 日
整个钢结构竣工验收结束时间	2006 年 9 月 10 日

（2）落实保证工期的总原则

根据关键技术线路和工期目标，确定如下施工总原则：

1）钢结构深化设计，在 6 月 20 日前完成全部图纸的深化工作，并提交设计院确认所有钢结构深化设计图纸。

2）及时订购钢结构材料，在 2006 年 6 月 30 日前完成主要材料订货。

3）落实施工组织设计，尤其是制作安装工艺，制作加工工艺在 2006 年 6 月 25 日前完成。

4）材料订货从 2006 年 7 月 1 日开始可陆续进入工厂，保证 2006 年 7 月 5 日前具备工厂制作条件。

5）现场场地提前准备，设备机械提前进场做好准备。

（3）施工进度计划网络图

钢结构施工进度计划见附表。

5.4.2 工期控制措施

任何一个工程项目，要保证实施时能按计划顺利、有序地进行，并达到预定的目标，必须对有可能影响工程按计划进行的因素进行分析，事先采取措施，尽量缩小计划进度与实际的偏差，实现对项目的主动控制。就本项目而言，影响进度的主要因素有计划因素、人员因素、技术因素、材料和设备因素、机具因素、气候因素等，对于上述影响工期的诸多因素，投标人将按事前、事中、事后控制的原则，分别对这些因素加以分析、研究，制定对策，以确保工程按期完成。

(1) 确保总进度目标实现的措施

确保总进度目标实现的措施有：组织措施、管理措施、技术措施。

确保总进度目标实现的组织措施如图 5.4-1 所示，为确保工程进度目标的实现，必须做好组织结构设计、工作流程组织设计。

确保总进度目标实现的管理措施如图 5.4-2 所示，为确保工程进度目标的实现，必须做好这些管理工作。

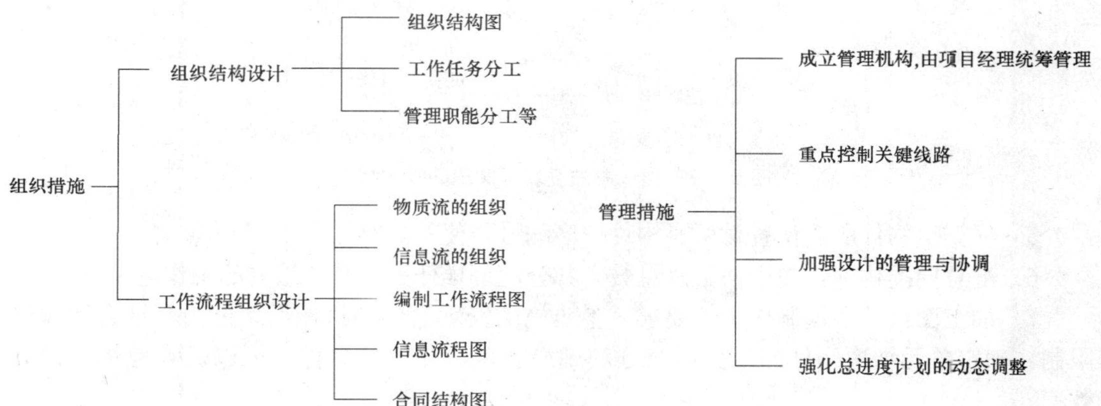

图 5.4-1 确保总进度目标实现的组织措施　　图 5.4-2 确保总进度目标实现的管理措施

确保总进度目标实现的技术措施如图 5.4-3 所示，为确保工程进度目标的实现，必须在各个技术环节上进行控制，并落实合理的技术方案。

(2) 钢结构设计工期保证措施

1) 在确认中标后，公司设计部门根据工程总进度和资源情况排出“深化设计进度计划图”，明确本工程各结构设计进度节点，确保满足本工程总体制作进度。为确保设计不对本工程进度产生任何影响，真正做到“设计为制作服务、制作为安装准备”的要求。在接到本工程项目建筑施工文件和设计图后，公司立即组织有关技术人员对图纸进行研究深化，对钢结构施工图的深化设计工作进行部署，以确保工期。

2) 在建设单位委托的本工程设计院提交总体设计资料前，将组建专项设计组，派1～2 名加工图设计人员到该设计院提前熟悉设计内容，领会设计意图，以确保深化设计按照总体设计进行。

3) 设计转化工作，在完成每分项设计后，即刻向设计院上报并申请深化设计图纸的审批，对审批后需要修改的部分，及时进行修改，直到审批合格；实行“设计倒计时”制度，使每个人明确自己分项设计进度对于总体设计进度的重要性，目标明确，确保节点。

4) 设计进度计划，按照计划检查完成任务情况及时增减设计人员。设计过程中及时与设计院联络，并组织交流讨论，使构件深化设计能满足容易制作、方便安装的要求。

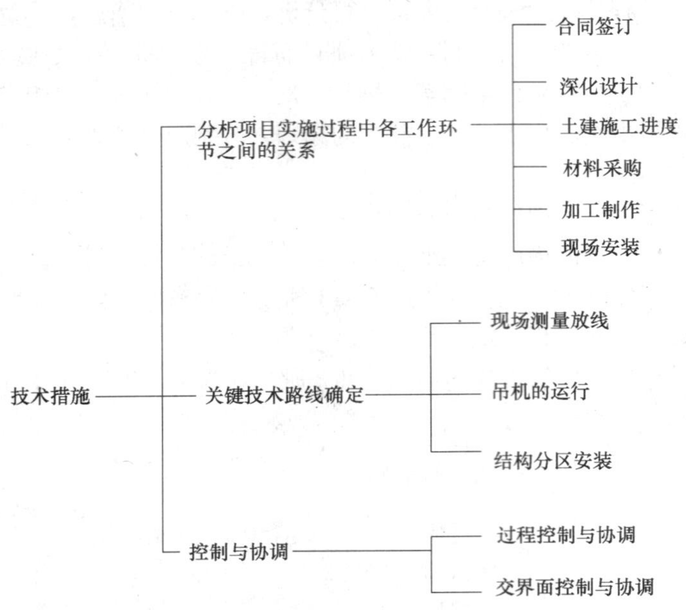

图 5.4-3 确保总进度目标实现的技术措施

5）根据钢构件所在位置对所有构件按序编号，使其能对号入座。

6）汇总同类构件，按规格汇总总数，并分配翻样任务，减少重复的工作量。

7）加工图设计根据制作工艺要求，参照施工安装提供的机械设备能力，结合运输的限制，确定单元结构构件的划分；充分利用最新版深化设计软件，可以极大地提高设计效率。

8）对设计单位的钢结构设计图纸的技术变更作出及时反应。

（3）钢结构制作工期保证措施

本工程的生产进度必须按总体计划执行，生产必须满足安装要求，所以总体进度计划应得到生产、质量、安装等部门的论证和认可，其他部门应密切配合，各司其责，具体应做到：

1）项目计划部精心计划，计划做到周密、仔细、可行、及时，保证各部门工作协调一致。

2）供应部保证生产材料供应及时。

3）工艺部从中标开始起对本工程提出的特殊要求制订工艺文件和进行工艺评定，确保加工进度和产品质量。

4）生产部准备好各工种技术及工人，维护好生产设备，确保生产顺利进行。同时把生产作业计划、工作量、定额、作业次序排定到各个零部件、各工序，确保工作量按计划进行，关键时刻适当加班加点。以及时调整生产能力和进度计划。

5）各工序依次及穿插、交叉作业次序尽可能合理化，以减少不必要的停机和变换生产原材料。

6）各质检部门保证质检随时完成，及时转序。

7）钢结构制作完成后应根据安装顺序进行堆放，并提前7天安排作好运输准备。

（4）钢结构安装工期保证措施

在安装现场还将采取以下措施，确保达到预计的工期，保证在计划时间内按时竣工交付给建设单位使用。

1）采用施工进度计划与周、日计划相结合的各级网络计划进行施工进度和管理并配套制订，计划、设备、劳动力数量安排实施适当的动态管理。

2）合理安排施工进度和平面交叉流水工作，通过各控制点工期目标的实现来确保总工期控制进度的实现。

3）成熟的施工工艺和新工艺方法相结合，尽可能缩短工期。

4）准备好预备零部件，带足备件、施工机械和工具，以保证能现场解决的问题应在现场解决，不因资源问题或组织问题造成脱节而影响工期。

5）所有构件编号有检验员专门核对，确保安装质量一次成功到位。

6）严格完成当日施工计划，不完成不收工，现场人员可适当加班加点，必要时开夜工安装，管理人员应及时分析工作中存在的问题并采取对策。

7）准备好照明灯具和线缆，以确保在开夜工加班时有充分的照明，为夜班工作创造条件。

（5）钢结构设计、制作、安装协调保证措施

除了在上面提到的各项工期保证措施以外，根据以往的施工经验，将采用“对号入座”法进行设计、制作、施工。即根据钢构件所在位置在设计、翻样过程中就对所有构件按序编号，使其能对号入座。所有构件在设计、制作、运输及安装过程中均采用同一编号，方便查找，以加快施工安装的进度。

（6）其他保证措施

1）本工程施工中，将充分发挥施工图深化技术、计算机放样下料技术、激光（全站仪）测量技术、现场半自动 CO_2 气体保护焊及质量管理和质量保证安装过程计算机监控技术，编制最优化的施工方案。

2）充分处理、协调好与政府部门、建设单位、设计、监理及土建和其他单位的关系，保证良好的外部条件和施工氛围，确保工程顺利施工。

5.5 钢结构制作与运输

5.5.1 加工制作总体分类

本工程钢结构分为如下几种类型制作：

（1）H 型钢梁、H 型桁架等主要钢结构构件的制作；

（2）地脚螺栓及预埋件制作。

在整个加工过程中应根据工程总进度动性的调整实际加工进度，同时要及时与安装等其他单位积极配合，相互交流，始终做到交接顺畅，从而有力地保证本工程的总工期和整体质量达到合同要求，让建设单位满意。

5.5.2 构件加工制作的主要工艺流程

通过对结构的深化图纸分析，确定主要构件的加工工艺流程见图 5.5-1。

5.5.3 钢桁架杆件的加工

原材进厂必须严格按照设计、国家现行相应规范和公司质量控制手册进行检查和复验。

(1) 检查矫正

对于钢管等原材在运输过程若产生弯曲变形等在加工前必须进行矫正，矫正时应采取逐级矫正。

(2) 下料

经检验、矫正合格后的材料按设计和加工图要求进行切割下料。钢管等原材下料主要采用数控卧式带锯床或锯床进行下料，见图 5.5-2。

(3) 制孔

钢结构的钻孔采用万向摇钻进行精密机械钻孔，部件、构件采用数控三维钻或三轴数控平面钻床加划线和模板进行钻孔。为了确保钻孔精度和质量，采用模钻时均须有放样工放样划线划出基准轴线和孔中心，采用数控钻的首次加工品均应经检验员首检合格后才准批量钻孔。零件、部件、构件钻孔后均需经检验员检验合格后做上合格标识，方可进行下一道工序，见图 5.5-3。

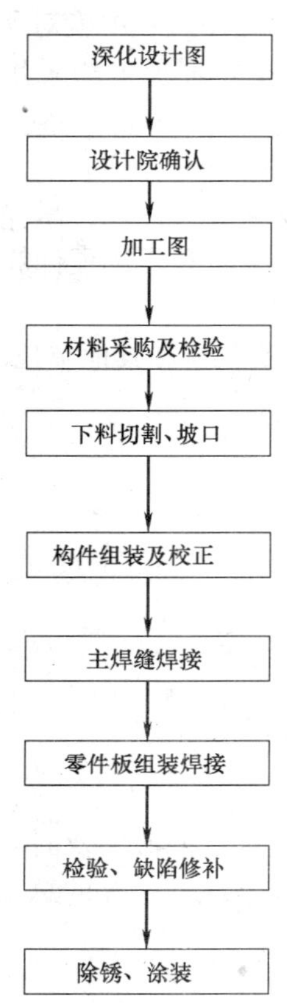

图 5.5-1 构件的加工工艺流程图

图 5.5-2 数控带锯床

图 5.5-3 数控三维钻床

端面铣加工合格的钢构件，放置钻孔平台上，以铣平端为基准，并以中心线、孔位置线为依据，夹紧固定钻孔模具。根据以往施工经验，实际钻孔直径均大于设计要求一个级别。螺栓孔一般均为双排多孔分布，稍有不慎会造成整个孔位偏移超差，修复困难。

因此，本工程钢构件钻孔采取如下办法：

1）钻孔前须经二人互相检查选用模具的正确性。

2）钻孔过程中经常检查模具紧固情况。

3）钻孔常采用多班作业，每班安排专人检查模具磨损情况，随时更换不合格模具。

4）每班安排专人修整钻孔毛刺。

采用数控钻床钻模板后套钻节点板螺栓孔群（针对相同类型数量多），一般螺栓孔（针对相同类型数量较少）和地脚螺栓孔的钻孔，可采用划线钻孔的方法。采用划线钻孔时，孔中心和周边应打出梅花冲印，以利钻孔和检验。钻孔公差见表 5.5-1。

钻孔公差 **表 5.5-1**

项　目	允许偏差
直径	0～+1.0mm
圆度	1.5mm
垂直度	≤0.03t 且≤2.0mm

（4）坡口加工

原材完成下料后，按设计要求对构件进行开坡口，所有坡口在钢板剖口机和锁口机上进行开坡口。

（5）钢构件的端铣和钻孔

原材完成下料后，移至端铣机上进行一面端铣，并以此面为基准在数控三维钻床上进行钻孔加工。

为了确保钻孔精度和质量，采用模钻时均须有放样工放样划线划出基准轴线和孔中心，采用数控钻的其首次加工品均应经检验员首检合格后才准批量钻孔，零件、部件、构件钻孔后均需经检验员检验合格后做上合格标识才准转序。

本工程的杆件间连接部分选用高强螺栓连接，钢构件检验合格后，在带锯切割机上进行切割下料。同时在端铣机上进行端头铣平加工，加工时应保证尺寸准确。并在锁口机上进行锁口处理，见图 5.5-4、图 5.5-5。

图 5.5-4　锁口机

（6）摩擦面、涂装、矫正

1）摩擦面处理

构件的连接摩擦面端头应用铣床铣平，摩擦面经构件整体抛丸除锈机处理后移至摩擦面加工平台上，采用精细砂砾喷砂机进行摩擦面的加工。摩擦面加工应采用相同的材料和加工方法制作试件，并进行摩擦系数试验，以确保摩擦系数达到规定要求。

图5.5-5 型钢端铣机

2）涂装

几何尺寸、外观质量检查合格的钢构件，运至成品专用场地后，应进行喷涂前的清里抛丸除锈工作；特别对油污和焊接飞溅的清理，应作为质量控制点实行专检。涂装前应做好对高强度螺栓孔和摩擦面的保护，用胶带纸或纸板把梁端螺栓孔位、梁端焊缝坡口、摩擦面粘贴严实；粘贴宽度不小于100mm，使摩擦面和焊缝坡口不受雨水、污物、防锈漆的污损。

3）矫正

矫正工作贯穿于钢构件制作的整个过程，从下料前到下料、埋弧焊、组装手工焊等均应矫正，确保构件的尺寸、质量、形状满足规范要求。矫正的方法主要有钢构件自动生产线的矫正机自动矫正和日本进口的全液压自动控制的钢构件矫正机，有必要时也可以采用火焰矫正等。

5.5.4 各节点加工制作工艺

本工程节点均采用钢板切割、组装焊接成。因此钢板节点的加工工艺主要有钢板矫正、下料、钻孔、组装点焊、组装焊接等加工过程。其加工工艺主要要点如下：

（1）钢板矫正

在运输过程中，由于外部因素会导致钢管、钢板产生变形，因此在钢板下料加工前应对原材进行检查，对超过国标误差要求的原材将进行矫正。

（2）放样下料

放样下料应以保证加工质量和节约材料为目。各施工过程如钢板下料切割，需有专业放样工在加工面上和组装大样板上进行精确放样。放样后须经检验员检验，以确保零件、部件、构件加工的几何尺寸，形位分差、角度、安装接触面等的准确无误。

（3）钢板基准面端铣加工

由于本工程部分节点连接是采用的螺栓连接，因此螺栓孔的加工精度要求非常高，在螺栓孔加工前需进行螺栓孔的基准面加工，螺栓孔的基准面加工主要在牛头刨床上进行加工。

（4）螺栓孔加工

零件钻孔采用中捷友谊I3035×16/1万向摇钻进行精密机械钻孔，部件、构件采用数控三维钻或三轴数控平面钻床加划线和模板进行钻孔。为了确保钻孔精度和质量，采用模钻时均须有放样工放样划线划出基准轴线和孔中心，采用数控钻的其首次加工品均应经检验员首检合格后才准批量钻孔，零件、部件、构件钻孔后均需经检验员检验合格后做上合格标识才准转序。

因此，本节点班钻孔采取如下办法：

1）钻孔前须经两人互相检查选用模具的正确性。

2）钻孔过程中经常检查模具紧固情况。

3）钻孔常采用多班作业，每班安排专人检查模具磨损情况，随时更换不合格模具。

4）每班安排专人修整钻孔毛刺。

（5）焊接组装

为确保整个节点的加工精度，组装工序是关键工程。在组装前先在钢板上划出定位线，然后采用 CO_2 气体保护焊接进行点焊，整体进行定位。整体定位点焊好后检查定位焊接的精度合格后进行焊接组装。

5.5.5 桁架拼装工艺

（1）桁架拼装工艺技术措施

1）胎架设置应避开节点位置，满足焊工的施焊空间和高强螺栓安装空间。

2）桁架的安装从节点处出发，然后向四周扩展，各弦杆与支撑胎架压板固定。

3）从中心开始逐根安装腹杆，安装时应注意对称。

4）节点处安装先采用普通连接螺栓进行桁架的连接组装，桁架组装好后再采用高强螺栓进行置换初拧安装。

5）组装中所有杆件应按施工图控制尺寸，各杆件的力线应汇交于节点中心，并完全处于自由状态，不允许有外力强制固定。主杆单根支撑点不应少于两个。

6）组装构件控制基准、中心线应明确表示，并与平台基准线相一致。

7）所有要进行组装的构件，必须单件制作完毕，并经专职检验员检验合格后组装。

8）在胎架上组装全过程中，一般不得对构件进行修正，切割或捶击等。

9）较长桁架地面露天拼装时，应注意检测时间，以减少温度对测量的变化。

10）分段开口处应设置临时支撑封闭，防止变形。

11）对于桁架需焊接的部位尽量采用 CO_2 气保护焊，减少焊接应力和变形。

12）拼装制作时的钢卷尺等计量器具应经国家有关法定部门给予统一校验，以保证构件尺寸检验的统一、准确。

（2）拼装技术要求

1）拼装平台在现场搭设，拼装场地必须进行整平，并铺设 20mm 厚的 C20 混凝土。

2）平台搭设首先对支承柱采用经纬仪进行测量放线确定每个控制点的坐标，而后采用水平仪对定位块或平台找平，要求各支承点偏差不大于 3mm。拼装时不得使用大锤锤击，可设置临时固定或拉（压）紧装置，保证拼装过程的安全。

3）将检验合格的各钢构件依次放入拼装平台，并按规范的规定进行拼装，调整各构件位置，装上所有节点连接板，用相应规格安装螺栓拧紧或采用 CO_2 气体保护焊焊接。

4）拆除所有临时固定点和拉紧装置，检查全部尺寸和偏差值，桁架预拼装的允许偏差，见表 5.5-2。

（3）拼装精度控制

1）桁架的拼装胎架定位柱的设置必须先在计算机里进行三维建模，确定各定位柱的空间坐标。

2）胎架的搭设先在已平整好的场地上用全站仪定出胎架控制固定点的位置，并用地脚螺栓固定，以免在拼装过程中胎架发生移动等。

全部尺寸和偏差值桁架预拼装的允许偏差　　表 5.5-2

序号	项　　目	允许偏差(mm)	检验方法
1	跨度最外两端安装孔距离	+5.0～－10.0	用钢卷尺检查
2	界面截面错位	2.0	用焊缝量规或钢尺测量
3	拱度	L/200 （L 为桁架长度）	用拉线和钢尺检查
4	节点处杆件轴线错位	4.0	划线后用钢尺检查
5	桁架对角线之差	H/2000 且不大于 5.0 （H 为桁架梁层高）	用钢卷尺检查

3）对于桁架拼装安装过程中必须时刻进行测量矫正。

5.5.6　焊接工艺

本工程钢结构制作有大量的焊接工作，焊接的质量好坏直接关系到构件制作的质量，因此控制焊接质量是非常必要和关键的。采取合理有效的焊接技术、焊接工艺和焊接质量保证措施是十分重要的。

（1）焊接工艺技术

1）焊接难点、要点

本工程焊接主要存在两个难点：

A. 本工程的焊接母材主要为 Q345，碳含量较高，钢材的淬硬倾向较大，焊接工艺性能比较差，焊接时易产生焊接冷裂纹；

B. 焊接加工精度要求高，焊接变形控制要求严。由于本工程桁架长度大，因此构件在加工时，容易产生焊接变形和焊缝质量不高等问题。所以，焊接时应严格控制焊接变形，保证焊接精度，否则将导致构件不满足工程使用要求和相关规范要求。

2）焊前准备

构件焊前准备主要包括：坡口的制备、焊接区的清理和焊接材料的处理等。

A. 坡口制备

坡口的几何形状、尺寸和制备方法直接影响到构件焊接接头的质量、焊接效率和经济性。设计坡口首先应避免采用只能局部焊透的坡口形式，坡口形式应充分考虑各种焊接方法的特点，其次应尽量减少焊缝的横截面积，这样不仅可以降低可能导致的各种裂纹的焊接残余应力，而且也可以减少焊接材料的消耗量，降低制造成本。

构件接头坡口的加工主要采用机械加工、等离子弧切割和火焰切割。若采用火焰切割或等离子弧切割的方法，构件坡口加工完毕，应用砂轮机把坡口表面的一层淬硬组织去除。但坡口的加工优先采用龙门刨床或钢结构专用钢板坡口铣边机进行坡口加工。

B. 焊接区的清理

焊前清理的工作是保证接头质量的重要环节。为防止焊接接头的冷裂纹，建立低氢的焊接环境是十分重要的。焊接边缘和坡口表面应清除可能产生各种有害气体的氧化皮、铁锈、油脂及其他污物。对焊接钢板表面的吸附水分应用火焰喷嘴加热加以清除，因水分在电弧高温作用下分解是焊接气氛中氢的主要来源之一。焊前必须清理干净切割面的氧化皮和熔化金属飞刺等，必要时需用砂轮修磨。

C. 焊接材料的处理

焊条、埋弧焊焊剂、CO_2 气体中的水分是焊接气氛中氢的主要来源，其影响程度远比钢板表面吸附水的影响来得严重。因此焊前必须采取严格烘干措施。焊条应采取 350～400℃/2h；焊剂采取 350～500℃/2h 烘干措施。同时焊条焊剂也应采取严格的保温措施，随取随用。CO_2 气体保护焊用的 CO_2 气体也应加装气体加热装置，对 CO_2 气体进行加热去除水分。对于焊丝，焊前应去除焊丝表面的锈蚀、油脂的污物。

主要采用的几种坡口形式，见图 5.5-6。

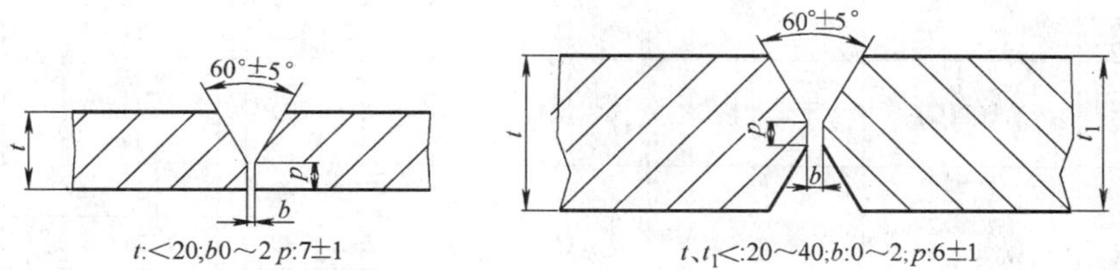

图 5.5-6　坡口形式

3）焊材选择

焊材对构件焊接接头的性能起着决定性的作用。焊材的选择主要考虑焊接方法、焊接母材和焊接性能要求决定，见表 5.5-3、表 5.5-4。

焊接材料选用表　　**表 5.5-3**

焊接方法	母材牌号	焊丝或焊条牌号	焊剂或气体	适用的场所
埋弧焊	Q345	H08MnA H10Mn2	HJ431 SJ101	对接、角接
手工焊	Q345	E43 E50		定位焊、对接、角接
气保焊	Q345	H08Mn2A 或 YJ502(Q)药心焊丝	CO_2(99.99%)	定位焊、对接、角接

材料的烘焙和储存　　**表 5.5-4**

焊条或焊剂名称	焊条药皮或焊剂类型	使用前烘焙条件	使用前存放条件
焊条(E5015、E5016)	低氢型	350～400℃	120℃
焊剂 (HJ431、SJ101)	烧结型	350～500℃	120℃

4）焊接工艺规范参数

根据构件材料种类和构件规格主要采用手工电弧焊、CO_2 气体保护焊和埋弧自动焊。对于构件焊接接头形式主要有板对接焊、角焊缝焊接。下面对几种类型的焊接工艺参数执定，见表 5.5-5。

(2) 焊接质量保证措施

焊接质量是钢结构制造质量的关键，焊接结构生产中的质量保证不仅仅是焊接工序、焊接技术部门或检验部门的职责，它包括诸多因素如设计、材料、工艺规范及人的因素（操作技能、个性、情绪）等，均直接影响焊接质量。我们将在焊接结构生产中推行全面

焊接工艺参数　　表5.5-5

焊接方法	焊材牌号	焊接位置	焊条(焊丝)直径(mm)	焊接条件		
				焊接电流(A)	焊接电压(V)	焊接速度(cm/min)
手工焊条电弧焊	E43 E50	平焊和横焊	ϕ3.2	90～130	22～24	8～12
			ϕ4.0	150～200	23～25	12～20
			ϕ5.0	200～250	24～26	15～22
		立焊	ϕ3.2	80～110	22～26	5～8
			ϕ4.0	120～150	24～26	6～10
CO_2 气体保护焊	YJ502(Q)	平焊和横焊	ϕ1.2	220～280	26～32	40～60
埋弧自动焊	H10Mn2 +SJ101	平焊和平角焊	ϕ4.8	710～720	30～33	44～48
				750～780	34～37	40～46
				720～750	36～38	44～48

质量管制，从钢材、焊接材料、焊接工艺、焊工、焊接设备、生产管理以及无损检测等方面来加强管理，保证焊接质量。

1）组织机构

组织机构见图5.5-7。公司组织生产、技术、质检三大体系的主要领导与外聘专家、优秀焊工一起组成焊接质量保证小组。在项目副总指挥的牵头下开展工作，对焊缝直接进行检测，收集分析各种相关数据，进行工艺评定试验，编制制作工艺书和焊接工艺规程等，负责构件焊接的全面工作。

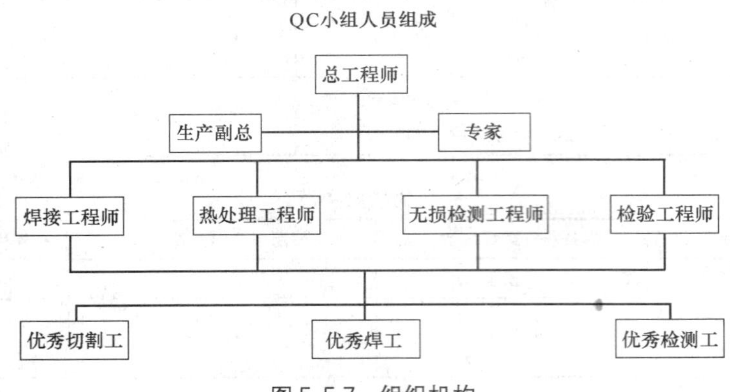

图5.5-7　组织机构

2）抓住关键问题，制定对策

本工程中构件焊接的主要问题是防止焊接冷裂纹、夹渣、未熔透等。因为构件的材质为Q345，该牌号的钢材的碳当量高，焊接性能差；同时又由于本工程的主要构件焊接是板对接、角焊，焊接条件差、焊接变形大、焊缝受力复杂，所以，构件焊缝易产生冷裂纹。因此必须从合理的施焊顺序着手，重点加强焊前预热、防风、保温、防骤然降温等措施的有效设立。合理的焊接坡口选择，减少焊接拘束，对预热、层间温度、后热、保温的各个环节予以保证。同时对焊接技工加强质量意识教育，加强焊接行为规范和焊接结果监控。严格按照国家相应规范、标准和设计要求对焊缝进行探伤等检查。

全方位检查、控制、消除焊接不利因素：首先彻底弄清楚材料性能，把好材料检测关，对材料除进行力学性能与化学分析外，还进行100％超声波检测；其次是密切注意原材切割下料过程中的异常现象、火焰变化情况，发现问题及时查明原因研究解决；还有对焊接材料进行控制，焊接材料要求直接向生产厂家采购，要有焊材材质保证书，必要时请第三方进行抽检。严格控制使用前的烘干保温措施，做到专人负责，记录可查。

对钢板焊接的焊前、焊中、焊后各道工序层层把关，做到有据可查，事事有人检、处处有人控。

3）严格执行焊接工艺评定制度

A. 焊接工艺评定依据

焊接工艺评定试验是制定焊接工艺的依据，工艺评定试验必须根据《钢结构工程施工质量验收规范》GB 50205—2001和《建筑钢结构焊接技术规程》JGJ 81—2002的要求执行。按照规程规定凡属下列情况之一，焊前应进行工艺评定试验：

（A）采用新材料试制或首次焊接的新钢种；

（B）焊接工艺参数改变或超出原定的范围；

（C）改变焊接方法；

（D）改变焊接材料；

（E）进口钢材。

B. 焊接工艺评定方案

（A）焊接工艺评定的一般程序：见图5.5-8。

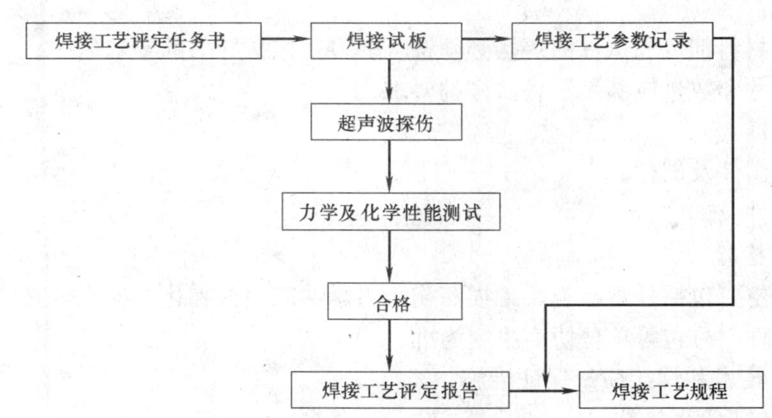

图5.5-8　焊接工艺评定的一般程序

（B）焊接工艺评定根据《钢结构工程施工质量验收规范》GB 50205—2001规定，按《建筑钢结构焊接技术规程》JGJ 81—2002设计要求进行。

（C）焊接工艺评定前，主任焊接工程师应根据《建筑钢结构焊接技术规程》JGJ 81—2002中的内容，并结合产品的结构特点、节点形式、技术要求等编制焊接工艺评定试验方案。并根据钢结构工程节点形式提出相应的焊接工艺评定指导书，用来指导焊接工艺评定试验，焊接工艺评定试验经多次检验或试验评定合格后，由公司检测中心根据试验结果出具焊接工艺评定报告。

(D) 焊接工艺评定试验方案报告由主任焊接工程师提出，经建设单位或监理会签后实施。

(E) 根据焊接工艺评定报告，编制焊接工艺指导书用于指导产品的焊接。

(F) 暂定需进行焊接工艺评定的项目（以和建设单位、监理、总包协商为准）：10mm、6.3mm对接埋弧焊；

10mm、6.3mm对接手工电弧焊及CO_2气体保护焊。

C. 焊接工艺评定说明、试件制备、检验

(A) 说明

焊接工艺评定设备应处于正常工作状态，钢材、焊接材料必须符合设计要求和相应标准，由本单位技能熟练的合格焊接人员焊接试件。

评定对接焊缝焊接工艺时，采用对接焊缝试件，评定角接焊缝焊接工艺时，采用角焊缝试件。

评定合格的实际厚度与工程适用厚度范围。见表5.5-6

评定合格的实际厚度与工程适用厚度范围　　表5.5-6

试件母材厚度T(mm)	适用于母材厚度的有效范围	
	最 小 值	最 大 值
$T \leqslant 25$	$0.75T$	$2T$
$T > 25$	$0.75T$	$1.5T$

(B) 焊接工艺评定用试样

试件制备：

母材焊接材料剖口和试件的焊接必须符合焊接工艺指导书的要求。

试件的尺寸和数量应满足制备试样的要求。

试件及试样：

对接焊缝试件及试样。

角焊缝试件及试样。

(C) 试件检验

试件检验主要包括外观检查、无损探伤、力学性能检查和化学检查等具体检查项目与建设单位、监理、总包等单位协商决定为准。

(D) 焊接技术和焊接质量保证措施

A) 焊接施工管理措施

① 焊接材料：所有焊材均要有质保书并符合规范要求，入库后分类管理，并保证通风干燥，焊条、焊剂使用前严格按工艺要求进行烘焙，CO_2气体纯度和含水量符合规范要求。

② 焊接设备接地要好，并经常检修，使其处于良好工作状态。

③ 焊工操作平台搭设牢固，并做好防护。

④ 焊工工具配备齐全，施工时妥善放置。

⑤ 对焊缝坡口尺寸及衬板、引弧板、焊接节点进行检查、记录。

⑥ 空气相对湿度大于85%时，应对焊接施工点进行吸湿、干燥处理后进行焊接。

⑦ 焊接接点处的铁锈、油漆、水分及其他影响焊接质量的杂物，应于电焊前清除。

⑧ 焊接中应严格按工艺规范要求进行施焊，随时注意焊接电流、电压及焊接速度，如发现问题，应立刻上报，整改后才可继续焊接。

⑨ 冬天焊接应严格控制焊接时母材温度，严格按工艺文件要求，对母材进行预热，焊后严格按工艺要求进行保温措施。现场焊接风沙大时，应采取必要的防风措施，必要时搭设临时防风雨棚。

B）焊接质量控制要点

① 所有焊接人员必须持有有关部门颁发的焊工证，并经考核合格后上岗，并在其相应资质范围内施焊。

② 应对相应的钢材、焊接材料、接头形式、焊接方法按规定进行焊接工艺评定。

③ 焊接材料（包括钢材、焊条、焊丝、气体、焊剂等）应符合规定要求，必须经检验、试验合格后才准使用。

④ 焊接程序、方法、参数及工艺纪律的控制，严格按规定要求施焊，以减少焊接变形和确保其质量。

⑤ 定位准确：应对剖口、轴线位置、装夹胎具进行检查和确认，应了解焊接收缩、焊接变形，以避免不必要的损失。

⑥ 必要的环境条件，如温度、湿度、风力，必要时采取措施加以改善，如预热后热、保温、干燥空气、搭防风棚等。

⑦ 焊接工艺控制：如引弧和熄弧、剖口检查、先后次序、焊接参数、焊缝清理、焊接接头保护、变形修正、不良焊缝的返工返修等。

⑧ 焊接检查和试验，包括焊前、焊中、焊后的检查，如坡口、组装、焊区清理，定位质量、衬板安装，焊接材料规格、牌号、预热后热温度、焊条烘干、焊接顺序、焊接参数、焊缝尺寸、形状、焊缝咬边、气孔、裂纹、未熔合、未焊透、夹渣等，采用肉眼、专用量具、超声波探伤仪等检验和试验。

C）焊接质量检查合格标准

① 焊缝外观检查：焊缝接头应无表面裂纹、夹渣、未熔合、咬边、烧穿、焊瘤等表面缺陷。

② 无损探伤

对接熔透焊接：使用超声波探伤应按 GB 11345 规定，探伤焊缝符合 GB 50505—2002 规定的一级焊缝质量检验标准的要求，进行 100％探伤。

角接：探伤焊缝符合 GB 50505—2002 规定的二级焊缝质量检验标准的要求，进行 20％以上抽检探伤。

③ 力学性能

力学性能主要包括拉伸试验、弯曲试验和夏比 V 型冲击试验。

拉伸试验：试验按 GB 228 规定的试验方法测定焊接接头的抗拉强度，取两片试样，每片试样的抗拉强度应不低于母材钢号标准规定值的下限。

弯曲试验：弯曲试验按 GB 232 规定的试验方法要求，取两片面弯，两片背弯试样进行试验，达到标准规定的合格要求。

夏比 V 型冲击试验：试验按 GB 2106 规定的试验方法测定的冲击功，在焊缝区和热影响区各取三片试样，每个区的冲击功平均值不低于母材标准规定值。

④ 熔敷金属化学成分：

熔敷金属化学成分试验按有关要求在焊缝区取试样进行化学成分分析，各组分应达到相应钢号的成分要求。

(3) 构件加工的焊接技术方案

1) 焊前准备

构件焊前准备主要包括：坡口的制备、焊接区的清理和焊接材料的处理等。

A. 坡口制备

坡口的几何形状、尺寸和制备方法直接影响到构件焊接接头的质量、焊接效率和经济性。设计坡口首先应避免采用只能局部焊透的坡口形式，坡口形式应充分考虑各种焊接方法的特点，其次应尽量减少焊缝的横截面积，这样不仅可以降低可能导致各种裂纹的焊接残余应力，而且也可以减少焊接材料的消耗量，降低制造成本。

构件接头坡口的加工主要采用机械加工、等离子弧切割和火焰切割。若采用火焰切割或等离子弧切割的方法，构件坡口加工完毕，应用砂轮机把坡口表面的一层淬硬组织去除。对于板厚超过 30mm 的板材，切割前应将钢板切割区预热至 100～200℃，同时切割后应采用磁粉探伤对切割表面进行裂纹检查。但坡口的加工优先采用龙门刨床或钢结构专用钢板坡口铣边机进行剖口加工。

B. 焊接区的清理

焊前清理的工作是保证接头质量的重要环节。为防止焊接接头的冷裂纹，建立低氢的焊接环境是十分重要的。焊接边缘和坡口表面应清除干净可能产生各种有害气体的氧化皮、铁锈、油脂及其他污染物。对焊钢板表面的吸附水分应用火焰喷嘴加热加以清除，因水分在电弧高温作用下分解是焊接气氛中氢的主要来源之一。焊前必须清理干净切割面的氧化皮和熔化金属飞刺等，必要时需用砂轮修磨。

C. 焊接材料的前处理

焊条、埋弧焊焊剂、CO_2 气体中的水分是焊接气氛中氢的主要来源，其影响程度远比钢板表面吸附水的影响来得严重。因此焊前必须采取严格烘干措施。焊条应采取 350～400℃/2h；焊剂采取 350～500℃/2h 烘干措施。同时焊条焊剂也应采取严格的保温措施，随取随用。CO_2 气体保护焊用的 CO_2 气体也应加装气体加热装置，对 CO_2 气体进行加热去除水分。对于焊丝，焊前应去除焊丝表面的锈蚀、油脂的污物。

D. 焊前检验

(A) 母材的焊接材料；

(B) 焊接设备、仪表、工装设备；

(C) 焊接界面、接头装配及清理；

(D) 焊工资格；

(E) 焊接环境条件；

(F) 现场焊接参数，次序以及现场施焊情况；

(G) 焊缝外观和尺寸测量。

2) 构件定位点焊

A. 定位焊尺寸

焊缝长度：40～60mm；

焊缝间距：300～500mm。

B. 焊接方法：手工 CO_2 气体保护焊接

C. 焊接电压、电流

焊丝：ϕ1.2 的 YJ502（Q）药心焊丝；

焊接电流：直流反接；

电流大小：220～260A；

焊接电压：26～30V；

气体流量：30～35L/min；

焊接速度：300～450mm/min；

3）操作技术要求：

A. 定位焊应由持证合格的定位焊焊工或正式焊工施焊，定位焊应符合与正式焊缝一样的质量要求。

B. 熔入最后焊缝的定位焊应用符合焊缝要求的焊条施焊，焊后应彻底清除熔渣；定位焊焊缝出现裂纹，应清除后重焊。

C. 定位焊应避免在焊缝的起始、结束和拐角处施焊；T 形接头定位焊应在两侧对称进行；坡口内应尽可能避免进行定位焊；多道定位焊应在端部作出台阶。

D. 定位焊尺寸不大于设计尺寸的 2/3，且不大于 8mm，特殊情况除外。

E. 需进行反面碳刨清根的坡口，定位焊在碳刨一侧进行。

F. 必须按材质要求进行预热。

5.5.7 摩擦面加工工艺及质量控制

本工程存在大量扭剪型高强度螺栓的连接节点形式。它是利用接触面之间产生的强大夹紧力来夹紧板束，依靠接触面之间的摩擦力来传递与螺栓垂直方向的外力。而摩擦力的大小是由高强度螺栓的预拉力和结合面摩擦系数决定的，高强度螺栓的预拉力主要由安装决定，摩擦系数主要由摩擦面的加工质量确定（抗滑移系数）。所以摩擦面的加工质量十分重要。

（1）摩擦面的加工工艺

由于本工程使用的主要材料为 Q345，构件摩擦面的抗滑移系数要求高，加工要求高。构件摩擦面的加工工艺主要如下：

1）首先将构件整体进行抛丸除锈处理，经检查合格后转入下道工序。

2）构件整体抛丸除锈合格后，采用手工喷砂加工摩擦面。确保达到设计要求的表面质量。

手工喷砂

砂粒直径：0.8～1.5mm；

喷砂风压：0.5MPa 以上；

喷砂时间：2 分钟左右；

（2）摩擦面的抗滑移系数检验

1）对摩擦面表面粗糙度 100％进行样卡对比目视检查；

2）钢结构构件按分部（子分部）工程进行划分，以 2000t 为一批，不足 2000t 可视为一批，每批做三组试件进行抗滑移系数试验。

（3）制作过程中摩擦面处理质量的控制措施

1）砂轮打磨

A. 砂轮打磨的方向是砂轮打磨处理方法中的一个关键问题。它必须根据设计的受力方向，使打磨方向与之垂直。因此对于摩擦面我公司要求翻样绘制加工图时必须在图上标出受力方向，构件加工时在构件上相应标出受力方向。对于有些构件受力方向不易判断，全部采用喷砂处理。同时要求质检人员把它当做一个重点检查项目进行检查。

B. 砂轮片的粒度和硬度对摩擦面的质量有重要影响。在制作过程中确保砂轮片的粒度和硬度符合相关工艺要求。

2）机械抛丸

A. 控制钢珠的粒度。

B. 保持抛丸的工作压力为 0.8MPa 以上，以达到抛丸质量的最佳效果。

C. 控制抛丸时间在 2min 左右，若抛丸工作压力变化则抛丸时间也相应进行调整。

3）手工喷砂

A. 控制砂子的粒度，使用直径为 0.8～1.5mm 的砂子。

B. 保持喷砂的风压为 0.5MPa 以上，以达到喷砂质量的最佳效果。

C. 控制喷砂时间在 2min 左右，若喷砂风压变化则喷砂时间也相应进行调整。

（4）成品保护

摩擦面在处理后，采取了保护措施。在喷涂油漆前，用纸板将摩擦面包起来，避免喷涂时将摩擦面喷上油漆，同时也可避免其他油污附着到摩擦面上。

5.5.8 钢构件喷砂除锈及涂装程序

由于本工程的涂装在制作工厂进行，因此可以很好地保证质量。因单榀屋架尺寸较大，构件下料后就进行抛丸并涂装油漆。

（1）抛丸前检查

1）加工的构件和制品，应经验收合格后，方可进行表面处理；

2）钢材表面的毛刺、电渣药皮、焊瘤、飞溅物、灰尘和积垢等，应在除锈前清理干净，同时要铲除疏松的氧化皮和较厚的锈层；

3）磨料的表面不得有油污，含水率不得大于 1%；

4）抛丸除锈时，施工环境相对湿度不应大于 85%，或控制钢材表面温度高于空气露点温度 3℃以上。

（2）抛丸工艺内容

1）检查标签，之后除去标签，待喷完后再挂上标签；

2）进行抛丸，采用八抛头抛丸机，抛丸材料采用 80% 1.6～0.63 粒径的钢丸及 20% 的高硬度 SS600 棱角砂；抛丸速度：0.5～2m/min，加工后的钢材表面呈现灰白色；

3）构件采用抛丸机或抛管机进行抛丸除锈，除锈等级应达到《涂装前钢材表面锈蚀等级和除锈等级》GB 8923—88 中 Sa2.5 级；

4）抛丸后，用毛刷等工具清扫，或用干净的压缩空气吹净构件上的锈尘和残余磨料（磨料须回收）。

在打砂完毕后须在2～3h内完成构件的底漆喷涂工作。在喷砂前须将油漆准备好，并按照技术说明书用电动搅拌机调匀油漆，由熟练的专业油漆工进行喷涂工作，做到喷涂均匀。在每遍油漆喷完后4h内不准有雨淋，在每遍油漆完全干透（18h后），检查漆膜厚度，保证标准，但一般不大于15%标准漆膜厚度。

在有高强度螺栓连接面的位置必须避开油漆，如溅上油漆须用砂纸磨打干净。

在完成面漆的喷涂后，须作最终全面检查，包括漆膜厚度的检查和外观质量检查，如有挂滴、针眼等现象须用砂纸打磨后重新喷涂，见图5.5-9。

自动喷砂除锈机

喷涂车间

图5.5-9 喷涂

5.5.9 钢构件验收出厂

钢构件制造完毕后，出厂前必须对钢构件进行验收是否符合《钢结构工程施工验收及规范》GB 50205—2001规定，按照规范验收，核对焊接工艺，钢材质量出厂证明书，焊材、涂料，高强度螺栓等出厂证明书，扭矩系数评定报告，具有构件验收记录后方可出厂。

5.5.10 制作成品保护

（1）堆放构件的地面必须垫平，避免垫点受力不均。

（2）构件喷涂后4h内严防雨淋。

（3）运输构件时，要采取防止变形措施，并且保护好其编号。受力铣平端和铰轴孔的内壁应涂抹防锈剂，铰轴孔应加以保护。

5.5.11 钢结构运输计划

（1）构件运输计划安排

本着先安装先运输的原则，对现场首批安装的构件应先运输。运输过程应做到既能满足现场安装的需要，又要保持运输工作量合理，尽量避免出现运输工程量前后相差较大，时松时紧的现象。运输的顺序还应与现场平面布置合理结合，对于现场易于存入或已具备存放设施的构件，可以提前运输。而对于一些大构件，又不易在露天存放或难以存放，现场暂时又没有安装到的构件，应尽量不要先期运输到达施工现场，而应根据现场安装过程需要以及考虑运输过程中可能出现的特殊情况组织运输。构件运输详细计划与制作加工供货计划相对应。

（2）构件运输方法

本工程的构件主要为H型钢桁架钢构件，因此主要采取按设计分段汽车运输至工地现场，然后在工地现场进行拼装。同时运输时要注意以下几个问题：

1）严格执行中华人民共和国公路法第四十九条，要求运输公司对参与运输的车辆进行全面检查、检修。

2）严格执行中华人民共和国公路法第五十条，与县级以上地方人民政府交通主管部门、公安部联系，取得主管部门和公安部同意，办理三超通行证。并对指定路线进行沿途公路、桥梁、弯道查看，清除障碍。

3）根据构件尺寸和施工现场需求，本工程计划采用公路的运输方式，力求快、平、稳的将构件运抵施工现场。经现场调查结合本工程实际，直接采用载重汽车将构件运至现场场地。

4）在材料运输前15天必须制订可靠的运输计划，作好运输车辆的调度安排，考虑雨天等不利因素，做好提前准备工作，保证材料按时到达施工现场。

（3）构件包装

1）构件标号

A. 主标记（图号、构件号）：其中钢印位置为H型钢两侧面方向标记处，桁架的拼装编号、杆件在侧面进行标识。

B. 安装标记：柱的安装中心线、1m标高线、底板中心线（四侧），桁架用耳板先连接。

C. 重心点及吊运标志：构件单重大于10t时，应在构件顶面、两侧上用40mm宽的线，划150mm长的“十”字标记，代表重心点。在构件侧面上标起吊位置及标记。

D. 构件油漆后，各类标记用醒目区别底漆的油漆在构件上写出。字母大小为50mm×40mm。

E. 以上的各类标记应在制作后油漆前均用钢印在相应的位置标出，并用黄色漆圈住。

2）构件清单

构件发运前必须编制发运清单，清单上必须明确项目名称、构件号、构件数量及吨位，以便收货单位核查。本工程最大分段构件不大于10t，最大构件长度不大于20m。

3）构件打包包装

钢构件按规定制作完毕检验合格后，应及时分类贴上标识；每一个构件上应挂有明显得标记，详细注明安装所需的位置信息（施工构件号、及构件编号等）；按编号顺序分开堆放，并垫上木条，减少变形、磨损。钢结构运输时绑扎必须牢固，防止松动。钢构件在运输车上的支点、两端伸出的长度及绑扎方法均能保证构件不产生变形、不损伤涂层且保证运输安全。

钢构配件应分类标识打包，各包装体上作好明显标志，零配件应标明名称、数量、生产日期。螺栓等应有可靠的防水、防雨淋措施。

（4）构件运输保证措施

1）构件运输准备

A. 构件运输前，应根据其结构、形状、长度、大小进行适当的包装，以确保构件在运输过程中不损坏，不变形。在每一件包装外做好标签，标出它的采购号、提货号、工程的名称、承包人的名称、材料及大致的重量等。我公司将在每月 25 日前向建设单位和监理提交下月发运钢构件的书面计划，计划包括构件名称、构件型号、预计每批构件进场时间、数量等。并在构件发运前的 7 天再次书面通知建设单位和监理，将发运到场的钢构件名称、数量清单等，并通知建设单位到达的预定日期。

B. 对现场附近进行踏勘，落实能满足各分段运输到现场的临时车间场地及相应的资源准备工作。

C. 根据工程运输量和构件特点，选择汽车作为运输工具，提前与运输承揽单位签订运输合同，运输承揽单位必须是全国联运单位，有足够的运输能力和运输经验，以及现场赶工所需的运输能力储备。

D. 设计制作运输过程中需要的临时支撑、架子等加固稳定装备。

E. 编制钢构件运输进度计划，密切与组装、拼装、安装进度的配合，减少中间二次运输，确保运输过程的合理性与经济性相结合，保证现场安装进度的需要。

F. 与运输承揽单位签订行车安全，文明运输责任协议严禁违章野蛮运输。

G. 充分发挥本单位以往大型工程中的钢构件的运输工作管理经验，搞好本工程的运输管理工作，保证运输计划的实现。

2）运输组织管理

本工程的运输具体由供应部经理担任主要负责人。运输过程应严格按照厂内运输程序管理文件和制订的运输进度计划进行控制，制订网络计划图，确保运输计划科学、合理。满足运输要求及现场人员安装工期。运输管理人员应对运输过程进行全方位的监督，并担负运输责任。

3）构件运输的搬运和装卸

构件在厂内使用吊车和铲车负责搬运和装卸，在施工安装现场使用汽车吊和铲车搬运和装卸所有运输构件，构件严禁自由卸货，吊车工与铲车工应经过专门的培训，持证上岗，装卸、搬运要做到轻拿轻放，并做到以下几点：

A. 确保搬运装卸过程中安全，包括人员安全、零部件及构件、搬运装卸周围的建筑物及其他装备设施的安全。

B. 按规定的地点进行堆放，在搬运过程中不要混淆各构件的编号、规格，应做到搬运装卸依次合理，及时准确地搬运。

构件堆放应布置合理，易于安装时的搬运，具体应满足下列要求：

（A）按安装使用的先后次序进行适当堆放。

（B）按构件的形状和大小进行合理堆放，用垫木垫实，确保堆放安全，构件不变形。

（C）零部件、构件尽可能室内堆放，在室外堆放的构件做好防雨措施，对于构件的连接磨擦面应得到确实保护。

（D）现场堆放必须整齐、有序、标识明确、记录完整。

（5）交货及验收

1）所有材料都在施工现场验收。检验标准采用设计要求和国家相关标准规范执行。

2）产品外部需要字迹清楚的识别标志。

3）构件到货后，经检验发现损坏或不符合设计要求和国家相关标准和规范要求时，按有关要求进行修整、更换等措施。

5.5.12 工厂内机械设备加工、制作能力

本公司拥有自己的生产加工基地，具有焊接 H 型钢生产线，相贯线切割机、喷砂除锈机等设备，产品具有可靠的保证，工厂的设备见附表。

5.6 钢结构安装技术

5.6.1 施工准备

（1）内业准备

熟悉合同、图纸及规范，作好施工现场调查记录，其程序见图 5.6-1。

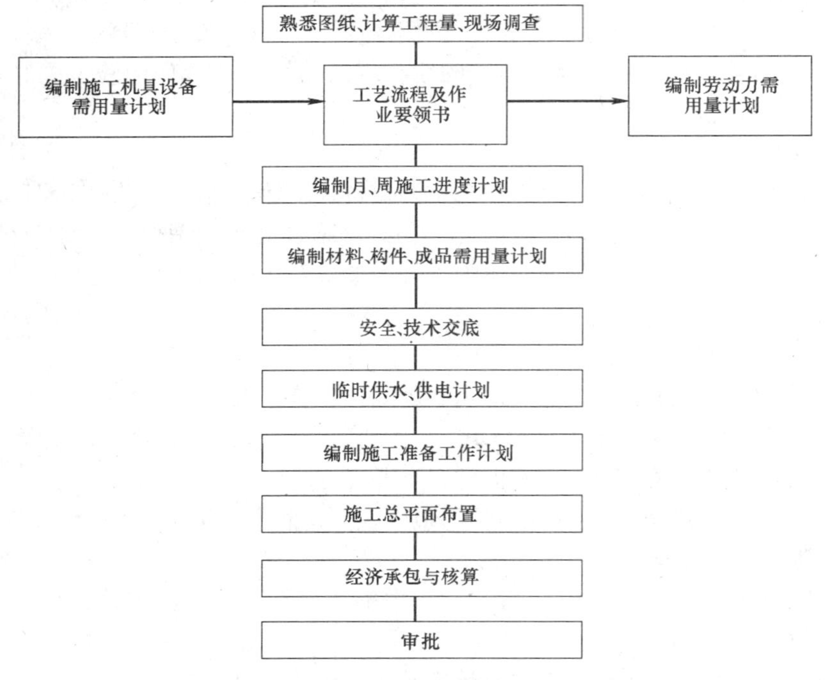

图 5.6-1 施工准备程序

（2）基准点交接与测放

根据土建施工单位提供的基准点，进行钢构件基准轴线的放线和测量，进行标高轴线的交接。安装前应对基础轴线和标高、地脚螺栓位置进行详细检查，并做好记录，复查是否符合设计要求，检查柱距、跨距是否与基础轴线吻合。

1）交接轴线控制点和标高基准点。

2）放钢结构定位轴线和定位标高。

(3) 施工条件

1）钢结构柱混凝土强度达到施工所需强度，并由现场监理单位发出钢结构安装指令后，方可进行钢结构安装工作。

2）结构与混凝土连接件预埋位置的准确度直接影响结构最终的安装质量，工程中需密切配合土建公司，确保连接件的定位尺寸偏差符合下表要求，见表 5.6-1。

支撑面及地脚螺栓允许偏差　　表 5.6-1

项目		允许偏差
支撑面	标高	±3.0
	水平度	1/1000
地脚螺栓	螺栓中心偏移	3.0
	螺栓露出长度	+30.00
	螺纹长度	+30.00
预留孔中心偏移		10.0

3）进行基础混凝土施工时要用玻璃丝布对地脚螺栓进行保护，防止螺栓丝扣被混凝土污染，并不可将螺栓丝扣划伤。

(4) 材料准备

1）构件进场规格必须根据《钢结构施工综合进度计划》及三天安装滚动计划的要求进行。

2）进场构件必须经过检验合格并具备完整资料。

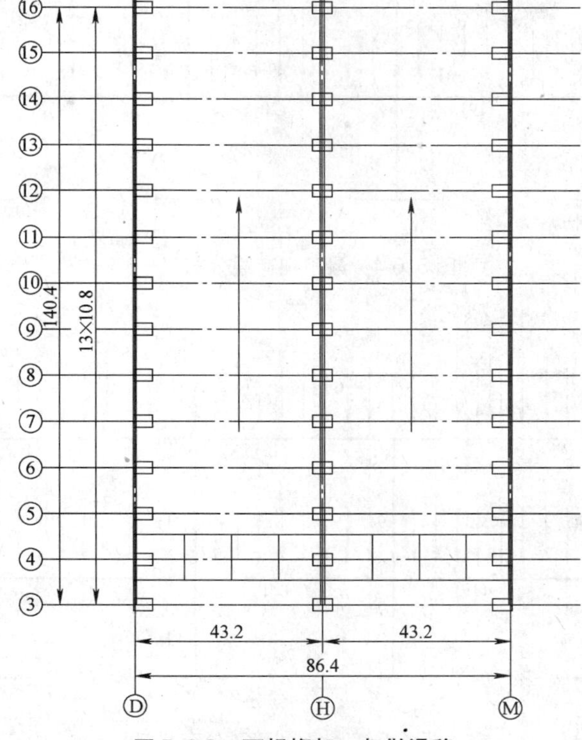

图 5.6-2　两榀桁架一起做滑移

3）严格遵守当地建筑施工的各项规定及现场监理公司对安装前施工资料的要求。

（5）吊装前工作

1）对二层混凝土梁的承载力进行验算。

每榀桁架重量约为 52t（含次桁架），两榀桁架一起做滑移，见图 5.6-2。

桁架截面，见图 5.6-3。

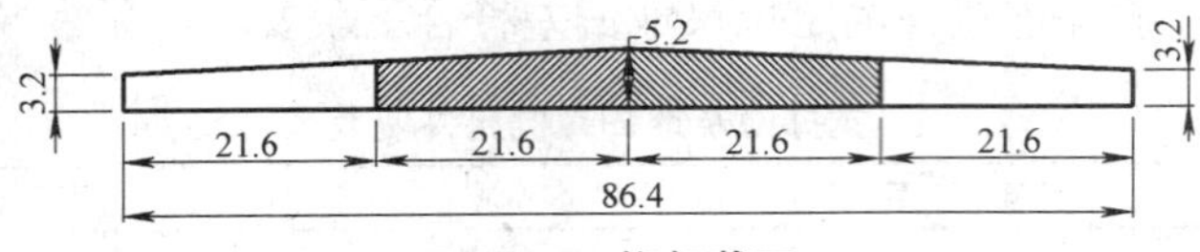

图 5.6-3　桁架截面

桁架中阴影部分的荷载是落在 H 轴的梁上，其他的均分在 D 轴和 M 轴的梁上。

A. H 轴梁验算

荷载计算：梁自重设计值：1.2×25×1.2×0.9＝32.4kN·m；落在 H 轴梁上的桁架重量设计值：$1.4\times520\times\frac{47}{84}=408\text{kN}$。

最不利荷载分布可分成四种情况，见图 5.6-4～图 5.6-7。

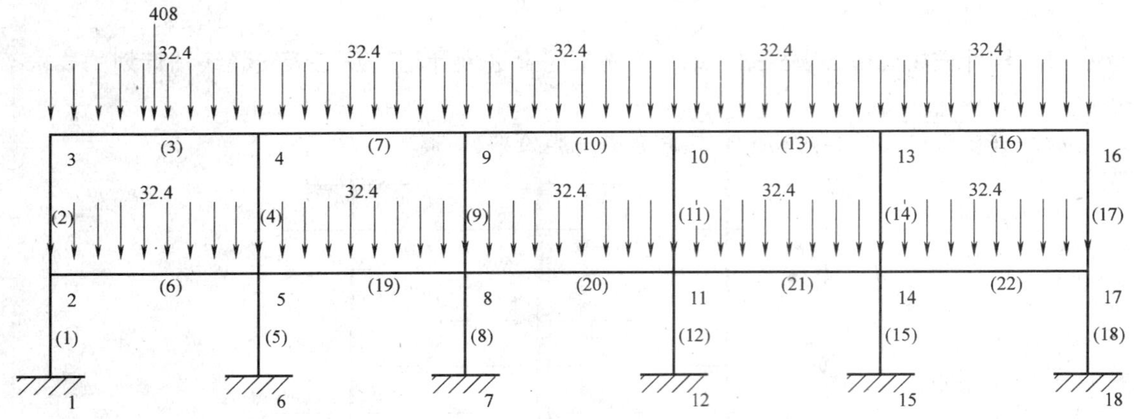

图 5.6-4　最不利荷载分布（一）

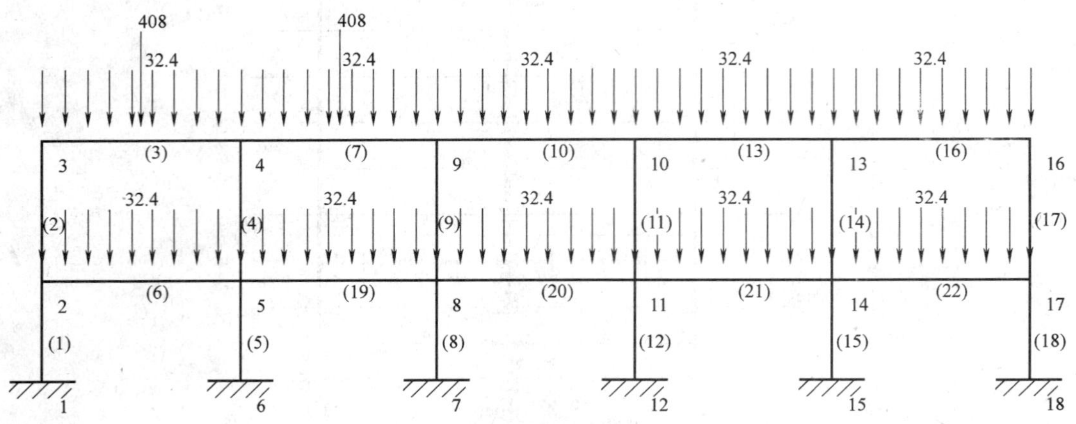

图 5.6-5　最不利荷载分布（二）

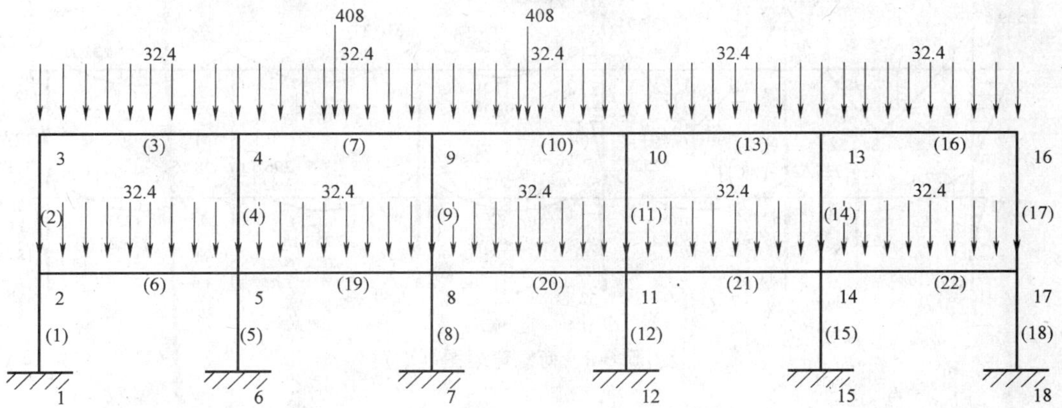

图 5.6-6 最不利荷载分布（三）

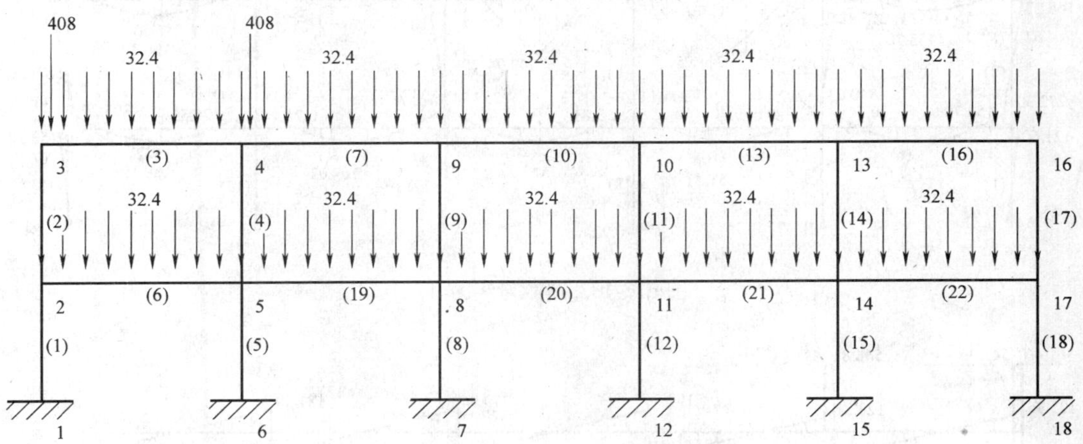

图 5.6-7 最不利荷载分布（四）

B. 内力计算，见图 5.6-8～图 5.6-11。

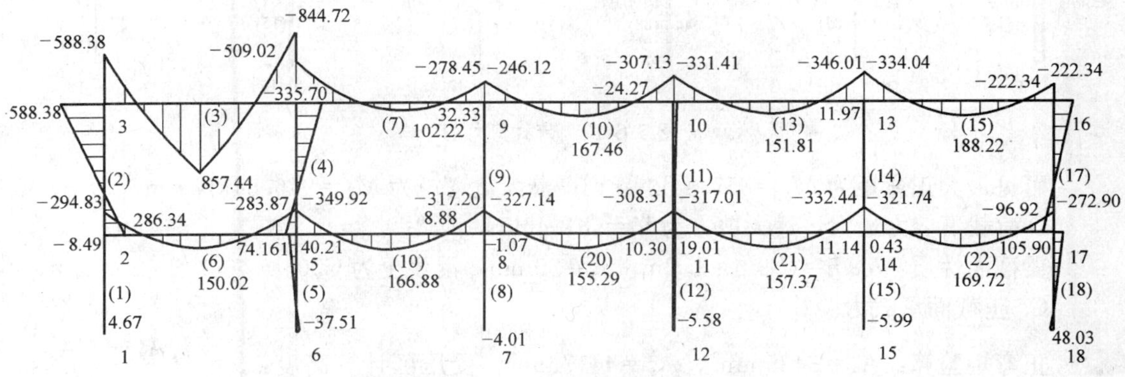

图 5.6-8 荷载弯矩图（一）

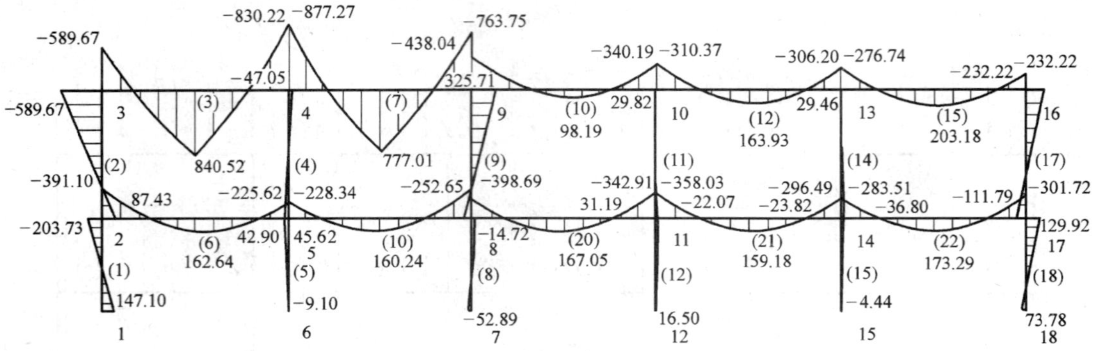

图 5.6-9 荷载弯矩图（二）

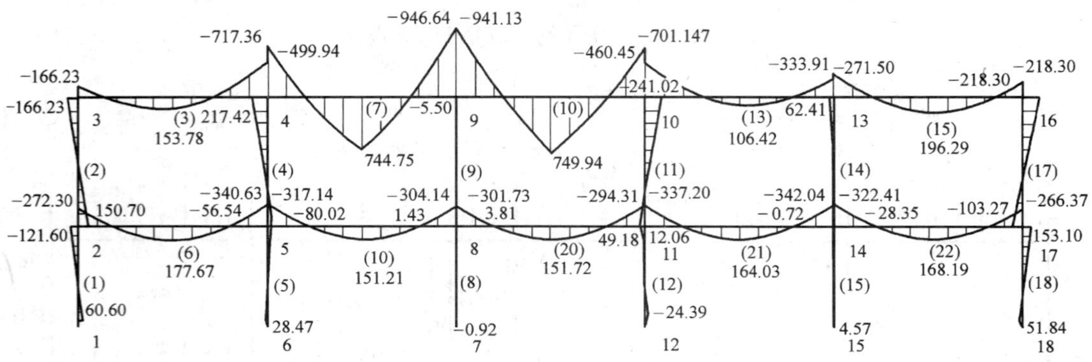

图 5.6-10 荷载弯矩图（三）

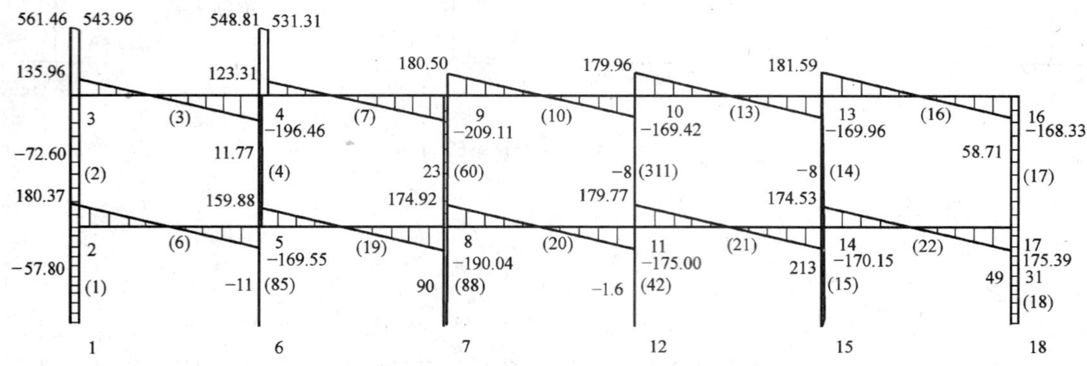

图 5.6-11 荷载剪力图

可见最大正弯矩为 $M_1=857.44\text{kN}\cdot\text{m}$；最大负弯矩为 $M_2=946.64\text{kN}\cdot\text{m}$。

D荷载下剪力最大，最大剪力为 $V=561.46\text{kN}$

梁截面性质：$b\times h=0.9\text{m}\times1.2\text{m}$，$a_s'=35\text{mm}$，混凝土为C30。

C. 正截面承载力验算：

正弯矩验算：$A_s=3435\text{mm}^2$，$A_s'=4417\text{mm}^2$。受压区计算高度：$x=\dfrac{f_yA_s-f_yA_s'}{\alpha_1 f_c b}<0$，令 $x=2a_s'=70\text{mm}$，则

$M=(h_0-a_s')f_yA_s=(1165-35)\times310\times3435=1203.2\text{kN}\cdot\text{m}>M_1=857.44\text{kN}\cdot\text{m}$

正弯矩满足。

负弯矩验算：$A_s'=3435\text{mm}^2$，$A_s=4417\text{mm}^2$。受压区计算高度：

$x=\dfrac{f_yA_s-f_yA_s'}{\alpha_1f_cb}=23.65\text{mm}<2a'_s$，令 $x=2a'_s=70\text{mm}$，则

$M=(h_0-a_s')f_yA_s=(1165-35)\times310\times4417=1547\text{kN}\cdot\text{m}>M_2=946.64\text{kN}\cdot\text{m}$

负弯矩满足。

D. 受剪承载力验算：

该梁以承受集中荷载为主，剪跨比 $\lambda=\dfrac{10800\times0.5}{1165}=4.63>3$，取 $\lambda=3$，则

$V=\dfrac{0.2}{\lambda+1.5}f_cbh_0+1.25f_{yv}\dfrac{A_{sv}}{S}h_0=\dfrac{0.2}{4.5}\times14.3\times900\times1165+1.25\times160\times\dfrac{4\times78.5}{200}\times1165=1032.19\text{kN}>V=561.46\text{kN}$，满足。

E. D、M 轴上受到的荷载

$1.4\times520\times\dfrac{37}{84}\times0.5=160.3\text{kN}$，荷载仅为 H 轴荷载的 39%，不需验算。

在滑移的一端手拉葫芦，并对滑移七榀屋架的牵引力进行验算。

A）最大滑移单元由八榀屋架及中间的次构件组成，整体自重约为 400t。

钢轮与槽钢间滑动摩擦系数设计值为 0.03～0.05，实际滑动摩擦系数通过施工前试验确定。

根据屋架在混凝土梁的支座反力分配计算，中间柱承载最大，荷载为：258.7t。

最大牵引力计算如下：

$$F_C=fM_{\max动}=258.7\times0.05(\text{最大摩擦系数})=12.94\text{t}$$

B）牵引设备选择

由于滑动摩擦力不大，采用捯链进行牵引，这样比卷扬机牵引容易同步控制。

2）导轨设计

A. 滑道设计

滑道在整个水平牵引中起承重导向和横向限制滑板水平位移的作用。滑道沿 D 列、H 列、M 列的轴线布置，每根滑到长约 140m，共设 3 根滑道。

由于钢结构自重大，水平滑移距离长，并存在一定的水平侧向推力，滑道设计十分重要。

滑道采用一20mm 钢板，滑道上表面的标高和柱顶的埋件上表面相平。

为了固定滑道钢板，每隔 1.5m 将钢板与混凝土柱（梁）的预埋件焊接，施工需在滑移梁和柱上弹出每一跨轴线，然后根据此轴线分开两根分轴线，以控制滑道安装精度，安装将滑道放好，调整滑道的顶面标高，最后焊接牢固，滑道的轴线精度由两侧的定位轴线保证，见图 5.6-12。

B. 滑道安装精度

由于每根滑道长 140m，现场施工时需对钢板滑道进行拼接，钢板进入现场后先进行检查，对变形的钢板须经过校正后方可使用，拼焊采用剖口焊，焊接后对焊逢处用磨光机打磨平整。

图 5.6-12　滑道设计

滑道安装精度要求：

直线度控制在 4mm 以内；

一个柱距（10.8m），标高偏差控制在 4mm 以内；

钢板滑道的接头误差不大于 1mm。

3）屋架就位方法

钢屋架整体滑移到安装位置处后，在每个支撑点设置千斤顶进行整体顶升后，分两次降落到安装位置上，由于考虑中间支撑部分受力最大，采用 2 台千斤顶在屋架两边同时顶升，具体顶升，见图 5.6-13、图 5.6-14。

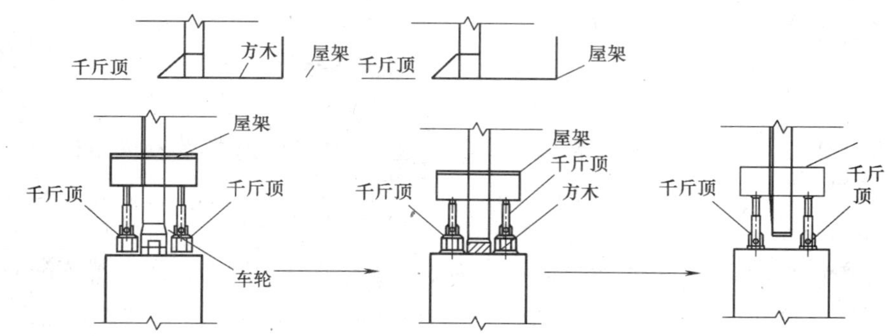

图 5.6-13　边柱顶升

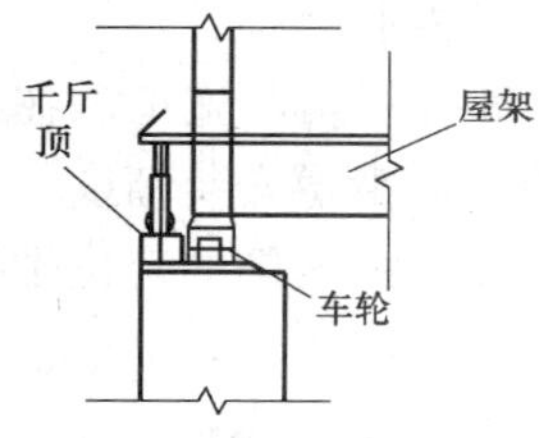

图 5.6-14　中间柱顶升

5.6.2　屋架吊装

（1）施工主要设备：

1）W2001 型 50t 履带吊车主要负责将半榀屋架抬吊至标高 11.7m 的柱顶和混凝土梁上。

2）钢板滑移轨道主要负责将屋架从 1 轴线滑移至安装位置。

（2）吊车进场

吊装屋架时履带吊选择（采用双机抬吊法）

以本工程半榀屋架 25.5t 为例，长度约 43.2m，吊装屋架时起重高度：

$$H_1 = h_1 + h_2 + h_3 = 11.7 + 5.3 + 0.5 + 1.5 = 19\text{m}$$

其中 h_2——吊装间隙 0.5m；

h_3——吊索索具高度取 1.5m。

工作半径 R=15.8m.

吊装钢柱时的起重量：

$$Q = Q_1 + Q_2 = 12.75 + 0.2 = 12.95\text{t}$$

根据 $H \geqslant 19$m，R=7m，Q=12.95t 即可选择合适的履带吊，假设选用 W2001 型 50t 履带吊，起重臂长选用 30m，当起重重量为 12.95t 时，起重高度为 30m，大于 19m，起重重量 18.5t 大于 12.95t，可以满足吊装屋架的要求，因此选用 W2001 的履带吊满足吊装要求，见下表 5.6-2。

50t 履带式吊车技术性能表（W2001） **表 5.6-2**

扒杆长度(m)	性　能	扒杆角度									
		78度	77度	75度	73度	70度	65度	60度	55度	50度	45度
15	起重量(t)	50	47	40	35	30	22	17	15	13	10
	回转半径(m)	4.7	5.0	5.5	6.0	6.7	8.0	9.1	10.2	11.2	12.2
	有效高度(m)	14.4	14.2	14.0	13.8	13.5	13.0	12.5	11.7	10.9	10.0
20	起重量(m)	35	32	28	24.5	20	15	12	10	8.0	6.0
	回转半径(m)	5.8	6.1	6.7	7.5	8.4	10.0	11.6	13.0	14.4	15.7
	有效高度(m)	19.2	19.0	18.7	18.3	18.0	17.5	16.5	15.9	14.9	13.6
25	起重量(t)	25	23	20	17.5	14	10	8.0	6.0	5.0	4.0
	回转半径(m)	6.8	7.2	8.1	8.9	10.1	12.3	14.1	16.0	17.6	19.3
	有效高度(m)	24.0	23.8	23.5	23.0	22.5	22.0	21.0	20.0	18.7	17.0
30	起重量(t)	20	18.5	16	13.5	11	8.0	7.0	6.0	5.0	4.0
	回转半径(m)	7.9	8.3	9.3	10.4	11.8	14.4	16.6	18.8	20.9	22.7
	有效高度(m)	29.0	28.8	28.5	28.0	27.5	26.5	25.5	24.0	22.5	20.7
35	起重量(t)	14	13	11	9.0	7.0	5.5	4.5	3.5	3.0	2.0
	回转半径(m)	8.8	9.3	10.6	11.8	13.6	16.4	19.1	21.6	24.1	26.3
	有效高度(m)	34.0	33.7	33.5	33.0	32.5	31.0	30.0	28.3	26.5	24.5
40	起重量(t)	8.0	7.5	7.0	6.5	6.0	4.0	3.0	2.5	2.0	1.5
	回转半径(m)	9.9	10.6	12.3	13.3	14.3	18.6	21.6	24.6	27.2	29.8
	有效高度(m)	38.8	38.5	38.0	37.5	36.5	35.5	34.0	32.5	30.0	27.7

（3）试吊及吊装

1）试吊

所有各项准备工作完备后进行试吊，试吊要求吊点抬高 200mm，并使钢屋架全部悬空，检查内容为：所有索具情况；吊车负荷情况；地基变化情况及塔体情况。

试吊如出现问题则必须将钢屋架放回原位，针对这些问题进行整改，直至检查合格，才能重新起吊。

2）签发起吊令

正式吊装起吊前，由项目部有关部门会同吊装专业有关人员进行联合检查，确认后签发起吊令后才可进行正式吊装。

3）屋架吊装至柱顶

由现场吊装总指挥协调两台吊车的起升动作，吊钩尽可能保持与地面相垂直，最大偏角不得超过 3°。

当钢屋架的高度超过临时支撑框架标高后，履带吊将钢屋架直立放在轨道车上，并进行临时固定后摘除主吊绳。

A. 屋架吊装

安装步骤一：把中间部分的单元体屋架吊装到第二轴线柱顶滑移小车上，并与小车顶面焊接固定，同时屋架用缆风绳（钢丝绳）固定，见图 5.6-15。

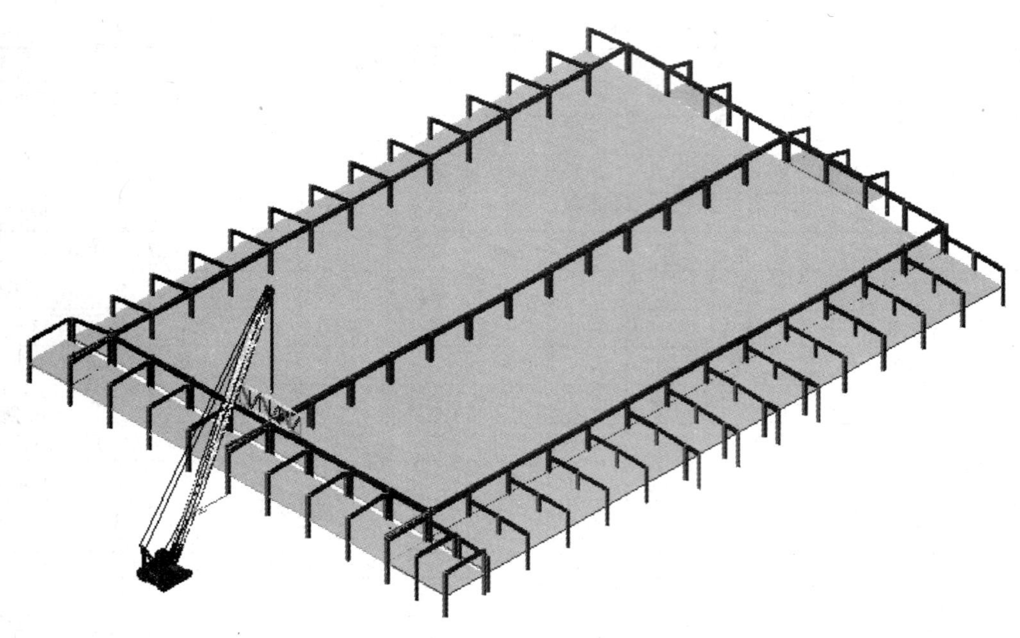

图 5.6-15　屋架吊装（一）

安装步骤二：用同样的吊装方法吊装半榀屋架的第二部分，并拼装成整体，同时屋架用缆风绳（钢丝绳）固定，见图 5.6-16。

安装步骤三：用同样的吊装方法吊装半榀屋架的第三段，同样固定在滑移小车上，同时屋架用缆风绳（钢丝绳）固定，见图 5.6-17。

安装步骤四：用同样的吊装方法，进行另半榀屋架的分段吊装。见图 5.6-18。

安装步骤五：用同样的吊装方法，进行另半榀屋架的分段吊装。见图 5.6-19。

安装步骤六：当 D-M/2 轴线的整榀屋架拼装成整体并用缆风绳固定后，把在地面上拼装好的半榀屋架采用双机抬吊法进行吊装。见图 5.6-20。

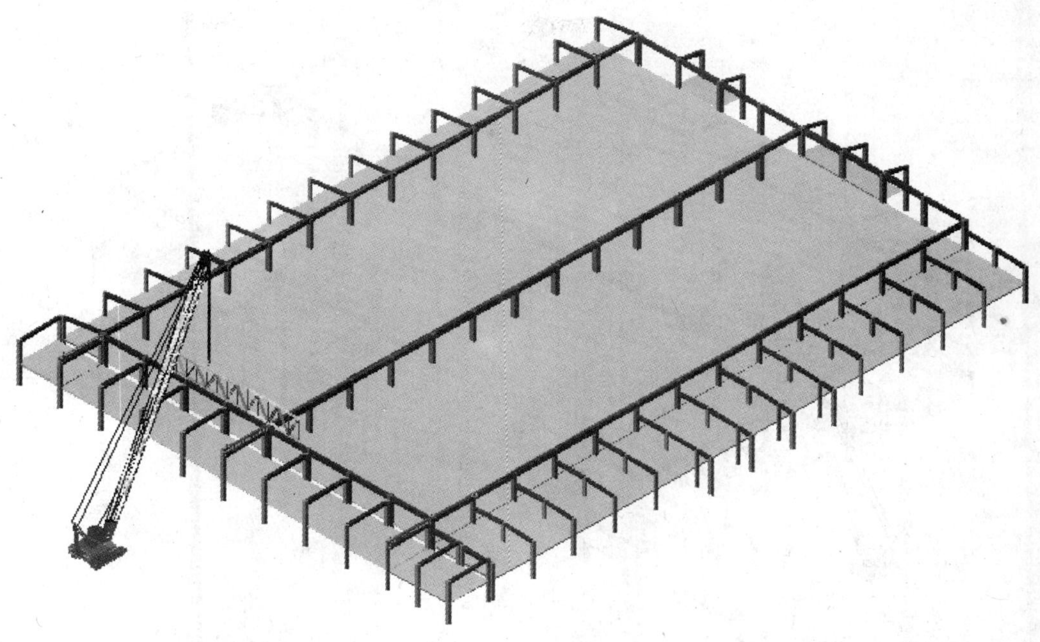

图 5.6-16 屋架吊装（二）

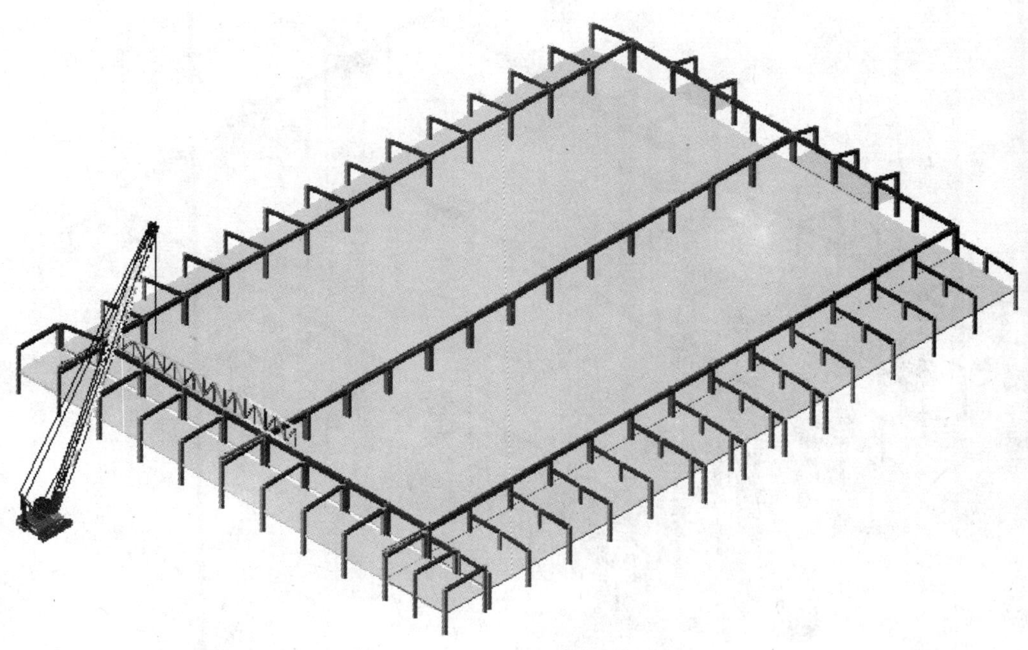

图 5.6-17 屋架吊装（三）

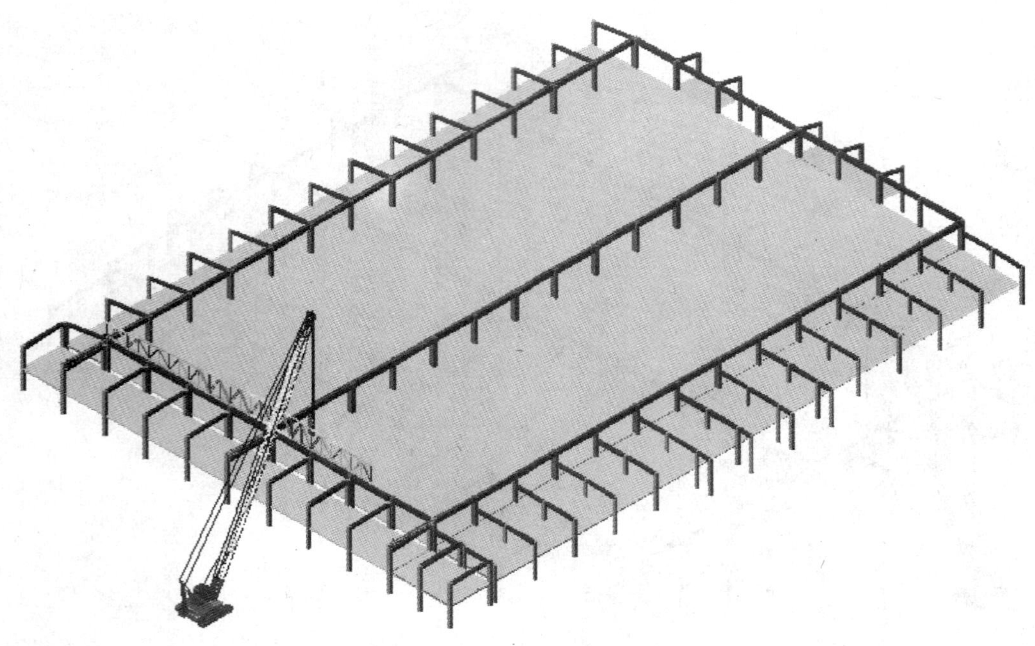

图 5.6-18 屋架吊装（四）

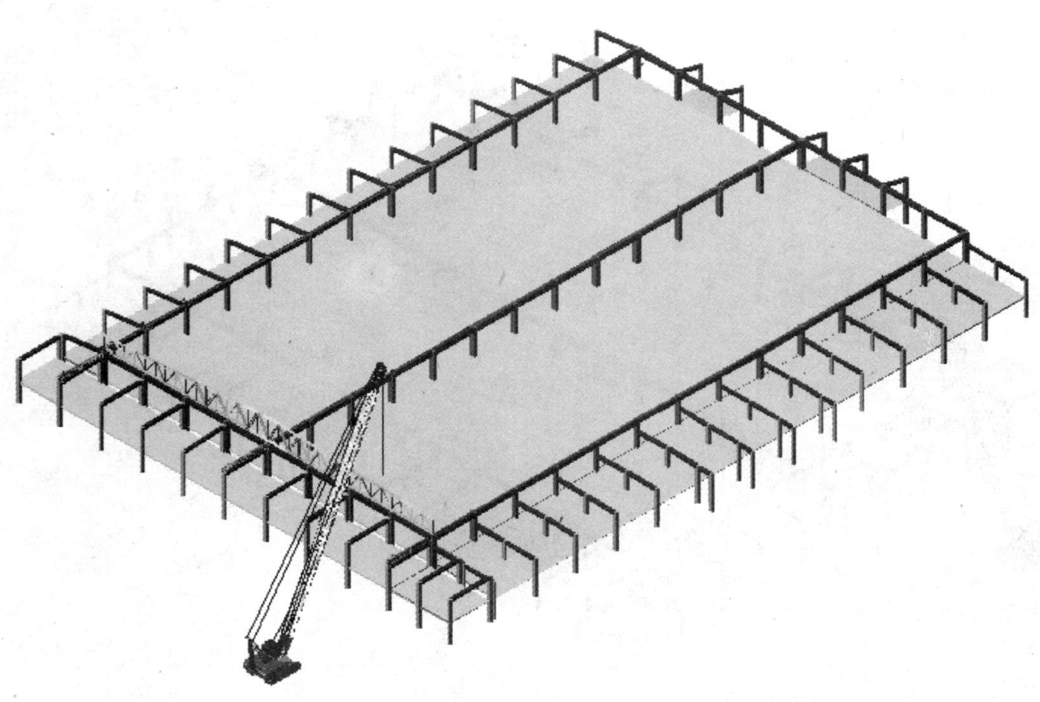

图 5.6-19 屋架吊装（五）

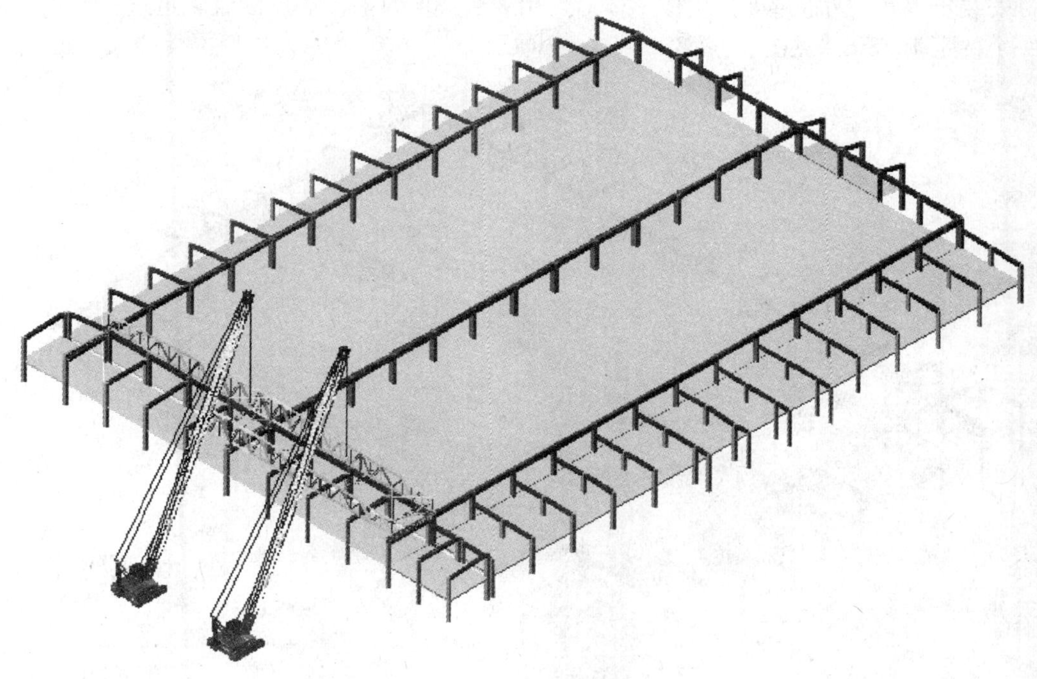

图 5.6-20 屋架吊装（六）

安装步骤七：当 D-M/2 轴线的整榀屋架拼装成整体并用缆风绳固定后，把在地面上拼装好的半榀屋架采用双机抬吊法进行吊装。见图 5.6-21。

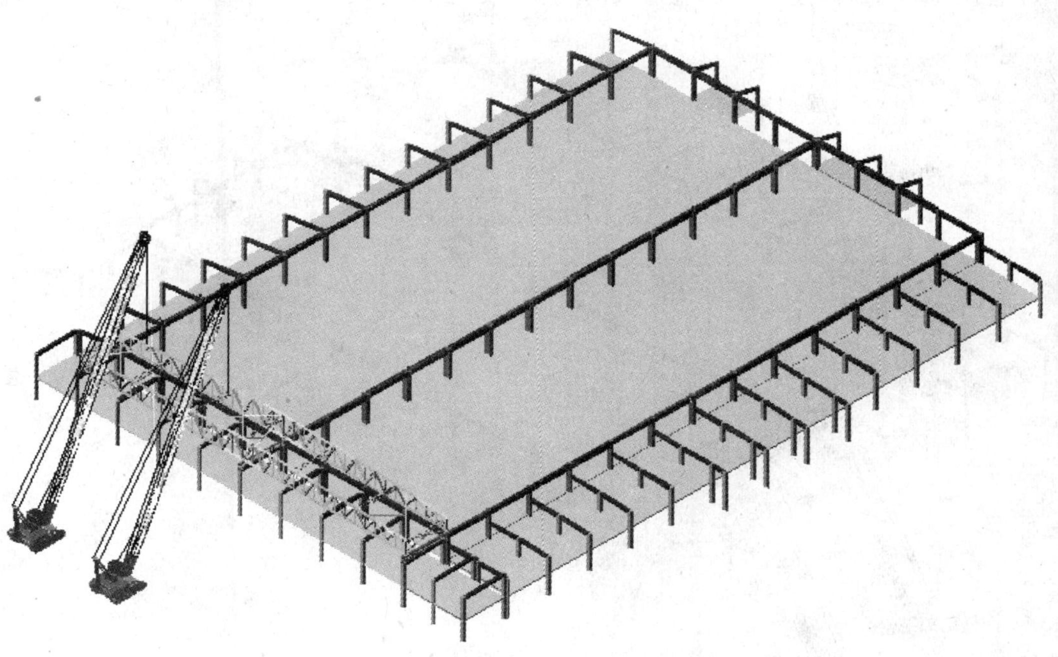

图 5.6-21 屋架吊装（七）

安装步骤八：两榀屋架连接成整体后，用 3 台 10t 的手拉葫芦沿着轨道进行牵引，滑移一个柱距 10.8m。见图 5.6-22。

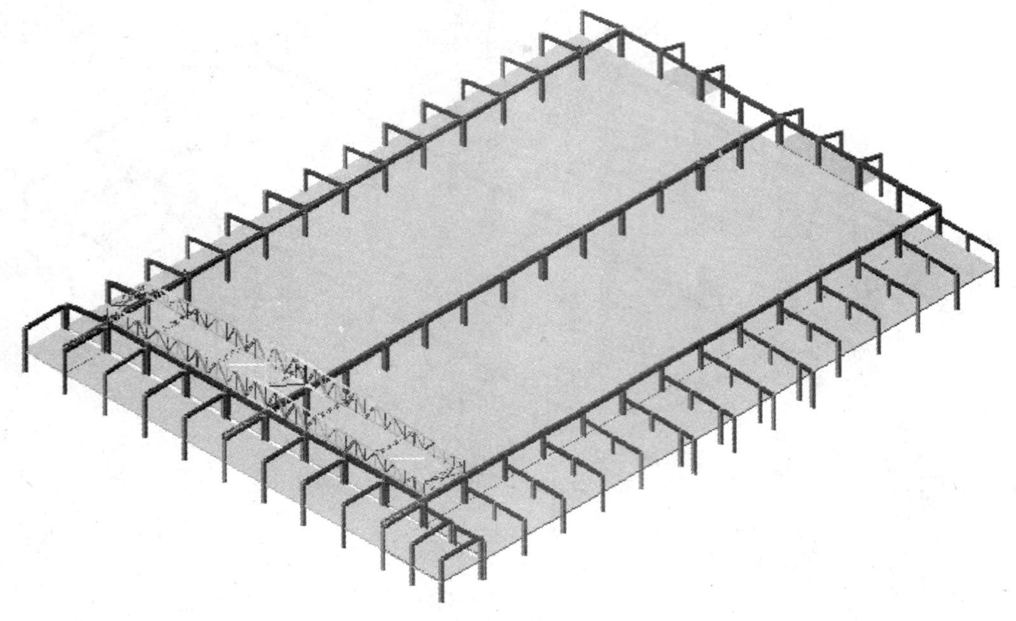

图 5.6-22　屋架吊装（八）

安装步骤九：两榀屋架连接成整体后，用 3 台 10t 的手拉葫芦沿着轨道进行牵引，滑移一个柱距 10.8m 后，进行下一榀屋架的吊装。见图 5.6-23。

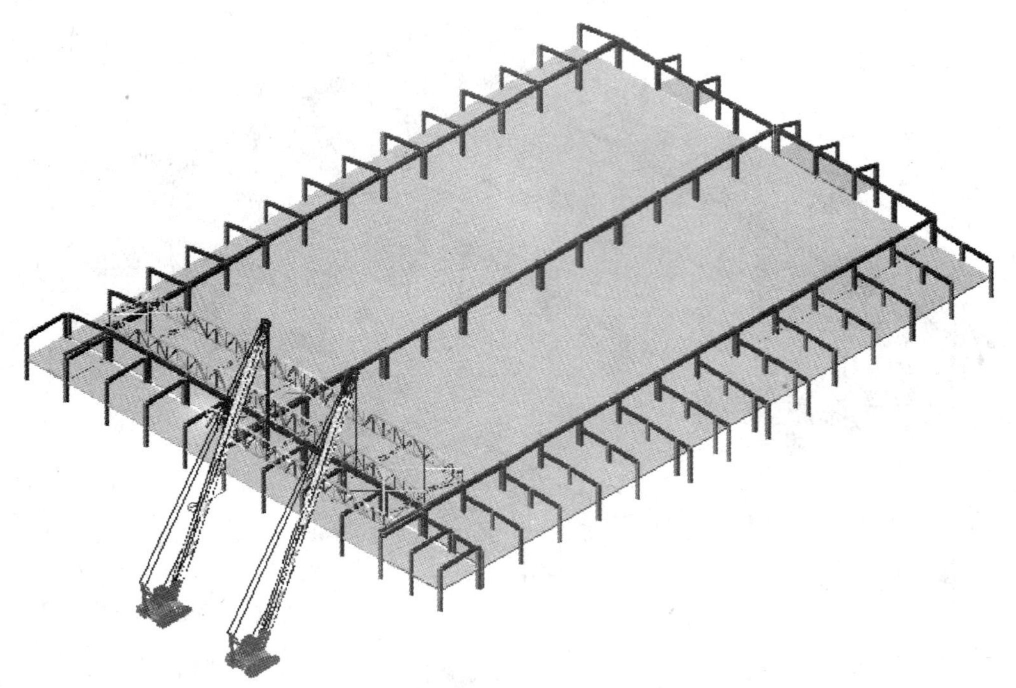

图 5.6-23　屋架吊装（九）

安装步骤十：采用同样的双机抬吊法，把三榀屋架拼装成整体。见图 5.6-24。

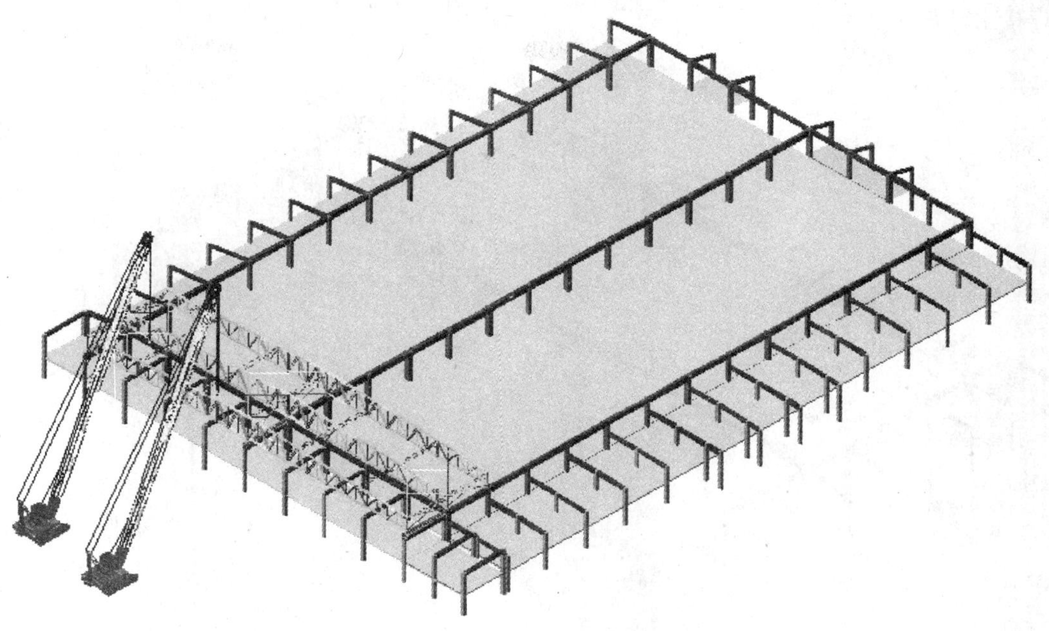

图 5.6-24 屋架吊装（十）

安装步骤十一：三榀连接成整体后，用 3 台 10t 的手拉葫芦沿着轨道进行牵引，滑移一个柱距 10.8m 后，进行下一榀屋架吊装。见图 5.6-25。

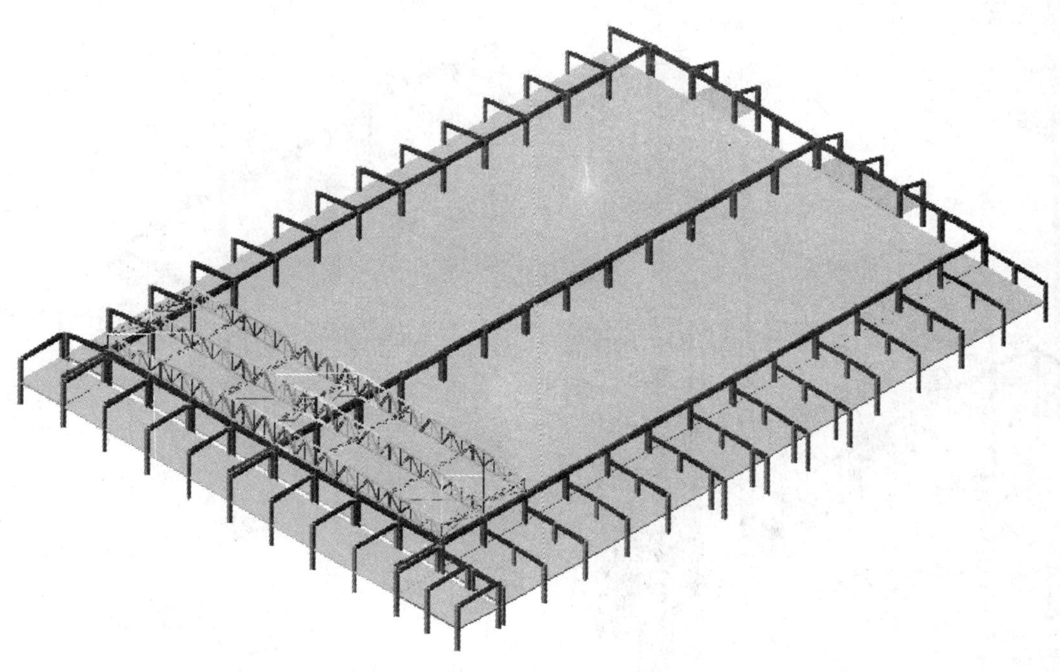

图 5.6-25 屋架吊装（十一）

安装步骤十二：用同样的累计滑移的安装办法，把六榀屋架连接成整体，并与小车顶面焊接上。见图5.6-26。

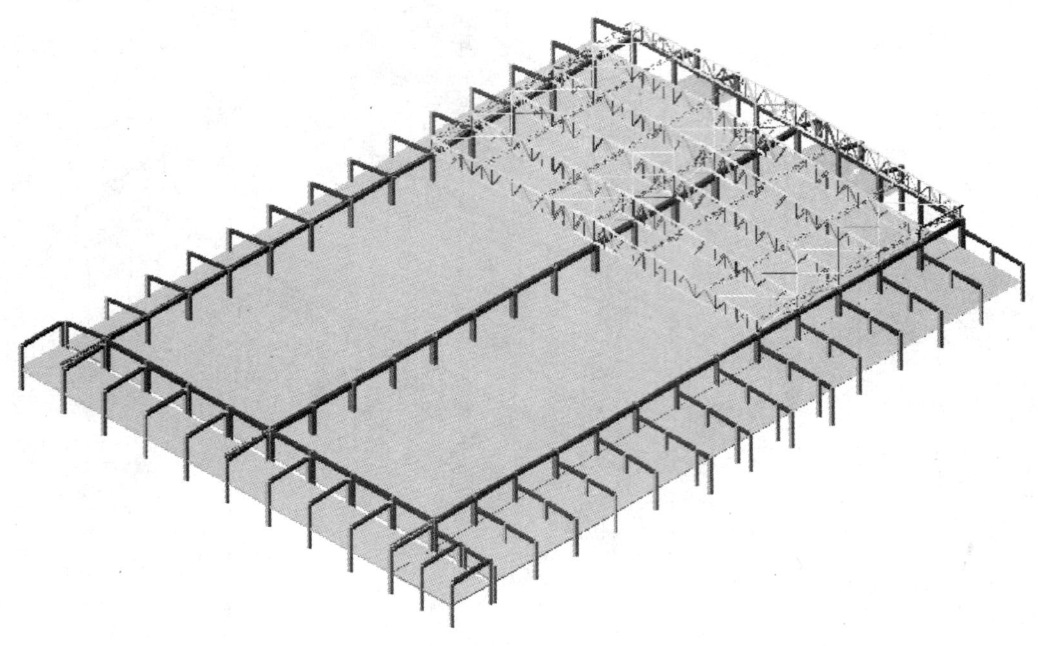

图5.6-26 屋架吊装（十二）

安装步骤十三：六榀连接成整体后，用3台10t的手拉葫芦沿着轨道进行牵引，滑移到装位置处。见图5.6-27。

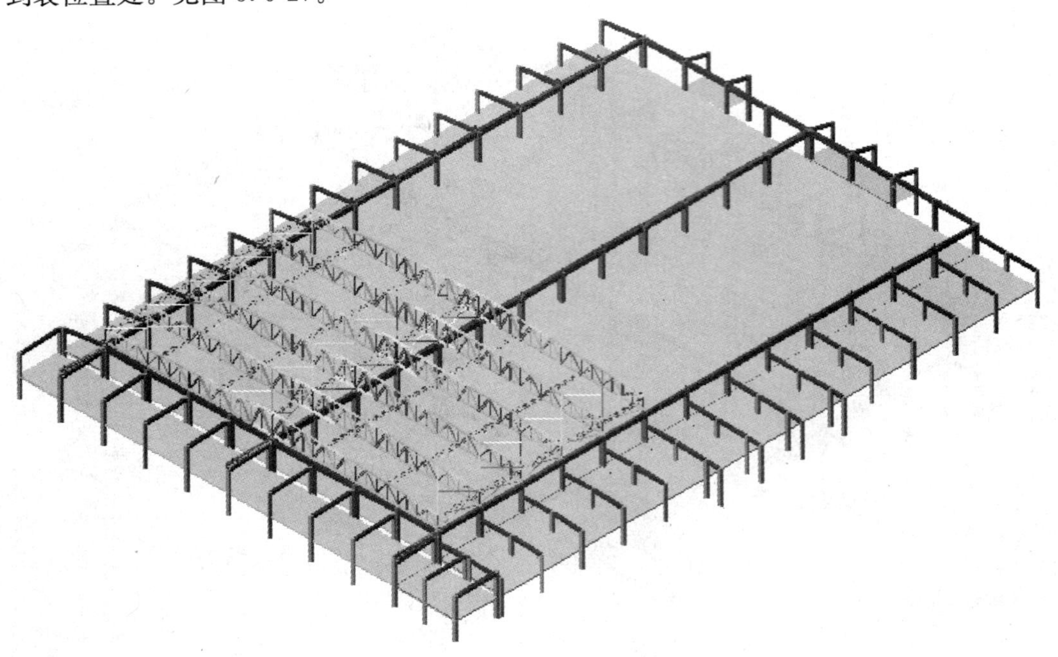

图5.6-27 屋架吊装（十三）

安装步骤十四：用同样的累计滑移的安装办法，把八榀屋架连接成整体，并与小车顶面焊接上。见图 5.6-28。

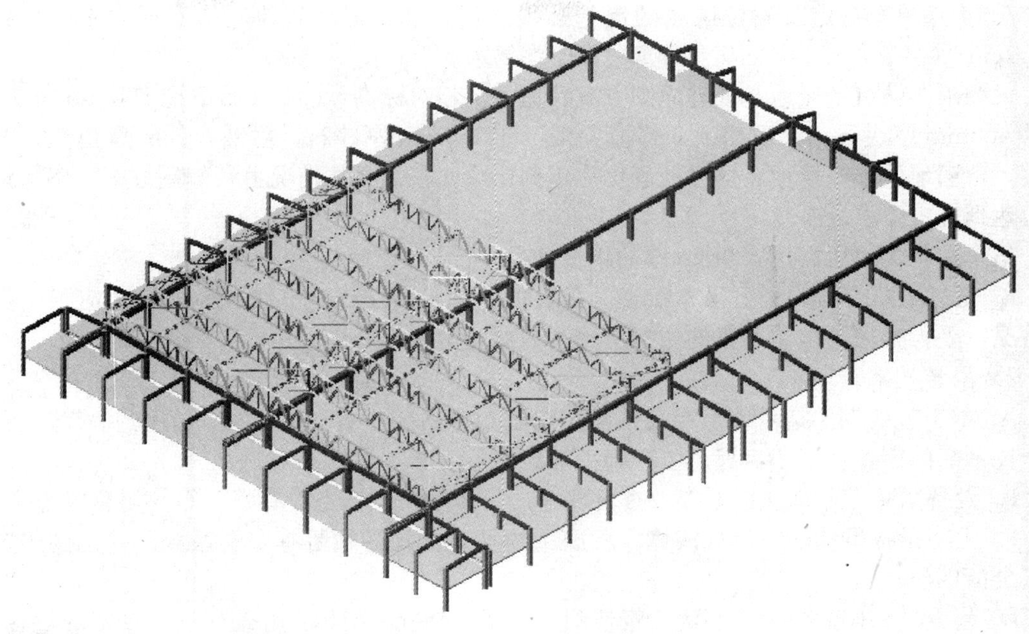

图 5.6-28　屋架吊装（十四）

安装步骤十五：八榀连接成整体后，用 3 台 10t 的手拉葫芦沿着轨道进行牵引，滑移到位置处。见图 5.6-29。

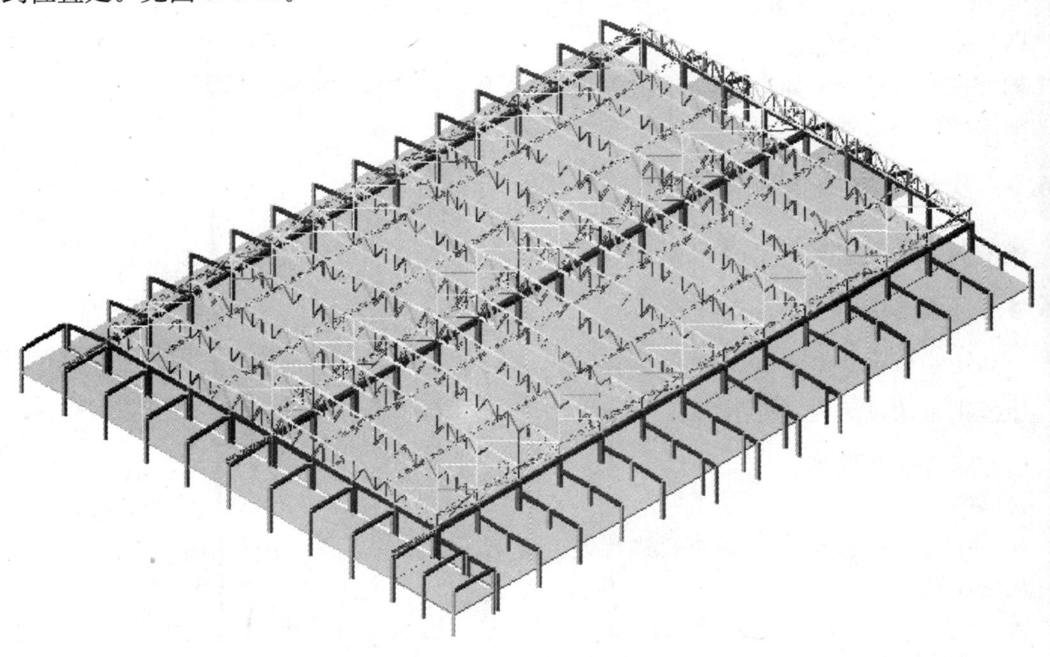

图 5.6-29　屋架吊装（十五）

(4) 吊装安全措施

1) 吊装其他要求

A. 大型吊车行走及站位区域的地基必须进行处理，处理后地基的耐压力必须达到 $27kg/cm^2$（吊装）、$16kg/cm^2$（行走）以上的要求。

大型吊车站位区域地基处理原则方案：地面从相对标高±0.0 开始下挖 800mm 压实，先铺 600mm 厚块石，大面朝下，打掉尖角，铺 150mm 厚碎石，再铺 50mm 厚道渣，并压实，若遇地质不好场地，这样处理仍达不到要求，根据具体情况另行编制方案，确保地耐力达到规定要求。

吊车站位场地还需用 δ20mm 厚的钢板铺垫。

B. 现场道路有阻碍大型吊车行走、吊装的，如：高压线、电线、地下管道应根据实际情况，妥善处理，编制可靠的防护措施，确保安全。

2) 吊装技术管理

A. 本工程的钢屋架吊装，在吊装前应编制专项吊装方案，并经施工单位主管部门和安全技术部门审查，报项目部总工程师批准后执行。

B. 设备吊装作业之前应派专人查看现场，具体落实现场是否有障碍等，如有应排除。

C. 大型设备吊装前应进行核算，所选用的吊装机具必须留有安全系数，并达到规定的安全倍数。

D. 起重吊装作业应分工明确，责任到人，要做到统一指挥，并使用统一规定的信号、旗语。严格遵守"十不吊"规定。

E. 作业前应对有关人员进行技术交底，并交代安全注意事项。

F. 吊装作业时，吊车的吊臂下严禁站人。

G. 吊装作业期间，应设专职安全员作监督和检查工作。

(5) 吊装后的补涂装

构件在安装过程中如有损坏的涂层，在整个主体钢结构安装完成后，应进行补涂，补涂的油漆颜色、品牌应与原来的一致。

5.6.3 次梁及支撑结构的吊装

次梁及支撑采用 8t 的汽车吊在楼面进行吊装。

5.6.4 压型钢板安装

(1) 压型钢板铺设流程

压型钢板铺设流程，见图 5.6-30。

(2) 熔焊栓钉焊接

1) 安装方法：

A. 本工程使用专用栓钉熔焊机进行焊接施工，该设备需要设置专用配电箱及专用线路（从变压器引入）。

B. 安装前先放线，定出栓钉的准确位置，并对该点进行除锈、除漆、除油污处理，以露出金属光泽为准，并使施焊点局部平整。

C. 将电弧保护瓷环摆放就位，瓷环要保持干燥。焊后要去掉瓷环，以便于检查。

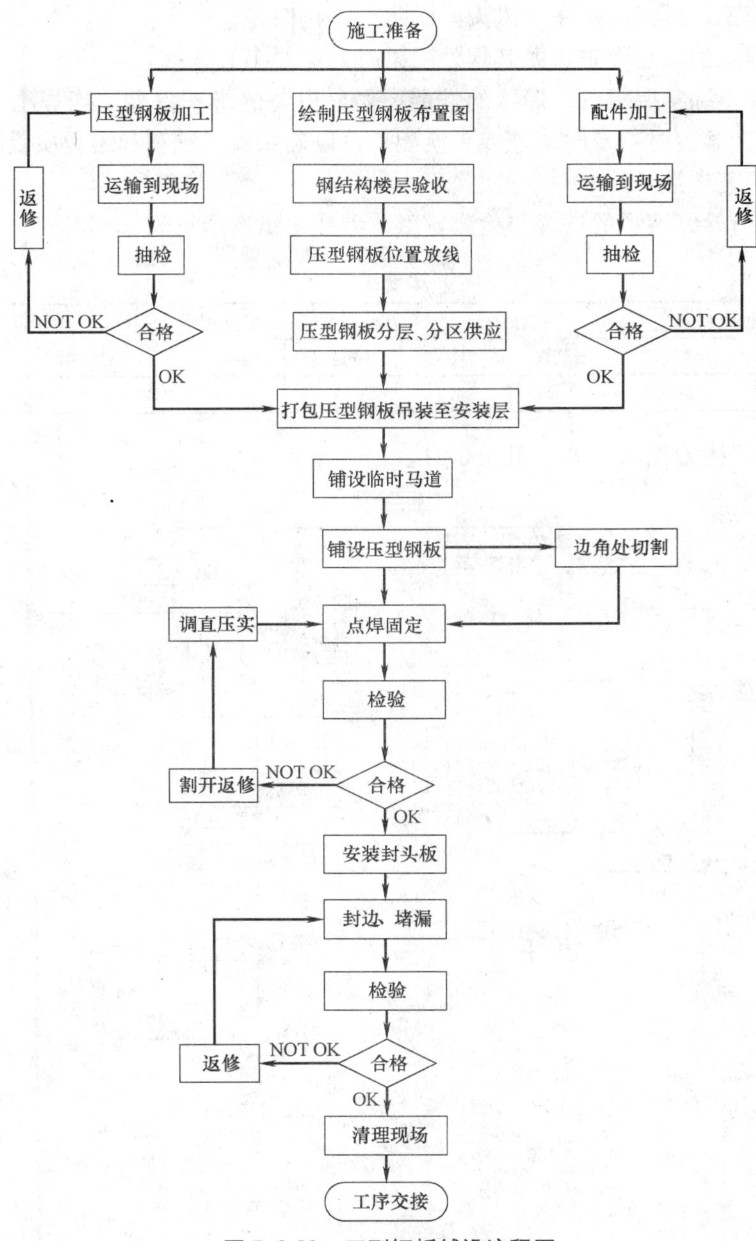

图 5.6-30 压型钢板铺设流程图

D. 施焊人员平稳握枪，并使枪与母材工作面垂直，然后施焊。焊后根部焊脚应均匀、饱满，以保证其强度要达到要求（采用榔头敲击栓钉成 15°～30°时，焊缝不产生裂纹）。

2）注意事项

A. 栓钉必须符合规范和设计的要求。如有锈蚀，需经除锈后方可使用（尤其是栓钉头和大头部不可有锈蚀和污物），严重锈蚀的栓钉不能使用。

B. 施焊点不得有水分。

C. 风天施工，焊工应站在上风头，以防止火花伤害。

D. 注意焊工的安全保护，尤其焊外围梁时，更要小心谨慎。

E. 焊工要熟练掌握焊机、焊枪的性能，做好设备的维护保养。当焊枪卡具上出现焊瘤、烧蚀或溅上熔渣时，及时清理或更换配件，以确保施工顺利和熔焊质量。

3）焊接工艺参数

施焊前进行栓钉熔焊的试焊与检测，工艺参数初步选择见表 5.6-3。

工艺参数　　　　表 5.6-3

栓钉规格	电流(A)		时间(s)		伸出长度(mm)		提升高度(mm)	
	普通焊	穿透焊	普通焊	穿透焊	普通焊	穿透焊	普通焊	穿透焊
ϕ19	1500	1800	1.0	1.2	5	8	2.5	3.0

熔焊栓钉焊接流程图，见下图 5.6-31。

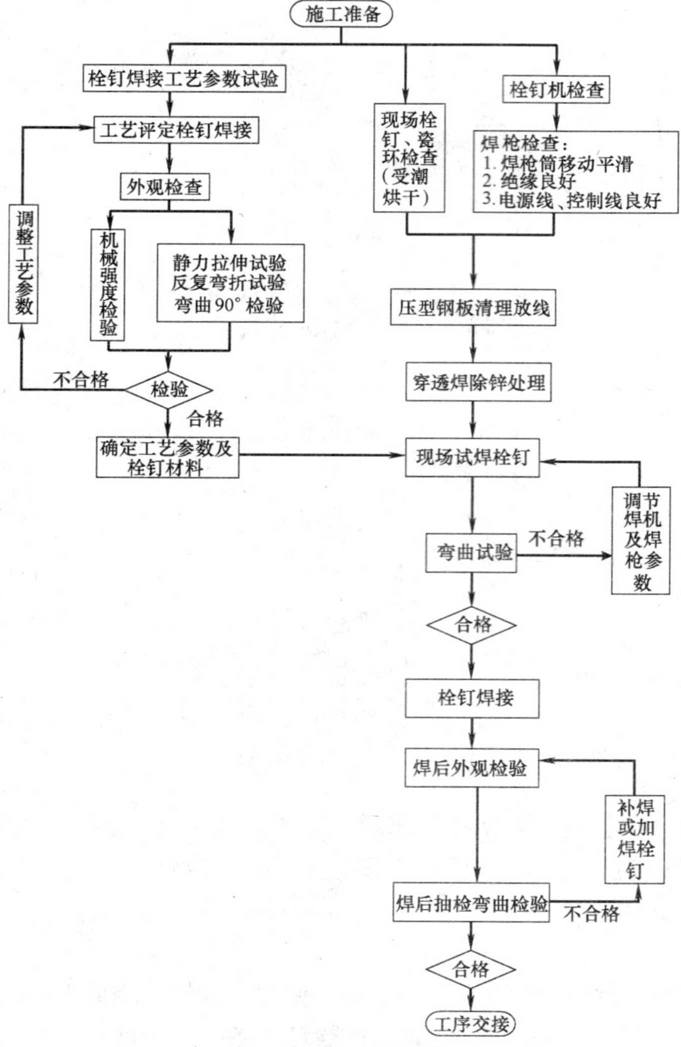

图 5.6-31　熔焊栓钉焊接流程图

5.6.5 钢结构焊接

(1) 焊前准备

1) 将电焊机房吊到施焊区域，放置平稳。接通主电源，连接焊机及烘箱电源，做好接地并调试。

2) 焊接工艺要求对焊条进行烘焙，烘烤温度300℃恒温1h后降温至100℃保温，领用时放在焊条保温筒内，并填好记录。

3) 准备焊接用吊篮及简易脚手架，焊工个人工具及劳保安全用品。

4) 由技术人员对焊工进行技术及安全交底，发给作业指导书。

(2) 焊前检查

1) 在接到上一个工序的交接单后，方可进行下道工序施工。

2) 焊接前应检查安装的螺栓是否终拧。

3) 按图纸检查坡口、间隙、钝边是否符合设计要求。是否有严重的错边现象（错边≤2mm）。

4) 清理焊缝区域，按梁宽柱板宽配上工艺垫板。

(3) 焊接顺序

1) 构件接头的现场焊接，应符合下列要求：

A. 完成安装流水区段内的主要构件的安装、校正、固定（包括预留焊接收缩量）；

B. 确定构件接头的焊接顺序，绘制构件焊接顺序图；

C. 按规定顺序进行现场焊接。

2) 接头的焊接顺序，平面上应从中部对称地向四周扩展，竖向可采取有利于工序协调、方便施工、保证焊接质量的顺序。熔焊栓钉焊接流程见图5.6-31。

3) 构件的焊接顺序图应根据接头的焊接顺序绘制，并应列出顺序编号，注明焊接工艺参数。桁架梁焊接应遵守先焊顶层梁、后焊底层梁，再焊次顶层梁、次层梁。

4) 梁焊接应安排两名焊工在柱的两侧对称焊接，电焊工应严格按照分配的焊接顺序施焊，不得自行变更。

(4) 焊接

1) 本工程现场焊接接头形式为：梁与梁单面V形带垫板平焊全熔透焊缝。

材质：Q345-B；厚度：12～28mm

焊接方式：手工电弧焊（SMAW）；半自动手工气体保护焊（GMAW）

焊条：E5016（J506）；　　　　　　（焊丝：ER50-6）

焊机：松下SS-400A；　　　　　　（焊机：NB-500）

焊接时采用直流反极，电流输出应稳定，焊机接线应牢固。

2) 梁连接角焊缝、对接平焊缝，引、收弧板采用工艺垫板每边加长40mm，引、收弧在垫板上进行。焊缝探伤合格后气割切除，打磨、割去引弧板时应留5～10mm。同时作好防火工作。

3) 焊接工艺参数参照下表执行，具体按焊接作业指导书，见表5.6-4。

焊接工艺参数　　表 5.6-4

焊条直径	平焊电流/电压	横焊电流/电压
ϕ3.2	100～120A/30～34V	90～110A/30～34V
ϕ4.0	170～190A/32～36V	160～180A/32～34V
ϕ5.0		220～240A/32～36V

4）梁接头的焊缝，宜先焊梁的下翼缘板，再焊其上翼缘板。先焊梁的一端，待其焊缝冷却至常温后，再焊另一端，不宜对一根梁的两端同时施焊。

5）当风速大于 5m/s，应采取防风措施方能施焊。

6）焊接工作完成后，焊工应在焊缝附近打上（或用记号笔写上）自己的代号钢印。焊工自检和质量检查员所作的焊缝外观检查以及超声波检查，均应有书面记录。

（5）焊接检验

1）焊缝的外观检查：

A. 焊缝质量的外观检查，应按设计文件规定的标准在焊缝冷却后进行。梁柱构件以及厚板焊接件，应在完成焊接工作 24h 后，对焊缝及热影响区是否存在裂缝进行复查。

B. 焊缝表面应均匀、平滑，无褶皱、间断和未满焊，并与基本金属平缓连接，严禁有裂纹、夹渣、焊瘤、烧穿、弧坑、针状气孔和熔合性飞溅等缺陷。

C. 所有焊缝均应进行外观检查，当发现有裂纹疑点时，可用磁粉探伤或着色渗透探伤进行复查。

D. 对焊缝上出现的间断、凹坑、尺寸不足、弧坑、咬边等缺陷，应予补焊。补焊焊条直径不宜大于 4mm。

E. 修补后的焊缝应用砂轮进行修磨，并按要求重新进行检查。

2）焊缝的超声波探伤检查应按下列要求进行：

A. 图纸和技术文件要求全熔透的焊缝，应进行超声波探伤检查。

B. 超声波探伤检查应在焊缝外观检查合格后进行。焊缝表面不规则及有关部位不清洁的程度，应不妨碍探伤的进行和缺陷的辨认，不满足上述要求时事前应对需探伤的焊缝区域进行铲磨和修整。

C. 全熔透焊缝的超声波探伤检查数量，应按设计文件要求。受拉焊缝应 100%检查；受压焊缝可抽查 50%，当发现有超过标准的缺陷时，应全部进行超声波检查。

D. 超声波探伤检查应根据设计文件规定的标准进行。超声波探伤的检查等级按《钢焊缝手工超声波检验方法和探伤结果分级》GB 11345—1989 规定进行验收。

E. 超声波检查应做详细记录，并写出检查报告。

F. 经检查发现的焊缝不合格部位，必须进行返修。并应按同样的焊接工艺进行补焊，再用同样的方法进行质量检查。

G. 当焊缝有裂纹、未焊透和超标准的夹渣、气孔时，必须将缺陷清除后重焊。清除可用碳弧气刨或气割进行。

H. 焊缝出现裂纹时，应由焊接技术负责人主持进行原因分析，制定出措施后方可返修。当裂纹界限清楚时，应从裂纹两端加长 50mm 处开始，沿裂纹全长进行清除后再焊接。

I. 低合金结构钢焊缝返修，在同一处返修次数不得超过两次。对经过两次返修仍不合格的焊缝，则要更换母材，或由责任工程师会同设计和专业质量检验部门协商处理。应会同设计或有关部门研究处理。

（6）质检程序

首先由施焊方自检，自检合格后写出自检报告，并附有工艺评定试验报告，最后由监理方组织专门质检小组进行检验。

（7）验收

栓焊为隐蔽工程，在自检基础上，由设计、施工、监理、建设单位共同验收。

5.7 钢结构施工测量

钢结构安装施工质量直接与钢构件的制作、安装、焊接、高强螺栓连接等因素有关，其中安装过程中的测量工作是影响安装质量的关键因素之一。测量工作内容包括：平面控制、高程控制、柱顶轴线偏差测量、柱顶标高测量、梁面轴线和高差检查、地脚螺栓定位检测以及变形观测。钢结构安装测控网须建立在土建控制测量基础上，因此，钢结构安装测量，应做好如下工作：

5.7.1 测量前准备

（1）根据本工程测量工作量，初步拟定选派一名有经验的测量专业工程师全面负责现场所有测量协调工作，配合钢结构安装施工。

（2）测量仪器、工具必须准备齐全，其中经纬仪、水准仪及钢卷尺等计量仪器必须送建设单位指定的计量所检定，使用的仪器、工具必须保证在计量检测的有效期内，严格按规定统一定期送检，保留相应的检验合格证备查。经监理单位查验合格后才能准予工地使用。

（3）熟悉和核对设计图中各部尺寸关系，发现问题在图纸会审中及时提出并解决。

（4）了解施工顺序安排，从施工流水的划分、钢结构安装次序、施工进度计划和临建设施的平面布置等方面考虑，确定测量放线的先后次序、时间要求，制订详细的各细部放线方案。

（5）根据现场施工总平面布置和施工放线需要，选择合适的点位坐标，做到既便于大面积控制，周围视线通畅，又不易被机械碾压破坏，有利于长期保留应用，防止中途视线受阻和点位破坏受损，以保证满足场地平面控制网与标高控制网测量精度要求和长期使用要求。

（6）各分项工程测量放线后，明确由建设单位或监理单位组织有专业测量工程师牵头组成的验线小组进行点位精度的复核工作，以保证测量精度、防止错误发生。对于细部测量，可用不低于原测量放线的精度进行检测，验线结果与原放线成果之间的误差处理如下：

1）两者之差若小于 $1/\sqrt{2}$ 限差时，对放线工作评为优良；

2）两者之差略小于或等于$\sqrt{2}$限差时，对放线工作评为合格（可不必改正放线成果，或取两者的平均值）；

3）两者之差超过$\sqrt{2}$限差时，原则上要返工重新定位测量，若是次要部位可局部重新测量定位点。

（7）整理内业资料，对地下室测设的施工轴线控制网、水准基点、测量记录办理现场移交，对标志点做好明显标记。

5.7.2 轴线方格网测设

全面复核土建施工测量控制网、轴线、标高。根据前期施工单位提供的控制点及主轴线，在±0.000 楼面分别测设多个控制点组成矩形，在这些点上架设仪器观测边长和水平角，经平差计算和改正，得到四个控制点的精确坐标。根据测量规范要求，量边精度为1/30000，测角中误差为±3.5″。距离往返观测，角度观察 3 测回，在矩形方格网的四边，按柱间距设置距离指标桩加密方格网，便于轴线的测设。

5.7.3 水准基点组建立

根据土建用水准点，选 3～4 个水准点均匀地布置在施工现场四周，建立水准基点组。水准点采用 &＝16mm，L＝1m 的钢筋打入地下作为标志，其顶部周围水泥砂浆围护。将水准点和水准基点组成附合或闭合路线，两已知点间的高程必须往返观测，往返观测高差，附合或闭合路线的闭合差应小于±4N1/2mm（N 为测站数）。

5.7.4 轴线控制

做好竖向与平面测量控制是保证钢结构吊装顺利进行的首要环节，也是确保钢结构工程质量的重要工序。平面轴线位置控制采用内控法。如采用激光铅直仪向上接力传递，激光铅直仪的精度在 1/30000 左右。

根据土建施工单位外围原有布设的施工平面总控制网如平面、标高测量控制网，钢结构施工前复测各控制点间相对精度和平面图形的角度闭合差，如误差符合要求，根据图纸尺寸，用直角坐标法测设平面、标高控制网主轴设在±0.000 层的楼面上，在轴线控制点上架设经纬仪复测 90°方向夹角并计算闭合差。距离用计量检定过的钢卷尺施加 50N 标准拉力，经过温度差和尺长差改正计算实际距离。施工平面控制网距离误差必须达到 1/20000，测角中误差小于 8″的点位定位测量精度要求。平面定位测量结果报请监理复核验证。根据轴线控制网定出 1～6 号 6 个激光控制点。

激光点考虑通视一般将控制点偏离轴线 1m 左右，施工测量时，将激光经纬仪架设在激光基准点上对中、整平。同时在楼板面预留的激光洞孔上盖一块有机玻璃接收靶，然后打开电源使激光器起辉发光，光斑显示在接收靶上。

为了保证激光控制点的准确性，在施测之前必须检查激光经纬仪，使激光点和仪器望远镜内十字丝中心点重合。另外为了消除竖轴不垂直水平轴的误差，需绕竖轴转动照准部，让水平度盘分别在0°、90°、180°、270°四个位置上，观察接收靶上光斑变动情况，并作点的移动轨迹标注，一般其变动的位置成十字对称型，对称连线的交点即为精确的铅垂中心点，重复此方法投出其余的激光点。检查无误后可弹墨线，作为放线依据。

激光铅直仪通常用于场地狭小的施工现场作轴线点的竖向投测。当仪器架于点位时，首先保证仪器的对中与整平，因该仪器在任意打开电源时都能发光发射直线，但光线是否处于铅直线位置十分重要，普通激光铅直仪内置激光管，使转动轴承直径过大，轴承加工精度的影响，当仪器旋转360°时，接收靶上光斑轨迹呈椭圆或不规则状态变化。我们在大量使用该类仪器过程中通过相互比较，发现激光经纬仪的投点精度最高。

用激光传递轴线来控制柱位置，轴线定位也不可避免地产生累计误差，为此我们将激光点位往上传递时，需多次投点校合，防止产生累计误差，每次激光控制点位迁移，必须对点位进行角度和距离的复测闭合。误差控制在规范的允许范围之内，轴线和标高基准迁移。

5.7.5 测量精度控制保证措施

（1）根据本工程施工质量要求高的特点，特制定高于规范要求的内部质量控制目标，偏差的减少对测量精度提出了更高的要求，因此预配置整体流动式三维测量系统TOP-CON-221D全站仪，该仪器测角精度±2″，测距精度±（2mm＋2ppm.D）进行钢结构安装过程的监控。

（2）在工程中所使用的检测工具具有合格有效期和误差范围的标签后方可使用。测量使用的钢尺、仪器首先经计量检定，核对误差后才能使用，并做到定期检校。加工制作、安装和监督检查等几方统一标准，应具有相同精度。

（3）根据厂房平面形状与结构形式及安装机械的吊装能力，考虑钢结构安装的对称性和整体稳定性，合理划分施工区域，控制安装总体尺寸，防止焊接和安装误差的积累。

（4）确保激光经纬仪投递轴线控制点的精度，测量中应严格对中、整平仪器，投测时应采取全圆回转，每隔90°投测一次，四次取中。并避开吊装晃动、日照强烈和风速过大等不利观测的因素。

（5）标高和轴线基准点的向上投测，一定要从起始基准点开始量测并组成几何图形，多点间相互闭合，满足精度要求并将误差调整。

（6）钢梁、钢桁架接头焊缝收缩一般为1～2mm，利用焊接收缩预留量使中心略微向外侧偏移，待焊后收缩基本回复到中心位置。

（7）对修正后的钢结构空间尺寸进行会审。如果局部尺寸有误差，应调整施工顺序和方向，利用焊接收缩适量调整安装精度。

（8）钢结构测量除了加强自检、配备专门人员监测外，还要验线部门对主要控制点进行复核检测，对焊接前后的测量结果进行一定比例的抽检，以防误差的积累传递，保证测量精度满足施工验收要求。

5.8 高强螺栓安装

本工程采用 10.9 级大六角头高强度螺栓，性能应符合国家标准《钢结构高强度大六角螺栓、大六角螺母、垫圈与技术条件》GB/T 1228～1231—1991 要求。

5.8.1 安装准备

（1）高强螺栓的保管

1）高强度螺栓连接副由制造厂按批号、规格配套后装箱，从出厂到安装前严禁随意开包。在运输过程中应轻装、轻卸，防止损坏。出现包装破损、螺栓有污染异常现象时，应及时用煤油清洗，并按高强度螺栓验收规程进行复验，扭矩系数或轴力复验合格后，方能使用。

2）工地储存高强度螺栓时，应放在干燥、通风、防雨、防潮的仓库内，并不得损伤丝扣和沾染脏物。连接副入库应按包装箱上注明的规格、批号分类存放。安装时，按使用部位，领取相应规格、数量、批号的连接副，当天没有用完的螺栓，必须装回干燥、洁净的容器内，妥善保管，不得乱放、乱扔。

3）使用前应进行外观检查，表面油膜正常、无污物的方可使用。

4）使用过程不得雨淋，不得接触泥土、油污等脏物。

5）开包时应核对螺栓的直径、长度。

（2）高强螺栓性能检验

1）本工程所使用的螺栓均应按设计及规范要求选用其材料和规格，保证其性能符合要求。

2）高强度螺栓连接副应进行扭矩系数复验，复验用螺栓连接副应在施工现场待安装的螺栓批中随机抽取，每批应抽取 8 套连接副进行复验。复验使用的计量器具有经过标定，误差不超过 2%。每套连接副只应做一次试验，不得重复使用。在进行连接副扭矩系数试验时，螺栓的紧固轴力应控制在一定的范围内，螺栓紧固轴力的试验控制范围，见表 5.8-1。

螺栓紧固轴力值范围（kN） 表 5.8-1

螺栓规格	M16	M20	M24	M27
紧固轴力	93～113	142～177	206～250	265～324

3）高强螺栓和连接副的额定荷载及螺母和垫圈的硬度试验，应在工厂进行；连接副紧固轴力的平均值和变异系数由厂方、施工方参加，在工厂确定。

5.8.2 高强螺栓安装

（1）高强度螺栓安装规定

1）高强度螺栓连接在施工前应对连接副实物和摩擦面进行检验和复验，合格后才能进入安装施工。

2）对每一个连接接头，应先用临时螺栓或冲钉定位，为防止损伤螺纹引起扭矩系数的变化，严禁把高强度螺栓作为临时螺栓使用，对一个接头来说，临时螺栓和冲钉的数量原则应根据接头可能承担的荷载计算确定，并应符合下列规定：

A. 不得少于安装螺栓总数的 1/3；

B. 不得少于两个临时螺栓；

C. 冲钉穿入数量不宜多于临时螺栓的 30%；

3）高强度螺栓的穿入，应在结构中心位置调整后进行，其穿入方向应以施工方便为准，力求一致；安装时要注意垫圈的正反面，螺栓连接副靠近螺头一侧的垫圈，其有倒角的一侧朝向螺栓头。

4）高强度螺栓的安装应能自由穿入孔，严禁强行穿入，如不能自由穿入时，该孔应用铰刀进行修整，修整后孔的最大直径应小于 1.2 倍螺栓直径。修孔时，为了防止铁屑落入板迭缝中，铰孔前应将四周螺栓全部拧紧，使板迭密贴后再进行，严禁气割扩孔。

5）高强度螺栓连接中连接钢板的孔径略大于螺栓直径，并必须采取钻孔成型方法，钻孔后的钢板表面应平整、孔边无飞边和毛刺，连接板表面应无焊接溅物、油污等，螺栓孔径及允许偏差，见表 5.8-2。

高强度螺栓的孔距和边距值 **表 5.8-2**

名称		直径及允许偏差(mm)						
螺栓	直径	12	16	20	22	24	27	30
	允许偏差	±0.43		±0.52			±0.84	
螺栓孔	直径	13.5	17.5	22	(24)	26	(30)	33
	允许偏差	+0.43		+0.52		+0.84		
椭圆度(最大和最小直径之差)		1.00		1.50				
中心线倾斜度		应不大于板厚的 3%，且单层板不得大于 2.0mm，多层板迭组合不得大于 3.0mm						

6）高强度螺栓连接时，连接板螺栓孔的孔距及边距应符合高强度螺栓孔距和边距值，见表 5.8-3。

高强度螺栓的孔距和边距值 **表 5.8-3**

名称	位置和方向		最大值(取两者的较小值)	最小值
中心间距	外排		$8d_0$ 或 $12t$	$3d_0$
	中间排	构件受压力	$12d_0$ 或 $18t$	
		构件受拉力	$16d_0$ 或 $24t$	
中心至构件边缘的距离	顺内力方向		$4d_0$ 或 $8t$	$2d_0$
	垂直内力方向	切割边		$1.5d_0$
		轧制边		$1.5d_0$

注：d_0 为高强度螺栓的孔径；t 为外层较薄板件的厚度。

钢板边缘与刚性构件（如角钢、槽钢等）相连的高强度螺栓的最大间距，可按中间排数值采用。

7）高强度螺栓在终拧以后，螺栓丝扣外露应为 2 至 3 扣，其中允许有 10% 的螺栓丝扣外露 1 扣或 4 扣。

(2) 高强螺栓安装方法

高强螺栓分两次拧紧，第一次初拧到标准预拉力的 60%～80%，第二次终拧到标准预拉力的 100%。

初拧：当构件吊装到位后，将螺栓穿入孔中（注意不要使杂物进入连接面），然后用手动扳手或风动扳手拧紧螺栓，使连接面接合紧密。初拧力矩按终拧力矩的 30%～50% 确定。

终拧：螺栓的终拧由扭矩扳手完成，其终拧强度由力矩控制设备来控制，确保达到要求的最小力矩。当预先设置的力矩达到后，其力矩控制开关就自动关闭，剪力扳手的力矩设置好后只能用于指定的地方。见表 5.8-4。

高强螺栓初拧与终拧轴力扭矩取值范围　　表 5.8-4

螺栓型号	初拧轴力(kN)	初拧扭矩(N/m)	终拧轴力(kN)	终拧扭矩(N/m)
M16	7.4～9.8	15～20	11.2～13.5	22.5～27.5
M20	11.5～15.2	30～40	17.4～21	47～53
M22	14.3～19	40～55	21.6～26.8	61.8～74.8
M24	16.6～22	50～57	25.1～30.4	81～99

注：初拧轴力、扭矩是按标准轴力、扭矩的 50%；终拧轴力、扭矩按标准轴力、扭矩 100±10%。

（3）高强螺栓安装检测

1）高强度螺栓连接副的安装顺序及初拧、终拧扭矩的检验。检验人员应检查扳手标定记录，螺栓施拧标记及螺栓施工记录，有疑义时抽查螺栓的初拧扭矩。

2）高强度螺栓的终拧检验，大六角头高强度螺栓连接副在终拧完毕 24h 内应进行终拧扭矩的检验，首先对所有螺栓进行终拧标记的检查，终拧标记包括扭转法，除了标记检查外，检查人员最好用小锤对切点的每一个螺栓逐一进行敲击，从声音的不同找出漏拧或欠拧的螺栓，以便重新拧紧。

3）高强度螺栓连接摩擦面应保持干燥、整洁，不应有飞边、毛刺、焊接飞溅物、焊疤、氧化铁皮、污垢和不应有的涂料等。

4）高强度螺栓应自由穿入螺栓孔、不应气割扩孔，遇到必须扩孔时，最大孔径不应超过 1.2d（d 为螺栓直径），连接外不应出现间隙、松动、未拧紧情况。

（4）高强度螺栓安装流程

高强度螺栓安装流程，见图 5.8-1。

5.8.3 安装注意事项

（1）螺栓穿入方向以便利施工为准，每个节点整齐一致；

（2）螺母、垫圈均有方向要求，螺栓、螺母均标有级别与生产厂家；

（3）已安装高强度螺栓严禁用火焰或电焊切割；

（4）因空间狭窄，高强度螺栓扳手不宜操作部位，可采用加高套管或用手动扳手安装；

（5）高强度螺栓超拧应更换并废除，换下来的螺栓不得重复使用；

（6）安装中的错孔、漏孔不允许用气割开孔，错孔应严格按《钢结构工程施工质量验收规范》GB 50205—2001 和《钢结构高强度螺栓连接的设计、施工及验收规范》JGJ 82—1991 的要求进行处理；

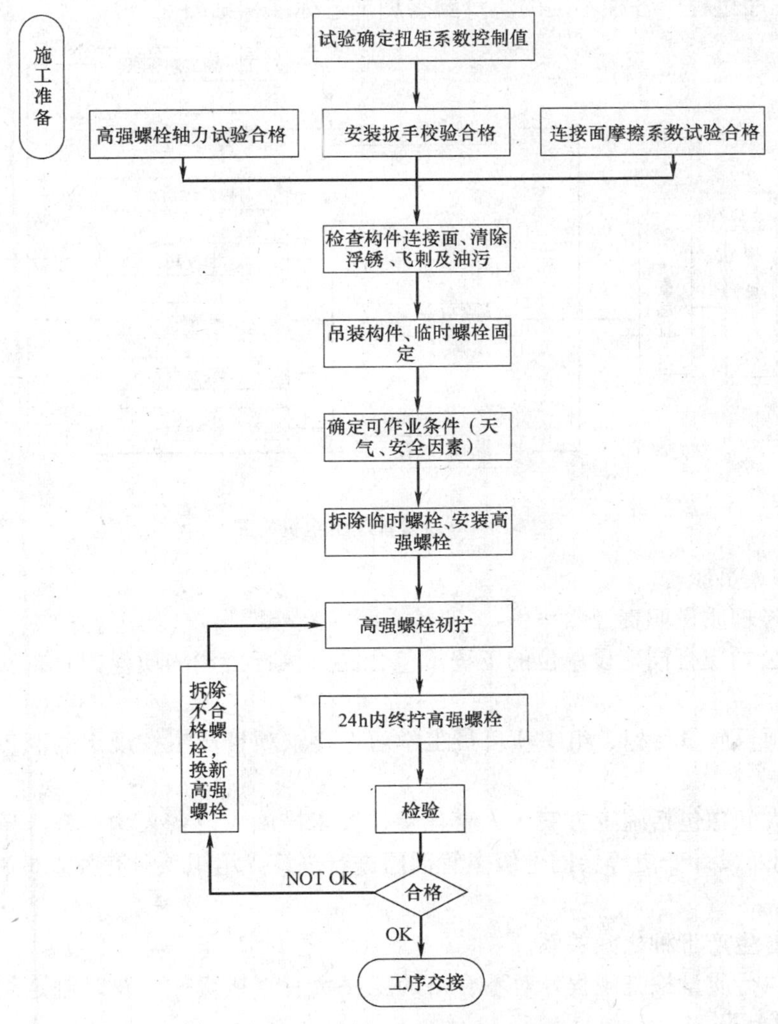

图 5.8-1　高强度螺栓安装流程图

（7）施工前必须对扭矩扳手进行标定；终拧时，大六角螺栓应按施工扭矩施拧；

（8）要求初拧、终拧在 24h 内完成；

（9）终拧后应及时涂防锈油漆。

5.9　施工质量、技术保证体系及措施

5.9.1　质量管理体系

（1）质量管理组织机构

为了本项目施工质量达到上述目标，必须对整个施工项目实行全面质量管理，建立行之有效的质量保证体系，按照 ISO 9001 系列标准和本单位质量保证体系文件要求成立以

项目经理为首的质量管理机构，通过全面、综合的质量管理以预控钢结构材料、制作、安装、涂装等工序过程中各种不同的质量要求和工艺标准。见图 5.9-1。

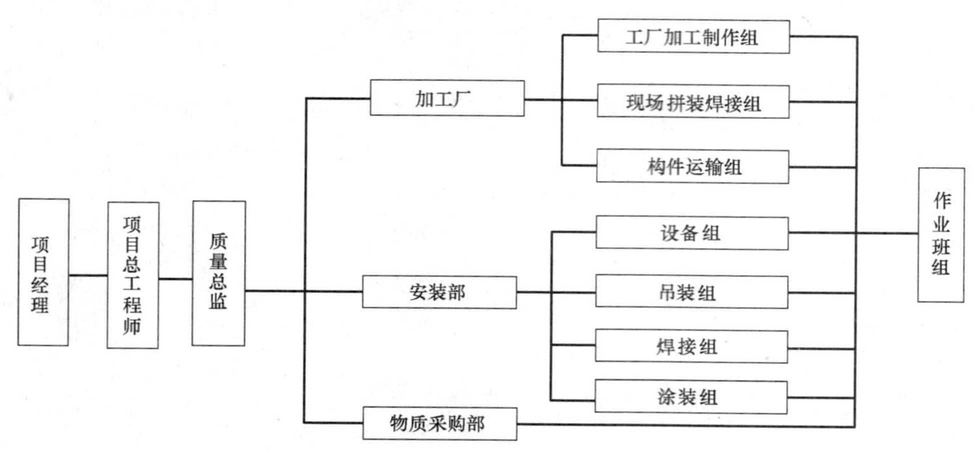

图 5.9-1 质量管理组织机构图

（2）管理人员职责

1）项目经理质量职责

A. 代表公司履行同建设单位的工程承包合同，执行公司的质量方针，实现工程质量目标。

B. 确定项目质量目标、组织项目员工学习，要求项目员工按规定的职责及工程程序工作。

C. 对重大问题包括施工方案、人事任免、技术措施、设备采购、资源调配、进度计划安排、合同及设计变更等会同上级主管部门进行决策，组织项目有关人员制订“项目质量保证计划”。

D. 协调各生产工种之间关系。

E. 监督执行质量检查规程，对不合格的工序负有直接责任，及时制定纠正措施并找出失误的原因上报。

F. 安排竣工验收工作。

2）项目总工质量职责

A. 负责项目质量保证体系的建立及运行。

B. 统筹项目质量保证计划及有关工作的安排，开展质量教育，保证各项制度在项目得以正常实施。

C. 负责项目工程技术管理工作。

D. 参与“项目质量保证计划"的编制及修改工作，主持项目生产组织设计的编制及修订工作。

E. 组织实施“项目质量保证计划”及“生产组织设计”。

F. 主持处理施工中的技术问题，参加质量事故的处理和一般质量事故技术处理方案的编制。

G. 组织主持关键工序的检验、验收工作。

H. 负责质量记录的编制与管理。

3）质量总监的质量职责

A. 依据相关规范、法规及公司质量管理文件，全面负责项目的质量安全监督管理工作，监督不合格品的整改，参加项目的质量改进工作。

B. 参与进场职工安全教育，督促执行安全责任制及安全措施，定期组织质量安全检查，并发出质量安全检查通报。调查处理违章事故，提交项目质量安全报告。

C. 负责设置现场安全标志，监督项目的各种安全质量措施及操作规程的执行。

4）质检员质量职责

A. 负责项目生产技术管理工作。

B. 参加设计交底和图纸会审，并作好会审记录。

C. 深入生产现场参加生产中的技术问题，参加质量事故的处理和一般质量事故技术处理方案的编制。

D. 负责责任范围内的质量记录的编制与管理。

5）班组长质量职责

A. 参与生产方案的编制及实施。

B. 熟悉并掌握设计图纸、生产规范、规程、质量标准和生产工艺，向班组工人进行技术交底，监督指导工人的实际操作。

C. 合理使用劳动力，掌握工作中的质量动态情况，组织操作工人进行质量的自检、互检。

D. 检查班组的生产质量，制止违反生产程序和规范的行为。

E. 参与上级组织的质量检查评定工作，并办理签证手续。

F. 对因施工质量造成的损失，要迅速调查、分析原因、评估损失、制订纠正措施和方法，经上级技术负责人批准后及时处理。

G. 负责责任范围内的质量记录的编制和管理。

6）材料采购员质量职责

A. 负责落实原材料、半成品的外加工定货的质量和供应时间，并做好原材料、半成品的保护。

B. 规定现场材料使用办法及重要物资的贮存保管计划。

C. 对进场材料的规格、质量、数量进行把关。

D. 及时收集资料和原始记录，按时、全面、准确上报各项资料。

E. 负责责任范围内的质量记录的编制和管理。

5.9.2 技术管理体系

本项目钢结构工程在设计、加工制作、现场安装等各方面技术均较复杂。钢结构工程现场安装精度质量好坏直接关系到其他专业分包工作的顺利开展，钢结构安装精度主要体现在施工技术方面并通过其加以保证。

为此本工程设立项目总工程师职位，主要在项目总工的指导下，建立技术管理体系，并建立统一规划。

（1）项目经理部主要人员技术职责

1）项目经理部的技术管理工作主要应包括下述内容：

A. 技术管理的基础性工作；

B. 施工过程的技术管理工作；

C. 技术开发管理工作；

D. 技术经济分析与评价。

2）项目技术总工的职责

A. 主持项目的技术管理；

B. 主持制定项目技术管理工作计划；

C. 组织有关人员熟悉与审查图纸，主持编制项目管理实施规划的施工方案并组织落实；

D. 负责技术交底；

E. 组织做好测量及其核定；

F. 指导质量检验和试验；

G. 审定技术措施计划并组织实施；

H. 参加工程验收，处理质量事故；

I. 组织各项技术资料的签证、收集、整理和归档；

J. 领导技术学习，交流技术经验。

（2）技术管理工作的要点

1）施工组织设计及专项施工方案

A. 施工组织设计

在工程开工前，由公司主要技术负责人主持，组织有关部门、项目经理及施工队编写完成，并保证有充分的施工准备时间。

B. 专项施工方案

针对本工程钢结构施工的重点难点，编写相应的能够用于指导项目顺利施工的专项施工方案，确保工程顺利进行。

2）季节性施工技术文件

A. 季节性施工技术文件主要包括雨期施工及大风季节、高温季节施工等。

B. 技术部门应及时检查雨期施工技术措施的准备落实情况以及贯彻执行情况。

3）与其他工程技术文件

A. 技术交底

开工前必须进行技术交底。

技术交底应有文字记录，并应经双方签认。

B. 其他工程技术文件

施工深化设计。

质量问题处理方案。

C. 主要是指针对施工中发生的一般性质量问题而制定的处理方案。

4）材料检验

材料进场应按有关规定检查外观、合格证、性能检测报告，新产品要有质量证明文件、使用认证书等。

5.9.3 产品、构件质量保证措施及制度

(1) 钢结构制作质量控制和检测

1) 原材料检测

A. 检验方法

本工程所有材料将根据设计院图纸要求进行订货。对于制作所采用的材料，需严格把好质量关，以保证整个工程质量。

材料入库后由本公司物供部门组织质量管理部门对入库材料进行检验和试验。

(A) 按供货方提供的供货清单清点各种型钢和钢板数量，并计算到货重量；

(B) 按供货方提供的钢管、型钢和钢板尺寸及公差要求，对于型钢，抽查其断面尺寸，对于各种规格钢板，抽查其长宽尺寸、厚度及平整度，并检查钢管、型钢及钢板的外表面质量；

(C) 汇总各项检查记录，交现场监理确认，并报指挥部。

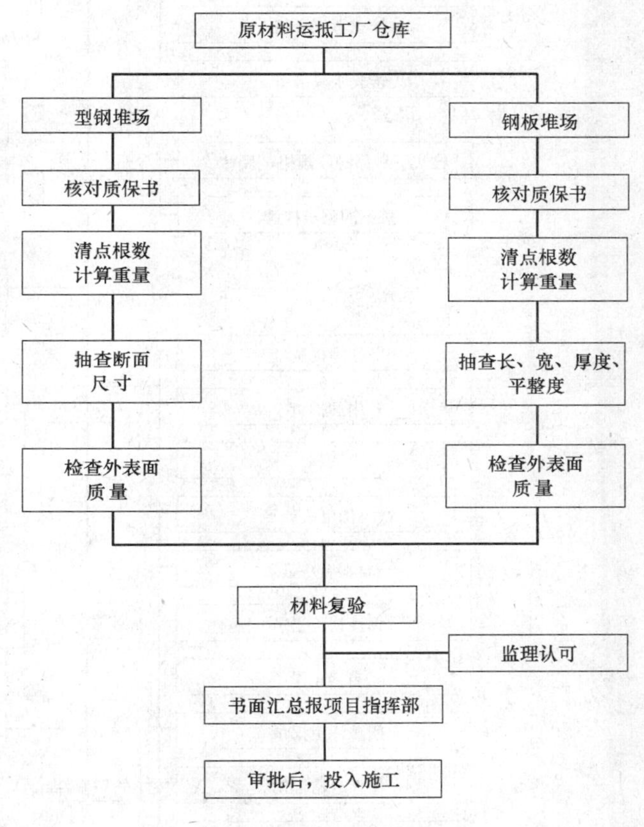

图 5.9-2 原材料检验程序

B. 选取合适的场地或仓库储存该工程材料，按品种、按规格集中堆放，加以标识和防护，以防未经批准的使用或不适当的处置，并定期检查质量状况以防损坏。

2) 原材料检验程序，见图 5.9-2。

3) 制作过程检测，见图 5.9-3。

4) 防腐检测

A. 喷涂前的构件检验

(A) 钢构件应无严重的机械损伤，变形。

(B) 对焊件的焊缝应平整，不允许有明显的焊瘤和焊接飞溅物。

(C) 钢构件所需喷涂的表面不允许有油污。若钢构件所需喷涂的表面局部存在油污时，应用有机溶剂清洗，除却油污。对水分、磁粉层、尘埃等用揩布、铁砂纸或钢丝刷进行清理。

(D) 除锈质量达不到工艺要求应重新除锈。

(E) 除锈在自检合格后，应报请建设单位和建设单位监理予以验收，验收合格后并在报检单上签字，方可进行下道工序的施工。

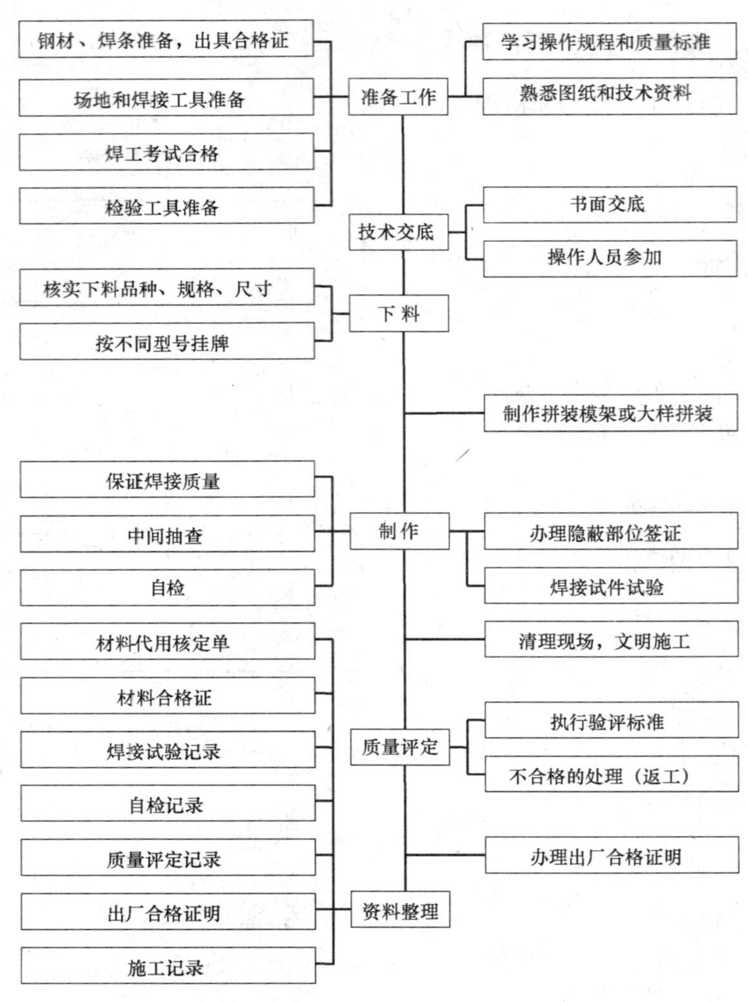

图 5.9-3 制作过程检测

B. 涂层质量要求

(A) 漏涂、针孔、开裂、剥离、粉化均不允许存在；

(B) 膜厚检测方法：

用干膜测厚仪，对平面、超宽度的型材表面以每 5～10m² 间测一点，允许偏差 $-10\mu m$；小三角板、自由边及周围 15mm 等不作检测区域。

(2) 施工准备质量保证措施

优化施工方案和合理安排施工工序，做好每道工序的质量标准和施工技术交底。搞好图纸会审和技术培训。

严格控制进场材料的质量，对钢材等物资除必须有出厂合格证外，需经试验，并出具试验合格的证明材料，不合格的不准采用。

合理选择和配备机械，搞好维修保养，使机械处于良好的工作状态。

签定施工班组工程质量目标合同，对质量进行优质估价。

编好施工方案，制定先进的施工工艺和工艺标准，并将方案和工艺及标准向操作人员交底，讨论、分析，让每个人都接受，并认真实施。

采用质量预控，把质量管理的事后检查转为事前控制因素及工序，达到“预防为主”的目的。

(3) 施工质量保证措施

1) 施工、检查、评定和验收遵循技术文件和技术规范的规定。

2) 成立QC质量评定小组，对主要工序：下料、切割、制作、焊接、拼装、涂装等的作业指导书，进行严格的过程质量控制与全面质量管理，在以上主要工序开展QC小组活动。进行层层监控，确保每一个工作环节的质量有可靠的保障，决不把某个环节的质量隐患带到下一个工作环节中。

3) 提高工作质量，保证产品质量，坚持“五步到位”。

在各项分部工程施工中，施工管理人员要做到：

A. 操作要点交底到位；

B. 上下工序交接到位；

C. 上下班交接到位；

D. 关键部位的检查、验收到位；

E. 各种材料、设备和加工构件进场验收到位。

4) 建立奖罚惩治制度，提高作业者的积极性。

5) 构件检查

A. 安装前，应按构件明细表核对进场的构件，查验产品合格证和设计文件；工厂预拼装过的构件在现场组装时，应根据预拼装记录进行。

B. 钢构件进入现场后应进行质量检验，以确认在运输过程中有无变形、损坏和缺损，并会同有关部门及时处理。

C. 拼装前施工小组应检查构件几何尺寸、焊缝坡口、起拱度、油漆等是否符合设计图规定，发现问题后应报请有关部门，原则上必须在吊装前处理完毕。

6) 施工质量注意事项

A. 每道工序认真填写质量数据，质量检验合乎要求后方可进行下道工序施工。

B. 施工质量问题的处理必须符合规定的审批程序。

C. 钢结构焊接前应由专业人员编制焊接工艺评定及指导书。焊接前进行交底，焊接时严格按照指导书的焊接工艺流程和施工规程进行。

D. 组装前，应按构件明细表核对进场的构件零件，查验产品合格证和设计文件；工厂预拼装过的构件在现场组装时，应根据预拼装记录进行。

E. 钢结构组装安装、校正时，应根据风力、温差、日照等外界环境和焊接变形等因素的影响，采取相应的调整措施。

7) 测量质量控制

A. 仪器定期进行检验校正，确保仪器在有效期内使用，在施工中所使用的仪器必须保证精度。

B. 保证测量人员持证上岗。

C. 各控制点应分布均匀，并定期进行复测，以确保控制点的精度。

D. 施工中放样应有必要的检核，保证其准确性。

E. 根据施工区的地质情况、通视情况对测量方法进行优化，并尽量在外界条件较好的情况下进行测量。

8）各阶段质量保证体系

根据工程实际情况编制主要工序：下料、切割、组装、焊接、预拼装、涂装等的作业指导书，进行严格的过程质量控制与全面质量管理，在以上主要工序开展 QC 小组活动。

A. 生产准备质量保证措施

优化生产方案和合理安排生产程序，做好每道工序的质量标准和生产技术交底，搞好图纸会审和技术培训。

严格控制进场材料的质量，对钢材等物资除必须有出厂合格证外，需经试验和复验，并出具试验合格的证明文件（试验报告），不准用不合格材料。

合理选择和配备生产机械，搞好维修保养，使机械处于良好的工作状态。

签订生产班组工程质量目标合同，对安装质量实行优质估价。

编好生产方案，制定先进的生产工艺和工艺标准，并将方案和工艺及标准向操作人员交底，讨论、分析，让每个人都接受，并认真实施。

采用质量预控，把质量管理的事后检查转变为事前控制工序及因素，达到“预防为主”的目的。

B. 生产过程中的质量保证措施

坚持质量检查与验收制度，严格执行“三检制”，上道工序不合格不得进入下道工序施工，对于质量容易波动，容易产生质量通病或对工程质量影响比较大的部位和环节加强预检、中间检和技术复核工作，以保证工程质量。

做好各工序或成品保护，下道工序的操作者即为上道工序的成品保护者，后续工序不得以任何借口损坏前一道工序的产品。

及时准确地收集质量保证原始资料，并做好整理归档工作，为整个工程积累原始准确的质量档案，各类资料的整理与施工进度同步。

C. 建立各阶段质量控制程序

质量的保证依赖于科学的管理和严格的要求及措施，为此特制定本工程钢结构制作、预拼装、焊接及油漆工程质量控制程序图。

（4）现场拼装的质量控制

钢结构拼装工程质量控制程序流程，见图 5.9-4。

（5）安装过程质量控制

1）钢结构安装质量控制程序流程，见图 5.9-5。

2）现场安装质量保证措施

A. 钢结构安装各工序质量保证措施

（A）轴线误差保证措施

在起吊重物时，宜使钢结构本体会产生水平晃动，此时应尽量停止放线。

为防止阳光对钢结构照射产生偏差，放线工作要安排在早晨与傍晚进行。

钢尺要统一，使用时要进行温度、拉力校正。

（B）标高误差控制措施

标高调整采用垫片或地脚螺栓。由于土建和制作的累计误差都集中在吊装工作上，为

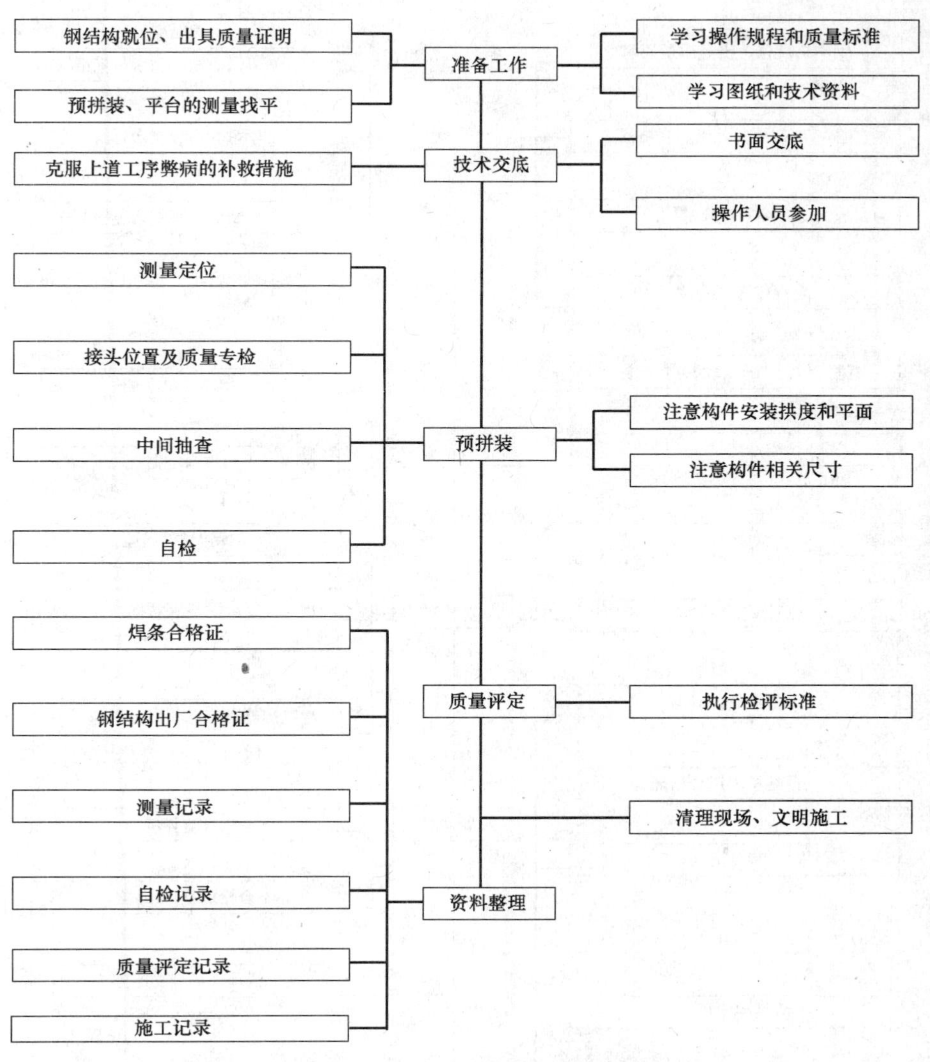

图 5.9-4 钢结构拼装工程质量控制程序流程图

控制结构标高，在钢结构加工时，定位支座高度可做负偏差，标高可用插片进行调整。

在构件加工厂的监督加工中，监督员认真复核构件外形尺寸，特别对螺孔进行严格复查，确保构件按图加工。

（C）焊接的保证措施

为减少焊缝中扩散氢含量，防止冷裂和热影响区延迟裂纹的产生，在坡口的尖部均采用超低氢型焊条打底，然后用低氢型焊条或气体保护焊丝做填充。

每条焊缝在施焊时要连续一次完成，大于 4h 的焊接量的焊缝，其焊缝必须完成 2/3 以上才能停止施焊，在二次施焊时，应先预热再施焊，间歇后的焊缝开始工作后中途不得停止。

气候条件：雨天原则上停止焊接，风速 2m/s 以上不准焊接，一般情况下，为充分利用时间，减少气候的影响，采用防雨和挡风措施；气温在 0℃以下时，焊缝应采取保温措施。

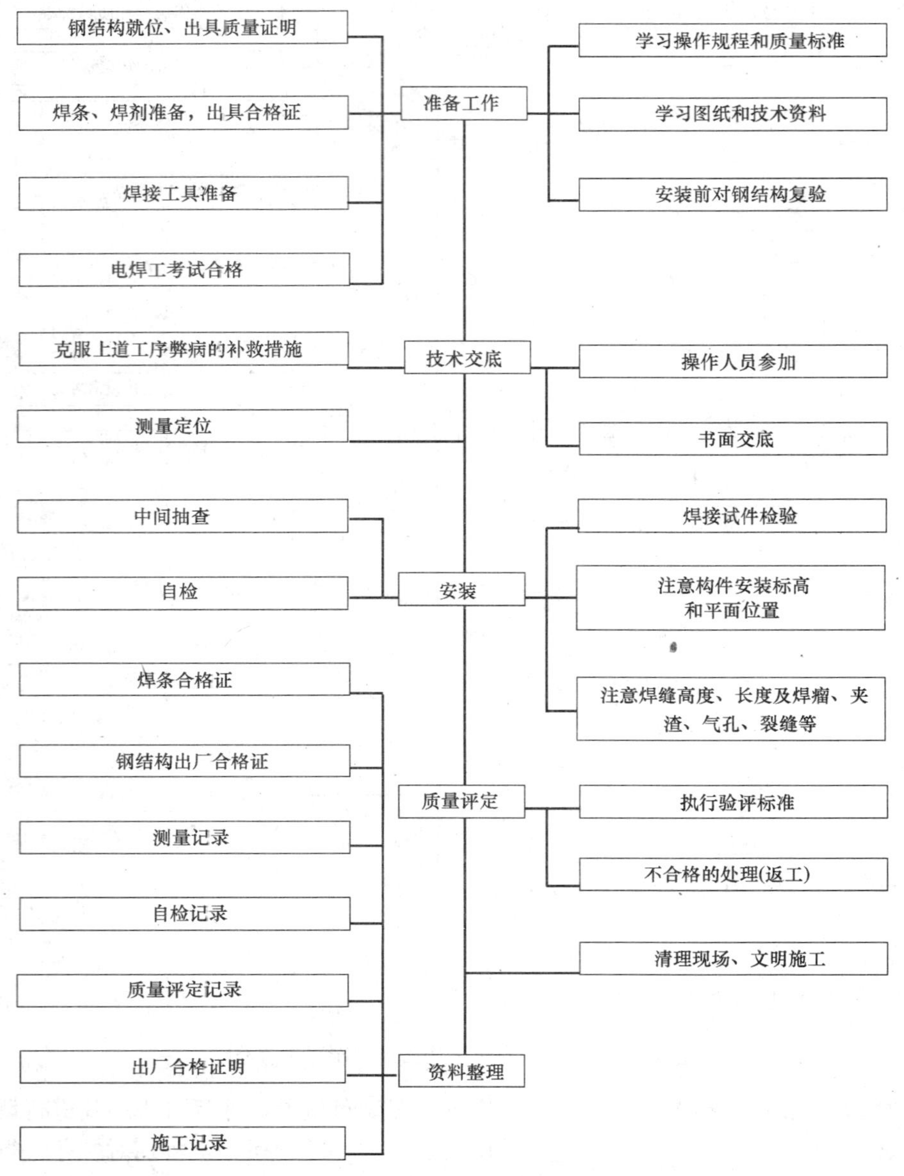

图 5.9-5　钢结构安装质量控制程序流程图

B. 钢结构安装质量检验和测试

(A) 钢结构安装检验要求严格按钢结构验收标准执行，从严管理，把工程质量放在第一位，不允许不合格产品交给建设单位，我们在多年实践中得出行之有效的质量检验管理制度，保证上道工序满足下道工序。

(B) 对工程轴线、标高用先进的仪器进行复测，如有问题与有关方面商讨解决，使问题解决在施工之前。

(C) 施工图是保证质量和工程进展的一个重要方面。技术人员必须事先和设计结合，提出一些合理的建议，供设计单位参考。

(D) 钢构件进入现场，由专业技术人员进行构件外形复测。在钢结构安装前，必须有加工厂的产品合格证及监理认可的手续才能吊装。

(E) 屋盖主体构件在吊装校正后经质量员检验，交监理复验并提供质量资料。

(F) 在所有构件吊装完成后（包括焊接、探伤），提交所有质量资料，请监理复验。

(6) 焊接工程质量控制

1) 焊接工程质量控制程序流程，见图 5.9-6。

图 5.9-6 焊接工程质量控制流程图

2) 焊接工程质量保证措施

焊接检验应由质量管理部门合格的检验员按照焊接检验工艺执行。

A. 焊工检查（过程中自检）

焊工应在焊前，焊接时和焊后检查以下项目：

（A）焊前

任何时候开始焊接前都要检验构件标记并确认该构件；

检验焊接材料；

清理现场；

预热。

（B）焊接过程中

预热和保持层间温度；

检验填充材料；

清理焊道；

按认可的焊接工艺焊接。

（C）焊后

清除焊渣和飞溅物；

焊缝外观；

咬边；

焊瘤；

裂纹和弧坑；

冷却速度。

B. 无损检验

质检员将就检验要求与检验机构保持密切联系。项目质量负责人应会同有关各方，共同参与现场检测。

（A）外观检查

所有焊缝都按《建筑钢结构焊接技术规程》JGJ 81—2002 检查。

外观检查记录由项目质检员保存。

（B）超声波检验

厚度超过 8mm 的全熔透焊缝均按设计以及规范的要求进行超声波检验。

超声波检查按《建筑钢结构焊接技术规程》JGJ 81—2002 和《钢焊缝手工超声波探伤方法和探伤结果分级》GB 11345—89 相关规范进行质量检验证明。所有超声波检验都应填写焊缝超声波检验记录表。

C. 焊缝检验的范围

（A）外观检查所有焊缝

（B）无损检验

全熔透对接焊缝 100％超声波检验。

焊脚尺寸超过 12mm 的部分熔透对接焊缝至少 20％超声波检验。

贴角焊缝：外观检查。

（C）选择受检焊缝

当要求少于 100％检验，在开始检验前，对受检焊缝的抽样要征得工程监理的同意。

当在一个接头中检查出超标缺陷时，在同一组中要增加检查两个接头，如果这两个增加的接头是合格的，最开始的焊缝返工后再采用同样方式检验。如果那两个增加的接头也有超标缺陷，那么同组内的每一个接头都要检验。

(7) 油漆工程质量控制

1) 油漆工程质量控制程序流程，见图5.9-7。

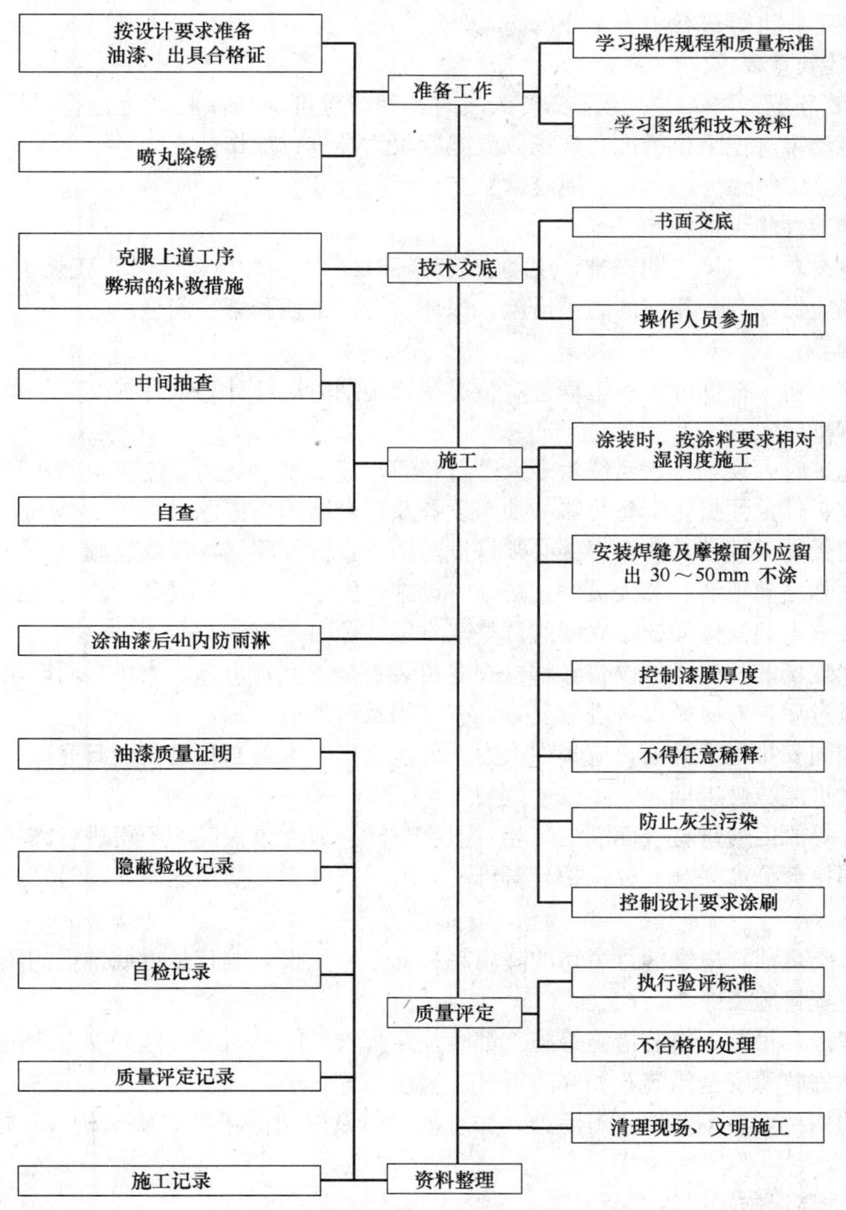

图5.9-7 油漆工程质量控制程序流程

2) 喷涂前的构件检验

A. 钢构件应无严重的机械损伤、变形。

B. 焊件的焊缝应平整，不允许有明显的焊瘤和焊接飞溅物。

C. 钢构件所需喷涂的表面不允许有油污。若钢构件所需喷涂的表面局部存在油污时，应用有机溶剂清洗，除却油污。对水分、磁粉层、尘埃等用揩布、铁砂纸或钢丝刷进行清理。

D. 除锈质量达不到工艺要求应重新除锈。

E. 除锈在自检合格后，应报请建设单位和建设单位监理予以验收，验收合格后并在报检单上签字，方可进行下道工序的施工。

3）涂装质量要求

A. 涂装环境：雨、雪、雾、露等天气时，相对湿度应按涂料规定进行严格控制，相对湿度以自动温湿记录仪为准，现场以温湿度仪为准进行操作。

B. 安装焊缝处留出 100mm 用胶带贴封，暂不涂装。

（8）季节性施工措施

根据建设单位总体工期安排，现场安装高峰时期约为 5、6 两个月，正处于高温时期，在施工现场应做好一些相应的防护措施，保证质量、工期和施工安全。

1）雨期施工措施

雨期施工前，根据现场和工程进度情况制订雨期阶段性计划，并提交建设单位和监理工程师，审批后实施。

雨期施工时，现场排水系统由专人进行疏通，保证排水畅通，施工道路不积水；潮汛季节随时收听气象预报，配备足够的抽水设备及防台防汛的应急材料。

严禁雨天露天焊接，若要焊接必须搭设防雨棚，做好除湿、保温设施。

雨期来临之前组织有关人员对现场临时设施、脚手架、机电设备、临时线路等进行检查，针对检查出的具体问题，立即制订整改方案，及时落实。

对施工现场的一些机械设备必须检查避雷装置是否完好可靠，大风大雨时吊车应停止使用，大风过后，对机械设备进行复查，有破损及时加固措施。

雨期期间安排施工计划，应集中人力、分段突出，本着当日进度当日完成的原则，不可在雨期贪进度、赶工期。

因降雨等原因使母材表面潮湿（相对湿度）80%或大风天气，不得进行露天焊接，但焊工及被焊接部分如果被充分保护且对母材采取适当处置（如预热、取潮等）时，可进行焊接。

雨期来临之前，应掌握月、旬的降雨趋势的中期预报，尤其是近期预报的降雨时间和雨量，以便安排施工。

雨天搬运、吊装、组装措施等施工都必须穿雨衣、防滑雨鞋，做好安全措施，做好电源保护；做好防滑安全措施，如穿防滑鞋、辅麻布等。

所有的构件堆放不落地、不污染，如有泥污等及时清除干净，确保构件、接缝干净、干燥。

2）夏季高温施工措施

本工程主体结构要经历夏期高温时期，应做好夏季高温时期的施工组织措施。

要动员职工，根据施工生产的实际情况，积极采取行之有效的防暑降温措施，充分发挥现有降温设备的效能，添置必要的设施，并及时做好检查工作。

关心职工的生产、生活情况，注意劳逸结合，高温季节调整休息作息时间，应减少连续加班加点，保证工人们的身心健康；严格控制加班加点，入暑前，抓紧做好高温、高空作业工人的体检，对不适合高温、高空作业的适当调换工作。

在现场开展防暑降温保健、中暑急救等卫生知识的宣传工作；高温季节现场医务室应加强对工人身体状况的检测工作，搞好医疗保健。

避免在正午前后进行钢柱的焊接和钢结构标高及轴线的测量校正工作，减小钢构件因高温热胀冷缩而引起的测量和焊接尺寸的误差。

3）大风期间施工措施

在大风季节，要经常与当地气象台联系，及时了解近期天气情况，每天收听气象预报，以便安排施工，做到事前有准备，对临时设施，施工机具，特别是塔吊，施工电梯以及外脚手架，进行预防加固。

遇大风或六级大风严禁机械垂直运行，加强井架的锚绳桩，检查塔吊、施工电梯附墙支撑杆节点的牢固度，确定塔吊钩高度并加固定。

及时加固单独墙体，防止雨水进入建材仓库，室外轻质材料进仓堆放并作遮盖处理，清理外架上施工物品，及松散脚手板，分类堆放层内物品。落实安排值班人员，对停电、停水、通信线路中断有一个充分准备的对策，对关键部位定时检查。

5.10 保证安全施工的技术措施

5.10.1 安全管理方针

(1) 安全生产、文明标化的管理目标

本工程的安全、文明施工目标：确保达到广东省安全生产样板工地。

(2) 安全生产保证措施

参加施工的全体人员，必须树立“安全第一，预防为主”和“安全为生产，生产必须安全”的思想，从工程开工到竣工，都必须严格执行国家有关安全法规及公司和建设单位的安全生产规章制度，必须认真执行企业的有关安全规定和要求，施工作业人员要按照公司制定的《安装工人安全技术操作规程》进行施工作业。不违章作业，消除一切事故。

5.10.2 安全保证体系

在本工程的施工进程中，成立以项目经理为主管，安全员为具体负责，分项施工员具体落实安全保证体系，确保在本工程施工进程中不出安全事故，见图 5.10-1。

5.10.3 安全管理

(1) 安全防护和制度

强化施工人员的安全意识，加强安全教育。

1）安全事故的发生，往往是由于施工人员的安全意识不强，淡薄安全意识而造成的，各安装队必须定期对施工人员、操作人员进行安全意识教育，并做好教育记录。

2）每天上班前，由施工员、班组长对各操作人员进行工作内容交底，操作技术交底，安全事项交底，并做好记录。

3）坚持“安全第一，预防为主”的安全生产方针，施工队每天对施工现场进行一次

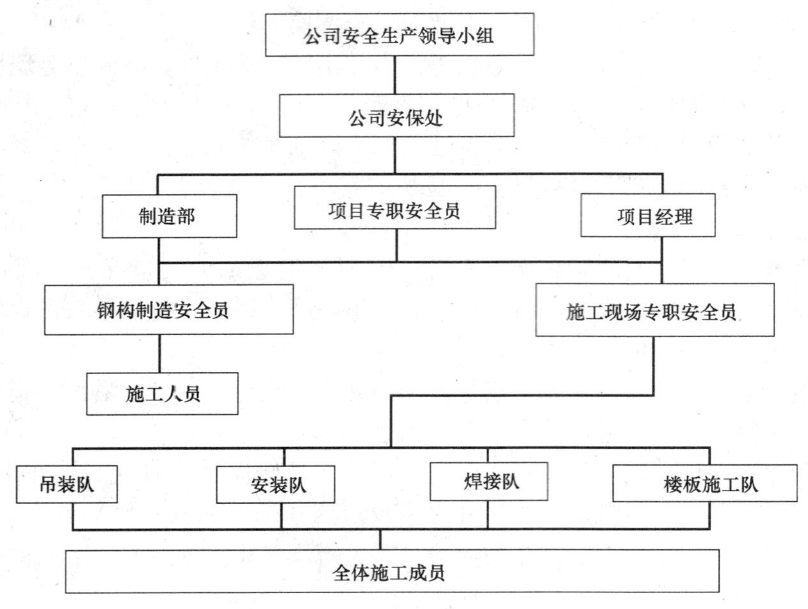

图 5.10-1 安全保证体系

检查，发现安全隐患，并采取措施排除隐患，并对安全检查做好记录。

4）与每个施工人员签订安全生产的协议。

严格执行班前安全制度，认真执行书面安全交底的规定，针对作业条件、天气条件、施工进度等进行准确地、有针对地安全技术交底，并履行交底和被交底人的签字手续。

参加施工的作业人员，必须先进行三级安全教育和考试，合格后方准进场作业。

操作人员的安全生产纪律和行为规范，进入施工现场纪律：

5）着装整齐，戴好安全帽，扣好安全带，穿好安全鞋。不准赤膊上班。

6）高空作业时，扣好安全带，不往上或下乱抛物品，工具必须带牢靠，不准在同一垂直面上操作。

7）设备使用的专人纪律。设备由专人使用严禁其他无关人员使用和玩弄。带电设备应做好警示和接地。

8）用电、接线、拆线、停电，送电，由电工专人负责，停电、送电必须审核并通知该线源的操作人员。

9）吊装区域非操作人员严禁入内，吊装机械应完好，杆垂直下方不准站人。

10）闲人不得进行各操作作业面，各操作面的通道在作业过程中应放好警示牌。

11）进入施工现场做到“三不伤害原则”。不伤害别人，不伤害自己，不被别人伤害。

（2）现场安全施工的基本要求：

1）平面布置，开工前，安装队有详细的施工平面图并通过有关部门审查，运输道路，用电布置，安全警示牌都必须有详细的安排。

2）道路运输，工地的运输道路有一定规定，应根据平面布置图指定的道路进行通车运输货物。材料堆放也应按指示的地点进行整齐堆放，堆放时，做到整齐、安全、严禁靠近现场围栏或其他建筑物墙壁堆放，且其间距应在 50cm 以上，并两头空间应予以封锁。

3）施工现场安全设施，安全网、洞口盖板、护栏、防护罩各种限制保险装置都必须齐全有效，并不得擅自拆除或移动，需移动时必须经工地责任人审查。对特殊作业面有安全监护。

4）各柱上操作平台必须他搭设安全可靠，钢构件吊装过程中必须安全可靠。

5）工地文明生产，各施工面，施工场地，必须做到工完料清，场地干净的原则。各种材料堆放整齐、安全，各种电源线布置合理、可靠，各种设备，工具放置整齐和安全可靠。

6）设置安全员制度。各安装队至少有一台专职安全员，安全员对本队的安全工作进行全面检查，巡视，并作好安全日记。每个施工班组必须设置一名兼职安全员，负责本班的安全检查，并在站班会上对每天的安全进行交底。

5.10.4 安全防护措施

（1）安全管理

1）各级施工管理人员，对施工现场的安全生产负责指导、管理责任。必须认真执行《建筑企业安全生产工作条例》和公司《安全生产奖惩条例》。

2）教育职工不违章作业，遵守公司和建设单位的安全管理规章制度。

3）各级施工负责人应按规定组织有关人员对所负责的施工现场进行安全检查，发现隐患，必须及时组织人员进行整改。

4）将工程（单位）的现场安全生产管理，纳入公司的安全管理轨道并执行公司安全管理规定。

（2）对有特殊安全要求的作业管理要求

1）高空作业安全操作规程

A. 高空作业的地面应划出禁区，加设围栏，设置警示标志。

B. 高空作业区，应在醒目处悬挂标记，写明高处作业和技术安全措施。

C. 各施工队在高处作业时还必须有安全可靠的安全措施，安全网、挡板、防护杆、警示牌都必须配齐，否则不得进入施工。

D. 凡患有腰肩病、精神病、高血压、贫血病、动脉硬化、器质性心脏病和其他不适于高处作业者，禁止上岗作业。

E. 作业负责人、安全员，每天对进入高空作业区作业的人员进行安全交底，并检查各种工具和防护用品是否配齐全和是否可靠。并检查作业人员精神状况和安全带、帽、鞋等情况。

F. 酒后者和生病人员严禁进入高空作业操作。

G. 进行特殊高空作业时，必须有保证安全的具体实施方案，并明确责任人和专职监护人，风力≥5级，禁止露天特殊高处作业。

H. 夜间作业必须设置足够的照明设施。

I. 使用的各种爬梯和作业平台，围护必须符合标准规定，并有相当降险措施。

J. 高空作业人员上下不得乘货梯和装载货的货笼，必须从指定的安全线路上下。不准在高处投掷任何物件，不准将易滑滚的物件堆放在脚手架上，工具、材料放平放稳，工作现场做到工完料清、工具、设备转移到安全的地方。

K. 严禁上下垂直交叉作业，若有特殊要求，应经有关责任人审查并做好防护棚等措施。

L. 高空作业人员不准抽烟，高空作业的临时电源线必须用电缆线，电源线接头必须扎好，电源线必须布置好，以防被物压断而漏电，切割，烧焊时必须检查下方有无电源线和人员及易燃物。以防火星烧伤人和电源线及点燃易燃易爆品，并做好防护措施。

M. 组装大型构件时，连接螺栓必须紧固，电焊必须牢固，连接工件时，若孔位不对，不准用手试。

N. 当需要在轻型屋面上工作的，必须采用安全技术措施，如：铺设木板，跳板、护绳等，再作业面垂直下方增设防护网，不准在没有安全技术措施情况下冒险踩踏。

O. 不得在单梁上随意走动和作业，如有需要，必须加防护绳，把安全带扎牢在防护绳上，再进行行走或作业。

P. 正常作业时禁止乱扔物件，尤其高处作业，必须配工具袋并且必须防止物品掉落。

Q. 梯子不得缺档、垫高使用。使用时上端要扎牢，下端要采取防滑措施。单面梯与地面的夹角以60°～70°为宜，使用人字梯时，中间要用牢固的绳索连接，禁止两人或两人以上在同一梯上作业。

R. 在2m以上（含2m）高处作业，必须搭设防护严密的操作平台，否则，必须使用安全带。

S. 特种作业人员，必须持证上岗，严禁无证上岗作业。

T. 施工现场必须悬挂醒目的安全标志牌和警示牌。

U. 对施工现场和设备、容器等安装现场的“四口”，做好防护工作，防止人员坠落伤亡。

2）动火作业安全操作规程

A. 施工人员严禁在禁火区作业，在非禁火区动火作业时，必须有防护措施及监护人员。在易燃、易爆的楼房、管道、设备和禁火区危险场所动火作业，必须按建设单位的规定，先申请办理“动火证”，同时，由建设单位有关人员进行气体分析合格下同意并派动火监护人到场监护后，方准动火。否则，禁止动火作业。

B. 在易燃、易爆的楼房、管道、设备和禁火区危险场所动火作业，必须按建设单位的规定，先申请办理“动火证”，同时，由建设单位有关人员进行气体分析合格下同意并派动火监护人到场监护后，方准动火。否则，禁止动火作业。施工队的易燃易爆物品堆放必须安全可靠，远离火区，并且设置警示标志。

C. 动火负责人（施工负责人）、施工员必须认真检查“动火证”填写内容是否符合动火现场的实际情况，发现“动火证”内容有不完整的方面，必须及时 向“动火”签发部门提出，严禁盲目施工。

D. 施工现场严禁吸烟。

E. 在危险场所高处焊割作业，要采取防止火花飞溅的措施，遇有六级以上（含六级）大风时，应停止作业。对动火点的易燃物品，在动火（焊割）前应清理干净。对沾有易燃、可燃的材料、设备，动火（焊割）前应冲洗干净。

F. 动火作业必须严格按照“动火”所规定的时间进行，不准延长作业时间，延长作业时间必须另办手续。

G. “动火证”要妥善保管，不准随意涂改、转让或转移动火地点。

H. 动火地点应有灭火器材、监护人员，动火完毕，待火种熄灭并检查确认后，方可离开现场。

3）防爆作业安全操作规程

A. 各种气瓶的正确运输、存放、使用，放置地点应距明火作业点10m以外。

B. 各种气瓶的保护装置必须齐全，并定期检测。

C. 必须熟悉各种可燃性液体、油漆、涂料等运输、保存和使用要求，并根据其特性采取相应的防爆措施。

D. 氧气瓶和乙炔瓶应分开放置。

E. 有易燃易爆危险性操作时必须保持良好的空间通风并坚持全过程监护。

（3）施工现场临时安全用电

1）安全用电组织措施

A. 建立临时用电施工组织设计和安全用电技术措施的编制、审批制度，并建立相应的技术档案。

B. 建立技术交底制度，安全检测制度，电气维修制度、工程拆除制度、安全检查和评估制度、安全用电责任制并建立安全教育培训制度，强化安全用电领导体制，防止事故发生。

C. 施工现场临时用电必须严格执行《施工现场临时用电安全技术规范》。

D. 施工现场安装、维修或拆除临时用电等作业，必须由电工完成。施工现场应按工程难易程度和技术复杂情况配备电工。

E. 各种电动施工机械设备，必须设有可靠的安全接地或接零，施工机械的传动部位必须装有防护罩。

F. 手持电动工具必须设触（漏）电保护器。

G. 夜间施工，必须保证足够的照明设施。在沟、槽、坑、洞及危险设红灯示警，以防止人员伤亡。

H. 照明灯具必须悬挂在干燥、安全、可靠处，严禁随意设置。

I. 在潮湿场所或金属容器管道内的照明电源，必须使用36V以下（含36V）的安全电压。

J. 使用用电设备前必须按规定穿戴和配备好相应的劳动防护用品，并检查电气装置和保护设施是否完好。严禁设备带“病”运转。停用的设备必须拉闸断电，锁好开关箱。

K. 在建工程不得在外高、低压线路下方施工。外高、低压线路下方，也不得搭设作业棚、建造生活设施或堆放构件、材料及其他杂物等。

L. 在建工程（含脚手架具）的外侧边缘与外电架空线路之间必须保持安全操作距离，其安全操作距离必须符合有关规范规定，否则应采取防护措施，如增设绝缘材料搭设的屏障、遮拦、围栏、保护网，并悬挂醒目的警告标志牌。

M. 施工现场的机动车道与外电架空线路交叉时，架空线路的最低点与路面的垂直距离应符合有关规范的要求。

2）施工现场临时安全配电

A. 施工现场用电实行“三相五线制”。电线必须符合有关规定，配线（包括架空线）

应分色（包括配电箱内连接），相线 L1 为黄色，相线 L2 为绿色，相线 L3 为红色，工作零线 N 为黑色，保护零线 PE 为绿/黄色。严禁采用四芯或三芯电缆外加一根电线代替五芯或四芯电缆。禁止使用老化电线，破皮的应进行包扎或更换。

B. 每台用电设备应有各自专用的开关箱，应实行“一机一闸一漏一箱”制。开关箱内严禁用同一个开关电器直接控制 2 台及 2 台以上用电设备（含插座）。

C. 所有配电箱、开关箱应每月进行检查和维修一次，检查、维修人员必须是专业电工。检查、维修时，必须将其前一级相应的电源开关分闸断电，并悬挂停电标志牌派人监护，严禁带电作业。施工现场停止作业 1h 以上时，应将动力开关箱断电上锁。检查人员必须是专业电工，检修时必须将前一级的相应电源开关分闸断电，并悬挂标示牌，严禁带电作业，禁止带负载断电。接地线做到有关倒闸操作规范，检修时必须做到：

（A）停电；（B）悬挂停电标示牌，挂接必要接地线；（C）由相应级别的专业电工检修；（D）检修人员应戴绝缘鞋和手套，使用电工绝缘工具；（E）有统一组织和统一指挥。

D. 熔丝应与设备容量相匹配，不得用多根熔丝绞接代替一根熔线，每根熔丝的规格应一致，严禁用其他金属代替熔丝。

E. 施工现场照明灯具的金属外壳必须作保护接零，其电源线应采用三芯橡皮护套电缆，严禁使用花线和护套线。电源线不得随地拖拉或缠绑在脚手架等设施构架上。

F. 照明灯具的安装，室外高度应大于 3m，室内应大于 2.4m，大功率金属卤化灯和钠灯应大于 5m。

G. 室内线路和灯具安装低于 2.4m 的，电源电压应不大于 36V；在潮湿和易触及带电体的工作场所，电源电压不得大于 24V；使用手持照明灯具的，电源电压不超过 36V。

H. 架空线必须设在专用电杆上，严禁架在树木、脚手架上。电杆应采用混凝土杆或木杆，不得采用竹竿。

I. 停电后，操作人员需要及时撤离的特殊工程，必须安装自备电源的应急照明设备。

J. 所有电线必须用绝缘子固定，严禁使用铁丝绑扎。

3）风、雨期安全施工

A. 遇有雨天，作业前应将水及时清理干净，同时采取防滑措施。

B. 遇有六级以上（含六级）大风时，禁止吊装作业和高处危险作业。

C. 施工现场以及存放易燃、易爆物品的设施内，严禁烤火或使用电炉，防止火灾事故的发生。

D. 雨天作业，与现场焊接要设有防雨防风设施。

（4）分项工程安全技术措施

1）钢构件吊装安全技术要点

A. 吊装构件，当柱子较重，较长时用旋转法。

B. 吊梁安装时，要求绑扎对称，使起吊后保持水平，便于就位，吊索与水平线的夹角，起重时不宜小于 45°。

C. 起吊压型钢板时，应用软绳起吊，起吊时应扎好压型钢板的边，以防损伤压型钢板。

D. 构件吊装工程安全技术规程：

(A) 吊机的指挥应专人负责。

(B) 进入现场必须遵守安全生产六大纪律。

(C) 吊装前应检查机械索具、夹具、吊环等是否符合要求并进行试吊。

(D) 吊装时必须有统一的指挥、统一的信号。

(E) 高空作业穿着要灵便，禁止穿硬底鞋、高跟鞋、塑料底鞋和带钉的鞋。

(F) 爬高必须有坚固爬梯，爬高人员必须佩挂防坠器。

(G) 六级以上大风和雷雨、大雾天气，应暂停露天起重和高空作业。

(H) 拆卸千斤绳时，下方不准站人。

(I) 使用撬棒等工具，用力要均匀、要慢、支点要稳固，防止撬滑发生事故。

(J) 构件在校正、焊牢或固定之前，不准松绳脱钩。

(K) 吊笨重物体时不可中途长时间悬吊、停滞。

(L) 起重吊装所用之钢丝绳，不准触及有电线路和电焊搭铁线或与坚硬物体摩擦。

(M) 冬期登高及在高空行走必须先清除冰霜。

(N) 构件在吊装、转移，就位过程中不得大幅晃动，不得碰撞其他物件。

(O) 遵守吊装中“十不吊”的有关安全技术规定。

2) 高强螺栓安装工程安全技术规程

A. 螺栓工程操作者应穿戴安全帽、带、螺栓应装入布袋，拿一个装一个，扭掉的螺栓梅花头收入口袋，禁止随意掉落。

B. 装螺栓操作者撬棍、扳手、定位销等均有安全绳，并加以固定。

C. 梁吊装时应注意靠近的方向（图纸有规定），同样在柱连接板检查时就已对该问题进行复检，并作出装入记号。

D. 螺栓枪必须系上安全绳，并加以保险固定。

3) 钢结构现场焊接工程安全技术规程

A. 电焊工必须经过有关部门安全技术培训，取得特种作业操作证后，方可独立操作上岗；明火作业必须履行审批手续。

B. 电焊机外壳必须接地良好，其电源的装拆应由电工进行。

C. 电焊机开关箱拉合时应戴手套侧向操作。

D. 电焊机二次接地必须有空载降压保护器或触电保护器。

E. 焊钳与电线必须绝缘良好、连接牢固，更换焊条应戴手套。在潮湿地点工作，应站在绝缘胶板或木板上。

F. 严禁在带压力的容器和管道上施焊，焊接带电的设备必须先切断电源。

G. 焊接储存过易燃、易爆、有毒物品的容器或管道前，必须把容器或管道清理干净，并将所有孔盖打开。

H. 电线、地线禁止与钢丝绳接触，更不得用钢丝绳设备代替零线所有地线接头，必须连接牢固。

I. 清除焊渣，采用电弧气刨清根时，应戴防护眼镜或面罩，防止铁渣飞溅伤人。

J. 雷雨时，应停止露天焊接作业。

K. 施焊场地周围应清除易燃、易爆物品或进行遮盖、隔离围护。作业现场及焊机摆放处应配放有效的灭火器具。

L. 所有焊工应佩带安全带，作业时挂钩牢固，操作面稳定牢固，手用工具用工具袋，并挂钩牢固。

M. 所有焊工作业均应有焊条桶，焊条与焊条头均装入桶内。同时焊桶挂放牢固。

N. 工作结束，应切断电焊机电源，并检查操作地点，确认无起火危险后，方可离去。

4）油漆工程安全技术规程

A. 施工现场应有良好的通风条件，如在通风条件不好的场地施工时必须安装通风设备，方可施工。

B. 在用钢丝刷、板挫、气动工具清除铁鳞时，为避免眼睛受伤，需戴上防护眼镜。

C. 在涂刷或喷涂对人体有害的油漆时，需戴上防护口罩，如对眼睛有害，需戴上密闭式眼镜进行保护。

D. 在喷涂硝基漆或其他挥发性、易燃性溶剂稀释的涂料时，不准使用明火。

E. 高空作业需要系安全带。

F. 为了避免静电集聚引起事故，对罐体涂料或喷涂应安装接地线装置。

G. 涂刷大面积场地时，（室内）照明和电气设备必须按防火等级规定进行安装。

H. 操作人员在施工时感觉头痛、心悸或恶心时，应立即离开工作地点，到通风处换换空气。如仍不舒畅，应去保健站治疗。

I. 在配料或提取易燃品时不得吸烟，浸擦过清油、清漆、油的棉纱、擦手布不能随便乱丢。

J. 使用人字梯不准有断档，拉绳必须联结牢固并不得站在最上一层操作，不要站在高梯上移位。在光滑地面操作时，梯子脚下要绑布和胶布。

K. 不得在同一脚手板上交换工作面。

L. 油漆仓库明火不准入内，须配备灭火器。不准装小太阳灯。

M. 调漆、油漆作业时必须注意不得流挂，并注意风向，对地面及周边作围护、铺垫防止污染。

5）楼承板施工安全技术规程

A. 楼承板的装卸、吊装均采用软带吊装，吊装软带必须配套，多次使用后应检查，有破损则需报废换新。

B. 压型钢板在人工散板时，工人必须系好安全带，大风天（五级以上）禁止作业。

C. 压型钢板必须边散板铺设边电焊固定，禁止无关人员进入施工部位；压型钢板施工楼层下方禁止人员穿行；

D. 楼板施工人员必须持证上岗，上岗时必须佩带安全带。

E. 楼承板铺设时必须做到随打开包装随铺，随铺随点焊固定，禁止散板无固定和用楼板作临时铺设。

F. 压型钢板铺设后及时封闭洞口，设护栏并作明显标识；压型钢板铺设后周边应设防护栏杆；施工后的切角、切边等零料必须整理运到安全位置堆放。

G. 边缘施工必须有安全绳、安全网的保护。

H. 边模板必须达到直线、平顺、牢固。包边、堵头板要密封。

I. 压型钢板铺设后上面禁止集中荷载；对局部变形的部位要衬锤后敲打复原。

6）栓钉施工安全技术规程

A. 施工前对栓钉、磁环进行检查，栓钉不得生锈，磁环不得潮湿，并经烘烤。

B. 施工前对施工位置进行清理检查，无油污、无杂渣、无水，划线分段保证间距正确，直线美观。

C. 操作者需穿戴劳保用品，防电防飞溅，在洞口、周边施工必须挂好安全带。

D. 焊机安放平稳，电焊线完整无破皮。同时施工时保护好焊线及焊枪。

E. 栓钉焊接应按工艺文件参数操作，并且每班前 10 个栓钉施焊后，即进行打弯质量检查，然后进行批量施工。

F. 施工时应对周边及下面进行清理检查，防止火险发生，并配置有效灭火设施及有专人进行监火。

G. 抓紧晴好天气施工，如遇下雨禁止室外施工，水、锈、油、渣是影响栓钉焊接质量的主要原因，在施工中局部发现则必须采用火焰烤、空气吹，清除后才能继续施工。

H. 每班在施工过程中应立即清理现场磁环，逐个检查焊接质量，对焊接溢出不饱满的，周围不完整的立即进行补焊。对成批出现的则必须找出原因（电流、引弧时间、提升高度、清洁程度、楼板与梁的空隙太大等），排除原因后继续施工。

5.10.5 主要消防措施

（1）项目经理是工地防火第一责任人，应层层落实防火责任制，并设专职或兼职消防员，行使对施工人员的防火监督职能。建立防火档案和不小于职工总数 10%的义务消防队，要有教育培训计划和管理制度，每月经常开展活动，并有记录。

（2）按施工区域层次划分动火级别，落实持证上岗，动火审批制度，动火审批人必须实地查看现场，并提出防范要求才能签发动火证，电梯井、管沟等处动火必须有明火监控管理，做好专职防火监护员监护工作和防止火星下落的措施。

（3）办公室、在建工程楼层的每个层面的走道和扶梯口，脚手架的上下通道处和电梯通道口，成双悬挂 6L 规格的合成清水或合成泡沫灭火器，每 $100m^2$ 建筑面积平均不少于两只。

（4）严格执行危险品押运制度，易燃物品必须在运离木库、竹库等 30m 以外的通风、阴凉处不燃材料搭设专用仓库。氧气和乙炔仓库分别设置，间距大于 5m，危险品库外设禁火标志和制度牌。管理员应持证上岗，一般配备 2～5 只 3～5kg 的二氧化碳灭火器。氧气瓶不得碰油脂，乙炔瓶竖立使用；氧气瓶、乙炔瓶的存放间距应大于 5m，回火防爆装置等完好，气管接口用专用工具，夏季露天使用时应有遮挡。

（5）配电间应用不燃或阻燃材料搭设，悬挂禁火标志和防火制度牌，以每 $50m^2$ 建筑面积不少于 4 只的数量配备 6L 规格合成泡沫式灭火器和落实消防水源。灭火器每月测量一次，当减少原重 1/10，应充气。

（6）严格易燃、易爆物品使用制度，随领随用，做好落实手清工作。易燃物品应及时清出楼层，集中归堆，落实防火制度。

（7）配电间及其他集中用电器处，配二氧化碳灭火器或 1211 型灭火器，不得放置合成清水或合成泡沫型灭火器。

（8）施工现场严格控制使用电加热器，如情况特殊须使用，必须按规定办理审批登记手续。经批准允许使用的电加热炊具，应集中在指定的安全地点使用，架设专用电线，落实防火安全措施，并指定专人负责管理。

(9) 电气防火措施

1) 合理配置、整改、更换各种保护电器，对电路和设备的过载、短路故障进行可靠保护。

2) 在电气装置（配电箱、开关箱等）和线路周围不堆放易燃、易爆和强腐蚀介质，不使用火源。

3) 在配电间、电气装置集中的场所配置绝缘灭火器材等，合理设置防雷装置。

4) 施工现场办公室、临时宿舍严禁使用“三炉一灯”即电炉、煤炉、明火炉、碘钨灯或其他不符合要求的电热设备。

5) 建立电气设备防火责任制，加强电气防火重点场所烟火管制，并设置禁止烟火标志，建立各种防火制度，发现问题立即予以处置。

6) 电工要勤巡查，发现问题负载或其他隐患时立即予以消除，严禁配电设备过负载或带病运转，保证施工用电安全。

5.10.6 文明施工保证措施与管理承诺

(1) 文明施工管理承诺

按规范化、标准化进行现场管理。服从总包统筹管理，创建一流的施工现场，树立一流的“CI”形象。

(2) 文明施工保证措施

1) 文明施工管理细则

A. 建立文明施工管理机构

成立现场文明施工管理组织小组，按生产区和生活区划分文明施工责任区，并落实人员，定期组织检查评比，制定奖罚制度，切实落实执行文明施工细则及奖罚制度。

B. 施工现场设置

施工现场按照质量方针、工程概况、施工进度计划、文明施工分片包干区、质量管理机构、安全生产责任制、施工总平面布置图设置。

C. 建立健全总平面管理制度

按照现场总平面布置要求，切实做好总平面管理工作，定期检查执行情况，并按有关现场文明施工考核办法进行考核。

D. 建立健全现场技术管理制度

(A) 工程开工前，依据施工图纸及有关规范等要求，编制阶段施工组织设计及单项作业设计，并严格执行。

(B) 严格执行各级技术交底制度，施工前，认真进行技术部门对项目交底、项目总工对工长交底、工长对作业班组的技术交底工作。

(C) 分项工程严格按照单项作业设计及标准操作工艺施工，每道工艺都要认真做好过程控制，以确保工程质量。

E. 建立健全现场材料管理制度

(A) 严格按照现场平面布置图要求堆放原材料、半成品、成品及料具。现场仓库内外整洁干净，防潮、防腐、防火物品应及时入库保管。各杆件、构件必须分类按规格编号堆放，做到妥善保管、使用方便。

(B) 及时回收拼装余料，做到工完场清，余料统一堆放，以保证现场整洁。

F. 建立健全现场机械管理制度

(A) 进入现场的机械设备应按施工平面布置图要求进行设置，严格执行《建筑机械使用安全技术规程》JGJ 33—2001。

(B) 设置专职机械管理人员，负责现场机械管理工作。

(C) 认真做好机械设备保养及维修工作，并做好工作记录。

G. 施工现场场容管理

(A) 加强现场场容管理，现场做到整洁、干净、节约、安全、施工秩序良好，现场道路必须保持畅通无阻，保证物资、材料顺利进退场。场地应整洁，无施工垃圾，场地及道路定期洒水，降低灰尘对环境的污染。

(B) 积极遵守地方政府对夜间施工的有关规定，尽量减少夜间施工。若为加快施工进度或其他原因必须安排夜间施工的，则必须先办理“夜间施工许可证”后进行施工，并采取有效措施尽量减少噪声污染。

(C) 现场设置生活及施工垃圾场，垃圾分类堆放，经处理后方可运至环卫部门指定的垃圾堆放点。

2) 重点部位文明施工管理措施

A. 临建办公区

(A) 现场临时办公室按CI要求布置。

(B) 办公区域公共清洁派专人打扫，各办公室设轮流清洁值班表，并定期检查。

(C) 施工现场配备医疗急救箱，并设置一定数量的保温桶和开水供应点。

B. 生活区

(A) 宿舍管理以统一化管理为主，要求每间宿舍排出值勤表，每天打扫卫生，以保证宿舍的清洁。宿舍内不允许私拉私接电线及各种电器。对宿舍要定时消毒，灭蚊蝇、鼠、蟑螂等措施到位。

(B) 施工现场的食堂应符合《食品卫生法》，明亮整洁，设置冷冻、消毒器具，生熟食品分开存放，防蝇设施完好。食堂有卫生许可证，炊事员进行体检合格有健康证后方能上岗操作，证件用铝合金镜框悬挂。并保证食堂清洁卫生、无杂物、无四害。食堂墙面粉刷清洁，地面铺贴防滑地砖。

(C) 厕所内外要求清洁，墙面铺贴白瓷砖，地面铺贴防滑地砖。水冲厕所的粪便经化粪池处理后排入市政污水管道，并派专人打扫，以保证厕所卫生、清洁。

3) 文明施工检查措施

A. 检查时间

项目现场文明施工管理组每周对施工现场作一次全面的文明施工检查；项目经理部组织有关职能部门每月对项目进行一次文明施工大检查。

B. 检查内容

施工现场文明施工的执行情况，包括质量安全、技术管理、材料管理、机械管理、场容场貌等方面的检查。

C. 检查方法

除定期对现场文明施工进行检查之外，还应不定期地进行抽查，每次抽查应针对上次检查出现的问题作重点检查，确认是否已作了相应的整改。对于屡次出现并整改不合格，应当进行相应惩戒。检查采用百分制记分评分的形式。

D. 奖惩措施

为了鼓励先进、鞭策后进，将现场文明施工落到实处，制定现场文明施工奖罚措施，对每次检查中做得好的进行奖励，差的进行惩罚。并敦促其改进，明确有关责任人的责、权、利，实行三者挂钩，奖罚分明。

（3）环保措施与管理承诺

1）环保管理承诺

钢结构工程将按照总承包的要求，做好拼装、安装场地硬化工作，减少灰尘飞扬。施工中的建筑和生活垃圾按照总承包的要求集中堆放，再运至指定堆放场地。施工中采用低噪声的工艺和施工方法，以减少现场施工噪声污染。

2）环保措施

钢结构工程在施工过程中不可避免地会产生一系列的环境问题。主要产生环境影响：噪声污染、大气污染以及原材料的消耗等。针对本工程可能出现的影响环境问题，项目部将依照国家、地方环境的法规、环境管理体系的要求，制定相应的预急方案，并由专人负责实施，尽量减少施工过程对周围环境造成的不利影响。

A. 噪声污染：噪声污染主要来源于施工机械设备或施工操作发出的噪声，如燃油机械、汽车发出的噪声，拉捯链、穿高强螺栓、焊接、焊缝打磨时发出的声音。

B. 大气污染：焊接、焊缝打磨等施工过程产生大量粉尘、废气，粉尘、废气在大风天气和旱季较为严重，是施工期的主要大气污染。此外，各种施工机械、运输车辆和炉灶等燃具排放废气也是大气污染源之一。

C. 水污染：施工期产生的废水主要有车辆冲洗水、雨水径流、施工人员生活污水。

D. 固体废弃物：钢结构施工阶段产生的废弃物（废螺栓、废焊条等）和生活垃圾。

3）主要环境影响的控制措施和要求

本工程施工将遵循“守法诚信、预防为主，以人为本”的原则，以最大限度地减少施工活动给周围群众造成的不利影响为目的。因此在施工过程中将对以下重要环境因素进行控制。

A. 噪声污染

（A）污染源：钢构件的打磨作业、机构设备的运行、运输车辆的行驶等；

（B）影响：施工现场及周边地区（钢结构施工准备阶段、施工阶段）；

（C）适用法规：《中华人民共和国环境噪声污染防治法》；

（D）行政监管部门：市城监、市环保局；

（E）控制措施和要求：

A）施工中采用低噪声的工艺和施工方法。

B）建筑施工作业的噪声可能会超过建筑施工现场的噪声限值时，钢结构施工在开工前向建设行政主管部门和环保部门申报，核准后方能施工。

B. 大气污染

（A）污染源：焊接、打磨焊缝、运输、燃油机械、炉灶等。

(B) 影响：粉尘、废气（钢结构施工阶段）。

(C) 适用法规：《广东省大气污染物排放限值》等。

(D) 行政监管部门：市城监、市环保局。

(E) 控制措施和要求：

A) 严禁在施工现场随意焚烧任何废弃物和会产生有毒有害气体、烟尘、臭气的物质。

B) 焊接、气割、运输、燃油机械等所用气体或油料的纯度应符合有关规定。

C) 施工现场场地经常洒水和浇水，以减少粉尘污染。

D) 严禁向建筑物外抛掷垃圾，所有垃圾装袋运出。运输车辆必须冲洗干净后方能离场上路行驶，保证行驶途中不污染道路和环境。

C. 水污染

(A) 污染源：车辆冲洗水、施工人员生活污水、雨期地表径流。

(B) 影响：污染水源（钢结构施工整个阶段）。

(C) 适用法规：《中华人民共和国水污染防治法》、《广东省水污染物排放限值》等。

(D) 行政监管部门：市城监、市环保局。

(E) 控制措施和要求：

A) 废水排入城市下水道，悬浮物（SS）执行《污水综合排放标准》GB 8978—1996 中的三级标准 400mg/l。废水排入自然水体，悬浮物（SS）执行《污水综合排放标准》GB 8978—1996 中的二级标准 150mg/L。

B) 根据不同施工地区排水的走向和过载能力，选择合适的排口位置和排放方式。

C) 根据施工实际，考虑深圳降雨特征，制定雨期、特别是暴雨期，避免废水无组织排放、外溢、堵塞城市下水道等污染事故发生的排水应急响应工作方案，并在需要时实施。

D) 施工现场设置专用油漆料库，库房地面、墙面做防渗漏处理，防止油料跑、冒、滴、漏污染土壤、水体。

D. 固体废弃物

(A) 污染源：建筑施工垃圾、生活垃圾等。

(B) 影响：城市环境卫生（整个钢结构施工阶段）。

(C) 适用法规：《中华人民共和国固体废物污染防治法》、《危险废物转移联单管理办法》等。

(D) 行政监管机构：市环卫局。

(E) 控制措施和要求：

A) 教育施工人员养成良好的卫生习惯，不随地乱丢垃圾、杂物，保持工作和生活环境的整洁。

B) 严禁乱倒、乱卸垃圾。施工现场设垃圾存放处，各类生活垃圾按规定集中收集、分类存放，对一般可回收和垃圾由环卫部门及时清理、清运，一般要求每班清扫，每日清运；对一些危险废弃物，如油漆桶、容器瓶、废油抹布、干电池等，项目将与市工业危险废弃物处理站签定处理合同，将收集的危险废弃物交由处理。

5.11 附 件

5.11.1 附件一：T06 项目主厂房钢结构工程主要施工机械设备表-加工

主要施工机械设备表-加工 表 5.11-1

序号	机械或设备名称	型号规格	数量	国别产地	制造年份	额定功率(kW)	生产能力	用于施工部位	备注
1	抛丸清理机	Hp8016	1 套	无锡	2003 年	137	速度<20m/min	除锈	自有
2	相贯线切割机	SKGG-B	1 套	北京	2005 年	2.5	10～2000mm/min	切割	自有
3	数控悬臂式焊接机	SKBH	1 套	哈尔滨	2004 年	6.3	240～2400mm/min	焊接	自有
4	翼缘校正机	SKHJ-C	1 套	哈尔滨	2004 年	25	500mm/min	矫正	自有
5	翻转平移机	SKYF-90°	1 套	哈尔滨	2004 年		11m/min	翻转	自有
6	数控切割机	SKG-D	1 套	哈尔滨	2004 年	0.2	速度<30m/min	切割	自有
7	数控 H 型钢组立机	SKHZ-B	1 套	哈尔滨	2004 年	7.5	300～6000mm/min	组立	自有
8	空气等离子切割机	APC-60	1 套	四川				板材切割	自有
9	铣床	X53K	1 台	南通	1998 年			零件加工	自有
10	钻铣床	ZX32A	2 台	江西	2000 年	1.5		零件加工	自有
11	数控钻床	ZK5140C/1	1 台	常州机床厂	2002 年	3			自有
12	摇臂钻床	Z3050＊16A	2	沈阳	1997 年			钻孔	自有
13	卧式带锯机	G4025B	3	上海	1999 年	2.4		切割	自有
14	交流电焊机	YK-405FL4HGE		唐山松下	2001 年	33		焊接	自有
15	气保电焊机	YD-500KR2	40 台	唐山松下	2004 年	600A		焊接	自有
16	直流电焊机	NB-500	36 台	唐山松下	2004 年	500A		焊接	自有
17	空压机	C-0.6/8	8 台	上海	2004 年	2.5	0.6	防腐喷涂	自有
18	剪板机	JZQ-16＊2500	2	江西南昌	2001 年				自有
19	油压冲床		1	台湾立奇	2003 年			下料	自有
20	超声波探伤仪	CTS-22B	2	汕头	2003 年			探伤	自有
21	双跨梁吊车		28	河南	2004 年		5/10t	起重	自有
22	叉车		5	常州			5/10t	转运	自有
23	远红外线烘干炉	ZYHC-60	1 台	上海	2005 年	5	60kg	焊条烘干	自有
24	保温箱	TRB-5	2 台	福建	2004 年		5kg	焊条存	自有
25	角向砂轮磨光机	GWS6-100	6 台	德国	2005 年	0.67	100	表面处理	自有
26	碳弧气刨	ZDS-1000	2 台	北京	2004 年			开坡口	自有

5.11.2 附件二：T06项目主厂房钢结构工程主要施工机械设备表-现场施工

主要施工机械设备表-现场施工　　表5.11-2

序号	机械或设备名称	型号规格	数量	国别产地	制造年份	额定功率(kW)	生产能力	用于施工部位	备注
1	履带吊	QUY50	2	徐州重工	1999年	117.6	50t	屋架吊装	租赁
2	汽车吊	QY50	1	徐州重工	2003年	105	50t	屋架吊装	租赁
3	平板车	斯太尔1291	1	中国重汽	2004年	240	10t	构件转运	租赁
4	倒链		3		2005年		15t	牵引	自由
5	CO2焊机	KR500	8	松下	2004年	600A		屋架焊接	自有
6	直流电焊机	NB-500	8	松下	2004年	500A		屋架焊接	自有
7	空压机	C-0.6/8	2台	上海	2004年	2.5	0.6	防腐喷涂	自有
8	栓焊机	ELOTOP502	1台	北京	2004年	450A		楼承板焊接	自有
9	碳弧气刨	ZDS-1000	2台	北京	2004年			开坡口	自有
10	电动扳手	LDE-075	2台	德国	2003年		M12-M110	高强螺栓紧固	自有
11	手动扳手	E1512	10把	上海	2005年		M16-M33	螺栓紧固	自有
12	测力扳手	DOT100N	4把	上海	2004年		10～100N·m	高强螺栓紧固	自有
13	远红外线烘干炉	ZYHC-60	1台	上海	2005年	5	60kg	焊条烘干	自有
14	保温箱	TRB-5	2台	福建	2004年		5kg	焊条存	自有
15	焊条筒	TRB-2.5	8只	福建	2004年		2.5kg	焊条存	自有
16	角向砂轮磨光机	GWS6-100	6台	德国	2005年	0.67	100	表面处理	自有
17	火焰喷枪	G01-100	2只	福建	2004年		1～1.5	矫正	自有
18	半自动切割机	LC1230	2台	德国	2005年	1.75	305mm	切割	自有
19	液压、螺旋千斤顶		12只	上海	2003年		3t/5t/10t/32t	起重	自有
20	对讲机	G88	10台	美国	2004年		5km	通信	自有

5.11.3 附件三：T06项目主厂房钢结构工程临时用地表

临时用地表　　表5.11-3

用途	面积(m^2)	位置	需用时间
办公室	81	办公区内	105天
宿舍	337.5	生活区内	105天
食堂	100	生活区内	105天
仓库	60	D轴外，预留堆场	105天
构件堆场	1700	D轴外，预留堆场	60天
拼装场地	1500	D轴外，13～16轴	45天
合计	3778.5		

5.11.4 附件四：T06 项目主厂房钢结构施工进度计划

T06 项目主厂房钢结构施工进度计划 表 5.11-4

T06项目主厂房钢结构施工进度计划

标识号	任务名称	工期	开始时间	完成时间	2006年6月—2006年9月（4, 11, 18, 25, 2, 9, 16, 23, 30, 6, 13, 20, 27, 3, 10, 17, 24）
1	前期准备工作	25工作日	2006年6月20日	2006年7月14日	6-20 7-14
2	图纸深化,审批	15工作日	2006年6月20日	2006年7月4日	6-20 7-4
3	加工工艺编制	7工作日	2006年7月1日	2006年7月7日	7-1 7-7
4	材料采购,检验	10工作日	2006年7月5日	2006年7月14日	7-5 7-14
5	工厂加工阶段	44工作日	2006年7月10日	2006年8月22日	7-10 8-22
6	钢屋架架制作	40工作日	2006年7月10日	2006年8月18日	7-10 8-18
7	次构件制作	20工作日	2006年7月15日	2006年8月3日	7-15 8-3
8	楼承板制作	6工作日	2006年7月25日	2006年7月30日	7-25 7-30
9	构件运输进场,验板	29工作日	2006年7月25日	2006年8月22日	7-25 8-22
10	开工前准备工作	27工作日	2006年7月1日	2006年7月27日	7-1 7-27
11	支装平台,滑移轨道铺设	15工作日	2006年7月1日	2006年7月15日	7-1 7-15
12	机械,吊装设备进场	7工作日	2006年7月16日	2006年7月22日	7-16 7-22
13	轴线复核	5工作日	2006年7月23日	2006年7月27日	7-23 7-27
14	钢结构施工	39工作日	2006年7月28日	2006年9月4日	7-28 9-4
15	桁架场内地面拼装	18工作日	2006年7月28日	2006年8月14日	7-28 8-14
16	桁架吊装	22工作日	2006年8月3日	2006年8月24日	8-3 8-24
17	次结构支装	30工作日	2006年7月30日	2006年8月28日	7-30 8-28
18	防腐涂料涂刷	16工作日	2006年8月15日	2006年8月30日	8-15 8-30
19	压型楼承板,栓钉焊接支装	16工作日	2006年8月20日	2006年9月4日	8-20 9-4
20	镗工验板	6工作日	2006年9月5日	2006年9月10日	9-5 9-10

项目：T06项目施工进度计划
日期：2006年6月22日

任务　拆分　进度　里程碑　摘要　项目摘要　外部任务　外部里程碑　期限

6 残联训练基地田径及力量训练馆钢网架施工工程

简介：工程为焊接网架钢结构，焊接球节点及杆件制作精度要求高。本施工组织设计从施工准备、机械设备投入、施工工艺等方面进行了介绍，并对各工序进行了详细的叙述。并针对工程的工期及特点，编制了完善的冬雨期施工方案。

6.1 工程概况

6.1.1 工程概况

工程名称：残联训练基地田径及力量训练馆钢网架施工工程；

设计单位：中国建筑设计研究院；

工程建设地点：北京市顺义区后沙峪新城内；

工程质量要求：达到国家施工验收规范“合格”标准；

工程概况：

本工程为焊接网架钢结构，尺寸为115.6m×72m，上下弦杆，覆盖面积7828m^2，杆件规格为ϕ89×4.0、ϕ114×4.0、ϕ140×4.0、ϕ168×6.0、ϕ180×8.0、ϕ219×8.0、ϕ245×10.0、ϕ273×14.0；焊接球径WS300×10、WS400×14、WSR500×16（加肋）、WSR600×18（加肋），材质为Q345B钢；另有五个椭圆采光顶，其中18m×9m四个，27m×12m一个；檩条为H型钢及C型钢，H型钢尺寸为H300×150×4.5×6、C型钢尺寸为C160×50×20×2.5，材质为Q235-B钢，屋面板为拼接式金属夹心屋面板。

焊条选用E50系列，焊接球与杆件采用坡口并加衬管全熔透焊，焊缝等级为二级；支座节点坡口等强焊缝采用全熔透焊，焊缝等级为一级，100%超声波探伤。

所有构件须做除锈处理，除锈等级为Sa2，出厂前和安装后分别涂一层红丹防锈漆，漆膜厚度为60mm，安装完成后刷一道中间两道面漆，干漆膜总厚度为125mm。

安装完成后，所有接缝和多余的螺孔应用油腻子密封。

6.1.2 编制依据

根据本工程招标文件和图纸，对残联训练基地钢网架施工工程的施工组织设计进行编制，并依据以下文件、国家、行业的有关规范与标准：

《建筑工程施工质量验收统一标准》 GB 50300—2001；

《钢结构工程施工质量验收规范》 GB 50205—2001；

《钢网架焊接球节点》 JGJ 11—1999；

《建筑钢结构焊接技术规程》 JGJ 181—2002；
《网架结构设计与施工规程》 JGJ 7—91；
《网壳结构技术规程》 JGJ 61—2003；
《屋面工程质量验收规范》 GB 50207—2002；
《建筑施工安全检查标准》 JGJ 59—99；
《北京市建筑工程施工安全操作规程》 DBJ 01—62—2002；
《建筑工程项目管理规范》 GB/T 50326—2006；
《建设工程文件归档整理规范》 GB/T 50328—2001；
《建筑结构荷载规范》 GB 50009—2001；
《钢结构设计规范》 GB 50017—2003；
《玻璃幕墙工程技术规范》 JGJ 102—2003；
《玻璃幕墙工程质量验收标准》 JGJ/T 139—2001。

6.1.3 工程重点与难点

在对工程网架结构初步设计图纸进行分析后，我们认为本工程实施的重点和难点具体如下：

（1）工程重点

1）工程由焊接网架结构组成，现场的拼装、整体提升、定位测量等为本工程的重点。

2）工程网架结构为正放四角锥结构体系，其杆件的加工尺寸精度要求高，保证构件加工尺寸是一个控制的重点。

3）工程椭球体采光顶屋面的安装也是控制的重点之一。

4）本工程支座的固定也是控制的重点之一。

（2）工程难点

1）焊接球节点及杆件制作精度要求高；

2）结构测量、三维定位精度要求高，节点及杆件空间定位安装难度大。

6.1.4 工程管理目标

（1）质量目标

本工程的质量目标是“合格”。

（2）工期目标

深化设计从通知中标之日开始，10 个工作日完成，材料采购及构件加工 25 个工作日完成，网架结构安装 40 个工作日完成，防火喷涂 5 个工作日完成，采光顶安装 10 个工作日完成，共计 90 天。

（3）安全目标

杜绝重大伤亡，死亡率为零。因工重伤人数为零，因工轻伤负伤频率控制在 3/1000 以下。杜绝火灾及急性中毒事故。

（4）文明施工目标

达到安全文明工地标准，CI 管理突出公司一流企业形象，达到让建设单位满意。选择功能型、环保型、节能型的工程材料设备，使工程成为使用功能完备的绿色建筑。

（5）成本管理

规范管理，精心施工，使总包、分包的成本都有降低。

（6）为用户服务

在开工前、施工中及竣工后将为建设单位提供至诚至善的服务，“我们的服务，建设单位的满意”的理念将贯穿在我们与合同方合作的每一个细节。

6.2 施工部署

6.2.1 项目组织机构

（1）钢结构管理组织机构

为确保本工程全方位的组织管理能够顺利实施，公司将调派具有丰富施工管理经验的专业工程技术人员和管理人员组成施工队伍，全面履行对建设单位的承诺，创精品工程。

成立以项目经理为核心的钢结构项目经理部。钢结构项目经理部的管理职能主要由商务部、技术部、质量部、安全部、设计部、监造部六个部门完成。

（2）钢结构项目部主要职能

1）编制本工程施工质量计划。

2）编制施工组织设计、单项工程施工专项方案。

3）解决钢结构图纸问题，负责落实图纸变更、技术洽商。

4）解决钢结构施工中的技术问题。

5）制定并控制钢结构施工中各项施工进度计划。

6）实施制作、安装过程的质量控制和检测。

7）负责钢结构技术资料收集管理工作。

8）在施工中与各方密切配合，提供良好服务。

9）参加与建设单位、监理单位组织的工程协调会，及时解决施工中出现的问题。

10）加强图纸细化管理工作。

（3）各部门及主要人员细化职能

1）项目经理：对残联训练基地钢网架施工工程全面负责。

2）技术负责人：协调设计问题、技术问题以及设计、加工进度计划。

3）技术部：负责完成制作、安装过程中出现的技术任务以及技术协调、计划管理。

4）商务部：负责合约及核算。

5）质量部：主要负责现场质量控制。

6）安全部：负责施工现场安全文明施工管理。

7）设计部：负责钢结构方案设计、深化设计。

8）监造部：派驻加工厂代表，负责钢结构加工厂质量监督、进度控制、技术协调。

6.2.2 材料供应计划及其他投入计划

（1）施工用电、用水计划：

根据施工机械用电量计算：

$$P=1.1(K1\Sigma P1+K2\Sigma P2+K3\Sigma P3)$$
$$=1.1(0.6\times8\times40+0.6\times4\times30+0.6\times12\times32+25)=571.34\text{kVA}$$

根据施工用水计算：(q_1—现场施工用水量；q_2—施工机械用水量；q_3—现场生活用水量)。

$$Q=(q_1+q_2+q_3)(1+10\%)=(12.47+0.22+1.04)(1+10\%)=15.1\text{L/s}$$

（2）材料供应计划，见表6.2-1

材料供应计划表 **表6.2-1**

材料名称	网架	H型钢	C型钢	屋面板
供应时间	9月15日	10月15日	10月20日	11月1日

6.2.3 工期计划及保证措施

工期保证措施：

1）计划因素

根据本工程的特点及难点，合理安排各工序的作业时间，在各工序持续时间的安排上，凭借以往同类工序的经验，结合本工程的特点，充分征求有关方面意见并加以确定，明确关键线路，确定工期控制点，同时将总计划分解成月、周、日作业计划，以做到以日保周、以周保月、以月保总体计划的工期保证体系。

2）人员因素

将充分发挥大型一级资质企业的人力优势，在本项目中，派遣具有丰富施工经验的项目经理和管理、技术人员组成项目经理部。并配备满足各工种、工艺技能要求的、足够数量的技术工人，在人员的配置上加以保证，并设置适合于工程特点的组织机构。制定各项规章制度，明确职责，以确保机构正常运行，从而做到在人员数量、机构、制度等方面的足够保证。

3）技术因素

针对本工程技术含量较高、施工难度较大等特点，我们在充分发挥本企业技术优势的同时，加强与建设单位、设计、监理等各方面的联系。事先对本工程的实施难点、关键点加以分析、研究，充分理解设计意图；制定切实可行的施工方案及各工序的技术交底，对参与实施人员提前进行有针对性的技术再培训及各项工艺的前期设计、试验工作，从而做到在技术上加以保证。

4）原材料控制

落实货源、购货周期及数量，做好检验等方面的工作，确保合格原材料进入加工厂。

5）构件控制

对加工厂做好构件出场前检查工作，构件加工的问题必须在制造厂解决，不合格构件不得进场。

根据现场的施工顺序，认真编制构件进场计划，合理安排钢构件的加工及进场时间，明确构件的编号、位置、方向及配件，不得出现停工待料的现象。

6）机具因素

在工程实施前，将组织专业人员对本工程所需的机具加以落实，同时进行全面检查，确保所需机具的性能良好。将根据我们以往的经验，配置各种机具易损配件，以尽可能地减少机具影响，提高机械完好率和利用率，确保工程顺利进行。

7）现场管理因素

项目经理主抓工期，在每个工序配置强有力的管理人员，责任到人，抓住每个工序的主线条、关键工序。

积极协调好制作、安装的工作，相互支持配合，统筹安排交叉作业。减少不利因素，创造良好施工条件。

6.3 钢网架详图深化设计

6.3.1 设计思路

在结构体系的选择与方案设计时，着重考虑了如下几个因素：

（1）保证建筑使用功能及造型的需要；

（2）尽可能地缩短施工工期；

（3）在保证结构刚度的前提下，考虑经济性，优化节点，尽量减轻结构自重。

6.3.2 钢结构设计模式及设计原则

（1）钢结构设计模式

公司将针对该工程的特点，组建由钢结构专家和专业设计人员组成的设计小组，配备工作需要的全套设备以及资料。按照建设单位的要求，完成该工程的钢结构方案深化、钢结构施工图和加工安装详图设计任务，确保钢结构设计的设计进度和设计质量，以保证结构安全、体现建筑风格、控制工程造价、满足构件加工和工程施工的需要。并积极、主动、高效地与建设单位和设计院协调、沟通与配合。

（2）钢结构设计原则

1）首先必须保证结构工程安全可靠；

2）钢结构设计要充分体现方案的意图、设计理念和建筑风格；

3）与其他专业设计（室内装饰工程、机电工程等）相协调；

4）钢结构设计要进行科学合理的深化和优化，充分体现其经济合理性；

5）施工图设计应以方案图为依据，加工安装详图设计应以施工图为依据；设计图纸必须保证工厂加工和现场安装的要求；

6）严格遵循设计程序，与建设单位、设计院密切配合，保证设计工作的顺利进行。

6.3.3 钢结构设计工作程序

根据公司多年从事钢结构工程的经验，结合本工程的特点，初步拟定以下设计工作程序，此工作程序经设计院同意、建设单位审批后实施。

（1）提出初步方案

首先，根据方案对建筑物的总体思路和意图，在设计院原方案设计的基础上，由我公司提出建议方案（其间与建设单位、设计及时沟通、研究和探讨），针对钢结构平面布置、立面布置、构件选型、钢结构节点等，提出钢结构工程初步建议方案，报送给建设单位、设计院。

（2）组织进行方案评审

由建设单位主持，组织设计院、施工单位，并邀请相关专家，共同对初步建议方案进行论证、比选和调整；由设计院进行荷载受力、抗震分析计算，对构件尺寸和钢结构节点等进行分析计算和验算；最终确定钢结构设计方案，形成会议纪要，各方签字认可。

（3）完成钢结构施工图

在设计院确认方案的基础上，完成全部钢结构施工图，由设计院审批、签字、盖章、出图。根据最终确定的钢结构优化设计方案，在设计院的指导、计划安排和统一管理下，由我公司按照设计进度计划的要求完成全部钢结构施工图纸，报送设计院审批、签字、盖设计院施工图专用章，由设计院出图下发有关各方，用于钢材提料定货、指导钢结构加工和安装详图设计。

6.3.4　钢结构设计流程

（1）细部设计

根据设计院提供的图纸文件及CAD图型文件，进行消化和讨论，分类进行细部设计。设绘结构的分段图、杆件图、机加工零件图，注明接头位置、焊接符号、坡口尺寸及制造技术要求等。分段图及机加工零件图设计院审核认可。

（2）工艺设计

根据制造方案，编制制作工艺、焊接工艺、现场拼装工艺文件、夹具、套模、胎架、托架及有关布置图。

（3）细部设计及工艺设计流程

细部设计及工艺设计流程，见图6.3-1。

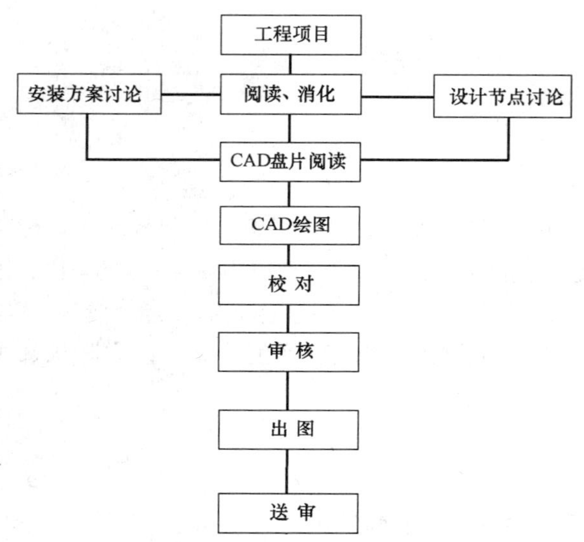

图6.3-1　细部设计及工艺设计流程

6.4　钢网架的加工制作

6.4.1　制作组织机构

制作组织机构，见图6.4-1。

6.4.2　机械设备与人员配备

（1）制作加工主要机具设备，见表6.4-1

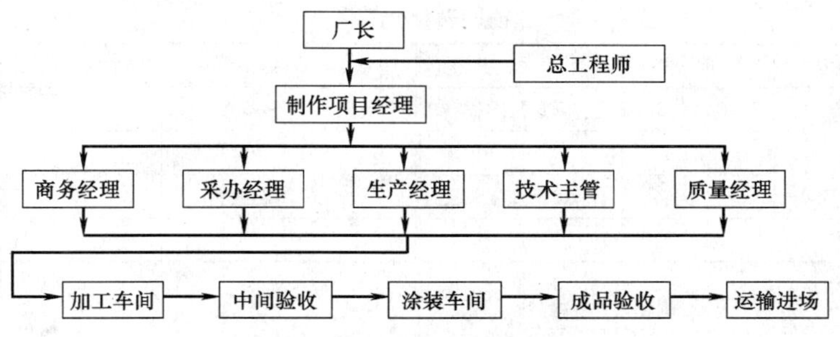

图 6.4-1 制作组织机构

制作加工主要机具设备 **表 6.4-1**

序号	名称	数量	用途
1	自动切割机 QZ1117	1	钢管端部割头
2	钢管预处理流水线	1	钢管预处理
3	数控钢板切割机	1	钢板数控切割下料
4	车床 620 或 630	3	零部件机加工
5	摇臂钻床	6	零部件机加工
6	500 型电焊机	10	焊接
7	焊条烘箱	2	焊条烘焙用
8	抛丸喷砂生产线	2	表面除锈
9	门式自动切割机	2	钢板切割
10	液压机	2	锻压钢板
11	空心球专用自动焊机	2	空心球环缝自动埋弧焊接
12	无气喷漆机	2	表面涂装
13	锻造加热炉	1	用于钢材加热

（2）运输设备，见表 6.4-2

运输设备一览表 **表 6.4-2**

序号	名称	数量	用途
1	10t 运输车	2 辆	构件运输
2	9 座面包车	1 辆	人员乘用

（3）劳动力计划表，见表 6.4-3

加工厂制作劳动力计划表 **表 6.4-3**

项目	工种	人数	项目	工种	人数
加工制作准备	深化设计	2	构件加工	油漆	6
	工艺评定试验	2		起重	2
	放样及样板制作	2	构件编号堆放发运	起重	4
构件加工	号样、下料	6		编组编号	2
	组装	10		转运	4
	焊接	10	合计人数		54
	打磨	4			

（4）辅助材料，见表 6.4-4

辅助材料一览表 表 6.4-4

序号	名称	规格	数量	序号	名称	规格	数量
1	电焊条	E5016、φ4.0、φ3.2	满足加工需要	5	彩条布		满足加工需要
2	焊丝	φ1.2		6	焊工劳保用品		满足加工需要
3	氧气乙炔气体		满足加工需要	7	防粘胶带		满足加工需要
4	碳精棒	φ8～φ10	满足加工需要				

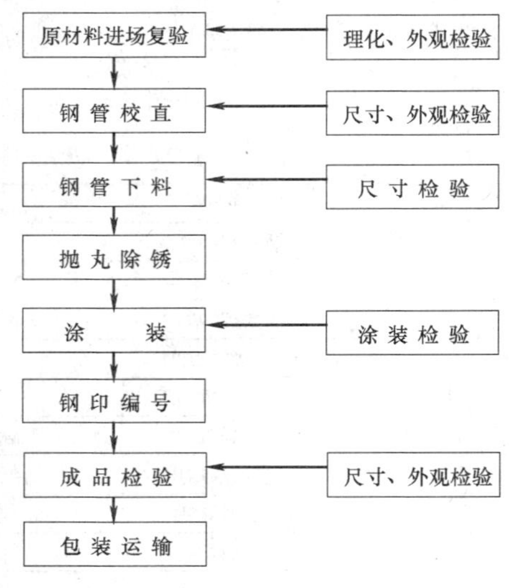

图 6.4-2 主要生产工艺流程图

6.4.3 工艺流程

(1) 主要生产工艺流程，见图 6.4-2

(2) 原材料进场管理

1) 原材料进厂要求

按供货方提供的供货清单清点各种规格钢管和钢板数量，按国家标准《结构用无缝钢管》GB/T 8162—1999 和《直缝电焊钢管》GB/T 13793—92 的规定验收原材料。

2) 材料保管

材料运输时，应采取必要的措施避免损伤母材。材料应有序堆放并进行标识，避免与其他工程的材料相混。为防止变形，材料应平放垫平，吊运操作时应规范。若发现钢板平整度不足或翘曲过大时，应进行矫正处理。经切割下料后所剩的余料应按材料的牌号、规格堆放好，并标识。

3) 材料检验

对于制作所采用的材料，需严格把好质量关，以保证整个工程质量。材料入库后由本公司物供部门组织质量管理部门对入库材料进行检验。按供货方提供的供货清单检查质量证明文件并清点各种规格材料数量，计算到货重量。按规范要求，对于各种规格钢板，抽查其长宽尺寸、厚度及平整度，检查型钢管及钢板的外观质量。并对钢材进行见证复验，做好各项检查记录，进行备案。

4) 材料储存按品种、按规格集中堆放，加以标识和防护，以防未经批准的使用或不适当的处置，并定期检查质量状况以防损坏。

(3) 钢管下料

1) 钢管校直

自检钢管直线度不大于 $L/1000$，且<5mm。如超差，可在校直平台上将管子校正。

2) 提料工根据工艺卡对原材料进行外观检验，原材料与工艺卡是否相符（应有相应的加工余量），钢管有无弯曲变形、麻点及严重锈蚀等缺陷，检验无误后依据工艺卡提取原材料。下料采用钢管端部自动切割机下料。在管口外缘处倒角，长度误差应控制在±1mm 以内。下料后在钢管上标记相应的编号。

(4) 球体加工

1) 球体加工流程，见图 6.4-3。

2) 焊接空心球制作工艺流程，见图 6.4-4。

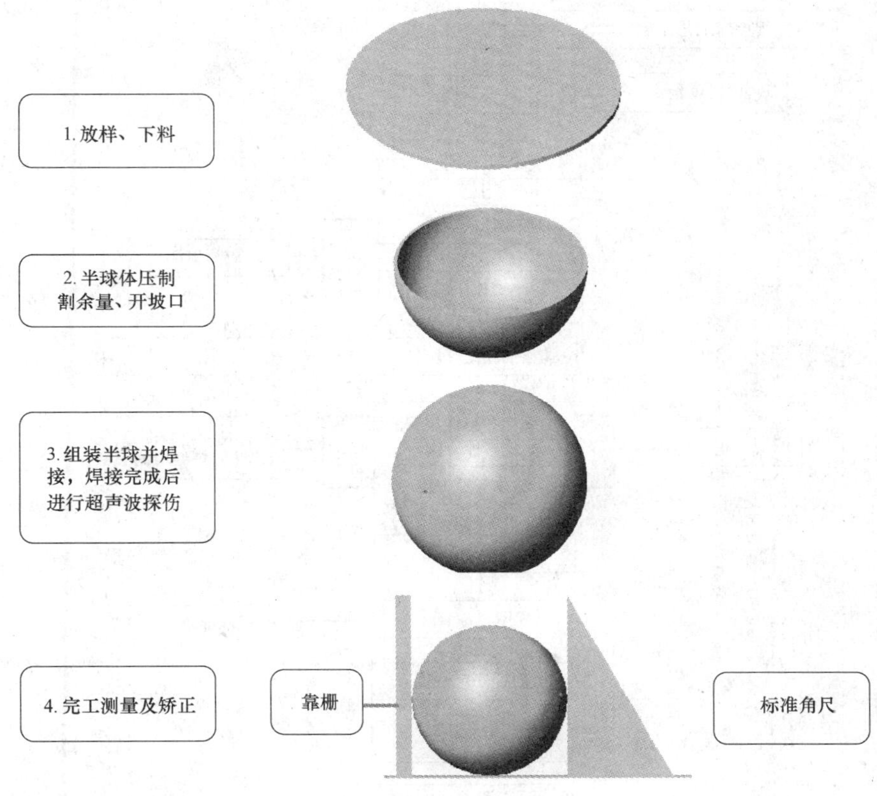

图 6.4-3 球体加工流程图

3）钢板下料

根据焊接球直径及加工坡口余量，计算半球下料尺寸，钢板下料采用数控等离子切割机切割或靠模火焰切割。

4）半球的压制

空心球压制时温度控制在 1050℃±50℃（用温度色卡比对），在液压机上模锻成型，脱模温度不低于 650℃，在空气中自然冷却。

半球成型后，不应有起泡现象，外观光滑，无明显起皱。

5）机械加工半球剖口

在专用车床上切削半球坡口至规定尺寸。

6）半球焊接成整球

焊接球的焊接采用 CO_2 气保护半自动焊接，先定位焊，然后分层焊接。焊接工艺参数，见表 6.4-5

定位焊接电流采用上限值，具体焊接参数以焊接工艺评定参数为指导。

7）焊接球的质量要求

A. 无损探伤：每个焊接球应进行超声波无损探伤，焊缝质量应达到一级标准。

B. 按要求进行承载能力试验，达到规定要求后才准出厂。

C. 其允许偏差，见表 6.4-6

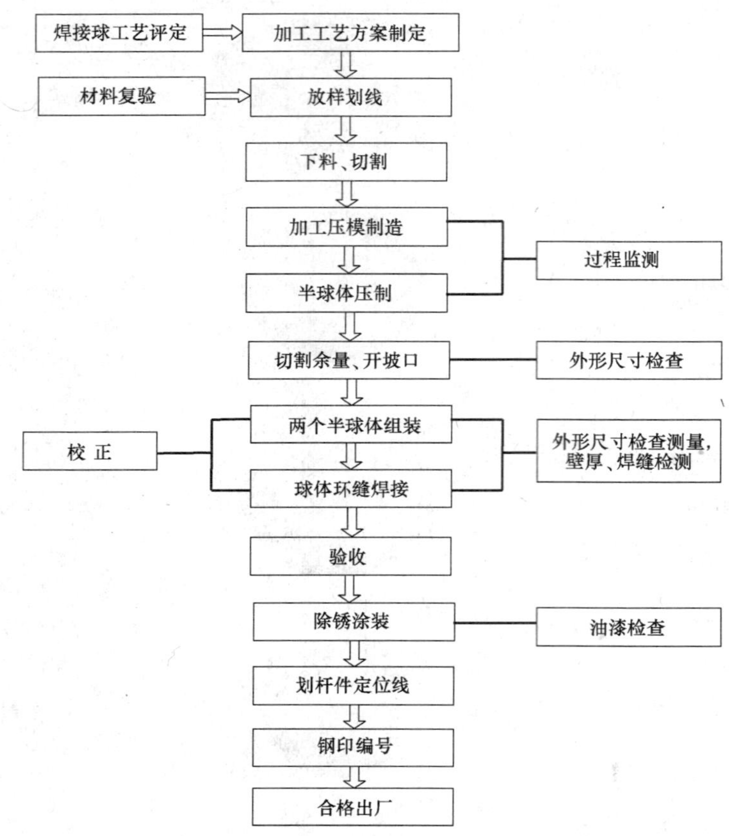

图 6.4-4 焊接空心球制作工艺流程图

焊接工艺参数 **表 6.4-5**

钢板厚(mm)	工作电流(A)	工作电压(V)	焊丝伸出长度(mm)	气体流量(L/min)
6 以下	220～250	24～27	0	20～25
6～14	240～300(2 层)	28～32		

焊接球允许偏差 (mm) **表 6.4-6**

项 目		允许偏差	检 验 方 法
直 径	$D \leqslant 300$	±1.5	用卡尺和游标卡尺检查
	$300 < D \leqslant 500$	±2.5	
	$D \geqslant 550$	±3.5	
圆 度	$D \leqslant 300$	±1.5	用卡尺和游标卡尺检查
	$300 < D \leqslant 500$	±2.5	
	$D \geqslant 550$	±3.5	
壁厚减薄量	$\delta \leqslant 25$	0.13δ,且不应大于 1.5	用卡尺和测厚仪检查
	$\delta > 25$	3.5	
两半球对口错边	$\delta \leqslant 25$	1.0	用套模和游标卡尺检查
	$\delta > 25$	2.0	

(5) 抛丸除锈

1) 一般规定

A. 钢材表面进行抛丸除锈时，必须使用除去油污和水分的压缩空气。

B. 抛丸的施工环境，其相对湿度不大于 85%，或控制钢材表面温度高于空气露点 3℃。

C. 钢材表面有水或天气潮湿、浓雾时，不得开始抛丸作业；如果已经喷砂，要在相对湿度低于 85%后，重新喷砂至 Sa2.5 级。

D. 除锈后的钢材表面，必须用压缩空气吹净磨料颗粒，及表面粉尘，或用吸尘器清去死角内的磨料和粉尘，方可进行下道工序。压缩空气必须干燥，无油分。

E. 除锈验收合格的构件，要在 3h 内涂完底漆。

2) 抛丸处理

钢材表面要求抛丸清理满足 Sa2.5 级要求。抛丸后，可能会留有死角或不合格处，需采用手工喷砂二次处理，使其达到规定要求。如果表面有可见的返锈，变湿．或者被污染，要重新清理至规定要求的级别，经抛丸处理并验收合格。

(6) 涂装

经抛丸处理并验收合格后，将所有钢管距两端管头部分按设计要求，用胶带包裹，并在抛丸处理后不超过 3h 内，喷涂水性富锌底漆（100μm）。

6.5 焊接球钢网架安装

6.5.1 安装前准备

(1) 根据钢网架施工图纸及有关技术文件编制钢网架施工组织设计；

(2) 原材复试和焊接工艺评定；

(3) 使用的各种测量仪器必须进行计量复验；

(4) 按施工平面布置图划分：构件堆放区、拼装区；

(5) 根据土建提供的纵、横轴线和水准点，进行验线；

(6) 本工程钢网架采用地面拼装整体吊装两种方案进行安装，支撑体系将用脚手架进行搭设；

(7) 检查成品件、零部件、几何尺寸、编号、数量等；

(8) 做好相关测试及安全、消防准备工作；

(9) 测量工、起重工、焊工必须持证上岗，焊工在进场前还须参加培训，经现场考试合格后才能进入施工现场。

6.5.2 钢网架安装

(1) 钢网架安装

1) 安装工艺流程，见图 6.5-1。

2) 安装方法概述：

本工程钢网架为焊接球四角锥结构，是由 72m×116m 梯形网架组成，安装工艺流程

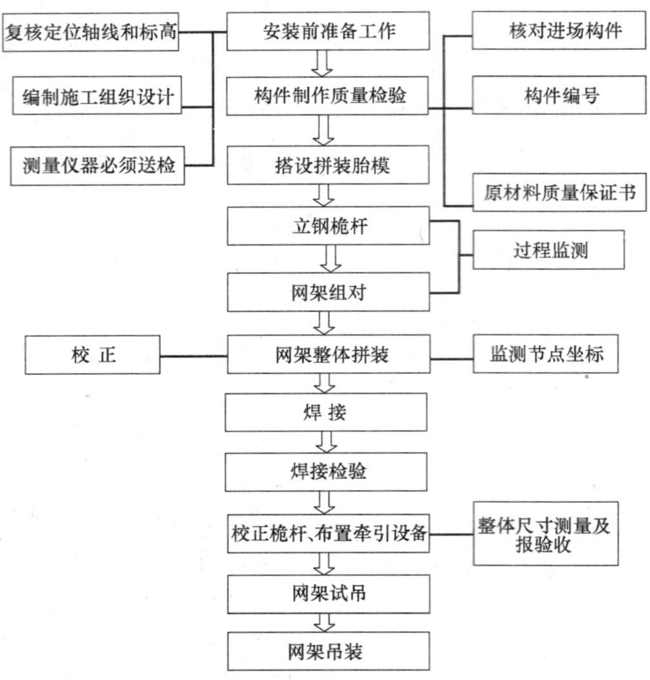

图 6.5-1 安装工艺流程

见图 6.5-1。根据本网架具体情况和现场周围环境条件及吊装设备位置情况，也考虑到安装费用较经济等多方面因素，确定本工程 72m×116m 网架采用地面拼装、整体提升进行安装。

3）焊接球网架安装的工艺过程

A. 安装操作工艺，见图 6.5-2。

B. 底部支座安装

底部支座安装的准确性直接关系到上部球壳的安装精度，在安装支座前应对支座安装位置埋件钢板标高进行复测，相邻两埋件板高差不大于 5mm，最高与最低埋件板高差不大于 30mm，在支座安装位置进行画线定位，确保支座定位精度。

C. 网架采用地面拼装整体提升法进行安装，组装后进行点焊，每个杆件点焊三点，长度 30mm，安装方法见图 6.5-3 ～图 6.5-10。

4）钢网架的焊接顺序

A. 钢网架拼装完成后，焊接从中部向两侧进行焊结，以减少累积误差。

B. 节点焊接要求，见图 6.5-11。

C. 支座焊接要求，见图 6.5-12

5）钢网架的整体提升

通过浙江大学空间钢结构设计软件 MST2005 计算的结果，认为将网架优化为整体提升更有利于结构的安全，具体分析如下：

A. 整体提升使网架结构更趋于稳定，这样提升对网架结构本身的安全系数更大。

B. 网架整体提升，解决了网架空中对接区存在对接质量，以及网架挠度曲线不平滑过渡的问题。便于监理和现场测量员测量，控制网架的质量。

C. 我公司在已建工程中，曾采用整体提升的施工方法，对此施工方法具有非常丰富的经验。

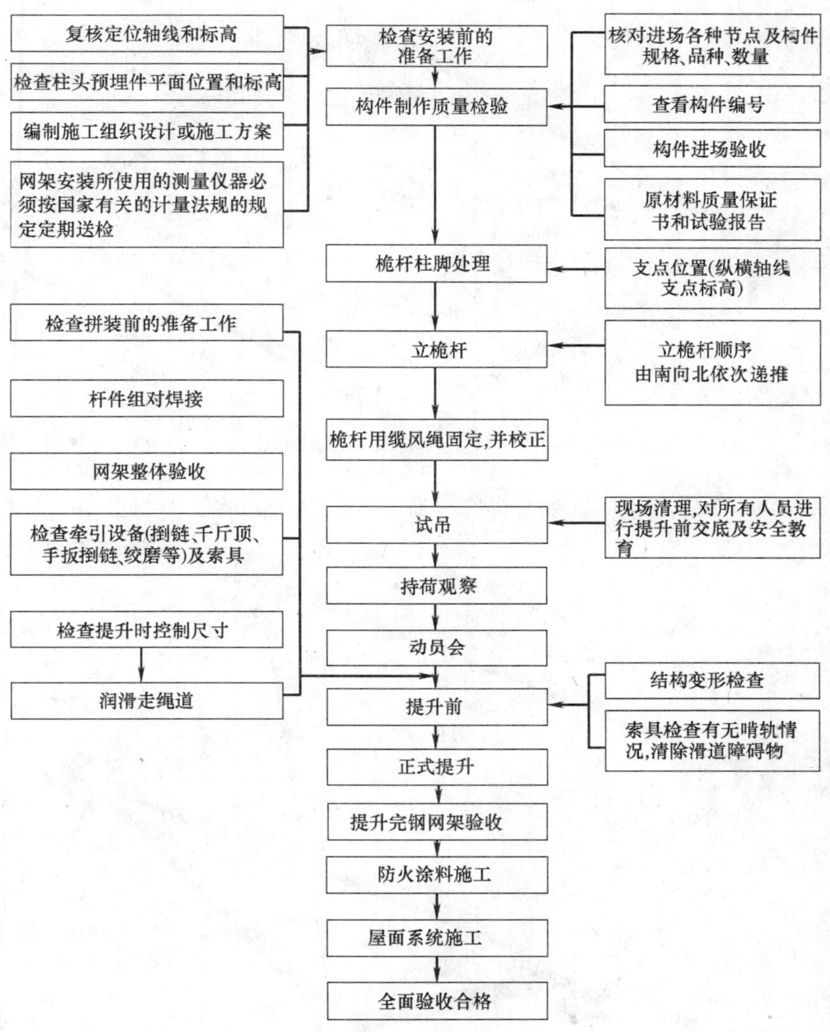

图 6.5-2　安装操作工艺

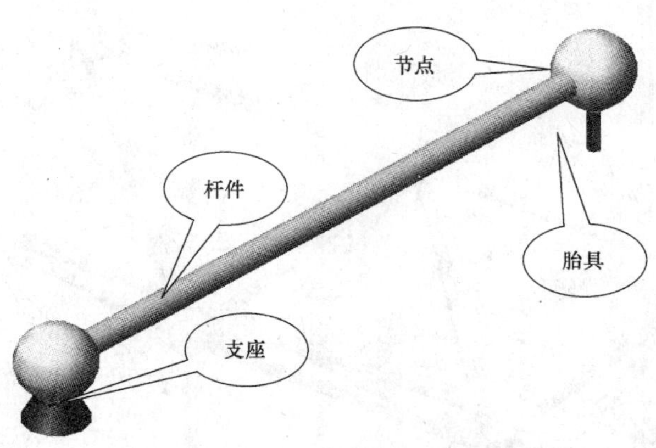

图 6.5-3　球节点与杆件组装

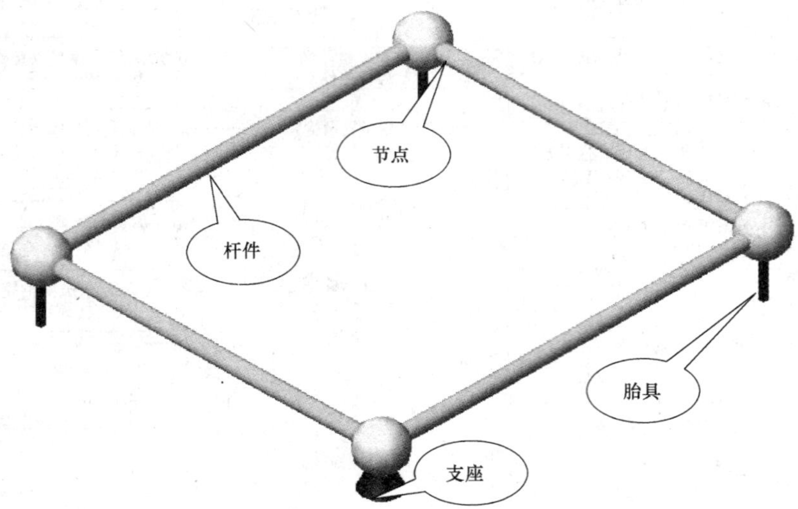

图 6.5-4 上弦球节点与杆件组装

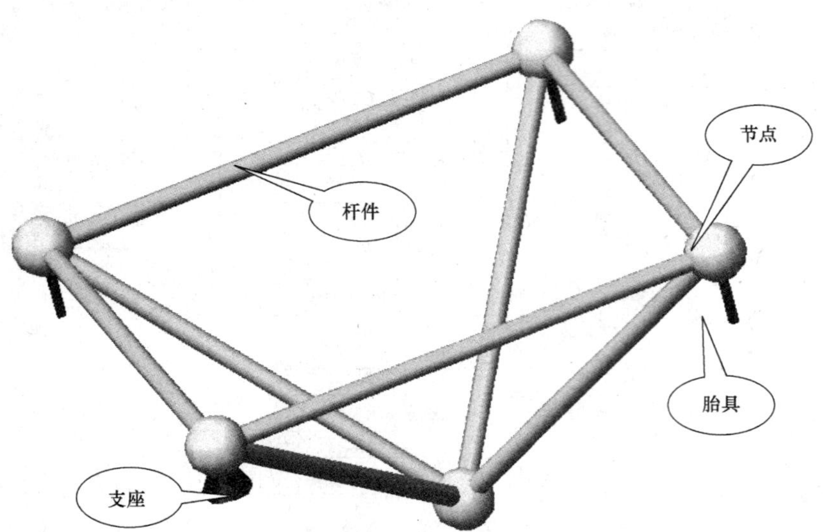

图 6.5-5 上弦、腹杆球节点与杆件组装

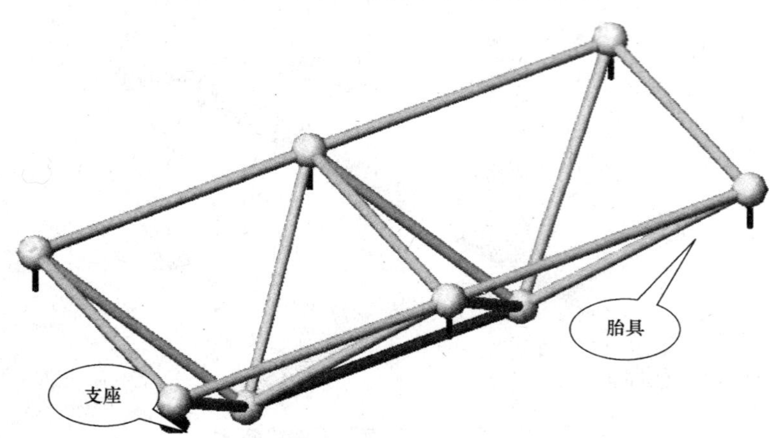

图 6.5-6 两个单元球节点与杆件组装

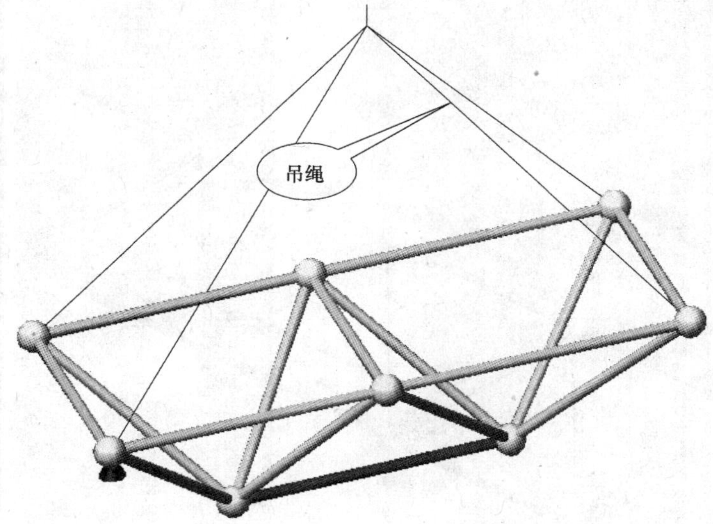

图 6.5-7 两个单元吊装到脚手架上

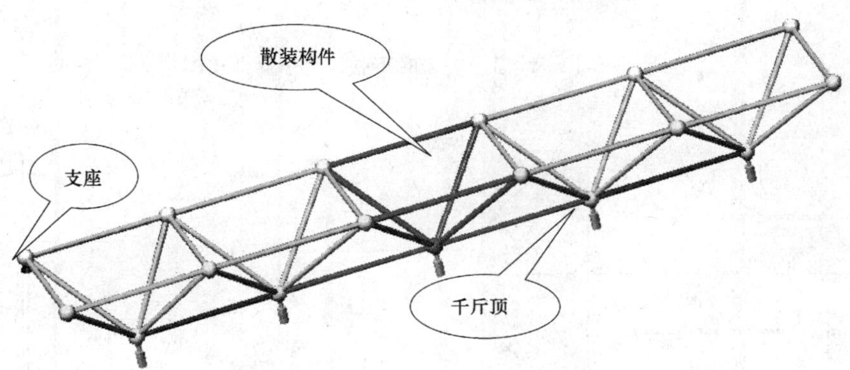

图 6.5-8 地面上单元组装

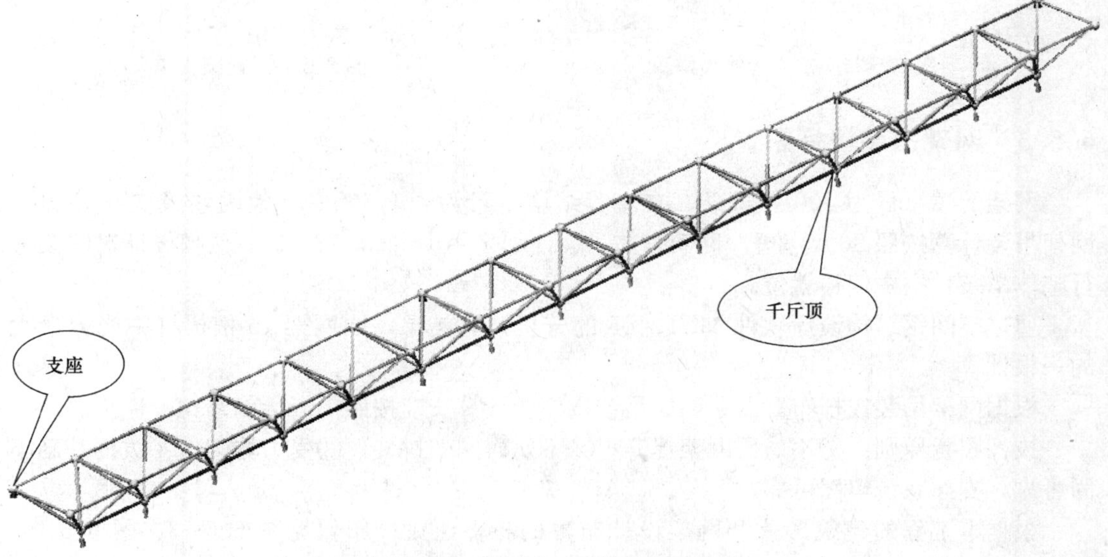

图 6.5-9 地面上一榀桁架组装完成

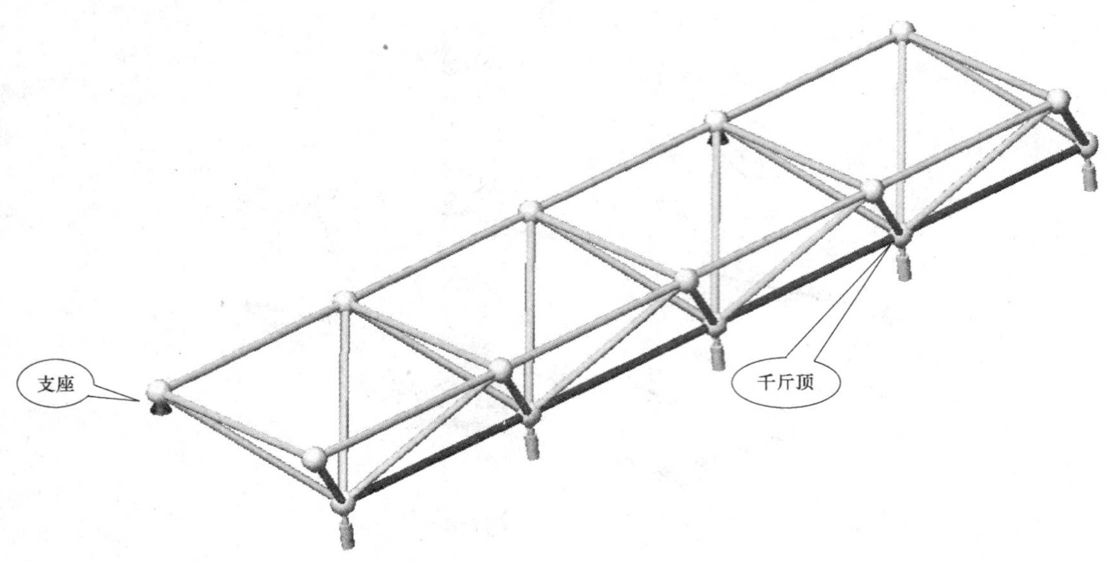

图 6.5-10 地面上安装时下弦采用千斤顶支撑

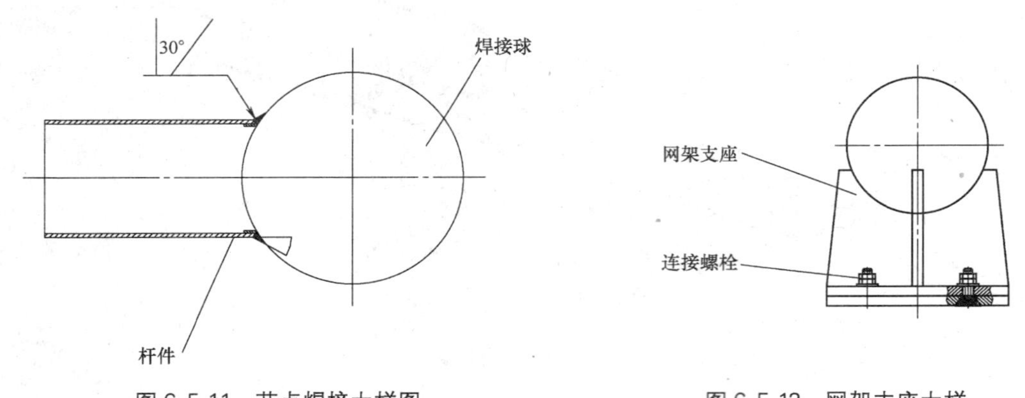

图 6.5-11 节点焊接大样图

图 6.5-12 网架支座大样

6.5.3 网架吊装拔杆布置

网架的总重量为 300t，檩条、支座等结构重量为 40t，考虑其他因素或支托等 20t，网架吊装计算按照 360t 考虑。网架整体吊装计划采用 15 根 $\phi478\times9$ 的独脚拔杆对网架进行整体吊装，空中偏移就位。

通过空间钢结构设计软件 MST2005 的分析计算结果，取网架 15 根拔杆中受力最大的一根计算。

根据网架吊装拔杆布置图，网架吊装拔杆的计算长度按照 18m 考虑。

拔杆布置原则：①不妨碍网架提升；②不妨碍网架拼装；③受力均匀；④拔杆基础牢固可靠，支撑系统牢固可靠。

根据本工程的建筑形式和网架设计布置的特点，拔杆布置见图 6.5-13、图 6.5-14、图 6.5-15、图 6.5-16、图 6.5-17。

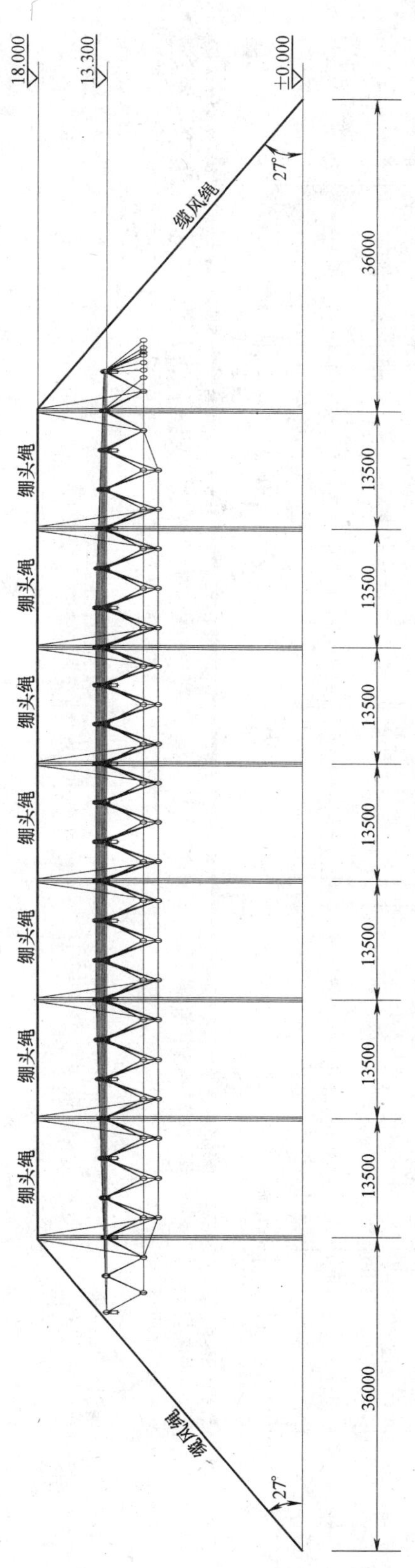

图 6.5-13 网架吊装拔杆正立面布置图

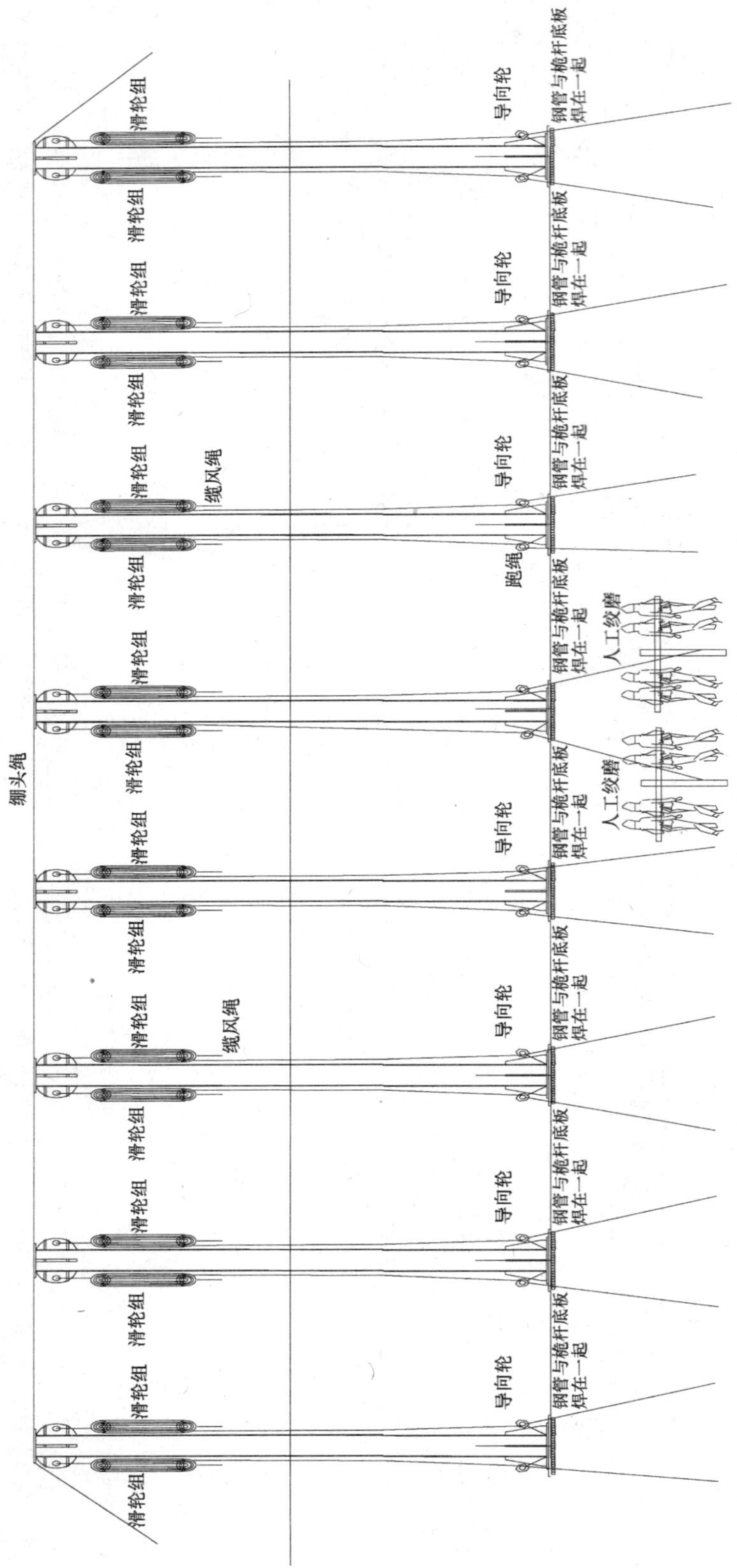

图 6.5-14 网架吊装正立面桅杆布置图

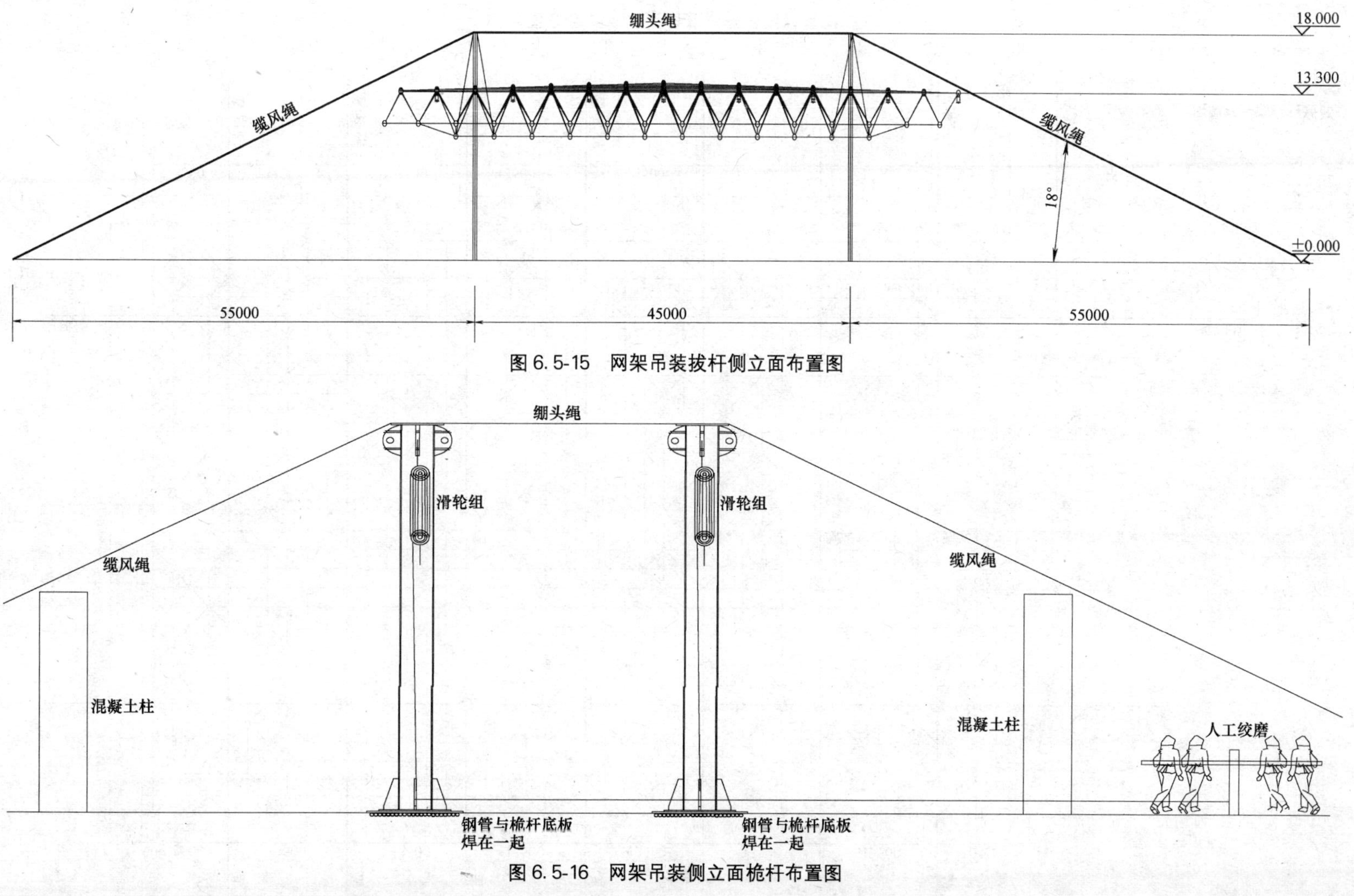

图 6.5-15 网架吊装拔杆侧立面布置图

图 6.5-16 网架吊装侧立面桅杆布置图

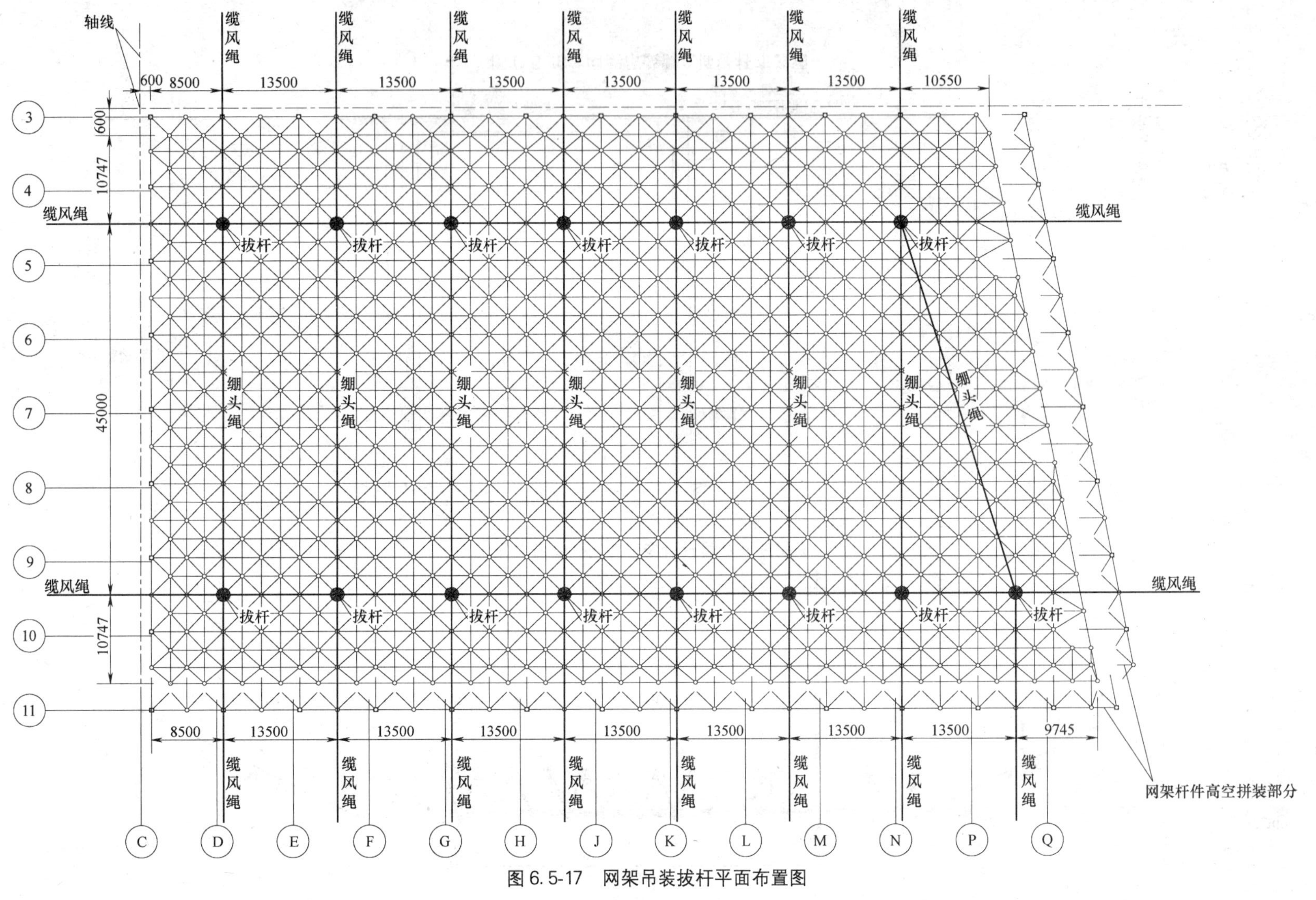

图 6.5-17 网架吊装拔杆平面布置图

6.5.4　网架吊点设置

针对吊装过程中，考虑网架整体结构的安全，所以网架吊点由专职起重工进行拴挂。责任到人，拴完一个合格一个，拴完必须经起重工队长检查合格后，方可使用。

6.5.5　绞磨布置和提升劳动力计划

（1）绞磨布置

总体布置原则：

1）施工安全；

2）统一指挥方便；

3）跑绳导向通畅。

4）绞磨布置示意图（见图 6.5-18），具体布置根据现场条件进行布置。

（2）网架提升劳动力计划

网架提升时，15 根拔杆需用 30 台绞磨，推绞磨的人员需要 300 人。

6.5.6　网架吊装

（1）提升试吊

试吊过程是全面落实和检验整个吊装方案完善性的重要保证，试吊的目的有三个：一是检验起重设备的安全可靠性，二是检查吊点对网架刚度的影响，三是协调指挥、起吊、缆风、溜绳和绞磨等操作统一配合的总演习。网架拼装完毕经检验合格后即可开始网架整体吊装。吊装前要进行试吊。

试吊的做法：首先将绞磨稳紧，随即慢慢推动绞磨，使网架离开支撑 300mm，静止放置 12h。然后对吊装机具进行全面检查，将所有问题全部解决，确保万无一失。检查项目包括：

1）拔杆支撑系统（拔杆垂直度、拔杆加固等）；

2）滑轮和卡环系统（是否完好，有无裂痕、锈蚀、转轴的灵活度）；

3）缆风绳和地锚（是否有松动等现象）；

4）绞磨（保险、磨芯等是否有损坏现象）。

吊装机具检查由专职起重工进行认真细致的检查，检查完后报队长，再由队长带队员进行全面检查。

（2）网架提升

在一切准备工作完成后，按照提升组织机构进行分工，设专职总指挥一人，观察员若干名，分工明确，责任到人，即可起吊。网架在吊装过程中应保证做到同步起吊，须由专职人员统一指挥。网架整体吊离地面 1000mm 时应停止下来，及时检查各吊点处的实际受力状况及各锚固点安全程度，检查完毕后匀速起吊，确保相邻两个吊装点升差值控制在相邻点距离的 1/400 内，且不大于 100mm。起吊时全部绞磨要匀速上升，为避免网架吊装过程中，提升不同步，每次提升 1000mm，就停下来，检查网架的整体标高，进行微调后，再继续网架提升，将网架吊装到预定位置，将全部绞磨的锁紧装置锁死。本次吊装全部完成。

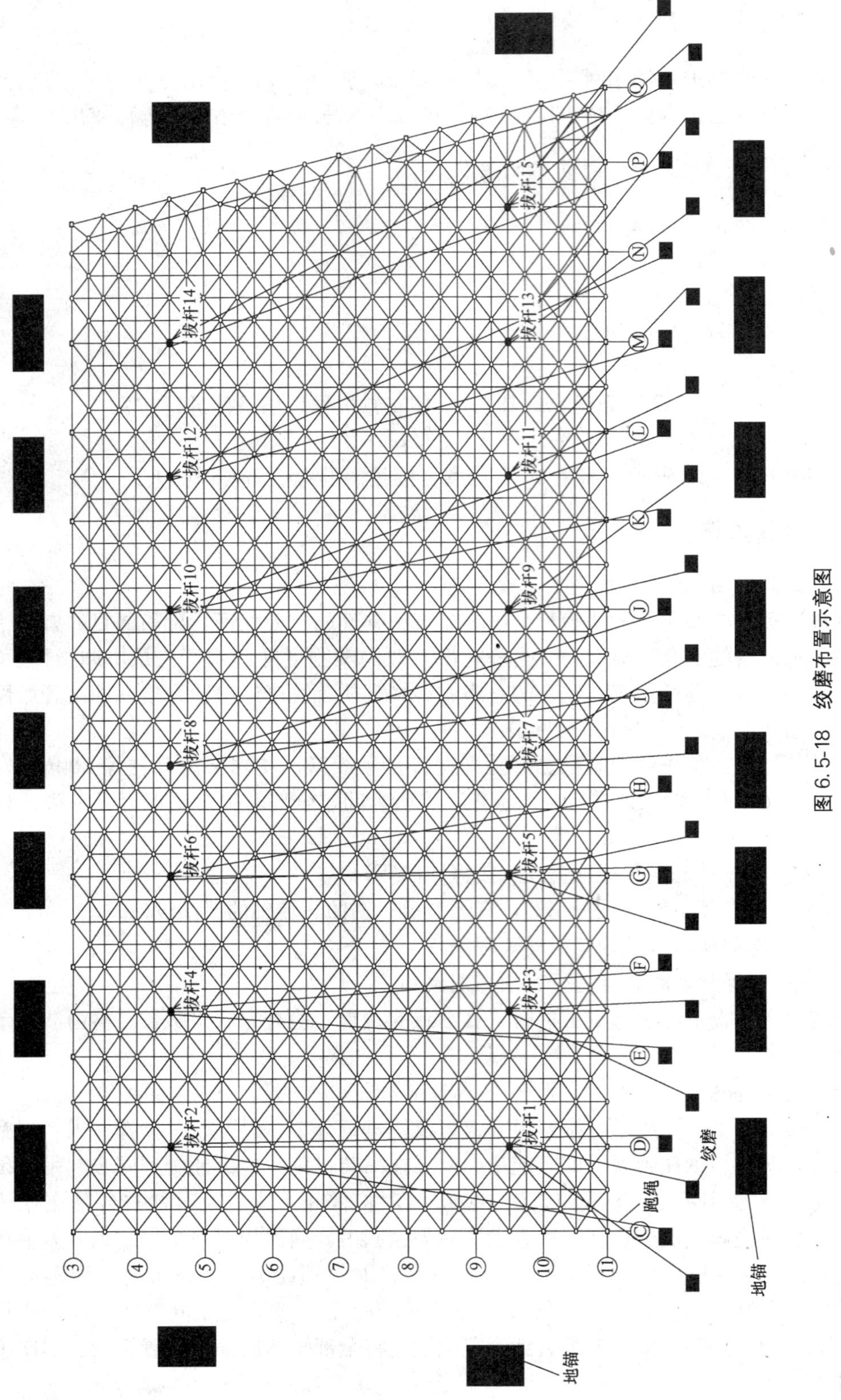

图 6.5-18 绞磨布置示意图

（3）网架提升检查

1）提升前检查

在提升前，将对提升装置进行如下检查：

A. 检查吊装拔杆是否符合规范要求，检查拔杆的规格型号是否符合要求；待拔杆立起来后将对拔杆的缆风绳紧固，垂直度及底座状况进行检查，保证吊装拔杆的质量。

B. 检查滑轮组是否完好，有无裂痕、锈蚀及转轴的灵活度等；等滑轮组穿好后，检查滑轮组的可动性能，保证施工时滑轮的运转流畅。

C. 跑绳、缆风绳检查材质、规格是否符合要求，长度是否满足施工要求，有无断裂点及腐蚀点。

D. 绳卡、绳扣、保险钩要检查规格是否符合要求，是否有损坏，保证施工使用的安全性。

E. 检查地锚是否埋设牢固，地锚与缆风绳的接头部位是否牢固。

F. 对于其他设备也进行全面检查，保证每个施工设备的正常运转。

2）提升中检查

在提升过程中，将随时对下列情况进行监控，如有异常立即进入紧急状态．并且按照应急预案进行处理、上报。

A. 吊装拔杆的位置、变形、垂直度、基础是否稳固。

B. 滑轮组的运转是否正常，运转轨迹上是否有障碍，如有障碍应及时清理。

C. 检查关键跑绳上的受力情况，随时监控吊装过程中跑绳拉力的变化。

D. 绳卡、绳扣的安全性，检查绳卡、绳扣是否卡紧、扣紧，安排专人巡视检查，坚决杜绝无关人员对绳卡、绳扣的接触。

E. 缆风绳的受力状况，通过观测固定的在地锚一端的绳夹的夹紧状况来确定缆风绳的受力状况。

F. 在吊装过程中将由统一指挥人员通过对讲机和扩音喇叭指挥吊装施工人员的统一协调工作。4 名观察员观测钢尺和塔尺的读数，网架吊装高度由钢尺读数和塔尺读数的差值得出，当观察人员或吊装人员发现吊装过程中有高度差异时，将马上通过对讲机通知指挥人员，指挥人员统一协调进行调整。

3）提升人员的再培训

本工程的提升人员都具有丰富的类似工程施工经验，在提升前将对全体参加提升的人员进行再次培训。重点讲解本工程的施工特点，根据工程实际情况确定吊装施工时的重点及难点，并且根据施工中的重点难点来对提升人员进行重点讲解培训，在施工前就让工人明确工程提升过程中的注意事项。在试吊前将进行空车演练。

网架整体提升时，从外单位借调 280 人左右。外施工队人员进入现场后，除了讲解施工中的重点和难点外，还要进行入场安全教育，文明施工，禁止大声喧哗，特别是中途休息时，禁止在施工现场随地大小便，可以去现场原有的厕所方便。

6.5.7 同步提升保证措施

在网架提升时，应保证各吊点起升及下降的同步性。保持网架始终水平上升或下降是十分重要的，否则，将使网架本身产生扭曲变形，引起吊装机构负荷的急骤变化，甚至影响整体结构的安全。因此必须采取下列措施，确保吊装同步。

（1）同步措施

1）起重滑轮组钢丝绳的缠绕方法以及滑轮门数须一致。

2）起重钢丝绳的直径须选用同一规格（同一强度等级），因为起重钢丝绳的直径会影响到绞磨的直径，并直接影响绞磨钢丝绳的线速度。

3）起吊绞磨卷筒上钢丝绳的初始缠绕数和长度必须统一，并在正式起吊前将钢丝绳的张力控制在同一松紧程度。

4）在正式起吊前必须进行同步操作训练，使绞磨的操作能统一，即在集中统一指挥下同时操作。

5）网架吊装时，设 4 名观察人员对 15 根拔杆进行观测，给每个观察人员配备一台对讲机，随时向吊装总指挥汇报网架吊装过程中吊点相对标高的误差值。总指挥配备扩音器喇叭，以便发出的指挥信号每个吊装人员都能清晰听到。

6）起吊时全部绞磨要匀速上升，为避免网架吊装过程中，提升不同步，每次提升 1000mm，就停下来，检查网架的整体标高，进行微调后，再继续网架提升。

（2）同步观测装置

采用地面立塔尺和网架下弦吊钢尺进行宏观观测。在网架下弦球及网架拔杆下面悬挂 30m 的同种钢尺各一把，钢尺的一端固定在下弦球上，一端固定在地面。网架下弦球挂的钢尺，须保证每把钢尺在同一水平面上。在地面上的钢尺附近立一把塔尺。网架吊装时每个塔尺前站一个人，观察钢尺和塔尺的读数差，每个人通过对讲机把读数汇报给总指挥，以便总指挥及时调整各拔杆的起升速度。网架提升时设 4 个观察点。

（3）同步提升高差允许值

根据《网架结构设计与施工规程》JGJ 7—91 第 5.6.2 条规定，在网架整体吊装时，应保证各吊点起升及下降的同步性。提升高差允许值（是指相邻两拔杆间或相邻两吊点组的合力点间的相对高差）可取吊点间距的 1/400，且不宜大于 100mm。

（4）吊装微调措施

吊装过程中的微调控制将利用滑车组进行，在所有需要调整的部位设置滑车组配合测控仪器进行微调控制。由于采用四轮滑车组，所以在吊装网架的过程中，吊装动力装置运动 8L 距离，网架移动 L 距离，因此可以通过调整吊装绞磨来实现对吊装网架的高度微调；吊装网架水平角度的微调，可以通过连接网架下弦节点上的就位捯链来实现网架水平位置的微调。

6.5.8 空中偏移就位的控制措施

（1）网架空中偏移的具体方法

田径馆网架由于受现场条件的影响，需要将网架投影在地面的位置错位 600mm，拼装完吊装至高空后空中偏移就位，空中偏移就位具体的方法如下：

1）在网架吊装时将网架提升高出设计标高 200mm。

2）将所有的绞磨、跑绳全部锁死。

3）首先将缆风绳放松 200mm，利用 5t 捯链将就位绳缓缓拉紧，同时将就位绳缓缓放松，两者配合将网架偏移600mm至设计位置。

（2）空中偏移就位时注意事项

1）缆风绳放松的幅度不能太大，每次只能放松200mm，放松时同步通过以捯链的链扣来控制，在放松捯链时，吊装队长吹一声口哨，控制捯链的工人松一扣链扣。

2）严禁某个捯链不受力或受力过大。

3）网架偏移时，防止拔杆底座位移，在拔杆各底部拉一根绷脚绳。

4）网架偏移接近设计位置时，要用经纬仪进行测量，同时缆风绳放松的幅度要减少，防止偏移过量。

5）空中偏移就位时需要对所有施工操作人员进行安全、技术交底。

6）在偏移过程中，所有操作人员必须统一受吊装总指挥的管理，任何人不得擅自离开岗位，或不服从管理。

7）网架空中偏移就位必须在吊装当日完成。

8）在网架偏移之前必须对捯链、钢丝绳、缆风绳、地锚进行一次统一检查，检查合格后方可进行偏移工作，并且在偏移过程中，每偏移200mm检查一次整个吊装系统是否运行正常。

网架偏移图示，见图6.5-19、图6.5-20。

网架吊装就位后高空平移就位图示意，见图6.5-21、图6.5-22。

吊装网架用拔杆底座图，见图6.5-23

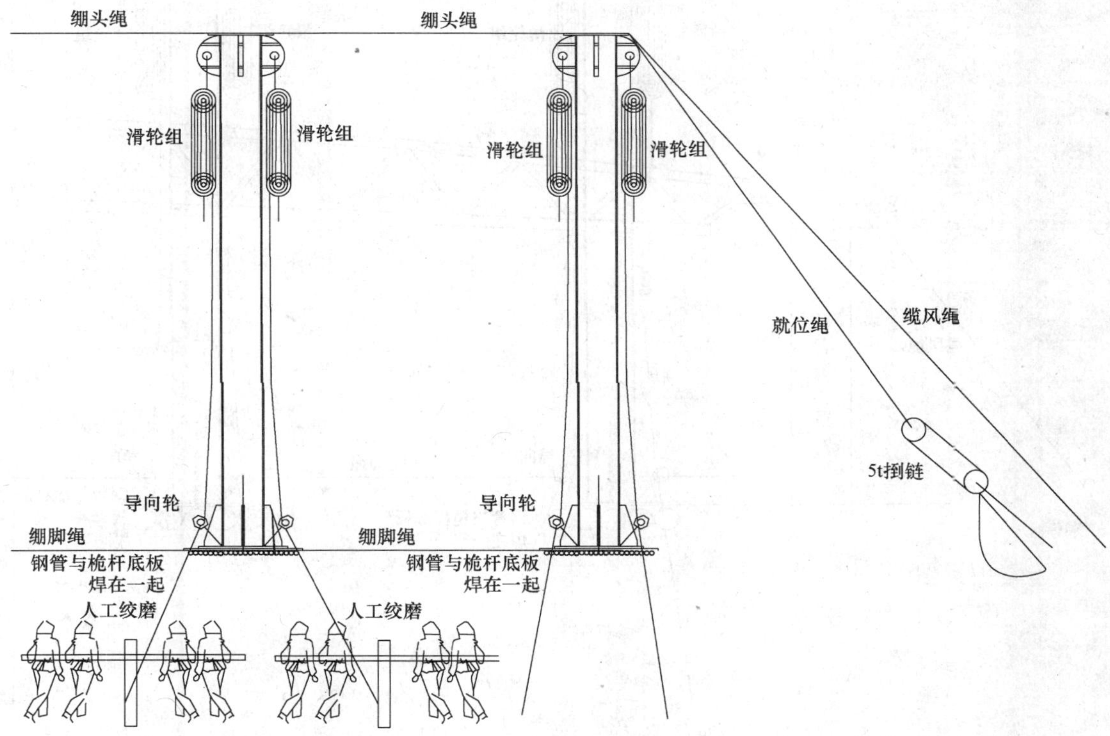

图6.5-19 网架吊装正立面桅杆布置图

缆风绳
绷头绳
滑轮组
滑轮组
缆风绳
就位绳
5t捯链
人工绞磨
混凝土柱
钢管与桅杆底板焊在一起
钢管与桅杆底板焊在一起

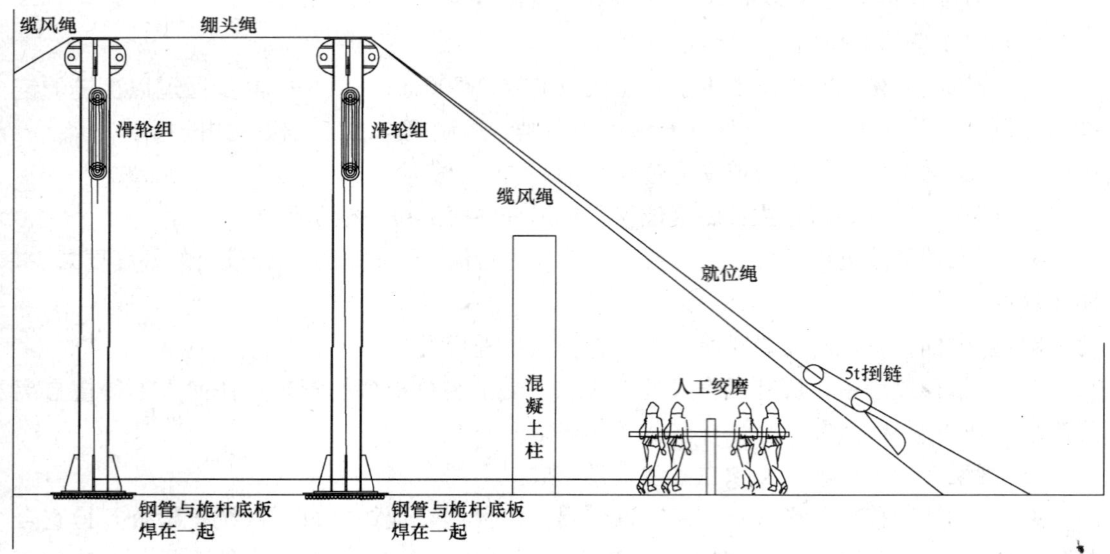

图 6. 5-20 网架吊装侧立面桅杆布置图

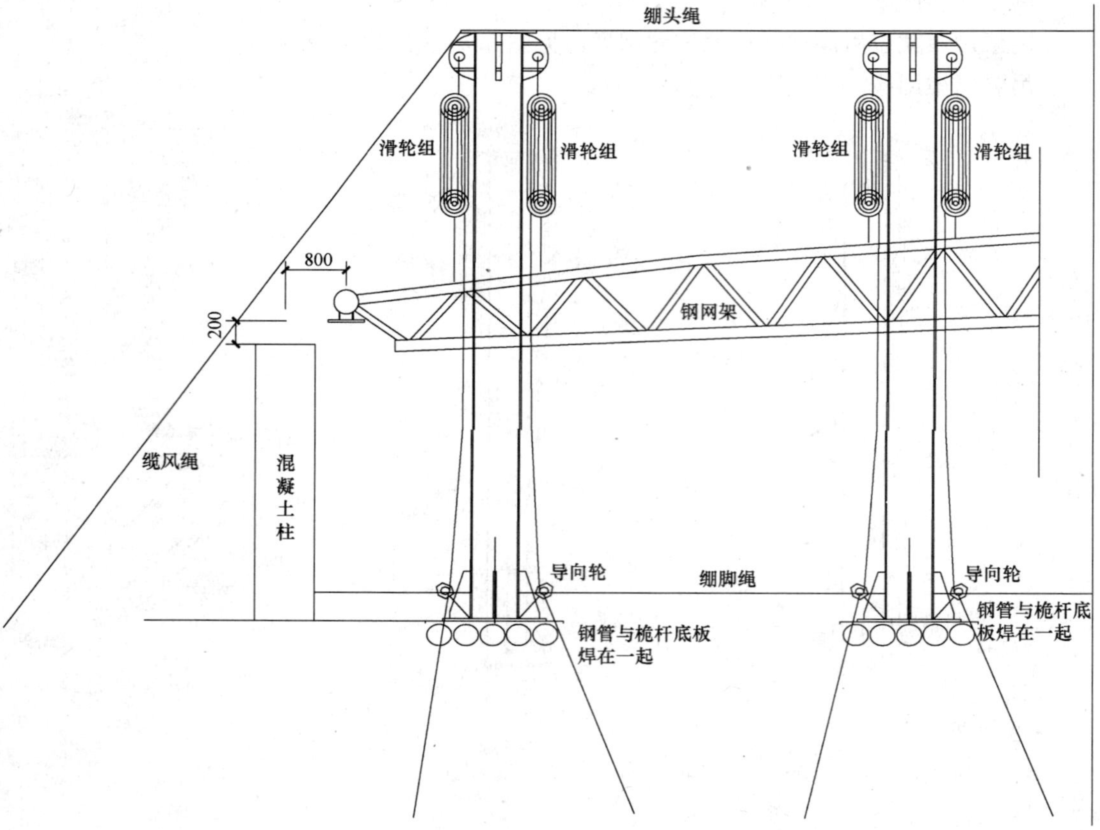

绷头绳
滑轮组
滑轮组
滑轮组
滑轮组
800
200
钢网架
缆风绳
混凝土柱
导向轮
绷脚绳
导向轮
钢管与桅杆底板焊在一起
钢管与桅杆底板焊在一起

图 6. 5-21 网架吊至安装位置示意图

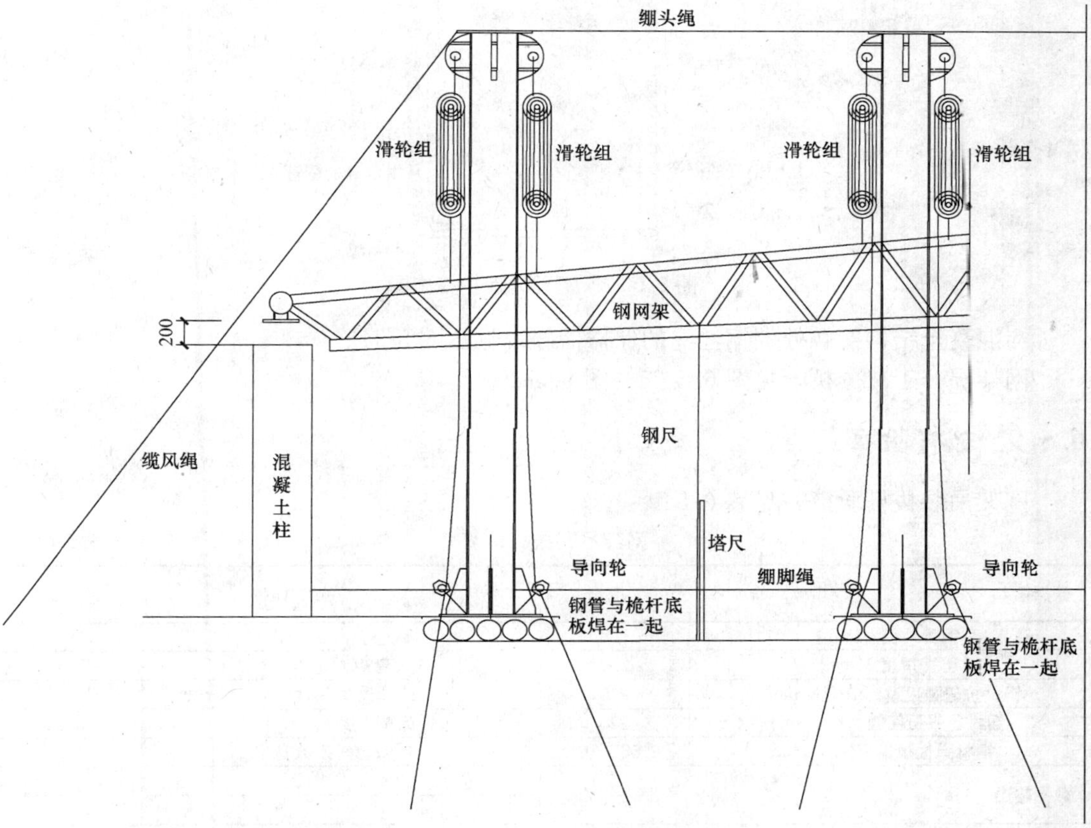

绷头绳
滑轮组
滑轮组
滑轮组
滑轮组
钢网架
200
钢尺
缆风绳
混凝土柱
塔尺
导向轮
绷脚绳
导向轮
钢管与桅杆底板焊在一起
钢管与桅杆底板焊在一起

图 6.5-22 钢网架就位图示意

230
拔杆
1000
1000
(a)
1000
拔杆
挂导向轮的耳板
衬管
钢板
20
焊接在一起作为底板钢管
经过夯实后的地面
(b)

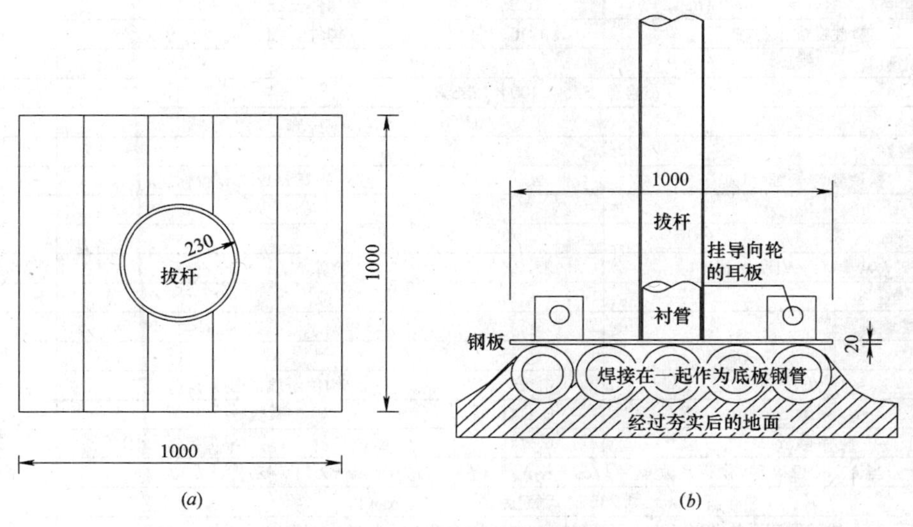

图 6.5-23 拔杆底座图

（a）拔杆底座平面图；（b）拔杆底座剖面图

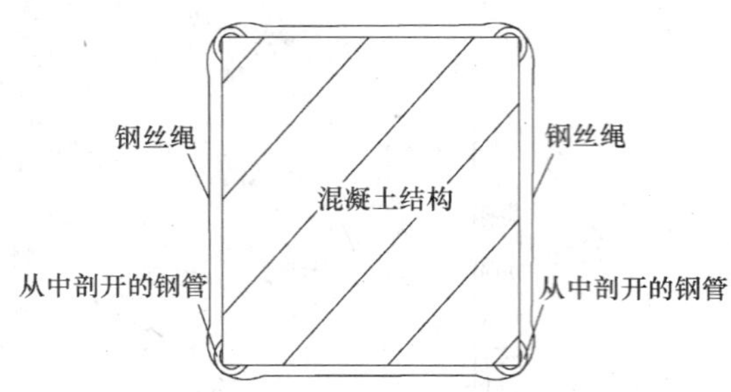

图 6.5-24 钢丝绳保护措施图

与混凝土结构接触处的钢丝绳的保护措施，见图 6.5-24
网架提升工况分析，见图 6.5-25～图 6.5-29。

6.5.9 拔杆验算

网架吊装拔杆验算，见表 6.5-1。

网架吊装拔杆验算表 表 6.5-1

数据输入			验 算
钢管外径 d(mm)	478	轴心压力 N(kN)	361.60
管壁厚度 t(mm)	9.0	最大弯矩 M_x(kN·m)	0.00
钢材抗压强度设计值 f(N/mm^2)	215	计算长度 l_{0x}(mm)	18000
钢材屈服强度值 f_y(N/mm^2)	235	计算长度 l_{0y}(mm)	18000
钢材弹性模量 E(N/mm^2)	2.06E+05	等效弯矩系数 β_m	1.0
数据输出			
一、常规数据			
钢管内径 $d_1=d-2t$(mm)	460	截面面积 $A=\pi\times(d^2-d_1^2)/4$(mm^2)	1.3E+04
截面惯性矩 $I=\pi\times(d^4-d_1^4)/64$(mm^4)	3.65E+08	截面抵抗矩 $W=2I/d$(mm^3)	1.53E+06
截面回转半径 $i=(I/A)^{1/2}$(mm)	165.85	构件长细比 $\lambda_x=l_{0x}/i$	108.5
塑性发展系数 γ	1.15	构件长细比 $\lambda_y=l_{0y}/i$	108.5
二、径厚比验算			
验算 $d/t\leqslant 100\times(235/f_y)$			满足
三、刚度验算			
构件容许长细比[λ]	200	刚度验算 Max[$\lambda x,\lambda y$]<[λ]	满足
四、强度验算			
$N/A+M/\gamma W$(N/mm^2)	27.27	验算 $N/A+M/\gamma W\leqslant f$	满足
五、稳定性验算			
弯矩平面内			
$\lambda'_x=(f_y/E)^{1/2}\times\lambda_x/\pi$	1.167	构件所属的截面类型	b类
系数 α_1	0.600	系数 α_2	0.965
系数 α_3	0.300	欧拉临界力 $N_{Ex}=\pi^2EA/\lambda_x^2$(kN)	2.3E+03
当 λ'_x>0.215 时，稳定系数 $\psi_x=\{(\alpha_2+\alpha_3\lambda'_x+\lambda'^2_x)-[(\alpha_2+\alpha_3\lambda'_x+\lambda'^2_x)^2-4\lambda_x]^{1/2}\}/2\lambda_x$			0.502
当 $\lambda'_x\leqslant$0.215 时，稳定系数 $\psi_x=1-\alpha_1\lambda'^2_x$			
局部稳定系数 $\phi=1(d/t\leqslant 60$ 时)；$\phi=1.64-0.23\times(d/t)^{1/4}(d/t>60$ 时)			1.0000
$N/\psi_xA+\beta_mM_x/\gamma W(1-0.8N/N_{Ex})$(N/mm^2)			54.36
验算 $N/\psi_xA+\beta_mM_x/\gamma W(1-0.8N/N_{Ex})\leqslant\phi f$			满足

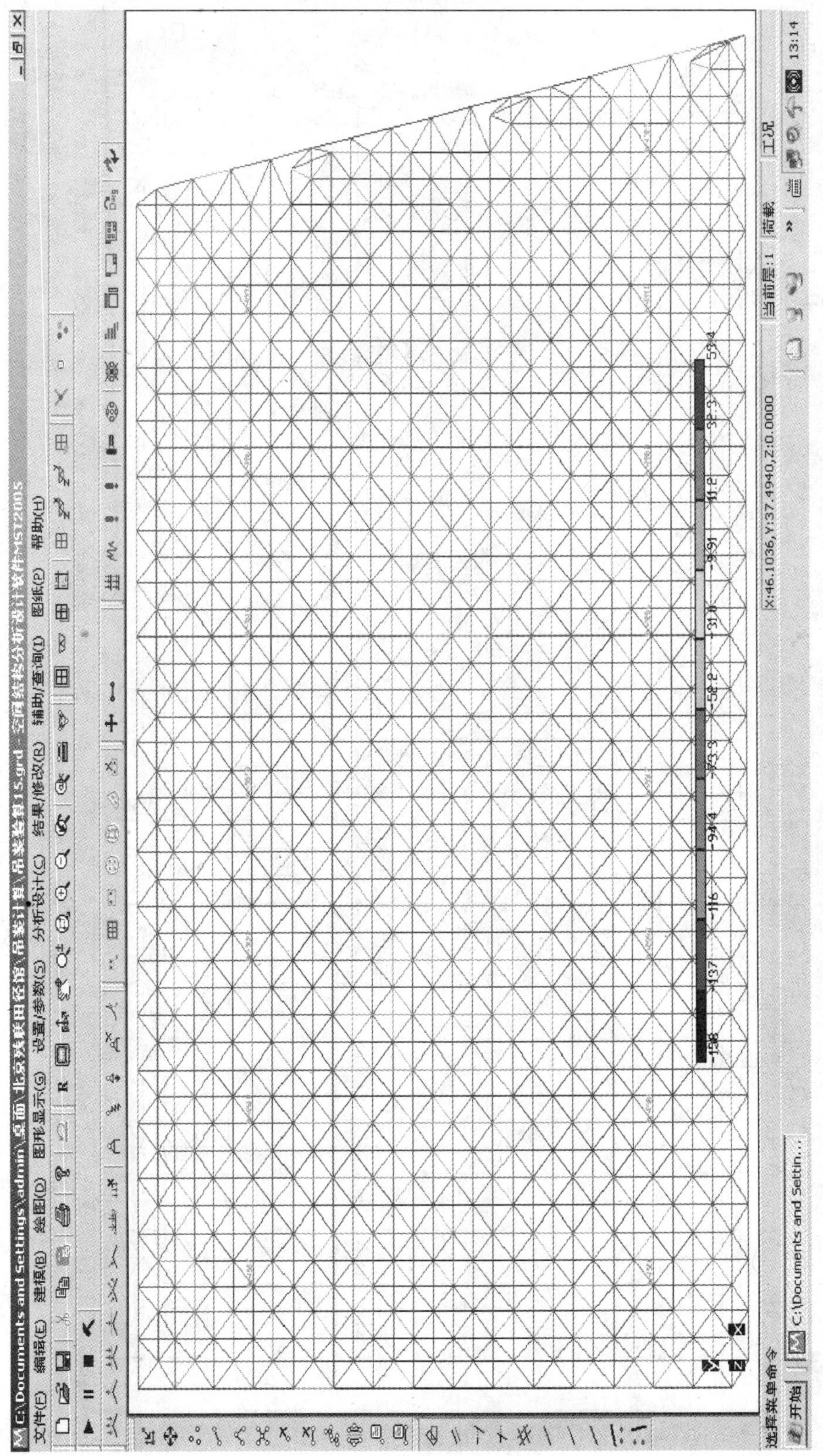

图 6.5-25 网架吊装验算应力图

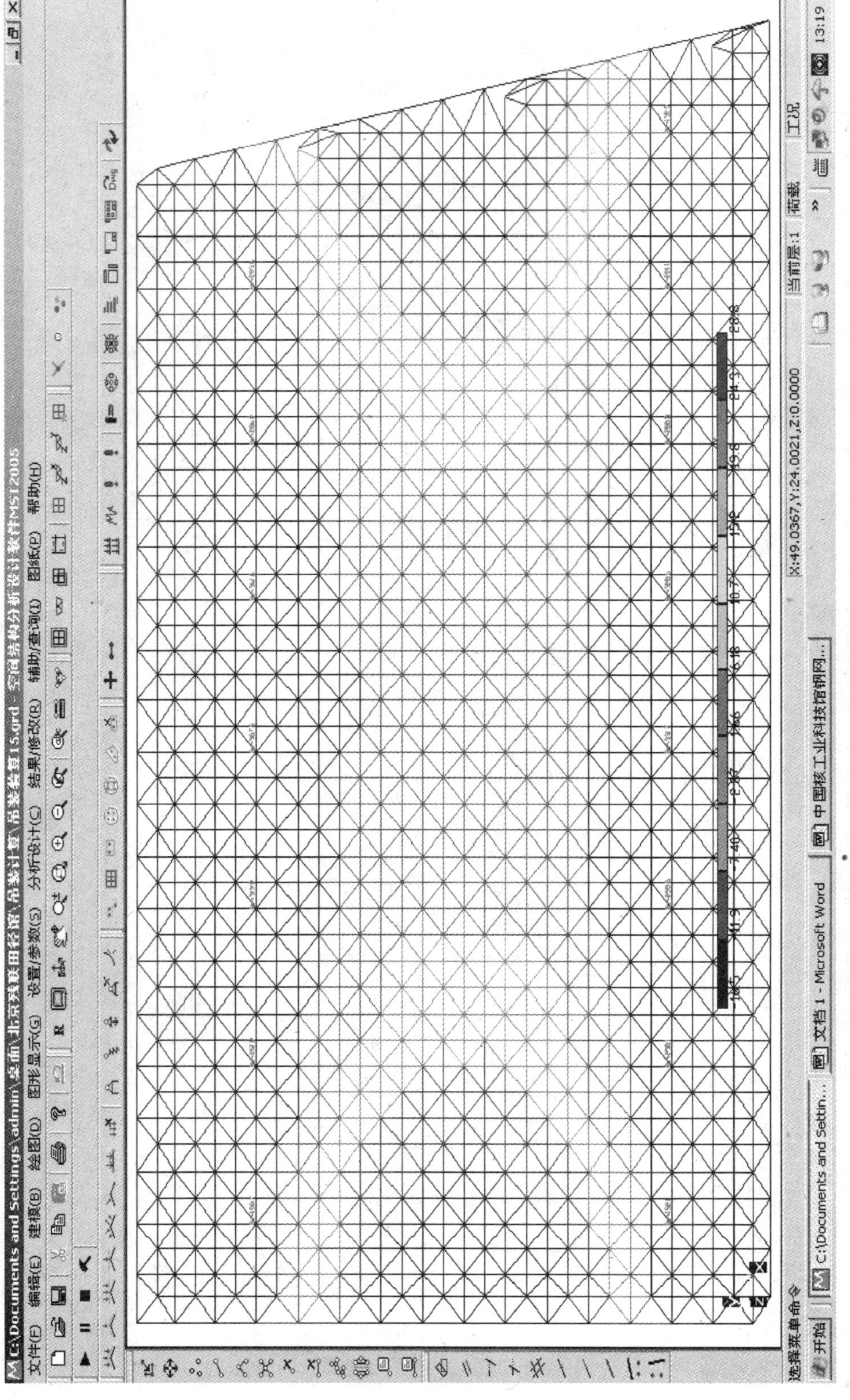

图 6.5-26 网架吊装验算节点位移图

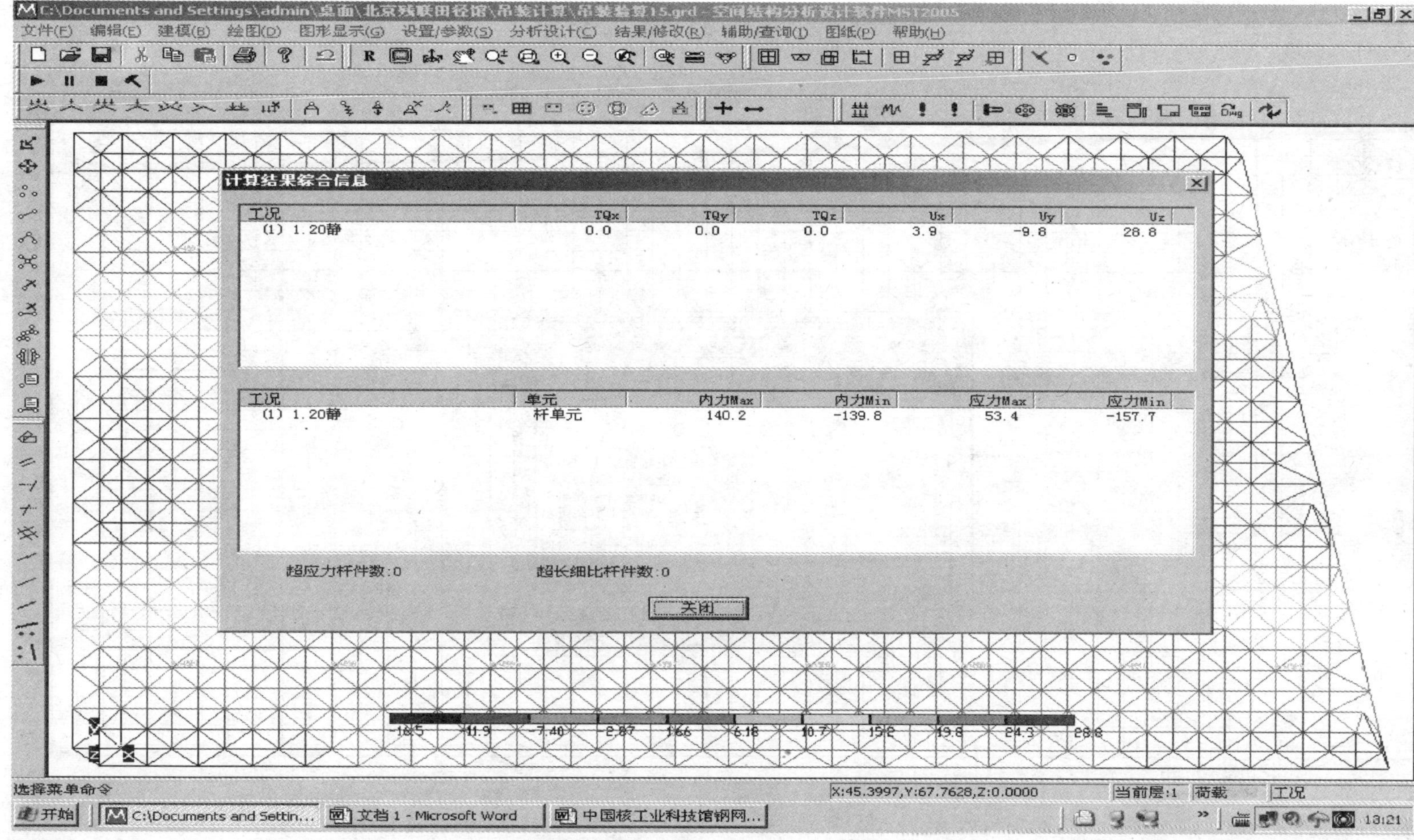

图 6.5-27 网架吊装验算杆件计算结果

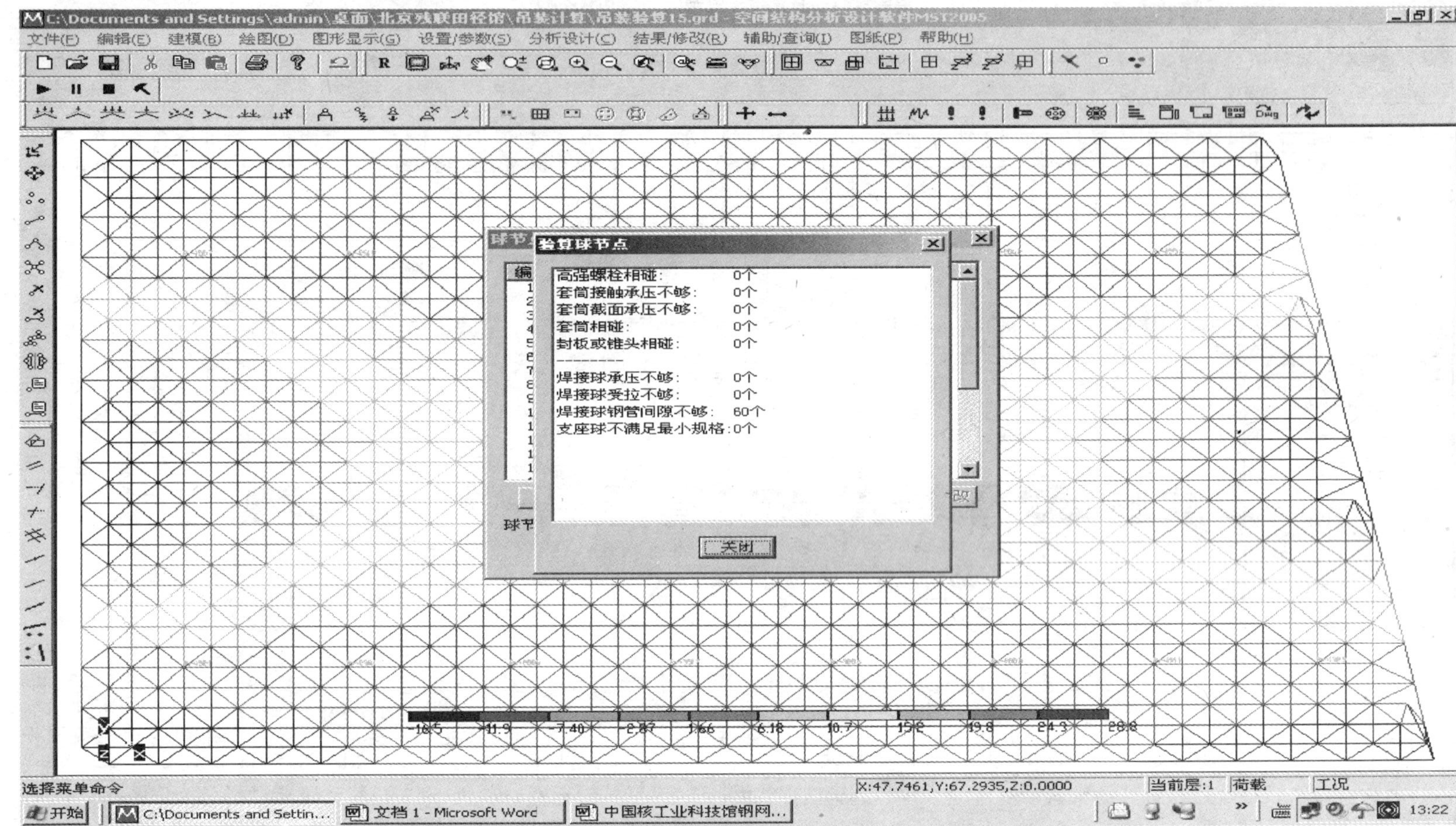

图 6.5-28　网架吊装验算球节点计算结果

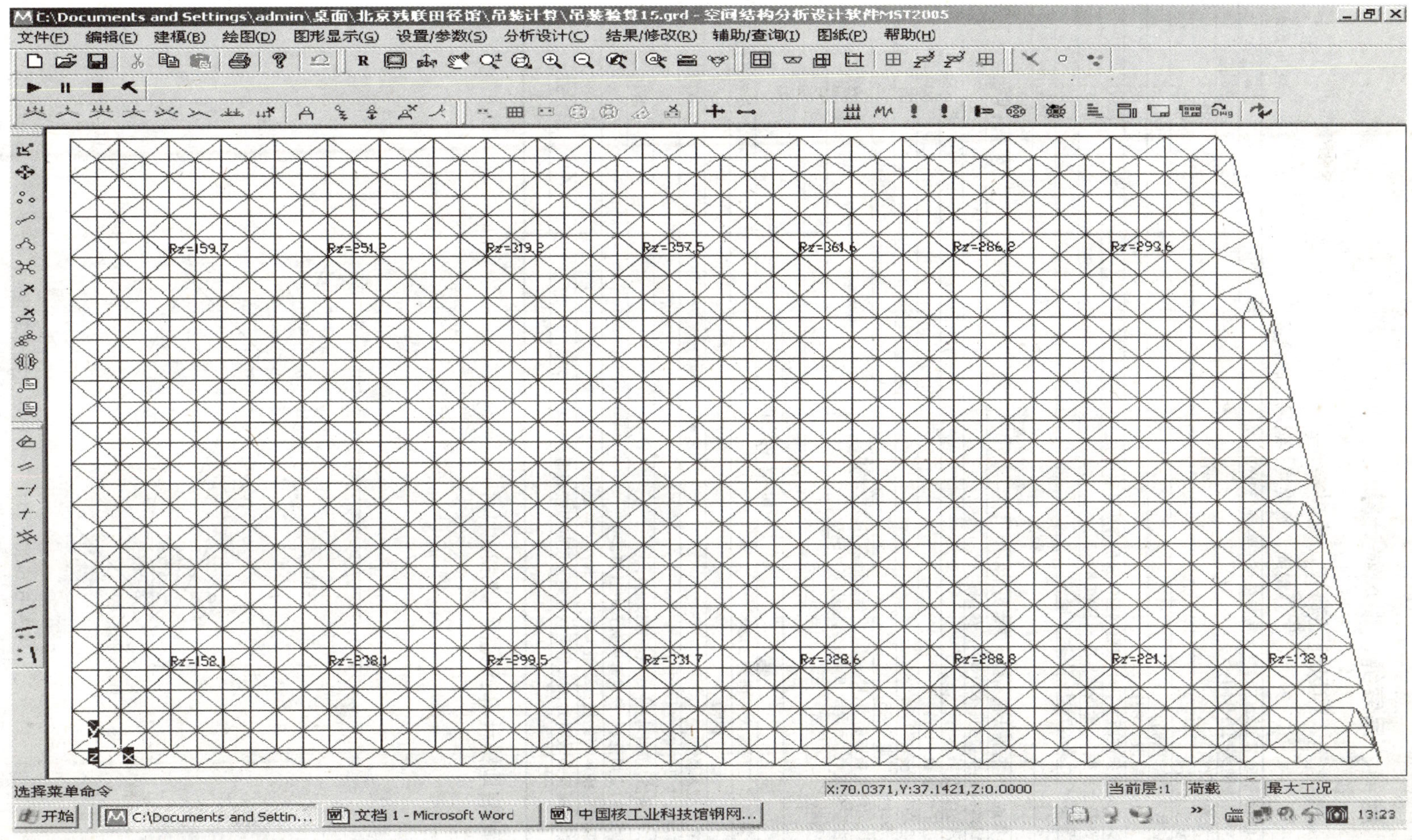

图 6.5-29 网架吊装验算拔杆反力图

6.5.10 跑绳、吊索绳、缆风绳计算

跑绳、吊索绳、缆风绳的验算，见表 6.5-2。

跑绳、吊索绳、缆风绳的验算　　表 6.5-2

跑绳的验算(跑绳的验算取本工程最大吊荷每个吊索为 181kN)	1 根 17.5 钢丝绳
S——起重钢丝绳跑头拉力(kN)；$S=T/n/\eta/\eta_0$	27.73
T——起重滑轮组负载，kN；	181.00
n——滑轮组工作线数；	8.00
η——滑轮组效率(查表得)；	0.85
η_0——导向滑轮效率(取 0.96)。	0.96
F——起重钢丝绳整条破断力，kN，根据钢丝绳强度等级查表得；	156.00
$[K]$——允许安全系数，吊索取 $K=6$；卷扬机 $K=5$	5.00
钢丝绳安全系数 K 计算公式$=F/S\geqslant[K]$	5.63
要求 $F/S\geqslant[K]$	满足
吊索绳的验算	
吊索绳的验算取本工程最大吊荷每个吊索为 181kN	2 根 21.5 钢丝绳
S——起重钢丝绳跑头拉力(kN)；$S=T/n/\eta/\eta_0$	27.73
T——起重滑轮组负载，kN；	181.00
n——滑轮组工作线数；	8.00
η——滑轮组效率(查表得)；	0.85
η_0——导向滑轮效率(取 0.96)。	0.96
F——起重钢丝绳整条破断力，kN，根据钢丝绳强度等级查表得；	243.50
$[K]$——允许安全系数，吊索取 $K=6$；卷扬机 $K=5$	6.00
钢丝绳安全系数 K 计算公式$=F/S\geqslant[K]$	8.78
要求 $F/S\geqslant[K]$	满足
缆风绳的验算	
缆风绳的验算取本工程最大吊荷为 362kN	1 根 21.5 钢丝绳
$W=K\cdot K_z\cdot W_0\cdot F+T$(kN)	169.44
K——风荷载体型系数；	1.00
K_z——风压高度变化系数，取 1.32；	1.32
W_0——基本风压值，按当地(十级风标准取值)；	0.50
F——拔杆(每根)受风面积，按实际受风尺寸计算面积。	63.00
T——拔杆偏移对缆风绳的拉力取最大值 362kN/1.414/2	127.86
F——起重钢丝绳整条破断力，kN，根据钢丝绳强度等级查表得；	243.50
要求 $F\geqslant W$	满足

网架吊装地锚计算：见图 6.5-30

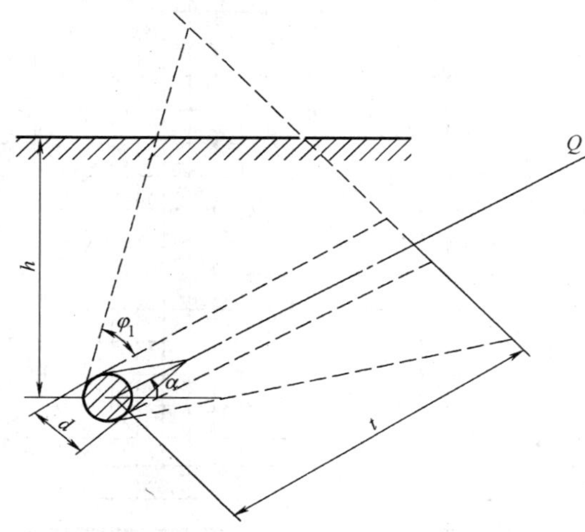

图 6.5-30　斜向受力地锚抗拔计算图

斜向受力地锚按地锚带动一斜向倒锥体土块考虑：

$$Q=\frac{1}{K}\left[dlt+(d+l)t^2\tan\phi_1+\frac{4}{3}t^3\tan^2\phi_1\right]\gamma\sin\alpha$$

式中 t——土中斜向长度，$t=\frac{h}{\sin\alpha}$

α——地锚受力方向与水平方向的夹角；

Q——地锚容许抗拔力，kN；

ϕ_1——土壤的计算抗拔角，列于表 6.5-3；

d——圆钢管地锚直径或钢板地锚宽度，mm；

l——圆钢管地锚或钢板地锚长度，m；

h——圆钢管中央或钢板顶面距地面之深，m；

γ——土壤的单位容重，kN/m^3；

K——抗拔安全系数，取 2～2.5。

土的单位计算密度、内摩擦角、凝聚力和计算抗拔角见表 6.5-3

土的单位计算密度、内摩擦角、凝聚力和计算抗拔角 **表 6.5-3**

土的名称		土的状态	单位密度 γ(kN/m^3)	内摩擦角 ϕ	凝聚力(kPa)	计算抗拔角 ϕ_1
黏性土	黏土	坚硬	18	18°	50	30°
		硬塑 可塑	17 16	14°	20	25° 20°
		软塑	16	8°～10°	8	10°～15°
	粉质黏土	坚硬	18	18°	30	27°
		硬塑 可塑	17 16	18°	13	23° 19°
		软塑	16	13°～14°	4	10°～15°
砂性土	砂质粉土	坚硬 可塑	18 17	26° 22°	15 8	27° 23°
	砾砂及粗砂 中砂 细砂 粉砂	任何湿度 任何湿度 任何湿度 任何湿度 任何湿度	18 17 16 15 15	40° 38° 36° 34° 34°		30° 28° 26° 22° 22°

根据本工程需要，K 取 2.5，d 为 180mm，l 为 2m，α 按照最不利时取 60°，ϕ_1 取 2.5，h 为 2.5m，γ 取 17。

$$Q=\frac{1}{2.5}\left[0.180\times2\times\frac{2.5}{\sin60}+(0.180+2)\times\left(\frac{2.5}{\sin60}\right)^2\times\tan25+\frac{4}{3}\times\left(\frac{2.5}{\sin60}\right)^3\times\tan^2 25\right]\times17\times\sin60=97.073\text{kN}$$

按照拔杆受力最不利的情况计算：

拔杆的高度为 18m，而 13.3m 处倾斜 0.6m，由相似比的$\frac{0.6}{x}=\frac{13.3}{18}$计算拔杆顶端为 0.812m。

拔杆由吊装荷载产生的力为 362kN，它对拔杆产生的力由相似比$\frac{362}{y}=\frac{17.98}{18}$，$y=$ 362.4kN。如图 6.5-31 所示，取 60°时缆风绳受力最不利的情况进行计算：

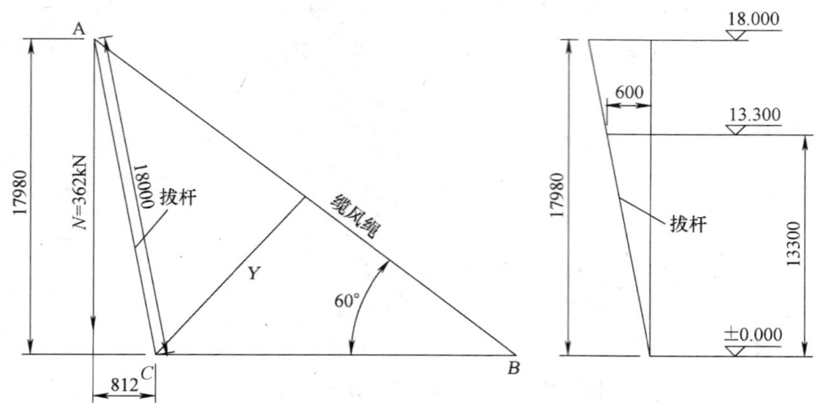

图 6.5-31 拔杆倾斜受力分析

由$\sum MC=0$，缆风绳受力 $362\times0.812=Y\times0.5\times17.98$ 得 $Y=32.7\text{kN}<97.073\text{kN}$ 所以地锚安全，可用。

地锚的做法示意图，缆风绳地锚做法见图 6.5-32，绞磨地锚做法见图 6.5-33。

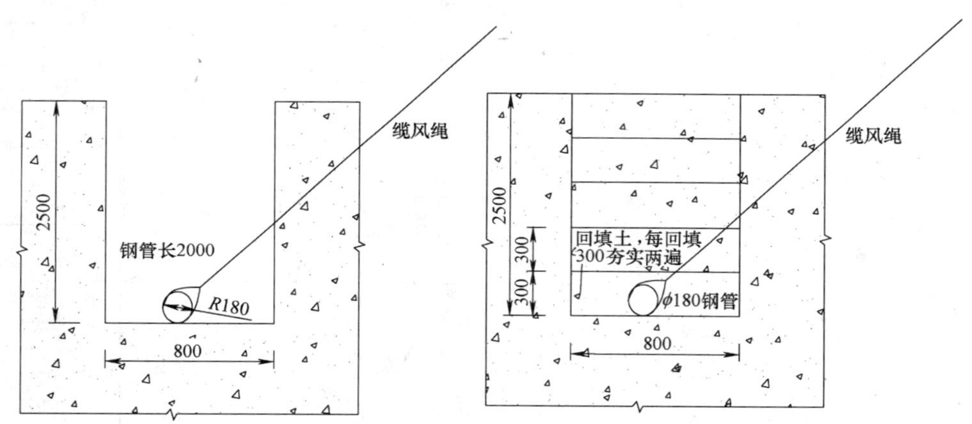

图 6.5-32 缆风绳地锚做法

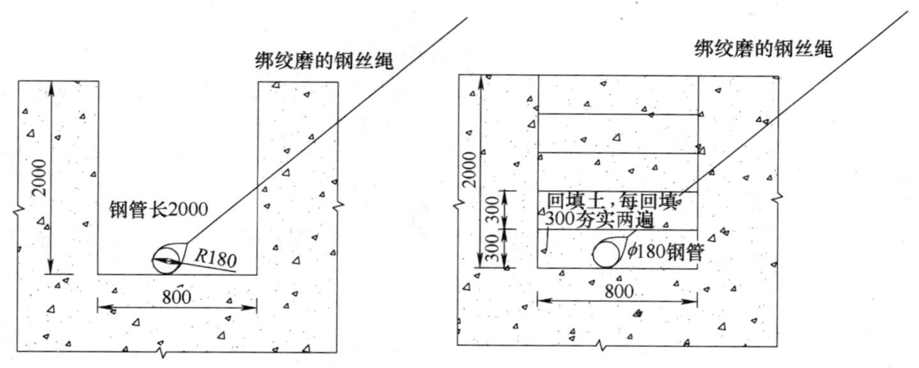

图 6.5-33 绞磨地锚做法

6.6 屋面板安装

6.6.1 屋面板安装准备

屋面的安装在主框架校正完毕，所有檩条和屋面支撑安装完毕，验收之后进行金属夹心屋面板和屋面采光顶的安装。本工程中屋面板采用暗扣绞边屋面系统安装。

6.6.2 屋面板安装顺序

(1) 屋面板安装工艺流程，见图 6.6-1

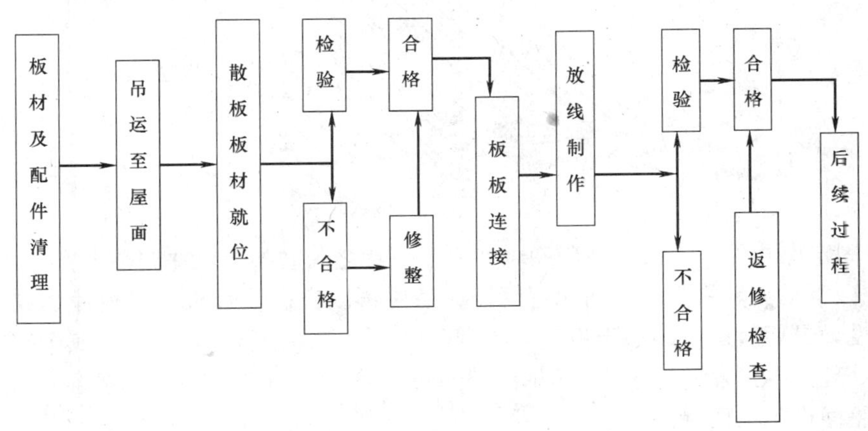

图 6.6-1 屋面板安装工艺流程

(2) 准备工作：

1) 按板的安装顺序和排板图进行安装，将板材就近摆放并做好成品保护。

2) 在结构上用墨线弹出板的起始位置，并拉线控制板的直线度和垂直度。

3) 在安装屋面板之前应先将屋面檩条调直，并用撑木撑开鼓肚和塌腰的檩条，保证在安装屋面板之前檩条平直。

(3) 屋面板安装

1) 屋面板铺设顺序，由常年风尾方向起铺，即从东南方向开始起铺。

2) 铰合式施工法

A. 第一排第一个固定座，以自攻螺钉固定于檩条最左边，然后于桁条弹墨线作基准线，接着固定同排固定座。该固定支座能将屋面板和结构安全可靠的连接起来，并能保证屋面板在两个方向上容纳热胀冷缩应力的 3.175 倍，保证建筑物在最大宽度时不需要伸缩缝，固定支座见图 6.6-2

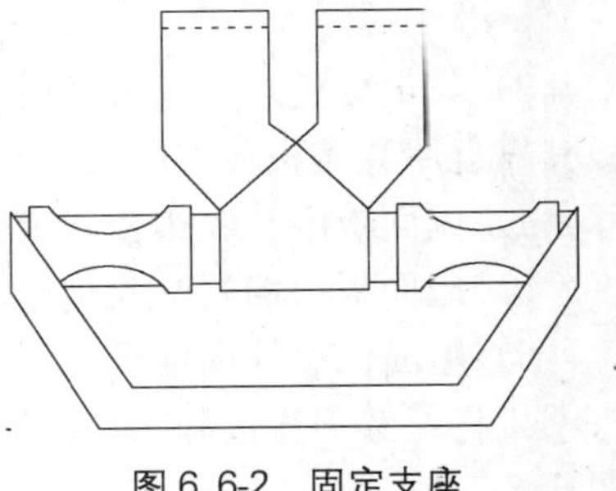

图 6.6-2 固定支座

B. 第一块板之肋部对准固定座之肋板，压下卡入，检查是否扣合正确。见图 6.6-3、图 6.6-4。

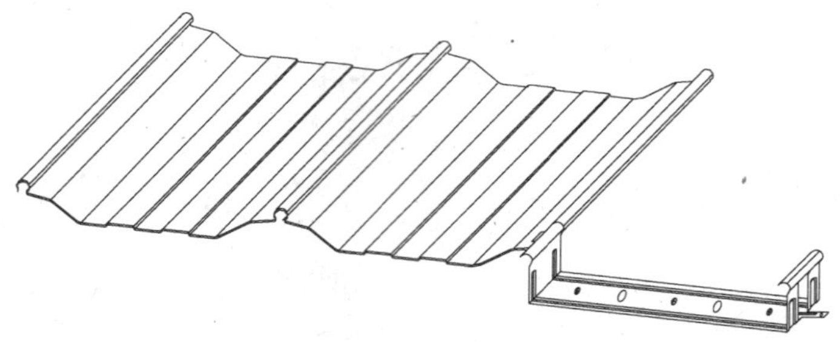

图 6.6-3 第一块板准备安装示意图

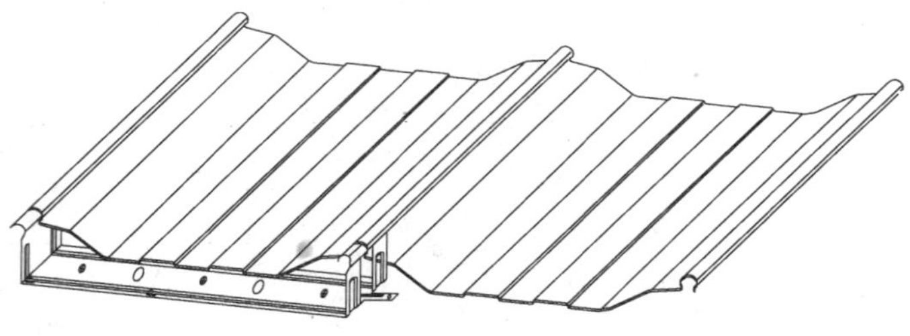

图 6.6-4 安装示意图

C. 将固定座扣件扣在板片之阳肋，并将下一片之阴肋扣上，并调整平齐。

D. 先以手动夹具将阴、阳肋先行固定，最终再以机械铰合机完成板片之铰合。按上述顺序铺设，最后所剩空间小于板宽一半时，仅用固定座短臂固定板片，其余空间以泛水收边进行处理。本工程屋面系统采用暗扣咬边屋面系统，在施工中应严格遵循以上施工步骤，保证屋面板施工质量。

E. 屋面锁缝采用四轮电动式便携式卷边成型器。见图 6.6-5。

图 6.6-5 便携式卷边成型器

3）如最后所剩空间大于板宽一半时，则以固定座固定板片，其超出部分裁除。屋面板其靠近屋脊盖板端应向上 100mm，其靠近天沟端应向下扳 300mm。见图 6.6-6。

4）屋面板中脊收边板固定。

5）屋面板山墙两端收边板固定。

6）屋面保温棉在铺设过程中注意要铺设平齐，保温棉之间应互相挤靠紧密，并采用订书机将保温棉连接起来，在铺板过程中注意保持保温棉的紧密贴合，不能出现缝隙，见图 6.6-7。

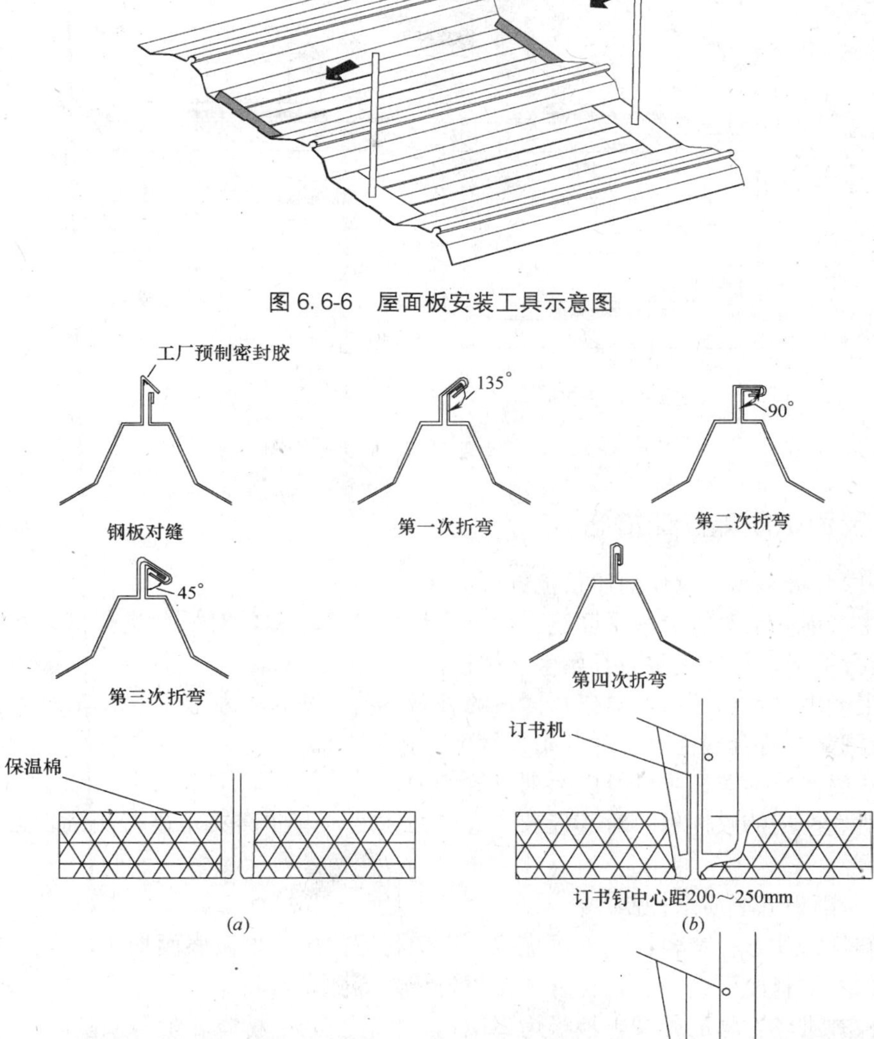

图 6.6-6 屋面板安装工具示意图

图 6.6-7 屋面保温层节点做法示意图

7）钉板时要在泛水处垫一 3mm 厚的小铁片，主要防止钉板以后下垂，把泛水压弯、压坏。

8）屋面遮阳顶的安装方法和锁缝板安装方法相同，注意在安装之前将遮阳板面擦拭干净，在安装之后加强此处的安全防护系统，禁止人员在板上走动，作好成品保护工作。

6.6.3 钢板安装的注意事项

在钉装钢板时自攻钉钉入的深度必须由防水胶垫控制，不得欠钉、过钉，以保证钢板的密封性。自攻钉的防水胶垫控制见图 6.6-8。

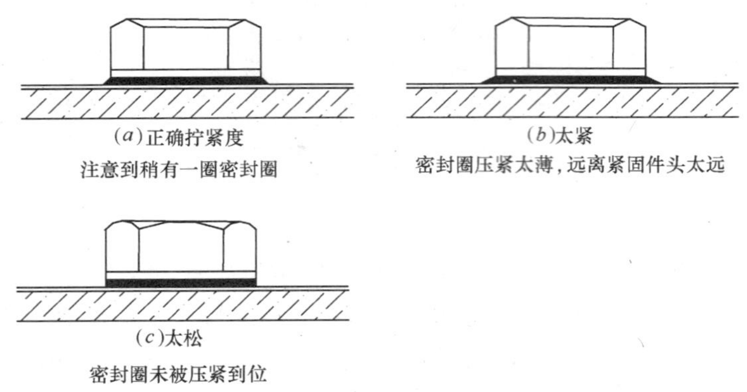

图 6.6-8 自攻钉防水胶垫控制图

6.6.4 屋面板质量保证措施

(1) 屋面板及收边制作的质量控制

1) 生产前必须对机台水平度进行调整，然后开启电源，对机台进行试运行，观察每个滚轮运行情况，一切正常后开始生产样板。

2) 生产出三片样板后，对三片样板的外观，有效宽度、板长，横向剪切，波高，弯曲等进行测量，符合规范要求后开始批量生产。

3) 对生产出的浪板再进行以上项目的测量。

4) 对生产出的收边板，对其板长，弯曲面宽度，弯曲面夹角进行测量，必须符合规范要求。

(2) 屋面板进场质量控制

1) 卸货时注意轻拿轻放，不可拖拉，以免将屋面板，檩条表面划伤。

2) 检查材料出厂合格证，材料试验报告记录等随车资料。

3) 检查进场材料的外观，浪板烤漆质量，板件变形，檩条变形等质量问题。

4) 屋面板堆放时，底下每 3m 加垫一道 50cm×50cm 木方，防止地面沙土破坏烤漆面。

5) 玻璃棉必须堆放在干燥的地方，防止受潮。

6) 自攻钉等零配件必须放在仓库里，做到随用随领，如有剩余，应在下班时放回仓库。

7) 放在屋面上的钢板必须用铁丝进行绑扎，以防刮大风时被掀起。

6.7 屋面采光罩的安装

6.7.1 编制依据

《玻璃幕墙工程技术规范》 JGJ 102—2003

《玻璃幕墙工程质量验收标准》 JGJ/T 139—2001
《建筑装饰装修工程质量验收规范》 GB 50201—2001
《建筑玻璃应用技术设计规范》 GB 113—97
《民用建筑隔声设计规范》 GBJ 118—88
《建筑玻璃应用技术设计规范》 GB 113—97
《建筑用安全玻璃　防火玻璃》 GB 15763.1—2009
《钢化玻璃》 GB 9963—1998

6.7.2 工程概括

本工程共有五个椭圆玻璃采光顶：

其中：四个 18m×9m，一个 27m×12m。

总面积：972m^2，均为安全保温玻璃采光顶。

6.7.3 玻璃的加工

（1）材料：

保温安全玻璃。

（2）加工工艺：

平板热加工成型。

（3）结构特点及物理性能：

1）采光罩内部结构及外露部分采用铝合金整体结构，永不生锈。

2）采光罩为整体形结构，上下铝合金框架均由氩弧焊接而成，且密封胶采用优质耐候胶，可达到永不渗透的效果。

3）透光材料进口原料，具有表面硬度高、耐磨擦、耐老化等优点。

4）椭圆体结构具有多方位弹性，抗冲击性能好。

5）自重轻、整体自重 25～40kg/m^2（含结构）。

6）物理性能：

透光率≥91％（单层）《HB-343-76》。

抗风压强度：

正压第一级《GB—7108》；

负压第一级。

空气渗透性：第一级《GB 7106》；

雨水渗漏性：第一级《GB 7107》；

传热系数：K_0＝2.72W/(m^2·K)（双层）。

7）采光罩钢板框架采用 3mm 钢板制作并做防腐处理。

6.7.4 主要劳动力、材料及施工机具计划

（1）劳动力配置计划

根据本工程的具体施工特点，计划工程现场配置施工工人 10 人，管理人员 2 名，分为二个安装队，分别负责一组和二组的安装施工任务。

在10人的施工工人中，包括测量放线工2人，焊工2人，玻璃工5人，注胶工1人。

1）劳动力资源动态分布

施工时间按2日历天计划安排。

2）劳动力保证措施

为保证安装工人及各业务管理人员的按时到位，特别制定以下措施：

A. 计划明确专人负责。工程开工后定时与项目经理沟通，按现场的施工情况，随时抽调人员上岗。

B. 组织强有力的后备军队伍，在工程现场大面积铺开施工后，出现人员不足或短缺时，可以随时抽调补充安装人员上岗。

（2）材料安排计划

玻璃：玻璃板块完成后用木箱包装，装箱要规整，不歪斜，立靠装箱，木箱四周用泡沫塞紧；板面相贴，间隔泡沫纸；框面相对，无须间隔材料；封箱后成品在箱内应无窜动或挤折，木箱必须打钢带，便于吊运也不易被碰坏。

1）不同规格、尺寸、型号的型材不能包装在一起。包装应严密、牢固，避免在周转运输中散包，产品在包装及搬运过程中避免装饰面的磕碰、划伤。产品包装时，在外包装上用水笔注明产品的名称、代号、规格、数量、工程名称等。包装完成后，如不能立即装车发送现场，要放在指定地点，摆放整齐。

2）运输

本工程主要采用汽车运输，成品及半成品可在加工完毕后，两天内运到施工现场。

汽车运输的装箱原则为：

合理安排装车次序，叠放次序，摆放紧密，整齐不留空隙，确保所装货物不窜动或少窜动。必要时需加以捆绑，优先保护装饰面和重要装饰部位，确保货物完整无缺，不散落，不挤折，不磨损，安全抵达工地。

3）装卸及搬运

本工程玻璃成品板块，由于此类材料已装入木箱，卸货只需用汽车吊吊运至指定位置即可，然后再拆箱进行二次搬运。过程中注意如下事项：

A. 吊运或水平运输过程中对材料应轻起轻落，避免碰撞和与硬物摩擦；吊运前应细致检查包装的牢固性；

B. 物料摆放地点应避开道路繁忙地段或上部有物体坠落区域，应注意防雨、防潮，不得与酸、碱、盐类物质或液体接触；

C. 从木箱或钢架上搬出来的板块及其他成品、半成品，需用木方垫起100mm，并且不可堆放挤压；

D. 板块搬运时需注意避免磕碰及颠晃，搬运时轻拿轻放，避免装饰表面的磕碰、划伤。放时应立放，下部垫木方；

E. 对于转角铝板，在搬运时禁止只提单侧平面，以免由于自重拉开转角；

F. 应严禁结构施工层水泥、砂浆、混凝土等物质的坠落，土建应严格做好楼层防护工作。

4）储存

A. 场地的选择：

材料堆放场地应通风、平整、干燥、防雨水渗漏，应注意防雨、防潮，不得与酸、碱、盐类物质或液体接触；应远离主要交通过道及施工面或上部有物体坠落区域，便于材料转运。贮存区应利于轻搬轻放，且不应放置在繁忙通道的两边；对国标及行业标准规定有贮存条件的物资应严格按标准执行。

材料堆放地应具有一定的面积和空间，满足三维方向的摆放要求。

材料堆放地不可露天，具有防雪、防雨功能。

材料堆放地应具有防火、防盗设施。

应严禁结构施工层水泥、砂浆、混凝土等物质的坠落，土建应严格做好楼层防护工作；

B. 堆放要求：

库房物资的贮存要堆放整齐、分类有序、防火、防潮、防腐蚀、易于取用，对于注胶板块等易划伤、变形、破碎物品的堆放应避免碰撞挤压，必要时应在材料周围设置保护屏障，材料上的原有的标识标签要朝向显要且易被看到的地方。

C. 玻璃摆放：

玻璃摆放时要靠在牢固墙面上，与地面成 80°角立式摆放；与墙面接触部位加垫较柔软的缓冲材料。

玻璃用木方支起 100mm，距端头不大于 300mm，间距不大于 1000mm。

相邻两块玻璃成面对面或背对背摆放形式。

只允许单层摆放，严禁上下叠加。

每排玻璃不得超过 15 樘。

每一排只能摆放同一种规格。

(3) 主要机具使用计划

根据本工程的特点，施工机具需根据工程进度按计划准时到位，现场经理部的施工机具要求提前做好准备，见表 6.7-1。

拟投入的现场主要施工机械设备表 **表 6.7-1**

序号	机械名称	规格型号	数量	额定功率	制造年份	生产能力	用于施工部位
1	闸箱		2	30kW	2004 年	10 万/年	玻璃安装
2	激光经纬仪	GJD2	1			10 万/年	玻璃安装
3	水准仪	AT-G7	1		2002 年	10 万/年	玻璃安装
4	电焊机	B×I-300	2	1.5kW	2004 年	10 万/年	玻璃安装
5	小型钻床		1		2003 年	10 万/年	玻璃安装
6	手电钻	FD-10VA	2		2004 年	10 万/年	玻璃安装
7	对讲机	MOTOROL	2		2004 年	10 万/年	玻璃安装
8	50m 钢尺		2		2004 年	10 万/年	玻璃安装
9	1.2m 水平尺		1		2004 年	10 万/年	玻璃安装
10	小型手动工具		1 套/人				玻璃安装

6.7.5 钢结构屋面采光安装过程

(1) 玻璃安装的准备工作

1) 准备工作

A. 玻璃安装前应检查校对钢结构的垂直度、标高和水平度等是否符合设计要求。

B. 安装前必须用钢丝刷清洁钢龙骨表面及槽底泥土，灰尘等杂物，并装入氯丁橡胶垫块，对应于玻璃支撑面宽度边缘左右 1/4 处各放置垫块。

C. 安装前，应清洁玻璃及吸盘上的灰尘，根据玻璃重量及吸盘的规格确定吸盘的个数。

D. 玻璃按设计要求就位后用螺钉及铝合金压板将玻璃板块固定，固定间距：端距不大于 150mm，中距不大于 300mm。

E. 玻璃全部调整后应进行整体的检查，确认无误后，才能进行打胶密封处理。

2）玻璃打胶

A. 打胶前应用“二甲苯”或工业乙醇和干净的毛巾擦净玻璃及铝合金框打胶的部位。

B. 玻璃之间及玻璃与铝合金龙骨的间隙用泡沫胶条塞紧，保证平直，并预留 4～6mm 的打胶厚度。

C. 打胶前，在需打胶的部位粘贴保护胶纸，注意胶纸与胶缝要平直。

D. 打胶时要持续均匀，操作顺序一般是：先打横向缝后打竖向缝；竖向胶缝宜自上而下进行，胶注满后，应检查里面是否有气泡、空心、断缝、夹杂，若有应及时处理。

E. 隔日打胶时，胶缝连接处应保持清理打好的胶头，切除前次打胶时的胶尾，以保证两次打胶的连续紧密。

F. 玻璃胶修饰好后，应迅速将粘贴在玻璃上的胶带撤掉，玻璃胶固化后，应清洁内外玻璃，做好防护标志。

（2）玻璃安装过程

1）屋顶主、次檩条安装。见图 6.7-1。

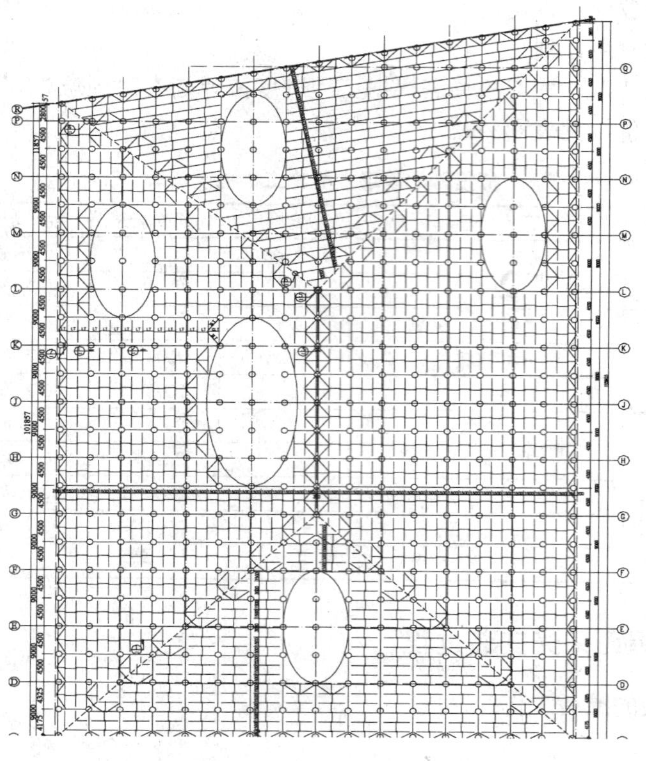

图 6.7-1 屋顶主、次檩条安装示意图

2）铺设屋面时，下弦球与檩条的连接，见图 6.7-2。

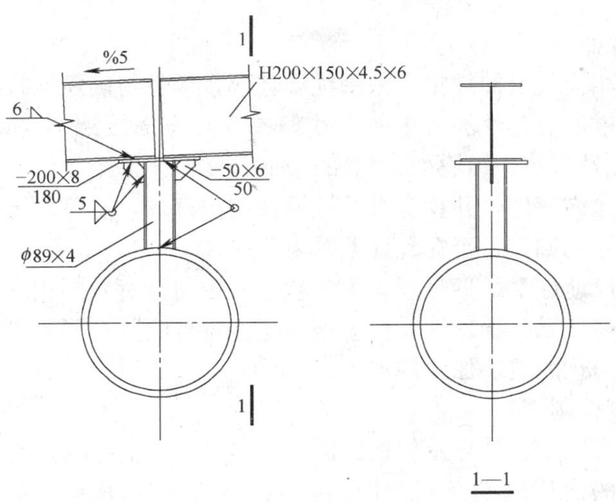

图 6.7-2 下弦球与檩条连接图

3）安装屋面板主檩条与次檩条端部的连接。见图 6.7-3。

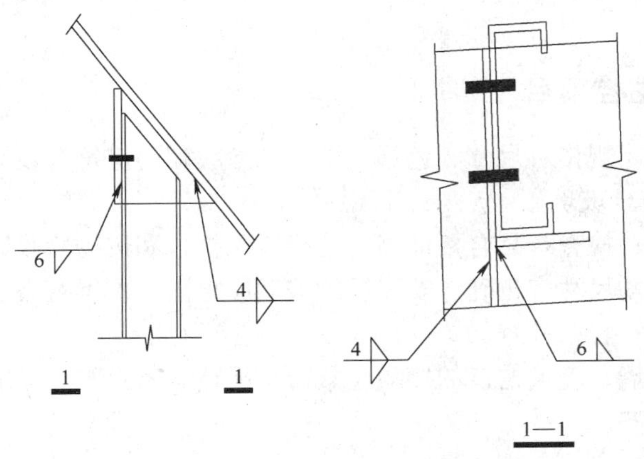

图 6.7-3 主檩条与次檩条端部连接图

4）安装屋面板檩条端部与采光罩钢板框架连接。

5）在下层板上开洞，安装采光罩钢板框架。

6）安装采光罩专用排水板，排水板采用与屋面板同材质彩钢板制作。

7）排水板与采光罩钢板框架之间粘贴密封胶条。

8）用防水铆钉固定。

9）铺设保温层。

10）铺设屋面上层板。

11）安装采光罩下口防水收边。

12）密封检查。

13）保洁清理。

6.7.6 玻璃构件加工质量控制

(1) 玻璃加工控制

1) 玻璃须符合相应规范的规定，采用优质玻璃，颜色与确定样板色彩一致。

2) 玻璃到货后就外观、性能要求、尺寸偏差等几方面按照 GB 11944 进行检验，不得有妨碍透视的污点及气泡，镀膜面无划伤、刻痕。

3) 不合格品不允许使用，并相应做好记录及归类存放，不可以与合格品混杂放置。

4) 检查玻璃尺寸的偏差是否在允许偏差内。

5) 检查玻璃的产地证书、型号及厚度、状态是否与订货合同相同。

6) 校对出厂合格证书，物理性能检测报告是否符合购货合同要求。

7) 玻璃构件在净化的玻璃加工厂加工。

(2) 密封胶质量控制

1) 检查胶的生产厂家、型号及规格、出厂合格证和性能报告是否与订货合同相同。

2) 检查胶筒上的出厂日期及有效期是否能在施工期内用完。有无过期胶混入产品之中。

3) 严禁将过期结构胶降格为耐候胶使用。

4) 向国家指定的检测中心提供式样材料，以获得结构胶与接触材料的相容性实验报告。

6.7.7 玻璃安装主控项目

(1) 玻璃的品种、规格、尺寸、色彩、图案和涂膜朝向应符合设计要求。单块玻璃大于 $1.5m^2$ 时应使用安全玻璃。

检验方法：观察；检查产品合格证书、性能检测报告和进场验收记录。

(2) 门窗玻璃裁割尺寸应正确。安装后的玻璃应牢固，不得有裂纹、损伤和松动。

检验方法：观察；轻敲检查。

(3) 密封条与玻璃、玻璃槽口的接触应紧密、平整。密封胶与玻璃、玻璃槽口的边缘应粘结牢固、接缝平齐。

检验方法：观察。

(4) 带密封条的玻璃压条，其密封条必须与玻璃全部贴紧，压条与型材之间应无明显缝隙，压条接缝应不大于 0.5mm。

检验方法：观察；尺量检查。

6.7.8 玻璃安装一般项目

(1) 玻璃表面应洁净，不得有腻子、密封胶、涂料等污渍。中空玻璃内外表面均应洁净，玻璃中空层内不得有灰尘和水蒸气。

检验方法：观察。

(2) 门窗玻璃不应直接接触型材。单面镀膜玻璃的镀膜层及磨砂玻璃的磨砂面应朝向室内。中空玻璃的单面镀膜玻璃应在最外层，镀膜层应朝向室内。

检验方法：观察。

(3) 玻璃的使用应符合下列规定:

1) 应使用安全玻璃，玻璃的品种、规格、颜色、光学性能及安装方向应符合设计要求。

2) 玻璃的厚度不应小于6.0mm。全玻肋玻璃的厚度不应小于12mm。

3) 中空玻璃应采用双道密封。明框的中空玻璃应采用聚硫密封胶及丁基密封胶；隐框和半隐框的中空玻璃应采用硅酮结构密封胶及丁基密封胶；镀膜面应在中空玻璃的第2或第3面上。

4) 夹层玻璃应采用聚乙烯醇缩丁醛（PVB）胶片干法加工合成的夹层玻璃。点支承玻璃夹层玻璃的夹层胶片（PVB）厚度不应小于0.76mm。

5) 钢化玻璃表面不得有损伤；8mm以下的钢化玻璃应进行引爆处理。

6) 所有玻璃均应进行边缘处理。

检验方法：观察；尺量检查；检查施工记录。

7) 玻璃与主体结构连接的各种预埋件、连接件、紧固件必须安装牢固，其数量、规格、位置、连接方法和防腐处理应符合设计要求。

检验方法：观察；检查隐蔽工程验收记录和施工记录。

8) 各种连接件、紧固件的螺栓应有防松动措施；焊接连接应符合设计要求和焊接规范的规定。

检验方法：观察；检查隐蔽工程验收记录和施工记录。

9) 隐框或半隐框玻璃，每块玻璃下端应设置两个铝合金或不锈钢托条，其长度不应小于100mm，厚度不应小于2mm，托条外端应低于玻璃外表面2mm。

检验方法：观察；检查施工记录。

10) 玻璃槽口与玻璃的配合尺寸应符合设计要求和技术标准的规定。

11) 玻璃与构件不得直接接触，玻璃四周与构件凹槽底部应保持一定的空隙，每块玻璃下部应至少放置两块宽度与槽口宽度相同、长度不小于100mm的弹性定位垫块；玻璃两边嵌入量及空隙应符合设计要求。

12) 玻璃四周橡胶条的材质、型号应符合设计要求，镶嵌应平整，橡胶条长度应比边框内槽长1.5%～2.0%，橡胶条在转角处应斜面断开，并应用胶粘剂粘结牢固后嵌入槽内。

(4) 检验方法：观察；检查施工记录。

1) 高度超过4m的全玻应吊挂在主体结构上，吊夹具应符合设计要求，玻璃与玻璃、玻璃与玻璃肋之间的缝隙，应采用硅酮结构密封胶填嵌严密。

检验方法：观察；检查隐蔽工程验收记录和施工记录。

2) 点支承玻璃应采用带万向头的活动不锈钢爪，其钢爪间的中心距离应大于250mm。

3) 玻璃四周、玻璃内表面与主体结构之间的连接节点、各种变形缝、墙角的连接节点应符合设计要求和技术标准的规定。

检验方法：观察；检查隐蔽工程验收记录和施工记录。

4) 玻璃应无渗漏。

检验方法：在易渗漏部位进行淋水检查。

5）玻璃结构胶和密封胶的打注应饱满、密实、连续、均匀、无气泡，宽度和厚度应符合设计要求和技术标准的规定。

检验方法：观察；尺量检查；检查施工记录。

6）玻璃开启窗的配件应齐全，安装应牢固，安装位置和开启方向、角度应正确；开启应灵活，关闭应严密。

检验方法：观察；手扳检查；开启和关闭检查。

7）玻璃的防雷装置必须与主体结构的防雷装置可靠连接。

检验方法：观察；检查隐蔽工程验收记录和施工记录。

6.7.9 施工质量控制

(1) 施工过程中应特别注意人身安全防护措施

1）安装人员在进入施工现场必须戴安全帽。要选择合格产品，有检验部门批量验证和工厂检验合格证；施工人员进入现场前必须检查安全帽是否有损坏，是否符合安全要求；施工人员戴安全帽时必须系好下额带，以防发生高处坠落，帽飞人落的现象。

2）高空施工操作时必须系好安全带，安全带要选用合格产品，有厂家永久字样的商标及合格证，进入现场必须检查安全带是否完好，安全带必须挂在牢固结实的地方。

3）施工人员应配置工具袋、工具箱，以防工具的掉落。工具用后放入工具袋、工具箱内，施工中待用物料放置时距洞口及楼板沿水平距离 1m 以上。收工后，做到工完场清。

4）在高层建筑门窗与上部结构施工交叉作业时，结构施工层下方须挑出 3m 以上的防护装置，如果架设安全网有困难，可采用其他有效方法，保证安全施工。

(2) 防止使用工具落下方法

扳手、螺丝刀等小工具放在工具袋内，手电钻、电锤等大型工具用绳子拴在结构件或脚手架上。

(3) 施工现场巡察管理

安全员应每天深入现场进行巡视，并记录安全日记，对安全设施（脚手架、防护网等），安全防护措施，安全保护用品（安全帽、安全带），设备安全运行情况，现场文明卫生，对现场人员遵守安全规范的情况进行检查和实施有效的监督，发现不合格状态，应发出整改通知书，责令限期整改，对不听劝阻者，经项目经理批准采取停工整改、罚款教育等手段进行纠正。

(4) 防火注意事项

在施工中要针对火警隐患，严格控制火源和执行动火过程中的安全焊接措施，具体措施如下：

1）从事电焊操作人员，必须进行专门培训，掌握焊接的安全技术、操作规程，经过考试合格，取得操作合格证后方准操作。操作时应持证上岗，徒工学习期间，不能单独操作，必须在师傅的监护下进行操作。

2）严格执行用火审批程序和制度。操作前必须写用火申请手续，经本单位领导同意和消防保卫或安全技术部门检查批准，领取用火许可证后方可进行操作。

3）进行电焊前，应由施工员或班组长向操作、看火人员进行消防安全技术措施交底，所有交、直流电的金属外壳，都必须采取保护接地或接零，焊接的金属设备、结构本身要接地；任何领导不能以任何借口纵容焊工进行冒险操作，焊接时，必须设接火斗，防火看护人。

4）装过或有易燃、可燃液体、气体及化学危险品的容器、管道设备，在未彻底清洗干净前，不得进行焊接。

5）遇有五级以上大风气候时，施工现场的高空露天焊接作业应停止，雨雪天后应先清除施工地点的积水、积雪后方可施焊。

6）领导及生产技术人员，要合理安排工艺和编排施工进度程序，在有可燃材料保温的部位，不准进行焊割接作业。必要时，应在工艺安排各施工方法上采取严格的防火措施。焊接作业不准与油漆、脱漆、木工等易燃操作同时间、同部位上下交叉作业。

7）焊接结束或离开操作现场时，必须切断电源、气源。赤热的焊嘴、焊钳以及焊条头等，禁止放在易燃、易爆物品和可燃物上。

8）禁止使用不合格的焊接工具设备。各种用电设备、照明设备在露天使用时必须设有防水防雨设施，各种设备的防护罩必须齐全。电焊的导线不能与装有气体的气瓶接触，也不能与气焊的软管或气体的导管放在一起。

9）焊接现场、临时库房必须配备灭火器材，危险性较大的应有专人现场监护。

10）看火（监护）人员作业指导书：

A. 清理焊接部位附近的易燃、可燃物品；对不能清除的易燃、可燃物品要用水浇湿或盖上石棉布等非燃材料，以隔绝火星；

B. 要坚守岗位，不能兼顾其他工作，要与电焊工密切配合，随时注视焊接周围的情况，一旦起火要及时扑救；

C. 在高处焊接时，要用非燃材料做成接火盘和风挡（即接火斗），以接住火花的溅落；

D. 在焊接过程中，要随时进行检查，操作结束后，要对焊接地点进行仔组检查确认无危险后方可离开。在隐蔽场所或部位焊接操作完毕后，0.5～4h 内要反复检查，以防阴燃起火；

E. 要根据情况，备好适用的灭火器材和防火设备（石棉布、接火盘、风挡等）、做好灭火准备；

F. 发现电焊操作人员违反电焊防火管理规定、操作规程或支火部位有火灾、爆炸危险时，有权责令停止操作，收回动火许可证及操作证，并及时向领导或保卫部门汇报；

G. 无名牌的电气设备不得随意接通电源，各种电气设备的出厂证、合格证应齐全；

H. 手电钻、冲击钻、电动改锥等电动工具须做绝缘电压检验，检验合格后方可使用；

I. 施工现场严禁吸烟；

J. 五级风以上禁止电焊；

K. 电焊工的操作作业指导书；

L. 焊工在操作前，要严格检查所用工具（包括电焊机设备、线路敷设、电缆线的接点等），使用的工具均应符合标准，保持完好状态；

M. 电焊机应有单独开头装在防火、防雨的闸箱内，电焊机应设防雨棚，开关的保险丝容量应为该机的 1.5 倍，保险丝不准用铜丝或铁丝代替；

N. 焊接部位必须与氧气瓶、乙炔瓶、乙炔发生器及各种易燃、可燃材料隔离，两瓶之间不得小于 5m，与明火之间不得小于 10m；

O. 电焊机必须设有专用接地线，直接放在焊件上，接地线不准接在建筑物、机械设备、各种管道、避雷引下线和金属架上借路使用，防止接触火花，造成起火事故；

P. 电焊机一、二次线应用线鼻子压接牢固，同时应加装防护罩，防止松动、短路放弧，引燃可燃物；

Q. 严格执行防火规定和操作规程，操作时采取相应的措施，与看火人员密切配合，防止引起火灾。

（5）安全防火纪律

1）电焊、气焊人员应严格执行操作规程，执行动火证制度，必须把周围用水泼湿，要用看火员看火，并准备好接火斗和灭火器，不准在易燃易爆物附近电焊；

2）不准在宿舍内施工现场明火燃烧杂物和废纸；

3）不准在宿舍、仓库、办公室内开小灶，不准使用电饭煲、电水壶、电炉、电热杯等，如需使用应由总包行政办公室同意后在指定统一地点使用，但严禁使用电炉；

4）不准在宿舍、办公室乱扔烟头、火柴棒，不准躺在床上吸烟，吸烟者应自备烟缸，烟头和火柴必须丢进烟缸；

5）不准在宿舍、办公室内乱接电源，非专职电工不准私接熔丝，不准以其他金属代替保险丝；

6）宿舍内照明不准使用 60W 以上灯泡，灯泡离地高度不得低于 2.5m，离开帐子等物品不少于 500mm；

7）不准将易燃易爆品带进宿舍；

8）食堂、浴室、炉灶的烧火人员不得擅自离开岗位；

9）不准将火种带进仓库和施工危险区域，木工间及木制品推放场地；

10）不准在宿舍区、施工现场燃放烟花和爆竹；

11）宿舍区、施工现场严禁引火打闹；

12）严禁损坏、盗窃灭火设备。

6.7.10 环境保护措施

建筑施工是一项综合性的工作，对于与其相关的周围环境，影响较大。门窗工程作为整体施工现场的一个重要组成部分，应当起到自己的作用，增强施工人员的环保意识，从自身做起，积极保护施工现场的环境卫生。

（1）实行环保目标责任制：把环保指标以责任书的形式层层分解到有关班组和个人，列入承包合同和岗位责任制，建立懂行善管的环保自我监控体系。

（2）加强检查和监控工作，加强对施工现场粉尘、噪声、废气的监控工作，及时采取措施消除粉尘、噪声、废气和污水的污染。

（3）保护和改善施工现场的环境，进行综合治理；施工单位采取有效措施控制人为噪声，粉尘的污染和采取技术措施控制烟尘，污水和噪声污染，并同当地环保部门加强联系。

（4）在施工现场平面布置和组织施工过程中严格执行国家、地区、行业和企业有关环保的法律法规和规章制度。

(5) 噪声方面：因本工程半成品均在厂内加工，半成品运到工地后无需再加工，仅仅是搬运材料不会产生噪声严格控制人为噪声，进入施工现场不得高声喊叫、无故摔打模板、乱吹哨、限制高声喇叭使用，最大限度减少扰民。严格控制强噪声作业时间，一般从晚10点到次日早6点间停止强噪声作业，如遇特殊情况必须夜间施工，尽量采取降噪措施，并出安民告示，求得群众谅解。

(6) 垃圾方面：

1) 注意保持施工环境的卫生，在施工面施工完毕后，一定将施工垃圾随手带走；

2) 现场产生的垃圾于每日下午6点下班前全部清走，运至建设单位指定的地点；

3) 每周进行一次大扫除，积极迎接总包方的安全文明大检查。

6.7.11 文明施工措施

我公司根据本工程特点，特制定以下文明施工措施，以确保本工程达到省级文明施工工地的标准。

(1) 施工人员着装统一，佩戴胸卡，进入施工现场必须戴安全帽；

(2) 各项设施布置要按照施工总平面图进行规划，并由总包统一安排，做到布置安全合理，场地干净；

(3) 各种材料要分区堆码整齐，分列排放，并挂上醒目的标志牌，严禁烟火，确保安全，同时确保通道及出入口畅通无阻；

(4) 作业层要工完料清，未使用完的材料必须堆码整齐，保持施工现场的整洁；

(5) 垃圾要集中堆放及集中处理，排水沟要保持畅通；

(6) 施工现场的各种消防设施要按要求进行设置，并有专人管理，严禁抽烟，做到安全无隐患，防污染，防磕碰损伤；

(7) 进出工地的施工人员均佩戴施工现场出入证，穿工作服，绝不带外来人员进入施工现场；

(8) 施工人员要文明待人，严禁打架斗殴及恶语伤人，语言文明，作风端正，遵守当地治安管理条例；

(9) 宿舍内要统一安装照明设施，严禁乱拉乱接用电设备；积极配合总包方安排的定期文明施工的检查和评比，虚心接受批评，并积极改正；与其他专业公司交叉作业时，相互配合，加强合作，出现问题时，共同协商，友好解决；

(10) 工程材料存放地点应选择通风干燥之处，避免材料受潮变质以至报废。

6.8 测　量

6.8.1 施工测量准备

(1) 人员配备

考虑本工程的重要性和测量的复杂性，对专业测量技术人员要精挑细选，反复审核，要求必须具备扎实的理论基础，专业的实操技术；计算思维缜密，能完成工程中的各种复杂的计算；要求在本职岗位工作五年以上，且具有比较丰富的工作经验，工作细心，责任心强，有吃苦精神的专业骨干。

所有的施工测量人员必须持证上岗，技术人员必须持有任职资格证书。

（2）仪器准备

要做好施工测量控制的工作，仪器是保证。考虑到本工程施工测量工作量大，而且钢结构现场放样难度比较大，因此选用了先进的、高精度的仪器，以满足工程的需要。经过理论计算，测距精度为（2＋2ppm. D）Elta-2 全站仪完全能够满足工程的需要；高程采用精度为 0.4mm 的 Dini12 自动精密水准仪；同时为完成控制点的竖向传递工作，采用了精度为 1/200000 的 VS-A1 天顶仪。

1）对施工图纸的了解和核对

拿到施工图纸以后，应及时查看，迅速了解和掌握本工程的技术要求以及施工特点。对本工程的钢结构测量控制制定一个详细的实施方案，要求能准确地、直观地反映出整个场区控制，做到省时、省力、及时无误。要写出详细的测量纲要，计算出各放样点的坐标，所有计算（坐标计算、边长方位计算等）都要做到百分之百检查。（一人计算、一人检查）做到环环有检查，步步有校核。

2）对施工现场控制网的布设与校核

钢结构安装时土建施工即将完成，进场后应根据现场提供的控制网进行全方位的复测、校核。确认准确无误后，再按照三等平面网（导线网和边角网相结合）和二等水准网的精度，结合施工图纸和现场情况建立施工控制网，使用点位的平面精度不低于±1.5mm，高程精度不低于±1.5mm。

6.8.2 钢网架安装过程中的测量与控制

（1）钢网架安装的测量与控制

1）钢网架的测控方法概述

根据钢网架的施工流程和工艺特点，遵循“在满足工程进度和精度的前提下，尽量做到省工、省时、省费用”的施工测量基本原则。

A. 首先按照平面控制网的精度要求建立钢网架施工控制网，平面精度不低于±1.5mm，高程精度不低于±1.5mm。

B. 钢网架施工测量必须与钢网架安装建立密切的联系，通过双方计算数据的统一、控制网和轴线点的相互检验和数据共享，达到承前启后，顺利施工的目的。

C. 在施工过程中根据需要增加轴线点。为了与设计图纸坐标一致，将轴线点与其他平面控制点坐标换算成施工相对坐标系坐标（笛卡尔坐标），换算公式为：

$$Y=(x-x_0)\cos\phi+(y-y_0)\sin\phi$$

$$x=-(x-x_0)\sin\phi+(y-y_0)\cos\phi$$

公式中：x、Y 为施工相对坐标系坐标，x、y 为北京市城市坐标系坐标，x_0、y_0 为中心点坐标，ϕ 为换算角。

2）钢网架测量控制前提和要求

A. 在四个角的支座上方各搭设一个测量操作平台，平台必须绝对保证安全性、稳固性，在平台下方布设一个半永久性控制点用以控制钢网架的节点。

B. 钢网架安装前，检测支撑脚手架体系顶部标高，以确保钢网架安装时控制节点标高。

3）钢网架表面的测控

在安装完成后，通过天顶仪将控制点竖向传递到操作平台，架全站仪在平台上，仪器调平以后，后视同样高度通过天顶仪竖向传递到操作平台的控制点，计算出仪器支点的坐标，将仪器转角到已知半球的中心交叉点，通过仪器计算出该点的极坐标，与计算好的该节点的坐标相比较，从而控制节点的坐标位置。

4）钢网架高程控制如下（三角高程法）

在安装完成后，将已作好的高程网点通过钢盘尺竖向传递到相近主体建筑物上（至少三个），经复核完成后，架全站仪在平台上，将仪器视线调到水平，后视传递上来的高程，将仪器仰角至焊接球中心，得到一个角度和距离，利用三角高程法计算出该球的高程位置，就可以控制该球的高程。

6.9 现场焊接

6.9.1 焊接工程概况

本工程为空间钢结构，焊缝质量等级要求较高。本工程空间节点为全位置焊接节点，焊缝等级要求主要是一级、部分为二级。

（1）钢材

本工程钢管件和焊接球选用材质为Q345-B钢。

（2）焊接方法

考虑到工程进度和施工现场的条件，拟采用手工电弧焊焊接和CO_2气体保护焊两种焊接方式，焊接材料选用E50系列焊条，ER50-6焊丝。

（3）焊接顺序

下层节点焊接顺序采用四点对称焊接，焊接时采用隔节点焊接。

（4）焊接应力变形控制措施

1）减小焊接收缩量

A. 根据钢管厚及实际弧度设置最小坡口尺寸进行打底焊。

B. 杆件根据板厚留收缩余量。

C. 因本工程杆件壁厚较薄，采用CO_2焊接第一道焊缝打底，第二道焊缝盖面。

2）适度的限位措施和收缩余量预留。

（5）焊接节点形式

1）焊缝位置主要为：圆管全位置焊。

2）典型焊接节点，见图6.9-1。

3）本工程主体结构材质为Q345-B，衬管材质全部选择Q345-B。

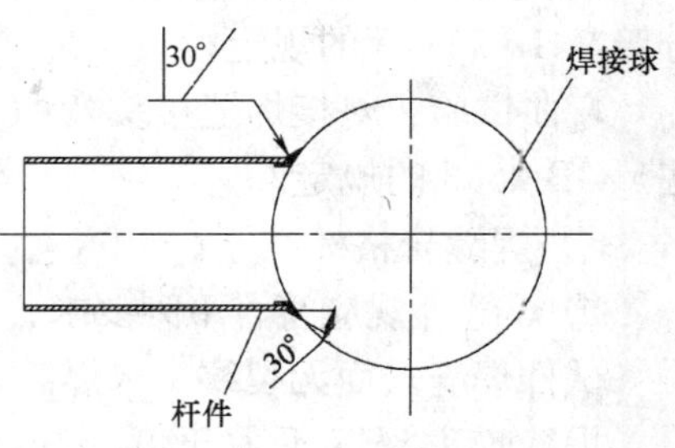

图6.9-1 典型焊接节点图

6.9.2 焊接准备

（1）人员准备

本工程从事焊接作业的人员，从工序负责人到作业班长至具体操作的施焊技工、配合工以及负责对焊接接头进行无损检测的专业人员，均为持证的资格人员。

由于本工程为空间钢结构，为保证整个工程的焊接质量，根据《钢结构施工质量验收规范》GB 50205—2001 和《建筑钢结构焊接技术规范》JGJ 81—2002 对所有参与重要节点焊接的焊工要求进行考试或持有相应级别的焊接证书。

焊工资格考试包括理论知识考试和操作技能考试两部分。

1）理论考试

理论考试以焊工必须掌握的基础知识及安全知识为主要内容，内容范围为：

A. 焊接安全知识；B. 焊缝符号识别能力；C. 焊缝外形尺寸要求；D. 焊接方法表示代号；E. 选用焊接方法的特点，焊接工艺参数、操作方法、焊接顺序及其对焊接质量的影响；F. 焊接缺陷分级；G. 焊工所施焊焊接结构的质量要求；H. 焊接材料型号、牌号及使用、保管要求；I. 报考类别的钢材型号、牌号类别及其主要合金组分、力学性能及焊接性能；J. 焊接设备、装备、类别、使用及维护要求；K. 焊接缺陷分类及定义（形成原因及防止措施的一般知识）L. 焊接热输入与焊接规范参数的换算及热输入对性能影响的一般关系；M. 焊接应力、变形产生原因、防止措施及热处理的一般知识。

2）操作技能考试

A. 考试内容和方法

A）考试的焊接方法为手工电弧焊和 CO_2 气体保护焊，焊条为 E5016，焊丝为 ER50-6，ϕ1.2 焊丝。

B）试件板材质为 Q345-B，焊缝位置选择全位置焊。

B. 试件检验

A）考试试件的检验项目应符合下表规定，见表 6.9-1。

试件检验项目 **表 6.9-1**

试件形式	试件厚度(mm)	外观检验	无损探伤	侧弯	全断面拉伸	拉伸	冲击	宏观酸蚀及硬度
管-管	25	要	超声波	1	—	1	—	—

B）检验方法

外观检验：宜用 5 倍放大镜目测；

无损探伤：超声波探伤应符合现行国家标准《钢焊缝手工超声波探伤方法和探伤结果分级》GB 11345 的规定；

弯曲试验：对接焊缝接头弯曲试验应符合现行国家标准《焊接接头弯曲及压扁试验法》GB 2653 的规定。

C）焊缝合格标准

① 焊缝外观应符合下列要求：

试件焊缝表面无裂纹、未焊满、未熔合、气孔、夹渣、焊瘤等缺陷；

焊缝咬边深度不大于 0.5mm，两侧咬边总长不超过焊缝长度的 10%，且不大于 25mm；焊缝错边量不大于 10%板厚，且不大于 2mm。

② 焊缝外形尺寸应符合下表 6.9-2。

焊缝外形尺寸合格要求（mm） 表 6.9-2

余高偏差		焊缝宽度比坡口单侧增宽值	角接焊脚高偏差		在 25mm 长度内焊缝表面凹凸高低差	在焊缝长度 50mm 内焊缝表面宽度差
对接焊缝	角接焊缝		差值	不对称		
0～3	0～3	1～3	0～3	(0～1)＋0.1×焊脚尺寸	≤2.5	≤3

③ 内部缺陷合格标准：超声波探伤应符合 BⅡ级的规定。

④ 冷弯试验合格标准：对接接头每个冷弯试样表面任意方向裂纹及其他缺陷单个长度不得大于 3mm；每个试样中长度不大于 3mm 的缺陷总长不得大于 7mm；以上各项检验应全部合格。

（2）主要设备机具的准备

本工程现场主要采用手工焊和 CO_2 气体保护焊，所以应配备完好的数量足够的焊接设备以及机具。

（3）焊接材料的准备

1）本工程焊接方式采用手工电弧焊和采用 CO_2 气体半自动保护焊。

2）根据工程材料的类别，焊接主材主要为气体保护焊焊丝，并配辅材 CO_2 气体，手工电弧焊用焊条。

本工程主要构件的材质为 Q345B，焊条分别选用 E5016，焊丝选用 ER50-6。

当两种材质强度不同时，则选用强度较低焊材。

3）经焊接工艺评定合格后，方可允许作为本工程施焊的焊材，并要求按牌号、批次、持证入场，分类存放在干燥通风的库房。材质证明和检验证书妥善保管，分批整理成册交项目存档。见表 6.9-3。

焊接材料表 表 6.9-3

序号	名　称	牌号规格	数　量	用　途
1	CO_2 气体保护焊焊丝	ER50-6、ϕ1.2mm	根据工程情况	CO_2 气体保护焊焊接用
2	手工电弧焊焊条	E5016、ϕ4mm	根据工程情况	手工电弧焊
3	CO_2 气体	气体纯度不低于 99.9%	根据工程情况	CO_2 气体保护焊

（4）焊前准备

1）焊接管理人员在焊接施工前应认真阅读本工程的设计文件，熟悉图纸规定的施工工艺和验收标准。认真做好技术准备工作。

2）根据本工程焊接工艺编制作业指导书，完成人、机、料的计划及组织。根据本工程的具体情况，完成焊接施工前的准备工作，及本工序的施工技术交底和施工安全交底工作。

3）焊前检查

选用的焊材强度应与母材强度相匹配，焊机种类、极性与焊材的焊接要求相匹配。焊接部位的组装和表面清理的质量如不符合要求，应修磨或补焊合格后方能施焊。此外还要检查杆件坡口、钝边、间隙是否符合施工工艺及设计要求。

4）焊前清理

认真清除坡口内和垫于坡口背部的衬板表面油污、锈蚀、氧化皮、水泥灰渣以及水分等杂物。

6.9.3 焊接工艺

(1) 焊接工艺

1) 焊接环境

焊接作业区域应设置防雨、防风及防火花坠落的保护措施。连接部位及支撑节点连接处焊接应专门设置供操作的方形平台。平台上除密铺脚手板外，还应采用防火布铺垫于脚手板上，以防止焊接火花坠落烫伤他人，并在平台四周和顶部固定防风帆布，杜绝棚外风力对棚内焊接环境的侵扰。

2) 定位焊

所有焊材应与正式施焊相同。定位焊焊缝应与最终的焊缝有相同的质量要求。钢衬垫的定位焊宜在接头坡口内焊接，定位焊焊缝厚度不宜超过设计焊缝厚度的2/3，焊缝长度不宜大于40mm，3～4点为宜，并应填满弧坑。定位焊预热温度应高于正式施焊预热温度。当定位焊缝有气孔或裂纹时，必须清除后重焊。

3) 焊接工艺流程

严格按“焊接工艺评定试验”焊接工艺参数和作业顺序施焊，见图6.9-2。

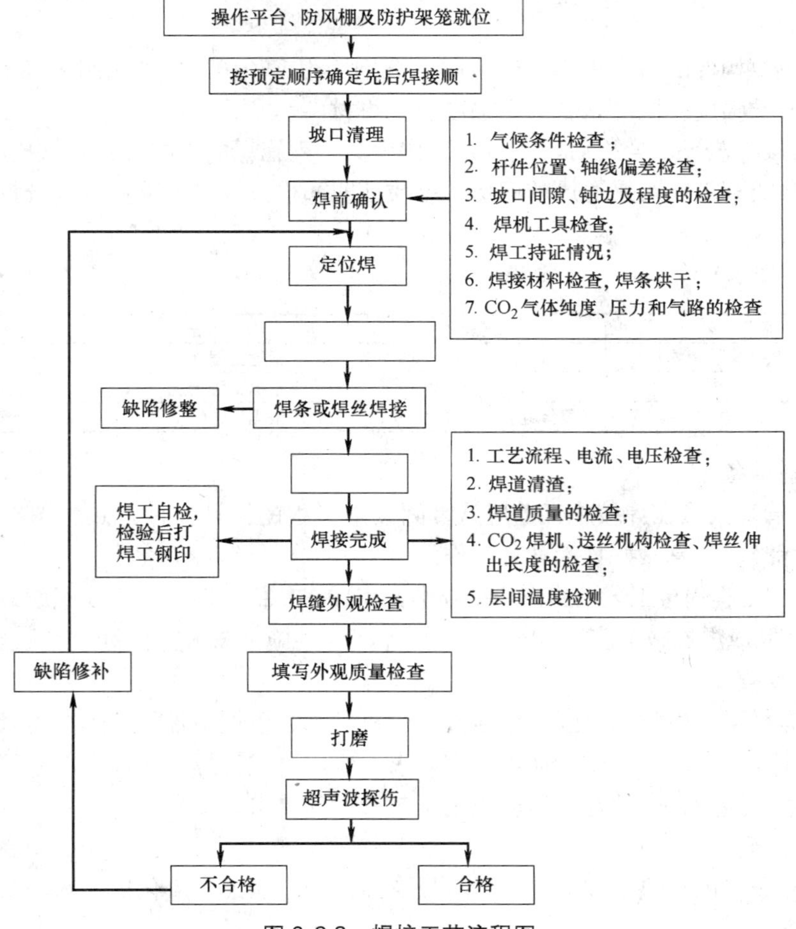

图6.9-2 焊接工艺流程图

4）焊接工艺参数

Q345B钢材根据公司近三年其他项目同等材质的焊接工艺评定确定焊接工艺参数。

（2）焊接过程中应注意事项

1）钢材焊接时不允许随便打弧、引弧。

2）实施多层多道焊，每焊完一焊道后应及时清理焊渣及表面飞溅，发现影响焊接质量的缺陷时，应清除后方可再焊。

（3）焊后清理及外观检查

认真清除焊缝表面飞溅、焊渣、焊瘤等。焊缝表面不得有咬边、气孔、裂纹、焊瘤等缺陷，焊缝表面不得存在几何尺寸不足现象。不得在母材上留有擦头处及弧坑。焊缝外观自检合格后，方能打上焊工钢印号，并做到工完场清。

（4）焊缝检验

1）焊缝的外观检查，见表6.9-4。

焊缝外观检查质量标准（允许偏差） **表6.9-4**

检验项目 \ 焊缝质量等级	一 级	三 级
未焊满	不允许	≤0.2+0.04t，且≤2mm，每100mm焊缝内缺陷累积长≤25mm
根部收缩	不允许	≤0.2+0.04t，且≤2mm，长度不限
咬边	不允许	≤0.1t，且≤1mm，长度不限
电弧擦伤	不允许	个别电弧擦伤允许存在
接头不良	—	缺口深度≤0.1t，且≤1mm，每1m焊缝不得超过1处
表面气孔	不允许	每50mm长度焊缝内允许直径<0.4t，且≤3mm气孔2个；孔距≥6倍孔距

2）焊缝无损检测

按设计要求全熔透焊缝进行超声波无损检测，其内部缺陷检验应符合下列要求：

一级焊缝应进行100%的检验，其合格等级应为现行国家标准《钢焊缝手工超声波探伤方法及质量分级法》GB 11345 B级检验的Ⅱ级及Ⅱ级以上。对不合格的焊缝，应根据超标缺陷的位置，采用碳刨切除，砂磨等方法去除后，以与正式焊缝相同的工艺方法进行补焊，其检验标准相同。

（5）焊接质量控制措施

焊接是钢结构安装施工中的关键工序，因此必须自始至终全面进行监控，且应把好焊前、焊中、焊后质量关。

对于安装焊接这一关系到整体安装质量的特殊工序，必须在施工前严格制定计划，在施工中组织专门的人力、物力，比预定正式施焊时间至少提前4～8h进行专门防护。

1）防护要求：

A. 上部稍透风、但不渗漏，兼具防一般物体击打的功能。

B. 中部宽松，能抵抗强风的倾覆，不致使大股冷空气透入，且应严防穿堂风。

C. 下部承载力足够4名以上作业人员同时进行相关作业，因此需稳定、无晃动，不因甲的作业给乙的正在作业造成干扰；可以存放必需的作业器具和预备材料且不给作业造成障碍，不可造成器具材料脱控坠落的缝隙，中部及下部防护采用阻燃材料遮蔽。

D. 作业平台四周应设置牢固的护栏以及上下的扶梯等。

2）焊条使用要求：

A. 对碱性焊条，严格按照有关规定进行使用前烘焙、发放、领用以及回收等。

B. 对碱性焊条，焊工使用保温筒领取焊条，使用中切实执行随用随取的规定；由保温筒取出到施焊，暴露在大气中的时间严禁超过 1h；焊条的重复烘干次数不得超过两次。

C. 对碱性焊条，由保温箱领取的焊条，放置在保温筒中的时间应控制在 4h 以内，如遇雨雪天气还应相应缩短。

D. 对于 CO_2 气体保护焊焊丝，应切实采取禁止油污污染措施和防潮措施。当班未使用完的应拆卸下来放入包装盒保管。

E. 焊条、焊丝实行专人保管，专人烘烤，专人发放的管理制度，严禁私自开箱取用，保管员须建立烘烤保温记录台账。

6.10 防腐、防火涂装

6.10.1 设计要求

（1）除锈等级要求

除锈等级为 Sa2.5。

（2）环保及产品质量要求

本工程使用的油漆产品必须符合环保原则，不含任何有害物质；

油漆产品要有醒目的标识且要完好，进场油漆要提交相关检验证明、产品质量证明以及工艺。

6.10.2 抛丸除锈

（1）一般规定

1）钢材表面进行抛丸除锈时，必须使用除去油污和水分的压缩空气。

2）抛丸的施工环境，其相对湿度不大于 85%，或控制钢材表面温度高于空气露点 3℃。

3）钢材表面有水或天气潮湿，浓雾时，不得开始抛丸作业；如果已经喷砂，要在相对湿度低于 85%后，重新喷砂至 Sa2.5 级。

4）除锈后的钢材表面，必须用压缩空气吹净磨料颗粒，及表面粉尘，或用吸尘器清去死角内的磨料和粉尘，方可进行下道工序。压缩空气必须干燥，无油分。

5）除锈验收合格的构件，厂房内存放要在 24h 内涂完底漆；在厂房外存放的要在当班涂完底漆。

（2）抛丸喷砂处理

钢材表面要求抛丸清理满足 Sa2.5 级。抛丸后，可能会留有死角或不合格处，需采用手工喷砂二次处理，使其达到规定要求。如果表面有可见的返锈，变湿，或者被污染，要重新清理至规定要求的级别，经抛丸处理并验收合格。

（3）施工要求

1）表面处理

为了保证钢结构的表面能够使涂料发挥最佳性能，在抛丸前要对构件的锐边，火焰切割边缘抛光性打磨，对焊接缺陷，如气孔，非连续焊（凹坑）等要进行修正，焊缝及两侧要打磨平顺，无焊接飞溅物，焊渣等。

2）除油

对构件在制作、吊运，机加工时产生的油污以及探伤所用的有关试剂进行清洗，同时还要对其他污染物加以清理，以达到抛丸前钢结构表面清理所需要的标准。通常采用的清洗剂有工业清洗剂、乳化剂和溶剂。

3）涂装技术要求及工艺

由于涂料品种和生产厂家不同，涂装工艺、方法与各项参数也不同，等涂料厂家选定后再制定涂装专项方案。

6.10.3 防火涂料施工

本工程采用薄型防火涂料，其主要技术性能见表 6.10-1。

薄型防火涂料主要技术性能表　　　　**表 6.10-1**

项　目		指　标		
黏性强度(MPa)		≥0.15		
抗弯性		挠曲 L/100，涂层不起层、脱落		
抗振性		挠曲 L/200，涂层不起层、脱落		
耐水性(h)		≥24		
耐冻融循环性(次)		≥15		
耐火极限	涂层厚度(mm)	3	5.5	7
	耐火时间不低于(h)	0.5	1.0	1.5

（1）施工工艺

1）喷涂。一般来讲，喷嘴宜小，喷压宜大，以使表面平整。但喷嘴过小，涂料喷不出去；气压过大，涂料反弹损耗大。因此喷嘴口径、枪口离喷涂面的距离和角度、气压和泵压都要严格掌握。

2）每次喷涂不宜过厚，否则易出现流淌堆积，薄厚不匀。如果太厚，在固化过程中易产生裂纹。一般第一遍以喷 1～2mm 厚为宜。

3）常温下涂料在喷涂后经 8h 表面固化，可以进行下一遍喷涂。刚喷好的涂层应避免雨水冲淋和暴晒。涂层在 24～48h 内完全固化，固化后的涂层，雨淋一般不会再影响其质量。

（2）防火喷涂施工质量要求

1）质量标准

A. 施工前钢构件表面无灰尘、污垢，防锈处理全部完成。

B. 涂层平均厚度不大于设计厚度 1mm，也不小于设计厚度 0.5mm，表面平整自然。

C. 无漏喷，无脱落，无开裂。

2）质量控制

A. 弄清涂料产品批号，认真查验厂家按国家质量监督检测机构的规定提供的有关涂料产品的耐火极限和理化性能的检测报告。

B. 抽检涂料产品的粘结强度、抗压强度。

C. 严格按组分比例进行涂料配制，喷涂前充分进行搅拌。

D. 控制喷涂次数和每遍喷涂厚度。

E. 喷涂时注意用探针随时测厚度，保证厚度均匀，并控制在厚度容许误差范围之内。

F. 如涂层遭碰撞而损坏，则需用机械或手工抹涂修补。

G. 出现裂纹和脱落的涂层，要彻底清除后补喷；超厚部位要修整，直至满足要求。

H. 施工班组进行自检，并做好检验记录。

3）验收

在自检合格和报验资料齐全的基础上，由质检部门进行全面检查（必要时整改），合格后，请建设单位、监理、设计方与施工方共同验收签字，并将验收单提交市消防局。消防局要对现场进行随机抽检，并在整个喷涂施工完成后进行整体的最终验收。

6.11 安装阶段钢结构检测

6.11.1 结构安装检测

（1）一般规定

1）结构的标高按设计标高进行控制。

2）安装偏差的检测，应在结构形成空间刚性体系并连接固定后进行。

3）安装时，必须控制施工荷载，严禁超过结构的承载能力。

（2）钢网架施工过程中复测

钢支座的定位轴线和标高，应符合表 6.11-1 的规定。

检查数量：按支承面数抽查 10%，且不应少于 3 个。

检查方法：用经纬仪、水准仪、全站仪和钢尺实测。

定位轴线的允许偏差（mm） **表 6.11-1**

项　目	允许偏差	图　例
钢结构定位轴线	3.0	L L
构件的定位轴线	1.0	Δ Δ

（3）安装检测

1）运输、堆放和吊装等造成的钢构件变形及涂层脱落，应进行矫正和修补。

检查数量：按构件数抽查10%，且不应少于3个。

检查方法：用拉线、钢尺现场实测或观察。

2）构件拼装尺寸的允许偏差：±5.0mm。

检查数量：按单元数抽查5%，且不应少于5个。

检查方法：用钢尺和拉线等辅助量具实测。

3）钢结构表面应干净，结构主要表面不应有疤痕、泥沙等污垢。

检查数量：按同类杆件数抽查10%，且不应少于3个。

检查方法：观察检查。

4）构件的中心线及节点的基准点等标记应齐全。

检查数量：按同类杆件数抽查10%，且不应少于3个。

检查方法：观察检查。

6.11.2 钢结构涂装检测

（1）一般规定

1）钢结构涂装工程应在钢结构构件组装或钢结构安装工程检验批的施工质量验收合格后进行。

2）涂装时的环境温度和相对湿度应符合涂料产品说明书要求，当产品说明书无要求时，环境温度宜在5～38℃之间，相对湿度不应大于85%。涂装构件表面不应有结露；涂装后4h应保护免受雨淋。

（2）钢结构防腐涂料涂装检测

1）涂装前钢材表面除锈应符合设计要求和国家现行有关标准的规定。处理后的钢材表面不应有焊渣、焊疤、灰尘、油污、水和毛刺等。钢材表面除锈等级为Sa2.5。

检查数量：按构件数抽查10%，且同类构件不应少于3件。

检验方法：用铲刀检查和用现行国家标准《涂装前钢材表面锈蚀等级和除锈等级》GB 8923规定的图片对照观察检查。

2）涂料、涂装遍数、涂层厚度均应符合设计要求。涂层干漆膜总厚度的允许偏差为$-25\mu m$。每遍涂层干漆膜厚度的允许偏差为$-5\mu m$。

检查数量：按构件数抽查10%，且同类构件不应少于3件。

检验方法：用干漆膜测厚仪检查。每个构件检测5处，每处的数值为3个相距5mm测点涂层干漆膜厚度的平均值。

3）构件表面不应误涂、漏涂，涂层不应脱皮和返锈等。涂层应均匀、无明显皱皮、流坠、针眼和气泡等。

检查数量：全数检查。

检验方法：观察检查。

4）钢结构涂层附着力的测试。在检测处范围内，当涂层完整程度达到70%以上时，涂层附着力达到合格质量标准的要求。

检查数量：按构件数抽查1%，且不应少于3件，每件测3处。

检验方法：按照现行国家标准《漆膜附着力测定法》GB 1720或《色漆和清漆、漆膜的划格试验》GB 9286执行。

5）涂装完成后，构件的标志、标记和编号应清晰完整。

检查数量：全数检查。

检验方法：观察检查。

6.12 施工安全保证措施

6.12.1 总则

在施工管理中，我们要以安全促生产，以安全保目标。要坚持科学的态度，以人为本，全面落实安全质量、效益和工期的统一协调。要充分认识安全的重要性，坚持工期服从安全质量，要逐级落实安全生产责任制。

（1）管理方针：

始终如一地坚持“安全第一、预防为主”的安全管理方针。

（2）管理目标：

杜绝重大伤亡和机械事故，死亡率为零。

（3）管理目标分解图，见图6.12-1。

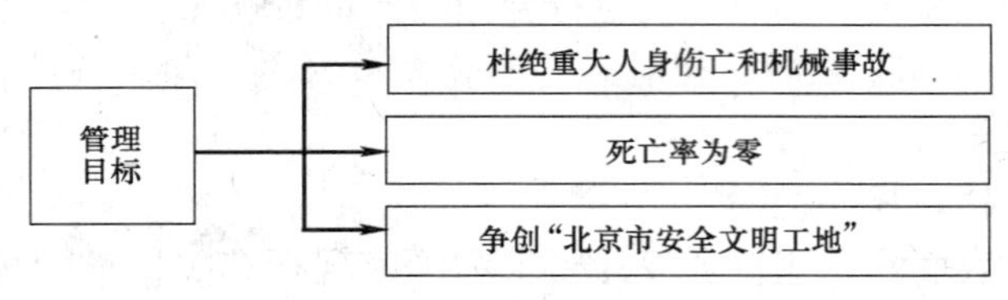

图6.12-1 管理目标分解图

6.12.2 安全管理

施工现场安全生产管理是施工企业和施工现场整个管理体系的一个重要组成部分。施工现场安全生产管理体系的建立不仅是为了满足工程项目部自身安全生产的要求，同时也是为了满足相关方对施工现场安全生产管理体系的持续改善和安全生产保证能力的信任。

（1）组织机构

以钢结构负责人为首，由生产负责人、技术负责人、质量员、安全员及施工队等各方面的管理人员组成本工程的安全管理组织机构。

安全管理机构如图6.12-2。

（2）安全生产责任制

1）钢结构负责人：全面负责落实施工现场安全生产，保证施工现场安全。为突发事件和重大安全问题（事故）的第一报告人。

2）生产负责人：直接对安全生产负责，督促、安排各项安全措施的实施，并按规定组织检查施工现场安全工作。

3）技术负责人：制定项目安全技术措施和分部工程安全方案，解决施工过程中不安全的技术问题。

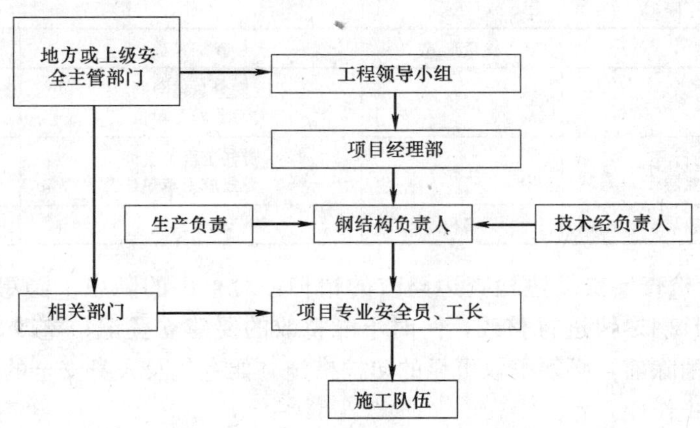

图 6.12-2 安全管理机构图

4）安全员：纠正违章，排除施工不安全因素，安排项目部安全活动及安全教育的开展，监督劳保用品的发放和使用。

5）工长：进行施工前的安全技术交底工作，监督并参与班组的安全学习。督促电工定期检查用电设备。

6）施工人员：严格执行施工现场各工种安全操作规程，有权拒绝执行违章指挥及有安全隐患的场所作业，杜绝违章作业。

（3）安全管理制度

1）组织安全活动

安全活动是现场施工安全管理的一项重要工作，是向施工人员介绍最新安全规定、安全文件、安全事故以及施工现场安全事项的主要手段。见图 6.12-3。

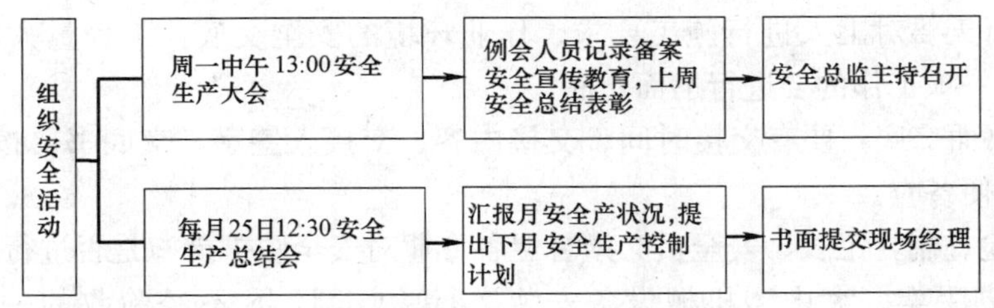

图 6.12-3 组织安全活动图

2）安全检查

A. 为了及时发现施工生产中存在的各种隐患，采取有效措施制止违章作业，不断提高项目安全防护水平和安全管理水平，搞好项目的安全生产工作，根据国家有关规定，特制定安全生产检查制度。见表 6.12-1。

安全检查表　　表 6.12-1

检查内容	检查形式	参加人员	考核
安全管理	月检	安全总监	月考核记录
脚手架	周检	安全总监会同责任工程师专业施工单位	周考核记录

续表

检查内容	检查形式	参加人员	考核
施工用电	周检	安全总监会同 专业施工单位	周考核记录
作业人员的行 为和施工作业层	日检	责任工程师会同 专业施工单单位	日检记录
施工机具	日检	单位自检	日检记录

B. 安全生产检查要贯彻边检查边整改的精神，对查出的隐患下隐患通知单，定人、定措施、定完成日期尽快进行整改，一时不能整改的要建立登记、整改、检查和消项制度，在隐患没有消除前，必须争取可靠的防护措施，如有危及人身安全的紧急隐患和重大隐患，应立即停止作业。

C. 各施工区域、班组要做好班前、班中、班后和节假日前后的安全检查，特别是必须对作业环境进行认真检查，发现问题要立即或及时上报，解决后方可开始作业，下班后要对作业现场清理，不得留有任何隐患。

3）管理制度

A. 安全技术交底制，根据安全措施要求和现场实际情况，各级管理人员需亲自逐级进行书面交底。严格实行逐级安全技术交底制度。

B. 开工前，安装工人、焊接工人及其他作业人员必须经安全培训达到合格要求。技术负责人要了解工程概况、施工方法、安全技术措施等情况，向工地负责人、工长详细交底，并向全体职工交底。

C. 交叉作业、工种配合时，生产经理、技术经理、工长要按工程进度定期或按期向有关班组进行交叉作业的安全书面交底。

D. 工长安排班组长作业前都必须进行书面安全技术交底。

E. 班组每天要对工人进行施工要求、作业环境的安全交底，工程量大、技术复杂、连续几天从事一项工作的要进行书面交底。

F. 各级书面交底，要有交接时间、交接内容、交接人签字，交底书要按单位工程归放在一起，以便备查。

G. 班前检查制，工长、安全员必须督促各专业对安全防护措施是否进行了检查。

H. 高大脚手架、大中型机械设备安装实行验收制，凡不经验收的一律不得投入使用。

I. 周一安全活动制，钢结构部每周一要组织全体工人进行安全教育，对上一周安全方面存在的问题进行总结，对本周的安全重点和注意事项做必要的交底。

J. 定期检查与隐患整改制，经理部每周要组织一次安全生产检查，对查出的安全隐患必须制定措施、定时间、定人员整改，并做好安全隐患整改消项记录。

K. 特殊工种实行持证上岗制度

对电工、电气焊工、架子工、起重吊装工、机械操作工、安装工、涂装工等特殊工种实行持证上岗，无证者不得从事上述工种的作业。

（4）安全教育

安全教育既是施工企业安全管理工作的重要组成部分，也是施工现场安全生产的一个重要方面。要加强对操作人员的质量安全教育培训和考核，让未经教育培训或考核不合格的人员，不得上岗作业。使操作人员懂得必须按照其持有的职业资格证书规定的岗位和等级从事施工活动，不得无证、跨岗或越级从事施工活动。

1）安全教育的特点

A. 安全教育的全员性：是企业所有人员上岗前的先决条件，任何人不得例外。

B. 安全教育的长期性：安全教育贯彻了每个工作的全过程，贯穿了每个工程施工的全过程，贯穿了施工企业生产的全过程。因此，安全教育的任务“任重而道远”，不应该也不可能是一劳永逸的。

C. 安全教育的专业性：安全生产管理性与技术性结合，使安全教育有专业性。

2）安全教育的内容，见表 6.12-2

安全教育内容表　　表 6.12-2

类　别	主要性	内　容
安全思想教育	安全生产的思想基础	尊重人、关心人、爱护人的思想教育，党和国家安全生产劳动保护方针，政策安全与生产辩证关系教育，三热爱教育、共产主义协作风格教育、职业道德教育
安全知识教育	安全生产的重点内容	施工生产一般流程；环境、区域概况介绍，安全生产一般注意事项；企业内外典型事故案例简介与分析；工种岗位安全生产知识
安全技术教育		安全生产技术、安全技术操作规程
安全法制教育	安全生产的必备知识	安全生产法规和责任制度，法律上有关条文；安全生产规章制度；摘要介绍受处分的先例
安全纪律教育		职工守则、劳动纪律、安全生产奖惩制度

3）施工现场安全教育程序，见图 6.12-4。

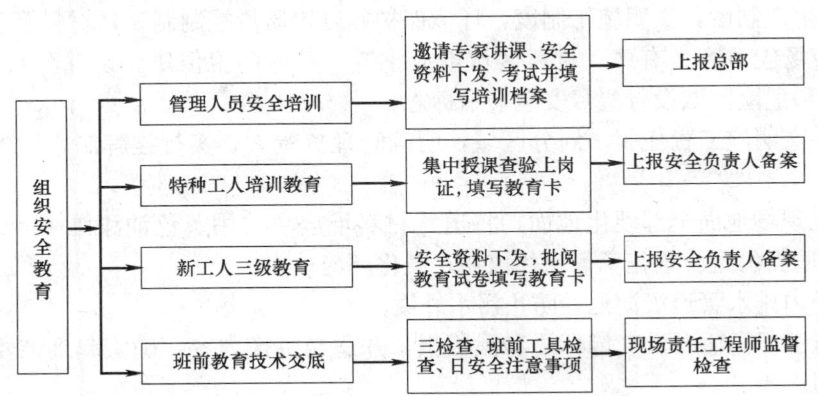

图 6.12-4　施工现场安全教育程序

6.12.3　文明施工措施

文明施工的程度体现了综合管理水平。整洁文明的施工现场、井然有序的平面布置，给人的将是焕然一新的感觉。因此，我们将以文明施工为突破口，全面抓好施工现场管理。

（1）文明施工目标

争创“北京市安全文明样板工地”。

（2）文明施工管理机构及运行程序

安全文明施工管理机构及运行程序图，见图 6.12-5

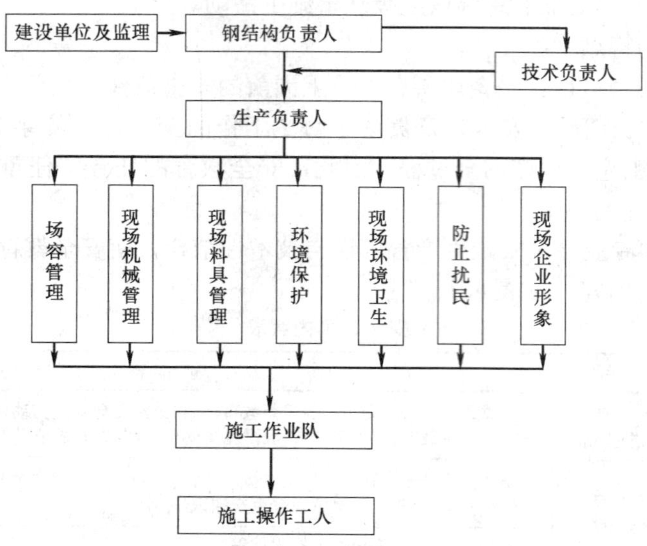

图 6.12-5 文明施工管理机构及运行程序图

（3）文明施工措施

1）场容管理措施

A. 大门口设置“一图六板”施工标牌，主要包括：施工总平面布置图，项目部组织机构，安全生产制度，文明施工制度，环境保护制度，质量控制制度，材料管理制度等；

B. 场容场貌整齐、有序，材料区域堆放整齐，并有门卫值班。设置醒目安全标志，在施工区域和危险区域设置醒目安全警示标志；

C. 建立文明施工责任制，划分区域，明确管理负责人，实行挂牌制，做到现场清洁整齐；

D. 施工现场地面全部硬化地面，将道路材料堆放场地用黄色油漆画 10cm 宽黄线予以分割，在适当位置设置花草等绿化植物，美化环境；

E. 建场内排水管道沉淀池，防止污水外溢；

F. 对施工现场情况设宣传标语和黑板报，并适当更换内容，确实起到鼓舞士气，表扬先进的作用。

2）施工人员着装形象

A. 全体员工树立遵章守纪思想，采用挂牌上岗制度，安全帽、工作服统一规范。安全值班人员佩戴不同颜色标记，工地负责人戴黄底红字臂章，班组安全员戴红底黄字袖章。

B. 安全帽

A）施工管理人员和各类操作人员佩戴不同颜色安全帽以示区别；

B）在安全帽前方正中粘贴或喷绘企业标志，标志尺寸按项目规定；

C）胸卡统一编号，贴个人一寸彩色照片，服从项目统一安排。

3）现场机械管理措施

A. 现场使用的机械设备，要在干面固定点存放，遵守机械安全规程，经常保持机身等周围环境的清洁。机械的标记、编号明了，安全装置可靠；

B. 机械排出的污水要有排放措施，不得随地流淌；

C. 需要搭设护棚的机械，搭设护棚要牢固、美观，符合施工平面布置的要求；

D. 各种电箱式样标准统一，摆放位置合理便于施工和保护。

4）现场生活卫生管理措施

A. 工地办公室应配备各种图表、图牌、标志。室内文明卫生、窗明几净，秩序井然有序；

B. 如本工程现场施工人员住在工地，将设专职卫生管理人员和保洁人员，制订卫生管理制度，设置必须的卫生设施。

6.13　雨期、冬期施工保证措施

6.13.1　雨期施工保证措施

（1）准备工作

雨期施工前，认真组织有关人员分析雨期施工生产计划，落实雨期施工前的各项准备工作，解决雨期施工中的生产问题，以保证雨期施工的正常进行。要做好以下几点：

1）成立以生产经理为首的防汛领导小组，制定防汛计划和紧急预防措施。

2）雨期施工需准备材料：木方、塑料布、彩条布。

3）夜间设专职的值班人员，保证昼夜有人值班并做好值班记录，同时要设置天气预报员，负责每天收听和发布天气情况。

4）应做好施工人员的雨期施工培训工作。组织相关人员进行一次全面检查，包括临时设施、临电、机械设备防雨、防护等项工作。

5）检查施工现场构件堆放场地的排水设施，清理雨水排水口，保证雨天排水通畅。雨期前对现场配电箱、闸箱、电缆临时支架等仔细检查，需加固的及时加固。缺盖、罩、门的及时补齐，确保用电安全。

6）在雨期到来前，检查脚手架、钢结构，安全部门要对避雷装置作一次全面检查，确保防雷安全。

（2）雨期施工措施

1）原材料、设备的储存和堆放

A. 焊丝、焊条全部入仓库，保证不漏、不潮、架空存放。

B. 在雨期所有施工用电设备，不允许放在低洼的地方，防止被水浸泡。

C. 氧气瓶、乙炔瓶在室外放置时，放入专用钢筋笼，并加顶盖。

D. 露天存放的钢材及钢构件下边应用木方垫起，避免被水浸泡。并在周围挖排水沟以防积水，必要时，可用彩条布遮盖。

2）焊接作业

A. 电焊机设置地点应防潮、防雨、防砸，并放入专用带防雨罩的钢筋笼中。雨期室外焊接，在施焊部位都要设防雨棚，主要在焊口搭设，四周要封闭。

B. 因降雨等原因使母材表面潮湿（相对湿度）80%或大风天气，不得进行露天焊接，但焊工及被焊接部分如果被充分保护且对母材采取适当处置（如预热、去潮等）时，可进行焊接。

C. 氧气瓶、乙炔瓶使用木板对其进行遮盖，并加大安全距离。

D. 雨天严禁焊接作业。

3）安装作业

A. 现场施工人员一律穿防滑的橡胶底鞋，严禁穿凉鞋、拖鞋。要及时清扫构件表面的积水。

B. 已安装构件上积水也要及时清扫，尤其焊缝附近。

C. 检查临电设施、电箱、用电工具确保其绝缘性能完好。

D. 雨后检查安全绳（麻绳）、防护设施的安全性。

E. 大雨天气严禁进行构件的吊运以及人工搬运材料和设备等工作。

F. 所有的电焊机底部必须高于地面，严禁焊机放置位置有积水。

4）测量作业

A. 雨天校正钢结构对测量设备需要进行防雨保护，测量的数据要在晴天复测。

B. 钢尺、仪器用后进行保养，保持设备的良好状态，以保证安装校正的精度要求。

C. 雨后轴线投放之前需要进行清扫，将积水扫除干净，使轴线清楚准确。

D. 阴雨天气尽量避免进行测量作业。

5）其他措施

A. 雨期施工前，根据现场和工程进度情况制定雨期阶段性计划，并提交建设单位和监理工程师审批后实施。

B. 雨期施工时，现场排水系统应是由专人进行疏通，保证排水沟畅通，施工道路不积水。

C. 在雨期中连续施工的部分，要有可靠的防雨措施，备足防雨物资，及时了解气象情况，选择较佳的时间施工，从而准确地调整施工流程，确保施工质量。

D. 雨期来临之前应组织有关人员对现场临时设施、临时支撑、机电设备、临时线路等进行检查，针对检查出的具体问题，应采取相应措施，及时落实整改。

E. 对施工现场的机械设备必须检查避雷装置是否完好可靠，大风大雨时吊车应停止使用。大风过后，对机械设备、脚手架进行复查，有损坏及时加固。

F. 雨期期间安排施工计划本着完成一施工区再开一施工区的原则，当日进度当日完成。

6）钢结构涂装

A. 环境相对湿度大于80%及下雨期间禁止进行涂装作业。

B. 露天涂装构件，要时刻注意观察涂装前后的天气变化，尽量避免刚涂装完毕，就下雨造成油漆固化缓慢，影响涂装质量。

C. 潮湿天气进行涂装，要用气泵吹干构件表面，保持构件表面达到涂装要求。

6.13.2 冬期施工保证措施

在连续5天平均室外温度低于5℃时进入冬期施工期。

（1）冬期安装

1）所有参加吊装人员在入场前进行冬期施工的安装、安全、防火教育。

2）各种作业人员应严格遵守本岗的操作规程。

3）雪后在钢结构吊装施工前，将梁、柱、平台上的积雪、霜、冰用铁铲除去并扫净方可操作。

4）进入现场人员必须戴好安全帽，系好帽带，穿好防滑鞋，并带好安全带方可高空作业，安全带必须挂在安全绳上。

5）对要起吊的物件应先查看是否和地面或其他物体冻结，如冻结，先用手撬棍使其松动方可起吊。

6）风力大于五级、下雪、浓雾天气，停止高空吊装及安装的配套工序，如焊接、铺瓦、校正结构。

7）施工区域的马道应设防滑木条等固定牢固，木条间距不大于30cm。

8）进入现场的钢梁堆放时，应堆放整齐，支垫合理，必要时加以覆盖。

9）夜间施工，施工区域内应有良好的照明。

（2）钢结构焊接作业

1）施工准备：

A. 柱与柱焊接遇风天施工，为了保证焊接质量，需搭设一定的防风措施（用编织布绕操作平台四周封闭高1.8m，按安全施工的要求搭设），并将平台平面上的洞、缝用石棉布盖严，以便防风及焊渣下落伤人。主要目的是为了防止保护气体被吹散和防止降温过快。

B. 二氧化碳气瓶应倒置24h后打开阀门把水放尽方可使用，防止冻结。瓶内气体高压低于1MPa时应停止使用。焊接前要先检查气体压力表上的指示，然后检视气体流量计并调节气体流量。

C. 焊接材料和焊接设备、技术条件应符合国家标准，性能优良，清渣加热，气刨、打磨、焊条保温、温度测量等装置应齐全。

2）手工电弧焊及二氧化碳气体保护焊、焊材和设备：

A. 焊条应在高温烘干箱中烘干，低氢型焊条烘烤温度为：焊条在高温箱中加热到350～400℃后保温1.5h，再在高温中降温到110℃后保存；使用时从烘箱中取出立即放入100～110℃的焊条保温筒中，并须在4h内用完。用剩余的焊条应重新放入高温中烘干后方可使用，焊条烘干次数不得超过两次，焊剩余焊条如未立即放回焊条保温筒中保存，则须重新烘干后方可使用。

B. 焊丝包装应完好，如有破损而导致焊丝污染或弯折紊乱时应部分废弃。

C. 焊机及电压应正常，地线压紧牢固接触可靠，电缆及焊钳无破损，送丝机应能均匀送丝，气管应无漏气或堵塞。

3）焊接工艺参数：

A. 手工电弧焊：焊条直径4mm，电流170～180A，焊速150mm/min。

B. CO_2焊：焊丝直径1.2mm，电流280～320A（填充层）或250～290A（盖面层），电压29～34V（填充层）或25～31V（盖面层），焊速350～450mm/min，层间温度上限150℃，下限同预热温度，焊丝伸出长度约20mm，气体流量20～80L/min。

C. 预热：

气温降至0℃以下时，根据材质要求对焊接部位周围10cm范围内用氧乙炔焰加热，测温点距焊缝50mm。

4）安装焊接程序及一般规定

A. 程序：焊前检查→预热→装引弧板→测温再预热→焊接→保温或后热→检验→填写作业记录表（详见安装焊接作业顺序表）。

B. 预热：焊前用特制烤枪在坡口及其两侧各100mm范围内的母材均匀加热，并用表面测温计测量温度，防止温度不符合要求或表面局部氧化（预热温度参照表）。

C. 装焊垫板及引弧板其表面清洁，要求与表面坡口相同，垫板与母材应贴紧，引弧板与母材焊接应牢固。

D. 重新检查预热温度，如温度不够应重新加热并测量至符合要求。

E. 焊接第一道应封焊坡口内母材与垫板之连接处，然后逐道逐层垒至填满坡口，每道焊缝焊完后都必须清除焊渣及飞溅物，出现焊接缺陷应及时磨去并修补。

F. 每道焊接层间母材温度应控制在100～150℃左右，湿度太低时应重新预热温度，太高时应暂停焊接，焊接时不得在坡口处的母材上打火引弧。

G. 遇大雪天时应停焊，环境温度低于零度时应按规范预热，后热措施施工，构件焊口周围及上方应有挡风雨设施，风速大于6m/s时则应停焊。

H. 一个接口必须连续焊完，如不得已而中途停焊，再焊以前须重新按规定加热；外观检查在焊后冷却到环境温度时进行。

5）安全注意事项

A. 氧气、乙炔、二氧化碳的气瓶及胶管冻结时，不能用物体打击或用明火加热办法，应将其放入热水盆或用蒸汽加以解冻。

B. 焊机、焊丝、气瓶应放在专用的棚内。

C. 夜间焊接，焊接地点应有良好充足的照明。

6）其他

A. 经常检查安全绳是否受冻变脆，如果变脆应立即更换。

B. 使用榔头时严禁戴手套，在上、下爬梯时手中不得持有任何物体。

C. 冬期施工现场严禁使用裸线，电线铺设要防碾压，防止电线冻结在冰雪之中，大风雪后应对供电线路进行检查，防止断线造成触电事故。

D. 大雪后必须及时清扫架子上的积雪，并检查马道平台，如有松动现象务必及时处理，注意马道的防滑。

E. 电、气焊工更换施焊地点应断电、关气，氧气表、乙炔表应套上防风保温布套。

F. 冬期保温用品要在安全地点码放好，四周设消防器材，各种可燃保温材料不准堆放在电闸箱、电焊机、变压器四周，防止电热自燃。

G. 各部门要认真落实安全生产责任制，根据气候变化做好安全生产交底书，清理现场不安全因素，及时清理雪霜，防止人员滑倒伤害事故。

H. 施工现场冬期施工前要对电器设备进行检查，对已老化的线路和易发生冻裂破皮的及时更换并定期检查，电焊机的一、二次线必须绝缘良好，确保冬施安全。

I. 高空作业必须做到防滑、防坠落，作业人员必须系安全带，对特殊危险性大的施工必须采取安全有效的措施和安全交底。五级以上大风严禁高空作业。

J. 凡施工操作人员必须正确使用安全保护用品，遵守本工种安全规范，特殊工种必须持证上岗，严禁穿易滑鞋登高操作。

K. 严格按照施工组织设计所布置的方案进行施工，不得随意乱占道路、乱占场地。

L. 除上述要求之外，在冬施期间坚持每周一安全会教育，全体职工要遵守交通规则和安全技术操作规程，特别是机动车司机要做好机械的维护保养，保证刹车、方向灵敏可靠，雨雪天及结冰路面上要严禁开快车和酒后开车，要避免紧急刹车，以防失控造成损失。

7　国家游泳中心钢结构施工组织设计

简介：国家游泳中心是2008年北京奥运会主游泳馆，也是2008年北京奥运会标志性建筑之一，钢结构施工为本工程重要组成部分。钢构件加工难度大、主体钢结构安装定位难、现场焊接难度大、钢结构支撑体系卸载难度大均为本钢结构工程的难点。公司针对以上难点，经过多次论证及现场实践，在保证施工质量和工期的前提下，总结形成了本施工组织设计。

7.1　工 程 概 况

7.1.1　编制依据

根据本工程钢结构设计图纸和建设单位与监理审定的总体施工组织设计，对国家游泳中心钢结构工程的施工组织设计进行编制，并依据以下国家、行业的有关规范与标准：

《钢结构工程施工质量验收规范》GB 50205—2001

《碳素结构钢》GB/T 700—2006

《低合金高强度结构钢》GB/T 1591—2008

《结构用无缝钢管》GB/T 8162—2008

《直缝电焊钢管》GB/T 13793—2008

《低合金钢焊条》GB/T 5118—1995

《碳钢焊条》GB/T 5117—1995

《熔化焊用钢丝》GB/T 14957—1994

《低合金钢埋弧焊用焊剂》GB 12470—1990

《气体保护电弧焊用碳钢、低合金钢焊丝》GB/T 8110—2008

《网架结构工程质量检验评定标准》JGJ 78—1991

《建筑钢结构焊接技术规程》JGJ 81—2002

《网架结构设计与施工规程》JGJ 7—91

《网壳结构技术规程》JGJ 61—2003

《厚度方向性能钢板》GB 5313—1985

《钢网架焊接空心球节点》JG/T 11—2009

《建筑防腐蚀工程施工及验收规范》GB 50212—2002

《建筑工程测量规程》DBJ 01—21—95

《精密工程测量规范》GB/T 15314—94

《无缝钢管尺寸、外形、重量及允许偏差》GB/T 17395—2008

《北京市建筑工程施工安全操作规程》DBJ 01—62—2002

《建筑安装分项工程施工工艺规程》DBJ/T 01—26—2003

《建筑机械使用安全技术规程》JGJ 33—2001

《建筑长城杯工程质量评审标准》DBJ/T 01—70—2003

中建国际（深圳）设计顾问有限公司钢结构图纸（S1-01～X0-XX1）及技术文件

7.1.2 工程概况

国家游泳中心位于奥林匹克公园中心区的南部，奥运赛时总建筑面积 79532m²，奥运会时用于游泳、跳水、花样游泳和水球决赛。

屋盖上下及墙体内外表面均为高度 300mm 的箱形焊接杆件，宽度为 180～450mm，壁厚为 6～40mm，杆件形式共 21 种；中间层框架的杆件均为圆钢管，直径为 ϕ219～ϕ610mm，壁厚为 4～40mm，共 16 种类型。球体从 ϕ300mm×10mm～ϕ800mm×60mm，共计 28 种规格。主体钢结构设计总重量约 6800t（不含埋件和加强板）。材质为 Q345-C、Q420-C。焊接球 9843 个，杆件 20670 根，构件总数 30513 个。

7.1.3 工程重点与难点

钢结构工程是本工程的重要组成部分，在对设计图纸进行分析后，认为本工程钢结构工程实施的重点和难点具体如下：

（1）钢构件加工难度大

构件规格多、数量大，本工程焊接球 9843 个，最大截面尺寸为 ϕ800mm×60mm，网架规范中球最大直径为 ϕ500mm×25mm，加工工艺超出网架规范标准；方钢管与圆钢管总数为 20670 根，其中每 100 根构件中只有 3 根规格相同。矩形管与球体相贯连接节点多，矩形管相贯面无法采用机械加工，并且存在众多的异型构件。

（2）主体钢结构安装定位难

国家游泳中心钢结构结构形式看似网架结构形式，但是网架结构具有较强的规律性，每个球的空间位置相似，易于确定。国家游泳中心钢结构 9843 个球的三维坐标各不相同，结构形式新颖，毫无规律性可循，因此安装定位难度很大。

（3）现场焊接难度大

结构形式复杂，节点形式全部为焊接，焊接位置为平、立、仰、全位置焊，焊接应力造成的焊接变形将直接影响结构偏差，因此需制定合理的焊接顺序。Q420-C 级钢材负温焊接参数已超过《建筑钢结构焊接技术规程》JGJ 81—2002 规范，应通过焊接试验确定，采取合适的焊接参数来确保焊接质量。

（4）钢结构支撑体系卸载难度大

屋面分为 133m 跨和 44m 跨，屋面在安装过程中采用满堂红脚手架作为支撑体系，由支撑体系受力向钢结构自身受力转变的过程中，钢结构杆件内力变化较大，为满足设计要求的应力比不大于 0.9，必须制定完善的支撑卸载方案。

7.2 施工部署

7.2.1 施工现场平面布置

施工现场平面布置如图 7.2-1。

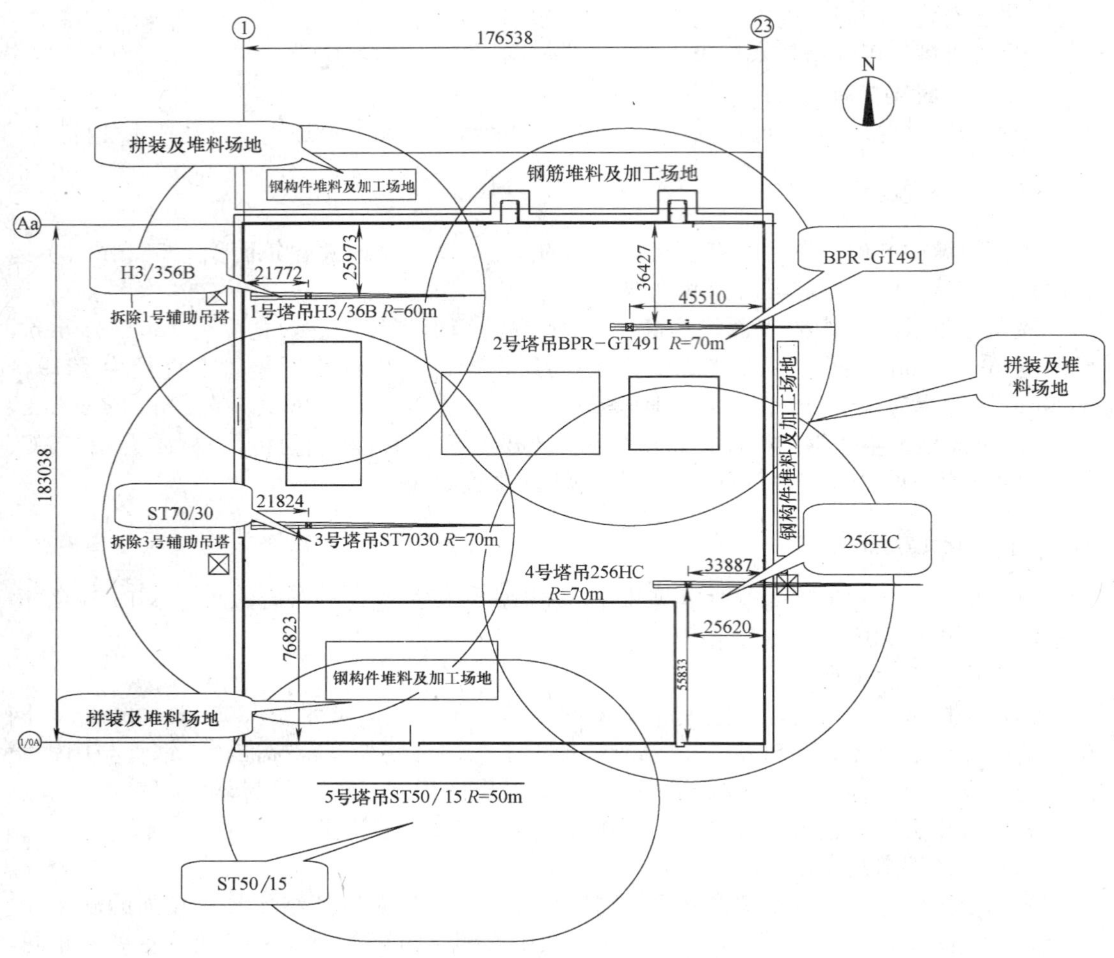

图 7.2-1 施工现场平面布置图

7.2.2 施工机械设备

施工机械设备见表 7.2-1。

施工机械设备表 **表 7.2-1**

序 号	设备名称	型 号	单 位	数 量	功率(kVA)	用 途
1	塔式起重机	H3/36B	台	1	90	钢框架安装
2	塔式起重机	BPR-GT491	台	1	160	钢框架安装
3	塔式起重机	ST70/30	台	1	90	钢框架安装
4	塔式起重机	256HC	台	1	90.6	钢框架安装
5	塔式起重机	ST50/15	台	1	45	钢框架安装
6	螺旋千斤顶		只	1407		钢架支撑
7	手工焊机		台	90	28	钢构件焊接
8	CO_2 焊机		台	90	34	钢构件焊接

7.2.3 组织机构

组织机构如图 7.2-2。

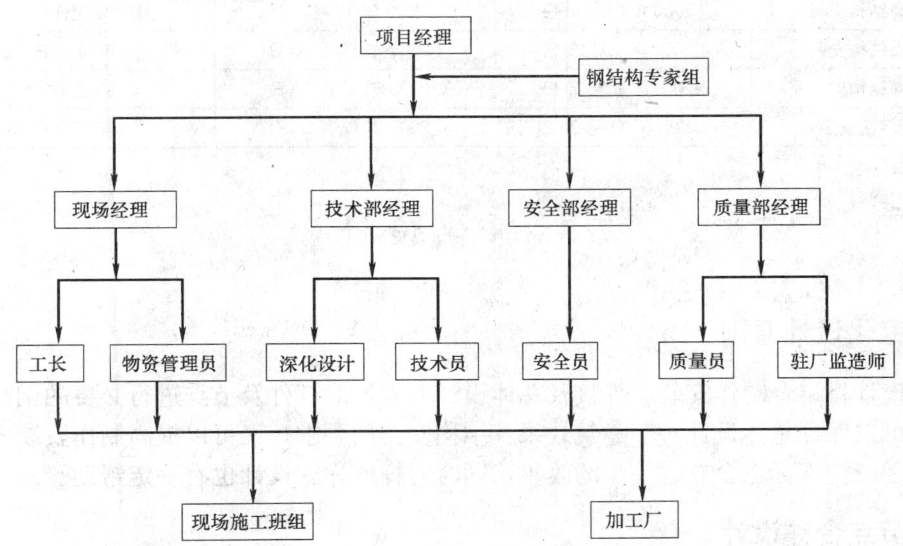

图 7.2-2 组织机构图

7.2.4 主要施工人员

主要施工人员见表 7.2-2。

主要施工人员表 表 7.2-2

主要施工工种	人数	备注
安装工	300	结构安装
焊工	200	结构焊接
电工	3	现场用电
测量工	6	测量放线校正
防腐涂装工	50	现场补漆

7.2.5 施工进度计划

施工进度计划见表 7.2-3。

施工进度计划表 表 7.2-3

工作内容	开始时间	完成时间	持续时间
钢结构深化设计	2005 年 3 月 12 日	2005 年 5 月 5 日	48 工作日
材料采购	2005 年 3 月 29 日	2005 年 6 月 9 日	73 工作日
钢结构加工	2005 年 4 月 20 日	2005 年 8 月 17 日	120 工作日
现场安装	2005 年 5 月 1 日	2005 年 1 月 20 日	243 工作日

续表

工作内容	开始时间	完成时间	持续时间
一层墙体安装	2005年5月20日	2005年6月28日	40工作日
二层墙体安装	2005年6月1日	2005年8月28日	88工作日
2区屋面结构安装	2005年8月18日	2005年11月5日	87工作日
1区屋面结构安装	2005年8月25日	2005年11月20日	86工作日
3区屋面结构安装	2005年9月20日	2005年12月20日	91工作日
墙体W3区安装	2005年11月20日	2005年12月30日	40工作日

7.3 深化设计

7.3.1 深化设计原则

深化设计将结合制作安装、焊接及总体设计要求，对杆件及节点进行必要的调整，以期达到既可以保证总体设计对于建筑效果及结构安全的要求，又可以提高制作安装、焊接质量。对于经济指标也会有进一步的改善，同时对杆件详图设计也有一定帮助。

7.3.2 节点合并设计

现有设计中，节点中心距离小于1m的杆件有近1300根。对于相邻节点中到中距离过小，致使球节点间杆件净长过短的问题，深化设计将根据墙面或屋面等不同部位，在综合考虑安装施焊操作、检验及建筑效果等各种条件基础上，确定最短杆件极限长度。

此深化调整将会改变局部小单元体的节点共面，对局部结构设计会有相应影响，应进行设计复核。

7.3.3 安装控制的要求

空间节点及杆件的快速准确定位要求。

为保证空间节点及杆件的快速准确定位，节点及杆件的深化设计，将结合单元的预制及安装顺序，采取相应的预制处理工艺；

解决单元及构件拼装的干涉问题；

对于拼装中难以避免的构件干涉问题，将根据单元拼装顺序模拟，合理地采取措施，保证拼装工序的实施。

7.3.4 安装误差调整要求

深化设计将根据子结构实验数据，结合结构刚度及应力分布规律，进行科学合理的安装及焊接模块划分，并确定构件实际下料长度，以保证拼装及焊接的变形控制。

7.3.5 焊缝质量控制要求

对于类似表面构件相贯等特殊部位的焊接操作，以及因拼装时构件与节点对中无法理想实施的情况，为保证焊接质量，深化设计将预先给出可行的解决方案。

7.3.6 钢结构工程用钢量的构成

（1）箱型、圆管杆件

本工程为复杂的空间网格结构，由多种规格的箱型及圆管截面杆件构成复杂多面体；杆件纵横交错，形成稳定的结构体系。杆件重量占结构用钢量的绝大部分，约占总用钢量的76%以上，杆件壁厚4～40mm，材质分为Q345-C和Q420-C两种。

（2）球节点

空间杆件网格的构成通过焊接空心球节点实现，杆件在球节点处以固接方式连接。根据节点空间几何位置的不同，节点分为结构内部球节点和表面半球节点两种。球和半球节点壁厚为10～60mm，材质为Q345-C和Q420-C，节点用钢量约占总用钢量的22%。

（3）相贯节点加强区

本工程的节点归并工作比较复杂，空间杂化的几何体被整齐的屋盖及墙体切割，因此在边、棱处有很多异型节点及相贯节点。在棱线上的相贯节点，设计采用加厚杆件壁厚的方式进行节点加强。加强区主要分布在墙体与地面、墙体之间及墙体与屋盖相交之处，其用钢量约占总用钢量的1%，杆件壁厚20～50mm，材质为Q345-C和Q420-C。

（4）杆端加强板件

为增加结构整体的延性，在应力水平超过0.7的杆件端部进行局部加强，加强板厚度为4～10mm，材质为Q345-C，约占总用钢量的1%。

7.4 材料采购

7.4.1 原材技术指标

本工程圆钢管采用无缝钢管或焊接钢管（直径小于406mm的选用无缝钢管，直径大于等于406mm的选用焊接钢管）；方钢管采用组焊箱型钢；焊接球采用热冲压焊接球体或半球。当原材厚度小于18mm时，采用Q345-C级（结构内外边框300mm×300mm×20mm×20mm的方钢管也采用Q345-C级钢材）；当原材厚度大于等于18mm时，采用Q420-C级；当钢板厚度大于等于40mm时，有Z15性能要求。钢材的各项技术指标应满足《低合金高强度结构钢》GB/T 1591—2008规范的规定。其主要化学元素性能指标应满足表7.4-1要求：

主要化学元素性能指标表 　　表7.4-1

牌　号	质量等级	抗拉强度 σ_b(MPa)	化学成分(%)				
			C≤	Mn	Si≤	P≤	S≤
Q345	C	470～630	0.20	1.0～1.6	0.55	0.035	0.035
Q420	C	520～680	0.20	1.0～1.7	0.55	0.035	0.035

力学性能指标应满足表7.4-2要求：

同时原材的屈强比和延伸率应符合设计要求。

力学性能指标表　　表 7.4-2

<table>
<tr><th rowspan="4">牌号</th><th rowspan="4">质量等级</th><th colspan="4">屈服点 σ_s(MPa)</th><th rowspan="3">抗拉强度 σ_b(MPa)</th><th rowspan="2">伸长率 δ_s%</th><th colspan="2">冲击功,AKv,J</th><th colspan="2" rowspan="3">180°弯曲试验
d＝弯心直径
a＝试样厚度</th></tr>
<tr><th colspan="4">厚度(mm)</th><th>＋20℃</th><th>0℃</th></tr>
<tr><th>≤16</th><th>＞16～35</th><th>＞35～50</th><th>＞50～100</th><th colspan="3" rowspan="2">不小于</th></tr>
<tr><th colspan="4">不小于</th><th></th><th>≤16</th><th>＞16～100</th></tr>
<tr><td>Q345</td><td>C</td><td>345</td><td>325</td><td>295</td><td>275</td><td>470～630</td><td colspan="2">22</td><td>34</td><td>$d=2a$</td><td>$d=3a$</td></tr>
<tr><td>Q420</td><td>C</td><td>420</td><td>400</td><td>380</td><td>360</td><td>520～680</td><td colspan="2">19</td><td>34</td><td>$d=2a$</td><td>$d=3a$</td></tr>
</table>

7.4.2 工程材料规格及数量

本工程结构用钢分为三个部分，无缝钢管、焊接钢管用钢板、方钢管用钢板。其中无缝钢管用量见表 7.4-3。

无缝钢管用量表　　表 7.4-3

序　　号	规　　格	材　　质	实际用量(t)
1	FP219×4	Q345-C	102.91
2	FP219×5	Q345-C	117.74
3	FP219×6	Q345-C	55.36
4	FP273×6	Q345-C	107.44
5	FP273×7	Q345-C	67.64
6	FP325×7	Q345-C	116.13
7	FP325×9	Q345-C	136.26
合　　计			703.48

焊接钢管用钢板用量见表 7.4-4。

焊接钢管用钢板用量表　　表 7.4-4

序号	材质	板厚(mm)	宽度(mm)	长度(mm)	数量(张)	用量(t)
1	Q345-C	9	1950	9000	204	152.94
2	Q345-C	11	1800	9000	225	214.75
3	Q345-C	11	1950	9000	116	115.79
4	Q345-C	13	1800	9000	72	109.03
5	Q345-C	13	1950	9000	71	97.16
6	Q420-C	18	1900	9000	32	77.32
7	Q420-C	24	1900	9600	10	34.36
8	Q420-C	24	1900	9000	8	25.77
9	Q420-C	30	1900	9550	2	8.55
10	Q420-C	30	1900	9800	1	4.39
11	Q420-C	40(Z15)	2100	6400	5	21.10
12	Q420-C	40(Z15)	2100	6050	5	19.95
13	Q420-C	40(Z15)	2100	4400	5	14.51
合　　计					756	895.61

方钢管用钢板量见表 7.4-5：

方钢管用钢板量表 表 7.4-5

序号	材质	板厚(mm)	宽度(mm)	长度(mm)	数量(张)	重量(t)
1	Q345-C	6	1500	6000	452	191.60
2	Q345-C	7	1500	6000	68	33.63
3	Q345-C	8	1800	6000	46	31.20
4	Q345-C	9	1800	6000	72	54.94
5	Q345-C	10	1900	12000	498	591.32
6	Q345-C	10	2100	12000	42	83.08
7	Q345-C	13	1860	12000	130	306.11
8	Q345-C	13	1960	12000	112	168.82
9	Q345-C	16	2300	12000	34	117.86
10	Q345-C	20	1860	12000	216	456.92
11	Q345-C	15	1960	12000	42	116.32
12	Q420-C	18	2050	12000	74	57.22
13	Q420-C	20	1880	12000	20	70.84
14	Q420-C	20	2100	12000	18	71.22
15	Q420-C	30	2200	12000	2	12.43
16	Q420-C	30	2100	12000	8	47.48
17	Q420-C	40(Z15)	2600	12000	20	295.94
合计					1854	2706.93

球体用钢板量见表 7.4-6：

球体用钢板量表 表 7.4-6

序号	材质	板厚(mm)	宽度(mm)	长度(mm)	数量(张)	重量(t)
1	Q345-C	11	1980	12000	42	86.17
2	Q345-C	13	1800	10110	4	7.43
3	Q345-C	13	1790	11860	22	47.66
4	Q345-C	15	1800	11600	78	191.77
5	Q345-C	15	1800	8400	2	3.56
6	Q345-C	17	1800	6000	2	2.88
7	Q345-C	17	1800	11830	66	187.55
8	Q420-C	19	1810	11950	162	322.62
9	Q420-C	21	1810	10970	10	32.73
10	Q420-C	21	2100	11740	98	398.29
11	Q420-C	24	1810	11000	7	22.51
12	Q420-C	24	2100	11700	4	18.52
13	Q420-C	24	2390	10800	98	376.57
14	Q420-C	24	2390	8260	2	7.44
15	Q420-C	26	1810	11960	7	26.51

续表

序号	材质	板厚(mm)	宽度(mm)	长度(mm)	数量(张)	重量(t)
16	Q420-C	26	2100	10580	4	18.14
17	Q420-C	26	2390	10800	16	184.29
18	Q420-C	26	2390	8260	2	8.06
19	Q420-C	28	2390	10800	18	102.12
20	Q420-C	28	1810	10050	2	8.00
21	Q420-C	28	2100	9470	2	8.74
22	Q420-C	30	2390	10800	16	97.26
23	Q420-C	32	2390	10790	18	116.60
24	Q420-C	34	2100	7240	2	8.12
25	Q420-C	42(Z15)	2390	10800	14	69.14
26	Q420-C	52(Z15)	2390	10800	11	65.90
27	Q420-C	62(Z15)	2390	10800	3	37.69
合计					712	2456.28

总定货量约6700t。

7.4.3 厂家选择

本工程采用的Q420-C级钢材，各项技术指标较高，对厂家的选择应特别慎重，在选择时公司将本着“技术业绩”优先的原则。

在确定厂家前，将组织专家对上述钢厂进行技术考察，以考证其相关业绩的真实性，并对技术能力充分了解，确认其具有提供钢材各项指标的能力，尤其交货状态的控制，同时在Q420-C钢材生产过程中有专人驻钢厂，以了解钢材生产过程是否按专家确认的工艺生产。各钢厂可提供的钢材情况如表7.4-7。

钢材情况表 **表7.4-7**

序　号	厂家名称	可供钢材牌号	厚度范围(mm)
1	鞍山钢厂	Q345-C、Q420-C	6～62
2	舞阳钢厂	Q420-C	20～62
3	济南钢厂	Q345-C	14～20
4	武汉钢厂	Q345-C、Q420-C	6～62(部分)

7.4.4 采购中的质量控制

(1) 原材质量要求

原材采购标准执行《低合金高强度结构钢》GB/T 1591—2008及《碳素结构钢和低合金结构钢热轧厚钢板和钢带》GB/T 3274—2007，对超出规范的应有补充技术协议，同时对于材料规范中没有涉及的技术指标，须与钢厂技术部门确定供货技术协议，以保证采购的原材同时满足规范与设计要求。

（2）对进入加工厂的材料按规范进行验收

1）核对原材的出厂质保书，并与规范标准所要求的各项参数逐一核对。尤其是超出材料规范的强屈比和延伸率的指标。

2）检查板材厚度、成品管的壁厚、几何尺寸，对于不符合规范要求的材料不得入库，通知钢厂解决，并落实替用钢材。

（3）材料复验

1）对入库材料按规范要求的同批同炉号 60t 为一批，进行抽样复验。主要验证钢材的力学性能和化学成分是否符合规范与设计要求的指标。

2）对于有 Z 向要求的钢材，还应检验其厚度方向的拉伸性能。

3）对复验合格的钢材方可进行投料加工，不合格的钢材应进行标识，分别存放，并通知钢厂进行处理。

7.5 工厂加工制作方法与技术措施

7.5.1 钢结构工厂制作部署

（1）组织机构

工厂加工组织机构见图 7.5-1：

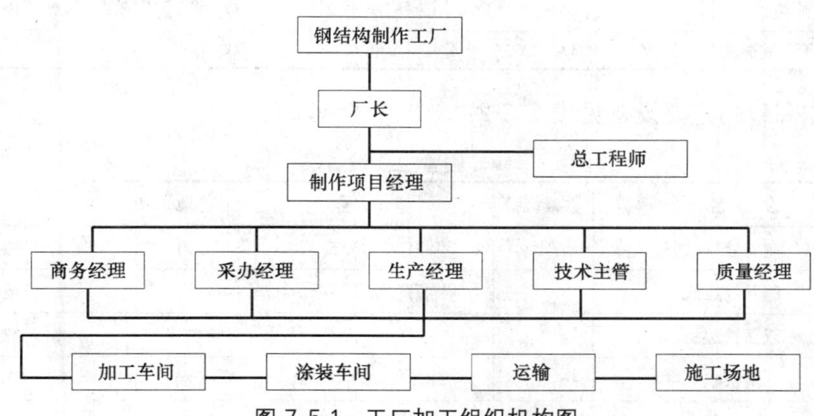

图 7.5-1 工厂加工组织机构图

（2）主要生产设备与人员配备

1）生产流水线

A. 制作箱型构件主要设备见表 7.5-1：

制作箱型构件主要设备表 表 7.5-1

序号	设备名称	数量(台)	型　号	产　地	生产日期	生产能力	用　途
1	龙门数控切割机	1	GS/ZII-6000	日本	2001 年 05 月		主材下料
	龙门数控切割机	1	EXA－500	上海伊萨	1999 年 02 月		
	直条切割机	2	CG1-4000	无锡华联	2001 年 05 月		
2	半自动气割机	8	CG1-30	上海正特	1998 年 06 月		异型下料、坡口加工

续表

序号	设备名称	数量(台)	型 号	产 地	生产日期	生产能力	用 途
3	U型组立机	1	—	无锡	2001年05月		箱型组立
4	龙门CO_2打底焊机	2	—	日本	2002年10月		箱型打底
5	龙门双丝埋弧焊机	8	—	美国林肯	2002年10月		箱型焊接
6	半自动埋弧焊机	12	MZ-1-1000	上海	1996年06月		拼板、箱型焊接
7	数控卧式带锯床	1	ST-6090	日本	1999年01月		型材断料
8	CO_2气保焊机	12	YD-500KR	唐山松下	2001年12月		箱型打底/零件焊接
9	数控六维管相贯线切割机	1	HID-300ES	日本	2001年03月	1000t/月	管件相贯线坡口加工
10	液压机	2	YF32-750	湖州	2000年	6300kN	用于圆钢、钢板锻压
11	空心球专用自动焊机	5	MH-1000	唐山	1999年	≤ϕ1200mm	空心球环缝自动埋弧焊接设备
12	抛丸机	1	8×130RK	美国	1999年05月	100t/日	构件表面除锈
		1	Z062	青岛	1999年01月		
13	无气喷漆机	3	CPQ-9C	中国	2001年08月	100t/日	表面涂装
14	锻造加热炉	2	LM700×1100	徐州	2000年		用于钢材加热
15	数字超声波测厚仪	2	DC-2000A	北京	2003年		测量钢板厚度

B. 制作圆管的主要设备见表7.5-2：

制作圆管主要设备表 **表7.5-2**

序号	设 备 名 称	数量(台)	型 号	产地	用 途
1	制管液压机	1	TDY37-2000	甘肃	卷管
2	制管液压机	1	TDY37-3000	甘肃	卷管
3	双面铣边机	1	SMX-18	哈尔滨	铣边
4	剪板机	3	QC12Y-20×2500	天水	下料
5	卷管机	1	W20-2000	江苏	卷管
6	CO_2气保焊机	10	YD-500	日本	焊接
7	长纵缝埋弧机	1	MZE630	江苏	钢管的纵缝焊接
8	内埋弧机	2	NMZ-1-1000	江苏	钢管内壁纵缝焊接
9	埋弧焊机	13	ZXG-1000R	上海	钢管的纵缝焊接
10	数控火焰切割机	6	DHG. CMC-600	哈尔滨	钢板切割
11	数控五维相贯切割机	2	SKG. G-B	哈尔滨	钢管相贯线坡口切割
12	连板自动冲剪生产线	2	ZS-Q31K-80	甘肃	连板自动下料
13	焊接流水线	4	HLK-1	江苏	焊接工件

2）检测设备见表7.5-3：

检测设备表 表 7.5-3

序 号	名 称	数 量	检 测 内 容
1	1000kN、2000kN 拉力试验机	2	检测材料力学性能
2	冲击试验机	2	检测材料冲击韧性
3	硬度计	2	检测材料硬度
4	万能铣床	1	制备试件
5	超声波探伤仪	5	检测试件缺陷
6	化学分析仪	2	检测材料化学成分

3）钢结构制作人员见表 7.5-4：

钢结构制作人员表 表 7.5-4

序 号	工 种	数量(人)
1	设计员	20
2	放样员	16
3	机械操作工	50
4	电焊工	30
5	力工	10
6	涂装工	6
7	检测工	6
8	质检员	4
总 计		142

7.5.2 球体加工工艺

(1) 球体加工重点及解决措施

本工程中焊接空心球最大截面尺寸为 ϕ800mm×60mm，网架规范中球最大直径为 ϕ500mm×25mm，加工工艺超出网架规范标准。针对超出规范要求的焊接球，采取以下方法进行加工：

1）焊接球直径在 500mm 以上的采取制作特殊冲压膜具。

2）购置冲压能力大的液压机，630t 和 1020t 液压机模锻成型。

3）焊接球壁厚 60mm，远远超出规范要求，为确保压制成型的半球壁厚满足设计要求的 60mm，经过理论分析研究确定压制钢板的厚度为：原钢板厚度增加 1.5～2mm。

(2) 整球加工

1）球体加工流程如图 7.5-2。

2）球体加工工艺要点。

A. 焊接空心球制作工艺流程如图 7.5-3。

B. 钢板下料

根据焊接球直径及加工坡口余量，计算半球下料尺寸，钢板下料采用数控等离子切割机切割或靠模火焰切割。

C. 半球的压制

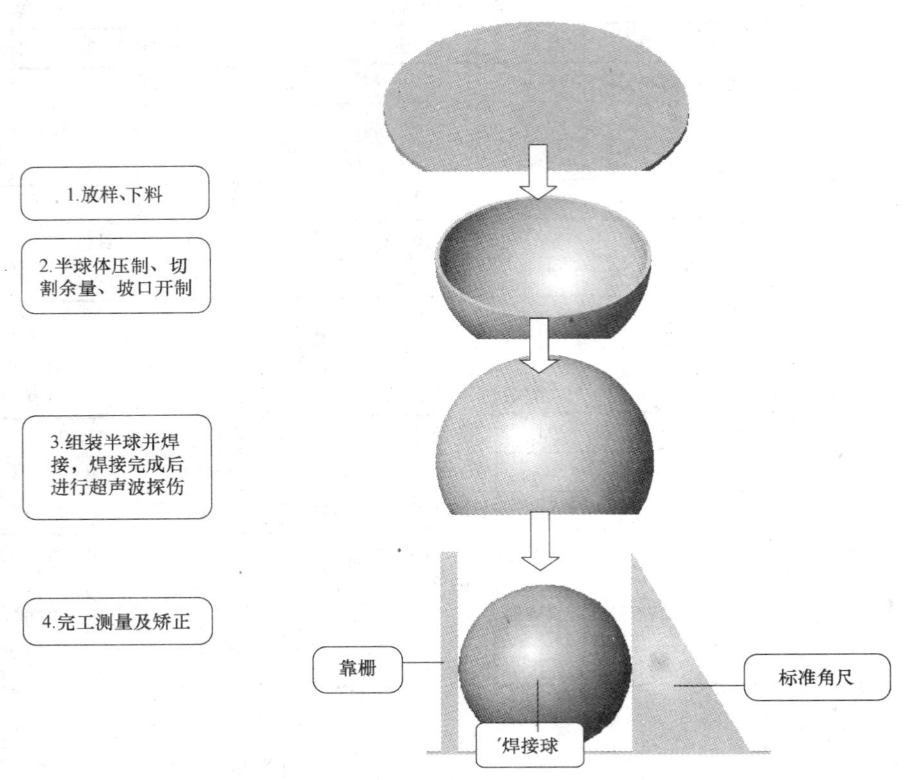

图 7.5-2 球体加工流程图

空心球压制时温度控制在 1050±50℃（用温度色卡比对），在 350t、630t 和 1020t 液压机上模锻成型，脱模温度不低于 650℃，在空气中自然冷却。

半球成型后，不应有起泡现象，外观光滑，无明显起皱。

D. 机械加工半球坡口

在专用车床上切削半球坡口至规定尺寸。

E. 半球焊接成整球

焊接球的焊接采用 CO_2 气保护半自动焊接，先定位焊，然后分层焊接。焊接工艺参数如表 7.5-5：

定位焊接电流采用上限值，具体焊接参数以焊接工艺评定参数为指导。

F. 焊接球的质量要求

(A) 无损探伤：每个焊接球应进行超声波无损探伤，其焊缝质量应达到一级标准。

(B) 按要求进行承载能力试验，达到规定要求后才准出厂。

(C) 焊接工艺参数见表 7.5-5，焊接球允许偏差见表 7.5-6。

(3) 3/4 球加工

半球加工与整球加工基本相同，主要区别在于半球球冠的处理方法，将平板冲压成半球后，切割半球，保留环形部分，再将其与平板焊接，形成“平底锅”形状，最后将“平底锅”与半球焊接，完成 3/4 球。

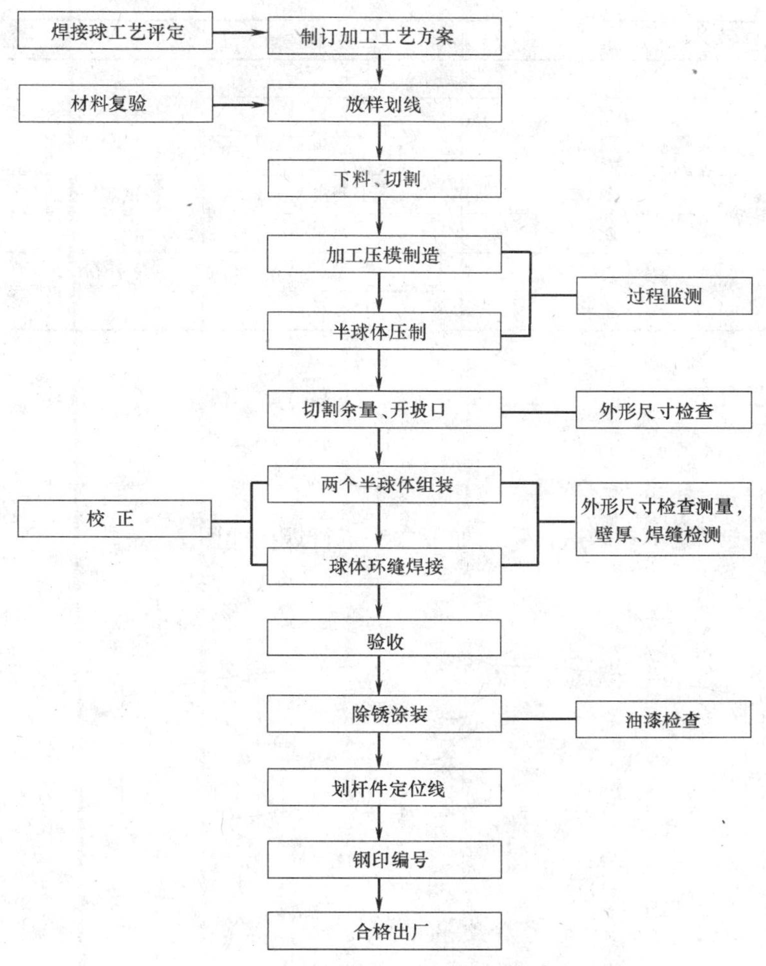

图 7.5-3 焊接空心球制作工艺流程

焊接工艺参数 **表 7.5-5**

钢板厚(mm)	工作电流(A)	工作电压(V)	焊丝伸出长度(mm)	气体流量(L/min)
6 以下	220～250	24～27	10	20～25
6～14	240～300(2 层)	28～32		
14～20	240～320 (2 层～3 层)	28～32		
20 以上	230～280 (3 层以上)	28～30		

焊接球允许偏差表 **表 7.5-6**

项 目		允许偏差	检验方法
直径	$D \leqslant 300$	±1.5	用卡尺和游标卡尺检查
	$300 < D \leqslant 500$	±2.5	
	$D \geqslant 500$	±3.5	

续表

项目		允许偏差	检验方法
圆度	$D \leqslant 300$	±1.5	用卡尺和游标卡尺检查
	$300 < D \leqslant 500$	±2.5	
	$D \geqslant 500$	±3.5	
壁厚减薄量	$\delta \leqslant 25$	0.13δ，且不应大于1.5	用卡尺和测厚仪检查
	$\delta > 25$	3.5	
两半球对口错边	$\delta \leqslant 25$	1.0	用套模和游标卡尺检查
	$\delta > 25$	2.0	

7.5.3 圆管加工工艺

(1) 圆钢管加工重点及解决措施

1) 圆钢管拼接焊缝

针对圆管的拼接焊缝不易熔透，采取如下方法进行焊接如图7.5-4。

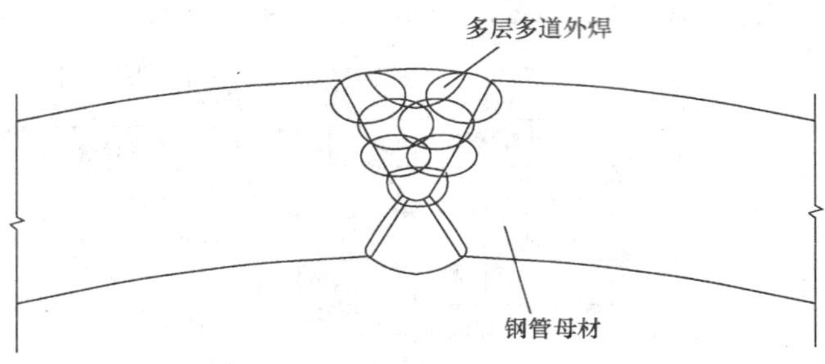

图7.5-4 钢管焊接图

2) 圆钢管球相贯坡口加工

采用六维数控切割机加工，详细加工方法见本节，加工示意如图7.5-5。

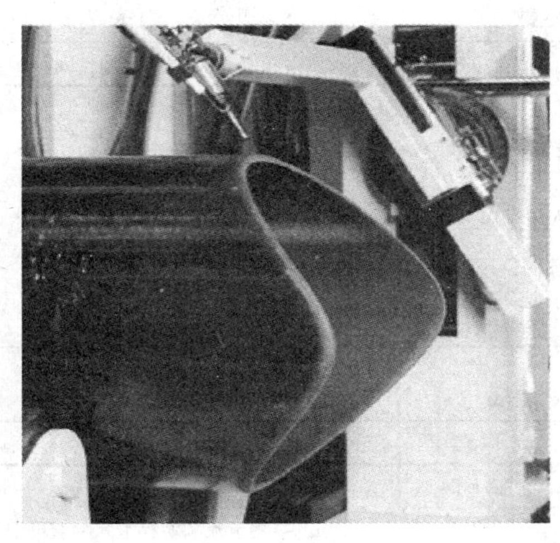

图7.5-5 加工示意图

(2) 直缝焊管加工工艺流程

1) 号料

提料工根据工艺卡对原材料进行外观检验，原材料与工艺卡是否相符（应有相应的加工余量），钢板有无弯曲变形、麻点及严重锈蚀等缺陷，检验无误后依据工艺卡提取原材料。

2) 下料工艺说明

下料采用DNG、CNG-6000数控等离子火焰切割机下料。

A. 编程：

首先操作工依据工艺卡对钢板进行编程，

编程结束后，吊入钢板。操作工选择测距项检查零件各基本尺寸是否与工艺卡相符，如不符则应立即修改程序，重新编程，直到检测无误后方可进行下一步操作。

B. 选择割炬：

操作工应先检查所用割炬是否合适，工作状态是否良好。

C. 调火：

操作工选择好割炬后进行调火，使之达到连续切割的要求。

D. 完成以上操作后操作工开始切割，切割速度的选择如表 7.5-7：

切割速度表 **表 7.5-7**

板厚 δ(mm)	8～10	10～20	>20
切割速度(mm/min)	600～700	500	350～400

E. 切割完毕后，操作工进行清理氧化铁及其熔渣。清理完毕后进行样冲打点。

操作工采用 5m、20m 卷尺进行岗位自检。自检合格后由专职质检员采用相同的工具依《气割下料检验标准》进行专项检验。

F. 标准要求：

切割边缘垂直度 $<t/8$ 且不大于 2.0mm（t 为板厚）；长：0～1mm；宽：±1.0mm；对角线：±1.0mm；局部缺口 <1mm；样冲打点偏差：±0.5mm。

专职质检员检验合格后方可进行下一工序的操作。

3）坡口加工工艺说明

坡口加工因板厚不同，采用不同的加工方式加工。

A. $\delta>30$mm 采用火焰切割方式进行加工

板料坡口加工时，操作工应严格按工艺卡所规定的内容进行加工。首先，操作工应先将钢材表面距切割边缘 50mm 内的锈斑、油污等清除干净，然后将导轨与切割边放至平行，才能点燃火焰、调整角度进行切割。

火焰切割时，操作工应先试割，后用焊检尺检测一下是否合格，如不合格应调整至合格，方可进行坡口切割。在切割过程中，操作工应不时地用焊检尺测量，以便保证坡口加工角度及钝边尺寸。加工完成后清净氧化铁及熔渣。

操作工用焊检尺进行自检，自检合格后找专职质检员采用相同的工具依据《坡口加工检验标准》进行专向检验。

B. $\delta\leqslant30$mm 时采用滚剪倒角机进行机械加工

操作时操作工按照工艺卡调好板厚及角度，然后用样板进行试加工，加工检验合格后进行板料的加工。

加工完毕后操作工用焊检尺先进行岗位自检、自检合格后专职质检员采用相同的工具依规范要求进行检验。

C. 检验要求

钝边：±1mm，坡口角度偏差 3°，切割后坡口边缘无氧化物，熔瘤和飞溅。专职质检员检验合格后方可进行下一工序的操作。

4）预弯工艺说明

A. 准备工作

折弯工从段长处领取卷管加工工艺卡、派工单、样板后，检验工件名称、图号、零件号及尺寸规格是否与工艺卡相符。

B. 操作过程

① $\delta \leqslant 30$mm 的圆管预弯采用 1250t 端头预弯机进行作业，预弯下模采用与该圆管外径相等的凹型模具，上模采用与该圆管内径相等的或不小于 10mm 的凸型模具起始端均有过渡块防止预弯局部产生波浪。

② $\delta > 30$mm 的圆管预弯采用 3000t 数控液压折弯机预弯，上模采用圆管模具，下模采用规格 280mm 的开口模具。预弯前，将工件规格材质输入微机编程，然后将工件放置到上下模具之间，按工艺的标志在预弯位置处折弯。

预弯前将工件放置到预弯上料架上，调好主机间距，启动上料对中机构，钢板对中后，启动送料小车，将工件送主机上模具之间。启动两侧主机开始工位预弯。

检验 $\delta \leqslant 30$mm 的圆管预弯采用标准样板检验，即在第一次压制后，小车将工件送出 2～2.5mm 时，用样板检测内弧面曲率，用样板检测合格（标准样板悬起、翘起量不大于 1mm）后，方可继续工作。如不合格，应检测上下模具规格、主机间距。

$\delta > 30$mm 的圆管预弯检验应在第一点压制结束后，用标准样板检测，检测合格后方可进行第二点、第三点的压制。

C. 注意

$\delta > 30$mm 的圆管工件预弯结束后，应采用半自动气割，切除预弯余量。

5）折弯工艺说明

A. 准备工作

操作工从段长处领取工艺卡、派工单标准样尺后，检查工件、工程名称、图号零件号、规格尺寸是否与工艺卡相符，检查设备是否正常。

B. 选用模具

根据工艺卡要求，选择上下模具规格。

C. 设备

折弯采用 2000t 折弯机和 3000t 折弯机。见图 7.5-6、图 7.5-7。

图 7.5-6　3000t 液压数控折弯机

图 7.5-7 2000t 液压数控折弯机

D. 使用方法

按工艺卡的要求，将工件规格、材质输入微机，编程后，选择折弯时所需的压力，有 $Y1$，$Y2$，Y，选用时应使压力适当小一些，以防弯曲过量。撬板工将板撬至上下模具间，对好第一点后，开始压制，用样板测量板料预弯误差后，根据误差大小及模开口量选择第二点、第三点为折弯起始点（设折弯起始点到板边距离为 L，下模开口尺寸为 l，则有 $L-l=30\sim50$mm 范围内选择起始点）。对点工把第一点对在上模同侧模具边上，压完后用样板测量，如进深偏浅，适当以 0.2～0.5 递增，直至与样板完全吻合或符合工艺要求为止，方可压下一点，然后每连续压三四点后，用样板检测一下弧度是否合格。在压前几刀时要看一下直线度。如直线度不合格，要适当升降预凸，以防管件局部出现凸起或下凹的现象。

E. 检验

折弯过程中、操作工应每压二、三刀用标准样板检测弧度是否合格，前几刀要检测钢板弯曲部位的直线度，压制完成每一根后，由质检员检测外圆直线并符合如下标准：

圆管：单缝：$D/100$ 且≤20mm；双缝：$D/100$。

6）合缝工艺说明

A. 准备工作

操作工从段长处领取工艺卡、派工单后检验合缝管是否与工艺卡相符，检查设备是否正常。

B. 使用设备

自动合缝架，CO_2 气体保护焊焊机。自动合缝架见图 7.5-8。

C. 使用方法

按工艺卡的要求，确定管的直径，调节左右及上方排辊与链条的相对位置，使出口端左右排辊和链条距离均为钢管的标准尺寸。进口端可比未合缝钢管直径大 10～30mm 以便于钢管进入合缝架内。然后将钢管吊至上料滚轮上，启动送料链条，钢管在链条摩擦力的作用下前进，上排辊有导向轮，使钢管沿导向轮前进而不发生旋转。当钢管出口端 150～200mm 时，看焊缝是否有错边、间隙过大现象。若有错边，则应加大上排辊的压力或减小两侧排辊的压力，直至不发生错边为止。然后用卷尺测量管端头周长是否满足技术要求，以后每 1.5m 测量一次。不合格应重新调节排辊压力，以保证管周长、直径合格。然后用 CO_2 气体保护焊间断点焊，点焊长度为 50～100mm，间距为 150～300mm。

图 7.5-8 自动合缝架

D. 检验

操作工在第一根合缝时，检验端头周长是否合格，质检员检测时按椭圆度检验标准：

(A) 管体截面圆周长：±2mm。

(B) 错边：纵向±3mm，对口错边：$t/10$ 且≤2mm。

(C) 纵焊缝间隙：≤1mm。

(D) 扭曲度≤2°。

7) 埋弧焊接及气刨工艺说明

A. 焊前准备

(A) 施焊场所应平整、干净、无杂物。

(B) 检查焊接设备及工装。

(C) 焊工检查焊接设备及仪表是否处于正常状态，各种焊接辅助机械是否运转正常，各旋钮位置是否正确。

(D) 焊工检查导电嘴的磨损，油污情况，磨损严重应更换，有油污必须清理。

(E) 焊工检查组装及定位焊质量，对于板厚≤8mm 的对接缝，对接间隙应严格控制在≤1mm；对于板厚>8mm 的对接缝，对接间隙应严格控制在≤1.5mm，定位焊严格按工艺规程要求执行。

(F) 将坡口及两侧 20mm 内的油、水、锈等污物清除干净，采用火焰切割时的坡口，不得有裂纹且不宜有大于 1mm 的缺陷，应将氧化皮、熔瘤用砂轮打磨干净，露出金属光泽。

(G) 焊缝两端必须加引弧板和熄弧板，该两板应清除表面锈迹，其厚度与焊件相同，长为 300mm，宽 100mm，其材质与焊件相同，引出长度≥200mm。

(H) 焊丝的伸出长度一般为 25～35mm。焊丝应除油锈等污物，焊剂应烘干。焊工领用焊材必须按焊接工艺要求的型号和规格领用，并按领用单的规定仔细填写清楚，否则焊材库拒绝发放。

合缝后焊缝及周围 100mm，范围内若有油、水等，必须用火焰烘干，方可施焊。

B. 施焊

(A) 焊工必须持有焊工合格证。

(B) 焊工必须严格按焊接工艺参数施焊，严禁自由施焊，如有问题或有好的建议可向焊接工艺人员提出，经采纳后方可施焊。

C. 埋弧自动焊内纵缝焊接

(A) 在焊剂垫上堆放好焊剂，并将焊剂在焊剂垫长度方向上刮平，在宽度方向上向中间略凸起，将工件用吊车平稳放置在焊剂垫上，焊缝中心对准焊剂垫中心线并安放好，用夹子卡紧。

(B) 辅工在焊缝的两端焊好引弧板和熄弧板（尺寸为：$\delta \times 150 \times 100$，$\delta$ 为管壁厚）。

(C) 辅工和主焊工配合启动焊接小车，调整悬臂机头导向轮使之处于坡口内，焊丝对准焊缝中心，并从前向后进入筒体后端，使焊丝处于引弧板距管端约 80mm 处，将焊剂盛满漏斗箱，焊丝对准引弧板，伸出 25～35mm 左右，并刚好接触引弧板。

(D) 辅工用手向筒体两侧塞紧焊剂，以防烧漏。

(E) 主焊工启动焊接按钮和焊接小车，严格按产品焊接工艺迅速调整焊接电流、焊接电压、焊接速度，达到预定参数，按时启动焊剂输送装置，送进焊剂完好的覆盖并保护好熔池。

(F) 辅工在焊接过程中，严密注意焊丝在焊道内的位置，避免出现焊偏现象。

(G) 焊接过程中，严密注意筒体两侧，并不停地用手塞紧筒体两侧焊剂，以防筒体壁烧穿、烧漏。

(H) 观察焊机控制箱上电流表及电压表的数值，有无偏离预定参数，并及时做好调整，保证电弧稳定燃烧。

(I) 若出现接头，应先清除干净熔渣，与上道焊缝重叠长度为 5～8mm。

(J) 在熄弧板上距管端约 80mm 处熄弧并停止焊接小车。焊后，用吊车将钢管吊下，并使其一端置于预先铺在地面的铁板上，另一端用吊车吊起，焊工用锤振击钢管，使渣壳脱落和剩余焊剂一起落于铁板上，用焊剂筛选机及磁选机将焊剂重新筛过，以备下一次再用。

D. 碳弧气刨工艺说明

(A) 气刨前，检验所用设备直流焊机、空气压缩机是否正常运行，气管是否漏气。

(B) 将焊管平放地面上，使焊缝在钢管的上面，清净焊缝区内的油污、水、锈及焊渣等。

(C) 气刨时，碳棒伸出约 10cm，焊缝与碳棒中心的夹角一般为 30°～50°，水平向前刨进。

(D) 气刨工艺参数见表 7.5-8：

气刨工艺参数 **表 7.5-8**

规格	电流(A)	电压(V)	适用板厚(mm)	气刨流厚(mm)	速度(cm/min)
ϕ4	230～280	22～25	6～10	2～3	50～100
ϕ6	280～330	23～27	12～14	3～5	50～100
ϕ8	350～450	24～28	16～20	5～10	40～60
ϕ10	400～450	28～32	≥22	>10	30～50

(E) 气刨顺序为从右向左或从上向下气刨。

(F) 气刨后将氧化铁清除干净，并用磨光机将坡口打磨光滑，露出金属光泽，使坡口呈 V 型。

E. 埋弧自动焊外纵缝焊接

(A) 主焊工启动焊接按钮和焊接小车，严格按产品焊接工艺迅速调整焊接电流、焊接电压、焊接速度，达到预定参数，按时启动焊剂输送装置，送进焊剂完好的覆盖并保护好熔池。

(B) 辅工在焊接过程中，严密注意焊丝在焊道内的位置，避免出现焊偏现象。

(C) 焊接过程中，严密注意观察焊缝底部熔透情况，及时调节焊接参数，以防烧穿。

(D) 辅工在焊出一段距离后敲去焊渣，观察焊缝成形情况，并通知主焊工，进一步调节焊接参数。

(E) 观察焊机控制箱上电流表及电压表的数值，有无偏离预定参数，并及时做好调整，保证电弧稳定燃烧。

(F) 焊接过程中若出现烧穿、气孔过多等现象应立即停止施焊，查找原因做出相应措施后方可施焊；若出现接头，应先清除干净熔渣，与上道焊缝重叠长度为5～8mm。

(G) 在熄弧板上距管端约80mm处熄弧并停止焊接小车。

(H) 多层焊时，必须将上一层的焊渣清理干净，如有气孔，夹渣等缺陷必须清除后，再进行下一层的焊接。

(I) 焊接时，焊工应随时注意焊剂漏斗是否畅通。

(J) 引弧板和收弧板必须用气割割除，不得锤击。焊完后在规定的位置打上钢印。

F. 焊接设备

现有单丝直流埋弧焊机四台，其中内焊机一台，外焊机三台（为MZ-1000），四丝埋弧外焊机一台。

G. 焊接参数：

$$a=55° \quad \pm 5° \ a1(a2)=0\sim 3mm \quad b=0\sim 1mm$$

H. 焊后检验

(A) 焊缝除按图纸要求及技术条件要求探伤检查外，焊缝应按GB 50205—2001及GB 10854—89对焊缝进行外观检验，具体要求见焊接工艺说明。

(B) 焊后应由质检员检验焊缝外观质量并进行超声波探伤检测。

8) 精整工艺说明

A. 准备工作：启动精整机，检查设备是否正常。根据工艺卡的钢管标准外径选择合适模具（模具内径比钢管外径大15～25mm），并将模具安装在模具腔内。

B. 操作方法：将模具安装好后，根据工艺卡将精整管用行车吊放在自动进料架上调节好进料小车的位置和高度，启动自动上料架，将管送至小车上，并启动上模。然后启动上料小车，将待精整钢管送入精整模具内，进入长度为2m。根据精整机上下两侧模具侧边标尺每旋转90°压一次，确定标尺指示位置，将端头整圆至合格为止。启动送料小车，使钢管升高后，使小车前进0.5m，然后按上述方法操作。

C. 检验钢管送出之前，操作可用卷尺和外卡钳测量管径，用细钢丝测量直线度进行自检。质检员检验时采用相同的工具。

直线度标准不超过构件长度$L/1500$（L为构件长度）。

椭圆度检验标准（以对边尺寸为准）：

(A) $250<D\leqslant 600$，管端椭圆度±2mm：除管端外椭圆度±3mm

(B) $600<D\leqslant 1300$，管端椭圆度±2mm：除管端外椭圆度±3mm

9）局部矫直工艺说明

操作工把直线度有缺陷的管件用火焰法进行矫直，操作时操作工应先目测一下管件的直线度的变形情况，然后采用梅花点状加热或多线条状加热进行矫直，矫直时加热深度不超过板厚的 2/3。

矫直完毕后操作工应先用直板尺及细钢丝垫片进行自检，自检合格后专职质检员采用相同的工具进行专项检验。

质量检验标准：

整体杆件直线度：不超过构件长度 $L/1500$，L 为构件长度。

（3）相贯线制作方法

为了确保钢管相贯线生产的准确、高效，保证各个贯口符合中国《建筑钢结构焊接技术规程》JGJ 81—2002 的相关行业标准，相贯线制作方法如下：

设备：SKGG-B 型数控相贯线切割机，最大切割钢管的直径为 800mm，最大的行程 12000mm。

1）相贯线的数控编程

首先开启设备的数控编程系统，根据图纸所提供的详细的已知条件，依次输入所需的数据：例如：主管的直径，主支管的直径，副支管的直径，各钢管的壁厚以及空间中任意两相贯的钢管中心轴线的夹角等等的参数，输入完毕后，计算机会自动生成相贯线的曲线展开图，可以获得任意一点相对应的数据。

2）钢管基准线的标识

将检测合格的钢管上两端进行四等分圆，并利用粉线将其清晰的表示出来。

3）切割

将做好标记的钢管吊到切割机上，利用卡盘将其牢牢地固定在支架上，调节支架的高度，使其钢管的中心轴线与切割机的导轨相互平行。旋转卡盘并使钢管的其中一条四等分圆线垂直于机床后开启切割机的切割系统开始切割，切割完毕后利用磨光机将相贯线和垂直端面的氧化铁清理干净。

7.5.4 箱型构件加工工艺

（1）矩形钢管加工重点及解决措施

箱型钢管加工属于成熟工艺，但矩形管与球体相贯节点无法采用六维相贯线切割机加工，即矩形管相贯面无法采用机械加工，加工难度大。因此考虑采用以下两种方法进行对比。

1）采用车床加工

采用车床加工须根据矩形钢管截面尺寸制作特殊夹具加工，矩形钢管截面规格多，需加工的特殊夹具数量多，无法满足加工进度要求，不适用。

2）采用套膜切割

采用套模切割的方法无需制作特殊工具，操作简便，可满足各种截面箱型钢管的加工，针对每根矩形钢管的截面尺寸 1∶1 放样，采用手工气割，加工精度高，能够满足要求。

(2) 箱型构件加工流程见表7.5-9：

箱型构件加工流程表 表7.5-9

工序说明	简图
主材下料	
主材坡口	
U型组立	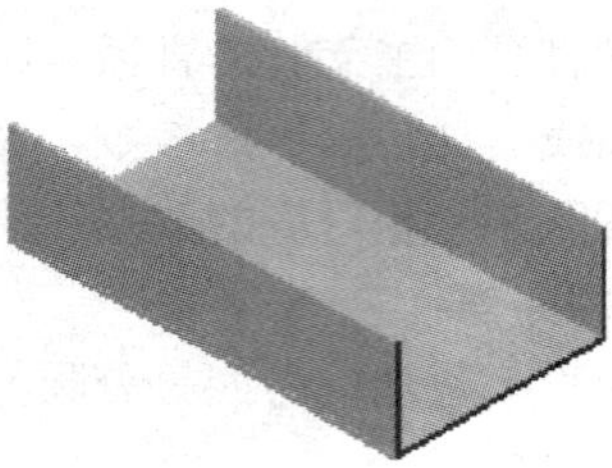
BOX型组立	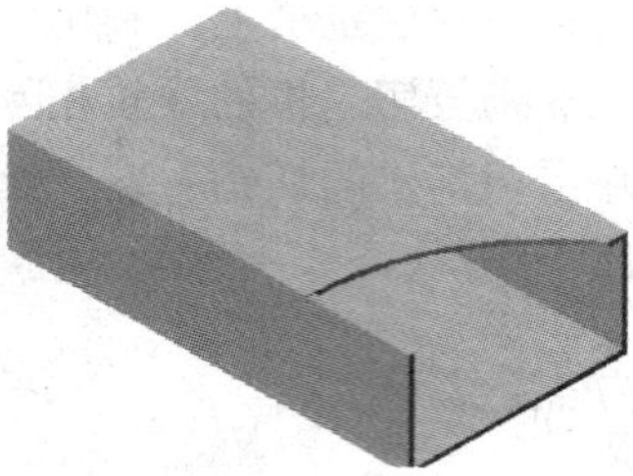
BOX焊接(埋弧焊)	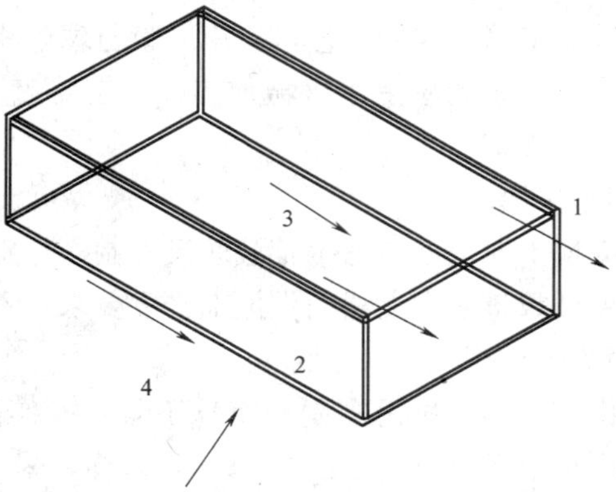 1 2 3 4 用 CO_2 气体保护焊打底后用埋弧焊按1、2、3、4顺序进行焊接

（3）箱型构件加工主要工艺流程如图7.5-9：

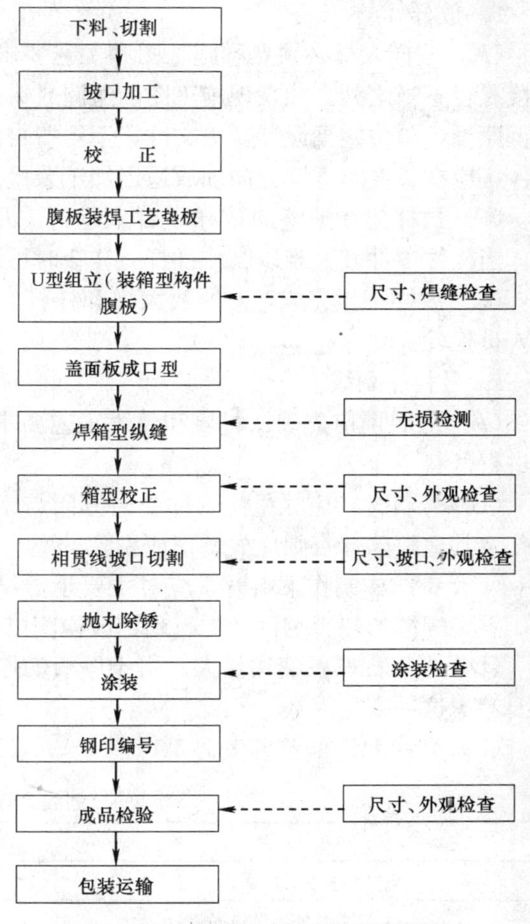

图7.5-9　箱型构件加工工艺流程图

（4）工序控制

1）材料管理

A. 原材料进厂要求

按供货方提供的供货清单清点各种规格钢管和钢板数量，按《国家游泳中心钢结构工程施工验收规定》的规定验收原材料。

B. 材料保管

材料运输时，应采取必要的措施避免损伤母材。材料应有序堆放并进行标识，避免与其他工程的材料相混。为防止变形，材料应平放垫平，吊运操作时应规范。若发现钢板平整度或翘曲超差，应进行矫正处理。经切割下料后所剩的余料应按材料的牌号、规格堆放好，并标识。

焊接预热温度由钢材材质确定，Q345-C和Q420-C及钢材要有明确标识。

C. 材料矫正

（A）火焰矫正材料时被加热的最高温度应控制在900℃内，严禁用水激冷，加力矫正应避开蓝脆区（200℃～400℃）。

（B）材料允许偏差如表7.5-10。

材料允许偏差　　表7.5-10

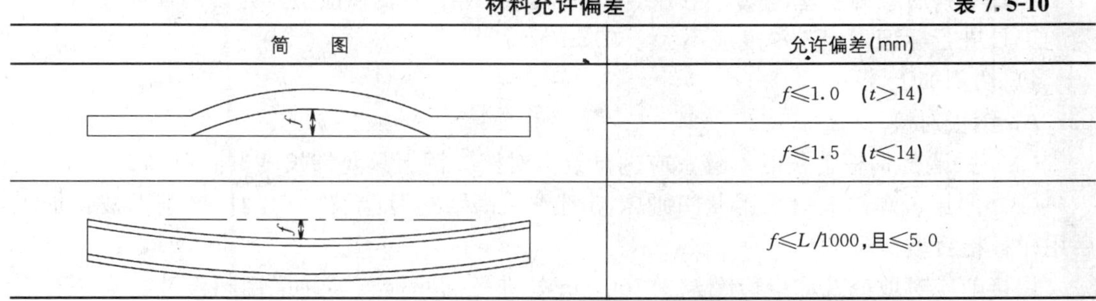

简　图	允许偏差(mm)
	$f \leqslant 1.0$　($t > 14$)
	$f \leqslant 1.5$　($t \leqslant 14$)
	$f \leqslant L/1000$，且$\leqslant 5.0$

D. 加工时的材料识别

下料加工时的主要材料应按材料管理规定作好材质标识，写清图号、零件号标识。

2）工程用尺

工厂制造用钢卷尺必须经计量部门与本工程用的标准尺进行校核，并标贴修正值后才能使用，以保证制作、检验、现场安装用尺的一致性。

3）放样、号料和划线

A. 放样

(A) 放样人员必须熟悉施工图和工艺要求，核对构件及构件相互连接的几何尺寸和连接有否不当之处。如发现施工图的遗漏或错误，以及其他原因需要更改施工图时，必须取得原设计单位签具设计变更文件，不得擅自修改。预计会出现大量焊接收缩和需铣削的构件，应在长度和宽度方向加放适当加工余量。

(B) 放样应在平整的放样平台上进行。凡需放大样的构件应以 1∶1 的比例放出实样；当构件零件较大难以制作样杆、样板时可通过 CAD 放样。

(C) 放样工作完成，对所放大样和样杆、样板（或下料图）进行自检，无误后报专职人员检验。

B. 号料、划线

(A) 号料前应先确认材质和熟悉工艺要求，然后根据排版图、下料加工单和零件草图进行号料。

(B) 号料时，应尽量使构件受力方向与钢材轧制方向一致。使用的钢材必须平直无损伤及其他缺陷，否则应先矫正或剔除。

(C) 钢结构制作下料时，应对主要承重结构节点、焊缝集中区域所用钢板及重要构件、重要焊缝的热影响区，进行超声波检测以保证钢板质量。

(D) 本工程厚板使用量大。由于厚板的厚度公差较大，因此厚板组合的构件截面尺寸要考虑这一变化因数。

(E) 划线允许偏差见表 7.5-11：

划线允许偏差 **表 7.5-11**

项　目	允许偏差
基准线位置	≤0.5mm
零件外形尺寸	≤1.0mm

划线号料后应标明基准线、中心线和检验线以利于组装和检验，允许用样冲或凿子一类的工具进行标记，但其深度应不大于 0.5mm。

4) 切割加工

A. 钢板对接

(A) 采购的钢板若长度不够，应进行钢板对接。钢板只允许长度方向对接。

(B) 厚钢板焊接坡口采用龙门刨床刨削或用钢结构万能坡口切割机铣削而成，加工后用样板检查坡口尺寸。

焊接前应对坡口及坡口边缘至少 100mm 处进行彻底检查，并采用超声波检查是否有夹层、裂纹、夹灰等缺陷，如发现有上述等问题及时报有关人员进行处理。

(C) 钢板对接在专用工作平台上进行。

(D) 钢板的定位点焊采用 CO_2 气体保护焊，厚钢板焊接前应对钢板进行预热，预热温度为 100～200℃。

(E) 钢板定位点焊后，用小车式埋弧自动焊机进行焊接，待正面 $t/3$ 厚度焊完后翻转工件，反面用碳弧气刨清根处理后，再用砂轮打磨清除渗碳层与熔渣（碳弧气刨使用后，焊缝表面附着一层高碳晶粒是产生裂纹的致命缺陷），直至露出金属光泽后再采用磁粉探伤法进行底部的探伤，待确认无裂纹后，进行反面焊缝的施焊，反面焊完后再翻转工件焊正面余下的焊缝，直至盖面焊。

（F）焊后立即用大功率火焰枪或陶瓷加热器进行焊后热处理，将焊缝两侧100mm范围内加热至200～300℃，加热完毕后，采用保温棉等进行保温，恒温时间段按每30mm板厚1h计算。当温度降至150℃，揭开保温棉让其自然冷却。

（G）焊后进行外观检查，检查合格后做好记录。施焊24h后，对焊缝进行无损探伤，确认焊缝内在质量合格之后，做好记录，转入下一道工序。若发现有缺陷，必须报告负责人，并由主任焊接工程师制定整改措施，进行整改，整改后继续进行无损探伤。若再次不合格，则该工件进行报废处理或转做他用。

B. 下料切割

（A）箱型构件翼缘（腹）板下料采用数控多头钢板切割机、等离子数控火焰多头切割机进行切割下料，连接钢板下料采用等离子数控火焰多头切割机和小车式火焰切割机进行下料切割。钢板切割前应用钢板矫正机对钢板进行矫正，厚度小于12mm的钢板，可采用剪板机剪切，应清除表面油污、铁锈和潮气。对箱型构件钢板还必须进行检验和探伤，确认合格后才准切割。加工的要求应按公司内控标准检验切割面、几何尺寸、形状公差、切口截面、飞溅物等，检验合格后进行合理堆放，做上合格标识和零件编号。

（B）为保证切割板材的边缘质量，同时使切割的板材应两边受热均匀，为减少条料的变形，不产生难以修复的侧向弯曲，即应采用数控多头等离子火焰切割机，从板两面同时垂直下料，使板的两边同时受热，切割下料。如图7.5-10所示：

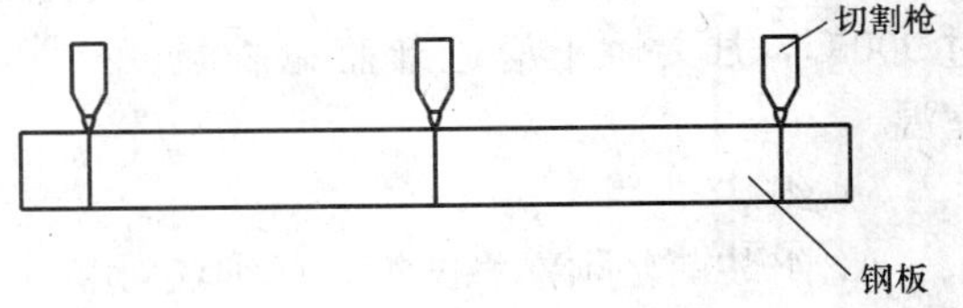

图7.5-10　箱型构件钢板下料切割图

（C）箱型构件钢板下料长度的确定以图纸尺寸为基础，根据截面大小和连接焊缝的长度，考虑预留焊接的收缩余量和加工余量并结合以往施工经验，四条纵焊缝按每1m沿长度方向收缩0.6mm，因此一般翼缘及腹板下料长度的预留量为50mm。允许偏差见表7.5-12、表7.5-13、表7.5-14、表7.5-15。

气割下料允许偏差　　**表7.5-12**

项　　目	允许偏差(mm)
零件宽度、长度	±3.0
切割面平面度	0.05t，且不应大于2.0
割纹深度	0.3
局部缺口深度	1.0

注：t为切割面厚度。

剪切下料允许偏差　　**表7.5-13**

项　　目	允许偏差
零件宽度、长度	±3.0
边缘缺棱	1.0

坡口加工面粗糙度及切口深度的允许偏差　　表 7.5-14

粗糙度	0.2mm 以下
切口深度	0.2mm 以下(用砂轮打磨)
	2.0mm 以上(补焊后砂轮打磨)

坡口加工允许偏差　　表 7.5-15

项目	允许偏差
坡口角度	±5°
钝边	±1.0mm

(D) 钢板下料后质量应符合下列要求：

不铣边的切割表面必须用磨光机或风砂轮打磨气割面和矫正；

放样号料要按定长尺寸的钢板对应进行，不得随意取短使用；

下料完成后，施工人员必须将下料后的零件加以标记，并归类存放；

检验划线的准确性并打印标记。

(E) 钢板矫正时应符合下列要求：

钢材的机械矫正，一般应在常温下用机械设备进行。矫正后的钢材，表面上不应有凹陷，凹痕及其他损伤；

热矫正时应注意不能损伤母材，加热矫正可采用火焰矫或电加热，但加热温度不得超过 900℃，加力矫正应避开蓝脆区温度（200～400℃），严禁用水激冷，应缓慢冷却至室温。

5）组装

A. 组装前必须熟悉图纸，仔细核对零件的几何尺寸和零件之间的连接尺寸，核对零件的编号、材质、数量等，熟悉相应的制造工艺和焊接工艺，以便明确各构件加工精度和焊接要求。

B. 装配用的工具（卷尺、角尺等）必须事先检验合格，样板和样条在使用前也应仔细核对，组装用的平台和胎架应符合构件装配的精度要求（胎具的水平应在 3mm 之间）并具有足够的强度和刚度，使用前应经技监部门认可合格。

C. 构件组装要按照工艺流程进行，零件连接处的焊缝两则各 30～50mm 范围以内的轧屑、水分、毛刺、氧化皮、油污等应清理干净。

D. 检验各组装杆的图号及外观尺寸、坡口形式的正确性。对零件的焊接坡口不符合要求处用磨光机或风砂轮打磨。

E. 在加工中发现变形时，如该变形量不能确保所定的成品精度，要在无损于材质的情况下用加热法进行矫正。

F. 焊接箱型构件的拼接应优先在 BOX 拼装机上进行拼装，也可以在拼装胎架上进行拼装，拼装后按焊接工艺进行焊接和矫正，然后在翼板上标出中心线的位置作为构件组装时的基准。

G. 焊接箱型构件组装精度见表 7.5-16。

6）薄壁矩形管焊接变形控制措施

A. 提高板材平整度和构件组装精度；

箱型构件组装允许偏差　　表 7.5-16

项　目	允许偏差(mm)	检验方法	图　例
长度 L	±3.0	用钢尺检查	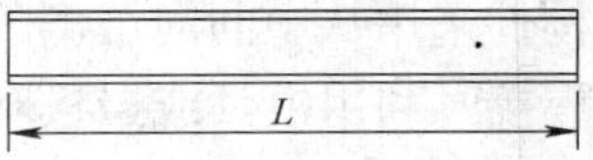
高度 H	±2.0		
宽度 B	±2.0		
对角线偏差	3.0		
弯曲 e	$e \leqslant L/1500$ 且 $\leqslant 5.0$	用拉线和钢尺检查	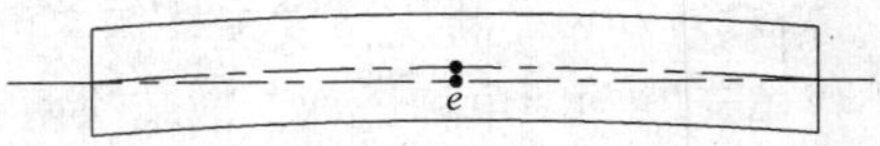
扭曲 δ	$H(B)/250$		
板局部平面度 f (1m 范围内)	$f<14$　3.0 $f \geqslant 14$　2.0	用 1m 直尺和塞尺检查	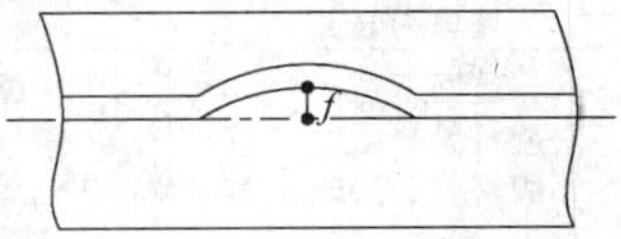
间隙 a	±1.0	用钢尺检查	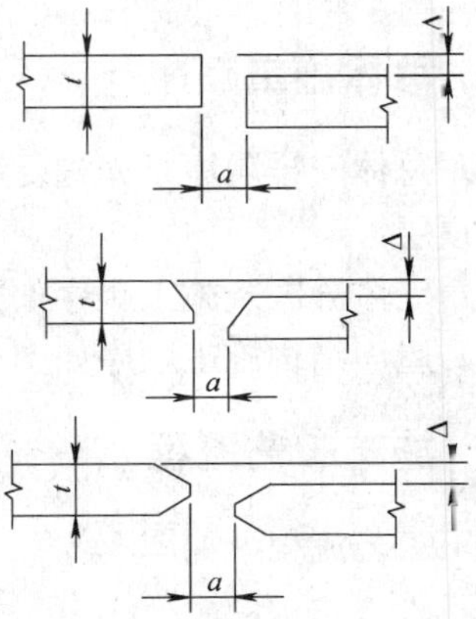
对口错边 Δ	$t/10$,且不大于 3.0		
翼缘板倾斜度	$H(B) \leqslant 400$　1.5 $H(B)>400$　3.0	用直尺和钢尺检查	
相贯线切口	±2.0	用套模和游标卡尺检查	

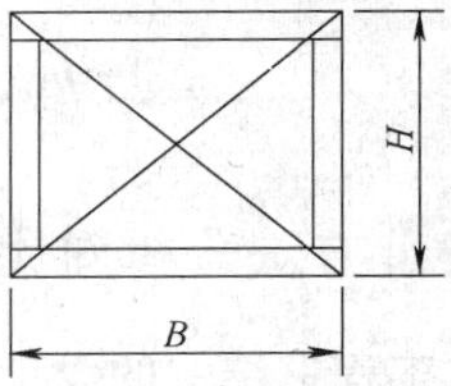

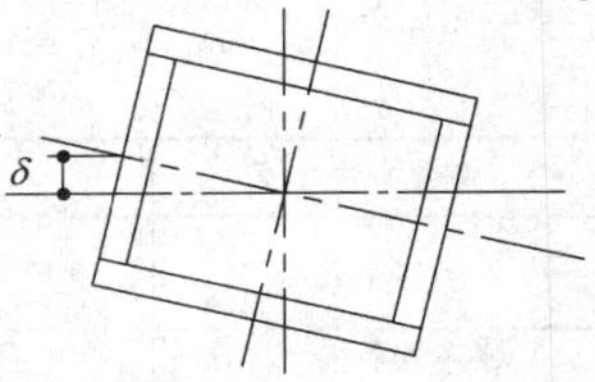

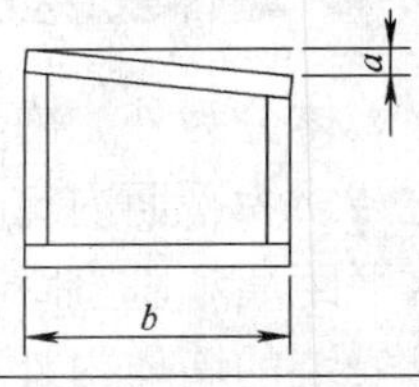

B. 选用优秀焊工施焊；

C. 焊接采用 CO_2 气体保护焊；

D. 构件采用从中间向两侧的焊接顺序，焊接完成将起始处焊缝打磨平整；

E. 焊接时利用模具或挡板对构件变形进行约束。

7.6 钢结构安装

7.6.1 安装方法分析对比

由于本工程钢结构的设计构造特性，传统钢结构安装中较为先进的安装方法，如顶升法、滑移法在本工程无法实现，切实可行的方法就是散装法。关于散装方法，我们进行了"小拼单元"和"单杆＋球"散装法两种方法的探索，经过综合对比最终确定"单杆＋球"散装法。见表 7.6-1。

安装方法分析对比　　表 7.6-1

序号	安装方法 1	安装方法 2	分析对比
1	小拼单元	单杆＋球散装法	小拼单元法安装方法焊接变形难以控制，安装精度难以保证，因此采用单杆＋单球地面拼装，高空散装法进行安装
2	墙体外表面－中间层－墙体内表面	墙体外表面－墙体内表面－中间层	首先将墙体内、外表面球精确定位，其次依靠内、外表面球定位中间球
3	屋面下弦－腹杆第一层球－腹杆第二层球－屋面上弦	屋面下弦－腹杆第一层球－屋面上弦－腹杆第二层球	屋面腹杆第二层球依靠腹杆第一层球和上弦平面定位

7.6.2 总体施工顺序

（1）总体安排顺序是先进行墙体的施工，再进行屋面钢结构的施工，地上一层→地上二层→顶层。

（2）墙体分区及施工顺序如图 7.6-1、图 7.6-2、图 7.6-3。

（3）屋面结构施工顺序如图 7.6-4、图 7.6-5、图 7.6-6。

7.6.3 施工工艺流程

施工工艺流程，如图 7.6-7。

7.6.4 墙体安装方法

墙体分为外、内、中间层三层结构，先安装墙体内外表面，内外表面构件安装由三维定位转换为平面内定位，通过计算机建立实体模型，并在计算机上测量出该点到坐标原点的水平距离和垂直距离，确定该球节点的位置；中间层球安装完全采取空间三维定位，通过已安装的墙体内外表面 3 个球引出的 3 根杆件在交汇点与球体完全相贯连接，同时测量该点到横纵轴线的垂直距离以及节点绝对标高，与计算机放样尺寸核对确认无误后，抽取部分节点以全站仪进行校核。墙体安装图如图 7.6-8、图 7.6-9、图 7.6-10。

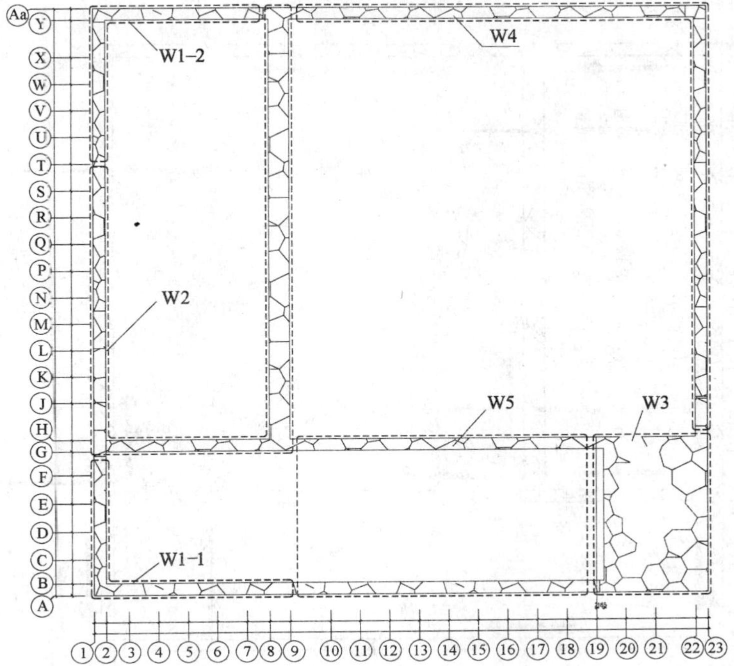

图 7.6-1 墙体分区图

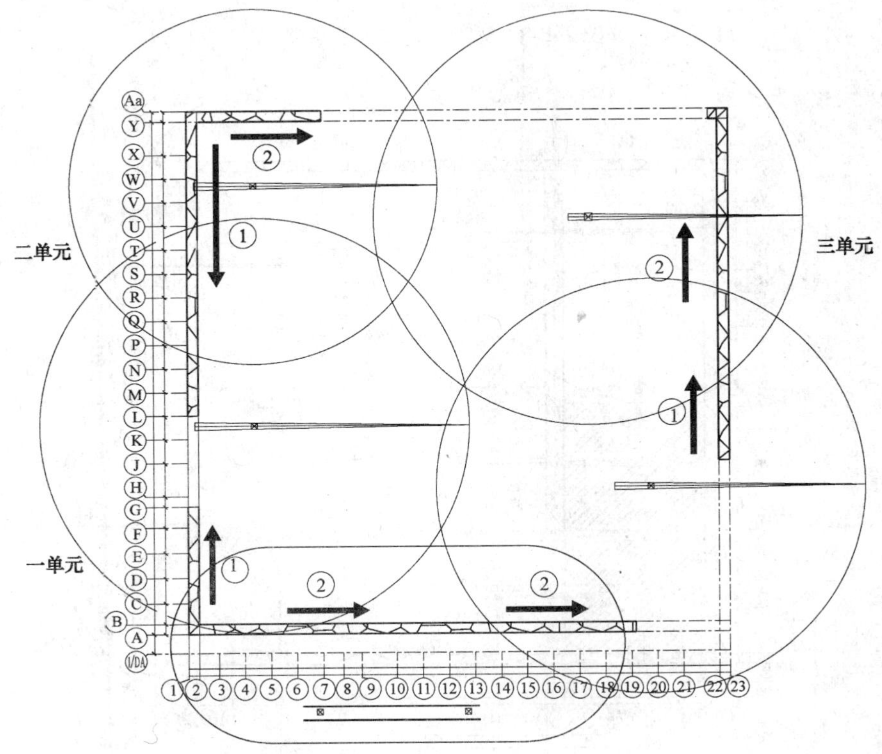

图 7.6-2 1.209m 墙体施工顺序

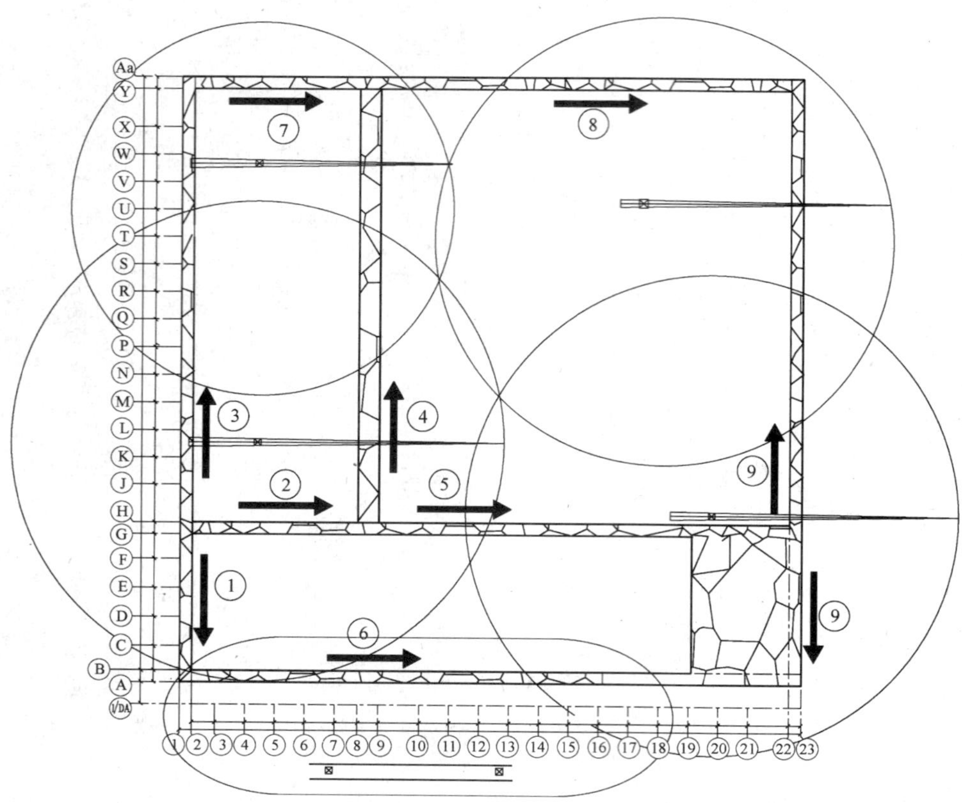

图 7.6-3 6.55m 墙体施工顺序

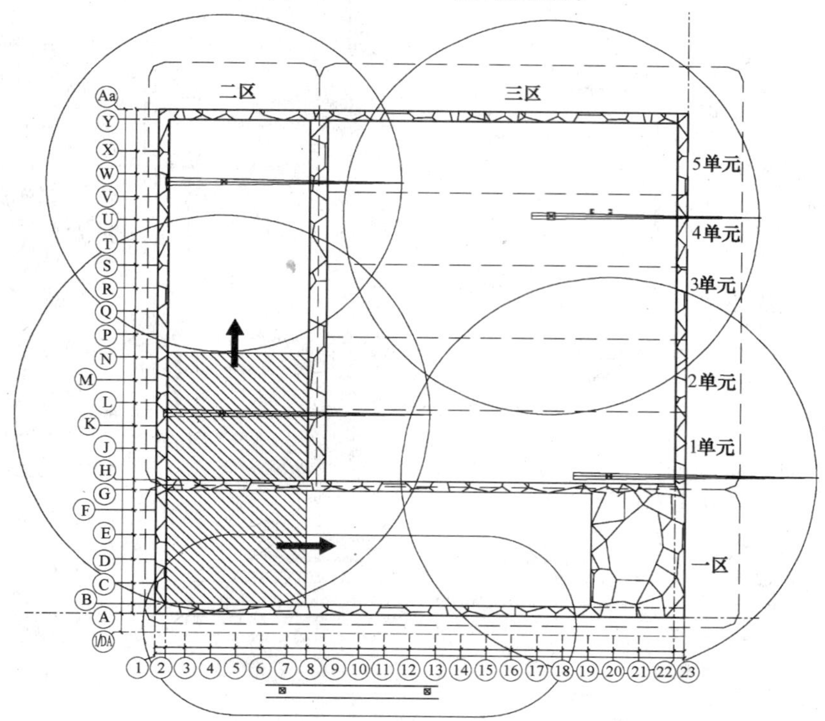

图 7.6-4 屋面结构施工顺序一

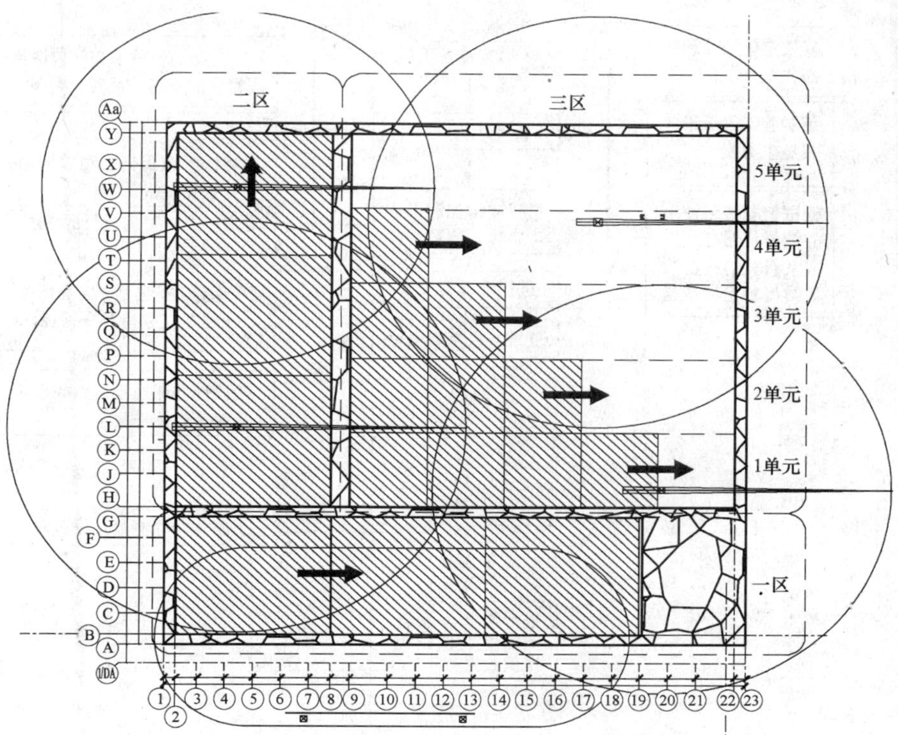

图 7.6-5 屋面结构施工顺序二

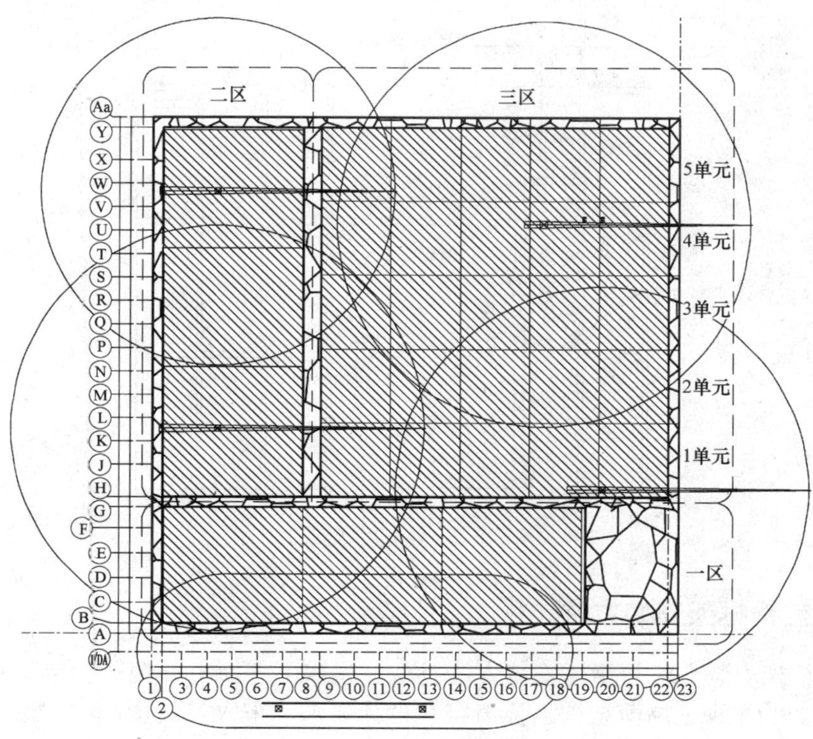

图 7.6-6 屋面结构施工顺序三

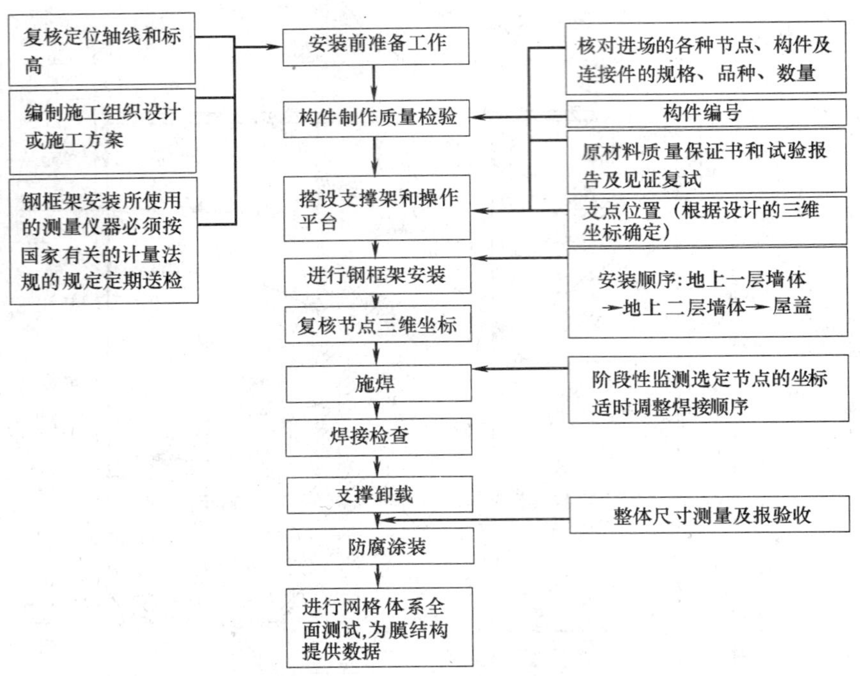

图 7.6-7　施工工艺流程图

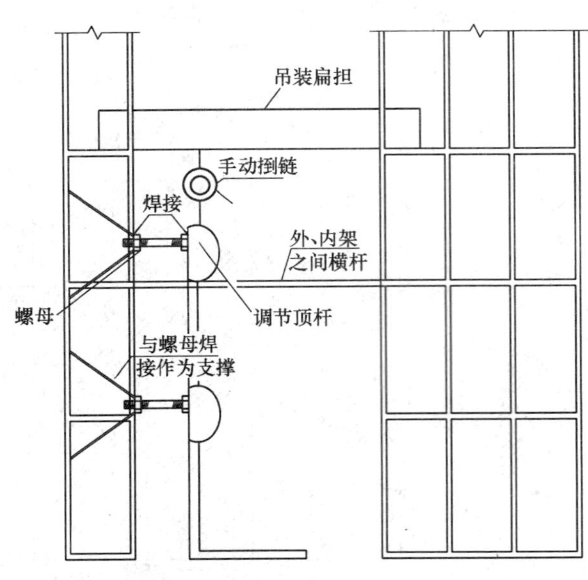

图 7.6-8　外表面球安装

7.6.5　屋盖钢框架安装方法

屋盖钢框架安装方法与墙体安装方法类似。屋盖下表面由方钢管和半球组成，位于23m 标高处，为了保证屋面结构下挠值符合设计要求，采取安装预起拱方法（预起拱值按跨度的 1/1000）。

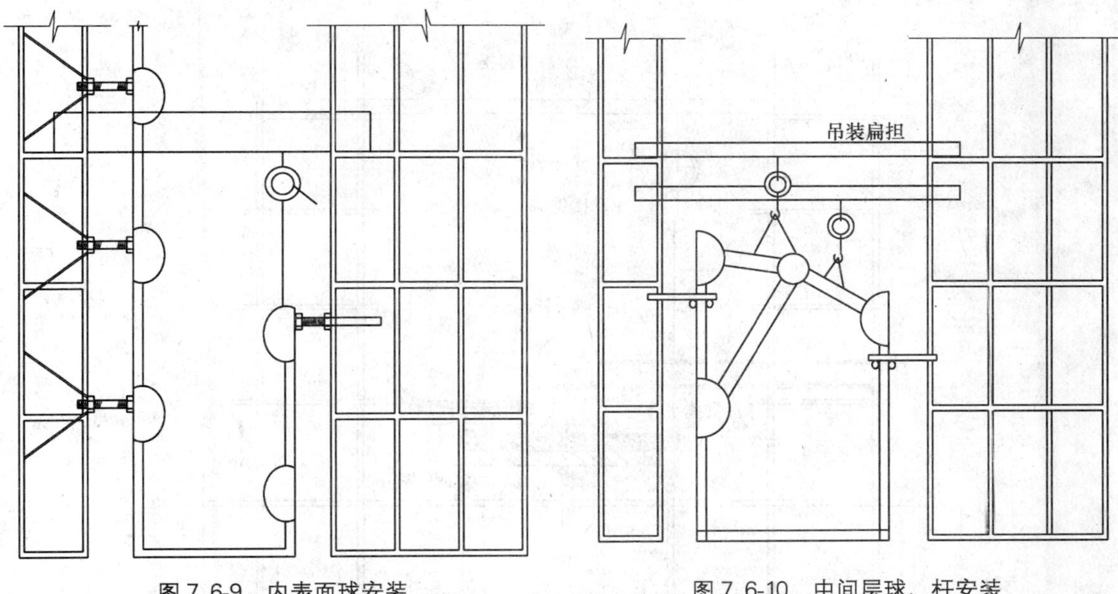

图 7.6-9 内表面球安装　　图 7.6-10 中间层球、杆安装

根据屋盖钢框架安装顺序，在屋盖安装部位下方搭设满堂红脚手架安装平台。屋盖钢框架安装以下表面为基准面，每个球节点下方设置支撑平台并采用螺旋式千斤顶进行支撑。详见图 7.6-11：

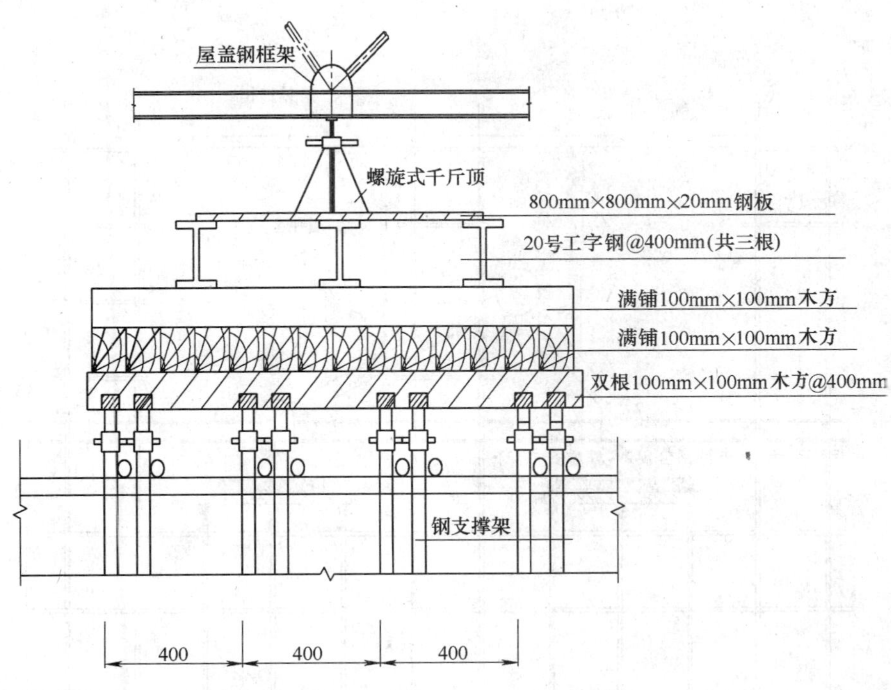

图 7.6-11 屋盖钢框架安装

屋盖安装如图 7.6-12、图 7.6-13、图 7.6-14、图 7.6-15 所示。

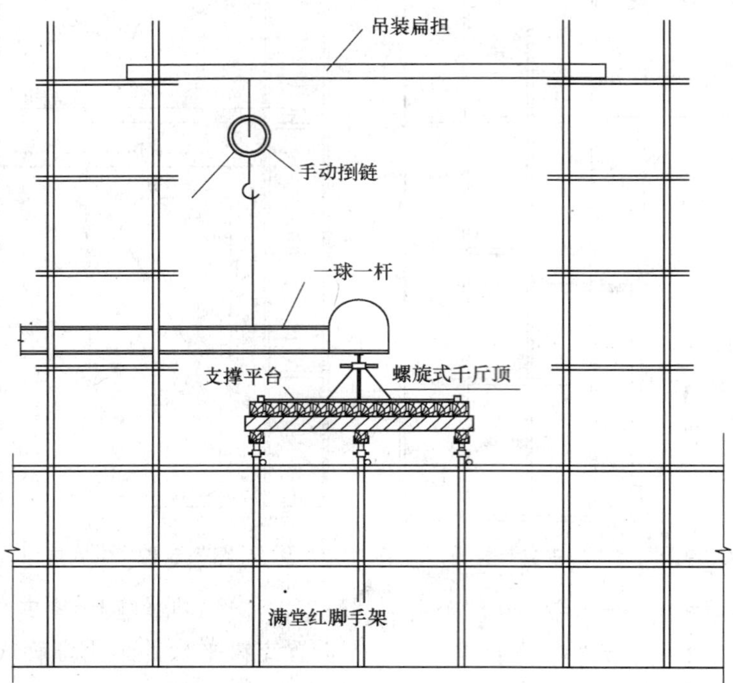

图 7.6-12 屋盖下表面安装

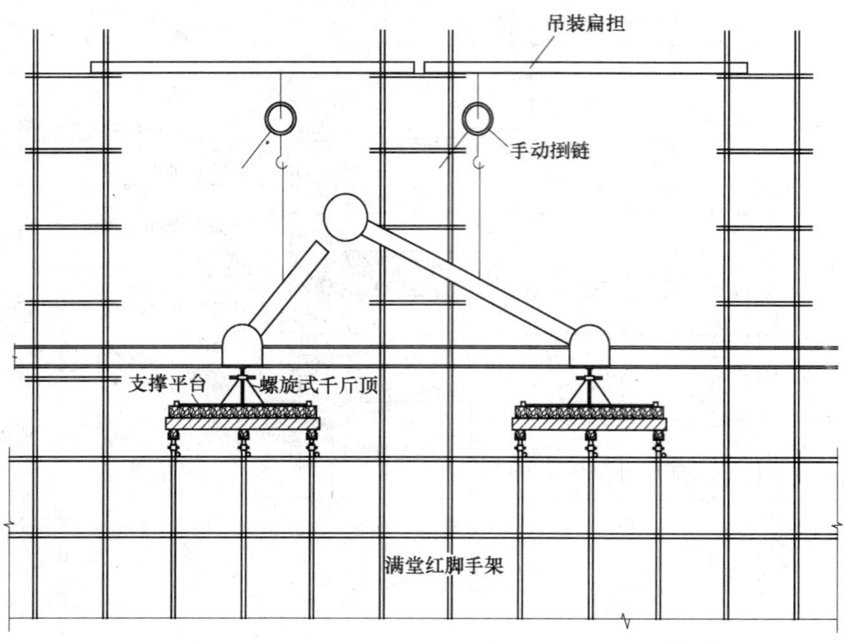

图 7.6-13 中间第一层球、杆安装

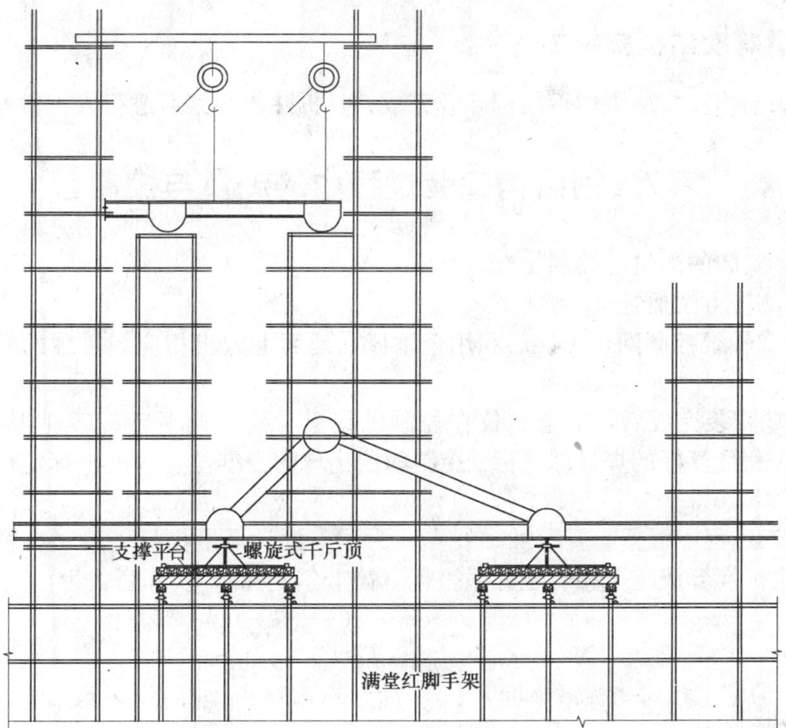

图 7.6-14 屋盖上表面安装

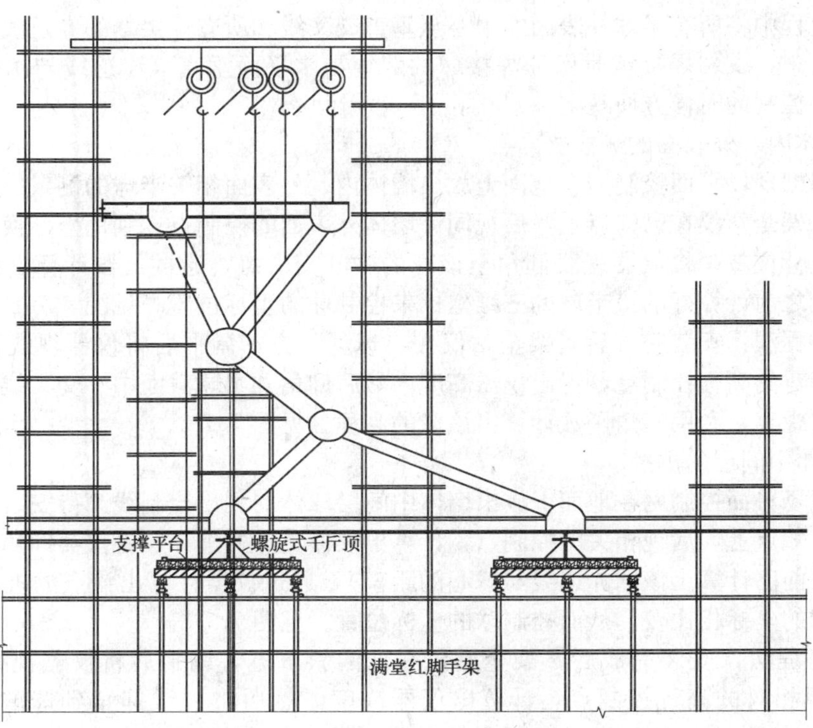

图 7.6-15 中间第二层球、杆安装

7.6.6 马道等次结构安装工艺

马道等次结构安装待主体钢结构卸载完成并且拆除脚手架后进行人工散装。

7.7 钢结构安装过程中的测量与控制

（1）墙体安装的测量与控制

1）墙体测控方法概述

A. 先检查轴线控制网，无误后利用全站仪在地面上放出相应焊接球的控制线，并做好保护。

B. 在现场安装完成后，架全站仪在控制轴线上，仪器调平后，后视相应的控制点，利用极坐标法和计算好的焊接球坐标，控制和校正球的三维位置（极坐标定位法、三角高程法）。

C. 在施工过程中根据需要增加轴线点。为了与设计图纸坐标一致，将轴线点与其他平面控制点坐标换算成施工相对坐标系坐标（笛卡尔坐标），换算公式为：

$$Y=(x-x_0)\cos\phi+(y-y_0)\sin\phi$$

$$X=-(x-x_0)\sin\phi+(y-y_0)\cos\phi$$

式中，X、Y 为施工相对坐标系坐标，x、y 为北京市城市坐标系坐标，x_0、y_0 为中心点坐标，ϕ 为换算角。

2）墙体测量控制前提和要求

加工过程中将所有半球外表面的中心点垂直交叉线和所有焊接球的赤道线（垂直于焊缝）标识出来，安装焊接球时保证焊接球的焊缝与水平面垂直（赤道线与水平面平行），用以在测量控制的时候方便观测。

3）墙体内、外表面的测控

首先根据现场平面控制网在地面上放出墙体内、外表面相关半球的测量控制线，待安装完成后，架全站仪在已知点上，后视同一墙体外表面的控制点，利用坐标换算法计算出仪器的极坐标位置，将仪器视线仰角至该球的中心交叉点，通过仪器计算出该点的极坐标，再比较之前计算好的该半球的三维坐标来控制球的坐标位置。见图 7.7-1。

三角高程法：安装完成后，架全站仪在半球斜下方，调平后将仪器视线调到水平位置，后视相对的高程控制点，得出仪器高度，然后仰角到半球截面中心交叉线，得到一个角度和一个距离，利用三角函数计算出该球的高程。见图 7.7-2。

4）墙体中间层的测控

根据现场平面控制网在地面上放出墙体中间层球体的测量控制线，待安装完成后，架全站仪在已知点上，后视相关的控制点，计算出仪器支点的坐标，将仪器仰角到该球的赤道线上（之前已计算出该球赤道线与球心的距离），通过仪器计算出该点的极坐标，与计算好的该球的坐标相比较，从而控制球的坐标位置。见图 7.7-3。

三角高程法：安装完成后，架全站仪在球的斜下方，调平后将仪器视线调到水平位置，后视相对的高程控制点，计算出仪器高度，然后将视线仰角到球的赤道线上，得到一个角度和一个距离，利用三角函数计算出该赤道的高程，就可以控制该球的高程。

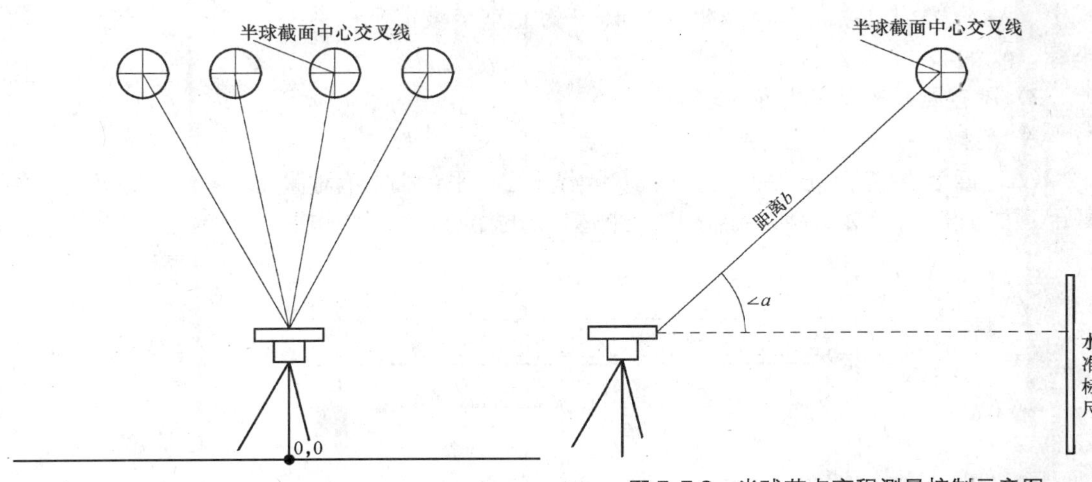

图 7.7-1 半球节点坐标测量控制示意图

图 7.7-2 半球节点高程测量控制示意图

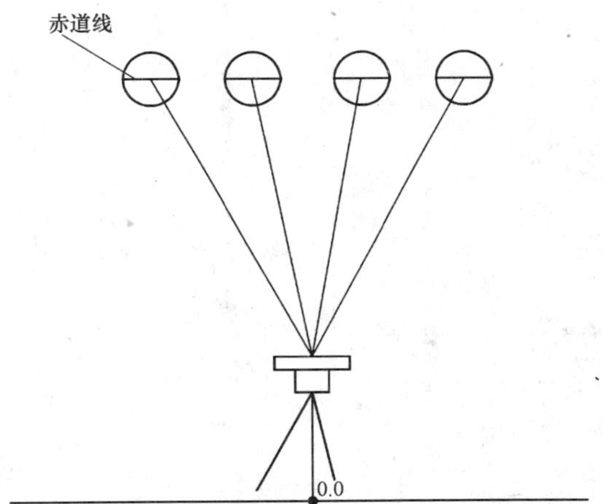

图 7.7-3 球节点坐标测量控制示意图

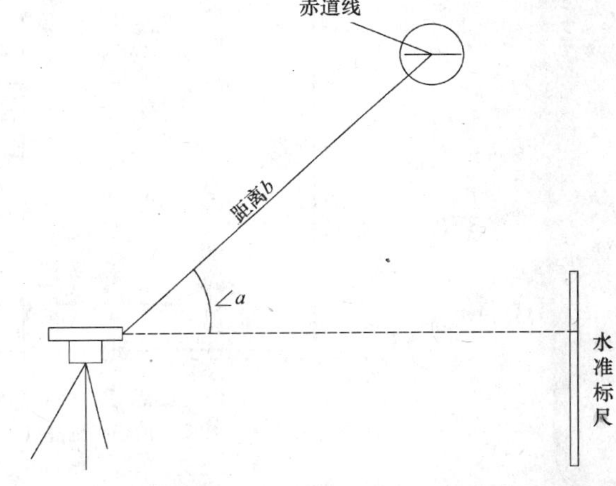

图 7.7-4 球节点高程测量控制示意图

(2) 屋盖安装的测量与控制

1) 屋盖的测控方法概述

根据屋盖的施工流程和工艺特点，遵循“在满足工程进度和精度的前提下，尽量作到省工、省时、省费用”的施工测量基本原则。

A. 首先按照平面控制网的精度要求建立屋盖施工控制网，平面精度不低于±1.5mm，高程精度不低于±1.5mm。

B. 屋盖是一个重点分项工程，屋盖施工测量必须与屋盖钢结构安装建立密切的联系，通过双方计算数据的统一、控制网和轴线点的相互检验和数据共享，达到承前启后，顺利施工的目的。

C. 在施工过程中根据需要增加轴线点。为了与设计图纸坐标一致，将轴线点与其他平面控制点坐标换算成施工相对坐标系坐标（笛卡尔坐标），换算公式为：

$$Y=(x-x_0)\cos\phi+(y-y_0)\sin\phi$$

$$X=-(x-x_0)\sin\phi+(y-y_0)\cos\phi$$

式中，X、Y 为施工相对坐标系坐标，x、y 为北京市城市坐标系坐标，x_0、y_0 为中心点坐标，ϕ 为换算角。

2）屋盖测量控制前提和要求

A. 前提：

（A）四个核心筒上方各搭设 1 个测量操作平台，平台必须绝对保证安全性、稳固性，在平台下方布设一个半永久性控制点用以控制屋盖的球节点，测量操作平台位置如图 7.7-5。

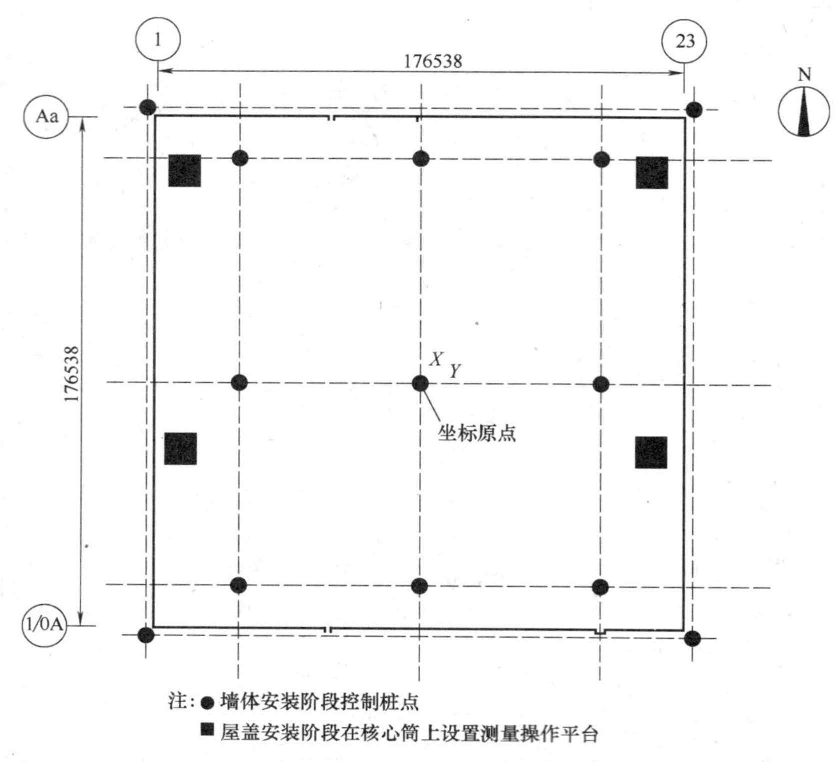

图 7.7-5 测量操作平台布置图

（B）屋盖安装前，检测支撑脚手架体系顶部标高，以确保屋盖安装时控制焊接球标高。

B. 要求：加工过程中将所有半球截面的中心点垂直交叉线和所有圆球的赤道线（垂直于焊缝）标识出来，安装焊接球时保证焊接球的焊缝与水平面平行（赤道线与水平面垂直），观测时只需观测球顶点即赤道线顶点。

3）屋盖上、下表面的测控：在安装完成后，通过天顶仪将控制点竖向传递到操作平台，架全站仪在平台上，仪器调平以后，后视同样高度通过天顶仪竖向传递到操作平台的控制点，计算出仪器支点的坐标，将仪器转角到已知半球的中心交叉点，通过仪器计算出该点的极坐标，与计算好的该球的坐标相比较，从而控制球的坐标位置。

4）屋盖中间层的测控：在安装完成后，通过天顶仪将控制点竖向传递到操作平台，架全站仪在平台上，后视相关的控制点，计算出仪器支点的坐标，将仪器转角到已知球的赤道线上（之前已计算出该球赤道线与球心的距离），通过仪器计算出该球点的极坐标，与计算好的该球的坐标相比较，从而控制球的坐标位置。

5）屋盖高程控制如下（三角高程法）：

在安装完成后，将已作好的高程网点通过钢盘尺竖向传递到相近主体建筑物上（至少三个），经复核完成后，架全站仪在平台上，将仪器视线调到水平，后视传递上来的高程，将仪器仰角至焊接球中心，得到一个角度和距离，利用三角高程法计算出该球的高程位置，就可以控制该球的高程。

（3）安装阶段过程监测

1）当钢结构安装形成体系后，定期对已安装完钢结构进行整体监测，墙体检测区域按焊接合拢带划分，屋盖检测区域按中拼块划分，监测其整体垂直度、标高及屋盖挠度。

2）脚手架支撑体系的变形与沉降每月监测两次，在屋盖卸载与不卸载的瞬间要密切注意监测。

7.8 现场焊接工艺

7.8.1 焊接综述

（1）钢材

本工程钢材选用原则为厚度＜18mm 钢材选用 Q345-C 级（结构内外边框 300mm×300mm×20mm 的方钢管也采用 Q345-C 级钢材）；厚度≥18mm 选用 Q420-C 级。

（2）焊接重点与难点

1）焊缝质量等级要求较高，节点与杆件、杆件与杆件之间连接焊缝均为一级焊缝，焊缝数量较大。

2）本工程为空间钢结构，焊接位置复杂，方钢管为平焊、立焊、仰脸焊，圆钢管为全位置焊。

3）Q420-C 级钢材焊接参数需经试验与焊接评定后确定，焊接时必须进行焊前预热、焊后加热、焊后保温。

4）杆件规格较多，厚度从 4～40mm，并且本工程焊接量大，焊接变形控制具有一定难度。

（3）焊接顺序

1）焊接总体顺序

A. 外部墙体以四角为控制基准向两侧延伸，分别至外部墙体与内部墙体 T 字形拐角处汇合；内部墙体以两内墙交汇处为起点向两侧延伸。墙体厚度方向焊接顺序为：墙体外表面→墙体内表面→墙体中间层。

B. 屋盖平面内焊接顺序同安装顺序，高度方向焊接以下表面为控制基准向上表面延伸，顺序为：屋盖下表面→屋盖上表面→屋盖中间层。

2）局部节点焊接顺序：杆端焊缝对称施焊；一个节点上对称杆件同时施焊。见下图 7.8-1。

3）小单元体焊接顺序：多人在各不相邻的节点间隔分批跳焊，第一批焊后监测作为第二批安排焊接顺序调控的依据。见图 7.8-2。

4）目前，现场五个区钢结构同时施工，按现场实际施工顺序及焊接顺序无法预留焊接合拢带，取消施组中焊接合拢带。

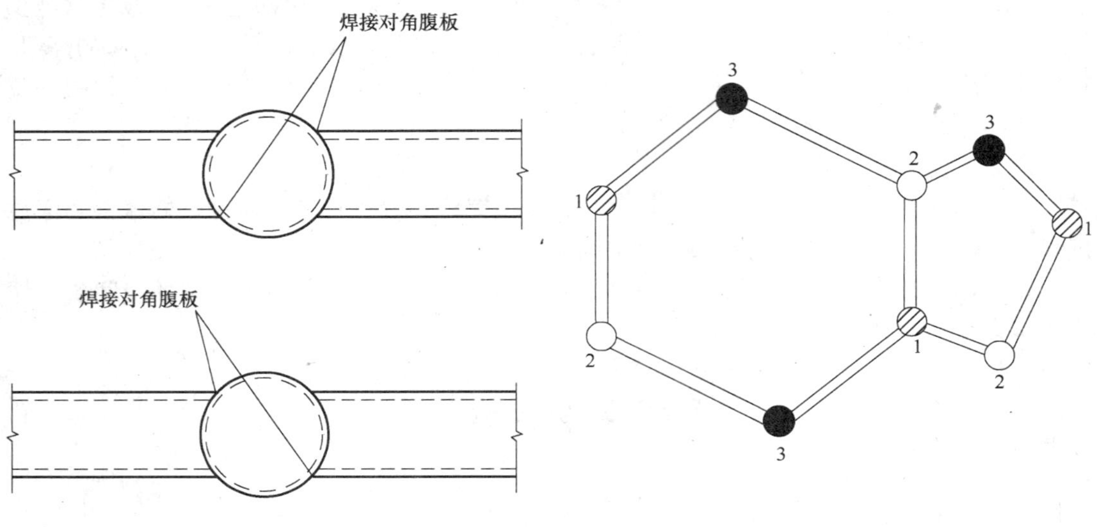

图 7.8-1 节点焊接

图 7.8-2 小单元体焊接顺序

(4) 焊接方法

1) 考虑到工程进度和施工现场的条件，采用手工电弧焊焊接和二氧化碳气体保护焊焊接方法，根据焊接部位和材料的不同需选用不同的焊接材料。节点临时固定方法采用定位焊，定位焊缝厚度不超过设计焊缝厚度的 2/3，定位焊焊缝长度宜大于 40mm，间距为 500～600mm，并应填满弧坑。

2) 外墙面、内墙面单层小单元体沿轴线方向形成三个框架结构且不超过 20m 长，节点球测量校正，合格后，对第一个小单元体进行焊接，依次向前推进焊接。

3) 中间层球及杆件与外墙、内墙形成框架后焊接。

(5) 焊接应力变形控制措施

1) 减小焊接收缩量

A. 在保证焊透的前提下，根据板厚及球面实际弧度设置最小坡口尺寸并用 $\phi3.2$ 焊条打底焊。

B. 采用多层多道焊接法，除盖面层以外不摆弧。

2) 适度的限位措施

四角立柱利用支拉架拉接防止焊接收缩后内倾，同时配合监测。

3) 强制反变形

墙体焊接前在厚度方向加设槽钢支撑，槽钢与墙体内、外表面定位焊接，以控制焊接时应力变形。墙体结构焊接完成后将槽钢割掉，气割时不允许伤到杆件母材，切割后进行打磨，保证外观质量。

(6) 焊接节点形式

1) 焊缝位置主要为：平焊、立焊、仰脸焊、圆管全位置焊。

2) 典型焊接节点见图 7.8-3。

3) 衬管的装配

A. 本工程主体结构材质为 Q345-C、Q420-C，衬管材质全部选择 Q345。

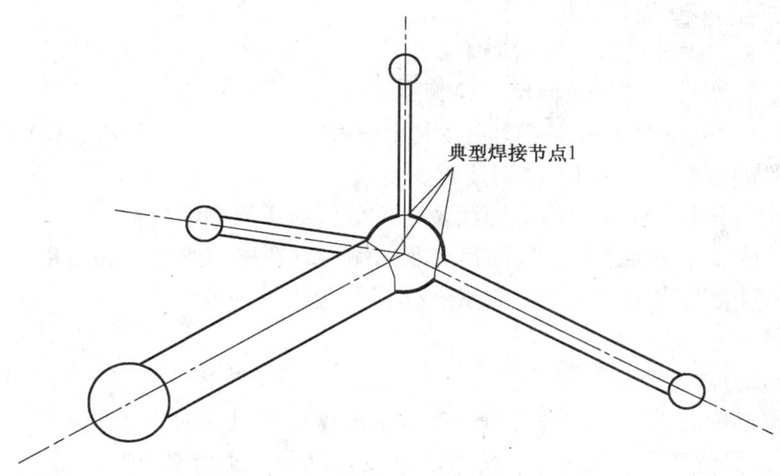

图 7.8-3 典型焊接节点示意图

B. 手工电弧焊和 CO_2 气体保护焊直通焊时，其焊缝引出长度应大于 50mm。其引弧板和引出板宽度大于 50mm，长度不小于 50mm，厚度应不小于 8mm。

管球基本接头形式见图 7.8-4：

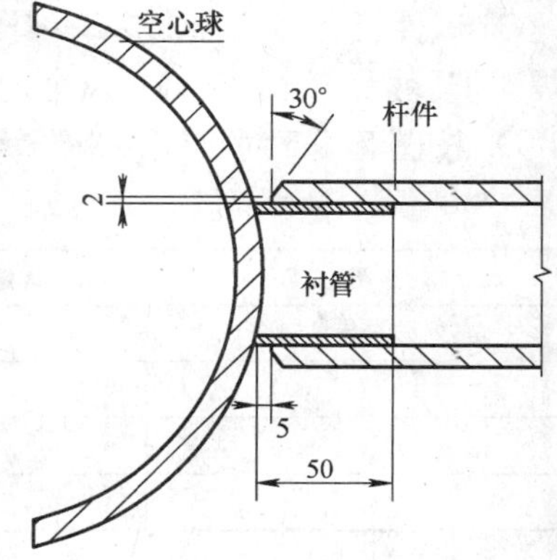

图 7.8-4 管球基本接头形式

7.8.2 焊接准备

本工程空间节点为大量的焊接球节点，即空心球与杆件的组对、焊接。

（1）人员准备

工程从事焊接作业的人员，从工序负责人到作业班长至具体操作的施焊技工、配合工以及负责对焊接接头进行无损检测的专业人员，均为持证的资格人员和曾从事钢结构现场安装工程施工的人员，人员技术力量雄厚，专业程度高。

由于本工程为空间钢结构且部分采用 Q420-C 级钢材焊接，为保证整个工程的焊接质量，根据《钢结构工程施工质量验收规范》GB 50205—2001 和《建筑钢结构焊接技术规程》JGJ 81—2002 对所有参与重要节点焊接的焊工进行考试。

焊工资格考试包括理论知识考试和操作技能考试两部分。

1）理论考试

理论考试以焊工必须掌握的基础知识及安全知识为主要内容，内容范围为：

A. 焊接安全知识；

B. 焊缝符号识别能力；

C. 焊缝外形尺寸要求；

D. 焊接方法表示代号；

E. 选用焊接方法的特点，焊接工艺参数、操作方法、焊接顺序及其对焊接质量的影响；

F. 焊接缺陷分级；

G. 焊工所施焊焊接结构的质量要求；

H. 焊接材料型号、牌号及使用、保管要求；

I. 报考类别的钢材型号、牌号类别及其主要合金组分、力学性能及焊接性能；

J. 焊接设备、装备、类别、使用及维护要求；

K. 焊接缺陷分类及定义（形成原因及防止措施的一般知识）；

L. 焊接热输入与焊接规范参数的换算及热输入对性能影响的一般关系；

M. 焊接应力、变形产生原因、防止措施及热处理的一般知识。

2）操作技能考试

考试内容和方法如下：

A. 参加本工程的焊工全部进行附加考试中的操作考试，对于不同材质的钢材焊接应分别考试，即部分焊工考核 Q345-C 材质的焊接，部分焊工考核 Q420-C 材质焊接，以减少考试用钢材的投入。

B. 考试的焊接方法为手工电弧焊和 CO_2 气体保护焊，焊条为 E5015、E5515，焊丝为 ER50-2、ER55-D2，ϕ1.2 焊丝。

C. 试件板材质为 Q345-C、Q420-C，焊接形式选择对接（B），焊缝位置选择平焊、立焊、仰脸焊（F、V、O）及全位置焊。见表 7.8-1。

D. 按图 7.8-5 对接试件板形状进行试件板尺寸加工。

焊缝形式分类　　表 7.8-1

焊缝形式	焊缝形式代号	焊接位置	位置代号
对接(对接与角接组合)	B	平焊	F
		立焊	V
		仰脸焊	O
		全位置焊	

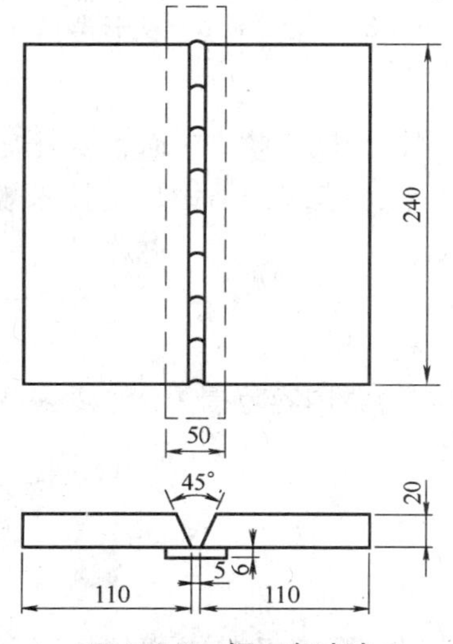

图 7.8-5　焊工考试试件（一）(共 60 组)

3）考试试件检验项目评定

A. 平板对接焊工考试

(A) 焊缝外观检测，用 5 倍放大镜，焊缝表面不得有裂纹、夹渣、气孔、未熔合和焊瘤，咬边和表面缺陷，深度不大于 0.5mm。试件形式见图 7.8-5、图 7.8-6；

(B) 超声波探伤。超声波探伤应符合现行国家标准《钢焊缝手工超声波探伤方法和探伤结果分级》GB 11345 的规定；

(C) 弯曲试样的加工及试验等应遵守 GB 2653—89《焊接接头弯曲及压扁试验方法》的有关规定。

弯曲试验弯芯直径 $D=3t$（t 试件厚度＝20mm），弯曲 180°，合格标准为试件的拉伸面任意方向上不得有长度大于 3mm 的裂纹或其他缺陷，且单个试件裂纹及其他缺陷总长不得大于 7mm。

B. 圆钢管全位置焊工考试

圆钢管全位置焊采用 6GR 形式进行焊工考试，如图 7.8-7、图 7.8-8。

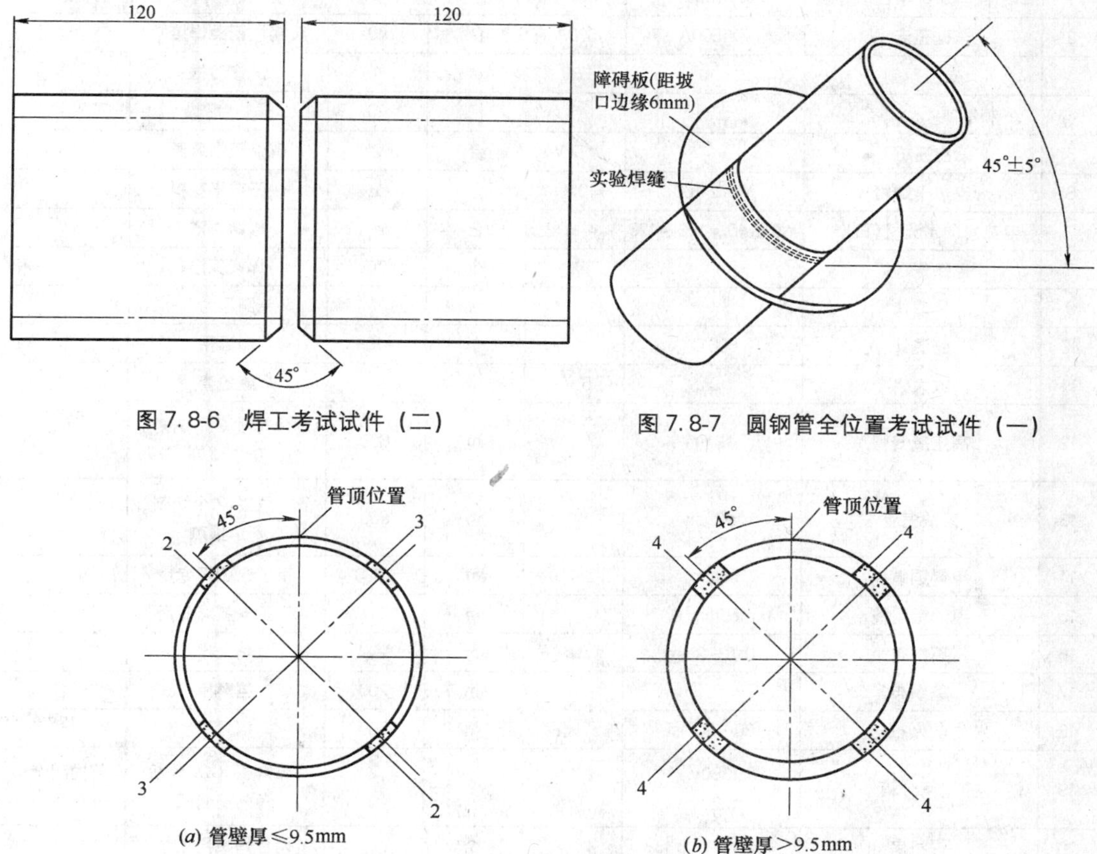

图 7.8-6 焊工考试试件（二）

图 7.8-7 圆钢管全位置考试试件（一）

图 7.8-8 圆钢管全位置考试试件（二）

（A）外观检测；

（B）超声波探伤；

（C）弯曲试验区两块面弯和两块背弯不做冲击和拉伸试验。

4）焊工考试合格发焊工等级合格证

（2）主要设备机具的准备

本工程现场主要采用手工焊和 CO_2 气体保护焊，所以应配备完好的足够数量的焊接设备以及机具见表 7.8-2。

（3）焊接工艺评定

Q345-C、Q420-C 钢材应根据焊接工艺评定确定焊接工艺参数。

针对本工程矩形管对接、焊接球与圆钢管对接、焊接球与矩形钢管对接的接头形式，特别是本工程首次采用厚度≥18mm 的 Q420-C 级钢材，根据《建筑钢结构焊接技术规程》JGJ 81—2002 第五章“焊接工艺评定”的具体规定，必须组织进行焊接工艺评定，以便通过焊评试验后最终确定钢材与焊材的匹配，确定出最佳焊接工艺参数，而后根据焊评试验结果编制相应的焊接施工工艺规程。本工程选定焊接工艺评定 11 组。

焊接设备及辅助设备表 表 7.8-2

序号	名称	型号	容量	单位	数量	用途	备注
1	CO_2 气体保护半自动焊机	KR-600	500A	台	20	钢柱钢梁焊接	包括送丝
2	硅整流	ZX-500A	500A	台	60	钢柱钢梁焊接	包括送丝
3	碳弧气刨		630	台	4	返修清根	
4	特制氧-乙炔烤枪			把	20	预热、后热	
5	空压机		7.5kW	台	2	碳弧气刨风源	
6	电热干燥箱	YZH2-100	10kW	台	2	烘干焊接材料	
7	电热角向磨光机(日产)	YZH2-40 ϕ100～125		台	20	修磨清渣	
8	电热保温筒		5kg	个	20	焊条保温	
9	风速仪			台	1	测风力	
10	测温计	600℃		个	16	测温用	
11	放大镜		5 倍	个	5	焊缝检查用	
12	高压氧气管	ϕ8mm		m	600	2 个气刨、2 个切割、6 个预热	
13	乙炔气管	ϕ8mm		m	600	2 个气刨、2 个切割、6 个预热	
14	电焊铜缆线	50mm^2		m	1200	手工电弧焊专用	
15	电焊铝缆线	50mm^2		m	1200	手工电弧焊专用	
16	石棉布	0.5～3mm		m	200	防火用	
17	编织布			m	200	挡风用	
18	防火布	30～80mm		m	200	挡风用	
19	电闸分箱	380V 220V		个	7 3	手弧焊机、CO_2 焊机、角向磨光机	箱内配套使用
20	焊机房			个	12	两台焊机用 1 个	

1）Q345-C 平板 8mm 厚钢板对接，手工焊：平焊、立焊各一组。

2）Q345-C 平板 16mm 厚钢板对接，手工焊：平焊、立焊各一组，CO_2 气保焊平焊、立焊各一组。

3）Q345-C 平板 T 形接头 8mm＋12mm 手工焊：平焊、立焊、仰脸焊各一组。

4）Q345-C 平板 T 形接头 10mm＋12mm 手工焊：平焊、立焊、仰脸焊各一组。

5）Q420-C 平板 T 形接头 20mm＋24mm 手工焊：平焊、立焊、仰脸焊各一组，CO_2 气保焊平焊、立焊各一组。

6）Q345-C 圆管对平板，6mm＋12mm 手工焊：全位置焊一组。

7）Q345-C 圆管与 Q420-C 平板，13mm＋24mm 手工焊：全位置焊一组，CO_2 气保焊全位置焊一组。

8）Q345-C 平板 T 形接头，14mm 负温：CO_2 气保焊平焊、手工焊立焊、手工焊仰脸焊各一组。

9）Q420-C 平板 T 形接头，30mm 负温手工焊：立焊、仰脸焊各一组，CO_2 气保焊平立焊、仰脸焊各一组。

10）Q420-C 平板 T 形接头，40mm 负温手工焊：平焊、立焊、仰脸焊各一组。

11）Q420-C 平板 T 形接头，52.5mm 负温手工焊：平焊、立焊、仰脸焊各一组。

12）焊接工艺参数见表 7.8-3。

焊接工艺参数 **表 7.8-3**

母材钢号	规格(mm)	焊接位置	焊接工艺参数					
			道次	焊接方法	焊条、焊丝直径(mm)	电流(A)	电压(V)	层间温度(℃)
Q345-C	8	平焊	1	手工电弧焊	3.2	110～130	20～22	120～150
			2	手工电弧焊	4.0	150～180	22～24	
			3	手工电弧焊	4.0	140～160	22～24	
Q345-C	8	立焊	1	手工电弧焊	3.2	110～130	20～22	120-150
			2	手工电弧焊	4.0	140～160	22～24	
			3	手工电弧焊	4.0	140～160	22～24	
Q345-C	10,12	平焊	1	手工电弧焊	3.2	130	23	118
			2～3	手工电弧焊	4.0	160～170	24	
			4	手工电弧焊	4.0	150～160	24	
Q345-C	10,12	立焊	1	手工电弧焊	3.2	120	23	118
			2～3	手工电弧焊	4.0	160～170	24	
			4	手工电弧焊	4.0	150～160	24	
Q345-C	10,12	仰脸焊	1	手工电弧焊	3.2	120	23	118
			2～3	手工电弧焊	4.0	160～170	24	
			4	手工电弧焊	4.0	150～160	24	
Q345-C	16	平焊	1	手工电弧焊	3.2	120	20	120
			2～3	手工电弧焊	4.0	170	22	
			4	手工电弧焊	4.0	160	22	
Q345-C	16	立焊	1	手工电弧焊	3.2	120	20	120
			2～3	手工电弧焊	4.0	150	22	
			4	手工电弧焊	4.0	150	22	
Q420-C	20,24	平焊	1	手工电弧焊	3.2	100～130	20～22	120
			2～8	手工电弧焊	4.0	160～170	22～24	
			9	手工电弧焊	4.0	140～170	22～24	
Q420-C	20,24	立焊	1	手工电弧焊	3.2	100～130	20～22	140
			2～5	手工电弧焊	4.0	150～170	22～24	
			6	手工电弧焊	4.0	140～170	22～24	
Q345-C	14	平焊	1	CO_2 气保焊(负温)	1.2	240～260	30	130
			2～5	CO_2 气保焊(负温)		250～280	33	
			6	CO_2 气保焊(负温)		240～260	30	
Q345-C	14	仰脸焊	1	手工(负温)	3.2	110～130	23	130
			2～6	手工(负温)	4.0	145～160	24	
			8～10	手工(负温)	4.0	140～160	24	
Q345-C	14	立焊	1	手工(负温)	3.2 4.0	110～130	23	130
			2～6	手工(负温)		150～160	24	
			7～8	手工(负温)		140～160	24	

续表

母材钢号	规格(mm)	焊接位置	焊接工艺参数					
			道次	焊接方法	焊条、焊丝直径(mm)	电流(A)	电压(V)	层间温度(℃)
Q420-C	52.5	平焊	1～2	手工电弧焊	3.2	120～140	22～24	150～180
			3～47	手工电弧焊	4.0	160～180	24	
			48～51	手工电弧焊	4.0	120～140	24	
Q420-C	52.5	立焊	1～2	手工(负温)	3.2	120～130	22	150～180
			3～49	手工(负温)	4.0	150～170	24	
			50～53	手工(负温)	4.0	150～170	24	
Q420-C	52.5	仰脸焊	1～2	手工(负温)	3.2	120～130	22	150～180
			3～52	手工(负温)	4.0	150～170	24	
			53～58	手工(负温)	4.0	150～170	24	

(4) 焊接材料的准备

1) 本工程焊接方式主要采用手工电弧焊，部分采用 CO_2 气体半自动保护焊。

2) 根据工程材料的类别，焊接主材主要为气体保护焊焊丝，并配辅材 CO_2 气，手工电弧焊用焊条。

本工程主要构件的材质为 Q345-C 和 Q420-C 两种，焊条分别选用 E5015 和 E5515，焊丝选用 ER50-2 和 ER55-D2。

当两种材质强度不同时，则选用强度较低焊材。

3) 经焊接工艺评定合格后，方可允许作为本工程施焊的焊材，并要求按牌号、批次、持证入场，分类存放在干燥通风的库房。材质证明和检验证书妥善保管，分批整理成册交项目存档，见表 7.8-4。

焊接材料表　　　　表 7.8-4

序号	名　称	牌号规格	数　量	用　途
1	CO_2 气体保护焊焊丝	ER50-2 ER55-D2 ϕ1.2mm	根据工程情况	CO_2 气体保护焊焊接用
2	手工电弧焊焊条	E5515、E5015 ϕ4mm	根据工程情况	手工电弧焊焊接用
3	CO_2 气体	气体纯度不低于 99.9%	根据工程情况	CO_2 气体保护焊保护作用

(5) 焊前准备

1) 焊接管理人员在焊接施工前应认真阅读本工程的设计文件，熟悉图纸规定的施工工艺和验收标准。认真做好技术准备工作，根据《建筑钢结构焊接技术规程》JGJ 81—2002 的规定编制符合本工程情况的焊前工艺评定计划书，完成相关的报批程序，组织好工艺评定的场地、材料、机具试验单位联系、检测器具及评定记录表格等。

2) 根据本工程焊接工艺评定的结果编制作业指导书，完成人、机、料的计划及组织。根据本工程的具体情况，完成焊接施工前的准备工作，及本工序的施工技术交底和施工安全交底工作。

3）焊前检查

选用的焊材强度应与母材强度相匹配，焊机种类、极性与焊材的焊接要求相匹配。焊接部位的组装和表面清理的质量。如不符合要求，应修磨或补焊合格后方能施焊。此外还要检查杆件坡口、钝边、间隙是否符合施工工艺及设计要求。

4）焊前清理

认真清除坡口内和垫于坡口背部的衬板表面油污、锈蚀、氧化皮，水泥灰渣以及水分等杂物。

7.8.3 焊接工艺规定

现场焊接分为杆件地面小面积拼装焊接和杆件空中组对焊接，地面拼装分为球一管、球一管一球、平面内的球一管拼接成的三角形、梯形、五边形，其中球一管、球一管一球拼接焊接可采用在专用胎架上进行转动焊接，其他形式拼接焊接采用全位置焊接。空中管球组对焊接采用全位置焊接。

（1）焊接工艺

1）焊接环境

焊接作业区域应设置防雨、防风及防火花坠落的保护措施。连接部位及支撑节点连接处焊接应专门设置供操作的方形平台。平台上除密铺脚手板外，还应采用石棉布铺垫于脚手板上，以防止焊接火花坠落烫伤他人，并在平台四周和顶部固定防风帆布，杜绝棚外风力对棚内焊接环境的侵扰。

北京地区大风较多，当 CO_2 气体保护焊环境风力大于 2m/s 及手工焊环境风力大于 5m/s，在未设防风棚或没有防风措施的施焊部位，严禁进行 CO_2 气体保护焊和手工电弧焊。焊接作业区的相对湿度大于 90%时不得进行施焊作业。施焊过程中，若遇到短时大风雨时，施焊人员应立即采用 3～4 层石棉布将焊缝紧裹，绑扎牢固后方能离开工作岗位，并在重新开焊之前将焊缝 100mm 周围处进行预热措施，然后进行焊接。

2）定位焊

主体钢结构焊接前采用定位焊，定位焊焊缝应与最终的焊缝有相同的质量要求。钢衬垫的定位焊宜在接头坡口内焊接，定位焊焊缝厚度不宜超过设计焊缝厚度的 2/3，焊缝长度宜大于 40mm，间距宜为 500～600mm，并应填满弧坑。定位焊预热温度应高于正式施焊预热温度。当定位焊缝有气孔或裂纹时，必须清除后重焊。

3）焊接工艺流程

严格按“焊接工艺评定试验”焊接工艺参数和作业顺序施焊。见图 7.8-9。

4）焊接工艺参数

Q345-C、Q420-C 钢材应根据焊接工艺评定确定焊接工艺参数。

（2）焊接过程中应注意事项

Q420 及钢材焊接时不允许随便打弧、引弧。

采取相应的预热温度及层间温度控制措施。实施多层多道焊，每焊完一焊道后应及时清理焊渣及表面飞溅，发现影响焊接质量的缺陷时，应清除后方可再焊，在连续焊接过程中应控制焊接区母材温度，使层间温度的上、下限符合工艺条件要求，遇有中断施焊的特殊情况，应采取后热保温措施，再次焊接时，重新预热且应高于初始预热温度。

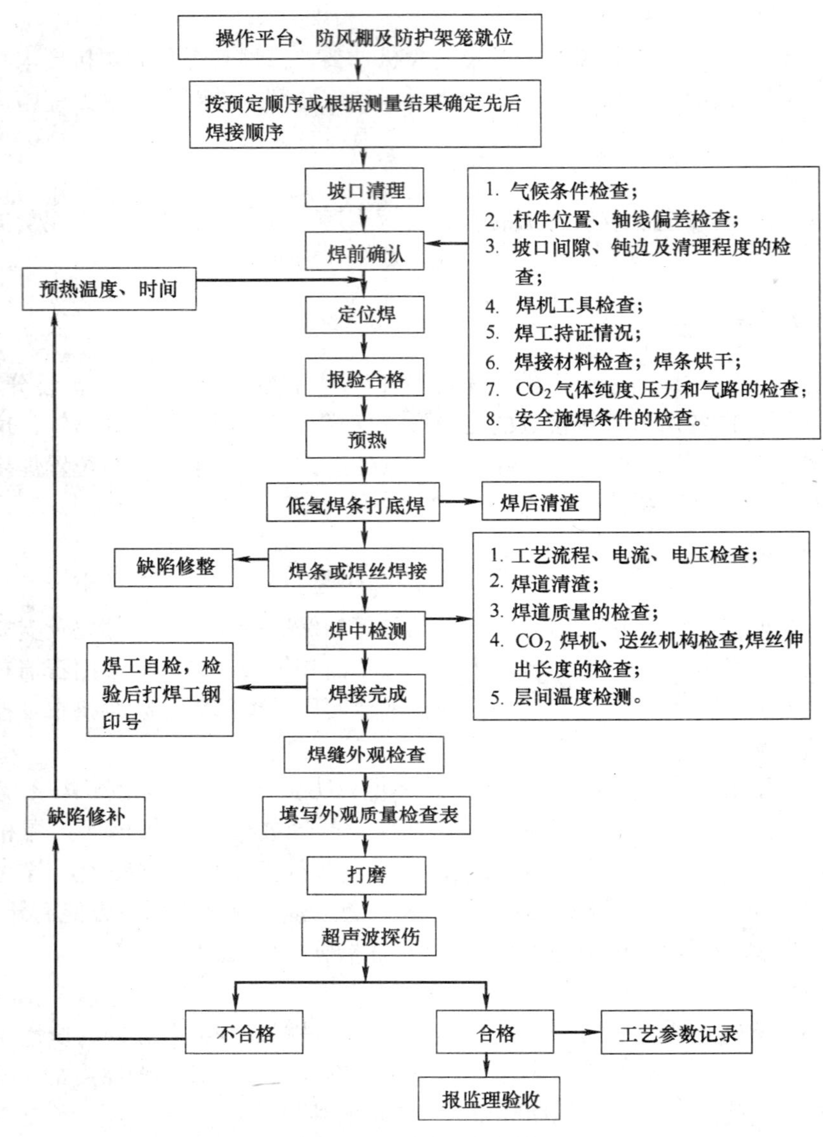

图 7.8-9 焊接工艺流程图

(3) 焊后清理及外观检查

认真清除焊缝表面飞溅、焊渣、焊瘤等。焊缝表面不得有咬边、气孔、裂纹、焊瘤等缺陷，焊缝表面不得存在几何尺寸不足现象。不得在母材上留有擦头处及弧坑。焊缝外观自检合格后，方能打上焊工钢印号，并做到工完场清。

(4) 焊缝检验

1) 焊缝的外观检查见表 7.8-5。

2) 焊缝无损检测

按设计要求全熔透焊缝进行超声波无损检测，其内部缺陷检验应符合下列要求：

焊缝应进行 100%的检验，其合格等级应为现行国家标准《钢焊缝手工超声波探伤方法和探伤结果分级》(GB 11345) B 级检验的Ⅲ级及Ⅲ级以上。对不合格的焊缝，应根

据超

焊缝外观检查质量标准（允许偏差） 表 7.8-5

检验项目 \ 焊缝质量等级	一 级	三 级
未焊满	不允许	≤0.2+0.04t，且≤2mm，每100mm焊缝内缺陷累积长≤25mm
根部收缩	不允许	≤0.2+0.04t，且≤2mm，长度不限
咬边	不允许	≤0.1t，且≤1mm，长度不限
电弧擦伤	不允许	个别电弧擦伤允许存在
接头不良	—	缺口深度≤0.1t，且≤1mm，每1m焊缝不得超过1处
表面气孔	不允许	每50mm长度焊缝内允许直径<0.4t，且≤3mm气孔2个；孔距≥6倍孔距

标缺陷的位置，采用碳刨、切除，砂磨等方法去除后，以与正式焊缝相同的工艺方法进行补焊，其检验标准相同。

（5）焊接质量控制措施

焊接是钢结构安装施工中的关键工序，因此必须自始至终全面进行监控，且应把好焊前、焊中、焊后质量关。

对于安装焊接这一关系到整体安装质量的特殊工序，必须在施工前严格制定计划，在施工中组织专门的人力、物力，比预定正式施焊时间至少提前4～8h进行专门防护。

1）防护要求

A. 上部稍透风、但不渗漏，兼具防一般物体击打的功能。

B. 中部宽松，能抵抗强风的倾覆，不致使大股冷空气透入，且应严防穿堂风。

C. 下部承载力足够两名以上作业人员同时进行相关作业，因此需稳定、无晃动，不因甲的作业给乙的正在作业造成干扰；可以存放必需的作业器具和预备材料且不给作业造成障碍，不可造成器具材料脱控坠落的缝隙，中部及下部防护采用阻燃材料遮蔽。

D. 作业平台四周应设置牢固的护栏以及上下的扶梯等。

2）焊条使用要求

A. 对碱性焊条，严格按照有关规定进行使用前烘焙、发放、领用以及回收等。

B. 对碱性焊条，焊工使用保温筒领取焊条，使用中切实执行随用随取的规定；由保温筒取出到施焊，暴露在大气中的时间严禁超过1h；焊条的重复烘干次数不得超过两次。

C. 对碱性焊条，由保温箱领取的焊条，放置在保温筒中的时间应控制在4h以内，如遇雨雪天气还应相应缩短。

D. 对于CO_2气体保护焊焊丝，应切实采取禁止油污污染措施和防潮措施。当班未使用完的应拆卸下来放入包装盒保管。

E. 焊条、焊丝实行专人保管，专人烘烤，专人发放的管理制度，严禁私自开箱取用。保管员须建立烘烤保温记录台账。

（6）焊接安全及防火措施

1）电焊工作要带齐面罩、绝缘手套，穿绝缘鞋。

2）电焊机的一次电源线，拆、接需由电工完成。一次线不宜大于5m，二次线不宜大于30m。电焊机需有接地保护。

3）电焊机吊装时，必须吊电焊机吊耳，如吊耳磨损严重不能满足吊装要求时，采用两根兜带兜住电焊机底部进行吊装，严禁吊防护罩。

4）电焊机不允许随意摆放，必须在内侧脚手架上搭设平台摆放。

5）在潮湿的地方施焊，要站在绝缘板上。

6）电焊机的把线，零线必须连接牢固、双线到位，并不得用钢丝绳或机电设备代替零线，把线严禁破皮外露。

7）在电气焊施工前，应清除施工点附近的易燃物。

8）施工人员在改变施工点，转入上层或下层施工时，应先将电焊机电源切断，或将气焊的气源切断，将电焊机就位或将气瓶就位后再行施工。

9）当修补焊缝，使用碳弧气刨时，操作人员必须戴好护目镜。

10）二氧化碳气体保护焊，作业前先预热15min。二氧化碳气体预热时的电压不得高于36V。

11）二氧化碳气体应放在阴凉处，并应放置牢靠，不得靠近热源。

12）气焊点火时，不能对人，燃烧的割炬不能随手放置。

13）乙炔气瓶，必须装有防回火装置，氧气表、乙炔表及割炬上不得沾有油污、油脂。

14）在作业前办理用火手续，并配备看火人员。看火人员要掌握和熟悉动火点灭火器具的位置，在施焊和用火过程中不准离开，电火不可用水救。

15）高空施焊作业应防止火花溅落地面，每一个焊接处必须配置接火盆，每个施工区配有看火人经常对焊接处巡视以防火灾事故的发生，看火人不许从事其他工作。

7.9 钢结构支撑体系卸载

7.9.1 卸载方法

卸载是指将钢结构从支撑体系受力状态下，转换到钢结构自由受力状态的过程，卸载过程中，杆件的内应力随时变化，在选择卸载工况时，必须保证杆件内应力控制在设计允许范围内，应尽量保证每一个卸载点同步卸载。

针对六种工况模拟计算分析，对卸载方法进行对比，考虑的主要因素是避免畸形应力的产生并避免产生过大的挠度，最终确定屋面整体一次性卸载。

由于本工程屋面下弦球节点共计1407个，在安装过程中采取散装法，支撑体系选用满堂红脚手架，因此在每个球节点下方必须设置1个千斤顶，千斤顶数量多，根据卸载工况计算选择135个点作为卸载点，考虑采用螺旋千斤顶（液压式千斤顶无法保证同步卸载），同步等距卸载方法，卸载行程5mm。

7.9.2 卸载点布置

卸载点布置示意图如图7.9-1。

7.9.3 卸载点千斤顶选用

本工程采用千斤顶规格见表7.9-1（卸载点）：

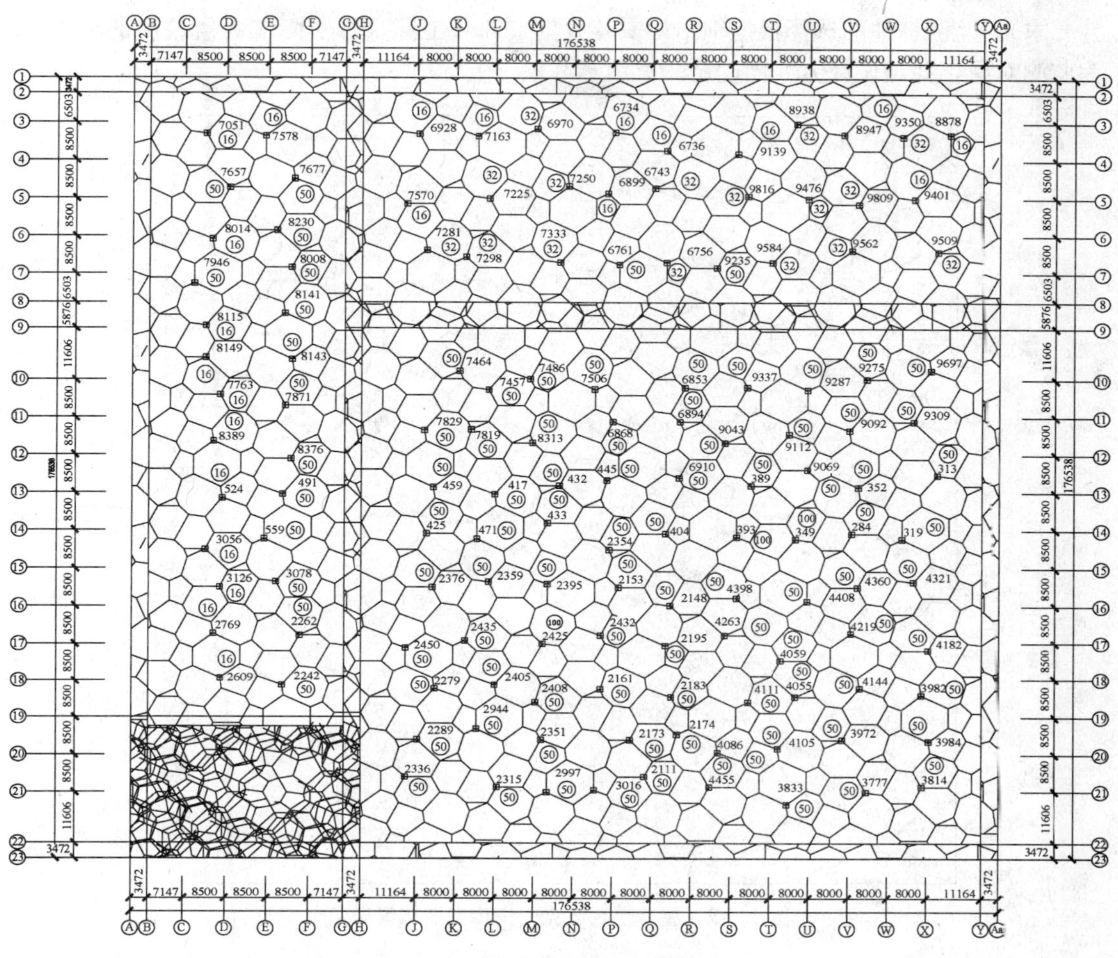

图 7.9-1 卸载点布置示意图

千斤顶选用表 表 7.9-1

千斤顶型号 2(t)	自重(kg)	自身高度(mm)	可调高度(mm)	数量(个)	备 注
16	17	320	180	21	用于卸载点
32	28	395	200	17	用于卸载点
50	54	452	250	87	用于卸载点
50	70	618	400	10	用于下挠值大的卸载点

7.9.4 卸载过程监测

为了对结构在卸载过程中的安全状况进行评估，应对大应力杆件的应力一应变进行监测。

卸载过程中重点监测杆件，卸载监测是就构件层次的安全评定而言，可采用光纤光栅应变传感器实时跟踪测试现场卸载时的数据，将其与材料设计强度进行比较，确定其安全水准。为屋盖的卸载提供安全评估并对不利情况提供现场预警，预警指数为 0.9（按照设计要求）。监测杆件的选择根据钢结构安装方案、卸载工况选择实际应力值较高的杆件作为监测对象，并与设计方共同确定。见图 7.9-2、图 7.9-3。

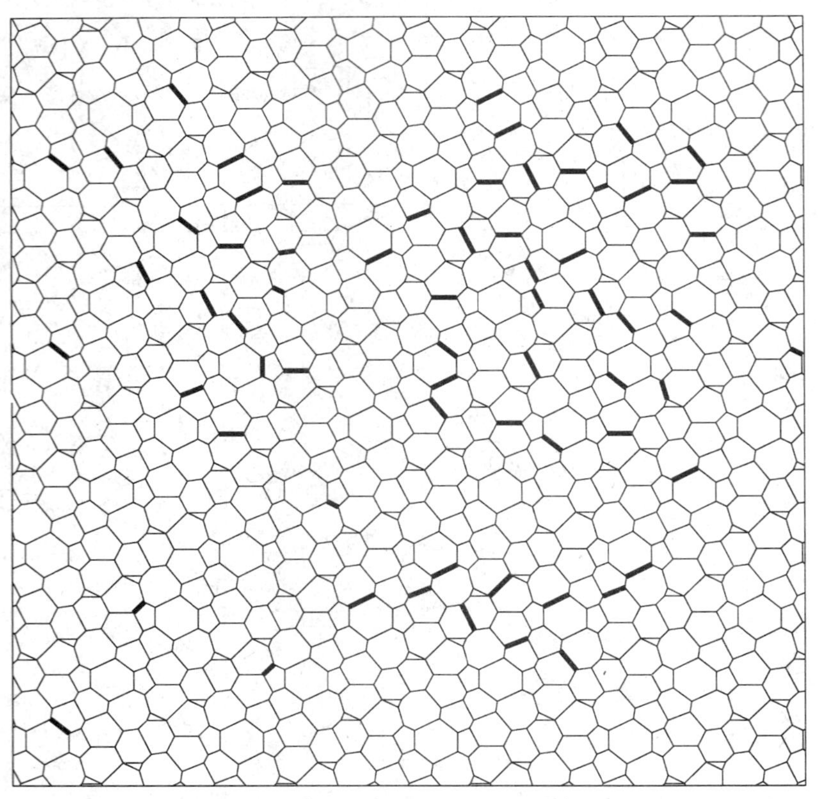

图 7.9-2 屋盖上弦节点光纤传感器布置详图

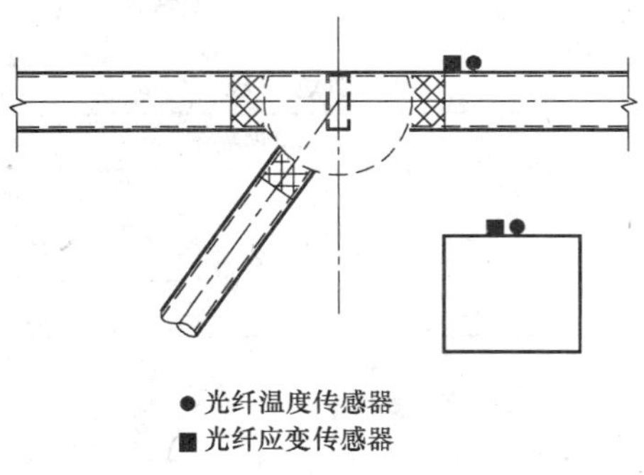

图 7.9-3 上弦节点传感器安装详图

7.10 防腐涂装

7.10.1 钢结构防腐涂装标准

本工程钢结构防腐设计年限为 25 年，除锈等级为 Sa3。

7.10.2 涂装材料

涂装材料见表 7.10-1。

涂料材料 表 7.10-1

涂层	产　品	稀释剂	稀释比	漆膜厚度
底漆	环氧富锌底漆 Interzinc 52	GTA220/415	5%～10%	60μm
中间漆	环氧云铁中间漆 Intergard 475HS	GTA007	5%～15%	130μm
面漆	不含异氰酸脂的丙烯酸聚硅氧烷面漆 Interfine 878	GTA007	5%～8%	50μm
总膜厚				240μm

7.10.3 涂装要求

（1）根据本工程结构特点，每个球节点与四根杆件相连，且全部焊接，因此 9843 个球在加工厂只进行底漆和第一遍中间漆的涂装，第二遍中间漆与面漆待整个结构安装、焊接完成后再进行现场涂装；矩形管、圆钢管涂装在加工厂完成，涂装时须留出现场焊接部位；埋件涂装与球相同。

（2）当气温低于 5℃不进行油漆涂装，面漆涂装要在良好天气下进行。

（3）当相对湿度大于 85%或表面温度不高于露点 3℃时，不能涂装施工。特别是面漆施工，当相对湿度介于 40%～85%之间时固化效果好，湿度低，固化慢，湿度高固化则快，因此面漆施工应选择天气好的时候施工。

7.10.4 除锈处理

本工程结构为不规则多边形，构件结构形式复杂，有圆管与圆管焊接、圆管与球焊接、矩形管与球焊接、圆管与矩形管焊接、矩形管与矩形管焊接，存在大量的结构死角，包括焊接产生的焊接飞溅，选用打磨死角的小钻头，对上述区域进行处理。

7.10.5 确保涂层厚度、涂层质量的方法

（1）现场没有进行打磨除锈的球节点数量巨大，分布不均匀，为确保施工单位的除锈工作进行彻底，在打磨报验的时候，质检人员携带图纸参与报验，并将验收合格的球节点在图纸上标出，以示区别；

（2）为确保涂层厚度，在每一道油漆施工完毕之后，均安排专人测量涂层厚度，检测合格之后再开始下一道油漆的施工。

7.10.6 涂层损伤的修补

钢结构涂装，运输和构件吊装过程中，可能会发生机械损伤，涂层被破坏后要进行修补。如果破坏至金属铁和中间漆，手工除锈至 St3 等级，清除锈蚀后，再把边缘打磨成平

缓坡度，清洁粉尘后按油漆配套和技术要求补涂三度漆。如果仅是面漆被破坏则采用80目砂纸轻轻打磨平整，清洁粉尘后刷涂面漆即可。

7.10.7 涂装检查

(1) 漆膜厚度检查

检查油漆厚度是否满足设计要求。

(2) 附着力检查

检查各层油漆粘结能力。

(3) 电火花检查

检查防腐油漆涂层是否有缺陷。

7.11 质量保证措施

7.11.1 质量目标

质量目标：合格，确保长城杯、力争鲁班奖。

合格率：结构验收一次合格率100%。

7.11.2 工程质量保证体系

针对本工程量大面广、施工工期紧张、加工安装精度要求高的特点，依据公司根据GB/T 19001—2000-ISO 9001—2000标准体系已逐步完善的程序文件建立质量保证体系，主要内容如下：

(1) 文件体系

1) 质量管理手册：关于本工程的质量保证管理体系的详细说明。

2) 程序文件：详细说明了质量及各部门及各要素的具体实施过程，包括要求、作业程序、工作范围、职责以及有关的记录。

3) 管理性文件：公司各种规章制度等管理文件。

4) 施工技术文件、工艺文件：详细说明各分项工程的具体施工实际操作过程，包括施工要求、作业程序、施工方法。

5) 技术标准：适用于本工程的超过规范要求的加工、安装精度要求的标准。

(2) 质量策划

主要是针对本工程的特殊性、重要性而专门制订的，以使加工、制作的产品质量满足设计、建设单位的要求，主要有以下几点：

1) 对确定的质量目标进行分解，制定专门的质量标准和要求。

2) 对节点、拼装胎架、加工工艺、安装方案、施工程序和工艺等进行论证，提出保证加工和安装质量的具体措施、方法。

3) 确定过程控制的程序和方法，明确设计、采购、制作、加工、检验、预拼装、拼装的工作程序、技术标准和工作标准。

4) 确定并配备必要的控制手段和设备、工艺装备、人员、必要时应对资源进行更新、添置或开发。

5）确定生产过程中适当阶段的验证，并编制检验的表格和对检验进行记录和保存。

（3）过程控制

主要做好以下几个关键点控制：

1）工程前期的控制：技术文件和工艺流程制定、焊接工艺评定、生产设备的检修和维护、作业人员技术水平的培训和考核、原材料的检验试验、计量器具的标定。

2）生产过程中构件加工质量的监控：主要包括构件放样号料的准确性、切割下料的精度、构件生产过程中控制变形的措施及矫正、组装检查以及对焊接、除锈、涂装等工艺质量的控制和工艺方案的评定。

（4）工序控制

1）工序能力的分析，采取必要的措施，确保工序能力达到规定要求。

2）对工序过程进行控制，以便及时发现问题，采取对策。

3）加强工艺纪律的管理，做好各工序控制点的数据记录。

（5）检验和试验状态（合格、不合格、待检、已检待判）

1）加强对施工过程中的检验和试验状态的标识。

2）加强对施工过程中各状态的检验和试验进行记录。

3）按物资采购的规定要求对过程中各状态产品进行堆放、保管、标识、转序。

（6）检验和试验

1）进货的检验和试验：即对规定的材料按规定的方法、程序和要求进行检验、试验、判定、记录。

2）过程的检验和试验：包括对过程按规定要求（三检制）进行检验，对过程中的参数和产品进行监控，必须按规定要求进行检验和试验得到认可后，产品才准转序或出厂。

3）必须按规定的要求进行检验和试验并进行记录，包括进货检验、过程检验、最终检验和试验的要求及记录，必须满足规范、建设单位、质监站、设计、监理等的要求。

（7）检测、测量和试验设备的控制

1）确保检验、测量、试验设备的完好，其准确度能满足本工程的要求。

2）配置和完善检验、测量、试验设备，对不足部分采取租借、委托等办法，确保按规定要求完成检验、测量和试验的全部内容和要求。

（8）不合格品控制

1）进行隔离和标识。

2）由专业工程技术人员进行分析，提出处理办法（报废、返工、返修、改作他用）。

3）具备返工返修条件的，则由指定的专门人员进行返工或返修，并对返工或返修进行记录，返工或返修只能进行一次，第二次不合格则报废处理，如合同规定不允许返工返修的，则应判定为报废或改作他用。

（9）搬运、贮存、包装、防护和交付

1）搬运：应采用合适的搬运设备、车辆，保持平稳，严禁野蛮装卸。

2）贮存：严格执行入库检验、验收，库存保管，出库凭单和记录，所有构件的贮存场地应做好防损坏、防变形、防腐蚀、防混淆、防丢失的措施，做到科学、合理贮存。

3）包装：确保贮存、搬运、不损坏、不丢失，采用合理的包装方法，做到标识完整、清晰。

4）防护：采用适当的防护措施，以防搬运、贮存、施工过程中损坏。

5）交付：由规定的检验负责人签发产品合格证后才准交付，交付产品应满足建设单位要求，必要时经建设单位、监理验收合格，同时要提供相应资料。

（10）质量记录

1）质量记录由质量员、检验员、化验员、试验员、探伤员、测量员等具体完成。

2）从深化设计——→计划——→材料采购——→制作加工——→预拼装——→运输——→安装等全过程都必须按规定要求进行质量记录。

3）质量记录必须规范、完整、符合要求。

7.11.3 质量组织保证措施

本工程钢结构施工，无论从工程的重要性及设计要求都不同于一般的网架工程，其施工难度不仅仅体现在面积大，工期短，更体现在其复杂的（H_2O）结构设计对施工的要求等。要使其质量得到保证，不能通过常规的思路来实现，因此需要建立一个经验丰富的，加强型的工程管理机构和质量管理组织体系，来确保工程的顺利完工。

公司以项目总工程师为首，依托公司质量管理部门，就本工程加工精度高和施工方案实施过程中的难点问题，在工厂加工和现场安装过程中广泛开展 QC 质量小组活动，加强施工人员的质量意识。针对本工程组成一个强有力的质量管理小组。

（1）成立质量保证小组

质量保证小组由总工直接负责，人员由质管部经理负责调配，主要由相关的各部门的主要（正职）负责人直接负责本工程的各项质量管理工作，并确保各种资源及时到位。

（2）落实各负责人质量职责

1）生产经理：负责资源配置和重大问题的协调，确保质量控制所需资源、政策、责任制的落实，明确各部门、人员的职责和权限。

2）技术经理：根据质量第一的原则，组织和协调内外各单位、各部门各级人员的工作，保证各项工作在确保质量的前提下高效、有序、安全地展开。

3）质安经理：首先根据公司对本工程的质量方针和目标，制订本工程的质量计划，确保工程的每一个过程和环节处于受控状态。其次根据各部门的工作范围，制订和落实各部门和有关人员的质量职责。根据工程的特点、质量要求、工艺技术、工期等，进行质量控制策划，组织和落实质量控制体系，制订更加严格的质量控制标准，确保各时段、各工段检测人员到位，职责到人，标准明确，资源充分。

7.12 施工安全保证措施

7.12.1 结构施工安全技术措施

（1）安全防护

正确使用个人防护用品

1）必须佩戴安全帽，并系好帽带。

2）必须系好安全带。

安全带高挂低用，且必须系在固定物上。临边作业，2m 以上高空作业必须使用安全带。

3）必须穿安全劳保鞋，带电操作需戴安全手套。

4）进行打磨、碳弧气刨等可能导致眼睛受到伤害的工作，必须佩戴护目镜。在有害气体环境中工作，必须佩戴防护面罩。

（2）施工机械的使用安全

1）大型吊机施工安全

现场结构吊装采用塔吊结合汽车吊，两者相互配合的方法。计划使用 50t 汽车吊 1 台，塔吊 5 台。

A. 起吊重物时，人不能站或坐在任何起吊物上，起重臂下严禁站人。

B. 吊装危险区域必须专人监护，非施工人员不得进入危险区，并应划分警示区域，用警示绳拉出起吊区域。

C. 起吊重物，吊钩应与地面成 90°角，严禁斜拉斜吊、横向起吊。

D. 吊机站位处，应确保地基有足够的承载力；吊机旋转部分应与周围构筑物有不小于 1m 的安全距离，避免吊机转身碰到周围构筑物。

2）其他中小型机械安全使用

A. 中小型机械应在操作场所悬挂安全操作规程牌，操作人员应熟悉其内容，并按要求操作。应持证上岗，操作时专心致志，不得将自己的机械交他人操作。机械要做到上有盖、下有垫，电箱要有安全装置，要有漏电保护装置。

B. 打磨机等机具，电源线要完好无损，电源线与工具之间的线头绝缘是否损坏。

C. 电焊机一次线接机处，应有保护罩，电线不得任意布放，放置露天应有防雨装置。焊把线不乱拉，焊把要绝缘，不跑电、不随意拖地。

D. 乙炔瓶上应有明显标志。瓶上应有防振圈，要防爆、防晒。

E. 乙炔瓶和氧气瓶应隔离存放，施工时两者间距应在 10m 以上。搬运氧气、乙炔瓶时不应碰撞，乙炔瓶、氧气瓶不能同车运送。氧气、乙炔瓶严禁物体打击，要有防雨、防晒措施，乙炔瓶须立放。

（3）高空作业和高空落物

1）高处作业时，工具应装入工具袋中，随取随用。高处作业时，拆下的小件材料不得随意往下抛掷。上下传递工具应用绳索绑好递送。

2）预防高空坠落措施，系好安全带。

（4）布置安全标志

1）在危险区域设置安全警示标志，见图 7.12-1。

2）高空作业和有毒气体等作业环境设置安全防护用品标志，见图 7.12-2。

图 7.12-1 安全警示标志

必须系安全带

必须戴防毒面具

禁止用水灭火

禁止吸烟

图 7.12-2 安全防护用品标志

(5) 施工用电安全措施

1) 工地采用三相五线制保护接零系统，具有专用保护的 TN-S 线路（即保护零线专用，不得与工作零线相混用，所有保护零线均应与专用保护零线相联接）。

2) 装置或检修设备时应先切断电源切勿带电作并挂警示牌，遇有人进行电工作业时应于接通电源前告知他人，电源线严禁破皮外露。

3) 橡皮电缆架空敷设时应沿墙壁或电杆设置，严禁用金属裸线作为绑线，电缆的量子最大弧垂距地＞2.5m。

4) 各工作操作人员使用手持电动工具必须穿绝缘鞋，戴绝缘手套。

5) 用电设备要有各自专用的电源控制，必须严格实行“一机一闸一漏一箱”制，严禁一闸多机及超负荷运行。

6) 施工所用电动工具，所引的电源线的拆接，均由电工操作。电源导线不准拖地，必须架空 2m 以上。

(6) 焊接施工安全措施

1) 电焊工作要带齐面罩、手套、鞋盖。

2) 电焊机的一次电源线，拆、接需由电工完成。一次线不宜大于 5m，二次线不宜大于 30m。电焊机需有接地保护。

3) 在潮湿的地方施焊，要站在绝缘板上。

4) 电焊机的把线，零线必须连接牢固，并不得用钢丝绳或机电设备代替零线，把线严禁破皮外露。

5) 在电气焊施工前，应清除施工点的易燃物，高空焊接应用石棉布将可能通过下一层的孔洞封死。

6) 施工人员在改变施工点，转入上层或下层施工时，应先将电焊机电源切断，或将气焊的气源切断，将电焊机就位或将气瓶就位后再行施工。

7) 当修补焊缝，使用碳弧气刨时，操作人员必须戴好护目镜。

8) 二氧化碳气体应放在阴凉处，并应放置牢靠，不得靠近热源。

9) 气焊点火时，不能对人，燃烧的割炬不能随手放置。

10) 乙炔气瓶，必须装有防回火装置，氧气表、乙炔表及割炬上不得沾有油污、油脂。

(7) 结构吊装安全措施

1) 起重工在起吊构件前，要确认构件重量，选用与之相匹配的吊索具，并且要检查吊索的安全性（如钢丝绳是否断股等）。

2) 严禁起重机超负荷作业。

3) 在构件起吊时，要确认构件绑扎平衡牢固后，方可起吊起升，并在合理位置绑扎溜绳。

4）在构件起吊离地面50cm处时，起重工应再次确认构件绑扎牢固后，方可起升。

5）构件起吊的速度不可过快。

6）构件起吊时，构件上严禁站人或放零散未装容器的构件。

7）在构件下方，和起重大臂旋转区域内，不得有人员停留走动。

8）在钢构件就位时，应拉住溜绳，协助就位，此时人员应站在构件两侧。

9）钢构件就位，应缓慢下落。下落放置时，人员应扶在构件外侧，不得将手扶在构件与地平。

10）使用撬棍校正时，不得将撬棍插入后放手，以防飞出伤人。

11）需要使用大锤时，大锤回转方向不得站人。

12）当确认构件找正，放稳，做好临时固定，稳定后，方可摘钩。

13）在高空区域（2m以上），任何零散构件及物品、工具、容器，均不得放在脚手架边缘，应挂好，或放在容器内并将容器固定好。

（8）消防措施

1）消防组织机构，见图7.12-3。

2）消防安全措施

A. 机电设备用电必须遵守安全用电技术规范的要求。

B. 火灾报警机制：发现火灾及时拨打火警电话“119”。

C. 现场从事电气焊人员均应受过消防知识教育，持有操作合格证。

D. 在作业前办理用火手续，并配备看火人员。看火人员要掌握和熟悉动火点灭火器具的位置，在施焊和用火过程中不准离开。

3）消防制度

A. 现场和仓库设消火栓，筒仓设专用消防水泵和消防管道。

B. 施工现场设立吸烟室，操作岗位上禁止吸烟。

C. 坚持现场用火审批制度，电气焊工作要有灭火器材。

D. 对易燃易爆、有毒物品的使用要按规定执行，指定专人分类管理明火作业和易燃、易爆物品隔离，操作之后，要检查现场。

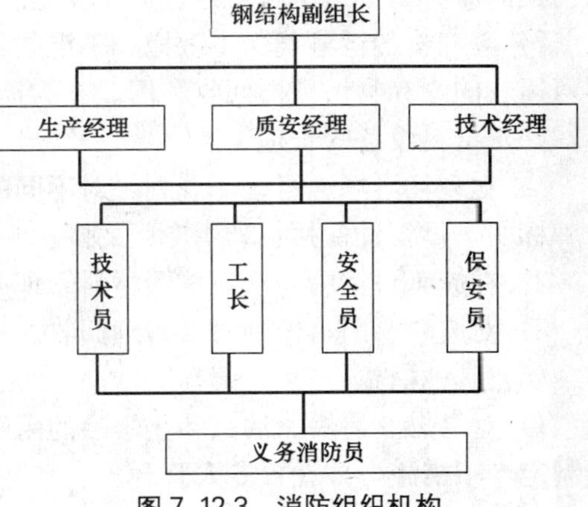

图7.12-3 消防组织机构

E. 现场要设有供应消防用水的给水管道和必要的消防工具，并有专人负责，定期检查，保证完好备用。

F. 新工人进场要进行安全和防火教育，重点工作设消防保卫人员。

G. 加强临电管理，防止电器或线路发生火灾。

7.12.2 环境保护

认真贯彻执行建设部、北京市关于施工现场施工管理的有关施工环境的规定。切实遵守“绿色奥运”的各项规定，使施工现场成为干净、整洁、安全和合理的文明工地。

(1) 组织保证

1) 建立领导小组，明确体系中各岗位的职责和权限，建立并保持一套工作程序，对所有参与体系工作的人员进行相应的培训。见图 7.12-4。

2) 本工程施工现场必须严格按照公司环保手册和现场管理规定进行管理。

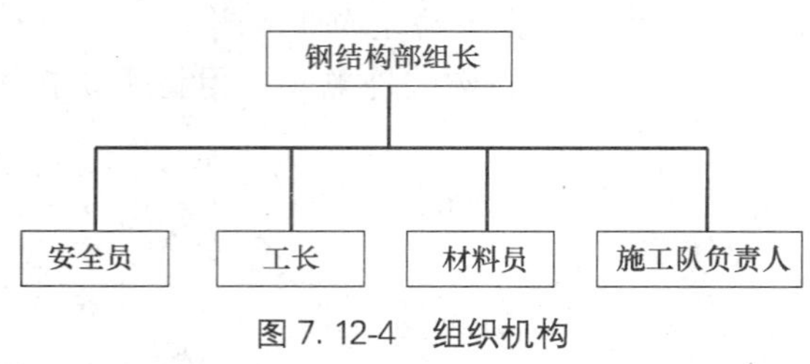

图 7.12-4 组织机构

(2) 工作制度

1) 每周召开一次“施工现场环境保护”工作例会，总结前一阶段的施工管理情况，布置下一阶段的现场施工管理工作。

2) 建立并执行施工现场环境保护管理检查制度。每周组织一次由各专业施工单位的文明施工和环境保护管理负责人参加的联合检查，对检查中所发现的问题，开出“隐患问题通知单”，各专业施工单位在收到“隐患问题通知单”后，应根据具体情况，定时间、定人、定措施予以解决。

(3) 现场环境保护

1) 现场清理：生产班组每天完成工作任务后，要求必须将余料清理干净，做到“工完场清”。

2) 构件运输车辆进入现场后，速度要控制在 5km/h 以内；不得随便乱按喇叭。

(4) 废弃物管理

1) 施工现场设立专门的废弃物临时贮存场地，废弃物应分类存放，对有可能造成二次污染的废弃物必须单独贮存、设置安全防范措施且有醒目标识。

2) 废弃物的运输确保不散撒、不混放，送到政府批准的单位或场所进行处理、消纳，对可回收的废弃物做到再回收利用。

(5) 材料设备的管理

1) 对现场堆场进行统一规划，对不同的进场材料设备进行分类合理堆放和储存，并挂牌标明，重要设备材料利用专门的围栏和库房储存，并设专人管理。

2) 在施工过程中，严格按照材料管理办法，进行限额领料。

3) 对废料、旧料做到每日清理回收。

(6) 其他措施

1) 对易燃、易爆、油品和化学品的采购、运输、贮存、发放和使用后对废弃物的处理制定专项措施，并设置专人管理。

2) 对施工机械进行全面的检查和维修保养，保证设备始终处于良好状态，避免噪声、泄漏和废油、废弃物造成的污染，杜绝重大安全隐患的存在。

3) 生活垃圾与施工垃圾分开，并及时组织清运。

7.13 冬雨期施工措施

7.13.1 准备工作

冬期施工时间为 11 月中旬～次年 3 月中旬，施工部位：墙体、屋盖钢框架。

冬期施工前，认真组织有关人员分析冬期施工生产计划，落实冬期施工前的各项准备工作，解决冬期施工中的生产问题，以保证施工的正常进行。要做好以下几点：

（1）应做好施工人员的冬期施工培训工作。

（2）在冬施到来前由钢结构现场安全负责人会同土建及相关专业现场安全负责人进行一次全面检查，包括临时设施、临电、机械设备、脚手架、马道等项工作，发现存在安全等问题立即进行整改。

（3）对已老化的线路和易发生冻裂破皮的及时更换并定期检查，电焊机的一、二次线必须绝缘良好，确保冬施安全。

（4）冬期施工必须设备、材料及时准备，设备、材料如表 7.13-1。

冬期施工设备、材料表　　表 7.13-1

序号	名　称	单位	数量	用　途	备　注
1	排枪	把	20	预热、后热	定制周期 3 天
2	氧-乙炔烤枪	把	10	清除水汽	采购周期 1 天
3	风速仪	台	2	测风力	采购周期 1 天
4	测温笔	个	8	测预热、层间、后热温度	采购周期 1 天
5	红外线测温计	个	1	质检专用测温计	采购周期 1 天
6	石棉布(3mm)	m^2	100	焊后保温	采购周期 1 天，根据现场需要数量随时采购
7	防火布	m^2	100	防风棚材料	采购周期 1 天，根据现场需要数量随时采购

7.13.2 冬期施工措施

（1）安装作业

1）雪天严禁进行安装作业。

2）雪后必须及时清扫脚手架、马道、操作平台上的积雪，并检查马道平台，如有松动现象务必及时处理，注意马道的防滑。

3）凡施工操作人员必须正确使用安全保护用品，遵守本工种安全规范，严禁穿易滑鞋登高操作。

4）负温度下地面冻结时，垫构件的堆料垫块要用木方防滑。构件堆放场地必须平整结实，无水坑、地面无结冰。多层叠放构件时，构件之间的垫块也必须用防溜滑的材料。

5）节点球负温度下安装用的吊环必须选用韧性好的钢材制作，吊环焊接所用焊材要具备负温冲击韧性以防止低温脆断。

6）负温度下构件上有积雪、冰层、结露时，必须进行清理后才能安装，但不得损伤涂层。

7）负温度下安装钢结构用的测量仪器，在使用前进行调试，要定期进行检验和标定。

（2）测量作业

1）雪天在可保证观测条件下可以进行测量作业，校正钢结构需要对测量设备进行防雪保护，例如临时下雪要打伞防雪，测量的数据要在晴天复测。

2）雪后轴线投放之前需要进行清扫，将积雪扫除干净，使轴线清楚准确。

（3）焊接作业

本工程焊接方式主要采用手工电弧焊。

根据工程材料的类别，焊接主材为手工电弧焊用焊条。

本工程主要构件的材质为 Q345-C 和 Q420-C 两种，焊条分别选用碱性焊条 E5015 和 E5515。

当两种材质强度不同时，根据焊接工艺评定报告选用焊材。

经焊接工艺评定合格后，方可允许作为本工程施焊的焊材，并要求按牌号、批次、持证入场，分类存放在干燥通风的库房。材质证明和检验证书妥善保管，分批整理成册交项目存档。

1）焊缝等级

杆件与焊接球剖口焊缝：一级

相贯节点剖口焊缝：一级

相贯区锐角小于 6°的部分熔透焊缝：三级

杆件与节点加强区对接焊缝：一级

支座连接钢板剖口焊缝：一级

加劲肋双面角焊缝：三级

其他次要焊缝：三级

其中一级焊缝 100%探伤

2）一般规定

A. 在环境温度≥－5℃时，焊接作业按照常温处理，但技术要求加严，焊接时间安排在早上九点钟以后；－5～－13℃之间，焊接作业可以进行但要按照负温处理；－13℃以下不进行焊接作业。

B. 参加负温度下钢结构焊接工作的电焊工，必须先取得常温焊接资格，考试合格，再进行负温适应性培训。当北京地区第一次降温（低于－5℃）时由技术员组织焊工进行负温适应性培训，并进行现场焊接实操，培训完成后方可参加负温焊接。

C. 焊条在使用前按照产品出厂证明书的规定烘焙，烘焙合格后存放在 100～120℃烘箱内，使用时取出放在保温筒内，随用随取，电焊工必须每人一个保温筒，保温筒电源接电焊机上。当负温度下使用的焊条外露超过 2h 后重新烘焙，焊条的烘焙次数不得超过两次。

D. 负温度下厚板多层焊接按照焊接工艺规定施焊，保持在预热温度以上连续施焊，不得任意中断。如发生中断，停焊后再次焊接前，要详细检查，清除缺陷后并进行预热后方能继续施焊。

E. 当风速大于 8m/s 时焊接作业必须搭设防风棚，根据本工程结构形式特点，墙体与屋盖中间层无法搭设防风棚，风速大于 8m/s 时墙体与屋盖中间层不进行焊接作业，墙体内、外和屋盖上下表面为平面，可以搭设防风棚，防风棚采用防火布和架子管制作，将球节点四周和顶面围上，防风棚四脚与脚手架固定。

3）焊前预热

A. Q345-C 钢材预热温度

本工程中 Q345-C 钢板厚度为 4mm、5mm、6mm、7mm、9mm、10mm、11mm、12mm、13mm、14mm、15mm、16mm、20mm。

（A）常温焊接要求

常温状态下结构钢材焊前预热温度按照规范要求，见表 7.13-2。

Q345-C 钢材预热温度 **表 7.13-2**

钢材牌号	接头部最厚部件的厚度(mm)			
	<25	≥25～≤40	>40～≤60	>60～≤80
Q345-C	无	60℃	80℃	100℃

本工程 Q345-C 钢板厚度均≤20mm，根据上表要求，本工程中 Q345-C 钢板常温焊接不需要进行预热，即温度高于 0℃；0～－5℃之间焊接作业按照常温处理，不进行预热处理，但焊后必须立即进行保温。

(B) 负温焊接要求

－5～－13℃之间焊接作业必须预热，预热温度按照板厚作如下划分：

A) 4～16mm 厚钢板焊接前不预热，进行表面烘烤去除水汽。

B) 20mm 厚钢板预热至 40℃。

B. Q420-C 钢材预热温度

本工程中 Q420-C 钢板厚度为 18mm、22mm、24mm、26mm、28mm、30mm、40mm、52.5mm、62.5mm。

Q420-C 钢材预热温度在现行国家标准中并没有明确规定。在实际生产中，重要的是根据工程构件实际使用钢材的碳当量、强度等级、接头拘束度大小及一般低氢焊接材料或焊接方法的实际扩散氢含量确定必须的最低预热温度。

(A) 常温焊接要求

A) 0℃以上焊接要求

预热温度计算公式为：

坡口形式为 X、V、U 形时：$T_0=1330P_W-380$ (℃)

$P_W=P_{CM}+[H]/60+R_F/4\times10^5$ (或取 $R_F/4\times10^5=\delta/600$)

式中 R_F——拉力拘束度，N/mm^2；

δ——焊接钢材的厚度，mm；

$[H]$——甘油法测定的扩散氢含量，mL/100g。

$P_{Cm}\%=C+Si/30+(Mn+Cu+Cr)/20+Ni/60+Mo/15+V/10+5B(\%)$

根据本工程实际特点选定三种规格钢板 Q420-C，30mm、40mm、52.5mm，根据上述公式计算得出：

常温结构钢材焊前预热温度要求，见表 7.13-3。

Q420-C 钢材预热温度 **表 7.13-3**

钢材牌号	接头部最厚部件的厚度(mm)		
	≤30	>30～≤40	>40～≤52.5
Q420-C	120℃	130℃	150℃

B) 0～－5℃之间焊接要求

0～－5℃预热温度与 0℃以上预热温度相同，但焊后必须立即进行保温处理。

(B) 负温焊接要求

－5～－13℃之间结构钢材焊前预热温度要求，见表 7.13-4。

负温焊接要求 表 7.13-4

钢材牌号	接头部最厚部件的厚度(mm)		
	≤30	>30～≤40	>40～≤52.5
Q420-C	150℃	160℃	180℃

C. 钢材预热方法及测温

采用排枪进行火焰加热法预热，预热温度用测温计进行测量控制。

D. 焊接层间温度控制

当焊接完一层时，等待温度自然冷却到预热温度范围时进行下一层焊接，采用测温计进行测量控制。

4）焊后保温

在寒冷劲风多发时，一切焊前预热、中间再加热、后热等都围绕着消除骤冷骤热、消除胀缩不均、延缓冷凝收缩这个质保目的，但是仅上述措施还达不到目的。还需要采取防止温度快速散失、特别是防止边沿区域冷凝较焊缝中部完成过快的过程。冬期焊接完成后应进行焊后保温处理，具体方法采用加盖保温性能好的耐高温石棉布（3mm 厚）。石棉布层数根据焊后具体气温、风速等现场环境确定，并且每道工序均应进行自检、互检、专检三检制。

5）焊后消氢处理

填充缝焊接和面层焊接完毕，应立即进行外观质量以及焊缝外形尺寸等的自检，同时实施焊后后热处理。这一过程的实施，不仅能使逐渐降下来的接头温度再度上升，而且能够起到将焊接区域储热不均匀现象降低到最低程度的重要作用。对于厚钢板、较长焊缝，尽管作业者严格遵循工艺要求，实施中间再加热，也不可避免的产生由于板厚过大、始端终端焊缝过长、焊缝过宽等原因造成的根部与面层的温差、始端与终端的温差、近缝区与远缝区的温差、（水平横向焊缝）下部与上部的温差。（对称作业）两名作业者由于焊接习惯、视力、运速、参数选择不能绝对相同导致的温差等。这些差别的最大限度消除，只有通过认真的焊后后热来完成。因而焊后后热处理是焊接工艺中相当重要的环节。

A. 一般规定

（A）焊后消氢处理应在焊接完成后立即进行。

（B）消氢处理加热温度应达到 200～250℃，在此温度下保温时间依据构件板厚而定，应为每增大 25mm 板厚 0.5h，且不小于 1h。然后使之缓冷至长温。

（C）消氢处理的加热方法及测温方法与预热相同。

（D）按照要求如果生产厂不提供焊接性资料、指导性焊接工艺、热加工工艺参数、相应钢材的焊接接头性能数据等资料，那么由施工单位通过低温试验确定以上各参数。

（E）焊接材料应由生产厂提供储存及焊前烘焙参数规定、熔敷金属成分、性能鉴定资料及指导性施焊参数。

B. 焊后消氢处理划分原则

本工程中 Q345-C 钢板焊后不进行焊后消氢处理，Q420-C 钢板厚度 20～62.5mm，焊后消氢处理划分原则：

（A）20～40mm 厚钢板不进行焊后消氢处理。

（B）52.5mm、62.5mm 厚钢板进行焊后消氢处理：

A）52.5mm 厚钢板焊后消氢处理温度 200～250℃，焊后消氢处理时间 1h。

B）62.5mm 厚钢板焊后消氢处理温度 200～250℃，焊后消氢处理时间 1.5h。

C）52.5mm、62.5mm 厚钢板焊后后热处理范围不小于 100mm 且不小于 2 倍板厚。

52.5mm 厚钢板焊后消氢处理范围见图 7.13-1。

62.5mm 厚钢板焊后消氢处理范围见图 7.13-2。

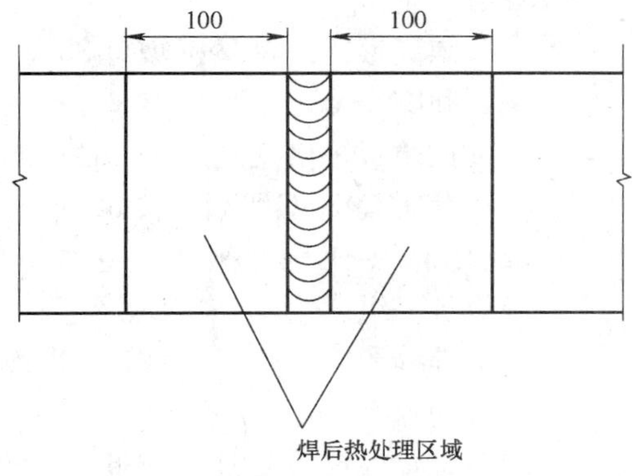

图 7.13-1　52.5mm 厚钢板焊后处理范围

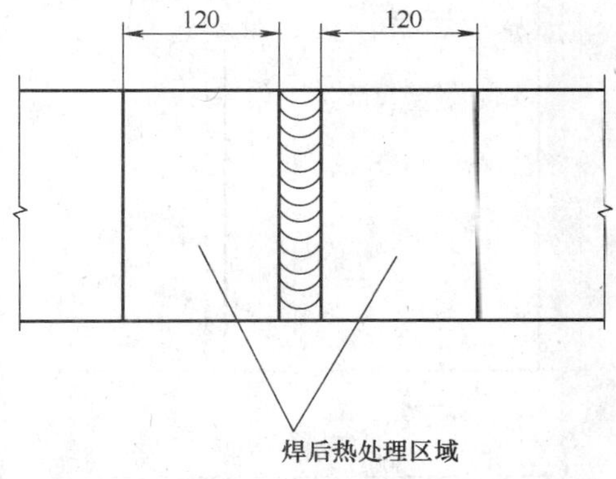

图 7.13-2　62.5mm 厚钢板焊后处理范围

C. 焊后后热加热方法

采用火焰加热法运用排枪加热，用测温计进行温度测量控制。

6）负温度焊接试验

本工程主体钢结构焊接经过一个冬期，负温焊接施工的温度范围是－5～－13℃之间，－13℃以下不进行焊接作业。

由于本工程结构形式非常复杂，冬期焊接节点无法搭设保温棚，焊接项目尽量安排在白天日照充足时即早晨九点钟以后进行。因此本工程必须进行负温试验，通过负温试验确定焊前预热温度、焊后后热处理温度、焊接参数等。

A. 针对本工程钢结构材质和规格，取四组有代表性规格的试件进行负温试验以确定冬期施工的技术参数。四组试件规格如下：14mm（Q345-C）；30mm、40mm、52.5mm（Q420-C）。

（A）Q345-C 平板对接 14mm＋14mm 手工焊：平焊、立焊、仰脸焊各一组。

焊缝形式：单 V 形坡口 30°带垫板，间隙 5mm。

试验板规格见图 7.13-3：

（B）Q420-C 平板对接 30mm＋30mm 手工焊：平焊、立焊、仰脸焊各一组。

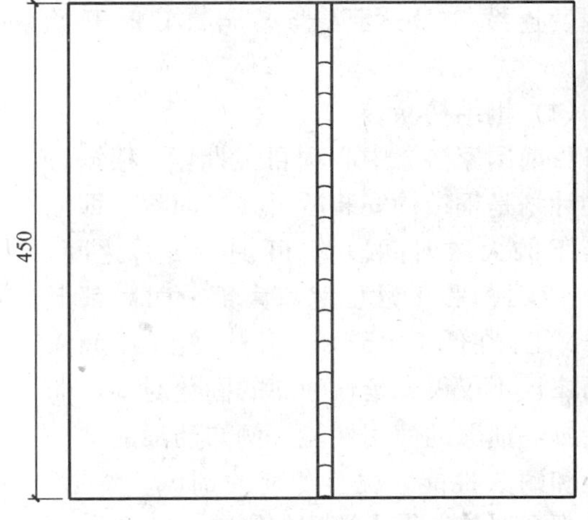

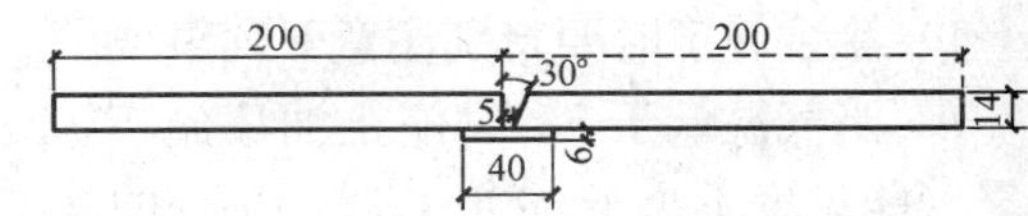

图 7.13-3　试验板规格

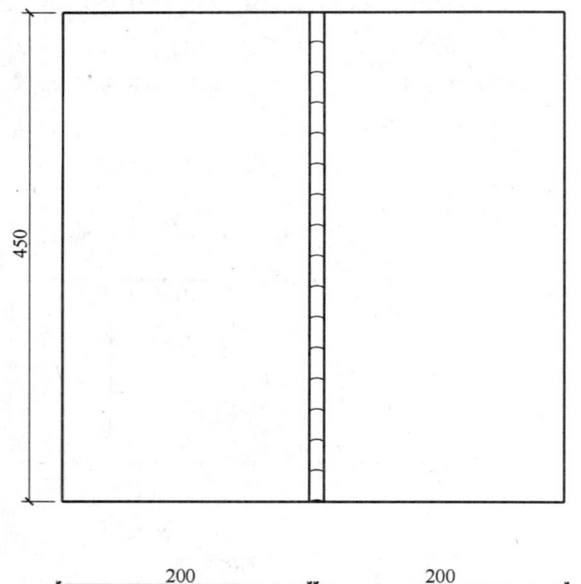

图 7. 13-4 试验板规格

焊缝形式：单V形坡口30°带垫板，间隙5mm。

试验板规格见图 7. 13-4：

(C) Q420-C平板对接40mm+40mm手工焊：平焊、立焊、仰脸焊各一组。

焊缝形式：单V形坡口30°带垫板，间隙5mm。

试验板规格见图 7. 13-5：

(D) Q420-C平板对接52.5mm+52.5mm手工焊：平焊、立焊、仰脸焊各一组。

焊缝形式：单V形坡口30°带垫板，间隙5mm。

试验板规格见图 7. 13-6：

B. 负温焊接特殊要求

(A) 焊工在负温情况下焊接时，严禁随意打弧，若出现随意打弧现象必须加热打磨处理。

(B) 定位焊预热温度应高于正式施焊预热温度，本工程中定位焊预热温度应比正常情况高20℃。当定位焊焊缝上有气孔或裂纹时，必须清除后重新焊接。

C. 负温焊接试验在哈尔滨进行，当此地温度连续3日达到－5～－13℃时开始进行。

(4) 钢结构涂装

目前国家游泳中心项目工期紧，根据目前的计划是钢结构安装后再施工面漆，即面漆施工的大致时间段为11月～1月之间，其中12月份和1月份北京大部分时间都低于＋5℃。在低于＋5℃的情况下施工中间漆和面漆，不仅仅会延长油漆的固化时间，而且会影响油漆的使用性能，例如油漆的结合性能和耐久性能。况且冬期的刮风、降雪、霜冻都会对施工带来严重的影响。

图 7. 13-5 试验板规格

1) 涂装施工时要特别注意下列事项

A. 当气温低于5℃时停止油漆施工。冬期时节，当出现降雨、雪，霜冻，沙尘暴，浓雾（能见度不小于300m）时，户外的施工要停止。如果钢构件表面结冰，则不应覆涂。

B. 涂覆

涂覆多层 Interfine878 面漆时，必须格外小心，确保湿膜涂覆均匀，达到令人满意的凝聚，否则会影响外观和性能。雪天不进行 Interfine878 面漆施工，在施工和固化时，应避免湿汽的侵害，涂覆时或刚涂覆完出现水汽凝结，可能导致漆面失去光泽，漆膜不合格。而过早接触积水，将导致变色，在深色漆层上和低温条件下这种情况尤其明显。

C. 固化

当相对湿度介于 40%～85%之间时，Interfine878 固化效果令人满意。湿度低，固化则慢；湿度高，固化则快。

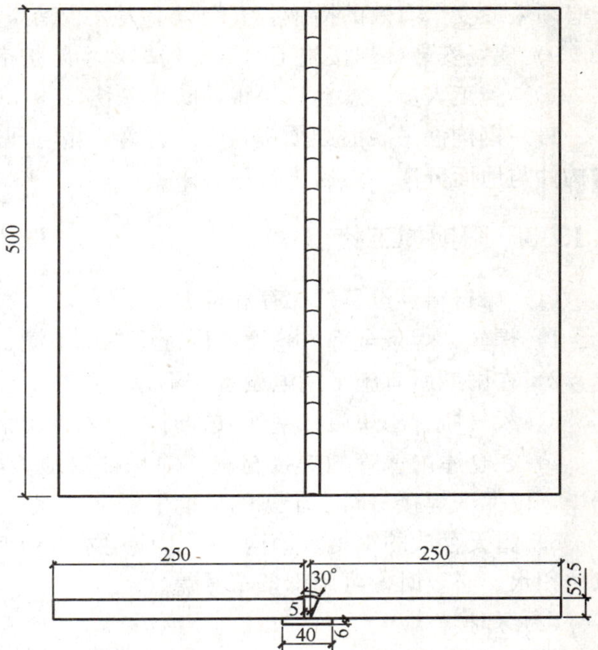

图 7.13-6　试验板规格

2）现场环境条件控制

A. 如果相对湿度超过 85%或者钢板温度不高于露点 3℃，不要进行最终的喷砂或油漆施工。检查的频度，每天都要检查，从施工开始时，每隔 2h 检查一次，当天气剧烈变化或明显变恶劣时，检查人员应时刻检查现场环境条件，当环境条件不能满足施工要求时，通知人员停止施工。

B. 当下雪表面有水，或大风（5 级）大雾，砂尘暴不能进行油漆施工。

C. 油漆应储存在 5～40℃的干燥、遮阳处，远离热源火源。储存库房应配备干式化学泡沫、CO_2 灭火机等适合的灭火机。

（5）冬期施工安全措施

1）严格按照施工组织设计、安全技术方案、冬期施工方案所布置的方案进行施工。

2）根据气候变化做好安全和技术交底。

3）冬期施工现场严禁使用裸线，电线铺设要防碾压，防止电线冻结在冰雪之中，大风雪后应对供电线路进行检查，防止断线造成触电事故。

4）冬期工人保暖用品要在安全地点放好，四周设消防器材，各种可燃保温材料不准堆放在电闸箱、电焊机、变压器四周，防止电热自燃。

5）雪后必须及时清扫架子上、马道及施工部位的积雪，并检查马道平台，如有松动现象务必及时处理，注意马道的防滑。

6）冬期每日施工前清理现场不安全因素，及时清理作业面雪、霜、冰、水，防止人员滑倒造成伤害。

7）凡施工操作人员必须正确使用安全保护及保暖用品，遵守本工种安全规范，焊工必须持证上岗，必须带防滑手套穿防滑鞋进行操作，进入工作面之前必须将防滑手套上和防滑鞋底雪、冰、水擦干。

8）高空作业必须做到防滑、防坠落，作业人员必须系安全带，对特殊危险性大的施工必须采取安全有效的措施。五级以上大风严禁高空作业。

9）现场安装、焊接施工时避免损坏现场防护措施。

10）施工人员注意自身保暖，防止冻伤。

11）钢构件吊装前必须将表面冰、雪、霜清理干净，如构件与地面已冻上，先用撬棍将构件与地面分离，然后进行吊装。

7.13.3 雨期施工措施

(1) 原材料、设备的储存和堆放

1）焊丝、焊条全部入仓库，保证不漏、不潮、架空存放。

2）在雨期所有施工用电设备，不允许放在低洼的地方，防止被水浸泡。

3）氧气瓶、乙炔瓶在室外放置时，放入专用钢筋笼，并加顶盖。

4）在仓库内保管的焊接材料，要保证离地离墙不少于300mm的距离，室内要通风干燥，以保证焊接材料在干燥的环境下保存。

5）露天存放的钢材及钢构件下边应用木方垫起，避免被水浸泡。并在周围挖排水沟以防积水，必要时，可用彩条布遮盖。

(2) 焊接作业

1）电焊机设置地点应防潮、防雨、防砸，并放入专用带防雨罩的钢筋笼中。雨期室外焊接，在施焊部位都要设防雨棚，主要在焊口搭设，四周要封闭。

2）因降雨等原因使母材表面潮湿（相对湿度）80％或大风天气，不得进行露天焊接，但焊工及被焊接部分如果被充分保护且对母材采取适当处置（如预热、去潮等）时，可进行焊接。

3）氧气瓶、乙炔瓶使用木板对其进行遮盖，并加大安全距离。

4）雨天严禁焊接作业。

(3) 安装作业

1）现场施工人员一律穿防滑的橡胶底鞋，严禁穿凉鞋、拖鞋。要及时清扫构件表面的积水。

2）已安装构件上积水也要及时清扫，尤其焊缝附近。

3）检查临电设施、电箱、用电工具确保其绝缘性能完好。

4）雨后检查安全绳（麻绳）、防护设施的安全性。

5）大雨天气严禁进行构件的吊运以及人工搬运材料和设备等工作。

6）所有的电焊机底部必须高于地面，严禁焊机放置位置有积水。

(4) 测量作业

1）雨天校正钢结构，对测量设备需要进行防雨保护，测量的数据要在晴天复测。

2）钢尺、仪器用后进行保养，保持设备的良好状态，以保证安装校正的精度要求。

3）雨后轴线投放之前需要进行清扫，将积水扫除干净，使轴线清楚准确。

4）阴雨天气尽量避免进行测量作业。

(5) 其他措施

1）雨期施工前，根据现场和工程进度情况制定雨期阶段性计划，并提交建设单位和监理工程师审批后实施。

2）雨期施工时，现场排水系统应是由专人进行疏通，保证排水沟畅通，施工道路不积水。

3）在雨期中连续施工的部分，要有可靠的防雨措施，备足防雨物资，及时了解气象情况，选择较佳的时间施工，从而准确地调整施工流程，确保施工质量。

4）雨期来临之前应组织有关人员对现场临时设施、临时支撑、机电设备、临时线路等进行检查，针对检查出的具体问题，应采取相应措施，及时落实整改。

5）对施工现场的汽车吊、塔吊等其他一些机械设备必须检查避雷装置是否完好可靠，大风大雨时吊车应停止使用。大风过后，对机械设备、脚手架进行复查，有损坏及时加固。

6）雨期期间安排施工计划本着完成一施工区再开一施工区的原则，当日进度当日完成。

（6）钢结构涂装

1）环境相对湿度大于80％及下雨期间禁止进行涂装作业。

2）露天涂装构件，要时刻注意观察涂装前后的天气变化，尽量避免刚涂装完毕，就下雨造成油漆固化缓慢，影响涂装质量。

3）潮湿天气进行涂装，要用气泵吹干构件表面，保持构件表面达到涂装要求。

8 俄罗斯联邦大厦转换层钢结构施工方案

简介：转换层钢结构平面形状为三条弧线组成曲面形状，由生根于混凝土楼板上的钢柱、外围带状桁架和核心外伸臂桁架组成。主要构件重量大、跨度大、高度高。为解决这些施工难点，安装时，桁架采用分段高空散拼、钢柱采用双机抬吊和旋转的方法进行安装。特别是旋转法，在保证了钢柱不分段、不另投入机械设备的情况下，采用了钢柱柱脚销轴旋转的方法，合理、安全的对超重钢柱进行了吊装。

8.1 工程概述

8.1.1 工程概况

俄罗斯联邦大厦A塔为95层钢筋混凝土结构，高360m。为了侧面承重和结构墙分压，在32～36层，46～50层和60～64层增加技术转换层（加强层）采用嵌入式钢结构，将核心筒与周边柱子相连（外伸臂桁架），并将周边的柱子也连接起来（带形桁架）。

32～36层转换层钢结构外围带状桁架3榀，外伸臂桁架6榀，传递桁架2榀，共计11榀桁架，核心筒内外伸臂桁架有4根。钢结构总重约为2650t。结构连接：生根于混凝土楼板上的30根立柱，采用将支撑板与地脚螺栓连接整体预埋于混凝土中，转换层安装时立柱与支撑板焊接的方法；其余所有构件全部为12.9级高强度螺栓连接，高强螺栓总数约为62020颗。

本工程第一道转换层钢结构分为外围带状桁架和核心外伸臂桁架两部分，安装使用一台FAVCO M600D、一台LIEBHERR 355HCL和一台LIEBHERR 160HCL塔式起重机进行分段高空散拼。整体安装顺序为首先安装核心部分，然后安装外围部分。结构安装顺序为先安装钢柱，然后安装桁架下弦杆件，再安装斜腹杆，最后安装上弦杆件。

8.1.2 编制依据

(1)《建筑规范和标准》Ⅱ-23-81*

(2)《建筑标准》53-102-4004

(3)《建筑规范和标准》2.03.11-85

(4)《规范汇编》53-101-98

(5)《规范汇编》53-102-2004

(6)《建筑规范和标准》3.01.04-87

(7)《建筑规范和标准》3.03.01-87

(8) 欧洲标准：EN10025-3（2004 年 11 月）
(9) 欧洲标准：EN10204-31B
(10) 德国标准：DIN6914
(11) 德国标准：DIN6915
(12) 德国标准：DIN6916
(13) ARSELOR 企业标准：012-2000*
(14) 俄罗斯国家标准：22356
(15) 俄罗斯国家标准：гост2712
(16) 俄罗斯国家标准：гост9402-2004
(17) 俄罗斯国家标准：гост28870
(18) 俄罗斯国家标准：гост22727
(19) 俄罗斯国家标准：гост8713
(20) 俄罗斯国家标准：гост11533
(21) 俄罗斯国家标准：гост14771
(22) 俄罗斯国家标准：гост5264
(23) 俄罗斯国家标准：гост3242
(24) 俄罗斯国家标准：гост23518
(25) 俄罗斯国家标准：гост11534
(26) 俄罗斯国家标准：гост2246
(27) 俄罗斯国家标准：гост9467
(28) 俄罗斯国家标准：гост9087
(29) 俄罗斯国家标准：гост15164
(30) 俄罗斯国家标准：гост7512
(31) 俄罗斯国家标准：гост10922
(32) 俄罗斯国家标准：гост26271
(33) 俄罗斯国家标准：гост16350
(34) 俄罗斯国家标准：гост14098
(35) 施工图纸 NO 17－8517－KM1、KM2

8.1.3 工程特点

(1) 境外施工。

项目前期准备阶段需要了解大量的俄罗斯当地的语言文化和工作习惯，并且改变国内原有的工作模式和习惯，还必须掌握所有相关的建筑施工规范和法规中的要求和规定，在施工阶段聘请当地具有丰富专业施工经验的俄籍工程师，确保与建设单位、技术监督及当地相关管理单位有良好的信息沟通和工作配合。

(2) 施工现场场地的限制。

在施工现场外设置临时中转场地，并派驻专职工程师、翻译和工人对临时中转场地进行监督管理；楼面临时堆放构件需要对局部楼板进行加固。

(3) 塔吊起重量有限，钢柱超重，吊装难度大，技术要求高。

最大构件单重25t，并且距离塔吊工作半径较大无法进行单机吊装，根据实际情况采取双机抬吊旋转的方法进行安装。

(4) 螺栓节点复杂并且螺栓群组数量巨大，对于工厂制作和现场安装的精度要求非常高。

12.9级M30高强度大六角螺栓在国内是超高层建筑中的使用是比较罕见的，并且螺栓节点形式是典型的桥梁结构应用在超高层建筑中。

加强工厂制作的质量控制和管理力度，提高精度要求。派驻经验丰富的驻厂监造工程师对构件的加工制作和预拼装进行全程监督、检查。

构件按照现场分区顺序进行制作，并进行分段预拼装，尽量把可能出现的问题在工厂发现并消除，进一步保证现场安装的顺利进行。

(5) 超高层建筑施工随高度增加而增加的施工风险巨大，施工的安全管理作为工程的重中之重。

(6) 工期紧，任务重。

结构安装工期60天，转换层的2650t重钢结构和6万套螺栓的安装工作在60天内完成难度相当大。

8.2 施工部署

8.2.1 施工机械

(1) 转换层钢桁架安装使用现场布置的三台塔吊，一台FAVCO M600D、一台LIEBHERR 160 HCL、一台LIEBHERR 355 HCL。塔吊起重性能，见表8.2-1。

塔吊起重机性能表 **表8.2-1**

塔吊起重机性能表										
FAVCO M600D										
工作半径(m)	10	15	20	25	30	35	40	45	50	52
起重量(t)	46	39	32	26	21	17	14.7	12	11	9.7

LIEBHERR 160 HCL									
工作半径(m)	17	25	30	35	40	45	50	52	55
起重量(t)	8.0	8.0	6.2	4.9	3.8	3	2.5	2.2	2.0

LIEBHERR 355 HCL									
工作半径(m)	2.5	13	15	19	25	35	40	43	49.4
起重量(t)	32	32	27	20	14	8.9	7.59	6.6	5.5

(2) 施工机具，见表8.2-2。

施工机具 **表8.2-2**

序号	名　称	生产厂家	规　格	数量	单位	用　途
一、	焊接设备					
1	二氧化碳焊机	松下公司	YM-600KH2HGL	2	台	冬期施工焊接
2	直流电焊机	松下公司	松下 YD-630HH3	2	台	碳弧气刨

续表

序号	名 称	生产厂家	规 格	数量	单位	用 途
3	交流电焊机	松下公司	松下 YR-405FL3	1	台	冬期施工焊接
4	空压机	中国江苏	$1m^3$	1	台	配碳弧气刨
5	电加热设备	中国吴江	ZWK-Ⅰ-360	1	台	冬期施工焊接
6	焊条烘烤箱	中国上海	ZYH-30	1	台	
二、	电动工具					
7	台式钻床	中国浙江	Z4132	1	台	
8	台式砂轮机	中国浙江	S3ST-250mm	1	台	磨转头
9	砂轮切割机	中国上海	ϕ400	2	台	切割小钢材用
10	高强磁力钻床	德国-metabo	MAG832	2	台	钻补孔用
11	高强磁力钻头	德国-metabo	ϕ32	40	根	
12	高强磁力钻头	德国-metabo	ϕ27、25、22、21	40	根	
13	半自动切割机	中国上海	一头	1	台	厚钢板切割
14	角磨机	德国博世	GWS8-ϕ125C	10	台	安装修补
15	孔磨机	德国博世	GGS27L	10	台	安装修补
16	电动扳手			10	把	安装
三、	调整工具及焊接辅助工具					
17	二氧化碳表	中国青岛		2	块	气割用
18	焊条保温筒	中国上海	TRB-5DW	2	个	
19	焊线快速接头			5	个	加长焊把线用
20	千斤顶	美国埃米顿	50t	4	个	安装用
21	千斤顶	美国埃米顿	20t	8	个	安装用
22	千斤顶	美国埃米顿	5t	10	个	
23	手拉捯链	中国南京	2t×3	20	个	安装用
24	手拉捯链	中国南京	10t×3	6	个	安装用
25	手拉捯链	中国南京	5t×6	6	个	950×4
26	滑轮组	中国南京	10、20t	4	个	950×4
27	手动扭矩扳手	美国史丹利	1500～2500N·m	4	个	950×4
28	检测扭矩表	美国史丹利		4	个	950×4
29	钢丝绳	中国南通	14″、16″	1000	m	揽风绳用
四、	电器					
30	二级电箱	中国北京		3	个	从工地总表引来电源
31	三级电箱	中国北京	直流	20	个	直流焊机专用
32	三级电箱	中国北京	可视空开交流	5	个	交流焊机专用
33	流动电箱	中国北京		40	个	电动工具用
34	外插式插座	中国北京	10～15A	20	套	电动工具用
35	橡套电缆	中国河北	3×35+2×16	300	m	
36	橡套电缆	中国河北	3×2.5	1000	m	
五、	劳动保护用品					
37	安全绳	中国南通	镀锌 8″	3000	m	

续表

序号	名 称	生产厂家	规 格	数量	单位	用 途
38	防坠器	中国乐清	L-15m	20	个	
39	安全网			160	m^2	
40	石棉布			300	m^2	
41	防风、雨布			100	m^2	

8.2.2 人员组织

（1）管理人员组织机构，见图 8.2-1

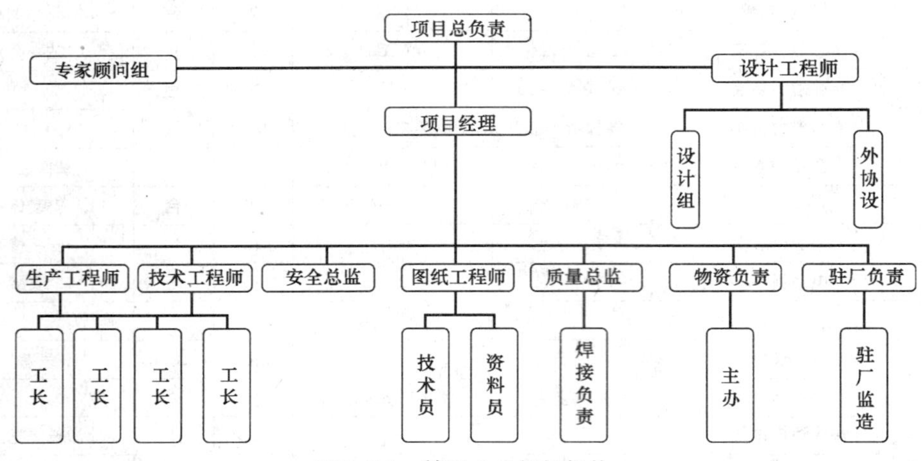

图 8.2-1 管理人员组织机构

（2）施工人员的组织，见图 8.2-2

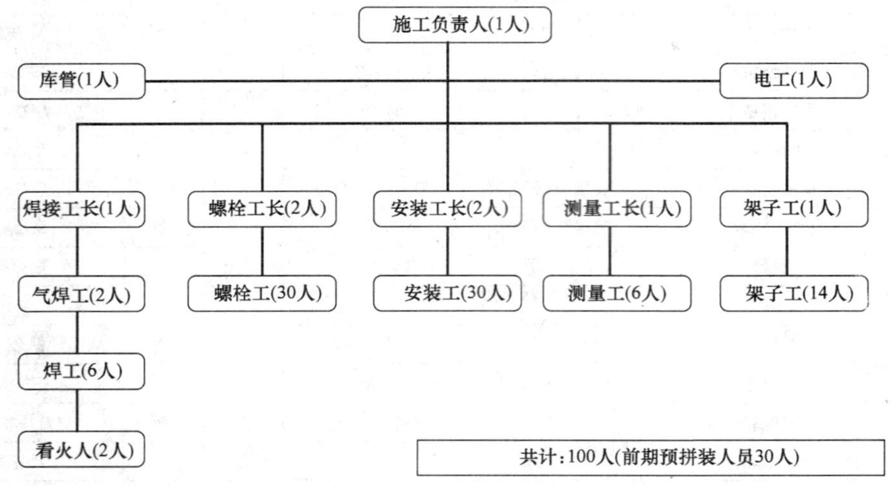

图 8.2-2 施工人员的组织

8.2.3 施工现场平面

施工现场平面布置，见图 8.2-3。

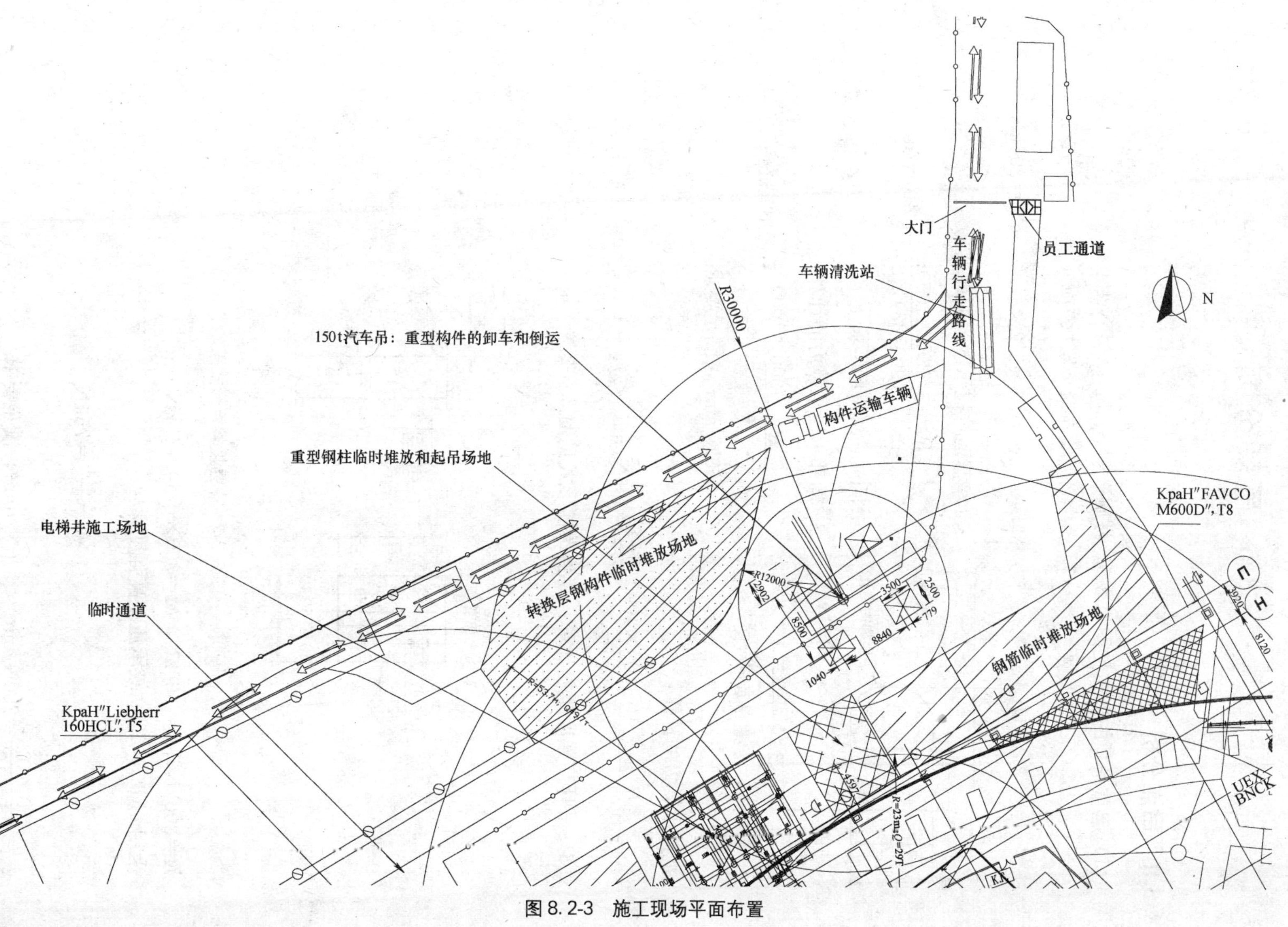

图 8.2-3 施工现场平面布置

8.3 吊装分析

8.3.1 吊点分析

（1）起重吊耳的形式见图 8.3-1，材质选用 S355NL　EN 10025-3 。

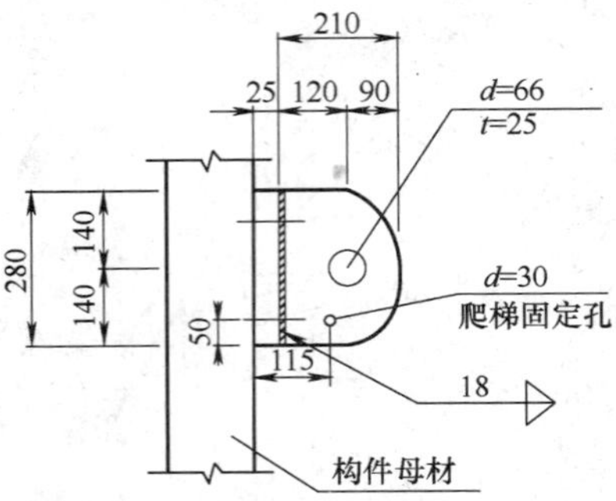

（2）吊耳处支座反力设计值

$$R=1.5\times1.2\times\frac{2\times25\times10}{3}=300\text{kN}$$

图 8.3-1　起重吊耳形式图

净截面抗拉承载力的计算：

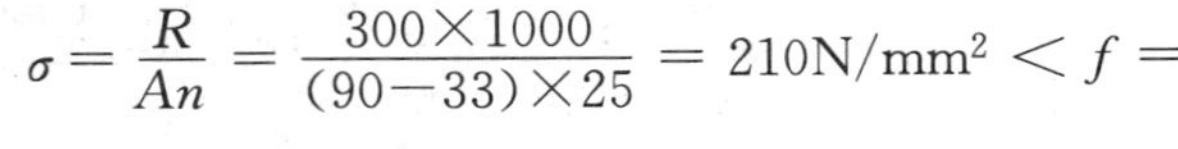

$$\sigma=\frac{R}{An}=\frac{300\times1000}{(90-33)\times25}=210\text{N/mm}^2<f=295\text{N/mm}^2$$，满足要求。

局部承压承载力的计算：

$$\sigma_c=\frac{R}{d\times t}=\frac{300\times1000}{50\times25}=240\text{N/mm}^2<f=0.9\times400=360\text{N/mm}^2$$，满足要求。

抗剪承载力的计算：

$$\tau_1=\frac{R}{2\times a\times t}=\frac{300\times1000}{2\times(90-33)\times25}=105\text{N/mm}^2<f_V=170\text{N/mm}^2$$，满足要求。

（3）吊耳高强度螺栓计算：高强螺栓形式见图 8.3-2。

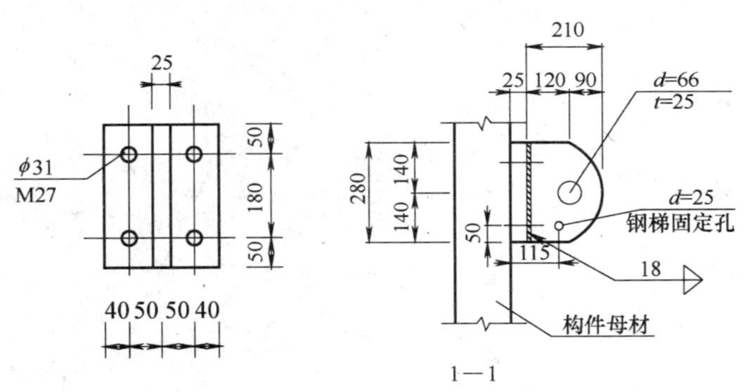

图 8.3-2　高强度螺栓形式图

$R=300\text{kN}$，$N=300\text{kN}$，$M=300\times0.14=42\text{kN}\cdot\text{m}$

采用 4M27，10.9 级承压型高强度螺栓。

$$N_V=\frac{300}{4}=75\text{kN}$$

$$\sigma_c=\frac{750\times10^3}{25\times12}=250\text{N/mm}^2<590\text{N/mm}^2$$，满足要求。

$$N_{\mathrm{t}}=\frac{300\times0.14}{2\times0.18}=117\mathrm{kN}$$

$$[N_{\mathrm{t}}^{\mathrm{b}}]=230\mathrm{kN}$$

$$[N_{\mathrm{v}}^{\mathrm{b}}]=142.5\mathrm{kN}$$

$\sqrt{\left(\frac{75}{142.5}\right)^2+\left(\frac{117}{230}\right)^2}=0.73<1$，满足要求。

焊缝强度计算：

$$t_{\mathrm{e}}=18\times0.7\times2=25.2\mathrm{mm}$$

$$W=\frac{25.2\times280^2}{6}=329280\mathrm{mm}^3$$

$$\sigma_{\mathrm{t}}=\frac{42\times10^6}{329.2842\times10^3}=128\mathrm{N/mm}^2$$

$$\sigma_{\mathrm{v}}=\frac{300\times10^3}{25.2\times280}=42.5\mathrm{N/mm}^2$$

$$\sqrt{{\sigma_{\mathrm{v}}}^2+{\sigma_{\mathrm{t}}}^2}=135\mathrm{N/mm}^2<200\mathrm{N/mm}^2$$

$t=75$，$1.5\sqrt{125}=16.77\mathrm{mm}$，$h_{\mathrm{f}}=18\mathrm{mm}>16.77\mathrm{mm}$，满足要求。

（4）吊耳制作见图 8.3-3。

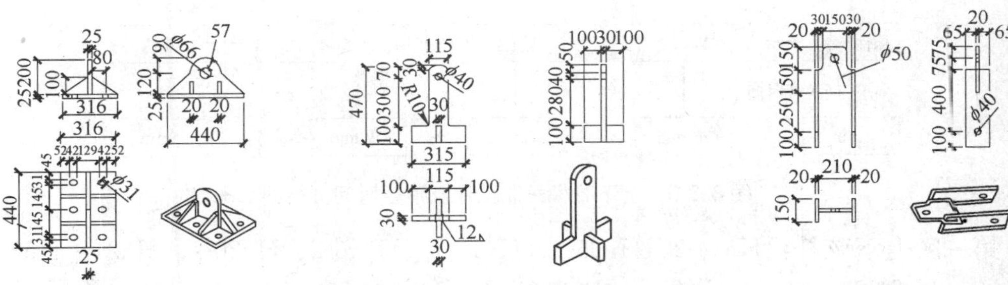

钢柱吊耳(16个)　　热轧H型钢钢梁吊耳(6个)　　连接板吊耳(6个)

图 8.3-3　吊耳现场制作照片

8.3.2 吊装分析

(1) 钢柱吊装工序及消耗时间分析见图 8.3-4。

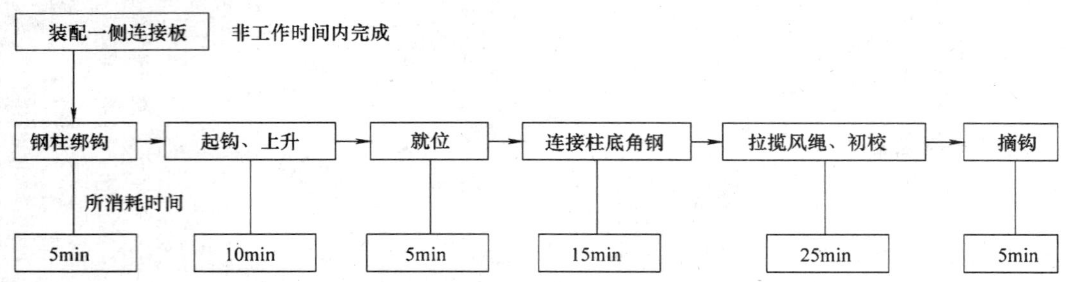

图 8.3-4 钢柱吊装工序及消耗时间分析图

第一区钢柱：CB7-2、CB8-2、CB8-1、CB7-1，计 4 根；

每根钢柱吊装消耗时间：65min；

落钩进行下根钢柱吊装时间：5min；

总计消耗时间：4×65min+3×5min=275min（约 4.5h）。

(2) 上下弦杆吊装工序及消耗时间分析见图 8.3-5。

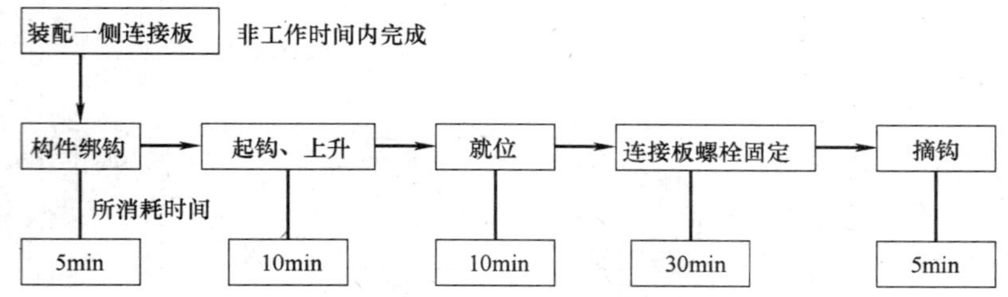

图 8.3-5 上下弦杆吊装工序及消耗时间分析图

第一区上下弦杆：Hn24-2、Hn25-2、Hn16-1、Hn16-2、Hn20-1、Hn21、Hn20-2、Hn24-1、Hn24-2、Bn24-2、Bn25-2、Bn16-1、Bn16-2、Bn20-1、Bn20-2、Bn24-1、Bn24-2，计 17 件。

每根杆件吊装消耗时间：60min；

落钩进行下根钢柱吊装时间：5min；

总计消耗时间：17×60min+16×5min=1100min（约 18h）。

(3) 腹杆吊装工序及消耗时间分析（见图 8.3-6）：

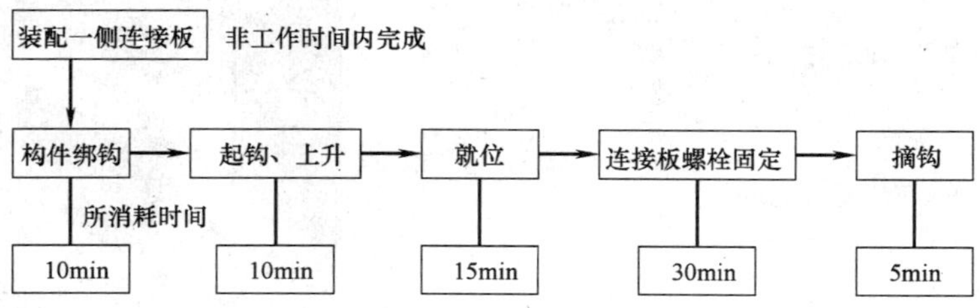

图 8.3-6 腹杆吊装工序及消耗时间分析图

第一区腹杆：P24-2、P25-2、P17-1、P17-2、P20-1、P21-1、P21-2、P20-2、P26-1、P25-1、P24-1，计11件。

每根杆件吊装消耗时间：70min；

落钩进行下根钢柱吊装时间：5min；

总计消耗时间：11×70min+10×5min=820min（约13.5h）。

（4）连接板吊装工序及消耗时间分析见图8.3-7。

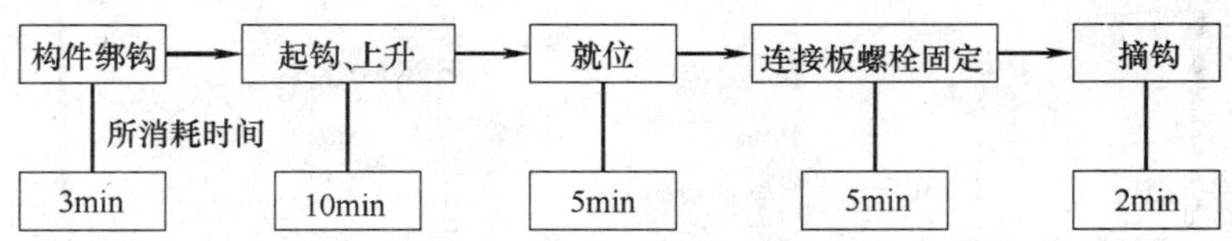

图8.3-7　连接板吊装工序及消耗时间分析图

第一区连接板约300件，其中一半已经装配在柱梁上吊装完成，剩余约150件连接板经过组合吊装后吊次约为50吊计算。

连接板每次吊装消耗时间：25min；

落钩进行下根钢柱吊装时间：5min；

总计消耗时间：50×25min+49×5min=1495min（约25h）。

（5）综合分析

第一施工区构件吊装总消耗时间：61h；

每个工作日施工时间按8h计算；

完成第一施工区吊装需要7.6个工作日；

转换层重型钢构件总数量257件，其中落地柱30根、上下弦杆130件、腹杆97件、连接板1800件组合吊装后计算为400件。

吊装钢柱所需时间：30×65min+29×5min=2095min；

吊装上下弦杆所需时间：130×60min+129×5min=8445min；

吊装腹杆所需时间：97×70min+96×5min=7270min；

连接板所需时间：400×25min+399×5min=11995min；

转换层所有构件纯吊装总时间：29805min=496.75h=62.1d。

（6）工期保证措施

建设单位要求我方结构吊装工期为60d，采取工期保证措施如下：

1）计划每天施工时间保证不少于12h，以弥补因天气或其他不可抗因素可能对施工进度造成的影响；

2）施工工具、设备等准备工作将在夜间提前准备完成；

3）需单独安装的连接板和其他辅助设备、材料利用LIEBHERR160HCL塔吊完成吊装；

4）部分重量较轻的上下弦杆件，吊装时采用串吊的方法，以减少塔吊起落钩消耗的时间。

8.3.3　施工分区

（1）安装分区，见图8.3-8

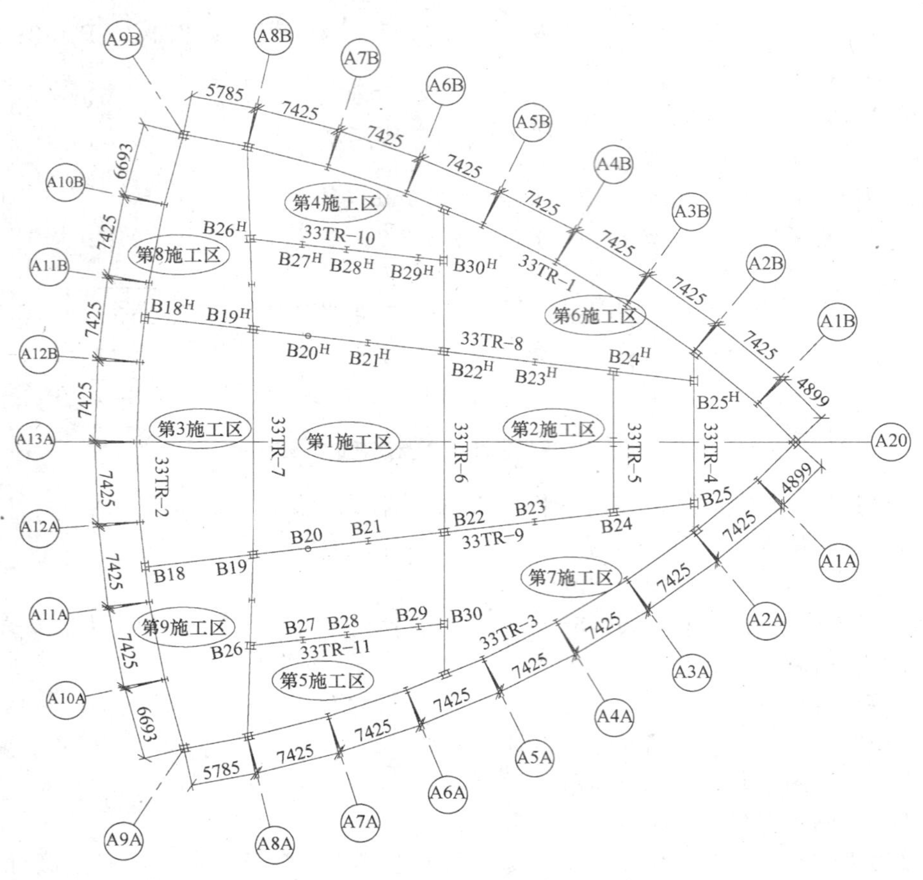

图 8.3-8　安装分区示意图

（2）分区安装顺序，见图 8.3-9

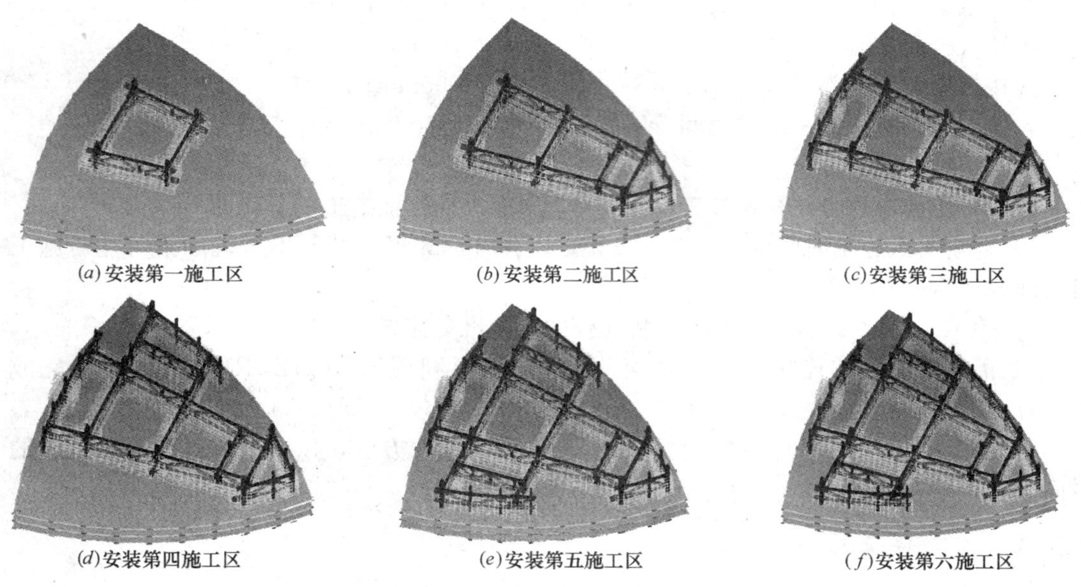

(*a*)安装第一施工区　(*b*)安装第二施工区　(*c*)安装第三施工区

(*d*)安装第四施工区　(*e*)安装第五施工区　(*f*)安装第六施工区

图 8.3-9　分区安装顺序（一）

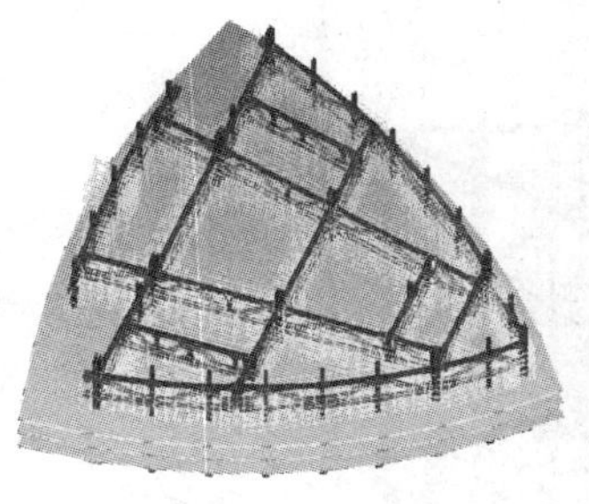
(g)安装第七施工区

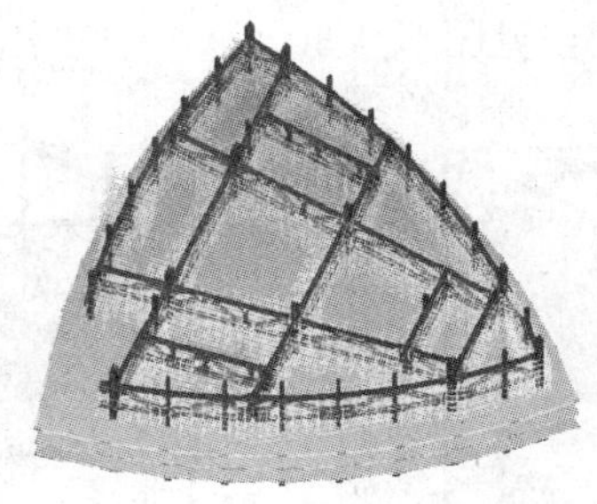
(h)安装第八施工区

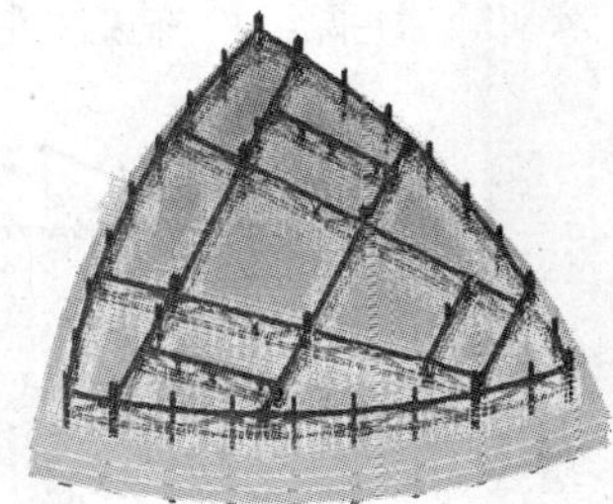
(i)安装第九施工区

续图 8.3-9 分区安装顺序（二）

8.4 施 工 方 法

8.4.1 柱脚组件安装

（1）柱脚组件安装准备

整体地脚螺栓组件见图 8.4-1

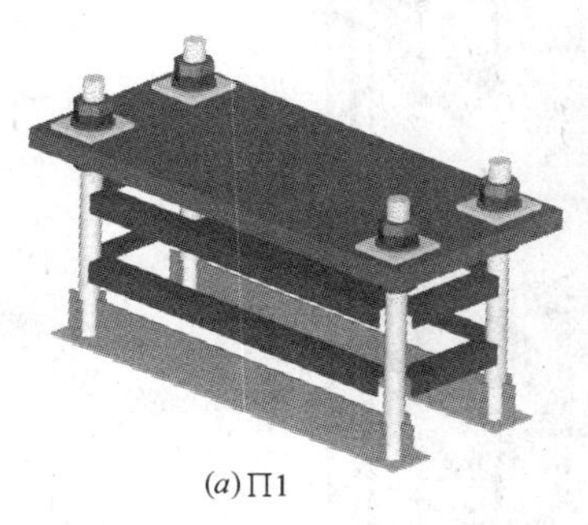
(a) Π1

(b) Π2

(c) Π3

图 8.4-1 整体地脚螺栓组件图

（2）柱脚组件安装方法见图 8.4-2

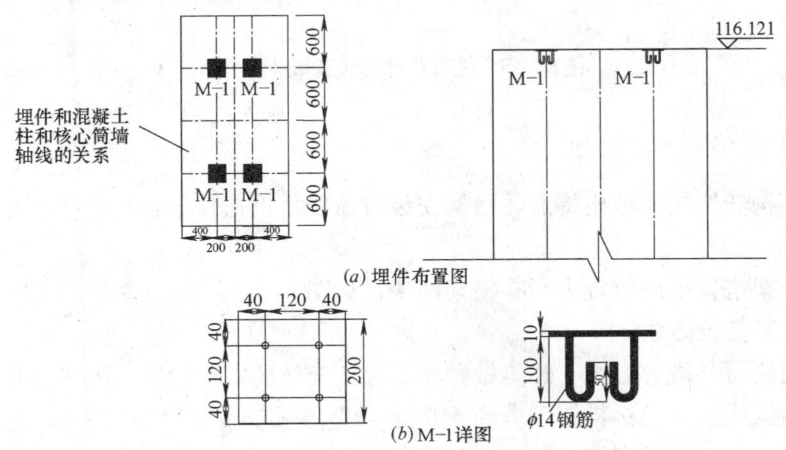

(a) 埋件布置图

(b) M−1详图

图 8.4-2 柱脚组件安装图

(3) 柱脚组件施工安装步骤，见图 8.4-3。

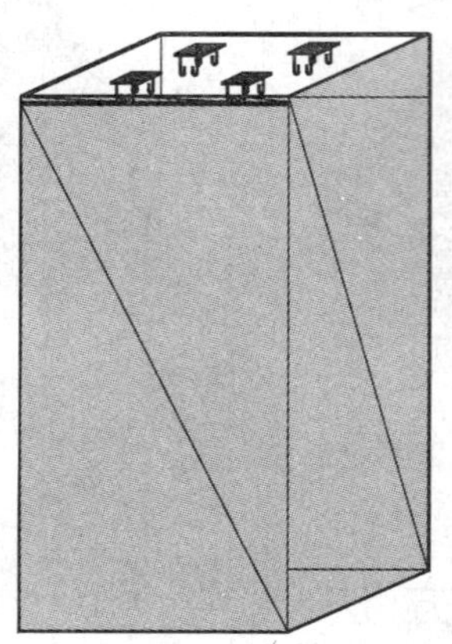

(a)59层混凝土柱及核心筒墙浇筑到116.121m时，埋置固定柱脚组件的埋件

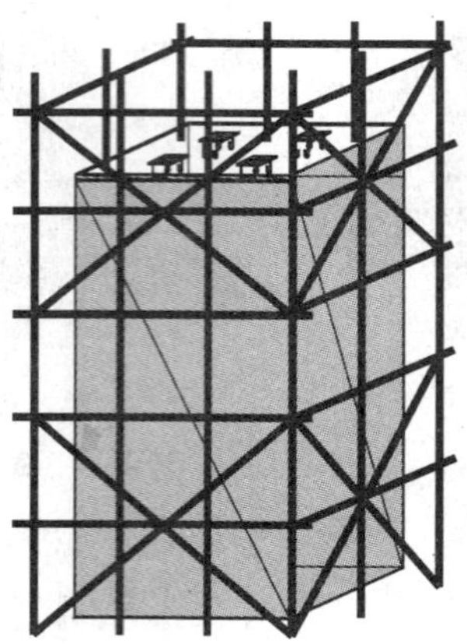

(b)利用原有混凝土施工架进行改装成安装操作架

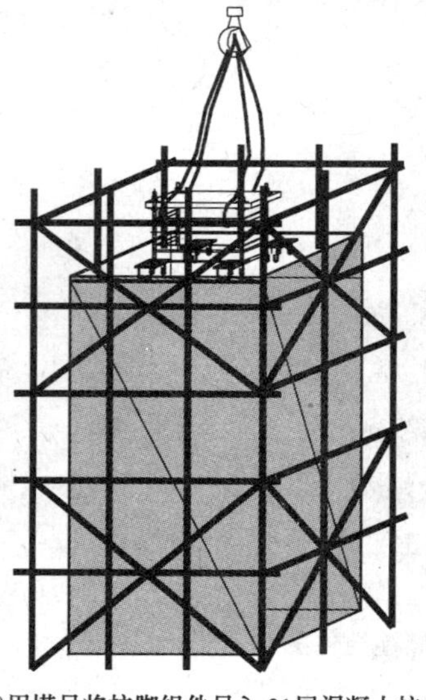

(c)用塔吊将柱脚组件吊入31层混凝土柱顶慢慢入位

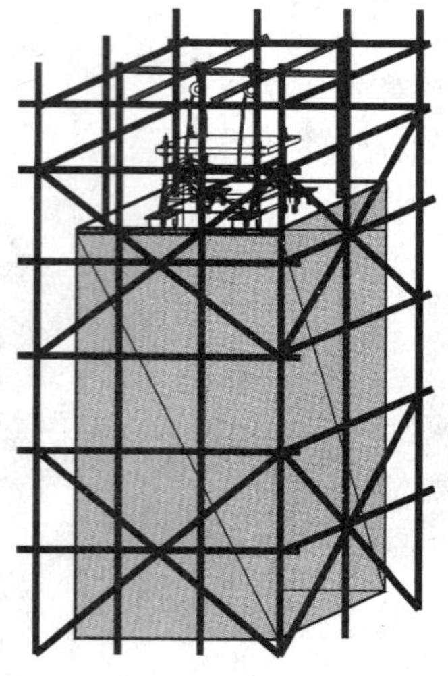

(d)安装脚手架上部杆件，用手动倒链和调整好柱脚组件，松钩固定

图 8.4-3 柱脚组件施工安装步骤图

8.4.2 操作架搭设

根据钢结构转换层的结构特点，桁架安装时需要搭设操作平台进行桁架弦杆及螺栓节点的施工。

(1) 操作架搭设平面位置为所有桁架两侧，见图 8.4-4。

(2) 操作架搭设方法：

操作架两侧需要做剪刀撑，外侧做抛撑以保证架体的安全稳定。外围操作架立面满挂安全密目网。操作架搭设材料使用直径 ϕ48mm，壁厚 3.5mm 的钢管搭设，钢管长度规格为 2～6m，操作架搭设示意，见图 8.4-5。

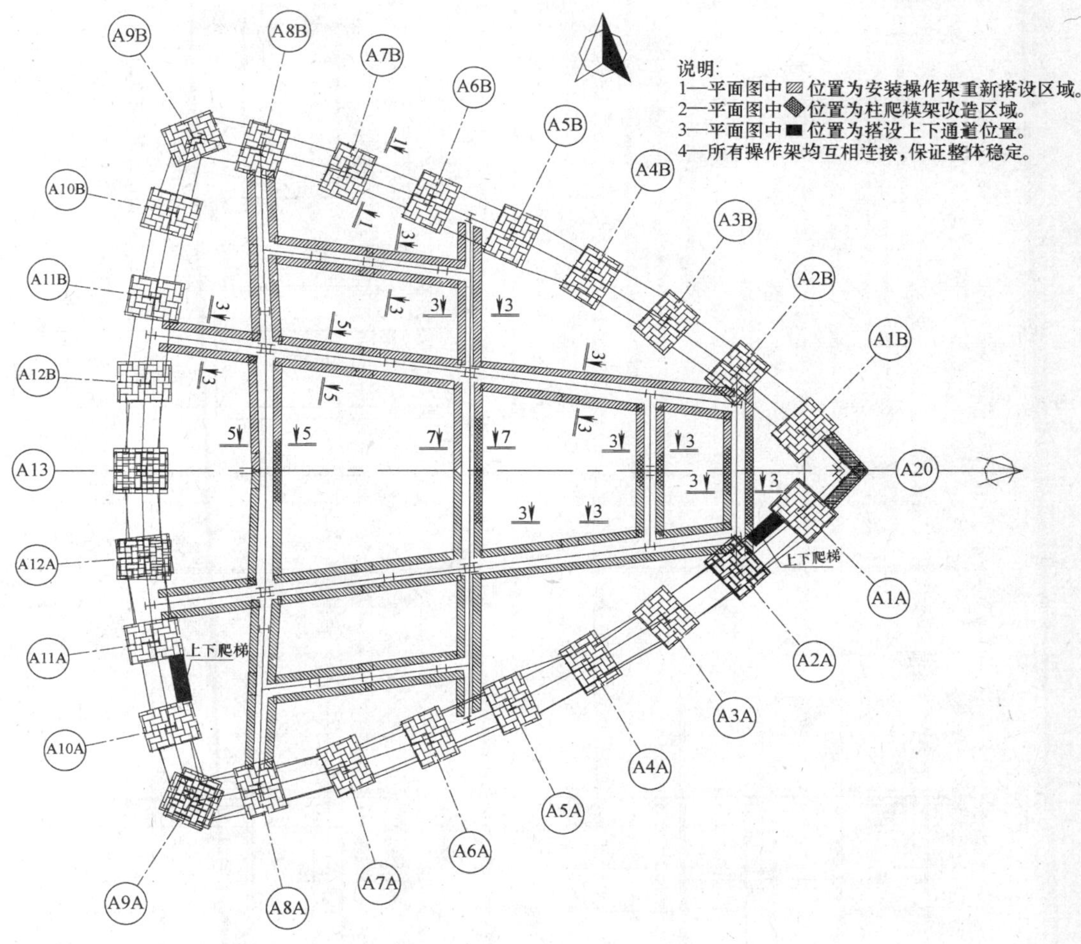

图 8.4-4　操作架平面布置图

（3）操作架搭设注意事项：

搭设人员必须是经过按现行国家标准特种作业人员安全技术考核管理规则考核合格的专业架子工，上岗人员应定期体检，合格者方可持证上岗。

搭设人员必须戴安全帽，系安全带，穿防滑鞋。

在六级及六级以上大风和雾雨雪天气时，应停止脚手架搭设与拆除作业。雨雪后上架作业应有防滑措施并应扫除积雪。

拆脚手架时地面应设围栏和警戒标志，并派专人看守严禁非操作人员入内。

8.4.3　地梁及临时承重架安装

根据转换层桁架的结构特点，局部桁架位置安装过程中需要进行支撑，但是混凝土楼板承载力有限，为了施工安全可靠，所以我们使用地梁作为支撑，并将荷载传递到附近的混凝土柱和混凝土墙上。

地梁平面布置见图 8.4-6，地梁制作安装见图 8.4-7、图 8.4-8、图 8.4-9。

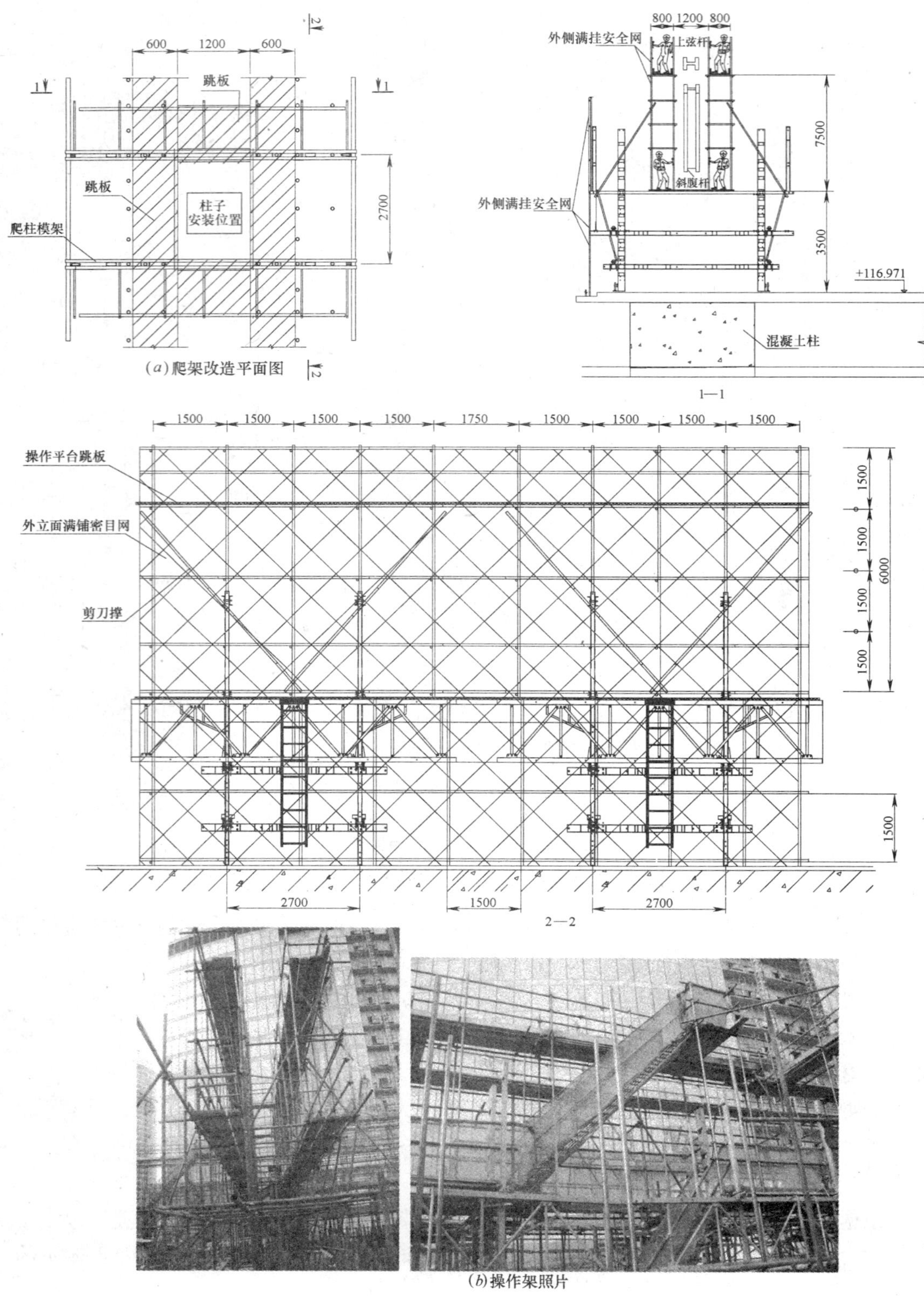

图 8.4-5 操作架剖面及现场搭设照片（一）

图 8.4-5 操作架剖面及现场搭设照片（二）

图 8.4-6 地梁平面布置图

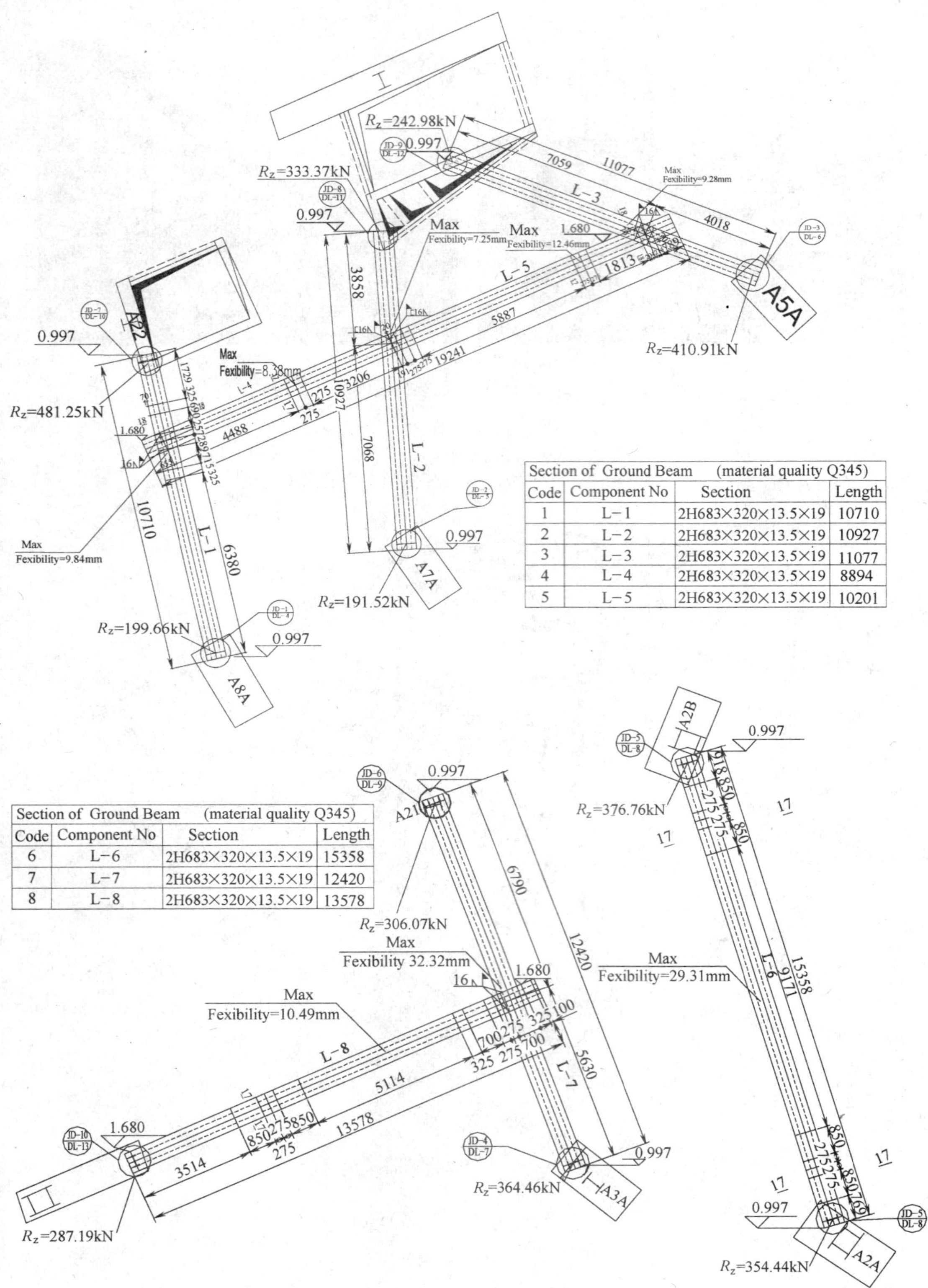

Section of Ground Beam	(material quality Q345)		
Code	Component No	Section	Length
1	L-1	2H683×320×13.5×19	10710
2	L-2	2H683×320×13.5×19	10927
3	L-3	2H683×320×13.5×19	11077
4	L-4	2H683×320×13.5×19	8894
5	L-5	2H683×320×13.5×19	10201

Section of Ground Beam	(material quality Q345)		
Code	Component No	Section	Length
6	L-6	2H683×320×13.5×19	15358
7	L-7	2H683×320×13.5×19	12420
8	L-8	2H683×320×13.5×19	13578

图 8.4-7 地梁材料及安装图

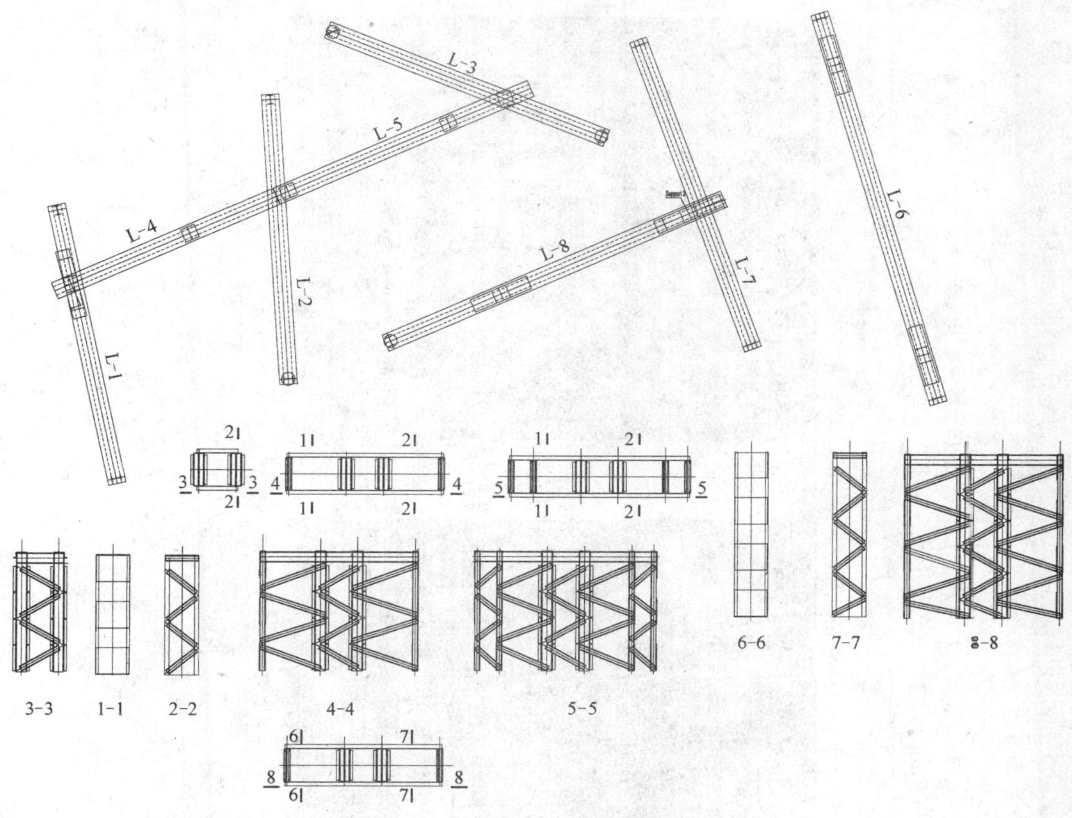

图 8.4-8 地梁制作节点图

8.4.4 钢柱临时固定

(1) 柱脚连接板及夹板设计

根据设计图纸，钢柱和底板在安装前是分开的，为了保证钢柱就位后的临时稳定，需要在钢柱底部和柱底板上钻孔，然后安装临时固定角钢，使用 10.9 级高强度螺栓进行连接，螺栓规格为 M27，钻孔直径 31mm。

图 8.4-9 现场制作安装地梁照片（一）

图 8.4-9 现场制作安装地梁照片（二）

（2）为保证安装的精度，钢柱底板上的孔需要在现场实际测量后进行钻孔。另外，因为施工现场场地狭小和工期紧张，所以钢柱底部的孔必须在工程进行中钻孔，以节省时间和加快施工速度。

柱脚连接板和柱调整的定位板见图 8.4-10。

（3）柱脚内力计算

1）风荷载

A. 风荷载标准值（按《建筑结构荷载规范》GB 50009—2001）

钢柱：$\mu_z=1.9$，按高度 130m、C 类场地线性插入求得。

$\mu_s=1.3$

$w_0=0.45\text{kN/m}^2$

$w_k=\beta_z\mu_s\mu_z w_0=1.0\times1.3\times1.9\times0.45=1.12\text{kN/m}^2$

桁架：$\phi=A_n/A=0.3$

$\mu_{st}=\phi\mu_s=0.3\times1.3=3.9$

$w_k=\beta_z\mu_s\mu_z w_0=1.0\times0.39\times1.9\times0.45=0.34\text{kN/m}^2$

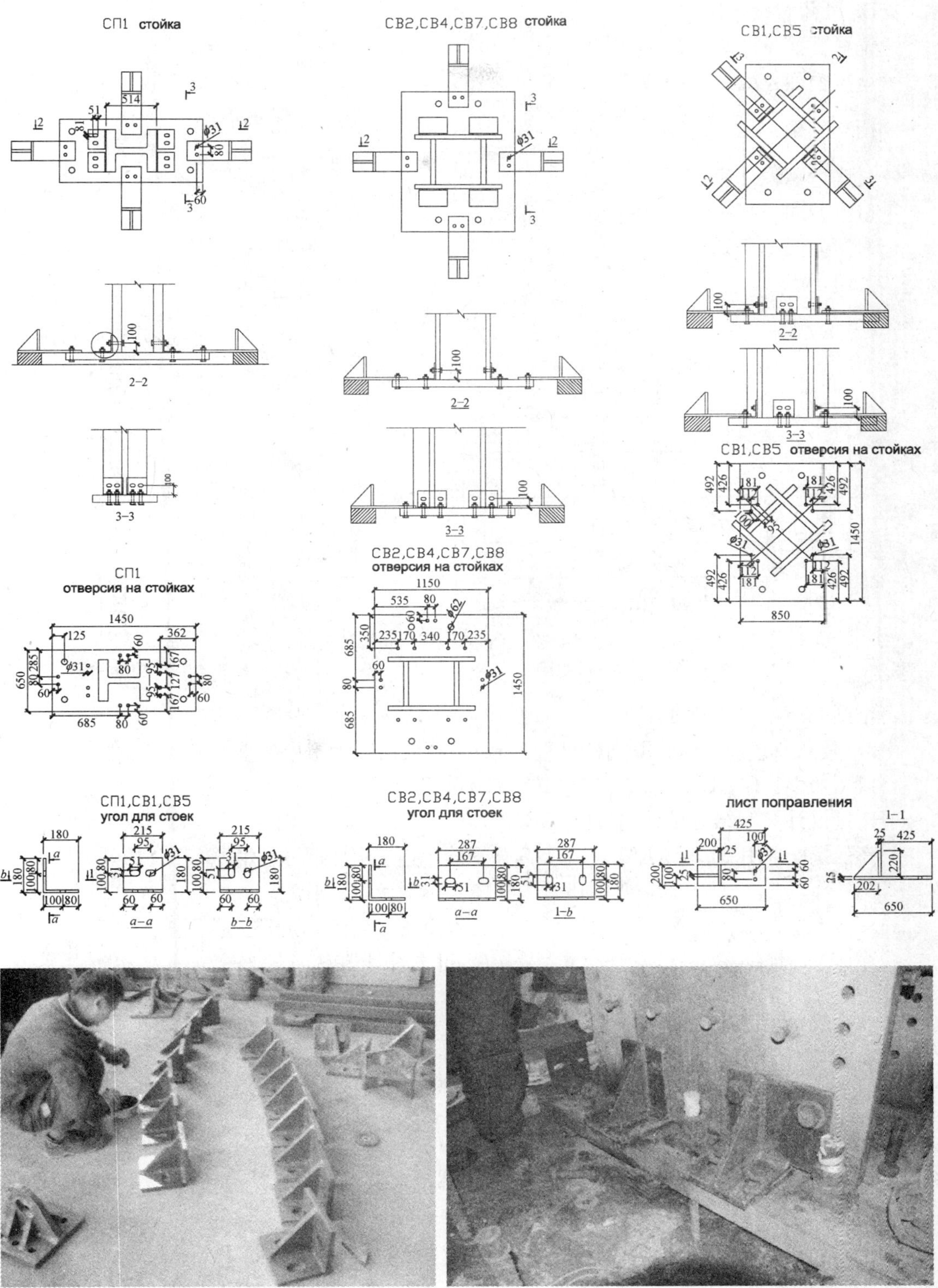

现场制作

现场安装

图 8.4-10 柱脚连接板和柱调整定位板

B. 风荷载设计值：

钢柱截面见图 8.4-11

口型截面：$q_1=1.4\times1.12\times1.58=2.481\text{kN/m}$

桁　　架：$q_2=1.4\times\frac{5.313\times21}{2}\times0.34=27\text{kN}$

柱底弯矩设计值 M：

口型截面：$M=578\text{kN}\cdot\text{m}$

力学简图 8.4-12

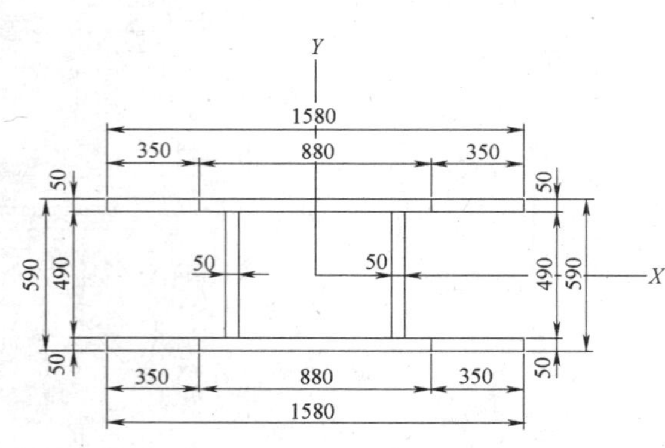

图 8.4-11　钢柱截面图

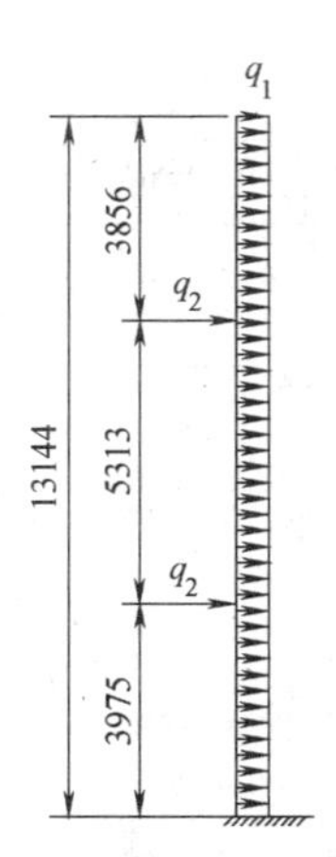

图 8.4-12　力学简图

箱型截面：$M=575\text{kN}\cdot\text{m}$

2）竖向荷载设计值，取钢柱自重 25t，钢柱就位后承担桁架重 50t。

口型截面：$G=1.2\times1.2\times75\times10=1080\text{kN}$

连接设计《钢结构设计规范》(GB 50017—2003)

高强螺栓选用 10.9 级 M27 承压型高强螺栓，连接构件钢号选用 S355NL EN10025-3。

$$N_v^b=459.6\times310\times10^{-3}=142.5\text{kN}$$

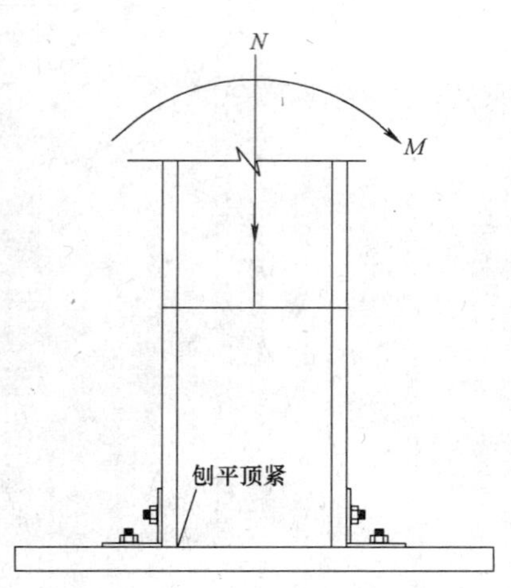

图 8.4-13　受力简图

受力简图，见图 8.4-13

A. 剪力设计值：

$$V=\frac{575-1080\times\frac{0.59}{2}}{0.59}=435\text{kN}$$

B. 螺栓数目取值

$$n=\frac{V}{N_V{}^b}=\frac{435}{142.5}=3.05\text{，取为 4 颗。}$$

C. 螺栓抗拉承载力设计值：

$N_t^b=230\text{kN}$

$$N=\frac{575}{0.79}-\frac{1080\times\frac{0.59}{2}}{0.59}=189\text{kN}$$

所需螺栓数目：

$n=\dfrac{N}{N_t^b}=\dfrac{189}{230}=0.82$，实取 4 颗，满足要求。

选用－287×20，按两边支承端板计算（两螺栓间增加 16mm 厚加劲板），当钢柱为 H 形截面时，此加紧可取消。

$$t\geqslant\sqrt{\frac{6e_fe_wN}{[e_wb+2e_f(e_f+e_w)]f}}=\sqrt{\frac{6\times75\times100\times\frac{189}{2}\times10^3}{[75\times287+2\times100\times(100+75)]\times310}}=16<20$$ 满足要求。

（4）钢柱抗剪连接设计：

选用－160×16

钢板抗剪承载力 $V=160\times16\times180=460\text{kN}>\dfrac{435}{2}=217.5\text{kN}$，满足要求。

柱脚连接形式，见图 8.4-14

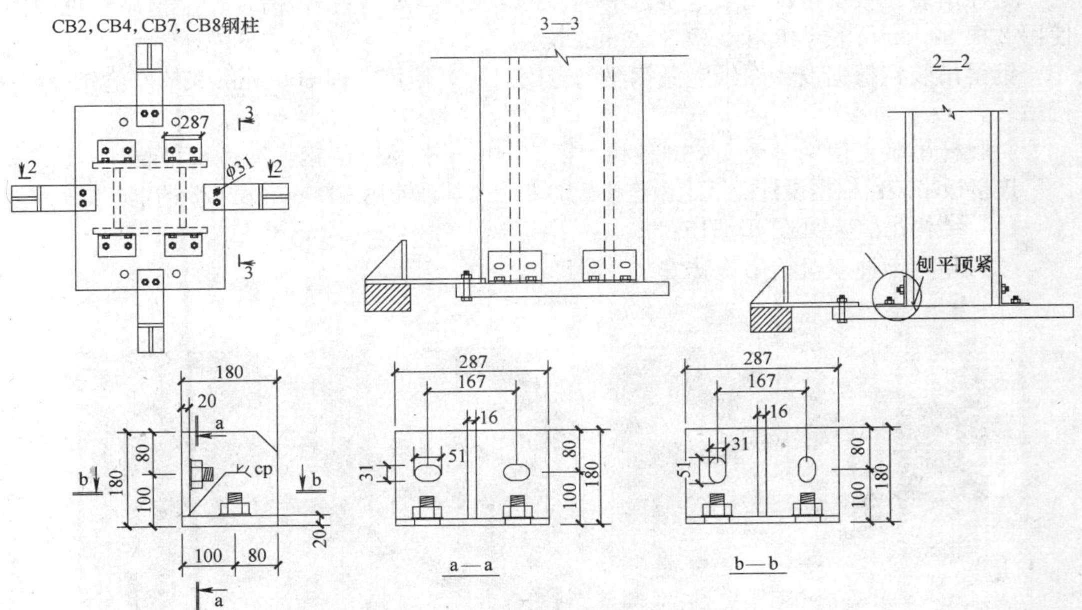

图 8.4-14 柱脚连接形式图

同理，CП1 采用 4 颗高强度螺栓，满足要求。

CB1、CB5 所承受的荷载小于 CB2 的一半，所以采用 2 颗高强度螺栓，满足要求。

锚栓验算：

M42 锚栓承载力设计值 156.9kN。

1）锚栓抗拉承载力：

钢柱重力荷载取

$$G'=0.9\times75\times10=675\text{kN}$$

$N_1=\dfrac{G'}{4}-\dfrac{M}{2\times1.2}=\dfrac{675}{4}-\dfrac{575}{2\times1.2}=-71\text{kN}<156.9\times2=313.8\text{kN}$，满足要求。即：边柱不设临时侧向支撑，地脚螺栓满足安装过程中结构抗侧力和抗弯的要求。

2）锚栓抗压承载力：

$N_2=\frac{G}{4}+\frac{M}{2\times1.2}=\frac{1080}{4}+\frac{575}{2\times1.2}=509\text{kN}>156.9\times2=313.8\text{kN}$。钢柱就位后，柱脚底部需完成二次浇灌或设置临时垫块，垫块单侧抗压能力应大于197kN，采用钢垫块，面积不小于$A=\frac{197\times1000}{20.1}=9801\text{mm}^2$。

3）锚栓抗剪、抗拉承载力：

$$V_1=\frac{86.61}{4}=21.66\text{kN}$$

$$N_V^6=21^2\times3.14\times0.14=194\text{kN}$$

$\sqrt{\left(\frac{21.66}{194}\right)^2+\left(\frac{71}{156.9}\right)^2}=0.466<1.0$，满足要求。

8.4.5 吊装方法

钢柱吊装：根据设计图纸定做每根钢柱的专用吊耳、扁担，吊耳、扁担制作见附图：使用2根3000mm长ϕ46和2根8000mm长。

钢梁吊装：根据设计图纸定做钢梁的专用吊耳，使用2根6000mm长ϕ30的钢丝绳进行吊装。

斜腹杆吊装：使用1个10t捯链和1根6000mm长ϕ30的钢丝绳进行吊装。

连接板吊装：根据设计图纸定做连接板的专用吊耳，使用6000mm长ϕ25的钢丝绳吊装。

（1）结构吊装，见图8.4-15。

（2）超重钢柱双机抬吊旋转安装，见图8.4-16。

(*a*) 钢柱起吊

(*b*) 塔吊慢慢转臂起钩

(*c*) 钢柱起吊至垂直离地500mm停钩检查

图8.4-15 结构吊装图（一）

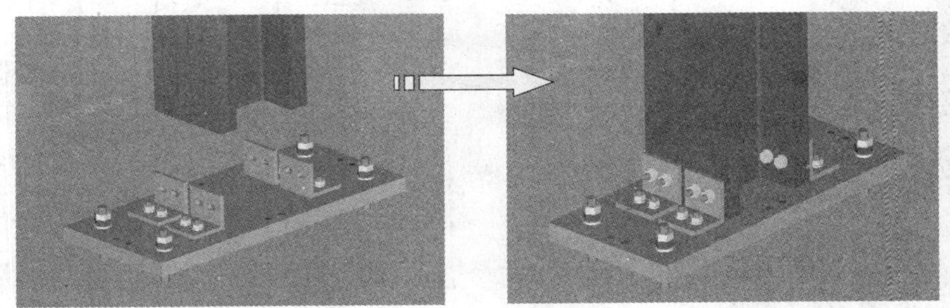

(*d*)钢柱与底板连接固定

(*e*)柱安装完成拉缆风绳对立柱进行垂直度调整

(*f*)下弦操作架搭设

(*g*)下弦安装

(*h*)上弦操作架搭设

图 8.4-15　结构吊装图（二）

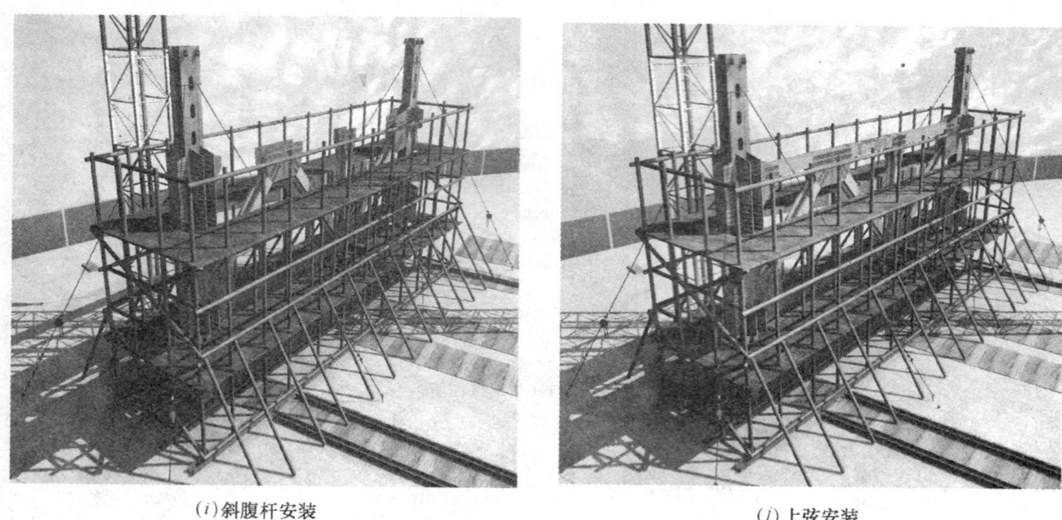

(*i*)斜腹杆安装　　　　(*j*)上弦安装

图 8.4-15 结构吊装图（三）

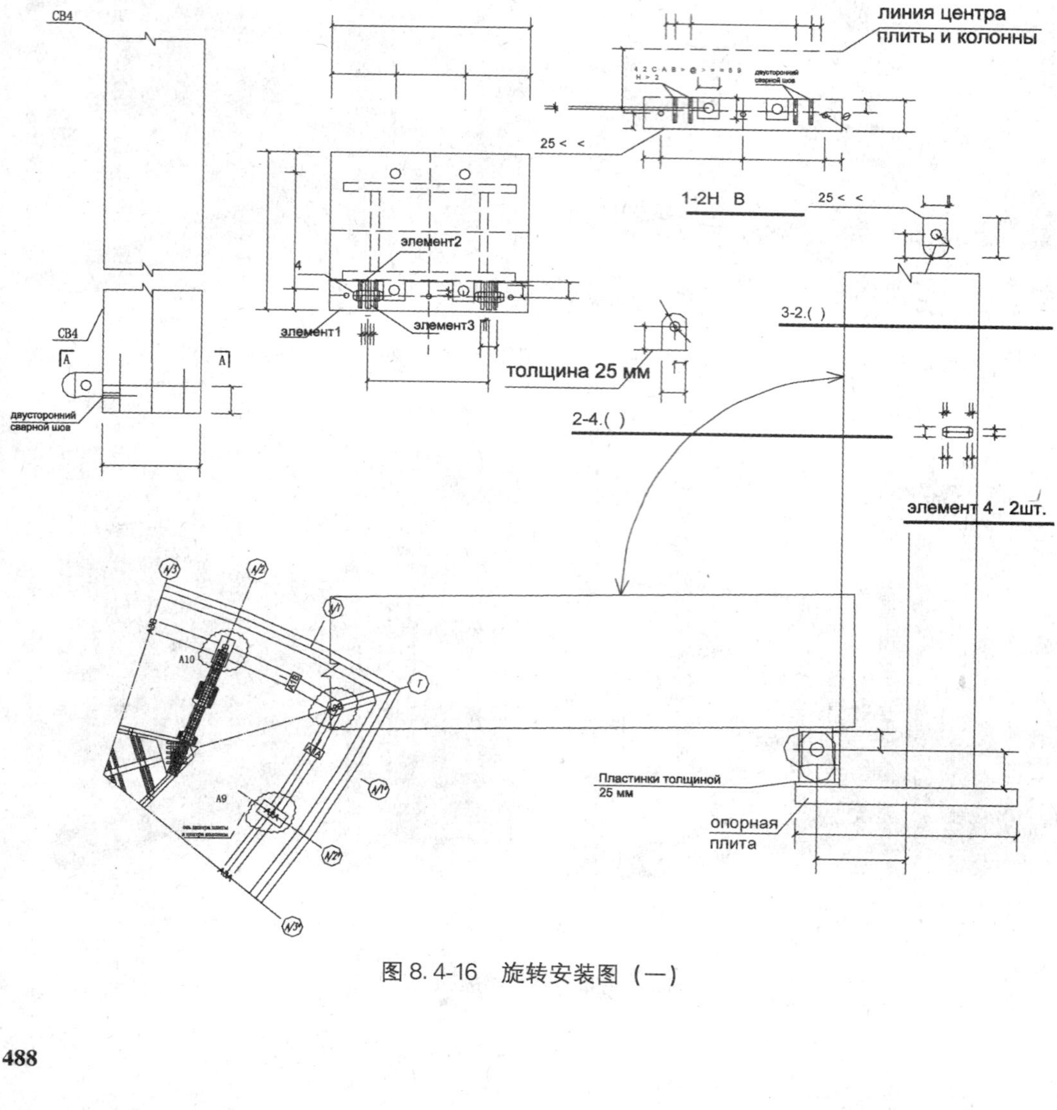
CB4
CB4
A
A
двусторонний
сварной шов
элемент2
элемент1
элемент3
4
линия центра
плиты и колонны
двусторонний
сварной шов
25 < <
1-2H B
25 < <
3-2.( )
толщина 25 мм
2-4.( )
элемент 4 - 2шт.
A10
A9
Пластинки толщиной
25 мм
опорная
плита

图 8.4-16 旋转安装图（一）

旋转钢柱临时摆放

双机抬吊旋转过程

双机抬吊

设计旋转轴

图 8.4-16 旋转安装图（二）

8.4.6 高强螺栓的施工

本工程采用12.9级大六角头型高强螺栓，采用专用电动扭矩扳手配合手动扳手施工。

(1) 高强度螺栓及连接板数量统计（按施工分区），见表8.4-1。

高强度螺栓及连接板数量统计 表8.4-1

序号	分区名称	连接板数量(块)	12.9级高强螺栓数量(套)	10.9级安装螺栓数量(套)
1	第一施工区	328	10210	1000
2	第二施工区	558	9592	1224
3	第三施工区	268	8166	912
4	第四施工区	207	8603	1272
5	第五施工区	207	8603	1272
6	第六施工区	194	7692	312
7	第七施工区	145	9194	888
合　计		1907	62060	6880

螺栓安装销子数量200个，规格如图8.4-17所示：

(2) 高强螺栓施工时分为初拧和终拧两个步骤，初拧时主要为消除板间间隙，初拧的力矩为终拧力矩的70%左右。初拧合格后应做出标记，见图8.4-18。

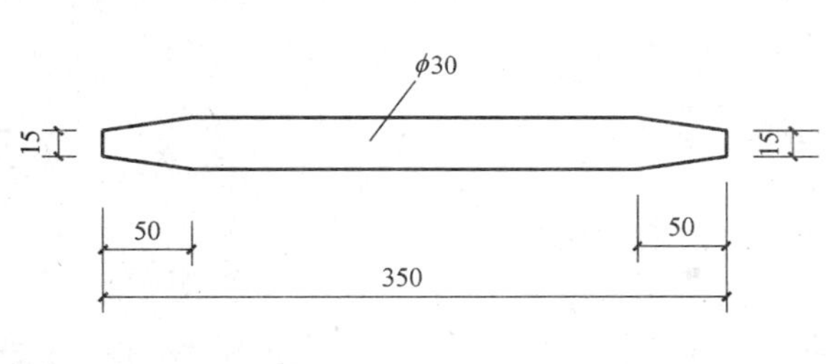

图8.4-17 螺栓安装销子规格

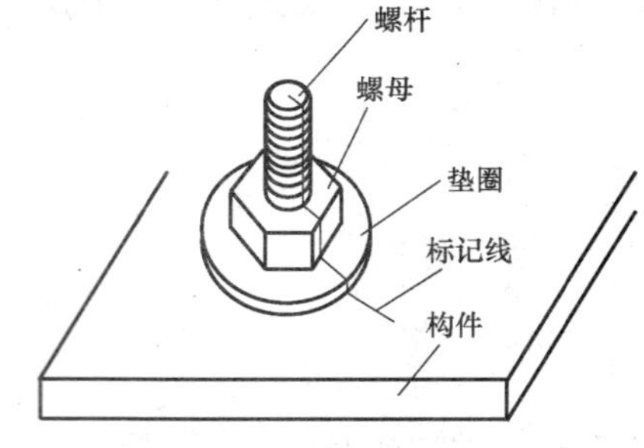

图8.4-18 高强螺栓初拧示意图

(3) 高强度螺栓初拧完毕，用专用工具进行终拧，不得用终拧扳手代替初拧扳手使用。终拧的次序从中间向两边或四周对称进行，不得出现漏拧现象。同一高强度螺栓初拧和终拧的时间间隔，要求不得超过一天。

(4) 高强螺栓终拧完毕，应及时进行螺栓的检查验收工作。

(5) 高强度螺栓施工顺序，见图8.4-19。

(6) 转换层高强度螺栓整体施拧顺序

针对本工程螺栓节点的复杂多样，经与专家多次讨论确定螺栓施拧顺序为先施拧钢柱部分螺栓群，然后施拧上下弦螺栓群，最后施拧斜腹杆部分螺栓群。见图8.4-20。

(7) 单个高强度螺栓群施拧顺序，见图8.4-21。

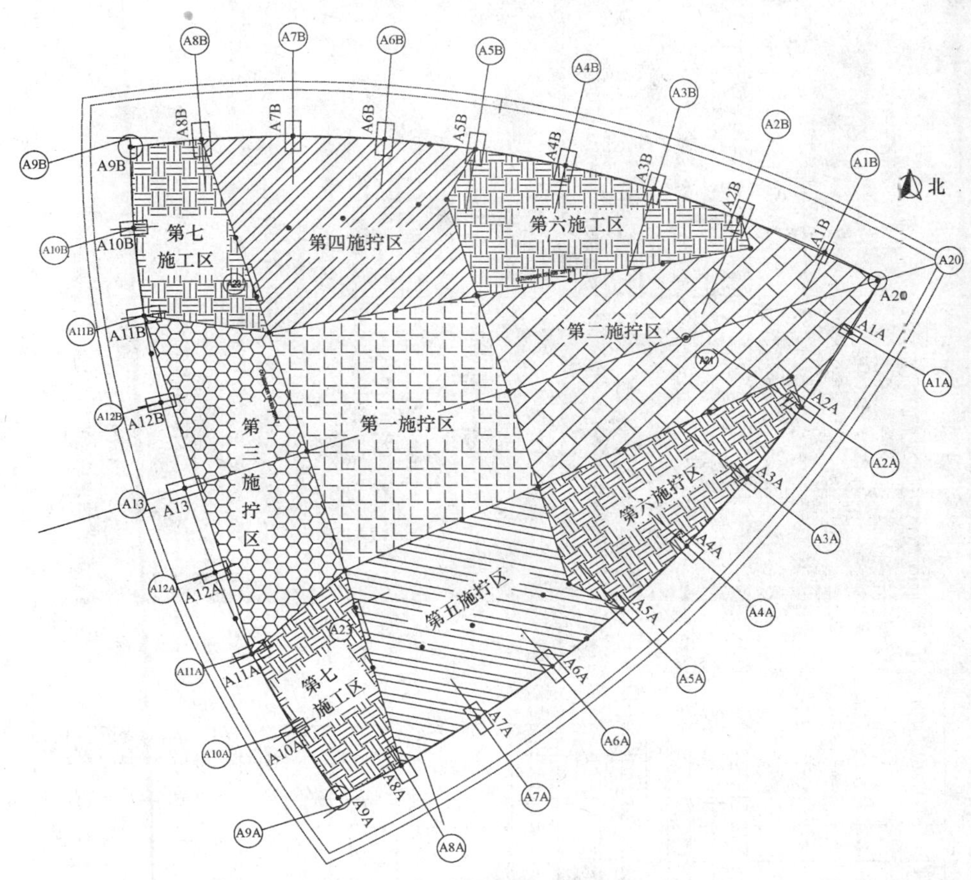

图 8.4-19 高强螺栓施工分区图

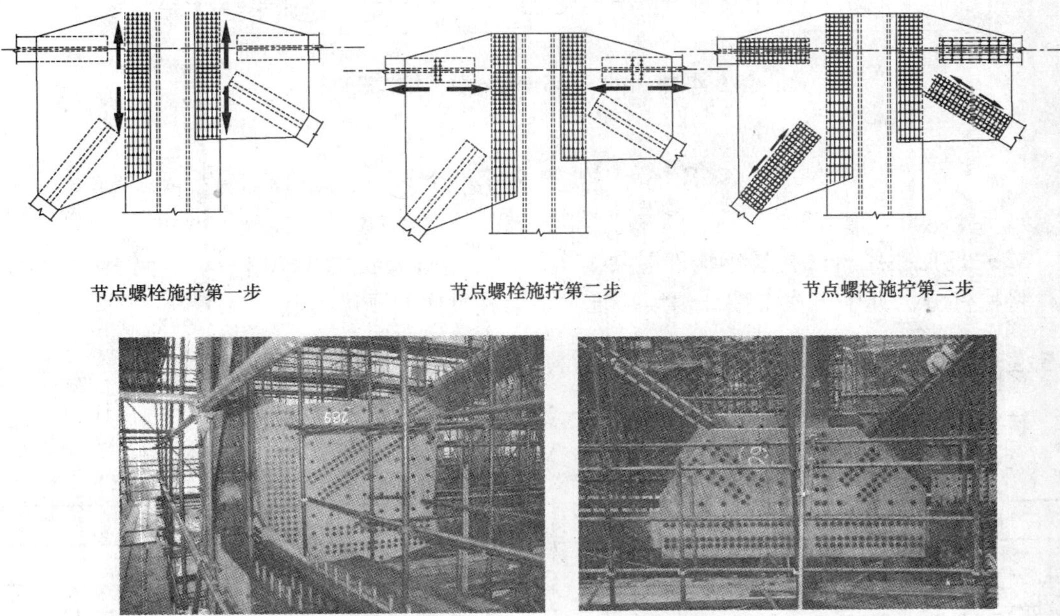

图 8.4-20 螺栓群现场照片（一）

图 8.4-20 螺栓群现场照片（二）

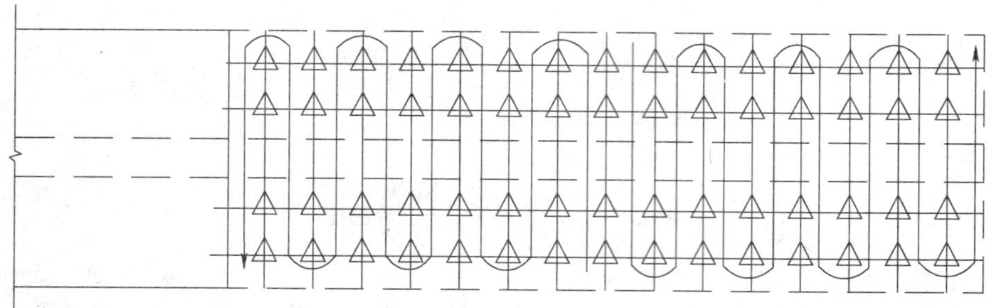

图 8.4-21 单个高强度螺栓群的施拧顺序

8.5 施工进度计划

32～35 层钢结构转换层钢构件总共 257 件，计划每天安装 4～5 件构件。钢构件安装时，将构件分为九个批次安装，由第一批次至第九批次的顺序安装。

8.5.1 转换层钢构件进场计划

转换层钢构件进场计划，见表 8.5-1。

转换层钢构件进场计划表 表 8.5-1

批次	构件名称
1	CB7-1、CB7-2、CB8-1、CB8-2。 Hn20-1、Hn20-2、Hn21、Hn24-2、Hn25-2、Hn25-1、Hn24-1、Hn16-1、Hn16-2
	Cn2-2、Cn2-1、P26-2、P25-2、P24-2、P17-1、P17-2、P26-1、P25-1、P24-1、P20-1、P20-2、P21-1、P21-2。 Bn16-1、Bn16-2、Bn24-2、Bn25-2、Bn25-1、Bn24-1、Bn20-1、Bn20-2

续表

批次	构件名称
2	CB4-1、CB4-2、CB5、Cn1-7、Cn1-6。 Hn23-1、Hn23-2、Hn13、Hn22-2、Hn22-1、Hn3-1、Hn4-1、Hn4-2、Hn3-2、Hn12
	P23-3、P23-4、P23-1、P23-2、P14-1、P14-2、P22-2、P22-1、P13-1、P13-2、P3-1、P4-1、P4-2、P3-2、Pn1、Pn2、Pn3、Pn4、Pn5、Pn6、CB9-1、CB9-2、Cn6-1、Cn6-2、CB10-2、CB10-1、Cn4 Bn22-2、Bn23-2、Bn22-1、Bn23-1、Bn13-1、Bn13-2、Bn21-2、Bn21-1、Bn12、Bn3-1、Bn4-1、Bn4-2、Bn3-2
3	Cn1-14、Cn1-15、Cn1-16、Cn1-17、Cn1-18。 Hn11-2、Hn10-2、Hn26-1、Hn1-9、Hn1-8、Hn11-1、Hn10-1、Hn26-2
	Bn26-1、Bn11-2、Bn1-9、Bn1-8、Bn10-1、Bn10-2、Bn11-1、Bn26-2。 CB6-1、P27-1、P10-2、P11-2、P1-8、P1-7、CB6-2、P11-1、P10-1、P27-2
4	CB2-2、Cn1-12、Cn1-11、Cn1-10。 Hn17-1、Hn18-1、Hn19-1、Hn7-1、Hn1-1、Hn15-1、Hn5-1、Hn6-1、Hn14-1、Hn27-2、Hn28-2
	P18-1、P19-1、P19-2、P7-1、P1-1、P16-1、P5-1、P6-1、P15-1、P28-2、P31-2、P29-2、P30-2、Cn5-2、CB11-2、CB12-2、CB3-2、Cn3-4、Cn3-5、Cn3-6。 Bn17-1、Bn18-1、Bn19-1、Bn7-1、Bn1-1、Bn15-1、Bn5-1、Bn6-1、Bn14-1、Bn27-2、Bn28-2
5	CB2-1、Cn1-1、Cn1-2、Cn1-3。 Hn17-2、Hn18-2、Hn19-2、Hn7-2、Hn7-2、Hn15-2、Hn5-2、Hn6-2、Hn14-2、Hn27-1、Hn28-1
	Bn17-2、Bn18-2、Bn19-2、Bn7-2、Bn7-2、Bn15-2、Bn5-2、Bn6-2、Bn14-2、Bn27-1、Bn28-1。 P18-2、P19-3、P19-4、P7-2、P7-2、P16-2、P5-2、P6-2、P15-2、P28-1、P31-1、P29-1、P30-1、Cn5-1、CB11-1、CB12-1、CB3-1、Cn3-1、Cn3-2、Cn3-3
6、7	Cn1-4、Cn1-5、Cn1-8、Cn1-9。 Hn1-2、Hn1-3、Hn2-1、Hn1-5、Hn1-6、Hn2-2
	P1-2、P1-3、P2-1、P1-5、P1-6、P2-2。 Bn1-2、Bn1-3、Bn2-1、Bn1-5、Bn1-6、Bn2-2
8、9	CB1-1、CB1-2、Cn1-13、Cn1-19。 Hn9-1、Hn1-7、Hn8-2、Hn9-2、Hn1-10、Hn8-1
	P8-1、P9-1、P12-1、P8-2、P9-2、P12-2。 Bn8-1、Bn9-1、Bn1-7、Bn8-2、Bn9-2、Bn1-10

8.5.2 转换层钢结构施工工期计划

经与建设单位协商确定转换层钢结构安装日期为 2007 年 10 月 10 日到 2007 年 12 月 10 日，安装总工期 60 天。

8.6 质量标准及控制措施

质量目标：安装交验合格率 100%。

8.6.1 在加工厂进行预拼装详见预拼装方案

略。

8.6.2 现场钢结构施工质量验收要求

钢结构工程施工质量验收应在施工单位自检的基础上，按照苏联 3.03.01-87 建筑标准与规则《支撑和防护结构》中的规定进行验收。

主要检验项目质量标准应符合表 8.6-1、表 8.6-2 规定：

建筑物定位轴线、基础上柱的定位轴线和标高、地脚螺栓允许偏差（mm） 表 8.6-1

项目	允许偏差	图例
钢结构定位轴线	L/20000，且不应大于 5.0	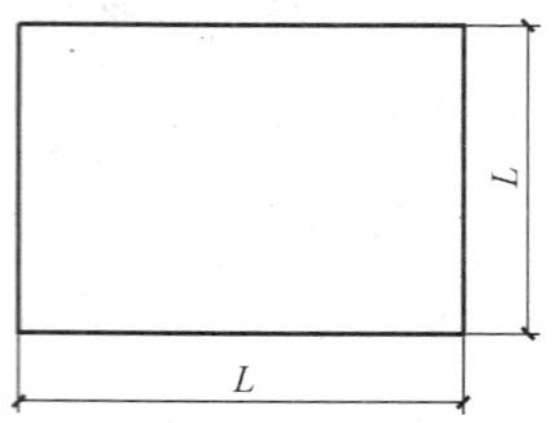 L L
基础上柱定位轴线	5.0	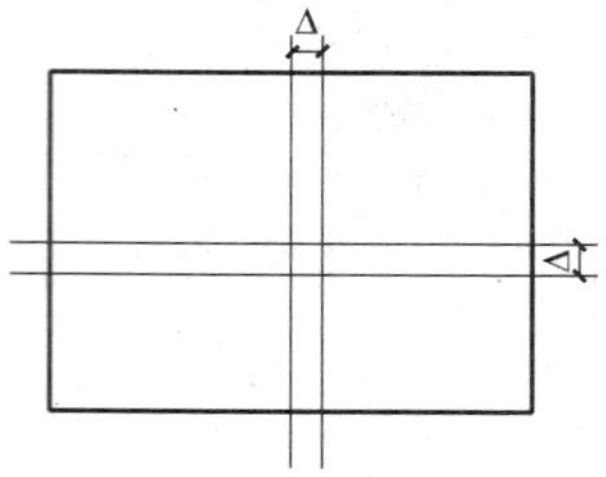 Δ Δ
基础上柱底标高	±5.0	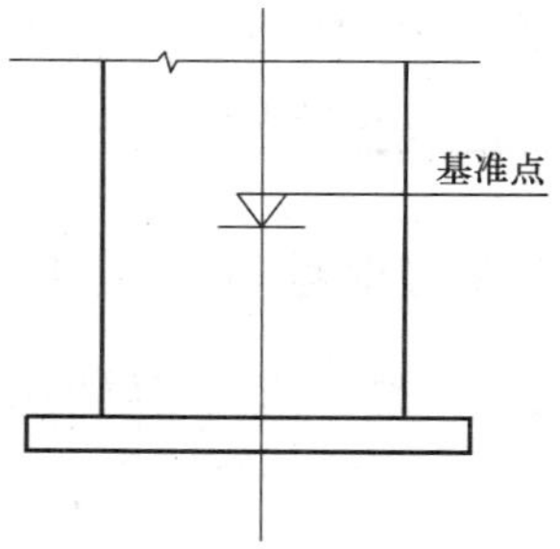 基准点
基础螺栓位移平面偏差	3.0	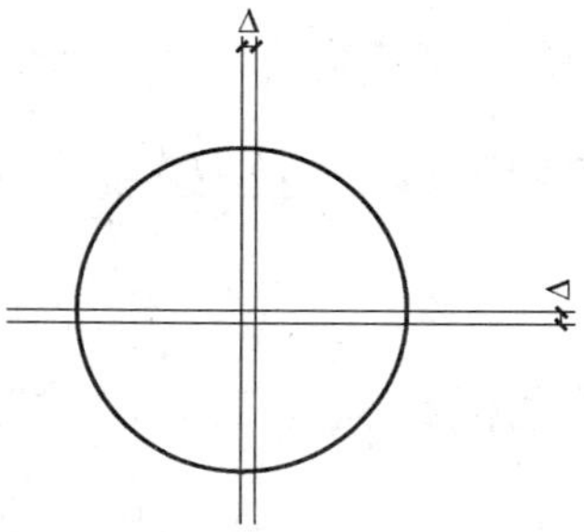 Δ Δ

钢构件安装允许偏差（mm） 表 8.6-2

项 目	允许偏差	图例	检查方法
同一层柱的各柱顶高差	10.0		用水准仪检查
同一根弦杆两端顶面的高差	不应大于 15.0		用水准仪检查

8.6.3 安装质量控制标准及质量评定标准

(1) 构件安装

钢结构安装质量控制标准见苏联 3.03.01-87 建筑标准与规则《支撑和防护结构》中的规定。

钢结构安装质量检验：

1) 钢构件由于运输，堆放和吊装等造成的钢构件变形及涂层脱落，应进行矫正和修补。

检查方法：观察检查或用拉线，钢尺检查，检查钢构件出厂合格证。

2) 建筑物的轴线，基础标高，地脚螺栓，应符合设计要求和国家现行有关标准规定。

检查数量：全数检查。

检查方法：检查复测记录。

3) 钢构件的标记

合格：钢柱等主要构件中心线和标高基准点等标记齐全。

检查数量：按应有标记的钢构件数量进行全数检查。

检查方法：观察检查。

4) 钢构件的外观质量

合格：表面干净，构件主要表面无焊疤，泥沙等污垢。

检查数量：按每类钢构件数量进行全数检查。

检查方法：观察检查。

(2) 钢结构安装质量控制对策要点

1) 采取措施，确保建筑物轴线控制网的精度，测量仪器采用全站仪，严格按照规程中水平观测和光电测距技术要求来进行。

2）建立与莫斯科高程系统统一的高程网。

3）加密轴线控制网及高程控制网，以提高检查精度。

4）钢柱校正分三个阶段：初拧，终拧前，终拧后，每次观测精度必须控制在允许范围内。

5）安装测量所用钢尺必须统一检定，测量时必须加温差及尺长改正以确保测量精度。

6）建立竖向激光控制网，在控制点上架设铅垂仪进行竖向投测，以严格控制钢柱安装的垂直偏差。

（3）高强度螺栓连接

1）备好扳手、临时螺栓、钢丝刷等工具，主要应对施工扭矩的校正，就是对所用的扭矩扳手，在班前必须校正，扭矩校正后才准使用。扭矩校正应指定专人负责。

2）各施工班组定专人安装高强螺栓，在安装过程中，不得碰伤螺纹及沾染脏物。

3）加工后的构件，在高强螺栓连接处的钢板表面应平整无焊接飞溅，无毛刺。

4）安装高强螺栓时在每个节点应穿入的临时螺栓和冲钉的数量应符合下列规定：

不得少于安装螺栓总数的1/3。不得少于2个临时螺栓。冲钉的穿入量不宜多于临时螺栓的30%。

5）高强螺栓的安装应在结构中心位置调整后进行，其穿入方向以施工方便为准，力求一致，高强螺栓连接副组装时，螺母带圆台面的一侧朝向垫圈有侧角的一侧。

6）高强度螺栓安装时，构件的摩擦面应保持干燥，不得在雨中作业。

7）大六角高强螺栓拧紧分初拧和终拧。初拧后的高强螺栓应用颜色在螺母上涂标记，然后用扳手进行终拧，直到达到终拧值为止，见表8.6-3。

初拧和终拧扭矩值 **表8.6-3**

螺栓直径	初拧值(N·m)	机械终拧
M27	1020～1360	电动扳手 1700～2300

8.7 安全文明施工

8.7.1 安全生产管理制度

（1）任务许可证制度

对于在有危险或有害因素的区域生产作业前，签发任务许可证。

（2）班前讲话卡制度

专业责任工程师必须在作业前提出作业中的潜在风险，与工人进行讨论，并且签发班前讲话卡。

（3）定期检查与隐患整改制（略）

（4）危急情况停工制

一旦出现危及职工生命安全的险情，要立即停工，及时采取措施排除险情。

（5）持证上岗制

特殊工种必须持有上岗操作证，严禁无证上岗。

8.7.2 安全生产措施

（1）做好“临边”的防护

楼层边缘钢构件安装时，为了防止施工人员、螺栓及其安装工具等从楼层边缘坠落到楼下，在楼层边缘搭设操作脚手架，并在操作脚手架外侧满布密目网。

（2）佩戴好个人防护装备

所有配备个人防护装备的人员，必须确保装备情况良好，如有损坏，应立即向管理人员汇报，以便安排更换。

（3）使用电气设备的安全措施

安装、巡检、维修或拆除临时用电设备和线路，必须由专业电工完成，并应有人监护。

配电系统应设置配电柜或总配电箱、分配电箱、开关箱，实行三级配电。配电箱、开关箱内的电器必须可靠、完好，严禁使用破损、不合格的电器。

手持式电动工具的负荷线应采用耐气候型的橡皮护套铜芯软电缆，并不得有接头；手持式电动工具的外壳、手柄、插头、开关、负荷线等必须完好无损，使用前必须做绝缘检查和空载检查，在绝缘合格、空载运转正常后方可使用。

（4）操作平台的搭设

本工程安装时，须搭设脚手架操作平台，用于节点高强螺栓施工作业。为保证操作人员在上下钢柱时的人身安全，每根钢柱安装时都配备防坠器。人员上下时，将安全带挂在防坠器的挂钩上，.避免发生坠落事故。安全挂钩与工具防坠链：将全部自动工具，轻型电工工具加设不同形式的防坠链和挂钩，防止工具坠落伤人事故。

（5）吊装安全措施

结构吊装人员进入施工现场，要戴好安全帽，系好帽带，穿好工作服、工作鞋。高空作业（1.3m以上）系好安全带。专业人员佩带专职标志。信号工的对讲机要随身携带。

信号工在吊构件前要和吊车司机统一指挥信号，避免发生错误操作。

构件起吊后，任何人不得站在吊物下方及大臂旋转范围内。

在构件起吊时，要确认构件绑扎平衡牢固后，方可起吊起升，并在合理位置绑扎溜绳。

在构件起吊离地面50厘米处时，起重工应再次确认构件绑扎牢固后，方可起升。

当确认构件找正，放稳，做好临时固定，稳定后，方可摘钩。

人员上梯摘钩时，要系好防坠器，手中不得持有任何物体上下爬梯。

高空作业，上下传递工具应用绳索绑好递送，严禁抛撒。

在高空区域（1.3m以上），任何零散构件及物品、工具，均不得放在建筑边缘，应挂好或放在工具箱内。

8.8 冬、雨期施工措施

8.8.1 雨期施工措施

（1）成立雨期施工领导小组，落实具体责任人，明确责任。

（2）设专人掌握气象资料，定时记录天气预报，随时通报，以便工地做好工作安排，采取预防措施，尤其防止恶劣气候的突然袭击。

（3）雨期气候恶劣，不能满足工艺要求及不能保证安全施工时，应停止施工。此时，应注意保证施工作业面的安全，设置必要的临时加固措施。

（4）雨期施工，应注意施工用电防护。降雨时，除特殊情况外，应停止高空作业，并将高空人员撤到安全地带，拉断电闸。

（5）高强螺栓的紧固按设计的要求严格操作，雨天不得进行高强螺栓安装紧固作业。

（6）操作前，应清除连接件连接部位的水分、杂质，保持连接面的清洁干燥。

（7）当天安装的高强螺栓必须当天紧固完毕，不得搁置过夜，以防止雨水淋湿使高强螺栓扭矩系数发生变化。

8.8.2 冬期施工措施

（1）成立冬期施工领导小组，落实具体责任人，明确责任。

（2）冬期吊装施工

所有参加吊装人员在入场前进行冬期施工的安装、安全、防火教育。

雪后在钢结构吊装施工前，将梁、柱、平台上的积雪、霜、冰用铁铲除去并扫净后方可操作。

对要起吊的物件应先查看是否和地面或其他物件冻结，如冻结，先用手撬棍使其松动方可起吊。

下雪、浓雾天气，停止高空吊装及安装的配套工序，如吊装构件、高强螺栓施工、校正结构。

9 天津国际健康产业园教育培训中心钢结构外网架施工方案

简介：本工程钢结构由条形的弯扭构件和铸钢节点、铸钢支座组成的曲面网壳。箱型构件弯扭的加工制作成型和加工精度为不规则的曲面构件，为实现曲面效果，现场安装的高空测量定位为本工程的重点和难点。本施工方案从外网钢结构的加工制作、安装，钢结构测量控制等方面具体阐述了解决重点、难点的施工方法。

9.1 工程概况

本工程的钢结构外网架分布在本工程的1-32/A-B轴线区域，标高为±0～28.084m，由截面为箱形的弯扭构件和铸钢节点、铸钢支座组成的曲面网壳。箱型弯扭构件截面为370mm×310mm×10mm、310mm×310mm×12mm，交错编织形成网格曲面，下部通过销轴与铸钢支座连接，上部通过拉杆连接于主体结构的空心球支座。铸钢节点截面为1650mm×1650mm×33mm，共计32个，分布在结构的+5.069m标高处，为各方向弯扭构件的连接节点。铸钢支座截面为950mm×330mm的实心铸钢支座，共计32个，位于±0标高处，通过地脚螺栓与混凝土基础结构相连接。空心球支座为ϕ600×24，共计32个，位于+23.4m标高处，通过地脚螺栓与混凝土结构柱连接。上端布置了一圈截面为380mm×380mm×16mm、380mm×380mm×35mm的环向钢梁，与弯扭构件的各个端头相连接，连接方式为焊接。外网架钢结构总用钢量约为660t，单根构件长度为6～7m，最大箱型构件分段重量为1.5t，铸钢支座重量约为600kg，除铸钢支座和铸钢节点外，主要材料均为Q345-B。如图9.1-1、图9.1-2所示为轴侧图和剖面图。

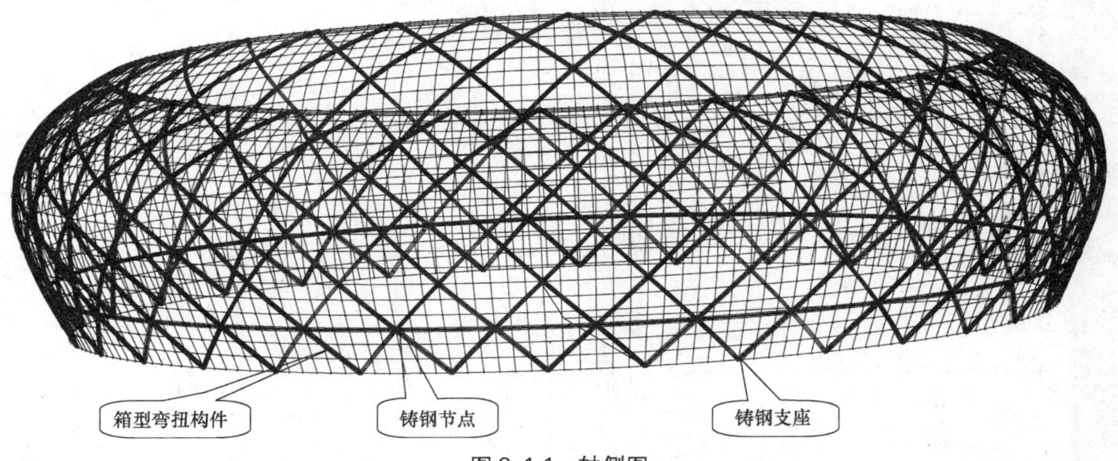

图9.1-1 轴侧图

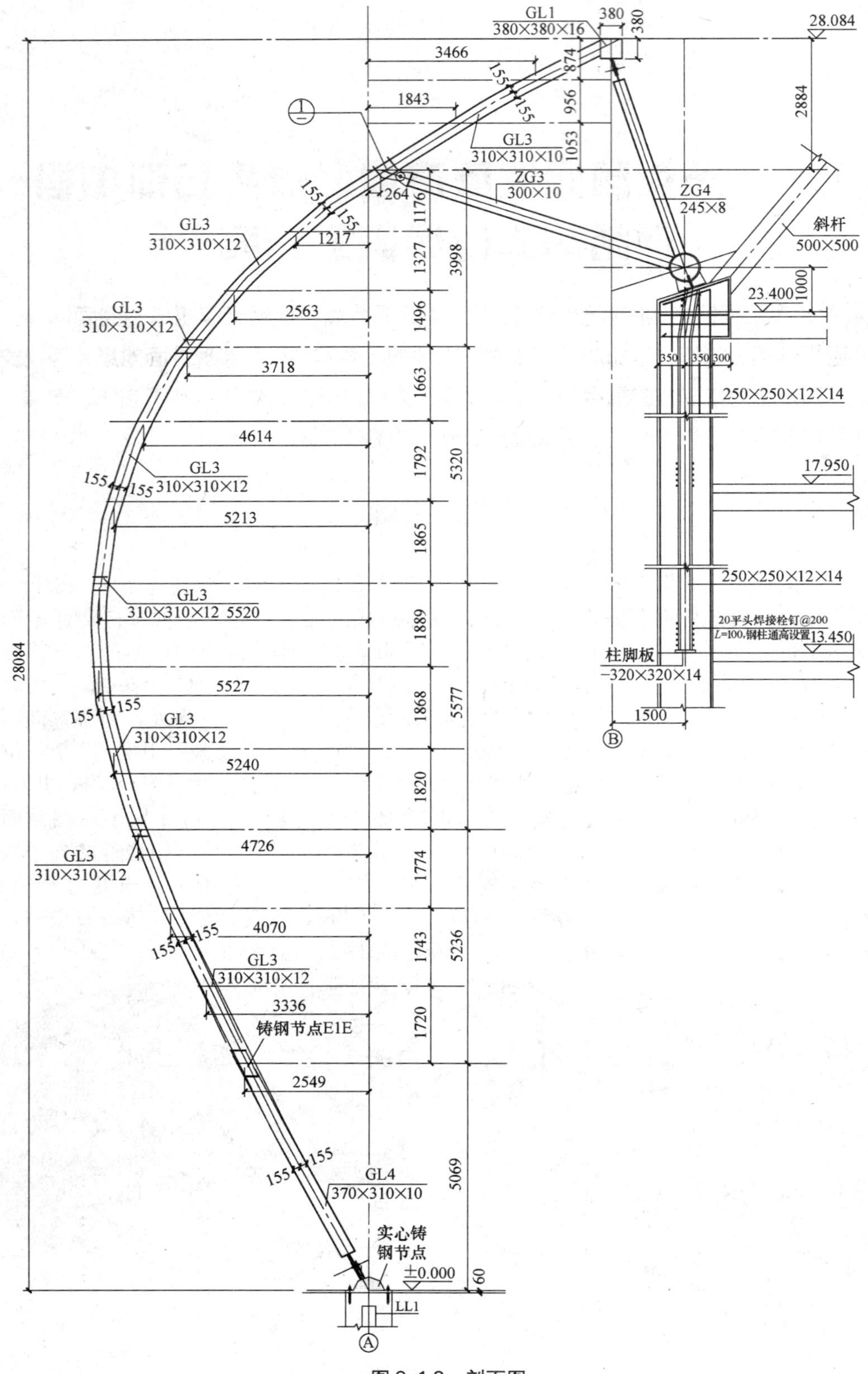

GL1
380×380×16
380
380
28.084
3466
874
155
155
956
2884
1843
GL3
310×310×10
1053
ZG3
300×10
264
ZG4
245×8
斜杆
500×500
1176
155
155
GL3
310×310×12
1217
1327
3998
23.400
1000
2563
GL3
310×310×12
1496
350
350
300
3718
1663
250×250×12×14
4614
1792
5320
GL3
155
155
310×310×12
17.950
5213
1865
250×250×12×14
GL3
310×310×12 5520
1889
20平头焊接栓钉@200
L=100,钢柱通高设置
13.450
柱脚板
−320×320×14
28084
5527
1868
5577
155
155
GL3
310×310×12
1500
B
5240
1820
GL3
310×310×12
4726
1774
4070
155
155
1743
5236
GL3
310×310×12
3336
1720
铸钢节点E1E
2549
155
155
GL4
370×310×10
5069
实心铸
钢节点
±0.000
60
LL1
A

图 9.1-2 剖面图

9.2　编制依据

编制依据见表 9.2-1。

编制依据　　表 9.2-1

序号	标准号	名　称
1	GB/T 700—2006	《碳素结构钢》
2	GB/T 1591—2008	《低合金高强度结构钢》
3	GB/T 5117—1995	《碳钢焊条》
4	GB 5118—1995	《低合金钢焊条》
5	GB/T 14957—1994	《熔化焊用钢丝》
6	GB/T 14958—1994	《气体保护焊用钢丝》
7	GB 50026—2007	《工程测量规范》
8	GB 50017—2003	《钢结构设计规范》
9	JGJ 81—2002	《建筑钢结构焊接技术规程》
10	GB 50300—2002	《建筑工程施工质量验收统一标准》
11	GB 50205—2001	《钢结构工程施工质量验收规范》
12	GB/T 11345—1989	《钢焊缝手工超声波探伤方法和探伤结果分级》
13	GB 8923—1988	《涂装前钢材表面锈蚀等级和除锈等级》
14	GB 14907—2002	《钢结构防火涂料通用技术条件》
15	CECS24—1990	《钢结构防火涂料应用技术规范》
16	JGJ 33—2001	《建筑机械使用安全技术规程》
17		工程设计施工图和深化设计图及相关设计技术文件

9.3　工程重点与难点

（1）本工程工期较短，实现与土建、水电、设备安装等相关专业进行协调配合，确保按时完工为本工程的重点。

（2）本工程需利用现场塔吊进行钢结构的安装，塔吊机时和塔吊利用率的协调是本工程的重点。

（3）本工程的箱型构件弯扭的加工制作成型和加工精度为本工程的难点和重点。

（4）本工程为不规则的曲面构件，为实现曲面效果，现场安装的高空测量定位为本工程的重点和难点。

（5）工程安装时需搭设大量脚手架，脚手架的搭设及承重位置的确定为本工程的重点。

（6）根据现场整体施工顺序和施工情况，本工程的钢结构安装需冬期施工，冬期钢结构焊接的质量保证为本工程的重点。

9.4　工程施工管理

9.4.1　钢结构施工管理模式

按照公司“总部服务控制，项目授权管理，专业施工保障，社会协力合作”的项目管理模式，形成以全面质量管理为中心环节，以专业管理和计算机管理相结合的科学化管理体制，实现对建设单位的各项管理目标的承诺。钢结构施工管理系统分为三个层次，五个部分，十五项内容，见图 9.4-1。

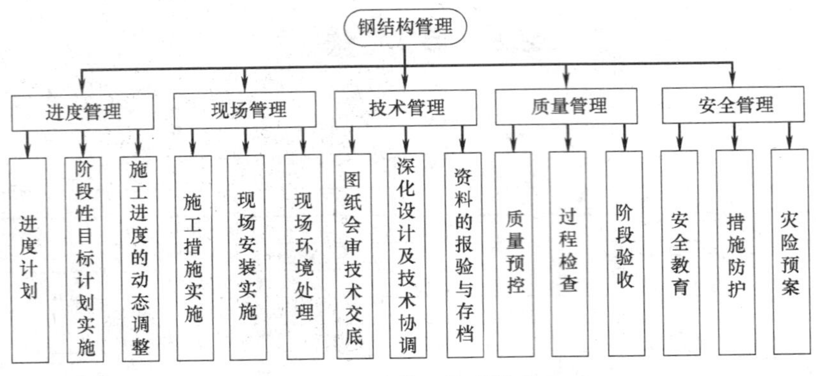

图 9.4-1 施工管理模式

9.4.2 工程管理目标

(1) 质量目标

合格，分项工程一次验收合格率 100%。

(2) 工期目标

90 天内完成钢结构工程施工。

(3) 安全目标

杜绝重大伤亡，死亡率为零；杜绝火灾及急性中毒事故。

(4) 成本管理

规范管理，精心施工，使总包、分包的成本都有降低。

(5) 为用户服务

在开工前、施工中及竣工后将为建设单位提供至诚至善的服务，“我们的服务，建设单位的满意”的理念将贯穿在我们与合同方合作的每一个细节。

9.4.3 管理人员组织机构

管理人员组织机构，见图 9.4-2。

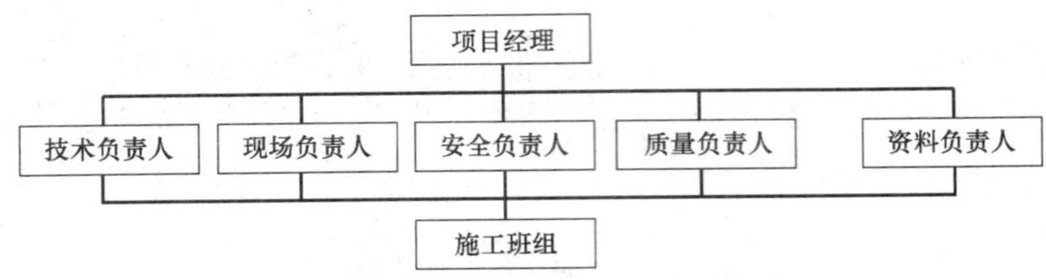

图 9.4-2 管理人员组织机构图

9.5 施工计划与工期保证措施

9.5.1 施工进度计划

钢结构外网架施工进度见图 9.5-1。

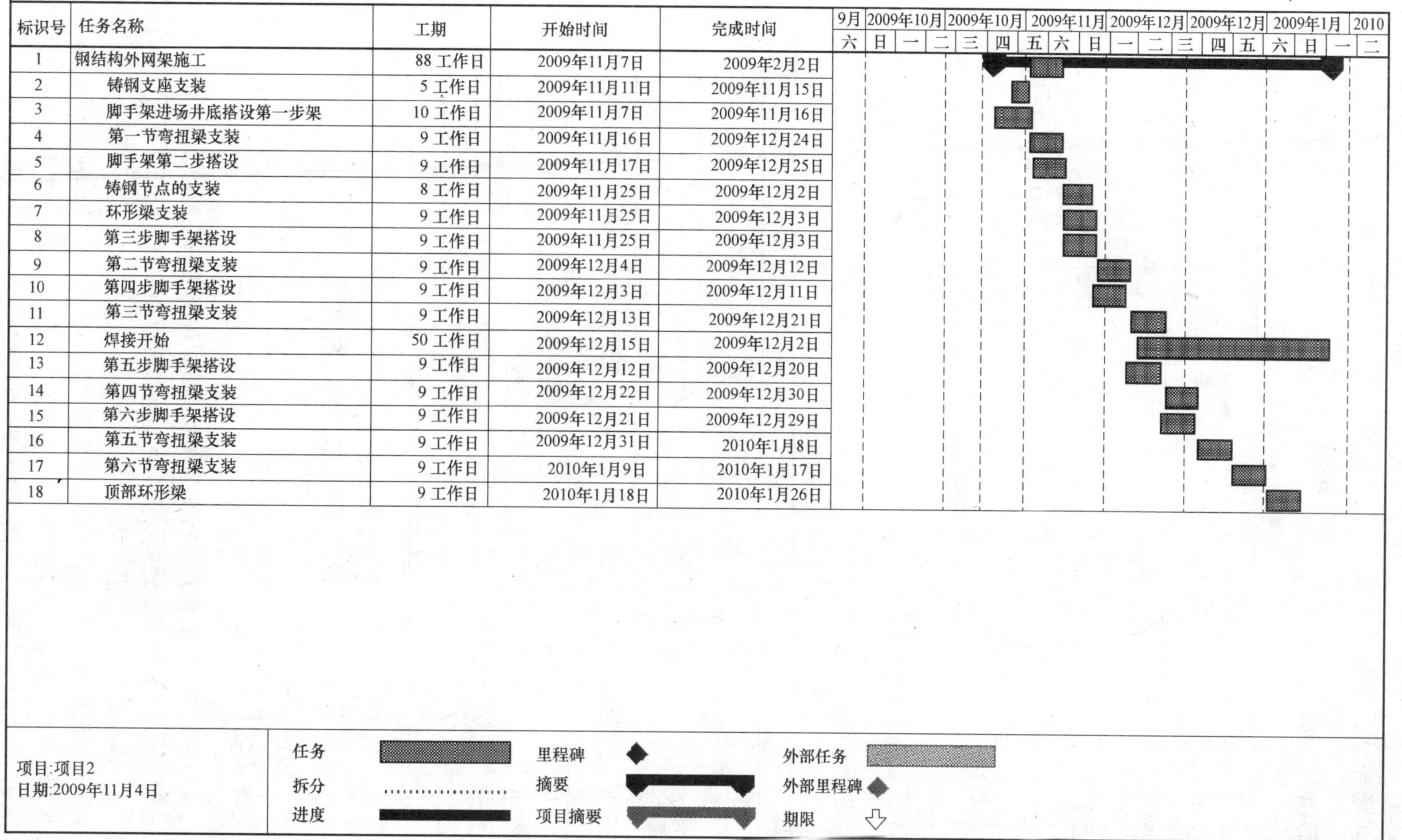

标识号	任务名称	工期	开始时间	完成时间
1	钢结构外网架施工	88 工作日	2009年11月7日	2009年2月2日
2	铸钢支座支装	5 工作日	2009年11月11日	2009年11月15日
3	脚手架进场井底搭设第一步架	10 工作日	2009年11月7日	2009年11月16日
4	第一节弯扭梁支装	9 工作日	2009年11月16日	2009年12月24日
5	脚手架第二步搭设	9 工作日	2009年11月17日	2009年12月25日
6	铸钢节点的支装	8 工作日	2009年11月25日	2009年12月2日
7	环形梁支装	9 工作日	2009年11月25日	2009年12月3日
8	第三步脚手架搭设	9 工作日	2009年11月25日	2009年12月3日
9	第二节弯扭梁支装	9 工作日	2009年12月4日	2009年12月12日
10	第四步脚手架搭设	9 工作日	2009年12月3日	2009年12月11日
11	第三节弯扭梁支装	9 工作日	2009年12月13日	2009年12月21日
12	焊接开始	50 工作日	2009年12月15日	2009年12月2日
13	第五步脚手架搭设	9 工作日	2009年12月12日	2009年12月20日
14	第四节弯扭梁支装	9 工作日	2009年12月22日	2009年12月30日
15	第六步脚手架搭设	9 工作日	2009年12月21日	2009年12月29日
16	第五节弯扭梁支装	9 工作日	2009年12月31日	2010年1月8日
17	第六节弯扭梁支装	9 工作日	2010年1月9日	2010年1月17日
18	顶部环形梁	9 工作日	2010年1月18日	2010年1月26日

图 9.5-1 钢结构外网架施工计划

9.5.2 现场劳动力计划

现场劳动力计划，见表 9.5-1。

现场劳动力计划　　　　表 9.5-1

工种	人数	工作内容
安装工	18	安装、倒料、清渣、打磨
起重信号工	6	吊装信号指挥
测量工	6	测量定位
材料保管员	1	材料的保管发放
油漆工	10	现场防腐涂装
电焊工	15	拼装焊接、吊装焊接
电工	2	现场用电的接、拆线路检查
架子工	30	脚手架搭设、安装配合
合计	88	

9.5.3 现场设备投入计划

现场设备投入计划，见表 9.5-2。

现场设备投入计划　　　　表 9.5-2

序号	设备名称	型号	单位	数量	用途	备注
1	塔吊	6015	台	3	钢结构吊装	
2	空压机		台	3	喷漆、气刨、喷涂	
3	手动捯链	5t	个	12	钢结构安装	
4	钢板、工字钢				安装	满足需要
5	全站仪		台	3	测量定位	
6	水准仪	DS-3	台	3	标高测量	
7	钢盘尺		盘	3	量距	
8	硅整流焊机	ZXG-500	台	3	安装焊接	
9	CO_2 气保焊机	YD-500KR	台	12	安装焊接	
10	碳弧气刨		台	3	焊缝返修	
11	磨光机		台	9	焊缝打磨	

9.6 施工部署

9.6.1 整体施工部署

(1) 工程拟采用现场三台塔吊进行安装作业，按照现场塔吊位置和覆盖区域，将施工现场分成三个区域，为保证施工进度，三个区域同时进行作业施工。在现场塔吊的盲区位置，采用 50t 汽车吊进行施工作业。

(2) 本工程采用按照深化设计图的分段进行分段，加工厂采用分段制作运至施工现场，现场搭设满堂红脚手架并在节点位置进行加密作为节点位置的承重架，再利用现场的塔吊进行分段吊装作业。如图 9.6-1 所示为构件分段图。

第六节箱型构件
连接拉杆
第五节箱型构件
球型支座
第四节箱型构件
第三节箱型构件
1500
B
第二节箱型构件
铸钢节点
第一节箱型构件
实心铸钢节点
A

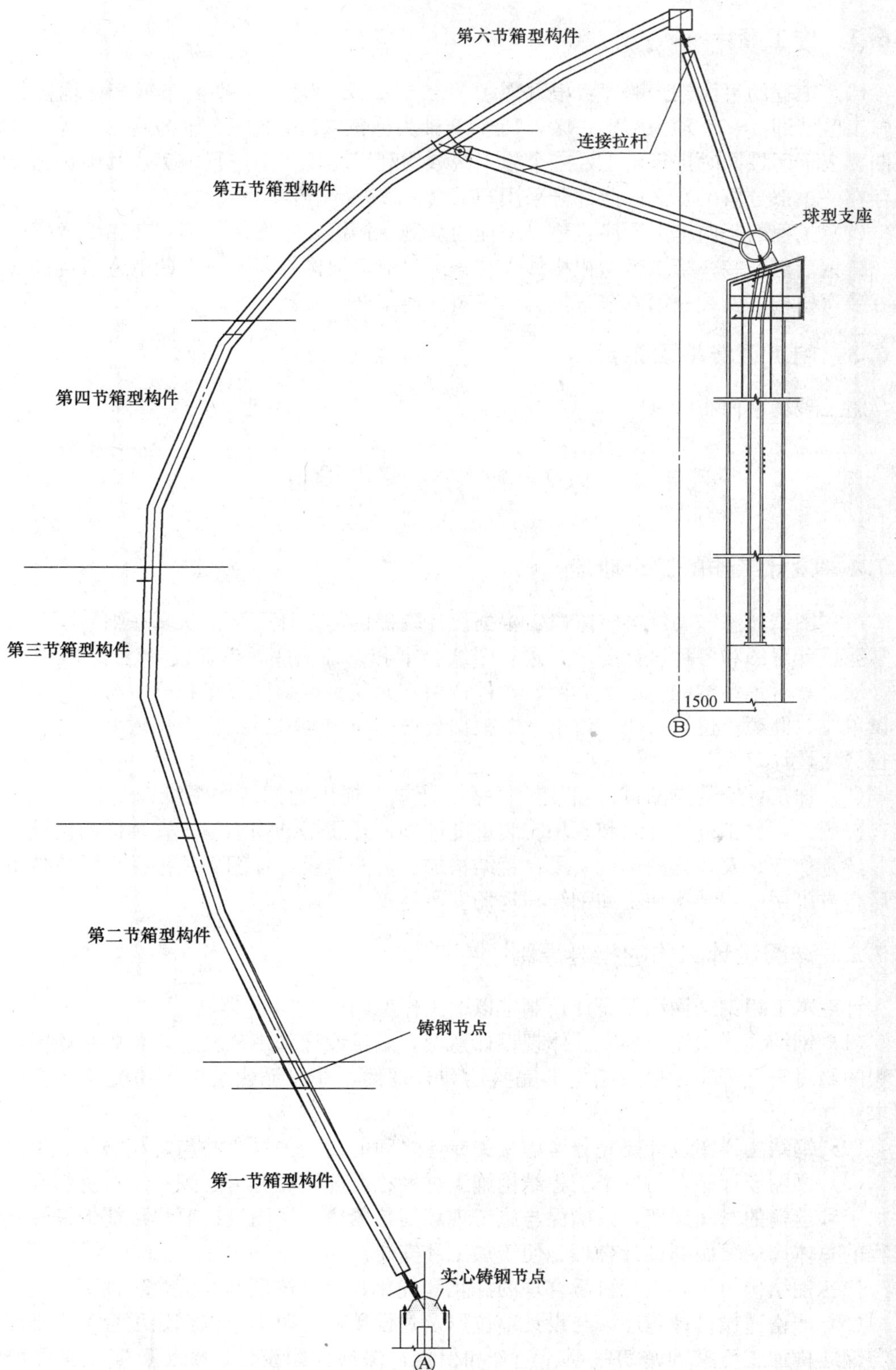

图 9.6-1 构件分段图

9.6.2 施工顺序

（1）工程的平面施工顺序：根据现场 3 台 60/15B 型塔吊的平面布置，将现场分成三个施工区域即 3～13 轴为施工一区，13～23 轴为施工二区，23～3 轴为施工三区。为保证工期，三个区域同时进行施工，三个施工区域均利用现场塔吊进行施工，其中在施工三区中存在一小部分塔吊盲区，此部分采用 50t 汽车吊进行吊装。

（2）工程的竖向施工顺序：地脚螺栓的复测→铸钢支座安装→第一节箱型弯扭构件安装→铸钢节点安装→第二节弯扭构件安装→第三节弯扭构件安装→第四节弯扭构件安装→第五节弯扭构件安装→第六节弯扭构件安装→连接杆件安装。

9.6.3 施工现场平面布置

施工现场平面布置（略）。

9.7 钢结构深化设计

9.7.1 设计工作的三个阶段

（1）图纸熟悉和图纸会审阶段：根据设计院提供的设计图纸，认真仔细阅读图纸，完全掌握设计意图和各种设计要求；进行图纸会审和设计交底，消除设计图纸中的错、漏、碰、缺；针对钢结构的平面、立面、构件选型，尤其是钢结构节点和分节与设计单位以及建设单位、监理单位进行研究讨论，并根据公司的施工经验提出合理化建议，对设计图纸进行深化设计。

（2）加工、安装详图设计阶段：根据设计单位提供的钢结构图纸以及相关的深化内容，按照工厂加工进度计划和现场安装进度计划，开展钢结构加工、安装详图设计。

（3）加工、安装详图审批阶段：钢结构加工、安装设计详图必须报送设计单位审批同意后，方可用于钢结构加工和钢结构现场安装施工。

9.7.2 详图设计工作的指导原则

针对本工程钢结构详图设计，制定以下工作原则：

（1）钢结构详图设计要充分体现设计意图，满足设计和规范要求，首先必须保证结构工程的绝对安全可靠性以及结构的完整性和合理性，并保证建筑使用功能及造型效果的要求。

（2）钢结构详图设计要充分考虑相关专业之间的衔接关系，并与之相协调。

（3）详图设计必须与整个工程结构施工进度相匹配，充分考虑到钢结构材料采购、构件加工和运输的时间周期，以确保与施工现场衔接紧密。详图设计要尽可能地缩短钢结构工程的总体周期，做到设计合理、便于加工和安装。

（4）钢结构设计要进行科学合理的深化和优化，充分体现其经济合理性。

（5）严格遵循设计程序，与设计单位以及建设单位、监理单位密切配合，保证施工现场与钢结构加工厂家的密切联系、配合和衔接，保证详图设计、加工、安装工作的顺利进行。

9.8 外网钢结构的加工制作

9.8.1 组织机构

组织机构，见图 9.8-1。

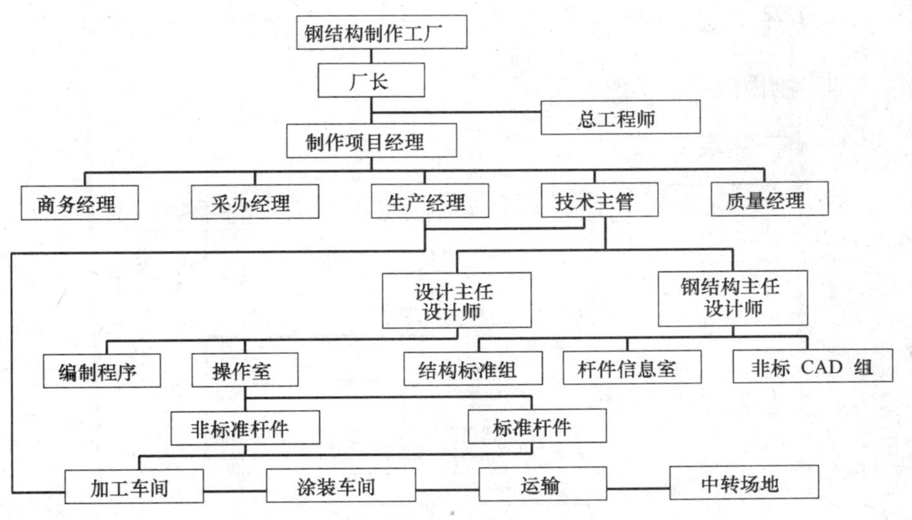

图 9.8-1 组织机构图

9.8.2 主要生产设备

主要生产设备，见表 9.8-1。

主要生产设备表 表 9.8-1

序号	名称	型号	数量(台)	产地	用途
1	数控切割机	CNG-4000B	1	江苏	切割直条，非直条钢板
2	坡口机		1	上海	钢板边缘坡口加工
3	铣边机		1	上海	钢板边缘加工
4	三维钻	DNF1050	1	日本	制孔
5	锁口机	HQ1040W	1	日本	焊接锁口自动成型
6	平板抛丸机	KF5010	1	日本	除锈
7	多头切割机	LJI400	1	江苏	直条切割
8	自动组立机	HG1500	1	江苏	型钢组立
9	矫正机	JZ40	1	江苏	H 型钢矫正
10	摇臂钻	Z35	2	上海	最大孔径 100mm
11	CO_2 焊机	ZXG-1000	10	上海	构件焊接

9.8.3 钢结构制作人员

钢结构制作人员，见表 9.8-2。

钢结构制作人员安排表　　表 9.8-2

序号	工种	数量	序号	工种	数量
1	设计员	2	6	力工	10
2	放样员	2	7	检测工	2
3	机械操作工	4	8	质检员	2
4	电焊工	20	9	油漆工	10
5	电渣焊工	8	合计		70

9.8.4 工艺流程

钢结构加工制作流程，见图 9.8-2。

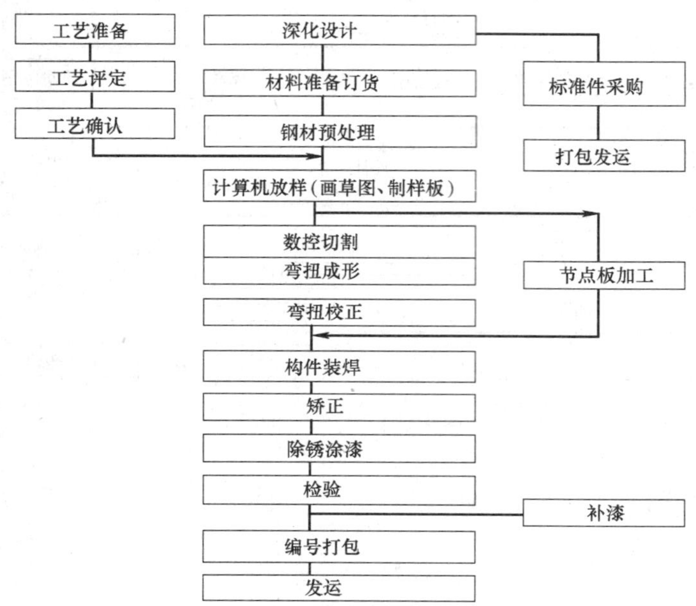

图 9.8-2　钢结构加工制作流程图

9.8.5 外网架加工主要施工工艺

(1) 原材料控制

1) 控制流程，见图 9.8-3。

2) 钢材质量要求

A. 本工程主要材料采用国产钢材，其质量符合《低合金高强度结构钢》GB/T 1591—2008，其性能上应有冲击韧性及冷弯试验的合格保证。

B. 强屈比不应小于 1.2，伸长率应大于 20%，且有明显的屈服台阶和良好的可焊性。

3) 焊接材料质量标准

A. 埋弧自动焊焊丝其质量要求应符合《熔化焊用钢丝》GB/T 14957—1994 的规定，见表 9.8-3。

B. CO_2 气体保护焊焊丝其质量应符合《气体保护电弧焊用碳钢、低合金钢焊丝》GB/T 8110—2008。

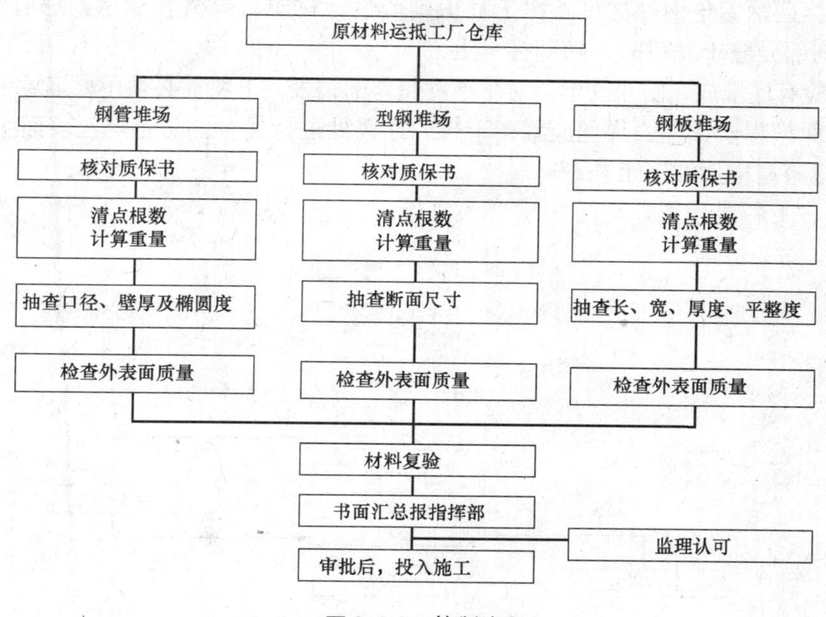

图 9.8-3 控制流程

焊丝质量 **表 9.8-3**

主体金属	焊接材料
Q345-B	H08MnA 焊丝配 HJ431

C. 埋弧自动焊焊剂其质量应符合《埋弧焊用碳钢焊丝和焊剂》GB 5293—1999 的规定。

D. 焊条质量应符合《低合金钢焊条》GB5188-1995 的规定。见表 9.8-4。

焊条质量 **表 9.8-4**

主体金属	焊　条
Q345-B	E5003 E5016 E5015

E. 焊接材料生产厂商必须提供焊材质量保证书。

4）原材料供应

钢材由技术部清单编制员根据施工图编制材料预算和排版，主要钢板定尺。焊材及其他主要材料按设计及工艺要求采购。

5）材料验收

钢材、焊材等到公司后，质管部必须检查质保单，并按规定进行化学成分、机械性能等复试，合格后方可入库。不合格的材料不得入库，更不得使用。应严格遵守订货——→采购——→进厂检测——→入库——→存贮——→领用等程序。

6）原材料储存

仓库材料员应对材料进行标识，本项目材料单独堆放。加工所剩余料，应标明材质、规格后，退库并登记。

A. 小零件及加工完成的配件，应集中库存，并于适当处标示工程类别、材质、规格等。

B. 钢板、型钢、角钢等材料需作工程识别颜色、材质、规格等标示，遇有领取部分材料时，所剩部分应于发料时，随即标示上去。

C. 材料应有序堆放，防止变形。对平整度超差的钢板，下料前必须用火焰矫正法矫正。

D. 气体保护焊丝、埋弧焊丝应置于干燥、通风处进行保存，防止焊丝表面生锈。

（2）弯扭箱型构架加工工艺

1）放样、下料流程图，见图 9.8-4。

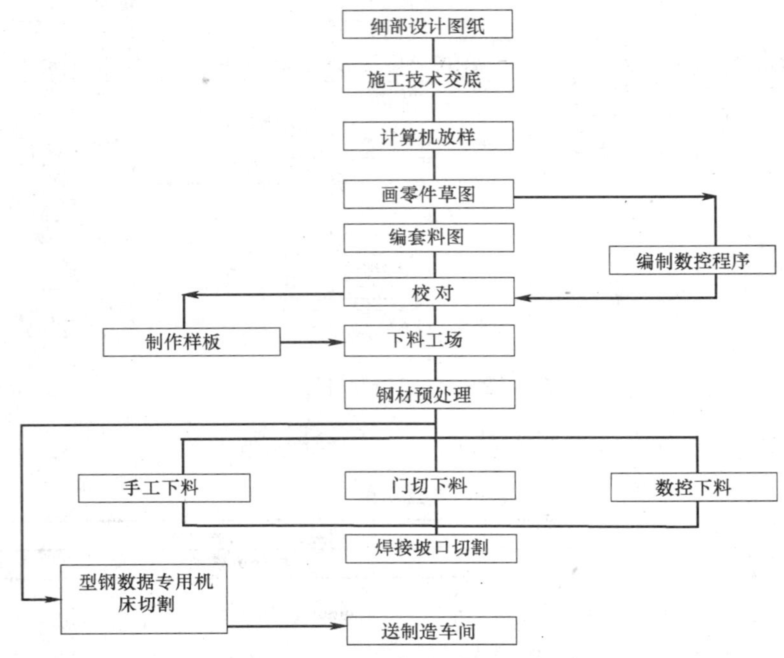

图 9.8-4 放样及切割流程图

2）放样下料

把构件板材展开图的数据输入到数控切割机上，切割出所需要的零件，对工艺要求的坡口，采用边缘轨迹跟踪火焰切割机进行坡口切割，然后人工打磨修补切割缺陷，见图 9.8-5。

图 9.8-5 放样下料

3）板材预弯

待下料好的钢板采用滚板机预弯，用检验样板检验预弯效果。预弯可以保证一个方向构件整体弯扭，依靠在胎具上，采用拉马或楔铁施加外力等方式与胎具贴合来保证，见图 9.8-6。

图 9.8-6 板材预弯

4）胎架制作

根据构件底板三维投影坐标，在构件长度方向上，按内外弧线均分数量确定所需胎架立柱数量及定位位置。（见胎架平面布置图 9.8-7）。

首先制作胎架钢平台，胎架平台采用槽钢焊接框架形式，将平台超平后，按每种构件加工图设定的构件底板三维坐标（见胎架平面布置简图 9.8-7）在平台上划出相应胎架平面定位点。

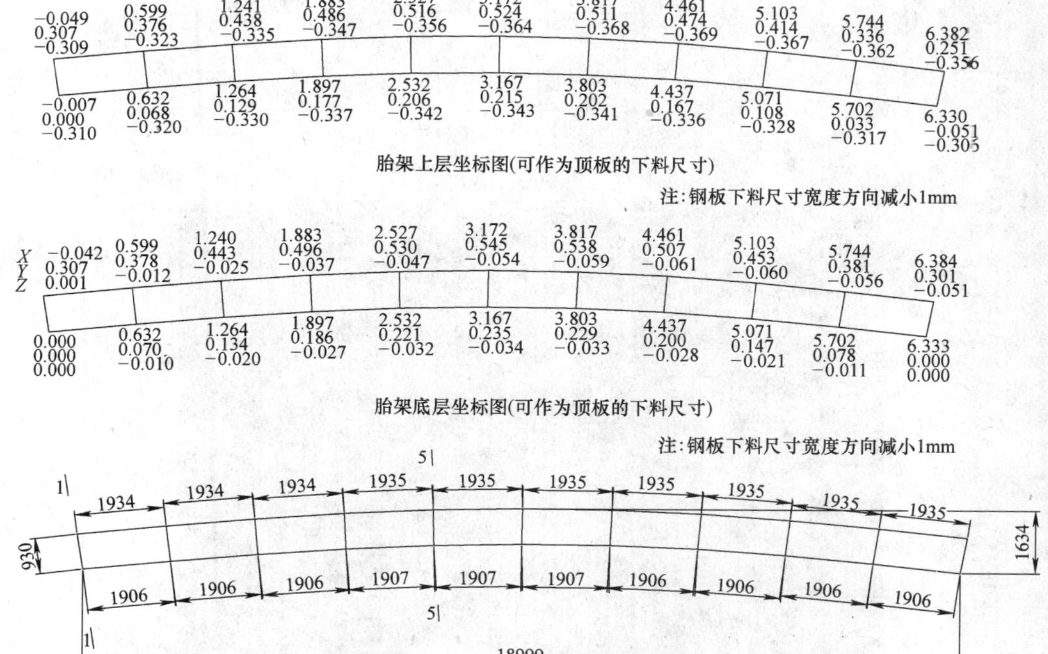

图 9.8-7 胎架平面布置图

胎架结构形式采用槽钢焊接。胎架结构示意图二为同一构件第一、第二个胎架简图。胎架结构尺寸由构件定位位置剖切三维坐标确定。为便于构件装卸，实际制作胎架一侧为可调式。夹紧到位后达到图纸尺寸。单个胎架制作完毕后，按总体布置图在钢平台相应定位点将胎架焊接完成。胎架结构示意图一，见图 9.8-8；胎架结构示意图二，见图 9.8-9；现场胎架照片，见图 9.8-10。

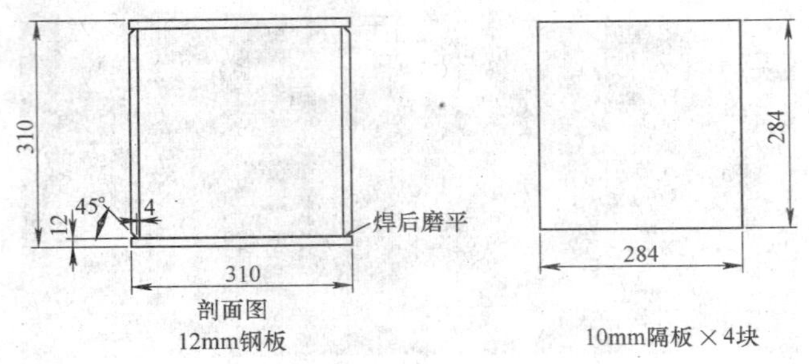

图 9.8-8 胎架结构示意图一

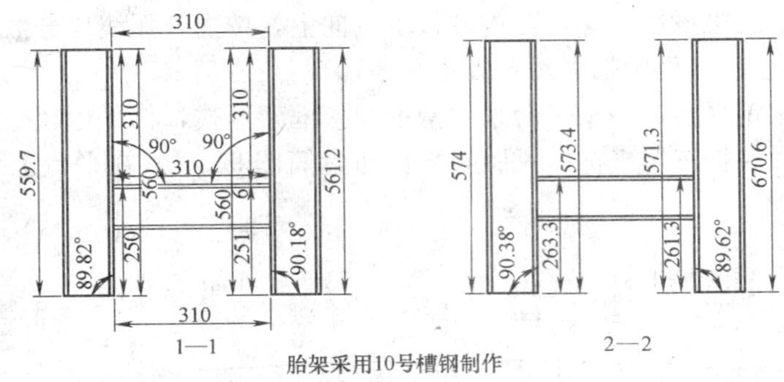

图 9.8-9 胎架结构示意图二

图 9.8-10 胎架照片

5）构件组对

将加工好的零件上胎架组拼，对零件与胎架不贴和的地方，采用拉马或楔铁施加外力使零件与胎架贴合；为保证脱胎后及以后的焊接中构件不发生变形，在每段构件内增加三块隔板，以保证构件截面的方形形状。

A）在组焊胎架上按图样要求将下翼缘板放入胎架中，将工艺隔板定位于下翼缘板，检验隔板与下翼缘板垂直度，垂直度偏差应不大于1mm，见图9.8-11。

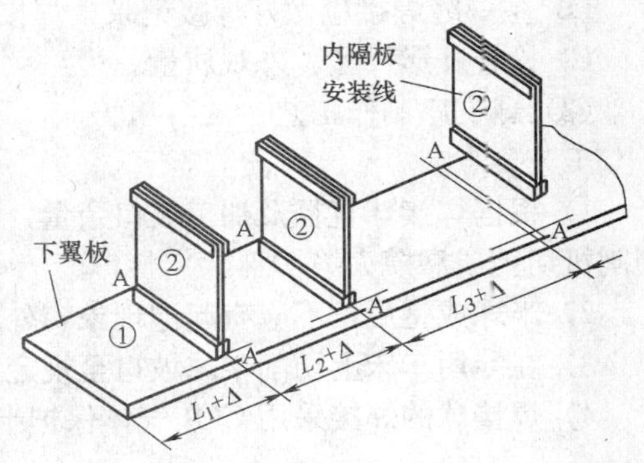

图9.8-11 胎架组拼一

B）装配两侧腹板，使隔板对准腹板所划的位置，采用拉马或楔铁施加外力使零件与胎架贴合，确保翼板和腹板垂直度偏差不大于$b/500$（b为边长），见图9.8-12。

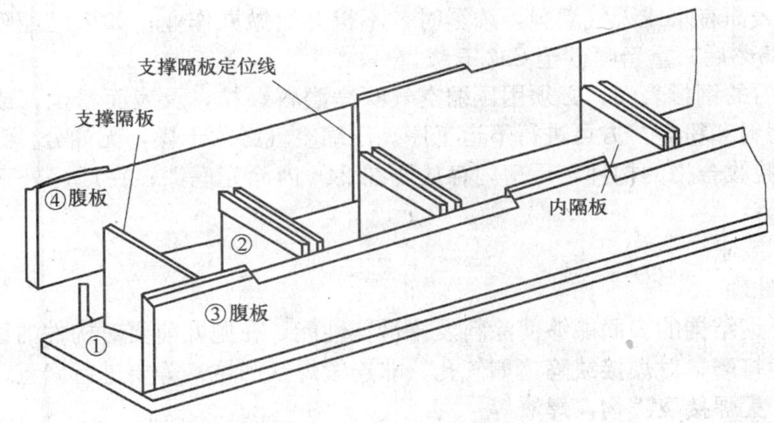

图9.8-12 胎架组拼二

C）对工艺隔板与腹板进行全熔透焊接。隔板焊接应从中间往外逐次进行，施焊中应保证构件与胎架贴合度。将下翼板和腹板进行定位焊接。

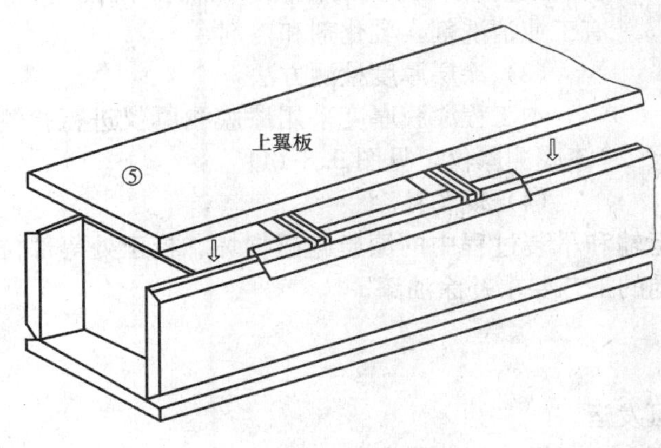

图9.8-13 胎架组拼三

D）将上翼板在胎架上组装到位夹紧后，进行定位焊接，见图9.8-13。

6）构件焊接

A）定位焊后经检查形状尺寸无误后，首先采用气体保护焊进行打底焊接，打底焊完后应将焊缝打磨干净，去除焊渣、飞溅等杂物。

B）打底焊接完成并清渣后，采用CO_2半自动巡轨焊接机焊接。

C）焊接完成后，将焊瘤、气孔等缺陷处理干净。割去引弧板和熄弧板（不可锤击），并打磨匀顺。

D）主焊缝焊接应做好焊接记录，焊接完成后应做好焊工标记。

E）检查外形尺寸、外观质量。

（3）球支座制作工艺

工艺要点：

1）根据焊接球直径及加工坡口余量，计算半球下料尺寸，钢板下料采用数控等离子切割机切割或靠模火焰切割。

2）半球成型后，不应有起泡现象，外观光滑，无明显起皱。

3）在专用车床上切削半球坡口至规定尺寸。

4）焊接球的焊接采用 CO_2 气体保护半自动焊接，先定位焊，然后分层焊接。

9.8.6 外网架构件除锈、防腐

（1）一般规定

1）钢材表面进行抛丸除锈时，必须使用除去油污和水分的压缩空气。

2）抛丸的施工环境，其相对湿度不大于 85%，或控制钢材表面温度高于空气露点 3℃。

3）钢材表面有水或天气潮湿，浓雾时，不得开始抛丸作业；如果已经喷砂，要在相对湿度低于 85%后，重新喷砂至 Sa2.5 级。

4）除锈后的钢材表面，必须用压缩空气吹净磨料颗粒，及表面粉尘，或用吸尘器清去死角内的磨料和粉尘，方可进行下道工序。压缩空气必须干燥，无油分。

5）除锈验收合格的构件，厂房内存放要在 24h 内涂完底漆；在厂房外存放的要在当班涂完底漆。

（2）施工要求

1）表面处理

为了保证钢结构的表面能够使涂料发挥最佳性能，在抛丸前要对构件的锐边，火焰切割边缘抛光性打磨，对焊接缺陷，如气孔，非连续焊（凹坑）等要进行修正，焊缝及两侧要打磨平顺，无焊接飞溅物，焊渣等。

2）除油

对构件在制作、吊运及加工时产生的油污以及探伤所用的有关试剂进行清洗，同时还要对其他污染物加以清理，以达到抛丸前钢结构表面清理所需要的标准。通常采用的清洗剂有工业清洗剂，乳化剂和溶剂。

图 9.8-14　漆膜测厚仪照片

（3）涂层厚度检测方法

本工程漆膜厚度采用漆膜测厚仪进行检测。（漆膜测厚仪，见图 9.8-14）

（4）现场补涂

钢结构构件现场拼接后的焊缝、运输和吊装过程中的漆膜磕碰损坏、校正处等部位，采用手工除锈至 St3 级，然后按照相同的工艺要求补涂油漆。

9.8.7 外网架构架的包装发运

（1）成品构件应待漆膜干透后方可发运。

（2）对于细长构件要将二根以上绑在一起运输，以防弯曲。

(3) 对于小构件类要尽可能用钢丝绑在构件上搬运，对于同一类大量的小件应用钢丝连成一体搬运，一串的重量不超过 50kg 为宜。

(4) 运输方式

由于本工程时间紧，构件复杂，经综合比较，全部构件采用汽车运输，以确保进度与质量。运输计划符合现场吊装的进度要求，提前 3 天安排联系好车辆，同时在考虑车辆时，选择车况好、驾驶员技术高的车队来运输。

(5) 运输安全注意事项

1) 根据运输量、构件特点，提前与运输承揽单位签订运输合同，提前制订运输计划。

2) 装卸时应轻拿轻放，文明装卸，车上构件应绑扎牢固，堆放合理，按产品的特性进行绑扎固定。

3) 与运输承揽单位签订行车安全责任协议，严禁野蛮装运。

9.9 外网钢结构的现场安装

9.9.1 现场安装思路

(1) 根据本工程的结构特点，在箱型弯扭构件的交错编织的节点处分段，在节点处相互交错的箱型构件，一侧取长段并在节点处制作成牛腿，一侧取短段。箱型构件最大分段重量约为 1.5t，铸钢支座重量约为 600kg，铸钢节点重量约为 600kg。如图 9.9-1 所示为箱形构件的分段图：

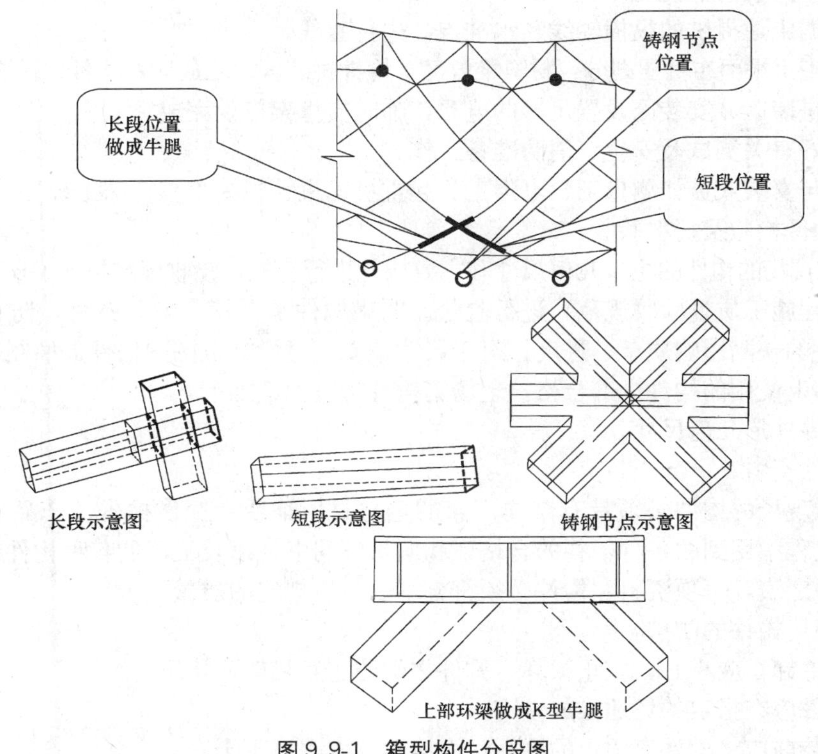

图 9.9-1 箱型构件分段图

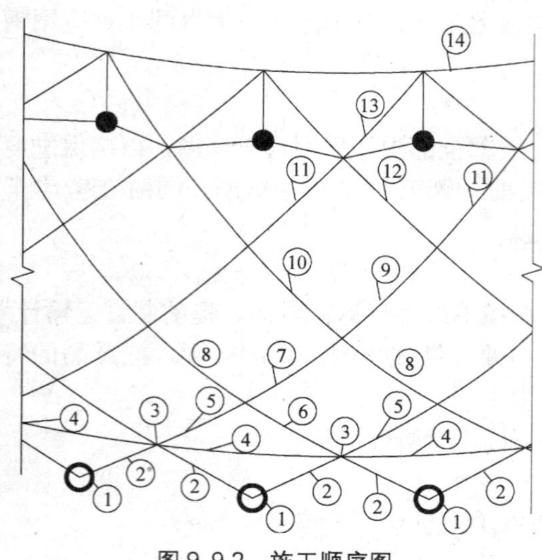

图 9.9-2 施工顺序图

（2）根据分段构件重量和现场塔吊的平面布置，构件的安装位置和重量均在塔吊的最小额定起重量范围内，因此利用现场的 3 台塔吊吊装，能够满足吊装要求。

（3）搭设满堂红脚手架作为外网架安装的临时支撑平台和操作平台。

9.9.2 施工顺序

本工程三个作业区同时施工，每个作业区分别由下至上施工，在同一作业区内根据分段位置逐节施工，在安装过程中脚手架随时配合。依次施工顺序为：地脚螺栓复测——铸钢制作安装——第一节脚手架搭设——第一节箱型构件安装——铸钢节点安装——第二节脚手架搭设——第二节箱型构件安装……第六节箱型构件安装。见图 9.9-2。

9.9.3 安装施工准备

（1）作业条件

1）根据正式施工图纸及有关技术文件编制施工方案已审批。对使用的各种测量仪器及钢尺进行计量检验复验。

2）根据土建提供的纵横轴线和水准点，进行验线。

3）按施工平面布置图划分：材料堆放区、构件拼装区、堆放区，构件按吊装顺序进场。

4）在拼装区、安装区设置足够的电源，临时支撑架搭设完成。

5）做好有关测试及安全、消防准备工作。

6）参与安装人员如测量工、电焊工、起重机司机、指挥工等特殊工种要持证上岗。

（2）构件检验及资料验收

对进入现场的构件的主要几何尺寸和主要构件进行复检，验收标准按照 GB 50205—2001《钢结构工程施工质量验收规范》进行验收。明确构件是否符合安装条件，防止安装过程中由于构件的缺陷影响质量、进度。对于尺寸偏差超过设计范围的构件退回制造厂家，必须保证结构上使用的构件全部合格。现场钢构件检查内容如下：

1）构件外形几何尺寸。

2）构件资料

对进入现场的构件必须带有制作厂家的钢材材质证明、探伤报告、产品质量合格证书、制作过程中用到的各种辅料的合格证和质量证明书，以及工厂的各种构件制作和焊接质量检验评定表，每项资料和构件必须符合本工程所规定的质量要求。

（3）现场构件的防护

1）构件卸车应小心，防止损坏，构件之间防止互相碰撞挤压。

2）构件应在指定的场地堆放整齐。

3）吊装前应将构件表面上的油污、泥沙和灰尘等清理干净。

9.9.4 脚手架搭设

(1) 现场情况

目前现场土建基础工程已施工完成，回填土施工已完成，在B轴线的混凝土结构外侧有立杆纵横间距均为1200mm，横杆步距为1500mm的双排脚手架。在现场的西侧A轴线处有地下室混凝土结构。

(2) 脚手架的构造设计

工程采用落地的满堂红脚手架，脚手架搭设范围为A轴线向外7m，向内5m（至B轴线处），环A轴线一周，高度为±0～30m。先由总包单位将脚手架搭设范围内场地平整，铺设碎石并夯实碾压，达到脚手架的地基承载要求。脚手架立杆均采用木脚手板铺底，先将结构杆件的所有节点投影到地面上，以地面上的投影点为承重位置的中心点，承重区域为1.2m×1.2m，采用立杆纵横两个方向间距均为400mm，横杆步距为400mm进行搭设，然后再以立杆纵横两个方向间距均为1200mm，横杆步距为1200mm进行向外扩充搭设，形成满堂红脚手架，随着外网钢结构的施工由下而上分层搭设，在每个节点下方700mm处铺设脚手板，作为操作人员的操作平台；在操作层下大横杆处兜设大眼平网，且必须兜至墙面；立杆均为单立杆搭设。在B轴线处因原有脚手架，因此采用对原有脚手架进行加固，使之成为间距和步距均为1.2m的脚手架，并与新搭设的满堂红脚手架连成整体，以增强脚手架的整体稳定性，满足钢结构的施工。在存有地下室楼板处，采取反顶的措施，以保证承载能力，脚手架平面布置，见图9.9-3。脚手架剖面，见图9.9-4。

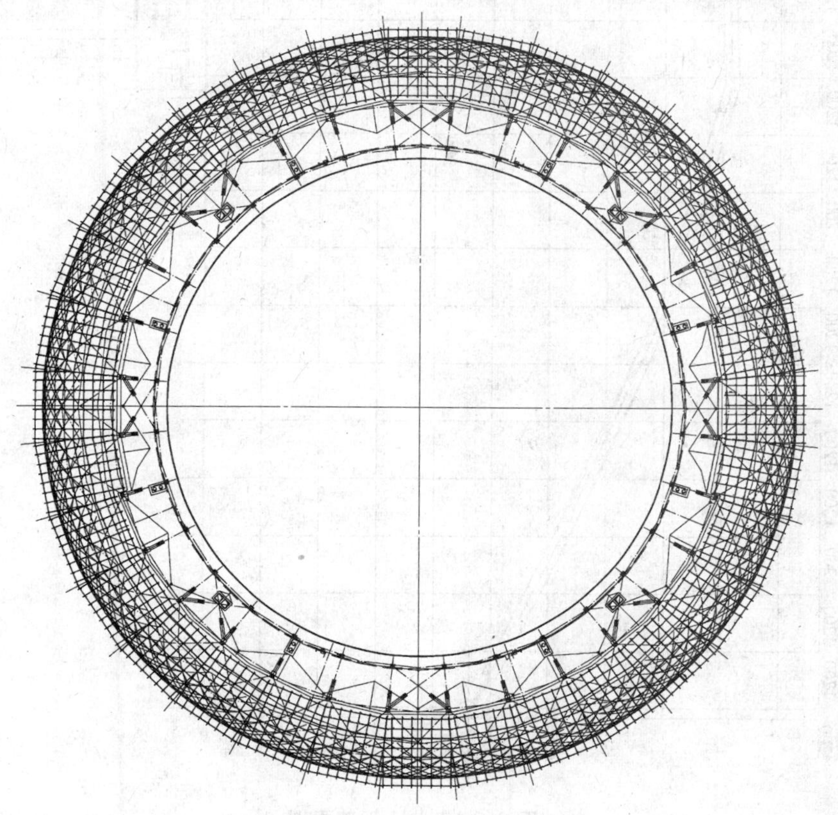

图9.9-3 脚手架平面布置图

1200
1200
1200
1200
1200
1200
1200
1200
1200
1200
28.084
23.400
1500
B
200
A

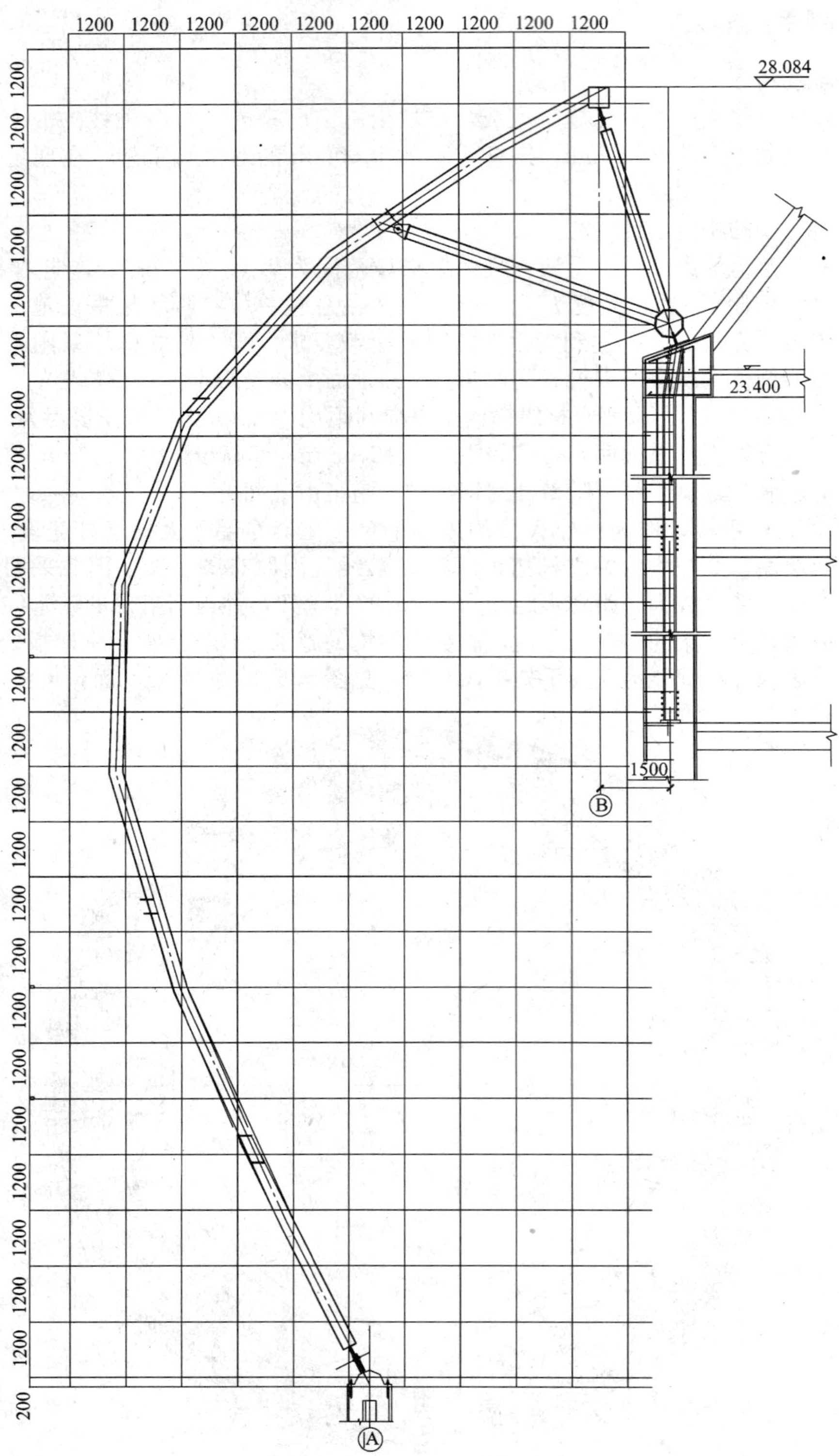

图 9.9-4 脚手架剖面图

(3) 脚手架搭设步骤

1) 脚手架基础布置

待土建专业基础施工完成并回填土完毕夯实完成后，立杆下铺设通长脚手板，并设排水沟。见图9.9-5。

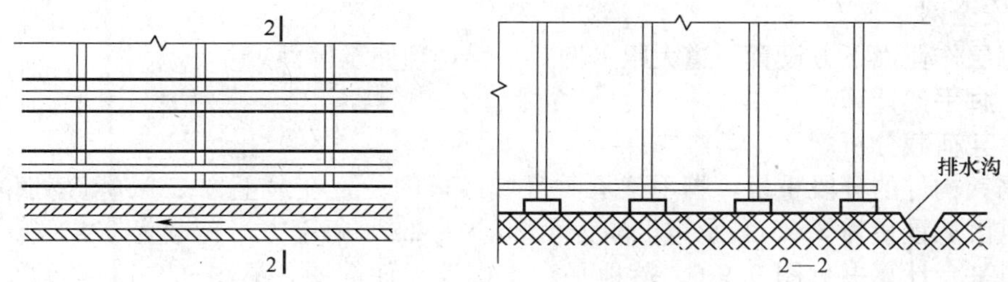

图9.9-5 脚手架基础布置图

2) 脚手架的立杆布置

起步立杆长为6m和4m（将接头错开），以后均用6m杆；采用对接扣件连接立杆接头，两个相邻立杆接头不能设在同步同跨内；各接头中心距主节点≤500mm；立杆必须沿其轴线搭设到顶，且超过所在结构高度1.5m。立杆下设50mm厚脚手板，长度不小于2500mm。立杆同步内隔一根立杆的两个相隔接头在高度方向错开大于500mm。接头至主节点距离不大于600mm。

3) 脚手架纵向水平杆布置

纵向水平杆采用6m钢管，步距1200mm；布置在立杆内侧。纵向水平杆作为横向水平杆的支座，与立杆交接处用直角扣件连接，不得遗漏；纵向水平杆接长采用对接扣件，接头与相邻立杆距离≤400mm；相邻纵向水平杆的接头必须相互错开，不得出现在同一跨内，且相邻接头错开500mm。同一步内纵向水平杆四周交圈，用直角扣件与内外角部立杆固定。

4) 脚手架水平杆布置

所有外架均须设置纵、横向扫地杆。纵向扫地杆用直角扣件固定在距垫板下200mm处的立杆上；横向扫地杆用直角扣件紧靠纵向扫地杆下方固定在立杆上。立杆基础不在同一高度上时，高处纵向扫地杆向低处延长两跨与立杆固定。边坡上方立杆距边坡不小于500mm。

5) 脚手架横向水平杆布置

每个主节点处均设置一根横向水平杆，贴紧立杆布置，搭于大横杆上并用直角扣件扣紧。其靠墙一端外伸长度不大于400mm，且距墙100mm。脚手板铺设层，在相邻立杆之间加设1根或2根横向水平杆（考虑脚手板的长度）；在任何情况下不得拆除作为基本构架结构杆件的小横杆。

6) 脚手架剪刀撑布置

结合分片搭设的区域划分，剪刀撑宽度为7跨8根立杆，高度为7根横杆，沿架高、架宽连续设置；剪刀撑斜杆为单杆，与水平面夹角约为45°～60°；斜杆接头采用搭接连接，搭接长度不小于100cm，除两端用旋转扣件与脚手架横向水平杆的伸出端或立杆扣紧外，在其中间增加2～4个扣节点。每个单片脚手架四面交圈设置剪刀撑，每隔四步设置水平剪刀撑。

7) 脚手板布置

脚手板采用对接平铺设置在小横杆上，对接处设双排小横杆，小横杆距脚手板端头≤150mm；操作面满铺脚手板，不得有空隙和探头板、飞跳板；脚手板用8号铅丝与小横杆（挡脚板为立杆）绑扎牢固，在人行走时无滑动。

8）行人马道的搭设

钢结构外网施工期间，操作人员行走马道均用脚手板铺设，并与混凝土楼板相连。操作人员可通过结构混凝土楼梯到达混凝土楼板上，在混凝土楼板与钢结构安装位置间铺设脚手板，供操作人员行走。

9）安全网

在每层作业面下方设置一道大眼平网，平网均须兜至墙面。

（4）脚手架计算

脚手架荷载分析

根据钢构件的分段重量，脚手架承重区域最重的位置在最上方28m标高处位置，最重的承重区域重量为3.23t，承重区域为1.2m×1.2m，每平方米荷载为23kN/m²。钢管落地卸料平台计算书见图9.9-6。落地平台支撑架立面简图，见图9.9-7。落地平台支撑立杆稳定性荷载计算单元，见图9.9-8。

扣件式钢管落地平台的计算依照《建筑施工扣件式钢管脚手架安全技术规范》JGJ 130—2001、《建筑地基基础设计规范》GB 50007—2002、《建筑结构荷载规范》GB 50009—2001、《钢结构设计规范》GB 50017—2003等编制。

参数信息：

基本参数：

立杆横向间距或排距 l_a(m)：0.40，立杆步距 h(m)：1.20；

立杆纵向间距 l_b(m)：0.40，平台支架计算高度 H(m)：28.00；

立杆上端伸出至模板支撑点的长度 a(m)：0.50，平台底钢管间距离（mm)：300.00；

钢管类型（mm)：ϕ48×3.0，扣件连接方式：单扣件，取扣件抗滑承载力系数：0.80。

荷载参数：

脚手板自重（kN/m²)：0.300；

栏杆自重（kN/m)：0.150；

材料堆放最大荷载（kN/m²)：23.000；

施工均布荷载（kN/m²)：4.000。

地基参数：

地基土类型：素填土；

地基承载力标准值（kPa)：120.00；

立杆基础底面面积（m²)：0.20；

地基承载力调整系数：1.00；

纵向支撑钢管计算：纵向钢管计算简图，见图9.9-9。

纵向钢管按照均布荷载下连续梁计算，截面几何参数为：

截面抵抗矩 $W=4.49\text{cm}^3$；

截面惯性矩 $I=10.78\text{cm}^4$。

荷载的计算：

脚手板与栏杆自重（kN/m)：

$q_{11}=0.15+0.3\times0.3=0.24\text{kN/m}$；

堆放材料的自重线荷载（kN/m)：

$q_{12}=23\times0.3=6.9\text{kN/m}$；

活荷载为施工荷载标准值（kN/m)：

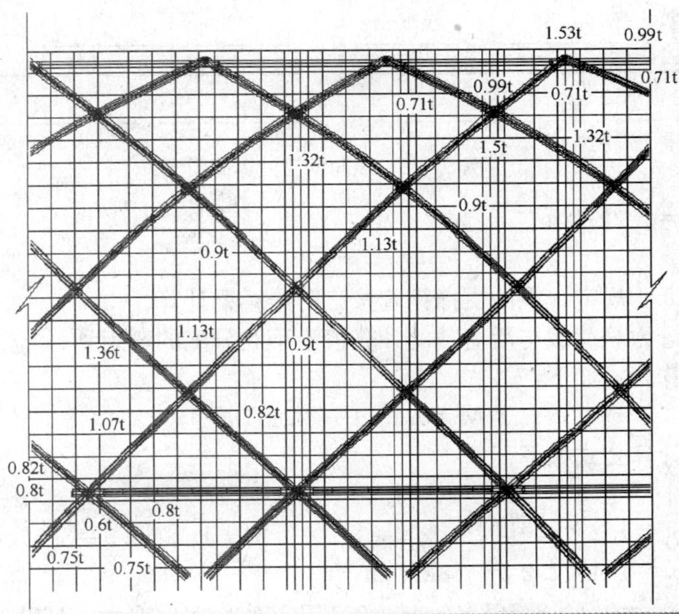

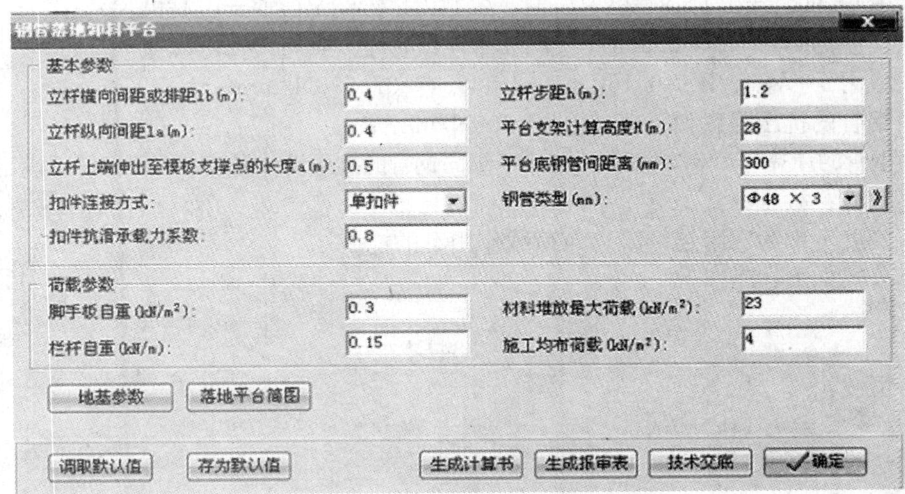

图 9.9-6 钢管落地卸料平台计算书

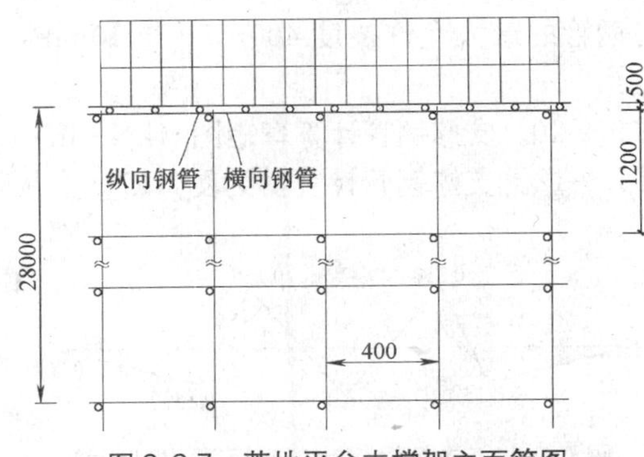

图 9.9-7 落地平台支撑架立面简图

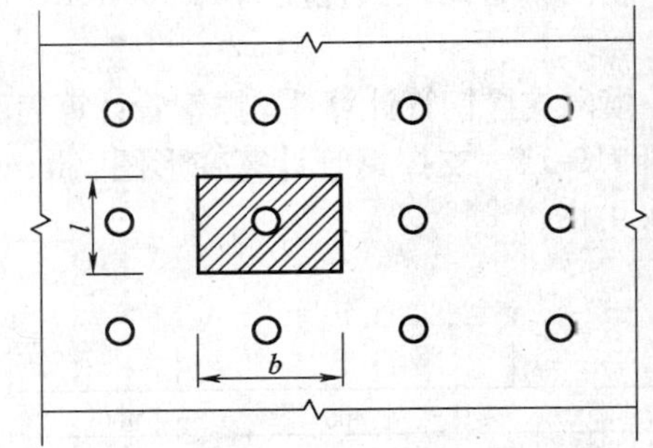

图 9.9-8 落地平台支撑立杆稳定性荷载计算单元

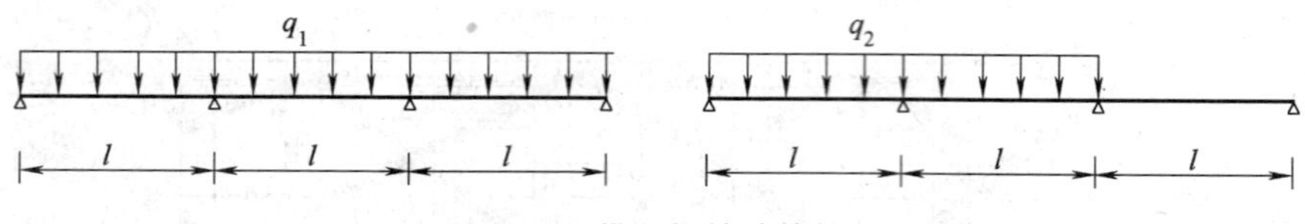

图 9.9-9　纵向钢管计算简图

$p_1=4\times0.3=1.2\text{kN/m}$。

强度验算

依照规范 5.2.4 规定，纵向支撑钢管按三跨连续梁计算。

最大弯矩考虑为静荷载与活荷载的计算值最不利分配的弯矩和；

最大弯矩计算公式如下：

$$M=0.1q_1 1^2+0.117q_2 1^2$$

最大支座力计算公式如下：

$$N=1.1q_1 1+1.2q_2 1$$

均布荷载：$q_1=1.2\times q_{11}+1.2\times q_{12}=1.2\times0.24+1.2\times6.9=8.568\text{kN/m}$；

均布活载：$q_2=1.4\times1.2=1.68\text{kN/m}$；

最大弯矩 $M_{\max}=0.1\times8.568\times0.4^2+0.117\times1.68\times0.4^2=0.169\text{kN}\cdot\text{m}$；

最大支座力 $N=1.1\times8.568\times0.4+1.2\times1.68\times0.4=4.576\text{kN}$；

最大应力 $\sigma=M_{\max}/W=0.169\times10^6/(4490)=37.536\text{N/mm}^2$；

纵向钢管的抗压强度设计值［f］＝205N/mm^2；

纵向钢管的计算应力 37.536N/mm^2 小于纵向钢管的抗压设计强度 205N/mm^2，满足要求！

挠度验算：

最大挠度考虑为三跨连续梁均布荷载作用下的挠度；

计算公式如下：

$$v=\frac{5ql^4}{384EI}$$

均布恒载：

$q=q_{11}+q_{12}=7.14\text{kN/m}$；

均布活载：

$p=1.2\text{kN/m}$；

$v=(0.677\times7.14+0.990\times1.2)\times400^4/(100\times2.06\times10^5\times107800)=0.069\text{mm}$；

纵向钢管的最大挠度为 0.069mm，小于纵向钢管的最大允许挠度 400/150 与 10mm，满足要求！

横向支撑钢管计算：支撑钢管计算简图，见图 9.9-10。支撑钢管计算弯矩图（kN·m），见图 9.9-11。支撑钢管计算变形图（mm），见图 9.9-12。支撑钢管计算剪力图（kN），见图 9.9-13。

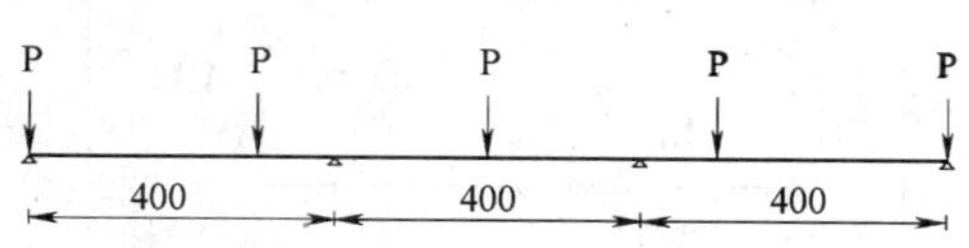

图 9.9-10　支撑钢管计算简图

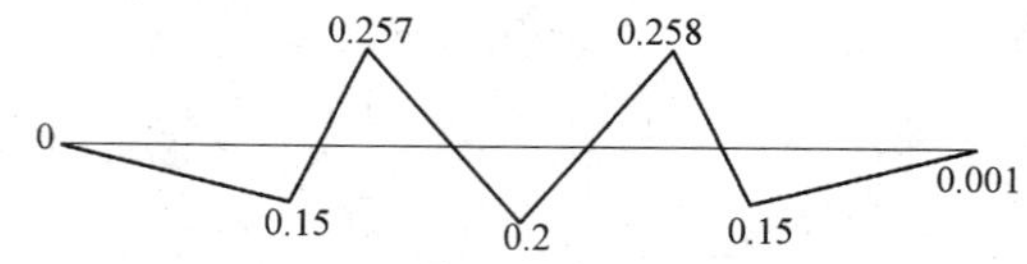

图 9.9-11　支撑钢管计算弯矩图（kN·m）

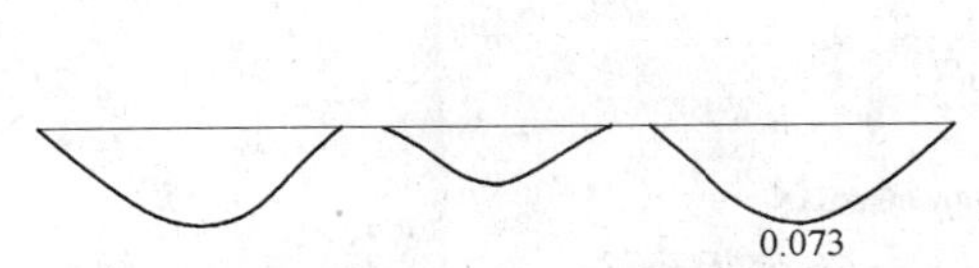

图 9.9-12 支撑钢管计算变形图（mm）

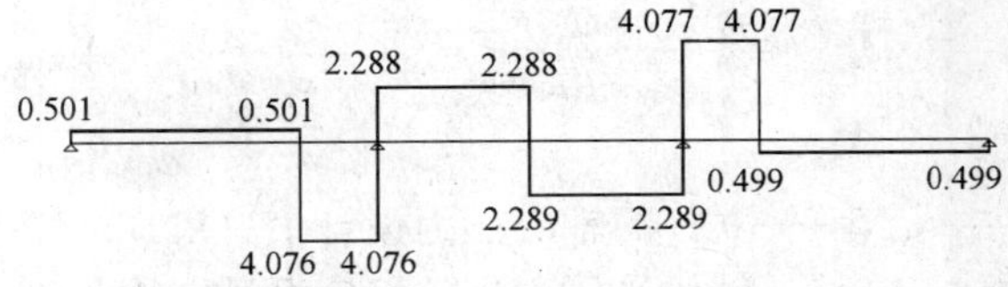

图 9.9-13 支撑钢管计算剪力图（kN）

支撑钢管按照集中荷载作用下的三跨连续梁计算；

集中荷载 P 取板底纵向支撑钢管传递力，P=4.576kN；

最大弯矩 M_{max}=0.258kN·m；

最大变形 V_{max}=0.073mm；

最大支座力 Q_{max}=6.366kN；

最大应力 σ= 57.359N/mm^2；

横向钢管的计算应力 57.359N/mm^{2}小于横向钢管的抗压强度设计值 205 N/mm^2，满足要求！

支撑钢管的最大挠度为 0.073mm 小于支撑钢管的最大允许挠度 400/150 与 10mm，满足要求！

扣件抗滑移的计算：

按规范表 5.1.7，直角、旋转单扣件承载力取值为 8.00kN，按照扣件抗滑承载力系数 0.80，该工程实际的旋转单扣件承载力取值为 6.40kN。

$$R \leqslant R_c$$

其中 R_c——扣件抗滑承载力设计值，取 6.40kN；

纵向或横向水平杆传给立杆的竖向作用力设计值 R=6.366kN；

R<6.40kN，单扣件抗滑承载力的设计计算满足要求！

模板支架立杆荷载标准值（轴力）计算：

作用于模板支架的荷载包括静荷载、活荷载和风荷载。

静荷载标准值包括以下内容：

脚手架的自重（kN）：

$$N_{G1}=0.149\times28=4.169\text{kN};$$

栏杆的自重（kN）：

$$N_{G2}=0.15\times0.4=0.06\text{kN};$$

脚手板自重（kN）：

$$N_{G3}=0.3\times0.4\times0.4=0.048\text{kN};$$

堆放荷载（kN）：

$$N_{G4}=23\times0.4\times0.4=3.68\text{kN};$$

经计算得到，静荷载标准值 $N_G=N_{G1}+N_{G2}+N_{G3}+N_{G4}$=7.957kN；

活荷载为施工荷载标准值产生的荷载。

经计算得到，活荷载标准值 N_Q=4×0.4×0.4=0.64kN；

因不考虑风荷载，立杆的轴向压力设计值计算公式

$$N=1.2N_G+1.4N_Q=1.2\times7.957+1.4\times0.64=10.445\text{kN};$$

立杆的稳定性验算：

立杆的稳定性计算公式：

$$\sigma=\frac{N}{\varphi AK_{H}}\leqslant[f]$$

式中 N——立杆的轴心压力设计值（kN）；$N=10.445$kN；

φ——轴心受压立杆的稳定系数，由长细比 L_0/i 查表得到；

i——计算立杆的截面回转半径（cm）：$i=1.59$cm；

A——立杆净截面面积（cm^2）：$A=4.24cm^2$；

W——立杆净截面模量（抵抗矩）（cm^3）：$W=4.49cm^3$；

σ——钢管立杆最大应力计算值（N/mm^2）；

$[f]$—— 钢管立杆抗压强度设计值：$[f]=205N/mm^2$；

K_H——高度调整系数：$K_H=1/[1+0.005\times(28-4)]=0.893$；

L_0——计算长度（m）；

如果完全参照《建筑施工扣件式钢管脚手架安全技术规范》，由公式（1）或（2）计算

$$l_0=k_1\mu h \tag{1}$$

$$l_0=h+2a \tag{2}$$

k_1——计算长度附加系数，见表 9.9-1，取值为 1.185；

μ——计算长度系数，参照《建筑施工扣件式钢管脚手架安全技术规范》表 5.3.3；$\mu=1.7$；

a——立杆上端伸出顶层横杆中心线至模板支撑点的长度；$a=0.5$m；

模板支架计算长度附加系数 k_1 **表 9.9-1**

步距 h(m)	$h\leqslant0.9$	$0.9<h\leqslant1.2$	$1.2<h\leqslant1.5$	$1.5<h\leqslant2.1$
k_1	1.243	1.185	1.167	1.163

公式（1）的计算结果：

立杆计算长度 $L_0=k_1\mu h=1.185\times1.7\times1.2=2.417$m；

$L_0/i=2417.4/15.9=152$；

由长细比 l_0/i 的结果查表得到轴心受压立杆的稳定系数 $\varphi=0.301$；

钢管立杆受压应力计算值；$\sigma=10444.64/(0.301\times424)=81.865N/mm^2$；

钢管立杆稳定性验算 $\sigma=81.839N/mm^2$ 小于钢管立杆抗压强度设计值 $[f]=205N/mm^2$，满足要求！

公式（2）的计算结果：

$L_0/i=2200/15.9=138$；

由长细比 l_0/i 的结果查表得到轴心受压立杆的稳定系数 $\varphi=0.357$；

钢管立杆受压应力计算值；$\sigma=10444.64/(0.357\times424)=69.002N/mm^2$；

钢管立杆稳定性验算 $\sigma=69.002N/mm^2$ 小于钢管立杆抗压强度设计值 $[f]=205N/mm^2$，满足要求！

如果考虑到高支撑架的安全因素，适宜由公式（3）计算

$$l_0=k_1k_2(h+2a) \tag{3}$$

k_2——计算长度附加系数，按照表 9.9-2 取值 1.058；

公式（3）的计算结果：

$L_0/i=2758.206/15.9=173$；

由长细比 l_0/i 的结果查表得到轴心受压立杆的稳定系数 $\varphi=0.237$；

钢管立杆受压应力计算值；$\sigma=10444.64/(0.237\times424)=103.939\text{N/mm}^2$；

钢管立杆稳定性验算 $\sigma=103.939\text{N/mm}^2$ 小于钢管立杆抗压强度设计值 $[f]=205\text{N/mm}^2$，满足要求！

模板承重架应尽量利用剪力墙或柱作为连墙件，否则容易存在安全隐患。

模板支架计算长度附加系数 k_2 **表 9.9-2**

H(m) $h+2a$ 或 u1h(m)	4	6	8	10	12	14	16	18	20	25	30	35	40
1.35	1.0	1.014	1.026	1.039	1.042	1.054	1.061	1.081	1.092	1.113	1.137	1.155	1.173
1.44	1.0	1.012	1.022	1.031	1.039	1.047	1.056	1.064	1.072	1.092	1.111	1.129	1.149
1.53	1.0	1.007	1.015	1.024	1.031	1.039	1.047	1.055	1.062	1.079	1.097	1.114	1.132
1.62	1.0	1.007	1.014	1.021	1.029	1.036	1.043	1.051	1.056	1.074	1.090	1.106	1.123
1.80	1.0	1.007	1.014	1.020	1.026	1.033	1.040	1.046	1.052	1.067	1.081	1.096	1.111
1.92	1.0	1.007	1.012	1.018	1.024	1.030	1.035	1.042	1.048	1.062	1.076	1.090	1.104
2.04	1.0	1.007	1.012	1.018	1.022	1.029	1.035	1.039	1.044	1.060	1.073	1.087	1.101
2.25	1.0	1.007	1.010	1.016	1.020	1.027	1.032	1.037	1.042	1.057	1.070	1.081	1.094
2.70	1.0	1.007	1.010	1.016	1.020	1.027	1.032	1.037	1.042	1.053	1.066	1.078	1.091

注：以上表参照《扣件式钢管模板高支撑架的设计和使用安全》(作者：杜荣军)

立杆的地基承载力计算：

立杆基础底面的平均压力应满足下式的要求

$$p\leqslant f_g$$

地基承载力设计值：

$$f_g=f_{gk}\times k_c=120\text{kPa};$$

其中，地基承载力标准值：$f_{gk}=120\text{kPa}$；

脚手架地基承载力调整系数：$k_c=1$；

立杆基础底面的平均压力：$p=N/A=52.22\text{kPa}$；

其中，上部结构传至基础顶面的轴向力设计值：$N=10.44\text{kN}$；

基础底面面积：$A=0.2\text{m}^2$。

$p=52.22\leqslant f_g=120\text{kPa}$。地基承载力满足要求！

9.9.5 施工工艺及施工方法

(1) 铸钢支座安装

1) 铸钢支座概况

铸钢支座是半径为 330mm 的实心铸钢半球体，通过 8 根 ϕ24mm 的地脚螺栓固定在混凝土基础结构上，上部还有连接箱型构件的连接耳板，每个铸钢构件重量约为 600kg。见图 9.9-14。

2) 铸钢支座安装方法

安装前根据结构平面测量控制线，将铸钢支座的安装定位线测放到混凝土结构平面上，并复测和校正地脚螺栓的位置，使每个预埋件的偏差严格控制在±2mm 之内，将轴线间偏差严格控制在±4mm 之内。定位轴线检查复核完毕。

利用塔吊将铸钢支座吊起至铸钢支座就位正上方 500mm 时使其稳定，对准螺栓孔缓慢下落，下落过程中避免磕碰地脚螺栓丝扣。

待铸钢支座落到混凝土面后，利用全站仪测量中心顶点坐标和两耳板孔位置的坐标，

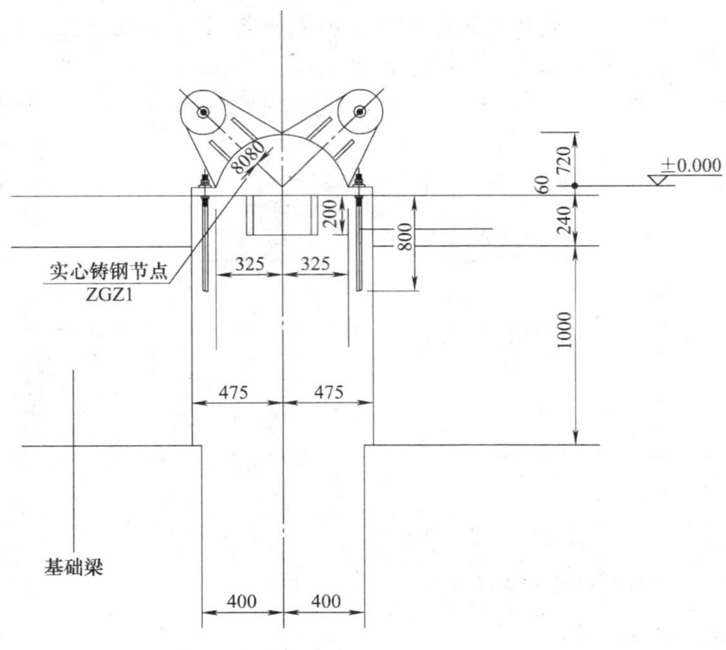

图 9.9-14 铸钢支座

并用千斤顶和楔铁调整。调整完毕后，将地脚螺栓的螺母拧紧固定。

（2）第一节箱型的构件安装

1）待脚手架搭设完毕后，利用塔吊吊起第一节弯扭箱型构件，在脚手架的空挡处，由上至下穿入就位位置，将构件下端通过销轴与铸钢制作的连接耳板连接，上端根据构件的就位大致方向放置于脚手架上，利用脚手架钢管将构件临时固定，塔吊摘钩进行下一个构件吊装。

2）在构件上端的脚手架上挂一个 3t 的手拉捯链，并在与构件连接好后，松开临时固定的脚手架钢管。利用全站仪定位构件上端的中心坐标，并用手拉捯链进行调整，待全站仪测定构件定位位置满足设计和规范位置后，再次利用脚手架钢管将构件临时固定，摘掉手拉捯链进行下一根构件的调整定位。

（3）铸钢节点和其他箱型构件的安装

1）待一圈的第一节箱型构件安装完毕后，进行铸钢节点安装，待一圈的铸钢节点安装完毕后，按照施工顺序进行其他箱型构件的安装。

2）铸钢节点及其他箱型构件安装与第一节箱型构件安装基本相同，即利用塔吊进行直接吊装，穿过脚手架，先对接下端接口并用临时连接板和安装螺栓进行临时固定，上端利用脚手架钢管临时固定在满堂红脚手架上。

3）按照第一节箱型构件的定位调整方法，在构件上部挂设手拉捯链进行精确定位调整后，利用脚手架钢管再次将构件临时固定在满堂脚手架上。

（4）上部的球形支座和其他连接杆件的安装

上部的球形支座的安装方法与铸钢支座的安装方法相同，其他连接杆件的安装利用塔吊进行直接吊装，并用销轴固定。

（5）塔吊盲区内的构件安装

根据现场塔吊平面布置，在 1/23～1/24 轴处的构件位于塔吊的盲区内，该部分构件，最大重量为 1.5t，就位高度为 28.04m。根据现场实际情况，采用 50t 汽车吊．作业半径取 14m，吊车在此位置的额定起重量为 4.6t，满足现场吊装要求。见表 9.9-3。

吊装工作幅度数据 表 9.9-3

工作幅度 m	不支第五支腿、全伸支腿(侧方、后方作业)或支起第五支腿 360°作业				
	吊臂长度				
	基本臂 10.70m	主臂 18.05m	主臂 25.40m	主臂 32.75m	主臂 40.10m
3.0	50000				
3.5	43000				
4.0	38000				
4.5	34000				
5.0	30500	24700			
5.5	28000	23500			
6.0	24000	22200	16300		
6.5	21000	20000	15000		
7.0	18500	18000	14100	10200	
8.0	14500	14000	12400	9200	7500
9.0	11500	11200	11100	8300	6500
10.0		9200	10000	7500	6000
12.0		6400	7500	6800	5200
14.0		4600	5100	5700	4600
16.0			4000	4700	3900
18.0			3100	3700	3300
20.0			2200	2900	2900
22.0			1600	2300	2400
24.0				1800	2000
26.0				1400	1500
28.0					1200
30.0					900
各节臂伸缩率	0	100	100	100	100
	0	0	33	66	100
	0	0	33	66	100
	0	0	33	66	100
倍率	12	8	5	4	3
吊钩重量	515		210		

9.10 钢结构测量控制

9.10.1 人员组织

根据工作量和工作难度，本工程拟安排：主要测量人员 3 名，负责工作安排，设备管理；测量配合人员 3 名，负责对测量工作的配合。

9.10.2 对施工图纸的了解及核对

拿到施工图纸以后，应及时查看，迅速了解和掌握本工程的技术要求以及施工特点。对本工程的钢结构测量控制制定一个详细的实施方案，要求能准确地、直观地反映出整个场区控制，做到精密、高效、无误。

9.10.3 现场测量控制网的建立

（1）施工平面控制网的建立

1）根据总包单位移交的点位和设计图中规定的定位条件，经深化设计建模后，以圆心为坐标原点，以1轴线为X轴，建立坐标系。并根据坐标系布设工作基点，见图9.10-1。

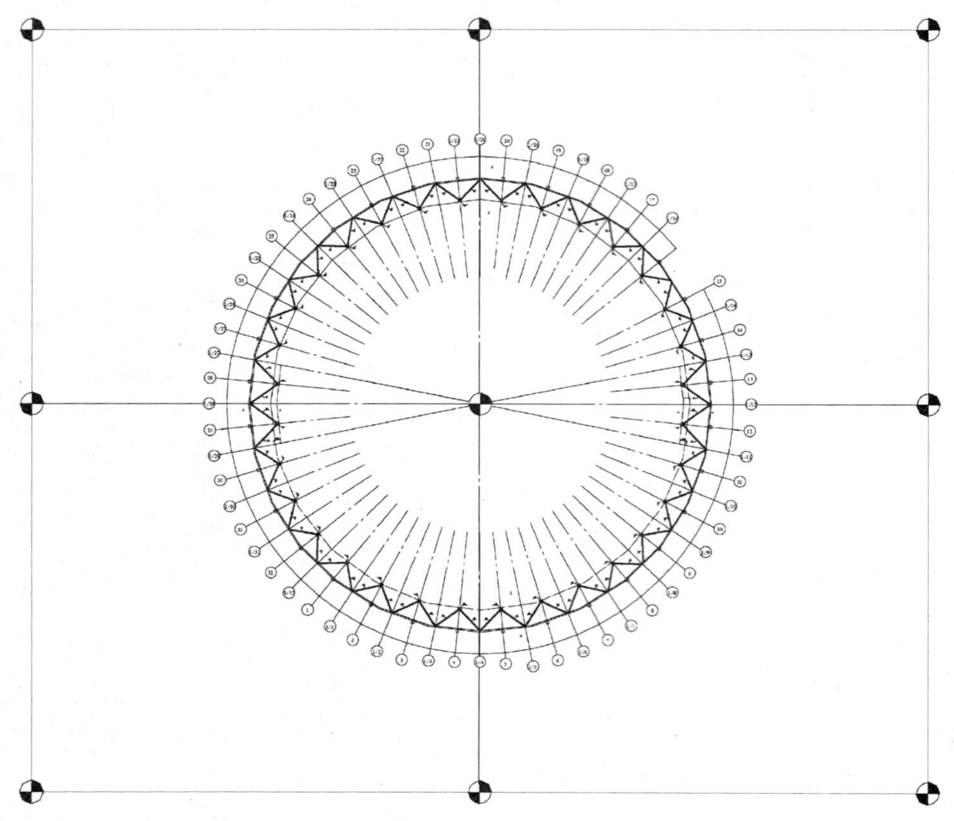

图9.10-1 施工平面控制网

2）选点时保证平面控制点两两通视，同时选择土质坚硬稳固，便于点位长期保存的空地，埋设预制的混凝土标桩，埋设深度约80cm，并在标桩四周1.5m^{2}范围打好测量标杆，用红白油漆涂刷成间隔20cm醒目的标志杆，围上铁丝保护，防止车辆等设备碾压使点位受损或移动，有利于长期使用。见图9.10-2。

（2）高程控制网的建立

根据总包移交的水准基准点，建立水准基点组。为了便于施工测量，水准基点组可选5～6个水准点均匀地布置在施工现场四周，水准点采用预制水准桩，桩内置ϕ＝20mm，

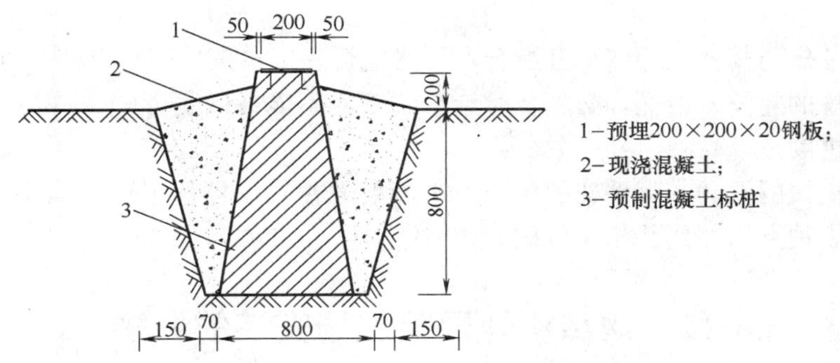

图 9.10-2 平面控制点标桩做法示意图

$L=550$mm 的钢筋，外露 20mm。见图 9.10-3。

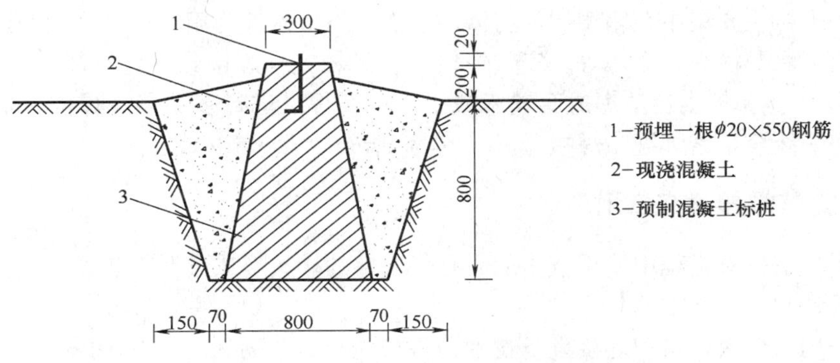

图 9.10-3 水准控制点标桩做法示意图

水准基准点组成闭合路线，各点间的高程进行往返观测，闭合路线的闭合误差应小于 $\pm 4N1/2$mm（N 为测站数）。各点高程应相互往返连测多次，每隔半月检查一次有否变动，以保证水准网能得到可靠的计算依据。经复测，资料符合要求后，用水准仪将标高引测至+1m 的墙面，分三个地方测设并用红漆标志，便于各点间相互复核检查，同时也作为向上引测高程的起始点。

9.10.4 安装过程中的测量控制

外网钢构件吊装定位全部采用全站仪进行精确定位，通过平面控制网和高层控制网进行坐标的转换，在吊装过程中对构件两端进行测量定位，发现误差及时修正。

9.10.5 保证钢结构测量精度措施

（1）一切测量工作必须按照《钢结构工程施工质量验收规范》GB 50205—2001 和《工程测量规范》GB 50026—2007 执行。

（2）用于本工程的所有测量工具必须经计量单位检测合格后才可使用，并定期对仪器进行自检、维护。施测时仪器、棱镜在阳光下或雨天均应打伞，做好仪器、棱镜的防雨、防光措施。

（3）不同的气温对测量仪器、工具、构件尺寸都有不同影响，测量结果也不一样。所以，测量工作在同一气温内进行较为准确，根据现场施工情况一般安排在早晨和傍晚进行。

（4）测量工作与其他工种应相互配合，严格执行三级检查，一级审核验收制度，对于测量工作中发现的超公差情况，必须及时给予纠正，不能让问题影响下一道工序的施工，以免影响工程进度。

（5）施工机械的振动、脚手架的遮挡对观测的通视、仪器稳定性等均有影响，所以，测量时应采用多种方法测量并相互校核。

9.11　钢结构外网架现场安装的焊接

9.11.1　焊接概述

本工程焊接主要集中在箱型构件与铸钢节点、箱型构件与箱型构件之间的连接。焊缝形式主要为：水平横焊、立焊等。安装焊接工程量较大，焊接难度比较高，针对此特点，拟运用 CO_2 气体保护半自动焊成套技术或手工电弧焊，进行多层多道焊接。主焊缝焊接质量等级为一级全熔透焊缝。焊接母材板厚为 10mm、12mm 不等。

9.11.2　安装焊接准备工作

（1）焊接前应对工程中使用较多的或有代表性的接头形式进行工艺评定试验，试验结果应达到设计和规定要求。

（2）采用的焊接材料和焊接设备技术条件应符合国家标准，性能优良。清渣、气刨、焊条干燥和保温等装置应齐全有效。

（3）焊接方法的选择

1）手工电弧焊

手工电弧焊主要用于定位焊接、打底焊接。

2）CO_2 气体保护焊

利用 CO_2 气体保护焊焊接主结构焊缝和难于焊接施工的位置。

（4）焊接材料的选择

1）焊条选择，见表 9.11-1

焊条材料数据　　**表 9.11-1**

钢材牌号	焊条型号	焊条直径(mm)
Q235-B	E4303	ϕ3.2～ϕ4.0
Q345-B	E5003	ϕ3.2～ϕ4.0

低氢焊条使用前应使用专用设备烘焙并设专人负责，焊条烘焙温度为 300～350℃，保温时间为 1～2h。

2）焊丝选择，见表 9.11-2

焊丝材料数据　　**表 9.11-2**

钢材牌号	焊丝型号	焊丝直径(mm)
Q345-B	HJ(ER)50-6	ϕ1.2
Q235-B	HJ(ER)50-2	ϕ1.2

3）CO_2 气体的选择要求

CO_2 气体必须采用优等品，并满足下表性能要求：见表 9.11-3

CO_2 气体材料数据　　表 9.11-3

项目要求	组分含量(%)	项目要求	组分含量(%)
CO_2 含量(V/V)≥	99.9	水蒸气+乙醇量(m/m)≤	0.005
液态水	不得检出	气味	无异味
油	不得检出		

9.11.3　焊接程序

焊前检查→装焊接衬板→定位焊→焊接→检验→填写作业记录表。

9.11.4　焊接顺序

（1）根据本工程的结构形式和结构特点，本工程竖向焊接顺序拟采用当构件安装到第三层时，焊接第一层的钢构件，然后逐层由下向上焊接。

（2）环向焊接顺序按现场的三个作业区，以轴线的安装顺序对称焊接。

（3）同一节点内的多个构件焊缝，采取对称焊接顺序。

（4）同一节点内的同一构件上的焊缝，先焊接翼缘板的焊缝，再焊接腹板的焊缝。

（5）在+5.069m 标高处和+28.084m 标高处的环向钢梁，属于封闭结构焊接，此部分焊接在 1、10、17、25 轴线处留设伸缩缝，待焊接应力释放完毕后，最后焊接。环向施工顺序，见图 9.11-1。

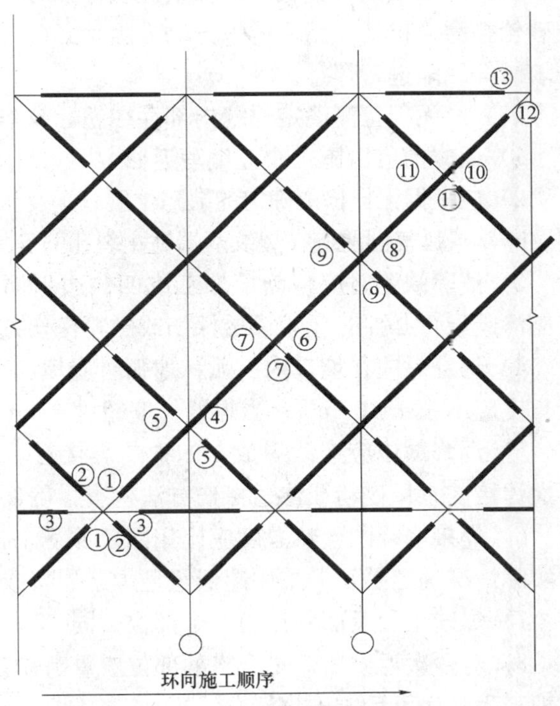

图 9.11-1　环向施工顺序图

9.11.5　一般规定

（1）焊前检查坡口角度、钝边、间隙及错口量应符合要求，坡口内和两侧的锈斑、油污、氧化皮等应清除干净。

（2）装焊焊接衬板，要求其表面清洁，衬板与母材应贴紧并与母材点焊牢固。

（3）焊接。第一层焊道应封焊坡口内母材与衬板之连接处，然后逐层逐道焊至填满坡口，每层焊完都应清除焊渣及飞溅物，出现焊接缺陷应及时磨去并修补后再焊。

（4）一个接口必须连续焊完，如不得已而中途停焊时，应保温缓冷，再炸时应重新按规定加热。

（5）焊后冷却到环境温度时进行外观检查，焊后 24h 进行焊缝 UT 探伤检验。

9.11.6 现场高空焊接的质量控制

(1) 焊接作业区风速当手工电弧焊超过 8m/s、气体保护电弧焊及药芯焊丝电弧焊超过 2m/s 时，应设防护棚或采取其他防风措施。

(2) 焊接作业区的相对湿度不得大于 90%。

(3) 当焊件表面潮湿或有冰雪覆盖时，应采取加热去湿除潮措施。

(4) 焊接作业区环境温度低于 0℃时，并由焊接技术责任人员指定出作业方案经认可后方可实施。

(5) 焊接作业区环境超出上述规定但必须焊接时应对焊接作业区设置防护棚并制定出具体方案，报监理工程师确认后方可实施。

(6) 定位焊必须由持相应合格证的焊工施焊，所用焊接材料应与正式施焊的母材相符。定位焊预热温度应高于正式施焊的预热温度。当定位焊焊缝上有气孔或裂纹时必须清除后重焊。

(7) 表面缺陷超过相应的质量验收标准时，对气孔、夹渣、焊瘤、余高过大等缺陷应用砂轮打磨、铲凿、钻、铣等方法去除，必要时进行补焊；对焊缝尺寸不足、咬边、弧坑未填满等缺陷进行焊补。

(8) 经无损检测确定焊缝内部存在超标缺陷时进行返修，返修应符合下列规定：

1) 返修前应由施工企业编写返修方案；

2) 应根据无损检测确定的缺陷位置、深度，用砂轮打磨或碳弧气刨清除缺陷。缺陷为裂纹时，碳弧气刨前应在裂纹两端钻止裂孔并清除裂纹及其两端各 50mm 长的焊缝或母材；

3) 清除缺陷时应将刨槽加工成四侧边斜面角大于 10°的坡口，并应修整表面、磨除气刨渗碳层，必要时应用渗透探伤或磁粉探伤方法确定裂纹是否彻底清除；

4) 焊补时应在坡口内引弧，熄弧时应填满弧坑；多层焊的焊层之间接头应错开，焊缝长度应不小于 100mm；当焊缝长度超过 500mm 时应采用分段退焊法；

5) 返修部位应连续焊成。如中断焊接时，应采取后热、保温措施，防止产生裂纹。再次焊接前宜用磁粉或渗透探伤方法检查，确认无裂纹后方可继续补焊；

6) 焊接修补的预热温度应比相同条件下正常焊接的预热温度高，并应根据工程节点的实际情况确定是否需采用超低氢型焊条焊接或进行焊后消氢处理；

7) 焊缝正、反面各作为一个部位，同一部位返修不宜超过两次；

8) 对两次返修后仍不合格的部位应重新制定返修方案，经工程技术负责人审批并报监理工程师认可后方可执行。

9.12 外网钢结构的质量保证措施

9.12.1 质量要求及保证体系

(1) 质量要求：合格。分项工程一次验收合格率 100%。

(2) 质量保证体系，见图 9.12-1。

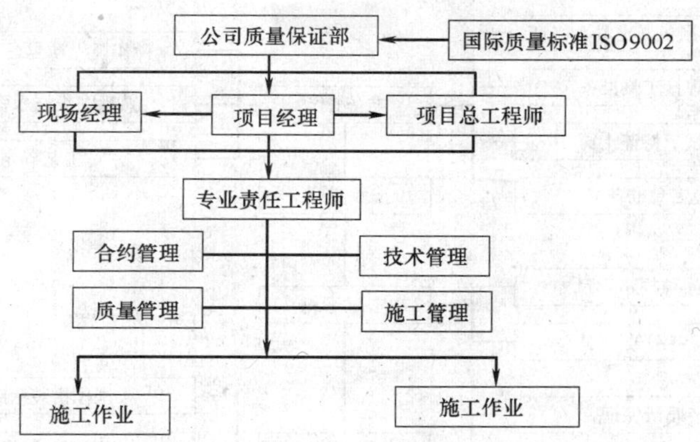

图 9.12-1 质量保证体系

9.12.2 质量检验程序

质量检验程序，见图 9.12-2。

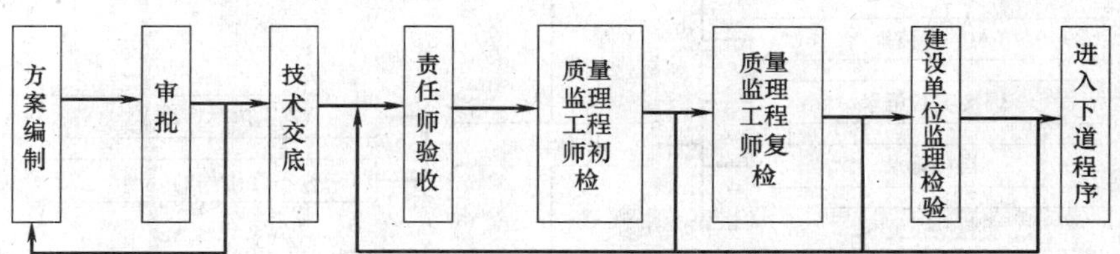

图 9.12-2 质量检验程序

9.12.3 质量检验依据

钢结构设计图纸和施工说明书。

《钢结构工程施工质量验收规范》GB 50205—2001；

《建筑钢结构焊接技术规程》JGJ 81—2002；

《涂装前钢材表面锈蚀等级和除锈等级》GB 8923—88；

《钢焊缝手工超声波探伤方法和探伤结果分级》GB 11345—89；

《气焊、手工电弧焊及气体保护焊焊缝坡口的基本形式与尺寸》GB 985—88。

9.12.4 过程质量控制

（1）制作过程质量保证，见图 9.12-3

（2）安装过程质量保证，见图 9.12-4

9.12.5 工程质量保证措施

（1）采购物资质量保证

项目经理部物资部负责物资统一采购、供应与管理，并根据 ISO 9002 质量标准和公司物资《采购手册》，对本工程所需采购和分供方供应的物资进行严格的质量检验和控制，主要采取的措施如下：

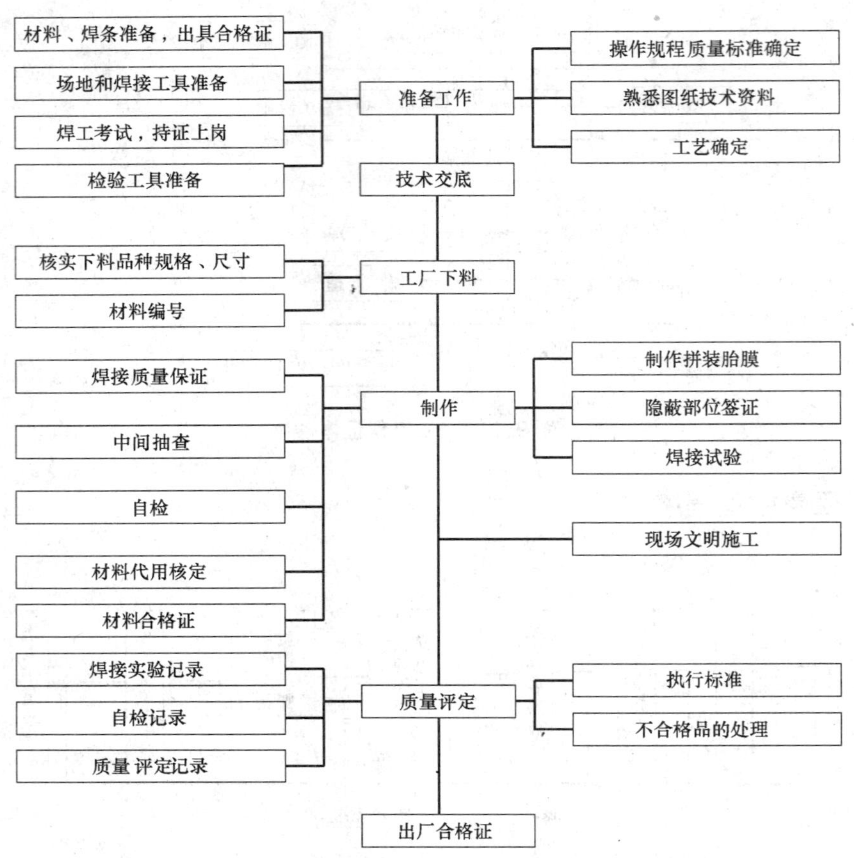

图 9.12-3 钢结构制作工程质量程序控制

1）采购物资时，须在确定合格的分供方厂家或有信誉的商店中采购。所采购的材料或设备必须有出厂合格证、材质证明和使用说明书，对材料、设备有疑问的禁止进货；

2）公司委托分供方供货，事先已对分供方进行了认可和评价，建立了合格的分供方档案，材料的供应在合格的分供方中选择；

3）实行动态管理。主管部门定期对分供方的业绩进行评审、考核，并作记录，不合格的分供方从档案中予以除名；

4）加强计量检测。采购物资（包括分供方采购的物资），根据国家、地方政府主管部门规定、标准、规范或合同规定要求及按经批准的质量计划要求抽样检验和试验，并做好标记。当对其质量有怀疑时，应加倍抽样或全数检验。

（2）技术保证措施

1）技术保证的组织

成立以项目总工程师为领导的项目技术领导小组，负责解决施工中的技术问题，并监督技术措施的落实，施工员负责落实技术措施。

2）施工准备的技术保证

在施工前对工程使用的材料编制必要的实验检验方案，对材料是否能满足实际要求的技术指标进行鉴定。同时对施工中需要进行焊接的特殊材料，如厚板等进行焊接工艺评

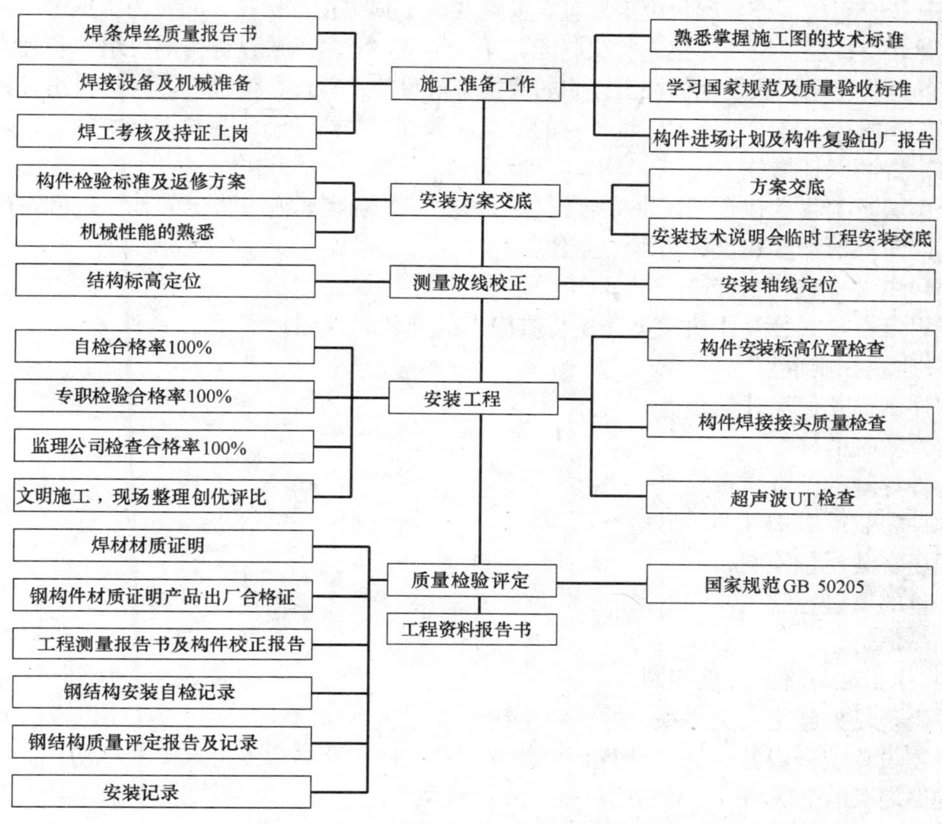

图 9.12-4 钢结构安装工程质量程序控制

定，获得各项相关的技术参数指导施工。在施工前根据现场的实际情况，由技术部门编制详细的专项施工方案，包括工厂制造方案、运输方案、吊装方案、焊接方案、季节性施工方案、测量方案、检测方案等，用于指导各个施工责任工程师与施工员施工。施工方案中明确方案适用的范围，在施工中投入的人力物力，施工的方法步骤，关键点的处理等。同时明确质量目标，安全防护措施。施工方案必须经过评审后才可投入施工。各项技术方案落实编制审核审批制度，做到技术问题责任明确。

3）施工中的技术保证

在施工班组进行施工前，施工负责人应针对班组进行技术交底与安全交底，使操作工人明确操作中的技术重点，操作步骤等，同时由技术部门下发专项施工指导书，进一步阐明施工中各个环节的操作方法。施工前，责任工程师检查施工班组是否按照技术方案与交底中的要求进行了施工前的准备，包括必要的材料、工具、防护用品是否配备整齐，当检查无误后责任工程师签署动工令，班组进行施工。在施工中，责任工程师随时检查施工班组的技术措施是否到位，施工步骤是否正确，各种防护用品是否完好可靠，对不符合技术要求的项目立即整改。

项目总工程师组织项目技术、质量部门进行定期或不定期的检查，对技术措施落实不到位的班组及责任工程师进行督促或给予经济上的处罚。

（3）资金保证措施

保证资金正常运作，确保施工质量、安全和施工资源正常供应。同时为了更进一步搞好工程质量，引进竞争机制，建立奖罚制度、样板制度，对施工质量优秀的班组、管理人员给予一定的经济奖励，激励他们在工作中始终能把质量放在首位，使他们能再接再厉，扎扎实实地把工程质量干好。对施工质量低劣的班组、管理人员给予经济惩罚，严重的予以除名。

(4) 合同保证措施

全面履行工程承包合同，加大合同执行力度，严格监督施工队伍的施工过程，严把质量关，同时热情接受建设和监理的监督。

(5) 质量检查控制程序

班组自检→安装专职质检员→项目质检人员→现场监理；

1) 质量控制重点

构件制作几何尺寸的检查；

弯管质量的检查；

构件焊缝的外观质量检查；

构件安装前对构件的质量检查；

现场安装质量控制；

测量的质量控制；

成品保护。

2) 施工准备阶段质量控制

进入现场的施工人员必须经过专业培训。

对建设单位提供的材料和设备必须进行检验，检验合格后方可在工程中使用。

构件加工运至现场后，要对构件进行外观和尺寸检查。发现问题及时同设计商量解决。

3) 现场安装的质量控制

严格按照安装施工方案和技术交底实施。

严格按图纸核对构件编号、方向，确保准确无误。

安装过程中严格工序管理。

4) 焊接质量保证措施

选用合格的焊接人员从事焊接操作。焊接材料、工具、机械及其他辅助材料必须有产品合格证，并按技术要求使用。焊接前必须清理焊口。

5) 测量质量保证措施

现场使用的测量仪器、钢尺必须定期检定。现场使用的钢尺必须与基础施工及构件加工时使用的钢尺进行校核。

6) 成品保护

焊接材料应放在室温在正温以上的干燥仓库中，严禁受潮后使用。

构件在安装前、后，无关人员均严禁在其上面走动或放置物品。

9.13 冬期施工措施

9.13.1 概述

根据以往气象资料，天津在 11 月中将进入冬施期，3 月初将解除冬施（实际时间根据现场实测，即连续5天的室外日平均气温低于5℃即进入冬施，当室外日平均气温连续5天高于5℃时解除冬期施工)。

本工程现场钢结构冬期施工的内容有：脚手架的搭设、钢结构安装、钢结构焊接、现场补漆等工作内容。

9.13.2 冬期施工资料、物资准备

(1) 派专人每天收集气温资料，并做好记录。

(2) 物资准备，见表9.13-1

钢结构冬施焊接材料、设备及辅助设备表　　表9.13-1

序号	名称	型号	容量	单位	数量	用途
1	电热保温筒		5kg	个	10	焊条保温
2	测温计	−20～600℃		个	6	用于预热及层间温度测量
3	高压氧气管	ϕ8mm		m	300	1个切割,1个气刨,3个预热
4	高压乙炔管	ϕ8mm		m	300	1个切割,1个气刨,3个预热
5	电焊把线	YH50mm^2		m	600	手工电弧焊用
6	石棉布			m^2	200	防火用
7	彩条布			m^2	100	覆盖、遮雪用
8	氧气表			块	12	气焊专用
9	乙炔表			块	12	气焊专用
10	氧气瓶			个	30	预热
11	乙炔瓶			个	10	预热
12	特制烤枪			把	12	预热

9.13.3 冬期施工管理措施

(1) 建立项目经理负责，各技术、生产部门的负责人牵头的冬施领导小组，抓好冬期施工的生产、安全和消防工作。

(2) 提高认识，加强管理，充分认识做好冬期施工安全生产工作的重要性。

采取有效防护措施，把“防高处坠落、防冻、防滑、防火、防中毒”作为冬期施工的重点工作。

(3) 各部门人员要认真落实安全生产责任制，根据气候变化做好安全生产交底书。

(4) 各施工班组必须对工人做好冬施交底，各工种施工必须严格执行冬期施工方案，并派专人对现场保温措施进行检查，维护。

(5) 强化塔吊等大型设备的管理，坚持每周一进行安全教育会，全体职工要遵守交通规则和安全技术操作规程，特别是机动车及塔吊司机作好机械的维护保养，每月进行一次大检修，保证刹车、机械零部件的灵敏可靠，以防失控造成损失。

(6) 强化施工现场防冻、防滑管理。及时清除施工现场的积水、积雪，在桁架端头的管口处用彩条布或塑料布进行对管口封闭，以避免雨、雪落入破坏结构。

落实劳动保护用品，确保从业人员冬期施工的御寒工作，高处作业人员必须穿防滑鞋，采取有效的防滑措施。

(7) 严禁雨、雪和大风、大雾天气强行进行施工作业。

(8) 对施工现场脚手架、安全网等防护设施的拆除，要严格执行审批制度，不得随意

拆除。

(9) 对施工现场进行重新规划、部署，对施工现场堆放材料场地搭设防雨、雪棚，并落实好在地面设置临时排水沟等措施。

(10) 强化施工现场易燃、易爆物品及防中毒管理。施工现场的易燃、易爆及有毒物品（如氧气、乙炔、油漆等）建立严格的管理制度，定点分类存放，并设置醒目标志，制定专人负责。宿舍与存放易燃、易爆及有毒物品不得在同一建筑物内。

(11) 施工现场严禁使用木柴、炭火取暖，防止烟气中毒及火灾等安全事故发生，并为使用有毒材料作业人员配备安全可靠的防护用具。

(12) 教育施工作业人员正确使用取暖设施，并采取有效措施保持施工作业场所和室内通风良好，严防中毒事故发生。

(13) 强化临时用电管理，加强现场临时用电管理，切实做好临时用电和生活用电的安全防护，对现场的配电室、配电箱及开关箱进行全面检查，凡不符合安全要求的必须立即更换。

(14) 认真检查维修漏电保护开关，确保灵敏可靠，严禁乱拉乱设用电线路和用电器，防止触电事故和火灾的发生。指定专人看管现场临时用电、临时用水设备。

(15) 强化高空坠落的管理

1) 施工现场洞口、安装平台上、临时爬梯、马道及周边区域，使用钢管等金属材料架设安全防护栏，并使用合格的安全密目网进行全封闭，同时要在防护栏周边设置醒目的预防高空坠落的安全警示牌。

2) 登高作业人员必须穿好防滑鞋、防护手套等防滑、防冻措施，并按要求带好安全帽、系好安全带。

(16) 强化消防管理

1) 做好作业区、生活区及仓库等重点部位的消防安全管理，做到提前防范、重点监控、及时排除事故隐患。

2) 合理有效地配置灭火器、消防桶等器材和相关消防措施。

3) 积极组织开展施工现场消防教育培训，掌握使用消防灭火器材及灭火、救护、逃生等基本常识。

4) 全面落实防火措施，实行严格的动火审批制度，并设置专门动火监护人，实行现场监护。

5) 明火作业时，要避开易燃易爆物品，操作完毕后认真清理现场，防止产生暗火。

6) 严禁在明火作业范围内，从事油漆等易产生挥发性气体的作业。

7) 严禁在施工现场吸烟、对各种用途的临时用房、仓库、堆料等合理布局，保证有足够的通道、防火间距，保证安全通道畅通、标识醒目。

9.13.4 钢结构冬期施工措施

(1) 冬期安装

1) 所有参加吊装人员在入场前进行冬期施工的安装、安全、防火教育及交底。

2) 各种作业人员应严格遵守本岗的操作规程。

3）雪后在钢结构吊装施工前，将钢构件、平台上的积雪、霜、冰用铁铲除去并扫净方可操作。

4）进入现场人员必须戴好安全帽，系好帽带，穿好防滑鞋，并带好安全带方可高空作业，安全带必须挂在安全绳上。

5）对要起吊的物件应先查看是否和地面或其他物体冻结，如冻结，先用手撬棍使其松动方可起吊。

6）风力大于五级、下雪、浓雾天气，停止高空吊装及安装的配套工序，如焊接、铺瓦、校正结构。

7）施工区域的马道、爬梯应设防滑木条等固定牢固，木条间距不大于30cm。

8）进入现场的钢构件堆放时，应堆放整齐，支垫合理，必要时加以覆盖。

夜间施工，施工区域内应有良好的照明。

（2）钢结构焊接作业

1）施工准备

A. 为了保证焊接质量，需搭设一定的防风措施（用苫布绕操作平台四周封闭高1.8m，按安全施工的要求搭设），并将平台平面上的洞、缝用石棉布盖严，以便防风及焊渣下落伤人。主要目的是为了防止保护气体被吹散和防止降温过快。

B. 二氧化碳气瓶应倒置24h后打开阀门把水放尽方可使用，防止冻结。瓶内气体高压低于1MPa时应停止使用。焊接前要先检查气体压力表上的指示，然后检视气体流量计并调节气体流量。

C. 焊接材料和焊接设备、技术条件应符合国家标准，性能优良，清渣加热，气刨、打磨、焊条保温、温度测量等装置应齐全就手。

D. 手工电弧焊及二氧化碳气体保护焊、焊材和设备。

E. 焊条应在高温烘干箱中烘干，低氢型焊条烘烤温度为：焊条在高温箱中加热到350～400℃后保温1.5h，再在高温中降温到110℃后保存；使用时从烘箱中取出立即放入100～110℃的焊条保温筒中，并须在4h内用完。用剩的焊条应重新放入高温中烘干后方可使用，焊条烘干次数不得超过两次，剩余焊条如未立即放回焊条保温筒中保存，则须重新烘干后方可使用。

F. 焊丝包装应完好，如有破损而导致焊丝污染或弯折紊乱时应部分废弃。

G. 焊机及电压应正常，地线压紧牢固接触可靠，电缆及焊钳无破损，送丝机应能均匀送丝，气管应无漏气或堵塞。

2）焊接工艺参数

A. 手工电弧焊：焊条直径4mm，电流170～180A，焊速150mm/min。

B. CO_2焊：焊丝直径1.2mm，电流280～320A（填充层）或250～290A（盖面层），电压29～34V（填充层）或25～31V（盖面层），焊速350～450mm/min，层间温度上限150℃，下限同预热温度，焊丝伸出长度约20mm，气体流量20～80L/min。

C. 预热：气温降至0℃以下时，根据材质要求对焊接部位周围10cm范围内用氧乙炔焰加热，测温点距焊缝50mm。厚度为36mm以上板材按照下表钢结构焊接规程要求进行预热。预热温度，见表9.13-2。

预热温度表 表 9.13-2

板材厚度(mm)	焊接方法	焊接位置	焊条牌号	直径	预热
Q345C 42	手工	横 焊	E50XX	3.2～4.0mm	66～100℃
Q345C 36	CO_2 气体	横 焊	H08Mn2si	1.2mm	66～100℃
Q345C ＜36	手工、CO_2 气体	各类	E50XX H08Mn2si		50～100℃

3）安装焊接程序及一般规定

A. 程序：焊前检查→预热→测温→焊接→保温或后热→检验→填写作业记录表。

B. 预热：焊前用特制烤枪在坡口及其两侧各 100mm 范围内的母材均匀加热，并用表面测温计测量温度，防止温度不符合要求或表面局部氧化。

C. 焊接：第一道应封焊坡口内母材与垫板之连接处，然后逐道逐层垒至填满坡口，每道焊缝焊完后都必须清除焊渣及飞溅物，出现焊接缺陷应及时磨去并修补。

D. 每道焊接层间母材温度应控制在 100～150℃左右，温度太低时应重新预热温度，太高时应暂停焊接，焊接时不得在坡口处的母材上打火引弧。

E. 遇大雪天时应停焊，环境温度低于零度时应按规范预热，后热措施施工，构件焊口周围及上方应有挡风雨设施，风速大于 6m/s（4 级风）时则应停焊。

F. 一个接口必须连续焊完，如不得已而中途停焊，再焊以前须重新按规定加热；外观检查在焊后冷却到环境温度时进行。

（3）冬期脚手架施工措施

1）严格按照经审批合格的脚手架施工方案进行施工。

2）定期检查脚手架区域的地面、基础、混凝土垫层、脚手架杆件有无下沉和变形情况。

3）在安装平台上利用安全网做临边防护。

4）及时做好脚手架的拉结措施，做好防风措施。

5）雨、雪后及时清扫脚手架、平台上的冰雪。

6）在脚手架上、爬梯上做防滑条，做好防滑措施。

7）在架体搭设时，各材料必须进行可靠传递，不得随意乱抛，同时施工人员必须系好安全带，在竖立杆时，必须有两人以上同时操作，以免立杆不稳。

8）六级以上大风和雨、雪天不可进行脚手架搭设，同时各架体材料放置必须稳妥。

9）搭设好的架体，使用过程中严禁随意拆卸，并且架体上严禁堆放材料，其上只允许放些临时零星材料，且放置要稳固。

10）建立严格完善的验收和检查制度。搭设好的脚手架在验收合格后方能投入使用，并要挂上验收合格牌。同时对脚手架应进行定期和不定期的检查，并安排专人对架体进行日常维护。

11）在恶劣天气（大风、雨、雪）前后，应对外架进行检查和加固，并在经过整体检查符合安全要求后才能继续使用。

9.13.5 冬期施工质量保证措施

（1）成立以项目总工为领导的项目技术领导小组，负责解决施工中的技术问题，并监督技术措施的落实，施工员负责落实技术措施。

(2) 在施工班组进行施工前，施工负责人应针对班组进行技术交底与安全交底，使操作工人明确操作中的技术重点，操作步骤等，同时由技术部门下发专项施工指导书，进一步阐明施工中各个环节的操作方法。施工前责任工程师检查施工班组是否按照技术方案与交底中的要求进行了施工前的准备，包括必要的材料、工具、防护用品是否配备整齐，当检查无误后责任工程师签署动工令，班组进行施工。在施工中，责任工程师随时检查施工班组的技术措施是否到位，施工步骤是否正确，各种防护用品是否完好可靠，对不符合技术要求的项目立即整改。

(3) 项目总工程师组织项目技术、质量部门进行定期或不定期的检查，对技术措施落实不到位的班组及责任工程师进行督促或给予经济上的处罚。

(4) 为保证本工程的顺利进行，达到技术合理先进的施工，在本项目中我们聘请了数名教授级高工等权威人士从焊接工艺、吊装工艺等各个环节对项目进行强有力的技术支持。

(5) 全面履行工程承包合同，加大合同执行力度，严格监督施工队伍的施工过程，严把质量关，同时热情接受建设监理的监督。

(6) 严格按照安装施工方案和技术交底实施。

(7) 严格按图纸核对构件编号、方向，确保准确无误。

(8) 安装过程中严格工序管理，做到检查上工序，保证本工序，服务下工序。

(9) 选用合格的焊接人员从事焊接操作。

(10) 焊接材料、工具、机械及其他辅助材料必须有产品合格证，并按技术要求使用。

(11) 焊接前必须清理焊口。

(12) 现场使用的测量仪器、钢尺必须定期检定。现场使用的钢尺必须与基础施工及构件加工时使用的钢尺进行校核。

(13) 焊接材料应放在室温在正温以上的干燥仓库中，严禁受潮后使用。

(14) 钢结构在安装前、后，无关人员均严禁在其上面走动或放置物品。

(15) 质量检查控制程序

班组自检→安装专职质检员→项目质检人员→现场监理。

(16) 质量控制重点

1) 构件制作几何尺寸的检查；

2) 构件焊缝的外观质量检查；

3) 构件安装前对构件的质量检查；

4) 现场安装质量控制；

5) 测量的质量控制；

6) 成品保护。

9.13.6 冬期施工安全保证措施

(1) 设专人清扫道路上的积雪、积水。

(2) 经常检查安全绳是否受冻变脆，如果变脆应立即更换。

(3) 使用榔头时，严禁戴手套，在上、下爬梯时手中不得持有任何物体。

(4) 现场用电设备设专人看管维护，严禁随意撤改。

(5) 冬期施工现场严禁使用裸线，电线铺设要防碾压，防止电线冻结在冰雪之中，大风雪后应对供电线路进行检查，防止断线造成触电事故。

(6) 冬期施工时设专人清理脚手架上的冰雪及残留物。大雪后必须及时清扫架子上的积雪，并检查马道平台，如有松动现象务必及时处理，注意马道的防滑。

(7) 电、气焊工更换施焊地点应断电、关气，氧气表、乙炔表应套上防风保温布套。

(8) 冬期保温用品要在安全地点码放好，四周设消防器材，各种可燃保温材料不准堆放在电闸箱、电焊机、变压器四周，防止电热自燃。

(9) 设专人管理现场明火使用。

(10) 施工现场冬期施工前要对电器设备进行检查，对已老化的线路和易发生冻裂破皮的及时更换并定期检查，电焊机的一、二次线必须绝缘良好，确保冬施安全。

(11) 高空作业必须做到防滑、防坠落，作业人员必须系安全带，对特殊危险性大的施工必须采取安全有效的措施和安全交底。五级以上大风严禁高空作业。

(12) 凡施工操作人员必须正确使用安全保护用品，遵守本工种安全规范，特殊工种必须持证上岗，严禁穿易滑鞋登高操作。

(13) 严格按照施工组织设计所布置的方案进行施工，不得随意乱占道路、乱占场地。

(14) 不乱倒水，防止人员滑倒。

9.13.7 冬期施工消防保卫措施

冬期施工期是消防，火警易发季节，项目管理人员应当将消防作为冬期施工项目的重要工作来抓。

(1) 禁止“拢火”随意燃烧现场可燃物烤手脚取暖。

(2) 加强焊接棚和其他用火地点的管理，配备消防器材，对高度危险点要有消防预案或配备专职看火员。

(3) 各施工班组要加强下班前隐蔽火源的检查清除。高空防护棚底铺薄钢板。用火源下方即时清除可燃废品和易燃油漆件及乙炔、氧气瓶。

10 沈阳奥林匹克体育中心——体育场工程项目看台板吊装施工方案

简介：体育场场区看台板为工厂预制成品看台板，其形式主要分为"⊢"型和少量的"一"型。看台板长度长、重量大且吊装距离比较远，吊装过程中容易破损。综合考虑上述因素，最终方案确定选用250t的履带吊进行看台板的吊装。吊装时选用了特制的翻身工具（摇车）、吊装工具（铁扁担和"一"字形看台板吊具）。有效地解决了看台板吊装和成品保护的困难。

10.1 编制依据

《奥体中心施工组织设计》；

看台板专家专题会议（2006年6月2日）；

《建筑施工手册》（第三版）；

看台板图纸（一、二层预制看台板）；

《混凝土结构工程施工质量验收规范》GB 50204—2002。

10.2 工程概况

沈阳奥林匹克体育中心—体育场工程是奥运会比赛场地之一，是沈阳奥体中心主体育场工程。工程于2006年3月1日正式动工到2007年6月31日达到满足测试比赛的要求，这一阶段，共历时487天，工期非常紧张。

为保证工期及施工质量，场区看台板采用预制成品看台板，大型预制板数量约为2000块。每层板情况见表10.2-1、表10.2-2。

首层看台板统计表 **表10.2-1**

板总数	最小板长	最小板重	最大板长	最大板重	吊具总重
1143块	8250mm	4.2t	10998mm	6.3t	0.8t

二层看台板统计表 **表10.2-2**

板总数	最小板长	最小板重	最大板长	最大板重	吊具总重
940块	10540mm	5.8t	12998mm	7.5t	0.8t

根据钢结构吊装顺序的安排，制定出预制看台板的吊装顺序。

10.3 施工总体安排

看台板厂家，需根据项目的总体进度计划，安排预制板的先后生产顺序，并能满足吊装的需要（按项目部提供的预制看台板进场计划表安排生产）。

10.3.1 劳动力组织

（1）吊装队伍需选择有吊装大型预制构件经验的施工队伍负责施工。吊装队伍劳动力组织见表10.3-1。

（2）施工前仔细查阅图纸，吊装班组长必须进行详细的书面技术及安全技术交底，并留存完整的技术交底记录。

（3）所有特种作业人员必须是经过按现行国家标准《特种作业人员安全技术考核管理规则》GB 5036考核合格的专业施工人员。

（4）各工种进场时必须进行三级安全教育和相应考核；经考核合格后方可进行施工，对特殊工种的各种教育和交底要有留存记录备查，对三级教育等概念不清的人员坚决不能录用，各工种应每周一参加经理部组织的安全及质量教育，且必须建立班前会制度。管理人员组织机构图见图10.3-1。

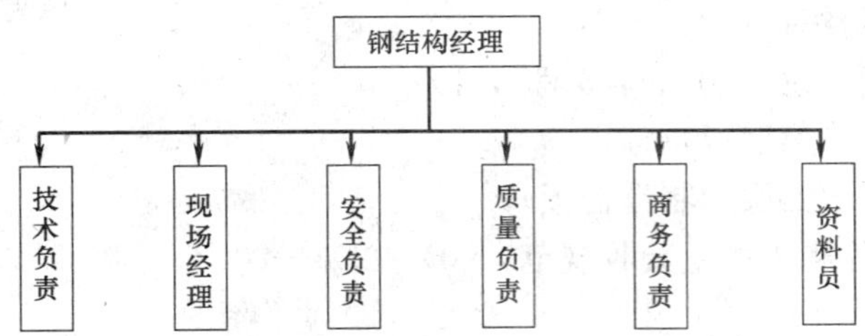

图10.3-1 管理人员组织机构图

吊装队伍劳动力组织一览表 表10.3-1

分类	管理人员	电工	安装工	测量工	电气焊工	吊车司机	信号工
人数	5	1	40	5	10	2	4

10.3.2 施工机具组织

施工机具见表10.3-2

施工机具 表10.3-2

序号	设备名称	型 号	单 位	数 量
1	履带吊	250t	台	2
2	钢丝绳	ϕ30 ϕ34.5 ϕ43 ϕ47.5	根	若干
3	卡环	M30、M24、M20	个	若干
4	白棕绳		m	若干
5	水准仪		台	4
6	水平尺		把	6

续表

序号	设备名称	型　号	单　位	数　量
7	对讲机		部	15
8	吊装专用吊具	每种型号	套	各4
9	5t软吊带	10m	副(两根一副)	20
10	撬棍	1m	根	20
11	交流焊机	400型	台	8
12	千斤顶	8t	个	8

10.3.3 构件堆放

(1) 在内环施工时，在施工现场内环道路里侧，堆放场需用压路机碾压平整。

(2) 构件在现场堆放时，见图10.3-2。

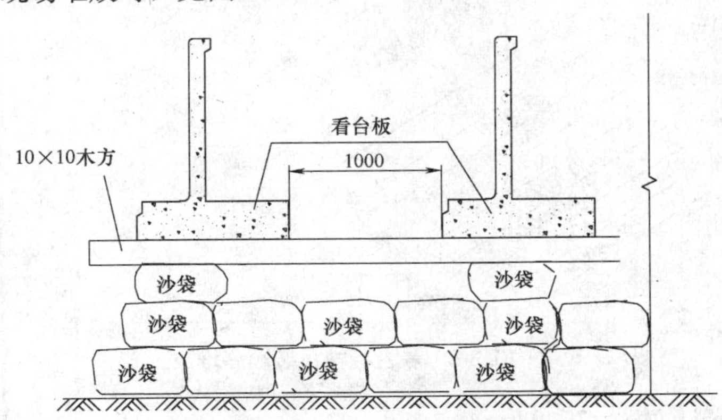

图10.3-2 构件现场堆放

(3) 看台板与看台板之间应留设1m宽的距离，以便于吊装时人进行操作。

(4) 看台板堆放场地，要用脚手管制作护栏围起来，并派专人进行看护。

(5) 看台板在堆放区按吊装的先后顺序进行码放。见图10.3-3。

10.3.4 构件吊具

(1) T型看台板吊装所使用的吊具

T型看台板是带有上下反梁的看台板。在吊装过程中，上一层板的前沿要压在下层板的上反梁上面见图10.3-4，如果用普通的吊带吊装在每一块看台板吊装完成后吊带无法撤出。

(2) 吊具的受力计算

1) T型看台板吊钩的受力计算

单个T型看台板最重9t，每个吊具承受重量4.5t，加吊具自重（约0.04t），考虑吊具不均衡受力适当放大，共计每个钓具承受重量5t。

型材和上部焊缝承受拉力 $P=50\times1.4=70\text{kN}$ 和弯矩 $M=70\times0.2=14\text{kN}\cdot\text{m}$。

A. 吊钩、方钢 □100×8：

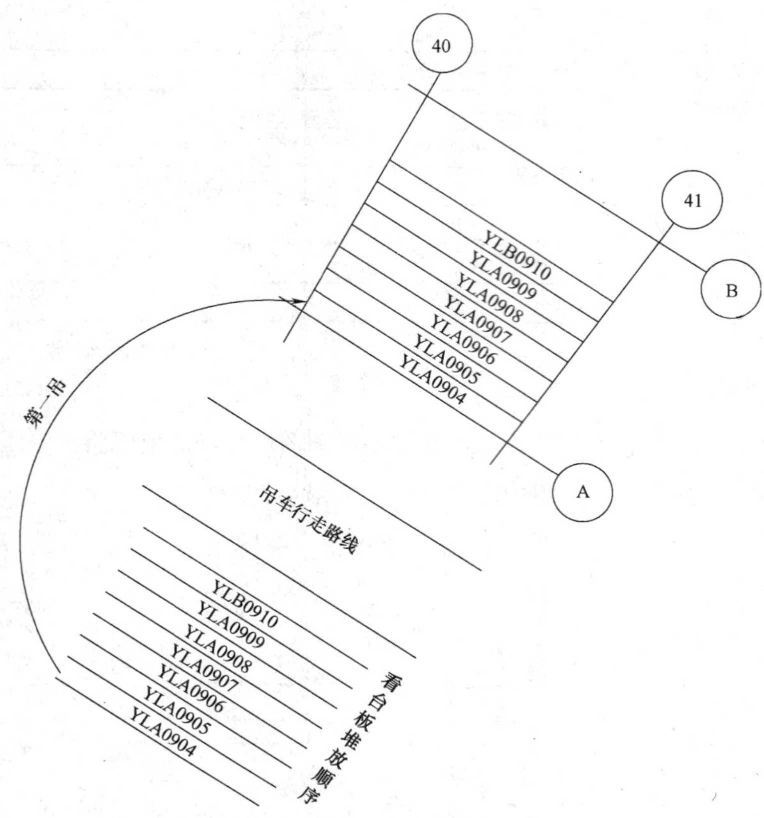

图 10.3-3 看台板按吊装顺序堆放

$A=27.791\text{cm}^2$，$W_x=75.92\text{cm}^3$

正应力：$\sigma=\dfrac{P}{A}=\dfrac{70\times1000}{27.791\times100}=25.188\text{N/mm}^2<215\text{N/mm}^2$

最大弯曲应力：$\sigma_{\max}=\dfrac{M}{\gamma_x W_x}=\dfrac{14\times10^6}{1.05\times75.92\times1000}=175.6\text{N/mm}^2<215\text{N/mm}^2$

型材满足要求。

B. 方钢采用对接焊缝，钢板的厚度为 $t=8\text{mm}$，

$$W_x=75.92\text{cm}^3$$

$$\sigma_{\max}=\frac{M}{\gamma_x W_x}=\frac{14\times10^6}{1.05\times75.92\times1000}=175.6\text{N/mm}^2<215\text{N/mm}^2$$

$$\tau_f=\frac{70\times1000}{1344}=52.1\text{N/mm}^2<125\text{N/mm}^2$$

$$\sqrt{\sigma_f^2+3\tau_f^2}=197.4\text{N/mm}^2<1.1\times215\text{N/mm}^2$$

满足要求。

2）一字形看台板吊具受力计算：

单个看台板最重 9t，加吊具自重 0.5t，每个吊具承受重量 4.75t，考虑吊具不均衡受力适当放大，每个吊点按 5t（50kN）计算。

A. 穿板螺栓计算

螺栓的为 $\phi40$

则 $A_{总}=3.1416\times D\times D/4=3.1416\times40\times40/4=1256.64\text{mm}^2$

插销所占洞口面积（按 10mm 宽的孔计算）：$A_{洞}=39\times5+2\times29\times(3.1416\times D\times D/4)/360=397.46\text{mm}^2$

$$A_{净}=1256.64-397.46=859.18\text{mm}^2$$

$$\sigma=T/A_{净}=5.0\times10000/859.18=58.2\text{N/mm}^2<215\text{N/mm}^2$$

B. 穿销板的受力计算：

穿销板每一面受剪力为 $T/2=2.5=25\text{kN}$

穿销板的规格为$-8\times(50\sim60\text{mm})$，最小截面的高度为 50mm 计算

钢板的抗剪设计值为 $f_v=125\text{N/mm}^2$

$$V=f_v\times A=125\times50\times8=50\text{kN}>25\text{kN}$$

C. 吊耳计算

孔壁计算：

吊耳采用$-20\times100\times100$ 的钢板，中间开 $\phi40$ 的孔

$$T=f_t^b\times \text{A1}=125\times30\times20=75\text{kN}>25\text{kN}$$

焊缝计算：由于耳板与槽 10 焊接，槽 10 的厚度 5.3mm，焊缝取 $h_f=t=5.3\text{mm}$（双面角焊缝）

$$f_t^w=160/\text{mm}^2$$

焊缝抗拉：$T=f_t^w\times L=160\times2\times5.3\times(100-2\times5.3)=151.6\text{kN}$

满足使用要求。

3）上部吊装使用的铁扁担受力计算

A. 铁扁担选用 H300×300×10×15，其自重设计值 $1.2\times8=9.6\text{kN}$。

本身强度计算：

$$V=56+9.6/2=60.8\text{kN}, M=60.8\times3.91=237.73\text{kN}\times\text{m}, A=120.4\text{cm}^2, W=1370\text{cm}^3$$

$$\tau=\frac{60.8\times10^3}{120.4\times100}=5.04\text{N/mm}^2<125\text{N/mm}^2$$

$$\sigma=\frac{M}{\gamma_x W_x}=\frac{237.73\times10^6}{1.05\times1370\times10^3}=165.3\text{N/mm}^2<215\text{N/mm}^2$$

满足要求。

B. 焊缝计算：

采用$-20\times200\times200$ 板，双面脚焊缝与铁扁担连接，$h_f=16\text{mm}$

则每个脚焊缝承受的力为 60.8kN，焊缝长度 200mm。

$$\sigma=\frac{60.8\times10^3}{0.7\times16\times(200-32)}=32.3\text{N/mm}^2<215\text{N/mm}^2$$

满足要求。

C. 吊孔计算：

下部吊孔：每个受力 60.8kN，孔边距 60mm，

则 $\tau=\dfrac{60.8\times10^3}{60\times20}=50.67\text{N/mm}^2<125\text{N/mm}^2$

上部吊孔：边距为 60mm，受力 112kN。

则 $\tau=\dfrac{112\times10^3}{60\times20}=93.3\text{N/mm}^2<125\text{N/mm}^2$。

图 10.3-4 反梁看台板安装

所以根据看台板截面形状设计出一种专用的吊钩来进行看台板的吊装见图 10.3-5，吊钩根据看台板的截面型号也分为十种，每一个吊钩经过计算都满足设计承载力的要求。

图 10.3-5 专用吊具

(3) T 型看台板吊具的使用

1) 先将看台板利用吊车将其翻身使看台板在地面上的摆放形式与安装后的状态相同，并使看台板下反梁与地面留出 200mm 以上的间隙，以便于吊具能够从看台板两侧顺利地进入看台板下部适合吊装的位置，每块看台板利用两个吊钩进行吊装。

2) 将吊钩利用钢丝绳与铁扁担相连，应该保证两个吊钩竖直吊装至看台板应在的位置，调整好与轴线距离后落钩。

3) 看台板下落调整稳定后吊钩继续下落，利用其自身重力在下落到一定高度后，利用人工向看台板方向后拉，就可以将吊钩卸下继续进行下一块板的吊装，可以做到省时省力的效果。

4) T 型看台板翻身过程一，见图 10.3-6；T 型看台板翻身过程二，见图 10.3-7；T 型看台板翻身过程三，见图 10.3-8；上吊具过程，见图 10.3-9；看台板就位，见图 10.3-10；吊具从看台板后方拆除，见图 10.3-11。

图 10.3-6 T 型看台板翻身过程一

图 10.3-7 T型看台板翻身过程二

图 10.3-8 T型看台板翻身过程三

图 10.3-9 上吊具过程

图 10.3-10 看台板就位

(4) 一字型看台板吊装所使用的吊具

1) 翻身工具

在看台与主结构横向主梁相交的地方，设计使用的是一字型预制混凝土看台板。一字型看台板在地面翻身及吊装过程中，如何能保证方便快捷又不损坏看台板都是本工程的难点及重点。根据其内部配筋结构和外形尺寸，在堆放过程中考虑到板的自身受力性能，需

图 10.3-11　吊具从看台板后方拆除

要将一字型看台板竖直放在地面上，防止自身重力破坏看台板。在吊装前不能用和 T 型看台板一样的翻身方法，所以就设计了一种摇车能够顺利地把看台板由竖直方向转变为平放并防止翻身的时候看台板损坏。看台板在相应的位置上预留两个螺栓孔，之后方便翻身和吊装之用。一字型看台板的地面摆设，见图 10.3-12。看台板翻身用的摇车，见图 10.3-13。

图 10.3-12　一字型看台板的地面摆放

图 10.3-13　看台板翻身用的摇车

2) 吊装工具

本工程一字型看台板的吊装与其他工程不同，一字型看台板吊装完成后看台板四周为全封闭结构。如果用其他吊具吊装，吊装完成后吊具无法撤出来，所以又设计了一种专门吊装一字型看台板的吊具见图 10.3-14、图 10.3-15，由一根托梁和两个吊梁组成两个连系杆，配合翻身所用的摇车共同使用，可以有效地解决一字型看台板吊装过程中出现的问题，并能够保证看台板不被破坏。

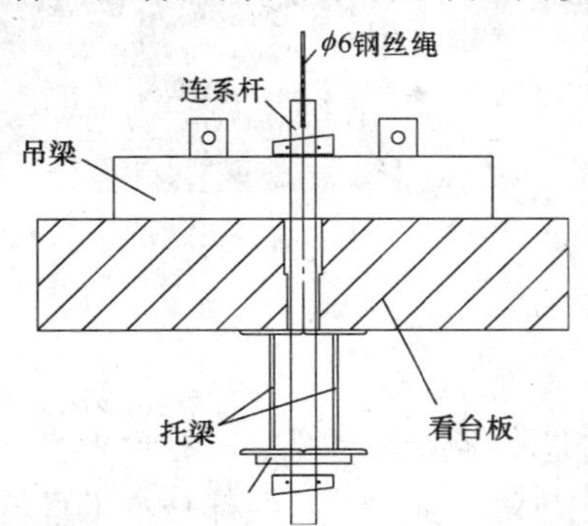

图 10.3-14　一字型看台板吊具图

3) 吊具的使用

A. 先将一字型看台板竖直吊起来，用人工将摇车的平面部分转向看台板，将两个连系杆插入看台板上的预留孔洞中，将连系杆上的钢丝绳连在铁扁担上利用吊车使看台板翻身。一字型看台板翻身过程见图 10.3-16。

B. 再用粗钢丝绳将吊梁上的吊点和铁扁担相连，将摇车和吊梁拆卸开，利用吊车将看台板和斜梁一起吊装就位后落钩。一字型看台板就位，见图 10.3-17。

图 10.3-15 一字型看台板吊具

图 10.3-16 一字型看台板翻身过程

图 10.3-17 一字型看台板就位图

C. 看台板就位后拿掉连系杆上面的销子，利用两个连系杆上的细钢丝绳将托梁从看台板下部慢慢下落，然后从相邻一跨将托梁取出，进行下一块一字型看台板的吊装。吊装的卸放原理，见图 10.3-18。

图 10.3-18 吊梁的卸放原理

10.4 看台板吊装工程规划

10.4.1 内环看台板吊装

内环看台板有1143块，6月10日～7月20日用两台250t履带吊进行吊装，在内环吊装位置完成内环看台板的吊装工作，初步计划每日吊装40块，吊装时每跨从下向上依次进行吊装。从南八段、北八段分别向南一、北一段推进流水施工。

10.4.2 外环看台板吊装

外环看台板有940块，根据工程总体规划，7月20日要让出内环场地，7月21日～8月30日在外环吊装位置，完成外环看台板的吊装工作。选用两台250t履带吊内外同时进行。初步计划每日吊装30块，吊装时每跨从下向上依次进行。对于以上所诉看台板的吊装工作，总体吊装工期初步规划80个工作日完成。从南八段、北八段分别向南一、北一段推进流水施工。

10.4.3 本方案主要包括的工作内容

（1）履带吊的进出场和拆、组装；

（2）看台板的吊装就位；

（3）起重指挥和操作人员；

（4）吊索、吊梁及专用吊具。

10.4.4 本吊装工程执行以下规范、规程的要求

（1）工程建设起重施工规范；

（2）起重吊装安装操作规程；

（3）大型设备吊装工程施工工艺标准；

（4）建设单位和工程监理对吊装工程的各项具体要求。

10.4.5 施工工序

用吊具卡住看台板→吊具与铁扁担连接→检查→起吊→初就位→调平就位→与结构连接→板与板之间缝隙处理。

10.4.6 施工方法（T型看台板）

（1）按加工图纸制作铁扁担及吊具；

（2）将吊具从看台板两侧伸入看台板下部，固定住看台板，然后将吊具用钢丝绳、卡环与铁扁担连接。

（3）检查看台板与吊具之间、吊具与铁扁担之间是否连接好。

（4）每跨看台板吊装时，吊装顺序由低到高。卸车码放如图10.4-1。

（5）起吊时要慢，并派工人用绳索将看台板拉正，并由在堆放场地的信号工进行指

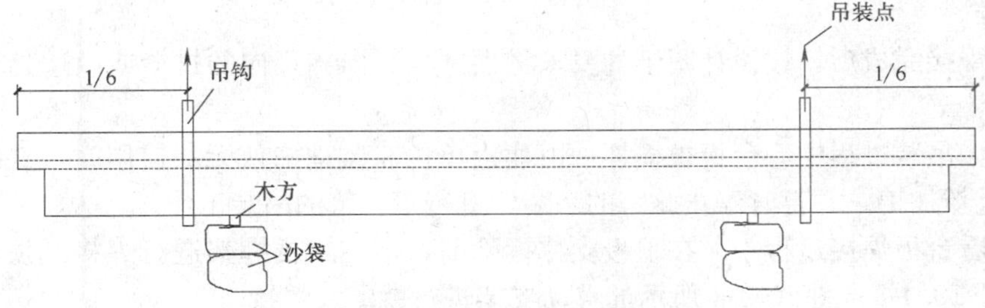

图 10.4-1 卸车码放

挥；快就位时，改由在看台上的信号工进行指挥。

（6）看台板吊装前，需对斜梁的平整度、标高进行测量；对偏差较大的，需用水泥砂浆找平。

（7）先在看台斜梁弹出十字定位线，同时在看台板上也需弹出与其对应的定位线。就位时，将两条线对齐，如图 10.4-2。

图 10.4-2 看台板安装

（8）用撬棍对看台板进行微调时，需在看台板下面用钢垫板做好保护措施，仰角部位严禁使用撬棍以免损害构件。

（9）在吊装过程中需用水准仪对看台板水平标高进行测量，且不少于 3 个点。标高不平时需用事先准备好的钢垫（1～10mm）进行垫平，标高及定位准确后方能落吊。

（10）看台板安装时，要使纵横缝宽窄均匀、相邻板面平整。

（11）因看台板高差相邻为 360mm，而看台板实际高度为 350mm，之间的 10mm 缝隙需用 10mm 的胶条垫起。其余部位上面用水泥砂浆坐浆，安装时要求湿坐浆。安装就位后检查安装质量，发现看台板底有缝隙用微膨胀注剂处理。

（12）与现浇看台板相交的板，因考虑浇筑完成后吊具无法拿出，需在看台板安装完成后，进行浇筑。

（13）板吊装完成后，需对相邻板及梁的埋件部位进行焊接。焊接的具体要求，以施工图纸为准。

（14）焊接完成后，按设计图纸的要求将预制板环向和径向的拼缝或收边处进行封闭处理。

（15）如吊装过程中看台板被损坏，由建设单位、监理确认无法使用时，立即通知构件场进行重新加工。并暂时停止此跨的吊装，进行下一跨的吊装工作。

（16）看台板焊接过程中，在顶板支撑拆除前，借用其支撑架进行焊接。顶板支撑拆除后采用图 10.4-3、图 10.4-4 所示的移动支架进行就位及焊接。

图 10.4-3 移动支架图一

图 10.4-4 移动支架图二

（17）为防止在二层看台板吊装时，因视觉原因产生恐惧，在二层看台板边用脚手管搭设防护，上挂密目安全网。见图 10.4-5。

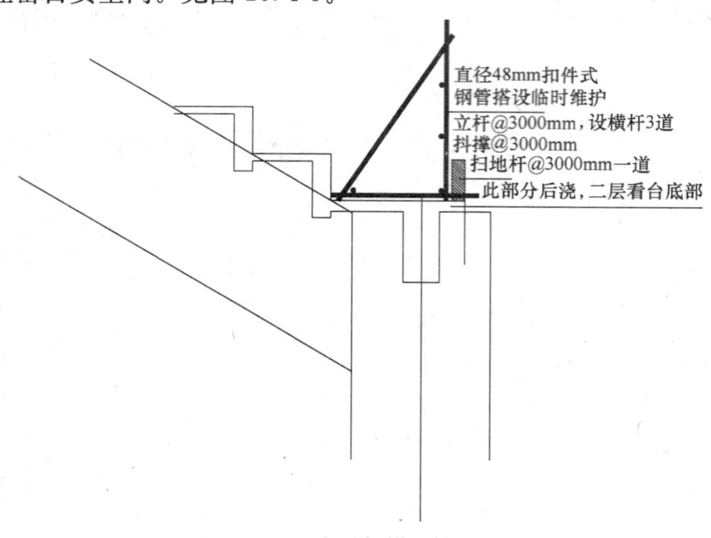

图 10.4-5 脚手架搭设防护设施

10.5 吊装技术要求

10.5.1 内环看台板的吊装

(1) 内环看台板的单件重量最重 6.3t、长度 11m。

(2) 计划使用两台 250t 履带吊，在体育场内侧的吊装位置完成内环看台板的吊装工作。

(3) 吊车使用主臂吊装参数如下：

1) 主杆长度：73.15m；

2) 最大作业半径：40m；

3) 额定吊重：15.6t；

4) 实际最大吊重：9t；

5) 符合率：57.7%。

10.5.2 外环看台板的吊装

(1) 外环看台板的单件重量 7.5t，最大长度 13m。

(2) 计划使用两台 250t 履带吊在看台内侧的吊装位置，完成外环看台板的吊装工作。

(3) 吊车使用主臂吊装参数如下：

1) 主杆长度：73.15m；

2) 最大作业半径：52m；

3) 额定吊重：8.7t；

4) 实际最大吊重：8.5t。

10.6 吊装场地和吊车移动路线处理

(1) 站车场地处理区域按照施工组织设计中划定的范围，其吊装区的地耐力要求大于 $25t/m^2$；平面度小于 2°。

(2) 需要吊车带载行走时，行进道路要满足吊车带载行走的基本作业条件。

(3) 在正式吊装之前要求进行试吊。吊车先使构件离开地面 200mm 静置 5min，以便认真检查承压地面、吊点位置、吊索连接等各个受力部位的实际状况，并确认无误后方可开始吊装工作。

(4) 在吊装工程确定后，还需要在施工现场对吊装场地划分与现场构件预制和拼装专业人员进行细致沟通。保证施工场地合理有效的使用，使沈阳奥林匹克体育中心看台吊装工程有序进行。

10.7 吊装工程主要步骤

(1) 吊车作业位置和吊车行车路线及作业区域场地平整处理；

（2）吊车进场、现场组车及试运行，并具备其吊装条件；

（3）吊装索具拴挂、调整、试吊；

（4）吊装前的安全质量检查及确认；

（5）内环看台板的吊装就位，在吊装过程中出现看台板断裂应及时处理：

1）看有无可替代看台板；

2）及时通知厂家补做看台板；

3）继续施工下一轴线；

（6）吊车的现场移位；

（7）外环看台板的吊装就位；

（8）吊车的现场拆除和撤离；

（9）体育场内、外看台板吊装工程完成。

10.8 质量保证体系及保证措施

10.8.1 质量保证体系

项目将严格按照ISO 9001国际质量体系标准运作，以专业管理和计算机管理相结合的科学化管理体制，以一流的技术、施工和服务以及严谨的工作作风，履行对建设单位的承诺，实现工程质量目标。

建立项目岗位责任制和质量监督制度，明确分工职责，落实施工质量控制责任，各岗位各负其职，定期对项目各级管理人员进行考核，并与奖金直接挂钩，奖励先进、督促后进。

项目质量组织管理体系：

建立由公司宏观控制，项目经理领导，总工程师策划、实施，现场经理和安装经理中间控制，专业责任工程师检查的管理系统，形成从项目经理部到各分承包方、各专业化公司和作业班组的质量管理网络。

10.8.2 允许偏差

（1）预制构件尺寸的允许偏差及检验方法，见表10.8-1。

预制构件允许偏差及检验方法 表10.8-1

项　目	允许偏差(mm)	检验方法
长度	5，－5	钢尺检查
宽度、高度	±5	钢尺量一端及中部，取其中较大值
侧向弯曲	L/750且≤20	拉线、钢尺量最大侧向弯曲处
预埋件中心线位置	10	钢尺检查
主筋保护层	＋5，－3	钢尺或保护层厚度测定仪量测
对角线差	10	钢尺量两个对角线
表面平整度	5	2m靠尺和塞尺检查
撬曲	L/750	钢尺检查

检查数量：同一工作班生产的同类型构件，抽查5%且不少于3件。

（2）板安装的允许偏差

1）相邻两块板表面平整度：3mm；

2）板标高：±5mm。

10.8.3 其他保证措施

（1）看台板应按标准图或设计要求的试验参数及检验指标进行结构性能检验。

（2）预制构件与结构之间的连接应符合设计要求。

（3）看台板接头与拼缝应符合设计要求。

10.9 成品保护措施

10.9.1 看台板成品保护主要方法

看台板施工时尽可能地通过合理、科学的安排施工工序和划分流水段施工来减少与钢结构及其他分项工程的施工交叉。通过在运输阶段、吊装阶段、钢结构安装阶段等各个阶段制定具体有效的成品保护措施，来达到对看台板保护的目的。

（1）运输阶段

1）看台运输前对路线进行考察，选择路况好的路线进行运输以免在运输过程中损坏。

2）根据看台板的形状及尺寸设计制作构件的运输架，以免损坏。

3）在运输过程中用纸壳对易破碎的棱角等部位进行保护。

4）看台板到场后，要对看台板的外观质量进行详细的验收，重点检查有无裂缝、阳角开裂等。

（2）吊装阶段

1）根据吊装方案，依次由下向上安装，安装过程中必须严格按照方案进行吊装。

2）起吊及放吊时，均需专人用绳索进行辅助就位，放吊时水平慢慢放下。

3）构件在现场倒运吊卸时，吊机操作应平稳。吊索具应尽量采用柔性材质（如吊带）。起重工经常检查吊索情况，对于有损伤的吊索具随时更换，保证构件在吊运中的安全性。

4）吊装时，起重工应认真检查吊具、吊索、吊钩、吊环及专用看台板的特制吊具，另外吊车的站位是否在安全系数内；施工区域内拴挂警戒线，并应有专人看管。

5）吊装人员安装时应先看好自己周边是否有危险品，确认安全后方可安装，认真听从指挥人员的口令，做到三不伤害。

（3）钢结构安装阶段

1）钢结构安装阶段是看台板保护的主要阶段，主要防护内容为电气焊火花及高处物体坠落。为保证看台板不被破坏，项目将采取双道防护措施，第一是在钢结构正在施工的区域放置清理干净的模板（要求上面的钉子等清理干净）对阳角及表面进行保护（如图10.9-1所示），并在模板上满铺阻燃草帘被。

2）要求钢结构作业人员加强对现场的管理工作，不许随意在屋面网架上存放东西，

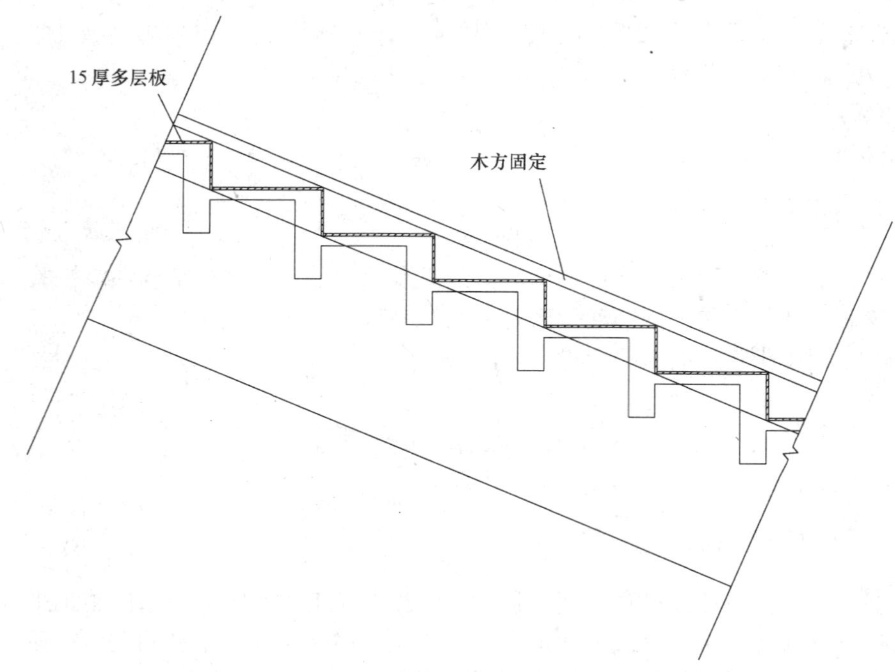

图 10.9-1 钢结构安装阶段保护措施

以免掉下来。

3）钢结构焊接人员必须符合现场的管理程序，开完动火证后，方可进行施工，设有专门防电焊火花设备。

4）派专人在看台上进行查看，严禁无关人员上看台。

（4）看台板成品保护其他措施

1）项目经理部对所有入场分包单位都要进行定期的成品保护意识的教育工作，依据合同、规章制度、各项保护措施，使分包单位认识到做好成品保护工作是保证自己的产品质量从而保证自身荣誉和切身利益的重要工作。

2）项目经理部制定月、周计划时，要根据总控计划进行科学合理的编制，防止工序倒置和不合理赶工期的交叉施工以及采取不当的防护措施，而造成的互相损坏、反复污染等现象的发生。

3）项目经理部技术部门对责任工程师进行方案交底，各责任工程师再对各分包单位主要管理人员进行技术交底及各分包单位对班组成员进行操作交底时，必须对成品保护工作进行交底。

4）接受作业的人员，必须严格遵守现场各项管理制度。所有作业人员必须接受成品保护人员的监督。

5）上道工序与下道工序办理交接手续，交接工作在各分包单位之间进行，项目经理部起协调监督作用，项目部各责任工程师要将交接情况记录、总结。

6）对每一块施工区域，在施工前要做好交通路线、材料存放场地、操作场地的划分，用编织布或标志绳做好围挡，禁止非专业施工人员或材料进入。同时现场做好总体交通引导，封闭不必要的通行线路，减少管理难度。

7）四个看台主出入口设固定成品保护人员，禁止闲散人员进入看台板区域。对出入人员进行相关检查，施工人员检查出入证（胸卡）和施工单，被携带出门物品检查出门手续。

8）奖罚分明，对成品保护工作做得好的单位和个人进行奖励，对不重视成品保护工作甚至故意破坏的进行严厉罚款等处罚。

10.10 安全组织体系

在公司总部安全部的领导下，以项目经理为首，由生产经理、安全总监、专业责任工程师，各分包单位等各方面的管理人员组成安全管理体系。

(1) 安全决策体系：由项目经理负责，组织制定项目各项安全管理制度、规定和管理办法，负责建立项目文明安全保证体系，保证工程项目安全经费投入。

(2) 安全监管体系：由项目执行经理负责，监督各项文明安全管理制度、规定及管理办法的落实工作。

(3) 安全技术体系：由项目总工程师及各专业经理负责，制定项目安全技术保障方案，实施安全技术管理。

10.11 安全措施

(1) 对体育场看台板吊装工程，在吊装工程确定后，还需要对吊装现场进行实地考察，应针对场地和设备构件的具体情况，编制出切实可行的吊装方案，作为实施吊装的施工依据。吊装方案必须按技术管理程序进行审批，并在吊装前对现场施工操作人员进行技术交底。

(2) 所有参加吊装工程的施工人员，必须进行三级安全教育和相应考试并熟悉大型构件吊装方案的方法与步骤，施工中应做到分工明确、责任落实、严格执行吊装方案的技术要求。

(3) 对本吊装工程，应配备两名专职的吊装安全员，具体负责各项吊装准备工作的监督、检查。

(4) 在吊起前，应进行一次试吊，同时组织一次吊装安全、质量大检查，并由安全、技术、质量及操作责任人员签字确认并经吊装总指挥签发总吊装令后，方可开始正式吊装工作。

(5) 对吊装工程所用的各台吊车、吊装索具、吊具必须具有合格证件，并保持其完好的使用状态，使用前还要进行认真的检查、确认。

(6) 看台板构件的吊装，应选择在良好天气条件下进行。风力大于六级时，不得进行大型构件的吊装作业。

(7) 对体育场的看台板构件吊装区域，应划出警戒线，与吊装无关的人员不得入内。

(8) 对吊车站车位置的承压地面，要求进行平整处理，吊装站车位置和吊车带载行走道路的地耐力不小于 $25t/m^2$。对存有地下管沟、窨井、地下电缆及其他隐蔽工程，必须采取可靠的安全技术措施。吊车空载行走的道路，其路面承压力不得小于 $20t/m^2$。道路宽度不小于12m，道路坡度不大于3°。

(9) 对吊装工程所有使用的吊索，使用的安全系数要求大于1.6倍。

(10) 吊装钢丝绳与看台板接触的部位，应采取加垫保护层的安全措施。

(11) 必须有统一的指挥，合理的安排施工次序。一定要使得各项吊装作业稳妥有序、达到被吊构件拼装的精度要求。

(12) 对吊装的各项准备工作，现场施工技术人员必须及时做好施工记录，并由施工作业负责人员签字，保证构件吊装达到准确对接、安全稳妥、有序进行。

(13) 起重机的行驶道路必须平整坚实，必要时，需铺设道木；

(14) 应尽量避免超载吊装及满负荷行驶；禁止斜吊，见图10.11-1。

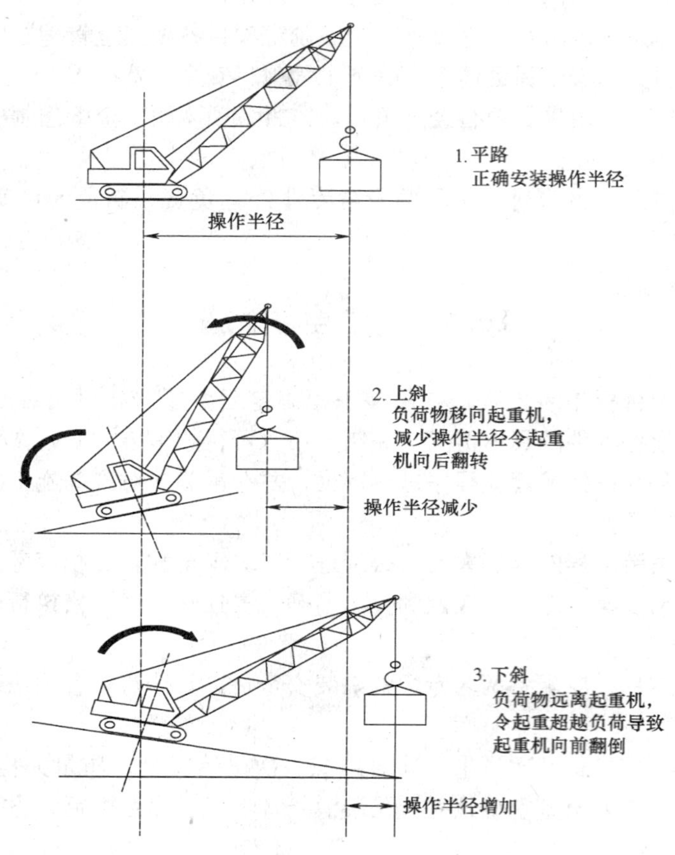

图10.11.1 吊装行驶示意图

(15) 绑扎用的吊索需经过计算，绑扎方法应正确牢靠。所有起重工具应定期检查。

(16) 禁止在六级风的情况下进行吊装作业。

(17) 指挥人员应使用统一指挥信号，信号要鲜明、准确。起重机操作人员应听从指挥。

(18) 操作人员在进行高处作业时，必须正确使用安全带、安全帽；高处操作人员使用的工具、零配件等应放在随身佩带的工具袋内，不可随意向下丢掷。

(19) 雨天进行高处作业时，必须采取可靠的防滑措施，作业处的雨水应及时清除。

(20) 地面操作人员，应尽量避免在高空作业的正下方停留或通过，也不得在起重机的起重臂或正在吊装的构件下停留或通过。

(21) 构件安装后，必须检查连接质量，只有连接确实安全可靠，才能松钩或拆除临时固定工具。

(22) 设置吊装禁区，禁止与吊装作业无关的人员入内。

10.12 环境保护措施

(1) 材料节约控制管理

1) 材料管理系统，加强对材料的管理，避免人为造成对材料的浪费。

2) 操作人员与一线管理者均使用熟练的专业技术人员。

3) 采用成熟的施工工艺，并且在施工准备阶段就注意设置节约材料措施。

(2) 降噪和预防光污染

1) 施工过程中可能产生碰撞，易发出噪声的部位使用木方绑扎。

2) 绿色施工管理部分，有专人负责有针对性地对噪声和光污染进行管理。

11　江西省奥林匹克体育中心主体育场工程

简介：本工程为钢结构悬挑型桁架结构，管桁架的节点大部分为相贯线节点，杆件和节点的深化设计及制作精度是一大难点。因管桁架整体长度大、重量大，吊装方法的选择必须保证在技术上和安全上切实可靠可行，并且大型钢桁架安装就位精度控制较难。在管桁架焊接过程中如何保证焊接质量和控制焊接变形是本工程又一难点。

针对以上重点和难点，将在以下章节中着重叙述和编制相应的解决措施。

11.1　工程概况、编制依据及重点与难点分析

11.1.1　工程概况

工程名称	江西省奥林匹克体育中心主体育场工程
施工范围	钢结构挑篷
结构概况	悬挑型桁架结构
质量标准	《钢结构工程施工质量验收规范》"合格"标准
工期要求	开竣工时间:2007 年 8 月 15 日～2007 年 10 月 15 日

工程为江西省奥林匹克体育中心主体育场工程钢结构挑篷，结构采用悬挑型主桁架、支撑次桁架、V 形柱及撑杆和三叉柱等组合而成。桁架均为钢管组合结构，钢管之间主要采用相贯节点处理。

钢结构挑篷最高高度 47.232m，支座标高 32.329m 和 32.829m，桁架最大长度约 57.2m，最大截面高度约 7.46m，最大宽度 3m，重量约 45t。

工程结构杆件和连接板材均采用 Q345B 级钢材，加劲肋板采用 Q235B 级钢材。当钢板厚度大于 40mm 时应满足《厚度方向性能钢板》Z15 级相关指标。铸钢材料选用 ZG310—570。工程总体结构图，见图 11.1-1。

11.1.2　编制依据

（1）主要依据的规范、规程

《钢结构工程施工质量验收规范》　GB 50205—2001

《碳素结构钢》　GB/T 700—2006

《直缝电焊钢管》　GB/T 13793—2008

《结构用无缝钢管》　GB/T 8162—2008

《无缝钢管尺寸、外形、重量及允许偏差》　GB/T 17395—2008

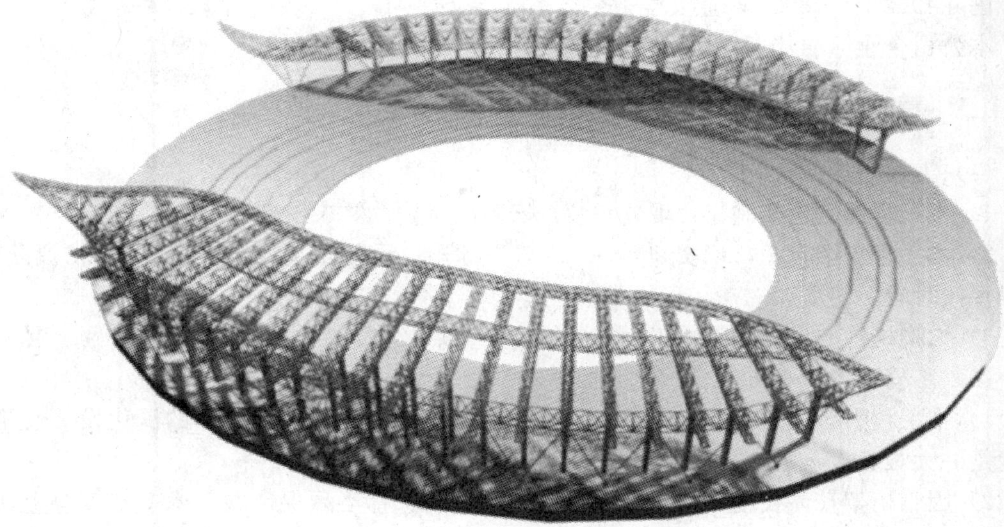

图 11.1-1 工程总体结构图

《低合金高强度结构钢》 GB/T 1591—2008
《建筑钢结构焊接技术规程》 JGJ 81—2002
《碳钢焊条》 GB/T 5117—1995
《低合金钢焊条》 GB/T 5118—1995
《气体保护焊用钢丝》 GB/T 14958—1994
《钢焊缝手工超声波探伤方法和探伤结果分级》 GB/T 11345—1989
《焊接接头机械性能试验取样方法》 GB 2649—1989
《铸钢件超声波探伤方法及质量评定等级》 GB 7233—1987
《涂装前钢材表面锈蚀等级和除锈等级》 GB 8923—1988
《钢结构高强度螺栓连接的设计施工及验收规程》 JGJ 82—1991
《厚度方向性能钢板》 GB 5313—1985
《工程测量规范》 GB 50026—2007
《施工现场临时用电安全技术规范》 JGJ 46-2005
《建筑施工扣件式钢管脚手架安全技术规范》 JGJ 130-2001
《建筑机械使用安全技术规程》 JGJ/T 33—2001
《建筑施工高空作业安全技术规范》 JGJ 80-1991

(2) 主要依据的法律、法规

《中华人民共和国建筑法》 主席令 1997 第 91 号
《中华人民共和国环境保护法》 主席令 1989 第 22 号
《建筑工程安全生产管理条例》 国务院令第 393 号
《建设工程质量管理条例》 国务院令第 279 号

(3) 其他

国际 ISO 9000 质量管理体系标准文件
国际 ISO 14000 环境管理体系标准文件

国际 OHSAS 18000 职业安全卫生体系标准文件

本公司企业标准及工程项目管理手册等

11.1.3 重点与难点分析

（1）工程重点

1）本工程对管桁架制作，现场拼装、安装的精确性要求较高。

2）本工程工期较短，切实地实现与土建、水电、设备安装等相关专业进行协调配合，是确保按时竣工的重点。

3）大型构件的运输也是本工程需要注意的重点之一。

（2）工程难点

1）本工程大跨度管桁架的节点大部分为相贯线节点，杆件和节点的深化设计及制作精度是一大难点。

2）因管桁架整体长度大、重量大，吊装方法的选择必须保证在技术上和安全上切实可靠可行，并且大型钢桁架安装就位精度控制较难。

3）在管桁架焊接过程中如何保证焊接质量和控制焊接变形是本工程又一难点。

11.2 现场组织管理机构

11.2.1 管理人员组织机构

管理人员组织机构图，见图 11.2-1。

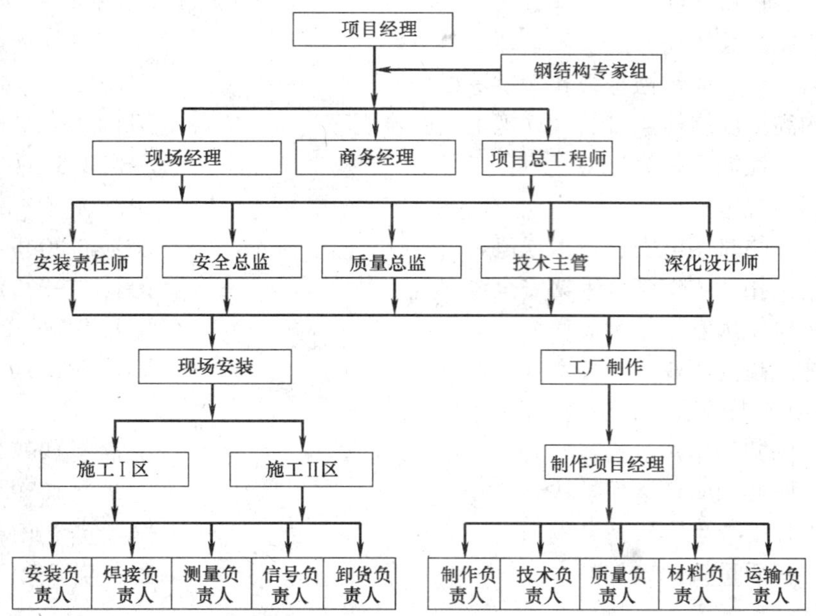

图 11.2-1 组织机构图

11.2.2 项目部人员组成、职责

项目管理人员在接受上级领导指令的同时，应明确自己的职责和任务，发挥团队精神，积极为工程的顺利进行而工作。项目部主要管理人员组成及职责，见表11.2-1。

项目部人员组成、职责　　表11.2-1

名称	人员配备	主要任务
项目经理	1人	对建设单位、监理、总包的工作协调，对项目进行宏观和整体的控制；负责与法人签订内部承包合同，履行合同内的所有职责、签订承包合同；受法人委托签订分包合同；主持和负责整个项目建设的实施，对项目的成本目标、进度目标；质量目标以及建设的安全负责总的责任
项目总工程师	1人	接受项目经理的指令；在建设单位项目经理授权范围内下达指令；组织施工组织设计和深化设计，并负责监督实施过程；负责施工全过程的施工质量；负责对设计院的协调和项目部对口机构的协调；主持图纸会审、深化设计会签、图纸资料的发放和交工资料整理
现场经理	1人	接受项目经理的指令；负责组织施工生产的生产管理；负责项目的工期协调；协助建设单位代表和副执行代表与政府建设主管部门的联系任务；负责施工现场的安全管理
商务经理	1人	接受项目经理的指令；负责总包、分包合同的起草和履行；负责工程款的申请、工程款的运作和资金分配；负责项目的成本控制；领导日常财务和会计工作；负责项目对外联络和领导行政部门处理日常行政事务
安全总监	1人	对施工过程的安全全面监控；组织质量检查和配合验收对各分包的生产安全和现场的施工安全检查；处理安全事故，负责如发生重大事故向上级领导报告；负责与总包的安全规划协调
质检总监	1人	对施工过程的质量全面监控；组织质量检查和配合验收；质量检查和试验的方案编制和监督实施；项目管理信息系统(PMIS)应用策划；质检资料的保存

11.3 工期保证措施、前期准备及施工总平面布置

11.3.1 工期保证措施

(1) 工期保证组织体系

为有效保证工程顺利进行和工期目标顺利实现，项目部建立以项目经理为首的工期保证体系，由项目经理负责推动整个体系有效运转，并通过有效的控制方法协调人、机、料资源等，保证各项工作全面展开，优质高效地完成本工程建设。

(2) 实行多级计划控制

本工程具有工程量大、施工配合工作面广的特点，施工过程中在保证施工质量、安全和文明施工的前提下，如何保证主要进度控制节点的实现，如期完成安装任务是施工项目管理的关键所在。为此，将实行多级计划控制，并制定相关配套措施，以确保进度计划得以实现。

1) 第一级：总进度计划、区域进度计划的控制

根据各阶段控制目标按专业工种进行目标分解，按照总体进度目标，分解进度目标，建立进度控制检查制度，落实进度控制、检查调整方式方法。定期举行进度协调会议，对进度的各方面的因素进行分析和预测。

建立以项目经理、项目工程师、施工员、施工班组为基础的多级计划执行体系，使施工计划的每一个节点，每一个线路，层层有人管，事事有人问。通过计划落实、检查，以制订、分析、总结的标准化工作方法，使工程进度符合实际要求不失控。

以截至目标点逆排计划，制定总控目标计划，综合考虑。

制定项目责任制、签订责任状。从项目经理、项目工程师、施工员到作业班组分别制定各自的责任制，签订责任状，定期按计划目标进行考核，奖优罚劣。

计划全面交底，明确目标责任，落实到操作层的每一个人，安排施工人员全面实施。本工程进度计划的实施是全体工作人员共同的目标，通过项目调度会和各级生产会进行目标交底，使管理层和作业层协调一致，将计划变成全体员工的自觉行动，充分发挥各级管理人员主观能动性和全体施工人员的积极性、创造性。层层有计划、人人有目标、事事有人管。

2）第二级：月进度计划、周进度计划的控制

进度计划控制流程如图 11.3-1。

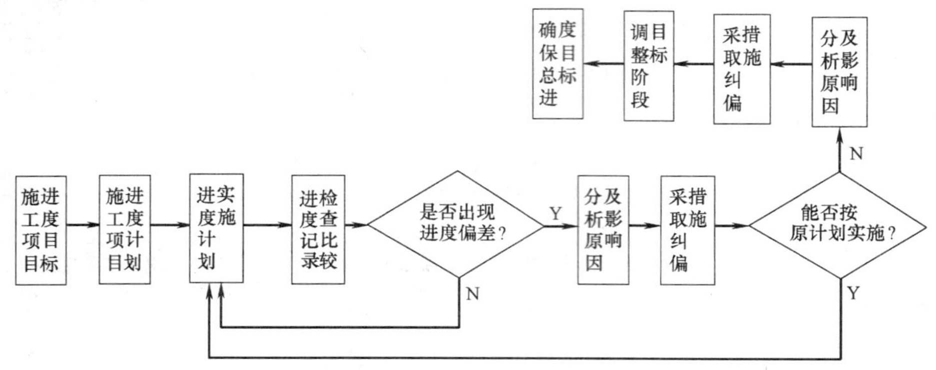

图 11.3-1 进度计划控制流程

采取多种形式的施工计划：

采取行之有效的分步作业计划，分步作业计划是确保总计划实施的重要方法。根据土建施工，材料、设备供应等情况，将安装工程总进度计划分解为月、周、日分步作业计划，实行月计划、周实施、日落实的计划管理体系。落实基本的操作时间。

（3）计划落实制度

1）日检查工作制

专业施工员是施工技术、进度、质量的主要责任人，每日进行现场检查，并将检查的结果以书面的形式报给项目组。项目组收集、汇总、分析后报给各分管项目经理，使其及时了解施工动态，监督和督促各施工员及施工班组按计划完成工作，或者进行必要的调整。

2）周汇报工作制

配合三周滚动计划的实施，建立每周进度汇报分析制。汇报分析会由项目经理主持，项目工程师、各级施工员、班组长参加，检查落实一周工作情况，并将检查分析的结果书面汇报给总包、监理单位、建设单位、总包备份并存档。若有因外部原因影响工程进度的，在汇报中提出建议及要求，在建设单位主持的协调会上提出解决。

3）月分析调整制度

项目部按月对总进度计划、区域进度计划进行分析、总结。并对进度的个别节点进行调整，并在内部协调会上进行必要的生产要素调整。由项目经理主持、项目工程师及有关施工员参加，并将分析调整的结果书面汇报项目组及建设单位、监理单位、总包备份。

4）施工日记

施工日记是项目施工中每一天所发生有关事宜的真实记录，也是项目日常管理的工作要点，由专业施工员对每日所发生的事宜及工程进展情况按施工日记的要求真实填写，书面报送项目经理，并由项目经理签字认可后送资料室存档。

（4）有效协调各种资源要素

1）配置素质高、数量充足的劳动力资源

根据本工程施工进度要求，我们将采取“协调配合，立体交叉，纵横施工”的劳动组织形式，确保每一项计划的切实完成。在本工程中将实行管理和劳务两层分离的管理办法，建立双向选择机制，提供充足的劳动力作为本项目的施工主体。

在项目劳动力的配置上，以“计划管理，定向输入，双向选择，统一调配，合理流动”为原则，以劳务承包合同和任务书管理为纽带来组织施工。由于该项目施工周期短，会有许多外部因素影响施工，诸如设计变更、材料供应、土建工期、装修施工等影响到安装的工期，我方绝不会因上述因素而拖延工期，将采取积极有效的措施，把非属我方因素造成延误的工期抢回来。为此公司在保证劳动力正常配备的条件下始终保证一定的后备力量，绝不因施工力量不足造成工期拖延。

2）配置性能好、数量足的施工设备

根据施工进度要求及我们的施工经验，在施工现场配置先进的施工机械设备，既有利于保证施工进度，又能保证施工质量。

3）保证各种材料及时供应

加强施工材料计划管理与采购管理力度，确保按计划进度实施。各专业技术人员及时准确地提出材料设备需用计划，根据总体进度安排提出材料、设备的进场时间。并经常与材料采购部门保持联系。督促材料、设备按计划进场。材料供应部门将制定材料供应保证措施，为材料供应提供制度、措施保障。对材料的供应应从开始询价至货到现场进行全过程跟踪，确保到货材料满足图纸设计及建设单位、监理、总包的要求，避免安装后发生不必要的返工而造成拖延工期。

4）技术协调

“科技是第一生产力”，先进的施工技术、材料、工艺、设备将为进度计划完成提供有力的保证。本工程中我们将针对本工程的特点、难点实施合理的新技术，提高施工速度，保证工程质量，缩短施工周期，从而保证合同工期的实现。

加强技术交底工作，采用图示或现场演示等方法，使施工人员掌握设计意图以及本工程中的特殊要求和技术关键，确保施工人员能正确有序地进行施工。把技术问题解决在施工之前，保证施工的连续性。

如生产过程中发现施工技术方案与施工实际情况不符，要及时改进施工技术方案，绝不因措施不适用或不合理造成施工资源的浪费和工程返工。

5）在施工过程中，影响生产的因素很多，我方将加强与公安、交通、市政、市容环保等单位的配合协调，并通过建设单位代表、监理、总包及专业分包商协调配合，使现场发生的技术问题、洽商变更、质量问题及施工报验能够及时解决，保证进度计划的顺利进行。

6）建立完善的计划保证体系

建立完善的计划保证体系是掌握施工管理主动权、控制施工生产局面，保证工程进度的关键环节。本项目的计划体系将以施工总进度网络图为宏观调控计划，施工总进度计划为总体实施计划，以月、周、日计划为具体执行计划，并由此派生出设计进度计划、专业分包招标计划和进场计划、技术保障计划、商务保障计划、物资供应计划、质量检验与控制计划、安全防护计划及后勤保障一系列计划，使进度计划具有管理形成层次分明、深入全面、贯彻始终的特色。

（5）钢结构加工工期保证措施

1）加工计划保证措施

提供加工厂系统科学的加工计划，保证加工制作进度平衡进展。建立项目与加工厂的密切工作联系，保证钢结构工程严格按工程项目总工期计划进行。

2）项目人员驻厂

在以往钢结构加工过程中，项目均安排有经验的管理人员驻厂，主要检查钢结构加工的外形尺寸，孔距位置，焊缝质量，检验与实验，钢结构构件配套资料整理情况。驻厂人员的工作，使加工问题在工厂得到解决，避免了不合格产品出厂，对工期的保证起到非常重要的作用。

同时，驻厂人员还负责落实钢结构加工计划的实施情况，如果计划出现滞后，要立即通知项目部，便于项目部同建设单位、总包立即协商解决。

11.3.2 施工前准备工作

（1）技术准备工作

1）认真做好深化设计方案的审查工作：提前与设计单位结合，确定钢结构工程深化图纸设计工期，给施工扫除障碍。

2）认真做好深化设计方案的确认工作：重点确认建筑与钢结构是否有相关的地方，确认设备安装图纸与配合的土建图纸的结合情况，复核主要承重构件的强度、刚度和稳定性。

3）编制分部、分项工程详细施工方案。

4）编制施工图预算和施工预算。

（2）物资准备工作

根据施工方案和进度计划的要求，结合施工图预算和施工预算材料用量要求，进行物资准备工作，物资准备工作按以下工作程序进行：编制物资需用量计划—签订物资供应合同—组织物资按计划进场和保管。

（3）施工机具准备工作

根据施工方案和进度计划的要求，编制施工机具需用量计划，组织机具进场。

11.3.3 施工场地布置

现场平面布置应充分考虑各种环境因素及施工需要，布置时应遵循原则如下：

（1）体现科学合理与环境优美相结合的布置方针；

（2）体现现场临时设施布置与道路建设相结合的原则；

（3）体现在大面积场地中临时建筑与临时管线综合布置的科学经济原则；

（4）在平面布置中充分考虑了施工机械设备、办公、道路、现场出入口、临时堆放场地等的优化合理布置；

（5）中小型机械的布置，要处于安全环境中，要避开高空物体打击的范围；

（6）钢构件的堆放场地必须满足起重设备覆盖以及起重能力的要求，构件进场要交通便利、通畅，尽量避免多次倒运；

（7）临电电源、电线敷设要避开人员流量大的位置，以及容易被坠落物体打击的范围，电线尽量采用暗敷方式。

现场构件堆放场地及施工人员宿舍与总承包有关部门具体协调后确定。

11.4 总体施工部署

11.4.1 吊装方案的比较

本工程钢结构吊装非常复杂，尤其是主桁架的吊装，由于主桁架单榀长度较长、重量重，且外形尺寸较大，且受现场条件的限制，吊装难度极大，吊装方案的优劣直接影响到工程质量、工期和安全。因此选择经济可靠、快速并有可操作性的吊装方案，选择合适的吊装机械，确定合理的吊装顺序，就显得尤为重要，下面是钢结构挑篷结构几种安装方案的比较。

方案一：履带吊主桁架整体吊装法

此方法拟采用 2 台 500t 履带吊作为主桁架吊装设备，主桁架可运输部位分段整体制作，其余杆件散件运输至现场，现场搭设拼装平台，将桁架组拼为整体进行吊装。V 型柱采用脚手架临时支撑固定，主桁架悬挑端采用塔架支撑，顶部架设千斤顶用以支撑主桁架并调整标高及卸载。另外配备 2 台 50t 履带吊和 2 台 80t 履带吊进行次桁架吊装和辅助吊装等。

方案二：履带吊主桁架分段吊装法

此方法拟采用两台 250t 履带吊作为主桁架吊装设备，主桁架可运输部位分段整体制作，其余杆件散件运输至现场，现场搭设拼装平台，将桁架组拼为两段进行吊装。主桁架悬挑端及分段处采用塔架支撑，顶部架设千斤顶用以支撑主桁架并调整标高及卸载。同样配备 2 台 50t 履带吊和 2 台 80t 履带吊进行次桁架吊装和辅助吊装等。

经济技术对比见表 11.4-1：

经济技术对比表 **表 11.4-1**

	方案一	方案二
主要吊装设备	2 台 500t 履带吊	2 台 250t 履带吊
辅助吊装设备	2 台 50t 履带吊 2 台 80t 履带吊	2 台 50t 履带吊 2 台 80t 履带吊
辅助措施	28 组塔架、8 组胎具	56 组塔架、8 组胎具
技术可行性	可行	桁架空中对位难，措施量大

11.4.2　施工设备投入

（1）大型起重设备

本工程主桁架重量约45t，吊装设备站位及吊装半径、高度示意图，见图11.4-1

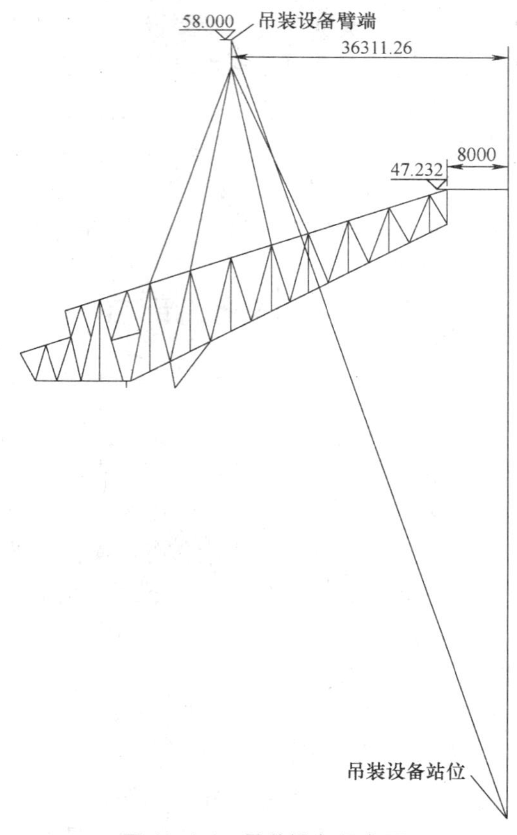

图11.4-1　吊装设备示意图

500t履带吊主臂性能表，见表11.4-2。

500t履带吊性能表（t）　　　　**表11.4-2**

		主臂长度(m)												
		18	24	30	36	42	48	54	60	66	72	78	84	90
工作半径(m)	5	500	—	—	—	—	—	—	—	—	—	—	—	—
	6	432	400	—	—	—	—	—	—	—	—		—	—
	7	375	373	370	369		—	—	—	—	—		—	—
	8	331	329	327	325	323	309	—	—	—	—	—	—	—
	9	296	294	292	290	288	286	281	279	—	—	—	—	—
	10	267	265	263	261	260	258	256	255	246	225	—	—	—
	12	222	220	218	216	215	213	211	210	209	208	197	170	141
	14	187	185	183	182	180	178	177	176	175	174	173	165	141
	16	150	160	158	157	155	153	152	151	150	149	148	146	137

续表

		主臂长度(m)												
		18	24	30	36	42	48	54	60	66	72	78	84	90
工作半径(m)	18	113	140	138	137	135	133	132	103	130	129	128	126	125
	20	—	117	123	122	120	118	117	92	114	113	112	111	110
	22	—	96	109	109	107	105	104	84	102	101	100	99	98
	24	—	—	93	98	97	95	94	76	91	90	89	88	87
	26	—	—	79	87	88	86	85	70	83	82	81	80	79
	28	—	—	66	76	79	79	78	58	75	74	73	72	71
	30	—	—	—	66	70	71	72	47	69	68	67	66	65
	34	—	—	—	48	54	57	58	58	57	56	54	54	52
	38	—	—	—	—	41	45	46	47	46	46	45	44	42
	42	—	—	—	—	—	34	37	38	37	37	36	36	34
	46	—	—	—	—	—	—	28	30	30	30	29	29	28
	50								23	23	24	23	23	22
	54								17	18	19	18	18	17
	58									12	14	13	13	13
	62									—	9	9	9	9

250t履带吊主臂性能表，见表11.4-3。

250t履带吊性能表（t） **表11.4-3**

工作半径(m)	主臂长度(m)												
	15.2	18.3	21.3	24.4	27.4	30.5	33.5	36.6	39.6	42.7	45.7	48.5	51.8
4.0	250.0	208.5											
5.0	199.7	199.7	188.4	176.4									
6.0	166.7	167.7	167.7	167.7	159.9	148.1							
7.0	144.2	144.2	144.2	144.2	143.2	139.4	130.3						
8.0	127.2	127.2	127.2	126.2	126.2	126.2	124.4	124.3	122.9	109.2			
9.0	112.2	112.2	113.2	112.2	112.2	111.2	111.0	110.8	109.0	105.9	103.0	95.1	88.0
10.0	101.3	101.3	101.2	101.2	101.2	100.2	100.0	99.8	97.3	94.7	92.3	90.0	87.6
12.0	83.7	83.7	83.7	83.7	83.7	83.7	83.4	81.7	79.7	77.8	76.0	74.4	72.5
14.0	69.7	69.7	69.7	69.7	69.7	69.7	69.7	68.8	67.3	65.8	64.3	63.0	61.6
16.0	65.7	60.7	59.7	59.2	59.2	59.2	59.0	59.0	58.0	56.7	55.5	54.5	53.2
18.0		54.1	50.7	50.7	50.7	50.7	50.3	50.3	50.0	49.7	48.6	47.8	46.7
20.0			45.0	44.7	44.3	44.0	43.6	43.6	43.0	43.0	42.8	42.4	41.4
22.0			44.7	39.5	39.1	38.8	38.4	38.4	38.1	37.8	37.5	37.3	37.0
24.0				37.9	34.9	34.6	34.1	34.1	34.1	33.5	33.2	33.1	32.7
26.0					32.5	31.1	30.7	30.7	33.8	30.0	29.7	29.6	29.2
28.0						28.2	27.8	27.7	27.4	27.1	26.8	26.2	26.3
30.0							25.3	25.3	24.9	24.6	24.3	24.1	23.8
32.0							24.6	23.1	22.8	22.4	22.1	22.0	21.6
34.0								22.0	20.9	20.6	20.3	20.1	19.7
36.0									19.4	19.0	18.7	18.5	18.1

续表

工作半径(m)	主臂长度(m)												
	15.2	18.3	21.3	24.4	27.4	30.5	33.5	36.6	39.6	42.7	45.7	48.5	51.8
38.0										17.6	17.2	17.1	16.7
40.0										17.2	16.0	15.8	15.4
42.0											15.3	14.7	14.3
44.0												13.7	13.2
46.0													12.3
48.0													12.1

80t履带吊主臂性能表，见表11.4-4。

80t履带吊性能表（t）　　表11.4-4

回转半径(m)	主臂长度(m)									
	13	16	19	22	25	31	37	43	46	52
3.7	80.0									
4.0	66.5									
4.5	55.5									
5.0	48.5	48.4								
5.5	42.0	41.9	41.8							
6.0	37.0	36.9	36.8	36.7						
6.5	33.3	33.2	33.1	33.0	32.9					
7.0	29.8	29.7	29.6	29.5	29.4					
8.0	26.4	24.5	24.4	24.3	24.2	24.0				
9.0	20.9	20.8	20.7	20.6	20.5	20.3	20.1			
10.0	18.1	18.0	17.9	17.8	17.7	17.5	17.3	17.10	17.00	
11.0	15.9	15.8	15.7	15.6	15.5	15.3	15.1	14.90	14.80	12.85
12.0	14.15	14.05	13.9	13.75	13.60	13.45	13.30	13.15	13.05	12.85
14.0		11.40	11.3	11.15	11.0	10.80	10.75	10.50	10.40	10.20
16.0			9.40	9.25	9.10	8.90	8.75	8.60	8.50	8.30
18.0			8.00	7.85	7.70	7.65	7.40	7.20	7.10	6.90
20.0				6.90	6.70	6.50	6.30	6.10	6.00	5.80
22.0				6.0	5.8	5.6	5.4	5.2	5.10	4.90
24.0					5.1	4.9	4.7	4.5	4.40	4.20
26.0					4.5	4.3	4.1	3.9	3.80	3.60
28.0						3.7	3.5	3.35	3.35	3.05
30.0						3.2	3.0	2.85	2.75	2.55
32.0							2.6	2.40	2.30	2.10
34.0								2.00	1.90	1.70
36.0								1.70	1.60	1.40
38.0								1.40	1.30	1.10

(2) 钢结构安装小型工具见表 11.4-5

钢结构安装小型工具　　表 11.4-5

序号	品　名	规　格	单位	数量	用　途
1	钢丝绳	ϕ12～ϕ19	根	若干	吊装
2	卡环	10 号、6 号	个	20	吊装
3	对讲机		个	6	起重指挥
4	活动扳手	200～250mm	个	20	脚手架搭设
5	安全带		条	70	高空作业
6	角向磨光机	ϕ125	台	10	焊接后打磨
7	千斤顶	10t	个	8	桁架支撑调整
8	工具袋		个	若干	安装
9	钢水平尺	1.5m	把	8	桁架安装
10	防坠器		套	20	防高空坠落

(3) 钢结构现场焊接工具见表 11.4-6

钢结构现场焊接工具　　表 11.4-6

序号	名　称	型号	容量	单位	数量	用　途
1	CO_2 气体保护焊机	NB-500	32(kV.A)	台	30	焊接
2	可控硅式直流弧焊机	ZX5-500	42(kV.A)	台	10	焊接
3	碳弧气刨		52 (kV.A)	台	4	返修清根
4	空压机		7.5(kV.A)	台	6	碳弧气刨风源
5	风速仪			台	2	测风力
6	测温计	600℃		个	6	测温用
7	放大镜		5 倍	个	6	焊缝检查用
8	高压氧气管	ϕ8mm		m	600	
9	乙炔气管	ϕ8mm		m	600	
10	电焊铜缆线	50mm^2		m	1200	手工电弧焊专用
11	电焊铝缆线	50mm^2		m	1200	手工电弧焊专用
12	电缆线			m	500	主电缆提供焊机使用
13	石棉布	0.5～3mm		m	200	防火用
14	编织布			m	200	挡风用
15	防火布	30～80mm		m	200	挡风用
16	电闸分箱			个	10	
17	焊机房			个	20	两台焊机用 1 个

11.4.3 人员投入

(1) 人员管理控制

1) 重视人员的教育培训，所有人员必须持证上岗。

2) 完善生产激励措施，调动员工工作的积极性。

3) 根据工程特点，从保证质量出发，量才使用，扬长避短的原则来控制人的使用。

4) 对较复杂，难度大、精度高以及有特殊要求的操作，应由技术熟练、经验丰富的人员完成，必要时对其技术水平进行考核。对焊接操作人员、无损检测人员等一些特殊工种不仅要进行严格的考核上岗，还要重视实际操作成绩。

(2) 安装劳动力安排，见表 11.4-7

安装劳动力安排　　表 11.4-7

工　种	人　数	工作内容
安装工	20	负责钢构件安装、校正、倒料
起重信号工	4	负责钢构件的起吊就位
测量工	6	负责钢构件的轴线、位移垂直度偏差测量
架子工	20	负责搭设支撑架及作业平台
材料保管员	2	负责材料的保管发放
油漆工	16	现场防腐涂装
合计	68	

(3) 焊接劳动力安排，见表 11.4-8

焊接劳动力安排　　表 11.4-8

工种	人数	工作内容	工种	人数	工作内容
手工电弧焊工	10	构件点焊、修理	辅助工	10	清渣、打磨、防风、防火
CO_2 气体保护焊工	20	桁架焊接	合计	42	
电工	2	现场用电安装、检查			

(4) 劳动力投入保障措施

1) 为了保证充足和高素质的劳动力参与本工程建设，保证施工的顺利进行，将选用与我公司长期合作，双方相互了解，具备合作基础和便于配合的施工单位进行施工。

2) 在协力队伍选择的过程中，注重考察协力队伍以往工程施工劳动力保证能力和评审工作。

3) 根据工程施工的进展，从项目全局出发，工程施工一旦进入攻坚阶段，必要时将协调企业范围内其他劳动力来满足本工程劳动力的需要。

4) 在劳动力选择和谈判阶段，将策略性地选择备选施工单位，为工程施工储备必要的劳动力。

5) 劳动力的保障不仅体现在数量上，同时更应当体现在劳动力的素质上，因此在本工程劳动力的选择上，将注重劳动力素质的选择。

6) 劳动力进场后，项目将对工人进行必要的施工培训和工程技术交底，达到提升工人施工素质的目的。

7) 进入劳动力波动阶段（如麦收、大秋、春节等），将提前做好工人的安排工作，保证工程劳动力的稳定性。

11.5 钢结构加工制作方案

11.5.1 深化设计

(1) 设计工作的组织保障

1) 长期以来，公司承担了众多类似的钢结构工程，具有钢结构大型厂房工程及展馆工程施工的成熟经验和能力，形成了钢结构设计优化能力及施工加工详图和施工图设计能力，有 X-steel 详图软件和一支高素质的设计队伍，建立了钢结构详图节点图库，以及图纸深化和优化设计、编制施工详图和加工详图的组织实施、审核和审批的科学程序和方法。形成了工程承包所具备的施工和加工详图设计、加工制作与运输、安装、焊接、无损检测、测量校正，以及全面组织、协调、控制和通盘运作等综合配套的技术和管理能力，有能力满足本工程的需要。

2）针对本工程的实际情况，公司为保证本工程钢结构深化设计和加工、安装详图设计，将成立专门的钢结构设计组，并派驻设计、技术人员长驻加工厂保持和加工厂、施工现场的信息沟通和协调，保证信息的及时畅通沟通，及时反馈问题、解决问题，为工程的顺利进展提供强有力的保障。

3）为满足本工程钢结构详图设计进度和设计质量的要求，针对本工程，项目经理部与钢结构加工厂设计技术人员组成专门的钢结构设计组，配备设计技术人员 10 人左右，并配备与设计人员相匹配的各种计算机、打印机及相关的硬件设备、设计软件和钢结构图库。

4）公司技术系统和设计部门将为本工程钢结构技术和设计工作提供强有力的支持与服务，及时掌握工程的设计动态，必要时随时派员增强设计力量，增加设备，以保证设计的进度和设计质量。

（2）设计工作的三个阶段

钢结构的设计工作分为以下三个阶段：

1）图纸熟悉和图纸会审阶段：根据设计院提供的设计图纸，认真仔细阅读图纸，完全掌握设计意图和各种设计要求，进行图纸会审和设计单位进行设计交底，消除设计图纸中的错、漏、碰、缺，针对钢结构的平面、立面、构件选型尤其是钢结构节点和分节与设计单位以及建设单位、监理单位进行研究讨论，并根据公司的施工经验提出合理化建议，并对设计图纸进行深化。

2）加工、安装详图设计阶段：根据设计单位提供的钢结构图纸以及相关的深化内容，按照工厂加工进度计划和现场安装进度计划，开展钢结构加工、安装详图设计。

3）加工、安装详图审批阶段：钢结构加工、安装设计详图必须报送设计单位审批同意后，方可用于钢结构加工和钢结构现场安装施工。

（3）详图设计工作的指导原则

针对本工程钢结构详图设计，制定以下工作原则：

1）钢结构详图设计要充分体现设计意图，满足设计和规范要求，首先必须保证结构工程绝对安全可靠性以及结构的完整性和合理性，并保证建筑使用功能及造型效果的要求。

2）钢结构详图设计要充分考虑相关专业之间的衔接关系，并与之相协调。

3）详图设计必须与整个工程结构施工进度相匹配，充分考虑到钢结构材料采购、构件加工和运输的时间周期，以确保与施工现场衔接紧密。详图设计要尽可能地缩短钢结构工程的总体周期，做到设计合理、便于加工和安装。

4）钢结构设计要进行科学合理的深化和优化，充分体现其经济合理性。

5）严格遵循设计程序，与设计单位以及建设单位、监理单位密切配合，保证施工现场与钢结构加工厂家的密切联系、配合和衔接，保证详图设计、加工、安装工作的顺利进行。

11.5.2 钢结构工厂制作部署

（1）组织机构

工厂加工组织机构，如图 11.5-1。

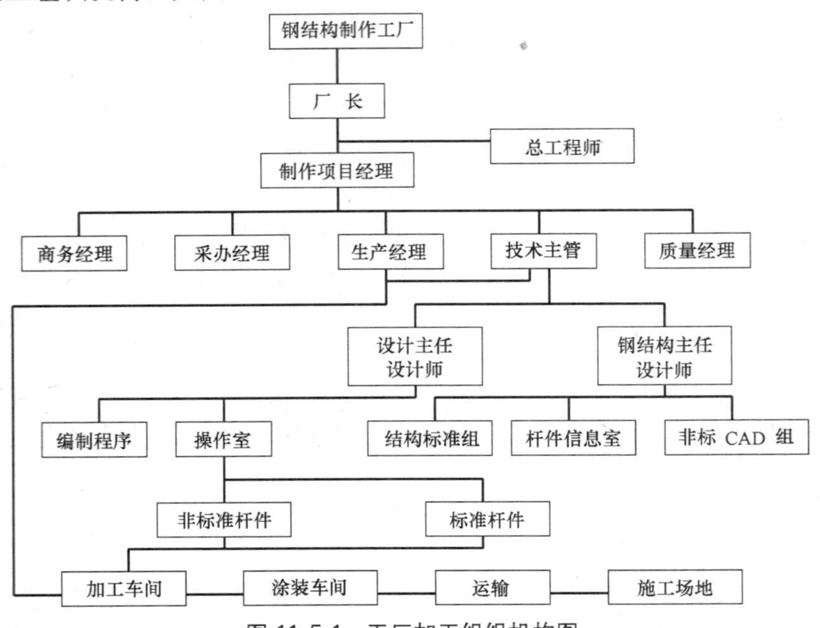

图 11.5-1 工厂加工组织机构图

（2）主要生产设备、人员配置

1）制作设备见表 11.5-1。

制作设备表 **表 11.5-1**

序号	设 备 名 称	规 格 型 号	数 量
1	钢管拉弯机	—	2 台
2	自动抛丸除锈机	SKG-3D	2 台
3	数控相贯线切割机	CNC-CG4000C	2 台
4	数控直条火焰切割机	SKHG	2 台
5	半自动坡口切割机		2 台
6	CO_2 气体保护焊机	KR-600	30 台

2）检测设备见表 11.5-2。

检测设备表 **表 11.5-2**

序号	名 称	单 位	数 量
1	100t 拉力试验机	台	1
2	冲击试验机	台	2
3	硬度计	台	2
4	万能铣床	台	1
5	超声波探伤仪	台	4
6	分析天平仪	台	2

3）钢结构制作人员，见表 11.5-3

钢结构制作人员安排表　　　　表 11.5-3

序号	工　种	数量(人)	序号	工　种	数量(人)
1	放样员	6	5	涂装工	10
2	机械操作工	20	6	检测工	6
3	电焊工	20	7	质检员	2
4	力工	20	合计		84

11.5.3　材料的选用、原材料的检测工艺及方案

（1）材料的选用

1）厂家选择

本工程采用的钢材主要为 Q235B 级和 Q345B 级，各项技术指标要满足国家规范的要求，对钢材生产厂家的选择应特别慎重，在选择时将本着“技术业绩”优先的原则。

原材采购标准严格执行招标文件及图纸中要求的各项标准、规范，对超出规范的应有补充技术协议，同时对于材料规范中没有涉及的技术指标，须与钢厂技术部门确定供货技术协议，以保证采购的原材同时满足规范与设计要求。

对有钢材生产业绩的厂家优先考虑，在确定厂家前，将组织专家对钢厂进行技术考察，以考证其相关业绩的真实性，并对技术能力充分了解，在确认其具有满足钢材各项指标的能力，尤其交货状态的控制。

2）材料采购的质量控制

A. 对进入加工厂的材料按规范进行验收

B. 核对原材的出厂质保书，并与规范标准所要求的各项参数逐一核对。尤其是超出材料规范的强屈比和延伸率的指标；

C. 检查板材厚度、成品管的壁厚、几何尺寸，对于不符合规范要求的材料不得入库，通知钢厂解决，并落实替用钢材。

3）材料复验

A. 对入库材料按规范要求的同批同炉号 60t 为一批，进行抽样复验。主要验证钢材的力学性能和化学成分是否符合规范与设计要求的指标。

B. 对复验合格的钢材方可进行投料加工，不合格的钢材应进行标识，分别存放，并通知钢厂进行处理。

（2）原材料的检测工艺及方案

1）钢材的化学成分分析

主要采用试样取样法。按国家标准《钢的化学分析用试样取样法及 成品化学允许偏差》规定，复验属于成品分析，成品分析的试件必须在钢材表面具有代表性的部位采取。试样应均匀一致，能代表每批钢材的化学成分，应具有足够的数量，以满足全部分析的要求。化学分析用试样样屑，可以钻取刨取或某些工具机制取。样屑应粉碎并混合均匀。制取样屑时，不能用水、油或其他润滑剂，并应去除表面氧化皮和脏物。成品钢材应除去脱碳层渗碳层涂层金属或其他外来物质。成品分析用的试样样屑可以从钢材的整个横断面上

刨取（焊管应避开焊缝）；或从横断面上沿轧制方向钻取，钻孔应对称均匀分布；或从钢材侧面的中间部位垂直于轧制方向用钻通的方法钻取，钢管可围绕其外表面在几个位置钻通管壁钻取，薄壁钢管可压扁迭合后在横断面上刨取。

供钢板复验用的样屑，应按下列方法采取：

A. 纵轧钢板：钢板宽度小于 1 m 时，沿钢板剪切宽 50mm 的试料；板宽大于或等于 1m 时，沿钢板自边缘至中心剪切一条 50mm 宽的试料。将试料两端对齐折叠 1～2 次或多次，并压紧弯折处，然后在其长度的中间，沿剪切的内边刨取，或自表面用钻通的方法钻取。

B. 横轧钢板：自板端与中央，沿板边剪切一条宽 50mm、长 500mm 的试料，将两端对齐，折叠 1～2 次或多次后与纵扎钢板一样取样。

C. 厚钢板：不能折叠，则按上述所述相应折叠位置钻取或刨取，然后将等量样屑混合均匀。

钢材的化学成分分析按相应现行国家标准进行。钢材成品化学成分分析结果应符合规定化学成分及允许偏差值范围的要求。

2）钢材的力学性能试验及试样取样

包括拉伸、夏比缺口冲击试验和弯曲试验几部分。各种试验的试样取样，应遵循国家标准《钢材力学及工艺性能试验取样规定》[在产品标准或双方协议对取样另有规定时，则按规定执行]。标准规定样坯应在外观及尺寸合格的钢材上切取，切取时应防止因受热、加工硬化及变形而影响其力学及工艺性能。用烧割法切取样坯时，必须留有足够的加工余量，一般应不小于钢材的厚度，也不得少于 20mm。

从厚度小于或等于 25mm 的钢板上取下的样坯应加工成保留原表面层的矩形拉力试样，试验机条件不能满足时，应保留一个表面层。厚度大于 25mm 时，根据板厚，加工成圆形比例试样。板厚小于 30mm 时，弯曲样坯厚度为钢材厚度。钢管试样在条件允许时，可取整个管段作为拉力试样，否则则剖取纵向或横向拉力样坯。钢管冲击样坯应靠近内壁切取，试样缺口轴线垂直于内壁。

钢材拉伸试验试样的制备、形状和尺寸规定等在国家标准《金属拉伸试验试样》中都有详细说明。

拉伸试样的截面形状有圆形、矩形、异形以及不经机加工的全截面。对全截面试样原始横截面积 F_0 可根据规定，以名义或实测尺寸进行计算。而根据与原始截面积 F_0 的关系，试样分为比例和定标距两种。比例试样系按公式 $L_0=K\sqrt{F_0}$计算，得到试样原始标距 L_0，式中系数 K 通常为 5.65 或 11.3，前者称为短试样，后者称为长试样。定标距试样是原始标距 L_0 与原始横截面积 F_0，无上述比例关系，而按其他标准或协议执行。

拉伸试样有多种类型，其中板材试样、管材试样和棒材试样与建筑钢材关系密切。板材试样适合用厚、薄板材，采用矩形截面，试样宽度与产品厚度（通常为 0.10～25mm）有关，分有 10mm、12.5mm、15mm、20mm、25mm 和 30mm 6 种，试样厚度一般应为原轧制厚度，在特殊情况下允许四面机加工。尽可能采用 $L_0=5.65\sqrt{F_0}$的短比例试样。各部分机加工偏差及侧边加工粗糙度应符合规定。板材试样规格见表 11.5-4。

试样各部分机加工偏差及侧边加工粗糙度规定，见表 11.5-5。

圆形试样允许偏差，见表 11.5-6。

板材试样规格表 表 11.5-4

一般尺寸(mm)			短试样(mm)			长试样(mm)		
a_0	b_0	r	试样号	l_0	l	试样号	l_0	l
0.1＜～1.0 1.0～4.0 ＞4.0～12	10 15 20		P1 P2 P3	取最接近的整数倍		P01 P02 P03	取最接近的整数倍	
0.5＜～4.5 4.5～25	20 30		P4 P5			P04 P05		
0.1＜～6 4.5～25	12.5 25		P6 P7			P06 P07		
0.1～0.5	12.5 20		P8 P9	50 80	75 120			

试样允许偏差 表 11.5-5

矩形试样宽度 b_0(mm)	试样标距部分内宽度 b_0 的允许偏差(mm)	试样标距部分内最大与最小宽度 b_0 的允许差值(mm)
10 12.5 15	±0.2	0.1
20 25 30	±0.5	0.2

圆形试样允许偏差表 表 11.5-6

圆形试样直 d_0 (mm)	试样标距部分内直 d_0 的允许偏差(mm)	试样标距部分内最大与最小直径的允许差值(mm)
＜5 5～＜10 ≥10	±0.05 ±0.1 ±0.2	0.01 0.02 0.05

管材试样一般为自管材切取的全截面管段或从管材切取的全壁厚纵向或横向条状试样。根据管材外径 D_0 和壁厚 a_0，可为弧形、矩形或圆形截面。条件许可时，应优先采用全截面管段试样，并推荐采用 $L_0=5.65\sqrt{F_0}$的比例或定标距试样。

钢材的拉伸试验应遵循国家标准《金属拉伸的试验方法》GB 228—87，在误差符合要求的各种类型试验机上进行，试验系用拉伸力将试样拉伸，一直拉到断裂，并用图解法等多种方法测定各项力学指标。

钢材冲击试验应遵循国家标准《金属夏比（V 型缺口）冲击试验方法》GB/T 229—94。规定用 10mm×10mm×55mm 带有 V 型缺口的试样为标准试样，试样可以保留一或两个轧制面，缺口的轴线应垂直于轧制面，缺口底部光滑无与缺口轴平行的明显划痕。

在无法切取标准试样的情况下，允许采用辅助的小尺寸试样（7.5mm×10mm×55mm 或 5mm×10mm×55mm），但必须在试验报告中注明。冲击功值按一组 3 个试样算术平均值计算，允许其中 1 个试样单值低于标准规定，但不得低于规定值的 70%。当采用 5mm×10mm×55mm 小尺寸冲击试样时，其试验结果应不小于标准规定的 50%。

钢材弯曲试验应遵循国家标准《金属弯曲试验方法》GB 232—88，该标准适用于检验金属材料承受规定弯曲角度的弯曲变形性能，其试验过程是将一定形状和尺寸的试样放置于弯曲装置上，以规定直径的弯心将试样弯曲到所要求的角度后，卸除试验力检查试样承受变形能力。变曲试验在压力机或万能机上进行，试验机上装备有足够硬度的支承辊，其长度大于试样宽度，支座辊的距离可调节，另备有不同直径的弯心。弯曲试样可以有不同形状的横截面，但钢结构常用的为板状试样，板厚不大于 25mm 时，试样厚度与材料厚度相同，试样宽度为其厚度的两倍，但不得小于 10mm；当材料厚度大于 25mm 时，试样厚度加工成 25mm，保留一个原表面，宽度加工为 30mm。试验机能量允许时，厚度大于 25mm 的材料，也可用全厚度试样进行试验，试样宽度取为厚度的 2 倍。弯曲时，原表面位于弯曲的外侧。弯曲试样长度根据试样厚度和弯曲试验装置而定，长度 $L \approx 5a+150$mm，a 取为试样厚度。弯曲试验结果评定标准如下：

完好——试样弯曲处的外表面金属基体上无肉眼可见因弯曲变形产生的缺陷时称为完好。

微裂纹——试样弯曲外表面金属基体上出现的细小裂纹，其长度不大于 2mm，宽度不大于 0.2mm 时，称为微裂纹。

裂纹——试样弯曲外表面金属基体上出现开裂，其长度大于 2mm、而小于等于 5mm 时，宽度大于 0.2mm、而小于等于 0.5mm 时称为裂纹。

裂缝——试样弯曲外表面金属基体上出现明显开裂，其长度大于 5mm，宽度大于 0.5mm 时称为裂缝。

裂断——试样弯曲外表面出现沿宽度贯穿的开裂，其深度超过试样厚度的 1/3 时称为裂断。

钢结构用钢材要求弯曲试验合格均应以完好标准为准。

试验取样要求与数量常用钢材试样（化学成分和力学性能）取样数量，取样部位和试验方法应符合规定：见表 11.5-7

试验取样规定 **表 11.5-7**

序号	检验项目	取样数量(个)	取样方法	试验方法
1	化学分析	1(每炉)	GB 222	GB 223
2	拉伸	1	GB 2975	GB 228 GB 6397
3	弯曲	1	GB 2975	GB 232
4	常温冲击	3	GB 2975	GB 2106
5	低温冲击	3	GB 2975	GB 4195

进行拉伸和弯曲试验时，钢板应取横向试样。

钢板厚度≥12mm 做冲击试验，应采用 10mm×10mm×55mm 试件，厚度为 6～12mm 做冲击试验，

钢产品力学性能试验取样的位置：

A. 钢板：

A）在钢板宽度 1/4 处切取拉伸弯曲或冲击样坯。

B）对于纵轧钢板，当产品标准没有规定取样方向时，应在钢板宽度 1/4 处切取横向样坯，如钢板的宽度不足，样坯中心可以内移。

B. 钢管：

A）对于焊管，当取横向试验检验焊接性能，焊缝应在试样的中部。

如果产品标准没有规定取样位置，应由生产厂提供。

如果钢管尺寸允许，应切取10～5mm最大厚度的横向试样。切取横向试样的钢管最小直径D_{min}（mm）按下式计算：D_{min}（mm）$=(t-5)+7.5625/(t-5)$

如果钢管不能取横向冲击试样，应切取10～5mm最大厚度的纵向试样。

B）用全截面圆形钢管可做如下试验的试样：

压扁试验；

扩口试验；

卷边试验；

环扩试验；

环管拉伸试验；

弯曲试验。

C. 样坯加工余量的选择：

用烧割法切取样坯时，从样坯切割线至试样边缘需留有足够的加工余量。一般应不小于钢产品的厚度或直径，但最小不得小于20mm。对于厚度或直径大于60mm的钢产品，其加工余量可根据供需双方协议适当的减少。

冷剪样坯所留的加工余量的选取。见表11.5-8。

样坯加工余量表（mm） **表11.5-8**

直径或厚度	加工余量	直径或厚度	加工余量
≤4	4	＞20～35	15
＞4～10	厚度或直径	＞35	20
＞10～20	10		

11.5.4 钢结构加工制作工艺

（1）制作、拼装总体构思

由于本工程桁架跨度大，结构复杂，焊接质量要求高，鉴于焊接车间结构制作质量保障性高于吊装现场，因而为确保工程质量，决定将桁架结构可整体运输部分分段整体运输，无法整体运输部分散件运输，至现场拼装为整体进行吊装。

（2）钢结构制作拼装工艺

1）制造工艺编制原则

A. 确保构件制作和桁架拼装的焊接质量；

B. 足够的安全保障措施；

C. 便于控制安装质量；

D. 可操作性强，施工作业工序简便可行；

E. 能够确保工程按期完工；

F. 有效地减少施工措施费。

2）各部分工艺要求

A. 材料要求

A）钢材、焊材和油漆须有质量证明书，并符合设计文件和有关标准的要求，钢材和油漆应按建设单位要求及有关规定进行复验，严禁使用不合格的材料。

B）尺寸允许偏差：

圆钢管尺寸允许偏差，见表 11.5-9。

圆钢管允许偏差　　表 11.5-9

序号	项目		偏差
1	外直径		±1%，且最小±0.5mm、最大 10mm
2	壁厚	焊管	－10%
		无缝管	－10%，但周边长的 25%范围内容许为－10%～－12.5%
3	重量	焊管	±6%（单根）
		无缝管	+8%～－6%（单根）
4	平直度		0.2%
5	长度		+150mm～0
6	圆度		2%（直径与壁厚比不超过 100 时）

对于方形及矩形钢管尺寸允许偏差，见表 11.5-10

方形、矩形钢管允许偏差　　表 11.5-10

序号	项目		偏差
1	边长		±1%，且最小±0.5mm
2	壁厚	焊管	－10%
		无缝管	－10%，但周边长的 25%范围内容许为－10%～－12.5%
3	重量	焊管	±6%（单根）
		无缝管	+8%～－6%（单根）
4	平直度		0.2%
5	长度		+150mm～0
6	直角角度		90°±1°
7	圆角半径		取 3t（t 为壁厚）
8	管壁局部凹凸		每边±1%（量外边）
9	截面扭转		最大 2mm+0.5mm/m

C）所有国产、进口钢材均为焊接结构用钢，均应按照设计要求的标准进行拉伸试验、弯曲试验、夏比 V 型缺口冲击试验和化学分析，还应满足可焊性要求。热轧型钢、热轧钢板均以热轧状态交货，热轧焊管均以正火状态交货。

D）焊接材料

电焊条（手工焊）：对于 Q235 钢，用 E43115、E4316；对于 Q345 钢，用 E5015、E5016。电焊条需要满足《低合金钢焊条》GB/T 5117—1995。

焊丝和焊剂（自动焊）：对于 Q235，用 HJ401-H08A、H08Mn2Si。

E）钢材表面锈蚀、划痕等缺陷不得超过钢材厚度允许负偏差的 1/2，否则严禁使用。所有材料代用需经设计部门与建设单位同意后方可使用。

B. 号料排版

A）放样号料前，应认真熟悉施工图纸及工艺的各项要求，对有疑义的问题及时与有关技术人员联系解决。施工应使用计量合格的量具，严禁使用未经计量的测量工具。

B）钢材进入车间后应该核对其规格、材质编号并清除表面杂质。钢材表面质量应符合表 11.5-11 的规定，否则要在九辊平板机上进行矫正平直。

钢材表面质量 **表 11.5-11**

项　目	板　厚	允许偏差(mm)
钢板局部平面度	$T\leqslant14$	1.5
	$T>14$	1.0

本工程采用多维切割机，要求输入待切割钢管的实际管径、壁厚和长度，因此管材进厂后需进行检验。管径量出两组数据，取平均值；壁厚量出四组数据，取平均值。并按照上文材料要求进行检查。合格产品按照规格分类分区堆放整齐，建立记录，满足单根钢管的名义管径、实际管径、名义厚度、实际厚度和长度，堆放位置一一对应，并做好标识。将厂家提供的产品材质证明参照国际和行业标准进行核对，要求复验的材料必须提供合格的复验报告。

C）排版时，钢管结构的汇交节点中，主管必须连续，对接接头距节点不小于 1000mm，当两管壁厚不等时，接头设在较薄的钢管的一侧；尽可能减少钢管对接的数量，对主管尽可能不在每一节都作接头，并不得在一个节间做两个接头；其余钢管尽可能不做接头。

D）板材号料后应标明订货号、零件号、加工方法等有关数据，并做好标志工作。

C. 桁架弯管的弯制

桁架弯管的弯制可采取在胎具内用弯管机矫制的方法。钢管弯成形后应符合如下技术要求：

曲杆表面平滑过渡，不得出现折痕、表面凹凸不平等现象；

弯管成型后材料性质不得有明显的改变；

成型后两轴外径与设计外径的差值不得大于±3mm 及外径的 1%中的较小值，壁厚与设计壁厚的差值不得大于±1mm 及设计壁厚的 10%中的较小值。

D. 切割工序

A）严格按切线下料的标注进行切割。切割前，应将钢材表面切割边缘 50mm 范围内的铁锈、油污等清除干净。切割后，断口处不得有裂纹和大于 1.0mm 的缺棱，并及时清除边缘的熔瘤和飞溅物，对于切割缺陷应补焊后打磨修整。

B）切割中如发现有重皮或缺陷严重的现象应停止切割，并及时通知有关人员解决。

C）板材采用半自动切割或剪切，型材采用手工切割，坡口加工宜采用刨边机加工。

手工切割偏差：±2.0mm；

半自动切割偏差：±1.5mm；

坡口角度偏差：±5°；

钝边偏差：±1.0mm。

D）板材厚度小于8mm的加劲板、零件板可采用剪板机剪切。

E）精切的部位表面粗糙度不得大于0.03mm，切割线与号料线偏差<1.0mm。

F）直条板材切割宜采用多头直条切割机，异型板材切割采用加工车间数控切割机切割，型材可采用联合冲剪机带锯切割机切割，坡口加工采用数控切割机或刨边机加工。多头直条切割工艺性能如表11.5-12。

多头直条切割工艺性能 **表11.5-12**

割嘴号码	板厚(mm)	氧气压力(MPa)	乙炔(或丙烷)压力(MPa)	气割速度(mm/min)
1	6～10	0.69～0.78	≥0.3	650～450
2	10～20	0.69～0.78	≥0.3	500～350
3	20～30	0.69～0.78	≥0.3	450～300
4	40～60	0.69～0.78	≥0.3	400～300

G）切割面与钢材表面的垂直度偏差≤10%且不大于2.0mm。切割及剪切后应及时清除熔瘤、飞边和毛刺。

E. 相贯线切割

为了确保钢管相贯线生产的准确、高效，保证各个贯口符合《建筑钢结构焊接技术规程》JGJ 81—2002的规定，相贯线制作方法见图11.5-2。

图11.5-2 相贯线切割机

A）相贯线的数控编程

首先开启设备的数控编程系统，根据图纸所提供的详细的已知条件，依次输入所需的数据：例如：主管的直径，主支管的直径，副支管的直径，各钢管的壁厚以及空间中任意两相贯的钢管中心轴线的夹角等等的参数，输入完毕后，计算机会自动生成相贯线的曲线展开图，可以获得任意一点相对应的数据。

B）钢管基准线的标识

将检测合格的钢管上两端进行四等分圆，并利用粉线将其清晰他表示出来。

C）切割

将做好标记的钢管吊到切割机上，利用卡盘将其牢牢地固定在支架上，调节支架的高度，使其钢管的中心轴线与切割机的导轨相互平行。旋转卡盘并使钢管的其中一条四等分圆线垂直于机床后开启切割机的切割系统开始切割，切割完毕后利用磨光机将相贯线和垂直端面的氧化铁清理干净。见图 11.5-3

图 11.5-3 钢管切割

D）检测

利用计算机对所切割的钢管进行三维立体放样计算，分别计算出钢管的四等分圆的数据值并分别进行测量检测，通过四组数据的检测，直接可以判断出相贯线的编程、切割是否正确。

F. 制孔工序

A）按施工图纸要求选择钻头直径。钻孔可采用三维钻床或摇臂钻床。

B）钻孔前应将构件放平、垫稳、固定牢，防止钻偏、钻斜，严禁套钻。

C）螺栓孔允许偏差：（mm）见表 11.5-13。

螺栓孔允许偏差（mm） **11.5-13**

项　目	直　径	圆　度	垂　直　度
允许偏差	+1.0 0	2.0	0.03t 且不大于 2.0

D）螺栓孔距的允许偏差，见表 11.5-14。

螺栓孔距允许偏差 **11.5-14**

项次	项　目	允许偏差(mm)			
		<500	500～1200	1200～3000	>3000
1	同一组内任意两孔间	±1.0	±1.5		
2	相邻两组的端孔间	±1.5	±2.0	±2.5	±3.0

E）钻孔完毕应及时清除毛边、飞刺，并用量规检查。检查不合格的孔需经技术人员同意，方可扩钻或用与母材匹配的焊条补焊后重新钻孔。扩钻后的孔径不得大于原设计孔径 2.0mm，否则应用与母材强度相应的焊条补焊后钻孔，严禁用钢块填塞，处理后应做出记录。

F）钻制大直径孔时，可先用小直径钻头打孔后再用原规格钻头扩钻；或在大直径孔位边用小钻头打一小孔后用仿形割孔。

G）加工车间应将加工完的半成品按规格分类，并表明订货号、零件号及数量后方可转交装配车间。

G. 装配工序

A）装配前应根据图纸要求和划线提供的料单、排板图认真核对零件的尺寸、规格，严格检查质量，不合格不得装配。

B）装配前，应认真清除接口表面30～80mm范围内的铁锈、油污等杂质。

C）板材、型材的拼接，应在组装前进行；构件的组装应在部件组装、焊接、矫正后进行；对发生弯曲变形的半成品应预先矫直后方可组装。

D）定位焊采用ϕ3.2mm焊条，其型号应与正式焊材相匹配，点焊高度不宜超过设计焊缝高度的2/3，并保证点焊牢固可靠不变形。

E）装配时应严格控制各部位的偏差，除图纸个别要求外一律顶紧对齐：

局部间隙≤1.0mm；

磨光顶紧接触部位≥75%，边缘最大间隙≤0.8mm。

F）板材接料见号料工序所述。

G）桁架等结构较复杂的构件，为保证制作精度应先放样后再下料装配。并应采用放大样模装配的方法，组装前应全面检查样模，样模在宽度方向上加焊接收缩余量，参考值2～3mm。

H）采用卡具组装时，使用和拆除过程中不得损伤母材，并对残留的焊疤进行打磨修整，引弧板须用气割切除，并用砂轮磨光，严禁用大锤击落。

I）组装过程中的变形矫正，当采用火焰矫正时，同一部位的加热不得超过两次，加热温度严禁超过900℃，加热矫正后的低合金钢必须缓慢冷却，严禁水冷；如采用手工捶击矫正，须采取加锤垫等措施，以防凹痕和损伤母材。

H. 特殊工序

车间技术负责人应对特殊过程材料的使用及生产过程进行抽查监控。

A）焊接工序

工作原则：钢结构是在加工厂中制作成型的，所以要努力把一切准备工作完善到底，使现场的焊接量最小，从而确保工程质量。

B）焊工须经培训，并取得相应施焊位置、相应焊接工艺、焊材的合格证后方可上岗施焊，严禁无证人员上岗施焊。

C）焊接材料使用前应按规定进行烘干，焊条经烘干后存放在保温筒内随用随取。操作人员应随时作好焊接材料烘干记录，随时接收建设单位及监理公司的检查。

D）施焊前，应熟悉施工图及工艺的要求，并对装配质量和焊缝区域的处理情况进行检查。如不符合要求，应待修整合格后方可进行施焊。焊完后及时清除金属飞溅，并在焊缝附近打上焊工钢印代号。

E）多层焊接应连续施焊，并在每层焊完后及时清理焊渣，如有缺陷用碳弧气刨清除彻底，并用磨光机将渗碳层打磨干净后重焊。碳弧气刨工艺参数如表11.5-15

碳弧气刨工艺参数 **表11.5-15**

碳棒直径(mm)	电弧长度(mm)	空气压力(MPa)	电流(A)
6.0	1～3	0.4～0.5	230～300
8.0	1～3	0.5～0.6	330～400

F）焊缝出现裂纹，焊工不得擅自处理，应上报有关技术人员查清原因，并定出处理方案后方可处理，同一处的返修不得超过两次。

G）严禁在焊缝以外的母材上打火引弧，对接、T型接头施焊应在其两端设置的引（熄）弧板上起（落）弧。

H）板材接料主焊缝均采用埋弧自动焊。所有要求熔透的焊缝正面焊后，反面用碳弧气刨清根，打磨渗碳层后再施焊。

I）圆管节点的焊接：在趾部、侧面，采用带坡口的角焊缝且应保证焊口夹角 $\theta \geqslant 45°$；在根部，采用角焊缝。各处焊缝尺寸均应满足设计要求。

J）当钢管端部需要压扁以进行连接时，可将管材加热到 540～650℃，然后立即用高速锻锤压扁。由于压扁而出现的少量裂纹应予焊接。压扁的端部应予焊接封闭。

K）钢管等空心构件要用连续焊缝密闭，使内外空气隔绝，并确保组装、安装过程中构件内不会进水。

L）焊缝外观检查未焊满、根部收缩、咬边、裂纹、弧坑裂纹、电弧擦伤、飞溅、接头不良、焊瘤、表面夹渣、表面气孔、角焊缝厚度不足、角焊缝焊脚不对称等缺陷。低合金结构钢焊缝，在同一处返修次数不得超过两次。

I. 除腐喷涂

钢构件的除锈、防腐做法：喷砂除锈等级不低于 Sa2.5 级；环氧富锌底漆 100μm；环氧灰云母氧化铁中间漆 70μm；聚氨酯面漆 80μm；面漆的颜色按照建筑图的要求。

J. 检查验收

构件制作完毕，检查部门应按施工图及工艺要求和《钢结构工程施工质量验收规范》GB 50205—2001 认真检查验收。每榀构件出厂时，应进行预拼装。预拼装的偏差应符合 GB 50205—2001 的要求。

K. 包装发运

A）成品构件应待漆膜干透后方可发运。

B）对于细长构件要将二根以上绑在一起运输，以防弯曲。

C）对于小构件类要尽可能用钢丝绑在构件上搬运，对于同一类大量的小件应用钢丝连成一体搬运，一串的重量不超过 50kg 为宜。

3）桁架装焊方法

可整体制作的桁架装焊采用整体组装焊接，焊接完成后切割成 12～17m 便于运输的长度，保证桁架的制作精度。主桁架零件下料、加工、检验合格后，首先在装焊平台上预拼，管子放余量，等总装后二次切割，然后固定在胎架上焊接，要注意装配次序，以免焊接死角。

焊接尽量采用 CO_2 气体保护焊等高效焊接技术，焊后进行校正。

4）焊接材料及焊接工艺

A. 钢材、焊接材料

本工程所用的钢材、焊接材料如表 11.5-16 所示。所有钢材、焊接材料的性能和质量必须符合国家标准和行业标准的规定，并应具有质量证明书或检验报告。

焊接材料 **表 11.5-16**

名称	类别	钢号	型号	备　注
焊条	手工焊	Q235	E4315、E4316	应符合国标或要求
		Q345	E5015、E5016	
焊丝、焊剂	埋弧自动焊	Q235	HJ401—H08A、H08Mn2Si	应符合《建筑钢结构焊接技术规程》JGJ 81—2002、《钢结构设计规范》GB 50017—2003 要求

B. 焊接方法

手工焊：用于一般角焊及对接焊接；

CO_2 气体保护焊：用于一般角焊及V形角焊、对接焊接；

埋弧自动焊：用于长焊缝的焊接，包括V形角焊及对接焊。

C. 焊工资格

参加本工作的手工焊工、二氧化碳气保焊焊工应持有权威部门颁发的焊工考试合格证，才能担任合格证规定的相应焊接工作。

埋弧自动焊应持有焊工操作证。

施焊前要对焊工进行焊接工艺交底，使焊工了解、熟悉结构焊接的工艺要求。

D. 焊接材料烘焙

E4315、E5015低氢焊条及埋弧自动焊焊剂在使用前应按要求进行烘焙，然后在恒温箱中贮放待用。

E4315、E5015低氢焊条在350～400℃温度中烘焙1h，焊剂431在250～300℃温度中烘焙1h。

焊条保温筒使用：E4315和E5015低氢焊条领出使用时，焊工应配备焊条保温筒，防止焊条再次受潮和污染损坏。

E. 焊接规范

焊接规范见表11.5-17。

焊接规范　　表11.5-17

焊接方法	焊条(丝)直径	焊接电流(A)			备　注
		俯焊	立焊	仰脸焊	
手工焊	φ3.2	110～130	100～120	90～110	
	φ4.0	180～200	160～180	140～160	
	φ5.0	220～260	200～240	180～220	
CO_2 气体保护焊	φ1.2	250～280	220～240	190～220	
埋弧自动焊	φ4.0	650～750	电弧电压36～38V，焊接速度25～28m/h		
	φ5.0	700～800	电弧电压36～38V，焊接速度22～25m/h		
	φ4.0	650～750	角焊，电压33～35V，焊接速度20m/h		

F. 焊接工艺

A）焊前准备工作

焊前检查接头及坡口装配加工精度，背面衬垫紧贴度，对不合要求的接头及坡口应进行修补处理。

焊前去除接头及坡口两侧铁锈、氧化铁、油污及水分等。

外场焊接应有防风、雨措施，二氧化碳气体保护焊应有可靠的挡风装置。

B）定位焊

定位焊采用与正式焊接相同的焊条，定位焊一般长25mm，对高强度钢，定位焊长度为30mm，焊条直径为φ3.2mm。

C）引、熄弧板

所有对接焊缝及角焊缝的两端应设置引弧板和熄弧板，引熄弧板的坡口形式、材质均与工件相同，焊后割除，修磨平整。

D）包角焊

在加劲板角焊缝的端部应有良好的包角焊。

E）焊接程序

构件焊接采用对称焊接法施焊时，由双数焊工同时进行。长焊缝采用由中间向两端的分中焊接法及分中步退焊法。也可由数名焊工分段同时进行。厚板坡口焊接采用多道多层焊，不采用阔焊道法。

F）焊缝表面打磨

凡外露对接焊缝焊后应进行打磨加工，将焊缝表面打磨平整，光洁度与母材钢板相同。

G. 焊接质量检验

A）焊缝外表质量检验

焊缝焊坡均匀，不得有裂纹、未熔合、弧坑、夹渣、焊瘤、气孔及咬边等缺陷。

B）无损探伤

未特殊注明要求的对接焊缝质量等级为一级，角焊缝质量等级为三级（外观等级二级）。相贯线焊缝，应沿全周连续焊接并平滑过渡。焊缝的质量等级：桁架弦杆，腹杆钢管间对接焊缝为一级；全熔透焊缝为二级，角焊缝和部分熔透焊缝为三级（外观等级二级）。按照《钢结构工程施工质量验收规范》GB 50205—2001 的要求对工厂及现场焊缝进行内部缺陷超声波探伤和外观缺陷检查。焊缝质量等级为二级时超声波探伤比例为 20%，探伤比例按每条焊缝长度的百分数计，且不小于 200mm。焊缝外观检查未焊满、根部收缩、咬边、裂纹、弧坑裂纹、电弧擦伤、飞溅、接头不良、焊瘤、表面夹渣、表面气孔、角焊缝厚度不足、角焊缝焊脚不对称等缺陷。

5）工厂预拼装

A. 预拼装场地

选用工厂一部分生产场地，作为纵、横桁架等主要结构工厂预拼装场地，总面积约 3000m^2，施工不受气候影响。

B. 预拼装方案

为了保证安装的顺利进行，工厂考虑对工程的纵、横桁架等主要部件在出厂前进行预拼装。

预拼装采用平面预拼装，预拼装应处于自由状态。

若预拼装顺利，不需要进行修整，说明钢桁架制作工艺是正确的，则对下轴间的钢构件继续预拼装，以此类推。

C. 预拼装顺序

场地划线→设置预装胎架→横桁架定位→纵桁架定位→测量记录→交验完工。

说明：

A）场地划线采用激光经纬仪，胎架设置以横桁架下底面为基准，按设计几何尺寸放样，胎架可采用钢墩、模板形式。

B）桁架端部采用定位模板普通螺栓连接，构件应处于自由状态，不得强行固定。

C）做好测量记录，评析制作工艺的可行性、合理性。

D. 预拼装效果分析

通过工厂预拼装，检验、钢构件制作是否符合设计要求以及制作工艺是否可行、合理，能否确保现场拼装和安装单位吊装的技术要求。

钢结构制作，工厂预拼装，按设计技术要求和 GB 50205—2001 规定进行验收，并按规范做好验收记录，提交现场拼装和安装单位使用。

11.5.5 运输方案

（1）运输方式

由于本工程时间紧，构件复杂，经综合比较，全部构件采用汽车运输，以确保进度与质量。运输计划符合现场吊装的进度要求，提前 10 天安排联系好车辆，同时在考虑车辆时，选择车况好、驾驶员技术高的车队来运输。

钢构件制作完工经验收合格后，采用拖车驳运至安装现场。

施工现场附近交通便利，桁架经分段后可顺利运输至现场。

（2）构件运输

1）成品运输

本工程运输的桁架长度在 12～17m 左右，以 1～2 件为一单位用钢丝绳捆扎稳固，在桁架下方用枕木垫平，桁架分段处弦杆用定位杆临时点焊固定，防止桁架在运输过程中因颠簸和碰撞引起桁架或弦杆变形，示意见图 11.5-4。

其他注意事项如下：

A. 在钢丝绳捆扎部位采用橡胶垫对构件进行保护，以免损坏构件表面；示意见图 11.5-5。

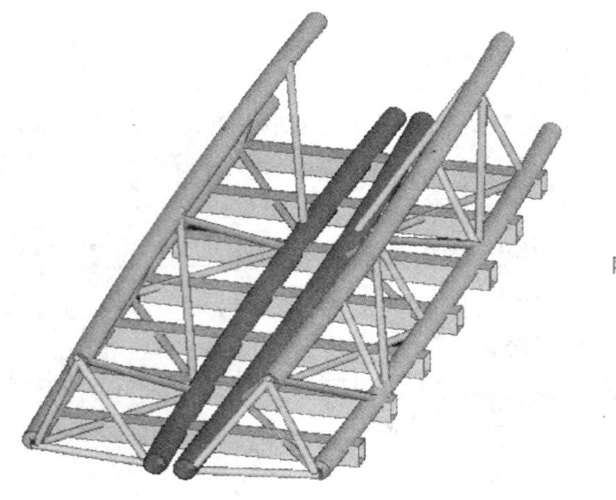

图 11.5-4　成品运输示意图

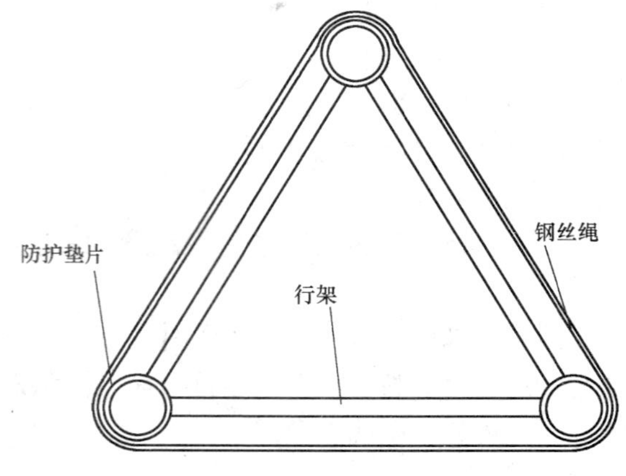

图 11.5-5　构件运输保护示意图

B. 成品构件待油漆膜干后方可包装发运，构件要垫牢固放平稳；

C. 对于细长散件原则上至少两根以上捆绑在一起运输，以防止弯曲；

D. 单一包装捆不得超过 20t。

A）构件在卡车运输途中，根据构件长度、宽度、高度及重量，采用保护架，并用枕木垫起，绑扎牢固，在绑扎件与构件之间必须用麻袋保护，以免碰坏构件。

B）在运输过程中采取安全可靠的防滑移措施。

C）卡车进入施工现场之路段，路面道渣应夯实，平整，以防止车身颠簸。

D）对于已完成涂装、编号、标识且经检验合格的零部件和构件应进行包装，分类堆放，确保零部件不损坏、不变形。

E）运输途中严格遵守交通法规，做到万无一失。

2）散件运输

搭接檩条、角铁斜撑、连接板等散件，合理配载运输，构件之间用垫木、草包等作衬垫保护，以保证构件之间相互不撞击。螺栓，螺母等散件采用木箱包装，以确保散件不散失。

3）搬运和装卸

在厂内使用行车和龙门吊进行搬运和装卸，在施工安装现场使用汽车吊进行搬运和装卸严禁自由卸货。吊车工、铲车工应持证上岗，搬运、装卸时应轻拿轻放，必须做到以下几点：

A. 确保过程安全，包括人员安全、零部件及构件安全，厂内或现场的建筑物及装备的安全。

B. 按规定的地点堆放，不使编号、规格等搞错、混淆。

C. 及时、准确的按规定要求进行搬运。

4）堆放

构件的堆放应满足以下要求：

A. 按使用（加工、搬运、运输、安装等）的先后次序进行适当堆放。

B. 按构件的形状和大小进行合理堆放，用条木等垫实，确保堆放安全整齐，构件不变形。

C. 零部件、构件尽可能室内堆放，在室外堆放的应做好防雨、雾处理，连接摩擦面应得到确实保护。

D. 厂内、现场堆放都必须整齐、合理、标识明确、记录完整。高低不平、低洼积水等地块不能堆放。

5）运输安全注意事项

运输应做到以下几点：

A. 根据运输量、构件特点，提前与运输承揽单位签订运输合同，提前制订运输计划。

B. 应根据构件长度、形状、重量选择运输工具，确保运输过程中的安全和产品质量，特别是对构件应采用专用胎架、保证胎架固定后运输。

C. 装卸时应轻拿轻放，文明装卸，车上构件应绑扎牢固，堆放合理，按产品的特性进行绑扎固定。

D. 与运输承揽单位签订行车安全责任协议，严禁野蛮装运。

11.6 现场拼装及安装方案

因本工程各种施工方法大致相同，在此以500t履带吊安装过程为例，叙述整个安装过程，具体如下：

11.6.1 钢结构安装方案

（1）V型柱及三叉柱吊装

钢柱吊装方法：

钢柱吊装准备工作完成后，吊装钢柱。起吊前，钢柱放置在钢支架上，一端由吊车吊起，另一端用木方将柱脚垫好，以免钢柱在起吊过程中将柱脚板损坏。见示意图11.6-1。

钢柱起吊时，吊车应边起钩，边转臂，使钢柱垂直提升，见图11.6-2

图11.6-1 钢柱地面摆放及吊装准备工作

图11.6-2 钢柱起吊

当钢柱吊至距其就位位置上方200mm时使其稳定，对准就位位置缓慢下落，下落过程中避免磕碰。落实后使用专用角尺检查，调整钢柱使其定位线与基础定位轴线重合。调整时需三人操作，一人移动钢柱，一人协助稳定，另一人进行检测。就位误差控制在2mm以内。

钢柱垂直度校正完毕后，四面拉设的缆风绳不得松开，并将拉紧缆风绳的葫芦锁紧，防止缆风绳松动，保证钢柱短期内的稳定。

V型柱及三叉柱为斜钢柱，在斜钢柱周围搭设脚手架，作为钢柱侧向支撑，确保在形成框架体系前的结构安全。见图11.6-3。

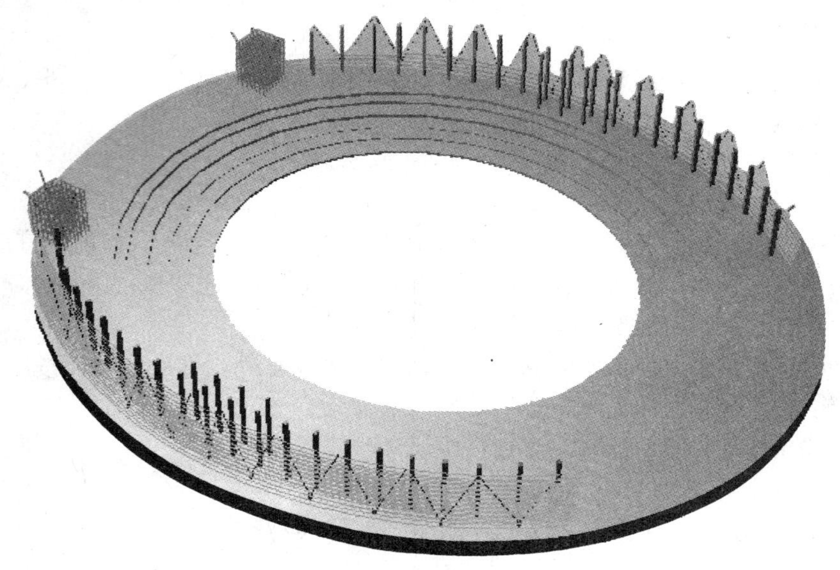

图11.6-3 斜钢柱安装

（2）搭设支撑塔架

支撑塔架在每面挑棚搭设14组，主桁架吊装14榀后进行第一次整体卸载，支撑塔架移至桁架未吊装位置使用。其余部分安装完进行第二次整体卸载。见图11.6-4。

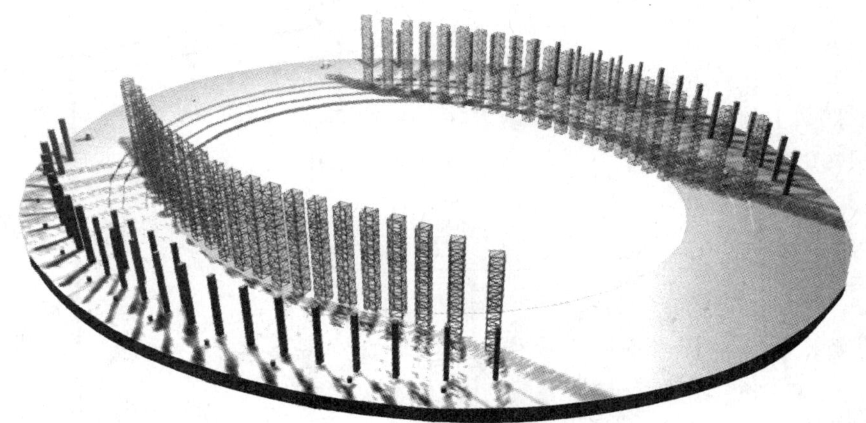

图11.6-4 搭设支撑塔架

（3）胎具整体布置位置，见图11.6-5；单个胎具示意图11.6-6；胎具立面见图11.6-7。

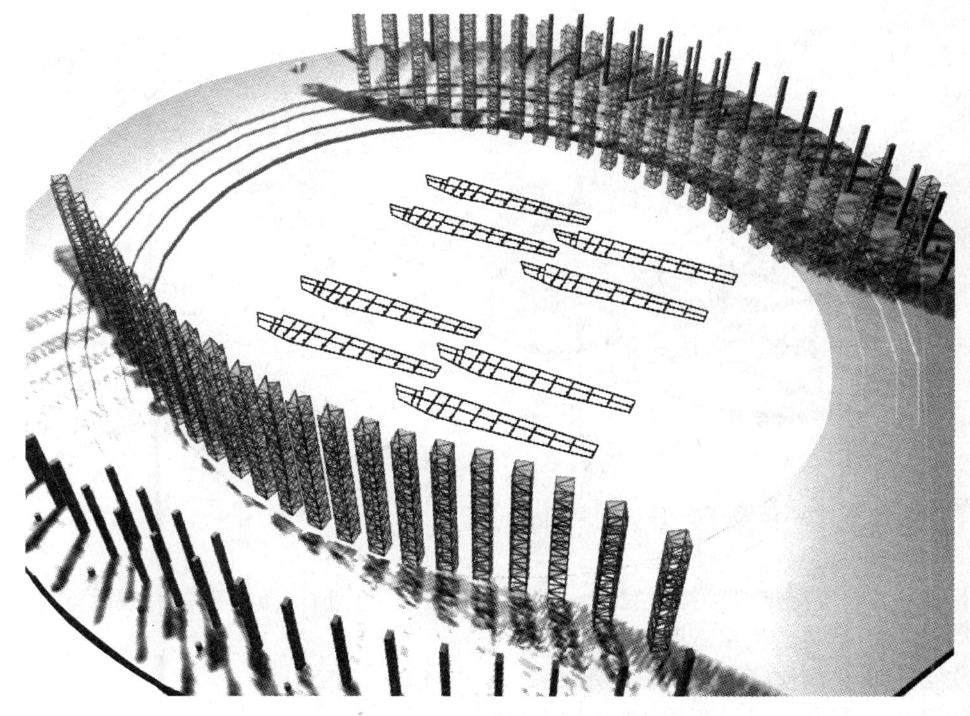

图11.6-5 胎具整体布置位置

（4）桁架整体拼装，见图11.6-8。

在场地允许的情况下，尽量多的拼装主桁架备用吊装，以节省吊装设备的使用周期。

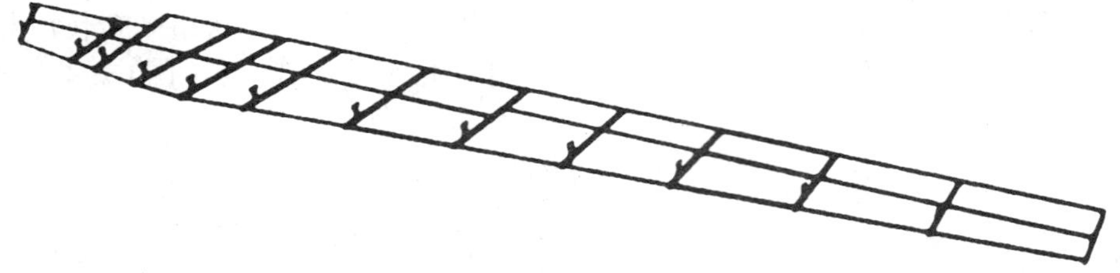

图 11.6-6 单个胎具示意图

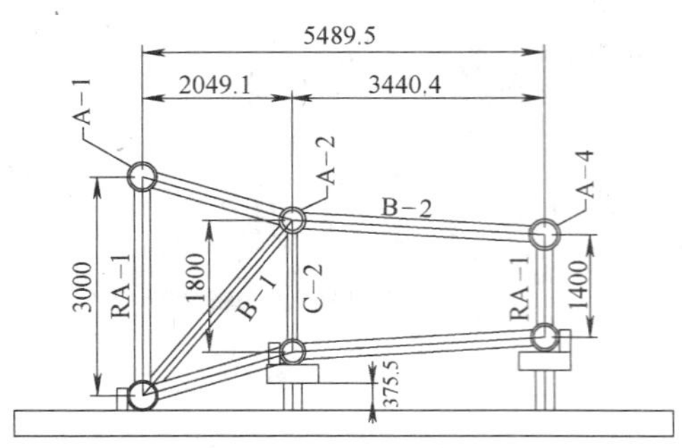

图 11.6-7 胎具立面图

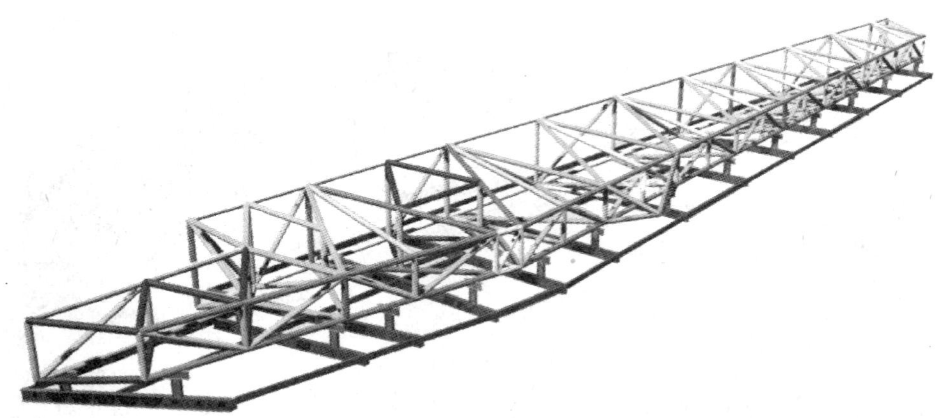

图 11.6-8 桁架整体拼装

(5) 架设支撑平台及千斤顶，见图 11.6-9。

(6) 桁架吊装

桁架吊装前支撑架必须搭设完毕，平台作业面、千斤顶等布设准备完成后方可起吊。

1) ZHJ-1 吊装，见示意图 11.6-10。

2) ZHJ-1 之间次桁架吊装，见示意图 11.6-11。

3) ZHJ-2 吊装，见示意图 11.6-12。

4) ZHJ-2 与 ZHJ-1 之间次桁架吊装，见示意图 11.6-13。

5) 以此吊装方法及顺序吊装至 ZHJ-7，以此 14 榀桁架为整体进行卸载，第一部分安装完成，见图 11.6-14。

图 11.6-9 架设支撑平台及千斤顶

图 11.6-10 ZHJ-1 吊装示意图

图 11.6-11 次桁架吊装

图 11.6-12 ZHJ-2 吊装示意图

图 11.6-13 ZHJ-2 与 ZHJ-1 之间次桁架吊装示意图

图 11.6-14 第一部分安装完成示意图

6）以此方法吊装其余桁架，以其余桁架为整体进行第二次卸载，见图 11.6-15。

图 11.6-15 其余桁架完成

7）吊装两部分桁架之间的次桁架，整体结构吊装完成，见图 11.6-16。

（7）桁架的调整

1）千斤顶的选择

由于在施工过程中，千斤顶处于很大受力状态，液压千斤顶将出现回油现象，所以本工程选用螺旋千斤顶，千斤顶规格为 10t。

2）千斤顶的支设

千斤顶布置在桁架下弦，在千斤顶上作出观测标记线或固定指针，便于在调整标高时，操作人员用钢尺观测升降行程。见示意图 11.6-17。

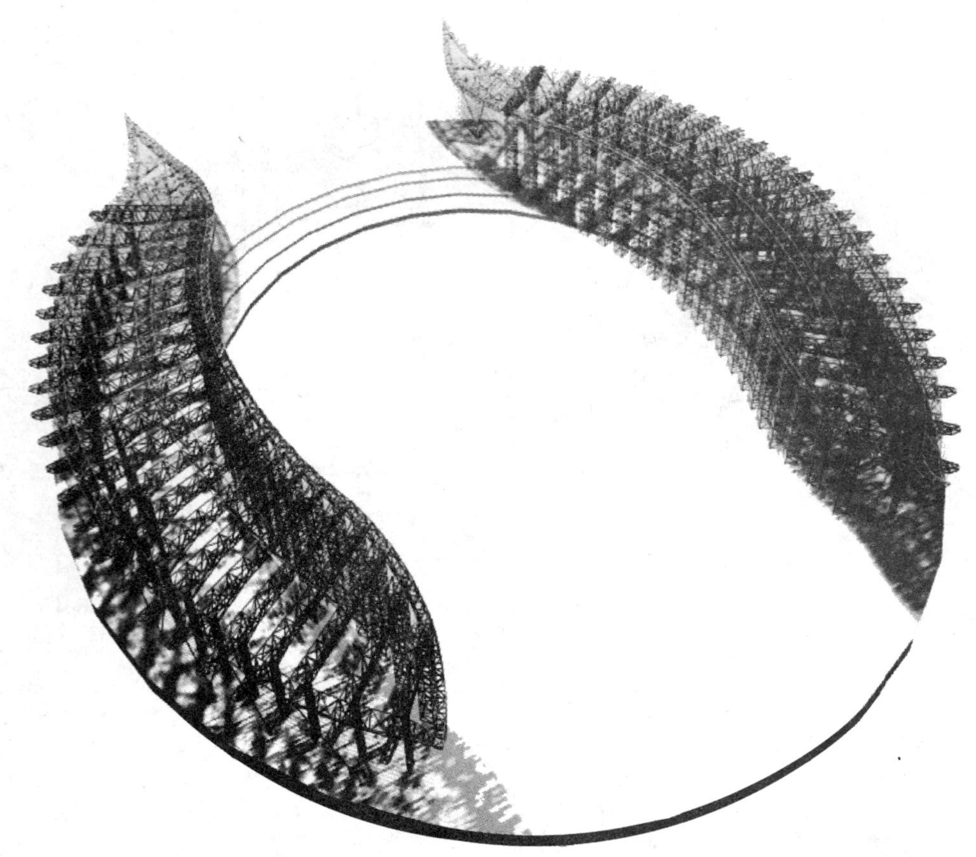

图 11.6-16 整体结构吊装完成

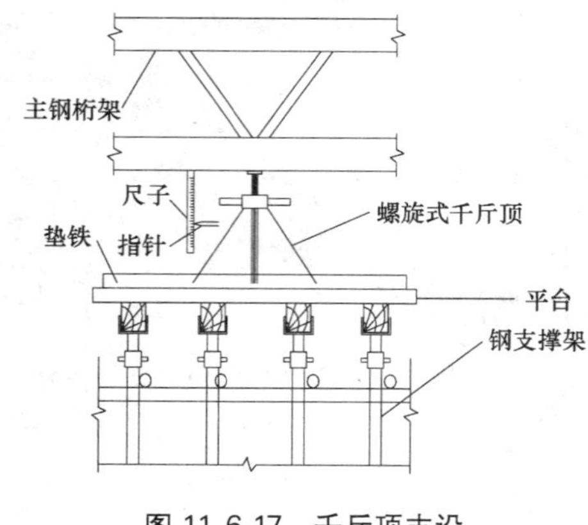

图 11.6-17 千斤顶支设

11.6.2 现场焊接方案

（1）安装焊接准备工作

1）桁架焊接前，应对工程中使用较多的或有代表性的接头形式进行工艺评定试验，试验结果应达到设计和规定要求。

2）采用的焊接材料和焊接设备技术条件应符合国家标准，性能优良。清渣、气刨、焊条干燥和保温等装置应齐全有效。

3）焊接方法的选择

A. 手工电弧焊

手工电弧焊主要用于定位焊接、打底焊接、支座与埋件焊接和一些焊接工作量小，CO_2 焊接难于施工的位置；针对仰脸焊位置，宜采用手工电弧焊。

B. CO_2 气体保护焊

现场所有弦杆对接、腹杆与弦杆、坡口焊缝全部采用 CO_2 气体保护焊，对于焊接量大容易施工的位置均采用 CO_2 气体保护焊。

C. 焊接材料的选择

A）焊条选择，见表 11.6-1。

焊条材料　　表 11.6-1

钢材牌号	焊条型号	焊条直径(mm)
Q235B	E4303	ϕ3.2～ϕ4.0
Q345B	E5003	ϕ3.2～ϕ4.0

焊条使用前应用专用设备烘焙，并设专人负责。焊条烘焙温度为 300～350℃，保温时间为 1～2h。

B）焊丝选择，见表 11.6-2。

焊丝材料　　表 11.6-2

钢材牌号	焊丝型号	焊丝直径(mm)
Q345-B	HJ(ER)50-6	ϕ1.2
Q235-B		

C）CO_2 气体的选择要求。

CO_2 气体必须采用优等品，并满足性能要求，见表 11.6-3。

优等品 CO_2 气体性能要求　　表 11.6-3

项目要求	组分含量(%)	项目要求	组分含量(%)
CO_2 含量(V/V)≥	99.9	水蒸气+乙醇量(m/m)≤	0.005
液态水	不得检出	气味	无异味
油	不得检出		

（2）焊接程序

焊前检查→装焊衬管→定位焊→焊接→检验→填写作业记录表。

（3）一般规定

1）焊前检查坡口角度、钝边、间隙及错口量应符合要求，坡口内和两侧的锈斑、油污、氧化皮等应清除干净。

2）装焊衬管，要求其表面清洁，衬管与母材管应贴紧并与母材管点焊牢固。

3）焊接。第一层焊道应封焊坡口内母材与衬管之连接处，然后逐层逐道焊至填满坡口，每层焊完都应清除焊渣及飞溅物，出现焊接缺陷应及时磨去并修补后再焊。

4）一个接口必须连续焊完，如不得已而中途停焊时，应保温缓冷，再焊时应重新按规定加热。

5）焊后冷却到环境温度时进行外观检查，焊后 24h 进行焊缝 UT 探伤检验。

（4）现场典型焊接节点应力变形控制

管-管对接焊，焊接方向顺序（见图 11.6-18～图 11.6-20）及焊接工艺及参数。

1）先在仰脸焊位置由 A、B 焊工分别向上或向左、右方向焊接，焊接时要求基本同步。

2）A、B 焊工第一道焊接完毕，进行打磨修整后继续第二道焊接。

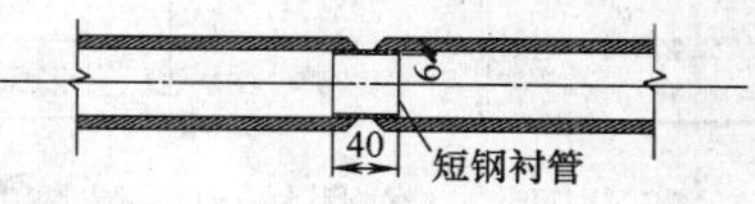

图 11.6-18　管-管对接示意图

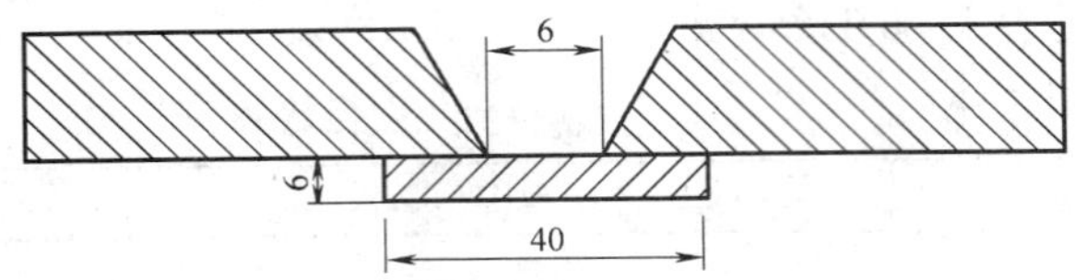

图 11.6-19　管-管对接焊口示意图

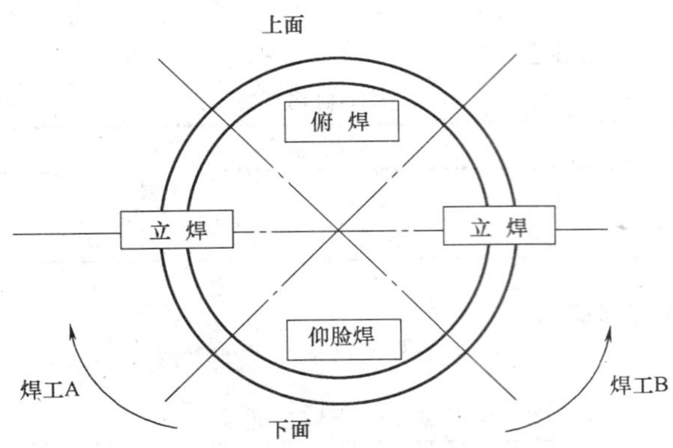

图 11.6-20　管对接及相贯线焊接

3）每两层之间的焊道接头应相互错开，两名焊工焊接的焊道接头也要注意每层错开，每道焊完要清除焊渣和飞溅，如有焊瘤和焊接缺陷要铲磨清理后再焊，焊接过程中要注意检测和保持层间温度。

4）焊接工艺参数见表 11.6-4、表 11.6-5。

手工焊焊接工艺　　**表 11.6-4**

焊条直径	焊接姿势	焊接工艺参数	
		焊接电流(A)	电压(V)
ϕ3.2mm	仰脸焊 立焊 俯焊	80～100 100～130 120～150	24～26
ϕ4.0mm		110～130 120～160 150～180	24～26

CO_2 气体保护焊焊接工艺　　**表 11.6-5**

焊丝直径(mm)	焊接姿势	焊 接 参 数			气体流量(L/min)
		电流(A)	电压(V)	速度(mm/min)	
ϕ1.2	仰脸焊	200～230	24～30	150～500	
	立焊	220～260	26～34	150～500	

（5）现场高空焊接的质量控制

1）焊接作业区，当手工电弧焊时风速超过 8m/s，当气体保护电弧焊及药芯焊丝电弧焊风速超过 2m/s 时，应设防风棚或采取其他防风措施。

2）焊接作业区的相对湿度不得大于 90%。

3）当焊件表面潮湿或有冰雪覆盖时，应采取加热去湿除潮措施。

4）焊接作业区环境温度低于 0℃时，并由焊接技术责任人员制定出作业方案经认可后方可实施。

5）焊接作业区环境超出上述规定但必须焊接时，应对焊接作业区设置防护棚并制定出具体方案，报监理工程师确认后方可实施。

6）定位焊必须由持相应合格证的焊工施焊，所用焊接材料应与正式施焊相当。定位焊预热温度应高于正式施焊的预热温度。当定位焊焊缝上有气孔或裂纹时必须清除后重焊。

7）缺陷超过相应的质量验收标准时，对气孔、夹渣、焊瘤、余高过大等缺陷应用砂轮打磨、铲凿、钻、铣等方法去除，必要时进行焊补；对焊缝尺寸不足、咬边、弧坑未添满等缺陷进行焊补。

8）经无损检测确定焊缝内部存在超标缺陷时进行返修，返修应符合下列规定：

A. 返修前应由施工企业编写返修方案；

B. 应根据无损检测确定的缺陷位置、深度，用砂轮打磨或碳弧气刨清除缺陷。缺陷为裂纹时，碳弧气刨应在裂纹两端钻至裂孔并清除裂纹及其两端各 50mm 长的焊缝或母材；

C. 清除缺陷时应将刨槽加工成四侧边斜面角大于 10°的坡口，并应修整表面、磨除气刨渗碳层，必要时应用渗透探伤或磁粉探伤方法确定裂纹是否彻底清除；

D. 焊补时应在坡口内引弧，熄弧时应填满弧坑；多层焊的焊层之间接头应错开，焊缝长度应不小于 100mm；当焊缝长度超过 500mm 时应采用分段退焊法；

E. 返修部位应连续焊成。如中断焊接时，应采取后热、保温措施，防止产生裂纹。再次焊接前宜用磁粉或渗透探伤方法检查，确认无裂纹后方可继续补焊；

F. 焊接修补的预热温度应比相同条件下正常焊接的预热温度高，并应根据工程节点的实际情况确定是否需采用超低氢型焊条焊接或进行焊后消氢处理；

G. 焊缝正、反面各作为一个部位，同一部位返修不宜超过两次；

H. 对两次返修后仍不合格的部位应重新制订返修方案，经工程技术负责人审批并报监理工程师认可后方可执行。

11.6.3 涂装方案

（1）工程防腐涂装要求

本工程防腐设计年限为 15 年，表面喷射法除锈，除锈等级 Sa2.5 级

钢构件防腐做法：环氧富锌底漆 75μm；环氧云铁中间漆两道，每道 60μm；可复涂聚氨酯面漆 40μm；面漆的颜色按照建筑图的要求。为防止运输和安装过程中对构件漆膜表面的损坏，聚氨酯面漆拟在现场施工。

（2）防腐涂装施工

1）底漆施工工艺，见表 11.6-6。

底漆施工工艺 11.6-6

底材	确认产品包装无破损 确认底材已经喷砂处理至 ISO Sa2.5 以上,4h 内必须涂漆 粗糙度在 40～75μm 之间 表面无浮灰,油迹等松动物质,并保持表面干燥
混合比例	主漆:固化剂=9:1(重量比) 因双组分涂料系反应型涂料,固化剂与涂料液混合、搅拌均匀后,即开始进行化学反应,因此,在涂料使用时应注意,根据需要用多少配多少,并充分搅拌均匀,未用完的涂料切不可倒回原包装,已配好的涂料隔夜后,会因反应而导致黏度上升直到胶化而不能使用
可使用时间	10h/20℃(混合 10h 后若漆仍为液体状也不可使用)
混合	要求使用机械搅拌,搅拌 20min 至均匀 涂料配制中搅拌是重要环节,只有混合均匀才能使主漆和固化剂充分发生化学反应,搅拌均匀是保证涂料成膜的良好基础
熟化	不需要
施工方法	辊涂:推荐 无气喷涂:推荐
稀释剂	OP-12 专用稀释剂(冬用/夏用) 气温在 25℃ 以上时使用夏用稀释剂,25℃ 以下时使用冬用稀释剂
稀释剂用量	无气喷涂 (0～10)% 辊涂 (5～10)% 稀释剂量应根据现场施工的实际情况(工件形状、环境、温度、喷涂方式等)控制其适当的量
建议膜厚	辊涂:干膜 60μm/湿膜 100 μm 无气喷涂:干膜 60μm/湿膜 100μm
理论耗漆量	0.26kg/m² (60μm) 由于实际施工时的涂装环境、涂装方法、表面状况及结构形状的不同损耗率也就会有很大的不同,其次涂装面积也是影响因素之一
干燥时间	5℃ 20℃ 30℃ 表干: 40min 20min 20min 半硬干: 5h 3h 2h 在漆膜未达到实干时间前不要用手或硬物接触漆膜表面,实干并不是漆膜的最终干燥,一般漆膜要经过 7 天的保养期才能达到最佳效果
重涂间隔时间	5℃ 20℃ 30℃ 重涂间隔: 48h～6 个月 24h～6 个月 24h～6 个月 一道漆涂装完毕后,在进行下一道漆涂装前一定要确认是否达到规定的涂装间隔时间,否则就不能进行施工
湿膜测定	仪器:湿膜测定仪 要求: 1. 厚度控制应遵守两个 80%规定,既是 80%的测点应在规定膜厚以上,余下膜厚不足的部位,膜厚也应在要求膜厚值的 80%以上,否则应予补涂,以达到膜厚标准 2. 边、角、焊缝和切痕等容易产生膜厚不足的部位,应先刷涂一道,然后再进行大面积的涂装,以保证凹凸部位的漆膜厚度 3. 点的选择:对于较大面积的平整表面,一般是每 10m² 选一个测点,对于复杂表面应每 5m² 选一个测点,此外根据具体情况,还应有其他选点方法
干膜测定	仪器:干膜测定仪 在被涂工件上均匀选择 8 个点,使用测厚仪进行测定,计算平均膜厚
附着力测定	时间要求:25℃,7 天。 在被涂工件上选择 5 个点进行检测,若有两处以上不合格,应再增加检测点,若附着力不良点超过 30%应及时对策进行补涂。若被膜厚高于 40～150μm,间隔应为 2mm。膜厚在 150μm 以上请用其他检测标准

续表

注意事项	1. 无气喷涂切不可对人喷射 2. 若漆膜损伤可用相同产品刷涂方法进行修补 3. 在梅雨期节，湿气高时，或气温变化急剧时，容易引起白化，会使附着力降低，请多加注意 4. 施工场地应保持良好通风、无明火 5. 气温低于5℃，湿度大于85%时，不要进行施工 6. 涂料中避免混入油脂和碱性物质 7. 混合时应先在主漆中加入固化剂搅拌均匀再加入稀释剂充分搅拌直到混合均匀 8. 本产品干燥速度较快在喷涂时，应注意暂不喷涂表面应进行覆盖，在喷涂完毕后，应检查表面，若发现有已干燥的漆雾附着在表面，应用砂纸轻轻打磨后，用无纺布擦拭干净。 已经涂装好的物件，请勿放置在涂装作业区，以免作业时产生的漆雾附着在工件表面，而有细微颗粒

2）中间漆施工工艺，见表11.6-7。

中间漆施工工艺 **11.6-7**

底材	确认产品包装无破损 清除被涂面上附着的油脂、灰尘等污物并保持表面干燥 确认表面已涂装配套的涂料
混合比例	主漆：固化剂＝22：3(重量比) 因双组分涂料系反应型涂料，固化剂与涂料液混合、搅拌均匀后，即开始进行化学反应，因此，在涂料使用时应注意，根据需要用多少配多少，并充分搅拌均匀，未用完的涂料切不可倒回原包装，已配好的涂料隔夜后，会因反应而导致黏度上升直到胶化而不能使用
可使用时间	8h/20℃(混合8h后若漆仍为液体状也不可使用)
混合	要求使用机械搅拌，搅拌20min至均匀 涂料配制中搅拌是重要环节，只有混合均匀才能使主漆和固化剂充分发生化学反应，搅拌均匀是保证涂料成膜的良好基础
熟化	10min
施工方法	刷涂：推荐 无气喷涂：推荐 空气喷涂：适用
稀释剂	OP-16专用环氧稀释剂(冬用/夏用) 气温在25℃以上时使用夏用稀释剂，25℃以下时使用冬用稀释剂
稀释剂用量	无气喷涂　(0～10)% 刷涂　(0～10)% 空气喷涂　(20～30)% 稀释剂量应根据现场施工的实际情况(工件形状、环境、温度、喷涂方式等)控制其适当的量
建议膜厚	刷涂：干膜50μm/湿膜105μm 无气喷涂：干膜50μm/湿膜105μm 空气喷涂：干膜50μm/湿膜108μm
理论耗漆量	0.14kg/m²(50μm) 由于实际施工时的涂装环境、涂装方法、表面状况及结构形状的不同损耗率也就会有很大的不同，其次涂装面积也是影响因素之一
干燥时间	5℃　20℃　30℃ 表干：　2h　1h　0.5h 实干：　12h　6h　4h 在漆膜未达到实干时间前不要用手或硬物接触漆膜表面，实干并不是漆膜的最终干燥，一般漆膜要经过7天的保养期才能达到最佳效果
重涂间隔时间	5℃　20℃　30℃ 重涂间隔：　24h～1年　16h～1年　16h～1年 一道漆涂装完毕后，在进行下一道漆涂装前一定要确认是否达到规定的涂装间隔时间，否则就不能进行施工

续表

湿膜测定	仪器：湿膜测定仪 要求： 1. 厚度控制应遵守两个80%规定，即是80%的测点应在规定膜厚以 上，余下膜厚不足的部位，膜厚也应在要求膜厚值的80%以上，否则应予补涂，以达到膜厚标准 2. 边、角、焊缝和切痕等容易产生膜厚不足的部位，应先刷涂一道，然后再进行大面积的涂装，以保证凹凸部位的漆膜厚度 3. 点的选择：对于较大面积的平整表面，一般是每10m^2 选一个测点，对于复杂表面应每5m^2 选一个测点，此外根据具体情况，还应有其他选点方法
干膜测定	仪器：干膜测定仪 在被涂工件上均匀选择8个点，使用测厚仪进行测定，计算平均膜厚
附着力测定	时间要求：25℃，7天 在被涂工件上选择5个点进行检测，若有两处以上不合格，应再增加检测点，若附着力不良点超过30%应及时对策进行补涂。若涂膜厚高于40～150μm，间隔应为2mm。膜厚在150μm以上请用其他检测标准
注意事项	1. 涂料中不能混入水及醇类极性溶剂 2. 气温低于5℃，湿度大于85%时，主漆与固化剂化学反应趋于停止，这种情况下应停止施工 3. 若漆膜损伤可用相同产品修补。修补涂装时，重涂部位应进行粗糙处理 4. 本产品干燥速度较快，在喷涂时应注意暂不喷涂表面应进行适当防护，在喷涂完毕后，应检查表面若发现有已干燥的漆雾附着表面，应用砂纸轻轻打磨后，用无纺布擦拭干净 5. 喷涂结束后，已经完成喷涂的被涂物不要放置在涂装作业区内，以免其他被涂物喷涂时漆雾附着表面引起的粉状物

3）面漆施工工艺，见表11.6-8。

面漆施工工艺 **表11.6-8**

底材	1. 确认产品包装无破损 2. 清除被涂面上附着的油脂、灰尘等污物并保持表面干燥 3. 确认表面已涂装配套的涂料
混合比例	主漆：固化剂＝7：1(重量比) 因双组分涂料系反应型涂料，固化剂与涂料液混合、搅拌均匀后，即开始进行化学反应，因此，在涂料使用时应注意，根据需要用多少配多少，并充分搅拌均匀，未用完的涂料切不可倒回原包装，已配好的涂料隔夜后，会因反应而导致黏度上升直到胶化而不能使用
可使用时间	6h/20℃、8h/5℃
混合	要求使用机械搅拌，搅拌20min至均匀 涂料配制中搅拌是重要环节，只有混合均匀才能使主漆和固化剂充分发生化学反应，搅拌均匀是保证涂料成膜的良好基础
熟化	不需要
施工方法	刷涂：推荐 空气喷涂：推荐
稀释剂	HI—PON 50稀释剂(冬用/夏用) 气温在25℃以上时使用夏用稀释剂，25℃以下时使用冬用稀释剂
稀释剂用量	刷涂 (0～10)% 空气喷涂 (20～30)% 稀释剂量应根据现场施工的实际情况(工件形状、环境、温度、喷涂方式等)控制其适当的量
建议膜厚	刷涂：干膜30μm/湿膜50μm 空气喷涂：干膜30μm/湿膜50μm
理论耗漆量	0.06kg/m^2(30μm) 由于实际施工时的涂装环境、涂装方法、表面状况及结构形状的不同损耗率也就会有很大的不同，其次涂装面积也是影响因素之一

续表

干燥时间	5℃ 20℃ 30℃ 表干： 30min 20min 10min 实干： 7h 5h 2.5h 在漆膜未达到实干时间前不要用手或硬物接触漆膜表面，实干并不是漆膜的最终干燥，一般漆膜要经过7天的保养期才能达到最佳效果
重涂间隔时间	5℃ 20℃ 30℃ 重涂间隔： 24h以上 16h以上 16h以上 一道漆涂装完毕后，在进行下一道漆涂装前一定要确认是否达到规定的涂装间隔时间，否则就不能进行施工
湿膜测定	仪器：湿膜测定仪 要求： 1. 厚度的控制应遵守两个80%规定，即是80%的测点应在规定膜厚以上，余下膜厚不足的部位，膜厚也应在要求膜厚值的80%以上，否则应予补涂，以达到膜厚标准 2. 边、角、焊缝和切痕等容易产生膜厚不足的部位，应先刷涂一道，然后再进行大面积的涂装，以保证凹凸部位的漆膜厚度 3. 选择：对于较大面积的平整表面，一般是每10m² 选一个测点，对于复杂表面应每5m² 选一个测点，此外根据具体情况，还应有其他选点方法
干膜测定	仪器：干膜测定仪 在被涂工件上均匀选择8个点，使用测厚仪进行测定，计算平均膜厚
附着力测定	时间要求：25℃，7天 在被涂工件上选择5个点进行检测，若有两处以上不合格，应再增加检测点，若附着力不良点超过30%应及时对策进行补涂。若涂膜厚高于40～150μm，间隔应为2mm。膜厚在150μm以上请用其他检测标准
注意事项	1. 在梅雨期节，湿气高时，或气温变化急剧时，容易引起白化，会使附着力降低请多加注意 2. 施工场地应保持良好通风、无明火 3. 气温低于5℃，湿度大于85%时，不要进行施工 4. 混合时应先在主漆中加入固化剂搅拌均匀再加入稀释剂充分搅拌直到混合均匀 5. 已经涂装好的物件，请勿放置在涂装作业区，以免作业时产生的漆雾附着在工件表面，而有细微颗粒

4）现场补涂

钢结构件现场拼接后的焊缝、运输和吊装过程中的漆膜磕碰损坏、校正处等部位，采用手工除锈至St3级，然后按照相同的工艺要求补涂油漆。

11.7 施工测量方案

11.7.1 人员组织及设备配置

(1) 人员组织

根据工作量和工作难度，本工程拟安排：

主要测量人员2名，负责工作安排，设备管理，现场安全管理；测量配合人员4名，负责对测量工作的配合。

(2) 设备配置

对所有进入施工现场的测量器具进行周期检定；与建设单位办理有关测量的交接手续；对规划设计院提供的定位桩、红线桩和水准点进行复测；对现场测量人员进行技术交底，持证上岗，建立测量数据库。

以下设备为我公司自有设备，计划投入到本项目，见表 11.7-1

设备配置表　　表 11.7-1

编号	设备名称	精度指标	数量	用　途
1	徕卡 TC1800L 全站仪	1″	2 台	三维坐标测放
2	TDJ2E 电子经纬仪	2″	2 台	施工放样
3	S2 水准仪	2″	2 台	标高控制
4	50m 钢尺	1mm	4 把	施工放样

11.7.2 平面控制网的建立

首先是对现场轴线控制网的复测。依据建设单位提供的测量控制基准点测设得到轴线间的实际平面尺寸。将其与图纸平面设计尺寸进行比较，并将偏差结果报有关技术部门确认。其次是根据确认的轴线调整方案及屋顶总平面布置图、桁架梁与轴线关系图及相关的资料，采用高精度全站仪（测角精度 2″、测距精度 1±1ppm），按Ⅰ级建筑方格网测设规范进行平面控制网布置。经复测满足精度要求后，再运用全站仪采用极坐标法加密其他的轴线，这样就得到了该工程的平面控制网。控制网的精度指标见表 11.7-2。

控制网的精度指标　　表 11.7-2

等　级	测角中误差(″)	边长相对中误差
一级	±5	1/30000

11.7.3 高程控制网的建立

采用电子水准仪对建设单位提供的该工程的水准基点（不少于 3 个）进行联测，满足精度要求后（±2mm），布设一条符合水准路线，水准观测不低于三等，并在场区均匀布设三个以上的水准点，水准点必须安全、稳固，便于观测。

11.7.4 钢结构安装测量校正

(1) 纵向桁架的测量校正

依据平面方格网，运用经纬仪对纵向桁架的轴线作 1m 界线，并以此作为测量基线。并对桁架设计中心线预先用红油漆进行标记。安装就位时，采用方向线法进行轴线偏差测量并纠偏。采用水准测量的方法控制桁架顶标高。

示意见图 11.7-1。

(2) 横向桁架（主桁架）测量校正

横向桁架采用传统的经纬仪方向线法先进行粗就位，再采用三维工业立体测量的方法进行精确就位，并进行网架变形观测，具体做法如下：

1) 在主桁架上标记出纵桁架就位时所需中心线，并做好明显标记。

2) 测出主桁架上口标高。

3) 把激光贴片贴到待测点上。

4) 根据图纸计算桁架上特征点（待测点）的三维坐标（理论值）并输入到便携机。

5）进行精密就位时，选择理想的位置作为测站点，确定测站点的坐标及后视方向方位角，输入全站仪；并使全站仪与便携机相连。

6）利用三维立体工业测量软件，把测得的待测点坐标传输给便携机，通过与理论值的比较，就位偏差值将在屏幕上显示，继续进行精密就位。见图 11.7-2。

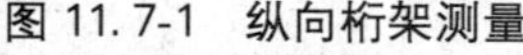

图 11.7-1 纵向桁架测量

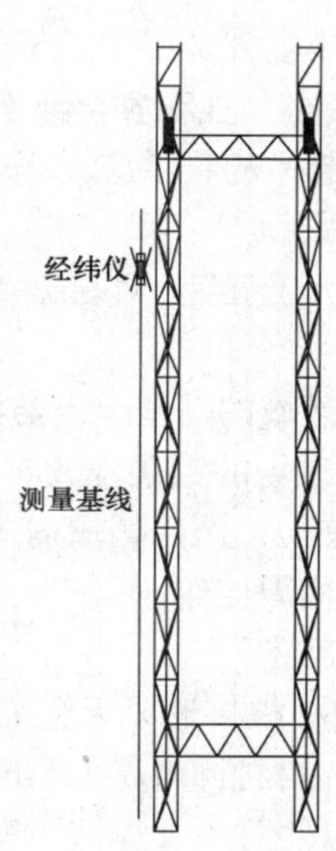

图 11.7-2 横向桁架测量

11.8 冬雨期施工措施

11.8.1 冬期施工方案

(1) 钢结构冬施材料准备，见表 11.8-1。

焊接设备及辅助设备及材料表　　表 11.8-1

序号	名称	型号	单位	数量	用　途
1	测温计	−20～600℃	个	3	用于预热及层间温度测量
2	高压氧气管	ϕ8mm	m	300	1 个切割 1 个气刨,3 个预热
3	高压乙炔管	ϕ8mm	m	300	同上
4	电焊把线	YH50mm^2	m	600	手工电弧焊用
5	编织布		m	50	挡风用
6	氧气表		块	12	气焊专用
7	乙炔表		块	12	气焊专用
8	氧气瓶		个	20	预热
9	乙炔瓶		个	10	预热
10	CO_2 气瓶		个	20	CO_2 焊专用
11	烤枪		把	6	预热

（2）钢结构安装

1）冬期安装

A. 所有参加吊装人员在入场前进行冬期施工的安装、安全、防火教育。

B. 各种作业人员应严格遵守本岗的操作规程。

C. 雪后在钢结构吊装施工前，将构件、平台上的积雪、霜、冰用铁铲除去并扫净方可操作。

D. 进入现场人员必须戴好安全帽，系好帽带，穿好防滑鞋，并带好安全带方可高空作业，安全带必须挂在安全绳上。

E. 对要起吊的物件应先查看是否和地面或其他物体冻结，如冻结，先用手撬棍使其松动方可起吊。

F. 风力大于五级、下雪、浓雾天气，停止高空吊装及安装的配套工序，如焊接、校正结构等。

G. 施工区域的马道应设防滑木条等固定牢固，木条间距不大于30cm。

H. 进入现场的钢梁堆放时，应堆放整齐，支垫合理，必要时加以覆盖。

I. 夜间施工，施工区域内应有良好的照明。

2）钢结构焊接作业

A. 施工准备

A）柱与柱焊接遇风天施工，为了保证焊接质量，需搭设一定的防风措施。采用编织布绕操作平台四周封闭高1.8m，按安全施工的要求搭设，并将平台平面上的洞、缝用石棉布盖严，以便防风及焊渣下落伤人。主要目的是为了防止保护气体被吹散和防止降温过快。

B）二氧化碳气瓶应倒置24h后打开阀门把水放尽方可使用，防止冻结。瓶内气体高压低于1MPa时应停止使用。焊接前要先检查气体压力表上的指示，然后检视气体流量计并调节气体流量。

C）焊接材料和焊接设备、技术条件应符合国家标准，性能优良，清渣加热，气刨、打磨、焊条保温、温度测量等装置应齐全。

B. 手工电弧焊及二氧化碳气体保护焊、焊材和设备

A）焊条应在高温烘干箱中烘干，低氢型焊条烘烤温度为：焊条在高温箱中加热到350～400℃后保温1.5h，再在高温中降温到110℃后保存；使用时从烘箱中取出立即放入100～110℃的焊条保温筒中，并须在4h内用完。用剩余的焊条应重新放入高温中烘干后方可使用，焊条烘干次数不得超过两次，剩余焊条如未立即放回焊条保温筒中保存，则须重新烘干后方可使用。

B）焊丝包装应完好，如有破损而导致焊丝污染或弯折紊乱时应部分废弃。

C）焊机及电压应正常，地线压紧牢固接触可靠，电缆及焊钳无破损，送丝机应能均匀送丝，气管应无漏气或堵塞。

C. 焊接工艺参数按照焊接工艺指导书的要求

D. 预热

由于冬期大气温度较低，预热一定要保证充分。具体的预热温度，依据专业的焊接工程师在焊接操作前给出书面的焊接工艺指导书。

E. 安装焊接程序及一般规定

A）程序

焊前检查→预热→装引弧板→测温再预热→焊接→保温或后热→验收→填写作业记录表。

B）预热

焊前用特制烤枪在坡口及其两侧各100mm范围内的母材均匀加热，并用表面测温计测量温度，防止温度不符合要求或表面局部氧化。

C）装焊垫板及引弧板其表面清洁，要求与表面坡口相同，垫板与母材应贴紧，引弧板与母材焊接应牢固。

D）重新检查预热温度，如温度不够应重新加热并测量至符合要求。

E）焊接第一道应封焊坡口内母材与垫板之连接处，然后逐道逐层垒至填满坡口。每道焊缝焊完后都必须清除焊渣及飞溅物，出现焊接缺陷应及时磨去并修补。

F）每道焊接层间母材温度应控制在120～150℃左右，湿度太低时应重新预热温度，太高时应暂停焊接，焊接时不得在坡口处的母材上打火引弧。

G）遇大雪天时应停焊，环境温度低于零度时应按规范预热，后热措施施工，构件焊口周围及上方应有挡风雨设施，风速大于6m/s时则应停焊。

H）一个接口必须连续焊完，如不得已而中途停焊，再焊以前须重新按规定加热；外观检查在焊后冷却到环境温度时进行。

F. 安全注意事项

A）氧气、乙炔、二氧化碳的气瓶及胶管冻结时，不能用物体打击或用明火加热办法，应将其放入热水盆或用蒸汽加以解冻。

B）焊机、焊丝、气瓶应放在专用的棚内。

C）夜间焊接，焊接地点应有良好充足的照明。

（3）其他

1）经常检查安全绳是否受冻变脆，如果变脆应立即更换。

2）使用榔头时严禁戴手套，在上、下爬梯时手中不得持有任何物体。

3）冬期施工现场严禁使用裸线，电线铺设要防碾压，防止电线冻结在冰雪之中，大风雪后应对供电线路进行检查，防止断线造成触电事故。

4）大雪后必须及时清扫架子上的积雪，并检查马道平台，如有松动现象务必及时处理，注意马道的防滑。

5）电、气焊工更换施焊地点应断电、关气，氧气表、乙炔表应套上防风保温布套。

6）冬期保温用品要在安全地点码放好，四周设消防器材，各种可燃保温材料不准堆放在电闸箱、电焊机、变压器四周，防止电热自燃。

7）各部门要认真落实安全生产责任制，根据气候变化做好安全生产交底书，清理现场不安全因素，及时清理雪霜，防止人员滑倒伤害事故。

8）施工现场冬期施工前要对电器设备进行检查，对已老化的线路和易发生冻裂破皮的及时更换并定期检查，电焊机的一、二次线必须绝缘良好，确保冬施安全。

9）高空作业必须做到防滑、防坠落，作业人员必须系安全带，对特殊危险性大的施工必须采取安全有效的措施和安全交底。五级以上大风严禁高空作业。

10）凡施工操作人员必须正确使用安全保护用品，遵守本工种安全规范，特殊工种必须持证上岗，严禁穿易滑鞋登高操作。

11）严格按照施工组织设计所布置的方案进行施工，不得随意乱占道路、乱占场地。

12）不乱倒水，防止结冰滑倒。

13）除上述要求之外，在冬施期间坚持每周一安全会教育，全体职工要牢记交通规则和安全技术操作规程。特别是机动车司机做好机械的维护保养，保证刹车、方向灵敏可靠，雨雪天及结冰路面上要严禁开快车和酒后开车，要避免紧急刹车，以防失控造成事故。

11.8.2 雨期施工方案

（1）雨期施工组织措施

雨期施前认真组织有关人员分析雨期施工作业计划，并组织编制雨期施工措施，所需材料尽可能在雨期施前准备好。

项目夜间均设专职的值班人员，保证昼夜有人值班并做好值班记录，同时负责收听和发布天气情况。

应做好施工人员的雨期施工培训工作，组织相关人员进行一次全面检查，施工现场的准备工作，包括临时设施、临电、机械设备、钢结构安装等项工作。

检查施工现场及生产生活基地的排水设施，疏通各种排水渠道，清理雨水排水口，保证雨天排水通畅。

（2）雨期施工保证措施

1）施工道路

工程开工时，对地面进行硬化处理：现场临时道路采用100mm厚混凝土浇筑，即保证了雨期施工道路的畅通，又防止了尘土、泥砂被带出场外。现场道路两旁设排水沟，保证不滑、不陷、不积水。清理现场障碍物，保持现场道路畅通。道路两旁一定范围内不要堆放物品，否则高度不宜超过1.5m，保证视野开阔，道路畅通。

2）施工脚手架

脚手架立杆底脚必须设置垫木或混凝土垫块，并加设扫地杆，同时保证排水良好，避免积水浸泡。所有马道、斜梯均应钉防滑条。

雨期前对所有脚手架进行全面检查，脚手架立杆底座必须牢固，并加扫地杆，外用脚手架要与墙体拉接牢固。

外架基础应随时观察，如有下陷或变形，应立即处理。

3）焊接用电设备

每台电焊机要配备专用的焊机箱，焊机箱应放在地势平整不易积水的位置，下面用木方垫好。

雨期前对现场配电箱、闸箱、电缆临时支架等仔细检查，需加固的及时加固，缺盖、罩、门的及时补齐，确保用电安全。

4）临时设施

施工现场、生产基地的工棚、仓库、食堂、临时住房等暂设工程各专业公司应在雨期前进行全面检查和整修，保证基础、道路不塌陷，房间不漏雨，场区不积水。

5）防雷击

在雨期到来前，做好高脚手架防雷装置，质量检查部门在雨期前要对避雷装置作一次全面检查，确保防雷。

脚手架、高大设备等做好避防雷工作，也可利用建筑物自身的避雷设施，接地电阻一定要符合要求。

6）原材料的储存和堆放

焊条等防潮物资应存入仓库，没有仓库的应搭设专门的棚子，保证不漏、不潮，下面应架空通风，四周设排水沟，避免积水。

材料堆放场地应碾压密实，防止因地面下沉造成倒塌事故。

（3）物资准备

雨期所需材料、设备和其他用品，如水泵、抽水软管、草袋、塑料布、苫布等由材料部门提前准备，及时组织进行。水泵等设备应提前检修。

11.9　安全文明施工保证体系及措施

11.9.1　安全文明施工管理体系

安全文明施工管理体系，见图11.9-1。

11.9.2　安全文明施工管理内容

（1）制定安全文明施工管理方针

“安全第一，预防为主，综合治理”。

（2）确定安全文明施工管理目标

无重大工伤事故。

（3）安全教育，见图11.9-2。

（4）组织安全活动，见图11.9-3。

（5）定期进行安全生产检查，见表11.9-1。

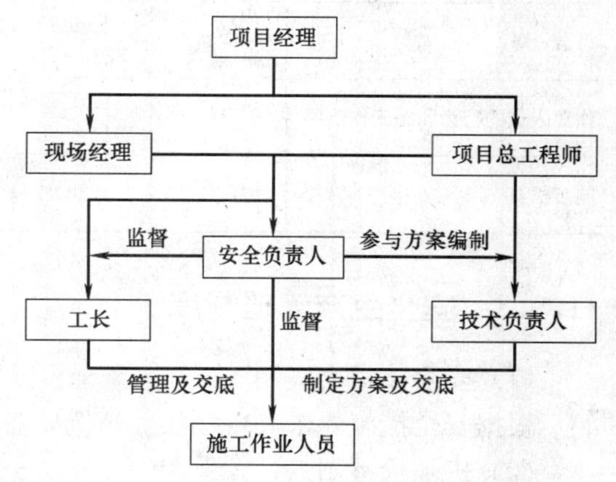

图11.9-1　安全文明施工管理体系

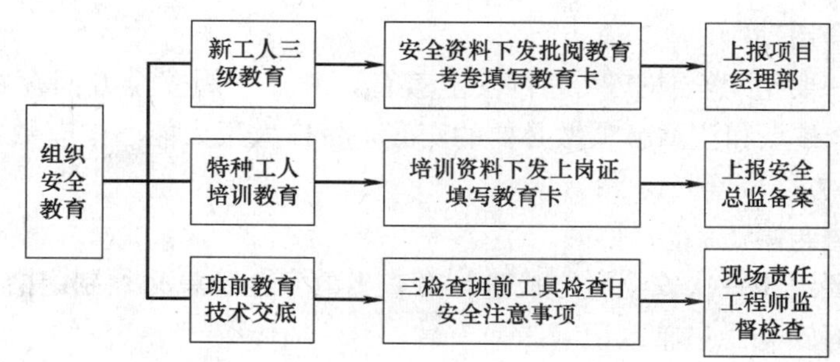

图11.9-2　安全教育

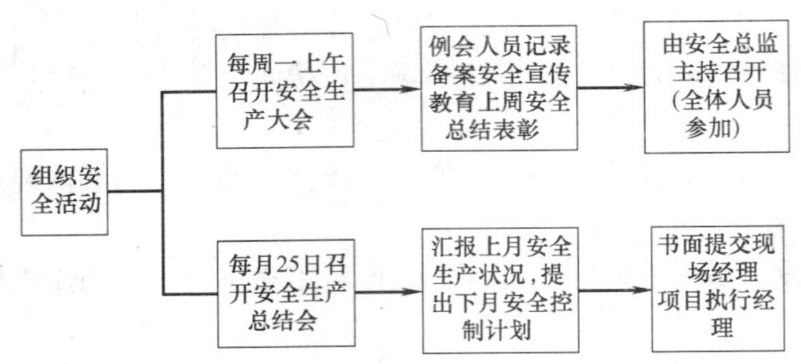

图 11.9-3 组织安全活动

安全生产检查 表 11.9-1

检查内容	检查形式	参加人员	考核	备注
脚手架	定期	安全总监会同责任工程师专业公司单位	周考核记录	
三宝、四口防护	定期	安全总监会同专业公司单位	周考核记录	
施工用电	定期	安全总监会同专业公司单位	周考核记录	专业公司单位日检
垂直运输机械	定期	安全总监会同专业公司单位	周考核记录	租赁公司日检
吊装设备	定期	安全总监会同专业公司单位	周考核记录	租赁公司日检
作业人员的行为和施工作业层	日检	责任工程师会同专业公司单位	日检记录	现场指令,限期整改
施工机具	日检	专业公司单位自检	日检记录	责任工程师检查专业公司自检记录

11.9.3 安全生产管理制度

(1) 安全技术交底制

根据安全措施要求和现场实际情况，各级管理人员须亲自逐级进行书面交底。

(2) 班前检查制

专业责任工程师和区域责任工程师必须督促与检查各施工队对安全防护措施是否进行了检查。

(3) 周一安全活动制

经理部每周一要组织全体工人进行安全教育，对上一周安全方面存在的问题进行总结，对本周的安全重点和注意事项做必要的交底，使广大工人能心中有数，从意识上时刻绷紧安全这根弦。

(4) 定期检查与隐患整改制

经理部每周要组织一次安全生产检查，对查出的安全隐患必须制定措施、定时间、定人员整改，并作好安全隐患整改记录。

(5) 危急情况停工制

一旦出现危及职工生命安全险情，要立即停工，同时即刻报告公司，及时采取措施排除险情。

（6）持证上岗制

特殊工种必须持有上岗操作证，严禁无证上岗。

11.9.4 安全生产管理措施

（1）签订劳动合同

（2）购买工伤保险

（3）履行安全教育义务

企业必须在劳动者上岗前对其进行劳动安全卫生教育，以防止劳动过程中发生事故。见图 11.9-4。

进行三级安全教育——上岗前必须进行公司、工程项目部和作业班组三级安全教育。安全教育应使劳动者了解将进行作业的环节和危险程度，熟悉操作规程，检查劳动保护用品是否完好并会正确使用。

（4）工人在上岗时要坚决拒绝"三违"

违章指挥、违章作业、违反劳动纪律。

（5）做好"四口"的防护，见图 11.9-5。

图 11.9-4 安全教育

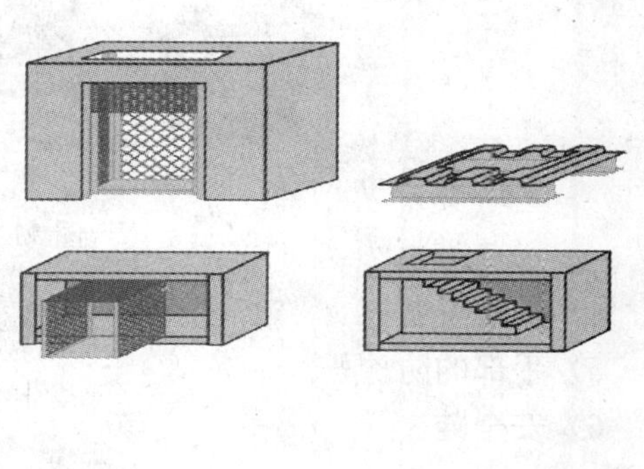

图 11.9-5 "四口"防护图

（6）做好"临边"的防护，见图 11.9-6。

（7）做好现场防火工作，见图 11.9-7。

（8）佩戴好个人防护装备

企业有义务为进入工地的工人提供个人防护设备，并确保工人会正确使用；严禁工人故意或无故除去装备，以免危害自己和他人的安全；所有配备个人防护装备的人员，必须确保装备情况良好，如有损坏，应立即向管理人员汇报，以便安排更换。

1）安全帽；

2）安全带；

3）工作服装；

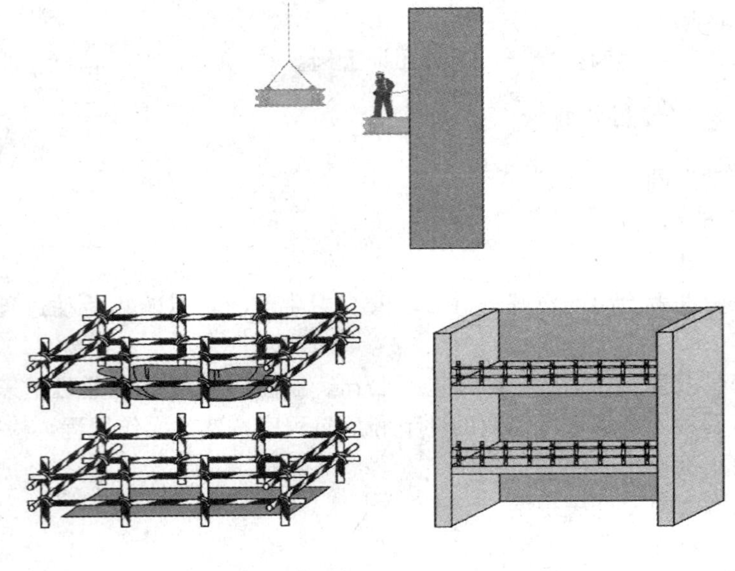

图 11.9-6 “临边”的防护

图 11.9-7 现场防火

4）护眼设备；

5）手部的防护；

6）安全鞋。

11.9.5 钢结构施工易发安全事故分析

(1) 钢结构施工中的主要安全伤害形式，见图 11.9-8。

1）高空坠落；

2）物体打击；

3）坍塌；

4）触电；

5）机械伤害。

(2) 使用电气设备的风险

1）电工必须经过按国家现行标准考核合格后，持证上岗工作；其他用电人员必须通过相关安全教育培训和技术交底，考核合格后方可上岗工作。

2）安装、巡检、维修或拆除临时用电设备和线路，必须由电工完成，并应有人监护。

电工等级应同工程的难易程度和技术复杂性相适应。

3）配电系统应设置配电柜或总配电箱、分配电箱、开关箱，实行三级配电。配电箱、开关箱内的电器必须可靠、完好，严禁使用破损、不合格的电器。

4）电焊机械应放置在防雨、干燥和通风良好的地方，焊接现场不得有易燃易爆物品。

5）交流弧焊机变压器的一次电源线不应大于5m，其电源进线处必须设置防护罩。

6）电焊机械的二次线应采用防水橡皮护套铜芯软电缆，电缆长度不应大于30m，不得采用金属构件或结构钢筋代替二次线的地线。

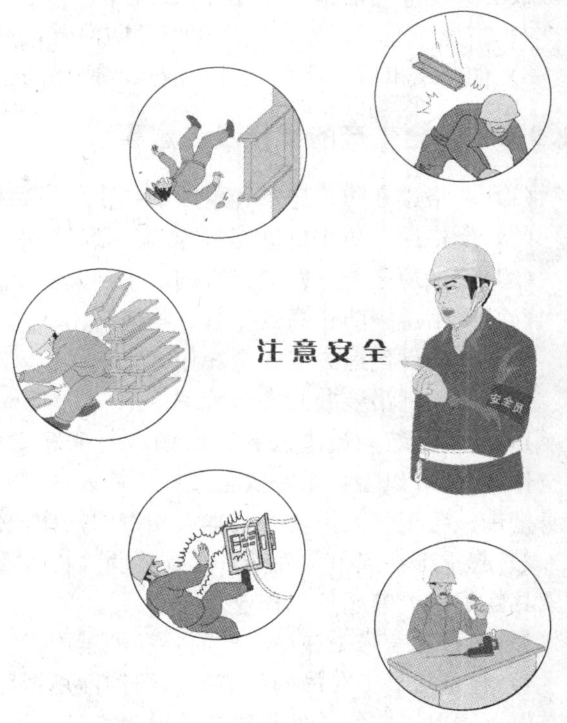

图 11.9-8 安全伤害形式

7）手持式电动工具的负荷线应采用耐气候型的橡皮护套铜芯软电缆，并不得有接头；手持式电动工具的外壳、手柄、插头、开关、负荷线等必须完好无损，使用前必须做绝缘检查和空载检查，在绝缘合格、空载运转正常后方可使用。

8）使用手持式电动工具时，必须按规定穿、戴绝缘防护用品。

（3）动火作业的安全风险

1）焊、割作业不准在油漆、稀释剂等易燃易爆物上方作业。

2）高处焊接作业，下方应设专人监护，中间应有防护隔板或接火盆。

3）进入施工现场作业区特别是在易燃易爆物周围，严禁吸烟。

（4）高处作业的安全风险

凡在坠落高度基准2m以上（含2m）有可能坠落的高处进行的作业，称为高处作业。

1）高处作业中的安全标志、工具、仪表、电气设施和各种设备，必须在施工前加以检查，确认其完好，方能投入使用。

2）高处作业人员必须经过专业技术培训及专业考试合格，持证上岗，并必须进行定期体格检查。

3）凡患有高血压、心脏病、贫血病、癫痫病以及其他不适于高处作业疾病的人，不得从事高处作业。

4）本工程五级以上强风、雷雨或暴雨、风雪和雾天禁止露天高处作业。

5）高处作业特别要注意平台防护、临边防护、洞口防护，交叉作业和攀登作业时严格遵守安全规范。

6）在建筑安装过程中，如果上下两层同时进行工作，上下两层间必须设有专用的防护板或者其他隔离措施，才允许工人在同一垂直线的下方工作。

7）高处作业要穿紧口工作服，穿防滑鞋，戴安全帽，系安全带。

8）作业结束后，所用工具应清点收回、防止遗留在作业现场而掉落伤人。

11.9.6 安全生产的操作及注意事项

（1）严格遵守防止违章和事故的“十不盲目操作”；

（2）严格遵守防止机械伤害的“一禁、二必须、三定、四不准”；

（3）严格遵守防止触电伤害的“十项基本安全操作要求”；

（4）严格遵守防止高处坠落、物体打击的“十项基本安全要求”；

（5）钢构件倒运施工安全操作；

（6）钢构件吊装施工安全管理：

1）结构吊装人员进入施工现场，要戴好安全帽，系好帽带，穿好工作服、工作鞋。高空作业（2m以上）系好安全带。专业人员佩带专职标志。信号工的旗、哨或对话机要随身携带。各工种人员要有与本人相符的操作证。

2）起重工在起吊构件前，必须要明确构件重量，是否在吊车允许负载之内；是否和吊索具匹配。严禁超负载作业。

3）起重工信号工在吊构件前要和吊车司机统一指挥信号，避免发生错误操作。

4）起重信号工在吊构件前要认清构件是否埋在土里，或与其他构件，地面是否冻结。如有以上情况，应使构件脱离松动后，方可起吊。

5）起吊构件时，无关人员应离开作业区。

6）起吊时，吊车司机要鸣笛示警。

7）构件起吊时，信号工要站在能统筹兼顾的地方指挥，移动时注意脚下以防绊倒。

8）构件起吊后，任何人不得站在吊物下方及大臂旋转范围内。

9）在构件起吊时，要确认构件绑扎平衡牢固后，方可起吊起升，并在合理位置绑扎溜绳。

10）在构件起吊离地面50cm处时，起重工应再次确认构件绑扎牢固后，方可起升。

11）构件起吊的速度不可过快。群塔作业指挥人员要防止塔臂碰撞。

12）构件起吊时，构件上严禁站人或放零散未装容器的构件。

13）在钢构件就位时，应拉住溜绳，协助就位，此时人员应站在构件两侧。

14）钢构件就位，应缓慢下落。下落放置时，人员应扶在构件外侧，不得将手扶在构件与地面之间、构件与构件的连接面。放置斜铁时，手应握住垫铁两侧，并且手不得放在或伸入构件下方。

15）当确认构件找正、放稳，做好临时固定，稳定后，方可摘钩。

16）人员上梯摘钩时，要系好防坠器，手中不得持有任何物体上下爬梯。

17）高空作业，上下传递工具应用绳索绑好递送，严禁抛掷。

18）在高空区域（2m以上），任何零散构件及物品、工具、容器，均不得放在建筑边缘，应挂好，或放在容器内并将容器固定好。

19）所有施工人员严禁酒后作业。

20）施工所用电动工具，所引的电源线的拆接，均由电工操作。电源导线不准拖地，必须架空 2m 以上。

21）本工程五级以上大风、雨、雪、浓雾阻碍视线天气，严禁吊装作业。

（7）钢构件焊接操作及安全注意事项

1）气焊作业时，氧气瓶、乙炔瓶相距要保持在 5m 以上，并且距施焊点 10m 以上。

2）电焊工作业应戴好面罩、手套、鞋盖。

3）在潮湿的地方施焊，要站在绝缘板上作业。

4）电焊机的一次电源线安、拆要由电工完成。

5）电焊的把线、零线严禁有破损，并应连接牢固，见图 11.9-9。

6）本工程在遇到雷电、雨、雪天气时，禁止电焊作业。

7）在电、气焊施工前，应清除施工区域内的易燃物，不能清除的应加以覆盖，高层焊接应用石棉布堵住可能通到下一层的孔洞。

8）施工人员在改变施工地点时，应先切断电源或关掉气源，将电焊机或气瓶转移到位后，再行施工。

9）施工人员转入上一层楼面或下一层施工时，先切断电源、气源，上下楼。并将把钳或割炬用绳索绑好后递送到上层或下层楼面。

10）当修补焊缝时，要带好防护镜。

图 11.9-9 焊接操作图

11）气焊工要经常检查气瓶、气管、割炬，清除上面油脂。

12）氧气、乙炔瓶放置要轻，要有防碰、防晒的棚，乙炔瓶要立置。

13）气焊关火时，不能对人，燃烧的割炬不能随地放置。

14）所有的气瓶必须分品种装在专用的铁笼中，提升到所需的楼层上。存放时要稳固并保证安全距离。焊接设备和用具应装在专门铁箱内，提升到所需的楼层上，搁置要稳固，摆放要整齐。分配电箱应设置在焊接设备的附近，便于操作，保证安全。

15）完工后应断电、断气源，检查施焊场所确无火险后，方可离开。

11.9.7 伤害急救

（1）电击伤害急救

发生触电时，最重要的抢救措施是迅速切断电源，此前不能触摸受伤者，否则会造成更多的人触电。如果一时不能切断电源，施救者应穿上胶鞋或站在干的木板凳子上，双手戴上干的塑胶手套，用干的木棍、扁担、竹竿等不导电的物体，挑开受伤者身上的电线，尽快将受伤者与电源隔离。

对触电者的急救应分秒必争，若发现心跳呼吸已停，应立即进行口对口人工呼吸和胸外心脏按摩等复苏措施。除少数确实已证明被电死者外，抢救需维持到使触电者恢复呼吸心跳，或确诊已无生还希望时为止。发生呼吸心跳停止的病人，病情都很危重，应一面进行抢救，一面紧急把病人送就近医院治疗。在转送医院的途中，抢救工作不能中断。

处理电击伤口时应先用碘酒纱布覆盖包扎，然后按烧伤处理。电击伤的特点是伤口小、深度大，因此要防止继发性大出血。

（2）高空坠落急救

高空坠落是建筑工地上常见的一种伤害，多见于建筑施工和电梯安装等高空作业。如不慎出现此种伤害，则应注意以下几点：

1）去除伤员身上的用具和口袋中的硬物。

2）在搬运和转送过程中，颈部和躯干不能前屈或扭转，而应使脊柱伸直，绝对禁止一个抬肩一个抬腿的办法，以免发生或加重截瘫。

3）创伤局部妥善包扎但对疑似颅底骨折和脑脊液漏患者切忌作填塞，以免导致颅内感染。

4）复合伤要求平仰卧位，保持呼吸道畅通，解开衣领扣。

5）快速平稳的送医院救治。

（3）电焊弧光伤眼急救

长时间不戴防护眼镜看电焊弧光，眼睛会被电弧光中强烈的紫外线所刺激，从而发生电光性眼炎。电光性眼炎的主要症状是眼睛磨痛、流泪、怕光。从眼睛被电弧光照射到出现症状，大约要经过 2～10h。从事电焊工作的工人，禁止不戴防护眼镜进行电焊操作，以免引起不必要的事故。

1）用煮过而又冷却的人奶或鲜牛奶点眼，可以止痛。开始几分钟点一次，随着症状的减轻，时间可以适当的延长。

2）可用毛巾浸冷水敷眼，闭目休息。

3）经过应急处理后，除了休息外，还要注意减少光的刺激，并尽量减少眼球转动和摩擦。

12　中科院政策所交叉前沿领域及科技发展战略研究平台会堂钢结构施工方案

简介：本工程为北京市重点工程、中关村地区的标志性建筑。钢管揻弯、钢管相贯线制作、现场测量、安装精确性要求高为工程的难点，本施工组织设计从工程深化设计、网壳零部件加工、网壳现场拼装、网壳安装及网壳施工测量等几个章节详细地介绍了工程的施工工艺及合理的解决了工程的难点。在施工过程中，随时做好与各部门的沟通与协调工作。在保证质量及安全目标的前提下，工程按照工期要求完成，得到了建设单位及各单位的肯定。

12.1　工程概况

工程概况见表 12.1-1。

工程概况　　表 12.1-1

工程名称	中科院政策所交叉前沿领域及科技发展战略研究平台(会堂项目)
建筑高度	跨度为 26.5m,矢高为 6500mm,球面半径为 16775mm
质量标准	结构长城杯金奖
工期要求	2009 年 4 月 10 日～2009 年 4 月 25 日完工

工程为北京市重点工程、中关村地区的标志性建筑，既是北京市高科技产业的科研工作场所，又是中关村地区科学文化的交流中心。工程位于中关村核心区域，工程建成后将成为中关村这一科技文化聚集区的标志性建筑之一，建筑面积为 24079m²。

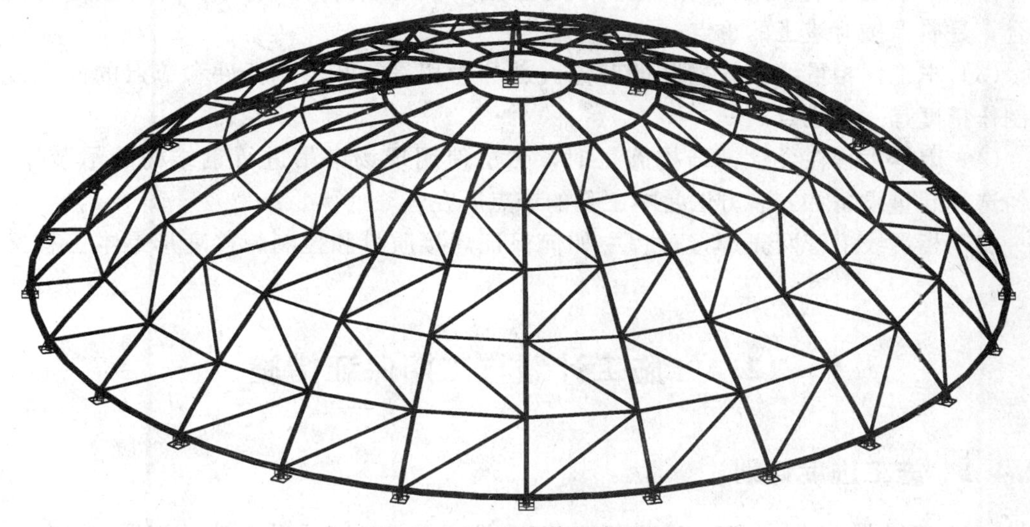

图 12.1-1　网壳整体效果图

本工程会堂钢结构为单层球面网壳，由 2 道环向钢管、24 道径向钢管、相应的腹杆组成。整个网壳坐落在对应着径向钢管的 24 个支座上，支座与主结构上的预埋件连接，连接形式均为焊接。跨度为 26.5m，矢高为 6500mm，球面半径为 16775mm，投影面积为 538m^2。网壳所在位置为 2-3～2-8/2-B～2-G 轴线区域，标高为＋16.56～23.06m。所用钢材为 $\phi60\times3.5$、$\phi76\times4$、$\phi89\times6$、$\phi159\times10$、$\phi168\times10$ 的热轧无缝钢管，材质为 Q235B 钢，网壳（除支座部分）重量约 13.5t。图 12.1-1 所示为网壳的整体效果示意图。

12.2 编制依据

《钢结构设计规范》GB 50017—2003

《网壳结构技术规范》JGJ 61—2003

《优质碳素结构钢》GB/T 699—1999

《结构用无缝钢管》GB/T 8162—2008

《建筑钢结构焊接技术规程》JGJ 81—2002

《碳钢焊条》GB/T 5117—1995

《焊接用钢丝》GB 1300—1977

《钢结构工程施工质量验收规范》GB 50205—2001

《涂装前钢材表面锈蚀等级和除锈等级》GB 8923—1988

本工程的原设计图纸、深化设计图纸及相关的设计文件。

12.3 重点与难点分析

(1) 本工程对钢管揻弯、钢管相贯线制作、现场测量、安装精确性要求较高。

(2) 本工程工期较短，切实地实现与土建、水电、设备安装等相关专业进行协调配合，是确保按时竣工的重点。

(3) 本工程相贯线钢管网壳的节点大部分为相贯线节点，杆件和节点的深化设计及制作精度是一大难点。

(4) 因本工程在会堂钢结构施工时，无法使用现场塔吊进行钢结构的吊装作业，如何选择起重设备和安装方法是本工程的难点所在。

(5) 相贯线钢管网壳焊接过程中如何保证焊接质量和控制焊接变形是本工程又一难点。

12.4 施工计划与工期保证措施

12.4.1 施工进度计划

2009 年 4 月 10 日开工；2009 年 4 月 25 日完工。具体工期见图 12.4-1。

标识号	任务名称	工期	开始时间	完成时间	2009年3月8日	2009年3月22日	2009年4月5日	2009年4月19日
1	钢结构施工总进度计划	36 工作日	2009年3月21日	2009年4月25日				
2	深化设计	4 工作日	2009年3月21日	2009年3月24日				
3	材料采购订货	7 工作日	2009年3月25日	2009年3月31日				
4	零件加工	10 工作日	2009年4月1日	2009年4月10日				
5	现场施工	16 工作日	2009年4月10日	2009年4月25日				
6	埋件支装	4 工作日	2009年4月10日	2009年4月13日				
7	支座支装	4 工作日	2009年4月11日	2009年4月14日				
8	地面拼装	7 工作日	2009年4月10日	2009年4月16日				
9	地面焊接	3 工作日	2009年4月17日	2009年4月19日				
10	地面涂装	2 工作日	2009年4月20日	2009年4月21日				
11	吊装	1 工作日	2009年4月22日	2009年4月22日				
12	高空焊接	1 工作日	2009年4月23日	2009年4月23日				
13	结构补偿	1 工作日	2009年4月24日	2009年4月24日				
14	结构验板	1 工作日	2009年4月25日	2009年4月25日				

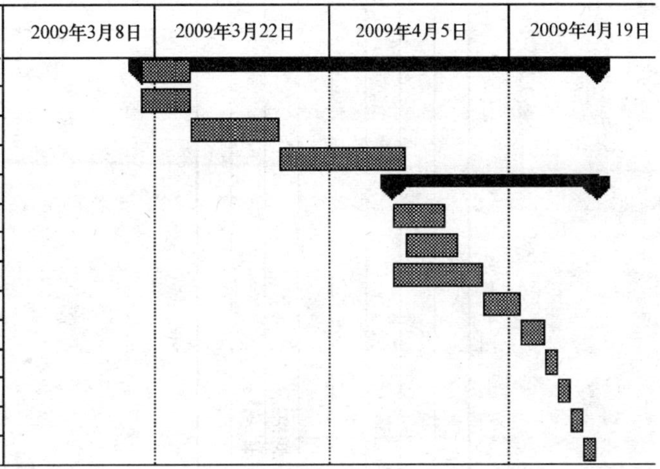

项目:中科院会堂施工计划.mpp 日期:	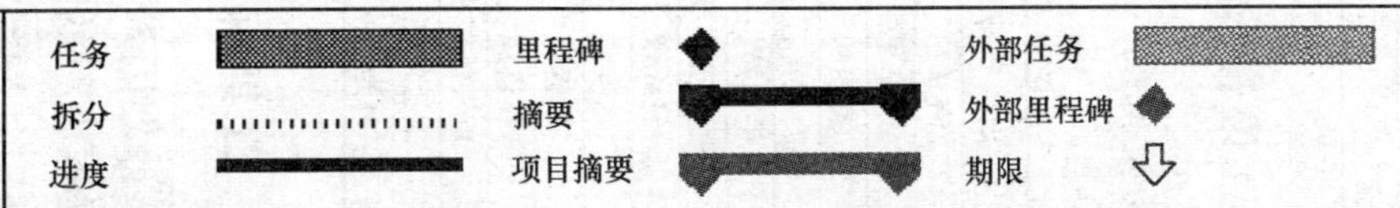 任务 拆分 进度	里程碑 摘要 项目摘要	外部任务 外部里程碑 期限

注：埋件安装、支座安装随土建施工进度进行施工

图 12.4-1 网壳施工计划

12.4.2　劳动力计划

现场劳动力计划，见表12.4-1。

劳动力计划　　表12.4-1

工种	人数	工作内容
安装工	15	拼装、安装、倒料、清渣、打磨
起重信号工	2	拼装、吊装
测量工	2	测量放线、测量校正
材料保管员	1	材料的保管发放
油漆工	6	现场防腐涂装
电焊工	12	拼装焊接、吊装焊接
电工	2	现场用电的接、拆线路检查
合计	40	

12.4.3　设备投入计划

现场设备投入计划，见表12.4-2。

设备投入计划　　表12.4-2

序号	设备名称	型号	单位	数量	用　　途	备注
1	汽车吊	300t	台	1	网壳吊装	
2	汽车吊	16t	台	2	网壳拼装	
3	空压机		台	4	喷漆、气刨、喷涂	
4	螺旋式千斤顶	5t	个	6	拼装支撑	
5	手动捯链	5t	个	10	钢结构安装、拼装	
6	钢板、工字钢				拼装	满足需要
7	经纬仪	JD-J2	台	2	施工放样、测量控制	
8	水准仪	DS-3	台	1	标高测量	
9	钢盘尺		盘	1	量距	
10	硅整流焊机	ZXG-500	台	6	拼装焊接、安装焊接	
11	CO_2 气保焊机	YD-500KR	台	6	拼装焊接、安装焊接	
12	碳弧气刨		台	1	焊缝返修	
13	磨光机		台	5	焊缝打磨	

12.4.4　工期保证措施

（1）计划因素

根据本工程的特点及难点，合理安排各工序的作业时间。在各工序持续时间的安排上，根据以往同类工序的经验，充分征求有关方面意见并加以确定，明确关键线路，确定工期控制点。同时将总计划分解成月、周、日作业计划，以做到以日保周、以周保月、以月保总体计划的工期保证体系。

（2）人员因素

将充分发挥大型一级资质企业的人力优势，在本项目中，派遣具有丰富施工经验的项目经理和管理、技术人员组成项目经理部。并配备满足各工种、工艺技能要求的、足够数量的技术工人。在人员的配置上加以保证，并设置适合于工程特点的组织机构，制定各项规章制度，明确职责，以确保机构正常运行。从而做到在人员数量、机构、制度等方面的足够保证。

(3) 技术因素

针对本工程技术含量较高、施工难度较大等特点，在充分发挥本企业技术优势的同时，加强与建设单位、设计、监理等各方面的联系，事先对本工程的实施难点、关键点加以分析、研究，充分理解设计意图；制定切实可行的施工方案及各工序的技术交底，对参与实施人员提前进行有针对性的技术再培训及各项工艺的前期设计、试验工作，从而做到在技术上加以保证。

(4) 原材料控制

落实货源、购货周期及数量，做好检验等方面的工作，确保合格原材料进入加工厂。

(5) 构件控制

加工厂做好自检工作，并配合驻厂监造工程师和监理进行检查，构件加工的问题必须在制造厂解决，不合格构件不得进场。根据现场的施工顺序，认真编制构件进场计划，合理安排钢构件的加工及进场时间，明确构件的编号、位置、方向及配件，不得出现停工待料的现象。

(6) 机具因素

在工程实施前，将组织专业人员对本工程所需的机具加以落实，同时进行全面检查，确保所需机具的工艺良好。同时将根据以往的经验，配置各种机具易损配件，以尽可能地减少机具影响，提高机械完好率和利用率，确保工程顺利进行。

(7) 现场管理因素

项目经理主抓工期，在每个工序配置强有力的管理人员，责任到人，抓住每个工序的主线条、关键工序。积极协调好制作、安装的工作，相互支持配合，统筹安排交叉作业。减少不利因素，创造条件。

12.5 施工前准备工作

12.5.1 技术准备工作

(1) 认真做好深化设计方案的审查工作：提前与设计单位结合，确定钢结构工程深化图纸设计工期，给施工扫除障碍。

(2) 认真做好深化设计方案的确认工作：重点确认建筑与钢结构是否有相关的地方，确认设备安装图纸与配合的土建图纸的结合情况，复核主要承重构件的强度、刚度和稳定性。

(3) 编制分部、分项工程详细施工方案。

(4) 编制施工图预算和施工预算。

12.5.2 物资准备工作

根据施工方案和进度计划的要求，结合施工图预算和施工预算材料用量要求，进行物资准备工作，物资准备工作按以下工作程序进行：编制物资需用量计划→签订物资供应合同→组织物资按计划进场和保管。

12.5.3 施工机具准备工作

根据施工方案和进度计划的要求，编制施工机具需用量计划，组织机具进场。

12.6 施 工 部 署

12.6.1 施工整体部署

本工程采用材料在工厂内进行揻弯→抛丸→涂刷防锈漆、中间漆→相贯线切割，制成零部件后运至施工现场，进行地面整体拼装→焊接→喷涂面漆，再利用 300t 吊车进行整体吊装就位→焊接→补漆。

12.6.2 施工顺序

根据本工程施工工艺的特点施工顺序为：

埋件安装→支座安装→网壳零部件加工→网壳地面拼装→网壳吊装。

12.6.3 施工现场平面布置

施工现场平面布置，见图 12.6-1。

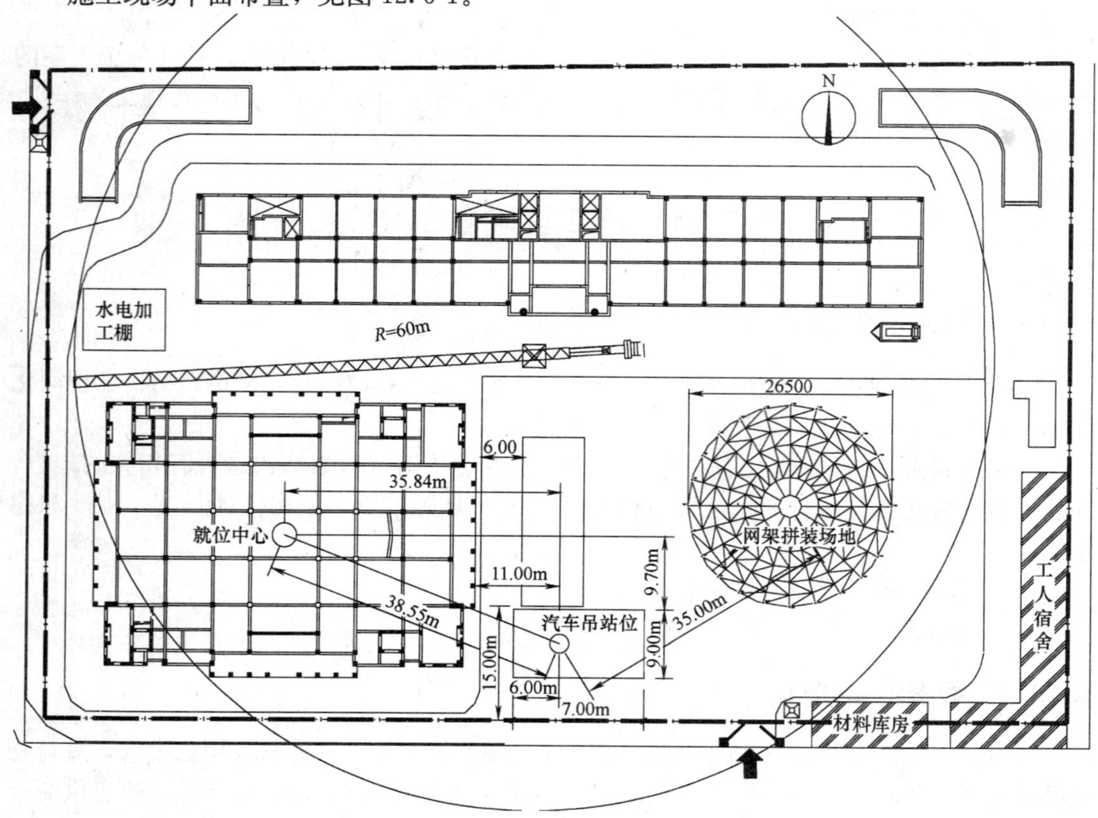

图 12.6-1 施工平面布置图

12.7　工程深化设计

12.7.1　设计工作的组织保障

（1）针对本工程的实际情况，公司为保证本工程钢结构深化设计和加工、安装详图设计，将成立专门的钢结构设计组。并派驻设计、技术人员长驻加工厂保持和加工厂、施工现场的信息沟通和协调，保证信息的及时畅通沟通，及时反馈问题、解决问题，为工程的顺利进展提供强有力的保障。

（2）为满足工程钢结构详图设计进度和设计质量的要求，公司项目经理部与钢结构加工厂设计技术人员组成专门的钢结构设计组，配备设计技术人员10人左右，并配备与设计人员相匹配各种计算机、打印机及相关的硬件设备、设计软件和钢结构图库。

（3）公司技术系统和设计部门将为工程钢结构技术和设计工作提供强有力的支持与服务，及时掌握工程的设计动态，必要时随时派员增强设计力量，增加设备，以保证设计的进度和设计质量。

11.7.2　设计工作的三个阶段

（1）图纸熟悉和图纸会审阶段：根据设计院提供的设计图纸，认真仔细阅读图纸，完全掌握设计意图和各种设计要求；进行图纸会审和设计单位进行设计交底，消除设计图纸中的错、漏、碰、缺；针对钢结构的平面、立面、构件选型尤其是钢结构节点和分节与设计单位以及建设单位、监理单位进行研究讨论；并根据公司的施工经验提出合理化建议，并对设计图纸进行深化。

（2）加工、安装详图设计阶段：根据设计单位提供的钢结构图纸以及相关的深化内容，按照工厂加工进度计划和现场安装进度计划，开展钢结构加工、安装详图设计。

（3）加工、安装详图审批阶段：钢结构加工、安装设计详图必须报送设计单位审批同意后，方可用于钢结构加工和钢结构现场安装施工。

11.7.3　详图设计工作的指导原则

针对本工程钢结构详图设计，制定以下工作原则：

（1）钢结构详图设计要充分体现设计意图，满足设计和规范要求，首先必须保证结构工程绝对安全可靠性以及结构的完整性和合理性，并保证建筑使用功能及造型效果的要求。

（2）钢结构详图设计要充分考虑相关专业之间的衔接关系，并与之相协调。

（3）详图设计必须与整个工程结构施工进度相匹配，充分考虑到钢结构材料采购、构件加工和运输的时间周期，以确保与施工现场衔接紧密。详图设计要并尽可能地缩短钢结构工程的总体周期，做到设计合理、便于加工和安装。

（4）钢结构设计要进行科学合理的深化和优化，充分体现其经济合理性。

（5）严格遵循设计程序，与设计单位以及建设单位、监理单位密切配合，保证施工现场与钢结构加工厂家的密切联系、配合和衔接，保证详图设计、加工、安装工作的顺利进行。

12.8 网壳零部件加工

12.8.1 主要生产设备、人员配置

（1）制作设备，见表12.8-1

制作设备 **表12.8-1**

序号	设备名称	规格型号	数量
1	钢管拉弯机	—	1台
2	自动抛丸除锈机	SKG-3D	1台
3	数控相贯线切割机	CNC-CG4000C	1台
4	半自动坡口切割机	—	2台

（2）钢结构制作人员，见表12.8-2

钢结构制作人员安排表 **表12.8-2**

序号	工种	数量(人)
1	放样员	4
2	机械操作工	10
3	电焊工	10
4	力工	10
5	涂装工	8
6	质检员	1
合计	—	43

12.8.2 原材料检验

（1）厂家选择

本工程采用的钢材主要为Q235B级钢材，各项技术指标要满足国家规范的要求，对钢材生产厂家的选择应特别慎重，在选择时将本着“技术业绩”优先的原则。

原材采购标准严格执行招标文件及图纸中指出的各项标准、规范，同时对于材料规范中没有涉及的技术指标，须与钢厂技术部门确定供货技术协议，以保证采购的原材同时满足规范与设计要求。

（2）材料采购的质量控制

1）对进入加工厂的材料按规范进行验收；

2）核对原材的出厂质保书，并与规范标准所要求的各项参数逐一核对。尤其是超出材料规范的强屈比和延伸率的指标；

3）检查板材厚度、成品管的壁厚、几何尺寸，对于不符合规范要求的材料不得入库，通知钢厂解决，并落实替用钢材。

（3）材料复验

1）对入库材料按规范要求的同批同炉号60t为一批，进行抽样复验。工程总工程量

为本工程主要验证钢材的力学性能是否符合规范与设计要求的指标。

2）对复验合格的钢材方可进行投料加工，不合格的钢材应进行标识，分别存放，并通知钢厂进行处理。

3）试样取样

试样取样，应遵循国家标准《钢材力学及工艺性能试验取样规定》(在产品标准或双方协议对取样另有规定时，则按规定执行)。标准规定样坯应在外观及尺寸合格的钢材上切取，切取时应防止因受热、加工硬化及变形而影响其力学及工艺性能。用烧割法切取样坯时，必须留有足够的加工余量，一般应不小于钢材的厚度，也不得少于20mm。

管材试样一般为自管材切取的全截面管段或从管材切取的全壁厚纵向或横向条状试样。根据管材外径 D_0 和壁厚 a_0，可为弧形、矩形或圆形截面。条件许可时，应优先采用全截面管段试样，并推荐采用 $L_0=5.65\sqrt{F_0}$ 的比例或定标距试样。

钢材的拉伸试验应遵循国家标准《金属拉伸的试验方法》GB 228—1987，在误差符合要求的各种类型试验机上进行，试验系用拉伸力将试样拉伸，一直拉到断裂，并用图解法等多种方法测定各项力学指标。

4）样坯加工余量的选择

用烧割法切取样坯时，从样坯切割线至试样边缘需留有足够的加工余量。一般应不小于钢产品的厚度或直径，但最小不得小于20mm。对于厚度或直径大于60mm的钢产品，其加工余量可根据供需双方协议适当的减少。

冷剪样坯所留的加工余量的选取，见表12.8-3。

样坯加工余量　　表12.8-3

直径或厚度(mm)	加工余量(mm)	直径或厚度(mm)	加工余量(mm)
≤4	4	>20～35	15
>4～10	厚度或直径	>35	20
>10～20	10		

12.8.3 加工制作工艺

(1) 钢管的揻弯

采用液压千斤顶冷顶推有胎自由成型工艺，每次顶推控制弯管长度和顶推行程，使钢管在每次顶推后释放部分弹性变形后产生的塑性变形符合设计曲率。见图12.8-1。

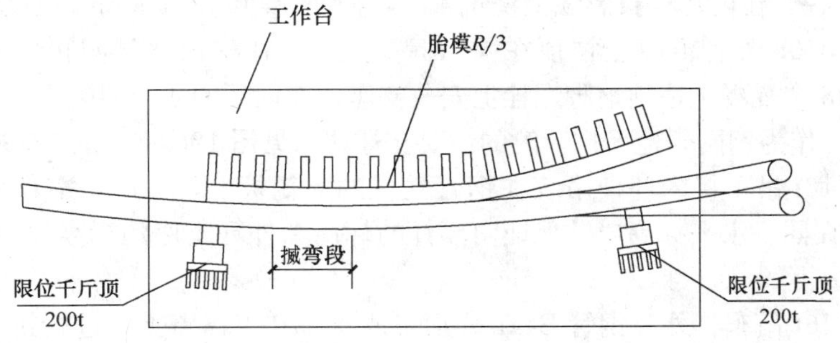

图12.8-1 液压顶推冷揻弯管示意图

钢管摵弯成型后应符合如下技术要求：

1）曲杆表面平滑过渡，不得出现折痕、表面凹凸不平等现象；

2）弯管成型后材料性质不得有明显的改变；

3）成型后两轴外径与设计外径的差值不得大于±3mm 及外径的 1%中的较小值，壁厚与设计壁厚的差值不得大于±1mm 及设计壁厚的 10%中的较小值。

（2）相贯线切割

为了确保钢管相贯线生产的准确、高效，保证各个贯口符合《建筑钢结构焊接技术规程》JGJ 81—2002 规定，相贯线制作方法见图 11.5-2。

1）相贯线的数控编程

首先开启设备的数控编程系统，根据图纸所提供的详细的已知条件，依次输入所需的数据：例如：主管的直径，主支管的直径，副支管的直径，各钢管的壁厚以及空间中任意两相贯的钢管中心轴线的夹角等等的参数，输入完毕后，计算机会自动生成相贯线的曲线展开图，可以获得任意一点相对应的数据。

2）钢管基准线的标识

将检测合格的钢管上两端进行四等分圆，并利用粉线将其清晰的表示出来。

3）切割

将做好标记的钢管吊到切割机上，利用卡盘将其牢牢地固定在支架上，调节支架的高度，使其钢管的中心轴线与切割机的导轨相互平行。旋转卡盘并使钢管的其中一条四等分圆线垂直于机床后开启切割机的切割系统开始切割，切割完毕后利用磨光机将相贯线和垂直端面的氧化铁清理干净，见图 11.5-3。

4）检测

利用计算机对所切割的钢管进行三维立体放样计算，分别计算出钢管的四等分圆的数据值并分别进行测量检测，通过四组数据的检测，我们直接可以判断出相贯线的编程、切割是否正确。

12.9 网壳现场拼装

（1）利用粉墨线、钢尺在拼装场地放大样，将网壳的所有杆件轴线投影到混凝土地面上，再返出杆件外壁基线，作为杆件就位后吊线，检测的基线。

（2）钢网壳拼装前在地面上分别在外环杆投影线上浇筑 8 个，截面为 300mm×300mm 混凝土柱，在内环杆投影线上浇筑 4 个，截面 300mm×300mm 混凝土柱，混凝土柱最小高度为 300mm 各混凝土柱顶在同一标高上，并在柱顶埋设四颗地脚螺栓和埋件板；在外环的 8 个混凝土柱顶地脚螺栓上安放支座，在内环的 4 个混凝土柱顶立设ϕ114×8 的钢管立柱，作为钢网壳地面拼装时的主要支撑体。见图 12.9-1～图 12.9-5。

（3）利用 16t 吊车将内环杆吊装在钢管立柱的支托板上，并用水准仪检测内环杆标高，使各节点在同一水平标高，并保证内环杆的标高和外环支座的标高差为 6.5m。见图 12.9-6。

（4）利用 16t 吊车将外环钢管 S4a1 分别安放支座和支撑点上，进行拼装，并利用水准仪检测标高，使各节点在同一水平标高。外环杆拼装，见图 12.9-7。

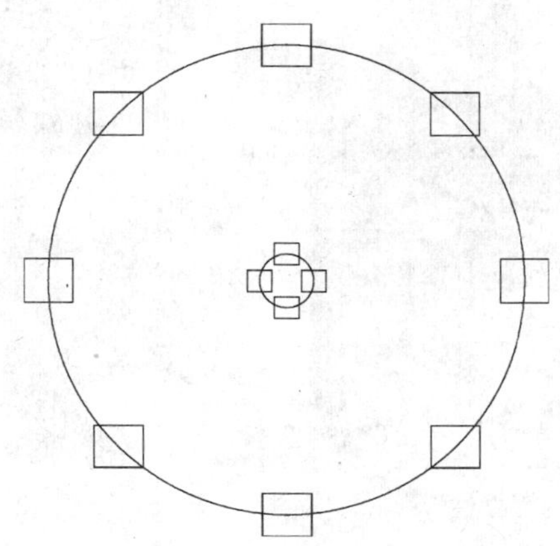

图 12.9-1 砌筑混凝土柱平面布置图

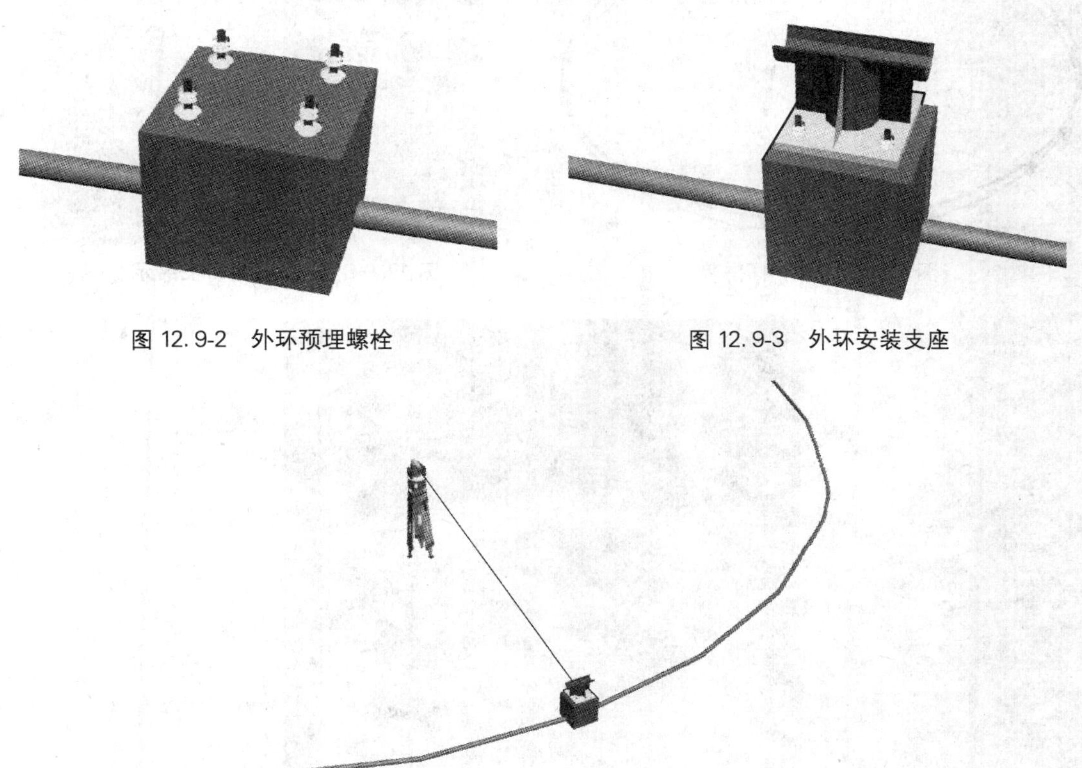

图 12.9-2 外环预埋螺栓

图 12.9-3 外环安装支座

图 12.9-4 外环支座抄平

(5) 分别在内环杆、外环杆上划出径向杆的就位线，利用 16t 吊车和活动脚手架拼装径向钢管。径向杆对称安装示意图 12.9-8；径向杆安装完成示意图 12.9-9。

(6) 分别在径向钢管上划出各腹杆的定位线，采用活动脚手架并根据相贯顺序对称安装各区域腹杆。腹杆拼装示意图 12.9-10；腹杆拼装完成示意图 12.9-11。

(7) 待网壳拼装完毕后，检查轴线和标高无误后，进行焊接。见图 12.9-12。

图 12.9-5 内环立设钢管立柱

图 12.9-6 内环杆安装

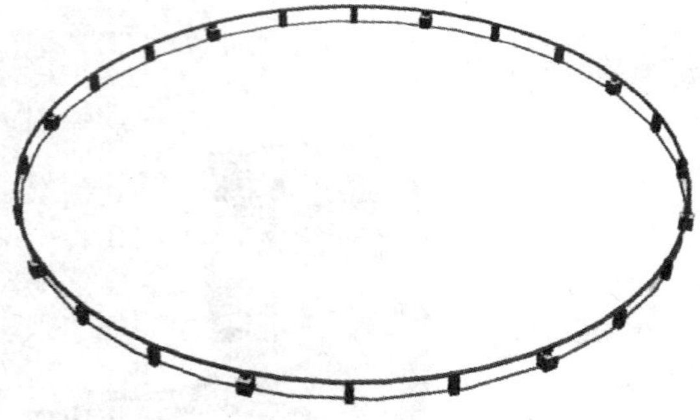

图 12.9-7 外环杆拼装

图 12.9-8 径向杆对称安装示意图

图 12.9-9 径向杆安装完成示意图

图 12.9-10　腹杆拼装示意图

图 12.9-11　腹杆拼装完成示意图

图 12.9-12　网壳拼装完成示意图

12.10　网 壳 安 装

12.10.1　地脚螺栓、埋件安装

（1）地脚螺栓预埋件如图 12.10-1

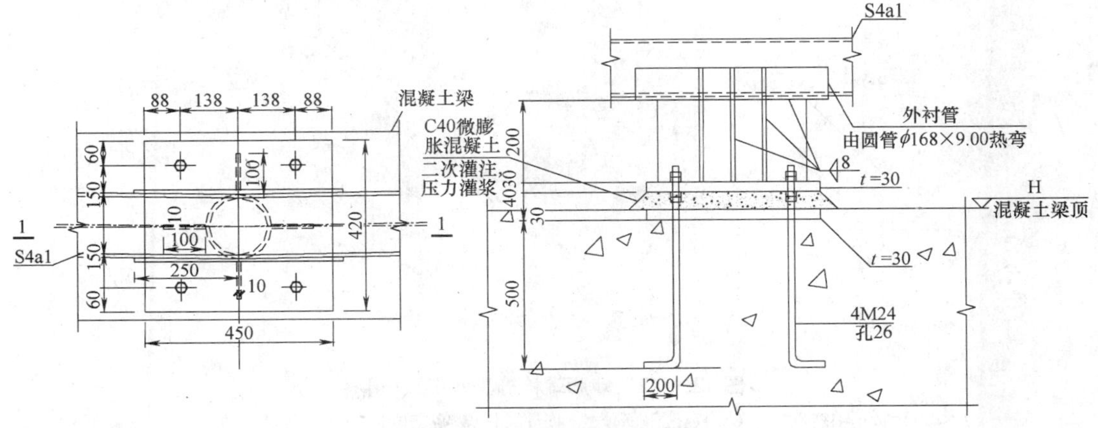

图 12.10-1　地脚螺栓与埋件安装

（2）地脚螺栓的施工步骤

地脚螺栓的施工质量是保证钢柱安装精度的关键，除了保证地脚螺栓整体框架有一定的强度外，还必须采取相应的加固措施。先把支架底部与主体结构钢筋焊牢固定，四边加设刚性支撑，一端连接整体框架，另一端固定在主体结构钢筋上；待梁的钢筋绑扎完毕，再把地脚螺栓与梁的钢筋焊接为一个整体。见图 12.10-2。

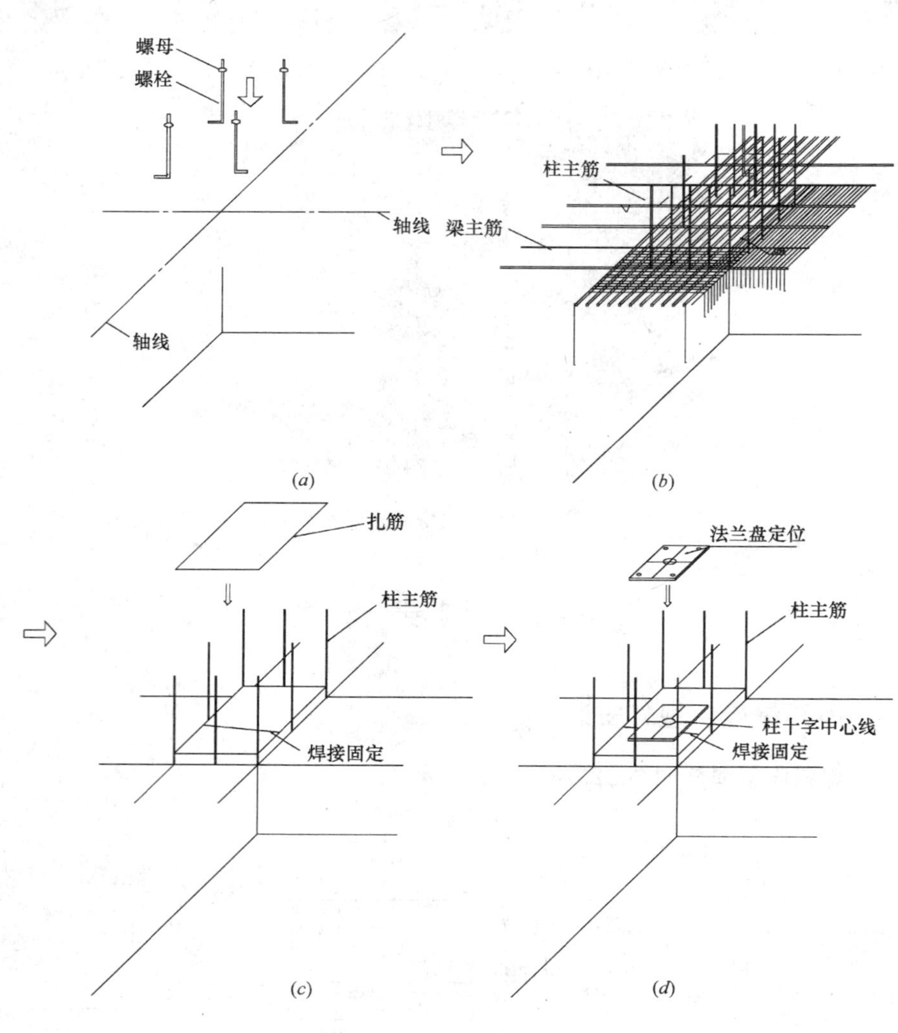

图 12.10-2　地脚螺栓施工步骤（一）

（*a*）轴线确定；（*b*）定位箍筋位置确定；（*c*）箍筋定位；（*d*）法兰盘定位

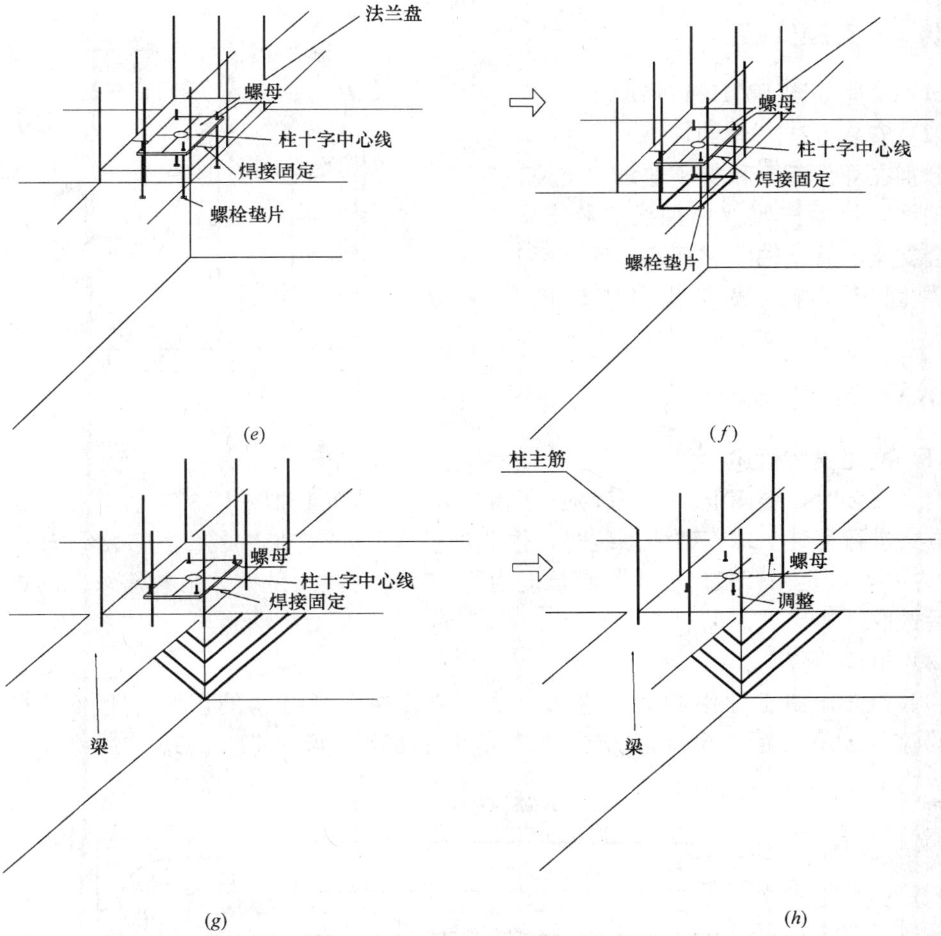

法兰盘
螺母
柱十字中心线
焊接固定
螺栓垫片

(*e*)

螺母
柱十字中心线
焊接固定
螺栓垫片

(*f*)

螺母
柱十字中心线
焊接固定
梁

(*g*)

柱主筋
螺母
调整
梁

(*h*)

图 12.10-2 地脚螺栓施工步骤（二）

（*e*）地脚螺栓就位；（*f*）地脚螺栓最终就位；（*g*）混凝土浇筑；（*h*）柱底标高

混凝土浇筑时，用两台经纬仪监测，发现偏差及时校正。在钢柱安装前应注意对埋件的位置及标高平整度进行复测。见图 12.10-3。

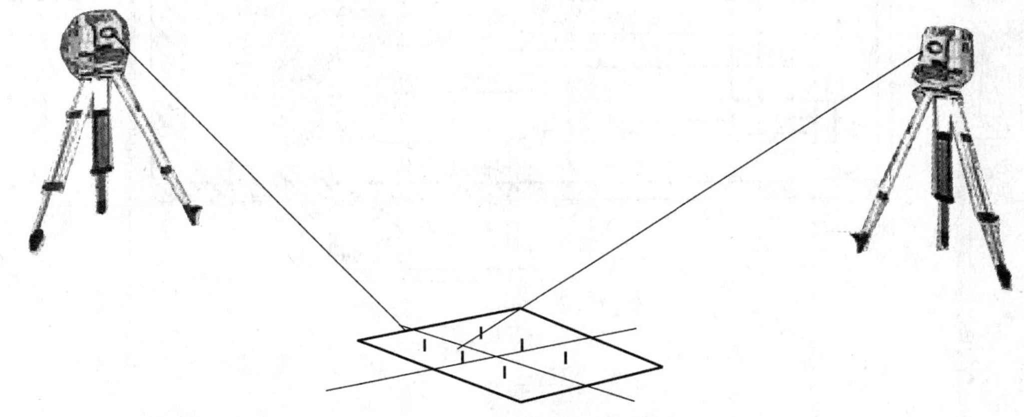

图 12.10-3 地脚螺栓埋设过程监测图

12.10.2 支座安装

（1）支座如图 12.10-4 所示。

（2）安装方法

分别在埋件板上和支座上划出支座的就位轴线，然后按照就位轴线安放支座，并复合支座的就位轴线和标高，无误后进行点焊固定。待网壳安装完毕后进行焊接。

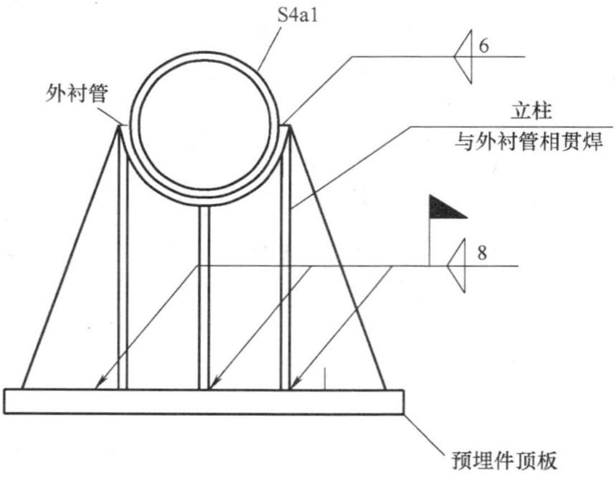

S4a1
外衬管
6
立柱
与外衬管相贯焊
8
预埋件顶板

图 12.10-4 支座示意图

12.10.3 网壳安装

（1）网壳安装概述

网壳安装时，楼面混凝土强度须达到100%。网壳安装拟采用300t 汽车吊一次吊重就位的方式进行吊装。球壳整体吊装时，作业半径 38.55m，吊臂长度约 60m，球壳重量在 13.5t 左右，满足吊臂长度要求，起重能力为 17t 左右，满足整体吊装需求。吊点经结构计算后选取。

（2）吊车站位

300t 汽车吊由工地南侧大门进入，站位位置在会堂结构的东侧，距网壳安装位置（网壳圆心）40m，距工地南侧原有建筑物应大于 45m。见图 12.10-5。

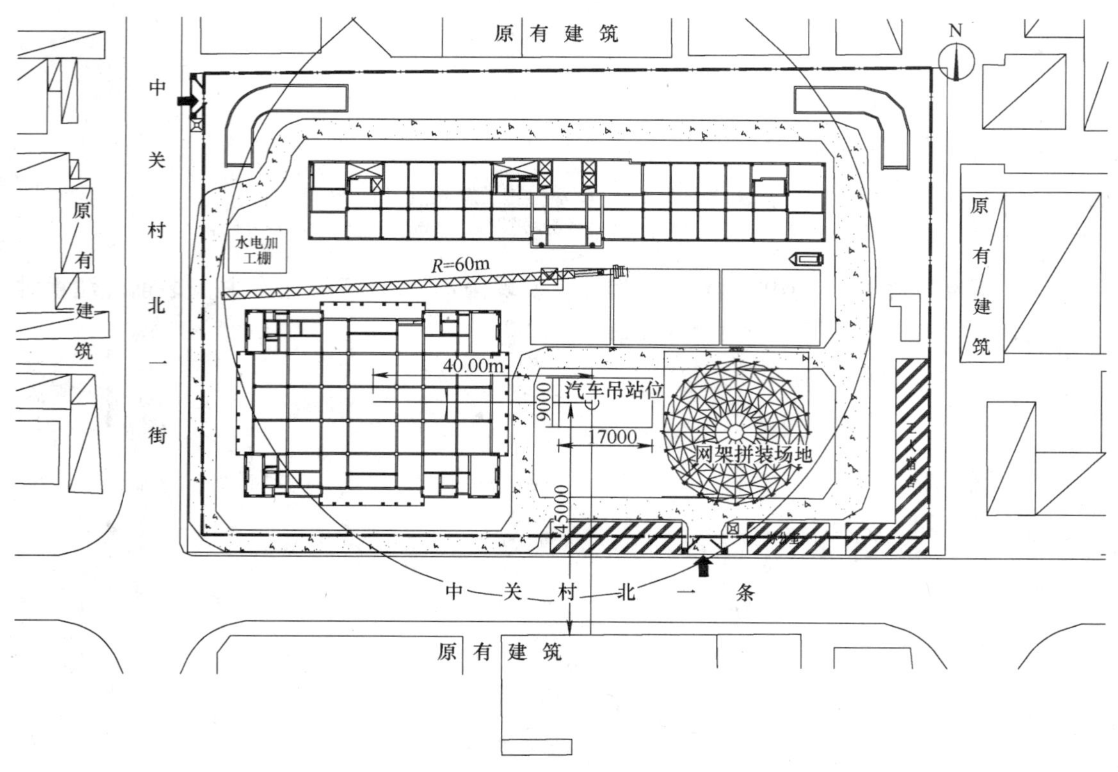

图 12.10-5 吊车吊装站位示意图

(3) 300t 汽车吊起重性能，见表 12.10-1、图 12.10-6、图 12.10-7。

300t 汽车吊性能 **表 12.10-1**

	30.5 - 60m			360°	112.5t	DIN ISO		
m	30.5m	35.7m	40.9m	46.1m	51.2m	56.4m	60m	m
7	113	93	76					7
8	104	90	74	60				8
9	95	88	72	59	47.5			9
10	97	85	71	57	46.5	38.5		10
12	72	73	67	55	45	37.5	31	12
14	62	63	63	53	43.5	36.5	31	14
16	63	54	55	51	42	35.5	30.5	16
18	46	47.5	47.5	48	40.5	34.5	30	18
20	40.5	41.5	42	42.5	39	33	29.2	20
22	36	37	37.5	38	37.5	32	28.3	22
24	32	33	33.5	34	34	30.5	27.6	24
26	28.5	29.8	30	30.5	31.5	27.8	26.9	26
28	25.5	26.8	27	27.6	28.5	25.2	26.1	28
30		24.3	24.5	25	25.9	23	25.3	30
32		22.9	22.2	22.8	23.7	21	23	32
34			18.5	20.8	21.7	19.2	21	34
36			16.9	19	19.9	17.7	19.3	36
38				17.5	18.3	16.2	17.7	38

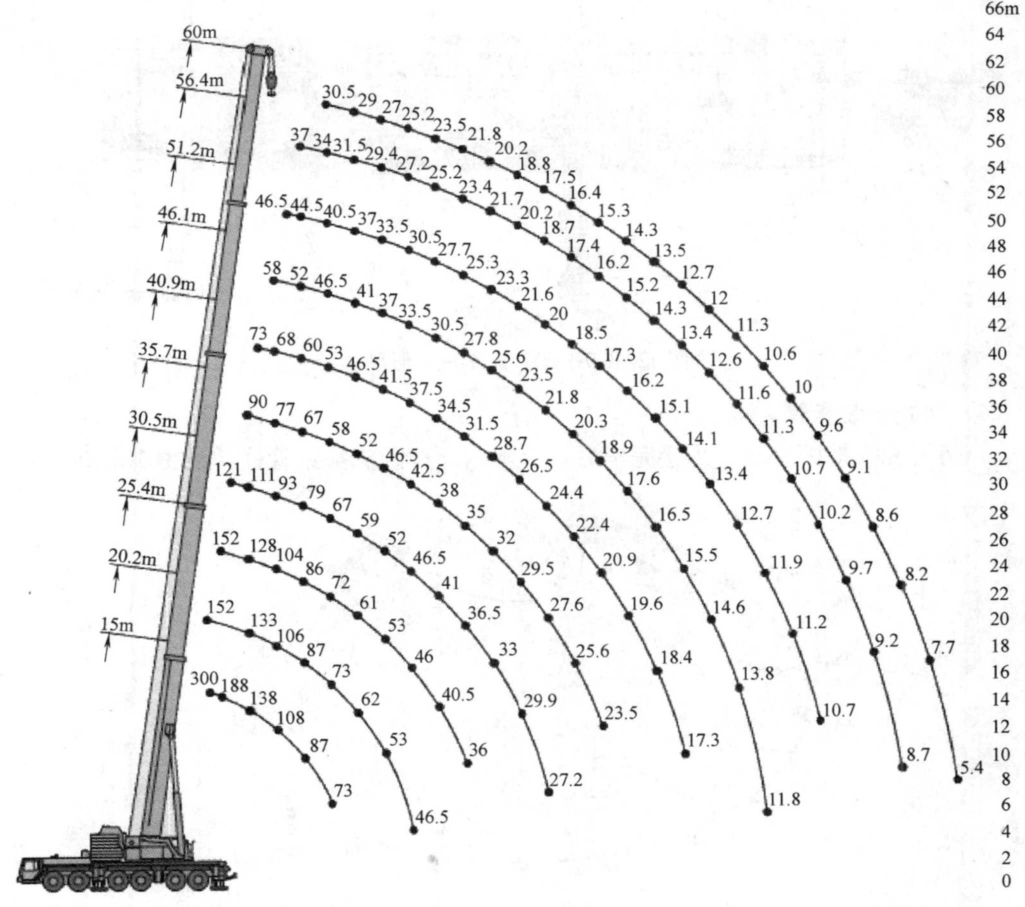

图 12.10-6 300t 吊车幅度与起重量

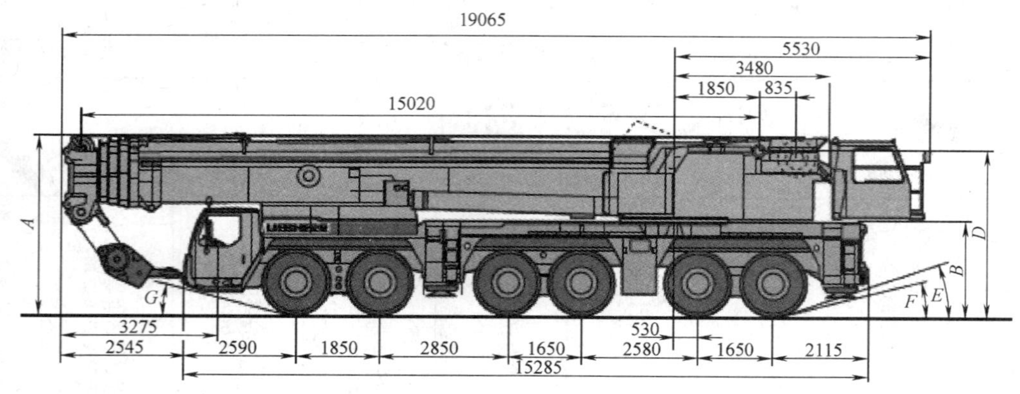

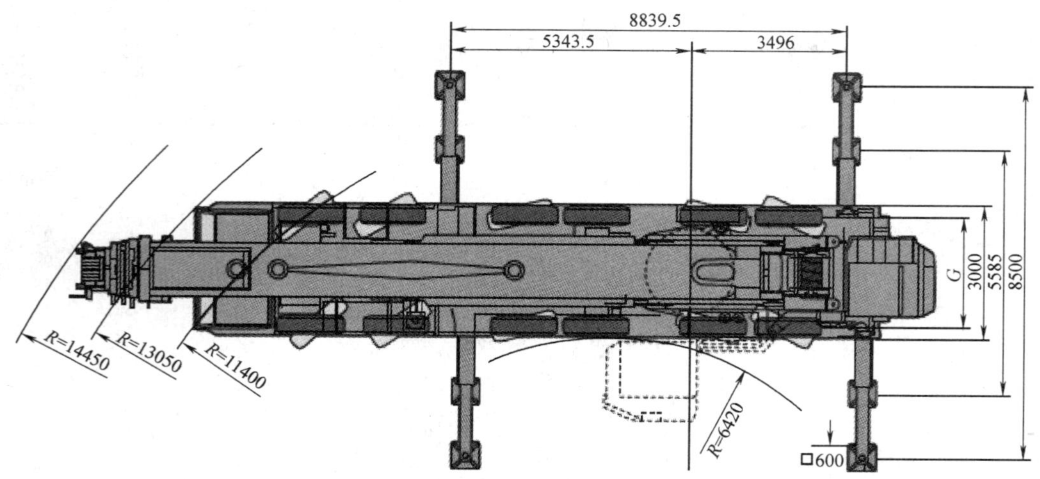

图 12.10-7　300t 汽车吊外形尺寸

(4) 网壳安装步骤

1) 待网壳在地面拼装、焊接完毕后，拆除内环杆的支撑钢管柱。见图 12.10-8。

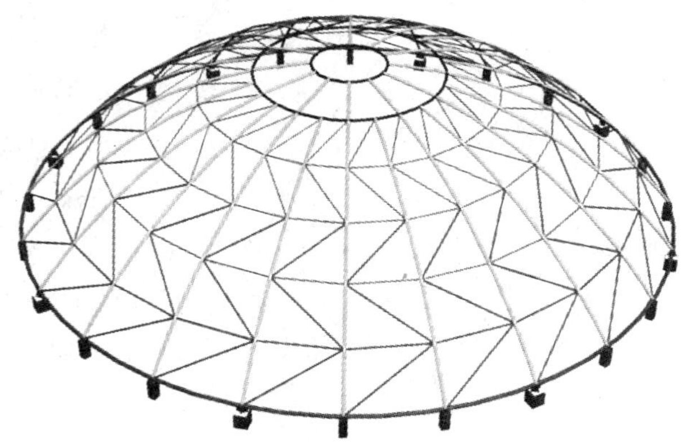

图 12.10-8　网壳地面拼装

2）为防止网壳在吊装过程中变形，在底环均布对称位置拉设 4 道缆风绳，使用花篮螺栓张紧，防止底环圆度发生变化，且在就位时可以进行底环圆度的微调，拉设完成后准备起吊。见图 12.10-9。

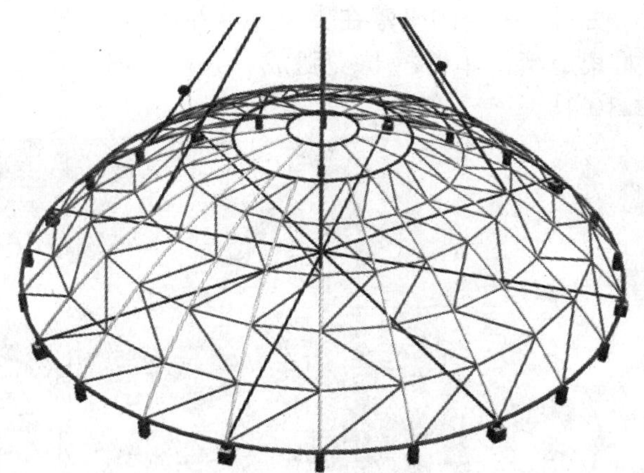

图 12.10-9　网壳底环拉设缆风绳

3）网壳的吊点位置如图 12.10-10 所示。

4）六根吊绳对称设置捯链，在起吊后可以调整吊绳的长度，防止因吊绳长度不一致而使底环倾斜，起吊后底环的径向收缩量为 3mm，不会对网壳的就位产生大的影响，计算书详见附件一。见图 12.10-11。

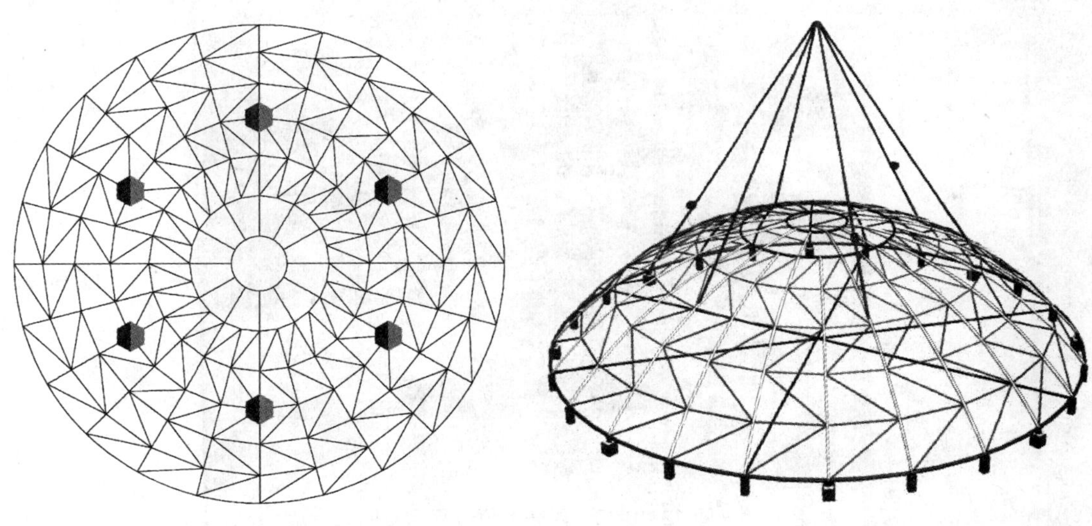

图 12.10-10　网壳吊点位置　　　　图 12.10-11　网壳起吊示意图

5）网壳吊装过程拟定 15min，在工地南侧的中关村北一条路上东西两侧路口和工地院内钢网壳的吊装施工区域拉设警戒线，并派专人看管，使非吊装作业人员禁止进入施工区域。

6）网壳在拼装场地挂钩，同时挂上防坠器，在对称的两个方向上挂设溜绳，然后由 300t 汽车吊缓慢吊起，离开地面支座 500mm 时，由三名安装工分别拉捯链使网壳调平

(安装工利用拼装时的活动脚手架拉捯链、调整网壳)，同时网壳在空中停留 3min，检查网壳的变形情况和吊车支腿周围的地面情况是否正常。

7）汽车吊由东向南-向西缓慢转杆至安装位置上方时，沿女儿墙内侧缓慢落钩，同时安装工调整支座位置，使网壳平稳的坐落在支座上，在吊车转杆时，时时检查吊车支腿周围的地面承载情况（尤其是当吊车臂杆与支腿成一条直线时，吊车支腿受力是最大的)。见图 12.10-12、图 12.10-13。

图 12.10-12 网壳吊装转杆过程示意图

图 12.10-13 网壳就位过程示意图

8）待检查网壳安装位置、标高等准确无误后，将网壳临时固定。

9）待网壳临时固定完成后，汽车吊落钩，安装工挂上防坠器，爬到网壳上摘钩，网壳吊装施工完成。

10）在网壳地面拼装的同时，屋顶支座应全部安装就位，定位点焊固定，如网壳就位时底环无法调整就位，对个别支座再进行位置调整，但调整后的定位尺寸也应在规范允许范围内。就位完成后将底环与支座焊接，钢网壳安装完毕。

12.11 现场焊接

12.11.1 焊接准备工作

（1）网壳焊接前，应对工程中使用较多的或有代表性的接头形式进行工艺评定试验，试验结果应达到设计和规定要求。

（2）采用的焊接材料和焊接设备技术条件应符合国家标准，性能优良。清渣、气刨、焊条干燥和保温等装置应齐全有效。

（3）焊接方法的选择

1）手工电弧焊

手工电弧焊主要用于定位焊接、打底焊接、支座与埋件焊接和一些焊接工作量小，CO_2 焊接难于施工的位置。

2）CO_2 气体保护焊

现场所有杆对接、相贯线焊缝、焊接量大容易施工的位置均采用 CO_2 气体保护焊。

3）焊接材料的选择

A. 焊条选择，见表 12.11-1。

焊条材料 **表 12.11-1**

钢材牌号	焊条型号	焊条直径(mm)
Q235-B	E4303	ϕ3.2～ϕ4.0

B. 焊丝选择，见表 12.11-2。

焊丝材料 **表 12.11-2**

钢材牌号	焊丝型号	焊丝直径(mm)
Q235-B	HJ(ER)50-2	ϕ1.2

C. CO_2 气体的选择要求。

CO_2 气体必须采用优等品，并满足下表性能要求：见表 12.11-3。

CO_2 气体材料 **表 12.11-3**

项目要求	组分含量(%)	项目要求	组分含量(%)
CO_2 含量(V/V)≥	99.9	水蒸气＋乙醇量(m/m)≤	0.005
液态水	不得检出	气味	无异味
油	不得检出		

12.11.2 焊接顺序

（1）根据本工程结构特点和拼装顺序，拼装的焊接顺序为：外环杆→内环干→径向杆→环腹杆→斜腹杆。

（2）先焊接环向杆与环向杆、径向杆与径向杆之间的焊缝，再焊接径向杆与环向杆的相贯焊缝。

（3）同一节点内的腹杆焊接应根据相贯顺序进行焊接。

（4）同一圈内的焊缝采取对称跳焊的顺序进行施焊。见图 12.11-1、图 12.11-2。

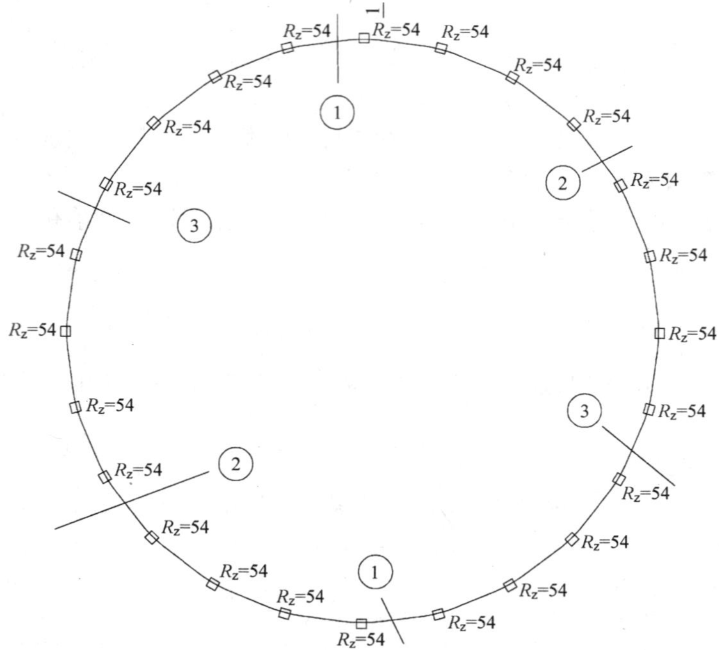

图 12.11-1 外环杆焊接顺序图

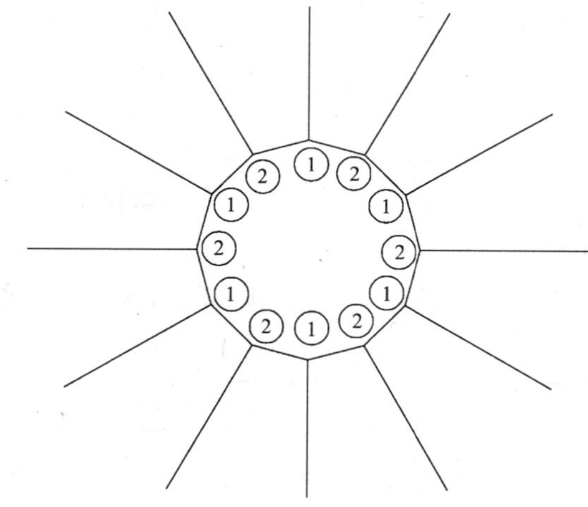

图 12.11-2 径向杆与内环杆相贯焊接顺序图

12.11.3 一般规定

（1）焊前检查坡口角度、钝边、间隙及错口量应符合要求，坡口内和两侧的锈斑、油污、氧化皮等应清除干净。

（2）装焊衬管，要求其表面清洁，衬管与母材管应贴紧并与母材管点焊牢固。

（3）焊接。第一层焊道应封焊坡口内母材与衬管之连接处，然后逐层逐道焊至填满坡口，每层焊完都应清除焊渣及飞溅物，出现焊接缺陷应及时磨去并修补后再焊。

（4）一个接口必须连续焊完，如不得已而中途停焊时，应保温缓冷，再焊时应重新按规定加热。

（5）焊后冷却到环境温度时进行外观检查，焊后24h进行焊缝UT探伤检验。

12.11.4 现场典型焊接节点

（1）管—管对接焊。

（2）管对接及相贯线焊接。

1）先在仰焊位置由A、B焊工分别向上或向左、右方向焊接，焊接时要求基本同步。

2）A、B焊工第一道焊接完毕，进行打磨修整后继续第二道焊接。

3）每两层之间的焊道接头应相互错开，两名焊工焊接的焊道接头也要注意每层错开，每道焊完要清除焊渣和飞溅，如有焊瘤和焊接缺陷要铲磨清理后再焊，焊接过程中要注意检测和保持层间温度。

（3）焊接工艺参数（略）。

12.11.5 现场焊接的质量控制

（1）焊接作业区风速当手工电弧焊超过8m/s、气体保护电弧焊及药芯焊丝电弧焊超过2m/s时，应设防风棚或采取其他防风措施。

（2）焊接作业区的相对湿度不得大于90%。

（3）当焊件表面潮湿或有冰雪覆盖时，应采取加热去湿除潮措施。

（4）焊接作业区环境温度低于0℃时，由焊接技术责任人员制定出作业方案经认可后方可实施。

（5）焊接作业区环境超出上述规定但必须焊接时应对焊接作业区设置防护棚并制定出具体方案，报监理工程师确认后方可实施。

（6）定位焊必须由持相应合格证的焊工施焊，所用焊接材料应与正式施焊相当。当定位焊焊缝上有气孔或裂纹时必须清除后重焊。

（7）面缺陷超过相应的质量验收标准时，对气孔、夹渣、焊瘤、余高过大等缺陷应用砂轮打磨、铲凿、钻、铣等方法去除，必要时进行焊补；对焊缝尺寸不足、咬边、弧坑未填满等缺陷进行焊补。

（8）经无损检测确定焊缝内部存在超标缺陷时进行返修，返修应符合下列规定：

1）返修前应由施工企业编写返修方案；

2）应根据无损检测确定的缺陷位置、深度，用砂轮打磨或碳弧气刨清除缺陷。缺陷为裂纹时，碳弧气刨前应在裂纹两端钻止裂孔并清除裂纹及其两端各50mm长的焊缝或母材；

3）清除缺陷时应将刨槽加工成四侧边斜面角大于10°的坡口，并应修整表面、磨除气刨渗碳层，必要时应用渗透探伤或磁粉探伤方法确定裂纹是否彻底清除；

4）焊补时应在坡口内引弧，熄弧时应填满弧坑；多层焊的焊层之间接头应错开，焊缝长度应不小于100mm；当焊缝长度超过500mm时应采用分段退焊法；

5）返修部位应连续焊成。如中断焊接时，应采取后热、保温措施，防止产生裂纹；

再次焊接前宜用磁粉或渗透探伤方法检查，确认无裂纹后方可继续补焊；

6）焊接修补的预热温度应比相同条件下正常焊接的预热温度高，并应根据工程节点的实际情况确定是否需要采用超低氢型焊条焊接或进行焊后消氢处理；

7）焊缝正、反面各作为一个部位，同一部位返修不宜超过两次；

8）对两次返修后仍不合格的部位应重新制订返修方案，经工程技术负责人审批并报监理工程师认可后方可执行。

12.11.6 焊缝检测

根据本工程的设计图纸和相关规范的规定，钢管对接焊缝为一级焊缝，相贯全熔透二级焊缝，采用探伤仪进行检测。

12.12 现场涂装

（1）将拼装焊接完成后的网壳，对焊缝和运输、拼装过程中碰掉防腐漆的位置补刷防锈漆和中间漆。

（2）中间漆补刷完毕后，对整个网壳进行清理，涂刷面漆两道。

（3）采用漆膜测厚仪对漆膜厚度进行检测，防锈底漆、中间漆、面漆的漆膜总厚度不应小于 150μm。

12.13 网壳施工测量

12.13.1 人员组织

根据工作量和工作难度，本工程拟安排：主要测量人员 2 名，负责工作安排，设备管理，现场安全管理；测量配合人员 4 名，负责对测量工作的配合。

12.13.2 图纸的核对及了解

拿到施工图纸以后，应及时查看，迅速了解和掌握本工程的技术要求以及施工特点。对本工程的钢结构测量控制制定一个详细的实施方案，要求能准确地、直观地反映出整个场区控制，做到精密高效无误。要写出详细的测量纲要，计算出各放样点的坐标，所有计算（坐标计算、边长方位计算等）都要做到百分之百检查。（一人计算、一人检查）做到环环有检查，步步有校核。

12.13.3 对施工现场控制网的校核

钢结构安装时土建施工即将完成，进场后应根据现场提供的控制网进行全方位的复测、校核。

12.13.4 安装过程中测量与控制

（1）网壳标高的测量控制

利用水准仪，采用基准标高线进行网壳各节点及网壳的最高点的标高进行监测。

（2）网壳轴线的测量控制

1）根据土建专业的轴线在地面上（或楼面上）用墨线弹出桁架的定位轴线。

2）将经纬仪架设在地面上定位轴线，观测径向管外皮，若径向管外皮各点均在经纬仪观测的同一条直线上（或偏差满足规范要求），则网壳的就位满足轴线偏差要求。

12.14 环境保护体系及措施

12.14.1 环境管理方针、目标

（1）环境管理方针

坚持人文精神，营造绿色建筑，追求社区、人居和施工环境不断改善。

（2）环境管理目标

1）噪声排放达标：

结构施工：昼间＜75dB，夜间＜55dB

2）现场扬尘排放达标：

现场施工扬尘排放达到当地粉尘排放标准规定的要求。

3）运输遗洒达标：确保运输无遗洒。

4）生活及生产污水达标排放：生活污水中的COD达标（COD＝300mg/L）。

5）施工现场夜间无光污染：施工现场夜间照明不影响周围社区。

6）最大限度防止施工现场火灾、爆炸的发生。

7）固体废弃物实现分类管理，提高回收利用量。

8）项目经理部最大限度节约水电能源消耗。

9）节约纸张消耗，保护森林资源。

（3）环境管理因素

鉴于本工程的特点，将重点控制和管理现场布置、临建规划、现场文明施工、大气污染、对水污染、噪声污染、废弃物管理、资源的合理使用以及环保节能型材料设备的选用等。

12.14.2 环保组织机构及管理制度

（1）组织管理体系

在项目经理部建立环境保护体系，明确体系中各岗位的职责和权限，建立并保持一套工作程序、制度，对所有参与体系工作的人员进行相应的培训。

1）项目经理部环境管理体系运行的总负责人为项目经理。

2）环境管理要素、环境管理方案的确定由主任工程师。

3）施工现场环保管理具体实施领导者为项目现场经理。

4）施工现场环保管理体系运行的主管部门为项目综合办公室。

5）施工现场环保措施的执行单位为项目经理部各有关部门和各专业施工单位，各专业施工单位负责施工区域内的环保措施的落实和具体管理工作。

6）各施工区域内的环保方案的落实和执行由相应的责任师落实监督与管理工作。

7）本工程施工现场必须严格按照公司环保手册和现场管理规定进行管理，项目经理部成立2人左右的场容清洁队，每天负责场内外的清理、保洁，洒水降尘等工作。

（2）工作制度

1）每周召开一次“施工现场文明施工和环境保护”工作例会，总结前一阶段的施工现场文明施工和环境保护管理情况，布置下一阶段的施工现场文明施工和环境保护管理工作。

2）建立并执行施工现场环境保护管理检查制度。每周组织一次由各专业施工单位的文明施工和环境保护管理负责人参加的联合检查。对检查中所发现的问题，开出“隐患问题通知单”。各专业施工单位在收到“隐患问题通知单”后，应根据具体情况，定时间、定人、定措施予以解决，项目经理部有关部门应监督落实问题的解决情况。

12.14.3 环境管理措施

（1）防止对大气污染

1）施工阶段，定时对道路进行淋水降尘，控制粉尘污染。

2）建筑结构内的施工垃圾清运，采用搭设封闭式临时专用垃圾道运输或采用容器吊运或袋装，严禁随意凌空抛撒，施工垃圾应及时清运，并适量洒水，减少粉尘对空气的污染。

3）水泥和其他易飞扬物、细颗粒散体材料，安排在库内存放或严密遮盖，运输时要防止遗洒、飞扬，卸运时采取码放措施，减少污染。现场内所有交通路面和物料堆放场地全部铺设混凝土硬化路面，做到黄土不露天。对商品混凝土运输车要加强防止遗洒的管理，要求所有运输车卸料溜槽处必须装设防止遗洒的活动挡板，混凝土卸完后必须清理干净方准离开现场。

4）在出场大门处设置车辆清洗冲刷台，运土车辆经清洗和苫盖后出场，严防车辆携带泥沙出场造成道路的污染。

（2）防止对水污染

1）确保雨水管网与污水管网分开使用，严禁将非雨水类的其他水体排进市政雨水管网。

2）现场内基础降水的清洁水，在合理利用后，经导向管排入市政污水管线；施工现场厕所设化粪池，将厕所污物经过沉淀后排入市政的污水管线。罐车冲洗池将罐车清洗所用的废弃水经初步沉淀后排入市政污水管线。定期将池内的沉淀物清除。

3）现场交通道路和材料堆放场地统一规划排水沟，控制污水流向，设置沉淀池，污水经沉淀后再排入市政污水管线，严防施工污水直接排入市政污水管线或流出施工区域污染环境。

4）加强对现场存放油品和化学品的管理，对存放油品和化学品的库房进行防渗漏处理，采取有效措施，在储存和使用中，防止油料跑、冒、滴、漏污染水体。

（3）防止施工噪声污染

施工现场遵照《施工场界噪声限值》GB 12523—90要求，制定如下降噪措施：

1）施工现场场界设噪声监控点，施工噪声一旦超标能及时发现并加以控制。

2）夜间施工不得超过22点。

3）所有车辆进入现场后禁止鸣笛，以减少噪声。

4）在结构施工楼层设置降噪围挡，以减少噪声的传出。

5）构件装卸时，必须轻拿轻放。

6）塔吊指挥尽可能配套使用对讲机，降低起重工的吹哨声带来的噪声污染。

7）控制人为噪声。建立控制人为噪声的管理制度，减少人为的大声喧哗，增强全体施工人员防噪声扰民的自觉意识。

（4）限制光污染措施

探照灯尽量选择既能满足照明要求又不刺眼的新型灯具或采取措施，使夜间照明只照射工区而不影响周围社区。

在进行焊接作业时要进行围挡。

（5）废弃物管理

1）施工现场设立专门的废弃物临时贮存场地，废弃物应分类存放，对有可能造成二次污染的废弃物必须单独贮存、设置安全防范措施且有醒目标识。

2）废弃物的运输确保不散撒、不混放，送到政府批准的单位或场所进行处理、消纳，对可回收的废弃物做到再回收利用。

（6）材料设备的管理

1）对现场堆场进行统一规划，对不同的进场材料设备进行分类合理堆放和储存，并挂牌标明标示，重要设备材料利用专门的围栏和库房储存，并设专人管理。

2）在施工过程中，严格按照材料管理办法，进行限额领料。

3）对废料、旧料做到每日清理回收。

4）使用计算机数据库技术对现场设备材料进行统一编码和管理。

环保节能型材料设备的选择

以建设单位和建设单位代表为主导，在材料设备选型方面，遵从以下原则：

满足设计和规范要求；

满足质量和建筑物尤其是学校工程所特有的使用功能要求；

满足环保、节能要求，具有良好的使用寿命，便于今后建筑物的维护和管理，达到降低建筑物维护管理费用和建筑物运营费用的目的。

（7）其他措施

1）对易燃、易爆、油品和化学品的采购、运输、贮存、发放和使用后对废弃物的处理制定专项措施，并设置专人管理。

2）对施工机械进行全面的检查和维修保养，保证设备始终处于良好状态，避免噪声、泄漏和废油、废弃物造成的污染，杜绝重大安全隐患的存在。

3）生活垃圾与施工垃圾分开，并及时组织清运。

4）施工人员不得在施工现场围墙以外逗留、休息，人员用餐必须在施工现场生活区以内。

5）对水资源应合理再利用，如将降水时抽出的浅层水用于冲洗车辆、降尘和冲洗地面。

6）项目经理部配置粉尘、噪声等测试器具，对场界噪声、现场扬尘等进行监测，并委托环保部门定期对包括污水排放在内的各项环保指标进行测试。项目经理部对环保指标超标的项目及时采取有效措施进行处理。